2023년 최신판

전기기사 실기

최근 13년간 기출문제

테스트나라 검정연구회 편저

이노books

2023 전기기사실기 최근 13년간 기출문제

발행일 : 2023년 3월 10일
편저자 : 테스트나라 검정연구회
발행인 : 송주환
발행처 : 이노Books

출판등록 : 301-2011-082
주소 : 서울시 중구 퇴계로 180-15, 119호 (필동1가 뉴동화빌딩)
전화 : (02) 2269-5815
팩스 : (02) 2269-5816
홈페이지 : www.innobooks.co.kr
ISBN : 979-11-91567-10-6 [13560]
정가 : 23,000원

머 리 말

오늘날 일상생활에서 가장 비중 있는 에너지원으로 자리 잡은 전기는 더욱 다양한 방법으로 사용되고 있으며, 만드는 방법 또한 매우 다양해지고 있습니다. 신재생 에너지, 태양광 발전, 스마트 그리드 등과 같은 조금은 생소한 전기 용어들을 자주 접할 수 있는 것처럼 매일 새로운 기술이 개발되고 있으며, 지금까지와는 전혀 다른 개념이 만들어지고 있습니다. 이에 따라 갈수록 다양한 분야에서 다양한 기술을 가진 전문 인력이 다른 어떤 직종보다 필요한 분야가 바로 전기분야 입니다.

이러한 시류를 반영이라도 하듯이 최근 들어 전공자는 물론이고 전기를 전공하지 않은 비전공자들까지 대거 전기 분야로 몰리면서 그 경쟁은 더 치열해지고 있습니다.

거의 대부분의 시험이 그런 것처럼 전기 분야의 경우도 필기시험과 실기시험은 그 형식이나 난이도에서 확연한 차이를 보이고 있습니다. 실기시험 준비는 분명 필기시험 때와는 달라야 합니다. 단답식 학습보다는 원리를 이해하고 실전문제의 철저한 분석을 통해 기본기를 탄탄하게 하지 않는다면 실기시험 횟수는 더욱 길어질 것입니다.

본 도서는 어렵고 힘든 전기기사 실기 시험을 준비하는 수험생들에게 좀 더 쉽고 빠르게 시험을 준비할 수 있도록 초보자들이나 전공자들도 쉽게 시험을 준비할 수 있도록 했습니다.

어렵고 힘든 자격시험을 준비하는 수험생 여러분들 곁에서 좀 더 쉽게, 그리고 좀 더 빠르게 여러분들을 합격으로 인도하기 위한 것이 본도서의 가장 큰 목표입니다.

모든 수험생 여러분들에게 행운이 깃들길 소원합니다.

감사합니다.

e북 증정

· 증정도서 : 2023 전기기사 실기 텍스트 바이블

· 파일 형식 : PDF

· 판형 및 페이지 : 238페이지 (190×260mm)

· 제공방법 : 구입 독서 판권에 이름과 받을 메일 주소를 적어 촬영한 후 홈페이지 게시판에 올려 주시면 해당 e북을 메일로 보내드립니다.

홈페이지 : WWW.innobooks.co.kr

문의전화 : (02) 2269-5815

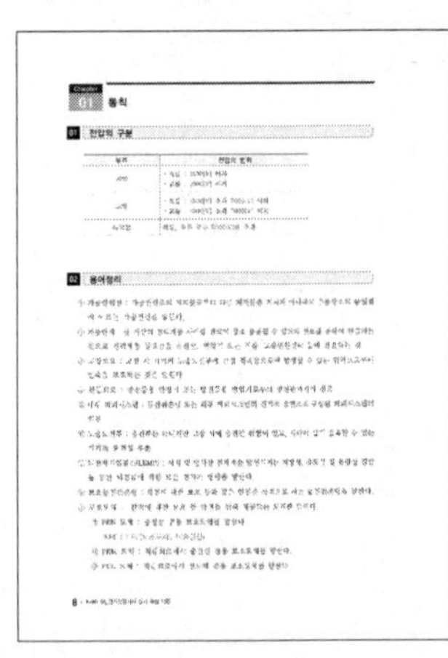

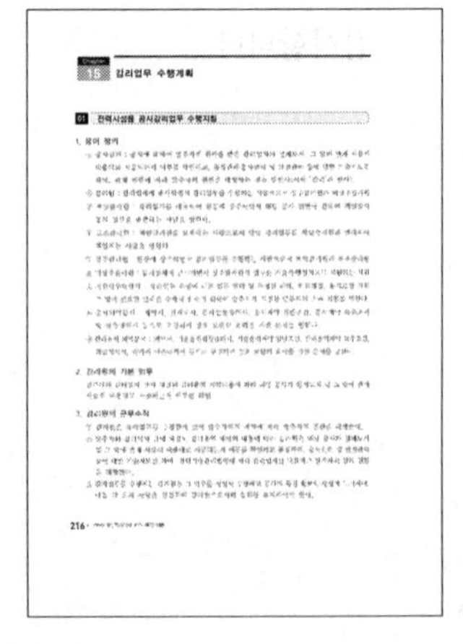

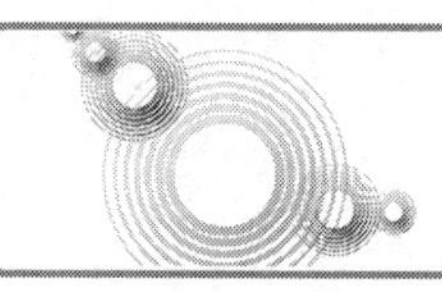

차 례(Contents)

전기기사실기 최근 13년간 기출문제 (2022~2010)

Memo

2022년~2010년

Engineer Electricity

전기기사실기
최근 13년간 기출문제

2022년~2010년

01 2022년 전기기사 실기

01 출제 : 22, 12년(유사) • 배점 : 5점

최대 수요전력이 5,000[kW], 부하역률 90[%]인, 네트워크(network) 수전 회선수 4회선이다. 네트워크 변압기의 과부하율 130[%] 일 때 네트워크 변압기의 용량은 몇 [kVA] 이상 이어야 하는가?

·계산 : ·답 :

|계|산|및|정|답|

【계산】 네트워크 변압기의 용량$=\dfrac{\text{최대수요전력}[kVA]}{\text{회선수}-1}\times\dfrac{100}{\text{과부하율}[\%]}$

$$=\frac{5000/0.9}{4-1}\times\frac{100}{130}=1424.5[\text{kVA}]$$

【정답】 1424.5[kVA]

|추|가|해|설|

1. 최대수요전력$[\text{kVA}]=\dfrac{\text{최대수요전력}[\text{kW}]}{\text{역률}}$ → (피상전력[kVA])
2. 네트워크 변압기의 용량$=\dfrac{\text{최대수요전력}[kVA]}{\text{회선수}-1}\times\dfrac{100}{\text{과부하율}[\%]}$
3. 스포트네트워크(spot network) 수전방식 이란?
   ① 정의 : 이 방식은 전력회사 변전소에서 하나의 전기사용 장소에 대하여 3회선 이상의 22.9[kV-y] 배전선로로 공급하고, 각각의 배전선로로 시설된 수전용 네트워크 변압기의 2차측을 상시 병렬 운전하는 배전 방식이며 'SNW'배전이라 한다.
   ② 스포트네트워크 방식의 특징

장점	단점
·무정전 공급이 가능하다. ·효율적인 운전이 가능하다. ·전압 변동률이 적다. ·전력 손실을 감소할 수 있다. ·부하 증가에 대한 적응성이 크다. ·기기의 이용률이 향상된다. ·2차 변전소를 감소시킬 수 있다. ·전등 전력의 일원화가 가능하다.	·시설 투자비가 많이 든다. ·아직까지는 보호장치를 전량 수입해야 한다.

02

출제 : 22, 15년(유사) • 배점 : 4점

측정 범위 1[mA], 내부저항 20[kΩ]의 전류계에 분류기를 붙여서 6[mA]까지 측정하고자 한다. 몇 [Ω]의 분류기를 사용하여야 하는가?

·계산 : ·답 :

|계|산|및|정|답|

【계산】 분류기의 배율 $m=\frac{I_o}{I}=\left(\frac{r_a}{R_s}+1\right)$

$\therefore$분류기 $R_s=\frac{r_a}{(m-1)}=\frac{20\times10^3}{\left(\frac{6}{1}-1\right)}=4000[\Omega]$

【정답】 4000[Ω]

|추|가|해|설|

1. $I \cdot r=(I_0-I)\cdot R_s$에서 $I\frac{r_a}{R_s}+I=I_0 \quad \rightarrow \therefore I_0=I\left(\frac{r}{R_s}+1\right)[A]$

2. 분류기의 배율 $m=\frac{I_0}{I}=\left(\frac{r}{R_s}+1\right)$

여기서, I_0 : 측정할 전류값[A], I : 전류계의 눈금[A]

R_s : 분류기의 저항[Ω], r_a : 전류계의 내부저항[Ω]

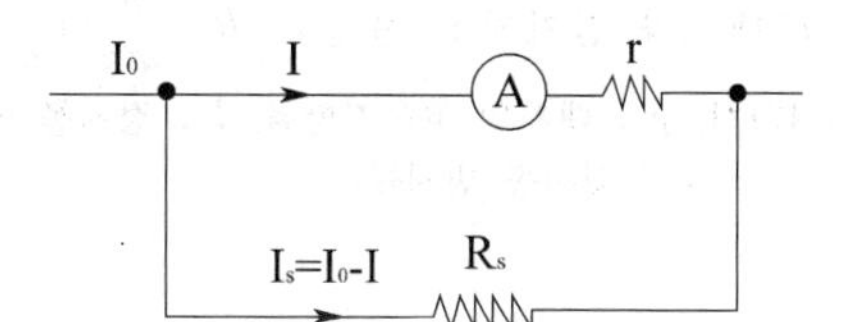

03

출제 : 22년 • 배점 : 4점

용량이 500[kVA]인 변압기에 역률 60[%](지상), 500[kVA]인 부하가 접속되어 있다. 부하에 병렬로 전력용 커패시터를 설치하여 역률 90[%]로 개선하려고 할 때, 이 변압기에 증설할 수 있는 부하용량[kW]을 구하시오. 단 증설부하의 역률은 90[%]이다.

·계산 : ·답 :

|계|산|및|정|답|

【계산】 ① 최초 유효전력(소비전력) $P=P_a\cos\theta_1[kW]=500\times0.6=300[kW]$

② 변화된 소비전력 $P'=P_a\cos\theta_2=500\times0.9=450[kW]$

$\therefore$ 증가된 전력량은 $P'-P=450-300=150$

【정답】 150[kW]

|추|가|해|설|

유효전력(소비전력) $P=P_a(\cos\theta_2-\cos\theta_1)[kW]$

여기서, P_a : 피상전력, $\cos\theta_1$: 개선 전 역률, $\cos\theta_2$: 개선 후 역률

04

출제 : 22, 산업 21년(유사) • 배점 : 4점

대지 고유저항률 400[Ω·m], 직경 19[mm], 길이 2400[mm]인 봉형 접지전극을 매입하였다. 접지저항(대지저항)값은 얼마인가?

|계|산|및|정|답|

【계산】 대지저항 $R=\frac{\rho}{2\pi l}\left(\ln\frac{2l}{a}\right)[\Omega]$

$$=\frac{400}{2\pi\times2.4}\left(\ln\frac{2\times2.4}{\frac{19\times10^{-3}}{2}}\right)=165.125[\Omega]$$

【정답】 165.13[Ω]

|추|가|해|설|

1. 막대모양 접지저항 산정식 $R=\frac{\rho}{2\pi l}\ln\frac{2l}{a}$

   여기서, ρ : 대지의 고유저항률, l : 접지봉 매입길이

   a : 접지봉 반지름)

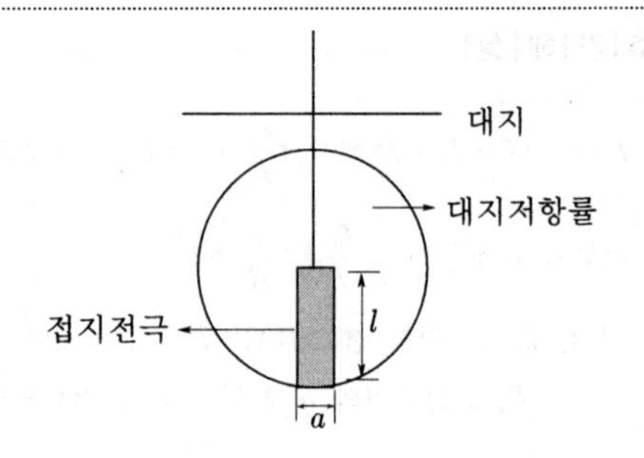

2. 원판모양 접지저항 산정식 $R=\frac{\rho}{4a}$

3. 반구모양 접지저항 산정식 $R=\frac{\rho}{2\pi a}$

05

출제 : 22년 • 배점 : 5점

다음과 같은 380[V] 선로에서 다음 물음에 답하시오. 단, 변압기 PT비는 380/110[V]이다.

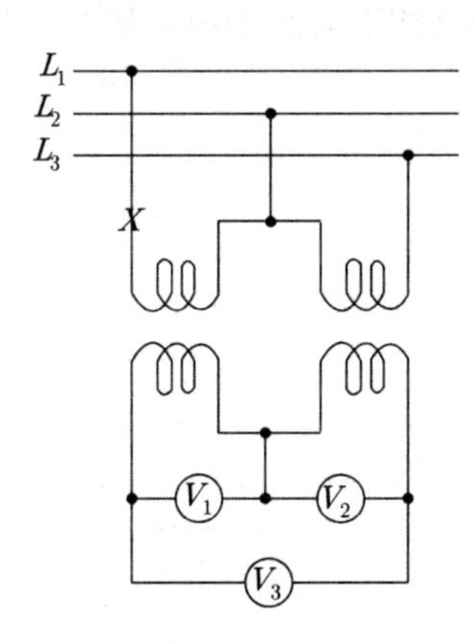

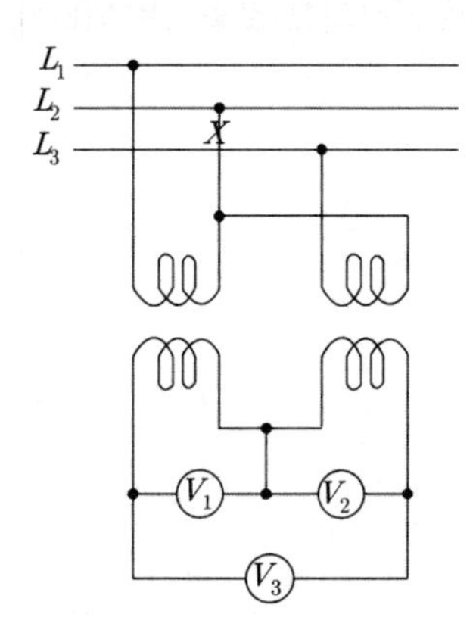

(1) 그림 (a)의 X지점에서 단선사고가 발생하였을 때, 전압계 V_1, V_2, V_3의 지시값을 구하시오.

(2) 그림 (b)의 X지점에서 단선사고가 발생하였을 때, 전압계 V_1, V_2, V_3의 지시값을 구하시오.

|계|산|및|정|답|

(1) $V_1 = 0[V]$, $V_2 = 110[V]$, $V_3 = 110[V]$

(2) $V_1 = 55[V]$, $V_2 = 55[V]$, $V_3 = 0[V]$

|추|가|해|설|

(1)

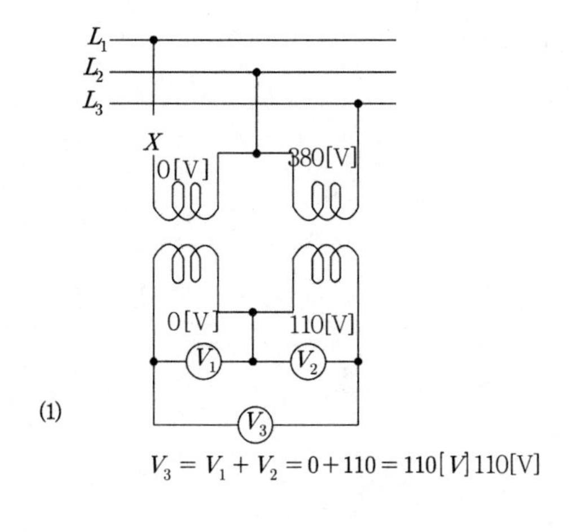

$V_3 = V_1 + V_2 = 0 + 110 = 110[V]$ 110[V]

(2)

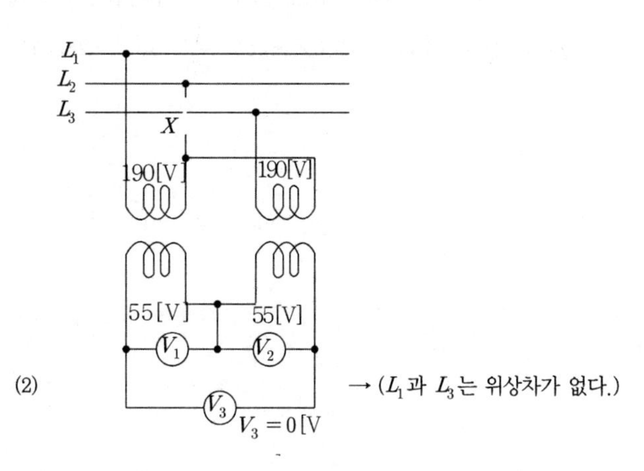

→ (L_1과 L_3는 위상차가 없다.)

06 출제 : 22, 18, 03년 • 배점 : 6점

전압 22900[V], 주파수 60[Hz], 1회선의 3상 지중 송전선로의 3상 무부하 충전전류 및 충전용량을 구하시오. (단, 송전선의 선로길이는 7[km], 케이블 1선당 작용 정전용량은 0.4[μF/km] 라고 한다.)

(1) 충전전류

·계산 : ·답 :

(2) 충전용량

·계산 : ·답 :

|계|산|및|정|답|

(1) 【계산】 충전전류 $I_c = 2\pi f C \times \frac{V}{\sqrt{3}} = 2\pi \times 60 \times 0.4 \times 10^{-6} \times 7 \times \frac{22900}{\sqrt{3}} = 13.96[A]$

【정답】 13.96[A]

(2) 【계산】 충전용량 $Q_c = 2\pi f CV^2 \times 10^{-3} = 2\pi \times 60 \times 0.4 \times 10^{-6} \times 7 \times 22900^2 \times 10^{-3} = 553.55[\text{kVA}]$

【정답】 553.55[kVA]

추|가|해|설|

1. 충전전류(3상) $I_c = \frac{E}{X_c} = \frac{E}{\frac{1}{\omega C}} = \omega CE = 2\pi f C \times \frac{V}{\sqrt{3}} [A]$

여기서, E : 대지전압(상전압), V : 선간전압($V = \sqrt{3} E \rightarrow E = \frac{V}{\sqrt{3}}$), C : 정전용량, $\omega (= 2\pi f)$

2. 충전용량 $Q_c = \sqrt{3}\, VI_c = \sqrt{3}\, V \times 2\pi f C \times \frac{V}{\sqrt{3}} \times 10^{-3} = 2\pi f CV^2 \times 10^{-3} [\text{kVA}]$

07 출제 : 22, 17, 09 • 배점 : 5점

154[kV] 중성점 직접접지계통에서 접지계수가 0.75이고, 여유도가 1.1인 경우 전력용 피뢰기의 정격전압을 주어진 표에서 선정하시오.

【피뢰기의 정격전압(표준값 [kV]】

126	144	154	168	182	196

•계산 : •답 :

|계|산|및|정|답|

【계산】 $V_n = \alpha \cdot \beta \cdot V_m = 0.75 \times 1.1 \times 170 = 140.25$[kV] → (계통전압 154[kV]의 계통최고전압 170[kV])

피뢰기의 정격전압 표에서 144[kV] 선정

【정답】 144[kV]

|추|가|해|설|

1. 피뢰기의 정격전압 : 속류가 차단되는 교류의 최고전압

$V_n = \alpha \cdot \beta \cdot V_m [V][kV]$

여기서, V_n : 피뢰기 정격전압[kV], α : 접지계수, β : 여유도, V_m : 계통의 최고전압[kV])

2. [계통최고전압(Maximum System Voltage)] 전력계통은 계통전압보다 5-10[%] 높은 전압으로 운전되는 경우가 있으며, 이것을 계통최고전압이라 한다. (단, 공칭전압 하에서 운전 시 일시적인 과전압 및 과도전압은 포함되지 않는다)

계통최고전압은 기기설계 시 및 절연설계 시 적용되며, 회로최고전압 또는 회로설계전압이라 한다. 계통최고전압을 초과하는 전압을 이상전압이라 한다.

<table>
<tr><th>계통전압 [kV]</th><th>계통최고전압 [kV]</th><th>규격</th><th>계통전압 [kV]</th><th>계통최고전압 [kV]</th><th>규격</th></tr>
<tr><td>3.3</td><td>3.6</td><td rowspan="4">IEC-38</td><td>66</td><td>72.5</td><td rowspan="2">IEC-38</td></tr>
<tr><td>5.7</td><td>6.2</td><td>154</td><td>170</td></tr>
<tr><td>6.6</td><td>7.2</td><td>345</td><td>362</td><td rowspan="4">ANSI C92.2</td></tr>
<tr><td>11.9</td><td>12.9</td><td>500</td><td>550</td></tr>
<tr><td>22.9</td><td>25.8</td><td>-</td><td rowspan="2">735-765</td><td rowspan="2">800</td></tr>
<tr><td>23</td><td>25.8</td><td>IEC-38</td></tr>
</table>

08

출제 : 22, 18년 • 배점 : 6점

다음 주어진 도면을 보고 물음에 답하시오.

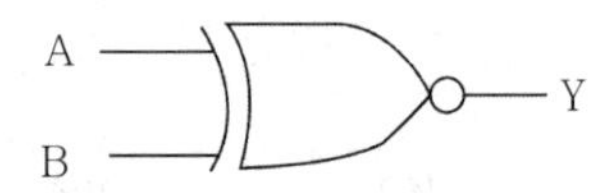

(1) 그림과 같은 회로의 명칭을 쓰시오.

(2) 논리식을 쓰시오.

(3) 진리표를 작성하시오.

A	B	Y
0	0	
0	1	
1	0	
1	1	

|계|산|및|정|답|

(1) XNOR(Exclusive NOR)회로(=일치회로)

(2) $Y = A \cdot B + \overline{A} \cdot \overline{B}$

(3)

A	B	Y
0	0	1
0	1	0
1	0	0
1	1	1

|추|가|해|설|

1. $Y = A \cdot B + \overline{A} \cdot \overline{B}$

2.

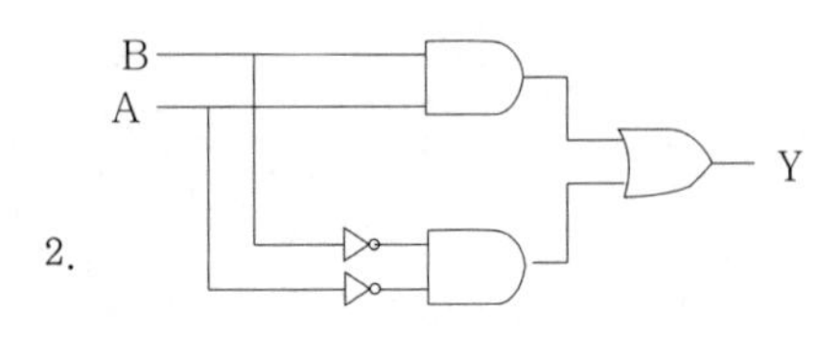

09

출제 : 22년 • 배점 : 6점

다음 논리식을 참고하여 유접점 회로를 완성하시오. (단, 각 접점의 식별 문자를 표기하고 표기방식을 참고하여 적성하시오.)

논리식 : $L=(X+\overline{Y}+Z)\cdot(Y+\overline{Z})$

【접속점 표기 방식】

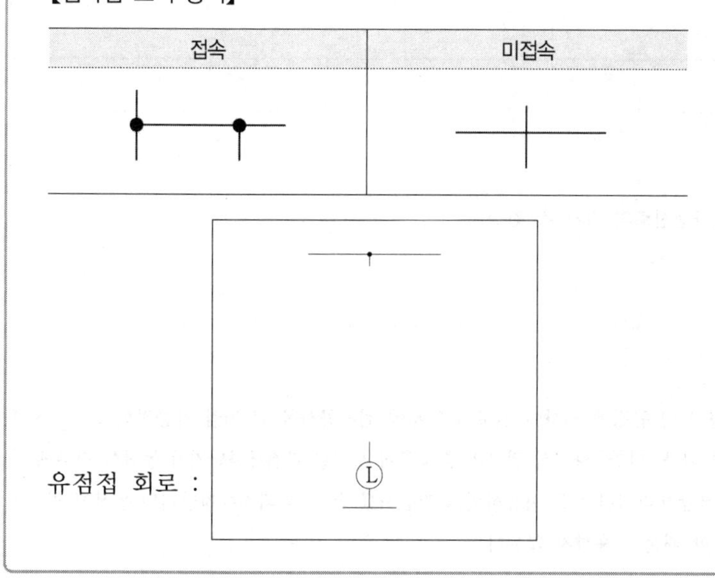

|계|산|및|정|답|

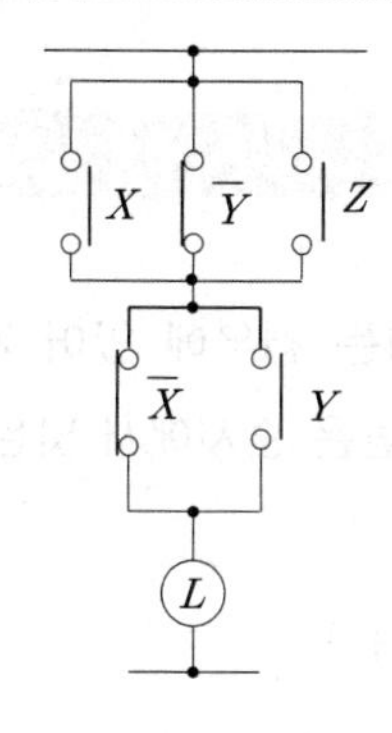

유접점 회로

|추|가|해|설|

전개 $L=(X+\overline{Y}+Z)\cdot(Y+\overline{Z})=XY+X\overline{Z}+\overline{Y}\overline{Z}+ZY$

논리식	논리곱(·)	논리합(+)	논리부정(¯)
유접점 회로	직렬연결	병렬연결	b접점
무접점 회로	AND 회로	OR 회로	NOT회로

10

출제 : 22년 • 배점 : 5점

한국전기설비규정에 따라 기계기구 및 전선을 보호하기 위해 과전류 차단기를 설치해야 하는데, 과전류 차단기를 설치하지 않아도 되는 개소가 있다. 과전류 차단기의 시설이 제한되는 장소 3가지를 작성하시오. (단, 한국전기설비에서 규정하는 과전류차단기 시설 제한 예외사항은 무시한다.)

|계|산|및|정|답|

① 접지공사의 접지도체
② 다선식 전로의 중성선
③ 전로의 일부에 접지공사를 한 저압 가공전선로의 접지 측 전선

|추|가|해|설|

[과전류차단기의 시설 제한(KEC 341.11)]

접지공사의 접지도체, 다선식 전로의 중성선 및 규정에 의하여 전로의 일부에 접지공사를 한 저압 가공전선로의 접지측 전선에는 과전류차단기를 시설하여서는 안 된다. 다만, 다선식 전로의 중성선에 시설한 과전류차단기가 동작한 경우에 각 극이 동시에 차단될 때 또는 규정에 의한 저항기·리액터 등을 사용하여 접지공사를 한 때에 과전류차단기의 동작에 의하여 그 접지도체가 비접지 상태로 되지 아니 할 때는 적용하지 않는다.

11

출제 : 22년 • 배점 : 5점

설계도서, 법령해석, 감리자의 지시 등이 서로 일치하지 아니하는 경우에 있어 계약으로 그 적용의 우선순위를 정하지 아니할 때에는 우선순위를 정하여 높은 순서에서 낮은 순서로 답안을 작성하시오.

㉠ 설계도면 ㉡ 공사시방서 ㉢ 산출내역서
㉣ 전문시방서 ㉤ 표준시방서 ㉥ 감리자의 지시사항

|계|산|및|정|답|

【정답】 ① 공사시방서
② 설계도면
③ 전문시방서
④ 표준시방서
⑤ 산출내역서
⑥ 감리자의 지시사항

12

출제 : 22, 18년 • 배점 : 5점

단상 변압기가 있다. 전부하에서 2차 측 전압이 115[V]일 때, 전압변동률이 2[%]였다면 1차 측 전압은 얼마인가? 단, 변압기 권수비는 20:1이다.

|계|산|및|정|답|

【계산】 전압변동률 $\epsilon = \dfrac{\text{송전단}(V_s) - \text{수전단}(V_r)}{\text{수전단}(V_r)} = \dfrac{V_{20} - V_{2n}}{V_{2n}}$

$0.02 = \dfrac{V_{20} - 115}{115} \quad \rightarrow \quad V_{20} = 117.3[V]$

$\therefore$1차 측 전압 $V_1 = 117.3 \times 20 = 2346[V]$ $\rightarrow$ (권수비 $a = \dfrac{V_1}{V_2}$)

【정답】 2346[V]

|추|가|해|설|

1. 전압강하율 $\epsilon = \dfrac{\text{송전단}(V_s) - \text{수전단}(V_r)}{\text{수전단}(V_r)} = \dfrac{V_{20} - V_{2n}}{V_{2n}}$

여기서, V_{20} : 부하가 없을 때의 2차 측 전압, V_{2n} : 부하가 걸렸을 때의 2차 측 전압

13

출제 : 22년 • 배점 : 4점

커패시터에서 주파수가 50[Hz]에서 60[Hz]로 증가했을 때 전류는 몇 [%]가 증가 또는 감소하는가?

|계|산|및|정|답|

【계산】 (1) 주파수 증가분 $f = 50[Hz]$에서 $60[Hz]$로 증가 $\rightarrow f = \dfrac{60}{50} = \dfrac{6}{5}$배

(2) 커패시터의 전류 $I = \dfrac{V}{Xc} = \dfrac{V}{\dfrac{1}{j\omega c}} = j\omega c V = j2\pi f c V \quad \rightarrow \quad I \propto f$

$\therefore I \propto f \rightarrow \dfrac{6}{5}$배이므로 $\dfrac{6}{5} \times 100 = 120[\%]$, 즉 20[%] 증가

【정답】 증가분 20[%] 증가

14 출제 : 22, 18년 • 배점 : 6점

주어진 조건을 이용하여 영상분, 정상분, 역상분을 구하시오.

$V_a = 7.3\angle 12.5°$, $V_b = 0.4\angle -100°$, $V_c = 4.4\angle 154°$

단, 상순은 $a-b-c$이다.

(1) 영상분 전압 $V_0[V]$

(2) 정상분 전압 $V_1[V]$

(3) 역상분 $V_2[V]$

|계|산|및|정|답|

【계산】 (1) 영상분 $V_0 = \frac{1}{3}(V_a + V_b + V_c)$

$= \frac{1}{3}(7.3\angle 12.5° + 0.4\angle -100° + 4.4\angle 154°)$

$= \frac{1}{3}[7.3(\cos 12.5° + j\sin 12.5°) + 0.4(\cos 100° - j\sin 100°) + 4.4(\cos 154° + j\sin 154°)]$

$= 1.03 + j1.04[V] = 1.46\angle 45.28°$ 【정답】 $V_0 = 1.46\angle 45.28°[V]$

(2) 정상분 $V_1 = \frac{1}{3}(V_a + aV_b + a^2 V_c)$

$= \frac{1}{3}(7.3\angle 12.5° + 1\angle 120° \times 0.4\angle -100° + 1\angle -120° \times 4.4\angle 154°)$

$= \frac{1}{3}(7.3\angle 12.5° + 0.4\angle 20° + 4.4\angle 34°)$

$= 3.72 + j1.39[V] = 3.97\angle 20.49°$ 【정답】 $V_1 = 3.97\angle 20.49°$

(3) 역상분 $V_2 = \frac{1}{3}(V_a + a^2 V_b + aV_c)$

$= \frac{1}{3}(7.3\angle 12.5° + 1\angle -120° \times 0.4\angle -100° + 1\angle 120° \times 4.4\angle 154°)$

$= \frac{1}{3}(7.3\angle 12.5° + 0.4\angle -220° + 4.4\angle 274°)$

$= 2.38 - j0.85[V] = 2.53\angle -19.65°$ 【정답】 $V_2 = 2.53\angle -19.65°$

|추|가|해|설|

1. 영상분 $V_0 = \frac{1}{3}(V_a + V_b + V_c)$

2. 정상분 $V_1 = \frac{1}{3}(V_a + aV_b + a^2 V_c)$

3. 역상분 $V_2 = \frac{1}{3}(V_a + a^2 V_b + aV_c)$

※ $a = 1\angle 120° = -\frac{1}{2} + j\frac{\sqrt{3}}{2}$, $a^2 = 1\angle -120 = 240° = -\frac{1}{2} - j\frac{\sqrt{3}}{2})$

※ $\acute{A} = A\angle\theta = A(\cos\theta + j\sin\theta)$, $\acute{A} = A\angle -\theta = A(\cos\theta - j\sin\theta)$

15

출제 : 22년 • 배점 : 5점

다음 부하에 대한 발전기 최소 용량[kVA]을 아래의 식을 이용하여 산정하시오.
단, 전동기의 [kW]당 입력 환산계수(a)는 1.45, 전동기의 기동계수(c)는 2, 발전기의 허용전압강하계수(k)는 1.45이다.

〈발전기용량 산정식〉

$$GP \geq [\sum P + (\sum P_m - P_L) \times a + (P_L \times a \times c)] \times k$$

여기서, GP : 발전기용량

P : 전동기 외의 부하의 입력용량[kVA]

P_m : 전동기 부하용량의 합[kW]

P_L : 기동용량이 가장 큰 전동기의 부하용량[kW]

a : 전동기의 [kW]당 입력[kVA] 환산계수

c : 전동기의 기동계수

k : 발전기의 허용전압강하계수

No	부하종류	부하용량
1	유도전동기 부하	37[kW]×1대
2	유도전동기 부하	10[kW]×5대
3	전동기 이외 부하의 입력용량	30[kVA]

|계|산|및|정|답|

【계산】 a : 전동기의 [kW]당 입력[kVA] 환산계수=1.45, c : 전동기의 기동계수=2

k : 발전기의 허용전압강하계수 : 1.45

$$GP = [\sum P + (\sum P_m - P_L) \times a + (P_L \times a \times c)] \times k$$
$$= [30 + (87 - 37) \times 1.45 + (37 \times 1.45 \times 2)] \times 1.45 = 304.21 [kVA]$$

【정답】 304.21[kVA]

16

출제 : 22년 • 배점 : 9점

154[kV] 계통의 변전소에 다음과 같은 정격전압 및 용량을 가진 3권선 변압기가 설치되어 있다. 각 물음에 답하시오. 단, 기타 주어지지 않은 조건은 무시한다.

1차 입력 154[kV]	2차 입력 66[kV]	3차 입력 23[kV]
1차 용량 100[MVA]	2차 용량 100[MVA]	3차 용량 50[MVA]
$\%X_{12}=9\%(100[MVA$기준$]$	$\%X_{23}=3\%(50[MVA$기준$]$	$\%X_{13}=8.5\%(50[MVA$기준$]$

(1) 각 권선의 %Z를 100[MVA]를 구하시오.

① $\%X_1$: ② $\%X_2$: ③ $\%X_3$:

(2) 1차 입력이 100[MVA](역률 0.9 lead)이고, 3차에 50[MVA]의 전력용 커패시터를 접속했을 때 2차출력[MVA]과 그 역률[%]를 구하시오.

① 2차출력 : ② 역률

(3) (2)항의 조건에서 운전하는 도중 1차전압이 154[kV]일 때 2차전압과 3차전압을 구하시오.

① 2차전압 : ② 3차 전압 :

|계|산|및|정|답|

【계산】 (1) · 2차간 %리액턴스 $\%X_{12}=\frac{100}{100}\times 9=9[\%]$

· 2~3차간 %리액턴스 $\%X_{23}=\frac{100}{50}\times 3=6[\%]$

· 1, 3차간 %리액턴스 $\%X_{13}=\frac{100}{50}\times 8.5=17[\%]$

∴① 1차 $\%X_1=\frac{1}{2}(\%X_{12}+\%X_{13}-\%X_{23})=\frac{1}{2}(9+17-6)=10[\%]$

② 2차 $\%X_2=\frac{1}{2}(\%X_{12}+\%X_{23}-\%X_{13})=\frac{1}{2}(9+6-17)=-1[\%]$

③ 3차 $\%X_3=\frac{1}{2}(\%X_{23}+\%X_{13}-\%X_{12})=\frac{1}{2}(6+17-9)=7[\%]$

【정답】 ① $\%X_1=10[\%]$, ② $\%X_2=-1[\%]$, ③ $X_3=7[\%]$

(2) ① · 1차 입력 유효전력 $P_1=100\times 0.9=90[MW]$

· 1차 입력 무효전력(진상) $Q_{r1}=100\sqrt{1-0.9^2}=43.59[\text{MVar}]$

· 3차 출력 무효전력(진상) $Q_{r3}=50[\text{MVar}]$

· 2차 출력 유효전력 $P_2=P_1=90[MW]$

· 2차 출력 무효전력 $Q_{r2}=Q_{r1}-Q_{r3}=-43.59-(-50)=6.41[MW]$ →(진상 무효전력 –, 지상 무효전력 +)

∴2차 측 피상전력 $P_{2a}=\sqrt{P_2^2+Q_{r2}^2}=\sqrt{90^2+6.41^2}=90.23[MVA]$ 【정답】 90.23[MVA]

② 역률 $\cos\theta_2=\frac{P_2}{P_{2a}}\times 100=\frac{90}{90.23}\times 100=99.75[\%]$ 【정답】 99.75[%]

(3) ① 2차 전압

$$V_2 = 66\left(1+\frac{\epsilon}{100}\right) = 66\left(1+\frac{(-1)}{100}\right) = 65.34[\text{kV}]$$

② 3차 전압

$$V_3 = 23\left(1+\frac{3.5}{100}\right) = 23.81[\text{kV}]$$

→ (%Z를 자기용량 50[MVA]로 환산, 즉 $\frac{50}{100}\times 7 = 3.5[\%]$)

【정답】 ① $V_2 = 65.34[kV]$, ② $V_3 = 23.81[kV]$

|추|가|해|설|

(1) ① $\%Z(\text{기준용량}) = \frac{\text{기준용량}}{\text{자기용량}} \times \%Z(\text{자기용량})$

② 1차 $\%X_1 = \frac{1}{2}(\%X_{12} + \%X_{13} - \%X_{23})[\%]$

2차 $\%X_2 = \frac{1}{2}(\%X_{12} + \%X_{23} - \%X_{13})[\%]$

3차 $\%X_3 = \frac{1}{2}(\%X_{23} + \%X_{13} - \%X_{12})[\%]$

17

출제 : 22, 12, 05, 00년 • 배점 : 11점

그림은 누전 차단기를 적용하는 것으로 CVCF 출력단의 접지용 콘덴서 $C_0 = 6[\mu F]$이고, 부하측 라인필터의 대지 정전 용량 $C_1 = C_2 = 0.1[\mu F]$, 누전 차단기 ELB_1에서 지락점까지의 케이블 대지 정전 용량 $C_{L1} = 0[\mu F]$(ELB_1의 출력단에 지락 발생 예상), ELB_2에서 부하 2까지의 케이블 대지 정전 용량 $C_{L2} = 0.2[\mu F]$이다. 지락 저항은 무시하며, 사용 전압은 200[V], 주파수가 60[Hz]인 경우 다음 각 물음에 답하시오.

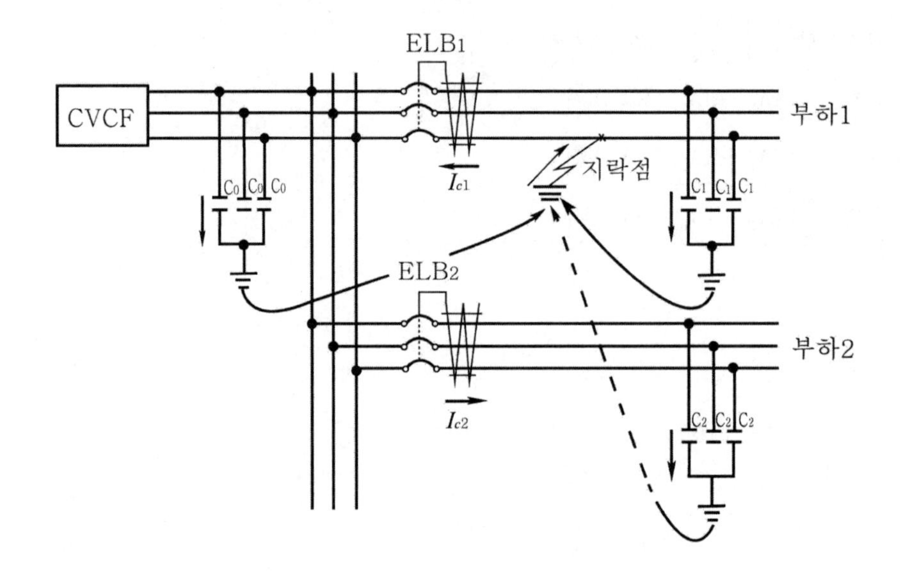

① ELB_1에 흐르는 지락 전류 I_{g1}은 약 796[mA]($I_{g1} = 3 \times 2\pi f CE$에 의하여 계산)이다.

② 누전 차단기는 지락 시의 지락 전류의 $\frac{1}{3}$에 동작 가능하여야 하며, 부동작 전류는 건전 피더에 흐르는 지락 전류의2배 이상의 것으로 한다.

③ 누전 차단기의 시설 구분에 대한 표시 기호는 다음과 같다.

○ : 누전 차단기를 시설할 것

△ : 주택에 기계 기구를 시설하는 경우에는 누전 차단기를 시설할 것

□ : 주택구내 또는 도로에 접한 면에 룸 에어컨디셔너, 아이스박스, 진열장, 자동판매기 등 전동기를 부품으로 한 기계 기구를 시설하는 경우에는 누전 차단기를 시설하는 것이 바람직하다.

※ 사람이 조작하고자 하는 기계 기구를 시설한 장소보다 전기적인 조건이 나쁜 장소에서 접촉할 우려가 있는 경우에는 전기적 조건이 나쁜 장소에 시설된 것으로 취급한다.

(1) 도면에서 CVCF는 무엇인지 우리말로 그 명칭을 쓰시오.

(2) 건전피더 ELB_2에 흐르는 지락 전류 I_{g2}는 몇 [mA]인가?

·계산 : ·답 :

(3) 누전 차단기 ELB_1, ELB_2가 불필요한 동작을 하지 않기 위해서는 정격 감도 전류 몇 [mA] 범위의 것을 선정하여야 하는가?

·계산 : ·답 :

(4) 누전 차단기의 시설 예에 대한 표의 빈 칸에 ○, △, □를 표현하시오.

기계 기구 시설 장소 / 전로의 대지 전압	옥내		옥측		옥외	물기가 있는 장소
	건조한 장소	습기가 많은 장소	우선내	우선외		
150[V] 이하						
150[V] 초과 300[V] 이하						

|계|산|및|정|답|

(1) 정전압 정주파수 공급 장치(CVCF)

(2) 【계산】 건전피더 ELB_2에 흐르는 지락 전류

$$I_{g2} = 3\times 2\pi f(C_2 + C_{L2})\times\frac{V}{\sqrt{3}} = 3\times 2\pi\times 60\times(0.1+0.2)\times 10^{-6}\times\frac{200}{\sqrt{3}} = 0.03918[A] = 39.18[mA]$$

【정답】 39.18[mA]

(3) 【계산】 정격감도전류의 범위

① 동작전류(지락전류 $\times\frac{1}{3}$)

$$I_{g1} = 796[mA] \ \rightarrow\ ELB_1 = 796\times\frac{1}{3} = 265.33[mA]$$

$$I_{g2} = 3\times 2\pi f(C_0 + C_1 + C_2 + C_{L2})\times\frac{V}{\sqrt{3}}$$

$$= 3\times 2\pi\times 60\times(6+0.1+0.1+0.2)\times 10^{-6}\times\frac{200}{\sqrt{3}} = 0.8358 = 835.8[mA]$$

$$\therefore ELB_2 = 835\times\frac{1}{3} = 278.6[mA]$$

② 부동작 전류(건전피더 지락 전류×2)

· Cable ①에 지락 시 Cable ②에 흐르는 지락 전류

$$I_{g2} = 3\times 2\pi f(C_2 + C_{L2})\times\frac{V}{\sqrt{3}} = 3\times 2\pi\times 60\times(0.1+0.2)\times 10^{-6}\times\frac{200}{\sqrt{3}} = 0.039178 = 39.18[mA]$$

$$ELB_2 = 39.18\times 2 = 78.36[mA]$$

· Cable ②에 지락 시 Cable ①에 흐르는 지락 전류

$$I_{g2} = 3\times 2\pi f(C_2 + C_{L1})\times\frac{V}{\sqrt{3}} = 3\times 2\pi\times 60\times(0.1+0)\times 10^{-6}\times\frac{200}{\sqrt{3}} = 0.01306 = 13.06[mA]$$

$ELB_1 = 13.06\times 2 = 26.12[mA]$ → (ELB_1 : 26.12~265.33[mA], ELB_2 : 78.36~278.6[mA])

【정답】 278.6[mA] 누전차단기 정격감도전류

(4)

기계 기구 시설 장소 / 전로의 대지 전압	옥내		옥측		옥외	물기가 있는 장소
	건조한 장소	습기가 많은 장소	우선내	우선외		
150[V] 이하	-	-	-	□	□	○
150[V] 초과 300[V] 이하	△	○	-	○	○	○

|추|가|해|설|

ELB_1에 흐르는 지락전류 → (ELB_1 : I_{g1})

ELB_1 : $I_{g1} = 3\times 2\pi f(C_0 + C_1 + C_{L1})\times \frac{V}{\sqrt{3}} = 3\times 2\pi \times 60\times(5+0.3)\times 10^{-6}\times \frac{200}{\sqrt{3}} = 796[mA]$ → (대지전압 $= \frac{V}{\sqrt{3}}$

18

출제 : 22년 • 배점 : 5점

다음은 어느 제조공장의 부하목록이다. 부하중심거리공식을 활용하여 부하중심위치(X, Y)를 구하시오. 단, X는 X축 좌표, Y는 Y측 좌표를 의미하고 다른 주어지지 않은 조건은 무시한다.

구분	분류	소비전력량	위치(X)	위치(Y)
1	물류저장소	120[kWh]	4[m]	4[m]
2	유틸리티	60[kWh]	9[m]	3[m]
3	사무실	20[kWh]	9[m]	9[m]
4	생산라인	320[kWh]	6[m]	12[m]

|계|산|및|정|답|

【계산】 부하중심의 거리 $L = \frac{\sum(W\times l)}{\sum W}$ → ($P = V\times I\times\cos\theta\times t[W]$이므로 $P\propto I$)

1. X축의 거리 $X = \frac{(120\times 4)+(60\times 9)+(20\times 9)+(320\times 6)}{120+60+20+320} = 6[m]$
2. Y축의 거리 $Y = \frac{(120\times 4)+(60\times 3)+(20\times 9)+(320\times 12)}{120+60+20+320} = 9[m]$

【정답】 X=6[m], Y=9[m]

|추|가|해|설|

1. 부하중심의 거리 $L = \frac{\sum(I\times l)}{\sum I}$
2. 전력량 $P = V\times I\times\cos\theta\times t[W]$

02 2022년 전기기사 실기

01 출제 : 22년 • 배점 : 5점

그림과 같이 전류계 3개를 가지고 부하전력을 측정하려고 한다. 각 전류계의 지시가 $A_1 = 10[A]$, $A_2 = 4[A]$, $A_3 = 7[A]$이고, $R = 25[\Omega]$일 때 다음을 구하시오.

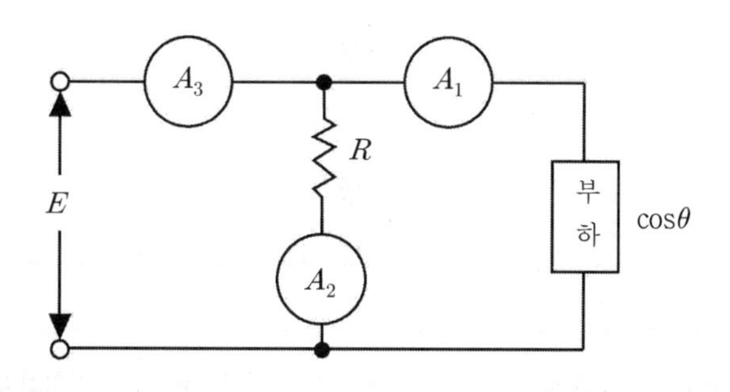

(1) 부하에서 소비되는 전력[W]을 구하시오.

•계산 : •답 :

(2) 부하 역률[%]을 구하시오.

•계산 : •답 :

|계|산|및|정|답|

|계|산|및|정|답|

(1) 【계산】 전력 $P = \frac{R}{2}(A_1^2 - A_2^2 - A_3^2)[W] = \frac{25}{2}(10^2 - 4^2 - 7^2) = 437.5[W]$ → (3전류계법)

【정답】 437.5[W]

(2) 【계산】 부하역률 $\cos\theta = \frac{A_1^2 - A_2^2 - A_3^2}{2A_2 A_3} = \frac{10^2 - 4^2 - 7^2}{2 \times 4 \times 7} \times 100 = 62.5[\%]$ → (3전류계법)

【정답】 62.5[%]

02

출제 : 22, 20, 18, 14년 • 배점 : 6점

수전전압 6600[V], 가공 전선로의 %임피던스가 58.5[%]일 때, 수전점의 3상 단락전류가 7000[A]인 경우 기준용과 수전용 차단기의 차단용량은 얼마인가?

【차단기의 정격용량[MVA]】

10	20	30	50	75	100	150	250	300	400	500

(1) 기준용량

•계산 : •답 :

(2) 차단용량

•계산 : •답 :

|계|산|및|정|답|

(1) 【계산】 ① 기준용량 $P_n = \sqrt{3}\, VI_n [MVA]$ → (I_n : 정격전류, V : 공칭전압)

② 단락전류 $I_s = \frac{100}{\%Z} I_n$에서, 단락전류 $I_s = 7000[A]$, $\%Z = 58.5[\%]$

③ 정격전류 $I_n = \frac{\%Z}{100} I_s = \frac{58.5}{100} \times 7000 = 4095[A]$

∴기준용량 : $P_n = \sqrt{3}\, VI_n = \sqrt{3} \times 6600 \times 4095 \times 10^{-6} = 46.812[MVA]$ 【정답】 46.81[MVA]

(2) 【계산】 차단용량 $P_s = \frac{100}{\%Z} P_n = \frac{100}{58.5} \times 46.81 = 80.02[MVA]$ → (차단기의 정격용량 표에서 100[MVA] 선정)

【정답】 100[MVA]

|추|가|해|설|

•정격차단용량[MVA]= $\sqrt{3}$ ×공칭전압[kV]×단락전류[kA]

= $\sqrt{3}$ ×정격전압[kV]×정격차단전류[kA]

(차단기의 정격 차단전류는 단락전류보다 커야 한다.)

03

출제 : 22, 21, 08년 • 배점 : 5점

3상 3선식 1회선 배전선로의 말단에 늦은 역률 80[%]인 평형 3상의 집중부하가 있다. 변전소 인출구의 전압이 6600[V]인 경우 부하의 단자전압을 6000[V] 이하로 떨어뜨리지 않으려면 부하전력은 얼마인가? (단, 전선 1선의 저항은 1.4[Ω], 리액턴스 1.8[Ω]으로 하고 그 이외의 선로정수는 무시한다.)

· 계산 :

· 답 :

|계|산|및|정|답|

【계산】 $e = \frac{P}{V_r}(R + X\tan\theta)$에서 $P = \frac{eV_r}{R + X\tan\theta} \times 10^{-3}$[kW]이므로

$$P = \frac{600 \times 6000}{1.4 + 1.8 \times \frac{0.6}{0.8}} \times 10^{-3} = 1309.09[kW]$$

→ (전압강하(e) = 인출구 전압(V_s) − 부하의 단자전압(V_r))

【정답】 1309.09[kW]

|추|가|해|설|

1. 전압강하(e) = 인출구 전압(V_s) − 부하의 단자전압(V_r)
2. 3상3선식 전압강하 $e = V_s - V_r = \sqrt{3}\, I(R\cos\theta + X\sin\theta)[V]$

$$= \sqrt{3} \times \frac{P}{\sqrt{3}\, V_r \cos\theta} \times (R\cos\theta + X\sin\theta)$$

→ (부하전류 $I = \frac{P}{\sqrt{3}\, V_r \cos\theta}[A]$)

$$= \frac{P}{V_r}(R + X\frac{\sin\theta}{\cos\theta}) = \frac{P}{V_r}(R + X\tan\theta)[V]$$

04

출제 : 22, 13년 • 배점 : 6점

전압 3300[V], 전류 43.5[A], 저항 0.66[Ω], 무부하손 1000[W]인 변압기가 있다. 다음 조건일 때의 효율을 구하시오.

(1) 전부하시 역률 100[%]와 80[%]인 경우

•계산 : •답 :

(2) 반부하시 역률 100[%]와 80[%]인 경우

•계산 : •답 :

|계|산|및|정|답|

(1) 【계산】 전부하시 동손 $P_c = I^2 R = 43.5^2 \times 0.66 = 1248.89[W]$

① 전부하 역률 100[%]일 때

효율 $\eta = \dfrac{P\cos\theta}{P\cos\theta + P_i + P_c} \times 100 = \dfrac{VI\cos\theta}{VI\cos\theta + P_i + P_c} \times 100$에서

효율 $\eta = \dfrac{1 \times 3300 \times 43.5 \times 1}{1 \times 3300 \times 43.5 \times 1 + 1000 + 1^2 \times 1248.89} \times 100 = 98.46[\%]$ 【정답】 98.46[%]

② 전부하 역률 80[%] 역률일 때

효율 $\eta = \dfrac{3300 \times 43.5 \times 0.8}{3300 \times 43.5 \times 0.8 + 1000 + 1248.89} \times 100 = 98.08[\%]$ 【정답】 98.08[%]

(2) 【계산】 반부하시(부하율 $m = \dfrac{1}{2} = 0.5$)

반부하시 동손 $P_c = m^2 I^2 R = 0.5^2 \times 43.5^2 \times 0.66 = 312.22[W]$

① 100[%] 역률일 때 효율 $\eta = \dfrac{0.5 \times 3300 \times 43.5 \times 1}{0.5 \times 3300 \times 43.5 \times 1 + 1000 + 312.22} \times 100 = 98.2[\%]$ 【정답】 98.2[%]

② 80[%] 역률일 때 효율 $\eta = \dfrac{0.5 \times 3300 \times 43.5 \times 0.8}{0.5 \times 3300 \times 43.5 \times 0.8 + 1000 + 312.22} \times 100 = 97.77[\%]$

【정답】 97.77[%]

|추|가|해|설|

(1) 정격부하 시 변압기 효율 $\eta = \dfrac{VI\cos\theta}{VI\cos\theta + P_i + P_c} \times 100[\%]$

여기서, P_i : 무부하손(철손), P_c : 동손, V : 정격전압, I : 정격전류)

(2) 정격부하 시 m 부하로 운전 시 변압기 효율 $\eta = \dfrac{mVI\cos\theta}{mVI\cos\theta + P_i + m^2 P_c} \times 100[\%]$

05

출제 : 22, 21, 11년 • 배점 : 6점

지표면상 10[m]높이에 수조가 있다. 이 수조에 초당 1[m^3]의 물을 양수하는데 펌프용 전동기에 3상 전력을 공급하기 위해서 단상 변압기 2대를 V결선 하였다. 펌프 효율이 70[%]이고, 펌프축 동력에 20[%]의 여유를 두는 경우 다음 각 물음에 답하시오 (단, 펌프용 3상 농형 유도전동기의 역률을 100[%]로 가정한다.)

(1) 펌프용 전동기의 소요 동력은 몇 [kW]인가?

·계산 : ·답 :

(2) 단상 변압기 1대의 용량은 몇 [kVA]인가?

·계산 : ·답 :

|계|산|및|정|답|

(1) 【계산】 펌프용 전동기의 소요 동력 $P = \frac{9.8KHq}{\eta} = \frac{9.8 \times 10 \times 1 \times 1.2}{0.7} = 168[\mathrm{kW}]$ 【정답】 168[kW]

(2) 【계산】 변압기 1대의 용량 $P_1 = \frac{P_V}{\sqrt{3}} = \frac{168}{\sqrt{3}} = 96.99[\mathrm{kVA}]$ 【정답】 96.99[kVA]

|추|가|해|설|

① 펌프용 전동기의 용량 $P = \frac{9.8Q'[m^3/\sec]HK}{\eta}[kW] = \frac{9.8Q[m^3/\min]HK}{60 \times \eta}[kW] = \frac{Q[m^3/\min]HK}{6.12\eta}[\mathrm{kW}]$

여기서, P : 전동기의 용량[kW], Q' : 양수량[$m^3/\sec$], Q : 양수량[$m^3/\min$]

H : 양정(낙차)[m], η : 펌프효율, K : 여유계수(1.1~1.2 정도)

② 권상용 전동기의 용량 $P = \frac{K \cdot W \cdot V}{6.12\eta}[KW]$ →(K : 여유계수, W : 권상 중량 [ton], V : 권상 속도[m/min], η : 효율)

③ 엘리베이터용 전동기의 용량 $P = \frac{KVW}{6120\eta}[kW]$

여기서, P : 전동기 용량[kW], η : 엘리베이터 효율, V : 승강속도[m/min]

W : 적재하중[kg](기계의 무게는 포함하지 않는다.), K : 계수(평형률)

④ 변압기 출력(단상 변압기 2대를 V결선 했을 때의 출력) $P_V = \sqrt{3}P_1$ → (변압기 1대의 용량 $P_1 = \frac{P_V}{\sqrt{3}}[kVA]$)

06 출제 : 22년 • 배점 : 5점

그림과 같은 전력계통이 있다. 각 부분의 %임피던스는 그림에 보인 대로 이며 모두가 10[MVA]의 기준용량으로 환산된 것이다. 차단기 a의 단락용량[MVA]을 구하시오.

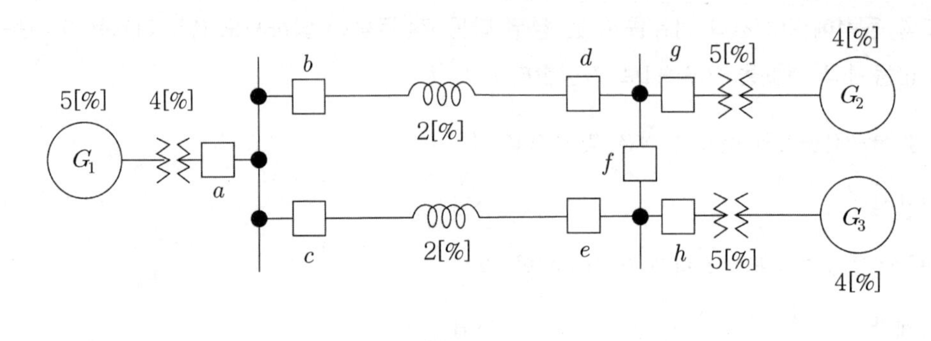

|계|산|및|정|답|

【계산】 ① 차단기 a의 바로 우측에서 단락고장이 일어났을 경우 a에 흐르는 전류 $I_a = I_{G1} = I_n \times \frac{100}{5+4} = 11.11 I_n$

② 차단기 a의 바로 좌측에서 단락고장이 일어났을 경우 a에 흐르는 전류

$I_a' = I_{G2} + I_{G3} = 2 \times \frac{100}{5+4+2} \times I_n = 18.18 I_n$ → ($I_a' > I_a$이므로 I_a'를 단락용량으로 결정)

③ $\%Z_{total} = \frac{4+5+2}{2} = 5.5[\%]$

∴단락용량 $P_s = \frac{100}{\%Z} P_n = \frac{100}{5.5} \times 10 = 181.81[MVA]$ 【정답】 181.8[MVA]

|추|가|해|설|

① 차단기 a의 바로 우측에서 단락고장이 일어났을 경우 : G_1에서 공급되는 전류만 차단기 a에 흐르고 G_2 및 G_3에서 공급되는 전류는 차단기 a를 통하지 않게 된다.
② 차단기 a의 바로 좌측에서 단락고장이 일어났을 경우 : G_2 및 G_3에서 공급되는 전류는 차단기 a에 흐르고, G_1에서 공급되는 전류는 차단기 a를 통하지 않게 된다.
③ 차단기 좌측 혹은 우측에서 단락고장이 생긴 경우를 가정하여 차단기를 통하는 전류가 큰 쪽만 고려하면 된다.

07

출제 : 22년 • 배점 : 4점

다음 표를 이용하여 합성최대수용전력을 구하시오.

	부하 A	부하 B	부하 C	부하 D
설비용량[kW]	10	20	20	30
수용률	0.8	0.8	0.6	0.6
부등률	1.3			

• 계산 : • 답 :

| 계 | 산 | 및 | 정 | 답 |

(1) 【계산】 합성최대수용전력[kW]$= \dfrac{\sum(\text{설비용량} \times \text{수용률})}{\text{부등률}}$[kW]

$$= \frac{10 \times 0.8 + 20 \times 0.8 + 20 \times 0.6 + 30 \times 0.6}{1.3} = 41.538[kW]$$

【정답】 41.54[kW]

| 추 | 가 | 해 | 설 |

1. 합성최대수용전력[kW] $= \dfrac{\text{각 최대수용전력의 합}}{\text{부등률}} = \dfrac{\sum(\text{설비용량} \times \text{수용률})}{\text{부등률}}$[kW]

08

출제 : 22, 17년 • 배점 : 5점

그림과 같이 접속된 3상 3선식 고압 수전설비의 변류기 2차 전류가 언제나 4.2[A]이었다. 이때 수전전력[kW]을 구하시오.
단, 수전전압은 6600[V], 변류비는 50/5[A], 역률은 100[%]이다.

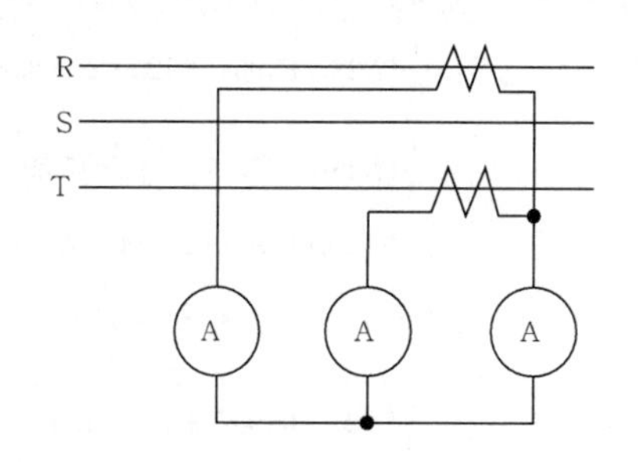

• 계산 : • 답 :

| 계 | 산 | 및 | 정 | 답 |

【계산】 수전전력 $P = \sqrt{3}\, V_1 I_1 \cos\theta \times 10^{-3}[\text{kW}] = \sqrt{3} \times 6600 \times \left(4.2 \times \dfrac{50}{5}\right) \times 1 \times 10^{-3} = 480.12[\text{kW}]$

$\rightarrow \left(I_1 = I_2 \times CT\text{비} = 4.2 \times \dfrac{50}{5}[A]\right)$

【정답】 480.12[kW]

| 추 | 가 | 해 | 설 |

CT의 결선이 가동 접속이므로 CT 2차측 전류는 $I_R = I_S = I_T = I_2$가 된다.

즉, 1차측 선로에 흐르는 전류 $I_1 = I_2 \times CT\text{비} = 4.2 \times \dfrac{50}{5} = 42[A]$가 된다.

09

출제 : 22, 18년 • 배점 : 6점

불평형 3상 전류가 $I_a = 7.28\angle 15.95°\,[A]$, $I_b = 12.81\angle -128.66°\,[A]$, $I_c = 7.21\angle 123.69°\,[A]$인 경우 주어진 조건을 이용하여 영상분($I_0$), 정상분($I_1$), 역상분($I_2$)을 구하시오. 단, 상순은 $a-b-c$이다.

(1) 영상분 전류 $I_0[V]$는?

(2) 정상분 전류 $I_1[V]$는?

(3) 역상분 전류 $I_2[V]$는?

|계|산|및|정|답|

【계산】 (1) 영상분 $I_0 = \frac{1}{3}(I_a + I_b + I_c)$

$= \frac{1}{3}(7.28\angle 15.95° + 12.81\angle -128.66° + 7.21\angle 123.69°)$

$= \frac{1}{3}(7.28(\cos 15.95° + j\sin 15.59°) + 12.81(\cos 128.66° - j\sin 128.66°) + 7.21(\cos 123.69° + j\sin 123.69°))$

$=1.67-j0.67=1.8\angle -158.17°$ [A] 【정답】 $1.8\angle -158.17°\,[A]$

(2) 정상분 $I_1 = \frac{1}{3}(I_a + aI_b + a^2 I_c)$

$= \frac{1}{3}(7.28\angle 15.95° + 1\angle 120° \times 12.81\angle -128.66° + 1\angle -120° \times 7.21\angle 123.69°)$

$= \frac{1}{3}(7.28\angle 15.95° + 12.81\angle -8.66° + 7.21\angle 3.69°)$

$= \frac{1}{3}(7.28(\cos 15.95° + j\sin 15.59°) + 12.81(\cos 8.66° - j\sin 8.66°) + 7.21(\cos 3.69° + j\sin 3.69°))$

$=8.95+j0.18=8.95\angle 1.14°$ [A] 【정답】 $8.95\angle 1.14°\,[A]$

(3) 역상분 $I_2 = \frac{1}{3}(I_a + a^2 I_b + aI_c)$

$= \frac{1}{3}(7.28\angle 15.95° + 1\angle -120° \times 12.81\angle -128.66° + 1\angle 120° \times 7.21\angle 123.69°)$

$= \frac{1}{3}(7.28\angle 15.95° + 12.81\angle -248.66° + 7.21\angle 243.69°)$

$= \frac{1}{3}(7.28(\cos 15.95° + j\sin 15.59°) + 12.81(\cos 248.66° - j\sin 248.66°) + 7.21(\cos 243.69° + j\sin 243.69°))$

$=-0.29+j2.49=2.51\angle 96.55°$ [A] 【정답】 $2.51\angle 96.55°\,[A]$

|추|가|해|설|

1. 영상분 $I_0 = \frac{1}{3}(I_a + I_b + I_c)$
2. 영상분 $I_1 = \frac{1}{3}(I_a + aI_b + a^2 I_c)$ → $(a = 1\angle 120°,\ a^2 = 1\angle -120 = 240°)$
3. 역상분 $I_2 = \frac{1}{3}(I_a + a^2 I_b + aI_c)$

10

다음 도면은 22.9[kV] 특고압 수전설비의 도면이다. 다음 도면을 보고 물음에 답하시오.

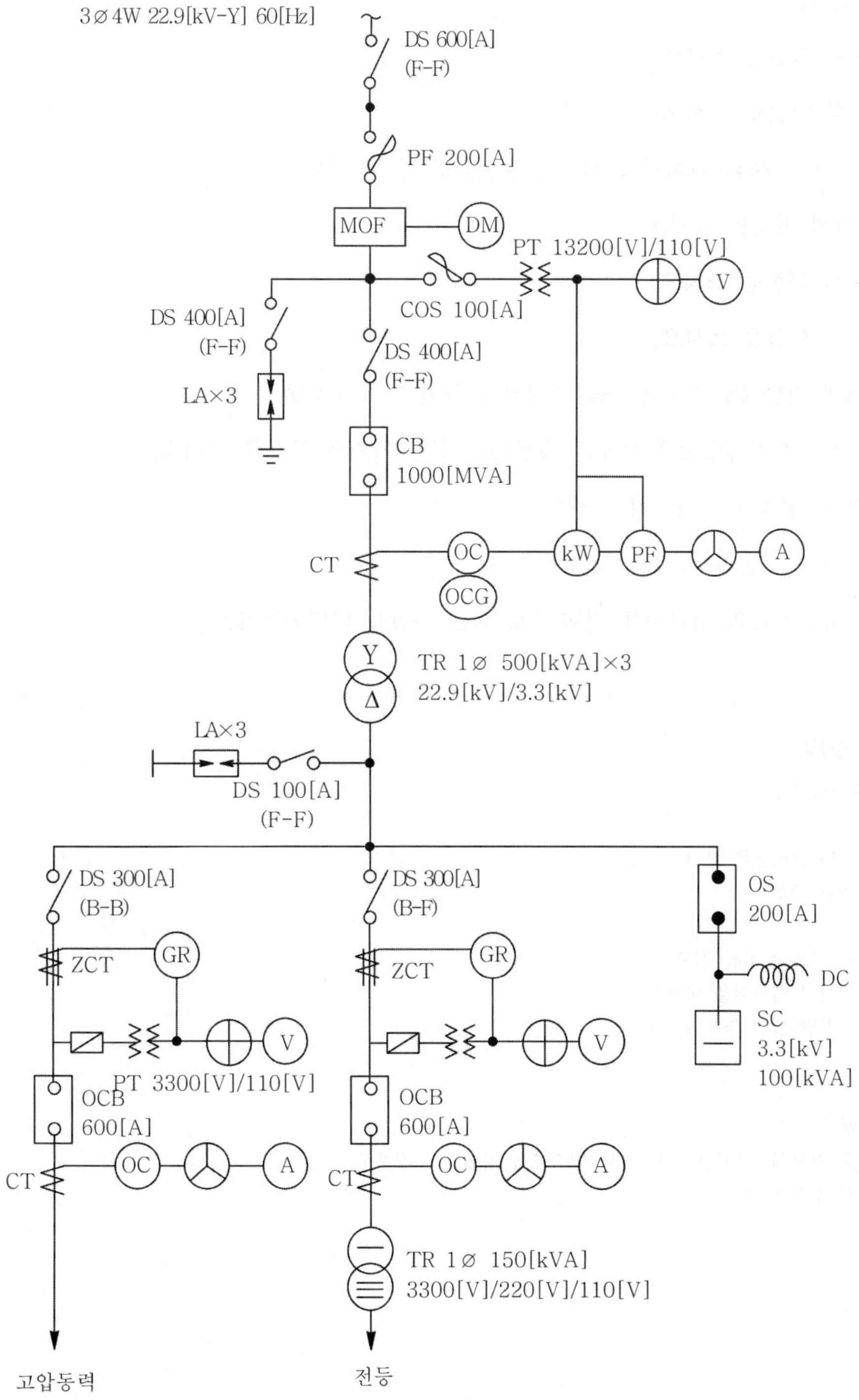

(1) MOF에 연결되어 있는 DM의 명칭을 쓰시오.

(2) 22.9[kV] 측의 단로기(DS)의 정격전압[V]을 쓰시오. 단, 정격전압을 구하는 식은 기재하지 않는다.

(3) PF의 역할을 쓰시오.

(4) SC의 역할을 쓰시오.

(5) 22.9[kV] 측의 피뢰기(LA)의 정격전압[kV]을 쓰시오.

(6) ZCT의 역할을 쓰시오.

(7) GR의 역할을 쓰시오.

(8) CB의 역할을 쓰시오.

(9) 1대의 전압계로 3상 전압을 측정하기 위한 기기의 약호를 쓰시오.

(10) 1대의 전류계로 3상 전류를 측정하기 위한 기기의 약호를 쓰시오.

(11) OS의 명칭이 무엇인지 쓰시오.

(12) MOF의 기능을 쓰시오.

(13) 3.3[kV] 측의 차단기에 적힌 600[A]는 무엇을 의미하는가?

|계|산|및|정|답|

(1) 최대수요전력량계
(2) 25.8[kV]
(3) 단락전류 및 고장전류 차단
(4) 부하의 역률 개선
(5) 18[kV]
(6) 지락고장 시 영상 전류 검출
(7) 지락사고 시 트립코일을 여자시킴
(8) 고장전류 차단 및 부하전류 개폐
(9) VS
(10) AS
(11) 유입개폐기
(12) 전력량을 적산하기 위하여 고전압과 대전류를 저전압 소전류로 변성
(13) 차단기의 정격전류

|추|가|해|설|

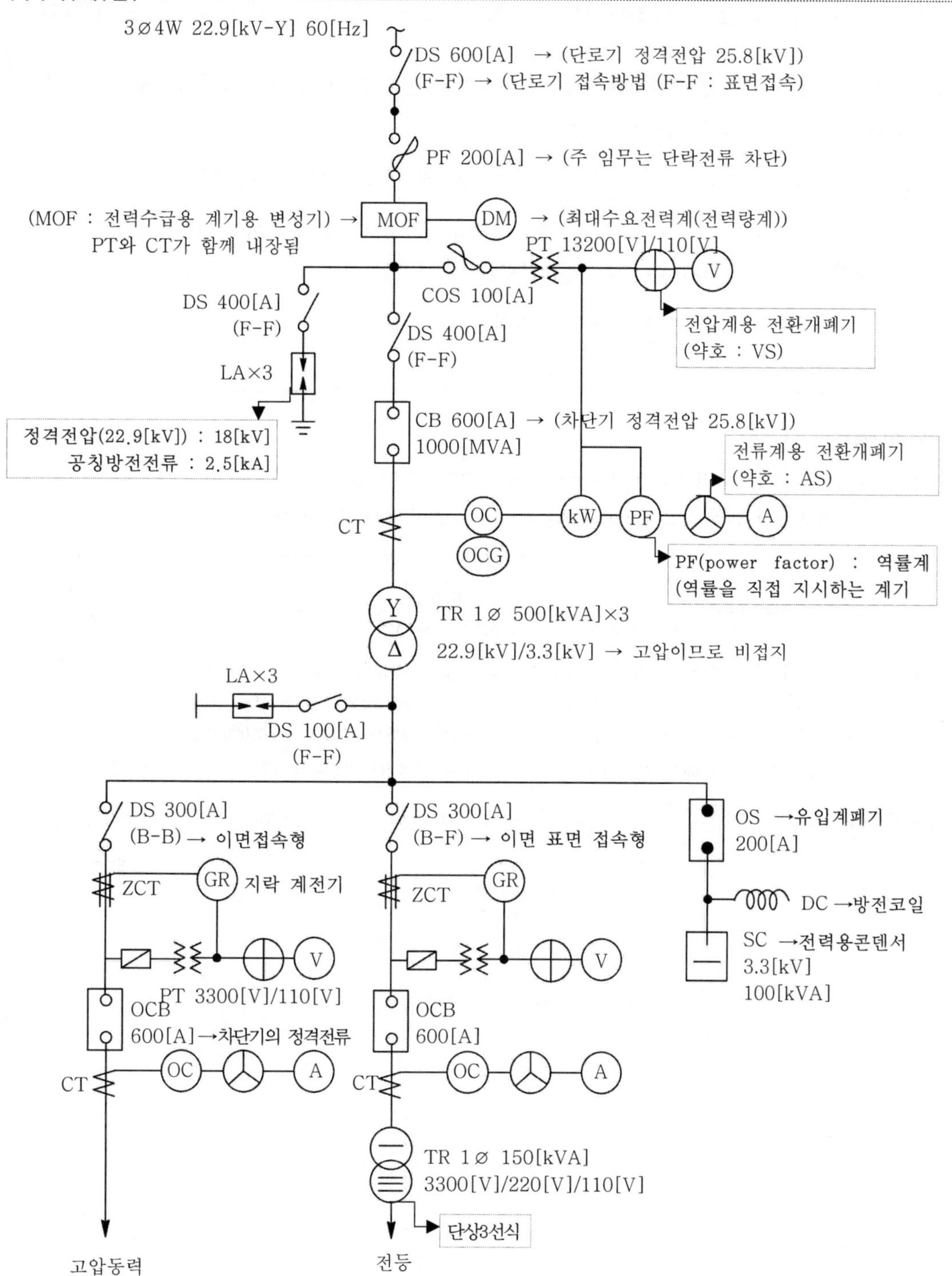

3∅4W 22.9[kV-Y] 60[Hz]
DS 600[A] → (단로기 정격전압 25.8[kV])
(F-F) → (단로기 접속방법 (F-F : 표면접속)
PF 200[A] → (주 임무는 단락전류 차단)
(MOF : 전력수급용 계기용 변성기) →
PT와 CT가 함께 내장됨
MOF
DM
→ (최대수요전력계(전력량계))
PT 13200[V]/110[V]
V
COS 100[A]
전압계용 전환개폐기
(약호 : VS)
DS 400[A]
(F-F)
LA×3
정격전압(22.9[kV]) : 18[kV]
공칭방전전류 : 2.5[kA]
DS 400[A]
(F-F)
CB 600[A] → (차단기 정격전압 25.8[kV])
1000[MVA]
전류계용 전환개폐기
(약호 : AS)
CT
OC
OCG
kW
PF
A
PF(power factor) : 역률계
(역률을 직접 지시하는 계기
Y
Δ
TR 1∅ 500[kVA]×3
22.9[kV]/3.3[kV] → 고압이므로 비접지
LA×3
DS 100[A]
(F-F)
DS 300[A]
(B-B) → 이면접속형
ZCT
GR
지락 계전기
V
PT 3300[V]/110[V]
OCB
600[A]→차단기의 정격전류
CT
OC
A
고압동력
DS 300[A]
(B-F) → 이면 표면 접속형
ZCT
GR
V
OCB
600[A]
CT
OC
A
TR 1∅ 150[kVA]
3300[V]/220[V]/110[V]
단상3선식
전등
OS →유입개폐기
200[A]
DC →방전코일
SC →전력용콘덴서
3.3[kV]
100[kVA]

11

출제 : 22년 • 배점 : 8점

용량이 5000[kVA]인 변전설비를 갖는 수용가에서 현재 5000[kVA], 역률 75[%](지상)의 부하를 공급하고 있다. 다음 각 물음에 답하시오.

(1) 여기에 1000[kVA]의 전력용 콘덴서를 연결할 경우 개선되는 역률[%]을 구하시오.

(2) 1000[kVA]의 전력용 콘덴서 연결 후 역률 80[%](지상)의 부하를 추가하여 변압기 전용량까지 사용할 경우 증가시킬 수 있는 유효전력은 몇 [kW]인가?

(3) (2)에서 구한 부하를 추가한 후의 종합역률[%]은 얼마인가?

|계|산|및|정|답|

(1) 【계산】 ① 기존 부하의 유효전력 $P_1 = P_a \times \cos\theta_1 = 5000 \times 0.75 = 3750[kW]$ → (P_a : 피상전력)

② 콘덴서 설치 후 기존 부하의 무효전력 $P_{r1} = P_r - Q = 5000 \times \sqrt{1-0.75^2} - 1000 = 2307.19[\text{kVar}]$

→ ($P_r = P_a \times \sin\theta = P_a \times \sqrt{1-\cos\theta^2}[\text{kVar}]$, Q : 콘덴서 용량(진상))

∴개선 된 역률 $\cos\theta = \frac{P_1}{P_{a1}} = \frac{P_1}{\sqrt{P_1^2 + P_{r1}^2}} = \frac{3750}{\sqrt{3750^2 + 2307.19^2}} \times 100 = 85.17[\%]$ 【정답】 85.17[%]

(2) 【계산】 ① 콘덴서 설치 후 부하의 크기 $P_a' = \sqrt{3750^2 + 2307.19^2} = 4402.91[\text{kVA}]$ → (피상전력 $P_a = \sqrt{P^2 + P_r^2}$)

→ (감소된 부하의 크기[kVA] 만큼 증가시킬 수 있는 부하의 크기[kVA]가 된다.)

② 증가시킬 수 있는 부하의 크기[kW] $P_{a\triangle} = P_a - P_a' = 5000 - 4402.91 = 597.09[\text{kVA}]$

∴증가시킬 수 있는 부하의 크기[kW] $P_\triangle = P_{a\triangle} \times \cos\theta = 597.09 \times 0.8 = 477.67$ 【정답】 477.67[kW]

(3) 【계산】 역률 $\cos\theta_0 = \frac{P}{P_a} = \frac{P_1 + P_\triangle}{P_a} = \frac{3750 + 477.67}{5000} \times 100 = 84.55[\%]$ → (기존 부하에 추가된 부하를 더한다.)

【정답】 84.55[%]

12

출제 : 22년 • 배점 : 5점

어떤 도로의 폭이 15[m]의 도로 양쪽에 20[m] 간격을 두고 등주가 대칭 배열 되었을 때, 가로등 1개의 전광속이 8000[lm], 도로면의 조명률이 45[%]일 때, 도로의 조도를 계산하시오.

·계산 : ·답 :

|계|산|및|정|답|

【계산】 $E = \frac{FUN}{DA} = \frac{FUN}{D \times \frac{B \times S}{2}}$ → (양쪽 대칭 배열, B : 폭, S : 등주 간격)

$= \frac{800 \times 0.45 \times 1}{1 \times \frac{20 \times 15}{2}} = 24[\text{lx}]$

【정답】 24[lx]

|추|가|해|설|

(1) 조명계산

조도 $E = \frac{FUN}{DA}[\text{lx}]$

여기서, F : 광속[lm], U : 조명률[%], N : 등수[등], E : 조도[lx], A : 면적[m^2]

$D = \frac{1}{M}$: 감광보상률$= \frac{1}{\text{보수율(유지율)}}$

(2) 도로 조명 배치 방법

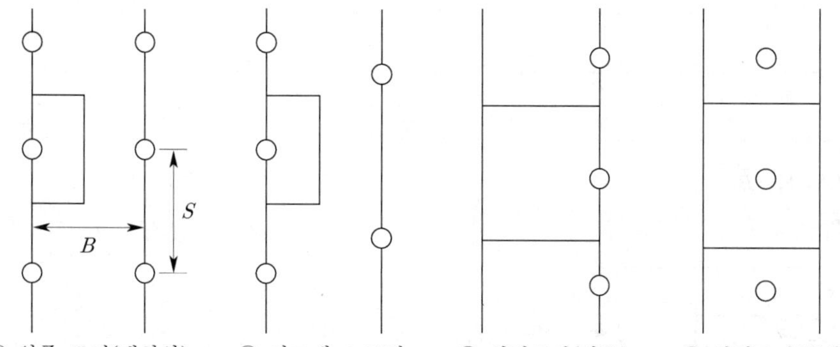

① 양쪽 조명(대치식) ② 지그재그 조명 ③ 일렬조명(한쪽) ④ 일렬조명(중앙)

① 양쪽 조명(대치식) (1일 배치의 피조 면적) : $A = \frac{S \cdot B}{2}[m^2]$

② 지그재그 조명 : $A = \frac{S \cdot B}{2}[m^2]$

③ 일렬조명(한쪽) : $A = S \cdot B[m^2]$

④ 일렬조명(중앙) : $A = S \cdot B[m^2]$

13 출제 : 22년 • 배점 : 4점

다음과 같은 유접점 회로가 있다. 접속점 표기방식을 참고하여 다음 물음에 답하시오.

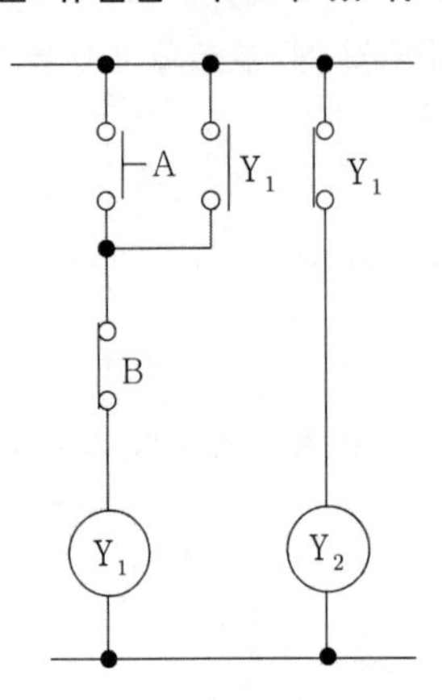

【접속점 표기 방식】

접속	미접속

(1) 주어진 시퀀스 제어회로에서 Y_1 및 Y_2를 출력으로 하는 논리식을 적성하시오.

(2) (1)에서 구한 논리식을 논리회로로 작성하시오.

|계|산|및|정|답|

(1) 【논리식】 $Y_1 = (A + Y_1) \cdot \overline{B}$

$Y_2 = \overline{Y_1}$

(2)

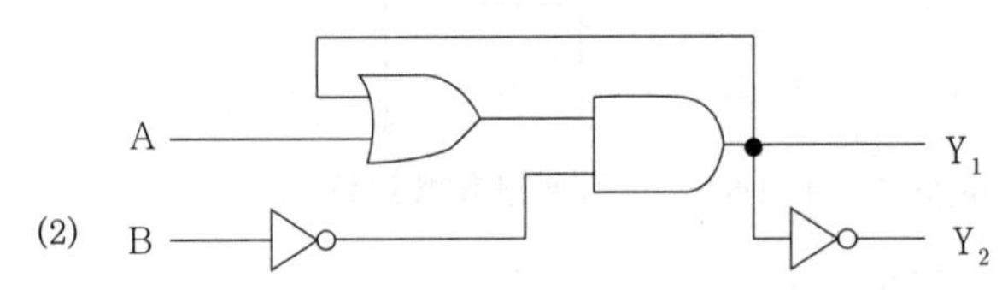

14

출제 : 22년 • 배점 : 4점

전선의 식별에 관한 아래 표의 빈칸에 대해 알맞게 답하시오.

(1) 전선의 색상은 아래 표(전선식별)에 따른다.

상(문자)	색상
L1	(①)
L2	흑
L3	(②)
N	(③)
보호도체	(④)

(2) 색상 식별이 종단 및 연결 지점에서만 이루어지는 나도체 등은 전선 종단부에 색상이 반영구적으로 유지될 수 있는 도색, 밴드, 색 테이프 등의 방법으로 표시해야 한다.

(3) 제1 및 제2를 제외한 전선의 식별은 KS C IEC 60445(인간과 기계 간 인터페이스, 표시 식별의 기본 및 안전원칙－장비단자, 도체단자 및 도체의 식별)에 적합하여야 한다.

| 계 | 산 | 및 | 정 | 답 |

【정답】 ① 갈색　② 회색　③ 청색　④ 녹색－노란색

15

출제 : 22년 • 배점 : 4점

한국전기설비규정에서 정하는 다음 각 용어의 정의를 적으시오.

(1) PEM 도체(protective earthing conductor and a mid－point conductor)

(2) PEL 도체(protective earthing conductor and a line conductor)

| 계 | 산 | 및 | 정 | 답 |

【정답】 (1) 직류회로에서 중간도체 겸용 보호도체

(2) 직류회로에서 선도체 겸용 보호도체

| 추 | 가 | 해 | 설 |

·PEN 도체(protective earthing conductor and neutral conductor) : 교류회로에서 중성선 겸용 보호도체

16

출제 : 22년 • 배점 : 6점

입력 A, B, C에 대한 출력 Y1, Y2를 다음의 진리표와 같이 동작시키고자 할 때, 다음 각 물음에 답하시오. (단, 회로 작성 시 선의 접속 및 미접속에 대한 예시를 참고하여 작성하시오.)

A	B	C	Y_1	Y_2
0	0	0	0	1
0	0	1	0	1
0	1	0	0	1
0	1	1	0	0
1	0	0	0	1
1	0	1	1	1
1	1	0	1	1
1	1	1	1	0

【접속점 표기 방식】

접속	미접속

(1) 출력 Y1, Y2에 대한 논리식을 간략화 하시오. 단, 간략화 된 논리식은 최소한의 논리게이트와 접점 사용을 고려한 논리식이다.

- Y1=
- Y2=

(2) (1)에서 구한 논리식을 논리회로로 나타내시오.

(3) (1)에서 구한 논리식을 유접점 시퀀스회로로 나타내시오.

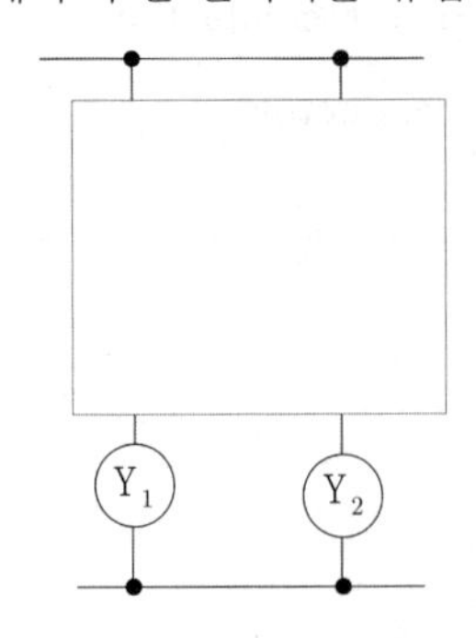

|계|산|및|정|답|

(1) 【논리식】 ① $Y_1 = A\overline{B}C + AB\overline{C} + ABC + ABC = AC(\overline{B}+B) + AB(\overline{C}+C)$ → (Y_1이 1인 곳의 모든 식을 더한다.)

→ ($B+\overline{B}=1$, $C+\overline{C}=1$

→ (동일한 입력을 더해도 출력은 변하지 않는다. 즉, ABC를 한 번 더 더한다.)

$= AC + AB = A(B+C)$

② $Y_2 = \overline{A}\,\overline{B}\,\overline{C} + \overline{A}\,\overline{B}C + \overline{A}B\overline{C} + A\overline{B}\,\overline{C} + A\overline{B}C + AB\overline{C}$

$= \overline{A}\,\overline{B}(\overline{C}+C) + B\overline{C}(\overline{A}+A) + A\overline{B}(\overline{C}+C)$

$= \overline{A}\,\overline{B} + B\overline{C} + A\overline{B} = \overline{B}(\overline{A}+A) + B\overline{C} = \overline{B} + B\overline{C} = (\overline{B}+B)(\overline{B}+\overline{C}) = \overline{B}+\overline{C}$

【정답】 $Y_1 = A(B+C)$, $Y_2 = \overline{B}+\overline{C}$

(2)

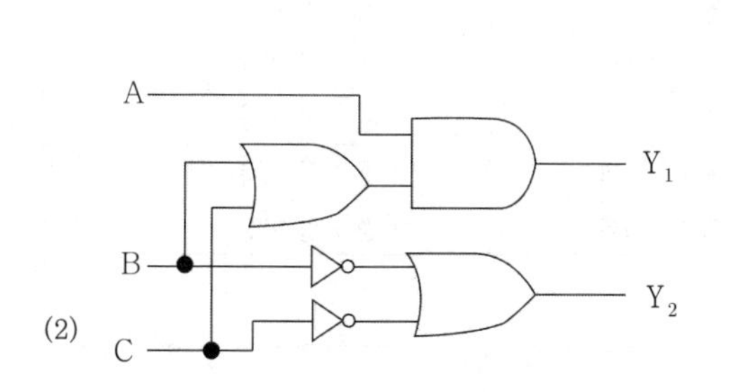

(3)

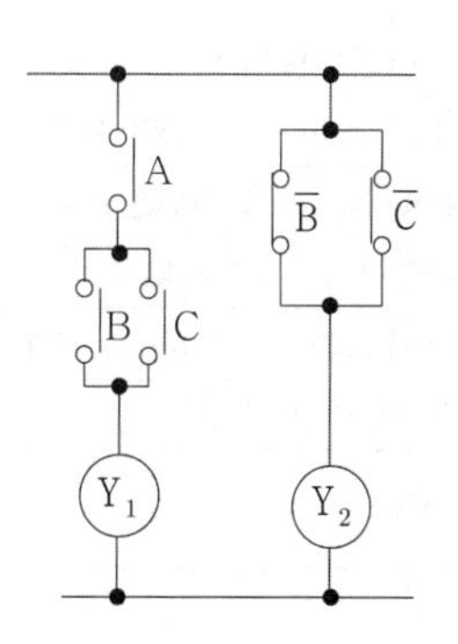

|추|가|해|설|

1. 분배법칙

① $A+(B\cdot C) = (A+B)\cdot(A+C)$

② $A\cdot(B+C) = A\cdot B + A\cdot C$

2. 2진수(0과 1)에서

① $A+0=A$, $A\cdot 1=A$

② $A+A=A$, $A\cdot A=A$

③ $A+1=1$, $A+\overline{A}=1$

④ $A\cdot 0=0$, $A\cdot\overline{A}=0$

⑤ $0+0=0$, $0+1=1$, $\overline{0}=1$, $0\cdot 1=0$, $1\cdot 1=1$, $\overline{1}=0$

17

출제 : 22년 • 배점 : 5점

다음은 전기안전관리자의 직무에 관한 고시에 따라 안전관리업무를 대행하는 전기안전관리자가 점검을 실시해야 하는 전기설비의 용량별 점검 횟수 및 간격에 대한 기준을 나타낸 것이다. (   ) 안에 알맞은 내용을 쓰시오.

【용량별 점검횟수 및 간격】

용량별		점검횟수	점검간격
저압	1~300[kW] 이하	월 1회	20일 이상
	300[kW] 초과	월 2회	10일 이상
고압 이상	1~300[kW] 이하	월 1회	20일 이상
	300[kW] 초과 ~ 500[kW] 이하	월 (①)회	(②) 일 이상
	500[kW] 초과 ~ 700[kW] 이하	월 (③)회	(④) 일 이상
	700[kW] 초과 ~ 1,500[kW] 이하	월 (⑤)회	(⑥) 일 이상
	1,500[kW] 초과 ~ 2,000[kW] 이하	월 (⑦)회	(⑧) 일 이상
	2,000[kW] 초과	월 (⑨)회	(⑩) 일 이상

|계|산|및|정|답|

【정답】 ① 2 ② 10 ③ 3 ④ 7 ⑤ 4 ⑥ 5 ⑦ 5 ⑧ 4 ⑨ 6 ⑩ 3

|추|가|해|설|

【용량별 점검횟수 및 간격】

용량별		점검횟수	점검간격
저압	1~300[kW] 이하	월 1회	20일 이상
	300[kW] 초과	월 2회	10일 이상
고압 이상	1~300[kW] 이하	월 1회	20일 이상
	300[kW] 초과 ~ 500[kW] 이하	월 2회	10일 이상
	500[kW] 초과 ~ 700[kW] 이하	월 3회	7일 이상
	700[kW] 초과 ~ 1,500[kW] 이하	월 4회	5일 이상
	1,500[kW] 초과 ~ 2,000[kW] 이하	월 5회	4일 이상
	2,000[kW] 초과	월 6회	3일 이상

[비고] 1. 여행·질병이나 그 밖의 사유로 일시적으로 그 직무를 수행할 수 없는 경우에는 그 기간 동안 해당 설비의 소유자 등과 협의하여 점검간격을 조정하여 실시할 수 있다.

18 출제 : 22년 • 배점 : 4점

다음은 전력시설을 공사감리업무 수행지침 중 설계변경 및 계약금액의 조정관련 감리업무와 관련된 사항이다. 빈칸에 알맞은 내용을 답하시오.

감리원은 설계변경 등으로 인한 계약금액의 조정을 위한 각종 서류를 공사업자로부터 제출받아 검토·확인한 후 감리업자에게 보고하여야 한다. 감리업자는 소속 비상주감리원에게 검토·확인하게 하고 대표자 명의로 발주자에게 제출하여야 한다. 이때 변경설계도서의 설계자는 (　①　), 심사자는 (　②　)이 날인하여야 한다. 다만, 대규모 통합감리의 경우, 설계자는 실제 설계 담당 감리원과 책임감리원이 연명으로 날인하고 변경설계도서의 표지양식은 사전에 발주처와 합의하여 정한다.

|계|산|및|정|답|

【정답】 ① 책임감리원　　② 비상주감리원

|추|가|해|설|

[전력시설물 공사감이업무 수행지침 제52조(설계변경 및 계약금액 조정)]

감리원은 설계변경 등으로 인한 계약금액의 조정을 위한 각종 서류를 공사업자로부터 제출받아 검토·확인한 후 감리업자에게 보고하여야 한다. 감리업자는 소속 비상주감리원에게 검토·확인하게 하고 대표자 명의로 발주자에게 제출하여야 한다. 이때 변경설계도서의 설계자는 **책임감리원**, 심사자는 **비상주감리원**이 날인하여야 한다. 다만, 대규모 통합감리의 경우, 설계자는 실제 설계담당감리원과 책임감리원이 연명으로 날인하고 변경설계도서의 표지양식은 사전에 발주처와 합의하여 정한다.

03 2022년 전기기사 실기

01 출제 : 22, 20, 08년 • 배점 : 6점

고압 선로에서의 접지사고 검출 및 경보 장치를 그림과 같이 시설하였다. A선에 누전사고가 발생하였을 때 다음 물음에 답하시오. (단, 전원이 인가되고 경보벨의 스위치는 닫혀있는 상태라고 한다.)

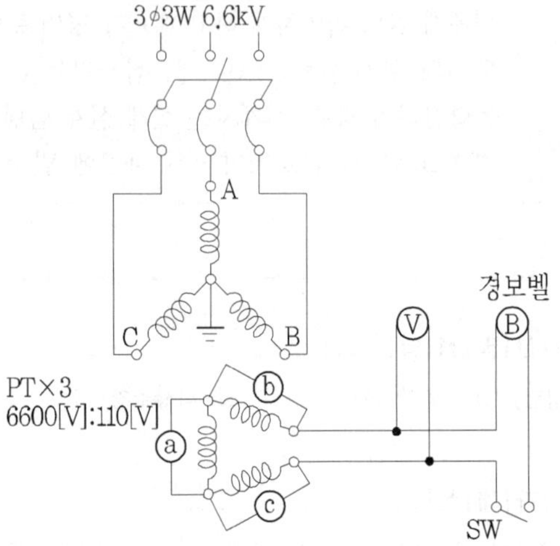

3φ3W 6.6kV
A
C
B
경보벨
Ⓥ
Ⓑ
PT×3
6600[V]:110[V]
ⓐ
ⓑ
ⓒ
SW

(1) 1차측 A선의 대지전압이 0[V]인 경우 B선 및 C선의 대지전압은 몇 [V]인가?

① B선의 대지전압

• 계산 :

• 답 :

② C선의 대지전압

• 계산 : • 답 :

(2) 2차측 전구 ⓐ의 전압이 0[V]인 경우 ⓑ 및 ⓒ 전구의 전압과 전압계 Ⓥ의 지시전압, 경보벨 Ⓑ에 걸리는 전압은 각각 몇 [V]인가?

① ⓑ 전구의 전압

• 계산 : • 답 :

② ⓒ 전구의 전압

• 계산 : • 답 :

③ 전압계 Ⓥ의 지시전압

• 계산 : • 답 :

④ 경보벨 Ⓑ에 걸리는 전압

• 계산 : • 답 :

| 계 | 산 | 및 | 정 | 답 |

(1) 【계산】 ① B선의 대지전압$=\dfrac{6600}{\sqrt{3}}\times\sqrt{3}=6600[V]$ 【정답】 6600[V]

② C선의 대지전압$=\dfrac{6600}{\sqrt{3}}\times\sqrt{3}=6600[V]$ 【정답】 6600[V]

(2) 【계산】 ① ⓑ 전구의 전압$=\sqrt{3}\times\dfrac{110}{\sqrt{3}}=110[V]$ 【정답】 110[V]

② ⓒ 전구의 전압$=\sqrt{3}\times\dfrac{110}{\sqrt{3}}=110[V]$ 【정답】 110[V]

③ 전압계 Ⓥ의 지시전압$=110\times\sqrt{3}=190.525[V]$ 【정답】 190.53[V]

④ 경보벨 Ⓑ에 걸리는 전압$=110\times\sqrt{3}=190.525[V]$ 【정답】 190.53[V]

|추|가|해|설|

【그림해설】

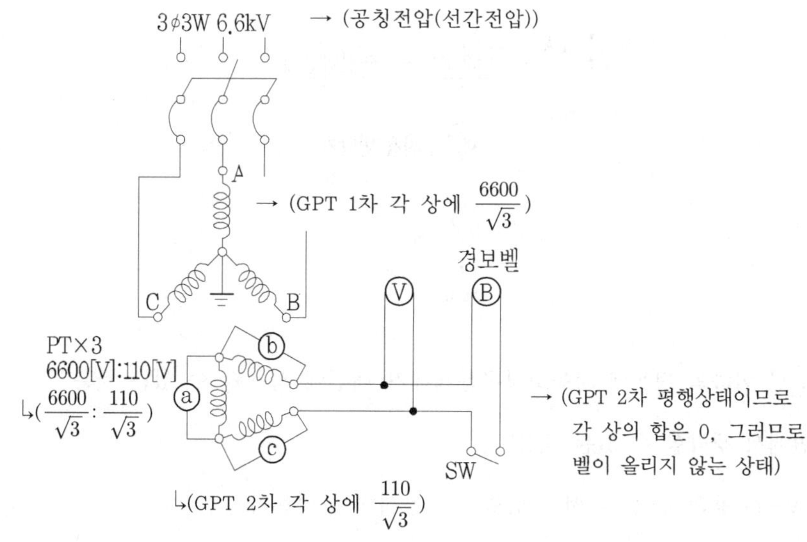

(1) 지락이 발생하기 이전의 정상상태

· 권수비 $a=\dfrac{n_1}{n_2}=\dfrac{E_1}{E_2}=\dfrac{6600}{110}$

· ⓑ의 전압은 Y결선이므로 각권선과 중성선에 상전압이 인가된다. 상전압은 선간전압의 $\dfrac{1}{\sqrt{3}}$배가 된다.

$ⓑ=\dfrac{E_1}{a}=\dfrac{110}{6600}\times\dfrac{6600}{\sqrt{3}}=\dfrac{110}{\sqrt{3}}[V]$

(2) A상의 지락이 발생한 경우

· 지락이 발생하지 않은 건전상(B상, C상)에는 선간전압(6600[V])이 인가되다.

$ⓑ=\dfrac{E_1}{a}=\dfrac{110}{6600}\times 6600=110[V]$

· 전압계 ⓥ는 ⓑ상과 ⓒ상에 대한 선간전압이 되므로

$ⓥ=\sqrt{3}ⓑ=\sqrt{3}\times 110=190.53[V]$

02 출제 : 22, 09, 08, 04년 • 배점 : 6점

그림은 22.9[kV-Y] 1000[kVA] 이하에 적용 가능한 특별 고압 간이수전설비결선도이다. 이 결선도를 보고 다음 각 물음에 답하시오.

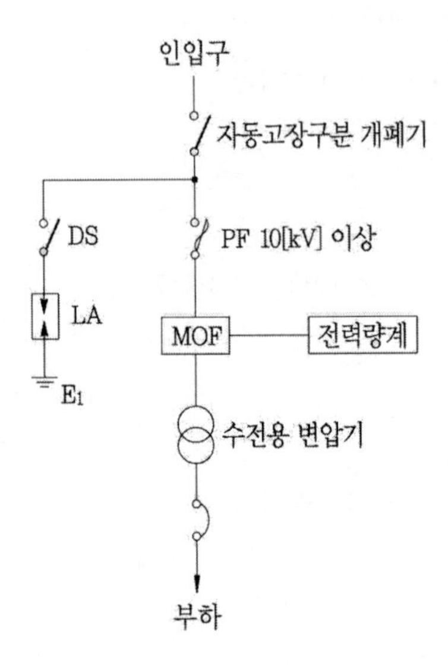

(1) 300[kVA] 이하의 경우에 자동고장구분개폐기 대신에 사용할 수 있는 것은?

(2) 본 도면에서 생략할 수 있는 것은?

(3) 22.9(kV-Y) 용의 LA는 어떤 붙임형을 사용하여야 하는가?

(4) 인입선을 지중선으로 시설하는 경우로서 공동주택 등 사고시 정전 피해가 큰 수전설비 인입선은 예비선을 포함하여 몇 회선으로 시설하는 것이 바람직한가?

(5) 지중인입선의 경우에 22.9(kV-Y) 계통은 CNCV-W 케이블(수밀형) 또는 TR CNCV-W(트리억제형)을 사용하여야 한다. 다만, 전력구, 공동구, 덕트, 건물구내 등 화재의 우려가 있는 장소에서는 어떤 케이블을 사용하는 것이 바람직한가?

(6) 300[kVA] 이하인 경우 PF 대신 사용할 수 있는 것은?

| 계 | 산 | 및 | 정 | 답 |

(1) 인터럽터 스위치
(2) LA용 DS
(3) Disconnector 또는 Isolator 붙임형
(4) 2회선
(5) FR CNCO-W(난연) 케이블
(6) COS(고압컷아웃스위치) (비대칭 차단전류 10[kA] 이상)

|추|가|해|설|

[자동고장구분개폐기] 공급변전소의 차단기의 배전선로에 설치된 리클로저와 협조하여 고장 구간 만을 신속·정확하게 차단 혹은 개방하여 고장의 확대를 방지하고 피해를 최소화시키기 위하여 300[kVA] 초과, 1000[kVA] 이하의 약식 수전설비의 인입개폐기로 사용한다.

[인터럽터 스위치] 수동 조작만 가능하고, 과부하 시 자동으로 개폐할 수 없고, 돌입 전류 억제 기능을 가지고 있지 않으며, 용량 300[kVA] 이하에서 자동고장구분 개폐기 대신에 주로 사용하고 있다.

[간이 수전설비 표준 결선도]

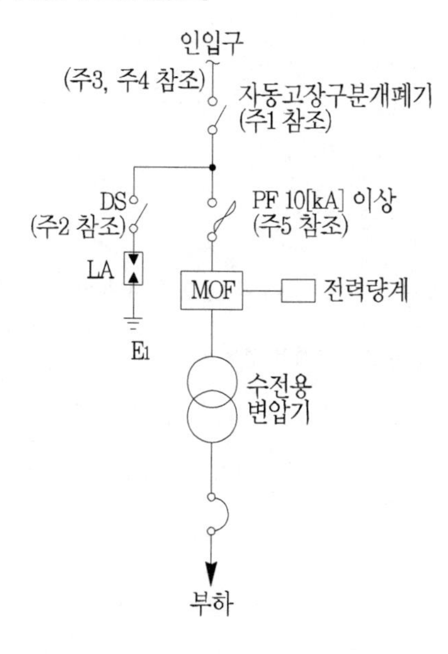

【주1】 22.9[kV−Y] 1000[kVA] 이하인 경우에는 간이 수전설비 결선도에 의할 수 있다.

【주2】 결선도 중 점선 내의 부분은 참고용 예시이다.

【주3】 차단기의 트립 전원은 직류[DC] 또는 콘덴서 방식(CTD)이 바람직하며 66[kV] 이상의 수전설비에는 직류[DC]이어야 한다.

【주4】 LA용 DS는 생략할 수 있으며 22.9[kV−Y]용의 LA는 Disconnector(또는 Isolator) 붙임형을 사용하여야 한다.

【주5】 인입선을 지중선으로 시설하는 경우로서 공동 주택 등 사고시 정전 피해가 큰 수전 설비 인입선은 예비선을 포함하여 2회선으로 시설하는 것이 바람직하다.

【주6】 지중 인입선의 경우에 22.9[kV−Y] 계통은 CNCV−W 케이블(수밀형) 또는 TR CNCV−W(트리 억제형)을 사용하여 한다. 다만, 전력구·공동구·덕트·건물구내 등 화재의 우려가 있는 장소에서는 FR CNCO−W(난연) 케이블을 사용하는 것이 바람직하다.

【주7】 DS 대신 자동고장구분 개폐기(7000[kVA] 초과 시에는 Sectionalizer)를 사용할 수 있으며 66[kV] 이상의 경우는 LS를 사용하여야 한다.

03

출제 : 22, 18, 12년 • 배점 : 4점

다음 상용전원과 예비전원 운전 시 유의하여야 할 사항이다. (   )안에 알맞은 내용을 쓰시오.

> 상용전원설비와 예비전원사이에는 병렬운전을 하지 않는 것이 원칙이므로 수전용 차단기와 발전용 차단기 사이에는 전기적 또는 기계적으로 (①)을 시설하고 (②)를 사용해야 한다.

|계|산|및|정|답|

① 인터록장치　　　② 자동 절환 개폐기

|추|가|해|설|

[비상용 예비전원의 시설(KEC 244.2.1)]

상용전원의 정전으로 비상용전원이 대체되는 경우에는 상용전원과 병렬운전이 되지 않도록 다음 중 하나 또는 그 이상의 조합으로 격리조치를 하여야 한다.

① 조작기구 또는 절환 개폐장치의 제어회로 사이의 전기적, 기계적 또는 전기기계적 연동
② 단일 이동식 열쇠를 갖춘 잠금 계통
③ 차단-중립-투입의 3단계 절환 개폐장치
④ 적절한 연동기능을 갖춘 자동 절환 개폐장치
⑤ 동등한 동작을 보장하는 기타 수단

04

출제 : 22년 • 배점 : 4점

다음 아래의 보호계전기의 약호에 따른 명칭을 쓰시오.

약호	명칭
OCR	
OVR	
UVR	
GR	

|계|산|및|정|답|

약호	명칭
OCR	과전류계전기
OVR	과전압계전기
UVR	부족전압계전기
GR	지락계전기

| 추 | 가 | 해 | 설 |

[수 · 변전 설비의 구성 기기]

명칭	약호	심벌(단선도)	용도(역할)
케이블 헤드	CH		가공전선과 케이블 종단접속
피뢰기	LA	LA	이상전압 내습시 대지로 방전하고 속류는 차단
단로기	DS		무부하시 선로 개폐, 회로의 접속 변경
전력퓨즈	PF		부하 전류 통전 및 과전류, 단락 전류 차단
계기용 변압 변류기	MOF	MOF	·전력량을 적산하기 위하여 고전압과 대전류를 저전압, 소전류로 변성 ·PT, CT를 한 탱크 속에 넣은 것(계기 정밀도 0.5급)
전류계용 전환 개폐기	AS		1대의 전류계로 3상 전류를 측정하기 위하여 사용하는 전환 개폐기
전압계용 전환 개폐기	VS		1대의 전압계로 3상 전압을 측정하기 위하여 사용하는 전환 개폐기
전류계	A	A	전류 측정 계기
전압계	V	V	전압 측정 계기
계기용 변압기	PT		고전압을 저전압(110[V])으로 변성 계기나 계전기에 전압원 공급
계기용 변류기	CT	CT CT	대전류를 소전류(5[A])로 변성 계기나 계전기에 전류원공급
영상변류기	ZCT	ZCT	지락전류(영상전류)의 검출 1차 정격 200[mA] 2차 정격 1.5[mA]
교류차단기	CB		부하전류 및 단락전류의 개폐
접지계전기	GR	G R	영상전류에 의해 동작하며, 차단기 트립 코일 여자
과전류계전기	OCR	OCR	·정정치 이상의 전류에 의해 동작 ·차단기 트립 코일 여자
트립 코일	TC		보호계전기 신호에 의해 차단기 개로
전력용 콘덴서	SC	SC	진상 무효 전력을 공급하여 역률 개선
직렬 리액터	SR		제5고조파 제거 파형개선 콘덴서 용량의 6[%] 정도 보상
방전 코일	DC	DC SC	콘덴서 개방시 잔류 전하 방전 및 콘덴서 투입시 과전압 방지. 5초 이내에 50[V] 이하로 방전. 저압은 3분 이내 75[V] 이하로 방전
컷아웃 스위치	COS		기계 기구(변압기)를 과전류로부터 보호 ※ PF(전력퓨즈)와 심벌 동일 ·300[kVA] 이상 : PF ·300[kVA] 이하 : COS으로 표기

05

출제 : 22년 • 배점 : 3점

다음 논리회로를 보고 물음에 답하시오.

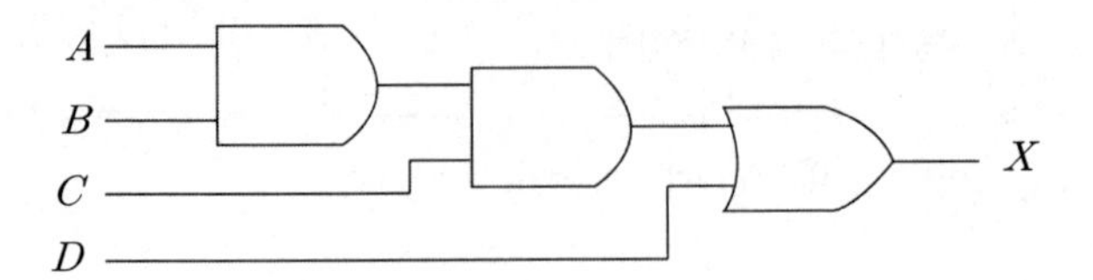

(1) 논리식을 작성하시오.

(2) 유접점 회로로 나타내시오.

|계|산|및|정|답|

(1) $X = A \cdot B \cdot C + D$

(2)

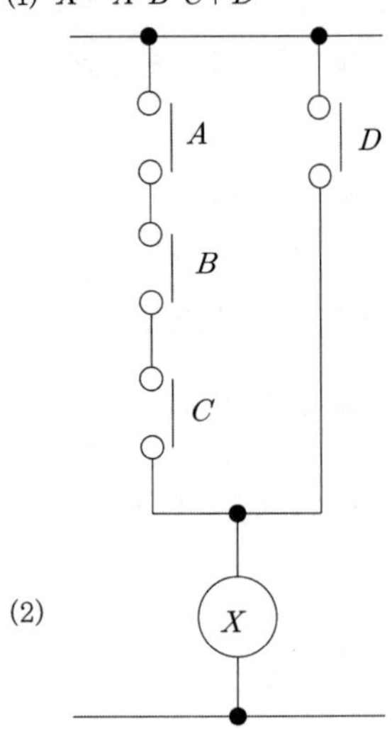

|추|가|해|설|

· AND : 직렬접속

· OR : 병렬접속

06

출제 : 22년 • 배점 : 5점

단상 3선식 110/220[V]를 채용하고 있는 어떤 건물이 있다. 변압기가 설치된 수전실로부터 100[m]되는 곳에 부하집계표와 같은 분전반을 시설하고자 한다. 다음 표를 참고하여 전압변동률 2[%] 이하, 전압강하율 2[%] 이하가 되도록 다음 사항을 구하시오.
단, 공사방법 B1이며 전선은 PVC 절연전선이다.

- 후강전선관공사로 한다.
- 3선 모두 같은 선으로 한다.
- 부하의 수용률은 100[%]로 적용
- 후강전선관 내 전선의 점유율은 48[%] 이내를 유지할 것

[표1] 부하집계표

회로 번호	부하 명칭	부하[VA]	부하 분담[VA]		MCCB(NFB) 크기			비고
			A선	B선	극수	AF	AT	
1	전등	2400	1200	1200	2	50	15	
2	전등	1400	700	700	2	50	15	
3	콘센트	1000	1000	–	1	50	20	
4	콘센트	1400	1400	–	1	50	20	
5	콘센트	600	–	600	1	50	20	
6	콘센트	1000	–	1000	1	50	20	
7	팬코일	700	700	–	1	30	15	
8	팬코일	700	–	700	1	30	15	
합계		9200	5000	4200				

[표2] 전선의 허용전류

도체 단면적(mm^2)	절연체의 두께	평균 완성 바깥지름[mm]	전선의 단면적[mm^2]
1.5	0.7	3.3	9
2.5	0.8	4.0	13
4	0.8	4.6	17
6	0.8	5.2	21
10	1.0	6.7	35
16	1.0	7.8	48
25	1.2	9.7	74
35	1.2	10.9	93

도체 단면적(mm^2)	절연체의 두께	평균 완성 바깥지름[mm]	전선의 단면적[mm^2]
50	1.4	12.8	128
70	1.4	14.6	167
95	1.6	17.1	230
120	1.6	18.8	277

[비고1] 전선의 단면적은 평균완성 바깥지름의 상한 값을 환산한 값이다.

[비고2] KSC IEC 60227-3의 450/750[V] 일반용 단심 비닐절연전선(연선)을 기준한 것이다.

[표3] 후강전선관 규격

호칭	G16	G22	G28	G36	G42	G54	G70	G82	G92	G104

(1) 전선의 공칭단면적[mm^2]을 선정하시오.

·계산 : ·답 :

(2) 후강전선관의 굵기[mm]를 선정하시오.

·계산 : ·답 :

(3) 설비 불평형률은 몇 [%]인지 구하시오.

·계산 : ·답 :

|계|산|및|정|답|

(1) 【계산】 · A선의 전류 $I_A = \frac{5000}{110} = 45.45[A]$

· B선의 전류 $I_B = \frac{4200}{110} = 38.18[A]$ → (I_A, I_B 중 큰 값인 45.45[A]를 기준으로 한다.)

· 단면적 $A = \frac{17.8 \times I \times l}{1000 \times e} = \frac{17.8 \times 100 \times 45.45}{1000 \times 110 \times 0.02} = 36.773[mm^2]$ → (l : 길이, e : 전압강하(= V×전압강하율))

· [표2]에서 35를 넘는 공칭단면적(도체단면적)을 선정 → ∴ 50[mm^2] 【정답】 50[mm^2]

(2) 【계산】 후강전선관 내 단면적 $A = \frac{1}{4}\pi d^2 \times 0.48 \geq 384$

→ ([표2]에서 공칭단면적이 50[mm^2]일 때 전선의 단면적은 128[mm^2]
3선식이므로 전선의 총단면적=$3 \times 128 = 384[mm^2]$)

→ (전선의 점유율이 48[%] 이하이므로 관 쪽이 커야 한다.)

$\therefore d = \sqrt{\frac{384 \times 4}{0.48 \times \pi}} = 31.923$ → 후강전선관 호칭에서 G36 선정 【정답】 G36

(3) 단상3선식 설비불평형률 $= \frac{\text{A부하} - \text{B부하}}{\frac{1}{2} \times \text{총부하}} \times 100[\%] = \frac{5000 - 4200}{\frac{1}{2} \times 9200} \times 100 = 17.39[\%]$ [%]

【정답】 17.39[%]

|계|산|및|정|답|

1. KSC IEC 전선규격[mm^2]

1.5	2.5	4
6	10	16
25	35	50
70	95	120
150	185	240
300	400	500

2. 단상3선식 설비불평형률 $= \dfrac{\text{중성선과 각 전압측 전선간에 접속되는 부하설비용량[kVA]의 차}}{\text{총 부하설비용량[kVA]의 1/2}} \times 100[\%]$

07

출제 : 22년 • 배점 : 4점

그림은 고압유도전동기의 기동반 단선결선도이다. 이 그림을 보고 각 물음에 답하시오.

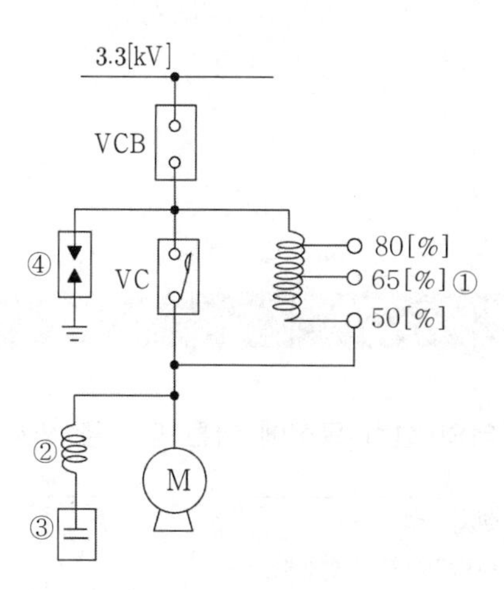

(1) 이 그림에서 적용한 고압유도전동기의 기동방식을 쓰시오.

(2) 단선결선도에서 표시한 ①~④ 기기의 명칭을 쓰시오.

|계|산|및|정|답|

(1) 리액터 기동법

(2) ① 기동용 리액터 ② 직렬 리액터 ③ 전력용 콘덴서 ④ 서지흡수기

08

출제 : 22년 • 배점 : 4점

다음 논리회로를 보고 물음에 답하시오.

(1) 논리식을 작성하시오.

(2) 유접점 회로로 나타내시오.

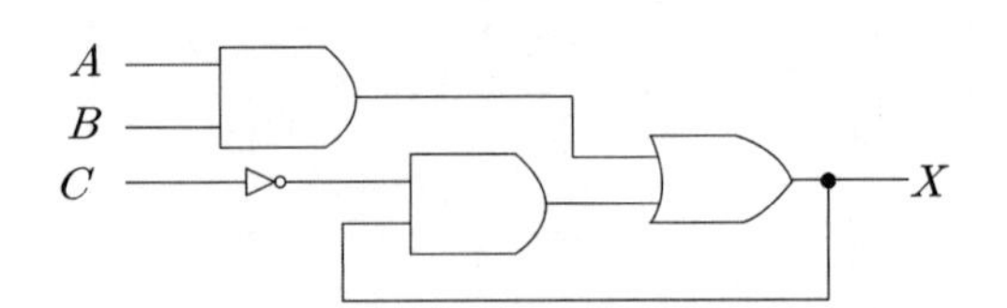

|계|산|및|정|답|

(1) $X = AB + \overline{C}X$

(2)

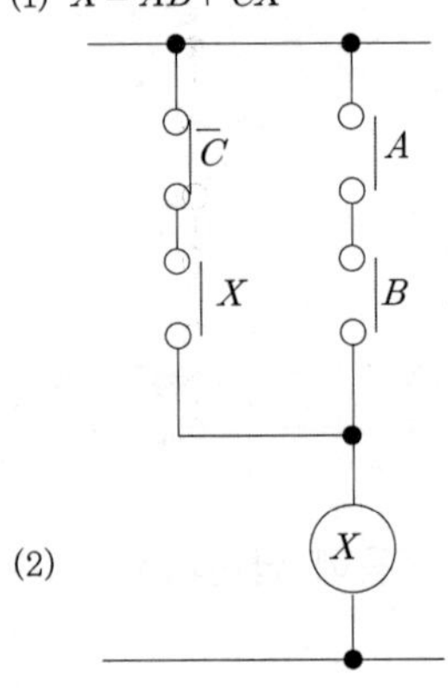

09

출제 : 22년 • 배점 : 4점

전력계통에 이용되는 리액터의 설치 목적에 따른 명칭을 쓰시오.

설치목적	리액터 명칭
단락사고 시 단락전류를 제한한다.	(1)
페란티 현상을 방지한다.	(2)
중성점 접지용으로 아크를 소호시킨다.	(3)

|계|산|및|정|답|

【정답】 (1) 한류리액터　(2) 분로(병렬)리액터　(3) 소호리액터

|추|가|해|설|

·직렬리액터 : 전력용 콘덴서의 부속 기기로서 고조파를 제거하여 전압의 파형을 개선

10

출제 : 22, 10년 • 배점 : 4점

그림과 같이 높이 5[m]의 점에 있는 백열전등에서 광도 12500[cd]]의 빛이 수평 거리 7.5[m]의 점 P에 주어지고 있다. [표1] [표2]를 이용하여 다음 각 물음에 답하시오.

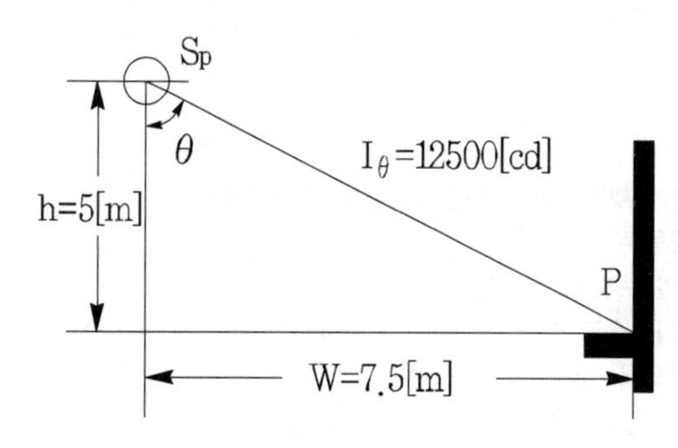

[표1] W/h에서 구한 $\cos^2\theta\sin\theta$의 값

W	0.1h	0.2h	0.3h	0.4h	0.5h	0.6h	0.7h	0.8h	0.9h	1.0h	1.5h	2.0h	3.0h	4.0h	5.0h
$\cos^2\theta\sin\theta$	.099	.189	.264	.320	.358	.378	.385	.381	.370	.354	.256	.179	.095	.057	.038

[표2] W/h에서 구한 $\cos^3\theta$의 값

W	0.1h	0.2h	0.3h	0.4h	0.5h	0.6h	0.7h	0.8h	0.9h	1.0h	1.5h	2.0h	3.0h	4.0h	5.0h
$\cos^3\theta$	.985	.943	.879	.800	.716	.631	.550	.476	.411	.354	.171	.089	.032	.014	.008

(1) P점의 수평면 조도를 구하시오.

(2) P점의 수직면 조도를 구하시오.

|계|산|및|정|답|

(1) 【계산】 수평면 조도

그림에서 $\frac{W}{h} = \frac{7.5}{5} = 1.5$이므로 $W = 1.5h$이다.

[표2]에서 1.5h는 0.71이므로, $E_h = \frac{I}{r^2}\cos\theta = \frac{I}{h^2}\cos^3\theta = \frac{12,500}{5^2} \times 0.171 = 85.5[\text{lx}]$ 【정답】 85.5[lx]

(2) 【계산】 수직면 조도

그림에서 $\frac{W}{h} = \frac{7.5}{5} = 1.5$이므로 $W = 1.5h$이다.

[표1]에서 1.5h는 0.256이므로, $E_v = \frac{I}{r^2}\sin\theta = \frac{I}{h^2}\cos^2\theta \cdot \sin\theta = \frac{12500}{5^2} \times 0.256 = 128[\text{lx}]$ 【정답】 128[lx]

|추|가|해|설|

[조도의 구분]

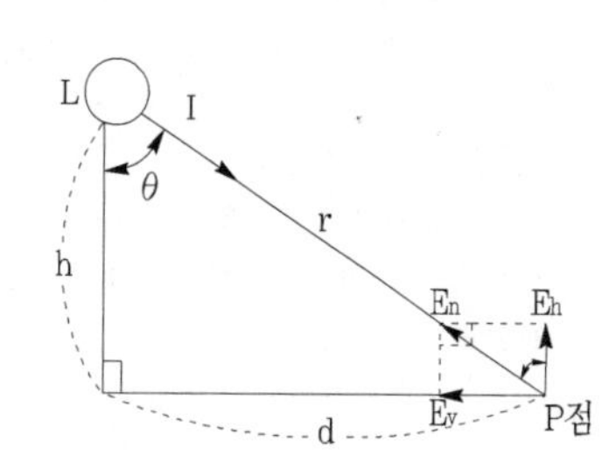

• 법선 조도 $E_n = \frac{I}{r^2}[\text{lx}]$

• 수평면 조도 $E_h = E_n\cos\theta = \frac{I}{r^2}\cos\theta = \frac{I}{h^2}\cos\theta^3[\text{lx}]$

• 수직면 조도 $E_v = E_n\sin\theta = \frac{I}{r^2}\sin\theta = \frac{I}{d^2}\sin\theta^3 = \frac{I}{h^2}cos^2\theta \sin\theta[\text{lx}]$

11

출제 : 22, 13년 • 배점 : 12점

다음 그림과 같은 사무실이 있다. 이 사무실의 평균조도를 200[lx]로 하고자 할 때 다음 각 물음에 답하시오.

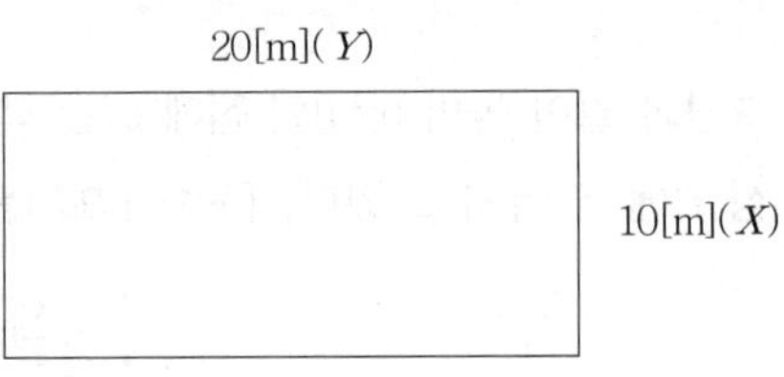

〈조 건〉

- 형광등은 40[W]를 사용이 형광등의 광속은 2500[lm]으로 한다.
- 조명률은 0.6, 감광보상률은 1.2로 한다.
- 사무실 내부에 기둥은 없는 것으로 한다.
- 간격은 등기구 센터를 기준으로 한다.
- 등기구는 ○으로 표현하도록 한다.

(1) 이 사무실에 필요한 형광등의 수를 구하시오.

・계산 : ・답 :

(2) 등기구를 답안지에 배치하시오.

(3) 등간의 간격과 최외각에 설치된 등기구와 건물 벽간의 간격(A, B, C, D)은 각각 몇 [m]인가?

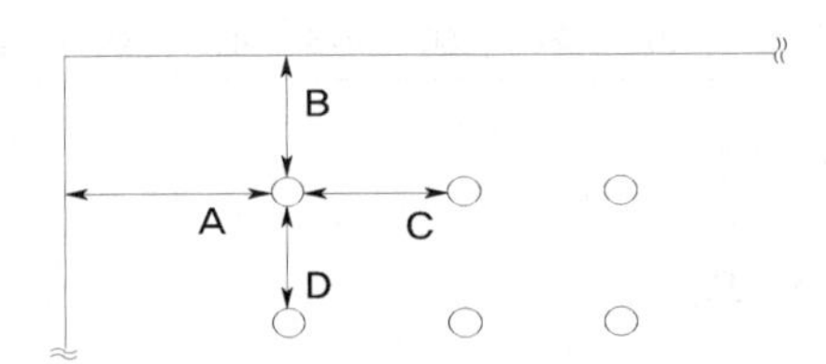

(4) 만일 주파수 60[Hz]에 사용하는 형광방전등을 50[Hz]에서 사용한다면 광속과 점등 시간은 어떻게 변화되는지를 설명하시오.

(5) 양호한 전반 조명이라면 등간격은 등높이의 몇 배 이하로 해야 하는가?

|계|산|및|정|답|

(1) 【계산】 $N = \frac{EAD}{FU} = \frac{200 \times (20 \times 10) \times 1.2}{2500 \times 0.6} = 32$ 【정답】 32[등]

(2) 4×8 배열을 한다.

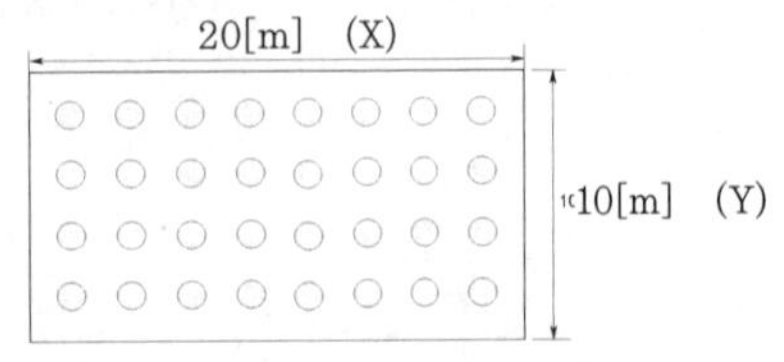

(3) A : 1.25[m] B : 1.25[m] C : 2.5[m] D : 2.5[m]

(4) ・ 광속 : 증가 ・ 점등시간 : 늦음

(5) 1.5배

|추|가|해|설|

1. $F=\dfrac{DEA}{UN}=\dfrac{EA}{UNM}$

   여기서, F : 램프 1개당 광속[lm], E : 평균 조도[lx], N : 램프 수량[개], U : 조명률, D : 감광보상률($=\dfrac{1}{M}$)

   M : 보수율, A : 방의 면적[m^2](방의 폭×길이)

2. ① 등기구~등기구 : $S \leq 1.5H$(직접, 전반조명의 경우)

   ② 등기구~벽면 : $S_o \leq \dfrac{1}{2}H$(벽면을 사용하지 않을 경우)

12

출제 : 22년 • 배점 : 7점

가로가 10[m], 세로가 16[m], 천장 높이가 3.85[m] 인 사무실이 있다. 평균 조도를 300[lx]로 하려고 할 때 다음 각 물음에 답하시오.

[조건]

- 사용되는 형광등 40[W] 1개의 광속은 3150[lm]이며, 조명률은 61[%], 보수율은 70[%]라고 한다.
- 바닥에서 작업 면까지의 높이는 0.85[m] 이다.

(1) 실지수는 얼마인가?

- 계산 :　　　　　　　　　　　　　　　　　　・답 :

(2) 형광등 기구(40[W]×2등용)의 수를 계산하시오.

- 계산 :　　　　　　　　　　　　　　　　　　・답 :

|계|산|및|정|답|

(1) 【계산】 실지수$(RI)=\dfrac{XY}{H(X+Y)}=\dfrac{10\times16}{(3.85-0.85)\times(10+16)}=2.05$　　【정답】 2.05

(2) 【계산】 $FUN=EAD$에서

등수 $N=\dfrac{DEA}{FU}=\dfrac{EA}{FUM}=\dfrac{300\times10\times16}{3150\times0.61\times0.7}=35.686$[등]

→ F40×2등용 이므로 2로 나눈다. 즉, $\dfrac{36}{2}=18$　∴ 18[등]　　【정답】 18[등]

|추|가|해|설|

- 실지수$=\dfrac{XY}{H(X+Y)}$ → (H : 등의 높이－작업면의 높이[m], X : 방의 가로[m], Y : 방의 세로[m]
- 조명계산 $FUN=EAD$ → (F : 광속[lm], U : 조명률[%], N : 등수[등], E : 조도[lX], A : 면적[m^2]

  $D=\dfrac{1}{M}$ → (감광보상률$=\dfrac{1}{\text{보수율(유지율)}}$)

13

출제 : 22, 20, 14년 • 배점 : 4점

전기설비를 방폭화한 방폭기기의 구조에 따른 종류 중 4가지만 쓰시오.

|계|산|및|정|답|

① 내압 방폭구조 ② 유입 방폭구조 ③ 압력 방폭구조 ④ 안전증 방폭구조

|추|가|해|설|

[방폭 설비]
위험한 가스, 분진 등으로 인한 폭발이 발생할 수 있는 위험 장소에서 사용에 적합하도록 특별히 고려한 구조를 말하며, 내압 방폭구조, 압력 방폭구조, 유입 방폭구조, 안전증 방폭구조, 본질안전방폭구조 및 특수방폭구조와 분진위험방소에서 사용에 적합하도록 고려한 분직방폭방진구조로 구별한다.

구분	기호	주요 특징
내압 방폭구조	d	전폐구조로서 용기내부에서 가스가 폭발하여도 용기가 그 압력에 견디고 또한 외부의 폭발성가스에 인화될 우려가 없는 구조를 말한다.
압력 방폭구조	p	용기내부에 보호기체, 예를 들면 신선한 공기 또는 불연성가스를 압입하여 내압을 유지함으로써 폭발성가스가 침입하는 것을 방지하는 구조를 말한다.
유입방폭구조	o	불꽃, 아크 또는 점화원이 될 수 있는 고온 발생의 우려가 있는 부분을 유중에 넣어 유면상에 존재하는 폭발성가스에 인화될 우려가 없도록 한 구조를 말한다.
안전증 방폭구조	e	상시 운전 중에 불꽃, 아크 또는 과열이 발생되면 안 되는 부분에 이들이 발생되는 것을 방지하도록 구조상 또는 온도상승에 대하여 특히 안전도를 증가시킨 구조를 말한다.
본질안전방폭구조	ia ib	위함한 장소에서 사용되는 전기회로(전기 기기의 내부 회로 및 외부배선의 회로)에서 정상시 및 사고시에 발생하는 전기불꽃 또는 열이 폭발성가스에 점화되지 않는 것이 점화시험 등에 의해 확인된 구조의 것을 말한다.
분진방폭방진구조	s	분진위험장소에서 사용에 적합하도록 특별히 고려한 방진구조로서 외부의 분진에 점화되지 않도록 한 것을 말한다.

14
출제 : 22년 • 배점 : 4점

어느 기간 중에서 수용가의 최대수요전력[kW]과 그 수용가가 설치하고 있는 설비용량의 합계[kW]와의 비를 말하는 것은 무엇인가?

|계|산|및|정|답|

【정답】 수용률

|추|가|해|설|

1. 수용률(Demand Factor) : 수용률은 최대수용전력을 구하기 위한 것으로 최대 수용전력의 총부하 용량에 대한 비율이다. 주상 변압기 등의 적정 공급 설비 용량을 파악하기 위하여 사용한다.

   $\text{수용률} = \dfrac{\text{최대 수용전력}[kV]}{(\text{총})\text{부하설비용량}[kW]} \times 100[\%]$ → (수용률은 항상 1보다 작거나 같다. (수용률≤ 1))

2. 부등률 : 합성최대수용전력을 구하는 계수로서 부하 종별 최대수용전력이 생기는 시간차에 의한 값

   $\text{부등률}(\geq 1) = \dfrac{\text{각 부하의 최대수용전력의 합계}[kVA]}{\text{부하를 종합하였을 때의 합성최대수용전력}[kVA]}$

3. 부하율 : 어떤 기간 중의 평균수용전력과 최대수용전력과의 비, $\text{부하율} = \dfrac{\text{평균 수용 전력}[kW]}{\text{합성 최대 수용 전력}[kW]} \times 100[\%]$

※ ① 수용률이 높다 : 설비요량에 가까운 공급용량을 확보하고 있다.
② 부등률이 높다 : 작은 공급 용량을 가지고 여러 수용가를 상대할 수 있다.
③ 부하율이 높다 : 평균전력이 고르게 높다는 것을 의미한다.

15
출제 : 22년 • 배점 : 4점

발전기의 최대출력은 400[kW]이며, 열 부하율 40[%]로 운전하고 있다. 중유의 발열량은 9600[kcal/l], 열효율은 36[%]일 때 하루 동안의 소비 연료량[l]은 얼마인가?

·계산 : ·답 :

|계|산|및|정|답|

【계산】 소비 연료량 $m = \dfrac{860 \times P \times t}{H \times \eta} = \dfrac{860 \times 400 \times 0.4 \times 24}{0.36 \times 9600} = 955.56[l]$ → (소비전력 P= 최대출력×부하율)

【정답】 955.56[l]

|추|가|해|설|

발전기 정격출력 $P = \dfrac{mH\eta}{860t}[kVA]$

여기서, $m[l]$: 연료소비량, $H[kcal/l]$: 연료의 열량, η : 종합효율, t[h] : 발전기 운전시간

16

출제 : 22년 • 배점 : 4점

3상 송전선로 5[km] 지점에 1000[kW], 역률 0.8(지상)인 부하가 있다. 전력용 콘덴서 설치하여 역률을 95[%]로 개선하였다. 다음의 경우에 역률 개선 전의 몇 [%]인가? 단, 1선당 임피던스는 $0.3+j0.4[\Omega/\text{km}]$, 부하의 전압은 6000[V]로 일정하다.

(1) 전압강하

•계산 : •답 :

(2) 전력손실

•계산 : •답 :

|계|산|및|정|답|

(1) 【계산】 ① 역률 개선 전의 전압강하 $e_1 = \sqrt{3} I_1 (R\cos\theta_1 + X\sin\theta_1)[V]$)

$\rightarrow$ (역률 개선 전의 전류 $I_1 = \dfrac{1000\times10^3}{\sqrt{3}\times6000\times0.8} = 120.28[A]$)

$\rightarrow$ ($R = 0.3\times5 = 1.5,\ \ X = 0.4\times5 = 2$)

$$= \sqrt{3}\times120.28\times(1.5\times0.8+2\times0.6) = 500[V]$$

② 역률 개선 후의 전압강하 $e_2 = \sqrt{3} I_2 (R\cos\theta_2 + X\sin\theta_2)[V]$)

$\rightarrow$ (역률 개선 후의 전류 $I_2 = \dfrac{1000\times10^3}{\sqrt{3}\times6000\times0.95} = 101.29[A]$)

$$= \sqrt{3}\times101.29\times(1.5\times0.95+2\times\sqrt{1-0.95^2}) = 359.63[V]$$

$\therefore \dfrac{e_2}{e_1} = \dfrac{359.63}{500}\times100 = 71.93[\%]$ 【정답】 71.93[%]

(2) 【계산】 ① 역률 개선 전의 전력손실 $P_{l1} = 3I_1^2R = 3\times(120.28)^2\times1.5 = 65102.75[W]$)

② 역률 개선 후의 전력손실 $P_{l2} = 3I_2^2R = 3\times(101.29)^2\times1.5 = 46168.49[W]$)

$\therefore \dfrac{P_{l2}}{P_{l1}} = \dfrac{46168.49}{65102.75}\times100 = 70.92[\%]$ 【정답】 70.92[%]

|추|가|해|설|

1. 전압강하 $e = \sqrt{3}\, I(R\cos\theta + X\sin\theta)[V]$

2. 전력 $P = \sqrt{3}\, VI\cos\theta$ $\rightarrow$ 전류 $I = \dfrac{P}{\sqrt{3}\, V\cos\theta}$

3. 전력손실 $P_l = 3I^2R$

17 출제 : 22, 07년 • 배점 : 6점

어떤 부하에 그림과 같이 접속된 전압계, 전류계 및 전력계의 지시가 각각 $V=200[V]$, $I=34[A]$, $W_1=6.24[kW]$, $W_2=3.77[kW]$이다. 이 부하에 대하여 다음 각 물음에 답하시오.

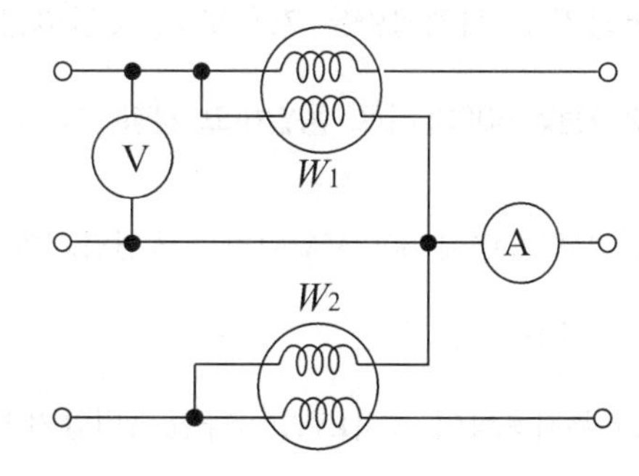

(1) 소비전력은 몇 [kW]인가?

•계산 : •답 :

(2) 부하 역률은 몇 [%]인가?

•계산 : •답 :

|계|산|및|정|답|

(1) 소비 전력 $P=W_1+W_2=6.24+3.77=10.01[kW]$ 【정답】 10.01[kW]

(2) 【계산】 역률 $\cos\theta=\frac{P}{P_a}\times 100[\%]$ → (P : 유효전력, P_a : 피상전력)

① 유효전력 $P=W_1+W_2=6.24+3.77=10.01[kW]$

② 피상전력 $P_a=\sqrt{3}\,VI\times 10^{-3}=\sqrt{3}\times 200\times 34\times 10^{-3}=11.78[kVA]$

∴역률 $\cos\theta=\frac{P}{P_a}=\frac{10.01}{11.78}\times 100=84.97[\%]$ 【정답】 84.97[%]

|추|가|해|설|

[2전력계법]

1. 유효전력 : $P=W_1+W_2[W]$

2. 무효전력 : $P_r=\sqrt{3}(W_1-W_2)[VAR]$

3. 피상전력 : $P_a=2\sqrt{W_1^2+W_2^2-W_1W_2}\,[VA]$, $P_a=\sqrt{3}\,VI[VA]$

4. 역률 : $\cos\theta=\frac{P}{P_a}=\frac{W_1+W_2}{2\sqrt{W_1^2+W_2^2-W_1W_2}}=\frac{W_1+W_2}{\sqrt{3}\,VI}$

18

출제 : 22년 • 배점 : 6점

1차 및 2차 정격전압이 동일한 단상 변압기 A, B가 서로 병렬 연결되어 있다.
변압기 A 정격용량은 20[kVA], %임피던스 4[%]
변압기 B 정격용량은 75[kVA], %임피던스 5[%],
부하전압 6000[V]로 동일하고 저항(R_a, R_b)과 리액턴스(X_a, X_b)의 비는 동일하다. 즉, $\frac{X_a}{R_a}=\frac{X_b}{R_b}$

(1) 부하용량이 60[kVA]이라면 A변압기와 B변압기의 부하분담을 계산하시오.

·계산 : ·답 :

(2) 부하용량이 120[kVA]이라면 A변압기와 B변압기의 부하분담을 계산하시오.

·계산 : ·답

(3) 두 변압기가 과부하가 걸리지 않을 정도의 최대 부하용량을 구하시오.

·계산 : ·답

|계|산|및|정|답|

(1) 【계산】 ① A변압기에 걸리는 부하 $\frac{P_A}{P_B}=\frac{[\text{kVA}]_A}{[\text{kVA}]_B}\cdot\frac{\%Z_b}{\%Z_a}=\frac{20}{75}\times\frac{5}{4}=\frac{1}{3}\ \rightarrow\ 3P_A=P_B$

부하용량이 60[kVA], 즉 $P_A+P_B=60\ \rightarrow\ P_A+3P_A=60\ \rightarrow\ P_A=15[\text{kVA}]$

【정답】 15[kVA]

② B변압기에 걸리는 부하 $P_A+P_B=60\ \rightarrow\ P_B=60-P_A=60-15=45[\text{kVA}]$ 【정답】 45[kVA]

(2) 【계산】 ① A변압기에 걸리는 부하 $\frac{P_A}{P_B}=\frac{[\text{kVA}]_A}{[\text{kVA}]_B}\cdot\frac{\%Z_b}{\%Z_a}=\frac{20}{75}\times\frac{5}{4}=\frac{1}{3}\ \rightarrow\ 3P_A=P_B$

부하용량이 120[kVA], 즉 $P_A+P_B=120\ \rightarrow\ P_A+3P_A=120\ \rightarrow\ P_A=30[\text{kVA}]$

【정답】 30[kVA]

② B변압기에 걸리는 부하 $P_A+P_B=120\ \rightarrow\ P_B=120-P_A=120-30=90[\text{kVA}]$ 【정답】 90[kVA]

(3) 【계산】 $\frac{P_A}{P_B}=\frac{1}{3}\ \rightarrow\ 3P_A=P_B$ 이므로

최대로 걸 수 있는 2차 측 부하전력 $P=P_A+P_B=P_A+3P_A=4P_A=4\times 20=80[kVA]$

【정답】 80[kVA]

01 2021년 전기기사 실기

01 출제 : 21년 • 배점 : 5점

다음 고압 배전선의 구성과 관련된 미완성 환상(루프식)식 배전간선의 단선도를 완성하시오.

변전소

범례

변전소
차단기
단로기

부하1 부하2 부하3

|계|산|및|정|답|

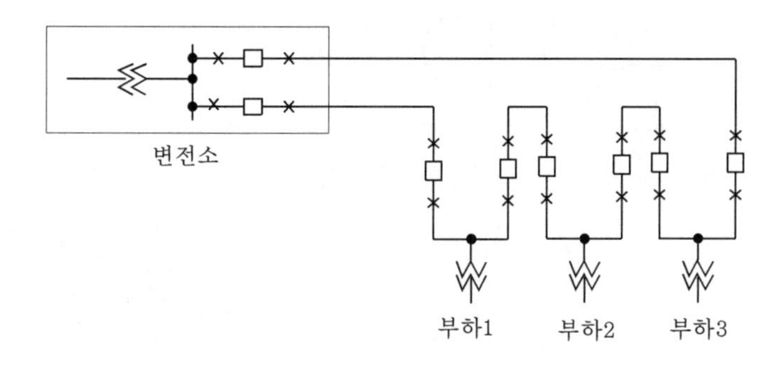

|추|가|해|설|

※환상식 : 연결 후 폐루프를 구성하는 것

02

출제 : 21, 07년 • 배점 : 6점

보조 릴레이 A, B, C의 계전기로 출력(H레벨)이 생기는 유접점 회로와 무접점 회로를 그리시오.
(단, 보조 릴레이의 접점은 모두 a접점만을 사용하도록 한다.)

(1) A와 B를 같이 ON하거나 C를 ON할 때 X_1 출력

① 유접점 회로 : ② 무접점 회로 :

(2) A를 ON하고 B 또는 C를 ON할 때 X_2 출력

① 유접점 회로 : ② 무접점 회로 :

|계|산|및|정|답|

(1) ① 유접점 회로

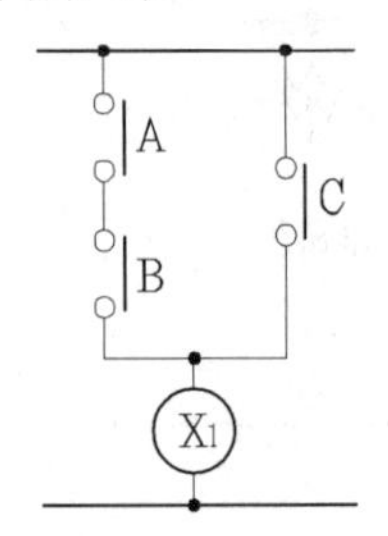

② 무접점 회로

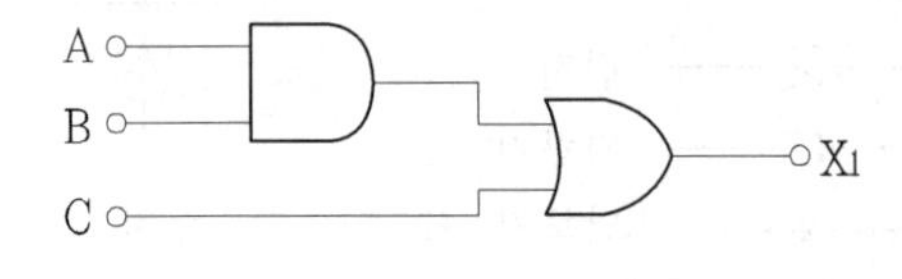

(2) ① 유접점 회로

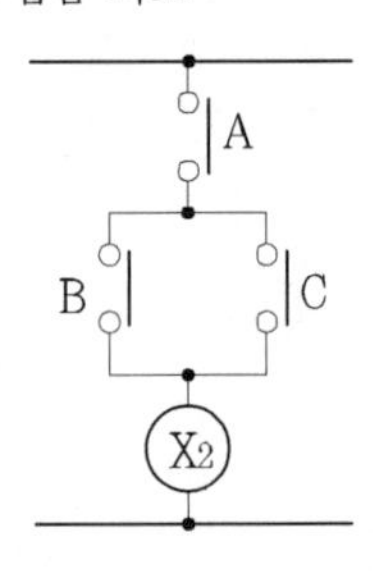

② 무접점 회로

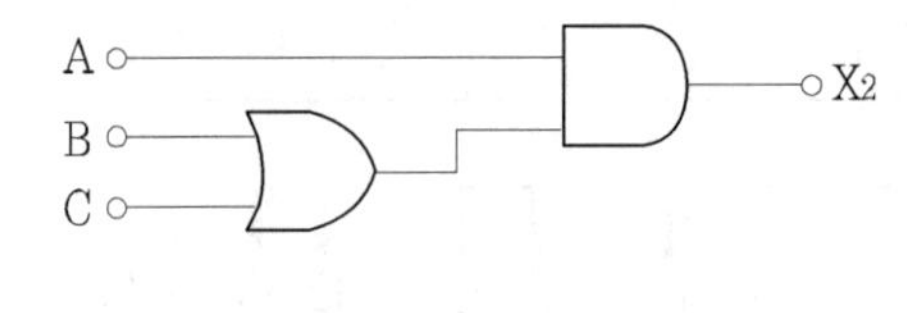

|추|가|해|설|

(1) A와 B를 같이 ON하거나 → AND, 또는 C를 ON할 때 → OR
논리식 : $A \cdot B + C$

(2) A를 ON하고 → AND, B 또는 C를 ON할 때 → $B+C$
논리식 : $A \cdot (B+C)$ → 각각의 동작으로 해석해야 한다.

03

출제 : 21, 07년 • 배점 : 6점

어떤 인텔리전트 빌딩에 대한 등급별 추정 전원 용량에 대한 표를 이용하여 물음에 답하시오.

[표] 등급별 추정 전원 용량[VA/m^2]

내용 \ 등급별	0등급	1등급	2등급	3등급
조명	22	22	22	30
콘센트	5	13	5	5
사무자동화(OA) 기기	–	2	34	36
일반동력	38	45	45	45
냉방동력	40	43	43	43
사무자동화(OA) 동력	–	2	8	8
합계	105	127	157	167

(1) 연면적 10000[m^2]인 인텔리전트 2등급인 사무실 빌딩의 전력 설비 부하의 용량을 위의 표를 이용하여 구하도록 하시오.

부하내용	면적을 적용한 부하용량[kVA]
조명	
콘센트	
OA 기기	
일반동력	
냉방동력	
OA 동력	
합계	

(2) 물음 "(1)"에서 조명, 콘센트, 사무자동화기기의 적정 수용률은 0.75, 일반동력 및 사무자동화 동력의 적정 수용률은 0.5, 냉방동력의 적정 수용률은 0.9이고, 주변압기 부등률은 1.3으로 적용한다. 이때 전압방식을 2단 강압 방식으로 채택할 경우 변압기의 용량에 따른 변전설비의 용량을 산출하시오. (단, 조명, 콘센트, 사무자동화 기기를 3상 변압기 1대로, 일반동력 및 사무자동화 동력을 3상 변압기 1대로, 냉방동력을 3상 변압기 1대로 구성하고, 상기 부하에 대한 주변압기 1대를 사용하도록 하며, 변압기 용량은 표를 활용한다.)

변압기 표준용량 [kVA]	10, 15, 20, 30, 50, 75, 100, 150, 200, 300, 500, 750, 1000

① 조명, 콘센트, 사무자동화 기기에 필요한 변압기용량 산정

•계산 : 　　　　　　•답 :

② 일반 동력, 사무자동화동력에 필요한 변압기용량 산정

•계산 : 　　　　　　•답 :

③ 냉방 동력에 필요한 변압기용량 산정

・계산 : ・답 :

④ 주변압기용량 산정

・계산 : ・답 :

(3) 수전설비의 단선계통도를 간단하게 그리시오.

|계|산|및|정|답|

(1)

부하내용	면적을 적용한 부하용량[kVA]
조명	$22 \times 10000 \times 10^{-3} = 220[\text{kVA}]$
콘센트	$5 \times 10000 \times 10^{-3} = 50[\text{kVA}]$
OA 기기	$34 \times 10000 \times 10^{-3} = 340[\text{kVA}]$
일반 동력	$43 \times 10000 \times 10^{-3} = 450[\text{kVA}]$
냉방 동력	$43 \times 10000 \times 10^{-3} = 430[\text{kVA}]$
OA 동력	$8 \times 10000 \times 10^{-3} = 80[\text{kVA}]$
합계	$157 \times 10000 \times 10^{-3} = 1570[\text{kVA}]$

(2) 【계산】 ① $Tr_1 = \text{부하용량의 합} \times \text{수용률} = (220 + 50 + 340) \times 0.75 = 457.5[\text{kVA}]$ 【정답】 500[kVA]

② $Tr_2 = (450 + 80) \times 0.5 = 265[\text{kVA}]$ 【정답】 300[kVA]

③ $Tr_3 = 430 \times 0.9 = 387[\text{kVA}]$ 【정답】 500[kVA]

④ $\text{주변압기용량}(STr) = \dfrac{\text{각부하설비 최대수용전력의 합}}{\text{부등률}}$

$= \dfrac{457.5 + 265 + 387}{1.3} = 853.46[\text{kVA}]$ 【정답】 1000[kVA]

(3)

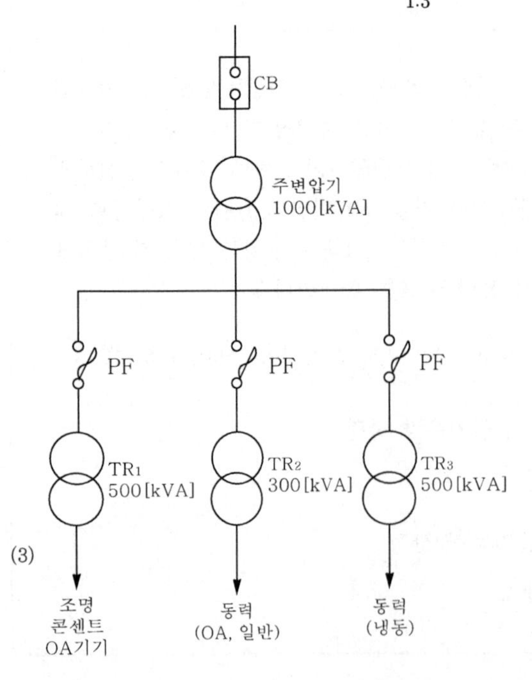

04

출제 : 21년 • 배점 : 5점

보정률이 -0.8[%]이고 측정값이 103[V]일 참값은 얼마인가?

|계|산|및|정|답|

【계산】 보정률$=\frac{참값-측정값}{측정값}\times 100[\%]$에서

$-0.8=\frac{참값-103}{103}\times 100 \quad \rightarrow \quad 참값=-0.8\times\frac{103}{100}+103=102.176[V]$

【정답】 102.18[V]

05

출제 : 21, 17년 • 배점 : 6점

그림과 같이 Y결선된 평형 부하에 전압을 측정할 때 전압계의 지시값이 $V_p=150[V]$, $V_l=220[V]$로 나타났다. 다음 각 물음에 답사시오. (단, 부하측에 인가된 전압은 각상 평형 전압이고 기본파와 제3고조파분 전압만이 포함되어 있다.)

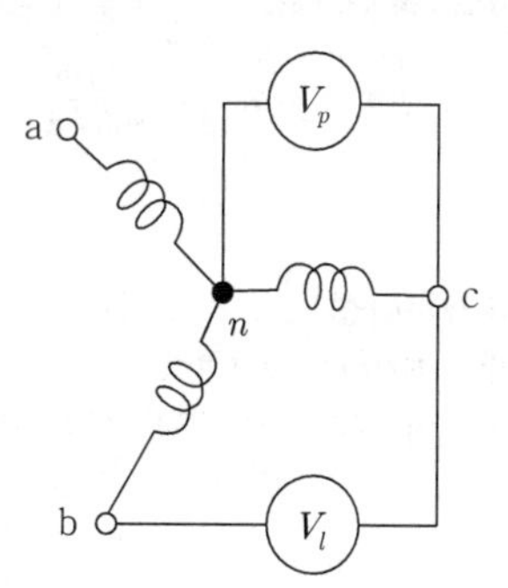

(1) 제3고조파 전압[V]을 구하시오.

•계산 : •답 :

(2) 전압의 왜형률[%]을 구하시오.

•계산 : •답 :

|계|산|및|정|답|

(1) 【계산】 상전압 V_p는 기본파와 제3고조파 전압만이 존재

$V_p=\sqrt{V_1^2+V_3^2} \rightarrow 150=\sqrt{V_1^2+V_3^2}$ ......①

선간 전압 V_l에는 제3고조파 분이 존재하지 않음

$V_l=\sqrt{3}V_1 \rightarrow 220=\sqrt{3}V_1$ ......②

위의 두 식에 의해 $V_1=\frac{220}{\sqrt{3}}=127.02[V]$

그러므로 $V_3=\sqrt{V_p^2-V_1^2}=\sqrt{150^2-127.02^2}=79.79[V]$

【정답】 79.79[V]

(2) 【계산】 왜형률$=\frac{전\ 고조파의\ 실효값}{기본파의\ 실효값}\times 100=\frac{V_3}{V_1}\times 100=\frac{79.79}{127.02}\times 100=0.6282=62.82[\%]$

【정답】 62.82[%]

|추|가|해|설|

(1) 상전압 V_p에는 기본파와 제3고조파의 전압만 존재하므로 상전압 $V_p = \sqrt{V_1^2 + V_3^2} \rightarrow 150 = \sqrt{V_1^2 + V_3^2}$

선간전압 V_l에는 제3고조파분이 존재하지 않으므로 $V_l = \sqrt{3}\,V_1 \rightarrow 220 = \sqrt{3}\,V_1 \quad \therefore V_1 = 127.02[V]$

$V_3 = \sqrt{150^2 - V_1^2} = \sqrt{150^2 - 127.02^2} = 79.79[V]$

(2) 왜형률$=\dfrac{\text{전 고조파의 실효값}}{\text{기본파의 실효값}}$

06

출제 : 21년 • 배점 : 4점

4[L]의 물을 15[℃]에서 90[℃]로 온도를 높이는데 1[kW]의 전열기로 25분간 가열하였다. 이 전열기의 효율을 계산하시오.

·계산 : ·답 :

|계|산|및|정|답|

【계산】 전열기 효율 $\eta = \dfrac{Cm\theta}{860Pt} = \dfrac{4\times1\times(90-15)}{860\times1\times\dfrac{1}{2}}\times100 = 69.77[\%]$ 【정답】 69.77[%]

|추|가|해|설|

[열량] $860Pt\eta = mC\theta$

여기서, m : 질량, C : 비열, θ : 온도차$(T_2 - T_1)$, P : 전력[kW], t : 시간[h], η : 효율[%]

07

출제 : 21년 • 배점 : 5점

3상 4선식 배전선로에 역률 100[%]인 부하가 각 상과 중성선 간에 연결되어 있다. I_a, I_b, I_c 각 상에 흐르는 전류가 10[A], 8[A], 9[A]가 흐를 때 중성선에 흐르는 전류를 계산하시오.

·계산 : ·답 :

|계|산|및|정|답|

【계산】 중성선에 흐르는 전류 $I_N = I_a + a^2I_b + aI_c$

$$= 10 + \left(-\frac{1}{2} - j\frac{\sqrt{3}}{2}\right)\times8 + \left(-\frac{1}{2} + j\frac{\sqrt{3}}{2}\right)\times9 = 1.5 + j0.866[A]$$

$\therefore I_N = \sqrt{1.5^2 + 0.866^2} = 1.732[A]$ 【정답】 1.73[A]

08

출제 : 21년 • 배점 : 5점

수전단 전압이 3000[V]인 3상 3선식 배전 선로의 수전단에 역률이 0.8(지상)되는 520[kW]의 부하가 접속되어 있다. 이 부하에 동일 역률의 부하 80[kW]를 추가하여 600[kW]로 증가시키되 부하와 병렬로 전력용 콘덴서를 설치하여 수전단 전압 및 선로 전류를 일정하게 불변으로 유지하고자 할 때 다음 각 물음에 답하시오. (단, 전선의 1선당 저항 및 리액턴스는 각각 1.78[Ω] 및 1.17[Ω]이다.)

(1) 이 경우에 필요한 전력용 콘덴서용량은 몇 [kVA]인가?

•계산 : •답 :

(2) 부하 증가 전의 송전단전압은 몇 [V]인가?

•계산 : •답 :

(3) 부하 증가 후의 송전단전압은 몇 [V]인가?

•계산 : •답 :

|계|산|및|정|답|

(1) 【계산】 전류 $I \rightarrow \dfrac{520\times10^2}{\sqrt{3}\times3000\times0.8} = \dfrac{600\times10^2}{\sqrt{3}\times3000\times\cos\theta_2}$ 에서 → 개선 후의 역률 $\cos\theta_2 = \dfrac{600}{520}\times0.8 = 0.923$

→ (520[kW](역률 0.8) 부하시와 600[kW] 부하 시의 선로 전류 및 수전단 전압이 일정하므로)

∴소요 콘덴서 용량 $Q_c = P(\tan\theta_1 - \tan\theta_2) = 600\times\left(\dfrac{0.6}{0.8} - \dfrac{\sqrt{1-0.923^2}}{0.923}\right) = 199.859[kVA]$

【정답】 199.86[kVA]

(2) 【계산】 전선의 전류 $I = \dfrac{P}{\sqrt{3}\,V_r\cos\theta} = \dfrac{520\times10^3}{\sqrt{3}\times3000\times0.8} = 125.09[A]$, 전선의 저항 R=1.78[Ω]

전선의 리액턴스 X=1.17[Ω], $\cos\theta = 0.8$, $\sin\theta = 0.6$)이므로

∴송전단 전압 $V_s = V_r + \sqrt{3}I(R\cos\theta + X\sin\theta)$

$= 3000 + \sqrt{3}\times125.09(1.78\times0.8 + 1.17\times0.6) = 3460.6[V]$

【정답】 3460.6[V]

(3) 【계산】 전선의 전류 $I = \dfrac{600\times10^3}{\sqrt{3}\times3000\times0.923} = 125.1[A]$이므로

∴부하 증가 후의 송전단 전압 $V_s = V_r + \sqrt{3}I(R\cos\theta + X\sin\theta)$에서

$= 3000 + \sqrt{3}\times125.1(1.78\times0.92 + 1.17\times0.39) = 3453.73[V]$

【정답】 3453.73[V]

|추|가|해|설|

1. 전류 $I = \dfrac{P}{\sqrt{3}\,V_r\cos\theta}[A]$

2. 전압강하 $e = \sqrt{3}\,I(R\cos\theta + X\sin\theta) = \sqrt{3}\left(\dfrac{P}{\sqrt{3}\,V\cos\theta}\right)(R\cos\theta + X\sin\theta) = \dfrac{P}{V}\left(R + X\dfrac{\sin\theta}{\cos\theta}\right) = \dfrac{P}{V}(R + X\sin\theta)$

09

출제 : 21년 • 배점 : 5점

용량 10[kVA], 철손 120[W], 전부하 동손 200[W]인 단상 변압기 2대를 V결선하여 부하를 걸었을 때, 전부하 효율은 약 몇 [%]인가? (단, 부하의 역률은 0.5라 한다.)

·계산 : ·답 :

|계|산|및|정|답|

【계산】 V결선 전부하 시의 효율 $\eta = \dfrac{\sqrt{3}P_a\cos\theta}{\sqrt{3}P_a\cos\theta + 2P_i + 2P_c}$ → (변압기 2대이므로 $2P_i$, $2P_c$)

$$= \frac{\sqrt{3}\times 10\times 10^3\times 0.5}{\sqrt{3}\times 10\times 10^3\times 0.5 + 2\times 120 + 2\times 200}\times 100 = 93.118[\%]$$

【정답】 93.12[%]

|추|가|해|설|

1. 부하율 $\dfrac{1}{m} = 1$
2. 계산은 [W]로 환산 → [kVA]×역률=[kW]
3. V결선은 변압기가 2대이므로 동손, 철손은 2배가 된다.

10

출제 : 21년 • 배점 : 5점

지름 20[cm]의 구형 외구의 광속발산도가 2000[rlx]라고 한다. 이 외구의 중심에 있는 균등 점광원의 광도는 얼마인가? (단, 외구의 투과율은 90[%]이다.)

·계산 : ·답 :

|계|산|및|정|답|

【계산】 광속발산도 $R = \dfrac{\tau I}{r^2(1-\rho)}$[rlx]에서

$$\therefore \text{광도}\ I = \frac{(1-\rho)r^2}{\tau}\times R = \frac{(1-0)\times 0.1^2}{0.9}\times 2000 = 22.22[\text{cd}]$$ → (ρ이 주어지지 않았으므로 $\rho = 0$)

【정답】 22.22[cd]

|추|가|해|설|

[광속발산도(R[rlx])] 광원의 단위 면적으로부터 발산하는 광속으로서 광원 혹은 물체의 밝기를 나타낸다.

① 기호 : R, ② 단위 : [rlx] → (radluxrlx(래드룩스)]

③ 광속발산도 $R = \dfrac{\tau I}{r^2(1-\rho)}$[rlx]

여기서, τ : 투과율, I : 광도[cd], r : 반지름, ρ : 반사율

11

출제 : 21년 • 배점 : 5점

다음은 수용가 설비의 전압강하에 대한 내용이다.
다음 물음에 답하시오.

(1) 다른 조건을 고려하지 않는다면 수용가 설비의 인입구로부터 기기까지의 전압강하는 다음 [표]의 값 이하이어야 한다. [표]의 빈칸에 알맞은 답을 쓰시오.

설비의 유형	조명[%]	기타[%]
A - 저압으로 수전하는 경우	①	②
B - 고압 이상으로 수전하는 경우a	③	④

a 가능한 한 최종회로 내의 전압강하가 A 유형의 값을 넘지 않도록 하는 것이 바람직하다. 사용자의 배전설비가 100[m]를 넘는 부분의 전압강하는 미터 당 0.005[%] 증가할 수 있으나 이런 증가분은 0.5[%]를 넘지 않도록 한다.

(2) [표]보다 큰 전압강하를 허용할 수 있는 경우 2가지를 쓰시오.

|계|산|및|정|답|

(1) 【정답】 ① 3 ② 5 ③ 6 ④ 8
(2) 【정답】 ① 기동시간 중의 전동기 ② 돌입전류가 큰 기타 기기

|추|가|해|설|

[수용가 설비에서의 전압강하(KEC 232.3.9)]

1. 다른 조건을 고려하지 않는다면 수용가 설비의 인입구로부터 기기까지의 전압강하는 표 232.3-1의 값 이하이어야 한다.

설비의 유형	조명[%]	기타[%]
A - 저압으로 수전하는 경우	3	5
B - 고압 이상으로 수전하는 경우a	6	8

a 가능한 한 최종회로 내의 전압강하가 A 유형의 값을 넘지 않도록 하는 것이 바람직하다. 사용자의 배전설비가 100[m]를 넘는 부분의 전압강하는 미터 당 0.005[%] 증가할 수 있으나 이런 증가분은 0.5[%]를 넘지 않도록 한다.

2. 다음의 경우에는 [표]보다 더 큰 전압강하를 허용할 수 있다.
   ① 기동 시간 중의 전동기
   ② 돌입전류가 큰 기타 기기
3. 다음과 같은 일시적인 조건은 고려하지 않는다.
   ① 과도과전압
   ② 비정상적인 사용으로 인한 전압 변동

12

출제 : 21, 15년 • 배점 : 4점

다음 조명에 대한 각 물음에 답하시오.

(1) 어느 광원의 광색이 어느 온도의 흑체의 광색과 같을 때 그 흑체의 온도를 무엇이라 하는지 쓰시오.

(2) 빛의 분광 특성이 색의 보임에 미치는 효과를 말하며, 동일한 색을 가진 것이라도 조명하는 빛에 따라 다르게 보이는 특성을 무엇이라 하는지 쓰시오.

|계|산|및|정|답|

(1) 색온도 (2) 연색성

|추|가|해|설|

(1) 온도의 종류

① 색온도 : 일반 광원이 흑체의 어느 온도일 때의 색과 동일한 경우, 그 흑체의 온도

② 휘도 온도 : 휘도가 같을 때의 흑체의 온도

③ 진온도 : 온도 복사체의 실제 온도

④ 복사 온도 : 전체 복사속이 같을 때의 흑체의 온도

온도가 높은 순으로 배열하면 다음과 같다.

색온도 〉 진온도 〉 휘도온도 〉 복사온도

(2) 연색성이란 조명에 의한 물체의 색깔을 결정하는 광원의 성질을 말한다.

연색성이 우수한 순으로 배열하면 다음과 같다.

크세논등 〉 백색 형광등 〉 형광 수은등 〉 나트륨등

13

출제 : 21년 • 배점 : 4점

다음은 저압 전로의 절연성능에 관한 [표]이다. 다음 빈칸을 완성하시오.

전로의 사용전압의 구분	DC 시험전압[V]	절연 저항값[MΩ]
SELV 및 PELV	①	②
FELV, 500[V] 이하	③	④
500[V] 초과	⑤	⑥

㈜ 특별저압(Extra Low Voltage : 2차 전압이 AC 50[V], DC 120[V] 이하)으로 SELV(비접지 회로 구성) 및 PELV(접지회로 구성)은 1차와 2차가 전기적으로 절연된 회로, FELV는 1차와 2차가 전기적으로 절연되지 않은 회로

※특별저압(ELV, Extra Low Voltage)이란 인체에 위험을 초래하지 않을 정도의 저압을 말한다. SELV(Safety Extra Low Voltage)는 비접지회로에 해당되며, PELV(Protective Extra Low Voltage)는 접지회로에 해당된다.)

|계|산|및|정|답|

전로의 사용전압의 구분	DC 시험전압[V]	절연 저항값[MΩ]
SELV 및 PELV	250	① 0.5
FELV, 500[V] 이하	500	② 1.0
500[V] 초과	1000	③ 1.0

|추|가|해|설|

(1) 전로의 사용전압에 따른 절연저항값 (기술기준 제52조)

전로의 사용전압의 구분	DC 시험전압	절연 저항값
SELV 및 PELV	250[V]	0.5[MΩ]
FELV, 500[V] 이하	500[V]	1[MΩ]
500[V] 초과	1000[V]	1[MΩ]

SPD 또는 기타 기기 등은 측정 전에 분리시켜야 하고, 부득이하게 분리가 어려운 경우에는 시험전압을 250[V] DC로 낮추어 측정할 수 있지만 절연저항값은 1[MΩ] 이상이어야 한다.

(2) 전로의 절연저항 및 절연내력 (KEC 132)

① 저압 전선로 중 절연 부분의 전선과 대시 사이 및 전선의 심선 상호 간의 절연저항은 사용 전압에 대한 누설전류가 최대 공급전류의 1/2000을 넘지 않도록 하여야한다.

14

출제 : 21년 • 배점 : 4점

다음은 지중 케이블의 사고점 측정법과 절연의 견적도를 측정하는 방법을 열거한 것이다. 다음 방법 중 사고점 측정법과 절연감시법을 구분하시오.

〈보기〉

① Megger　　② Tan δ 측정법
③ 부분방전측정법　　④ Murray Loop법
⑤ Capacity bridge법　　⑥ Pulse rader법

|계|산|및|정|답|

(1) 사고측정법 : ④, ⑤, ⑥

(2) 절연감시법 : ①, ②, ③

|추|가|해|설|

· Megger : 메거　· Capacity bridge법 : 정전용량법　·Pulse rader법 : 펄스레이더법

15

출제 : 21년 • 배점 : 4점

접지공사의 접지저항을 결정하는 중요한 요소를 3가지 쓰시오.

①

②

③

|계|산|및|정|답|

① 접지도체와 접지극의 도체저항

② 접지전극의 표면과 토양 사이의 접촉저항

③ 접지전극 주위의 토양성분의 저항, 즉 대지 저항률

16

출제 : 21, 15년 • 배점 : 4점

주파수 60[Hz]인 송전선의 특성임피던스가 600[Ω]이고 선로길이가 L[km]일 때 다음 물음에 답하시오. (단, 전파속도는 $3\times10^5[km/s]$이다.)

(1) 인덕턴스[mH/km]와 커패시터[μF/km]를 각각 구하시오.

(2) 파장은 몇 [km]인가?

(3) 송전단에서 본 단락 임피던스를 구하시오.

|계|산|및|정|답|

(1) 【계산】 ① 인덕턴스 $L=\frac{Z_0}{v}=\frac{600}{3\times10^5}=2[\text{mH/km}]$ 【정답】 2[mH/km]

② 캐패시터 $C=\frac{1}{Z_0 v}=\frac{1}{600\times3\times10^5}=5.55\times10^{-3}[\mu\text{F/km}]$ 【정답】 $5.55\times10^{-3}[\mu\text{F/km}]$

(2) 【계산】 파장 $\lambda=\frac{v}{f}=\frac{3\times10^5}{60}=5000[\text{km}]$ 【정답】 5000[km]

(3) 【계산】 전파정수 $r=jw\sqrt{LC}=j2\pi\times60\sqrt{2\times10^{-3}\times5.55\times10^{-9}}=j0.001256[\text{rad/km}]$

$Z_s=\frac{E_{ss}}{I_{ss}}=Z_0\tanh rl \quad \rightarrow \quad \therefore Z_s=600\tanh(0.001256)=0.7536[\Omega/\text{km}]$ 【정답】 0.7536[Ω/km]

|추|가|해|설|

· 특성임피던스 $Z_0=\sqrt{\frac{L}{C}}$

· 전파속도 $v=\frac{1}{\sqrt{LC}}$

02 2021년 전기기사 실기

01

출제 : 21. 18년 • 배점 : 4점

ALTS에 대한 명칭 및 역할을 쓰시오.

(1) 명칭 :

(2) 역할 :

|계|산|및|정|답|

(1) 【명칭】 자동부하전환개폐기(ALTS : Automatic Load Transfer Switch)

(2) 【역할】 정전 시에 예비전원으로 자동 전환하여 무정전전원공급을 수행하는 개폐기로서 주전원이 정상적으로 복구되면 상시 전원 공급체제로 복구된다.

02

출제 : 21. 10년 • 배점 : 5점

전압 100[V], 전류 20[A]용 단상 적산전력계에 어느 부하를 가할 때 원판의 회전수 20회에 대하여 40.3[초] 걸렸다. 만일 이 계기의 20[A]에 있어서 오차가 +2[%]라 하면 부하전력은 몇 [kW]인가? (단, 이 계기의 계기정수는 1000[Rev/kWh]이다.)

·계산 : ·답 :

|계|산|및|정|답|

【계산】 측정값 $P_M = \frac{3600 \cdot n}{t \cdot k} = \frac{3600 \times 20}{40.3 \times 1000} = 1.79[\text{kW}]$

여기서, n : 회전수[회], t : 시간[sec], k : 계기정수[rev/kWh]

오차율 $\epsilon = \frac{P_M - T}{T} \times 100 \rightarrow 2 = \frac{1.79 - T}{T} \times 100 \quad \therefore T = \frac{1.79}{1.02} = 1.75[\text{kW}]$

여기서, P_M : 측정값, T : 참값

【정답】 1.75[kW]

|추|가|해|설|

1. 적산전력계의 측정값 $P_M = \frac{3600 \cdot n}{t \cdot k} \times CT$비 $\times PT$비 [kW]

   여기서, n : 회전수[회], t : 시간[sec], k : 계기정수[rev/kWh]

2. 오차율 $\epsilon = \frac{P_M - T}{T} \times 100[\%]$ → (여기서, P_M : 측정값, T : 참값)

03

출제 : 21, 18년 • 배점 : 5점

다음 주어진 표에 절연내력 시험전압을 빈 칸에 채워 넣으시오.

공칭전압[V]	최대사용전압[V]	접지방식	절연내력 시험전압[V]
6600	6900	비접지	①
13200	13800	중성점 다중접지 방식	②
22900	24000	중성점 다중접지 방식	③

|계|산|및|정|답|

① 6900×1.5=10350

② 13800×0.92=12696

③ 2400×0.92=22080

|추|가|해|설|

① 고압 및 특별고압 전로의 절연내력 시험방법
절연내력 시험할 부분에 최대사용전압에 의하여 결정되는 시험전압을 계속하여 10분간 가하여 견디어야 한다.

② 전로의 종류 및 시험전압

전로의 종류	시험전압
1. 최대사용전압 7[kV] 이하인 전로	최대사용전압의 1.5배의 전압
2. 최대사용전압 7[kV] 초과 25[kV] 이하인 중성점 접지식 전로(중성선을 가지는 것으로서 그 중성선을 다중접지 하는 것에 한한다)	최대사용전압의 0.92배의 전압
3. 최대사용전압 7[kV] 초과 60[kV] 이하인 전로(2란의 것을 제외한다)	최대사용전압의 1.25배의 전압(10.5[kV] 미만으로 되는 경우는 10.5[kV])
4. 최대사용전압 60[kV] 초과 중성점 비접지식전로(전위 변성기를 사용하여 접지하는 것을 포함한다)	최대사용전압의 1.25배의 전압
5. 최대사용전압 60[kV] 초과 중성점 접지식 전로(전위 변성기를 사용하여 접지하는 것 및 6란과 7란의 것을 제외한다)	최대사용전압의1.1배의 전압 (75[kV] 미만으로 되는 경우에는 75[kV])
6. 최대사용전압이 60[kV] 초과 중성점 직접접지식 전로(7란의 것을 제외한다)	최대사용전압의 0.72배의 전압
7. 최대사용전압이 170[kV] 초과 중성점 직접 접지식 전로로서 그 중성점이 직접 접지되어 있는 발전소 또는 변전소 혹은 이에 준하는 장소에 시설하는 것.	최대사용전압의 0.64배의 전압
8. 최대사용전압이 60[kV]를 초과하는 정류기에 접속되고 있는 전로	교류측 및 직류 고전압측에 접속되고 있는 전로는 교류측의 최대사용전압의 1.1배의 직류전압
	직류측 중성선 또는 귀선이 되는 전로(이하 이장에서 "직류 저압측 전로"라 한다)는 아래에 규정하는 계산식에 의하여 구한 값

04

출제 : 21년 • 배점 : 5점

154[kV], 60[Hz]의 3상 송전선이 있다. 37/2.6[mm] 강심알루미늄의 전선을 사용하고 지름은 1.6[cm], 등가선간거리 400[cm]이다. 25[℃] 기준으로 날씨계수와 공기밀도는 각각 1이며, 전선의 표면계수는 0.83이다. 코로나 임계전압[kV] 및 코로나 손실[kW/km/선]을 구하시오.

(1) 코로나 임계전압

· 계산 · 답

(2) 코로나 손실 (단, 코로나손실은 피크식을 이용할 것)

· 계산 · 답

|계|산|및|정|답|

(1) 【계산】 코로나 임계전압 $E_0 = 24.3 m_0 m_1 \delta d \log_{10} \frac{2D}{d} [kV]$

$$= 24.3 \times 0.83 \times 1 \times 1 \times 1.6 \times \log_{10} \frac{2 \times 400}{1.6} = 87.1[\text{kV}]$$

【정답】 87.1[kV]

(2) 【계산】 코로나 손실(Peek식) $P_c = \frac{241}{\delta}(f+25)\sqrt{\frac{d}{2D}}(E-E_0)^2 \times 10^{-5}$ [kW/km/line]

$$= \frac{241}{1}(60+25)\sqrt{\frac{1.6}{2 \times 400}} \times \left(\frac{154}{\sqrt{3}} - 87.1\right)^2 \times 10^{-5} = 0.03$$

【정답】 0.03[kW/km/line]

|추|가|해|설|

1. 코로나 현상 : 전선에 어느 한도 이상의 전압을 인가하면 전선 주위에 공기 절연이 국부적으로 파괴되어 엷은 불꽃이 발생하거나 소리가 발생하는 현상이다.
2. 코로나 임계전압 $E_0 = 24.3 m_0 m_1 \delta d \log_{10} \frac{2D}{d}$ [kV]

   여기서, m_0 : 전선의 표면 상태에 따라 정해지는 계수, m_1 : 날씨에 관계되는 계수

   d : 전선의 지름[cm], D : 등가선간거리[cm], δ : 상대공기밀도($\delta = \frac{0.386b}{273[°]+t}$) → (b : 기압, t : 온도))

3. 코로나 손실 (Peek식) $P_c = \frac{241}{\delta}(f+25)\sqrt{\frac{d}{2D}}(E-E_0)^2 \times 10^{-5}$ [kW/km/line]

   여기서, δ : 상대 공기 밀도, f : 주파수[Hz], d : 전선의 지름[cm], D : 선간거리[cm]

   E : 전선의 대지전압[kV], E_0 : 코로나 임계전압[kV]

4. 코로나 현상에 대한 영향
   ① 코로나 손실 발생 및 송전 효율의 저하
   ② 코로나 잡음(반송 계전기, 반송 통신설비에 잡음 방해)
   ③ 통신사 유도장애
   ④ 소호 리액터에 대한 영향(소호 불능)
   ⑤ 오존(O_3)의 발생으로 인한 전선의 부식 촉진
   ⑥ 고주파 전압, 전류의 발생
5. 코로나 발생 방지대책
   ① 코로나 임계전압을 정규 전압 이상으로 높여 준다.
   ② 굵은 전선을 사용한다.
   ③ 가선금구를 개량한다.

05

출제 : 21년 • 배점 : 5점

피뢰시스템의 각 등급은 다음과 같은 특징을 가진다. 위험성 평가를 기초로 하여 요구되는 피뢰시스템의 등급을 관계가 있는 것과 없는 것으로 분류 하시오.

① 회전구체의 반경, 메시(mesh)의 크기 및 보호각

② 인하도선 사이 및 환상도체 사이의 전형적인 최적 거리

③ 위험한 불꽃방전에 대비한 이격거리

④ 접지자극의 최소 길이

⑤ 수뢰부시스템으로 사용되는 금속판과 금속관의 최소 두께

⑥ 접속도체의 최소 치수

⑦ 피뢰시스템의 재료 및 사용조건

⑧ 피뢰 등전위본딩

(1) 피뢰시스템의 등급과 관계가 있는 데이터는?

(2) 피뢰시스템의 등급과 관계가 없는 데이터는?

|계|산|및|정|답|

【정답】(1) ①, ②, ③, ④　　(2) ⑤, ⑥, ⑦, ⑧

|추|가|해|설|

1. 피뢰시스템의 레벨과 관계가 있는 데이터(KS C IEC 62305-3)
   - 뇌파라미터
   - 회전구체의 반경, 메시(mesh)의 크기 및 보호각
   - 인하도선사이 및 환상도체사이의 전형적인 거리
   - 위험한 불꽃방전에 대비한 이격거리
   - 접지극의 최소길이
2. 피뢰시스템의 레벨과 관계없는 데이터
   - 피뢰등전위본딩
   - 수뢰부시스템으로 사용되는 금속판과 금속관의 최소두께
   - 피뢰시스템의 재료 및 사용조건
   - 수뢰부시스템, 인하도선, 접지극의 재료, 형상 및 최소치수
   - 접속도체의 최소치수

06

출제 : 21년 • 배점 : 5점

$i(t) = 10\sin\omega t + 4\sin(2\omega t + 30^\circ) + 3\sin(3\omega t + 60^\circ)[A]$의 실효값을 구하시오.

·계산 : ·답 :

|계|산|및|정|답|

【계산】 실효값 $I = \sqrt{\left(\frac{10}{\sqrt{2}}\right)^2 + \left(\frac{4}{\sqrt{2}}\right)^2 + \left(\frac{3}{\sqrt{2}}\right)^2} = 7.91[A]$ 【정답】 7.91[A]

|추|가|해|설|

비정현파 교류의 실효값(전류) 크기 계산 $I = \sqrt{I_0^2 + \left(\frac{I_{m1}}{\sqrt{2}}\right)^2 + \left(\frac{I_{m2}}{\sqrt{2}}\right)^2 + \cdots + \left(\frac{I_{mn}}{\sqrt{2}}\right)^2}$ → (I_m : 최대값)

07

출제 : 21, 07년 • 배점 : 5점

그림과 같은 회로에서 최대 눈금 15[A]의 직류전류계 2개를 접속하고 전류 20[A]를 흘리면 각 전류계의 지시는 몇 [A]인가? (단, 전류계 최대 눈금의 전압강하는 A_1이 75[mV], A_2가 50[mV] 임)

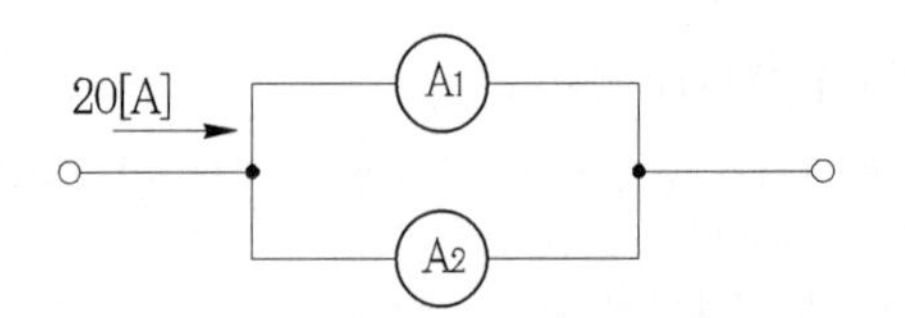

· 계산 :

· 답 :

|계|산|및|정|답|

【계산】 ① 전류계 내부저항 $R_1 = \frac{e_1}{I_1} = \frac{75 \times 10^{-3}}{15} = 5 \times 10^{-3}[\Omega]$

$R_2 = \frac{e_2}{I_2} = \frac{50 \times 10^{-3}}{15} = 3.33 \times 10^{-3}[\Omega]$

② 전류 분배 법칙에 의해 각 전류계에 흐르는 전류 $A_1 = \frac{R_2}{R_1 + R_2} \times I = \frac{3.33 \times 10^{-3}}{5 \times 10^{-3} + 3.33 \times 10^{-3}} \times 20 = 8[A]$

$A_2 = I - A_1 = 20 - 8 = 12[A]$

【정답】 $A_1 = 8[A]$, $A_2 = 12[A]$

08

출제 : 21, 11년 • 배점 : 6점

지표면상 10[m]높이에 수조가 있다. 이 수조에 초당 1[m^3]의 물을 양수하는데 펌프용 전동기에 3상 전력을 공급하기 위해서 단상 변압기 2대를 V결선 하였다. 펌프 효율이 70[%]이고, 펌프축 동력에 20[%]의 여유를 두는 경우 다음 각 물음에 답하시오 (단, 펌프용 3상 농형 유도전동기의 역률을 100[%]로 가정한다.)

(1) 펌프용 전동기의 소요동력은 몇 [kW]인가?

•계산 : •답 :

(2) 단상 변압기 1대의 용량은 몇 [kVA]인가?

•계산 : •답 :

|계|산|및|정|답|

(1) 【계산】 펌프용 전동기의 소요 동력 $P=\frac{9.8KHq}{\eta}=\frac{9.8\times10\times1\times1.2}{0.7}=168[\text{kW}]$ 【정답】 168[kW]

(2) 【계산】 변압기 1대의 용량 $\text{P}_1=\frac{\text{P}_\text{V}}{\sqrt{3}}=\frac{168}{\sqrt{3}}=96.99[\text{kVA}]$ 【정답】 96.99[kVA]

|추|가|해|설|

① 펌프용 전동기의 용량 $P=\frac{9.8Q'[m^3/\text{sec}]HK}{\eta}[kW]=\frac{9.8Q[m^3/\text{min}]HK}{60\times\eta}[kW]=\frac{Q[m^3/\text{min}]HK}{6.12\eta}[\text{kW}]$

여기서, P : 전동기의 용량[kW], Q' : 양수량[m^3/sec], Q : 양수량[m^3/min]

H : 양정(낙차)[m], η : 펌프효율, K : 여유계수(1.1~1.2 정도)

② 권상용 전동기의 용량 $P=\frac{K\cdot W\cdot V}{6.12\eta}[KW]$ →(K : 여유계수, W : 권상 중량 [ton], V : 권상 속도[m/min], η : 효율)

③ 엘리베이터용 전동기의 용량 $P=\frac{KVW}{6120\eta}[kW]$

여기서, P : 전동기 용량[kW], η : 엘리베이터 효율, V : 승강속도[m/min]

W : 적재하중[kg](기계의 무게는 포함하지 않는다.), K : 계수(평형률)

④ 변압기 출력(단상 변압기 2대를 V결선 했을 때의 출력) $P_V=\sqrt{3}P_1$ → (변압기 1대의 용량 $P_1=\frac{P_V}{\sqrt{3}}[kVA]$)

09

출제 : 21, 19년 • 배점 : 5점

전압 22900[V], 주파수 60[Hz], 선로길이 7[km] 1회선의 3상 지중 송전선로가 있다. 이 지중 전선로의 3상 무부하 충전전류[A] 및 충전용량[kVA]를 구하시오. (단, 케이블의 1선당 작용정전용량은 $0.4[\mu F/km]$라고 한다)

(1) 충전전류

·계산 : ·답 :

(2) 충전용량

·계산 : ·답 :

|계|산|및|정|답|

(1) 【계산】 전선의 충전전류 $I_c = 2\pi f C_w l \dfrac{V}{\sqrt{3}} = 2\times\pi\times 60\times 0.4\times 10^{-6}\times 7\times \dfrac{22900}{\sqrt{3}} = 13.956[A]$

→ (선로의 충전전류 계산시 전압은 변압기 결선과 관계없이 상전압($\dfrac{V}{\sqrt{3}}$)을 적용하여야 한다.)

【정답】 13.96[A]

(2) 【계산】 전선의 충전용량 $Q_c = 2\pi f Cl V^2 \times 10^{-3} = 2\pi\times 60\times 0.4\times 10^{-6}\times 7\times 22900^2\times 10^{-3}$=553.554[kVA]

【정답】 553.55[kVA]

|추|가|해|설|

[전선의 충전전류 및 충전용량]

(1) 전선의 충전전류 $I_c = \omega Cl E = 2\pi f C_w l \times \dfrac{V}{\sqrt{3}}[A]$

선로의 충전전류 계산시 전압은 변압기 결선과 관계없이 상전압($\dfrac{V}{\sqrt{3}}$)을 적용하여야 한다.

(2) 전선로의 충전용량 $Q_c = \sqrt{3}VI_c = \sqrt{3}V\times 2\pi f Cl \dfrac{V}{\sqrt{3}}\times 10^{-3} = 2\pi f Cl V^2\times 10^{-3}[kVA][kVA]$

여기서, C : 전선 1선당 정전용량[F], V : 선간전압[V], E : 대지전압[V], l : 선로의 길이[m]

f : 주파수[Hz], I_c : 전선의 충전전류

10

출제 : 21, 14년 • 배점 : 5점

정격전압 1차 6600[V], 2차 210[V], 10[kVA]의 단상 변압기 두 대를 승압기로 V결선하여 6300[V]의 3상 전원에 접속하였다. 다음 물음에 답하시오.

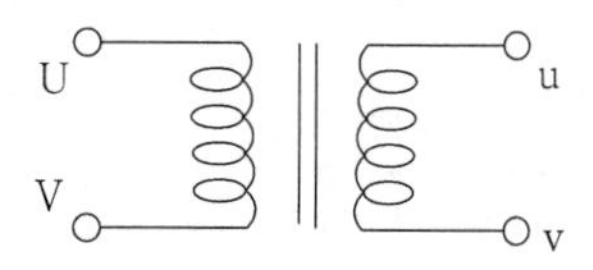

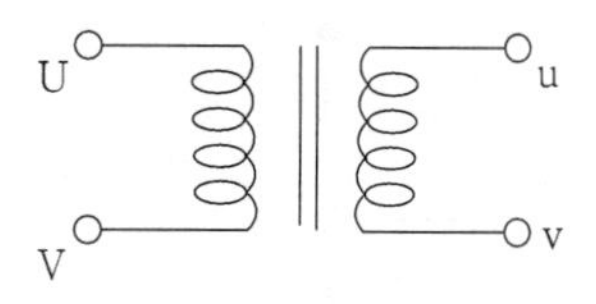

(1) 승압된 전압은 몇 [V]인지 계산하시오.

·계산 : ·답 :

(2) 3상 V결선 승압기의 결선도를 완성하시오.

|계|산|및|정|답|

(1) 【계산】 2차전압 $E_2 = \left(1+\frac{1}{a}\right)\times E_1 = \left(1+\frac{210}{6600}\right)\times 6300 = 6500.45[V]$ → (a : 전압비($a=\frac{V_1}{V_2}=\frac{6600}{210}$))

【정답】 6500.45[V]

(2)

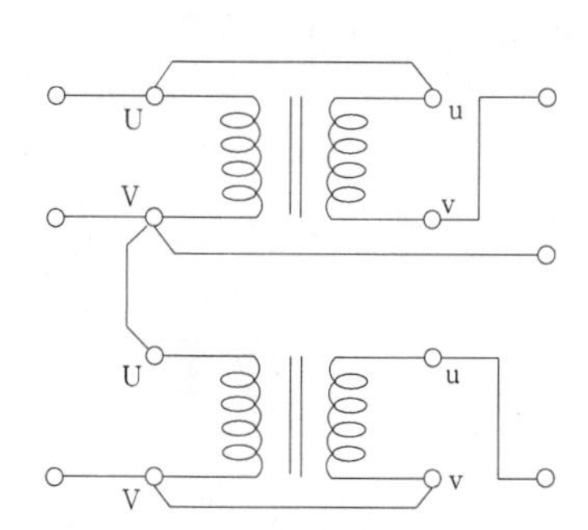

11

출제 : 21년 • 배점 : 5점

그림에서 B점의 차단기 용량을 100[MVA]로 제한하기 위한 한류리엑터의 리엑턴스는 몇 [%]인가? (단, 20[MVA]를 기준으로 한다.)

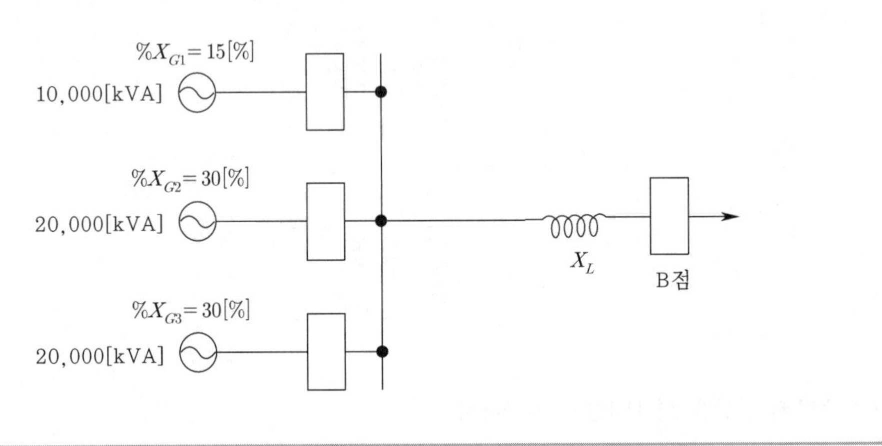

|계|산|및|정|답|

【계산】 20[MVA] 기준이므로

① $\%X_{G1}$은 $\rightarrow 10[MVA] : 15[\%] = 20[MVA] : \%X'_{G1}$에서 $\%X'_{G1} = 30[\%]$

② $\%X'_{G1}$, $\%X_{G2}$, $\%X_{G3}$는 병렬이므로 합성$\%X_G = \dfrac{30}{3} = 10[\%]$

③ B점에서 $\%X_B$를 구하면 $P_s = \dfrac{100}{\%X_B} \times P_n$에서

$$\%X_B = \frac{100}{P_s} \times P_n = \frac{100}{100[MVA]} \times 20[MVA] = 20[\%]$$

④ 합성$\%X_G + \%X_L = \%X_B$ $\rightarrow$ $\therefore \%X_L = \%X_B -$ 합성 $\%X_G = 20[\%] - 10[\%] = 10[\%]$

【정답】 10[%]

12

출제 : 21, 08년 • 배점 : 5점

3상 3선식 배전선로의 말단에 늦은 역률 80[%]인 평형 3상의 집중부하가 있다. 변전소 인출구의 전압이 3300[V]인 경우 부하의 단자전압을 3000[V] 이하로 떨어뜨리지 않으려면 부하전력은 얼마인가? (단, 전선 1선의 저항은 2[Ω], 리액턴스 1.8[Ω]으로 하고 그 이외의 선로정수는 무시한다.)

· 계산 :

· 답 :

|계|산|및|정|답|

【계산】 $e = \dfrac{P}{V_r}(R + X\tan\theta)$에서 $P = \dfrac{eV_r}{R + X\tan\theta} \times 10^{-3}$[kW]이므로

$$P = \frac{300 \times 3000}{2 + 1.8 \times \dfrac{0.6}{0.8}} \times 10^{-3} = 268.66[\text{kW}]$$

→ (전압강하(e) = 인출구 전압(V_s) − 부하의 단자전압(V_r))

【정답】 268.66[kW]

|추|가|해|설|

1. 단상3선식 (단, 중성선에는 전류가 흐르지 않는다.)

   전압강하 $e = E_s - E_r = I(R\cos\theta + X\sin\theta)\,[V]$

2. 3상3선식 전압강하 $e = \sqrt{3}\,I(R\cos\theta + X\sin\theta) = \dfrac{P}{V_r}(R + X\tan\theta)$

   여기서, V_s : 송전단 전압, I : 선로전류, X : 선로리액턴스($X = 2\pi fL$), V_r : 수전단 전압
   $\cos\theta$: 역률, R : 선로전항[Ω], P : 송전전력[W], E_s : 송전단전압, E_r : 수전단전압

13

출제 : 21, 07년 • 배점 : 6점

다음 물음에 답하시오.

(1) 그림과 같은 송전 철탑에서 등가선간거리[cm]는?

· 계산 :

· 답 :

(2) 간격 500[mm]인 정사각형 배치의 4도체에서 소선 상호간의 평균거리[cm]는?

· 계산 :

· 답 :

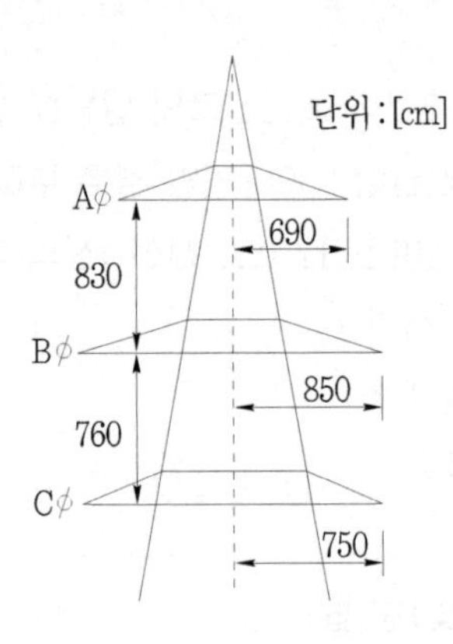

|계|산|및|정|답|

(1) 【계산】 $D_{AB} = \sqrt{830^2 + (850-690)^2} = 845.28$[cm]

$D_{BC} = \sqrt{760^2 + (850-750)^2} = 766.55$[cm]

$D_{CA} = \sqrt{(830+760)^2 + (750-690)^2} = 1591.13$[cm]

등가 선간 거리 $D_e = \sqrt[3]{D_{AB} \cdot \ D_{BC} \cdot \ D_{CA}} = \sqrt[3]{845.28 \times 766.55 \times 1591.13} = 1010.22$[cm]

【정답】 1010.22[cm]

(2) 【계산】 $D = \sqrt[6]{2}\,S = \sqrt[6]{2} \times 50 = 56[cm]$ → (S : 정사각형 한 변의 길이)

【정답】 56[cm]

|추|가|해|설|

[등가선간거리]

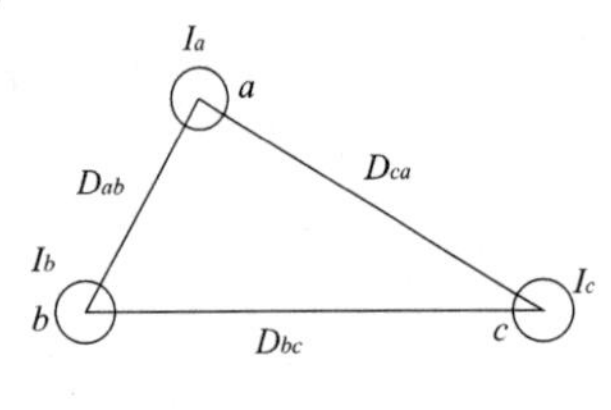

$D_e = \sqrt[\text{총 거리의 수}]{\text{각 거리간의 곱}} = \sqrt[3]{D_{ab} \cdot D_{bc} \cdot D_{ca}}$

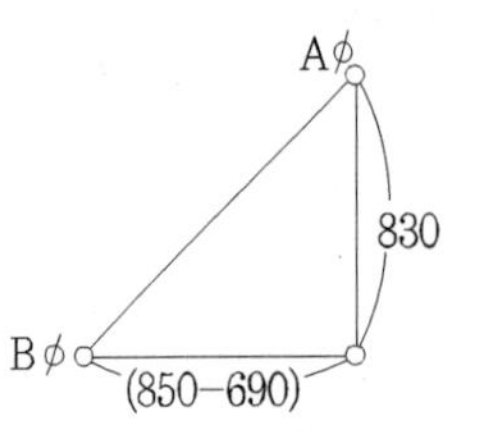

$D_{AB} = \sqrt{830^2 + (850-690)^2} = 845.28$[cm]

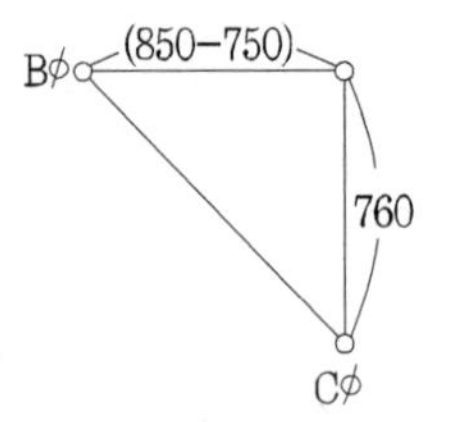

$D_{BC} = \sqrt{760^2 + (850-750)^2} = 766.55$[cm]

① 수평 배열 : $D_e = \sqrt[3]{2} \cdot D$ → (D : AB, BC 사이의 간격)

② 삼각 배열 : $D_e = \sqrt[3]{D_1 \cdot D_2 \cdot D_3}$ → (D_1, D_2, D_3 : 삼각형 세변의 길이)

③ 정4각 배열 : $D_e = \sqrt[6]{2} \cdot S$ → (S : 정사각형 한 변의 길이

14

출제 : 21년 • 배점 : 6점

단상 2선식 200[V]의 옥내배선에서 소비전력 60[W], 역률 90[%]의 형광등을 50개와 소비전력 100[W]인 백열등 60개를 설치하려고 할 때 최고 분기회로 수는 몇 회로인가? (단, 16[A] 분기회로로 한다.)

·계산 :　　　　　　　　　　　　　　　·답 :

|계|산|및|정|답|

【계산】 ① 60[W] 형광등

유효전력 $P_1 = 60 \times 50 = 3000[W]$

무효전력 $Q_1 = \frac{60}{0.9} \times \sqrt{1-0.9^2} \times 50 = 1452.966[\mathrm{Var}]$

② 100[W] 백열등

유효전력 $P_2 = 100 \times 60 = 6000[W]$

무효전력 $Q_2 = 0[\mathrm{Var}]$ → (백열등 역률=1)

③ 전체 피상전력 $P_a = \sqrt{(P_1+P_2)^2 + Q_1^2} = \sqrt{(3000+6000)^2 + 1452.966^2} = 9116.529[VA]$

∴분기회로수 $N = \frac{9116.529}{200 \times 15} = 2.589$ → 3회로

【정답】 16[A] 분기 3회로

|추|가|해|설|

1. 무효전력 $Q = P \cdot \tan\theta = P \cdot \frac{\sin\theta}{\cos\theta} = P \cdot \frac{\sqrt{1-\cos^2\theta}}{\cos\theta}$

2. 분기회로수 $N = \frac{\text{상정 부하설비의 합}[VA]}{\text{전압}[V] \times \text{분기회로 전류}[A] \times \text{정격률}}$ → (※ 계산 결과에 소수가 발생하면 절상한다.)

15 출제 : 21, 18년 • 배점 : 8점

다음은 3ϕ4W 22.9[kV] 수전설비 단선결선도이다. 도면의 내용을 보고 다음 각 물음에 답하시오.

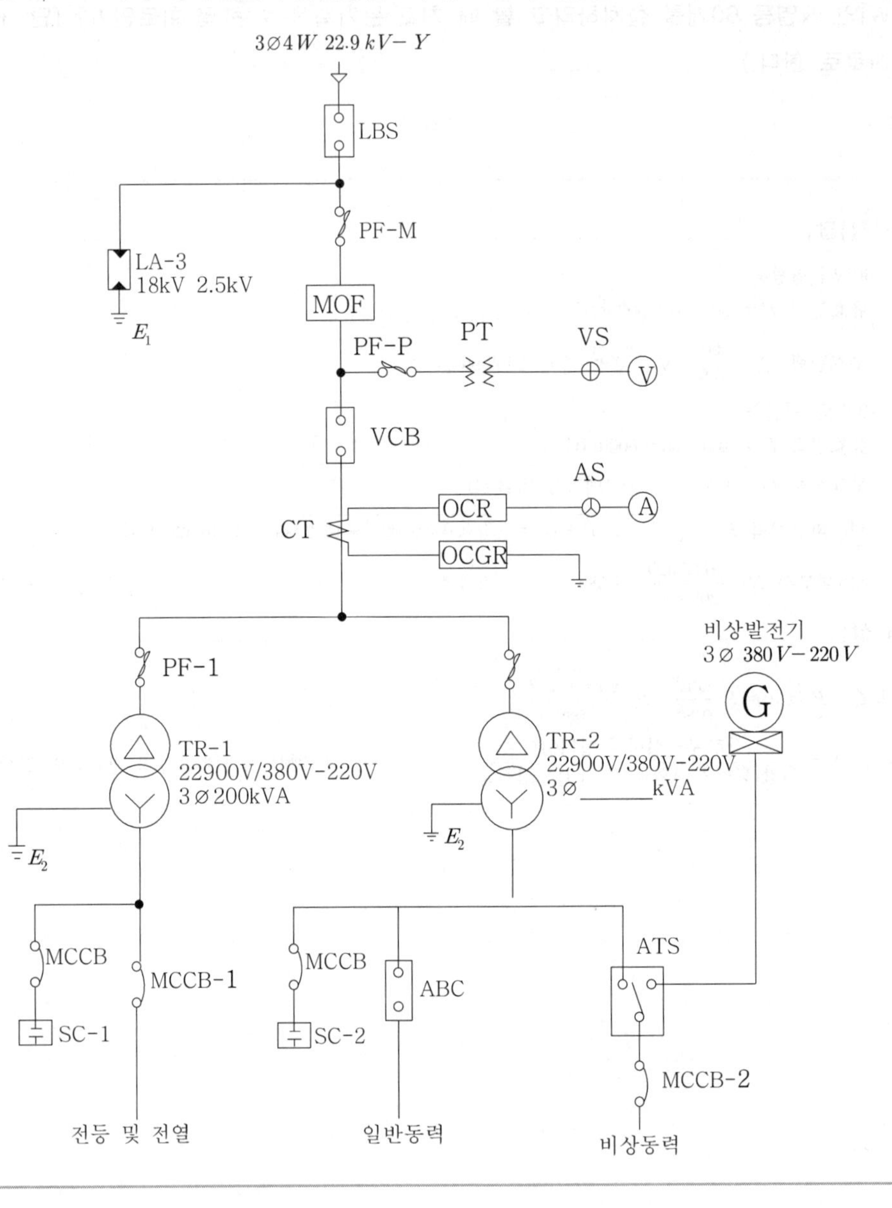

(1) 수전설비 단선 결선도에서 LA에 대하여 다음 물음에 답하시오.

① LA의 우리말 명칭을 쓰시오.

② LA의 기능과 역할에 대해 간단히 설명하시오.

③ 요구되는 성능 조건 4가지만 쓰시오.

(2) 다음은 위의 수전설비 단선결선도의 부하집계 및 입력환산표를 다음에 완성하시오. (단, 입력환산[kVA]은 계산값의 소수 둘째자리 이하는 버린다.)

【부하집계 및 입력 환산표】

구 분	전등 및 전열	일반동력	비상동력
설비용량 및 효율	합계 350[kW] 100[%]	합계 635[kW] 85[%]	유도전동기1 7.5[kW] 2대 85[%] 유도전동기2 11[kW] 1대 85[%] 유도전동기3 15[kW] 1대 85[%] 비상조명 8000[W] 100[%]
평균(종합)역률	80[%]	90[%]	90[%]
수용률	60[%]	45[%]	100[%]

구 분		설비용량[kW]	효율[%]	역률[%]	입력환산[kVA]
전등 및 전열		350			
일반동력		635			
비상동력	유도전동기1	7.5×2			
	유도전동기2	11			
	유도전동기3	15			
	비상조명	8			
	소계	-	-	-	

(3) 단선 결선도와 (2)항의 부하집계표에 의한 TR-2의 적정용량은 몇 [kVA]인지 구하시오.

·계산 : ·답 :

〈참고사항〉

·일반 동력군과 비상 동력군 간의 부등률은 1.3로 본다.
·변압기 용량은 15[%] 정도의 여유를 갖게 한다.
·변압기의 표준규격[kVA]은 200, 300, 400, 500, 600으로 한다.

(4) 단선결선도에서 TR-2의 2차측 중성점 접지공사의 접지선 굵기[mm^2]를 구하시오.

〈참고사항〉

- 접지선은 GV전선을 사용하고 표준 굵기[mm^2]는 6, 10, 16, 25, 35, 50, 70으로 한다.
- GV전선의 허용최고온도는 150[℃]이고 고장전류가 흐르기 전의 접지선의 온도는 30[℃]로 한다.
- 고장전류는 정격전류의 20배로 본다.
- 변압기 2차로의 과전류 보호 차단기는 고장전류에서 0.1초 이내에 차단되는 것이다.
- 변압기 2차로의 과전류 차단기의 정격전류는 변압기 정격전류의 1.5배로 한다.

| 계 | 산 | 및 | 정 | 답 |

(1) ① 피뢰기

② ·이상 전압 내습 시 대지로 방전하고 그 속류를 차단한다.
·이상 전압이 없어져서 단자 전압이 일정 값 이하가 되면 방전을 정지, 원래의 송전 상태로 되돌아가게 한다.

③ ·상용 주파 방전 개시 전압이 높을 것
·충격 방전 개시 전압이 낮을 것
·방전내량이 크면서 제한 전압이 낮을 것
·속류 차단 능력이 클 것

(2) 부하집계 및 입력 환산표

구 분		설비용량[kW]	효율[%]	역률[%]	입력환산[kVA]
전등 및 전열		350	100	80	$\frac{350}{0.8\times1}=437.5$
일반동력		635	85	90	$\frac{635}{0.9\times0.85}=830.1$
비상동력	유도전동기1	7.5×2	85	90	$\frac{7.5\times2}{0.9\times0.85}=19.6$
	유도전동기2	11	85	90	$\frac{11}{0.9\times0.85}=14.4$
	유도전동기3	15	85	90	$\frac{15}{0.9\times0.85}=19.6$
	비상조명	8	100	90	$\frac{8}{0.9\times1}=8.9$
	소 계	-	-	-	62.5

(3) 【계산】 변압기용량(TR-2)$=\frac{(830.1\times0.45)+62.5\times1}{1.3}\times1.15=385.73$[kVA] 【정답】 400[kVA]

(4) 【계산】 TR-2의 2차측 정격전류 $I_2=\frac{P}{\sqrt{3}\,V}=\frac{400\times10^3}{\sqrt{3}\times380}=607.74[A]$

접지선의 온도 상승식 $\theta=0.008\left(\frac{I}{A}\right)^2\cdot t$[℃]

여기서, θ : 동선의 온도 상승[℃], I : 전류[A], A : 동선이 단면적[mm^2], t : 통전시간[sec]

온도상승 $\theta=150-30=120$[℃], 고장 전류 $I=20I_n$[A], 통전 시간 $t=0.1$[sec]

$$120=0.008\times\left(\frac{20I_n}{A}\right)^2\times0.1$$

$\therefore A=0.0516I_n=0.0516\times607.74\times1.5=47.04[\mathrm{mm}^2]$ 【정답】 50[mm^2]

|추|가|해|설|

[변압기 용량 계산]

① 변압기 용량 ≥ 합성 최대 수용 전력[kW] $= \dfrac{\text{최대수용전력}}{\text{부등률}} = \dfrac{\text{설비용량} \times \text{수용률}}{\text{부등률}}$[kW]

② 합성최대수용전력[kW]을 역률($\cos\theta$)로 나눈다. 만약, 효율이 주어지면 효율로 나눈다.

16 출제 : 21, 08년 • 배점 : 5점

다음 등전위본딩에 관한 도체의 내용이다. 빈칸에 들어갈 도체의 굵기를 쓰시오.

(1) 주접지단자에 접속하기 위한 등전위본딩 도체는 설비 내에 있는 가장 큰 보호접지 도체 단면적의 1/2 이상의 단면적을 가져야 하고 다음의 단면적 이상이어야 한다.

① 구리 도체 (①)[mm^2]

② 알루미늄 도체 (②)[mm^2]

③ 강철 도체 (③)[mm^2]

(2) 주접지단자에 접속하기 위한 등전위본딩 도체의 단면적은 구리도체 (④)[mm^2] 또는 다른 재질의 동등한 단면적을 초과할 필요는 없다.

|계|산|및|정|답|

(1) 【정답】 ① 구리 도체 6[mm^2] ② 알루미늄 도체 16[mm^2] ③ 강철 50[mm^2]

(2) 25[mm^2]

|추|가|해|설|

[등전위본딩 도체 (KEC 143.3)]

1. 보호등전위본딩 도체

(1) 주접지단자에 접속하기 위한 등전위본딩 도체는 설비 내에 있는 가장 큰 보호접지도체 단면적의 1/2 이상의 단면적을 가져야 하고 다음의 단면적 이상이어야 한다.

가. 구리도체 6[㎟]

나. 알루미늄 도체 16[㎟]

다. 강철 도체 50[㎟]

(2) 주접지단자에 접속하기 위한 보호본딩도체의 단면적은 구리도체 25 ㎟ 또는 다른 재질의 동등한 단면적을 초과할 필요는 없다.

2. 보조 보호등전위본딩 도체

(1) 두 개의 노출도전부를 접속하는 보호본딩도체의 도전성은 노출도전부에 접속된 더 작은 보호도체의 도전성보다 커야 한다.

(2) 노출도전부를 계통외도전부에 접속하는 보호본딩도체의 도전성은 같은 단면적을 갖는 보호도체의 1/2 이상이어야 한다.

(3) 케이블의 일부가 아닌 경우 또는 선로도체와 함께 수납되지 않은 본딩도체는 다음 값 이상 이어야 한다.

가. 기계적 보호가 된 것은 구리도체 2.5 ㎟, 알루미늄 도체 16[㎟]

나. 기계적 보호가 없는 것은 구리도체 4[㎟], 알루미늄 도체 16[㎟]

17

출제 : 21년 • 배점 : 5점

다음 시퀀스 회로도를 보고 물음에 답하시오.

〈동작설명〉

① 전원을 투입하면 WL이 점등된다.
② PBS1을 누르면 MC1, T1이 여자되어 TB2가 회전한다. PL1 점등 (이때 X가 여자 될 준비가 된다.)
③ t1초 후 MC2, T2가 여자되어 TB3가 회전한다. PL2 점등, PL1 소등 (T1 소호)
④ t2초 후 MC3가 여자되어 TB4가 회전한다. PL3 점등, PL2 소등 (T2 소호)
⑤ PB2를 누르면 X, T3, T4가 여자되며 MC3가 소호된다.
⑥ t3초 후 MC2가 소호된다.
⑦ t4초 후 MC1이 소호된다.
⑧ 동작상황 진행 중 PBS3를 누르면 모든 동작상황이 Reset된다.

(1) 다음 시퀀스도의 빈 칸에 알맞은 접점을 넣으시오.

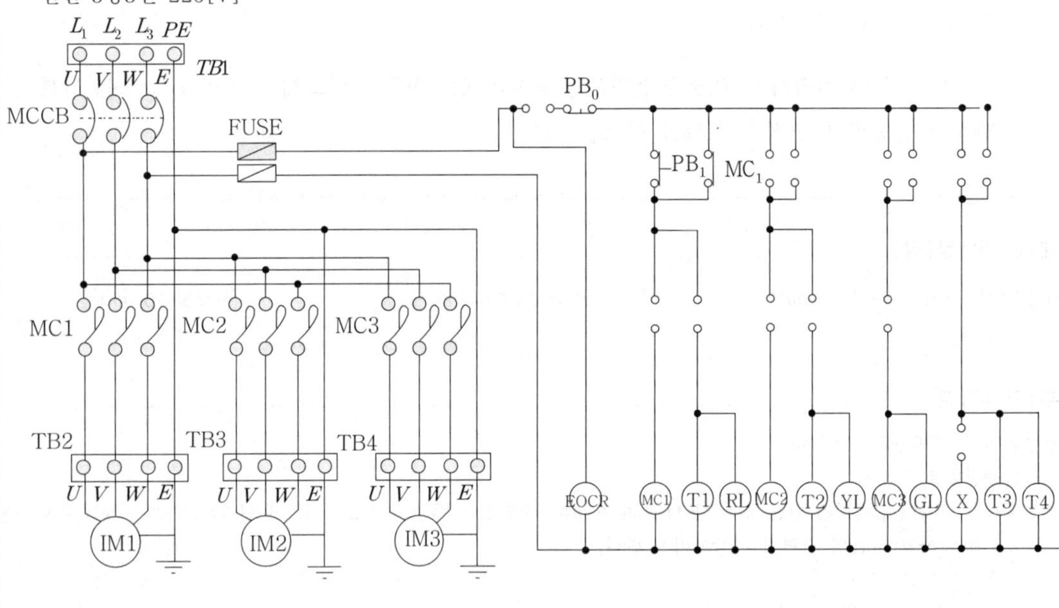

(2) 타임차트를 완성하시오.

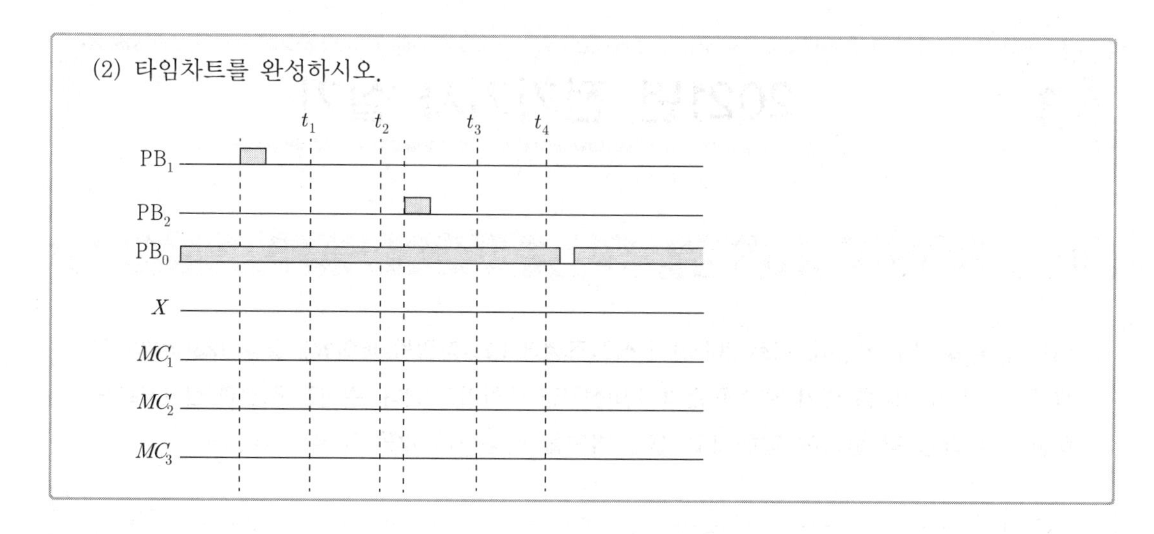

| 계 | 산 | 및 | 정 | 답 |

(1)

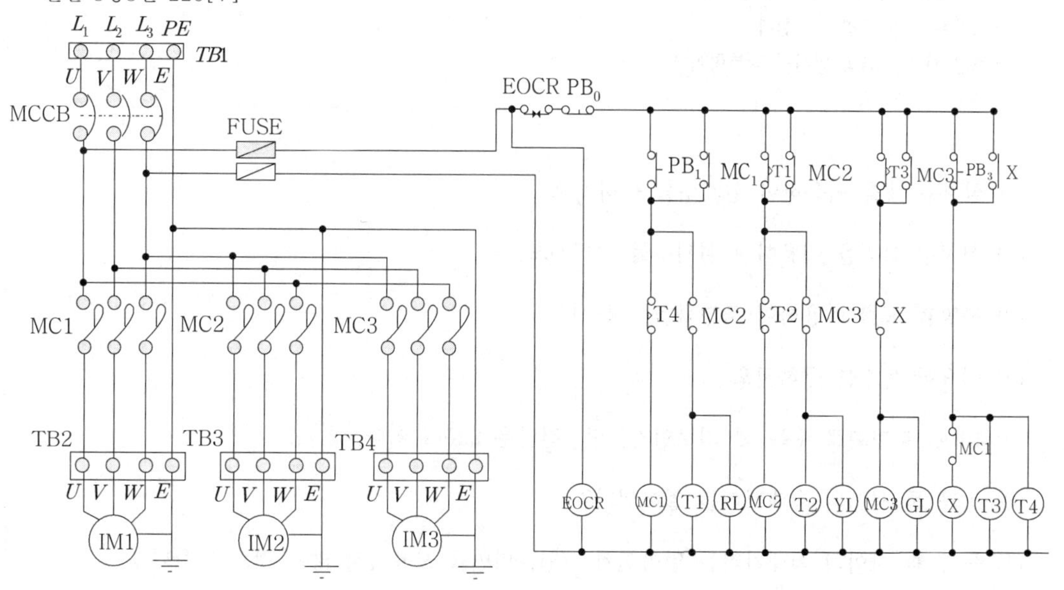

(2)

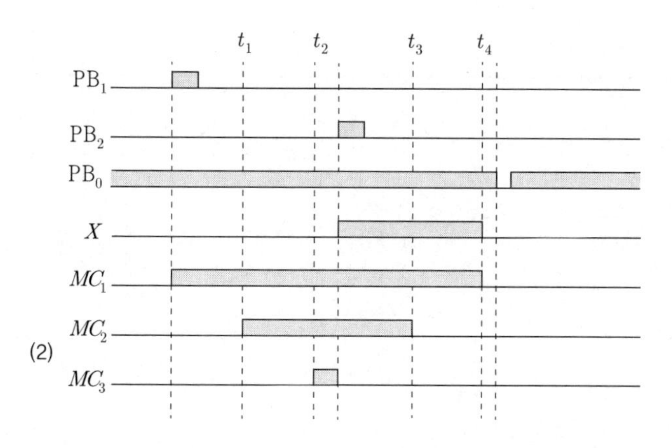

03 2021년 전기기사 실기

01

출제 : 21년 • 배점 : 5점

어느 건물의 가로 32[m], 세로 20[m]의 직접조명에 LED형광등 160[W], 효율 123[lm/W]의 평균조도로 500[lx]를 얻기 위한 광원의 소비전력을 구하려고 한다. 주어진 조건과 참고자료를 이용하여 다음 각 물음에 답하시오. (단, 벽면을 이용하지 않을 경우 S≦0.5H)

〈조건〉

- 천장 반사율 75[%], 벽면의 반사율은 50[%]이다.
- 광원과 작업면의 높이는 6[m]이다.
- 감광보상률의 보수 상태는 양호하다.
- 배광은 직접 조명으로 한다.
- 조명 기구는 금속 반사갓 직부형이다

(1) 실지수 표를 이용하여 실지수를 구하시오.

(2) 실지수 그림을 이용하여 실지수를 구하시오.

(3) 조명률 표를 이용하여 조명률을 구하시오.

(4) 필요한 등수를 구하시오.

(5) 16[A] 분기회로 수는 몇 회로인가?(단, 전압은 220[V]이다.)

(6) 등과 등 사이의 최대거리는 얼마인가?

(7) 등과 벽 사이의 최대거리는 얼마인가? (단, 벽면을 사용하지 않는 것으로 한다.)

(8) □○□의 명칭은?

[표1] 조명률, 감광보상률 및 설치 간격

번호	배광 / 설치간격	조명 기구	감광보상률(D) 보수상태 양	중	부	반사율 ρ 천장 / 벽 / 실지수	0.75 / 0.5	0.75 / 0.3	0.75 / 0.1	0.50 / 0.5	0.50 / 0.3	0.50 / 0.1	0.30 / 0.3	0.30 / 0.1
							조명률 U[%]							
1	간접 0.80 0 $S \leq 1.2H$		전구			J0.6	16	13	11	12	10	08	06	05
						I0.8	20	16	15	15	13	11	08	07
						H1.0	23	20	17	17	14	13	10	08
						G1.25	26	23	20	20	17	15	11	10
			1.5	1.7	2.0	F1.5	29	26	22	22	19	17	12	11
						E2.0	32	29	26	24	21	19	13	12
			형광등			D2.5	36	32	30	26	24	22	15	14
			1.7	2.0	2.5	C3.0	38	35	32	28	25	24	16	15
						B4.0	42	39	36	30	29	27	18	17
						A5.0	44	41	39	33	30	29	19	18
2	반직접 0.25 0.55 $S \leq H$		전구			J0.6	26	22	19	24	21	18	19	17
						I0.8	33	28	26	30	26	24	25	23
						H1.0	36	32	30	33	30	28	28	26
			1.3	1.4	1.5	G1.25	40	36	33	36	33	30	30	29
						F1.5	43	39	35	39	35	33	33	31
						E2.0	47	44	40	43	39	36	36	34
			형광등			D2.5	51	47	43	46	42	40	39	37
			1.6	1.7	1.8	C3.0	54	49	45	48	44	42	42	38
						B4.0	57	53	50	51	47	45	43	41
						A5.0	59	55	52	53	49	47	47	43
3	직접 0 0.75 $S \leq 1.3H$		전구			J0.6	34	29	26	32	29	27	29	27
						I0.8	43	38	35	39	36	35	36	34
						H1.0	47	43	40	41	40	38	40	38
			1.3	1.4	1.5	G1.25	50	47	44	44	43	41	42	41
						F1.5	52	50	47	46	44	43	44	43
						E2.0	58	55	52	49	48	46	47	46
			형광등			D2.5	62	58	56	52	51	49	50	49
			1.4	1.7	2.0	C3.0	64	61	58	54	52	51	51	50
						B4.0	67	64	62	55	53	52	52	52
						A5.0	68	66	64	56	54	53	54	52

[표2] 실지수 기호

기호	A	B	C	D	E	F	G	H	I	J
실지수	5.0	4.0	3.0	2.5	2.0	1.5	1.25	1.0	0.8	0.6
범위	4.5	4.5	3.5	2.75	2.25	1.75	1.38	1.12	0.9	0.7
		~	~	~	~	~	~	~	~	
	이상	3.5	2.75	2.25	1.75	1.38	1.12	0.9	0.7	이하

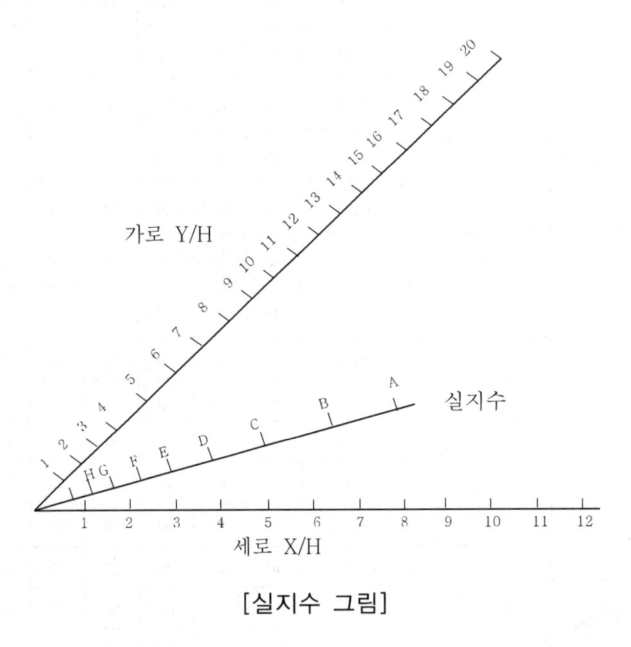

[실지수 그림]

|계|산|및|정|답|

(1) 【계산】 $RI = \frac{XY}{H(X+Y)} = \frac{32 \times 20}{6(32+20)} = 2.05$ ∴ [표2]에서 실지수 E(2.0) 선정 【정답】 E(2.0)

(2) 【계산】 $\frac{Y}{H} = \frac{32}{6} = 5.33$ $\frac{X}{H} = \frac{20}{6} = 3.33$

5.33과 3.33이 만나는 곳 실지수 E 선정

【정답】 E

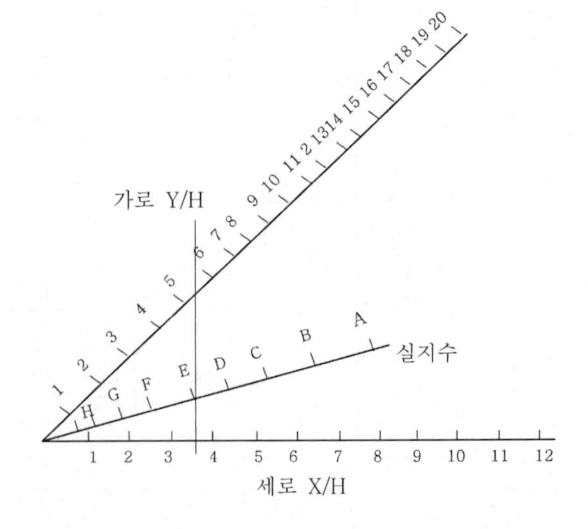

(3) [표1]의 직접에서 실지수 E2.0과 천장 반사율 75[%], 벽반사율 50[%]의 교차점 58[%]로 선정 【정답】 58[%]

(4) [표1]에서 직접조명의 보수상태 양호의 감광보상률 1.4 선정

【계산】 $N = \frac{EAD}{FU} = \frac{500 \times 32 \times 20 \times 1.4}{160 \times 123 \times 0.58} = 39.249[등]$ 【정답】 40[등]

(5) 【계산】 분기회로수 $N = \frac{40 \times 160}{220 \times 16} = 1.82[회로]$ 【정답】 16[A] 2분기회로

(6) [표1]에서 등과 등 사이 설치 간격 S≦1.3H이므로 S≦1.3×6

∴ S≦7.8 【정답】 7.8[m]

(7) 벽면을 사용하지 않을 경우 S≦0.5H이므로 S≦0.5×6

∴S≦3 【정답】 3[m]

(8) 【정답】 형광등

|추|가|해|설|

(1) 실지수 $K = \frac{X \cdot Y}{H(X+Y)}$

여기서, K : 실지수, X : 방의 폭[m], Y : 방의 길이[m], H : 작업면에서 조명기구 중심까지 높이[m]

(2) 분기회로수(N)= $\frac{상정부하설비의 합[VA]}{전압 \times 분기회로 전류}$ → (분기회로수는 절상한다.)

02

출제 : 21년 • 배점 : 5점

선간전압 200[V], 역률 100[%], 효율 100[%], 용량 200[kVA] 6펄스 3상 UPS에서 전원을 공급할 때 기본파 전류와 제5고조파 전류를 계산하시오. (단, 제5고조파 저감계수 $K_5 = 0.5$이다.)

(1) 기본파 전류를 구하시오.

(2) 제5고조파 전류를 구하시오.

|계|산|및|정|답|

(1) 【계산】 기본파 전류 $I_1 = \frac{P}{\sqrt{3}V} = \frac{200 \times 10^3}{\sqrt{3} \times 200} = 577.35[A]$ → $(P = \sqrt{3}\,VI)$

【정답】 57735[A]

(2) 【계산】 제5고조파 전류 $I_n = \frac{K_n I}{n} = \frac{0.5 \times 577.35}{5} = 57.74[A]$ 【정답】 57.74[A]

|추|가|해|설|

[고조파 전류의 계산] $I_n = \frac{K_n \cdot I}{n}[A]$

여기서, K_n : 고조파저감계수, n : 고조파 차수, I : 기본파전류

03

출제 : 21년 • 배점 : 5점

어느 빌딩의 수용가가 자가용 디젤 발전기 설비를 계획하고 있다. 발전기 용량 산출에 필요한 부하의 종류 및 특성이 다음과 같을 때 주어진 조건과 참고자료를 이용하여 전부하를 운전하는 데 필요한 발전기 용량은 몇[kVA] 인지 표의 빈칸을 채우면서 선정하시오. (단, 수용률을 적용한 용량[kVA]의 합계는 유효분과 무효분을 나누어 구분한다.)

〈조건〉

① 전동기 기동 시에 필요한 용량은 무시한다.

② 수용률 적용(동력) : 최대 입력 전동기 1대에 대하여 100[%], 2대인 경우에는 80[%], 전등, 기타는 100[%]를 적용한다.

③ 전등, 기타인 경우의 역률은 100[%]를 적용한다.

부하의 종류	출력[kW]	극수(극)	대수(대)	적용 부하	기동 방법
전동기	37	8	1	소화전 펌프	리액터 기동
	22	6	2	급수 펌프	리액터 기동
	11	6	2	배풍기	Y-△ 기동
	5.5	4	1	배수 펌프	직입 기동
전등, 기타	50	-	-	비상 조명	-

[표1] 저압 특수 농형 2종 전동기(KSC 4202) [개방형 · 반밀폐형]

정격출력[kW]	극수	동기속도[rpm]	전부하 특성		기동전류 I_{st} 각 상의 평균값[A]	비고		
			효율 η[%]	역률 pf[%]		무부하 전류 I_0 각상의 전류값[A]	전부하 전류 I 각상의 평균값[A]	전부하 슬립 S[%]
5.5	4	1800	82.5 이상	79.5 이상	150 이하	12	23	5.5
7.5			83.5 이상	80.5 이상	190 이하	15	31	5.5
11			84.5 이상	81.5 이상	280 이하	22	44	5.5
15			85.5 이상	82.0 이상	370 이하	28	59	5.0
(19)			86.0 이상	82.5 이상	455 이하	33	74	5.0
22			86.5 이상	83.0 이상	540 이하	38	84	5.0
30			87.0 이상	83.5 이상	710 이하	49	113	5.0
37			87.5 이상	84.0 이상	875 이하	59	138	5.0

[표1] 저압 특수 농형 2종 전동기(KSC 4202) [개방형 · 반밀폐형]

정격 출력 [kW]	극수	동기 속도 [rpm]	전부하 특성		기동전류I_{st} 각 상의 평균값[A]	비고		
			효율η[%]	역률pf[%]		무부하 전류I_0각상의 전류값 [A]	전부하 전류I 각상의 평균값[A]	전부하 슬립S[%]
5.5	6	1200	82.0 이상	74.5 이상	150 이하	15	25	5.5
7.5			83.0 이상	75.5 이상	185 이하	19	33	5.5
11			84.0 이상	77.0 이상	290 이하	25	47	5.5
15			85.0 이상	78.0 이상	380 이하	32	62	5.5
(19)			85.5 이상	78.5 이상	470 이하	37	78	5.0
22			86.0 이상	79.0 이상	555 이하	43	89	5.0
30			86.5 이상	80.0 이상	730 이하	54	119	5.0
37			87.0 이상	80.0 이상	900 이하	65	145	5.0
5.5	8	900	81.0 이상	72.0 이상	160 이하	16	26	6.0
7.5			82.0 이상	74.0 이상	210 이하	20	34	5.5
11			83.5 이상	75.5 이상	300 이하	26	48	5.5
15			84.0 이상	76.5 이상	405 이하	33	64	5.5
(19)			85.0 이상	77.0 이상	485 이하	39	80	5.5
22			85.5 이상	77.5 이상	575 이하	47	91	5.0
30			86.0 이상	78.5 이상	760 이하	56	121	5.0
37			87.5 이상	79.0 이상	940 이하	63	148	5.0

[표2] 자가용 디젤 발전기의 표준출력

50	100	150	200	300	400

출력[kW]	효율[%]	역률[%]	입력[kVA]	수용률[%]	수용률 적용값 [kVA]
37×1					
22×2					
11×2					
5.5×1					
50					
계					

|계|산|및|정|답|

출력[kW]	효율[%]	역률[%]	입력[kVA]	수용률 [%]	수용률 적용값 [kVA]
37×1	87	79	$\dfrac{37}{0.87\times0.79}=53.83$	100	$53.83\times1=53.83$
22×2	86	79	$\dfrac{22\times2}{0.86\times0.79}=64.76$	80	$64.76\times0.8=51.81$
11×2	84	77	$\dfrac{11\times2}{0.84\times0.77}=34.01$	80	$34.01\times0.8=27.21$
55×1	82.5	79.5	$\dfrac{5.5}{0.825\times0.795}=8.39$	100	$8.39\times1=8.39$
50	100	100	50	100	50
계	–	–	–		① $53.83\times0.79=42.53$ $53.83\times\sqrt{1-0.79^2}=33$ ② $51.81\times0.79=40.93$ $51.81\times\sqrt{1-0.79^2}=31.765$ ③ $27.21\times0.77=20.95$ $27.21\times\sqrt{1-0.77^2}=17.36$ ④ $8.39\times0.795=6.67$ $8.39\times\sqrt{1-0.795^2}=5.09$ ⑤ 50 $\therefore\sqrt{(42.53+40.93+20.95+6.67+50)^2+(33+31.765+17.36+5.09)^2}$ $=183.175$

【정답】 발전기용량 200[kVA]

|추|가|해|설|

발전기 효율 $\eta=\dfrac{출력}{입력}\times100[\%]$ $\rightarrow$ $\left(입력=\dfrac{출력}{\eta}[kW],\ 입력=\dfrac{출력}{\eta\times\cos\theta}[kW]\right)$

04

출제 : 21년 • 배점 : 5점

한국전기설비규정에 따라 공칭전압이 154[kV]인 중성점 접지식 전로의 절연내력을 시험을 하려고 한다. 시험전압과 시험방법에 대하여 다음 각 물음에 답하시오.

(1) 절연내력 시험전압 (단, 최고전압을 정격전압으로 시험한다.)

(2) 절연내력 시험방법

|계|산|및|정|답|

(1) 【계산】 시험전압 = $170,000 \times 0.72 = 122,400$[V]　　【정답】 122,400[V]

(2) 【정답】 전로와 대지 사이에 연속하여 10분간 가한다.

|추|가|해|설|

[전로의 종류 및 시험전압]　　(최대 사용전압의 배수)

전로의종류	시험전압
1. 최대사용전압 7[kV] 이하인 전로	최대사용전압의 1.5배의 전압
2. 최대사용전압 7[kV] 초과 25[kV] 이하인 중성점 접지식 전로(중성선을 가지는 것으로서 그 중성선을 다중접지 하는 것에 한한다)	최대사용전압의 0.92배의 전압
3. 최대사용전압 7[kV] 초과 60[kV] 이하인 전로 (2란의 것을 제외한다)	최대사용전압의 1.25배의 전압(10.5[kV] 미만으로 되는 경우는 10.5[kV])
4. 최대사용전압 60[kV] 초과 중성점 비접지식전로(전위 변성기를 사용하여 접지하는 것을 포함한다)	최대사용전압의 1.25배의 전압
5. 최대사용전압 60[kV] 초과 중성점 접지식 전로(전위 변성기를 사용하여 접지하는 것 및 6란과 7란의 것을 제외한다)	최대사용전압의1.1배의 전압 (75[kV] 미만으로 되는 경우에는 75[kV])
6. 최대사용전압이 60[kV] 초과 중성점 직접접지식 전로(7란의 것을 제외한다)	최대사용전압의 0.72배의 전압
7. 최대사용전압이 170[kV] 초과 중성점 직접 접지식 전로로서 그 중성점이 직접 접지되어 있는 발전소 또는 변전소 혹은 이에 준하는 장소에 시설하는 것.	최대사용전압의 0.64배의 전압
8. 최대사용전압이 60[kV]를 초과하는 정류기에 접속되고 있는 전로	교류측 및 직류 고전압측에 접속되고 있는 전로는 교류측의 최대사용전압의 1.1배의 직류전압
	직류측 중성선 또는 귀선이 되는 전로(이하 이장에서 "직류 저압측 전로"라 한다)는 아래에 규정하는 계산식에 의하여 구한 값

05

출제 : 21년 • 배점 : 8점

송전단전압이 3,300[V]인 변전소로부터 3[km] 떨어진 곳까지 지중 송전으로 역률 0.8(지상), 1,000[kW]의 3상 동력부하에 전력을 공급할 때 케이블의 허용전류(또는 안전전류) 범위 내에서 수전단전압을 3,150[V]로 유지하려고 할 때 케이블을 선정하시오. (단, 도체(동선)의 고유저항은 $1.818 \times 10^{-2}[\Omega \cdot mm^2/m]$로 하고 케이블의 정전용량 및 리액턴스 등은 무시한다.)

[전선의 굵기(mm^2)]

95	120	150	225	325

|계|산|및|정|답|

【계산】 ① 전압강하 $e = 3,300 - 3,150 = 150[V]$

② $e = \sqrt{3} I(R\cos\theta + X\sin\theta)$ → 리액턴스를 무시하면 $e = \sqrt{3} IR\cos\theta$

③ 부하전류 $I = \dfrac{P}{\sqrt{3}\, V_r \cos\theta} = \dfrac{1000 \times 10^3}{\sqrt{3} \times 3150 \times 0.8}[A]$

④ 저항 $R = \dfrac{e}{\sqrt{3} I \cos\theta} = \dfrac{150}{\sqrt{3} \times \dfrac{1,000 \times 10^3}{\sqrt{3} \times 3,150 \times 0.8} \times 0.8} = 0.4725[\Omega]$

⑤ $R = \rho \times \dfrac{l}{A}$ 에서 $A = \rho \dfrac{l}{R} = 1.818 \times 10^{-2} \times \dfrac{3,000}{0.4725} = 115.43[mm^2]$

【정답】 $120[mm^2]$

|추|가|해|설|

1. 전압강하 $e = V_s - V_r = \sqrt{3} I(R\cos\theta + X\sin\theta)$
2. 부하전류 $I = \dfrac{P}{\sqrt{3}\, V_r \cos\theta}[A]$
3. 저항 $R = \rho \times \dfrac{l}{A}$

여기서, V_s : 송전단 전압, I : 선로전류, X : 선로리액턴스($X = 2\pi fL$), V_r : 수전단 전압, $\cos\theta$: 역률
R : 선로전항, P : 송전전력, ρ : 고유저항, l : 도선의 길이, A : 도선의 단면적

06

출제 : 21년 • 배점 : 5점

어느 자가용 전기설비의 3상 고장전류가 8[kA]이고 CT비가 50/5[A]일 때 변류기의 정격과전류 강도(표준)는 얼마인지 쓰시오. (단, 사고 발생 후 0.2초 이내에 한전 차단기가 동작하는 것으로 한다.)

|계|산|및|정|답|

【계산】 열적과전류 강도 $S=\frac{S_n}{\sqrt{t}}$ 에서

$$S_n = \sqrt{0.2}\times\frac{8,000}{50} = 71.55\text{배}$$

∴ 정격과전류 강도 75배 선정

【정답】 75배

|추|가|해|설|

① 열적 과전류 강도 : 규격상으로는 1.0초로 되어 있으나 사고에 의해 과전류가 흐르는 시간은 반드시 1초라고 할 수는 없으므로 임의시간에 대해서는 다음 식으로 계산한다.

통전시간 t초에 대한 열적과전류강도 $S=\frac{S_n}{\sqrt{t}}$ [kA] → (S_n : 정격과전류강도[kA], t : 통전시간[초])

② 기계적 과전류 강도 : 단락전류의 최대 비대칭 단락전류 또는 교류 실효값의 $\sqrt{2}$ 배의 진폭이 되지만 규격으로는 직류분 감쇠를 고려하여 정격 과전류의 2.5배에 상당하는 초기 최대 순시값 과전류에 견디면 된다.

③

정격 1차 전압[kV] / 정격 1차 전류	6.6/3.3	22.9/13.2
60[A] 이하	75배	75배
60[A] 초과 500[A] 미만	40배	40배
500[A] 이상	40배	40배

07

출제 : 21, 12년 • 배점 : 8점

그림과 주어진 조건 및 참고표를 이용하여 3상 단락용량, 3상 단락전류, 차단기의 차단용량 등을 계산하시오.

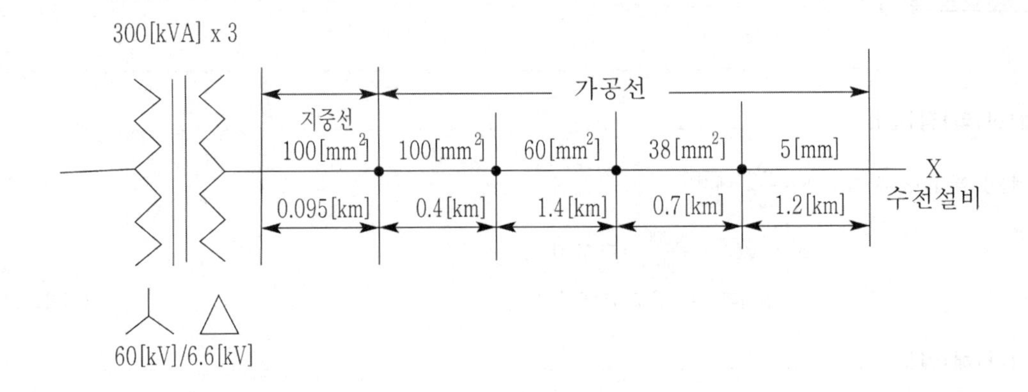

〈조 건〉

수전설비 1차측에서 본 1상당의 합성임피던스 $\%X_g = 1.5[\%]$ 이고, 변압기 명판에는 7.4[%]/3000[kVA](기준용량은 10000[kVA])이다.

[표1] 유입차단기 전력퓨즈의 정격차단용량

정격전압[V]	정격 차단용량 표준치(3상[MVA])						
3,600	10	25	50	(75)	100	150	250
7,200	25	50	(75)	100	150	(200)	250

[표2] 가공전선로(경동선) %임피던스

배선 방식	선의 굵기 / %r,x	%r, %x의 값은 [%/km]									
		100	80	60	50	38	30	22	14	5 [mm]	4 [mm]
3상3선 3[kV]	%r	16.5	21.1	27.9	34.8	44.8	57.2	75.7	119.15	83.1	127.8
	%x	29.3	30.6	31.4	32.0	32.9	33.6	34.4	35.7	35.1	36.4
3상3선 6[kV]	%r	4.1	5.3	7.0	8.7	11.2	18.9	29.9	29.9	20.8	32.5
	%x	7.5	7.7	7.9	8.0	8.2	8.4	8.6	8.7	8.8	9.1
3상4선 5.2[kV]	%r	5.5	7.0	9.3	11.6	14.9	19.1	25.2	39.8	27.7	43.3
	%x	10.2	10.5	10.7	10.9	11.2	11.5	11.8	12.2	12.0	12.4

【주】 3상 4선식, 5.2[kV] 선로에서 전압선 2선, 중앙선 1선인 경우 단락용량의 계획은 3상3선식 3[kV]시에 따른다.

[표3] 지중케이블 전로의 %임피던스

배선 방식	선의 굵기 / %r,x	%r, %x의 값은 [%/km]											
		250	200	150	125	100	80	60	50	38	30	22	14
3상3선3[kV]	%r	6.6	8.2	13.7	13.4	16.8	20.9	27.6	32.7	43.4	55.9	118.5	
	%x	5.5	5.6	5.8	5.9	6.0	6.2	6.5	6.6	6.8	7.1	8.3	
3상3선 6[kV]	%r	1.6	2.0	2.7	3.4	4.2	5.2	6.9	8.2	8.6	14.6	29.6	
	%x	1.5	1.5	1.6	1.6	1.7	1.8	1.9	1.9	1.9	2.0	–	
3상4선 5.2[kV]	%r	2.2	2.7	3.6	4.5	5.6	7.0	9.2	14.5	14.5	18.6	–	
	%x	2.0	2.0	2.1	2.2	2.3	2.3	2.4	2.6	2.6	2.7	–	

【주】 1. 3상 4선식, 5.2[kV]전로의 %r, %x의 값은 6[kV] 케이블을 사용한 것으로서 계산한 것이다.

2. 3상 3선식 5.2[kV]에서 전압선 2선, 중앙선 1선의 경우 단락용량의 계산은 3상 3선식 3[kV] 전로에 따른다.

(1) 수전설비에서의 합성 %임피던스를 계산하시오.

•계산 : •답 :

(2) 수전설비에서의 3상 단락용량을 계산하시오.

•계산 : •답 :

(3) 수전설비에서의 3상 단락전류를 계산하시오.

•계산 : •답 :

(4) 수전설비에서의 정격차단용량을 계산하고, 표에서 적당한 용량을 찾아 선정하시오.

•계산 : •답 :

|계|산|및|정|답|

(1) 【계산】 ① 변압기 기준용량 10000[kVA]으로 환산하면 $\%X_t = \frac{10000}{3000} \times j7.4 = j24.67[\%]$

② 지중선 : [표3]에 의해

$\%Z_l = \%r + j\%x = (0.095 \times 4.2) + j(0.095 \times 1.7) = 0.399 + j0.1615$

③ 가공선 : [표2]에 의해

		%r	%x
가공선	100[mm^2]	$0.4 \times 4.1 = 1.64$	$0.4 \times 7.5 = 3$
	60[mm^2]	$1.4 \times 7 = 9.8$	$0.4 \times 7.9 = 11.06$
	38[mm^2]	$0.7 \times 11.2 = 7.84$	$0.7 \times 8.2 = 5.74$
	5[mm^2]	$1.2 \times 20.8 = 24.96$	$1.2 \times 8.8 = 10.56$
계		44.24	30.36

④ 합성 %임피던스 $\%Z = \%Z_g + \%Z_t + \%Z_l$

$= j1.5 + j24.67 + 0.399 + j0.1615 + 44.24 + j30.36$

$= 44.639 + j56.6915 = 72.16[\%]$ 【정답】 72.16[%]

(2) 【계산】 단락용량 $P_s = \dfrac{100}{\%Z} P_n = \dfrac{100}{72.16} \times 10000 = 13858.09[kVA]$ 【정답】 13858.09[kVA]

(3) 【계산】 단락전류 $I_s = \dfrac{100}{\%Z} I_n = \dfrac{100}{72.16} \times \dfrac{10000}{\sqrt{3} \times 6.6} = 1212.27[A]$ 【정답】 1212.27[A]

(4) 【계산】 차단용량 = $\sqrt{3}$×정격전압×정격차단전류

$= \sqrt{3} \times 7200 \times 1212.27 \times 10^{-6} = 15.12[MVA]$ 【정답】 25[MVA] 선정

08

출제 : 21년 • 배점 : 5점

자동차단시간을 위한 보호 장치의 동작시간이 0.5초이며, 예상 고장전류 실효값이 25[kA]인 경우 보호도체의 최소 단면적을 구하시오. (단, 보호도체, 절연, 기타 부위의 재질 및 초기온도와 최종온도에 따라 정해지는 계수는 159이며, 동선을 사용하는 경우이다.)

|계|산|및|정|답|

【계산】 단면적 $S = \dfrac{\sqrt{I_n^2 \times t}}{K} = \dfrac{\sqrt{25^2 \times 0.5}}{159} \times 1000 = 111.18[mm^2]$ 【정답】 120[mm^2]

|추|가|해|설|

※보호도체의 단면적은 다음의 계산 값 이상이어야 한다.

차단시간이 5초 이하인 경우에만 다음 계산식을 적용한다.

$$S = \frac{\sqrt{I^2 t}}{k} [mm^2]$$

여기서, S : 단면적(㎟)

I : 보호장치를 통해 흐를 수 있는 예상 고장전류 실효값(A)

t : 자동차단을 위한 보호장치의 동작시간(s)

k : 보호도체, 절연, 기타 부위의 재질 및 초기온도와 최종온도에 따라 정해지는 계수 (KS C IEC 60364-4-41)

09

출제 : 21년 • 배점 : 6점

전동기 부하를 사용하는 곳의 역률개선을 위하여 회로에 병렬로 역률개선용 저압 콘덴서를 설치(Y결선)하여 전동기의 역률을 개선하여 90[%] 이상으로 유지하려고 한다. 다음 물음에 답하시오.

(1) 정격전압 380[V], 정격출력 18.5[kW], 역률 70[%]인 전동기의 역률을 90[%]로 개선하고자 하는 경우 필요한 3상 콘덴서의 용량[kVA]을 구하시오.

• 계산 : • 답 :

(2) 물음 "(1)"에서 구한 3상 콘덴서의 용량[kVA]을 [μF]로 환산한 용량으로 구하시오. (단, 정격주파수는 60[Hz]로 계산한다.)

• 계산 : • 답 :

| 계 | 산 | 및 | 정 | 답 |

(1) 【계산】 콘덴서 용량 $Q_c = P\left(\frac{\sqrt{1-\cos\theta_1^2}}{\cos\theta_1} - \frac{\sqrt{1-\cos\theta_2^2}}{\cos\theta_2}\right) = 18.5\left(\frac{\sqrt{1-0.7^2}}{0.7} - \frac{\sqrt{1-0.9^2}}{0.9}\right) = 9.91[\text{kVA}]$

【정답】 9.91[kVA]

(2) 【계산】 $C = \frac{Q_c}{2\pi f V^2} = \frac{9.91 \times 10^3}{2\pi \times 60 \times 380^2} \times 10^6 = 182.04[\mu F]$

| 추 | 가 | 해 | 설 |

(1) 역률 개선시의 콘덴서 용량 $Q_c = Q_1 - Q_2 = P\tan\theta_1 - P\tan\theta_2 = P(\tan\theta_1 - \tan\theta_2)$

$$= P\left(\frac{\sin\theta_1}{\cos\theta_1} - \frac{\sin\theta_2}{\cos\theta_2}\right) = P\left(\sqrt{\frac{1}{\cos^2\theta_1} - 1}\ \sqrt{\frac{1}{\cos^2\theta_2} - 1}\right)$$

여기서, Q_c : 부하 P[kW]의 역률을 $\cos\theta_1$에서 $\cos\theta_2$로 개선하고자 할 때 콘덴서 용량[kVA]

P : 대상 부하용량[kW], $\cos\theta_1$: 개선 전 역률, $\cos\theta_2$: 개선 후 역률

(2) Y결선 시 $Q_c = \omega CV^2 = 2\pi f CV^2$

10 출제 : 21년 • 배점 : 5점

다음의 계측장비를 주기적으로 교정하고 또한 안전장구의 성능을 적정하게 위치할 수 있도록 시험하여야 한다. 다음 표의 빈칸에 계측장비들의 권장 교정 및 시험주기를 알맞게 작성하시오.

구분	권장 교정 및 시험주기 (년)
절연저항 측정기	
계전기 시험기	
접지저항 측정기	
절연저항계	
클램프미터	

|계|산|및|정|답|

구분	권장 교정 및 시험주기 (년)
절연저항 측정기	1
계전기 시험기	1
접지저항 측정기	1
절연저항계	1
클램프미터	1

|추|가|해|설|

구분		권장 교정 및 시험주기(년)
계측장비교정	계전기 시험기	1
	절연내력 시험기	1
	절연유 내압 시험기	1
	적외선 열화상 카메라	1
	전원품질분석기	1
	절연저항 측정기(1,000[V], 2,000[MΩ])	1
	절연저항 측정기(500[V], 100[MΩ])	1
	회로시험기	1
	접지저항 측정기	1
	클램프미터	1
안정장구시험	특고압 COS 조작봉	1
	저압검전기	1
	고압·특고압 검전기	1
	고압절연장갑	1
	절연장화	1
	절연안전모	1

11

출제 : 21년 • 배점 : 5점

다음 PLC 래더 다이어그램을 이용하여 논리회로를 그리시오. (단, 입력 2개, 출력 1개로 이루어진 AND, OR, NOT 게이트를 조합한다.)

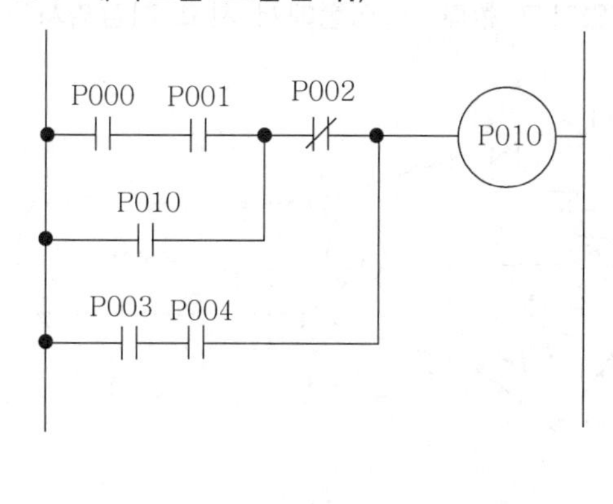

|계|산|및|정|답|

【정답】

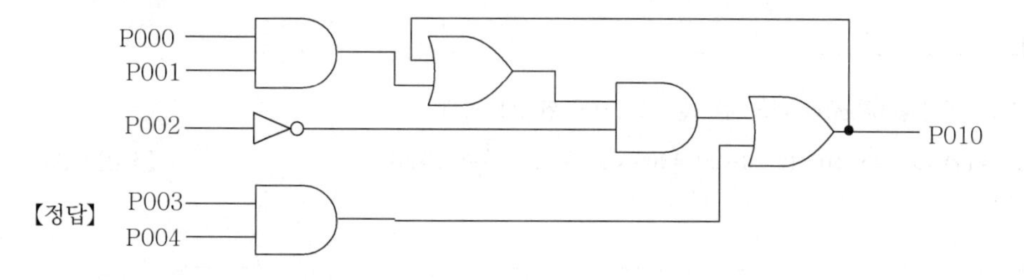

|추|가|해|설|

$[(P000 \cdot P001)+P010] \cdot \overline{P002}]+(P003 \cdot P004)=P010$

12

출제 : 21년 • 배점 : 5점

55[mm^2](0.3195[Ω/km]), 전장 6[km]인 3심 전력 케이블의 어떤 중간 지점에서 1선 지락 사고가 발생하여 전기적 사고점 탐지법의 하나인 머레이 루프법으로 측정한 결과 그림과 같은 상태에서 평형이 되었다고 한다. 측정점에서 사고 지점까지의 거리를 구하시오.

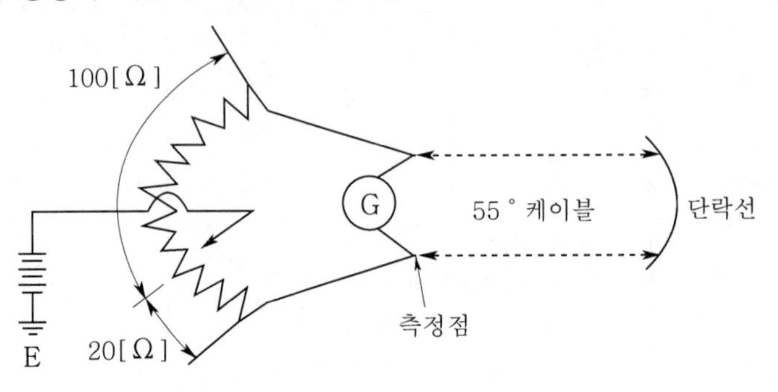

·계산 : ·답 :

|계|산|및|정|답|

고장점까지의 거리를 x, 전장을 L[km]라 하고 휘스톤 브리지의 원리에 의해

【계산】 $20\times(2L-x)=100\times x \rightarrow 20\times(2\times6-x)=100\times x \rightarrow x=\frac{12}{6}=2$[km] 【정답】 2[km]

|추|가|해|설|

1. 휘스톤 브리지의 원리를 이용

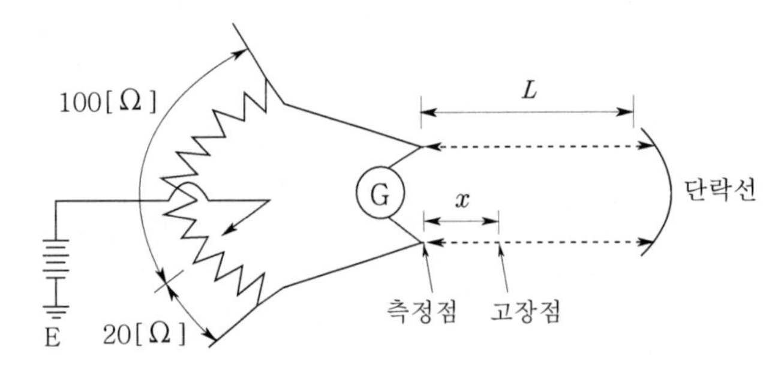

여기서, x : 고장점까지의 거리, L : 전장[km]

$20\times(2L-x)=100\times x$

2. 휘트니톤 브리지 등가회로

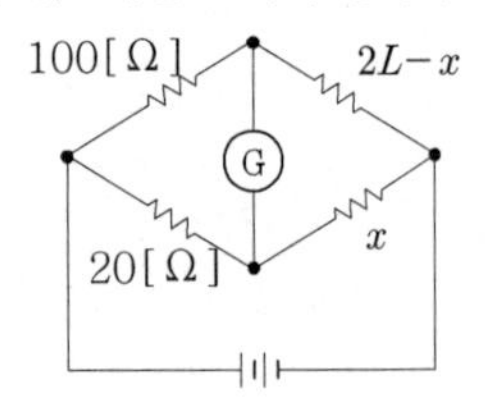

저항 $R=\rho\frac{L}{A}$[Ω]에서 전선의 단면적이 동일하면, $R\propto L$(길이)로 가정하고 계산할 수 있다.

13

출제 : 21년 • 배점 : 5점

다음 그림과 같이 높이 2.5[m]인 조명탑을 8[m] 간격을 두고 시설할 때 환기팬 중앙의 P수평면 조도를 구하시오.(단, 중앙에서 광원으로 향하는 광도는 각각 270[cd]이다.)

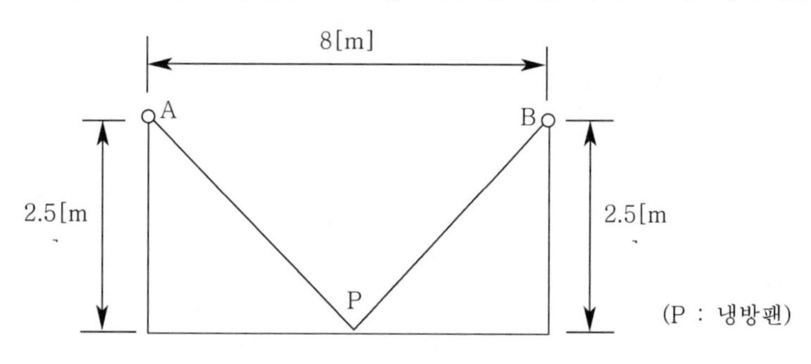

•계산 : •답 :

|계|산|및|정|답|

【계산】 거리 $r=\sqrt{2.5^2+4^2}=4.72[m]$ → $(r=\sqrt{h^2+d^2},\ d=\frac{8}{2})$

수평면 조도 $E_h=\frac{I}{r^2}\cos\theta=\frac{270}{4.72^2}\cdot\frac{2.5}{4.72}\times 2=12.86[lx]$ → (광원이 2개이므로 2를 곱한다.)

【정답】 12.86[lx]

|추|가|해|설|

[조도의 구분]

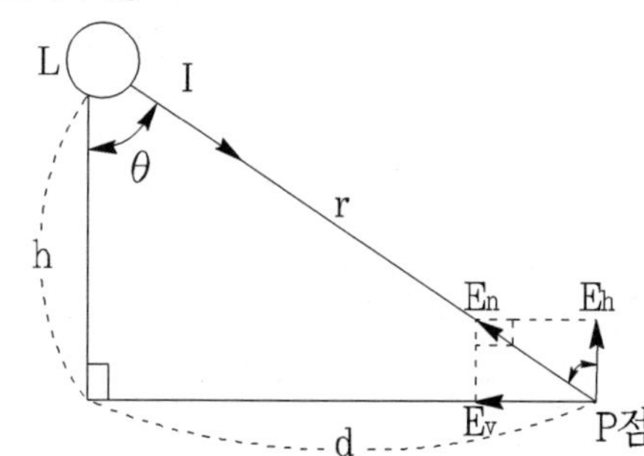

① 법선조도 $E_n=\frac{I}{r^2}[lx]$

② 수평면조도 $E_h=E_n\cos\theta=\frac{I}{r^2}\cos\theta=\frac{I}{h^2}\cos\theta^3[lx]$

③ 수직면조도 $E_v=E_n\sin\theta=\frac{I}{r^2}\sin\theta=\frac{I}{d^2}\sin\theta^3=\frac{I}{h^2}\cos^2\theta\sin\theta$

14

출제 : 21, 12년 • 배점 : 5점

$\Delta - Y$ 결선방식의 주변압기 보호에 사용되는 비율차동계전기의 간략화한 회로도이다. 주변압기 1차 및 2차측 변류기(CT)의 미결선된 2차 회로를 완성하시오.

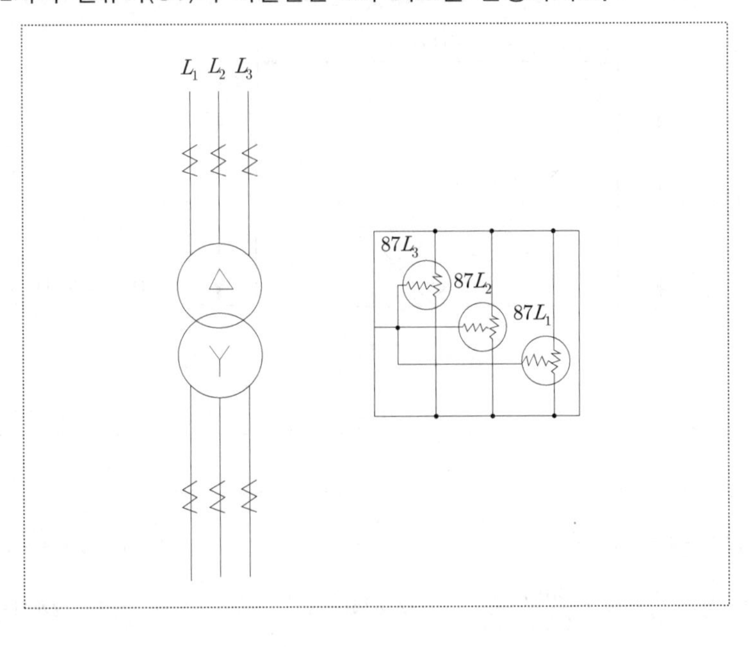

|계|산|및|정|답|

【정답】

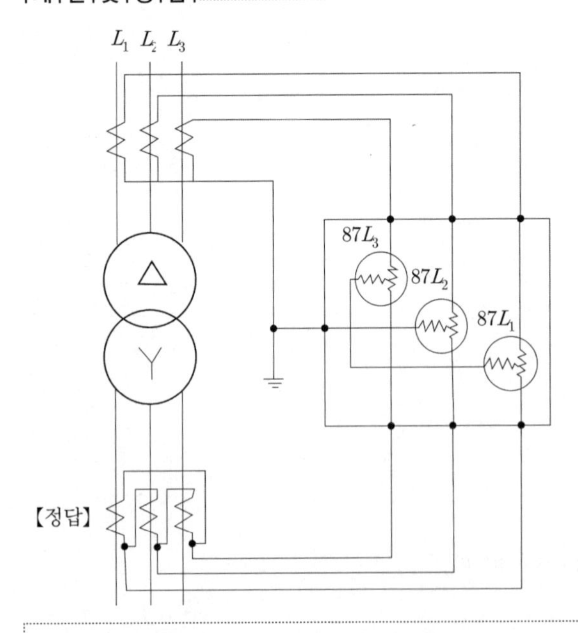

※[KEC 적용] 2021년 적용되는 KEC에 의하여 전선의 표시가 다음과 같이 바뀌어 출제됩니다.
$A, B, C(a, b, c)$ 또는 R, S, T → L_1, L_2, L_3

| 추 | 가 | 해 | 설 |

[비율차동계전기 결선]

그림과 같이 변압기를 U, V, W의 상순으로 사용할 때는 △측의 전류가 Y측에 비해 30° 앞선 상태이다(U, V, W는 30° 뒤짐). 이 위상치는 계전기의 오동작, 고조파 발생 등의 문제점이 있어 Y는 △로, △는 Y로 하여 위상각을 맞추어 준다.

그림과 같이 변압기를 U, V, W의 상순으로 사용할 때는 △측의 전류가 Y측에 비해 30° 앞선 상태이다(U, V, W는 30° 뒤짐).

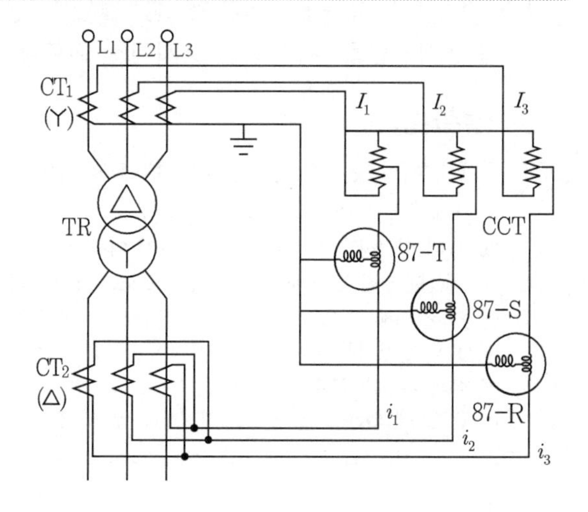

15

출제 : 21년 • 배점 : 5점

설계감리원은 필요한 경우 다음 각 호의 문서를 비치하고, 그 세부양식은 발주자의 승인을 받아 설계감리 과정을 기록하여야 하며, 설계감리 완료와 동시에 발주자에게 제출하여야 한다. 다음 보기 중 비치하지 않아도 되는 문서 3가지를 고르시오.

〈조건〉

① 근무상황부
② 설계감리일지
③ 공사예정공정표
④ 설계감리기록부
⑤ 설계자와 협의사항 기록부
⑥ 설계감리 추진현황
⑦ 설계수행계획서
⑧ 설계감리 검토의견 및 조치 결과서
⑨ 설계도서(내역서, 수량산출 및 도면 등)를 검토한 근거서류
⑩ 타 공정 신청서

| 계 | 산 | 및 | 정 | 답 |

【정답】 ③, ⑦, ⑩

| 추 | 가 | 해 | 설 |

[설계감리업무 수행지침 제8조 (설계용역 관리)]

1. 근무상황부
2. 설계감리일지
3. 설계감리지시부
4. 설계감리기록부
5. 설계자와 협의사항 기록부
6. 설계감리 추진현황
7. 설계감리 검토의견 및 조치 결과서
8. 설계감리 주요검토결과
9. 설계도서 검토의견서
10. 해당 용역관련 수·발신 공문서 및 서류

16

출제 : 21년 • 배점 : 5점

다음 동작사항을 읽고 미완성 시퀀스 회로를 완성하시오.

〈동작사항〉

① PB_1을 누르면, MC_1이 여자되어 회전하고 T_1이 여자 되어 MC_1 보조접점에 의하여 CL이 점등된다.
② 이때 PB_1을 떼어도 자기유지가 된다.
③ T_1의 설정시간 후 MC_2와 T_2, FR이 여자 된다.
④ MC_2의 접점에 의해 RL이 점등되고 MC_1이 소자되며 GL이 소등된다.
⑤ FR에 의해 부저와 YL은 교대로 동작한다. 이때 FR의 b접점은 부저를 동작시킨다.
⑥ T_2의 설정시간 후 MC_2가 소자하여 RL이 소등한다.
⑦ 이때 부저와 YL은 정지한다.
⑧ EOCR에 의해 모든 동작은 정지하고 WL이 점등된다.

[시퀀스도]

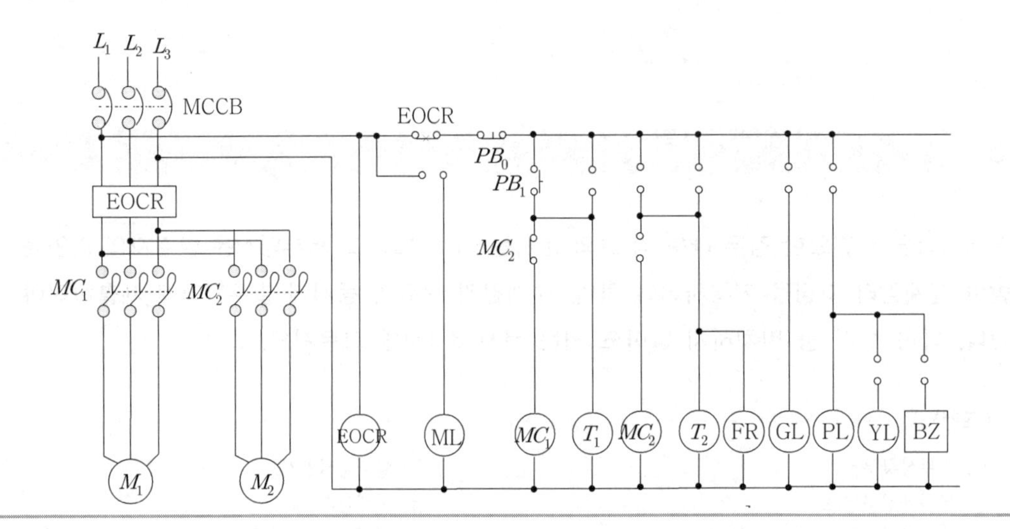

|계|산|및|정|답|

【정답】

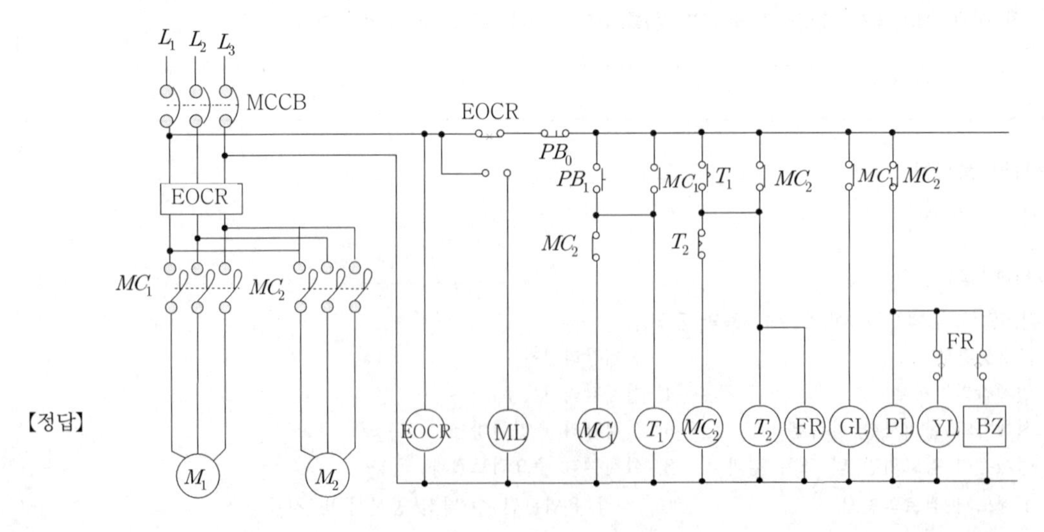

01 2020년 1회 전기기사 실기

01

출제 : 20년, 08년 • 배점 : 5점

건물의 보수공사를 하는데 32[W]×2 매입 하면(下面)개방형 형광등 30등을 32[W]×3 매입 루버형으로 교체하고, 20[W]×2 펜던트형 형광등 20등을 20[W]×2 직부 개방형으로 교체하였다. 철거되는 20[W]×2 펜던트형 등기구는 재사용 할 것이다. 천장 구멍 뚫기 및 취부테 설치와 등기구 보강 작업은 계상하지 않으며, 공구손료 등을 제외한 직접 노무비만 계산하시오. (단, 인공계산은 소수점 셋째 자리까지 구하고, 내선전공의 노임은 225,408원으로 한다.)

[형광등 기구 설치]

(단위 : 등, 적용직종 내선 전공)

종별	직부형	팬던트형	반매입 및 매입형
10[W] 이하 × 1	0.123	0.150	0.182
20[W] 이하 × 1	0.141	0.168	0.214
20[W] 이하 × 2	0.177	0.215	0.273
20[W] 이하 × 3	0.223	–	0.335
20[W] 이하 × 4	0.323	–	0.489
30[W] 이하 × 1	0.150	0.177	0.227
30[W] 이하 × 2	0.189	–	0.310
40[W] 이하 × 1	0.223	0.268	0.340
40[W] 이하 × 2	0.277	0.332	0.415
40[W] 이하 × 3	0.359	0.432	0.545
40[W] 이하 × 4	0.468	–	0.710
110[W] 이하 × 1	0.414	0.495	0.627
110[W] 이하 × 2	0.505	0.601	0.764

〈해설〉

① 개방형 기준임. 루버 또는 아크릴 커버형일 경우 해당 등기구 설치 품의 110[%]
② 등기구 조립, 설치, 결선, 지지금구류 설치, 장내 소운반 및 잔재 정리 포함
③ 매입 또는 반매입 등기구의 천장 구멍 뚫기 및 취부테 설치 별도 가산
④ 매입 및 반매입 등기구에 등기구보강대를 별도로 설치할 경우 이 품의 20[%] 별도 계상
⑤ 광천장 방식은 직부형 품 적용
⑥ 방폭형 200[%]
⑦ 높이 1.5[m] 이하의 Pole형 등기구는 직부형 품의 150[%] 적용(기초대 설치 별도)
⑧ 형광등 안정기 교환은 해당 등기구 시설품의 110[%], 다만, 펜던트형은 90[%]

〈해설〉

⑨ 아크릴 간판의 형광등 안정기 교환은 매입형 등기구 설치품의 120[%]
⑩ 공동주택 및 교실 등과 같이 동일 반복 공정으로 비교적 쉬운 공사의 경우는 90[%]
⑪ 형광램프만 교체 시 해당 등기구 1등용 설치품의 10[%]
⑫ T-5(28[W]) 및 FLP(36[W], 55[W])는 FL 40[W] 기준품 적용
⑬ 펜던트형은 파이프 펜던트형 기준, 체인 펜던트는 90[%]
⑭ 등의 증가 시 매 증가 1등에 대하여 직부형은 0.005[인], 매입 및 반매입형은 0.015[인] 가산
⑮ 철거 30[%], 재사용 철거 50[%]

|계|산|및|정|답|

【계산】 1. 철거 인공계

① 32[W]×2 매입하면 개방형=0.415×30×0.3=3.735[인]

→ (표에서 40[W] 이하 ×2 매입형, 철거이므로 30[%])

② 20[W]×2 펜던트형=0.215×20×0.5=2.15[인]

→ (표에서 20[W] 이하 ×2 팬던트형, 재사용이므로 50[%])

③ 철거 총 합계 3.735+2.15=5.885[인]

2. 신설 인공계

① 32[W]×3 매입 루버형=0.545×30×1.1=17.985[인]

→ (표에서 40[W] 이하 ×3 매입형, 루버이므로 110[%])

② 20[W]×2 직부 개방형=0.177×20=3.54[인] → (표에서 20[W] 이하 ×2 직부형)

③ 신설 총 합 17.985+3.54=21.525[인]

3. 총 소요 인공 합계=5.885+21.525=27.41[인]

4. 직접노무비=인공비×단가(내선 전공의 노임)=27.41×225408=6,178,433.28[원]

【정답】 6,178,433.28[원]

02

출제 : 20년 • 배점 : 5점

전등을 한 계통의 3개소에서 점멸하기 위하여 3로스위치 2개와 4로스위치 1개로 조합하는 경우 이들의 계통도를 동작이 완전하도록 완성하시오.

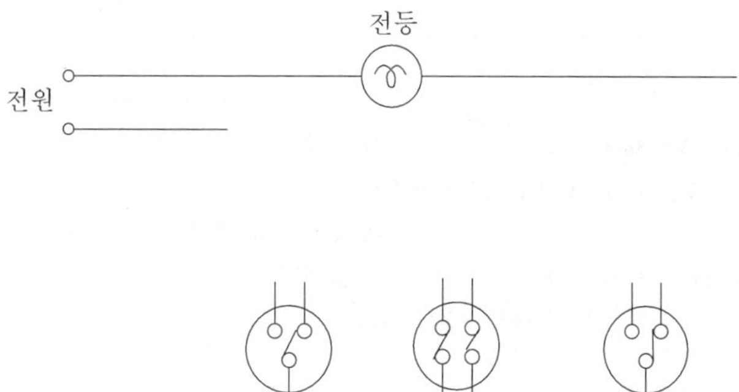

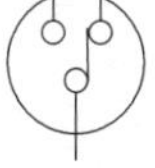

|계|산|및|정|답|

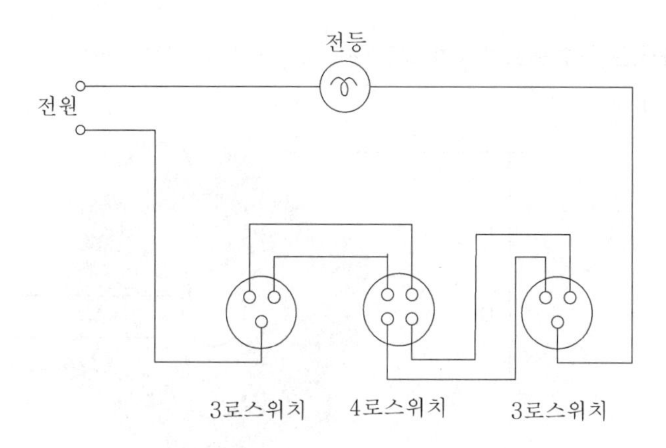

|추|가|해|설|

※3로스위치 2개, 4로스위치 1개로 3곳에서 점멸하기 위한 기본 계통도

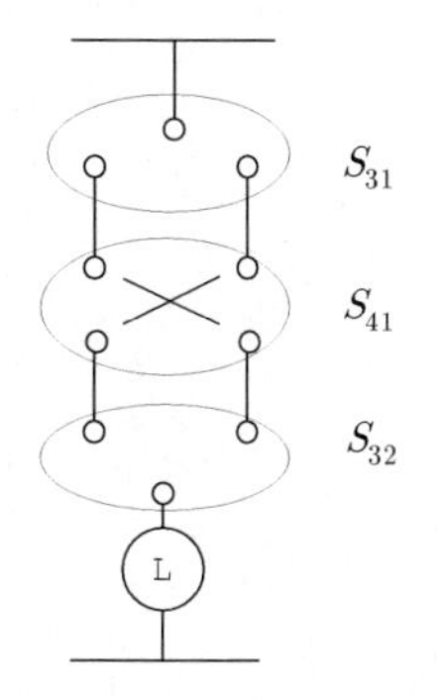

03

출제 : 20년 • 배점 : 3점

직경이 3.2[mm]인 경동연선의 소선 총 가닥수가 37가닥일 때 연선의 바깥지름은 얼마인가?

•계산 : •답 :

|계|산|및|정|답|

【계산】 1. 전선의 총 가닥수 $N=3n(n+1)+1$ → (n : 층수)

$37=3n(n+1)+1$이므로 $n=3$

→ (방정식으로 하지말고 n값을 1, 2, 3...으로 넣어서 구한다.)

2. 연선의 총 바깥지름 $D=(2n+1)d$ → (d : 직경)

$=(2\times3+1)3.2=22.4[mm]$

【정답】 22.4[mm]

|추|가|해|설|

1. 총소선수 $N=3n(n+1)+1$
2. 바깥지름 $D=(2n+1)d$
3. 단면적 $S=sN=\dfrac{\pi d^2}{4}\times N=\dfrac{\pi D^2}{4}$

여기서, n : 층수 (가운데 한 가닥은 층수에 포함하지 않는다), d : 소선의 지름[mm]

s : 소선의 단면적[mm^2])

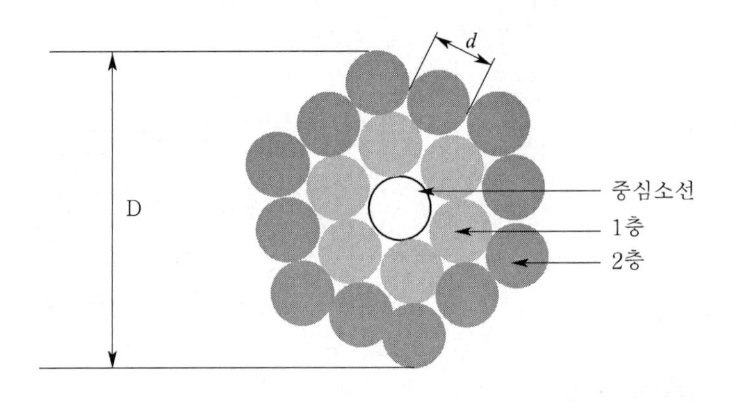

04

출제 : 20년 • 배점 : 5점

설계자가 크기, 형상 등 전체적인 조화를 생각하여 형광등 기구를 벽면 상방 모서리에 숨겨서 설치하는 방식으로서 기구로부터 빛이 직접 벽면을 조명하는 건축화 조명을 무슨 조명이라 하는가?

|계|산|및|정|답|

【정답】 코니스 조명

|추|가|해|설|

[건축화 조명]

구분		도면(예)	특징	비고
천장 전면 조명	광천장 조명		흐린 날에 가까운 상태를 실내에 재현하는 천장 전면 조명 중 조명률이 가장 높고, 보수도 용이해 많이 사용	S ≦ 1.5D S : 등기구 간격 D : 등과 광천장면 사이
	루버 천장 조명		·쾌청에 가까운 주광 상태를 재현한다. 바로 아래서 올려보지 않으면 광원이 보이지 않음 ·루버가 더러워지기 쉽고, 보수에 어려움	·보호각 30° 일 때 S ≦ 1.5D ·보호각 45° 일 때 S = D S : 등기구 간격 D : 등과 루버 사이
	코브 조명		눈부심이 없고, 조도 분포가 일정해 그림자가 없음	·간접 조명방식 ·한쪽 코브 ·양쪽 코브
벽면 조명	코니스 조명		직접 형광등 기구를 벽면 위쪽에 설치하고, 목재나 금속판으로 광원을 숨김, 직접 빛이 벽면을 조명	
	밸런스 조명		벽에 형광등 기구를 설치해 목재, 금속판 및 투과율이 낮은 재료로 광원을 숨기며 직접광은 아래쪽 벽이나 커튼을, 위쪽은 천장을 비추는 분위기 조명	
	광창		지하실이나 자연광이 들어가지 않는 방에서 낮 동안 창문에서 채광되고 있는 청명한 느낌의 조명	일반적으로 광천장을 참조

05

출제 : 20, 15년 • 배점 : 6점

그림과 같이 차동계전기에 의하여 보호되고 있는 3상 $\Delta - Y$결선 30[MVA], 33/11[kV] 변압기가 있다. 고장전류가 정격전류의 200[%] 이상에서 동작하는 계전기의 전류(i_r) 값은 얼마인지 구하시오. (단, 변압기 1차측 및 2차측 CT의 변류비는 각각 500/5[A], 2000/5[A]이다.)

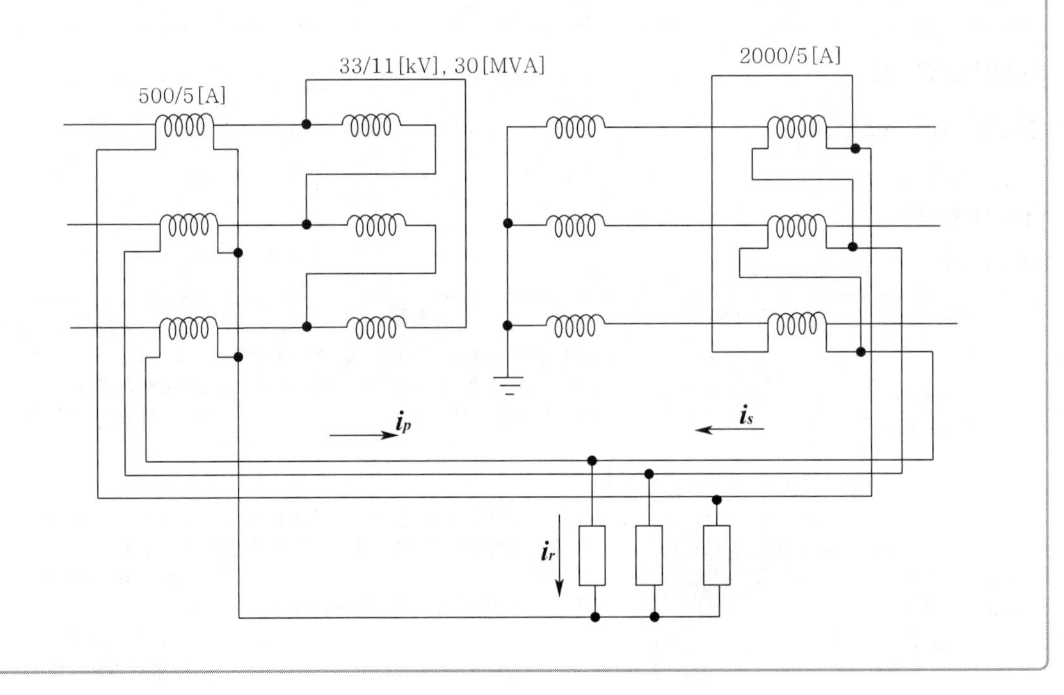

|계|산|및|정|답|

【계산】 1. $i_p = \dfrac{\text{변압기용량}}{\sqrt{3} \times 33} \times \dfrac{1}{\text{변류비}} = \dfrac{30000}{\sqrt{3} \times 33} \times \dfrac{5}{500} = 5.248[A]$

2. $i_s = \dfrac{\text{변압기용량}}{\sqrt{3} \times 11} \times \dfrac{1}{\text{변류비}} \times \sqrt{3} = \dfrac{30000}{\sqrt{3} \times 11} \times \dfrac{5}{2000} \times \sqrt{3} = 6.818[A]$

→ (변류기 상에 흐르는 전류가 선으로 연결되어 있으므로 $\sqrt{3}$을 곱해야 한다.

∴비율차동계전기에 흐르는 전류 $i_r = (i_s - i_p) \times 2 = (6.82 - 5.25) \times 2 = 3.14[A]$

→ (차동계전기에 흐르는 전류는 1차와 2차의 차(-)를 구한다.)

→ (차동계전기의 동작이 정격전류의 2배에서 되므로 2를 곱한다.)

【정답】 3.14[A]

06

출제 : 20, 13년 • 배점 : 5점

방의 가로가 12[m], 세로가 18[m], 방바닥에서 천장까지의 높이가 3.8[m]인 방에서 조명기구를 천장에 직접 설치하고자 한다. 이 방의 실지수를 구하시오. (단, 작업이 책상위에서 행하여지며, 작업면은 방바닥에서 0.85[m]이다.)

·계산 : ·답 :

|계|산|및|정|답|

【계산】 실지수 $G=\dfrac{X\cdot Y}{H(X+Y)}=\dfrac{12\times 18}{(3.8-0.85)(12+18)}=2.44$ 【정답】 2.44

|추|가|해|설|

실지수 $K=\dfrac{X\cdot Y}{H(X+Y)}$

여기서, K : 실지수 X : 방의 폭[m], Y : 방의 길이[m], H : 작업면에서 조명기구 중심까지 높이[m]

07

출제 : 20년 • 배점 : 4점

ACSR 전선을 사용하는 가공송전선로에 설치된 댐퍼의 역할을 간단히 서술하시오.

·역할

|계|산|및|정|답|

【정답】 댐퍼(Damper) : 전선의 진동 방지

|추|가|해|설|

[전선의 진동 방지]

1. 스페이서 댐퍼 : 스페이서와 댐퍼의 역할을 동시에 수행
2. 아머로드 : 전선의 지지점 부근에 첨선하여 전선의 단선 사고 방지

08

출제 : 20년, 13년 • 배점 : 8점

다음 그림은 변류기를 영상 접속시켜 그 잔류 회로에 지락계전기 DG를 삽입시킨 것이다. 선로의 전압은 66[㎸], 중성점에 300[Ω]의 저항 접지로 하였고, 변류기의 변류비는 300/5[A]이다. 송전전력이 20,000[㎾], 역률이 0.8(지상)일 때 a상에 완전 지락사고가 발생하였다. 다음 각 물음에 답하시오. (단, 부하의 정상 · 역상 임피던스, 기타의 정수는 무시한다.)

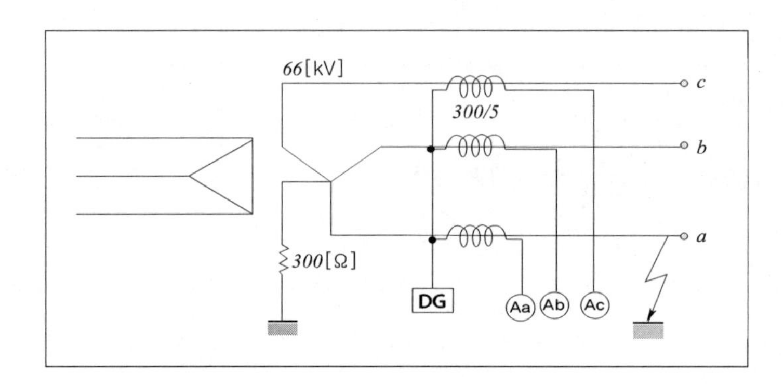

(1) 지락계전기 DG에 흐르는 전류는 몇 [A]인가?

•계산 : •답 :

(2) a상 전류계 Aa에 흐르는 전류는 몇 [A]인가?

•계산 : •답 :

(3) b상 전류계 Ab에 흐르는 전류는 몇 [A]인가?

•계산 : •답 :

(4) c상 전류계 Ac에 흐르는 전류는 몇 [A]인가?

•계산 : •답 :

|계|산|및|정|답|

(1) 【계산】 a상 지락전류 $I_g = \dfrac{E}{R} = \dfrac{V}{\sqrt{3}R} = \dfrac{66\times10^3}{\sqrt{3}\times300} = 127.02[A]$ → (대지전압$=\dfrac{66\times10^3}{\sqrt{3}}$)

$\therefore I_{DG} = I_g \times \dfrac{1}{\text{변류비}} = 127.02\times\dfrac{5}{300} = 2.117[A]$ 【정답】 2.12[A]

(2) 【계산】 3상 부하전류 $I_L = \dfrac{P}{\sqrt{3}\,V\cos\theta} = \dfrac{20000}{\sqrt{3}\times66\times0.8}(0.8-j0.6)[A]$ → (전류는 지상일 때 (-)가 붙는다.)

a상 전류계에 흐르는 전류는 부하전류와 지락전류가 병렬접속이며, 부하전류에는 역률이 있으므로 유효분과 무효분의 구분된다.

따라서 지락전류 $I_a = I_g + I_L = 127.02 + 218.70(0.8-j0.6) = 301.97 - j131.22$

크기는 $|I_a| = \sqrt{301.97^2 + 131.22^2} = 329.3[A]$

$\therefore I_{Aa} = I_a \times \dfrac{5}{300} = 329.25\times\dfrac{5}{300} = 5.487[A]$ 【정답】 5.49[A]

(3) 【계산】 b상에 흐르는 전류는 3상평형 부하전류이므로 → (건전상이므로 지락전류가 흐르지 않는다)
부하전류 $I_L = 218.70$

$\therefore I_{Ab} = I_L \times \frac{5}{300} = 218.70 \times \frac{5}{300} = 3.645[A]$ 【정답】 3.65[A]

(4) 【계산】 c상에 흐르는 전류는 3상평형 부하전류이므로 → (건전상이므로 지락전류가 흐르지 않는다)
부하전류 $I_L = 218.70$

$\therefore I_{Ac} = I_L \times \frac{5}{300} = 218.70 \times \frac{5}{300} = 3.645[A]$ 【정답】 3.65[A]

|추|가|해|설|

(2) ·a상 지락사고 건전상 b, c에는 부하전류만 흐르고 고장상 a에는 I_a와 I_g가 중첩해서 흐른다.
즉, $\acute{I} = I_a + \acute{I_g}$가 된다.
·중성점 저항 접지방식이므로 지락전류는 유효분 전류가 된다.
·$\frac{20000}{\sqrt{3} \times 66 \times 0.8}(0.8 - j0.6) + \frac{66 \times 10^3}{\sqrt{3} \times 300}$

09

출제 : 20년 • 배점 : 4점

변류비의 공칭변류비는 100/5이다. 이때 변류기의 1차, 2차 전류를 측정한 결과 각각 250[A]와 10[A]일 때 변류기의 비오차는 몇 [%]인가?

·계산 : ·답 :

|계|산|및|정|답|

【계산】 CT의 비오차(ϵ)$= \frac{공칭변류비(K_n) - 측정변류비(K)}{측정변류비(K)} \times 100[\%] = \frac{\frac{100}{5} - \frac{250}{10}}{\frac{250}{10}} \times 100 = -20[\%]$

【정답】 −20[%]

|추|가|해|설|

[비오차]
실제의 1차 전압과 2차 전압 또는 2차 전압의 비가 공칭 변성비(명판)에 대한 오차를 나타낸다.
① 변압비 : 1차 전압에 대한 2차전압 크기의 비이다.
② 비오차 : 공칭 변압비와 측정 변압비 사이에서 얻어진 백분율 오차이다.

10

출제 : 20, 12년 • 배점 : 12점

3층 사무실용 건물에 3상 3선식의 6000[V]를 200[V]로 강압하여 수전하는 설비이다. 각종 부하설비가 표와 같을 때 참고자료를 이용하여 다음 물음에 답하시오.

[표 1]

동력 부하 설비					
사용목적	용량[kW]	대수	상용동력[kW]	하계 동력[kW]	동계 동력[kW]
난방 관계					
· 보일러 펌프	6.0	1			6.7
· 오일 기어 펌프	0.4	1			0.4
· 온수 순환 펌프	3.0	1			3.0
공기 조화 관계					
· 1, 2, 3층 패키지 콤프레셔	7.5	6		45.0	
· 콤프레셔 팬	5.5	3	16.5		
· 냉각수 펌프	5.5	1		5.5	
· 쿨링 타워	1.5	1		1.5	
급수배수 관계					
· 양수 펌프	3.0	1	3.0		
기타					
· 소화 펌프	5.5	1	5.5		
· 셔터	0.4	2	0.8		
합 계			25.8	52.0	9.4

[표 2] 조명 및 콘센트 부하설비

사용목적	와트수[W]	설치수량	환산 용량[VA]	총용량[VA]	비 고
전등관계					
· 수은등 A	200	4	260	1040	200[V] 고역률
· 수은등 B	100	8	140	1120	100[V] 고역률
· 형광등	40	820	55	45100	200[V] 고역률
· 백열 전등	60	10	60	600	
콘센트 관계					
· 일반 콘센트		80	150	12000	2P 15[A]
· 환기팬용 콘센트		8	55	440	
· 히터용 콘센트	1500	2		3000	
· 복사기용 콘센트		4		3600	
· 텔레타이프용 콘센트		6		2400	
· 룸 쿨러용 콘센트		2		7200	
기타					
전화교환용 정류기		1		800	
합 계				77300	

[참고자료 1] 변압기 보호용 전력퓨즈의 정격 전류

상수	단 상				3 상			
공칭전압	3.3[kV]		6.6[kV]		3.3[kV]		6.6[kV]	
변압기 용량 [kVA]	변압기 정격전류[A]	정격전류[A]	변압기 정격전류[A]	정격전류[A]	변압기 정격전류[A]	정격전류[A]	변압기 정격전류[A]	정격전류[A]
5	1.52	3	0.76	1.5	0.88	1.5	–	–
10	3.03	7.5	1.52	3	1.75	3	0.88	1.5
15	4.55	7.5	2.28	3	2.63	3	1.3	1.5
20	6.06	7.5	3.03	7.5	–	–	–	–
30	9.10	15	4.56	7.5	5.26	7.5	2.63	3
50	15.2	20	7.60	15	8.45	15	4.38	7.5
75	22.7	30	11.4	15	13.1	15	6.55	7.5
100	30.3	50	15.2	20	17.5	20	8.75	15
150	45.5	50	22.7	30	26.3	30	13.1	15
200	60.7	75	30.3	50	35.0	50	17.5	20
300	91.0	100	45.5	50	52.0	75	26.3	30
400	121.4	150	60.7	75	70.0	75	35.0	50
500	152.0	200	75.8	100	87.5	100	43.8	50

[참고자료 2] 배전용 변압기의 정격

항 목			소형6[kV] 유입 변압기								중형6[kV] 유입 변압기					
정격용량[kVA]			3	5	7.5	10	15	20	30	50	75	100	150	200	300	500
정격 2차 전류[A]	단상	105[V]	28.6	47.6	71.4	95.2	143	190	286	476	714	852	1430	1904	2857	4762
		210[V]	14.3	23.8	35.7	47.6	71.4	95.2	143	238	357	476	1430	1904	1429	2381
	3상	210[V]	8	13.7	20.6	27.5	41.2	55	82.5	137	206	275	412	550	825	1376
정격전압	정격2차 전압		6300[V] 6/3[kV] 공용 : 6300[V]/3150[V]								6300[V] 6/3[kV] 공용 : 6300[V]/3150[V]					
	정격 2차 전압	단상	210[V] 및 105[V]								200[kVA] 이하의 것 : 210[V] 및 105[V] 200[kVA] 이하의 것 : 210[V]					
		3상	210[V]								210[V]					
탭전압	전 용량 탭 전압	단상	6900[V], 6600[V] 6/3[kV] 공용 : 6300[V] /3150[V] 6600[V]/3300[V]								6900[V], 6600[V]					
		3상	6600[V] 6/3[kV] 공용 : 6600[V] /3300[V]								6/3[kV] 공용 : 6300[V]/3150[V] 6600[V]/3300[V]					
	저 감 용량 탭 전압	단상	6000[V], 5700[V] 6/3[kV] 공용 : 6000[V] /3000[V] 5700[V]/2850[V]								600[V], 5700[V]					
		3상	6000[V] 6/3[kV] 공용 : 6000[V] /3300[V]								6/3[kV] 공용 : 6000[V]/3000[V] 5700[V]/2850[V]					
변압기의 결선		단상	2차 권선 : 분할 결선								3상 1차 권선 : 성형 권선					
		3상	1차 권선 : 성형 권선, 2차 권선 : 성형 권선								2차 권선 : 삼각 권선					

[참고자료 3] 역률개선용 콘덴서의 용량 계산표[%]

개선 전 역률 \ 개선 후 역률	1.00	0.99	0.98	0.97	0.96	0.95	0.94	0.93	0.92	0.91	0.9	0.89	0.88	0.87	0.86	0.85	0.83	0.80
0.50	173	159	153	148	144	140	137	134	131	128	125	122	119	117	114	111	106	98
0.55	152	138	132	127	123	119	116	112	108	106	103	101	98	95	96	90	85	77
0.60	133	119	113	108	104	100	97	94	91	88	85	82	79	77	74	71	66	58
0.62	127	112	106	102	97	94	90	87	84	81	78	75	73	70	67	65	59	52
6.64	120	106	100	95	91	87	84	81	78	75	72	69	66	63	61	58	53	45
0.66	114	100	94	89	85	81	78	74	71	68	65	63	60	57	55	52	47	39
0.68	108	94	88	83	79	75	72	68	65	62	59	57	54	51	49	46	41	33
0.70	102	88	82	77	73	69	66	63	59	56	54	51	48	45	43	40	35	27
0.72	96	82	76	71	67	64	60	57	54	51	48	45	42	40	37	34	29	21
0.74	91	77	71	68	62	58	55	51	48	45	43	40	37	34	32	29	24	16
0.76	86	71	65	60	58	53	49	46	43	40	37	34	32	29	26	24	18	11
0.78	80	66	60	55	51	47	44	41	38	35	32	29	26	24	21	18	13	5
0.79	78	63	57	53	48	45	41	38	35	32	29	26	24	21	18	16	10	2.6
0.80	75	61	55	50	46	42	39	36	32	29	27	24	21	18	16	13	8	
0.81	72	58	52	47	43	40	36	33	30	27	24	21	18	16	13	10	5	
0.82	70	56	50	45	41	37	34	30	27	24	21	18	16	13	10	8	2.6	
0.83	67	53	47	42	38	34	31	28	25	22	19	16	13	11	8	5		
0.84	65	50	44	40	35	32	28	25	22	19	16	13	11	8	5	2.6		
0.85	62	48	42	37	33	29	25	23	19	16	14	11	8	5	2.7			
0.86	59	45	39	34	30	28	23	20	17	14	11	8	5	2.6				
0.87	57	42	36	32	28	24	20	17	14	11	8	6	2.7					
0.88	54	40	34	29	25	21	18	15	11	8	6	2.8						
0.89	51	37	31	26	22	18	15	12	9	6	2.8							
0.90	48	34	28	23	19	16	12	9	6	2.8								
0.91	46	31	25	21	16	13	9	8	3									
0.92	43	28	22	18	13	10	8	3.1										
0.93	40	25	19	14	10	7	3.2											
0.94	36	22	16	11	7	3.4												
0.95	33	19	13	8	3.7													
0.96	29	15	9	4.1														
0.97	25	11	4.8															
0.98	20	8																
0.99	14																	

※kW를 kVA로 환산

(1) 동계 난방 때 온수 순환 펌프는 상시 운전하고, 보일러용과 오일 기어 펌프의 수용률이 60[%]일 때 난방 동력 수용부하는 몇 [kW]인가?

·계산 : ·답 :

(2) 동력부하의 역률이 전부 80[%]라고 한다면 피상전력은 각각 몇 [kVA] 인가? (단, 상용동력, 하계동력, 동계동력별로 각각 계산하시오.)

구 분	계산과정	답
상용동력		
하계동력		
동계동력		

(3) 총 전기 설비 용량은 몇 [kVA]를 기준으로 하여야 하는가?

·계산 : ·답 :

(4) 전등의 수용률은 70[%], 콘센트 설비의 수용률은 50[%]라고 한다면 몇 [kVA]의 단상 변압기에 연결하여야 하는가? (단, 전화 교환용 정류기는 100[%] 수용률로서 계산 한 결과에 포함시키며 변압기 예비율은 무시한다.)

·계산 : ·답 :

(5) 동력 설비 부하의 수용률이 모두 60[%]라면 동력 부하용 3상 변압기의 용량은 몇 [kVA]인가?(단, 동력 부하의 역률은 80[%]로 하며 변압기의 예비율은 무시한다.)

·계산 : ·답 :

(6) 상기 건물의 시설에 변압기 총 용량은 몇 [kVA]인가?

·계산 : ·답 :

(7) 단상 변압기와 3상 변압기의 1차 측의 전력 퓨즈의 정격 전류는 각각 몇 [A]의 것을 선택하여야 하는가?

① 단상 변압기 : ② 3상 변압기 :

(8) 선정된 동력용 변압기 용량에서 역률을 95[%]로 개선하려면 콘덴서 용량은 몇 [kVA] 인가?

|계|산|및|정|답|

(1) 【계산】 수용부하 = 설비용량 × 수용률 = $3.0\times1+(6.0+0.4)\times0.6=6.84$[kW] 【정답】 6.84[kW]

(2) 【정답】

구 분	계산과정	정답
상용동력	$\frac{25.8}{0.8}=32.25$	32.25[kVA]
하계동력	$\frac{52.0}{0.8}=65$	65[kVA]
동계동력	$\frac{4.4}{0.8}=11.75$	11.75[kVA]

→ (피상전력 $P_a=\frac{P(\text{유효전력})}{\cos\theta(\text{역률})}$)

(3) 【계산】 수용부하=상용부하+하계동력(큰 값)+조명콘센트 합계=$32.25+65+77.3=174.55$[kVA]

【정답】 174.55[kVA]

→ (동계동력을 제외한 이유는 교대 설비이므로 하계동력을 사용하는 동안 동계동력은 사용하지 않으므로)

(4) 【계산】 1. 전등 관계(4가지) : $(1040+1120+45100+600)\times0.7\times10^{-3}=33.5$[kVA]

2. 콘센트 관계 : $(12000+440+3000+3600+2400+7200)\times0.5\times10^{-3}=14.32$[kVA]

3. 기타 : $800\times1\times10^{-3}=0.8$[kVA]

$\therefore 33.5+14.32+0.8=48.62$[kVA] 이므로 단상 변압기 용량은 50[kVA]가 된다. 【정답】 50[kVA]

(5) 【계산】 동계동력과 하계동력 중 큰 부하를 기준하고 상용동력과 합산하여 계산하면

$\frac{(25.8+52.0)}{0.8}\times 0.6=58.35$[kVA] 이므로 3상 변압기 용량은 75[kVA] 【정답】 75[kVA]

(6) 【계산】 단상변압기 용량 + 3상변압기 용량 = 50 + 75 = 125[kVA] 【정답】 125[kVA]

(7) 【정답】 ① 단상 변압기 : 15[A] → ([참고자료1]에서 변압기 용량 50[kVA]와 전력퓨즈(PF)의 정격전류)

② 3상 변압기 : 7.5[A] → ([참고자료1]에서 변압기 용량 75[kVA]와 전력퓨즈(PF)의 정격전류)

(8) 【계산】 콘덴서용량 $Q_c=P(\tan\theta_1-\tan\theta_2)$

참고자료3에서 역률 80[%]를 95[%]로 개선하기 위한 콘덴서 용량 $k_\theta=0.42$ → $(\tan\theta_1-\tan\theta_2=0.42)$

∴ 콘덴서소요용량 $Q_c=[kW]$부하$\times k_\theta=75\times 0.8\times 0.42=25.2[kVA]$ → $([kW]=[kVA]\times\cos\theta)$

【정답】 25.2[kVA]

|추|가|해|설|

[표1] 해설

1. 상용동력 : 1년 365일 사용하는 부하 2. 하계동력 : 여름철에만 사용하는 부하
3. 동계동력 : 겨울철에만 사용하는 부하

그러므로 수용부하는 여름에는 상용부하+하계동력, 겨울에는 상용부하+동계동력으로 부하를 구분한다.

[참고자료1] PF, COS 정격전류

[참고자료3] $Q_c=P(\tan\theta_1-\tan\theta_2)$에서 $(\tan\theta_1-\tan\theta_2)$를 계산 없이 직접 구할 수 있는 표로

보통의 경우 [kW] → [kVA]와 [kVA] → [kVA]가 있다.

주의사항 : 1. [kW]에서 [kVA]로 환산할 경우 → [kVA]× $\cos\theta$

2. [kVA]에서 [kVA]로 환산할 경우 → [kVA]

3. 따라서 [비고]란을 잘 살필 것

11

출제 : 20년 • 배점 : 5점

고압 및 특고압 전로에 피뢰기를 설치하려고 한다. 피뢰기의 설치개소 3가지를 서술하시오.

|계|산|및|정|답|

【정답】 ① 가공 전선로에 접속하는 배전용 변압기의 고압측 및 특고압측

② 고압 및 특별 고압 가공 전선로로부터 공급을 받는 수용가의 인입구

③ 가공 전선로와 지중 전선로가 접속되는 곳

④ 발전소, 변전소의 가공 전선 인입구 및 인출구

12

출제 : 20년, 12년(유사) • 배점 : 9점

그림과 같은 평형 3상 회로로 운전하는 유도전동기가 있다. 이 회로에 그림과 같이 2개의 전력계 W_1, W_2, 전압계 ⓥ, 전류계 Ⓐ를 접속한 후 지시값은 $W_1 = 2[kW]$, $W_2 = 6.9$[kW], $V = 200[V]$, $I = 30[A]$이었다.

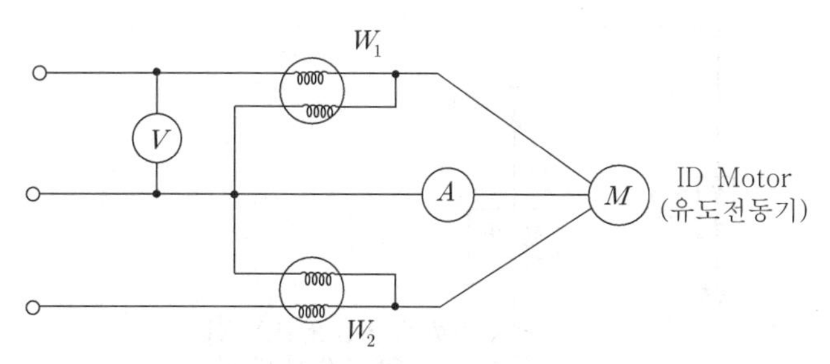

(1) 이 유도전동기의 역률은 몇 [%]인가?

•계산 : •답 :

(2) 역률을 90[%]로 개선시키려면 콘덴서는 몇 [kVA]가 필요한가?

•계산 : •답 :

(3) 이 유도전동기로 20[m/min]의 속도로 물체를 권상한다면 몇 [ton]까지 가능하겠는가? 단, 종합 효율은 80[%]이다.

|계|산|및|정|답|

(1) 【계산】 역률 $\cos\theta = \dfrac{W_1 + W_2}{\sqrt{3}\,VI} \times 100 = \dfrac{(2+6.9)\times 10^3}{\sqrt{3}\times 200 \times 30} \times 100 = 85.64[\%]$ 【정답】 85.64[%]

(2) 【계산】 $Q_c = P\left(\dfrac{\sqrt{1-\cos\theta_1^2}}{\cos\theta_1} - \dfrac{\sqrt{1-\cos\theta_2^2}}{\cos\theta_2}\right) = (2.6+9)\times\left(\dfrac{\sqrt{1-0.8564^2}}{0.8564} - \dfrac{\sqrt{1-0.9^2}}{0.9}\right) = 1.055[kVA]$

【정답】 1.06[kVA]

(3) 【계산】 권상용 전동기의 용량 $P = \dfrac{M\cdot V}{6.12\eta}[kW]$에서

$\therefore M = \dfrac{6.12\eta P}{V} = \dfrac{6.12 \times 0.8 \times (2+6.9)}{20} = 2.178$ 【정답】 2.18[ton]

|추|가|해|설|

(1) 역률 $\cos\theta = \dfrac{W_1 + W_2}{\sqrt{3}\,VI} \times 100 = \dfrac{W_1 + W_2}{2\sqrt{W_1^2 + W_2^2 - W_1 W_2}} \times 100[\%]$

(2) 역률 개선 시 콘덴서 용량

$$Q_c = P\tan\theta_1 - P\tan\theta_2 = P(\tan\theta_1 - \tan\theta_2) = P\left(\frac{\sin\theta_1}{\cos\theta_1} - \frac{\sin\theta_2}{\cos\theta_2}\right) = P\left(\frac{\sqrt{1-\cos\theta_1^2}}{\cos\theta_1} - \frac{\sqrt{1-\cos\theta_2^2}}{\cos\theta_2}\right)$$

(3) 권상용 전동기의 용량 $P = \dfrac{MV}{6.12\eta}$[kW]

여기서, M : 권상하중[ton], V : 권상속도[$m/\min$], η : 권상기 효율

13

출제 : 20년 • 배점 : 14점

다음은 22,900[V]를 수전하는 자가용 수전설비 도면이다. 다음 물음에 답을 적으시오.

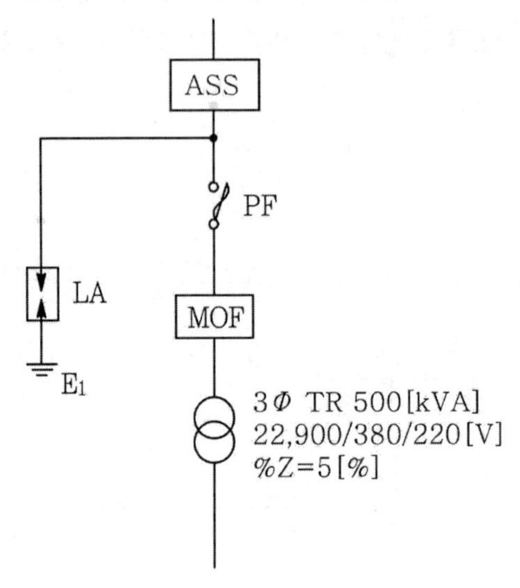

(1) ASS의 LOCK 전류의 최소값은 얼마이며 또한 ASS의 LOCK 역할에 대해서 간단히 설명하시오?

① 전류의 최소값 :

② ASS의 LOCK의 역할 :

(2) 도면에서 피뢰기의 정격전압과 피뢰기의 피보호기 제1보호대상이 되는 기기는 무엇인가

① 피뢰기의 정격전압 :

② 피뢰기의 피보호기 :

(3) PF의 단점 2가지를 적으시오.

(4) 22.9[kV-Y] 선로에 사용되는 MOF 변류기의 정격 과전류 감도는 정격 1차 전류가 60[A] 이하일 때는 (㉠)배 이상의 것을, 75[A] 이상일 때는 (㉡)배 이상의 것을, 60[A] 초과일 때는 (㉢)배 이상의 것을 선정하여야 한다.
( ) 안에 들어갈 알맞은 답안을 각각 답하시오.

(5) 3상 단락전류와 2상 단락전류를 각각 계산하시오.

① 3상 단락전류

・계산 : ・답 :

② 2상(선간) 단락전류

・계산 : ・답 :

|계|산|및|정|답|

【정답】 (1) ① 880[A]

② 수용가에 사고가 나면 즉시 고장점을 분리하여 사고의 확대를 방지하고 피해를 최소화하는 개폐기

(2) ① 18[kV]

② 전력용 변압기

(3) ① 재투입이 불가능하다. ② 결상보호 능력이 없다.

(4) ㉠ 75 ㉡ 150 ㉢ 40

(5) ① 【계산】 3상 단락전류 $I_s = \frac{100}{\%Z} I[A] = \frac{100}{\%Z} \cdot \frac{P}{\sqrt{3}\,V}[A]$ $\rightarrow (\because 3상용량\ P = \sqrt{3}\,VI)$

$= \frac{500 \times 10^3}{\sqrt{3} \times 380} \times \frac{100}{5} = 15193.43[A]$ 【정답】 15193.43[A]

② 【계산】 2상(선간) 단락전류

선간단락전류=3상단락전류$\times \frac{\sqrt{3}}{2} = 15193.43 \times \frac{\sqrt{3}}{2} = 13157.9[A]$ 【정답】 13157.9[A]

|추|가|해|설|

(2) 피뢰기 정격 전압

전력 계통		피뢰기 정격전압[kV]	
전압[kV]	중성점 접지방식	변전소	배전선로
345	유효 접지	288	–
154	유효 접지	144	–
66	PC접지 또는 비접지	72	–
22	PC접지 또는 비접지	24	–
22.9	3상 4선 다중접지	21	18

【주】 전압 22.9[kV-Y] 이하의 배전선로에서 수전하는 설비의 피뢰기 정격전압[kV]은 배전선로용을 적용한다.

(3) 전력용 퓨즈의 장·단점

장점	단점
· 가격이 저렴하다. · 소형 경량이다. · RELAY나 변성기가 불필요 · 한류형 퓨즈는 차단시 무음, 무방출 · 소형으로 큰 차단용량을 가진다. · 보수가 간단하다. · 고속도 차단한다. · 현저한 한류 특성을 가진다. · SPACE가 작아 장치전체가 소형 저렴하게 된다. · 후비보호에 완벽하다.	· 재투입이 불가능하다. · 과전류에서 용단될 수 있다. · 동작시간-전류 특성을 계전기처럼 자유로이 조정 불가 · 비보호 영역이 있어, 사용중에 열화해 동작하면 결상을 일으킬 우려가 있다. · 한류형 퓨즈는 용단되어도 차단하지 못하는 전류 범위가 있다. · 한류형은 차단시에 과전압을 발생한다. · 고 Impendance 접지계통의 지락보호는 불가능

(4) [정격 과전류 강도의 표준]

정격 과전류 강도(*)	보증하는 과전류
40[A]	정격 1차 전류의 40배
75[A]	정격 1차 전류의 75배
150[A]	정격 1차 전류의 150배
300[A]	정격 1차 전류의 300배

14

출제 : 20년 • 배점 : 6점

CT의 과전류에 대한 강도는 열적 과전류 강도와 기계적 과전류 강도로 구분되는데 각각에 대한 과전류 강도 계산식을 표현하시오.

① 열적 과전류 강도

(단, S_n : 정격 과전류강도[kA], S : 통전시간 t초에 대한 열적 과전류 강도, t : 통전시간[sec]

② 기계적 과전류 강도

|계|산|및|정|답|

【정답】 ① 열적 과전류 강도 $S = \dfrac{정격과전류강도(S_n)}{\sqrt{통전시간(t)}}$ [kA]

② 기계적 과전류 강도 $S = 2.5 \times S = 2.5 \times \dfrac{S_n}{\sqrt{t}}$

|추|가|해|설|

① 열적 과전류 강도 : 규격상으로는 1.0초로 되어 있으나 사고에 의해 과전류가 흐르는 시간은 반드시 1초라고 할 수는 없으므로 임의시간에 대해서는 다음 식으로 계산한다.

통전시간 t초에 대한 열적과전류강도 $S = \dfrac{S_n}{\sqrt{t}}$ [kA] → (S_n : 정격과전류강도[kA], t : 통전시간[초])

② 기계적 과전류 강도 : 단락전류의 최대 비대칭 단락전류 또는 교류 실효값의 $\sqrt{2}$ 배의 진폭이 되지만 규격으로는 직류분 감쇠를 고려하여 정격 과전류의 2.5배에 상당하는 초기 최대 순시값 과전류에 견디면 된다.

15

출제 : 20년 • 배점 : 4점

단상변압기 500[kVA] 3대와 예비 변압기 500[kVA] 1대를 갖고 있는 자가용 수용가에서 3상 부하를 운전하는 경우 낼 수 있는 변압기 최대 출력은 몇[kVA]인가?

·계산 : ·답 :

|계|산|및|정|답|

【계산】 V결선시의 전동기 출력 $P_V = 2 \times \sqrt{3} \times P_1 = 2 \times \sqrt{3} \times 500 = 1732.05$[kVA] → ($V$결선 2뱅크이므로 $2\sqrt{3}$)

→ (P_1 : 단상변압기 1대의 용량)

【정답】 1732.05[kVA]

|추|가|해|설|

1Bank V결선시의 전동기 출력 $P_V = \sqrt{3} \times P_1$[kVA]

16

출제 : 20, 17(유사), 15, 03 • 배점 : 6점

그림과 같은 방전특성을 갖는 부하에 필요한 축전지 용량은 몇 [Ah]인지 구하시오.

단, 방전전류 : $I_1 = 200$[A], $I_2 = 300$[A], $I_3 = 150$[A], $I_4 = 100$[A]

방전시간 : $T_1 = 130$[분], $T_2 = 120$[분], $T_3 = 40$[분], $T_4 = 5$[분]

용량환산시간 : $K_1 = 2.45$, $K_2 = 2.45$, $K_3 = 1.46$, $K_4 = 0.45$

보수율은 0,7로 적용한다.

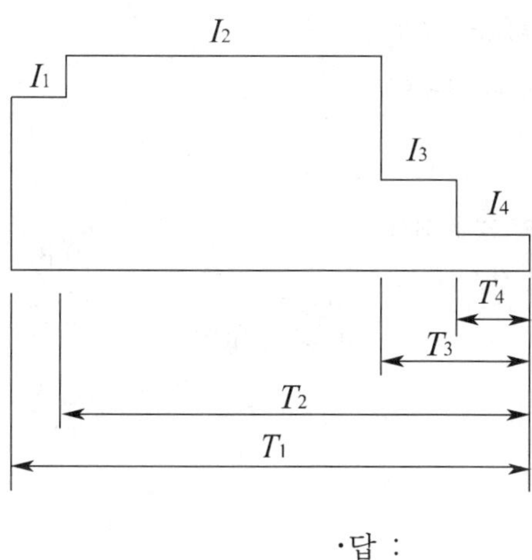

·계산 : ·답 :

|계|산|및|정|답|

【계산】 $C = \frac{1}{L}KI = \frac{1}{L}K_1I_1 + K_2(I_2 - I_1) + K_3(I_3 - I_2) + K_4(I_4 - I_3)[Ah]$

$= \frac{1}{0.7}[2.45 \times 200 + 2.45 \times (300 - 200) + 1.46 \times (150 - 300) + 0.45 \times (100 - 150)] = 705$[Ah]

【정답】 705[Ah]

|추|가|해|설|

·축전지 용량 계산 $C = \frac{1}{L}KI[Ah]$

(L : 보수율, K : 용량 환산 시간, I : 방전전류[A])

·축전지 용량은 방전특성 곡선의 면적을 구하는 것과 같다.

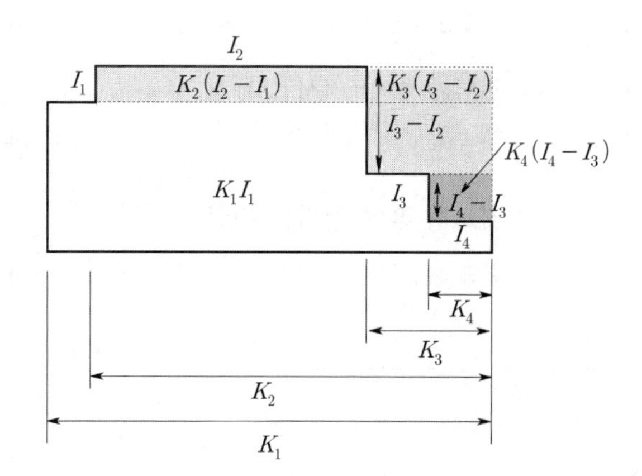

02 2020년 2회 전기기사 실기

01

출제 : 22, 20, 08년 • 배점 : 6점

고압 선로에서의 접지사고 검출 및 경보장치를 그림과 같이 시설하였다. A선에 누전사고가 발생하였을 때 다음 물음에 답하시오. (단, 전원이 인가되고 경보벨의 스위치는 닫혀있는 상태라고 한다.)

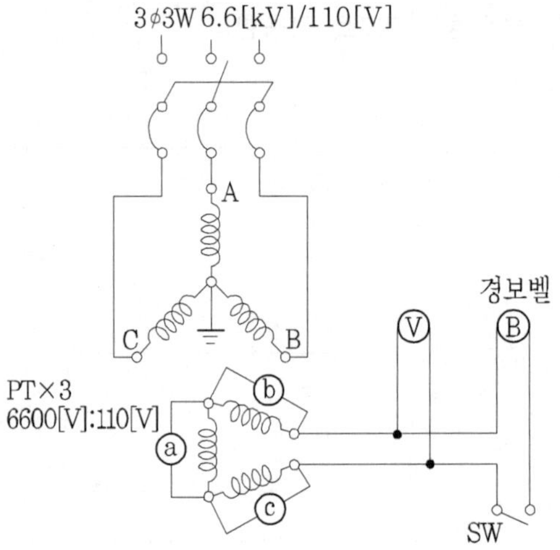

3ϕ3W 6.6[kV]/110[V]
A
C
B
PT×3
6600[V]:110[V]
ⓐ
ⓑ
ⓒ
Ⓥ
경보벨
Ⓑ
SW

(1) 1차측 A선의 대지전압이 0[V]인 경우 B선 및 C선의 대지전압은 몇 [V]인가?

① B선의 대지전압

·계산 :

·답 :

② C선의 대지전압

·계산 : ·답 :

(2) 2차측 전구 ⓐ의 전압이 0[V]인 경우 ⓑ 및 ⓒ 전구의 전압과 전압계 Ⓥ의 지시전압, 경보벨 Ⓑ에 걸리는 전압은 각각 몇 [V]인가?

① ⓑ 전구의 전압

·계산 : ·답 :

② ⓒ 전구의 전압

·계산 : ·답 :

③ 전압계 Ⓥ의 지시전압

·계산 : ·답 :

④ 경보벨 Ⓑ에 걸리는 전압

·계산 : ·답 :

|계|산|및|정|답|

(1) 【계산】 ① B선의 대지전압$=\frac{6600}{\sqrt{3}}\times\sqrt{3}=6600[V]$ → (대지전압=대지와 한 상간의 전압)

【정답】 6600[V]

② C선의 대지전압$=\frac{6600}{\sqrt{3}}\times\sqrt{3}=6600[V]$ 【정답】 6600[V]

(2) 【계산】 ① ⓑ 전구의 전압$=\sqrt{3}\times\frac{110}{\sqrt{3}}=110[V]$ 【정답】 110[V]

② ⓒ 전구의 전압$=\sqrt{3}\times\frac{110}{\sqrt{3}}=110[V]$ 【정답】 110[V]

③ 전압계 Ⓥ의 지시전압$=110\times\sqrt{3}=190.525[V]$ 【정답】 190.53[V]

④ 경보벨 Ⓑ에 걸리는 전압$=110\times\sqrt{3}=190.525[V]$ 【정답】 190.53[V]

|추|가|해|설|

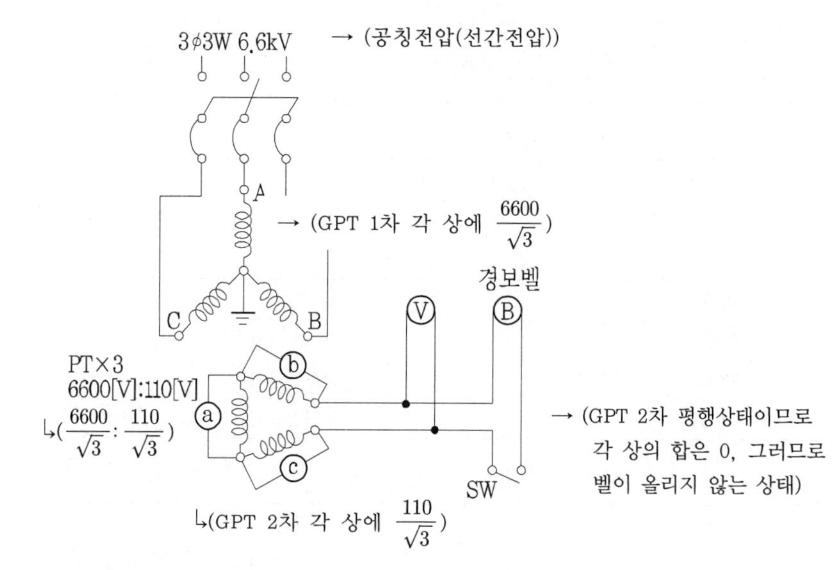

【그림해설】

(1) 지락이 발생하기 이전의 정상상태

·권수비 $a=\frac{n_1}{n_2}=\frac{E_1}{E_2}=\frac{6600}{110}$

·ⓑ의 전압은 Y결선이므로 각권선과 중성선에 상전압이 인가된다. 상전압은 선간전압의 $\frac{1}{\sqrt{3}}$배가 된다.

ⓑ$=\frac{E_1}{a}=\frac{110}{6600}\times\frac{6600}{\sqrt{3}}=\frac{110}{\sqrt{3}}[V]$

(2) A상의 지락이 발생한 경우

·지락이 발생하지 않은 건전상(B상, C상)에는 선간전압(6600[V])이 인가되다.

ⓑ$=\frac{E_1}{a}=\frac{110}{6600}\times 6600=110[V]$

·전압계 ⓥ는 ⓑ상과 ⓒ상에 대한 선간전압이 되므로

ⓥ$=\sqrt{3}$ⓑ$=\sqrt{3}\times 110=190.53[V]$

02

출제 : 20년 • 배점 : 5점

특고압 차단기와 저압 차단기의 약호와 명칭을 각각 3개씩 쓰시오

【특고압】

약호	명칭

【저압】

약호	명칭

|계|산|및|정|답|

【특고압】

약호	명칭
GCB	가스차단기
VCB	진공차단기
OCB	유입차단기

【저압】

약호	명칭
ACB	기중차단기
MCCB	배선용 차단기
ELB	누전차단기

|추|가|해|설|

[특고압 차단기의 종류]

약호	명칭
GCB	가스차단기
VCB	진공차단기
OCB	유입차단기
ABB	공기차단기
MBB	자기차단기

03

출제 : 20년 • 배점 : 5점

다음은 전력퓨즈 정격전압에 대한 표이다. 빈 칸을 채우시오.

계통 전압[kW]	퓨즈 정격	
	퓨즈 정격전압[kW]	최대 설계전압[kW]
6.6	(①)	– 8.25
6.6/11.4Y	11.5 또는 15.0	(②)
13.2	15.0	15.5
22 또는 22.9	(③)	25.8
66	69.0	(④)
154	(⑤)	169.0

| 계 | 산 | 및 | 정 | 답 |

【정답】

계통 전압[kW]	퓨즈 정격	
	퓨즈 정격전압[kW]	최대 설계전압[kW]
6.6	① (6.9 또는 7.5)	– 8.25
6.6/11.4Y	11.5 또는 15.0	② (15.5)
13.2	15.0	15.5
22 또는 22.9	③ (23.0)	25.8
66	69.0	④ (72.5)
154	⑤ (161.0)	169.0

04 출제 : 20, 18, 14년 • 배점 : 6점

수전전압 6600[V], 가공전선로의 %임피던스가 58.5[%]일 때, 수전점의 3상 단락전류가 7000[A]인 경우 기준용과 수전용 차단기의 차단용량은 얼마인가?

【차단기의 정격용량[MVA]】

10	20	30	50	75	100	150	250	300	400	500

(1) 기준용량

• 계산 : • 답 :

(2) 차단용량

• 계산 : • 답 :

|계|산|및|정|답|

(1) 【계산】 ① 기준용량 $P_n = \sqrt{3}\,VI_n[MVA]$ → (I_n : 정격전류, V : 공칭전압)

② 단락전류 $I_s = \frac{100}{\%Z}I_n$에서, 단락전류 $I_s = 7000[A]$, $\%Z = 58.5[\%]$

③ 정격전류 $I_n = \frac{\%Z}{100}I_s = \frac{58.5}{100} \times 7000 = 4095[A]$

∴기준용량 : $P_n = \sqrt{3}\,VI_n = \sqrt{3} \times 6600 \times 4095 \times 10^{-6} = 46.812[MVA]$ 【정답】 46.81[MVA]

(2) 【계산】 차단용량 $P_s = \frac{100}{\%Z}P_n = \frac{100}{58.5} \times 46.81 = 80.02[MVA]$ → (차단기의 정격용량 표에서 100[MVA] 선정)

【정답】 100[MVA]

|추|가|해|설|

• 정격차단용량[MVA] $= \sqrt{3}$ × 공칭전압[kV] × 단락전류[kA]

$= \sqrt{3}$ × 정격전압[kV] × 정격차단전류[kA]

(차단기의 정격 차단전류는 단락전류보다 커야 한다.)

05

출제 : 20, 12년 • 배점 : 8점

아래의 표에서 금속관 부품의 특징에 해당하는 부품명을 쓰시오.

부품명	특 징
①	관과 박스를 접속할 경우 파이프 나사를 죄어 고정시키는데 사용되며 6각형과 기어형이 있다.
②	전선 관단에 끼우고 전선을 넣거나 빼는 데 있어서 전선의 피복을 보호하여 전선이 손상되지 않게 하는 것으로 금속제와 합성수지제의 2종류가 있다.
③	금속관 상호 접속 또는 관과 노멀 밴드와의 접속에 사용되며 내면에 나사가 나있으며 관의 양측을 돌리어 사용할 수 없는 경우 유니온 커플링을 사용한다.
④	노출 배관에서 금속관을 조영재에 고정시키는데 사용되며 합성수지 전선관, 가용 전선관, 케이블 공사에도 사용된다.
⑤	배관의 직각 굴곡에 사용하며 양단에 나사가 나있어 관과의 접속에는 커플링을 사용한다.
⑥	금속관을 아웃렛 박스의 노크아웃에 취부할 때 노크아웃의 구멍이 관의 구멍보다 클 때 사용된다.
⑦	매입형의 스위치나 콘센트를 고정하는데 사용되며 1개용, 2개용, 3개용 등이 있다.
⑧	전선관 공사에 있어 전들 기구나 점멸기 또는 콘센트의 고정, 접속함으로 사용되며 4각 및 8각이 있다.

|계|산|및|정|답|

① 로크너트(lock nut)
② 부싱(bushing)
③ 커플링(coupling)
④ 새들(saddle)
⑤ 노멀밴드(normal band)
⑥ 링리듀우서(ring reducer)
⑦ 스위치 박스(switch box)
⑧ 아웃렛 박스(outlet box)

06 출제 : 20, 18년(유사) • 배점 : 6점

그림과 같은 송전계통 S점에서 3상단락사고가 발생하였다. 주어진 도면과 조건을 참고하여 변압기(T_2)의 각각의 %리액턴스를 1000[MVA] 출력으로 환산하고, 1차(P), 2차(T), 3차(S)의 %리액턴스를 구하시오.

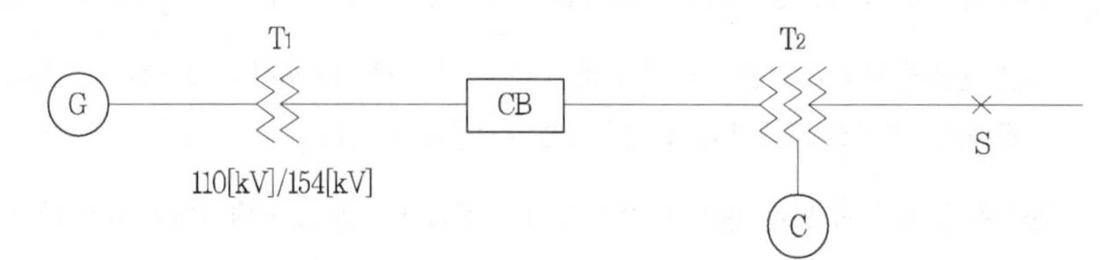

【조건】

번호	기기명	용량	전압	%X
1	G : 발전기	50,000[kVA]	11[kV]	30
2	T_1 : 변압기	50,000[kVA]	11/154[kV]	12
3	송전선		154[kV]	10(10,000[kVA])
4	T_2 : 변압기	1차 25000[kVA]	154[kV](1차~2차)	12(25,000[kVA])
		2차 30000[kVA]	77[kV](2차~3차)	15(25,000[kVA])
		3차 10000[kVA]	11[kV](3차~1차)	10.8(10,000[kVA])
5	C : 조상기	10000[kVA]	11[kV]	20(10,000[kVA])

(1) 1차~2차

• 계산 : • 답 :

(2) 2차~3차

• 계산 : • 답 :

(3) 3차~1차

• 계산 : • 답 :

(4) 1차

• 계산 : • 답 :

(5) 2차

• 계산 : • 답 :

(6) 3차

• 계산 : • 답 :

|계|산|및|정|답|

(1) 【계산】 1차~2차간 $\%X_{PT}=\frac{100}{25}\times 12=48[\%]$ 【정답】 48[%]

(2) 【계산】 2차~3차간 $\%X_{TS}=\frac{100}{25}\times 15=60[\%]$ 【정답】 60[%]

(3) 【계산】 3차~1차간 $\%X_{SP}=\frac{100}{10}\times 10.8=108[\%]$ 【정답】 108[%]

(4) 【계산】 1차 $\%X_P=\frac{48+108-60}{2}=48[\%]$ → (1을 포함하는 것을 더해서 1을 포하하지 않는 것을 뺀 후 2로 나눈다.)

【정답】 48[%]

(5) 【계산】 2차 $\%X_T=\frac{48+60-108}{2}=0[\%]$ → (2을 포함하는 것을 더해서 2을 포하하지 않는 것을 뺀 후 2로 나눈다.)

【정답】 0[%]

(6) 【계산】 3차 $\%X_S=\frac{60+108-48}{2}=60[\%]$ → (3을 포함하는 것을 더해서 3을 포하하지 않는 것을 뺀 후 2로 나눈다.)

【정답】 60[%]

|추|가|해|설|

1. $\%Z(\text{기준용량})=\frac{\text{기준용량}}{\text{자기용량}}\times \%Z(\text{자기용량})$

2. $\%X_P=\frac{\%X_{P-S}+\%X_{T-P}-\%X_{S-T}}{2}$, $\%X_S=\frac{\%X_{P-S}+\%X_{S-T}-\%X_{T-P}}{2}$, $\%X_T=\frac{\%X_{S-T}+\%X_{T-P}-\%X_{P-S}}{2}$

07

출제 : 20, 12년 • 배점 : 8점

부하가 최대 전류일 때의 전력손실이 100[kW]이고, 부하율을 60[%]라고 할 때 손실계수를 이용하여 평균 손실전력을 구하시오. (단, 손실계수를 구하기 위한 정수 α는 0.2로 한다.)

·계산 : ·답 :

|계|산|및|정|답|

【계산】 1. 손실계수 $H=\alpha F+(1-\alpha)F^2$ → (F : 부하율, $1\geq F\geq H\geq F^2\geq 0$)

$=0.2\times 0.6+(1-0.2)\times 0.6^2=0.408$

2. 평균손실전력=손실계수×최대손실전력 → $(\text{손실계수}(H)=\frac{\text{평균손실}}{\text{최대손실}})$

$=0.408\times 100=40.8[kW]$ 【정답】 40.8[kW]

|추|가|해|설|

※수손실계수 $=\frac{\text{어느 기간중의 평균손실전력}}{\text{같은 기간 중의 최대손실전력}}\times 100[\%]$

08 출제 : 20년 • 배점 : 8점

다음 주어진 수전 단선도를 이용해서 물음에 답하시오. (단, 소수점 다섯 번째 자리에서 반올림하여 작성하시오.) ($P_n = 100[MVA]$)

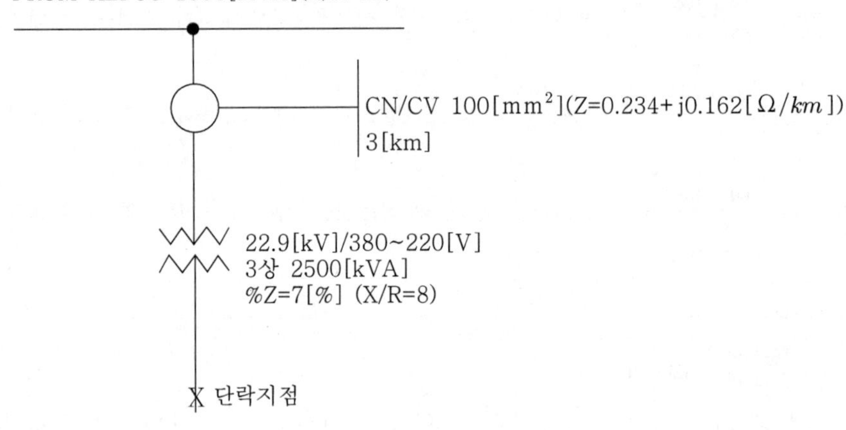

(1) 전원의 임피던스 %Z, %R, %X를 구하시오.

·계산 : ·답 :

(2) 케이블의 임피던스 %Z를 구하시오.

·계산 : ·답 :

(3) 변압기의 $\%Z_T$, $\%R_T$, $\%X_T$를 Base 기준으로 구하시오.

·계산 : ·답 :

(4) 선로의 합성임피던스를 구하시오.

·계산 : ·답 :

(5) 단락전류의 크기를 구하시오.

·계산 : ·답 :

|계|산|및|정|답|

(1) 【계산】 ① 전원 단락용량 $P_s = \frac{100}{\%Z} P_n$에서 $\%Z = \frac{100}{P_s} \times P_n = \frac{100}{1000} \times 100 = 10[\%]$ 【정답】 10[%]

② 문제에서 X/R=10이므로 → $X = 10R$

$Z = \sqrt{R^2 + X^2} \rightarrow Z^2 = R^2 + (10R)^2 \rightarrow Z^2 = 101R^2 \rightarrow 10^2 = 101R^2$

$\therefore \%R = \sqrt{\frac{100}{101}} = 0.995[\%]$ 【정답】 0.995[%]

③ $X = 10R \rightarrow \%X = 0.99 \times 10 = 9.9504[\%]$ 【정답】 9.9504[%]

(2) 【계산】 $\cdot \%R_L = \frac{P_a R}{10V^2} = \frac{100 \times 10^3 \times 0.234 \times 3}{10 \times 22.9^2} = 13.3865[\%]$ $\cdot \%X_L = \frac{P_n X}{10V^2} = \frac{100 \times 10^3 \times 0.162 \times 3}{10 \times 22.9^2} = 9.2676[\%]$

$\therefore \%Z_L = \sqrt{\%R^2 + \%X^2} = \sqrt{13.3865^2 + 9.2676^2} = 16.2815[\%]$ 【정답】 16.2815[%]

(3) 【계산】 ① $\%Z_T = \frac{100}{2.5} \times 7 = 280[\%]$ $\rightarrow (\because \%Z = 7[\%])$ 【정답】 280[%]

② $\%Z_T = \sqrt{\%R_T^2 + \%X_T^2}$ $\rightarrow$ $280^2 = (\%R_T)^2 + (8\%R_T)^2$ $\rightarrow (\because \frac{X}{R} = 8)$

$\therefore \%R_T = \sqrt{\frac{280^2}{65}} = 34.72972$ 【정답】 34.7297[%]

③ $\%X_T = \sqrt{280^2 - 34.72972^2} = 277.8378$ 【정답】 277.8378[%]

(4) 【계산】 $\%R_0 = 0.995 + 13.3865 + 34.7297 = 49.1112[\%]$

$\%X_0 = 9.9504 + 9.2676 + 277.8378 = 297.0558[\%]$

$\therefore \%Z = \sqrt{49.1112^2 + 297.0558^2} = 301.0881[\%]$ 【정답】 301.0881[%]

(5) 【계산】 $I_s = \frac{100}{\%Z_0} I_n = \frac{100}{\%Z_0} \times \frac{P_n}{\sqrt{3}V} = \frac{100}{301.0881} \times \frac{100 \times 10^3}{\sqrt{3} \times 380} = 50.4617[kA]$ 【정답】 50.4617[kA]

09

출제 : 20, 13년(유사) • 배점 : 5점

축전지 용량은 200[Ah], 상시부하 10[kW], 표준전압 100[V]인 부동충전 방식이 있다. 이 부동충전방식에서 2차 전류는 몇 [A]인지 계산하시오. (단, 축전지용량이 재충전되는 시간은 연축전지 10[h], 알칼리전지 5[h]이다.)

(1) 연축전지의 2차전류

·계산 : ·답 :

(2) 알칼리전지 축전지의 2차전류

·계산 : ·답 :

|계|산|및|정|답|

(1) 【계산】 연축전지 충전기 2차전류 $I_2 = \frac{축전지용량[Ah]}{정격\ 방전율[h]} + \frac{상시부하용량(P)}{표준전압(V)} = \frac{100}{10} + \frac{10 \times 10^3}{100} = 120[A]$

【정답】 120[A]

(2) 【계산】 알칼리전지 충전기 2차전류 $I_2 = \frac{100}{5} + \frac{10 \times 10^3}{100} = 140[A]$ 【정답】 140[A]

|추|가|해|설|

1. 정격방전율 (연축전지 : 10[Ah], 알칼리축전지 : 5[Ah])

10

출제 : 20, 산08년 • 배점 : 4점

도로의 너비가 30[m]인 곳의 양쪽으로 30[m] 간격으로 지그재그 식으로 등수를 배치하여 도로 위의 평균 조도를 6[lx]가 되도록 하려면 등수에 사용되는 수은등은 몇 [W]의 것을 사용하면 되는지 주어진 표를 참고하여 답하시오. (단, 노면의 광속 이용률 32[%], 유지율 80[%])

[수은등의 광속

용량[W]	전광속[lm]
100	3200~3500
200	7200~8500
300	10000~11000
400	13000~14000
500	18000~20000

•계산 :

•답 :

|계|산|및|정|답|

【계산】 1. 피조면의 면적 $A=\frac{1}{2}SB=30\times30\times\frac{1}{2}=450[m^2]$ → (지그재그 조명 : $A=\frac{S\cdot B}{2}[m^2]$)

2. 광속 $F=\frac{DEA}{UN}=\frac{EA}{UNM}=\frac{6\times450}{0.32\times0.8}=10546.875[\text{lm}]$ → (등수는 1등 기준)

위의 표에서 전광속 10000~11000[lm]에 해당하는 용량 300[W] 선정

【정답】 300[W]

|추|가|해|설|

1. $F=\frac{DEA}{UN}=\frac{EA}{UNM}$

여기서, F : 램프 1개당 광속[lm], E : 평균 조도[lx], N : 램프 수량[개], U : 조명률, D : 감광보상률(=$\frac{1}{M}$)

M : 보수율, A : 방의 면적[m^2](방의 폭×길이)

2. 피조면의 면적

•지그재그 조명 : $A=\frac{S\cdot B}{2}[m^2]$

•일렬조명(한쪽) : $A=S\cdot B[m^2]$

•일렬조명(중앙) : $A=S\cdot B[m^2]$

•양쪽 조명(대치식) : 1일 배치의 피조 면적 $A=\frac{S\cdot B}{2}[m^2]$

여기서, B : 도로 폭[m], S : 등주 간격[m]

11

출제 : 20, 16년 • 배점 : 10점

어느 변전소에서 그림과 같은 일부하 곡선을 가진 3개의 부하가 있다. 이때 다음 물음에 답하시오. (단, 부하 A, B, C의 평균 전력은 각각 4500[kW], 2400[kW], 900[kW]라 하고 역률은 각각 100[%], 80[%], 60[%]라 한다.)

[참고자료]

부하	평균부하[kW]	역률[%]
A	4500	100
B	2400	80
C	900	60

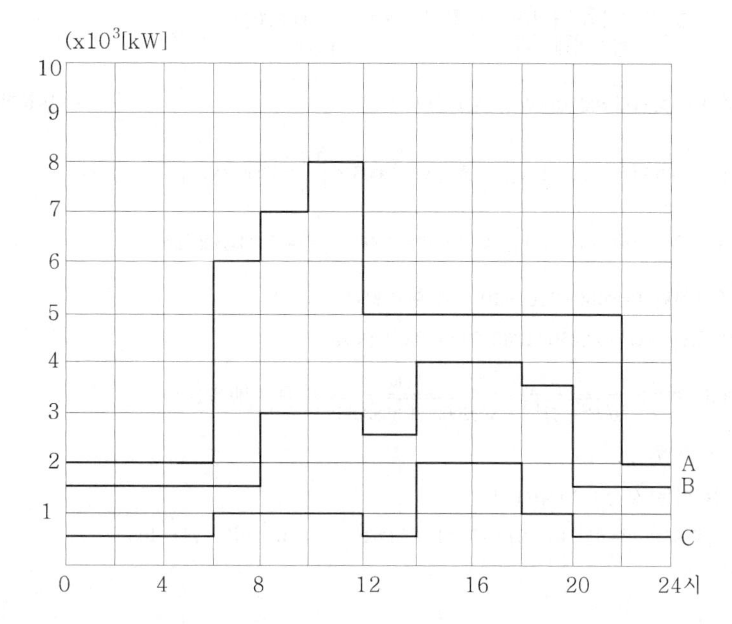

(1) 합성최대전력[kW]을 구하시오.

•계산 : •답 :

(2) 종합 부하율[%]을 구하시오

•계산 : •답 :

(3) 부등률을 구하시오.

•계산 : •답 :

(4) 최대 부하시의 종합 역률(%)을 구하시오.

•계산 : •답 :

> (5) A수용가에 관한 다음 물음에 답사시오.
>
> ① 첨두부하는 몇 [kW]인가?
>
> ② 첨두부하가 지속하는 시간은 몇 시부터 몇 시까지인가?
>
> ③ 하루 공급된 전력량은 몇 [MWh]인가?

|계|산|및|정|답|

(1) 【계산】 합성최대전력 $P=(8+3+1)\times 10^3=12000$[kW] 【정답】 12000[kW]

→ (시간대 별로 더해서 가장 큰 값을 찾는 것 (도면에서 10~12시에 나타냄))

(2) 【계산】 종합부하율$=\dfrac{평균전력}{합성최대전력}\times 100=\dfrac{4500+2400+900}{12000}\times 100=65$[%] 【정답】 65[%]

(3) 【계산】 부등률$=\dfrac{A, B, C \text{ 각각의 최대전력의 합계}}{합성최대전력}=\dfrac{8000+4000+2000}{12000}=1.166$ 【정답】 1.17

(4) 【계산】 ① A수용가 유효전력=8000[kW], 무효전력=0 → (무효전력 $Q=P\times\dfrac{\sin\theta}{\cos\theta}$)

② B수용가 유효전력=3000[kW], 무효전력$=3000\times\dfrac{0.6}{0.8}=2250$[kVar]

③ C수용가 유효전력=1000[kW], 무효전력$=1000\times\dfrac{0.8}{0.6}=1333.33$[kVar]

④ 종합유효전력 P=8000+3000+1000=12000[kW]

⑤ 종합무효전력 Q=0+2250+1333.33=3583.33[kVar]

∴종합역률 $\cos\theta=\dfrac{P}{\sqrt{P^2+Q^2}}=\dfrac{12000}{\sqrt{12000^2+3583.33^2}}\times 100=95.82$[%] 【정답】 95.82[%]

(5) ① 첨두부하 : 8000[kW] 【정답】 800[kW]

② 첨두부하가 지속되는 시간 : 10시~12시 【정답】 10시~12시

③ 하루 공급된 전력량$=(2\times 6)+(6\times 2)+(7\times 2)+(8\times 2)+(5\times 10)+(2\times 2)=108$ → ($W=P\times t$)

【정답】 108[MWh]

|추|가|해|설|

·첨두부하 : 1일간 나타난 부하량 중 최댓값을 나타내는 부하량

12

출제 : 20년 • 배점 : 5점

그림은 3상 유도전동기의 $Y-\triangle$ 기동에 대한 시퀀스 도면이다. 회로 변경, 접점 추가, 접점 제거 및 변경 등을 통하여 다음 조건에 맞게 동작하도록 주어진 도면에서 잘못된 부분을 고쳐서 그리시오. (단, 전자접촉기, 접점 등의 명칭을 시퀀스 도면 수정 시 정확히 표현하시오.)

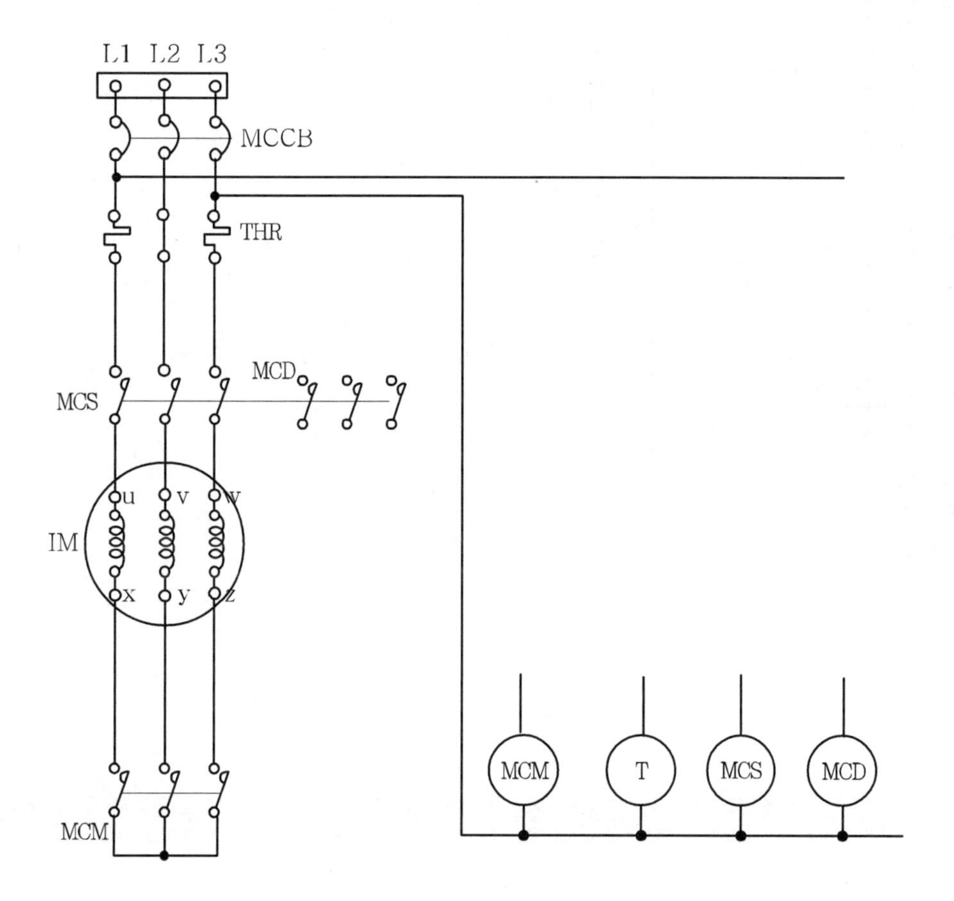

[조건

- 푸시버튼스위치 PBS(ON)을 누르면 전자접촉기 MCM과 전자접촉기 MCS, 타이머 T가 동작하며, 전동기 IM이 Y결선으로 기동하고, 푸시버튼스위치 PBS(ON)을 놓아도 자기유지에 의해 동작이 유지된다.
- 전자접촉기 MCS와 전자접촉기 MCD는 서로 동시에 투입이 불가능하다.
- 푸시버튼스위치 PBS(OFF)을 누르면 모든 동작이 정지한다.
- 타이머 설정시간 t초 후 전자접촉기 MCS와 타이머 T가 소자되고, 전자접촉기 MCD가 동작하며, 전동기 IM이 △결선으로 운전된다.
- 전동기 운전중 전동기 IM이 과부하로 과전류가 흐르면 열동계전기 THR에 의해 모든 동작이 정지한다.

|계|산|및|정|답|

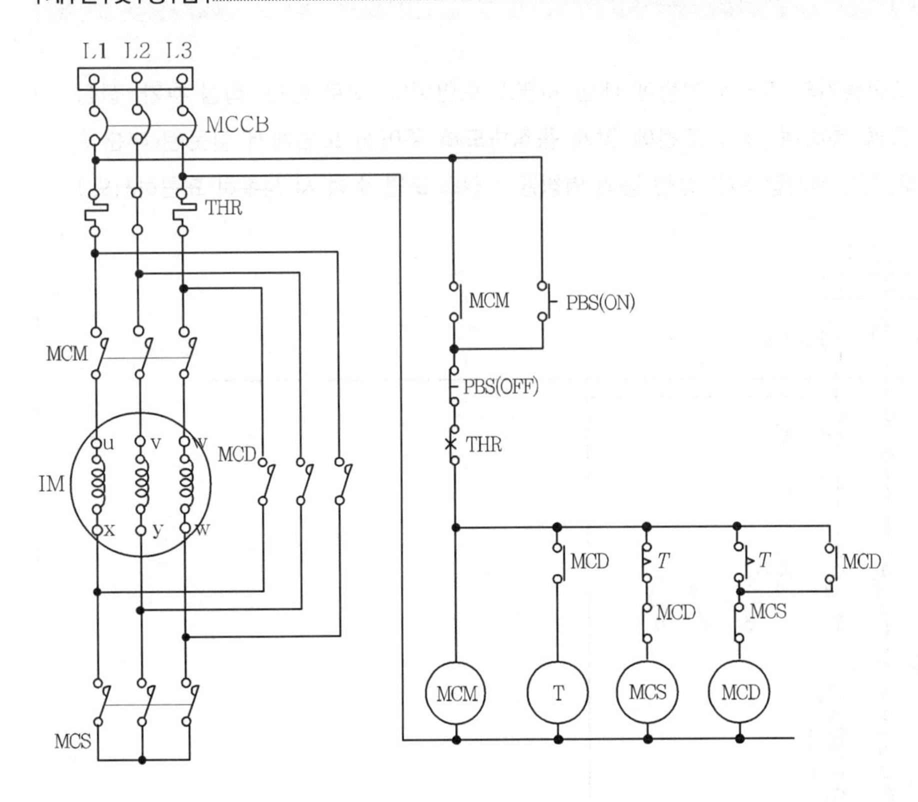

13

출제 : 20년 • 배점 : 3점

다음 단상 유도전동기들의 역회전 방법에 대한 설명 중 옳은 것을 찾아 고르시오.

[보기] ㉠ 역회전이 불가능하다.

㉡ 2개의 부러시의 위치를 반대로 한다.

㉢ 전원에 대하여 주권선이나 기동권선 중 어느 한 권선만 접속을 반대로 한다.

(1) 분상기동형 ( )

(2) 반발기동형 ( )

(3) 세이딩코일형 ( )

|계|산|및|정|답|

【정답】 (1) ㉢ (2) ㉡ (3) ㉠

14

출제 : 20년 • 배점 : 5점

전력시설물 공사감리업무 수행지침에 따른 착공신고서 검토 및 보고에 대한 내용이다. 다음 (　)에 들어갈 내용을 답란에 쓰시오. (단, 반드시 전력시설물을 공사감리업무 수행지침에 표현된 문구를 활용하여 쓰시오.)

감리원은 공사가 시작된 경우에는 공사업자로부터 다음 각 호의 서류가 포함된 착공신고서를 제출받아 적정성 여부를 검토하여 7일 이내에 발주자에게 보고하여야 한다.

1. 시공관리책임자 지정통지서(현장관리조직, 안전관리자)
2. (　　　　)
3. (　　　　)
4. 공사도급 계약서 사본 및 산출내역서
5. 공사 시작 전 사진
6. 현장기술자 경력사항 확인서 및 자격증 사본
7. (　　　　)
8. 작업인원 및 장비투입 계획서
9. 그 밖에 발주자가 지정한 사항

|계|산|및|정|답|

① 공사 예정공정표 ② 품질관리계획서 ③ 안전관리계획서

|추|가|해|설|

[착공신고서 검토 및 보고]

1. 시공관리책임자 지정통지서(현장관리조직, 안전관리자)
2. 공사 예정공정표
3. 품질관리계획서
4. 공사도급 계약서 사본 및 산출내역서
5. 공사 시작 전 사진
6. 현장기술자 경력사항 확인서 및 자격증 사본
7. 안전관리계획서
8. 작업인원 및 장비투입 계획서
9. 그 밖에 발주자가 지정한 사항

15 출제 : 20, 14년(유사) • 배점 : 5점

3.7[kW]와 7.5[kW]의 직입기동 농형전동기 및 22[kW]의 기동기 사용 권선형 전동기 등 3대를 그림과 같이 접속하였다. 이때 다음 각 물음에 답하시오. (단, 공사방법 B1으로 XLPE 절연전선을 사용하였으며, 정격전압은 200[V]이고, 간선 및 분기회로에 사용되는 전선 도체의 재질 및 종류는 같다고 한다.)

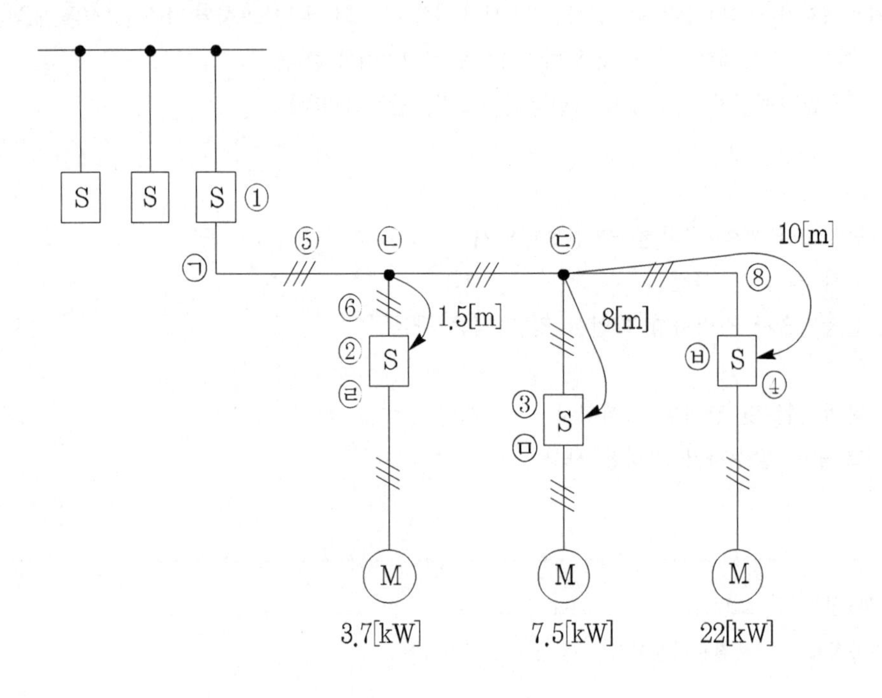

(1) 간선에 사용되는 스위치 ①의 최소 용량은 몇 [A]인가?

- 선정과정
- 과전류차단 용량
- 계폐기 용량

(2) 간선의 최소 굵기는 몇 $[mm^2]$인가?

(3) ㉢와 ㉤ 사이의 분기회로에 사용되는 전선의 최소 굵기는 몇 $[mm^2]$인가?

- 선정과정
- 전선의 굵기

(4) ㉢와 ㉥ 사이의 분기회로에 사용되는 전선의 최소 굵기는 몇 $[mm^2]$인가?

- 선정과정
- 전선의 굵기

[표1] 전동기 공사에서 간선의 전선 굵기, 개폐기 용량 및 적정 퓨즈(200[V], B종 퓨즈)

전동기 [kW] 수의 총화	최대 사용 전류	전동기 종류에 의한 간선 최소 굵기[mm^2]						직접 기동 전동기 중 최대의 것[kW]											
		공사방법 A1		공사방법 B1		공사방법 C1		0.75 이하	1.5	2.2	3.7	5.5	7.5	11	15	18.5	22	30	37 ~ 50
								기동기 사용의 전동기 중 최대인 것[kW]											
											5.5	7.5	11 15	18.5 22	–	30 37	–	45	55
[kW] 이하	[A] 이하	PVC	XLPE EPR	PVC	XLPE EPR	PVC	XLPE EPR	과전류보호기 용량[A] … 윗 란의 숫자 개폐기 용량[A] … 밑 란의 숫자											
3	15	2.5	2.5	2.5	2.5	2.5	2.5	15	20	30									
								30	30	30									
4.5	20	4	2.5	2.5	2.5	2.5	2.5	20	20	30	50								
								30	30	30	60								
6.3	30	6	4	6	4	4	2.5	30	30	50	50	75							
								30	30	60	60	100							
8.2	40	10	6	10	6	6	4	50	50	50	75	75	100						
								60	60	60	100	100	100						
12	50	16	10	10	10	10	6	50	50	50	75	75	100	150					
								60	60	60	100	100	100	200					
15.7	75	35	25	25	16	16	16	75	75	75	75	100	100	150	150				
								100	100	100	100	100	100	200	200				
19.5	90	50	25	35	25	25	16	100	100	100	100	100	150	150	200	200			
								100	100	100	100	100	200	200	200	200			
23.2	100	50	35	35	25	35	25	100	100	100	100	100	150	150	200	200	200		
								100	100	100	100	100	200	200	200	200	200		
30	125	70	50	50	35	50	35	150	150	150	150	150	150	150	200	200	200		
								200	200	200	200	200	200	200	200	200	200		
37.5	150	95	70	70	50	70	50	150	150	150	150	150	150	150	200	300	300	300	
								200	200	200	200	200	200	200	200	300	300	300	
45	175	120	70	95	50	70	50	200	200	200	200	200	200	200	200	300	300	300	300
								200	200	200	200	200	200	200	200	300	300	300	300
52.5	200	150	95	95	70	95	70	200	200	200	200	200	200	200	200	300	300	400	400
								200	200	200	200	200	200	200	200	300	400	400	400
63.7	250	240	150	–	95	120	95	300	300	300	300	300	300	300	300	300	400	400	500
								300	300	300	300	300	300	300	300	300	400	400	600
75	300	300	185	–	120	185	120	300	300	300	300	300	300	300	300	300	400	400	500
								300	300	300	300	300	300	300	300	300	400	400	600
86.2	350	–	240	–	–	2405	150	400	400	400	400	400	400	400	400	400	400	400	600
								400	400	400	400	400	400	400	400	400	400	400	600

【비고 1】 최대 길이는 말단까지의 전압강하를 2[%]로 한 것임

【비고 2】 금속관(몰드) 배선 및 경질비닐관 배선에 대해서는 동일관 속에 넣는 전선수 3 이하인 경우를 표시한 것이다.

【비고 3】 전선의 굵기는 동선을 사용하는 경우이다.

[표2] 전동기 분기회로의 전선의 굵기, 개폐기 용량 및 적정 퓨즈(200[V] 3상 유도전동기 1대의 경우)

정격 출력 [kW]	전부하 전류 [A] 참고값 최소	배선 종류에 의한 전선의 굵기(mm^2)						이동 전선을 사용할 때의 코드, 또는 캡타이어케이블의 최소 굵기	개폐기 용량[A]				과전류 보호기[A]				초과 눈금 전류계	접지선의 최소 굵기
		공사방법 A1		공사방법 B1		공사방법 C1			직접 기동		기동기 사용		직접 기동		기동기 사용			
		PVC	XLPE EPR	PVC	XLPE EPR	PVC	XLPE EPR		조작	분기	조작	분기	조작	분기	조작	분기		
0.2	1.8	2.5	2.5	2.5	2.5	2.5	2.5	0.75	15	15	–	–	15	15	–	–	5	2.5
0.4	3.2	2.5	2.5	2.5	2.5	2.5	2.5	0.75	15	15	–	–	15	15	–	–	5	2.5
0.75	4.8	2.5	2.5	2.5	2.5	2.5	2.5	0.75	15	15	–	–	15	15	–	–	5	2.5
1.5	8	2.5	2.5	2.5	2.5	2.5	2.5	1.25	15	30	–	–	15	20	–	–	10	4
2.2	11.1	2.5	2.5	2.5	2.5	2.5	2.5	2	30	30	–	–	20	30	–	–	15	4
3.7	17.4	2.5	2.5	2.5	2.5	2.5	2.5	3.5	30	60	–	–	30	50	–	–	20	6
5.5	26	6	4	4	2.5	4	2.5	5.5	60	60	30	60	50	60	30	50	30	6
7.5	34	10	6	6	4	6	4	8	100	100	60	100	75	100	50	75	30	10
11	48	16	10	10	6	10	6	22	100	200	100	100	100	150	75	100	60	16
15	65	25	16	16	10	16	10	22	100	200	100	100	100	150	100	100	60	16
18.5	79	35	25	25	16	25	16	30	200	200	100	200	150	200	100	150	100	16
22	93	50	25	35	25	25	16	38	200	200	100	200	150	200	100	150	100	16
30	124	70	50	50	35	50	35	60	200	400	200	200	200	300	150	200	150	25
37	152	95	70	70	50	70	50	80	200	400	200	200	200	300	150	200	200	25

【비고 1】 최대 길이는 말단까지의 전압강하를 2[%]로 한 것이다.
【비고 2】 전동기 2대 이상을 동일 회로로 하는 경우에는 간선에 관한 표를 참조하여라.
【비고 3】 전선 굵기는 동선 사용의 경우에 대해서 표시한 것이다.

|계|산|및|정|답|

(1) 【선정과정】 전동기수의 총화 = 3.7 + 7.5 + 22 = 33.2[kW]
[표1]에서 전동기수의 총화 37.5[kW] 난과 기동기 사용 22[kW] 난에서
차단기 150[A]와 개폐기 200[A] 선정

【정답】 · 과전류차단기용량 150[A]　　　· 개폐기 용량 200[A]

(2) 전동기수의 총화 = 3.7 + 7.5 + 22 = 33.2[kW]이므로 [표1]에서 전동기수의 총화 37.5[kW] 난에서 전선 50[mm^2] 선정

【정답】 50[mm^2]

(3) 【선정과정 및 전선의 굵기】 · 선정과정 : $50 \times \frac{1}{5} = 10[mm^2]$　　· 전선의 굵기 : 10[mm^2]

(4) 【선정과정 및 전선의 굵기】 · 선정과정 : $50 \times \frac{1}{2} = 25[mm^2]$　　· 전선의 굵기 : 25[mm^2]

16

출제 : 20년 • 배점 : 6점

옥내 배선의 시설에 있어서 인입구 부근에 전기 저항값이 3[Ω] 이하의 값을 유지하는 수도관 또는 철골이 있는 경우에는 이것을 접지극으로 사용하여 이를 중성점 접지 공사한 저압 전로의 중성선 또는 접지측 전선에 추가 접지할 수 있다. 이 추가 접지의 목적은 저압 전로에 침입하는 뇌격이나 고·저압 혼촉으로 인한 이상 전압에 의한 옥내 배선의 전위 상승을 억제하는 역할을 한다. 또 지락 사고시에 단락 전류를 증가시킴으로써 과전류 차단기의 동작을 확실하게 하는 것이다. 그림에 있어서 (나)점에서 지락이 발생한 경우 추가 접지가 없는 경우의 지락 전류와 추가 접지가 있는 경우의 지락전류 값을 구하시오.

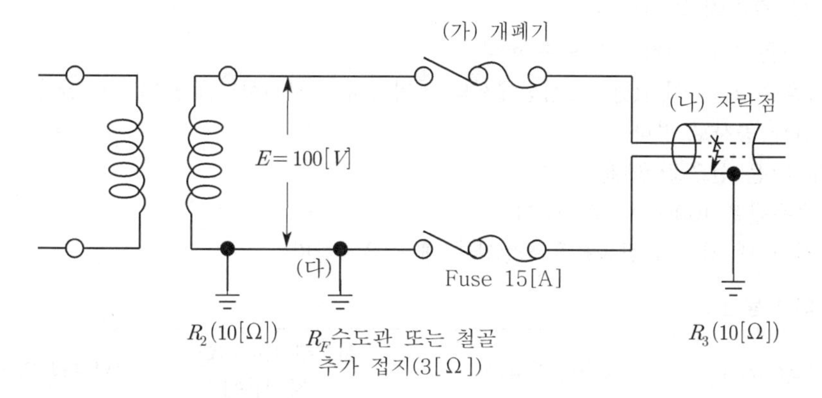

(1) 추가접지가 없는 경우 지락전류[A]

・계산 　　　　　　・답

(2) 추가접지가 있는 경우 지락전류[A]

・계산 　　　　　　・답

|계|산|및|정|답|

(1) 【계산】 1. 저항 $R = R_2 + R_3 = 20[\Omega]$ → (R_2와 R_3가 직렬로 연결됨)

2. 지락전류 $I_g = \dfrac{E}{R} = \dfrac{100}{20} = 5[A]$ 【정답】 5[A]

(2) 【계산】 1. 저항 $R = R_3 + \dfrac{R_2 + R_F}{R_2 \times R_F} = 10 + \dfrac{10 \times 3}{10 + 3} = 12.307$ → (R_2와 R_F가 병렬로 연결되어 R_3와 직렬로 연결된다.)

2. 지락전류 $I_g = \dfrac{100}{12.307} = 8.125[A]$ 【정답】 8.13[A]

03 2020년 3회 전기기사 실기

01

출제 : 20년 • 배점 : 5점

단상 3선식 110/220[V]를 채용하고 변압기가 설치된 수전실에서 60[m] 되는 곳의 부하를 "부하 집계표"와 같이 배분하는 분전반을 시설하고자 한다. 주어진 조건과 참고자료를 이용하여 다음 각 물음에 답하시오.

- 전압변동률은 2[%] 이하가 되도록 한다.
- 전압강하율은 2[%] 이하(단, 중성선에서의 전압강하는 무시한다.)가 되도록 한다.
- 후강 전선관 공사로 한다.
- 3선 모두 같은 선으로 한다.
- 부하의 수용률은 100[%]로 적용한다.
- 후강 전선관 내 전선의 점유율은 48[%] 이내를 유지한다.

[표1] 전선의 허용전류

단면적(mm^2)	허용전류[A]	전선관 1본 이하 수용 시[A]	피복포함 단면적[mm^2]
6	54	48	32
10	75	66	43
16	100	88	58
25	133	117	88
35	164	144	104
50	198	175	163

[표2] 부하집계표

회로 번호	부하 명칭	부하[VA]	부하 분담[VA]		MCCB 크기			비고
			A선	B선	극수	AF	AT	
1	전등	2400	1200	1200	2	50	16	
2	전등	1400	700	700	2	50	16	
3	콘센트	1000	1000	–	2	50	20	
4	콘센트	1400	1400	–	2	50	20	
5	콘센트	600	–	600	2	50	20	
6	콘센트	1000	–	1000	2	50	20	
7	팬코일	700	700	–	2	30	16	
8	팬코일	700	–	700	2	30	16	
합계		9200	5000	4200				

(1) 간선의 굵기[mm^2]를 선정하시오.

·계산 : ·답 :

(2) 후강 전선관의 굵기[mm]를 선정하시오.

(단, 굵기[mm]는 16, 22, 28, 36, 42, 54, 70, 82에서 선택하여 선정한다.)

·계산 : ·답 :

(3) 간선 보호용 과전류 차단기의 용량(AF. AT)을 선정하시오.

(단, AF는 30, 50, 100, AT는 10, 20, 32, 40, 50, 63, 80, 100에서 선택하여 선정한다.)

·계산 : ·답 :

(4) 분전반의 복선 결선도를 완성하시오.

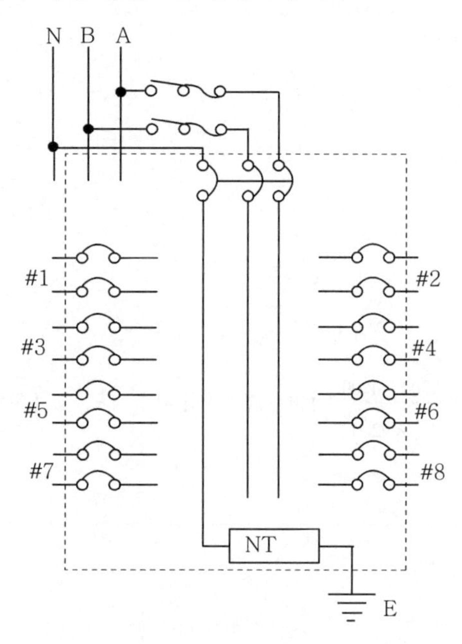

(5) 설비 불평형률은 몇 [%]인지 구하시오.

·계산 : ·답 :

|계|산|및|정|답|

(1) 【계산】 · A선의 전류 $I_A = \dfrac{5000}{110} = 45.45[A]$

· B선의 전류 $I_B = \dfrac{4200}{110} = 38.18[A]$ → (I_A, I_B 중 큰 값인 45.45[A]를 기준으로 한다.)

∴단면적 $A = \dfrac{17.8 \times l \times I}{1000 \times e} = \dfrac{17.8 \times 50 \times 45.45}{1000 \times 110 \times 0.02} = 22.06[mm^2]$ 【정답】 25[mm^2]

(2) 【계산】 ① [전선의 허용 전류표]에서 25[mm^2] 전선의 피복 포함 단면적이 88[mm^2]이므로 전선의 총 단면적

$A = 88 \times 3 [mm^2]$

② 후강전선관 내 전선의 점유율은 48[%] 이내가 되어야 하므로

단면적 $A = \frac{\pi D^2}{4} \times 0.48 \geq 88 \times 3 \quad \rightarrow \quad D \geq \sqrt{\frac{88 \times 3 \times 4}{\pi \times 0.48}} = 26.46[mm]$

【정답】 28[mm]

(3) 【정답】 AF : 100[A], AT : 100[A]

(4)

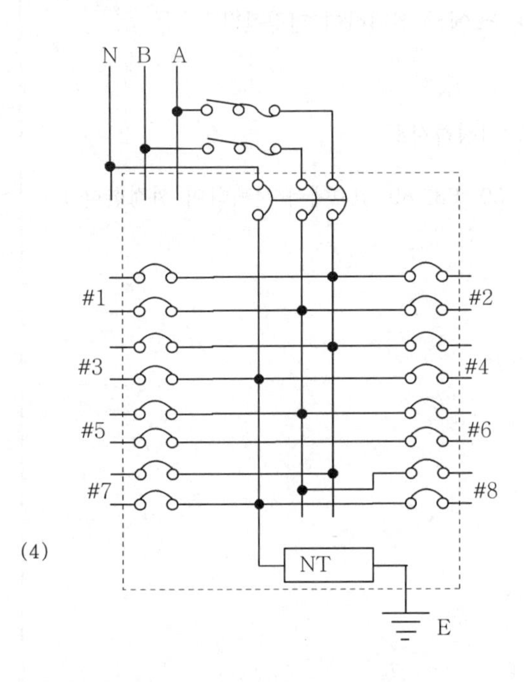

(5) 단상3선식 설비불평형률 $= \frac{A\text{부하} - B\text{부하}}{\frac{1}{2}\text{총부하}} = \frac{5000 - 4200}{\frac{1}{2} \times 9200} \times 100 = 17.39[\%]$ [%] 【정답】 17.39[%]

|계|산|및|정|답|

(1) KSC IEC 전선규격[mm^2]

1.5	2.5	4
6	10	16
25	35	50
70	95	120
150	185	240
300	400	500

(3) 도체와 과부하 보호장치 사이의 협조 (KEC 212.4.1)

과부하에 대해 케이블(전선)을 보호하는 장치의 동작특성은 다음의 조건을 충족해야 한다.

① $I_B \leq I_n \leq I_Z$ ② $I_2 \leq 1.45 \times I_Z$

여기서, I_B: 회로의 설계전류, I_Z: 케이블의 허용전류, I_n: 보호장치의 정격전류

I_2: 보호장치가 규약시간 이내에 유효하게 동작하는 것을 보장하는 전류

(5) 단상3선식

설비불평형률 $= \frac{\text{중성선과 각 전압측 전선간에 접속되는 부하설비용량[kVA]의 차}}{\text{총 부하설비용량[kVA]의 1/2}} \times 100[\%]$

02 출제 : 20, 09년 • 배점 : 3점

그림과 같은 2:1 로핑의 기어레스 엘리베이터에서 적재하중 1000[kg], 속도140[m/min]이다. 구동 로프 바퀴의 직경은 760[mm]이며, 기체의 무게는 1500[kg]인 경우 다음 각 물음에 답하시오. (단, 평형률은 0.6, 엘리베이터의 효율은 기어레스에서 1:1 로핑인 경우는 85[%], 2:1 로핑인 경우는 80[%]이다.)

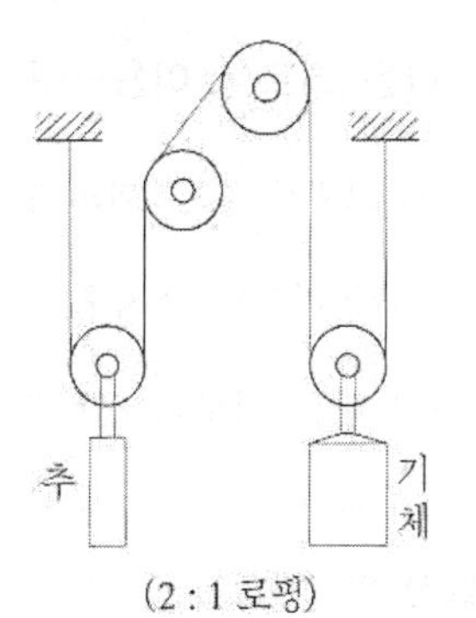

(2 : 1 로핑)

(1) 권상소요 동력은 몇 [kW]인지 계산하시오.

•계산 : •답 :

(2) 전동기의 회전수는 몇 [rpm]인지 계산하시오.

•계산 : •답 :

|계|산|및|정|답|

(1) 【계산】 $P=\dfrac{KWV}{6120\eta}=\dfrac{0.6\times1000\times140}{6120\times0.8}=17.16[\text{kW}]$ 【정답】 17.16[kW]

(2) 【계산】 $N=\dfrac{V}{D\pi}=\dfrac{280}{0.76\times\pi}=117[\text{rpm}]$ 【정답】 117[rpm]

|추|가|해|설|

(1) 엘리베이터용 전동기의 용량 $P=\dfrac{KWV}{6120\eta}$

여기서, K : 평형률, W : 적재하중[kg], V : 케이지속도[m/min], η : 권상기 효율

(2) 로프의 속도 $V=\pi DN$

여기서, V : 로프의 속도[m/min], D : 구동 로프 바퀴의 직경[m

(V는 2:1 로핑 이므로 케이지속도 140[m/min]일 때 로프의 속도는 280[m/min]이다.)

(3) 권상용 전동기의 용량 $P=\dfrac{K\cdot W\cdot V}{6.12\eta}[kW]$

여기서, K : 여유계수, W : 권상 중량 [ton], V : 권상 속도[m/min], η : 효율

(4) 펌프용 전동기의 용량 $P=\dfrac{9.8Q'[m^3/\text{sec}]HK}{\eta}[kW]=\dfrac{9.8Q[m^3/\text{min}]HK}{60\times\eta}[kW]=\dfrac{Q[m^3/\text{min}]HK}{6.12\eta}[\text{kW}]$

여기서, P : 전동기의 용량[kW], Q' : 양수량[m^3/sec], Q : 양수량[m^3/min]

H : 양정(낙차)[m], η : 펌프효율, K : 여유계수(1.1~1.2 정도)

03
출제 : 20, 02년 • 배점 : 5점

다음 회로를 이용하여 각 물음에 답하시오.

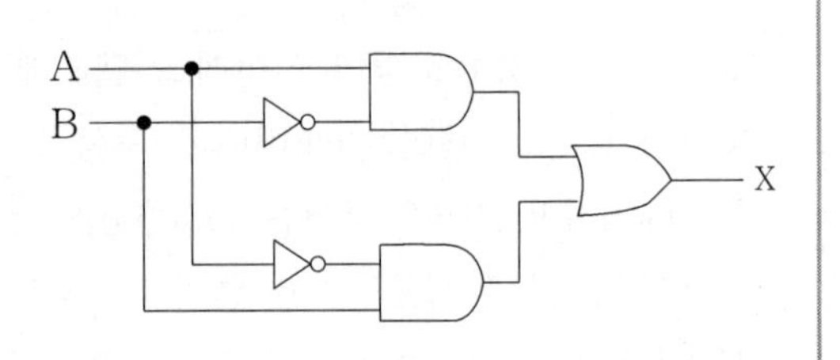

(1) 그림과 같은 회로의 명칭을 쓰시오.

(2) 논리식을 쓰시오.

(3) 다음 회로의 진리표를 완성하시오.

|계|산|및|정|답|

(1) 배타적 논리합 회로

(2) $X = A \cdot \overline{B} + \overline{A} \cdot B$

(3)

A	B	X
0	0	0
0	1	1
1	0	1
1	1	0

04
출제 : 20년 • 배점 : 5점

154[kV] 3상으로 2회선 수전 중 한 회선은 휴전 중이며 한 회선만 운전하고 있을 때, 운전 중인 회선과 휴전 중인 회선 사이의 정전용량이 각각 $C_a = 0.0001[\mu\text{F/km}]$, $C_b = 0.0006[\mu\text{F/km}]$, $C_c = 0.0004[\mu\text{F/km}]$, 대지와의 정전용량은 $C_s = 0.0048[\mu\text{F/km}]$이다. 정전유도전압을 구하시오.

·계산 :　　　　　　　　　　　·정답 :

|계|산|및|정|답|

【계산】 $E_m = \dfrac{\sqrt{C_a(C_a - C_b) + C_b(C_b - C_c) + C_c(C_c - C_a)}}{C_a + C_b + C_c + C_s} \times \dfrac{V}{\sqrt{3}}$

$= \dfrac{\sqrt{0.0001(0.0001 - 0.0006) + 0.0006(0.0006 - 0.0004) + 0.0004(0.0004 - 0.0001)}}{0.0001 + 0.0006 + 0.0004 + 0.0048} \times \dfrac{154 \times 10^3}{\sqrt{3}}$

$= 6568.72[V]$

【정답】 6568.72[V]

|추|가|해|설|

·정전유도전압 : $E_m = \dfrac{\sqrt{C_a(C_a - C_b) + C_b(C_b - C_c) + C_c(C_c - C_a)}}{C_a + C_b + C_c + C_s} \times \dfrac{V}{\sqrt{3}}$

05

출제 : 20, 16년 • 배점 : 5점

다음 요구사항을 만족하는 주회로 및 제어회로의 미완성 결선도를 직접 그려 완성하시오.
(단, 접점기호와 명칭 등을 정확히 나타내시오.)

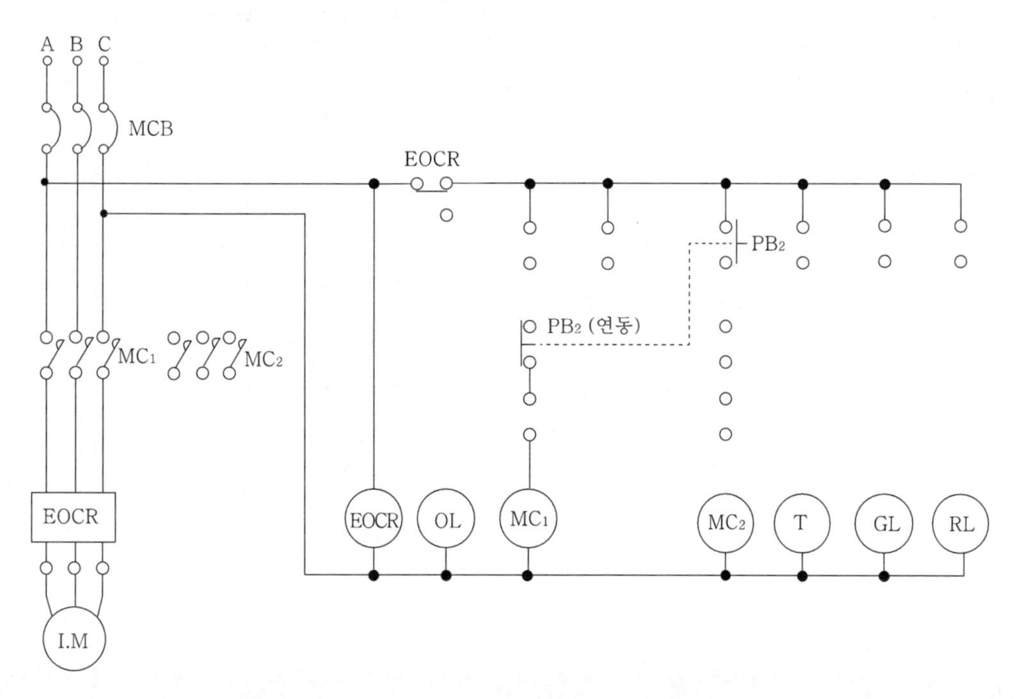

〈요구사항〉

- 전원스위치 MCCB를 투입하면 주회로 및 제어회로에 전원이 공급된다.
- 누름버튼스위치(PB1)를 누르면 MC1이 여자되고 MC1의 보조접점에 의하여 RL이 점등되며, 전동기는 정회전한다.
- 누름버튼스위치(PB1)를 누른 후 손을 떼어도 MC1은 자기유지 되어 전동기는 계속 정회전한다.
- 전동기 운전 중 누름버튼 스위치(PB2)를 누르면 연동에 의하여 MC1이 소자되어 전동기가 정지되고, RL은 소등된다. 이때 MC2는 자기유지 되어 전동기는 역회전(역상제동을 함)하고, 타이머가 여자되며, GL이 점등된다.
- 타이머 설정시간 후 역회전중인 전동기는 정지하고, GL도 소등된다. 또한, MC1과 MC2의 보조접점에 의하여 상호 인터록이 되어 동시에 동작하지 않는다.
- 전동기 운전 중 과전류가 감지되어 EOCR이 동작되면, 모든 제어회로의 전원은 차단하고 OL만 점등된다.
- EOCR을 리셋(Reset)하면 초기상태로 복귀된다.

| 계 | 산 | 및 | 정 | 답 |

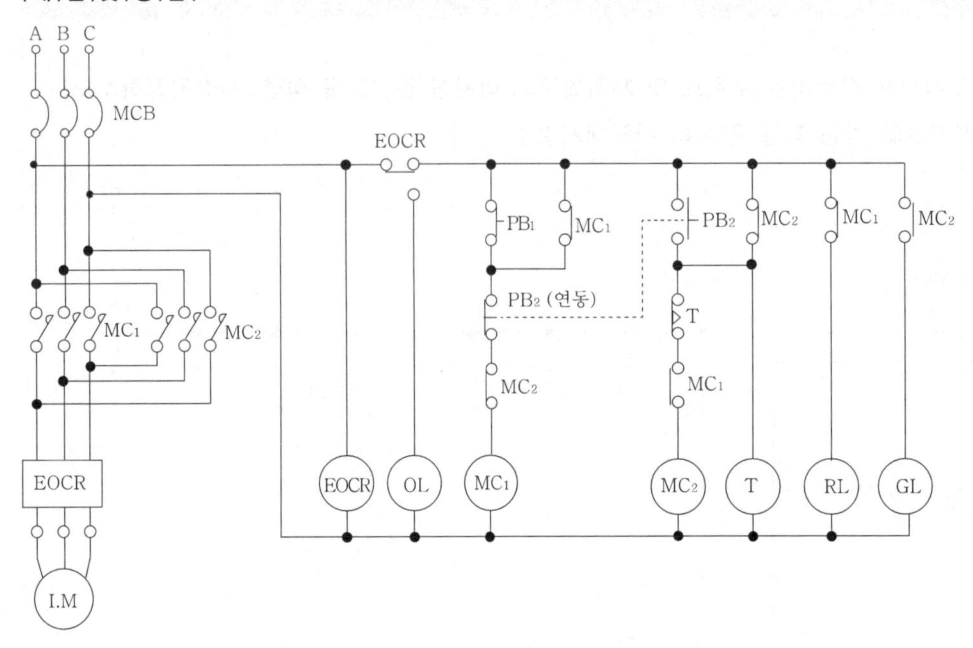

06 출제 : 20년 • 배점 : 5점

그림과 같이 20[kVA]의 단상변압기 3대를 사용하여 45[kW], 역률 0.8(지상)인 3상 전동기부하에 전력을 공급하는 배전선이 있다. 지금 변압기 a, b의 중성점 n에 1선을 접속하여 an, nb 사이에 같은 수의 전구를 점등하고자 한다. 60[W]의 전구를 사용하여 변압기가 과부하 되지 않는 한도 내에서 몇 등까지 점등할 수 있겠는가?

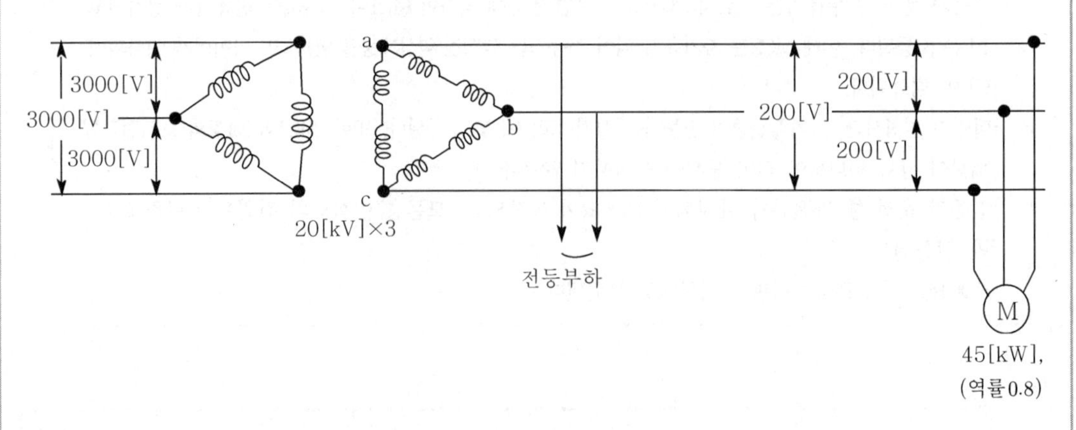

·계산 :

·답 :

|계|산|및|정|답|

【계산】 · 1상의 유효저력 $P=\frac{45}{3}=15[kW]$

· 1상의 무료전력 $Q=\frac{P\times \sin\theta}{\cos\theta}=15\times \frac{0.6}{0.8}=11.25[kVar]$

· $P_a^2=(P+\Delta P)^2+Q^2 \quad \rightarrow 20^2=\left(\frac{45}{3}+\Delta P\right)^2+\left(\frac{45}{3}\times \frac{0.6}{0.8}\right)^2$ → (ΔP : 변압기 용량 여유분)

$\rightarrow \ \Delta P=\sqrt{20^2-\left(\frac{45}{3}\times \frac{0.6}{0.8}\right)^2}-\frac{45}{3}=1.54[kW]$

$\Delta P\frac{2}{3}=1.54 \quad \rightarrow \Delta P=2.31$

$\therefore$ 등수 $n=\frac{\text{증설가능한 전력}(\Delta P)}{\text{하나당 소비전력}}=\frac{2.31\times 10^3}{60}=38.5$ → (과부하가 되면 안되므로 소숫점 이하를 버린다.)

【정답】 38[등]

|추|가|해|설|

① 첫번째 단상변압기(20[kVA])의 유효전력 : $P_1=\frac{45}{3}$, 무효전력 $Q_1=\frac{45}{3}\times \frac{0.6}{0.8}$

② 유효전력의 합과 무효전력의 베터합성한 값이 20[kVA]를 넘으면 안된다.

따라서 $20^2=\left(\frac{45}{3}+\Delta P\right)^2+\left(\frac{45}{3}\times \frac{0.6}{0.8}\right)^2$의 식이 완성된다.

07 출제 : 20, 산17년 • 배점 : 5점

책임 설계감리원이 설계감리의 기성 및 준공을 처리한 때에 발주자에게 제출하는 준공서류중 감리기록서류 5가지를 쓰시오. 단, 설계감리업무 수행지침을 따른다.

|계|산|및|정|답|

【준공서류 중 감리기록서류】 ① 설계감리일지

② 설계감리지시부

③ 설계감리기록부

④ 설계감리요청서

⑤ 설계자와 협의사항 기록부

08

출제 : 20년 • 배점 : 5점

면적 100[mm^2] 강당에 분전반을 설치하려고 한다. 단위 면적당 부하가 10[VA/m^2]이고 공사시 공법에 의한 전류감소율은 0.7이라면 간선의 최소 허용전류가 얼마인 것을 사용하여야 하는가? (단, 배전전압은 단상 220[V]이다.)

·계산 : ·답 :

|계|산|및|정|답|

【계산】 부하용량 $P=$ 면적$\times$면적당 부하 $=100\times10=1000[VA]$

간선의 허용전류 $I_0\times0.7=\frac{100\times10}{220}$ → $I_0=\frac{100\times10}{220\times0.07}=6.49[A]$ 【정답】 6.49[A]

09

출제 : 08년 • 배점 : 5점

100[kW], 6300[V]/210[V]의 단상변압기 2대를 1차측과 2차측에서 병렬 접속하였다. 2차측에서 단락사고가 발생하였을 때 전원측에 유입하는 단락전류는 몇 [A]인지 구하시오, (단, 변압기의 %임피던스는 6[%] 이다.)

·계산 : ·답 :

|계|산|및|정|답|

【계산】 · 기준용량 $P_n=100[kVA]$

· 합성%Z$=\frac{6}{2}=3[\%]$

전원측에 유입되는 단락전류 $I_s=\frac{100}{\%Z}\times I_n=\frac{100}{3}\times\frac{100\times10^3}{6300}=529.1[A]$ 【정답】 529.1[A]

10 출제 : 20년 • 배점 : 5점

정격전압 6000[V], 정격출력 5000[kVA]인 3상 교류 동기 발전기에서 여자전류가 300[A], 무부하 단자 전압이 6000[V]이고, 3상 단락전류는 700[A]라고 한다. 다음 물음에 답하시오.

(1) 단락비를 구하시오.

·계산 : ·답 :

(2) 다음 보기를 보고 ( ) 안에 기입하시오.

[보기] 높다(고), 낮다(고), 크다(고), 작다(고)

단락비가 큰 기계는 기기의 치수가 (①), 가격은 (②), 철손 및 기계손이 (③), 안정도가 (④), 전압변동률은 (⑤), 효율은 (⑥)이다.

|계|산|및|정|답|

(1) 【계산】 ·정격전류 $I_n = \frac{정격용량}{\sqrt{3}\times 정격전압} = \frac{5000\times 10^3}{\sqrt{3}\times 6000} = 481.13[A]$

$\therefore$ 단락비$(K_s) = \frac{I_s}{I_n} = \frac{700}{481.13} = 1.45$ 【정답】 1.45

(2) 【정답】 ① 크고, ② 높고, ③ 크고, ④ 높고, ⑤ 작고, ⑥낮다

|추|가|해|설|

(1) 단락비 $K_s = \frac{I_{f1}}{I_{f2}} = \frac{I_s}{I_n} = \frac{1}{\%Z_s}\times 100$

여기서, I_n : 한 상의 정격전류, I_s : 단락 전류, I_{f1} : 무부하시 정격전압을 유지하는데 필요한 여자전류

I_{f2} : 3상단락시 정격전류와 같은 단락전류를 흐르게 하는데 필요한 여자전류

(2) 단락비가 큰 기계(철기계)의 장·단점

장점	단점
·단락비가 크다. ·동기임피던스가 작다. ·반작용 리액턴스가 적다. ·전압 변동이 작다(안정도가 높다). ·공극이 크다. ·전기자 반작용이 작다. ·계자의 기자력이 크다. ·전기자 기자력은 작다. ·출력이 향상 ·자기여자를 방지 할 수 있다.	·철손이 크다. ·효율이 나쁘다. ·설비비가 고가이다. ·단락전류가 커진다.

11 출제 : 20년 • 배점 : 5점

폭 15[m]이고, 도로의 양쪽에 간격 20[m]를 두고 대칭 배열로 가로등이 점등되어 있다. 한 등의 전광속이 3000[lm], 조명률은 45[%]일 때 도로면의 평균 조도[lx]는?

·계산 : ·답 :

|계|산|및|정|답|

【계산】 면적 $A = \frac{1}{2} S \cdot B[\mathrm{m}^2]$ → (한 등의 조사 면적이므로 전체면적의 $\frac{1}{2}$ 이다.)

조도 $E = \dfrac{3000 \times 0.45}{\frac{1}{2} \times 15 \times 20} = 9[\mathrm{lx}]$

【정답】 9[lx]

|추|가|해|설|

① 조도 및 소요등수 계산 $FUN = DEA = BSED$

여기서, F : 등주 1개당의 광속[lm], U : 조명률, D : 감광보상률($= \frac{1}{M}$, M : 보수율), B : 도로 폭[m], S : 등주 간격[m]

A : 면적, N : 등주의 나열수[개], E : 도로면 위의 평균 조도[lx]

② 피조 면적

㉮ 양쪽 조명(대치식) $A = \frac{S \cdot B}{2}[m^2]$

㉯ 지그재그 조명 : $A = \frac{S \cdot B}{2}[m^2]$

㉰ 일렬조명(한쪽) : $A = S \cdot B[m^2]$

㉱ 일렬조명(중앙) : $A = S \cdot B[m^2]$

[도로 조명 배치 방법]

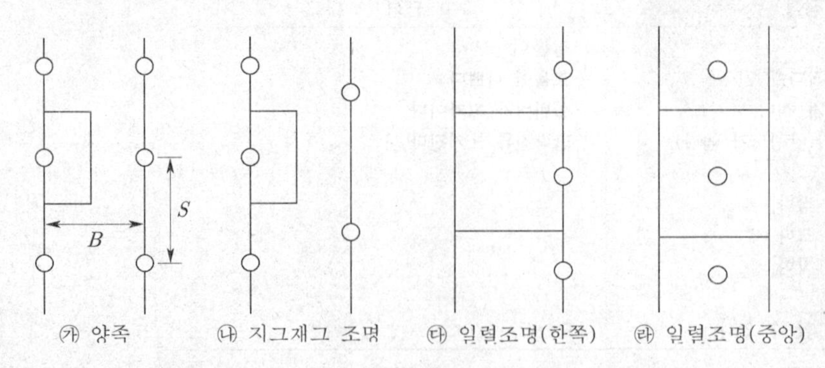

12

출제 : 08년 • 배점 : 5점

다음 전동기의 결선도를 보고 다음 각 물음에 답하시오. (단, 수용률은 0.65이고 역률 0.9, 효율은 0.8이다.)

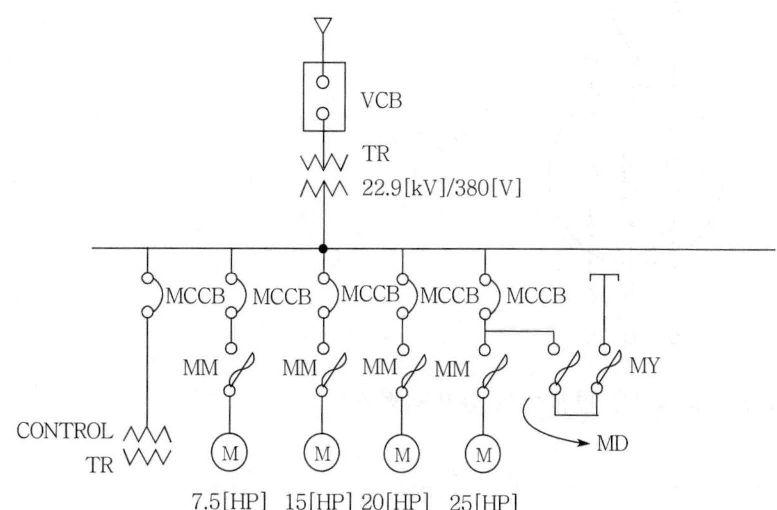

3상 변압기 표준용량[kVA]				
50	75	100	150	200

(1) 3상 교류 유도전동기이다. 20[HP] 전동기의 분기회로의 케이블 선정 시 허용전류를 계산하시오.

·계산 : ·답 :

(2) 상기 결선도 3상 교류 유도전동기의 변압기 표준 용량을 계산하여 선정하시오.

·계산 : ·답 :

(3) 25[HP] 3상 농형 유도전동기의 3선 결선도를 작성하시오.

(단, MM은 Main MC, MD는 델타결선 MC, MY는 Y결선 MC이다.)

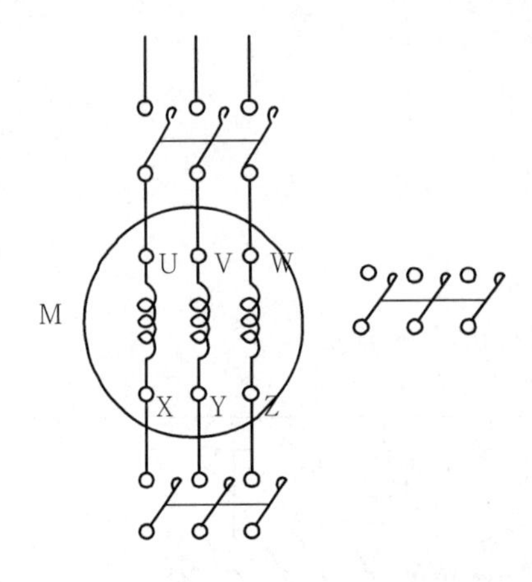

(4) CONTROL TR(제어용 변압기)의 설치 목적은?

|계|산|및|정|답|

(1) 【계산】 정격전류 $I_n = \dfrac{20\times746\times0.65}{\sqrt{3}\times380\times0.9\times0.8} = 20.46[A]$

허용전류 $I_0 = 20.46\times1.25 = 25.58[A]$ 【정답】 25.58[A]

(2) 【계산】 변압기용량 $P = \dfrac{설비용량\times수용률}{부등률\times역률\times효율} = \dfrac{(7.5+15+20+25)\times0.746\times0.65}{0.9\times0.8} = 45.46[kVA]$ → (1[HP]=0.746[kW])

→ (표준용량 50[kVA] 선정) 【정답】 50[kVA]

(3)

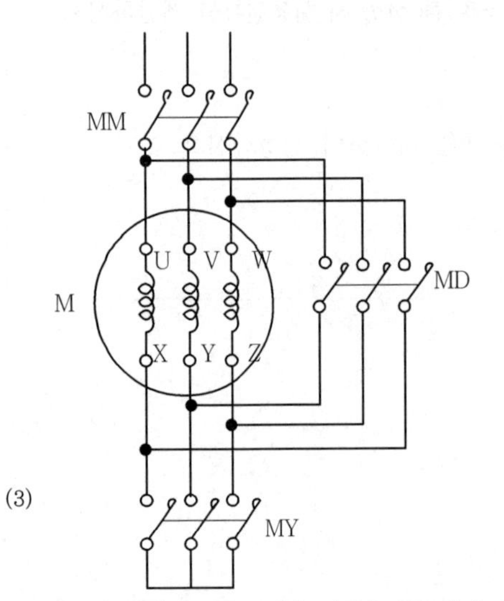

(4) 전동기 제어회로에 조작용 전원을 공급하기 위하여

13

출제 : 20년 • 배점 : 4점

다음 옥내용 변류기의 습도 상태에 대하여 (   )에 들어갈 내용을 답란에 쓰시오.

[옥내용 변류기의 습도 상태]
(a) 태양열 복사 에너지의 영향은 무시해도 좋다.
(b) 주위의 공기는 먼지, 연기, 부식 가스, 증기 및 염분에 의해 심각하게 오염되지 않는다.
(c) 습도의 상태는 다음과 같다.
　(1) 24시간 동안 측정한 상대 습도의 평균값은 (①)[%]를 초과하지 않는다.
　(2) 24시간 동안 측정한 수증기압의 평균값은 (②)[kPa]를 초과하지 않는다.
　(3) 1달 동안 측정한 상대 습도의 평균값은 (③)[%]를 초과하지 않는다.
　(4) 1달 동안 측정한 수증기압의 평균값은 (④)[kPa]를 초과하지 않는다.

|계|산|및|정|답|

① 95　② 2.2　③ 90　④ 1.8

|추|가|해|설|

[옥내용 변류기의 습도상태]

옥내용 변류기의 습도상태	24시간	1달
상대습도의 평균값	95[%]를 초과하지 않는다.	90[%]를 초과하지 않는다.
수증기압의 평균값	2.2[kPa]를 초과하지 않는다.	1.8[kPa]를 초과하지 않는다.

14

출제 : 20, 08년 • 배점 : 5점

전동기에 개별로 콘덴서를 설치할 경우 발생할 수 있는 자기여자현상의 발생 이유와 현상을 설명하시오.

·이유 :　　　　·현상 :

|계|산|및|정|답|

【발생 이유】 콘덴서의 진상전류가 전동기의 무부하 여자전류보다 큰 경우에 발생
【현상】 전동기 단자전압이 일시적으로 정격전압보다 과상승하는 현상이다.

|추|가|해|설|

·대책 : 콘덴서의 정격전류가 유도전동기의 무부하 여자전류보다 크지 않도록 선정해야 한다.

15 출제 : 20년 • 배점 : 5점

3상3선식 380[V] 전원에 그림과 같이 전동기 용량 3.75[kW], 2.2[kW], 7.5[kW]의 전동기 3대와 정격전류가 20[A]인 전열기 1대가 접속되어 있다. 이 회로의 동력 간선 A점에는 몇 [A] 이상의 허용전류를 갖는 전선을 사용해야 하는지 구하시오. (단, 전동기 역률은 3.75[kW]는 88[%], 2.2[kW]는 85[%], 7.5[kW]는 90[%]이다.)

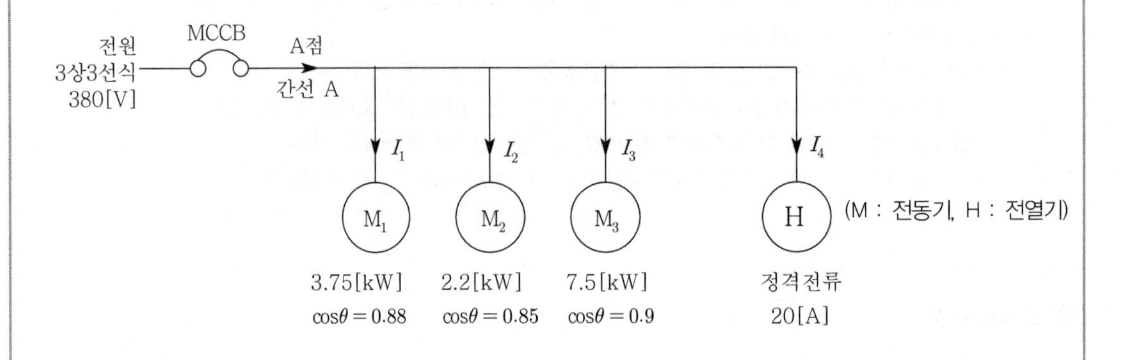

• 계산 : • 정답 :

|계|산|및|정|답|

【계산】 ① 3.75[kW]의 전동기

• 정격전류 $I=\dfrac{3.75\times10^3}{\sqrt{3}\times380\times0.88}=6.47[A]$

• 유효전류 $I_r=6.47\times0.88=5.69[A]$

• 무효전류 $I_q=6.47\times\sqrt{(1-0.88^2)}=3.07[A]$

② 2.2[kW]의 전동기

• 정격전류 $I=\dfrac{2.2\times10^3}{\sqrt{3}\times380\times0.85}=3.93[A]$

• 유효전류 $I_r=3.93\times0.85=3.34[A]$

• 무효전류 $I_q=3.93\times\sqrt{(1-0.85^2)}=2.07[A]$

③ 7.5[kW]의 전동기

• 정격전류 $I=\dfrac{7.5\times10^3}{\sqrt{3}\times380\times0.9}=12.66[A]$

• 유효전류 $I_r=12.66\times0.9=11.39[A]$

• 무효전류 $I_q=12.66\times\sqrt{(1-0.9^2)}=5.52[A]$

④ 전열기

• 유효전류 $I_r=20[A]$

∴ 간선의 허용전류 $I_0=\sqrt{(\text{유효전류의 합})^2+(\text{무효전류의 합})^2}$

$=\sqrt{(5.69+3.34+11.39+20)^2+(3.07+2.07+5.52)^2}=\sqrt{40.42^2+10.66^2}=41.8[A]$

$I_B\le I_n\le I_z$의 조건을 만족하는 전선의 허용전류 $I_z\ge41.8[A]$ 【정답】 41.8[A]

16

출제 : 20년 • 배점 : 5점

그림은 모선 단락보호 계전방식을 도면화한 것이다. 이 도면을 보고 다음 각 물음에 답하시오.

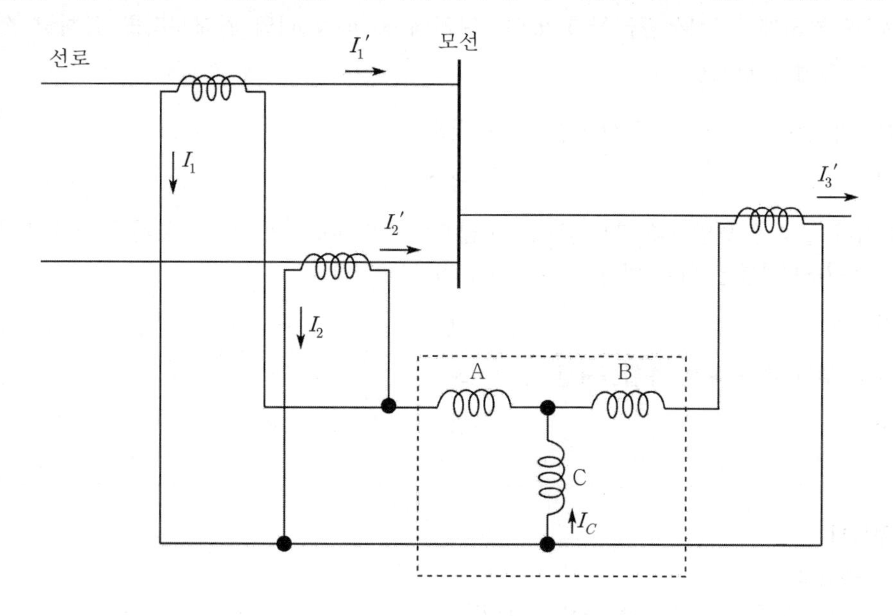

(1) 점선 내부의 계전기 명칭을 쓰시오.

(2) A, B, C 코일의 명칭을 쓰시오.

(3) 모선에 단락고장이 생길 때 코일 C의 전류 I_C 크기를 구하는 관계식을 쓰시오.

|계|산|및|정|답|

(1) 비율차동계전기

(2) A : 억제코일, B : 억제코일, C : 동작코일

(3) $I_C = |(I_1 + I_2) - I_3|$

|추|가|해|설|

[비율차동계전기(Rational Different Relay)]

1. 정의 : 비율차동 계전기는 보호구간에 유입하는 전류와 보호구간에서 유출하는 전류의 백터차와 출입하는 전류와의 관계비로 동작하는 것인데 발전기 보호, 변압기 보호 등에 사용하며 보호장치의 원리나 구조 등은 각각 다르지만 릴레이 자체로서는 억제력과 동작력을 하나의 가동부에 주는 형식으로 되어 있다.
2. 용도 : 발전기나 변압기의 내부 고장에 대한 보호용으로 사용된다.
3. 동작코일 : 변압기 고장 시 1차와 2차의 전류차이 비율로 동작하여 차단기를 개로시켜 선로 및 기기를 보호한다.
4. 억제코일 : 비율차동계전기의 오동작을 방지한다.

17

출제 : 20년 • 배점 : 7점

변압기 용량이 1000[kVA]인 변전소에서 현재 200[kW], 500[kVar]의 부하와 역률 0.8(지상), 400[kW]의 부하에 전력을 공급하고 있다. 여기에 350[kVar]의 커패시터를 설치할 경우 다음 각 물음에 답하시오.

(1) 커패시터 설치 전 부하의 합성역률을 구하시오.

•계산 : •답 :

(2) 커패시터 설치 후 변압기를 과부하로 하지 않으면서 200[kW]의 전동기 부하를 새로 추가할 때 전동기의 역률은 얼마 이상 되어야 하는지 구하시오.

•계산 : •답 :

(3) 새로운 부하 추가 후의 종합역률을 구하시오.

•계산 : •답 :

|계|산|및|정|답|

(1) 【계산】 ① 합성용량

• 유효전력 $P=P_1+P_2=200+400=600[kW]$

• 무효전력 $Q=Q_1+Q_2=Q_1+\dfrac{P_2}{\cos\theta_2}\times\sin\theta_2=500+\dfrac{400}{0.8}\times0.6=800[kVar]$

• 합성용량 $P_a=\sqrt{P^2+Q^2}=\sqrt{600^2+800^2}=1000[kVA]$

② 합성역률 $\cos\theta=\dfrac{P}{P_a}\times100=\dfrac{600}{1000}\times100=60[\%]$ 【정답】 60[%]

(2) 【계산】 피상전력 $P_a=\sqrt{(600+200)^2+(800-350+Q_c)^2}=1000$에서

전동기의 무효율 $Q_c=\sqrt{1000^2-800^2}-450=150[kVar]$

그러므로 전동기의 역률 $\cos\theta=\dfrac{P}{P_a}\times100=\dfrac{200}{\sqrt{200^2+150^2}}\times100=80[\%]$ 【정답】 80[%]

(3) 【계산】 종합역률 $\cos\theta=\dfrac{P}{P_a}\times100=\dfrac{600+200}{1000}\times100=80[\%]$ 【정답】 80[%]

04 2020년 4회 전기기사 실기

01

출제 : 20년 • 배점 : 7점

3상 6600[V] 전용수전 T/L(ACSR 240[mm^2]의 1선당 저항은 0.2 [Ω/km], 긍장은 1000[m])로 수전하는 단독 수용가의 일일부하곡선을 확인하고 다음 물음에 답하시오. (단, 수용가의 부하역률은 0.9이다.)

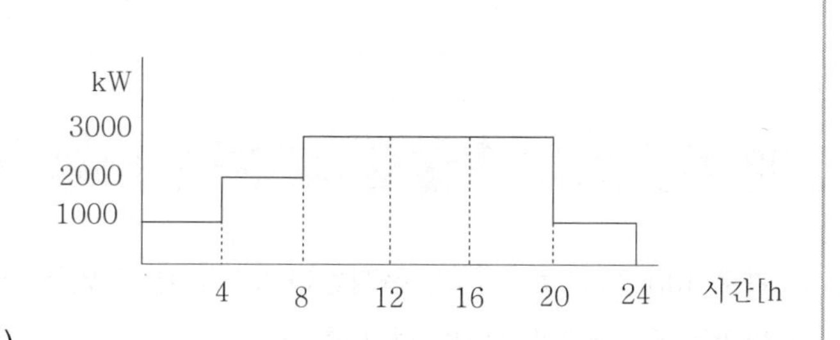

(1) 부하율은 얼마인가?

・계산 : ・답 :

(2) 손실계수는 얼마인가?

・계산 : ・답 :

(3) 1일 손실전력량은?

・계산 : ・답 :

|계|산|및|정|답|

(1) 【계산】 부하율 $= \dfrac{\text{기간중의 평균전력}}{\text{기간중의 최대전력}} \times 100[\%]$

$$= \dfrac{\dfrac{(1000\times4+2000\times4+3000\times12+1000\times4)}{24}}{3000}\times100 = 72.22[\%]$$

【정답】 72.22[%]

(2) 【계산】 ・1일 동안의 전력손실 $P_l = 3I^2R\times4 + 3\times(2I)^2R\times4 + 3\times(3I)^2R\times12 + 3I^2R\times4$

$$= 3I^2R(4+16+108+4) = 3I^2R\times132$$

・평균전력손실 $= \dfrac{3I^2R\times132}{24} = 3I^2R\times5.5$ ・최대전력손실 $= 3\times(3I)^2R = 3I^2R\times9$

$\therefore$ 손실계수 $H = \dfrac{\text{평균손실}}{\text{최대손실}}\times100 = \dfrac{3I^2R\times5.5}{3I^2R\times9}\times100 = 61.11[\%]$

【정답】 61.11[%]

(3) 【계산】 1일손실전력량 $= 3\times\left(\dfrac{1000}{\sqrt{3}\times6.6\times0.9}\right)^2\times0.2\times132\times10^{-3} = 748.22[kWh]$

【정답】 748.22[kWh]

|추|가|해|설|

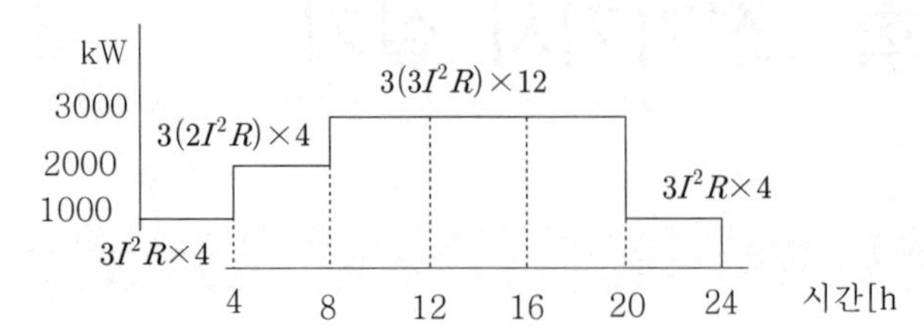

02 출제 : 20, 12, 06, 01, 00년 • 배점 : 5점

가로 10[m], 세로 16[m], 천정높이 3.85[m], 작업면 높이 0.85[m]인 사무실에 천장 직부 형광등 F40×2를 설치하려고 한다.

(1) F40×2의 심벌을 그리시오.

(2) 이 사무실의 실지수는 얼마인가?

•계산 : •답 :

(3) 이 사무실의 작업면 조도를 300[lx], 천장 반사율 70[%], 벽 반사율 50[%], 바닥 반사율 10[%], 40[W] 형광등 1등의 광속 3150[lm], 보수율 70[%], 조명률 61[%]로 한다면 이 사무실에 필요한 소요되는 등기구 수는 몇 등인가?

•계산 : •답 :

|계|산|및|정|답|

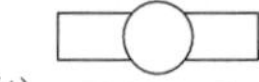

(1) F40×2

(2) 【계산】 실지수(R, I) $= \dfrac{XY}{H(X+Y)}$ → $H = 3.85 - 0.85 = 3$ (H: 작업면상에서 광원까지의 높이)

$= \dfrac{10 \times 16}{3 \times (10+16)} = 2.05$ 【정답】 2.05

(3) 【계산】 $FUN = EAD$ → $N = \dfrac{EA}{FUM} = \dfrac{300 \times (10 \times 16)}{(3150 \times 2) \times 0.61 \times 0.7} = 17.84$ 【정답】 18[등]

|추|가|해|설|

(2) 실지수 $K = \dfrac{X \cdot Y}{H(X+Y)}$

여기서, K : 실지수, X : 방의 폭[m] Y : 방의 길이[m], H : 작업면에서 조명기구 중심까지 높이[m]

(3) 등수 $N = \dfrac{EAD}{FU} = \dfrac{EAD}{FU} = \dfrac{EA}{FUM}$

여기서, E : 평균 조도[lx], F : 램프 1개당 광속[lm] , U : 조명률, D : 감광보상률(=$\dfrac{1}{M}$, M : 보수율, A : 방의 면적

03

출제 : 22, 20, 14년 • 배점 : 5점

방폭형 전동기에 대하여 설명하고 방폭구조 종류 3가지만 쓰시오.

(1) 설명 :

(2) 종류 :

|계|산|및|정|답|

(1) 【방폭형 전동기】 가스 또는 분진폭발위험장소에서 전동기를 사용하는 경우에는 그 증기, 가스 또는 분진이 폭발할 수 있는 환경에 대하여 견딜 수 있게 설계된 전동기

(2) 【방폭형 전동기의 종류】 ① 내압방폭구조 ② 유입방폭구조 ③ 압력 방폭구조

|추|가|해|설|

[방폭 설비]

위험한 가스, 분진 등으로 인한 폭발이 발생할 수 있는 위험 장소에서 사용에 적합하도록 특별히 고려한 구조를 말하며, 내압 방폭구조, 압력 방폭구조, 유입 방폭구조, 안전증 방폭구조, 본질안전방폭구조 및 특수방폭구조와 분진위험방소에서 사용에 적합하도록 고려한 분직방폭방진구조로 구별한다.

구분	기호	주요 특징
내압 방폭구조	d	전폐구조로서 용기내부에서 가스가 폭발하여도 용기가 그 압력에 견디고 또한 외부의 폭발성가스에 인화될 우려가 없는 구조를 말한다.
압력 방폭구조	p	용기내부에 보호기체, 예를 들면 신선한 공기 또는 불연성가스를 압입하여 내압을 유지함으로써 폭발성가스가 침입하는 것을 방지하는 구조를 말한다.
유입방폭구조	o	불꽃, 아크 또는 점화원이 될 수 있는 고온 발생의 우려가 있는 부분을 유중에 넣어 유면상에 존재하는 폭발성가스에 인화될 우려가 없도록 한 구조를 말한다.
안전증 방폭구조	e	상시 운전 중에 불꽃, 아크 또는 과열이 발생되면 안 되는 부분에 이들이 발생되는 것을 방지하도록 구조상 또는 온도상승에 대하여 특히 안전도를 증가시킨 구조를 말한다.
본질안전방폭구조	ia ib	위험한 장소에서 사용되는 전기회로(전기 기기의 내부 회로 및 외부배선의 회로)에서 정상시 및 사고시에 발생하는 전기불꽃 또는 열이 폭발성가스에 점화되지 않는 것이 점화시험 등에 의해 확인된 구조의 것을 말한다.
분진방폭방진구조	s	분진위험장소에서 사용에 적합하도록 특별히 고려한 방진구조로서 외부의 분진에 점화되지 않도록 한 것을 말한다.

04

출제 : 20, 15년 • 배점 : 5점

변류기(CT)에 관한 다음 각 물음에 답하시오.

(1) Y－△로 결선한 주변압기의 보호로 비율차동계전기를 사용한다면 CT의 결선은 어떻게 하여야 하는지를 설명하시오.

(2) 통전 중에 있는 변류기 2차측에 접속된 기기를 교체하고자 할 때 가장 먼저 취하여야 할 사항을 설명하시오.

(3) 수전전압이 22.9[kV], 수전 설비의 부하 전류가 65[A]이다. 100/5[A]의 변류기를 통하여 과부하 계전기를 시설하였다. 120[%]의 과부하에서 차단기를 차단시킨다면 과부하 계전기의 전류값은 몇 [A]로 설정해야 하는지 계산하여 구하시오.

|계|산|및|정|답|

(1) △－Y결선

(2) 2차측을 단락시킨다. (2차측 절연보호)

(3) 【계산】 과전류 계전기의 전류 탭(I_t)=부하 전류$(I) \times \frac{1}{\text{변류비}} \times$설정값

$$I_t = 65 \times \frac{5}{100} \times 1.2 = 3.9[\text{A}]$$

【정답】 4[A] 설정

|추|가|해|설|

(1) 계기용 변성기 점검 시
　① PT : 2차 측 개방 (2차 측 과전류 보호)
　② CT : 2차 측 단락 (2차 측 과전압 보호, 2차 측 절연보호)

(2) 과전류 계전기의 전류 탭 : 과전류 계전기의 전류탭(I_{Tap})= 부하전류$(I) \times \frac{1}{\text{변류비}} \times$설정값

(3) OCR(과전류 계전기)의 탭 전류
　2[A], 3[A], 4[A], 5[A], 6[A], 7[A], 8[A], 10[A], 12[A]

05

출제 : 20, 10년(유사) • 배점 : 6점

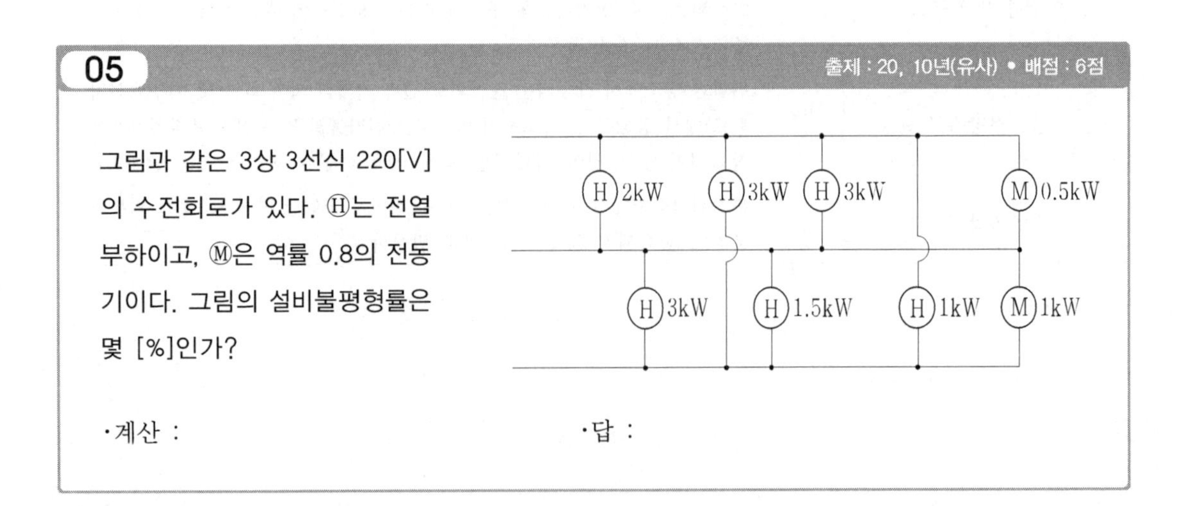

그림과 같은 3상 3선식 220[V]의 수전회로가 있다. Ⓗ는 전열부하이고, Ⓜ은 역률 0.8의 전동기이다. 그림의 설비불평형률은 몇 [%]인가?

·계산 :　　　　　　　　　　　　·답 :

|계|산|및|정|답|

【계산】 $설비불평형률 = \frac{중성선과\ 각\ 전압측\ 전선간에\ 접속되는\ 부하설비용량[kVA]의\ 차}{총\ 부하\ 설비\ 용량[kVA]의\ 1/3} \times 100$

$$= \frac{\left(2+3+\frac{0.5}{0.8}\right)-3}{\left(2+3+\frac{0.5}{0.8}+3+1.5+3\right)\times\frac{1}{3}} \times 100 = 60$$

【정답】 60[%]

|추|가|해|설|

[설비불평형률]

① 저압 수전의 단상3선식

$설비불평형률 = \frac{중성선과\ 각\ 전압측\ 전선간에\ 접속되는\ 부하설비용량[kVA]의\ 차}{총\ 부하\ 설비\ 용량[kVA]의\ 1/2} \times 100[\%]$

여기서, 불평형률은 40[%] 이하이어야 한다.

② 저압, 고압 및 특별고압 수전의 3상3선식 또는 3상4선식

$설비불평형률 = \frac{각\ 선간에\ 접속되는\ 단상\ 부하설비용량[kVA]의\ 최대와\ 최소의\ 차}{총\ 부하\ 설비\ 용량[kVA]의\ 1/3} \times 100[\%]$

여기서, 불평형률은 30[%] 이하여야 한다.

06

출제 : 20, 17, 06, 00년 • 배점 : 5점

답안지의 그림은 3상4선식 전력량계의 결선도를 나타낸 것이다. PT와 CT를 사용하여 미완성 부분의 결선도를 완성하시오.

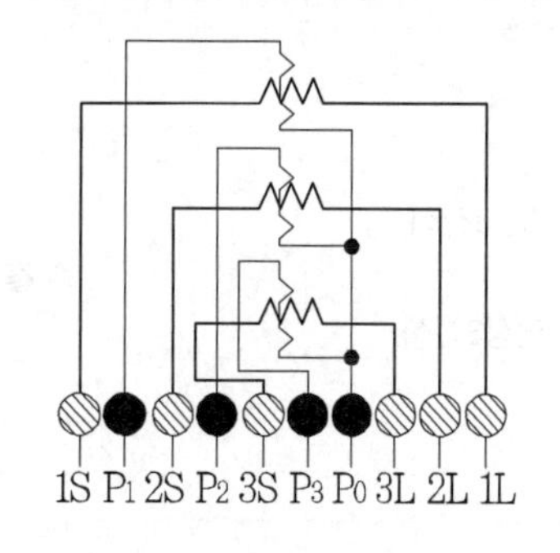

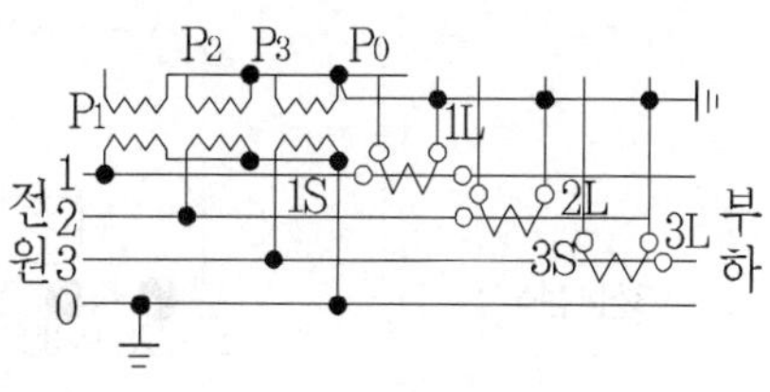

|계|산|및|정|답|

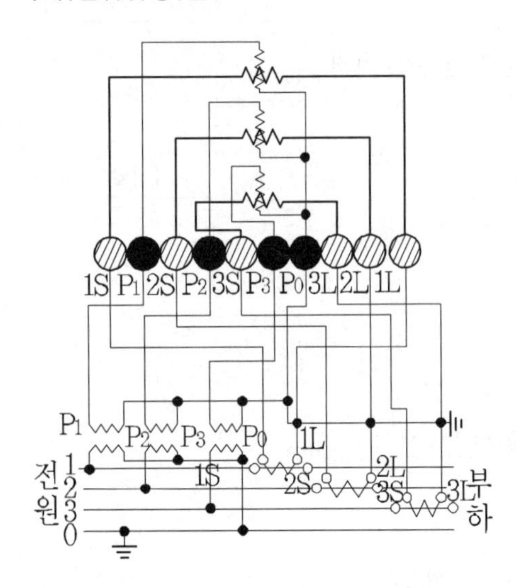

|추|가|해|설|

[적산전력계 결선]

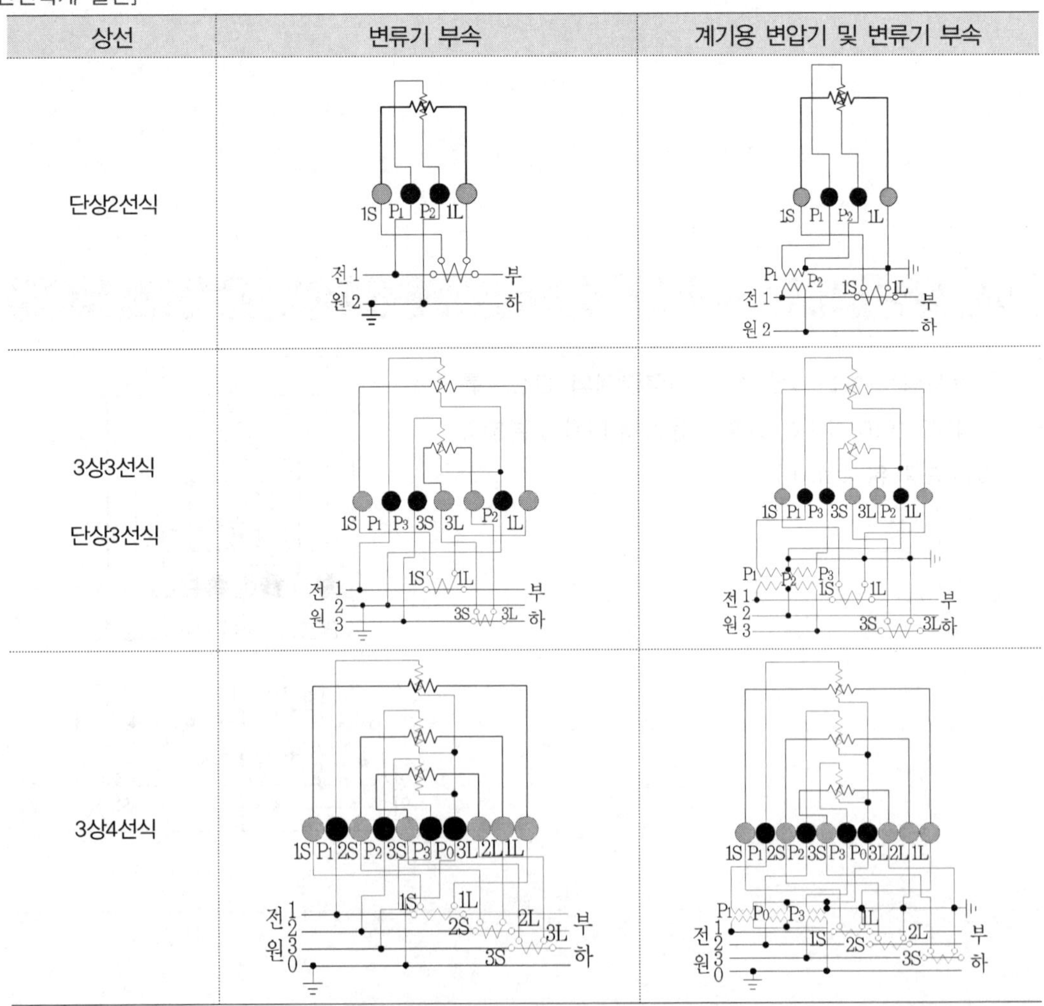

상선	변류기 부속	계기용 변압기 및 변류기 부속
단상2선식		
3상3선식 단상3선식		
3상4선식		

07

출제 : 20년 • 배점 : 7점

건축물의 전기실에서 180[m] 떨어져 있는 기계실의 부하는 아래 조건과 같고, 전기실에서 기계실까지 케이블 트레이 공사에 의하여 3상4선식 380/220[V]로 전원을 공급하고 있다. 다음 각 물음에 답하시오.

【조건】

부하명	규격	대수	역률×효율	수용률[%]
급수펌프	3상 380[V] 7.5[kW]	4	0.7	70
소방펌프	3상 380[V] 20[kW]	2	0.7	70
히터	단상 220[V] 10[kW]	3(각 상 평형배치)	1	50

(1) 간선의 허용전류[A]를 구하시오.

•계산 : •답 :

(2) 전선의 굵기[mm^2]를 선정하시오. (단, 간선의 허용전압강하는 3[%]로하며, 전선의 굵기[mm^2]는 16, 25, 35, 50, 70, 95, 120, 150에서 선정한다.)

•계산 : •답 :

|계|산|및|정|답|

(1) 【계산】 • 급수펌프 $I_1 = \frac{7.5}{\sqrt{3} \times 0.38 \times 0.7} \times 4 \times 0.7 = 45.58[A]$

• 소방펌프 $I_2 = \frac{20}{\sqrt{3} \times 0.38 \times 0.7} \times 2 \times 0.7 = 60.77[A]$

• 히터 $I_3 = \frac{10}{0.22} \times 0.5 = 22.73[A]$

• 각 선에 흐르는 설계전류 $I_B = 45.58 + 60.77 + 22.73 = 129.08[A]$ 【정답】 129.08[A]

(2) 【계산】 • 전선의 굵기 $A = \frac{30.8LI}{10000e_3} = \frac{30.8 \times 180 \times 129.08}{1000 \times 380 \times 0.03} = 62.77[mm^2]$ 【정답】 70[mm^2] 선정

|추|가|해|설|

[전압강하 및 전선의 단면적 계산]

전기 방식	전압 강하		전선 단면적
단상3선식, 직류3선식, 3상4선식	$e_1 = IR$	$e_1 = \frac{17.8LI}{1000A}$	$A = \frac{17.8LI}{1000e_1}$
단상 2선식 및 직류 2선식	$e_2 = 2IR$	$e_2 = \frac{35.6LI}{1000A}$ → $(2 \times 17.8 = 35.6)$	$A = \frac{35.6LI}{1000e_2}$
3상 3선식	$e_3 = \sqrt{3}IR$	$e_3 = \frac{30.8LI}{1000A}$ → $(\sqrt{3} \times 17.8 = 30.8)$	$A = \frac{30.8LI}{1000e_3}$

여기서, A : 전선의 단면적[mm²], e_1 : 외측선 또는 각 상의 1선과 중성선 사이의 전압강하[V], e_2, e_3 : 각 선간의 전압강하[V]

L : 전선 1본의 길이[m], C : 전선의 도전율(경동선 97[%])

08

출제 : 20, 12(유사), 05(유사), 04년 • 배점 : 8점

다음과 같은 규모의 아파트 단지를 계획하고 있다. 주어진 조건을 이용하여 다음 각 물음에 답하시오.

〈규모〉

- 아파트 동수 및 세대수 : 2동, 300세대
- 세대 당 면적과 세대수

동	세대당 면적[m^2]	세대수
1동	50	30
	70	40
	90	50
	110	30
2동	50	50
	70	30
	90	40
	110	30

- 계단, 복도, 지하실 등의 공용면적 1동 : 1700[m^2], 2동 : 1700[m^2]

〈조 건〉

- 면적의 [m^2]당 상정 부하는 다음과 같다.
  - 아파트 : 30[VA/m^2], 공용 부분 : 7[VA/m^2]
- 세대 당 추가로 가산하여야 할 상정 부하는 다음과 같다.
  - 80[m^2] 이하인 경우 : 750[VA]
  - 150[m^2] 이하의 세대 : 1000[VA]
- 아파트 동별 수용률은 다음과 같다.
  - 70세대 이하 : 65[%]
  - 100세대 이하 : 60[%]
  - 150세대 이하 : 55[%]
  - 200세대 이하 : 50[%]
- 모든 계산은 피상전력을 기준으로 한다.
- 역률은 100[%]로 보고 계산한다.
- 주 변전실로부터 1동까지는 150[m]이며 동 내부의 전압 강하는 무시한다.
- 각 세대의 공급 방식은 110/220[V]의 단상 3선식으로 한다.
- 변전실의 변압기는 단상 변압기 3대로 구성한다.
- 동간 부등률은 1.4로 본다.
- 공용 부분의 수용률은 100[%]로 한다.
- 주 변전실에서 각 동까지의 전압 강하는 3[%]로 한다.
- 간선의 후강 전선관 배선으로는 IV 전선을 사용하며, 간선의 굵기는 325[mm^2] 이하로 사용하여야 한다.
- 이 아파트 단지의 수전은 13200/22900[V]의 Y 3상 4선식의 계통에서 수전한다.
- 사용 설비에 의의 계약전력은 사용 설비의 개별 입력의 합계에 대하여 다음 표의 계약전력 환산율을 곱한 것으로 한다.

구분	계약전력 환산율	비고
처음 75[kW]에 대하여	100[%]	계산의 합계치 단수가 1[kW] 미만일 경우 소수점 이하 첫째 자리에서 반올림 한다.
다음 75[kW]에 대하여	85[%]	
다음 75[kW]에 대하여	75[%]	
다음 75[kW]에 대하여	65[%]	
300[kW] 초과분에 대하여	60[%]	

(1) 1동의 상정 부하는 몇 [VA]인가?

•계산 : •답 :

(2) 2동의 수용 부하는 몇 [VA]인가?

•계산 : •답 :

(3) 이 단지의 변압기는 단상 몇 [kVA]짜리 3대를 설치하여야 하는가? 단, 변압기의 용량은 10[%]의 여유율을 보며 단상 변압기의 표준 용량은 75, 100, 150, 200, 300[kVA] 등이다.

•계산 : •답 :

(4) 전력공급사와 변압기 설비에 의하여 계약한다면 몇 [kW]로 계약 하여야 하는가?

•계산 : •답 :

(5) 전력공급사와 사용 설비에 의하여 계약한다면 몇 [kW]로 계약 하여야 하는가?

•계산 : •답 :

|계|산|및|정|답|

(1) 【계산】 상정 부하 = (바닥 면적 × $[m^2]$ 당 상정 부하) + 가산 부하에서

세대 당 면적 $[m^2]$	상정 부하 $[VA/m^2]$	가산 부하 [VA]	세대 수	상정 부하
50	30	750	30	[(50×30)+750]×30 = 67500
70	30	760	40	[(70×30)+750]×40 = 114000
90	30	1000	50	[(90×30)+1000]×50 = 185000
110	30	1000	30	[(110×30)+1000]×30 = 129000
합계	495500[VA]			

∴ 공용 면적까지 고려한 상정 부하 = 495500+(1700×7)=507400[VA] 【정답】 507400[VA]

(2) 【계산】

세대 당 면적 $[m^2]$	상정 부하 $[VA/m^2]$	가산 부하 [VA]	세대 수	상정 부하
50	30	750	50	[(50×30)+750]×50 = 112500
70	30	760	30	[(70×30)+750]×30 = 85500
90	30	1000	40	[(90×30)+1000]×40 = 148000
110	30	1000	30	[(110×30)+1000]×30 = 129000
합계	475000[VA]			

∴ 공용 면적까지 고려한 수용 부하=상정부하×수용률

= (475000×0.55)+(1700×7)=273150[VA] 【정답】 273150[VA]

(3) 【계산】 변압기 용량 ≥합성 최대 전력 = $\frac{\text{최대 수용 전력}}{\text{부동률}} = \frac{\text{설비 용량} \times \text{수용률}}{\text{부동률}}$

$= \frac{495500 \times 0.55 + 1700 \times 7 + 273150}{1.4} \times 10^{-3} = 398.27$[kVA]

변압기 용량 $= \frac{398.27}{3} \times 1.1 = 146.03[kVA]$

따라서 표준 용량, 150[kVA]를 선정한다. 【정답】 150[kVA]

(4) 【계산】 변압기 용량이 150[kVA] 3대이므로 $150 \times 3 = 450[kW]$로 계약 【정답】 450[kW]

(5) 【계산】 설비용량$= (507400 + 486900) \times 10^{-3} = 994.3[kVA]$

계약전력=75+75×0.85+75×0.75+75×0.65+694.3×0.6=660[kW] 【정답】 660[kW]

09

출제 : 20, 16년 • 배점 : 5점

우리나라 초고압 송전전압은 345[kV]이다. 송전거리가 200[km]인 경우 1회선당 가능한 송전 전력은 몇 [kW]인지 still식을 이용하여 구하시오.

·계산 : ·답 :

|계|산|및|정|답|

【계산】 $V_s = 5.5\sqrt{0.6l + \frac{P}{100}}$ [KV]에서

$P = \left(\left(\frac{V_s}{5.5}\right)^2 - 0.6l\right) \times 100 = \left(\left(\frac{345}{5.5}\right)^2 - 0.6 \times 200\right) \times 100 = 381471.07[kW]$ 【정답】 381471.07[kW]

|추|가|해|설|

· Still식(경제적인 송전전압) $V_s = 5.5\sqrt{0.6l + \frac{P}{100}}$ [KV]

여기서, l : 송전거리[km], P : 송전용량[kW])

10

출제 : 20년 • 배점 : 5점

60[W] 전구 8개를 점등하는 수용가가 있다. 정액제 요금은 60[W] 1등 당 1개월(30일)에 205원, 종량제 요금은 기본요금 100원에 1[kWh] 당 10원이 추가되고, 전구 값은 수용가 부담일 때, 정액제 요금과 같은 점등료를 종량제 요금으로 지불하기 위한 일당 평균 점등 시간을 구하시오. (단, 전구 값은 1개 65원이고, 수명은 1000[h]이며, 정액제의 경우는 수용가가 전구 값을 부담하지 않는다.)

·계산 : ·답 :

|계|산|및|정|답|

【계산】 ① 정액제 요금=8×205=1640원

② 종량제 요금=기본요금+사용량요금+전구 값

・기본요금 : 100원

・사용량 요금 : 0.06×8×H×10=4.8H[원] → (H : 점등시간)

・시간 당 전구 값=$\frac{8\times65}{1000}=0.52$[원]

③ 정액제 요금=종량제 요금 → 1640=100+4.8H+0.52H

1개월간 총 점등시간 $H=\frac{1540}{5.32}=289.47[h]$

$\therefore$1일 점등시간 $h=\frac{H}{30}=\frac{289.47}{30}=9.65[h]$

【정답】 9.65[h]

11

출제 : 20, 13, 05년 • 배점 : 5점

전력계통의 발전기, 변압기 등의 증설이나 송전선의 신・증설로 인하여 단락・지락전류가 증가하여 송변전 기기에의 손상이 증대되고, 부근에 있는 통신선의 유도장해가 증가하는 등의 문제점이 예상되므로 단락용량의 경감대책을 세워야 한다. 이 대책을 3가지만 쓰시오.

|계|산|및|정|답|

① 현재 채용하고 있는 것보다 한 단계 더 높은 상위 전압의 계통을 구성한다,

② 발전기와 변압기의 임피던스를 크게 한다.

③ 계통을 분할하거나 송전선 또는 모선 간에 한류 리액터를 삽입한다.

④ 계통 간을 직류 설비하든지 특수한 연계 장치로 연계한다.

⑤ 사고시 모선 분리 방식을 채용한다.

12

출제 : 20년 • 배점 : 5점

조명에 사용되는 광원의 발광원리를 3가지만 쓰시오.

|계|산|및|정|답|

① 온도복사에 의한 백열발광
② 루미네선스에 의한 방전발광
③ 일렉트로 루미네선스에 의한 전계발광

|추|가|해|설|

[발광원리에 따른 광원의 분류]

① 주광
② 온도복사에 의한 백열발광 : 백열전구, 특수전구, 할로겐 전구
③ 온도복사(화학반응)에 의한 연소발광(섬광전구) : 백열전구, 특수전구, 할로겐 전구
④ 루미네선스에 의한 방전발광
  ㉮ 아크방전 : 순탄소 아크등, 발염 아크등, 고휘도 아크등
  ㉯ 저압 방전등 : 네온관등, 네온전구, 형광등(저압 수은등), 저압 나트륨등
  ㉰ 고압 방전등
    ㉠ 고압 수은등 : 수은등, 형광수은등, 메탈헬라이드등
    ㉡ 고압 나트륨등
  ㉱ 초고압 방전등 : 크세논등, 초고압 수은등
⑤ 일렉트로 루미네선스에 의한 전계발광 : EL등, 발광다이오드
⑥ 유도방사에 의한 레이저 발광 : 레이저

13

출제 : 20년 • 배점 : 5점

전력시설물 공사감리업무 수행지침에서 정하는 감리원은 해당 공사 완료 후 준공검사 전에 사전 시운전 등이 필요한 부분에 대하여는 공사업자에게 시운전을 위한 계획을 수립하여 시운전 30일 이내에 제출하도록 하고, 이를 검토하여 발주자에게 제출하여야 한다. 시운전을 위한 계획 수립 시 포함되어야 하는 사항을 3가지만 쓰시오. (단, 반드시 전력시설물 공사감리업무 수행지침에 표현된 문구를 활용하여 쓰시오.)

|계|산|및|정|답|

① 시운전 일정　　② 시운전 항목 및 종류　　③ 시운전 절차

|추|가|해|설|

감리원은 해당 공사 완료 후 준공검사 전에 사전 시운전 등이 필요한 부분에 대하여는 공사업자에게 다음 각 호의 사항이 포함된 시운전을 위한 계획을 수립하여 시운전 30일 이내에 제출하도록 하고, 이를 검토하여 발주자에게 제출하여야 한다.

1. 시운전 일정
2. 시운전 항목 및 종류
3. 시운전 절차
4. 시험장비 확보 및 보정
5. 기계·기구 사용계획
6. 운전요원 및 검사요원 선임계획

14 출제 : 20, 16년 • 배점 : 16점

다음 그림은 어느 수용가의 수전설비 계통도이다. 다음 각 물음에 답하시오.

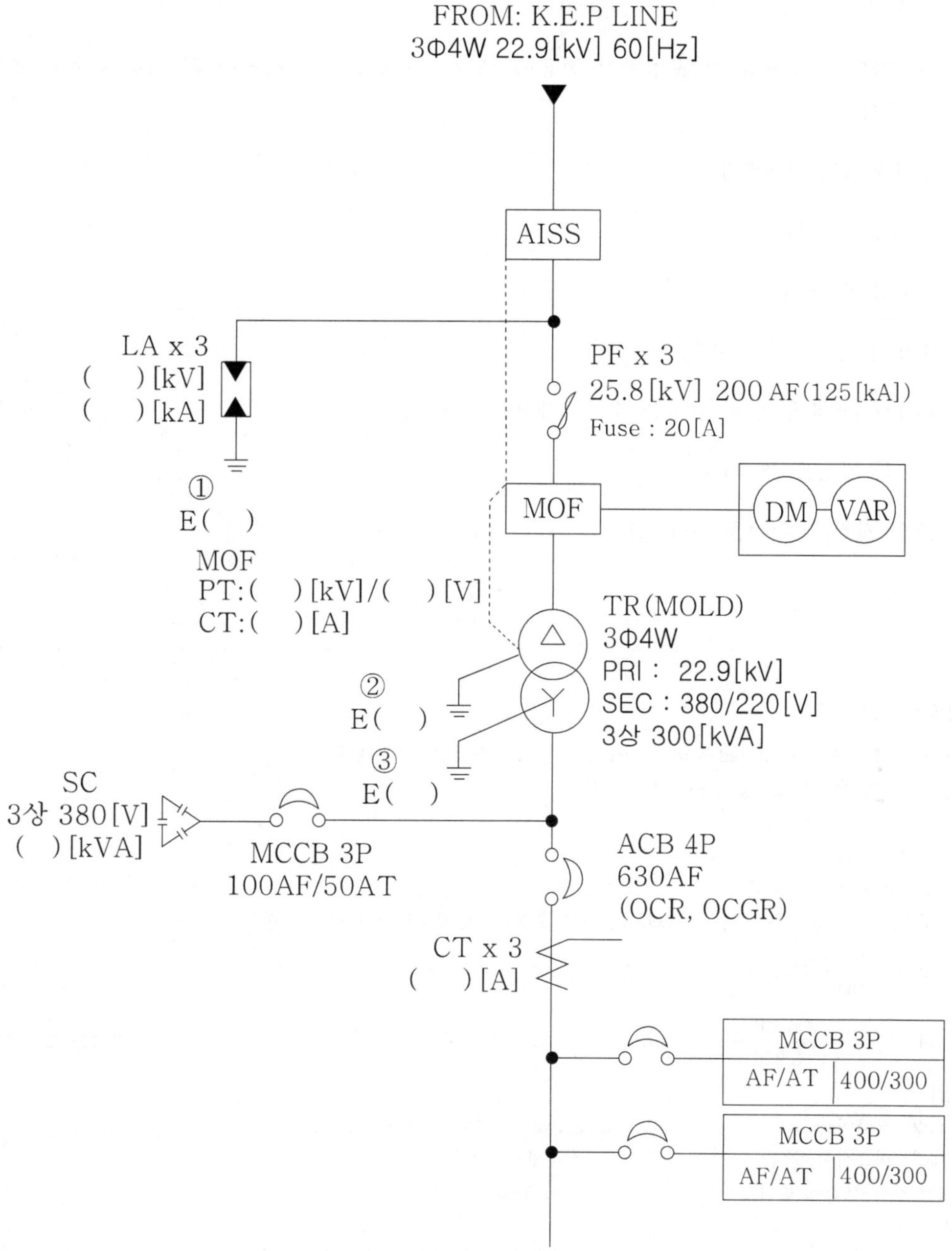

FROM: K.E.P LINE
3Φ4W 22.9[kV] 60[Hz]

AISS

LA x 3
(　　) [kV]
(　　) [kA]

①
E(　)

PF x 3
25.8[kV] 200 AF(125[kA])
Fuse : 20[A]

MOF

DM　VAR

MOF
PT:(　) [kV]/(　) [V]
CT:(　) [A]

TR(MOLD)
3Φ4W
PRI : 22.9[kV]
SEC : 380/220[V]
3상 300[kVA]

②
E(　)

③
E(　)

SC
3상 380[V]
(　) [kVA]

MCCB 3P
100AF/50AT

ACB 4P
630AF
(OCR, OCGR)

CT x 3
(　　) [A]

MCCB 3P	
AF/AT	400/300

MCCB 3P	
AF/AT	400/300

(1) AISS의 명칭을 쓰고, 기능을 2가지 쓰시오.

① 명칭 ② 기능

(2) 피로기의 정격전압 및 공칭방전 전류를 쓰고, DISC(Disconnector)의 기능을 간단히 설명하시오.

① 피뢰기의 정격전압

② 공칭방전전류

③ DISC의 기능

(3) MOF의 정격을 구하시오.

(4) MOLD TR의 장점 및 단점을 각각 2가지만 쓰시오.

(5) ACB의 명칭을 쓰시오.

(6) CT의 정격(변류비)을 구하시오.

・계산 : ・답 :

|계|산|및|정|답|

(1) ① 명칭 : AISS(Air Insulated Auto Switch) : 기중형 자동고장구분개폐기

② 기능 : ・과부하 보호기능, 사고 확대 방지

・부하전류 차단

(2) ① 정격전압 : 18[kV]

② 공칭방전전류 : 2.5[kA]

③ DISC(Disconnector)의 기능 : 피뢰기의 자체 고장 시 대지로부터 분리하는 장치

(3) ① PT비 : $\dfrac{22,900/\sqrt{3}}{190/\sqrt{3}}$

② CT비 : $I_1 = \dfrac{300\times10^3}{\sqrt{3}\times22.9\times10^3} = 7.56[A]$ 따라서, 변류비 10/5 → (2차측은 항상 5[A])

(4) [장점]

① 소형, 경량이다. ② 난연성, 절연의 신뢰성이 좋다.
③ 내진, 내습성이 좋다. ④ 전력 손실이 적다.
⑤ 단시간 과부하에 좋다. ⑥ 반입, 반출이 용이하다.

[단점]

① 비싸다. ② 소음방지 시에 별도 대책이 필요하다.
③ 옥외 설치 및 대용량 제작이 불가능하다.

(5) 기중차단기

(6) 【계산】 $I_1 = \dfrac{300\times10^3}{\sqrt{3}\times380}\times(1.25\sim1.5) = 596.75\sim683.70[A]$ 【정답】 600/5

15 출제 : 20년 • 배점 : 4점

다음은 PLC 래더 다이어그램 방식의 프로그램이다. 프로그램을 참고하여 아래 빈칸을 채우시오. (단, 입력 : LOAD, 직렬 : AND, 직렬 반전 : AND NOT, 병렬 : OR, 병렬 반전 : OR NOT, 출력 : OUT를 사용한다.)

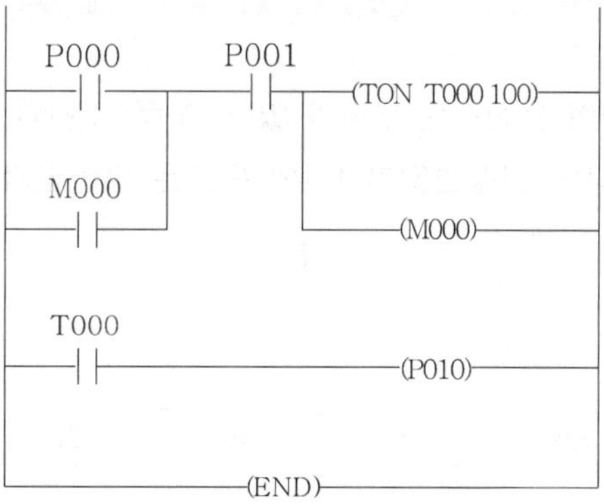

P000 P001 (TON T000 100)
M000 (M000)
T000 (P010)
(END)

Step	명령어	번지
0	LOAD	P000
1		
2		
3	TON	T000
4	DATA	100
5		
6		
7	OUT	P010
8	END	

|계|산|및|정|답|

Step	명령어	번지
0	LOAD	P000
1	OR	M000
2	AND NOT	P001
3	TON	T000
4	DATA	100
5	OUT	M000
6	LOAD	T000
7	OUT	P010
8	END	

01 2019년 1회 전기기사 실기

01

출제 : 19년 • 배점 : 4점

단상변압기 2대를 V결선하여 운전하는 부하가 있다. 출력 11[kW], 역률 0.8, 효율 0.85인 3상 유도전동기를 운전한다면 단상변압기 1대의 용량은 얼마인가?

·계산 : ·답 :

【변압기 표준용량[kVA]】

3	5	7.5	10	15	20	30	50

|계|산|및|정|답|

【계산】 V결선시의 전동기 출력 $P_V = \sqrt{3} \times P_1$[kVA] → ($P_1$: 단상 변압기 1대의 용량)

$$P_1 = \frac{P_V[kW]}{\sqrt{3} \times \cos\theta \times 효율} = \frac{11}{\sqrt{3} \times 0.8 \times 0.85} = 9.34[\text{kVA}]$$

→ (변압기 표준용량 표에서 9.34보다 높은 것을 선택한다.)

즉, 10[kVA]를 선정

【정답】 10[kVA]

|추|가|해|설|

※문제에서 출력으로 유효전력[kW]이 주어졌으므로 출력을 역률과 효율로 나누어(입력에 해당하므로) 주어야 한다.

① 피상전력 : 단자전압의 실효값 V[V]와 그 때의 전류의 실효값 $I[A]$의 곱

$$P_a = VI[kVA]$$

② 유효전력 : 실제로 소비되는 전력, 즉 피상전력에 역률을 곱한 값

$$P = VI\cos\theta[kW]$$

③ 변압기 2대로 V결선시의 전동기 출력 $P_V = \sqrt{3} \times P_1$[kVA] → ($P_1$: 단상 변압기 1대의 용량)

02

출제 : 19년 • 배점 : 4점

3상 3선식 1회전 배전선로에 역률 80[%](지상)인 평형 부하가 접속되어 있다. 변전소 인출구 전압이 6600[V], 부하측 전압이 6000[V]인 경우 부하전력[kW]을 구하시오. (단, 전선 1가닥의 저항이 1.4[Ω], 리액턴스는 1.8[Ω]이고 기타 선로정수는 무시한다.)

•계산 : •답 :

|계|산|및|정|답|

【계산】 전압강하(e)=변전소 인출구 전압(V_s)−부하측 전압(V_r)

전압강하 $e = \frac{P[W]}{V_r}(R + X\tan\theta)[V]$에서

$e = V_s - V_r = 6600 - 6000 = \frac{P[W]}{V_r}(R + X\tan\theta)[V]$이므로

$= 600 = \frac{P[W]}{6000}\left(1.4 + 1.8 \times \frac{0.6}{0.8}\right)[V]$ →($\tan = \frac{\sin}{\cos}$, $\sin\theta = \sqrt{(1-\cos^2\theta)}$)

$\therefore$ 부하전력 $P = \frac{600 \times 6000}{\left(1.4 + 1.8 \times \frac{0.6}{0.8}\right)} \times 10^{-3} = 1309.09[kW]$

【정답】 1309.09[kW]

|추|가|해|설|

[전압강하(e)] : 전압강하는 송전전압과 수전전압의 차

• $e = V_s - V_r\ [V] = \frac{P}{V_r}(R + X\tan\theta)[V]$ → ($e \propto \frac{1}{V_r}$)

여기서, V_s : 송전단전압, V_r : 정격부하시의 수전단전압

03

출제 : 09, 15, 19년 • 배점 : 6점

스폿 네트워크(Spot Network) 수전방식에 대하여 설명하고 특징을 3가지만 쓰시오.

(1) Spot Network 방식이란?

(2) 특징 3가지

|계|산|및|정|답|

(1) 정의 : 배전용 변전소로부터 2회선 이상의 배전선로로 수전하는 방식으로 1회선 고장이 발생할 경우 2차측 병렬모선을 통해 부하측 무정전 전력 공급이 가능한 방식

(2) 특징 3가지 ① 전압 강하 및 전력 손실이 경감된다.

② 무정전 전력 공급이 가능하다.

③ 공급 신뢰도가 가장 좋다.

|추|가|해|설|

[수전방식의 비교]

명칭		장점	단점
1회선 수전 방식		① 간단하며 경제적이다. ② 공사가 용이하다. ③ 저압방식에 많이 적용하고 있다. ④ 특고압에서도 소용량에 적당하다.	① 주로 소규모 용량에 많이 쓰인다. ② 선로 및 수전용 차단기 사고에 대비책이 없으며 신뢰도가 낮다.
2회선 수전 방식	Loop 수전 방식	① 임의의 배전선 또는 타 건물사고에 의하여 Loop가 개로될 뿐이며 정전은 되지 않는다. ② 전압 변동률이 적다.	① Loop회로에 걸리는 용량은 전부하(타건물 포함)를 고려하여야 한다. ② 수전방식이 다소 복잡하다. ③ 회로상의 사고 복귀에 시간이 걸린다.
	평행 2회선 수전 방식	① 어느 한쪽의 수전사고에 대해서도 무정전 수전이 가능하다. ② 단독 수전이 가능하다. ③ 2회선 중 경제적이며, 국내에서 가장 많이 적용하고 있다.	① 수전선 보호장치와 2회선 평행수전 장치가 필요하다. ② 1회선 수전방식에 비해 시설비가 많이 든다.
	본선, 예비선수전 방식	① 선로 사고에 대비할 수 있다. ② 단독 수전이 가능하다.	① 실질적으로 1회선 수전이라 할 수 있으며 무정전절체가 필요한 경우 절체용 차단기가 필요하다. ② 1회선분에 대한 시설비가 더 증가한다.
스폿네트워크 수전방식		① 무정전 공급이 가능하다. ② 효율적인 운전이 가능하다. ③ 전압 변동률이 적다. ④ 전력 손실을 감소할 수 있다. ⑤ 부하 증가에 대한 적응성이 크다. ⑥ 기기의 이용률이 향상된다. ⑦ 2차 변전소를 감소시킬 수 있다. ⑧ 전등 전력의 일원화가 가능하다.	① 시설 투자비가 많이 든다. ② 아직까지는 보호장치를 전량 수입해야 한다.

04

출제 : 19년 • 배점 : 6점

진공차단기의 특징을 3가지만 쓰시오,

|계|산|및|정|답|

① 소형, 경량이다. ② 화재나 폭발 위험이 없다. ③ 불연성, 저소음으로 수명이 길다.

|추|가|해|설|

[진공차단기(VCB)]

① 정의 : 고진공속에서 전자의 고속도 확산을 이용한 차단기이다.

② 주요 특징

- ·송형, 경량으로 다단 적재가 가능하다.
- ·화재의 위험성이 없다.
- ·소호실에 대해서 보수가 거의 필요하지 않다.
- ·차단시간이 짧고 차단성능이 회로주파수의 영향을 받지 않는다.
- ·완전 밀봉형 이므로 안전하며 소음도 적다.
- ·불연성, 저소음으로 수명이 길다.
- ·동시에 높은 서지전압을 발생한다.

[소호원리에 따른 차단기의 종류 및 특징]

기중차단기(ACB)	대기 중에서 아크를 길게 해서 소호실에서 냉각 차단
공기차단기(ABB)	압축된 공기(15~30[kg/㎠])를 아크에 불어 넣어서 차단
자기차단기(MBB)	·대기중에서 전자력을 이용하여 아크를 소호실 내로 유도해서 냉각 차단 ·화재 위험이 없다. ·보수 점검이 비교적 쉽다. ·압축 공기 설비가 필요 없다. ·전류 절단에 의한 과전압을 발생하지 않는다. ·회로의 고유주파수에 차단 성능이 좌우되는 일이 없다.
유입차단기(OCB)	·소호실에서 아크에 의한 절연유 분해 가스의 열전도 및 압력 에 의한 blast를 이용해서 차단 ·소호 능력이 크다. ·방음 설비가 필요 없다. ·부싱 변류기를 사용할 수 있다. ·보수가 번거롭다. 부싱 / 승강간 / 절연라이너 / 고정접촉자 / 철 탱크 / 가동접촉자 / 배유밸브
진공차단기(VCB)	·불연성, 저소음으로 수명이 길다. ·작고 가벼우며 조작기구가 간편하다. ·화재 위험이 없다. ·폭발음이 없다. ·소호실에 대해서 보수가 거의 필요하지 않다. ·차단시간이 짧고 차단성능이 회로주파수의 영향을 받지 않는다.
가스차단기(GCB)	·고성능 절연 특성을 가진 특수 가스(SF_6)를 이용해서 차단 ·밀폐 구조이므로 소음이 없다. ·근거리 고장 등 가혹한 재기전압에 대해서도 성능이 우수하다.

05

출제 : 19년 • 배점 : 4점

어떤 건물에 전등, 동력, 하계, 동계부하가 각각 아래 그림과 같이 설치되어 있을 때 변압기 용량[kVA]을 구하시오,

【조건】

·부하의 종합역률 90[%]　　·각 부하간 부등률 1.35　　·최대부하의 여유도 15[%]

【변압기 표준용량[kVA]】

30	50	75	100	150	200	300	500

TR

부하설비[kW]	100[kW]	250[kW]	140[kW]	60[kW]
수용률[%]	70[%]	50[%]	80[%]	60[%]
부하종류	전등부하	동력부하	하계부하	동계부하

·계산 :　　　　　　　·답 :

|계|산|및|정|답|

【계산】 변압기용량= $\dfrac{\sum(\text{설비용량}\times\text{수용률})}{\text{부등률}\times\text{효율}\times\text{역률}}\times\text{여유율}$[kVA]

→ (하계부하와 동계부하는 동시에 사용할 경우가 없으므로 둘 중 큰 것만 사용한다)

$$=\frac{100\times0.7+250\times0.5+140\times0.8}{1.35\times0.9}\times1.15=290.58$$

→ (변압기 표준용량 표에서 290.58보다 큰 것을 선택한다.)

즉, 300[kVA]를 선정

【정답】 300[kVA]

|추|가|해|설|

※변압기 설계의 가장 기본은 변압기 용량을 가장 작게 설계하는 것이 기본이다.
따라서 사용설비 또는 변압기 설비 중 다른 설비와 동시에 사용할 수 없도록 시설한 교대성 설비 및 예비 설비가 있는 경우에는 그 중에서 용량이 큰 쪽의 설비로 변압기 용량을 구한다.

06 출제 : 11, 19년 • 배점 : 6점

태양광 발전의 장점 4가지와 단점 2가지를 쓰시오.

(1) 장점 4가지

(2) 단점 2가지

|계|산|및|정|답|

【장점 4가지】 ① 에너지원이 청정하고 무제한
② 유지 보수가 용이하고 무인화가 가능
③ 수명이 길다.
④ 건설기간이 짧아 수요 증가에 신속한 대응
【단점 2가지】 ① 전력생산이 지역별 일사량에 의존
② 에너지 밀도가 낮아 큰 설치면적이 필요

|추|가|해|설|

[재생 에너지]
1. 태양광 발전 : 태양광을 직접 전기로 변환시키는 발전 방식
(1) 태양광 발전의 구성
① 태양전지 셀(어레이) : 발전기
② PCS : 발전한 직류를 교류로 변환하는 전력변환장치
③ 축전장치 : 전력저장기능
④ 시스템 제어 및 모니터링과 부하로 구성

(2) 태양광 발전의 장·단점

장점	단점
·에너지원이 청정하고 무제한	·전력생산이 지역별 일사량에 의존
·유지 보수가 용이하고 무인화가 가능	·에너지 밀도가 낮아 큰 설치면적이 필요
·수명이 길다.	·설치장소가 한정적이고 시스템 비용이 고가
·건설기간이 짧아 수요 증가에 신속한 대응	·초기 투자비와 발전단가가 높다.

2. 태양열 에너지 : 태양열에너지의 구성 요소는 다음과 같다.
(1) 태양열 에너지의 구성
① 태양열 집열기 : 태양 복사에너지를 열에너지로 변환하는 장치
② 축열조 : 열 저장장치
③ 이용부 : 저장된 에너지를 효과적으로 공급하고 사용량이 부족하면 열원(보일러)로 공급
④ 제어장치 : 태양열을 집열, 축열, 공급하기 위한 조정장치

(2) 태양열 에너지의 장·단점

장점	단점
·무공해, 무한량, 무가격의 청정 에너지원	·에너지 밀도가 낮다.
·지역적인 편중이 적은 분산 에너지원	·에너지 생산이 간헐적임
·탄소저감형 재생에너지원	·계속적인 수요에 안정적인 공급이 어렵다.

3. 풍력 발전의 장·단점

장점	단점
·지구온난화에 가장 적극적인 대처방안 ·자원이 풍부하고 재생 가능한 에너지원, 환경 친화적이다. ·발전단가가 원자력 에너지와 비슷한 수준으로 폐기물 처리비용을 감안하면 더 경제적 ·완전 자동운전으로 관리비와 인건비 절감	·에너지밀도가 낮고 특정 지역에 한정적 ·안정적인 운전을 위해서 저장장치 필요 ·초기 투자비용 과다

4. 해양 에너지 : 조력, 조류, 파력 해수온도차, 염도차 및 해양바이오 에너지 및 해상풍력을 들 수 있다.

5. 지열 에너지
   - ·중·저온(10~90[℃]) 지열에너지
   - ·고온(120[℃] 이상) 지열에너지
   - ·직접이용 기술 : 온천·건물난방·시설원예 난방·지역난방 등이 대표적인 기술
   - ·간접이용 기술 : 땅에서 추출한 고온수나 증기로 플랜트를 구동하여 전기를 생산하는 지열발전

6. 바이오 에너지 : 태양광을 이용하여 광합성 되는 유기물(주로 식물체) 및 동 유기물을 소비하여 생성되는 모든 생물 유기체(바이오매스)의 에너지

7. 폐기물 에너지 : 가연성 폐기물을 대상으로 고형연료화 기술, 열분해에 의한 액체 연료화 기술, 가스화에 의한 가연성 가스 제조기술 등의 가공·처리 방법을 적용하여 얻어지는 고체·액체·기체 형태의 연료와 이를 연소 또는 변환시켜서 발생되는 에너지

07

출제 : 19년 • 배점 : 11점

다음 그림의 접지저항을 측정하고자 한다. 다음 각 물음에 답하시오.

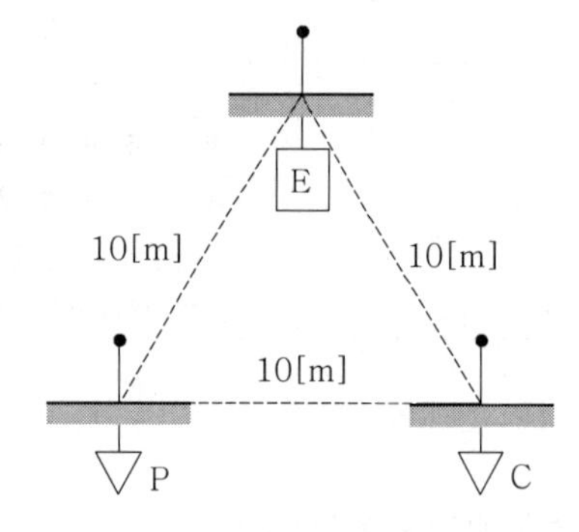

(1) 접지저항을 측정하는 계측기의 명칭과 방법을 쓰시오.

·명칭 : ·방법 :

(2) 그림과 같이 접지 E에 제1보조접지 P, 제2보조접지 C를 설치하여 본 접지 E의 접지저항값을 측정하려고 한다. 본 접지 E의 접지저항은 몇 [Ω]인가? 단, 본 접지 E와 P점 사이의 저항은 86[Ω], 본 접지 E와 C점 사이의 저항은 92[Ω], P와 C간의 측정저항은 160[Ω]이다.

·계산 : ·답 :

|계|산|및|정|답|

(1) 【명칭】 어스테스터에 의한 접지저항 측정법
【방법】 콜라우시브리지법에 의한 3극 접지저항 측정법

(2) 【계산】 본 접지 E의 접지저항 $R_E = \frac{1}{2}(R_{EP} + R_{EC} - R_{PC}) = \frac{1}{2}(86 + 92 - 160) = 9[\Omega]$

【정답】 9[Ω]

|추|가|해|설|

[콜라우시 브리지법에 의한 접지저항 측정]

$R_{G1} + R_{G2} = R_{G12}$ ………………………………. ①

$R_{G2} + R_{G3} = R_{G23}$ ………………………………. ②

$R_{G3} + R_{G1} = R_{G31}$ ………………………………. ③

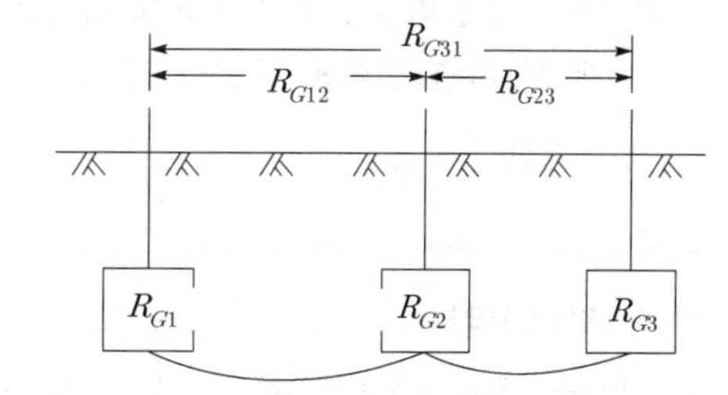

즉, (①+②+③)을 하면

$2(R_{G1} + R_{G2} + R_{G3}) = (R_{G12} + R_{G23} + R_{G31})$ ……. ④

$R_{G1} + R_{G2} + R_{G3} = \frac{1}{2}(R_{G12} + R_{G23} + R_{G31})$ ……. ⑤

⑤-②하면 $R_{G1} = \frac{1}{2}(R_{G12} + R_{G31} - R_{G23})$

⑤-③하면 $R_{G2} = \frac{1}{2}(R_{G12} + R_{G23} - R_{G31})$

⑤-①하면 $R_{G3} = \frac{1}{2}(R_{G23} + R_{G31} - R_{G12})$가 된다.

※ 쉽게 암기하는 방법

· R_{G1}을 구할 때는 1이 포함된 항은 +, 1이 포함되지 않은 항은 -로

· R_{G2}을 구할 때는 2가 포함된 항은 +, 2가 포함되지 않은 항은 -로

· R_{G3}을 구할 때는 3이 포함된 항은 +, 3이 포함되지 않은 항은 -로 하면 된다.

08

출제 : 01, 02, 19년 • 배점 : 6점

부하역률 개선에 대해서 다음 물음에 답하시오.

(1) 부하역률 개선의 원리를 설명하시오.

(2) 부하설비의 역률이 저하될 때 수용가 측에서 볼 수 있는 손해 2가지를 쓰시오.

(3) 어느 공장의 3상 부하가 30[kW]이고, 역률이 65[%]일 때 콘덴서를 설치하여 역률을 90[%]로 개선하려면 전력용 콘덴서 몇 [kVA]가 필요한가?

·계산 : ·답 :

|계|산|및|정|답|

(1) 콘덴서를 부하와 직렬로 설치하여 진상무효전력을 공급하여줌으로서 부하의 지상 무효전력을 감소시켜 역률을 개선한다.

(2) ① 전력손실 증가 ② 전압강하가 증가

(3) 【계산】 콘덴서 용량 $Q_c = P\left(\frac{\sqrt{1-\cos^2\theta_1}}{\cos\theta_1} - \frac{\sqrt{1-\cos^2\theta_2}}{\cos\theta_2}\right)$

$$=30\left(\frac{\sqrt{1-0.65^2}}{0.65} - \frac{\sqrt{1-0.9^2}}{0.9}\right) = 20.544[\text{kVA}]$$

【정답】 20.54[kVA]

|추|가|해|설|

[역률개선]

(1) 역률개선이란?

역률을 개선 한다는 것은 유효전력 P는 변함이 없고 콘덴서로 진상의 무효전력 Q_C를 공급하여 부하의 지상 무효전력 Q_1을 감소시키는 것을 말한다.

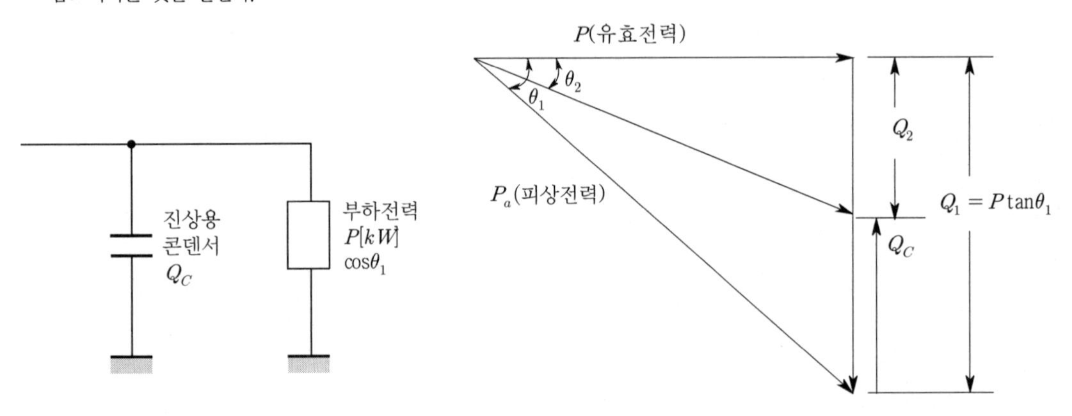

그림에서 역률각 θ_1을 θ_2로 개선하기 위해서는 부하의 무효전력 Q_1 $(P\tan\theta_1)$을 콘덴서 Q_C로 보상하여 부하의 무효전력 $P\tan\theta_2$로 감소시켜야 한다. 이때 필요한 콘덴서 용량은 다음과 같다.

(2) 콘덴서 용량(Q_c) 계산

$$Q_c = Q_1 - Q_2 = P\tan\theta_1 - P\tan\theta_2 = P(\tan\theta_1 - \tan\theta_2)$$

$$= P\left(\frac{\sin\theta_1}{\cos\theta_1} - \frac{\sin\theta_2}{\cos\theta_2}\right) = P\left(\frac{\sqrt{1-\cos^2\theta_1}}{\cos\theta_1} - \frac{\sqrt{1-\cos^2\theta_2}}{\cos\theta_2}\right)$$

$$= P\left(\sqrt{\frac{1}{\cos^2\theta_1} - 1}\ \sqrt{\frac{1}{\cos^2\theta_2} - 1}\right)[\text{kVA}]$$

여기서, Q_c : 부하 P[kW]의 역률을 $\cos\theta_1$ 에서 $\cos\theta_2$ 로 개선하고자 할 때 콘덴서 용량[kVA]

P : 대상 부하용량[kW], $\cos\theta_1$: 개선 전 역률, $\cos\theta_2$: 개선 후 역률

(3) 역률 저하 시 나타나는 현상

- 전력 손실 증가
- 전압강하 증가
- 필요한 전원설비 용량 증가(변압기 용량 증가)
- 전기요금 증가

09 출제 : 04, 10, 19년 • 배점 : 5점

그림과 같은 3상 3선식 220[V]의 수전회로가 있다. Ⓗ는 전열부하이고, Ⓜ은 역률 0.8의 전동기이다. 이 그림을 보고 다음 각 물음에 답하시오.

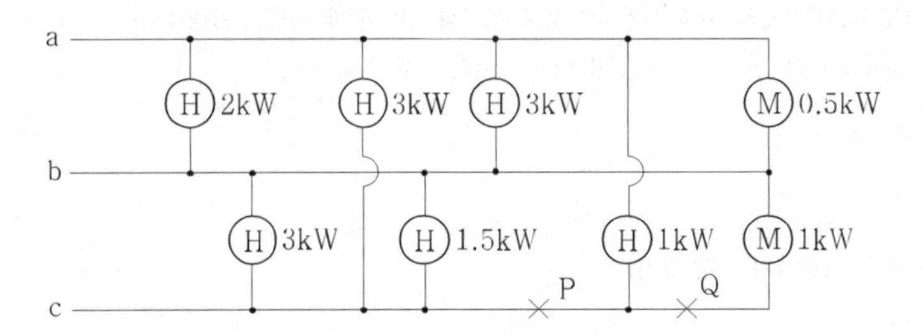

(1) 저압 수전의 3상3선식 선로인 경우에 설비불평형률은 몇 [%] 이하로 하여야 하는가?

(2) 그림의 설비불평형률은 몇 [%]인가? (단, P, Q점은 단선이 아닌 것으로 계산한다)

•계산 : •답 :

(3) P, Q점에서 단선이 되었다면 설비불평형률은 몇 [%]가 되겠는가?

•계산 : •답 :

|계|산|및|정|답|

(1) 30[%]

(2) 【계산】 •a와 b사이에 걸리는 부하의 합 $P_{ab} = 2+3+\frac{0.5}{0.8} = 5.625[\text{kVA}]$

•b와 c사이에 걸리는 부하의 합 $P_{bc} = 3+1.5+\frac{1}{0.8} = 5.75[\text{kVA}]$

•a와 c사이에 걸리는 부하의 합 $P_{ac} = 3+1 = 4[\text{kVA}]$

→ (전동기(M)에 역률이 주어졌으므로 반드시 역률로 나누어 주어야 한다.)

$$3\text{상}3\text{선식 설비불평형률} = \frac{\text{각 선간에 접속되는 단상 부하설비용량[kVA]의 최대와 최소의 차}}{\text{총 부하 설비 용량[kVA]의 1/3}} \times 100[\%]$$

$$= \frac{(5.75-4)}{(5625+5.75+4)\times\frac{1}{3}} \times 100 = 34.15[\%]$$

【정답】 34.15[%]

(3) 【계산】 •a와 b사이에 걸리는 부하의 합 $P_{ab} = 2+3+\frac{0.5}{0.8} = 5.625[\text{kVA}]$

•b와 c사이에 걸리는 부하의 합 $P_{bc} = 3+1.5 = 4.5[\text{kVA}]$

•a와 c사이에 걸리는 부하의 합 $P_{ac} = 3 = 3[\text{kVA}]$

→ (P, Q점이 단선 후, P_{ac} 전열기 1[kW], P_{bc} 전동기 1[kW] 사용할 수 없다.)

$$\text{설비불평형률} = \frac{(5.625-3)}{(5.625+4.5+3)\times\frac{1}{3}} \times 100 = 60[\%]$$

【정답】 60[%]

|추|가|해|설|

[설비불평형률]

(1) 단상3선식 설비불평형률 $= \frac{\text{중성선과 각 전압측 전선간에 접속되는 부하설비용량[kVA]의 차}}{\text{총 부하 설비 용량[kVA]의 1/2}} \times 100[\%]$

불평형률은 40[%] 이하이어야 한다.

(2) 3상3선식 또는 3상4선식 설비불평형률 $= \frac{\text{각 선간에 접속되는 단상 부하설비용량[kVA]의 최대와 최소의 차}}{\text{총 부하 설비 용량[kVA]의 1/3}} \times 100[\%]$

불평형률은 30[%] 이하여야 한다.

10

출제 : 07, 10, 11, 13, 17, 19년 • 배점 : 6점

그림과 같이 완전 확산형의 조명기구가 설치되어 있다. 단, 높이 6[m], 조명기구의 완전확산형 전 광속이 18500[lm], 수평거리 8[m]이다.

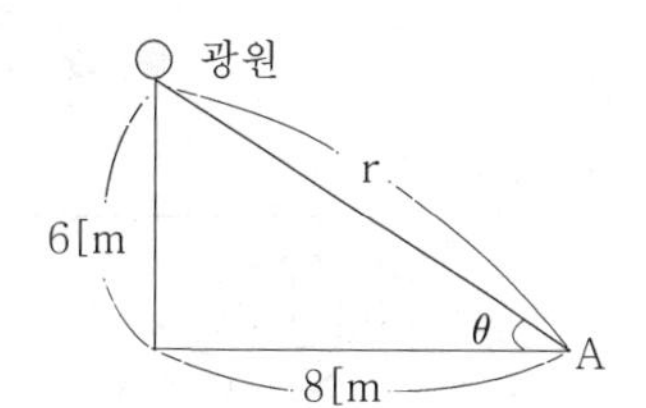

(1) 광원의 광도(cd)는 얼마인가?

•계산 : •답 :

(2) A점에서 수평면 조도(lx)를 구하시오.

•계산 : •답 :

|계|산|및|정|답|

(1) 【계산】 광원의 광도 $I = \frac{F}{4\pi} = \frac{18500}{4\pi} = 1472.183[\text{cd}]$ → (광속 $F = 4\pi I$)

【정답】 1472.18[cd]

(2) 【계산】 수평면 조도 $E_h = \frac{I}{r^2}\cos\theta = \frac{1472.18}{(\sqrt{6^2+8^2})^2} \times \frac{6}{\sqrt{6^2+8^2}} = 8.833[\text{lx}]$

【정답】 8.83[lx]

|추|가|해|설|

[광속]

단위	루멘(lumen)	원통형(형광등)	$F = \pi^2 I[\text{lm}]$
기호	F	평편광원(면광원)	$F = \pi I[\text{lm}]$
구광원(백열전구)	$F = 4\pi I[\text{lm}]$		

[조도의 구분]

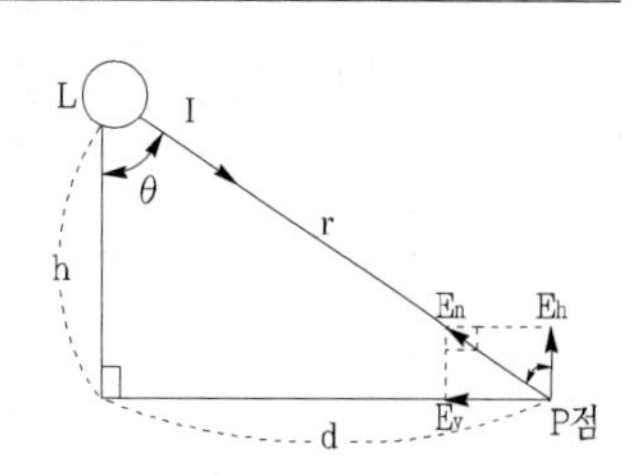

① 법선 조도 $E_n = \frac{I}{r^2}[\text{lx}]$

② 수평면 조도 $E_h = E_n\cos\theta = \frac{I}{r^2}\cos\theta[\text{lx}]$

③ 수직면 조도 $E_v = E_n\sin\theta = \frac{I}{r^2}\sin\theta = \frac{I}{d^2}\sin\theta^3 = \frac{I}{h^2}cos^2\theta\sin\theta[\text{lx}]$

11

출제 : 02, 12, 19년 • 배점 : 15점

일반적으로 보호계전 시스템은 사고시의 오작동이나 부작동에 따른 손해를 줄이기 위해 다음과 같이 주보호와 후비보호로 구성된다. 도면을 보고 물음에 답하시오.

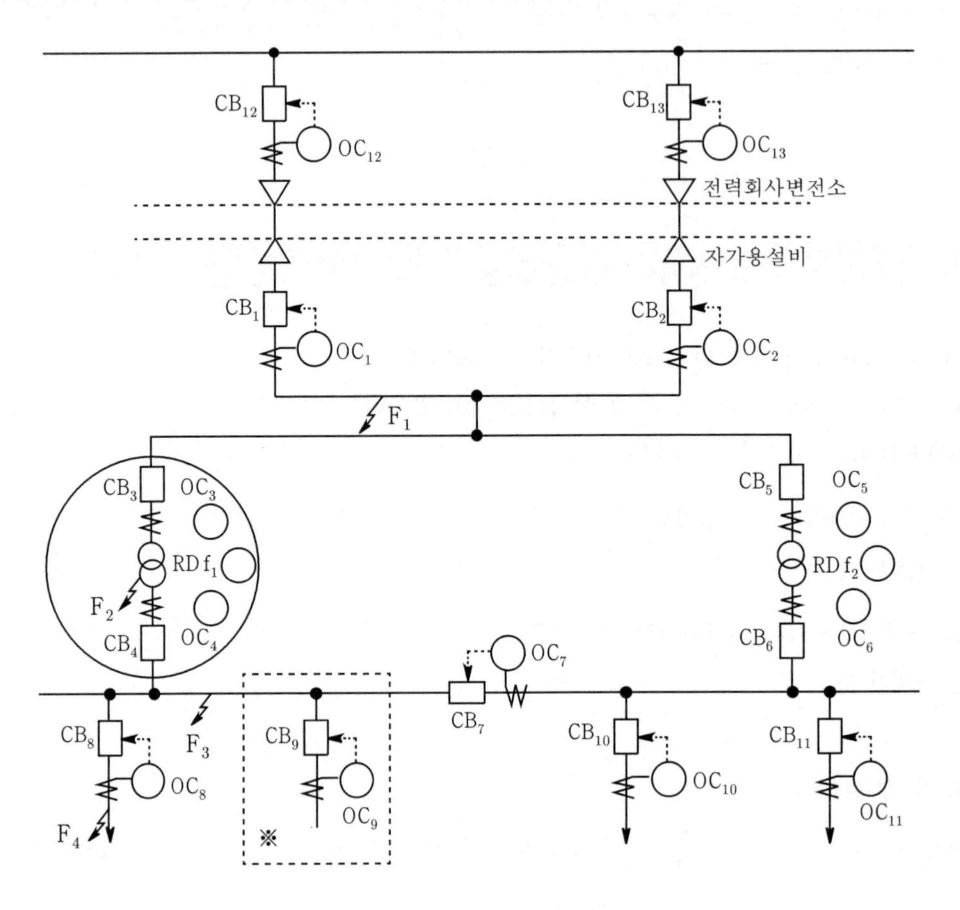

(1) 사고점이 F_1, F_2, F_3, F_4라고 할 때 주보호와 후비보호에 대한 다음 표의 ( )안을 채우시오.

사고점	주보호	후비보호
F_1	OC_1+CB_1 And OC_2+CB_2	(①)
F_2	(②)	OC_1+CB_1 And OC_2+CB_2
F_3	OC_4+CB_4 And OC_7+CB_7	OC_3+CB_3 And OC_6+CB_6
F_4	OC_8+CB_8	OC_4+CB_4 And OC_7+CB_7

(2) 그림은 도면의 ※표 부분을 좀 더 상세하게 나타낸 도면이다. 각 부분 ①~④에 대한 명칭을 쓰고 보호 기능 구성상 ⑤~⑦의 부분을 검출부, 판정부, 동작부로 나누어 표현하시오.

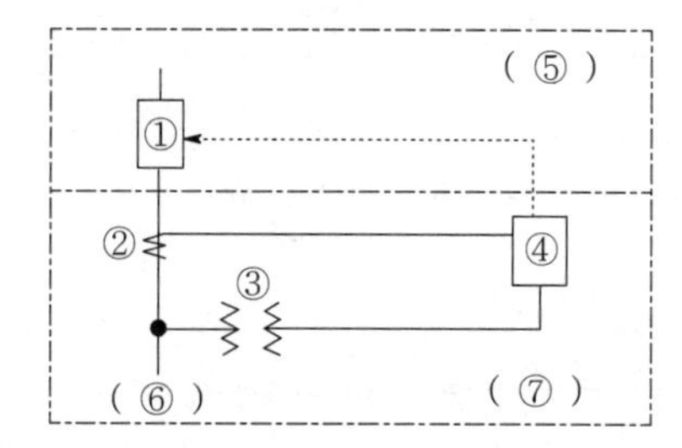

(3) 답란의 그림 F_2 사고와 관련된 검출부, 판정부, 동작부의 도면을 완성하시오. 단, 질문 (2)의 도면을 참고하시오.

(4) 자가용 전기 설비에 발전 시설이 구비되어 있을 경우 자가용 수용가에 설치되어야 할 계전기는 어떤 계전기인가?

|계|산|및|정|답|

(1) ① $OC_{12}+CB_{12}$ And $OC_{13}+CB_{13}$ ② $RDf_1+OC_4+CB_4$ And OC_3+CB_3

(2) ① (교류) 차단기 ② 변류기 ③ 계기용 변압기 ④ 과전류 계전기
⑤ 동작부 ⑥ 검출부 ⑦ 판정부

(3)

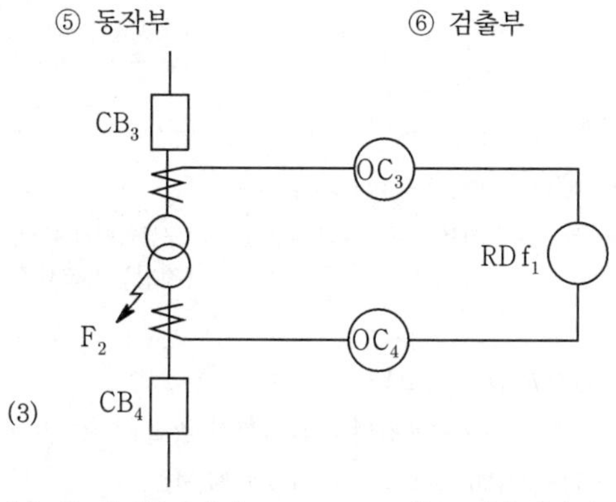

(4) ① 과전류계전기 ② 주파수계전기 ③ 부족전압계전기
④ 과전압계전기 ⑤ 비율차동계전기

12

출제 : 14, 19년 • 배점 : 6점

그림과 같은 3상3선식 배전선로가 있다. 다음 각 물음에 답하시오. (단, 전선 1가닥당의 저항은 0.5[Ω/km]라고 한다.)

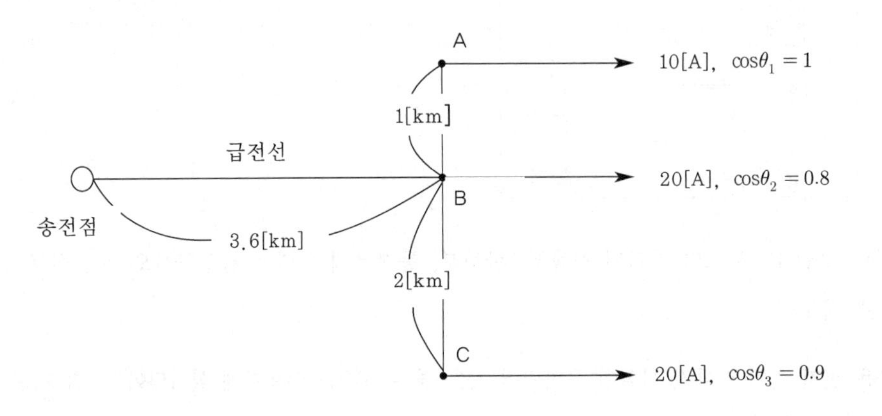

(1) 급전선에 흐르는 전류는 몇 [A]인가?

•계산 : •답 :

(2) 전체 선로 손실[W]을 구하시오.

•계산 : •답 :

|계|산|및|정|답|

(1) 【계산】 $I = 10 + 20(0.8 - j0.6) + 20(0.9 - j\sqrt{1-0.9^2}) = 44 - j20.72 = \sqrt{44^2 + 20.72^2} = 48.634[A]$

→(각 부하의 역률은 유효분과 무효분으로 구분지어서 계산)

【정답】 48.63$[A]$

(2) 【계산】 손실 전력량 : $P_l = 3I^2R[\mathrm{W}]$ →(3상 손실)

전체전력손실 $P_l = 3I^2R(\text{급전선 손실}) + 3I^2R_A(A\text{점 손실}) + 3I^2R_C(C\text{점 손실})$

→(전체전력손실=급전선 손실+A~C 손실

$= 3 \times 48.63^2 \times (0.5 \times 3.6) + 3 \times 10^2 \times (0.5 \times 1) + 3 \times 20^2 \times (0.5 \times 2) = 14120.34[W]$

【정답】 14120.34[W]

|추|가|해|설|

[전력손실]

•전력손실=전선 가닥수×전류의 자승×전선 1가닥의 저항

•단상 2선식에서의 전체 전력 손실 $P_l = 2I^2R[W] = 2\left(\dfrac{P}{V\cos\theta}\right)^2 R = \dfrac{2P^2R}{V^2\cos^2\theta}$ → $(I = \dfrac{P}{V\cos\theta})$

•3상에서의 전체 전력 손실 $P_l = 3I^2R[W] = 3\left(\dfrac{P}{\sqrt{3}\,V\cos\theta}\right)^2 R = \dfrac{P^2R}{V^2\cos^2\theta}$ → $(I = \dfrac{P}{\sqrt{3}\,V\cos\theta})$

13

출제 : 11, 19년 • 배점 : 4점

주어진 논리회로를 이용하여 다음 각 물음에 답하시오.

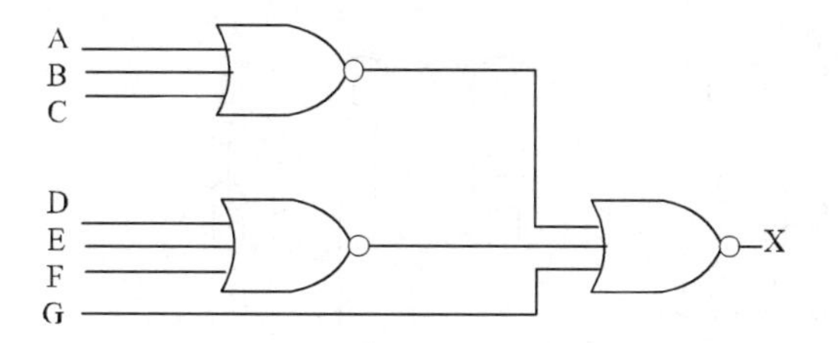

(1) 주어진 논리회로를 논리식으로 표현하시오.

(2) AND, OR, NOT 만의 소자로 논리회로를 그리시오.

|계|산|및|정|답|

(1) 【논리식】 $X = (A+B+C) \cdot (D+E+F) \cdot \overline{G}$

(2) 【논리회로】

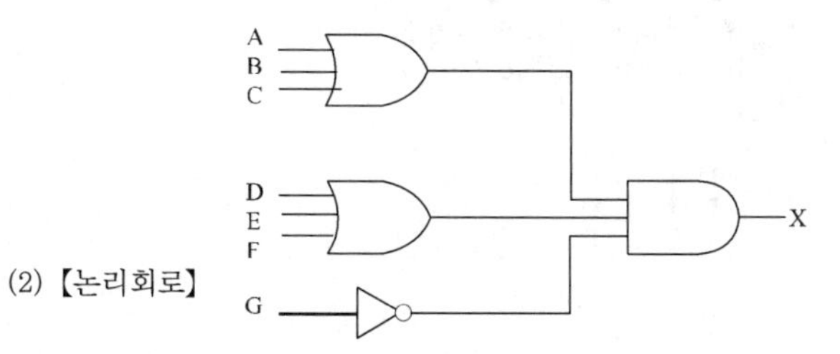

|추|가|해|설|

(1) 【논리식】 $X = \overline{\overline{(A+B+C)} + \overline{(D+E+F)} + G}$

→(전체 보수(오버바)를 분할시켰기 때문에 논리식 내부 부호가 바뀐다. OR(+) → AND(-)

$= \overline{\overline{(A+B+C)}} \cdot \overline{\overline{(D+E+F)}} \cdot \overline{G}$

→(전체 보수(오버바)가 이중으로 생겼던 것을 삭제시켜 해당 논리식을 전개시킨다.

$= (A+B+C) \cdot (D+E+F) \cdot \overline{G}$

(2) 【논리회로】

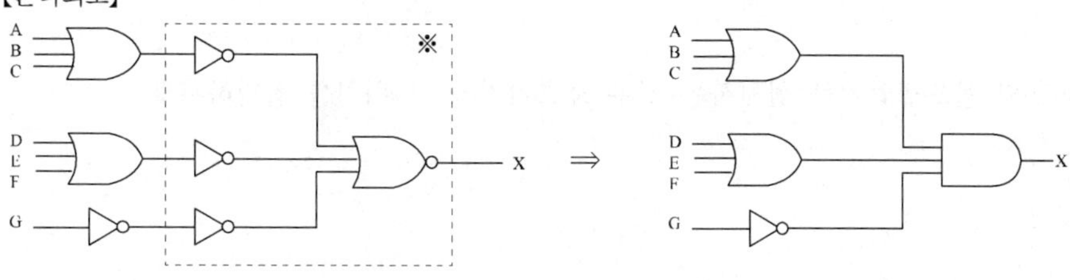

※

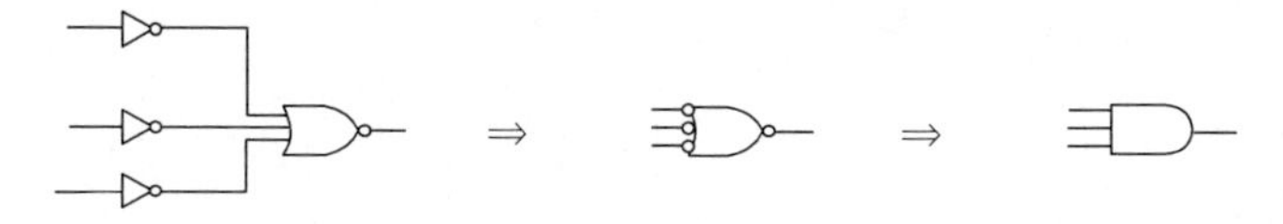

14

출제 : 19년 • 배점 : 12점

답안지의 그림과 같은 수전설비 계통도의 미완성 도면을 보고 다음 각 물음에 답하시오.

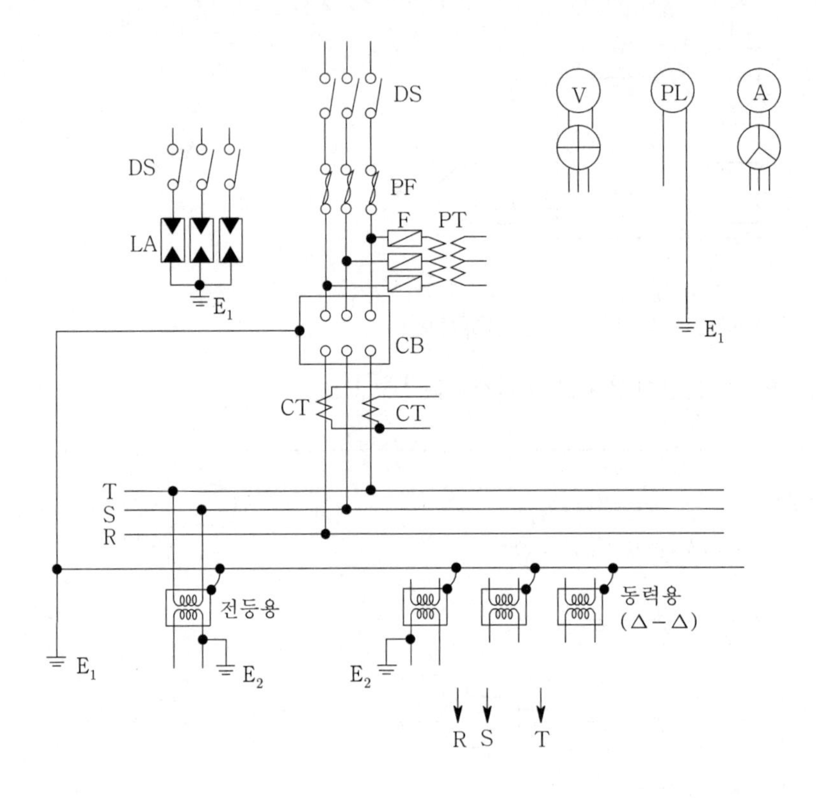

(1) 계통도를 완성하시오.

(2) 통전 중에 있는 변류기 2차측 기기를 교체하고자 할 때 가장 먼저 취하여야 할 조치는 무엇이며 그 이유에 대해 서술하시오.

(3) 인입개폐기 DS 대신에 쓸 수 있는 개폐기 명칭과 그 약호를 쓰시오.

- 명칭 :
- 약호 :

(4) 차단기 VCB와 몰드변압기를 설치하는 경우 보호기기와 그 위치를 설명하시오.

- 보호기기 :
- 설치위치 :

|계|산|및|정|답|

(1) 【정답】

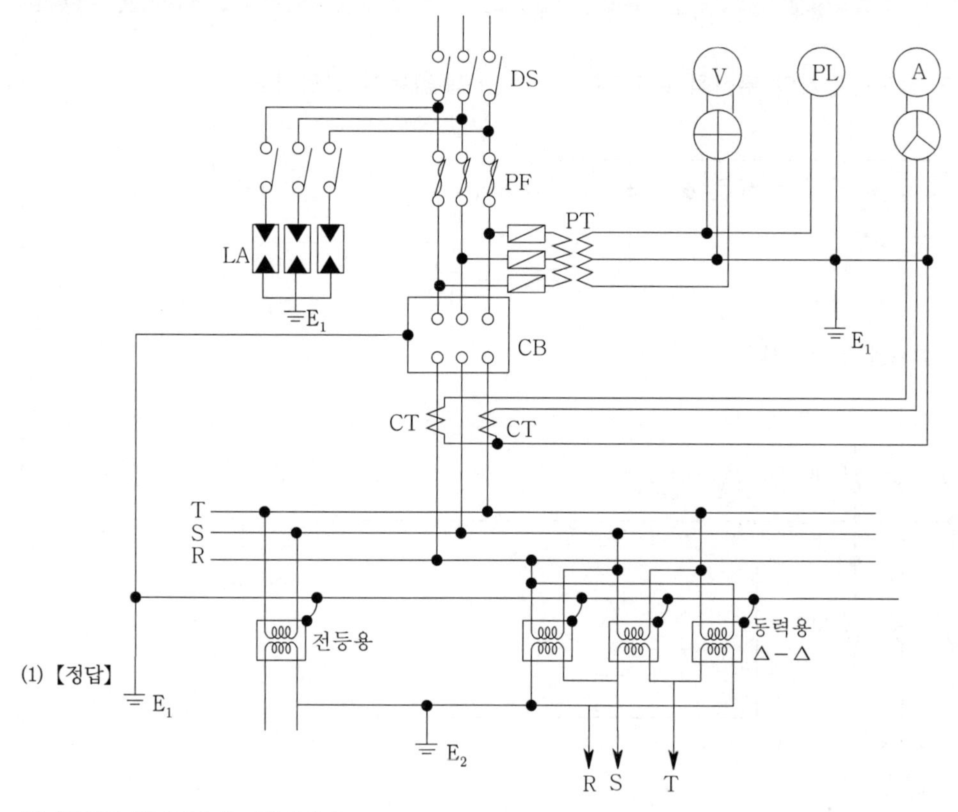

(2) 【조치사항】 2차측을 단락시킨다.

【이유】 만약, 변류기 2차측을 개방하면 1차 전류가 여자전류가 되어 2차측에 과전압 유기 및 절연이 파괴되어 소손 될 우려가 있기 때문이다.

(3) 【명칭】 부하개폐기 (또는 자동고장구분개폐기)

【약호】 LBS (또는 ASS)

(4) 【보호기기】 서지흡수기

【위치】 진공차단기 후단(2차측)과 부하측 사이에 설치한다.

|추|가|해|설|

[서지흡수기]

① 피뢰기와 같은 구조로 되어 있으나 적용 전압 범위만을 조정하여 적용시키는 일종의 옥내 피뢰기로서 선로에서 발생할 수 있는 개폐기 서지, 순간 과도전압 등의 이상전압이 2차 기기에 악영향을 주는 것을 막기 위해 설치한다.

② 서지흡수기는 그림과 같이 보호하고자 하는 기기(발전기, 전동기, 콘덴서, 반도체 장비 계통) 전단에 설치하여 대부분의 개폐서지를 발생하는 차단기 후단에 설치, 운용한다.

③ Surge Absorbor는 그림과 같이 부하기기 운전용의 VCB와 피보호 기기와의 사이에 각 상의전로－대지간에 설치한다.

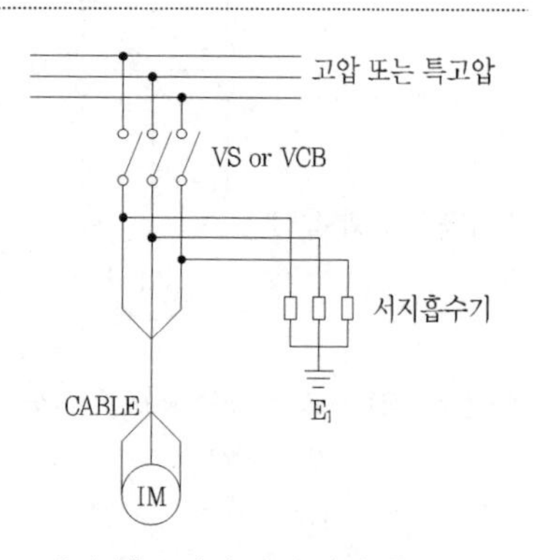

[서지흡수기의 설치 위치도]

15

출제 : 19년 • 배점 : 4점

그림은 3상 유도전동기의 무접점 회로도이다. 다음 각 물음에 답하시오.

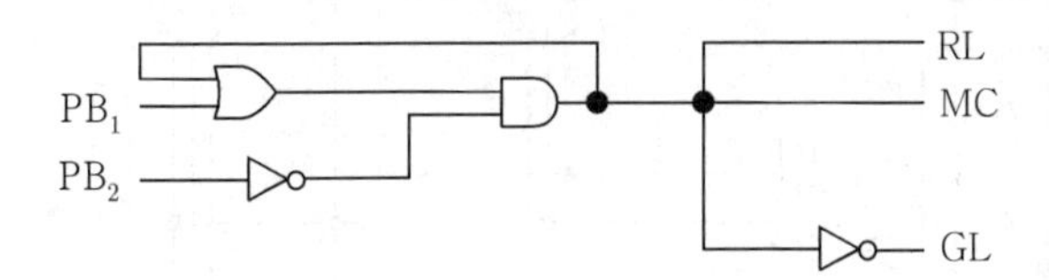

(1) 유접점 회로를 완성하시오.

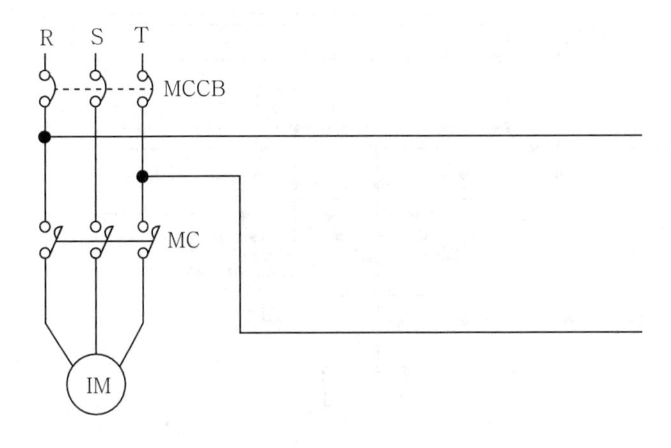

(2) MC, RL, GL의 논리식을 각각 쓰시오.

|계|산|및|정|답|

(1) 【유접점 회로도】

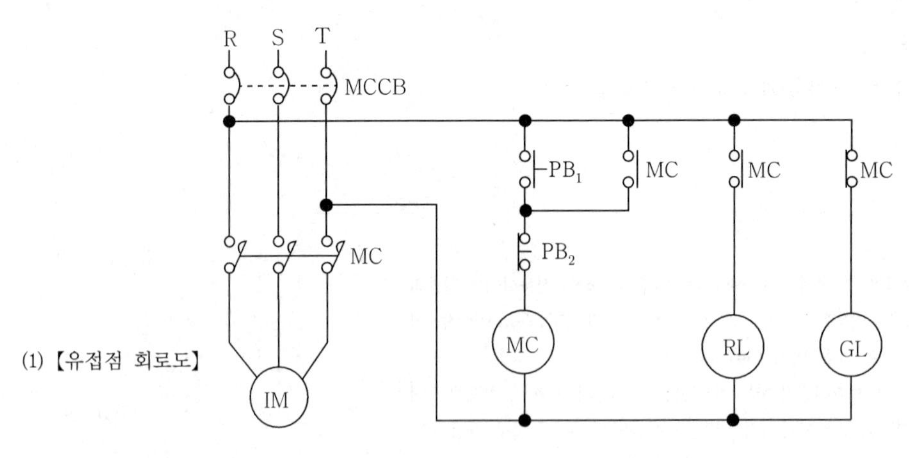

(2) 【논리식】 · $MC = (PB_1 + MC) \cdot \overline{PB_2}$

· $RL = MC$

· $GL = \overline{MC}$

02 2019년 2회 전기기사 실기

01

출제 : 19년 • 배점 : 5점

지락사고 시 계전기가 동작하기 위하여 영상전류를 검출하는 방법 3가지를 쓰시오.

|계|산|및|정|답|

【정답】① 영상변류기 방식(ZCT 방식)
② CT Y결선 잔류회로 방식(Y결선 전류회로 방식)
③ 3권선 CT방식

|추|가|해|설|

① 영상변류기 방식(ZCT 방식) : ZCT를 이용하여 영상전류를 검출하는 방식

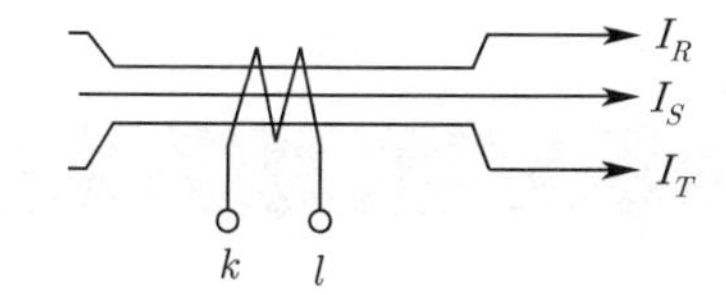

② CT Y결선 잔류회로 방식(Y결선 전류회로 방식) :

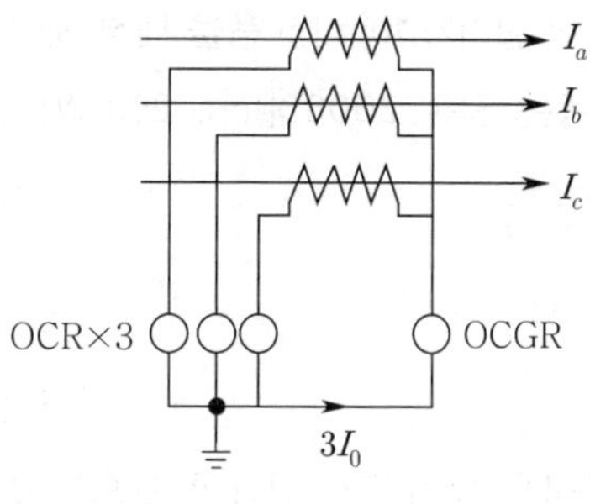

③ 3권선 CT방식 :

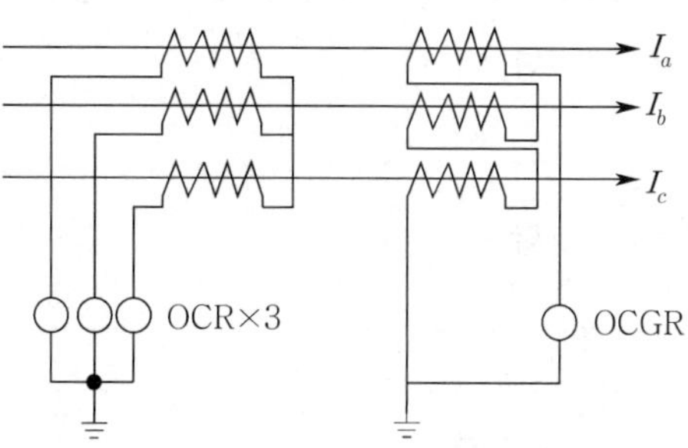

[2차회로(정상분, 역상분) 3차회로(영상분)

02

출제 : 19년 • 배점 : 4점

고압 전로에 변압비가 $\frac{3300}{\sqrt{3}} / \frac{110}{\sqrt{3}}$ 인 GPT의 오픈델타(△) 결선에서 1상이 완전지락인 경우 2차측 영상전압계에 나타나는 전압은 몇 [V]인가?

•계산 : •답 :

|계|산|및|정|답|

【계산】 1선 지락시 GPT 2차측에 나타나는 전압은 정상 상태에서 GPT 2차측에 나타나는 전압의 3배이다.

즉, $V_2 = \frac{110}{\sqrt{3}} \times 3\text{배} = 110 \times \sqrt{3} = 190.525[\text{V}]$

【정답】 190.53[V]

|추|가|해|설|

[영상전압] 어느 한 상에서 완전 지락사고가 발생하면, 오픈델타 결선에는 $V_0 + V_0 + V_0 = 3V_0$, 즉 3배의 영상전압이 나타난다.

03

출제 : 19년 • 배점 : 6점

차도폭 20[m], 등주의 길이가 10[m]인 등을 대칭 배열로 설계하고자 한다. 조도 22.5[lx], 감광보상률 1.5, 조명률 0.5, 등은 광속 20000[lm], 250[W]의 메탈할라이드등을 사용한다.
다음 물음에 답하시오.

(1) 등주 간격을 구하시오.

•계산 : •답 :

(2) 운전자의 눈부심을 방지하기 위하여 컷오프(Cutoff) 조명일 때 최소 등간격을 구하시오.

•계산 : •답 :

(3) 보수율을 구하시오.

•계산 : •답 :

|계|산|및|정|답|

(1) 【계산】 $FUN = DEA$에서 단면적 $A = \frac{FUN}{DE}$ → $\frac{a \times b}{2} = \frac{FUN}{DE}$ →($A = \frac{a \times b}{2}$ (a: 등주간격, b : 길이))

(b(차도폭) : 20[m], F(광원) : 20000[lm], E(조도) : 22.5[lx], D(감광부상률) : 1.5
U(조명률) : 0.5, N(등수) : 1)

그러므로 등주간격 $a=\frac{2\times FUN}{DEb}=\frac{2\times 20000\times 0.5\times 1}{1.5\times 22.5\times 20}=29.629[m]$ 【정답】 26.63[m]

(2) 【계산】 컷오프(마주보기 배열)방식의 등간격 $S=3.0H$이므로

$S=3.0\times 10=30[m]$

【정답】 30[m]

(3) 【계산】 보수율 $M=\frac{1}{D}=\frac{1}{1.5}=0.666$ → (D : 감광보상률)

【정답】 0.67

|추|가|해|설|

[조명설계]

(1) $FUN=EAD \quad \rightarrow \quad A=\frac{FUN}{ED}$

여기서, E : 평균 조도[lx], F : 램프 1개당 광속[lm], N : 램프 수량[개], U : 조명률, D : 감광보상률(=$\frac{1}{M}$)

M : 보수율, A : 방의 면적

(2) 컷오프(cut off) 형

주행하는 차량의 운전자에 대하여 눈부심을 주지 않도록 눈부심을 제한한 배광 형식

등기구별 차도폭(W)에 따른 높이(H) 및 간격(S) 기준

배열구분	컷오프형		세미컷오프형		논컷오프형	
	H	S	H	S	H	S
한쪽	1.0W 이상	3H 이하	1.2W 이상	3.5H 이하	1.4W 이상	4H 이하
지그재그	0.70W 이상	3H 이하	0.8W 이상	3.5H 이하	0.9W 이상	4H 이하
마주보기	0.5W 이상	3H 이하	0.6W 이상	3.5H 이하	0.7W 이상	4H 이하
중앙	0.5W 이상	3H 이하	0.6W 이상	3.5H 이하	0.7W 이상	4H 이하

(3) 보수율 : 보수율은 조명설계에 있어서 신설했을 때의 조도(초기 조도), 램프교체와 조명기구 청소직전의 조도(대상물의 최저 조도) 사이의 비를 말한다.

보수율 $M=\frac{1}{D}=M_t\times M_f\times M_d$

여기서, M : 보수율

M_t : 램프 사용시간에 따른 효율 감소

M_f : 조명기구 사용시간에 따른 효율 감소

M_d : 램프 및 조명기구 오염에 따른 효율 감소

D : 감광보상률

04 출제 : 19년 • 배점 : 5점

3상4선식 교류 380[V], 50[kVA] 부하가 변전실 배전반에서 270[m] 떨어져 설치되어 있다. 허용전압강하는 얼마이며 이 경우 배전용 케이블의 최소 굵기는 얼마로 하여야 하는지 계산하시오. 단, 전기사용장소 내 시설한 변압기이며, 케이블은 IEC 규격에 의한다.

[IEC 전산 규격]

전선의 공칭단면적 $[mm^2]$					
10	16	25	35	50	70

(1) 허용전압강하를 계산하시오.

•계산 : •답 :

(1) 케이블의 굵기를 산정하시오.

•계산 : •답 :

|계|산|및|정|답|

(1) 【계산】 공급 변압기의 2차측 단자 또는 인입선 접속점에서 최원단 부하에 이르는 사이의 길이가 200[m] 초과 시에 전기사용장소 내 시설한 변압기의 경우 허용전압강하는 7[%] 이하 이므로 허용전압강하 e는

$e = 380 \times 0.07 = 26.6[V]$ → (허용전압강하는 선간전압을 기준)

【정답】 26.6[V]

(2) 【계산】 3상4선식일 경우의 전선의 단면적 $A = \frac{17.8LI}{1000e}$, 전류 $I = \frac{P}{\sqrt{3}V}$ 이므로

$$I = \frac{P}{\sqrt{3}V} = \frac{50 \times 10^3}{\sqrt{3} \times 380} = 75.79[A]$$

$$\therefore A = \frac{17.8LI}{1000e} = \frac{17.8 \times 270 \times 75.97}{1000 \times 220 \times 0.07} = 23.71[\text{mm}^2]$$ → (3상4선식일 경우의 허용전압은 상전압($\frac{V}{\sqrt{3}}$)을 기준)

IEC 규격에 의해 25[mm²] 선정

【정답】 25[mm²]

|추|가|해|설|

[전압강하 및 전선의 단면적]

전기 방식	전압강하		전선 단면적
단상3선식, 직류3선식, 3상4선식	$e_1 = IR$	$e_1 = \frac{17.8LI}{1000A}$	$A = \frac{17.8LI}{1000e_1}$
단상 2선식 및 직류 2선식	$e_2 = 2IR$	$e_2 = \frac{35.6LI}{1000A}$ → $(2 \times 17.8 = 35.6)$	$A = \frac{35.6LI}{1000e_2}$
3상 3선식	$e_3 = \sqrt{3}IR$	$e_3 = \frac{30.8LI}{1000A}$ → $(\sqrt{3} \times 17.8 = 30.8)$	$A = \frac{30.8LI}{1000e_3}$

여기서, A : 전선의 단면적[mm²] e_1 : 외측선 또는 각 상의 1선과 중성선 사이의 전압강하[V]

e_2, e_3 : 각 선간의 전압강하[V] L : 전선 1본의 길이[m] C : 전선의 도전율(경동선 97[%])

05

출제 : 19년 • 배점 : 5점

다음은 전압등급 3[kV]인 SA의 시설 적용을 나타낸 표이다. 아래 기기 중 설치해야할 곳에는 "적용(○)"이라고 쓰고 설치하지 않아도 되는 곳에는 "불필요(×)"를 구분하여 쓰시오.

2차보호기기 / 차단기 종류	전동기	변압기			콘덴서
		유입식	몰드식	건 식	
VCB	①	②	③	④	⑤

|계|산|및|정|답|

① 적용 ② 불필요 ③ 적용 ④ 적용 ⑤ 불필요

|추|가|해|설|

[서지흡수기의 적용 예]

차단기 종류		VCB				
전압등급 / 2차 보호기기		3[kV]	6[kV]	10[kV]	20[kV]	30[kV]
전동기		적용	적용	적용	-	-
변압기	유압식	불필요	불필요	불필요	불필요	불필요
	몰드식	적용	적용	적용	적용	적용
	건식	적용	적용	적용	적용	적용
콘덴서		불필요	불필요	불필요	불필요	불필요
변압기와 유도기기와의 혼용 사용시		적용	적용	-	-	-

【주】 표에서와 같이 VCB를 사용시 반드시 서지흡수기를 설치하여야 하나 VCB와 유입변압기를 사용시는 설치하지 않아도 된다.

06

출제 : 19년 • 배점 : 5점

CT의 비오차에 대한 다음 물음에 답하시오.

(1) 비오차가 무엇인지 설명하시오.

(2) 비오차를 구하는 공식을 쓰시오. (비오차[%] : ϵ, 공칭변류비 : K_n, 측정 변류비 : K)

|계|산|및|정|답|

(1) 공칭 변압비와 측정 변압비 사이에서 얻어진 백분율 오차

(2) 비오차$(\epsilon)=\dfrac{\text{공칭변류비}(K_n)-\text{측정변류비}(K)}{\text{측정변류비}(K)}\times 100[\%]$

|추|가|해|설|

[비오차]

실제의 1차 전압과 2차 전압 또는 2차 전압의 비가 공칭 변성비(명판)에 대한 오차를 나타낸다.

① 변압비 : 1차 전압에 대한 2차전압 크기의 비이다.

② 비오차 : 공칭 변압비와 측정 변압비 사이에서 얻어진 백분율 오차이다.

$$\text{비오차}(\epsilon)=\frac{\text{공칭변류비}(K_n)-\text{측정변류비}(K)}{\text{측정변류비}(K)}\times 100[\%]$$

③ 비보정계수(T.C.F : Transformer Correction Factor) : 비오차 표시 방법 중 한가지로 위상 각 오차까지를 포함한 계수로서 다음과 같이 구한다.

$$\text{T.C.F}=\frac{\text{측정전압비}}{\text{공칭변압비}}$$

07

출제 : 17, 19년 • 배점 : 5점

전력시설물 공사감리업무 수행지침에 의해 감리원은 설계도서 등에 대하여 공사계약문서 상호 간의 모순되는 사항, 현장 실정과의 부합여부 등 현장 시공을 주안으로 하여 해당 공사 시작 전에 검토하여야 한다. 검토하여야 할 사항 3가지를 쓰시오.

|계|산|및|정|답|

【정답】 1. 현장조건에 부합 여부
2. 시공의 실제가능 여부
3. 다른 사업 또는 다른 공정과의 상호부합 여부
4. 설계도면, 설계설명서, 기술계산서, 산출내역서 등의 내용에 대한 상호일치 여부
5. 설계도서의 누락, 오류 등 불명확한 부분의 존재여부
6. 발주자가 제공한 물량 내역서와 공사업자가 제출한 산출내역서의 수량일치 여부
7. 시공 상의 예상 문제점 및 대책 등

08

출제 : 15, 18, 19년 • 배점 : 6점

지중선을 가공선과 비교하여 이에 대한 장점과 단점을 각각 4가지씩 쓰시오.

(1) 지중선의 장점

(2) 지중선의 단점

|계|산|및|정|답|

(1) 【장점】 ① 지하 설비로 보안상 유리하다.
② 안전성 확보가 용이하다.
③ 풍수해, 뇌해 등 기상 조건에 영향이 적다.
④ 유도장해 경감

(2) 【단점】 ① 유지보수가 어렵다.
② 건설비용이 고가이다.
③ 고장점 탐색과 복구가 어렵다.
④ 설비 구성상 신규수용에 대한 탄력성 결여

|추|가|해|설|

[가공선과 지중선의 비교]

지중선로는 가공선로에 비해 도시의 미관을 해치지 않고 교통상의 지장이 없을뿐더러 자연재해나 지락사고 등의 발생 염려가 적어 공급신로도가 우수하나 건설비가 고가이며 고장점을 찾기 어렵다는 문제도 있다.

구분	지중 전선로	가공 전선로
계통 구성	·환상(loop, open loop)방식 ·망상(network)방식 ·예비선 절체 방식	·수지상 방식 ·연계(tie-line)방식 ·예비선 절체방식
공급 능력	동일 루트에 다회선이 가능하여 도심지역에 적합	동일 루트에 4회선 이상 곤란하여 전력 공급에 한계
건설비	건설비용 고가	지중 설비에 비해 저렴
건설 기간	장기간 소요	단기간 소요
외부 영향	외부기상 여건 등의 영향이 거의 없음	전력선 접촉이나 기상 조건에 따라 정전 빈도가 높음
고장 형태	외상 사고, 접속 개소 시공 불량에 의한 영구 사고 발생	수목 접촉 등 순간 및 영구 사고 발생
고장 복구	고장점 발견이 어렵고 복구가 어렵다.	고장점 발견과 복구가 용이
유지 보수	설비의 단순 고도화로 보수 업무가 비교적 적음	설비의 지상 노출로 보수 업무가 많은 편임
유도 장해	차폐 케이블 사용으로 유도 장해 경감	유도 장해 발생
송전 용량	발생열의 구조적 냉각 장해로 가공전선에 비해 낮음	발생열의 냉각이 수월해 송전 용량이 높은 편임
안전도	충전부의 절연으로 안전성 확보	충전부의 노출로 적정 이격 거리 확보 필요
설비 보안	지하 시설로 설비 보안 유지 용 이	지상 노출로 설비 보안 유지 곤란
환경미화	쾌적한 도심 환경 조성	도심 환경 저해 요인
신규 수용	설비 구성상 신규 수용에 대한 탄력성 결여	신규 수요에 신속 대처 가능
이미지	·전력 설비의 현대화 ·설비 안전성 이미지 제고	·전통적 전력 설비 ·위험 설비

09

출제 : 19년 • 배점 : 6점

전압 22900[V], 주파수 60[Hz], 선로길이 7[km] 1회선의 3상 지중 송전선로가 있다. 이 지중 전선로의 3상 무부하 충전전류[A] 및 충전용량[kVA]를 구하시오. (단, 케이블의 1선당 작용정전용량은 $0.4[\mu F/km]$라고 한다)

(1) 충전전류

•계산 : •답 :

(2) 충전용량

•계산 : •답 :

|계|산|및|정|답|

(1) 【계산】 전선의 충전전류 $I_c = 2\pi f C_w l \dfrac{V}{\sqrt{3}} = 2\times\pi\times 60\times 0.4\times 10^{-6}\times 7\times\dfrac{22900}{\sqrt{3}} = 13.956[A]$

→ (선로의 충전전류 계산시 전압은 변압기 결선과 관계없이 상전압($\dfrac{V}{\sqrt{3}}$)을 적용하여야 한다.)

【정답】 13.96[A]

(2) 【계산】 전선의 충전용량 $Q_c = 2\pi f Cl\, V^2\times 10^{-3}[\text{kVA}]$

$= 2\pi\times 60\times 0.4\times 10^{-6}\times 7\times 22900^2\times 10^{-3}$

=553.554[kVA]

【정답】 553.55[kVA]

|추|가|해|설|

[전선의 충전전류 및 충전용량]

(1) 전선의 충전전류 $I_c = \omega C l E = 2\pi f C_w l\times\dfrac{V}{\sqrt{3}}[\text{A}]$

선로의 충전전류 계산시 전압은 변압기 결선과 관계없이 상전압($\dfrac{V}{\sqrt{3}}$)을 적용하여야 한다.

(2) 전선로의 충전용량 $Q_c = \sqrt{3}\, VI_c = \sqrt{3}\, V\times 2\pi f Cl\dfrac{V}{\sqrt{3}}\times 10^{-3} = 2\pi f Cl\, V^2\times 10^{-3}[\text{kVA}]\,[\text{kVA}]$

여기서, C : 전선 1선당 정전용량[F], V : 선간전압[V], E : 대지전압[V], l : 선로의 길이[m]
f : 주파수[Hz], I_c : 전선의 충전전류

10

출제 : 19년 • 배점 : 6점

다음은 분전반 설치에 관한 내용이다. (　) 안에 들어갈 내용을 완성하시오.

(1) 분전반은 각 층마다 설치한다.

(2) 분전반은 분기회로의 길이가 (①)[m] 이하가 되도록 설계하며, 사무실 용도인 경우 하나의 분전반에 담당하는 면적은 일반적으로 1000[m^2] 내외로 한다.

(3) 1개 분전반 또는 개폐기함 내에 설치할 수 있는 과전류 장치는 예비회로(10~20[%])를 포함하여 42개 이하(주 개폐기 제외)로 하고 이 회로수를 넘는 경우는 2개 분전반으로 분리하거나 (②)으로 한다. 다만, 2극, 3극 배선용 차단기는 과전류 장치 소자 수량의 합계로 계산한다.

(4) 분전반의 설치높이는 긴급 시 도구를 사용하거나 바닥에 앉지 않고 조작할 수 있어야 하며, 일반적으로 분전반 상단을 기준하여 바닥 위 (③)[m]로 하고, 크기가 작은 경우는 분전반의 중간을 기준하여 바닥 위 (④)[m]로 하거나 하단을 기준하여 바닥 위 (⑤)[m] 정도로 한다.

(5) 분전반과 분전반은 도어의 열림 반경 이상으로 이격하여 안전성을 확보하고, 2개 이상의 전원이 하나의 분전반에 수용되는 경우에는 각각의 전원 사이에는 해당하는 분전반과 동일한 재질로 (⑥)을 설치해야 한다.

|계|산|및|정|답|

(1) 【정답】 ① 30　② 자립형　③ 1.8　④ 1.4　⑤ 1.0　⑥ 격벽

|추|가|해|설|

[분전반] (건축전기설비설계기준)

(1) 일반사항

① 분전반은 매입형, 반매입형, 노출벽부형과 전기 전용실에 설치 가능한 자립형이 있으며 건물의 크기, 용도에 따라 선정한다.

② 분전반은 점검과 유지 보수를 고려한 위치에 설치하여야 하며 매입형일 경우는 건축물의 구조적인 강도를 검토하고, 건축적으로 블록벽 또는 경량벽에 설치하는 경우 건축설계자와 협의 조정한다.

③ 분전반은 실내의 사용성을 고려하여 복도 또는 코어부분에 설치하고, 전기 배선용 샤프트(ES)가 설치된 경우 ES내에 수납한다.

(2) 분전반 설치

① 분전반은 각층마다 설치한다.

② 분전반은 분기회로의 길이가 30[m] 이하가 되도록 설계하며, 사무실용도인 경우 하나의 분전반에 담당하는 면적은 일반적으로 1,000[㎡] 내외로 한다.

③ 1개 분전반 또는 개폐기함 내에 설치할 수 있는 과전류장치는 예비회로(10~20[%])를 포함하여 42개 이하 (주 개폐기 제외)로 하고, 이 회로수를 넘는 경우는 2개 분전반으로 분리 하거나 자립형으로 한다. 다만, 2극, 3극 배선용 차단기는 과전류장치 소자 수량의 합계로 계산한다.

④ 분전반의 설치높이는 긴급 시 도구를 사용하거나 바닥에 앉지 않고 조작할 수 있어야 하며, 일반적으로는 분전반 상단을 기준하여 바닥 위 1.8[m] 로 하고, 크기가 작은 경우는 분전반의 중간을 기준하여 바닥 위 1.4[m] 로 하거나 하단을 기준하여 바닥 위 1.0[m] 정도로 한다.

⑤ 분전반과 분전반은 도어의 열림 반경 이상으로 이격하여 안전성을 확보하고, 2개 이상의 전원이 하나의 분전반에 수용되는 경우에는 각각의 전원 사이에는 해당하는 분전반과 동일한 재질로 격벽을 설치해야 한다.

11

출제 : 04, 09, 11, 19년 • 배점 : 8점

도면은 유도 전동기 IM의 정회전 및 역회전용 운전의 단선 결선도이다. 이 도면을 이용하여 다음 각 물음에 답하시오. (단, 52F는 정회전용 전자접촉기이고, 52R은 역회전용 전자 접촉기이다.)

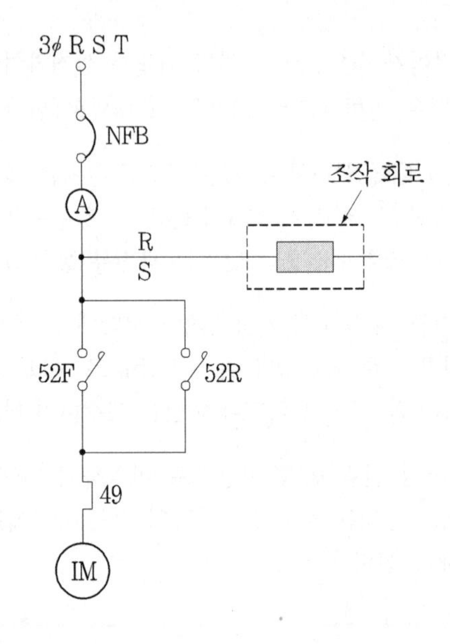

(1) 단선도를 이용하여 3선 결선도를 그리시오. (단, 점선내의 조작회로는 제외하도록 한다.)

(2) 주어진 단선 결선도를 이용하여 정·역회전을 할 수 있도록 조작회로를 그리시오. (단, 누름버튼스위치 OFF 버튼 2개, ON 버튼 2개 및 정회전 표시램프 RL, 역회전 표시램프 GL도 사용하도록 한다.)

R

52F RL 52R GL

S

|계|산|및|정|답|

(1)

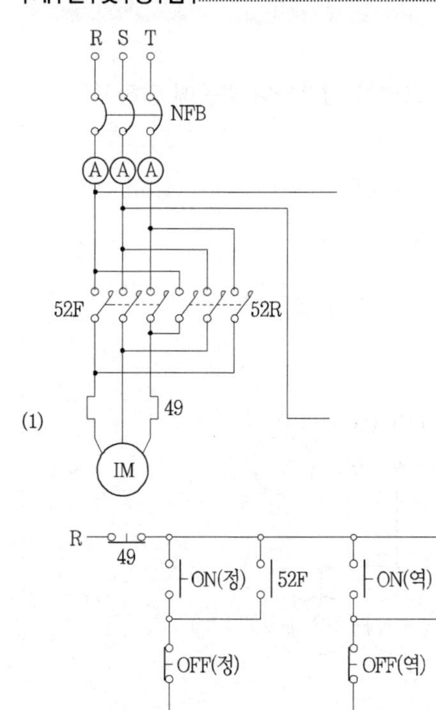

(2)

|추|가|해|설|

(1) 정·역 운전의 주회로 결선 시 아무 상이나 두 상을 바꿔 결선한다.

[예] ① R상 ↔ T상 바꾸고 S상 그대로

② R상 ↔ S상 바꾸고 T상 그대로

③ S상 ↔ T상 바꾸고 R상 그대로

12 출제 : 19년 • 배점 : 6점

주어진 도면은 어떤 수용가의 수전설비의 단선 결선도이다. 도면을 참고하여 물음에 답하시오.

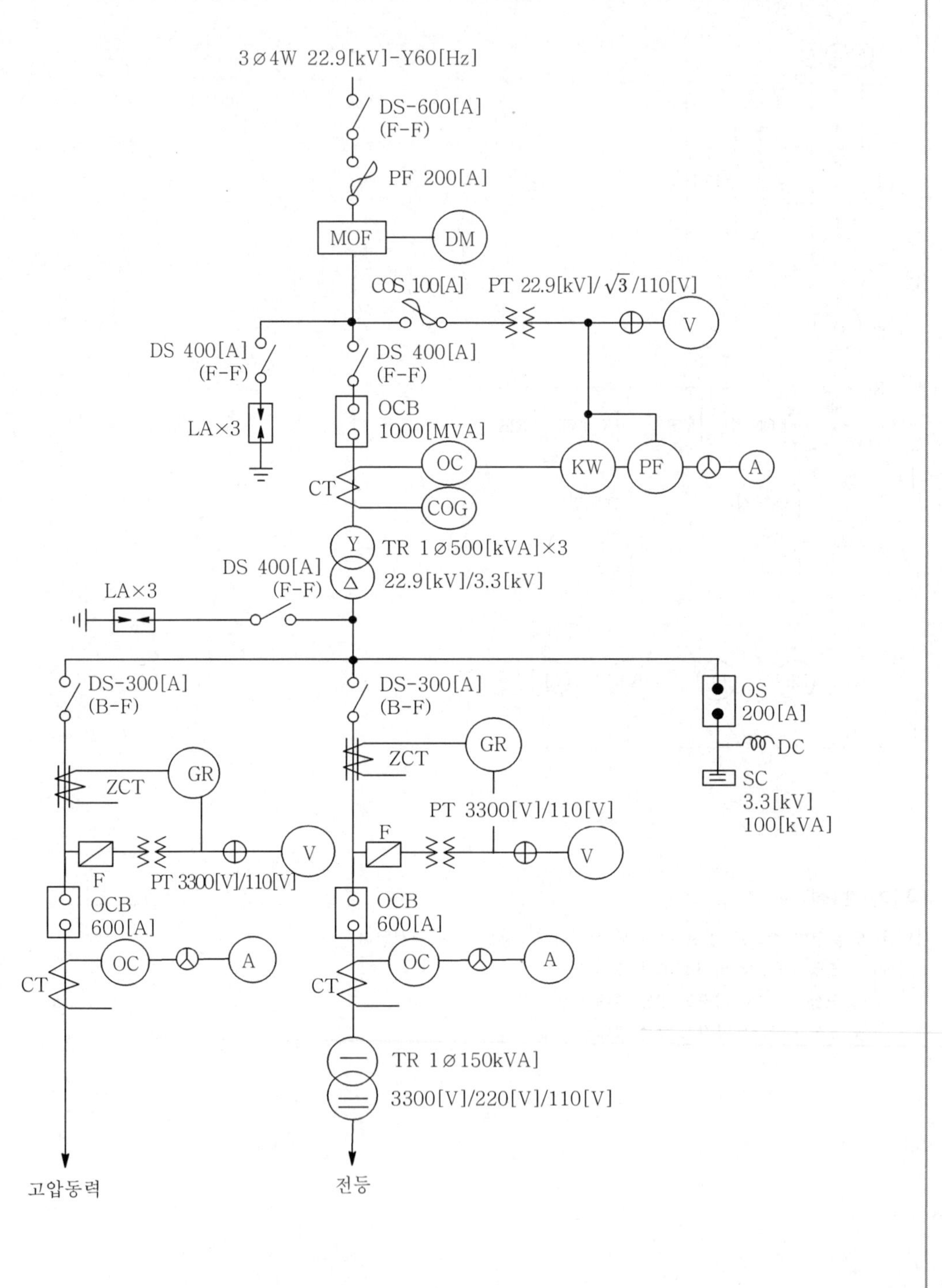

(1) 22.9[kV] 측에 DS의 정격전압은 몇 [kV]인가?
(단, 정격전압은 계산과정을 생략하고 답만 적으시오.)

(2) ZCT 기능을 쓰시오.

(3) GR의 기능을 쓰시오.

(4) MOF에 연결되어 있는 DM은 무엇인가?

(5) 1대의 전압계로 3상 전압을 측정하기 위한 기기의 약호를 쓰시오.

(6) 1대의 전류계로 3상 전류를 측정하기 위한 기기의 약호로 쓰시오.

(7) 22.9측 LA의 정격전압은 몇 [kV]인가?

(8) PF의 기능을 쓰시오.

(9) MOF의 기능을 쓰시오.

(10) 차단기(CB)의 기능을 쓰시오.

(11) SC의 기능을 쓰시오.

(12) OS의 명칭을 쓰시오.

(13) 3.3[kV] 측에 차단기에 적힌 전류값 600[A]는 무엇을 의미하는가?

|계|산|및|정|답|

(1) 25.8[kV]
(2) 지락사고시 영상전류를 검출
(3) 지락사고 시 트립코일을 여자
(4) 최대수요전력(량)계
(5) VS
(6) AS
(7) 정격전압 : 18[kV]
(8) 단락전류 차단하여 전로나 기기를 보호한다.
(9) PT와 CT를 함께 내장하여 전력량계에 전원 공급
(10) 고장전류 차단 및 부하전류의 개폐
(11) 진상전류를 공급하여 부하의 역률 개선
(12) 유입개폐기
(13) 차단기 정격전류

|추|가|해|설|

[단로기, 차단기의 공칭전압별 정격전압]

공칭전압	765[kV]	345[kV]	154[kV]	66[kV]	22.9[kV]	22[kV]	6.6[kV]	3.3[kV]
정격전압	800[kV]	362[kV]	170[kV]	72.5[kV]	25.8[kV]	24[kV]	7.2[kV]	3.6[kV]

→ $\left(\text{정격전압} = \text{공칭전압} \times \dfrac{1.2(\text{기기가 정상동작 하기 위한 여유율 } 120[\%])}{1.1(\text{수전단측 전압의 강하율 } 110[\%]}\right)$

13

출제 : 15, 19년 • 배점 : 13점

도면과 같은 345[kV] 변전소의 단선도와 변전소에 사용되는 주요 제원을 이용하여 다음 각 물음에 답하시오.

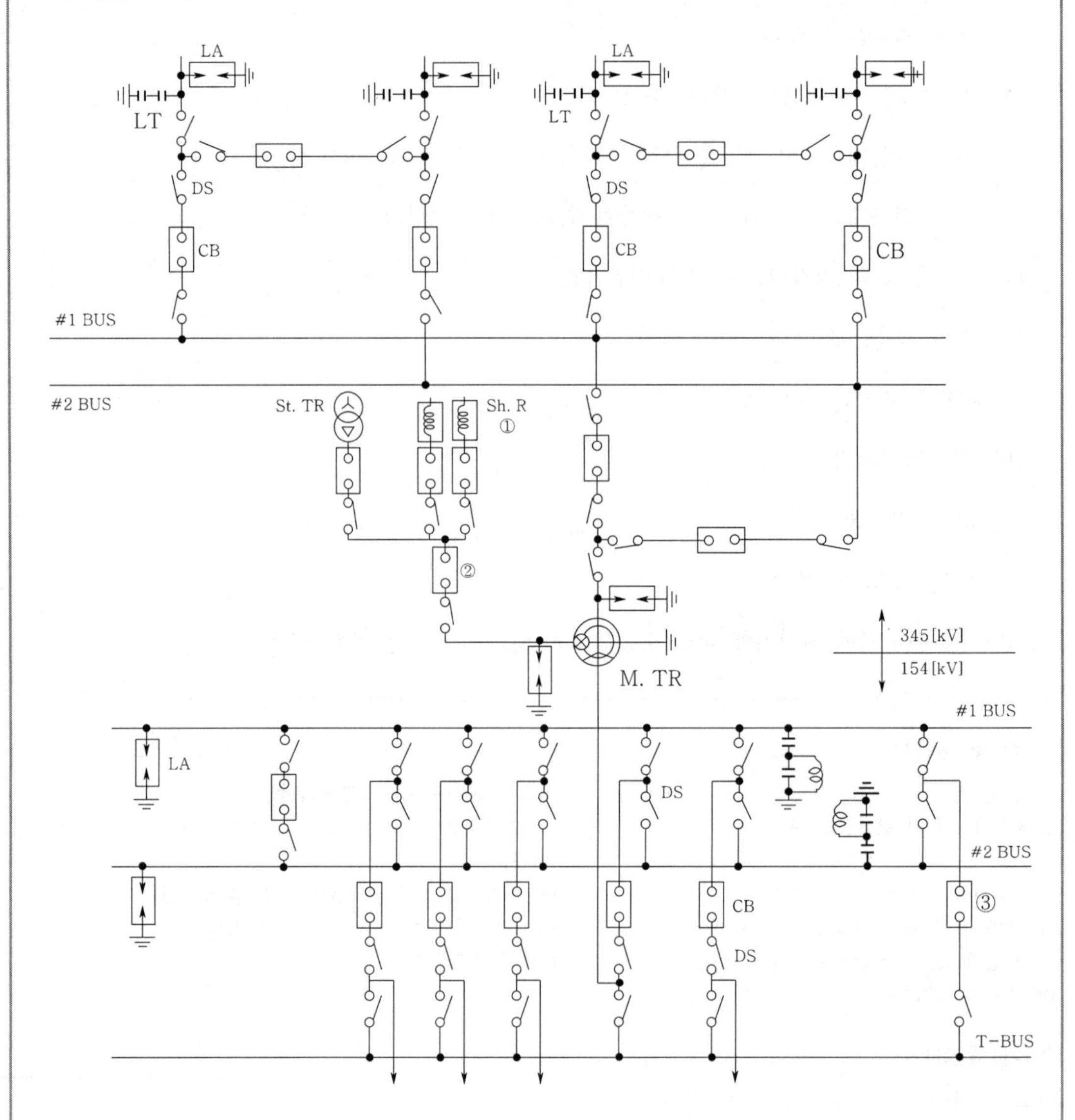

[주변압기]

단권변압기 345[kV]/154[kV]/23[kV](Y−Y−△)

166.7[MVA]×3대≒500[MVA],

OLTC부 %임피던스(500[MVA] 기준) : 1차~2차 : 10[%]

1차~3차 : 78[%]

2차~3차 : 67[%]

[차단기]

362[kV] GCB 25[GVA] 4000[A]~2000[A]

170[kV] GCB 15[GVA] 4000[A]~2000[A]

25.8[kV] VCB (   )[MVA] 2500[A]~1200[A]

[단로기]

362[kV] DS 4000[A]~2000[A]

170[kV] DS 4000[A]~2000[A]

25.8[kV] DS 2500[A]~1200[A]

[피뢰기]

288[kV] LA 10[kA]

144[kV] LA 10[kA]

21[kV] LA 10[kA]

[분로 리액터]

23[kV] Sh.R 30[MVAR]

[주모선]

Al-Tube 200ϕ

(1) 도면의 345[kV]측 모선 방식은 어떤 모선 방식인가?

(2) 도면에서 ①번 기기의 설치 목적은 무엇인가?

(3) 도면에 주어진 제원을 참조하여 주변압기에 대한 등가 %임피던스(Z_H, Z_M, Z_L)를 구하고, ②번 23[kV] VCB의 차단용량을 계산하시오. (단, 그림과 같은 임피던스 회로는 100[MVA] 기준이다.)

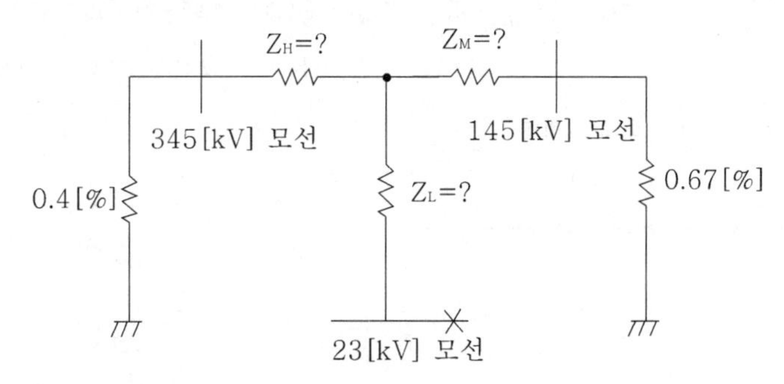

① 등가 %임피던스(%Z_H, %Z_M, %Z_L)

·계산 :   ·답 :

② 23[kV] VCB 차단용량

·계산 :   ·답 :

(4) 도면의 345[kV] GCB에 내장된 계전기용 BCT의 오차계급은 C800이다. 부담은 몇 [VA]인가?

·계산 : ·답 :

(5) 도면의 ③번 차단기의 설치 목적을 설명하시오.

(6) 도면의 주변압기 1Bank(1단×3대)을 증설하여 병렬 운전시키고자 한다. 이때 병렬운전 할 수 있는 조건 4가지를 쓰시오.

|계|산|및|정|답|

(1) 2중 모선방식

(2) 페란티 현상 방지

(3) ① 【계산】 등가 %임피던스

500[MVA] 기준 %Z는 1차~2차 $Z_{HM}=10[\%]$

2차~3차 $Z_{ML}=67[\%]$

1차~3차 $Z_{HL}=78[\%]$이므로

100[MVA] 기준으로 환산하면

$$\%Z_{HM}=\frac{\text{기준용량}}{\text{자기용량}}\times \text{환산할 } \%Z=10\times\frac{100}{500}=2[\%]$$

$$\%Z_{ML}=67\times\frac{100}{500}=13.4[\%]$$

$$\%Z_{HL}=78\times\frac{100}{500}=15.6[\%]$$

등가%임피던스

$$\%Z_H=\frac{1}{2}(Z_{HM}+Z_{HL}-Z_{ML})=\frac{1}{2}(2+15.6-13.4)=2.1[\%]$$

$$\%Z_M=\frac{1}{2}(Z_{HM}+Z_{ML}-Z_{HL})=\frac{1}{2}(2+13.4-15.6)=-0.1[\%]$$

$$\%Z_L=\frac{1}{2}(Z_{HL}+Z_{ML}-Z_{HM})=\frac{1}{2}(15.6+13.4-2)=13.5[\%]$$

【정답】 $\%Z_H=2.1[\%]$, $\%Z_M=-0.1[\%]$, $\%Z_L=13.5[\%]$

② 23[kV] VCB 차단용량 등가 회로로 그리면

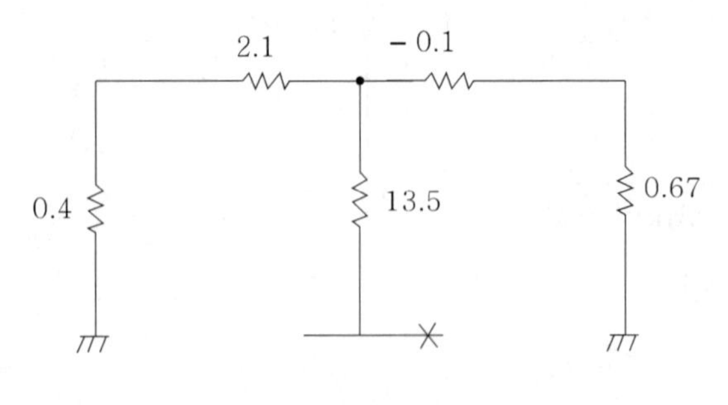

[23[kV] VCB 차단용량 등가 회로]

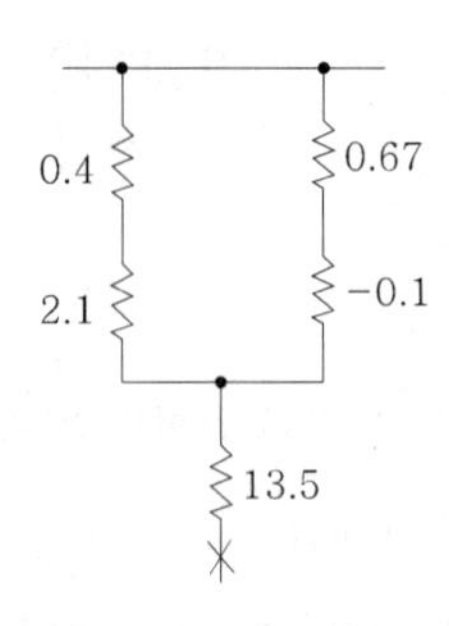

[좀 더 알기 쉽게 그림 등가회로]

【계산】 23[kV] VCB 설치 점까지 전체 %임피던스 %Z를 구하면

$$\%Z = 13.5 + \frac{(2.1+0.4)(-0.1+0.67)}{(2.1+0.4)+(-0.1+0.67)} = 13.96[\%]$$

∴ 23[kV] VCB 단락 용량 $P_S = \frac{100}{\%Z}P_n = \frac{100}{13.96} \times 100 = 716.33[\text{MVA}]$ →(P_n : 기분용량(100[MVA])

【정답】 716.33[MVA]

(4) 【계산】 오차계급 C800에서 임피던스 8[Ω]이므로

부담 $VA = I^2R = 5^2 \times 8 = 200[\text{VA}]$ → (전류는 5[A])

【정답】 200[VA]

(5) 모선절체용 차단기로 선로 점검 시 무정전으로 점검하기 위해 사용

(6) ① 1, 2차 정격전압(전압비)이 같을 것

② 극성 및 권수비가 같을 것

③ %임피던스가 같을 것

④ 내부저항과 누설리액턴스 비가 같을 것

|추|가|해|설|

(1) Sh. R : 분로리액터를 의미한다.

(2) #1BUS, #2BUS, 그리고 T-BUS(Transfer BUS) 있는 경우로서 평상시 주모선으로 운전하며 회선 또는 차단기의 점검시 T-BUS(절환모선) CB(③번 차단기)를 사용한다.

(3) 3권선 변압기의 %임피던스 계산

·1~2차간의 합성 %임피던스 $\%Z_{12} = \%Z_1 + \%Z_2$

·2~3차간의 합성 %임피던스 $\%Z_{23} = \%Z_2 + \%Z_3$

·3~1차간의 합성 %임피던스 $\%Z_{31} = \%Z_1 + \%Z_3$

14 출제 : 19년 • 배점 : 7점

축전지에 대한 다음 각 물음에 답하시오.

(1) 묽은 황산의 농도는 표준이고, 액면이 저하하여 극판이 노출되어 있다. 어떤 조치를 하는가?

(2) 축전지의 과방전 및 방치 상태, 가벼운 설페이션(Sulfation) 현상 등이 생겼을 때 기능 회복을 위해 실시하는 충전 방식은?

(3) 알칼리 축전지의 공칭전압은 몇 [V]인가?

(4) 부하의 허용최저전압이 115[V]이고, 축전지와 부하 사이의 전압강하가 5[V]일 경우 직렬로 접속한 축전지 개수가 55개라면 축전지 한 셀 당 허용최저전압은 몇 [V]인가?

•계산 : •답 :

|계|산|및|정|답|

(1) 증류수를 보충한다. (2) 회복충전방식 (3) 1.2[V/cell]

(4) 【계산】 축전지 한 셀 당 허용최저전압 $V = \frac{V_a + V_c}{n} = \frac{115+5}{55} = 2.18$[V/cell] 【정답】 2.18[V/cell]

|추|가|해|설|

(1) 충전방식

급속 충전	비교적 단시간에 보통 전류의 2~3배의 전류로 충전하는 방식이다.
보통 충전	필요 할 때마다 표준 시간율로 소정의 충전을 하는 방식이다.
부동충전	축전지의 자기 방전을 보충함과 동시에 상용 부하에 대한 전력 공급은 충전기가 부담하도록 하되 충전기가 부담하기 어려운 일시적인 대전류 부하는 축전지로 하여금 부담하게 하는 방식이다.
균등충전	부동 충전 방식에 의하여 사용할 때 각 전해조에서 일어나는 전위차를 보정하기 위하여 1~3개월마다 1회씩 정격전압으로 10~12시간 충전하여 각 전해조의 용량을 균일화하기 위한 방식이다.
세류충전	자기 방전량만을 항시 충전하는 부동 충전 방식의 일종이다.
회복 충전	정전류 충전법에 의하여 약한 전류로 40~50시간 충전시킨 후 방전시키고, 다시 충전시킨 후 방전시킨다. 이와 같은 동작을 여러 번 반복하게 되면 본래의 출력 용량을 회복하게 되는데 이러한 충전 방법을 회복충전이라 한다.

(2) 축전지의 비교

항목		연축전지		알칼리축전지	
형식명		CS형	HS형	포켓식	소결식
작용 물질	양극	이산화아연		수산화니켈	
	음극	아연		카드뮴(Cd)	
	전해액	황산		수산화나트륨 또는 가성칼륨	
전해액비중		1.215(20℃)	1.24(20℃)	1.2~1.3(20℃)	
공칭전압		2[V]		1.2[V]	
수명		12~15년	12~15년	15~20년	15~20년

(3) 축전지 한 셀 당 허용최저전압 $V = \frac{V_a + V_c}{n}$[V/cell]

여기서, V_a : 부하의 허용최저전압, V_c : 축전지와 부하간의 전압강하, n : 직렬로 접속된 셀수

15

출제 : 06, 09, 19년 • 배점 : 5점

고압 동력 부하의 사용 전력량을 측정하려고 한다. CT 및 PT 부착 3상 적산전력량계를 그림과 같이 오결선(IS와 IL 및 P1과 P3가 바뀜) 하였을 경우 어느 기간 동안 사용전력량이 300[kWh]였다면 그 기간 동안 실제 사용 전력량은 몇 [kWh]이겠는가? (단, 부하역률은 0.8이라 한다)

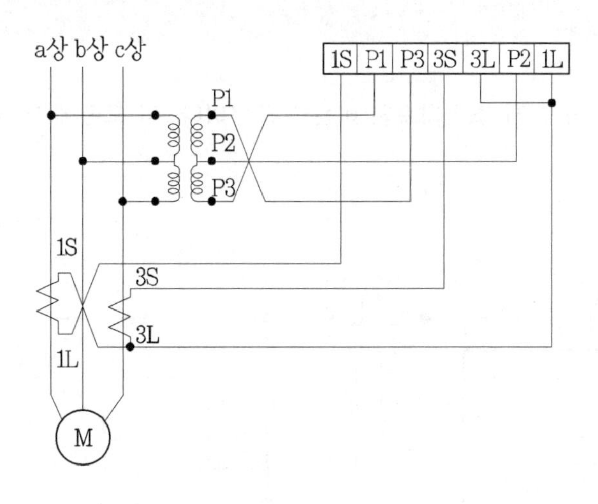

·계산 : ·답 :

|계|산|및|정|답|

【계산】 사용전력 $P = W_1 + W_2 = 2VI\sin\theta[W]$

$P = VI\cos\theta[W]$인데 오결선 되었으므로 $P = VI\cos(90° - \theta) = VI\sin\theta[W]$가 되어

$P = W_1 + W_2 = 2VI\sin\theta$이므로 $VI = \dfrac{W_1 + W_2}{2\sin\theta} = \dfrac{300}{2 \times 0.6} = \dfrac{150}{0.6} = 250[kWh]$

→ ($\sin\theta = \sqrt{1 - \cos^2\theta}$ 이므로 $\cos\theta = 0.8$이면 $\sin = 0.6$)

그러므로 실제 사용 전력량은

$W' = \sqrt{3}\, VI\cos\theta = \sqrt{3} \times 250 \times 0.8 = 346.41[kWh]$

【정답】 346.41[kWh]

|추|가|해|설|

[동력부하 사용 전력량]

실제 전력량(정상 결선 시) $W = \sqrt{3}\, VI\cos\theta$

오결선(교차결선이 안됨) $W' = VI\cos(90 - \theta) \times 2 = 2VI\sin\theta$

(교차결선을 오결선 하면 무효전력이 측정이 된다.)

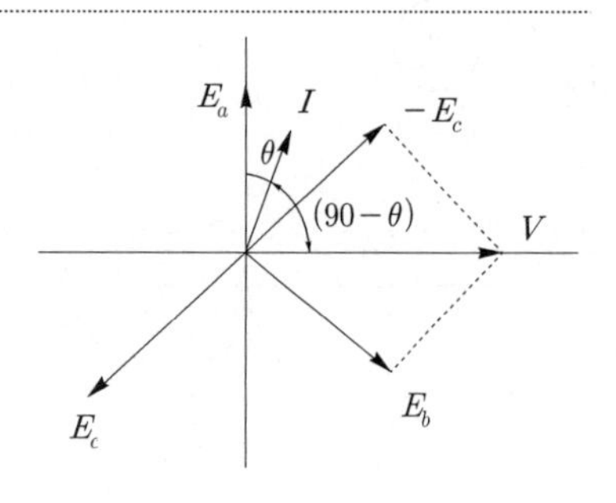

여기서, E : 상전압, I : 선전류, V : 선간전압, $\cos\theta$: 역률(θ는 E와 I의 각)

03 2019년 3회 전기기사 실기

01

출제 : 13, 19년 • 배점 : 13점

다음 그림은 리액터 기동 정지 조작회로의 미완성 도면이다. 이 도면에 대하여 다음 물음에 답하시오.

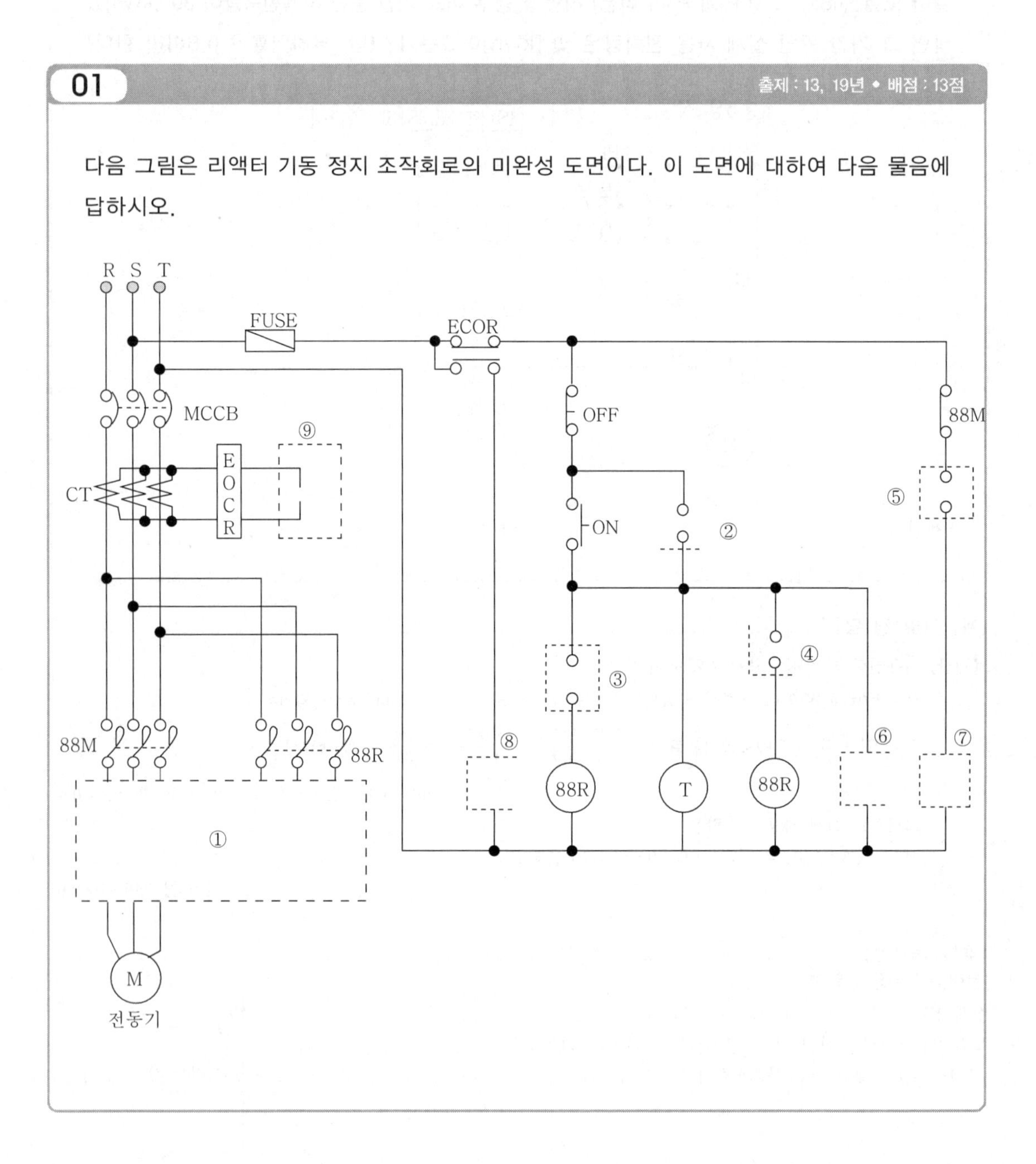

(1) ① 부분의 미완성 주회로를 회로도에 직접 그리시오.

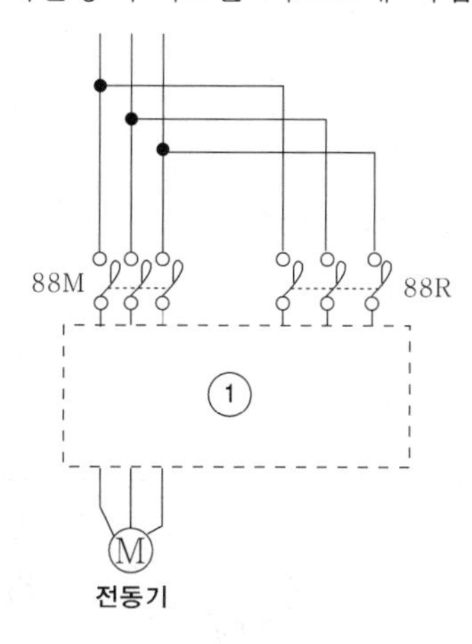

(2) 제어회로에서 ②, ③, ④, ⑤ 부분의 접점을 완성하고 그 기호를 쓰시오.

구분	②	③	④	⑤
접점 및 기호				

(3) ⑥, ⑦, ⑧, ⑨ 부분에 들어갈 LAMP와 계기의 그림기호를 그리시오.

(예 : G : 정지, R : 기동 및 운전, Y : 과부하로 인한 정지)

구분	⑥	⑦	⑧	⑨
그림기호				

(4) 직입기동시 기동전류가 정격전류의 6배가 되는 전동기를 65[%] 탭에서 리액터를 기동한 경우 기동전류는 약 몇 배 정도가 되는지 계산하시오.

• 계산 : • 답 :

(5) 직입기동시 기동토크가 정격토크의 2배였다고 하면 65[%] 탭에서 리액터 기동한 경우 기동토크는 어떻게 되는지 계산하시오.

• 계산 : • 답 :

|계|산|및|정|답|

(1)

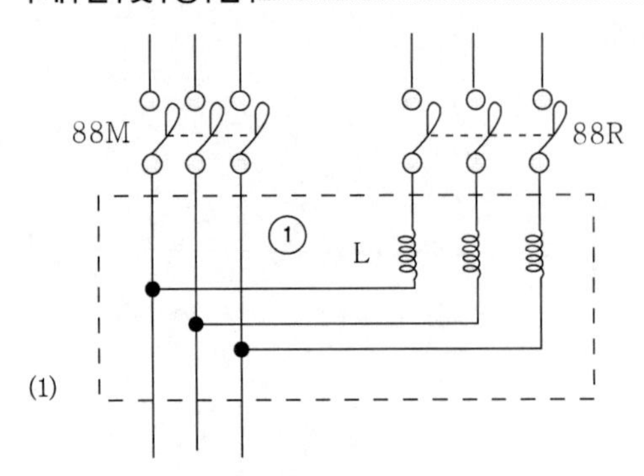

(2)

구분	②	③	④	⑤
접점 및 기호	T_a	88M	T-a	88R

(3)

구분	⑥	⑦	⑧	⑨
그림기호	R	G	Y	A

(4) 【계산】 기동전류 $I_s \propto V$이고, 기동전류는 정격전류의 6배이다.

즉, $I_s = 6I \times 0.65 = 3.9I$

【정답】 3.9[배]

(5) 【계산】 직입기동시 기동전류 $T_s \propto V_1^2$이고, 기동토크는 정격토크의 2배이다.

즉, $T_s = 2T \times 0.65^2 = 0.845T$

【정답】 0.85[배]

|추|가|해|설|

[리액터 기동]

- 리액터 기동은 전동기와 직렬로 리액터를 연결하여 리액터에 의한 전압강하를 발생시킨 다음 유도전동기에 단자전압을 감압시켜 작은 시동토크로 기동할 수 있는 방법을 말한다. 기동이 완료되면 그림의 88M을 여자시켜 리액터를 제거하여 운전한다.
- 리액터 탭은 50-60-70-80-90[%]이며 기동토크는 25-36-49-64-81[%]이다.
- 기동전류는 전압강하 비율로 감소하여 토크는 전압강하 제곱비율로 감소하므로 토크 부족에 의한 기동불능에 주의한다.

02

출제 : 19년 • 배점 : 6점

다음 PLC 프로그램을 보고 다음 물음에 답하시오.

단, ① LOAD : 입력 A 접점(신호) ② LOAD NOT : 입력 B 접점 (신호)

③ AND : AND A 접점 ④ AND NOT : AND B 접점

⑤ OR : OR A 접점 ⑥ OR NOT : OR B 접점

⑦ OB : 병렬접속점 ⑧ OUT : 출력

스텝	명령어	번지
0	LOAD	P000
1	OR	P010
2	AND NOT	P001
3	AND NOT	P002
4	OUT	P010

(1) 미완성 PLC 래더다이어그램을 그리시오.

(2) 무접점 논리회로로 바꾸어 그리시오.

|계|산|및|정|답|

(1)

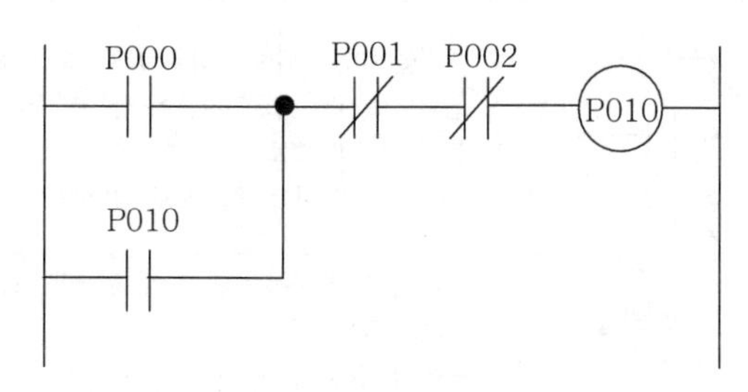

(2)

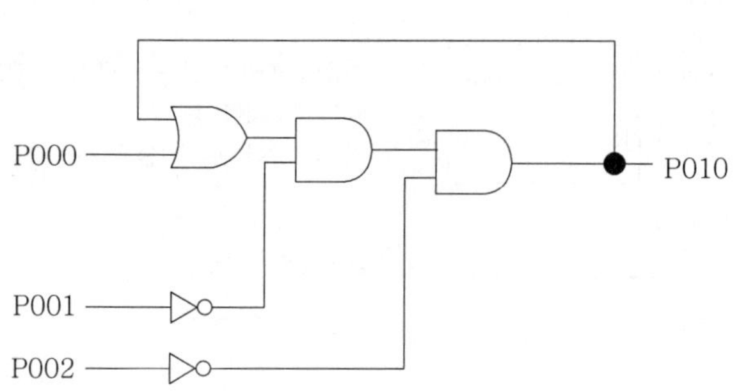

|추|가|해|설|

[PLC 명령어와 부호]

내용	명령어	부호	기능
시작 입력	LOAD(STR)		독립된 하나의 회로에서 a접점에 의한 논리회로의 시작 명령
	LOAD NOT		독립된 하나의 회로에서 b접점에 의한 논리회로의 시작 명령
직렬 접속	AND		독립된 바로 앞의 회로와 a접점의 직렬 회로 접속, 즉 a접점 직렬
	AND NOT		독립된 바로 앞의 회로와 b접점의 직렬 회로 접속, 즉 b접점 직렬
병렬 접속	OR		독립된 바로 위의 회로와 a접점의 병렬 회로 접속, 즉 a접점 병렬
	OR NOT		독립된 바로 위의 회로와 b접점의 병렬 회로 접속, 즉 b접점 병렬
출력	OUT		회로의 결과인 출력 기기(코일) 표시와 내부 출력(보조 기구 기능—코일) 표시
직렬 묶음	AND LOAD		현재 회로와 바로 앞의 회로의 직렬 A, B 2회로의 직렬 접속, 즉 2개 그룹의 직렬 접속
병렬 묶음	OR LOAD		현재 회로와 바로 앞의 회로의 병렬 A, B 2회로의 병렬 접속, 즉 2개 그룹의 병렬 접속
공통 묶음	MCS MCS CLR (MCR)	MCS	출력을 내는 2회로 이상의 공통으로 사용하는 입력으로 공통 입력 다음에 사용(마스터 컨트롤의 시작과 종료) MCS 0부터 시작, 역순으로 끝낸다.
타이머	TMR(TIM)	(Ton) T000 5초	기종에 따라 구분 -- TON, TOFF, TMON, TMR, TRTG 등 타이머 종류, 번지, 설정 시간 기입
카운터	CNT	U CTU C000 R 00010	기종에 따라 구분 -- CTU, CTD, CTUD, CTR, HSCNT 등 카운터 종류, 번지, 설정 회수 기입
끝	END		프로그램 끝 표시

03

출제 : 09, 19년 • 배점 : 4점

전압 1.0183[V]를 측정하는데 측정값이 1.0092[V]이었다. 이 경우의 다음 각 물음에 답하시오, (단 소수점 넷째 자리까지 계산하여라.)

(1) 오차

·계산 : ·답 :

(2) 오차율

·계산 : ·답 :

(3) 보정값

·계산 : ·답 :

(4) 보정률

·계산 : ·답 :

|계|산|및|정|답|

(1) 【계산】 오차 = 측정값(M) − 참값(T) $= 1.0092 - 1.0183 = -0.0091$

【정답】 −0.0091

(2) 【계산】 오차율 $\epsilon = \dfrac{\text{측정값} - \text{참값}}{\text{참값}} \times 100 = \dfrac{M-T}{T} \times 100 = \dfrac{1.0092 - 1.0183}{1.0183} \times 100 = -0.8936[\%]$

【정답】 −0.89[%]

(3) 【계산】 보정값=참값−측정값=1.0183−1.0092=0.0091

【정답】 0.0091

(4) 【계산】 보정률=$\dfrac{\text{보정값}}{\text{측정값}} = \dfrac{0.0091}{1.0092} \times 100 = 0.9017[\%]$

【정답】 0.9017[%] 또는 0.009[PU]

|추|가|해|설|

[오차 및 보정]

① 오차= 측정값(M) − 참값(T)

② 오차율 $\epsilon = \dfrac{\text{오차}}{\text{참값}} = \dfrac{M-T}{T}[\%]$

③ 보정값=참값(T)−측정값(M)

④ 보정률=$\dfrac{\text{보정값}}{\text{측정값}} \times 100 = \dfrac{\text{참값} - \text{측정값}}{\text{측정값}} \times 100[\%] = \dfrac{\text{참값} - \text{측정값}}{\text{측정값}}[PU]$

04

출제 : 16, 19년 • 배점 : 6점

피뢰기 접지공사를 실시한 후, 접지저항을 보조 접지극 2개(A와 B)를 시설하여 측정하였더니 본 접지와 보조 접지극 A 사이의 저항은 86[Ω], 보조 접지극 A와 보조 접지극 B 사이의 저항은 156[Ω], 보조 접지극 B와 본 접지 사이의 저항은 80[Ω]이었다. 이때 다음 각 물음에 답하시오.

(1) 피뢰기의 접지저항값을 구하시오.

•계산 : •답 :

(2) 접지공사의 적합여부를 판단하고, 그 이유를 설명하시오.

•적합여부 :

•이유 :

|계|산|및|정|답|

(1) 【계산】 접지 저항값 : $R_E = \frac{1}{2}(R_{EA} + R_{EB} - R_{AB}) = \frac{1}{2}(86+80-156) = 5[\Omega]$

【정답】 5[Ω]

(2) 【적합여부】 적합하다.

【이유】 접지저항값 10[Ω] 이하를 만족하므로 적합하다.

|추|가|해|설|

[콜라우시 브리지법에 의한 접지저항 측정]

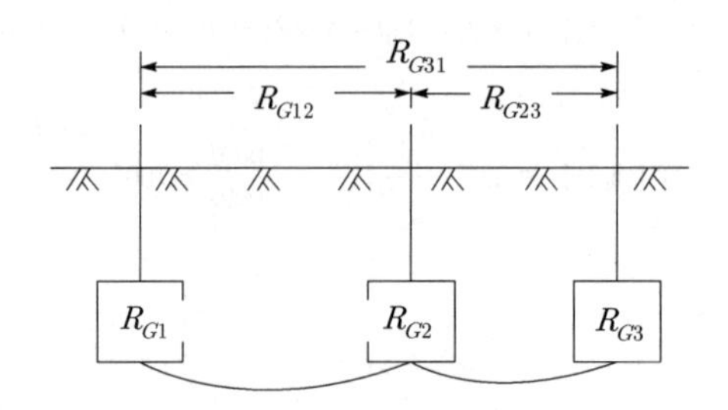

$R_{G1} + R_{G2} = R_{G12}$ .... ①

$R_{G2} + R_{G3} = R_{G23}$ .... ②

$R_{G3} + R_{G1} = R_{G31}$ .... ③

즉, (①+②+③)을 하면

$2(R_{G1} + R_{G2} + R_{G3}) = (R_{G12} + R_{G23} + R_{G31})$ .... ④

$R_{G1} + R_{G2} + R_{G3} = \frac{1}{2}(R_{G12} + R_{G23} + R_{G31})$ .... ⑤

⑤-②하면 $R_{G1} = \frac{1}{2}(R_{G12} + R_{G31} - R_{G23})$

⑤-③하면 $R_{G2} = \frac{1}{2}(R_{G12} + R_{G23} - R_{G31})$

⑤-①하면 $R_{G3} = \frac{1}{2}(R_{G23} + R_{G31} - R_{G12})$가 된다.

※ 쉽게 암기하는 방법

R_{G1}을 구할 때는 1이 포함된 항은 +, 1이 포함되지 않은 항은 -로

R_{G2}을 구할 때는 2가 포함된 항은 +, 2가 포함되지 않은 항은 -로

R_{G3}을 구할 때는 3이 포함된 항은 +, 3이 포함되지 않은 항은 -로 하면 된다.

05

출제 : 19년 • 배점 : 5점

가스절연변전소의 특징을 5가지 작성하시오. (단, 비용 및 가격에 대한 답변은 제외)

|계|산|및|정|답|

(1) ·안정성, 신뢰성이 우수하다.
·감전사고 위험이 적다.
·밀폐형이므로 배기 소음이 적다.
·소형화가 가능하다.
·보수, 점검이 용이하다.

|추|가|해|설|

(1) GIS 변전소 : GIS(가스절연개폐기)와 변압기를 GIB(Gas Insulated Bus)로 연결해서 사용하는 변전소

(2) 가스절연 개폐설비(GIS : Gas Insulated Switchgear) : GIS는 차단기, 단로기, 접지 개폐기와 같은 기기뿐만 아니라 모선, 변성기, 피뢰기 등을 절연 성능이 우수한 SF_6 가스로 절연된 금속체 외함 내에 장치한 것이다.

① 주요 특징
- 안정성, 신뢰성이 우수하다.
- 감전사고 위험이 적다.
- 밀폐형이므로 배기 소음이 적다.
- 소형화가 가능하다.
- SF_6는 무취, 무미, 무색이고, 무독가스
- 보수, 점검이 용이하다.
- 절연거리 축소로 설치면적이 작아진다.

② 단점
- 밀폐구조로 육안점검이 곤란하다.
- SF_6 가스의 입력과 수분함량에 주의가 필요하다.
- 한냉지에서는 가스의 액화방지장치가 필요하다.
- 고장 발생 시 조기 복구가 거의 불가능하다.

06 출제 : 05, 07, 19년 • 배점 : 5점

제3고조파의 유입으로 인한 사고를 방지하기 위하여 콘덴서 회로에 콘덴서 용량의 11[%]인 직렬 리액터를 설치하였다. 이 경우에 콘덴서의 정격전류(정상 시 전류)가 10[A]라면 콘덴서 투입 시의 전류는 몇 [A]가 되겠는가?

·계산 : ·답 :

|계|산|및|정|답|

【계산】 콘덴서 투입 시 돌입 전류 $I = I_C\left(1+\sqrt{\frac{X_C}{X_L}}\right) = 10\left(1+\sqrt{\frac{X_C}{0.11X_C}}\right) = 40.15[A]$ →(I_C : 콘덴서 정격전류)

【정답】 40.15[A]

|추|가|해|설|

[직렬리액터(Series Reactor : SR)]

제5고조파를 억제하여 파형이 일그러지는 것을 방지한다.

① 설치사유

고조파의 발생 원인으로는 변압기의 철심에 의한 자기포화 특성에 기인하는 것과 정류기 부하에 기인되는 것이 있다. 이는 고조파가 콘덴서의 회로 투입에 의해 전원측 리액턴스 LC 공진에 의해 확대되는데 기인한다.

- ·콘덴서 사용시 고조파에 의한 전압 파형의 왜곡 방지
- ·콘덴서 투입시 돌입전류 억제
- ·콘덴서 개방시 재점호한 경우 모선의 과전압 억제
- ·고조파 발생원에 의한 고조파전류의 유입억제와 계전 오동작 방지

② 직렬리액터 용량 산출방법

제5고조파에 대해 유도성으로 하기 위해서는 직렬 리액터의 인턱턴스를 L, 콘덴서의 커패시턴스를 C라고 하면

·$5wL > \frac{1}{5wC}$ ·$wL > \frac{1}{5^2wC} = 0.04\frac{1}{wC}$

·$3wL > \frac{1}{3wC}$ ·$wL > \frac{1}{3^2wC} = 0.11\frac{1}{wC}$

즉, 콘덴서 리액턴스의 4[%] 이상 되는 직렬리액턴스의 리액턴스가 필요하게 된다. 실제로는 주파수의 변동이나 경제적인 면에서의 6[%]를 표준으로 하고 있다.

단, 제3고조파가 존재할 때는 11[%] 가량의 직렬리액턴스를 넣을 수도 있다.

③ 콘덴서 투입 시 돌입 전류 $I = I_C\left(1+\sqrt{\frac{X_C}{X_L}}\right)$[A] → ($I_C$: 콘덴서 정격전류)

07

출제 : 19년 • 배점 : 4점

역률이 0.6인 단상 전동기 30[kW] 부하와 전열기 24[kW] 부하에 전원을 공급하는 변압기가 있다. 이때 변압기 용량을 구하시오.

【단상 변압기 표준용량[kVA]】

1, 2, 3, 5, 7.5, 10, 15, 20, 30, 50, 75, 100, 150, 200

·계산 : ·답 :

|계|산|및|정|답|

(1) 【계산】 ·전동기 유효전력 P_1=30[kW]

·전동기 무효전력 $P_{r1} = P_1 \tan\theta = P_1 \dfrac{\cos\theta}{\sin\theta} = 30 \times \dfrac{0.8}{0.6} = 40[\text{kVar}]$

·전열기 유효전력 P_2=24[kW] → 역률이 1이므로 전열기는 유효전력만 존재한다)

·주상변압기 용량= $\sqrt{(P_1+P_2)^2+P_r^2} = \sqrt{(30+24)^2+40^2} = 67.20[\text{kVA}]$

변압기 표준 용량 표에서 75[kVA] 선정 【정답】 75[kVA]

|추|가|해|설|

[역률이 서로 다른 두 개 부하의 변압기 용량 구하기]

·무효전력 $P_r = P_a \cdot \sin\theta = P \cdot \tan\theta[\text{kVar}]$ → (P_a : 피상전력, $P_a = VI = \dfrac{P}{\cos\theta}$)

·변압기 용량 ≥ 합성부하= $\sqrt{\text{합성유효전력}^2 + \text{합성무효전력}^2}$ → (변압기 용량은 피상용량, $P_a = \sqrt{\text{유효전력}^2 + \text{무효전력}^2}$)

08 출제 : 08, 12, 19년 • 배점 : 5점

3상 교류회로의 전압이 3000[V]이다. 전압비가 3000/210[V]인 승압기 2대를 V결선으로 사용하여 승압할 경우 승압기 1대의 용량은 얼마인가? (단, 부하는 40[kW], 역률 0.75이다.)

·계산 : ·답 :

|계|산|및|정|답|

(1) 【계산】 ·승압기 2차 전압 $V_2 = V_1\left(1+\frac{1}{a}\right)$[V] → (권수비(변압비) $a = \frac{N_1}{N_2} = \frac{E_1}{E_2} = \frac{I_2}{I_1}$)

$= 3000(1+\frac{210}{3000}) = 3210$[V]

·3상 부하전력 $P = \sqrt{3}\,V_2 I_2 \cos\theta$에서 전류 $I_2 = \frac{P}{\sqrt{3}\times V_2\cos\theta} = \frac{40\times10^3}{\sqrt{3}\times3210\times0.75}[A]$

·승압기 1대의 용량 $P_a = E_2 I_2 = 210\times\frac{40}{\sqrt{3}\times3210\times0.75} = 2.014$[kVA]

【정답】 2.01[kVA]

|추|가|해|설|

(1) 승압기 2차 전압 $V_2 = V_1\left(1+\frac{1}{a}\right)$ → (권수비(변압비) $a = \frac{N_1}{N_2} = \frac{E_1}{E_2} = \frac{I_2}{I_1}$)

(2) · 단상 부하전력 $P = VI\cos\theta$[kW]

· 3상 부하전력 $P = \sqrt{3}\,VI\cos\theta$[kW]

(3) 승압기 1대의 용량 $P_a = E_2 I_2$[kVA]

09 출제 : 08, 12, 19년 • 배점 : 5점

선로의 길이가 30[km]인 3상3선식 2회선 송전선로가 있다. 수전단에 30[kV], 6000[kW], 역률 0.8의 3상 부하에 공급할 경우 송전손실을 10[%] 이하로 하기 위해서는 전선의 굵기를 얼마로 하여야 하는가? (단, 사용 전선의 고유저항은 1/55[$\Omega \cdot mm^2/m$]로 한다.)

【전선의 굵기[mm^2]】

2.5, 4, 6, 10, 16, 25, 35, 50, 70, 90, 120, 150

•계산 : •답 :

|계|산|및|정|답|

【계산】 •2회선의 수전단 전력이 6000[kW]이므로 1회선의 수전단 전력은 3000[kW]이다.

•3상 선로의 전력손실 $P_l = 3I^2 R[W]$ $\rightarrow (I = \frac{P \times 10^3}{\sqrt{3}\, V\cos\theta})$

•전력손실률 $K = \frac{P_l}{P} = \frac{PR}{V^2 \cos^2\theta}$ =0.1이므로

저항 $R = \frac{V^2 \cos^2\theta}{P} \times 0.1 = \frac{(30 \times 10^3) \times 0.8^2}{\frac{1}{2} \times 6000 \times 10^3} = 19.2[\Omega]$ → (여기서 전력은 1회선 전력을 넣는다)

•전기저항 $R = \rho\frac{l}{A}$ → $\therefore A = \rho\frac{l}{R} = \frac{1}{55} \times \frac{30 \times 10^3}{19.2} = 28.409[mm^2]$

전선의 굵기 표에서 28.409 이상의 값을 선정한다.

【정답】 35[mm^2]

|추|가|해|설|

(1) 3상 선로의 전력손실 $P_l = 3I^2 R[W]$ $\rightarrow (I = \frac{P \times 10^3}{\sqrt{3}\, V\cos\theta})$

(2) 전력손실률 $K = \frac{P_l}{P} = \frac{PR}{V^2 \cos^2\theta}$

(3) 전기저항 $R = \rho\frac{l}{A} = \frac{l}{kA}[\Omega]$

여기서, ρ : 고유저항 [Ω·m], k : 도전율 [℧/m][S/m], l : 도선의 길이 [m], A : 도선의 단면적

10 출제 : 19년 • 배점 : 4점

그림과 같이 50[kW], 30[kW], 15[kW], 25[kW] 부하 설비에 수용률이 각각 50[%], 65[%], 75[%], 60[%]로 할 경우 변압기 용량은 몇 [kVA]가 필요한지 선정하시오. (단, 부등률은 1.2, 종합부하역률은 80[%]이다.)

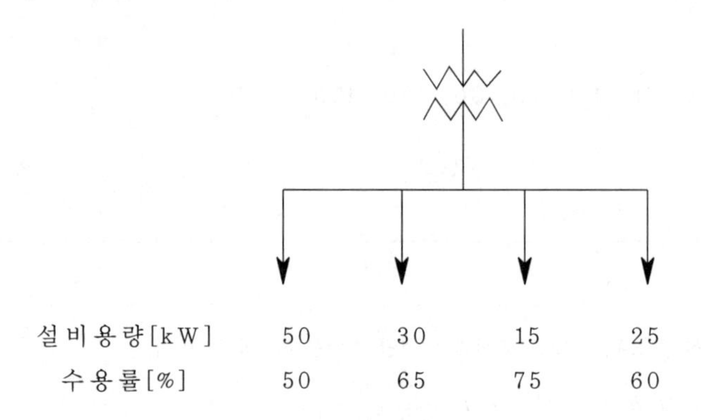

설비용량[kW]	50	30	15	25
수용률[%]	50	65	75	60

【변압기 표준용량[kVA]】

25	30	50	75	100	150

・계산 : ・답 :

|계|산|및|정|답|

【계산】 변압기용량(Tr) $\geq$ 합성최대용량$=\dfrac{\text{설비용량}\times\text{수용률}}{\text{부등률}\times\text{역률}}$[kVA]

$$=\frac{(50\times0.5)+(30\times0.65)+(15\times0.75)+(25\times0.6)}{1.2\times0.8}=73.698[\text{kVA}]$$

변압기 표준용량 표에서 75[kVA] 선정

【정답】 75[kVA]

|추|가|해|설|

① 변압기용량 $\geq$ 합성최대수용전력[kW] $=\dfrac{\text{최대수용전력}}{\text{부등률}}=\dfrac{\text{설비용량}\times\text{수용률}}{\text{부등률}}$[kW]

② 부등률(≥1)$=\dfrac{\text{각 부하의 최대수용전력의 합계[kVA]}}{\text{부하를 종합하였을 때의 합성최대수용전력[kVA]}}$

③ 합성최대수용전력[kW]을 역률($\cos\theta$)로 나눈다. 만약, 효율이 주어지면 효율로 나눈다.

11

출제 : 08, 19년 • 배점 : 6점

주어진 조건에 따라 아래 물음에 답하시오.

【조건】

차단기의 명판(name plate)에 BIL 150[kV], 정격차단전류 20[kA], 차단시간 5사이클, 솔레노이드(Solenoid)형이라고 기재되어 있다. 단, BIL은 절연계급 20호 이상의 비유효접지계에서 계산하는 것으로 한다.

(1) BIL은 무엇인가?

(2) 이 차단기의 정격전압은 몇 [kV]인가?

•계산 : •답 :

(3) 이 차단기의 정격차단용량은 몇 [MVA]인가?

•계산 : •답 :

|계|산|및|정|답|

(1) 기준충격절연강도

(2) 【계산】 •BIL = 절연계급(E) × 5 + 50에서 절연계급(E) = $\frac{\text{BIL}-50}{5}$ [kV]

∴ 절연계급 $= \frac{150-50}{5} = 20$[kV] → (절연계급 20호=절연계급 20[kV]를 의미한다.)

•공칭전압 = 절연계급 × 1.1이므로 공칭전압 $= 20 \times 1.1 = 22$[kV]

∴ 정격전압 V_n = 공칭전압 × $\frac{1.2}{1.1} = 22 \times \frac{1.2}{1.1} = 24$[kV]

【정답】 24[kV]

(3) 【계산】 정격차단용량 $P_s = \sqrt{3}\, V_n I_s = \sqrt{3} \times 24 \times 20 = 831.38$[MVA]

【정답】 831.38[MVA]

|추|가|해|설|

[BIL(Basic Insulation Level : 기준 충격 절연강도)]

BIL은 절연계급 20호 이상의 비유효접지계에서 다음과 같이 계산한다.

• BIL = 5E + 50[kV] → (E = $\frac{\text{공칭전압}}{1.1}$) → (E : 절연계급)

• 공칭전압 = $E \times 1.1$ •정격전압 = 공칭전압 × $\frac{1.2}{1.1}$

차단기의 정격전압[kV]	사용회로의 공칭전압[kV]	BILL[kV]
0.6	0.1, 0.2, 0.4	
3.6	3.3	45
7.2	6.6	60
24.0	22.0	150
72.5	66.0	350
170	154.0	750

12 출제 : 17, 19년 • 배점 : 5점

그림은 고압 전동기 100[HP] 미만을 사용하는 고압 수전 설비 결선도이다. 이 그림을 보고 다음 각 물음에 답하시오.

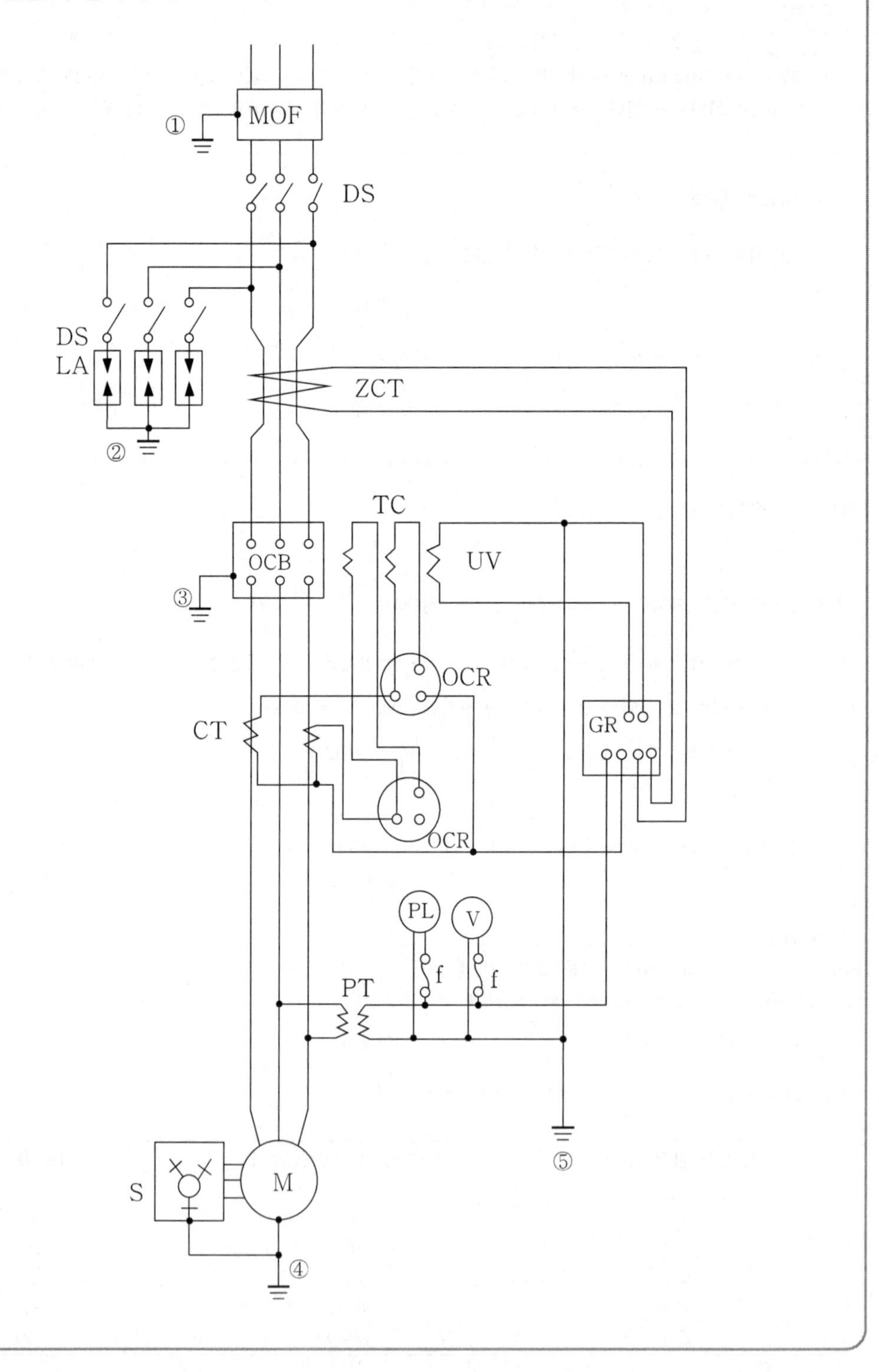

(1) 계기용 변류기를 차단기의 1차측에 설치시 장점은 무엇인가?

(2) 본 도면에서 생략할 수 있는 부분은?

(3) 진상 콘덴서에 연결하는 방전코일의 목적은?

(4) 도면에서 다음의 명칭을 적으시오.

·ZCT :

·TC :

|계|산|및|정|답|

(1) 보호범위를 넓히기 위하여 전원측에 설치한다.

(2) LA용 DS

(3) 콘덴서에 축적된 잔류 전하 방전

(4) ·ZCT : 영상변류기 ·TC : 트립코일

|추|가|해|설|

(1) 결선도에 사용된 용어

약호	명칭	역할
MOF	전력 수급용 계기용 변성기	고전압, 대전전류를 변압, 변류하여 전력량계에 공급한다.
LA	피뢰기	이상 전압이 내습하면 이를 대지로 방전하고, 속류를 차단한다.
ZCT	영상 변류기	지락 사고시 영상 전류를 검출한다.
OCB	유입 차단기	단락 및 과부하, 지락 사고 등 사고 전류 차단 및 부하 전류를 개폐하기 위한 장치
OC	과전류 계전기	정정값 이상의 전류가 흐르면 동작되는 계전기
G	지락 계전기	지락 사고 발생시 동작하는 계전기

(2) 방전코일(Discharge Coil : DC)

콘덴서를 회로에서 개방하였을 때 전하가 잔류함으로써 일어나는 위험의 방지와 재투입할 때 콘덴서에 걸리는 과전압의 방지를 위해서 방전장치가 사용된다.

방전장치는 콘덴서 용량[kVA]에 대하여 고압의 경우 개폐 후 5초 이내에 50[V] 이하로 하고 저압의 경우는 3분에 75[V] 이하로 방전시킬 수 있는 성능을 갖추어야 한다.

13

출제 : 19년 • 배점 : 6점

우리나라의 송전계통에 사용하는 차단기의 정격전압과 정격차단시간을 나타낸 표이다. 다음 빈칸을 채우시오. (단, 사이클은 60[Hz 기준이다.]

공칭전압[kV]	22.9	154	345
정격전압[kV]	①	②	③
정격차단시간 (사이클은 60[Hz] 기준	④	⑤	⑥

|계|산|및|정|답|

① 25.8 ② 170 ③ 362 ④ 5 ⑤ 3 ⑥ 3

|추|가|해|설|

[차단기 정격차단시간]

공칭전압[kV]	6.6	22.9	66	154	345	765
정격전압[kV]	7.2	25.8	72.5	170	362	800
정격차단시간 (사이클은 60[Hz] 기준	5	5	3	3	3	2

14

출제 : 19년 • 배점 : 4점

투과율 τ, 반사율 ρ, 반지름 r인 완전 확산성 구형 글로브 중심의 광도 I의 점광원을 켰을 때, 광속발산도 R은 얼마인가?

·계산 : ·답 :

|계|산|및|정|답|

계산】 광속발산도 $R=\frac{F}{A}\cdot\eta=\frac{4\pi I}{4\pi r^2}\times\frac{\tau}{1-\rho}=\frac{I\cdot\tau}{r^2(1-\rho)}$[rlx] → (효율($\eta$) $=\frac{\tau(\text{투과율})}{1-\rho(\text{반사율})}$)

【정답】 $\frac{I\cdot\tau}{r^2(1-\rho)}$[rlx]

|추|가|해|설|

[램프의 효율] ·전등(램프) 효율 : $\eta=\frac{F}{P}$[lm/W] → (P : 소비전력[W], F : 광원의 광속[lm])

·글로우브 효율 : $\eta=\frac{\tau}{1-\rho}\times100$[%] → ($\tau$: 투과율, ρ : 반사율)

15

출제 : 07, 11, 19년 • 배점 : 4점

피뢰기에 흐르는 정격방전전류는 변전소의 차폐유무와 그 지방의 연간 뇌우 발생 일수와 관계되나 모든 요소를 고려한 경우 일반적인 시설장소별 적용할 피뢰기의 공칭 방전전류를 쓰시오.

공칭방전전류	설치장소	적 용 조 건
①	변전소	·154[kV] 이상인 계통 ·66[kV] 및 그 이하의 계통에서 뱅크 용량이 3000[kVA] 초과하거나 특히 중요한 곳 ·장거리 송전케이블(배전선로 인출용 단거리 케이블은 제외) 및 정전축 전기 뱅크를 개폐하는 곳 ·배전선로 인출측(배전 간선 인출용 장거리 케이블은 제외)
②	변전소	·66[kV] 및 그이하의 계통에서 뱅크용량이 3000[kVA] 이하인 곳
③	선로	·배전선로

|계|산|및|정|답|

① 10,000[A]　　② 5,000[A]　　③ 2,500[A]

|추|가|해|설|

[설치장소별 피뢰기 공칭 방전전류]

공칭방전전류	설치장소	적 용 조 건
10,000[A]	변전소	·154[kV] 이상인 계통 ·66[kV] 및 그 이하의 계통에서 뱅크용량이 3000[kVA] 초과하거나 특히 중요한 곳 ·장거리 송전케이블(배전선로 인출용 단거리 케이블은 제외) 및 정전축 전기 뱅크를 개폐하는 곳 ·배전선로 인출측(배전 간선 인출용 장거리 케이블은 제외)
5,000[A]	변전소	·66[kV] 및 그이하의 계통에서 뱅크용량이 3000[kVA] 이하인 곳
2,500[A]	선로	·배전선로

【주】 전압 22.9[kV-Y] 이하(22[kV] 비접지 제외)의 배전선로에 수정하는 설비의 피뢰기 공칭방전전류는 일반적으로 2,500[A]의 것을 적용한다.

16

출제 : 19년 • 배점 : 8점

변압기 단락시험을 하고자 한다. 그림과 같이 있을 때 다음 각 물음에 답하시오.

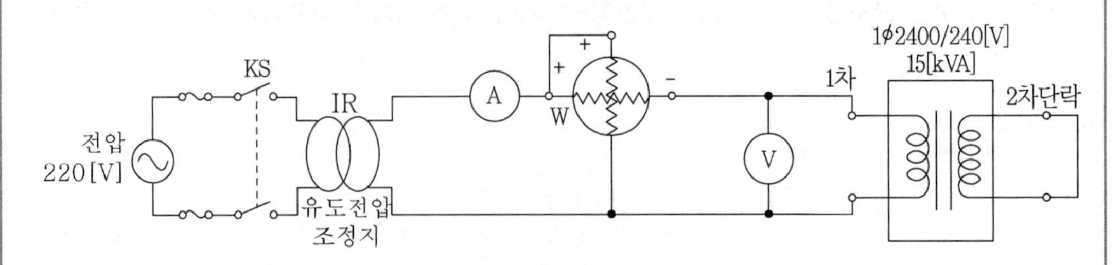

(1) KS를 투입하기 전에 유도전압조정기(IR) 핸들은 (①)에 위치하도록 한다.

(2) 시험용 변압기의 2차측을 단락한 상태에서 슬라이닥스를 조정하여 1차측 단락전류가 (②)와 같게 흐를 때 1차 단자전압을 임피던스 전압이라고 하며, 이때 교류전력계의 지시값을 (③)라고 한다.

(3) %임피던스는 $\dfrac{\text{교류전압계의 지시값}}{(\quad ④ \quad)} \times 100[\%]$이다.

|계|산|및|정|답|

① 0[V] → (전압조정기 핸들을 0[V] 위치에 놓는다. 또는 전압조정기 핸들을 Zero Start로 위치한다.)

② 1차 정격전류

③ 임피던스 와트

④ 1차 정격전압

|추|가|해|설|

[변압기 단락시험과 개방시험]

(1) 단락 시험

① 회로도

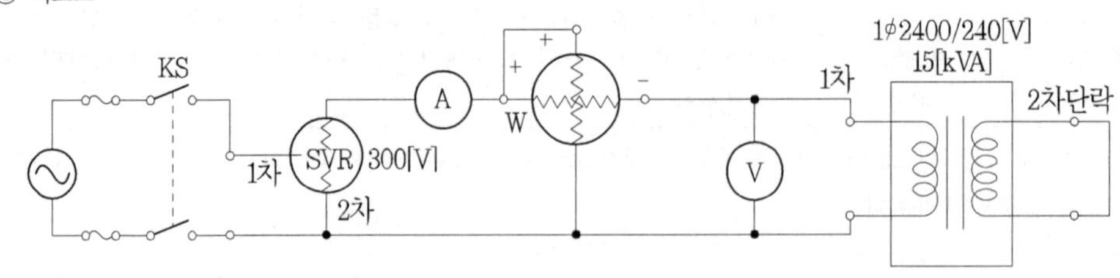

② 측정 항목

㉮ 임피던스 전압 : 변압기 2차측(저압측)을 단락시키고 1차측(고압측)에 전압을 가하여 전류계 전류가 1차(고압측) 정격 전류와 같게 되었을 때, 이 때 고압측에 인가하는 전압으로 교류 전압계의 지시값을 임피던스 전압이라고 한다.

㉯ %임피던스 $\%Z = \dfrac{\text{1차 정격전류} \times Z}{\text{1차 정격전압}} \times 100 = \dfrac{\text{임피던스 전압}}{\text{1차 정격전압}} \times 100 = \dfrac{I_n Z}{V_{1n}} \times 100$

㉰ 동손 : 교류전력계의 지시값을 75[℃]로 환산한 값[W]

(2) 개방시험(무부하시험)

① 회로도

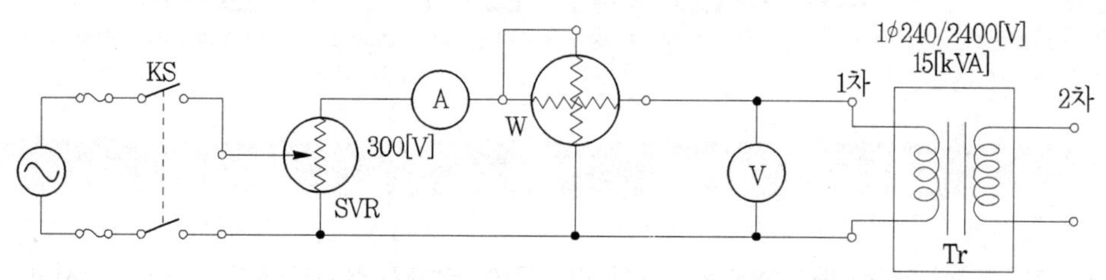

② 측정 항목

㉮ 철손 : 전압조정기를 조정하여 시험용 변압기 1차측(저압측) 전압이 정격전압과 동일하게 될 때의 교류 전력계 지시값을 W[W]로 표시

㉯ 효율 $\eta = \dfrac{VI\cos\theta}{VI\cos\theta + \text{동손} + \text{철손}}$

㉰ 손실 $P_l = P_i + \left(\dfrac{1}{m}\right)^2 P_c$

㉱ 최대 효율 조건 $P_i = \left(\dfrac{1}{m}\right)^2 P_c \quad \rightarrow (\dfrac{1}{m} = \sqrt{\dfrac{P_i}{P_c}})$

여기서, P_l : 전손실, P_i : 철손[W], P_c : 동손, $\dfrac{1}{m}$: 부하율

01 2018년 1회 전기기사 실기

01

출제 : 03, 18년 • 배점 : 6점

그림과 같은 단상 3선식 배전선에 a, b, c에 각 선간에 부하가 접속되어 있다. 전선의 저항값은 같고 1선당 저항값은 0.06[Ω]이다. ab간, bc간, ca간의 전압을 구하시오. 단, 부하의 역률은 변압기의 2차 전압에 대한 것으로 하고, 또 선로의 리액턴스는 무시한다.

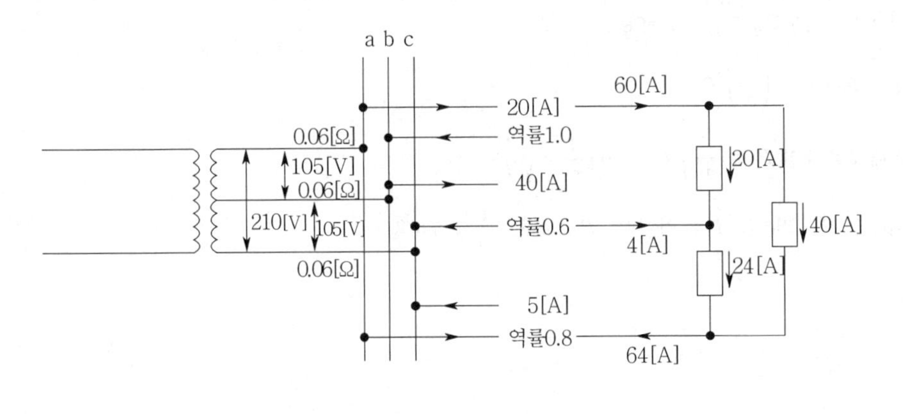

|계|산|및|정|답|

【계산】 전압강하를 구한 후 송전단 전압에서 전압강하를 빼면 수전단 전압을 구하면 된다.

즉, 수전단전압= 송전단전압-전압강하(e) → 전압강하($e = I \times R$)

① $V_{ab} = V_{105} - (e_a - e_b) = 105 - (60 \times 0.06 - 4 \times 0.06) = 101.64[V]$

b에서 전류가 d와 반대 방향으로 흐르기 때문에

② $V_{ab} = V_{105} - (e_b + e_c) = 105 - (4 \times 0.06 + 64 \times 0.06) = 100.92[V]$

③ $V_{ca} = V_{210} - (e_c + e_a) = 210 - (60 \times 0.06 + 64 \times 0.06) = 202.56[V]$

【정답】 $V_{ab} = 101.64[V]$, $V_{bc} = 100.92[V]$, $V_{ca} = 202.56[V]$

|추|가|해|설|

단상에서의 전압강하 $e = I(R\cos\theta + X\sin\theta)$에서 선로의 리액턴스를 무시하므로 $e = IR\cos\theta[V]$이다.

문제 그림의 전류는 역률이 계산된 값이므로 $e = I \times R$

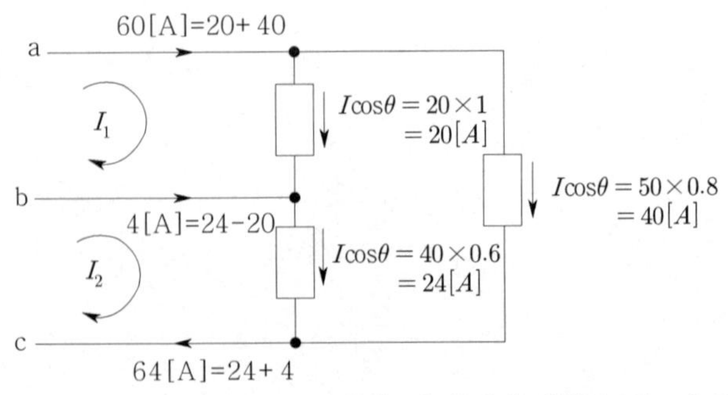

→ 4[A]는 I_1과 반대 방향이므로 -가 된다.

02 출제 : 18년 • 배점 : 6점

△결선 변압기에 접속된 역률 1인 부하 50[kW]와 역률 0.8인 부하 100[kW]가 있다. 여기에 전력을 공급할 때 다음 물음에 답하시오.

변압기 정격 용량[kVA]

20	30	50	75	100	150	200	300

(1) △결선 시 변압기 1대의 최소 용량을 구하시오.

•계산 : •답 :

(2) 1대 고장으로 V결선 시 과부하율은?

•계산 : •답 :

(3) 델타결선과 V결선의 동손의 비 $\frac{W_\triangle}{W_V}$를 구하시오(변압기의 과부하는 무시한다).

•계산 : •답 :

|계|산|및|정|답|

(1) 【계산】 •합성유효전력=유효전력+유효전력=50+100=150[kW]

•합성무효전력(P_r)=유효전력(P) • $\tan\theta = P \times \frac{\sin\theta}{\cos\theta} = 100 \times \frac{0.6}{0.8} = 75$ → $(\sin\theta = \sqrt{1-\cos^2\theta})$

•피상전력= $\sqrt{유효전력^2 + 무효전력^2} = \sqrt{150^2 + 75^2} = 167.705$[kVA]

3대의 용량(3P)이 167.705[kVA]이므로 한 대의 최소 용량 $P = \frac{167.71}{3} = 55.90$[kVA]

정격용량 표에 의해 75[kVA]를 선정

【정답】 75[kVA]

(2) 【계산】 V결선 시의 출력 $P_V = \sqrt{3} P_1 = 167.71$ → $P_1 = \frac{167.71}{\sqrt{3}} = 96.827$ → (P_1 : 변압기 한 대의 용량)

따라서 과부하율= $\frac{1대의\ 최소\ 용량}{대당\ 부하율} \times 100 = \frac{96.827}{75} \times 100 = 129.106$

【정답】 129.11[%]

(3) 【계산】 $\frac{W_\triangle}{W_V} = \frac{3P_c}{2P_c} = 1.5$

【정답】 1.5

→ 우선 과부하를 무시한다는 것은 부하율을 고려하지 않는다는 것과 같은 의미이다.
고장 전의 3대의 동손은 $3 \times P_c$, 1대 고장 후의 동손은 $2 \times P_c$ → (만약 부하율을 적용한다면 완전 다름)

|추|가|해|설|

(1) 유효전력 $P = P_a \cos\theta$

(2) 무효전력 $Q = P_a \sin\theta = \frac{P}{\cos\theta} \times \sin\theta$

(3) 피상전력 $P_a = \sqrt{P^2 + Q^2}$

03

출제 : 02, 03, 16, 18년 • 배점 : 4점

전력 퓨즈의 역할을 쓰시오.

|계|산|및|정|답|

[전력 퓨즈의 역할]
- 부하 전류를 안전하게 통전시킨다.
- 일정 값 이상 과전류에서는 오동작 없이 차단하여 전로나 기기를 보호

|추|가|해|설|

[전력 퓨즈]

(1) 전력 퓨즈의 정의
전력용 퓨즈는 고압 및 특별고압기기의 단락보호용 퓨즈이고 소호방식에 따라 한류형과 비한류형이 있다.

(2) 전력 퓨즈의 특징
① 전차단 특성
② 단시간 허용 특성
③ 용단 특성

(3) 전력 퓨즈의 장·단점

장점	단점
① 가격이 저렴하다.	① 재투입이 불가능하다.
② 소형 경량이다.	② 과전류에서 용단될 수 있다.
③ RELAY나 변성기가 불필요	③ 동작시간－전류 특성을 계전기처럼 자유로이 조정불가
④ 한류형 퓨즈는 차단시 무음, 무방출	④ 비보호 영역이 있어, 사용중에 열화해 동작하면 결상을 일으킬 우려가 있다.
⑤ 소형으로 큰 차단용량을 가진다.	⑤ 한류형 퓨즈는 용단되어도 차단하지 못하는 전류 범위가 있다.
⑥ 보수가 간단하다.	⑥ 한류형은 차단시에 과전압을 발생한다.
⑦ 고속도 차단한다.	⑦ 고 Impendance 접지계통의 지락보호는 불가능
⑧ 현저한 한류 특성을 가진다.	
⑨ SPACE가 작아 장치전체가 소형 저렴하게 된다.	
⑩ 후비보호에 완벽하다.	

04

출제 : 18년 • 배점 : 5점

건축 전기 설비 설계의 간선을 설계하고자 한다. 간선 설계 시 고려해야 할 사항을 5가지 쓰시오.

|계|산|및|정|답|

[간선 설계 시의 고려 사항]

① 간선의 굵기 (허용전류, 전압강하, 기계적강도 등)
② 간선계통 (전용 간선의 분리, 건물 용도에 적합한 간선 구분, 공급전압의 결정 등)
③ 간선의 경로 (파이프샤프트의 위치, 크기, 루트의 길이 등의 검토)
④ 전기방식, 배선 방식 (용량, 시공성에서 본 재료 및 분기방법 등)
⑤ 설계 조건 (수용률, 부하율, 동력설비, 부하 등)

|추|가|해|설|

[간선 설계 시의 고려 사항]

(1) 시공주 협의사항
- 전기방식, 배선 방식 (용량, 시공성에서 본 재료 및 분기방법 등)
- 설계 조건 (수용률, 부하율, 동력설비, 부하 등)
- 장래 증축 계획 유무

(2) 건축분야 협의사항
- 간선의 경로 (파이프샤프트의 위치, 크기, 루트의 길이 등의 검토)
- 간선계통 (전용 간선의 분리, 건물 용도에 적합한 간선 구분, 공급전압의 결정 등)
- 점검구 및 유지보수 공간

(3) 기계분야 협의사항
- 간선의 굵기 (허용전류, 전압강하, 기계적강도 등)
- 설비동력의 전기방식, 정격용량, 운전시간, 효율, 역률 및 가동방식 등의 제원
- 전기 간선이 설비배관 및 덕트와 함께 시설되는 경우 상호 간섭 및 점검구 사항
- 동력제어방식, 제어반 위치, 공종별 시공범위 사항

05

출제 : 18년 • 배점 : 13점

그림과 같은 22.9[kV-y] 간이 수전 설비에 대한 결선도를 보고 다음 각 물음에 답하시오.

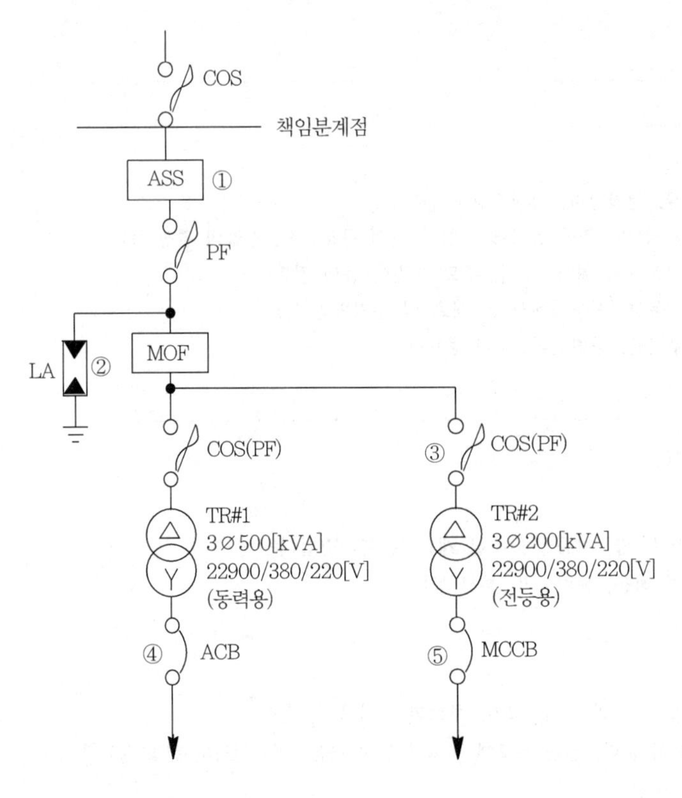

(1) 수전실의 형태를 Cubicle Type으로 할 경우 고압반(HV : High voltage)과 저압반(LV : Low voltage)은 몇 개의 면으로 구성되는지 구분하고, 수용되는 기기의 명칭을 쓰시오.

(2) ①, ②, ③ 기기의 정격을 쓰시오.

(3) ④, ⑤ 차단기의 용량(AF, AT)은 어느 것을 산정하면 되겠는가? (단, 역률은 100[%]로 계산하시오.)

|계|산|및|정|답|

(1) ·고압반 : 4면(수용기기 : LA, MOF, TR#1, TR#1, COS, PF) ·저압반 : 2면(수용기기 : ACB, MCCB)

(2) ① 자동고장구분개폐기(ASS)
·최대 설계전압 : 25.8[kV] ·정격전류 : 200[A]
② 피뢰기(LA)
·최대 설계전압 : 18[kV] ·정격전류 : 2500[A]
③ 컷아웃스위치(COS)
·최대 설계전압 : 25[kV] ·정격전류 : 100[AF], 8[A]

(3) 【계산】 ④ ABC $I_1 = \frac{300 \times 10^3}{\sqrt{3} \times 380} = 455.82[A]$ 【정답】 AF : 630[A], AT : 600[A]

⑤ MCCB $I_1 = \frac{200 \times 10^3}{\sqrt{3} \times 380} = 303.868[A]$ 【정답】 AF : 400[A], AT : 350[A]

|추|가|해|설|

ACB	AF	630	800	1000
	AT	200, 400, 600	400, 630, 800	1000
MCCB	AF	400	630	800
	AT	300, 350, 400	500, 630	700, 800

여기서, AF : 사이즈(규격), AT : 전류값 → ($AT \leq AF$)

① ASS에 흐르는 전류 $I = \frac{P}{\sqrt{3}\,V} = \frac{500+200}{\sqrt{3}\times 22.9} = 17.65[A]$

따라서 정격전류 200[A] 선정

② 피뢰기 정격 전압

전력 계통		피뢰기 정격전압[kV]	
전압[kV]	중성점 접지방식	변전소	배전선로
345	유효 접지	288	–
154	유효 접지	144	–
66	PC접지 또는 비접지	72	–
22	PC접지 또는 비접지	24	–
22.9	3상 4선 다중접지	21	18

【주】 전압 22.9[kV-Y] 이하의 배전선로에서 수전하는 설비의 피뢰기 정격전압[kV]은 배전선로용을 적용한다.

③ 설치 장소별 피뢰기의 공칭방전전류

공칭방전전류	설치 장소	적용 조건
10000[A]	변전소	① 154[kV] 이상 계통 ② 66[kV] 및 그 이하 계통에서 뱅크 용량이 3000[kVA]를 초과하거나 특히 중요한 곳 ③ 장거리 송전선 케이블(배전피더 인출용 단거리 케이블 제외) 및 콘덴서 뱅크를 개폐하는 곳
5000[A]	변전소	66[kV] 및 그 이하 계통에서 뱅크 용량이 3000[kVA] 이하인 곳
2500[A]	선로	배전 선로, 전압 22.9[kV-Y] 이하(22[kV] 비접지 제외)의 배전선로에서 수전하는 설비의 피뢰기 공칭 방전전류는 일반적으로 2500[A]의 것을 적용한다.

【주】 전압 22.9[kV-Y] 이하의 배전선로에서 수전하는 설비의 피뢰기 공칭방전전류는 일반적으로 2500[A]의 것을 적용한다.

④ COS

내선규정 표 32220-4에서 3상 200[kVA] 퓨즈 정격전류 : 8[A]

06

출제 : 18년 • 배점 : 6점

권수비가 30, 1차 전압이 6.6[kV]인 변압기가 있다. 다음 물음에 답하시오,

(1) 2차 전압[V]을 구하시오.

·계산 : ·답 :

(2) 부하 50[kW], 역률 0.8를 2차에 연결할 때 1차 전류 및 2차 전류를 구하시오.

·계산 : ·답 :

(3) 1차 전력[kVA]을 구하시오.

·계산 : ·답 :

|계|산|및|정|답|

(1) 【계산】 권수비 $a = \frac{V_1}{V_2}$ → 2차 전압 $V_2 = \frac{V_1}{a} = \frac{6600}{30} = 220[V]$ 【정답】 220[V]

(2) 【계산】 전력 $P = VI\cos\theta[kVA]$에서

1차전류 $I_1 = \frac{P}{V_1 \cos\theta} = \frac{50 \times 10^3}{6600 \times 0.8} = 9.47[A]$ 【정답】 9.47[A]

2차전류 $I_2 = \frac{P}{V_2 \cos\theta} = \frac{50 \times 10^3}{220 \times 0.8} = 248.091[A]$ 【정답】 248.09[A]

(3) 【계산】 전력 $P = V_1 I_1 [kVA] = 6600 \times 9.47 \times 10^{-3} = 62.502[kVA]$ 【정답】 62.5[kVA]

07

출제 : 18년 • 배점 : 6점

가공전선로의 이상 전압을 억제하기 위한 방법을 3가지 쓰시오.

|계|산|및|정|답|

·가공지선 설치 ·매설지선 설치 ·중성선 접지

|추|가|해|설|

① 가공지선 : 직격뢰에 대한 차폐, 유도뢰에 대한 정전 차폐, 통신선에 대한 전자유도 장해 경감을 목적
② 매설지선 : 철탑의 탑각 접지 저항을 낮추어 역섬락을 방지하기 위해 설치
③ 중성선 접지 : 외부 및 내부 이상 전압의 경감 및 발생을 방지

08

출제 : 00, 18년 • 배점 : 7점

PT 및 CT에 대한 다음 각 물음에 답하시오.

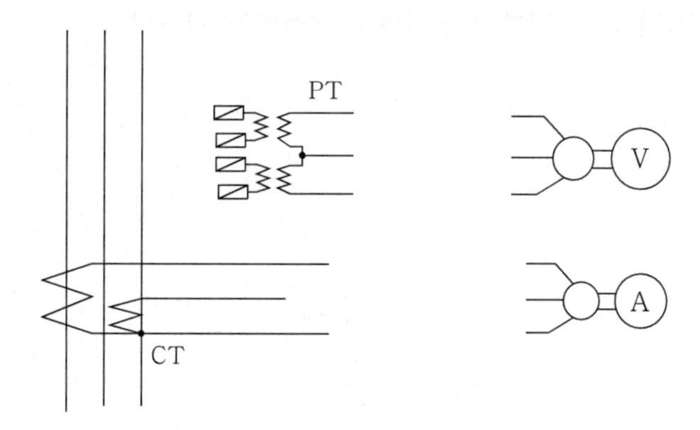

(1) 다음의 결선도는 PT 및 CT의 미완성 결선도이다. 그림 기호와 약호들을 사용하여 결선도를 완성하시오.

(2) CT는 운전 중에 개방하여서는 아니 되다. 그 이유를 쓰시오.

(3) PT와 CT의 2차측 정격전압과 정격전류를 쓰시오.

|계|산|및|정|답|

(1)

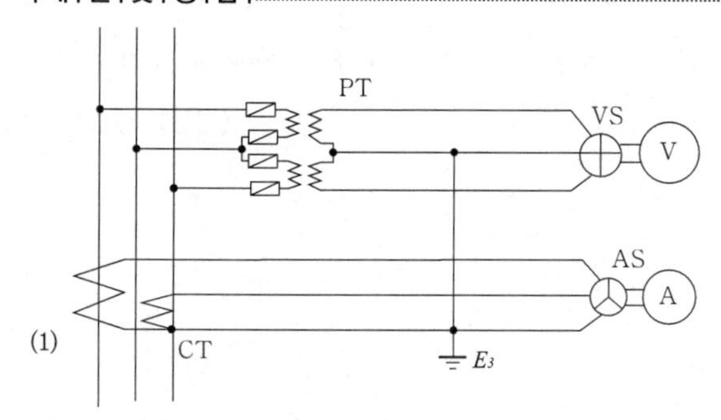

(2) CT 1차측의 부하전류가 모두 여자전류가 되어 CT 2차측에 고전압이 유기되어 기기 및 전로가 절연이 파괴될 우려가 있기 때문에 운전 중 개방하면 안 된다.

(3) ·PT의 2차측 정격전압 : 110[V]

·CT의 2차측 정격전류 : 5[A]

09

출제 : 14, 18년 • 배점 : 6점

수전전압 6600[V], 가공 전선로의 %임피던스가 58.5[%]일 때, 수전점의 3상 단락 전류가 7000[A]인 경우 기준용과 수전용 차단기의 차단용량은 얼마인가?

【차단기의 정격용량[MVA]】

10	20	30	50	75	100	150	250	300	400	500

(1) 기준용량

•계산 : •답 :

(2) 차단용량

•계산 : •답 :

|계|산|및|정|답|

(1) 【계산】 ① 기준용량 $P_n = \sqrt{3}\,VI_n[MVA]$ → (I_n : 정격전류, V : 공칭전압)

② 단락전류 $I_s = \dfrac{100}{\%Z}I_n$에서, 단락전류 $I_s = 7000[A]$, $\%Z = 58.5[\%]$

③ 정격전류 $I_n = \dfrac{\%Z}{100}I_s = \dfrac{58.5}{100} \times 7000 = 4095[A]$

∴기준용량 : $P_n = \sqrt{3}\,VI_n = \sqrt{3} \times 6600 \times 4095 \times 10^{-6} = 46.812[MVA]$ 【정답】 46.81[MVA]

(2) 【계산】 차단용량 $P_s = \dfrac{100}{\%Z}P_n = \dfrac{100}{58.5} \times 46.81 = 80.02[MVA]$ → (차단기의 정격용량 표에서 100[MVA] 선정)

【정답】 100[MVA]

|추|가|해|설|

•정격차단용량[MVA]= $\sqrt{3}$×공칭전압[kV]×단락전류[kA]

= $\sqrt{3}$×정격전압[kV]×정격차단전류[kA]

(차단기의 정격 차단전류는 단락전류보다 커야 한다.)

10 출제 : 18년 • 배점 : 13점

답안지 그림은 옥내 배선도의 일부를 표시한 것이다. ㉠, ㉡ 전등은 A스위치로, ㉢, ㉣ 전등은 B스위치로 점멸되도록 설계하고자 한다. 각 배선에 필요한 최소 전선 가닥수를 표시하시오.

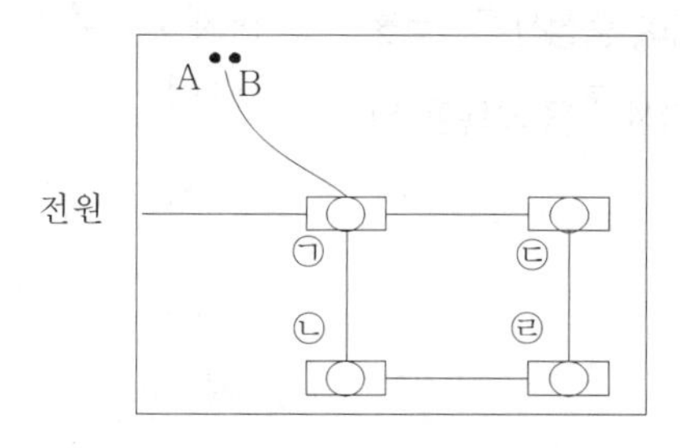

|계|산|및|정|답|

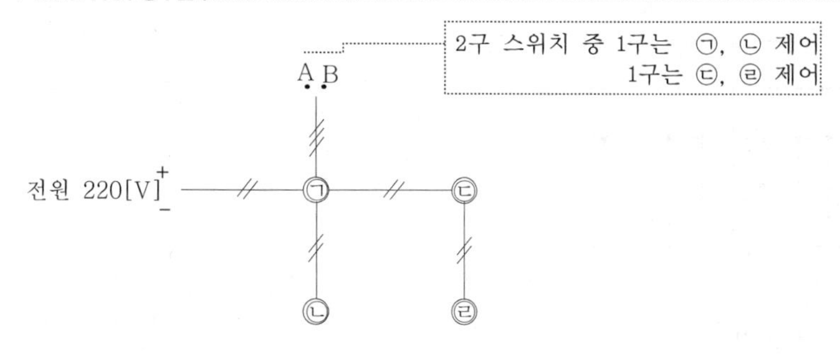

|추|가|해|설|

[배선 실체도]

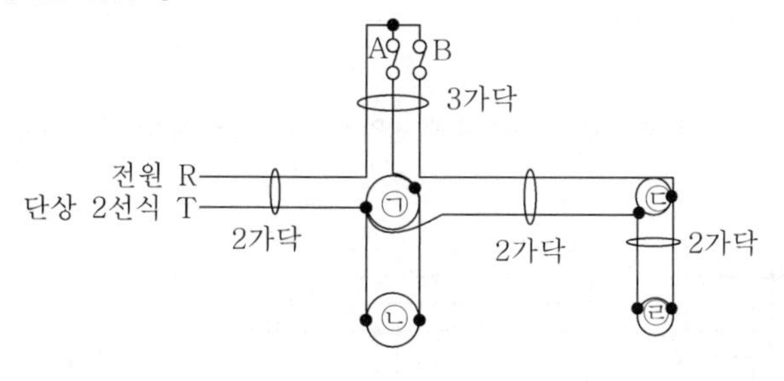

11 출제 : 18년 • 배점 : 5점

다음 그림은 TN-C-S 계통의 일부분이다. 결선하여 계통을 완성하시오. (단, 계통 일부의 중성선과 보호선을 동일 전선으로 사용하며, 중성선 /, 보호선 /, 보호선과 중성선을 접한선 /을 사용한다.)

L_1
L_2
L_3
PEN
노출도전성 부분
계통접지

|계|산|및|정|답|

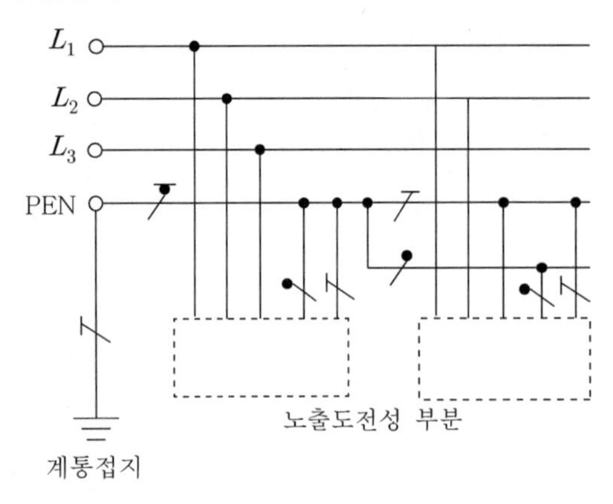

|추|가|해|설|

[보호접지설비]

① TN 계통방식 : 전력공급측을 계통접지하고, 기기의 노출 도전성 부분을 보호도체를 통해 전원의 접지점으로 연결시킨 것이며, 과전류차단기로 지락을 보호해야 한다.

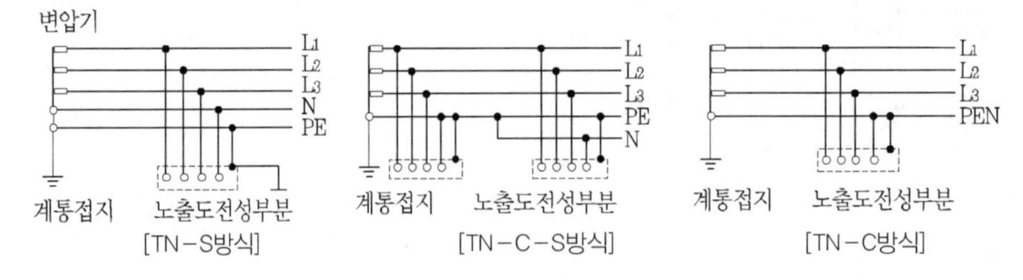

여기서, T(Terra : 접지) 대지의 일점에서 직접 연결하여 접지계통접지라고 한다.
두 번째 T(Terra : 접지) 노출도전부분을 대지에 접속 기기접지
N(Neutral : 중성점), S(Seperated : 분리), C(Combined : 조합), I(Insulation : 절연)

② TT 계통방식 : 전력공급측은 계통접지하고, 기기의 노출, 도전성 부분은 독립된 기기 접지로 하는 방법이며, 과전류차단기 또는 누전차단기로 지락을 보호해야 한다.

③ IT 계통방식 : 전력공급측 임피던스를 고려한 접지로 하고, 기기의 노출, 도전성 부분은 독립된 기기접지로 하며, 1점 지락 사고시 기기프레임의 접지저항을 낮게 하여 보호해야 한다.

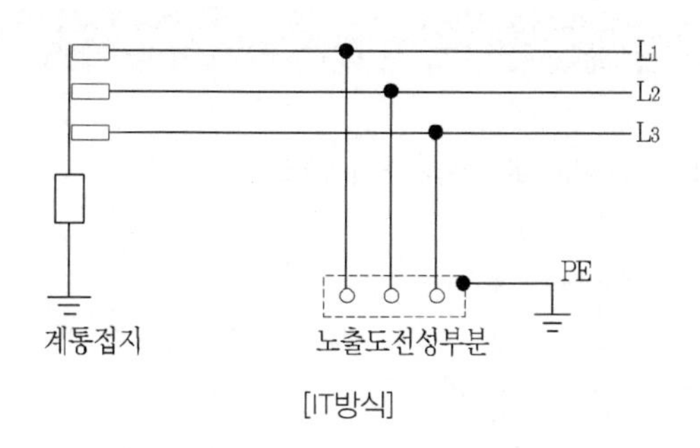

[IT방식]

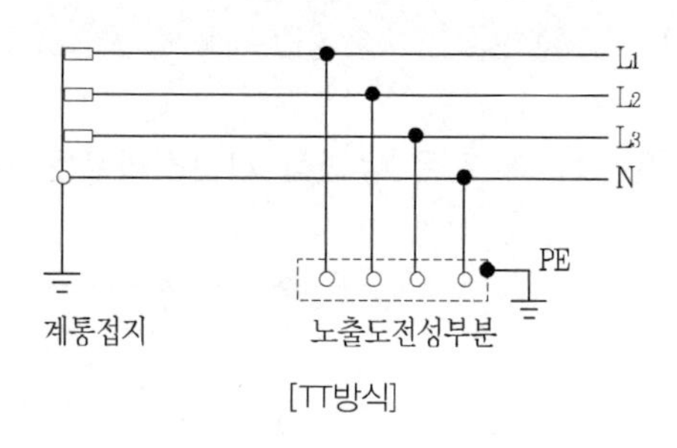

[TT방식]

12

출제 : 18년 • 배점 : 13점

고장전류(지락전류) 10000[A], 전류 통전시간 0.5[sec], 접지선(동선)의 허용온도 상승을 1000[℃]로 하였을 경우 접지선 단면적을 계산하시오.

【KSC IEC 전선의 규격(mm^2)】

2.5	4	6	10	16	25	35

·계산 :　　　　　　　　　　·답 :

|계|산|및|정|답|

【계산】 접지도선에 $I[A]$가 t초 동안 흐를 때 전선의 온도 $\theta = 0.008\left(\frac{I}{A}\right)^2 t[℃]$에서

온도 상승 $\theta = 1000[℃]$, 고장전류 $I = 10000[A]$, 통전 시간$(t) = 0.5[\text{sec}]$를 대입하면

$$1000 = 0.008 \times \left(\frac{10000}{A}\right)^2 \times 0.05$$

그러므로 단면적 $A = \sqrt{\frac{0.008 \times t}{\theta}} \times I = \sqrt{\frac{0.008 \times 5}{1000}} \times 10000 = 20$

전선의 규격표에 의해 $25[\text{mm}^2]$ 선정　　　　【정답】 $25[\text{mm}^2]$

13

출제 : 18년 • 배점 : 13점

다음 그림과 같은 유접점 시퀀스회로를 무접점 논리회로로 변경하여 그리시오.

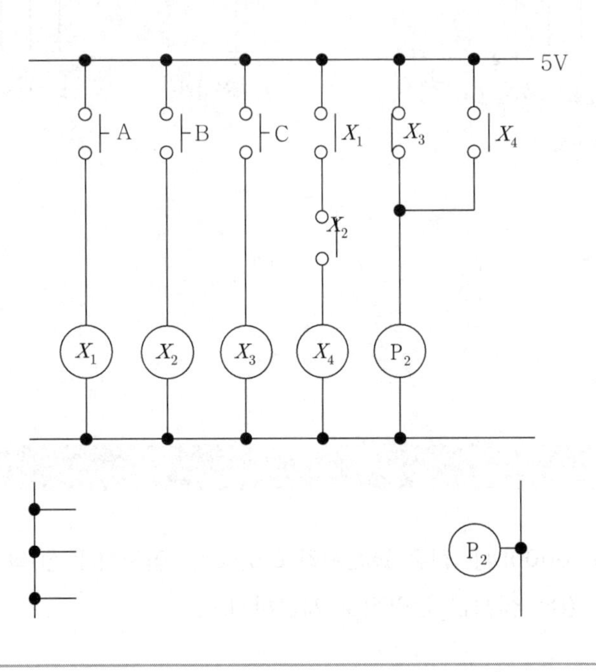

| 계 | 산 | 및 | 정 | 답 |

[무접점 논리회로]

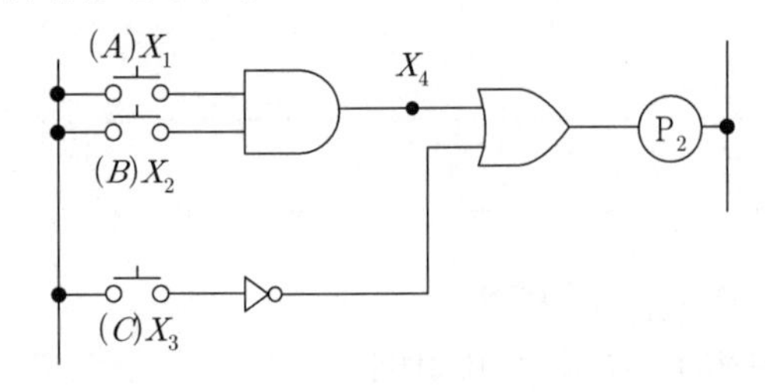

| 추 | 가 | 해 | 설 |

$X_1 = A,\ \ X_2 = B,\ \ X_3 = C,\ \ X_4 = X_1 \cdot X_2$

$\therefore P_2 = \overline{X_3} + X_4 = X_1 \cdot X_2 + \overline{X_3}$

14

출제 : 09, 18년 • 배점 : 5점

그림은 기동입력 BS_1을 준 후 일정 시간이 지난 후에 전동기 M이 기동운전되는 회로의 일부이다. 여기서 전동기 M이 기동하면 릴레이 X와 타이머 T가 복구되고 램프 RL이 점등되며 램프 GL은 소등되고, Thr이 트립되면 OL이 점등하도록 회로의 점선 부분을 아래의 수정된 회로에 완성하시오. (단, MC의 보조 접점(2a, 2b)을 모두 사용한다.)

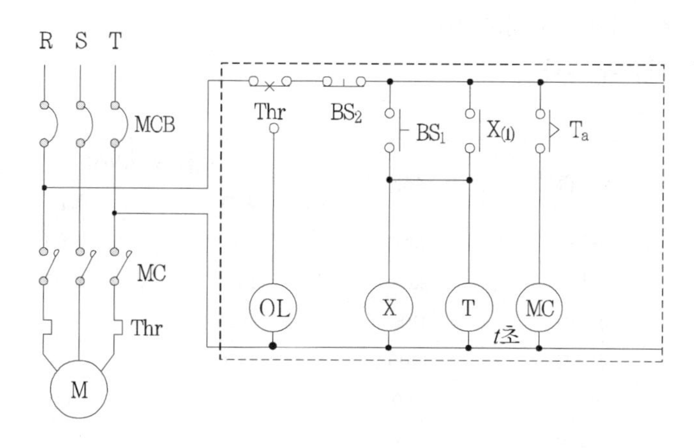

【수정된 회로】

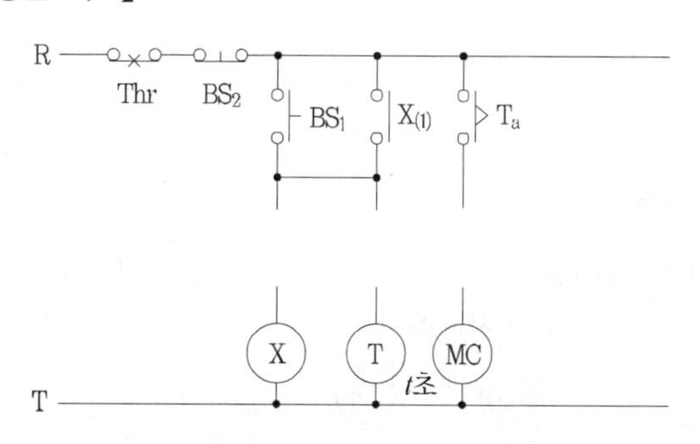

|계|산|및|정|답|

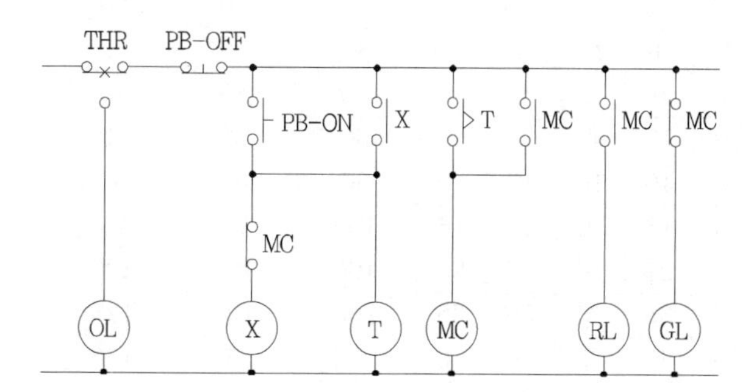

사무실로 사용하는 건물에 단상3선식 110/220[V]를 채용하고 변압기가 설치된 수전실에서 60[m] 되는 곳의 부하를 "부하 집계표"와 같이 배분하는 분전반을 시설하고자 한다. 주어진 조건과 참고자료를 이용하여 다음 각 물음에 답하시오.

- 공사는 A1으로 PVC 절연전선을 사용한다.
- 전압강하는 3[%] 이하로 되어야 한다.
- 부하집계표는 다음과 같다.

【부하집계표】

회로 번호	부하 명칭	총 부하[VA]	부하 분담[VA]		비고
			A선	B선	
1	전등	2920	1460	1460	
2	전등	2680	1340	1340	
3	콘센트	1100	1100		
4	콘센트	1400	1400		
5	콘센트	800		800	
6	콘센트	1000		1000	
7	팬코일	750	750		
8	팬코일	700		700	
합계		11350	6050	5300	

【참고 자료】

【표1】 간선의 굵기, 개폐기 및 과전류 차단기의 용량

최대 상정 부하 전류 [A]	배선종류에 의한 간선의 최소 굵기[mm^2]												과전류 차단기의 정격		
	공사방법 A1				공사방법 B1				공사방법 C				개폐기의 정격 [A]	B종 퓨즈	A종 퓨즈 또는 배선용 차단기
	2 개선		3개선		2개선		3개선		2개선		3개선				
	PVC	XLPE, EPR	PVC	XLPE, EPR	PVC	XLPE, EPR	PVC	XLPE, EPR	PVC	XLPE, EPR	PVC	XLPE, EPR			
30	4	2.5	4	2.5	2.5	2.5	2.5	2.5	2.5	2.5	2.5	2.5	30	20	20
30	6	4	6	4	4	2.5	6	4	4	2.5	4	2.5	30	30	30
40	10	6	10	6	6	4	10	6	6	4	6	4	60	40	40
50	16	10	16	10	10	6	10	10	10	6	10	6	60	50	50
60	16	10	25	16	16	10	16	10	10	10	16	10	60	60	60
75	25	16	35	25	16	10	25	16	16	10	16	16	100	75	75
100	50	25	50	35	25	16	35	25	25	16	35	25	100	100	100
125	70	35	70	50	35	25	50	35	35	25	50	35	200	125	125
150	70	50	95	70	50	35	70	50	50	35	70	50	200	150	150
175	95	70	120	70	70	50	95	50	70	50	70	50	200	200	175
200	120	70	150	95	95	70	95	70	70	50	95	70	200	200	200

최대 상정 부하 전류 [A]	배선종류에 의한 간선의 최소 굵기[mm^2]												과전류 차단기의 정격		
	공사방법 A1				공사방법 B1				공사방법 C				개폐기의 정격 [A]	B종 퓨즈	A종 퓨즈 또는 배선용 차단기
	2 개선		3개선		2개선		3개선		2개선		3개선				
	PVC	XLPE, EPR	PVC	XLPE, EPR	PVC	XLPE, EPR	PVC	XLPE, EPR	PVC	XLPE, EPR	PVC	XLPE, EPR			
250	185	120	240	150	120	70	-	95	95	70	120	95	300	250	250
300	240	150	300	185	-	95	-	120	150	95	185	120	300	300	300
350	300	185	-	240	-	120	-	-	185	120	240	150	400	400	350
400	-	240	-	300	-	-	-	-	240	120	240	185	400	400	400

【비고1】 단상 3선식 또는 3상 4선식의 간선에서 전압 강하를 감소하기 위하여 전선을 굵게 할 경우라도 중성선은 표의 값보다 굵은 것으로 할 필요는 없다.

【비고2】 최소 전선의 굵기는 1회선에 대한 것이며, 2회선 이상일 경우는 부록 500-2의 복수회로 보정계수를 적용하여야 한다.

【비고3】 공사방법 A1은 벽 내의 전선관에 공사한 절연전선 또는 단심케이블, B1은 벽면의 전선관에 공사한 절연전선 또는 단심케이블, 공사방법 C는 벽면에 공사한 단심 또는 다심케이블을 시설하는 경우의 전선 굵기를 표시하였다.

【비고4】 B종 퓨즈의 정격전류는 전선의 허용전류의 0.96배를 초과하지 않는 것으로 한다.

【표2】 간선의 수용률

건축물의 종류	수용률[%]
주택, 기숙사, 여관, 호텔, 병원, 창고	50
학교, 사무실, 은행	70

【주】 전등 및 소형 전기기계 기구의 용량 합계가 10[kVA]를 초과하는 것은 그 초과 용량에 대해서는 표의 수용률을 적용할 수 있다

【표3】 후강전선관 굵기의 선정

도체 단면적 [mm^2]	전선 본수									
	1	2	3	4	5	6	7	8	9	10
	전선관의 최소 굵기[mm]									
2.5	16	16	16	16	22	22	22	28	28	28
4	16	16	16	22	22	22	28	28	28	28
6	16	16	22	22	22	28	28	28	36	36
10	16	22	22	28	28	36	36	36	36	36
16	16	22	28	28	36	36	36	42	42	54
25	22	28	28	36	36	42	54	54	54	54
35	22	28	36	42	54	54	54	70	70	70
50	22	36	54	54	70	70	70	82	82	82
70	28	42	54	54	70	70	70	82	82	82
95	28	54	54	70	70	82	82	92	92	104
120	36	54	54	70	70	82	82	92		
150	36	70	70	82	92	92	104	104		
185	36	70	70	82	92	104				
240	42	82	82	92	104					

【비고】 1. 전선의 1본수는 접지선 및 직류회로의 전선에도 적용한다.
2. 이 표는 실험결과와 경험을 기초로 하여 결정한 것이다.
3. 이 표는 KS C IEC 60227-3의 450/750[V] 일반용 단심 비닐절연전선을 기준한 것이다.

(1) 간선으로 사용하는 전선(동도체)의 단면적은 몇 [mm^2]인가?

・계산 : ・답 :

(2) 간선 보호용 퓨즈(A종)의 정격전류는 몇 [A]인가?

(3) 이 곳에 사용되는 후강전선관의 지름은 몇 [mm]인가?

(4) 설비 불평형률은 몇 [%]가 되겠는가?

・계산 : ・답 :

|계|산|및|정|답|

(1) 【계산】 전압강하 $e = 110 \times 0.03 = 3.3$[V]

A선 전류 $I_A = \dfrac{6050}{110} = 55$[A]

B선 전류 $I_B = \dfrac{5300}{110} = 48.18$[A]이므로 전류는 A선 전류 55[A]를 기준 → (가장 많이 흐른 전류를 기준)

전선 단면적 $A = \dfrac{17.8 \times L \times I}{1000 \times e} = \dfrac{17.8 \times 60 \times 55}{1000 \times 3.3} = 17.8$[mm^2] 【정답】 전선 굵기 25[mm^2] 선정

최대상정부하전류[A]	배선종류에 의한 간선의 최소 굵기[mm^2]											
	공사방법 A1				공사방법 B1				공사방법 C			
	2 개선		3개선		2개선		3개선		2개선		3개선	
	PVC	XLPE, EPR	PVC	XLPE, EPR	PVC	XLPE, EPR	PVC	XLPE, EPR	PVC	XLPE, EPR	PVC	XLPE, EPR
30	4	2.5	4	2.5	2.5	2.5	2.5	2.5	2.5	2.5	2.5	2.5
30	6	4	6	4	4	2.5	6	4	4	2.5	4	2.5
40	10	6	10	6	6	4	10	6	6	4	6	4
50	16	10	16	10	10	6	10	10	10	6	10	6
60	16	10	25	16	16	10	16	10	10	10	16	10

(2) [표1]에서 금속관 공사, 동도체의 경우 전선의 굵기가 25[mm^2]일 때이므로 과전류차단기의 정격전류 60[A] 선정

최대상정부하전류[A]	배선종류에 의한 간선의 최소 굵기[mm^2]												과전류 차단기의 정격		
	공사방법 A1				공사방법 B1				공사방법 C				개폐기의 정격[A]	B종 퓨즈	A종 퓨즈 또는 배선용 차단기
	2 개선		3개선		2개선		3개선		2개선		3개선				
	PVC	XLPE, EPR	PVC	XLPE, EPR	PVC	XLPE, EPR	PVC	XLPE, EPR	PVC	XLPE, EPR	PVC	XLPE, EPR			
30	4	2.5	4	2.5	2.5	2.5	2.5	2.5	2.5	2.5	2.5	2.5	30	20	20
30	6	4	6	4	4	2.5	6	4	4	2.5	4	2.5	30	30	30
40	10	6	10	6	6	4	10	6	6	4	6	4	60	40	40
50	16	10	16	10	10	6	10	10	10	6	10	6	60	50	50
60	16	10	25	16	16	10	16	10	10	10	16	10	60	60	60

【정답】 60[A]

(3) [표2]에서 25[mm^2] 전선 3본이 들어갈 수 있는 전선관 28[호] 선정

도체 단면적 [mm^2]	전선 본수									
	1	2	3	4	5	6	7	8	9	10
	전선관의 최소 굵기[호]									
2.5	16	16	16	16	22	22	22	28	28	28
4	16	16	16	22	22	22	28	28	28	28
6	16	16	22	22	22	28	28	28	36	36
10	16	22	22	28	28	36	36	36	36	36
16	16	22	28	28	36	36	36	42	42	54
25	22	28	28	36	36	42	54	54	54	54
35	22	28	36	42	54	54	54	70	70	70

【정답】 28[호]

(4) 【계산】 설비불평형률 $= \dfrac{3250 - 2500}{11350 \times \dfrac{1}{2}} \times 100 = 13.22[\%]$ 【정답】 13.22[%]

$\rightarrow$ (설비불평형률 $= \dfrac{\text{중성선과 각 전압측 전선간에 접속되는 부하설비용량[kVA]의 차}}{\text{총 부하 설비 용량[kVA]의 1/2}} \times 100[\%]$)

16

출제 : 18년 • 배점 : 13점

감리원은 해당 공사현장에서 감리업무 수행상 필요한 서식을 비치하고 기록·보존하여야 한다. 해당 서류 5가지만 쓰시오.

|계|산|및|정|답|

감리원은 다음 각 호의 서식 중 해당 감리현장에서 감리업무 수행 상 필요한 서식을 비치하고 기록·보관하여야 한다.

1. 감리업무일지
2. 근무상황판
3. 지원업무수행 기록부
4. 착수 신고서
5. 회의 및 협의내용 관리대장

|추|가|해|설|

6. 문서접수대장
7. 문서발송대장
8. 교육실적 기록부
9. 민원처리부
10. 지시부
11. 발주자 지시사항 처리부
12. 품질관리 검사·확인대장
13. 설계변경 현황
14. 검사 요청서
15. 검사 체크리스트
16. 시공기술자 실명부
17. 검사결과 통보서
18. 기술검토 의견서
19. 주요기자재 검수 및 수불부
20. 기성부분 감리조서
21. 발생품(잉여자재) 정리부
22. 기성부분 검사조서
23. 기성부분 검사원
24. 준공 검사원
25. 기성공정 내역서
26. 기성부분 내역서
27. 준공검사조서
28. 준공감리조서
29. 안전관리 점검표
30. 사고 보고서
31. 재해발생 관리부
32. 사후환경영향조사 결과보고서

02 2018년 전기기사 실기

01

출제 : 18년 • 배점 : 12점

도면은 어떤 배전용 변전소의 단선 결선도이다. 이 도면과 주어진 조건을 이용하여 다음 각 물음에 답하시오.

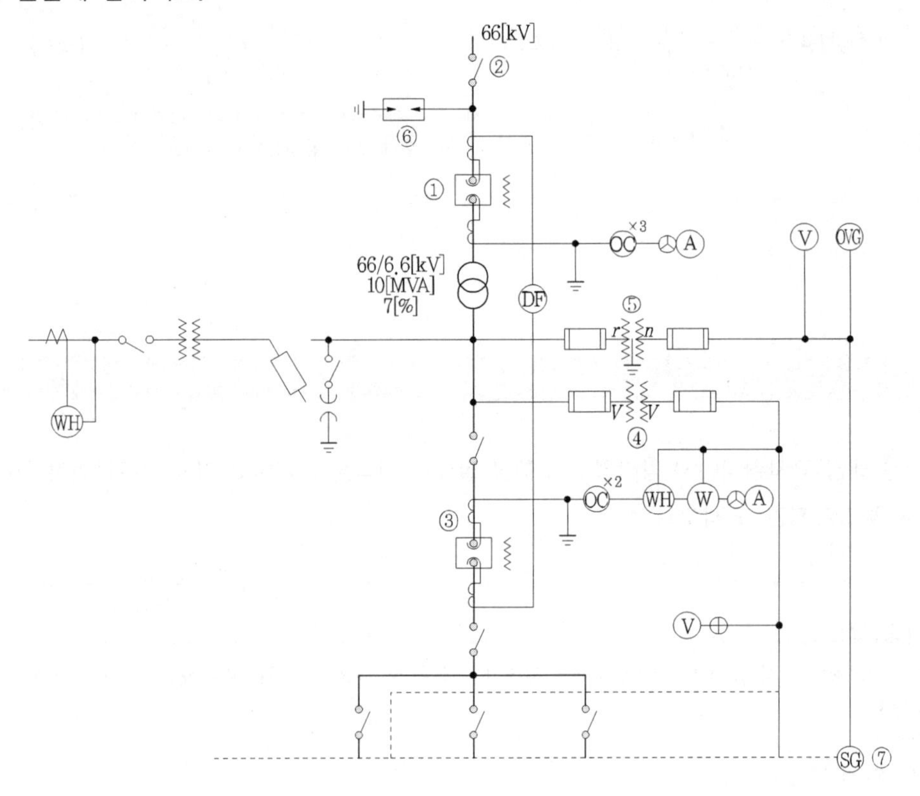

【조건】

① 주변압기의 정격은 1차 정격전압 66[kV], 2차 정격전압 6.6[kV], 정격용량은 3상 10[MVA]라고 한다.

② 주변압기의 1차측(즉, 1차 모선)에서 본 전원측 등가 임피던스는 100[MVA] 기준으로 16[%]이고, 변압기의 내부 임피던스는 자기 용량 기준으로 7[%]라고 한다.

③ 또한 각 Feeder에 연결된 부하는 거의 동일하다고 한다.

④ 차단기의 정격차단용량, 정격전류, 단로기의 정격전류, 변류기의 1차 정격전류 표준은 다음과 같다.

【조건】

정격전압[kV]	공칭전압[kV]	정격차단용량[MVA]	정격전류[A]	정격차단시간[Hz]
7.2	6.6	25	200	5
		50	400, 600	5
		100	400, 600, 800, 1200	5
		150	400, 600, 800, 1200	5
		200	600, 800, 1200	5
		250	600, 800, 1200, 2000	5
72	66	1000	600, 800,	3
		1500	600, 800, 1200	3
		2500	600, 800, 1200	3
		3500	800, 1200	3

·단로기(또는 선로개폐기 정격전류의 표준 규격)

72[kV] : 600[A], 1200[A]

7.2[kV] 이하 : 400[A], 600[A], 1200[A], 2000[A]

·CT 1차 정격전류 표준규격(단위 : [A])

50, 75, 100, 150, 200, 300, 400, 600, 800, 1200, 1500, 2000

·CT 2차 정격전류는 5[A], PT의 2차 정격전압은 110[V]이다.

(1) 차단기 ①에 대한 정격 차단 용량과 정격 전류를 산정하시오.

·계산 : ·답 :

(2) 선로 개폐기 ②에 대한 정격 전류를 산정하시오.

·계산 : ·답 :

(3) 변류기 ③에 대한 1차 정격 전류를 산정하시오.

·계산 : ·답 :

(4) PT ④에 대한 1차 정격 전압은 얼마인가?

(5) ⑤로 표기된 기기의 명칭은 무엇인가?

(6) 피뢰기 ⑥에 대한 정격 전압은 얼마인가?

(7) ⑦의 역할을 간단히 설명하시오.

|계|산|및|정|답|

(1) 【계산】 $P_s = \frac{100}{\%Z} P_n = \frac{100}{16} \times 100 = 625$[MVA]이므로 차단용량은 표에서 1000[MVA] 선정

$I_n = \frac{P}{\sqrt{3} \cdot V} = \frac{10 \times 10^3}{\sqrt{3} \times 66} = 87.48$[A]이므로 정격전류는 [표]에서 차단용량 1000[MVA]에서 600[A]와 800[A] 중에서 600[A] 선정

【정답】 차단용량 1000[MVA], 정격전류 600[A]

(2) 단로기에 흐르는 전류 $I_n = \frac{P}{\sqrt{3} \cdot V} = \frac{10 \times 10^3}{\sqrt{3} \times 66} = 87.48$[A]이므로 주어진 조건에서 72[KV]의 정격전류 중에 600[A]와 1200[A] 중에서 600[A] 선정

【정답】 정격전류 600[A]

(3) 변압기 2차 정격전류는 →(2차 정격전압 6.6[kV]이므로)

$I_{2n} = \frac{10 \times 10^3}{\sqrt{3} \times 6.6} = 877.77$[A]이므로 변류기 1차 전류는

$I_{2n} \times (1.25 \sim 1.5) = 874.77 \times (1.25 \sim 1.5) = 1093.46 \sim 1312.16$[A] 전류범위 내에 있는 정격으로 정한다.

【정답】 1200[A]

(4) 6,600[V]

(5) 접지형 계기용 변압기(GPT)

(6) 72[kV]

(7) 다회선 선로에서 지락사고 시 지락회선을 선택 차단하는 선택접지계전기(SGR)

02

출제 : 18년 • 배점 : 5점

조명방식 중 배광에 의한 분류 5가지를 쓰시오.

|계|산|및|정|답|

[조명기구 배광에 따른 분류]

직접조명, 반직접조명, 전반확산조명, 반간접조명, 간접조명

※배광 : 빛이 분배되는 방법을 말한다.

|추|가|해|설|

	분류	직접 조명 방식	반직접 조명 방식	전반확산 조명 방식	반간접 조명 방식	간접 조명 방식
배광	상반부광속 하반부광속	0 10 100 90	40 60	60 40	90 10	100 0
	배광 곡선					
특징		•조명률이 크다(경제적). •실내면 반사율의 영향이 적다. •공장조명에 특히 적합	•방 전체가 밝다. •글레어가 비교적 적다. •사무실, 학교 등에 적합			•실내면 반사율의 영향이 크다. •그림자가 적고 글레어 적은 조명이 가능 •분위기를 중요시 하는 조명에 적합

03

출제 : 18년 • 배점 : 5점

변압기 중성점 접지(계통목적) 목적 3가지를 쓰시오.

|계|산|및|정|답|

[중성점 접지방식 목적]
① 대지 전위 상승을 억제하여 절연레벨 경감
② 뇌, 아크 지락 등에 의한 이상전압의 경감 및 발생을 방지
③ 지락고장 시 접지계전기의 동작을 확실하게
④ 1선 지락시의 아크 지락을 빨리 소멸

04

출제 : 18년 • 배점 : 4점

200[kVA] 변압기 두 대로 V결선하여 사용할 경우 계약 수전전력에 의한 최대 전력[kW]을 구하시오. (단, 소수점 첫째자리에서 반올림 할 것)

|계|산|및|정|답|

[V결선 시의 출력] $P_V = \sqrt{3}P_1 = \sqrt{3} \times 200 = 346.41 \rightarrow 346[\mathrm{kW}]$

※ 특히 반올림 및 단위에 주의할 것. 계약전력은 유효전력이므로 [kW]로 해야 한다.

【정답】 346[kW]

|추|가|해|설|

[계약 수전 설비에 의한 계약 최대 전력의 결정]

① 계약 수전설비에 의한 계약 최대 전력의 결정은 계약 수전 설비(변압기) 표시 용량의 합계(1[kVA]를 1[kW]로 본다)로 한다. 다만, 3상 공급을 위하여 단상 변압기를 결합 사용한 경우의 계약 최대 전력은 다음 각 호에 의한다.
(가) △ 또는 Y결선의 경우 : 결선된 단상 변압기 용량의 합계
(나) 동일 용량의 변압기를 V결선한 경우 : 결선된 단상 변압기 용량 합계의 86.6[%]
(다) 서로 다른 용량의 변압기를 V결선한 경우 : 계약 최대 전력 $=(A-B)+(B \times 2 \times 0.866)$
[큰 용량의 변압기(A), 작은 용량의 변압기(B)]

② 2단계 변압 시설을 가진 수용에 대하여는 수용가의 희망에 따라 차 계약 수전 설비의 부하측 변압기(이하 "2차 변압기"라 합니다)를 기준, 제1항에 의하여 계약 최대 전력을 결정할 수 있다.
이 경우, 2차 변압기의 전원 측 전압과 같은 전압의 계약 부하 설비가 있을 경우에는 동부하 설비는 제16조(계약 부하 설비에 의한 계약 최대 전력의 결정)에 의하여 산정한 후 2차 변압기 용량을 기준하여 산정한 전력에 가산한다.

③ 공급 전압과 같은 전압의 계약 부하 설비가 있는 경우에는 동부하 설비는 제16조(계약부하 설비에 의한 계약 최대 전력의 결정)에 의하여 산정하고 기타 계약 수전 설비는 제1항 및 제2항에 의하여 산정한 후 각각 합산한 전력을 계약 최대 전력으로 할 수 있다.

05

출제 : 09, 18년 • 배점 : 6점

인텔리전트 빌딩(Intelligent building)은 빌딩 자동화시스템, 사무자동화시스템, 정보통신시스템, 건축환경을 총 망라한 건설과 유지관리의 경제성을 추구하는 빌딩이라 할 수 있다. 이러한 빌딩의 전산시스템을 유지하기 위하여 비상전원으로 사용되고 있는 UPS에 대해서 다음 각 물음에 답하시오.

(1) UPS를 우리말로 하면 어떤 것을 뜻하는가?

(2) UPS에서 AC → DC부와 DC → AC부로 변화하는 부분의 명칭을 각각 무엇이라 부르는가?

(3) UPS가 동작되면 전력 공급을 위한 축전지가 필요한데 그 때의 축전지 용량을 구하는 공식을 쓰시오. 단, 사용기호에 대한 의미도 설명하도록 하시오.

|계|산|및|정|답|

(1) 무정전 전원 공급장치

(2) ·AC → DC(컨버터)　　　·DC → AC(인버터)

(3) 축전지 용량 $C = \frac{1}{L}KI$[Ah]

여기서, C : 축전지의 용량[Ah], L : 보수율(경년용량 저하율), I : 방전전류[A], K : 용량환산 시간계수

06

출제 : 12, 18년 • 배점 : 4점

다음 상용전원과 예비전원 운전 시 유의하여야 할 사항이다. (　)안에 알맞은 내용을 쓰시오.

> 상시 전원과 예비전원사이에는 병렬운전을 하지 않는 것이 원칙이므로 수전용 차단기와 발전용 차단기 사이에는 전기적 또는 기계적 (①)을 시설하고 (②)를 사용해야 한다.

|계|산|및|정|답|

① 인터록장치　　② 전환개폐기

|추|가|해|설|

내선규정 4168-7 (전환개폐기의 설치)
상시 전원의 정전 시에 상시 전원에서 예비 전원으로 전환하는 경우에 그 접속하는 부하 및 배선이 동일한 경우는 양전원의 접속점에 전환개폐기를 사용하여야 한다.

07

출제 : 10, 18년 • 배점 : 6점

어느 건물의 부하는 하루에 240[kW]로 5시간, 100[kW]로 8시간, 75[kW]로 나머지 시간을 사용한다. 이의 수전설비를 450[kVA]로 하였을 때에 부하의 평균 역률이 0.8이라면 이 건물의 수용률과 일부하율은 얼마인가?

(1) 이 건물의 수용률[%]을 구하시오.

•계산 : •답 :

(2) 이 건물의 일부하율[%]을 구하시오.

•계산 : •답 :

|계|산|및|정|답|

(1) 【계산】 수용률 $= \dfrac{\text{최대수용전력}}{\text{부하설비용량}} \times 100 = \dfrac{240}{450 \times 0.8} \times 100 = 66.67[\%]$

【정답】 66.67[%]

(2) 【계산】 부하율 $= \dfrac{\text{평균전력}}{\text{최대수용전력}} \times 100 = \dfrac{240 \times 5 + 100 \times 8 + 75 \times 11}{240 \times 24} \times 100 = 49.05[\%]$

【정답】 49.05[%]

08

출제 : 14, 18년 • 배점 : 8점

다음의 논리식을 간단히 하시오.

(1) $Z = (A+B+C)A$

(2) $Z = \overline{A}C + BC + AB + \overline{B}C$

|계|산|및|정|답|

(1) $Z = A(A+B+C) = AA + AB + AC = A + AB + AC = A(1+B+C) = A$

(2) $Z = \overline{A}C + BC + AB + \overline{B}C = AB + C(\overline{A} + B + \overline{B}) = AB + C$

|추|가|해|설|

(1) $A \cdot A = A$, $A+1=1$, $A \cdot 1 = A$

(2) $A + \overline{A} = 1$, $A+1=1$, $A \cdot 1 = A$

09

출제 : 18년 • 배점 : 5점

다음 주어진 표에 절연내력 시험전압을 빈 칸에 채워 넣으시오.

정격전압	최대 전압	접지방식	절연내력 시험전압[V]
6600	6900	-	①
13200	13800	다중접지방식	②
22900	24000	다중접지방식	③

|계|산|및|정|답|

① 6900×1.5=10350

② 13800×0.92=12696

③ 2400×0.92=22080

|추|가|해|설|

① 고압 및 특별고압 전로의 절연내력 시험방법

절연내력 시험할 부분에 최대사용전압에 의하여 결정되는 시험전압을 계속하여 10분간 가하여 견디어야 한다.

② 절연내력 시험전압

구분	종류(최대 사용 전압을 기준으로)	시험 전압
①	최대 사용 전압 7[kV] 이하인 권선 (단, 시험전압이 500[V] 미만으로 되는 경우에는 500[V])	최대사용전압×(1.5)배
②	7[kV]를 넘고 25[kV] 이하의 권선으로서 중성선 다중접지식에 접속되는 것	최대사용전압×(0.92)배
③	7[kV]를 넘고 60[kV] 이하의 권선(중성선 다중접지 제외) (단, 시험전압이 10,500[V] 미만으로 되는 경우에는 10,500[V])	최대사용전압×(1.25)배
④	60[kV]를 넘는 권선으로서 중성점 비접지식 전로에 접속되는 것	최대사용전압×(1.25)배
⑤	60[kV]를 넘는 권선으로서 중성점 접지식 전로에 접속하고 또한 성형결선의 권선의 경우에는 그 중성점에 T좌 권선과 주좌 권선의 접속점에 피뢰기를 시설하는 것 (단, 시험전압이 75[kV] 미만으로 되는 경우에는 75[kV])	최대사용전압×(1.1)배
⑥	60[kV]를 넘는 권선으로서 중성점 직접 접지식 전로에 접속하는 것, 다만 170[kV]를 초과하는 권선에는 그 중성점에 피뢰기를 시설하는 것	최대사용전압×(0.72)배
⑦	170[kV]를 넘는 권선으로서 중성점 직접접지식 전로에 접속하고 또는 그 중성점을 직접 접지하는 것	최대사용전압×(0.64)배
(예시)	기타의 권선	최대사용전압×(1.1)배

10

출제 : 18년 • 배점 : 5점

50[mm^2](0.3195[Ω/km]), 전장 3.6[km]인 3심 전력 케이블의 어떤 중간 지점에서 1선 지락 사고가 발생하여 전기적 사고점 탐지법의 하나인 머레이 루프법으로 측정한 결과 그림과 같은 상태에서 평형이 되었다고 한다. 측정점에서 사고 지점까지의 거리를 구하시오.

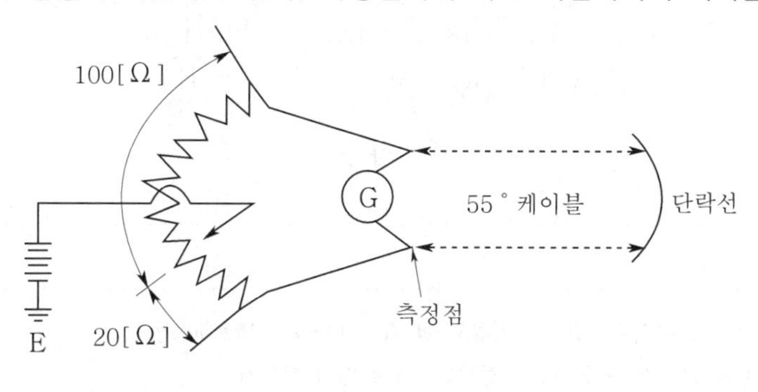

·계산 : ·답 :

|계|산|및|정|답|

[휘스톤 브리지의 원리]를 이용

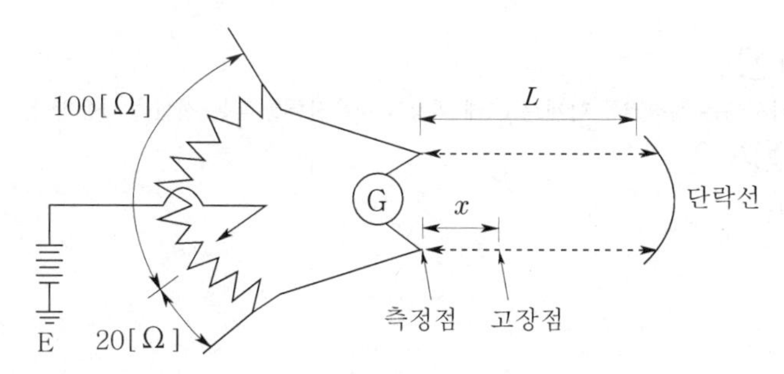

여기서, x : 고장점까지의 거리, L : 전장[km]

【계산】 $20\times(2L-x)=100\times x \quad \rightarrow \quad \therefore x=\frac{40L}{120}=\frac{40\times3.6}{120}=1.2$[km] 【정답】 1.2[km]

|추|가|해|설|

[휘트니톤 브리지 등가회로]

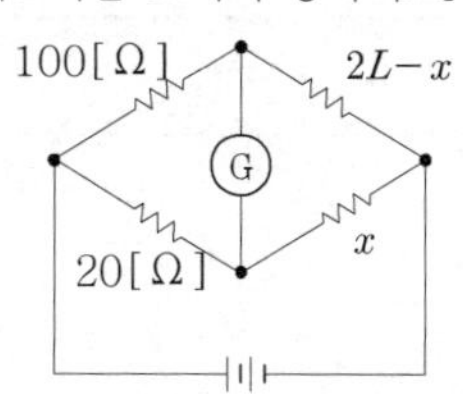

저항 $R=\rho\frac{L}{A}[\Omega]$에서 전선의 단면적이 동일하면, $R\propto L$(길이)로 가정하고 계산할 수 있다.

11

출제 : 18년 • 배점 : 4점

회로에 그림과 같이 부하가 연결되어 있다. 간선의 허용전류 [A]를 구하시오. (단, M : 전동기, H : 전열기)

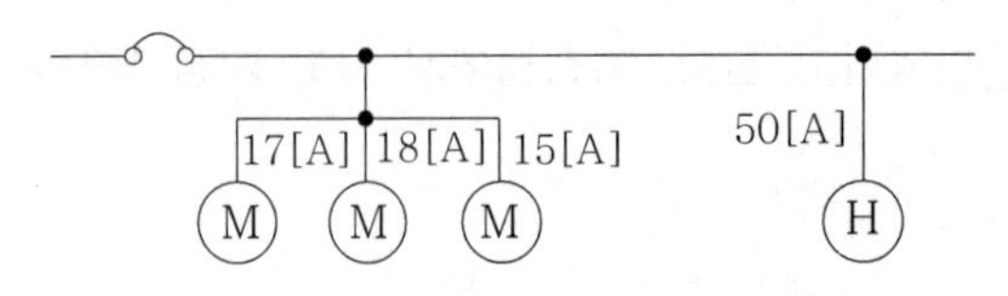

·계산 : ·답 :

|계|산|및|정|답|

【계산】 전열기 전류의 합 $I_H = 50[A]$, 전동기 전류의 합 $I_M = 17+18+15 = 50[A]$

전동기 부하전류의 크기가 기타(전열기 등)보다 크지 않기 때문에

간선의 허용전류 $I_a = 17+18+15+50 = 100[A]$

【정답】 100[A]

|추|가|해|설|

[전등 및 전력장치 등을 병용하는 전선의 굵기]

·간선에 접속하는 전동기 정격전류 합계가 50[A] 이하일 경우는 정격전류 합계의 1.25배 이상의 허용전류를 갖는 전선을 사용한다.

즉, $\sum I_M \leq 50[A]$인 경우 : $I_a \geq 1.25 \times \sum I_M + \sum I_H$

·간선에 접속하는 전동기 정격전류 합계가 50[A] 초과시에는 정격전류 합계는 1.1배 이상의 허용전류를 갖는 전선을 사용한다.

즉, $\sum I_M > 50[A]$인 경우 : $I_a \geq 1.1 \times \sum I_M + \sum I_H$

·그 외($\sum I_M \leq \sum I_H$)인 경우 : $I_a \geq \sum I_M + \sum I_H$

12

출제 : 18년 • 배점 : 6점

최대 전력을 억제할 수 있는 방법 3가지를 쓰시오.

|계|산|및|정|답|

① 최대 수요전력제어 설비 구축

② 부하이전(Peack shift)

③ ESS(에너지 저장장치)를 설치하여 피크부하시 또는 일정 전력을 공급

|추|가|해|설|

※최대 전력을 억제한다는 것은 에너지를 절약하고 싶다는 것으로 보면 된다. 그럼으로써 발전설비의 용량을 줄일 수가 있는 것이다.

13

출제 : 18년 • 배점 : 6점

$V_a = 7.3\angle 12.5°$, $V_b = 0.4\angle -100°$, $V_c = 4.4\angle 154°$ 일 때 다음 값을 구하시오.

(1) V_0의 값

·계산 : ·답 :

(2) V_1의 값

·계산 : ·답 :

(3) V_2의 값

·계산 : ·답 :

|계|산|및|정|답|

(1) 【계산】 $V_0 = \frac{1}{3}(V_a + V_b + V_c) = \frac{1}{3}(7.3\angle 12.5° + 0.4\angle -100° + 4.4\angle 154°) = 1.03 + j1.04 = 1.46\angle 45.28°$ [V]

【정답】 $V_0 = 1.46\angle 45.28°$ [V]

(2) 【계산】 $V_1 = \frac{1}{3}(V_a + aV_b + a^2V_c) = \frac{1}{3}(7.3\angle 12.5° + 1\angle 120° \times 0.4\angle -100° + 1\angle -120° \times 4.4\angle 154°)$
$= 3.72 + j1.39 = 3.97\angle 20.49°$

【정답】 $V_1 = 3.97\angle 20.49°$

(3) 【계산】 $V_2 = \frac{1}{3}(V_a + a^2V_b + aV_c) = \frac{1}{3}(7.3\angle 12.5° + 1\angle 240° \times 0.4\angle -100° + 1\angle 240° \times 4.4\angle 154°)$
$= 2.38 - j0.85 = 2.53\angle -19.65°$ [V]

【정답】 $V_2 = 2.53\angle -19.65°$ [V]

|추|가|해|설|

[복수소의 표현]

$\dot{A} = A\angle\theta = A(\cos\theta + j\sin\theta)$ $\quad a = 1\angle 120° = -\frac{1}{2} + j\frac{\sqrt{3}}{2}$ $\quad a^2 = 1\angle -120° = -\frac{1}{2} - j\frac{\sqrt{3}}{2}$

(1) 영상 전압 $V_0 = \frac{1}{3}(V_a + V_b + V_c)$

$$= \frac{1}{3}(7.3\angle 12.5° + 0.4\angle -100° + 4.4\angle 154°)$$
$$= \frac{1}{3}(7.3(\cos 12.5° + j\sin 12.5°) + 0.4(\cos 100° - j\sin 100) + 4.4(\cos 154° + j\sin 154°))$$
$$= 1.03 + j1.04 = 1.46\angle 45.28° \text{ [V]}$$

(2) 정상전압 : $V_1 = \frac{1}{3}(V_a + aV_b + a^2V_c)$

$$= \frac{1}{3}(7.3\angle 12.5° + 1\angle 120° \times 0.4\angle -100° + 1\angle -120° \times 4.4\angle 154°)$$
$$= \frac{1}{3}(7.3\angle 12.5° + 1\times 0.4\angle(120° - 100°) + 1\times 4.4\angle(-120° + 154°))$$
$$= \frac{1}{3}(7.3\angle 12.5° + 0.4\angle 20° + 4.4\angle 34°)$$
$$= \frac{1}{3}[7.3(\cos 12.5° + j\sin 12.5°) + 0.4(\cos 20° + j\sin 20°) + 4.4(\cos 34° + j\sin 34°)]$$
$$= \frac{1}{3}\times(7.1270 + j1.58 + 0.3759 + j0.1368 + 3.6478 + j2.4605)$$
$$= 3.72 + j1.39 = 3.97\angle 20.49°$$

(2) 역상전압 : $V_2 = \frac{1}{3}(V_a + a^2 V_b + a V_c)$

$$= \frac{1}{3}(7.3\angle 12.5° + 1\angle -120° \times 0.4\angle -100° + 1\angle 120° \times 4.4\angle 154°)$$

$$= \frac{1}{3}(7.3\angle 12.5° + 0.4\angle -220° + 4.4\angle 274°)$$

$$= \frac{1}{3}[7.3(\cos 12.5 + j\sin 12.5°) + 0.4(\cos 220 - j\sin 220°) + 4.4(\cos 274 + j\sin 274°)]$$

$$= \frac{1}{3} \times (7.1270 + j1.58 - 0.3063 + j0.2572 + 0.3070 - j4.3893)$$

$$= 2.38 - j0.85 = 2.53\angle -19.65° \, [V]$$

14

출제 : 18년 • 배점 : 6점

다음 조건에 주어진 PLC 프로그램을 보고 물음에 답하시오.

단, ① S : 입력 a 접점(신호) ② SN : 입력 b 접점(신호) ③ A : AND a 접점
④ AN : AND b 접점 ⑤ O : OR a 접점 ⑥ ON : OR b 접점
⑦ W : 출력

주소	명령어	번지
0	S	P000
1	AN	M000
2	ON	M001
3	W	P011

(1) PLC 논리회로를 완성하시오.

(2) 논리식을 완성하시오.

|계|산|및|정|답|

(1)

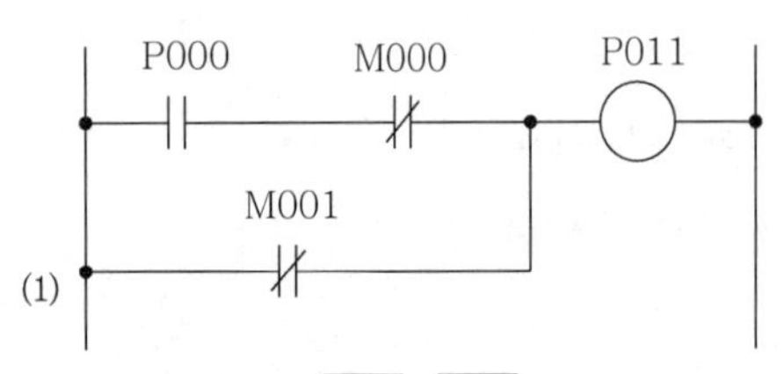

(2) $P011 = P000 \cdot \overline{M000} + \overline{M001}$

15

출제 : 18년 • 배점 : 6점

답안지의 도면은 3상농형유도전동기 IM의 Y－△ 기동운전제어의 미완성 회로도이다. 이 회로도를 보고 다음 각 물음에 답하시오.

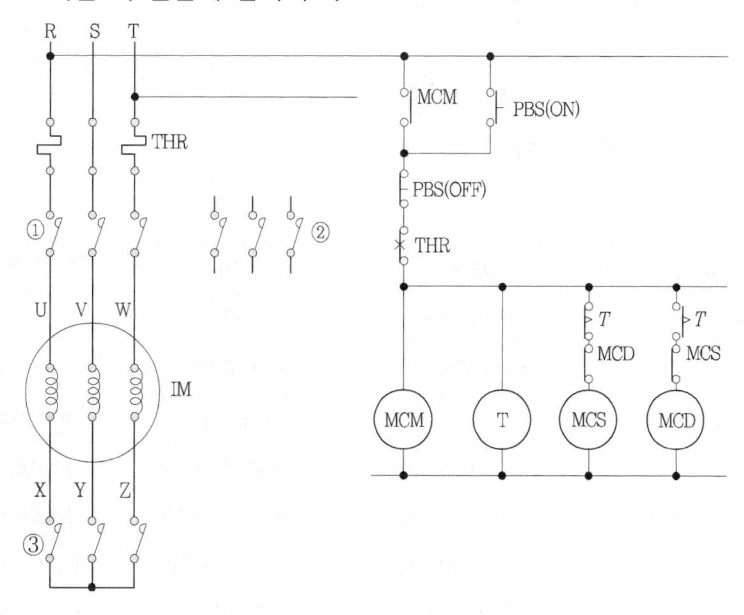

(1) ①~③에 해당되는 전자접촉기 접점의 약호는 무엇인가?

(2) 전자접촉기 MCS는 운전 중에는 어떤 상태로 있겠는가?

(3) 미완성 회로도의 주회로 부분에 Y－△ 기동운전결선도를 작성하시오.

|계|산|및|정|답|

(1) ① MCM ② MCD ③ MCS

(2) 복구(무여자)

(3)

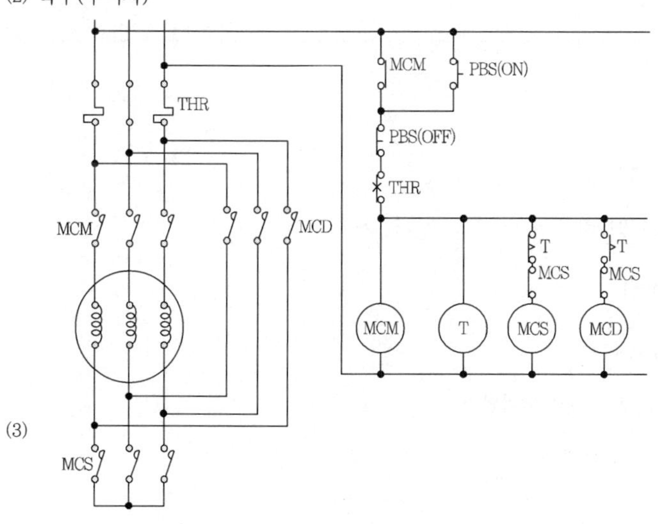

16

출제 : 18년 • 배점 : 6점

그림과 같은 송전계통 S점에서 3상단락사고가 발생하였다. 주어진 도면과 조건을 참고하여 고장점 및 차단기를 통과하는 단락전류를 구하시오.

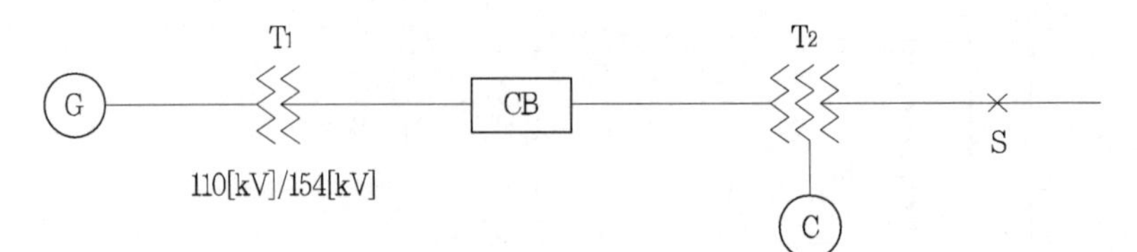

【조건】

번호	기기명	용량	전압	$\%X$
1	G : 발전기	50,000[kVA]	11[kV]	30
2	T_1 : 변압기	50,000[kVA]	11/154[kV]	12
3	송전선		154[kV]	10(10000[kVA])
4	T_2 : 변압기	1차 25000[kVA]	154[kV](1차~2차)	12(25000[kVA])
		2차 30000[kVA]	77[kV](2차~3차)	15(25000[kVA])
		3차 10000[kVA]	11[kV](3차~1차)	10.8(10000[kVA])
5	C : 조상기	10000[kVA]	11[kV]	20

(1) 고장점의 단락전류

•계산 : •답 :

(2) 차단기의 단락전류

•계산 : •답 :

|계|산|및|정|답|

(1) 【계산】 고장점의 단락전류

① 100[MVA] 기준 $\%Z$ 환산하면

•발전기(G) $\%X_G = \frac{100}{50} \times 30 = 60[\%]$

•변압기(T_1) $\%X_T = \frac{100}{50} \times 12 = 24[\%]$

•송전선 $\%X_l = \frac{100}{10} \times 10 = 100[\%]$

•조상기 $\%X_C = \frac{100}{10} \times 20 = 200[\%]$

② 100[MVA] 기준 T_2 변압기의 1차, 2차, 3차 임피던스

•1차~2차간 : $\%X_{P-T} = \frac{100}{25} \times 12 = 48[\%]$

·2차~3차간 : $\%X_{T-S} = \dfrac{100}{25} \times 15 = 60[\%]$

·3차~1차간 : $\%X_{S-P} = \dfrac{100}{10} \times 10.8 = 108[\%]$

·1차 $\%X_P = \dfrac{48 + 108 - 60}{2} = 48[\%]$

·2차 $\%X_T = \dfrac{48 + 60 - 108}{2} = 0[\%]$

·3차 $\%X_S = \dfrac{60 + 108 - 48}{2} = 60[\%]$

③ 발전기에서 T_2 변압기 1차까지 $\%X_1 = 60 + 24 + 100 + 48 = 232[\%]$

조상기에서 T_2 변압기 3차까지 $\%X_2 = 200 + 60 = 260[\%]$ 병렬이므로

합성 $\%Z = \dfrac{\%X_1 \times \%X_2}{\%X_1 + \%X_2} + X_T = \dfrac{232 \times 260}{232 + 260} + 0 = 122.6[\%]$

④ 고장점의 단락전류

$I_s = \dfrac{100}{\%Z} \times I_n = \dfrac{100}{122.6} \times \dfrac{100 \times 10^3}{\sqrt{3} \times 77} = 611.59[A]$

【정답】 611.59[A]

(2) 【계산】 차단기의 단락전류

전류 분배의 법칙을 이용 $I_{s1}' = I_s \times \dfrac{\%Z_2}{\%Z_1 + \%Z_2} = 611.59 \times \dfrac{260}{232 + 260}$ [A]를 구한 후

전류와 전압의 반비례를 이용해 154[kV]를 환산하면

차단기의 단락전류 $I_s' = 611.59 \times \dfrac{260}{232 + 260} \times \dfrac{77}{154} = 161.6[A]$

【정답】 161.6[A]

03 2018년 전기기사 실기

01

출제 : 09, 18년 • 배점 : 6점

다음은 가공 송전 선로의 코로나 임계전압을 나타낸 식이다. 이 식을 보고 다음 물음에 답하시오.

코로나 임계전압 $E_0 = 24.3 m_0 m_1 \delta d \log_{10}\frac{D}{r}$[kV]

(1) 기온 t[℃]에서의 기압을 b[mmHg]로 하면 $\delta = \frac{0.386b}{273+t}$ 에서 δ은 무엇인가?

(2) m_1이 날씨에 관한 계수라면 m_0는 무슨 계수인가?

(3) 코로나 장해 2가지를 쓰시오.

(4) 코로나 방지 주요대책 2가지를 쓰시오.

|계|산|및|정|답|

(1) 상대 공기 밀도

(2) 전선의 표면 상태에 의해서 정해지는 계수

(3) ① 코로나 손실 발생, ② 코로나 잡음, ③ 통신선에의 유도장해, ④ 소호리액터의 소호능력저하
⑤ 전선의 부식촉진

(4) ① 굵은 전선을 사용한다, ② 복도체를 사용한다, ③ 가선 금구를 개량한다.

|추|가|해|설|

1. 코로나 현상 : 전선에 어느 한도 이상의 전압을 인가하면 전선 주위에 공기 절연이 국부적으로 파괴되어 엷은 불꽃이 발생하거나 소리가 발생하는 현상이다.
2. 코로나 임계전압 $E_0 = 24.3 m_0 m_1 \delta d \log_{10}\frac{D}{r}[kV]$

   여기서, m_0 : 전선의 표면 상태에 따라 정해지는 계수, m_1 : 날씨에 관계되는 계수
   d : 전선의 지름[cm], D : 등가선간거리[cm], r : 전선의 반지름[cm]
   δ : 상대공기밀도($\delta = \frac{0.386b}{273[°]+t}$) → (b : 기압, t : 온도))
3. 코로나 현상에 대한 영향
   ① 코로나 손실 발생 및 송전 효율의 저하
   ② 코로나 잡음(반송 계전기, 반송 통신설비에 잡음 방해)
   ③ 통신사 유도장애
   ④ 소호 리액터에 대한 영향(소호 불능)
   ⑤ 오존(O_3)의 발생으로 인한 전선의 부식 촉진
   ⑥ 고주파 전압, 전류의 발생
4. 코로나 발생 방지대책
   ① 코로나 임계전압을 정규 전압 이상으로 높여 준다.
   ② 굵은 전선을 사용한다.
   ③ 가선금구를 개량한다.

02

출제 : 18년 • 배점 : 4점

ALTS에 대한 명칭 및 역할을 쓰시오.

· 명칭 :

· 역할 :

|계|산|및|정|답|

(1) 【명칭】 자동부하전환개폐기(ALTS : Automatic Load Transfer Switch)

(2) 【역할】 정전 시에 예비전원으로 자동 전환하여 무정전전원공급을 수행하는 개폐기로서 주전원이 정상적으로 복구되면 상시 전원 공급체제로 복구된다.

03

출제 : 16(산), 18년 • 배점 : 6점

그림은 각 지점 간의 저항을 동일하다고 가정하고 간선 AD 사이에 전원을 공급하려고 한다. 전력손실을 최소로 하려면 간선 AD 사이의 어느 지점에 전원을 공급하는 것이 가장 좋은가?

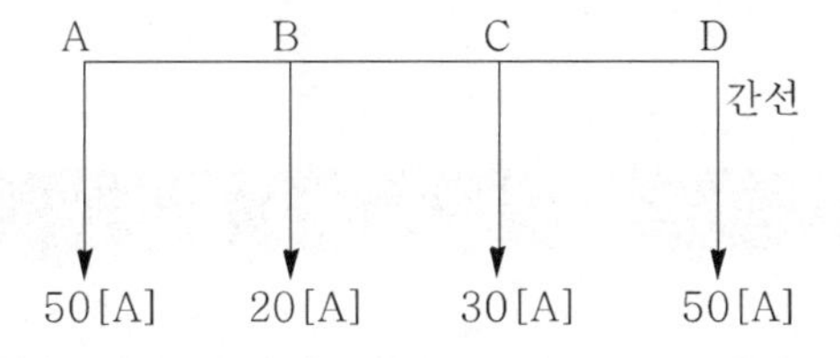

|계|산|및|정|답|

저항값이 같으므로 AB, BC, CD의 저항을 r[Ω]이라고 가정

전력손실 $P_l = I^2 r[W]$이므로 각 점의 전력손실은 다음과 같다.

① A점에서 공급할 경우

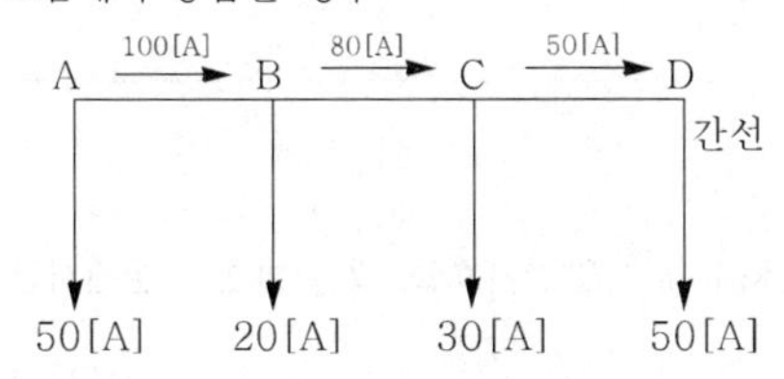

$\therefore P_{lA} = 100^2 r + 80^2 r + 50^2 r = 18900r[W]$

② B점 : $P_{lB} = 50^2 r + 80^2 r + 50^2 r = 11400r[W]$

③ C점 : $P_{lC} = 50^2 r + 70^2 r + 50^2 r = 9900r[W]$

④ D점 : $P_{lD} = 50^2 r + 70^2 r + 100^2 r = 17400r[W]$

따라서 C점 공급 시 전력손실이 가장 적다.

【정답】 C점

04

출제 : 10, 18년 • 배점 : 7점

어느 건물의 부하는 하루에 240[kW]로 5시간, 100[kW]로 8시간, 75[kW]로 나머지 시간을 사용한다. 이의 수전설비를 450[kVA]로 하였을 때에 부하의 평균 역률이 0.8이라면 이 건물의 수용률과 일부하율은 얼마인가?

(1) 이 건물의 수용률을 구하시오.

・계산 : ・답 :

(2) 이 건물의 일부하율을 구하시오.

・계산 : ・답 :

|계|산|및|정|답|

(1) 【계산】 수용률 $= \dfrac{\text{최대수용전력}}{\text{설비용량}} \times 100 = \dfrac{240}{450 \times 0.8} \times 100 = 66.67[\%]$ 【정답】 66.67[%]

(2) 【계산】 부하율 $= \dfrac{\text{평균전력}}{\text{최대수용전력}} \times 100 = \dfrac{240 \times 5 + 100 \times 8 + 75 \times 11}{240 \times 24} \times 100 = 49.05[\%]$ 【정답】 49.05[%]

05

출제 : 18년 • 배점 : 5점

디젤발전기를 운전할 때 연료 소비량이 250[L]이었다. 이 발전기의 정격출력은 500[kVA]일 때 발전기의 운전 시간[h]은? (단, 중유의 열량 : 10000[kcal/kg], 발전기 효율 : 34.4[%], 1/2 부하이다.)

・계산 : ・답 :

|계|산|및|정|답|

【계산】 발전기 출력 $P = \dfrac{BH\eta}{860\,T}[kVA]$

→ (B : 연료 소비량[kg], H : 발열량[kcal/kg], η : 발전기효율, T : 발전기 운전시간[h]

발전기 운전시간 $T = \dfrac{BH\eta_t\eta_g}{860P} = \dfrac{250 \times 10000 \times 0.344}{860 \times 500 \times \dfrac{1}{2}} = 4[h]$ 【정답】 4[h]

06

출제 : 18년 • 배점 : 6점

변압기 모선방식의 종류 3가지를 쓰시오.

|계|산|및|정|답|

[변압기 모선 방식]

·단일 모선방식　·전환 가능 단일 모선방식　·예비 모선방식　·이중모선방식　·루프 모선방식

|추|가|해|설|

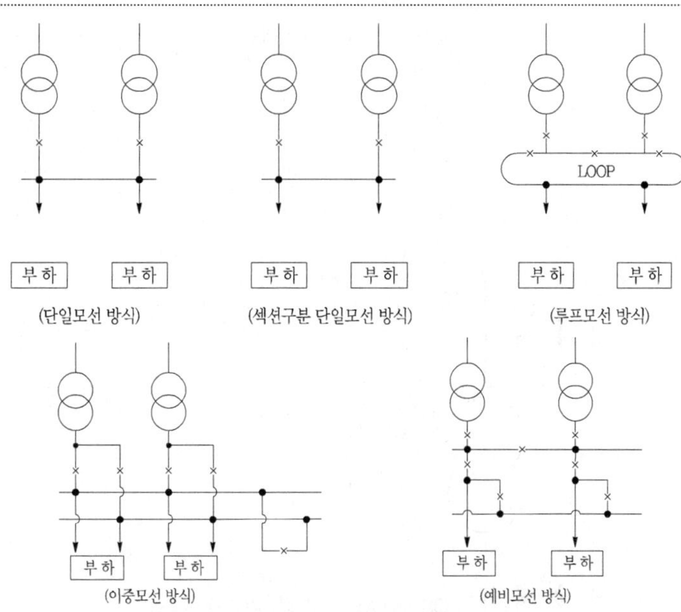

(단일모선 방식)　(섹션구분 단일모선 방식)　(루프모선 방식)

부하　부하

(이중모선 방식)

부하　부하

(예비모선 방식)

방식	특징
단일 모선	·가장 간단하며 경제적 ·모선 사고시는 모두 정전되고, 모선 점검시에도 정전이 필요
전환 가능 단일 모선	·간단해서 경제적으로도 무리가 없으며 가장 많이 사용 ·한쪽 뱅크의 모선 사고시에도 모선 연락 차단기를 개방하고 건전한 뱅크측에서 부하 공급이 가능
예비 모선	·일반적으로는 비상전원 계통으로 하는 경우가 많고 특수 용도에 사용 ·스위치 기어에 수납하는 경우에는 특수 설계 처리
이중 모선	·운용에 예비성이 있으며 공급 신뢰도가 높다. ·주 변압기 2차, 모선 연락, 공급전선 등의 차단기가 많아지므로 운용이나 보호 협조 등이 복잡 ·스위치 기어에 수납하는 경우에는 모선의 위치와 분리에 주의할 필요가 있으며, 또한 특수 설계가 되어 비경제적이므로 대규모 설비에서 사용되는 경우가 많음
루프 모선	·간단해서 경제적으로도 무리가 없으며 높은 공급 신뢰도 ·변압기의 사고 또는 모선 사고의 경우, 보수 점검의 경우에도 운용에 예비성이 있으며 신속한 대응이 가능 ·루프 모선에 케이블을 사용하면 표준적인 스위치기어 적용가능 ·중요한 설비계통에서 많이 사용

07

도면은 어느 154[kV] 수용가의 수전설비 단선 결선도의 일부분이다. 주어진 표와 도면을 이용하여 다음 각 물음에 답하시오.

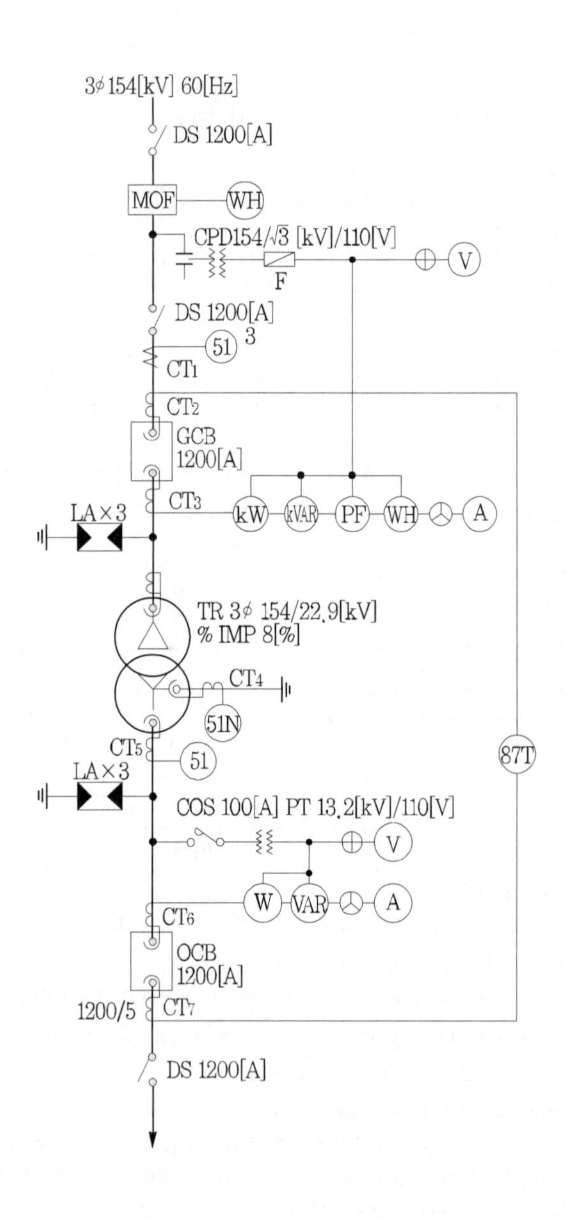

【CT의 정격】

1차 정격전류[A]	200	400	600	800	1200
2차 정격전류[A]	5				

(1) 변압기 2차 부하설비 용량이 51[MW], 수용률이 70[%], 부하역률이 90[%]일 때 도면의 변압기 용량은 몇 [MVA]가 되는가?

·계산 : ·답 :

(2) 변압기 1차측 DS의 정격전압은 몇 [kV]인가?

(3) CT_1의 비는 얼마인지를 계산하고 표에서 선정하시오.

·계산 : ·답 :

(4) GCB 내에 사용되는 가스는 주로 어떤 가스가 사용되는지 그 가스의 명칭을 쓰시오.

(5) OCB의 정격차단전류가 23[kA]일 때, 이 차단기의 차단용량은 몇 [MVA]인가?

·계산 : ·답 :

(6) 과전류계전기의 정격부담이 9[VA]일 때, 이 계전기의 임피던스는 몇 [Ω]인가?

·계산 : ·답 :

(7) CT_7 1차 전류가 600[A]일 때 CT_7의 2차에서 비율차동계전기의 단자에 흐르는 전류는 몇 [A]인가?

·계산 : ·답 :

|계|산|및|정|답|

(1) 【계산】 변압기 용량 $= \dfrac{\text{설비용량} \times \text{수용률}}{\text{역률}} = \dfrac{51 \times 0.7}{0.9} = 39.67$[MVA] 【정답】 39.67[MVA]

(2) 【정답】 170[kV]

(3) 【계산】 CT의 1차 전류 $= \dfrac{39.67 \times 10^6}{\sqrt{3} \times 154 \times 10^3} = 148.72$[A]

148.72 × (1.25~1.5) = 185.9 ~ 223.08[A] ∴ 표에서 200/5 선정 【정답】 $\dfrac{200}{5}$

(4) 【정답】 SF_6

(5) 【계산】 $P_s = \sqrt{3}\, V_n I_s = \sqrt{3} \times 25.8 \times 23 = 1027.8$[MVA] 【정답】 1027.8[MVA]

(6) 【계산】 $P = I^2 Z$에서 $I = 5[A]$이므로 $\therefore\ Z = \dfrac{P}{I^2} = \dfrac{9}{5^2} = 0.36[\Omega]$ 【정답】 0.36[Ω]

(7) 【계산】 △결선이므로 $I_l = \sqrt{3}\, I_P$, $I_2 = \sqrt{3} \times 600 \times \dfrac{5}{1200} = 4.33$[A] 【정답】 4.33[A]

08

출제 : 18년 • 배점 : 7점

교류용 적산전력계에 대한 다음 각 물음에 답하시오.

(1) 잠동(creeping) 현상에 대하여 설명하고 잠동을 막기 위한 유효한 방법을 2가지만 쓰시오.

(2) 적산전력계가 구비해야 할 특성을 5가지만 쓰시오.

|계|산|및|정|답|

(1) ① 잠동현상 : 무부하 상태에서 정격주파수 및 정격전압의 110[%]를 인가하여 계기의 원판이 1회전 이상 회전하는 현상

② 방지대책

- 원판에 작은 구멍을 뚫는다.
- 원판에 작은 철편을 붙인다.

(2) 구비조건

① 옥내 및 옥외에 설치가 적당한 것

② 온도나 주파수 변화에 보상이 되도록 할 것

③ 기계적 강도가 클 것

④ 부하 특성이 좋을 것

⑤ 과부하 내량이 클 것

|추|가|해|설|

(1) 적산전력계의 측정값 $P_M = \frac{3600 \cdot n}{t \cdot k} \times CT비 \times PT비\,[\text{kW}]$

여기서, n : 회전수[회], t : 시간[sec], k : 계기정수[rev/kWh])

(2) 오차 및 보정

① 오차= 측정값(M) – 참값(T)

② 오차율 $\epsilon = \frac{오차}{참값} = \frac{M-T}{T}\,[\%]$

③ 보정값=참값(T)–측정값(M)

④ 보정률$= \frac{참값-측정값}{측정값} \times 100[\%] = \frac{참값-측정값}{측정값}\,[\text{PU}]$

09

출제 : 18년 • 배점 : 7점

선로정수 A, B, C, D가 있다. 이때 A=0.9, B=j70.7, $C=j0.52\times10^{-3}$, D=0.9이고 무부하시 송전단에 154[kV]를 인가할 때 다음 물음에 답하시오.

(1) 수전단 전압

•계산 : •답 :

(2) 송전단 전류

•계산 : •답 :

(3) 무부하시 수전단 전압을 140[kV]로 유지하기 위해 필요한 조상설비용량[kVar]은?

•계산 : •답 :

|계|산|및|정|답|

(1) 【계산】 선로정수 A, B, C, D에서 $E_s=AE_r+BI_r$, $I_s=CE_r+DI_r$ → (무부하시 $I_r=0$)

$$V_r=\frac{1}{A}V_s=\frac{1}{0.9}\times154=171.111[kV] \quad \rightarrow (\text{무부하시 } I_r=0)$$

【정답】 $V_r=171.111[\text{kV}]$

(2) 【계산】 $I_s=C\times E_r=j0.52\times10^{-3}\times\frac{171.11\times10^3}{\sqrt{3}}=j51.37[\text{A}]$ → (V_r : 선간전압, E_r : 상전압)

【정답】 $I_s=j51.37[\text{A}]$

(3) 【계산】 $\begin{vmatrix}E_s\\I_s\end{vmatrix}=\begin{vmatrix}A & B\\C & D\end{vmatrix}\begin{vmatrix}E_r\\I_r\end{vmatrix}$

여기서, E_s : 송전단전압, I_s : 송전단 전류, E_r : 수전단 전압, I_r : 수전단 전류

$$\begin{vmatrix}\frac{154\times10^3}{\sqrt{3}}\\I_s\end{vmatrix}=\begin{vmatrix}0.9 & j70.7\\j0.52\times10^3 & 0.9\end{vmatrix}\begin{vmatrix}\frac{140\times10^3}{\sqrt{3}}\\I_c\end{vmatrix}$$

$$I_c=\left(\frac{154\times10^3}{\sqrt{3}}-0.9\times\frac{140\times10^3}{\sqrt{3}}\right)\div j70.7=-j228.65[A] \quad \rightarrow (\text{지상전류})$$

∴조상설비 용량(리액터용량) $Q_c=\sqrt{3}\,V_rI_r\times10^{-3}=\sqrt{3}\times140\times228.65\times10^{-3}=55444.68[\text{kVar}]$

【정답】 $Q_c=55444.68[\text{kVar}][\text{A}]$

10 출제 : 15, 18년 • 배점 : 8점

다음은 3ϕ4W 22.9[kV] 수전설비 단선결선도이다. 도면의 내용을 보고 다음 각 물음에 답하시오.

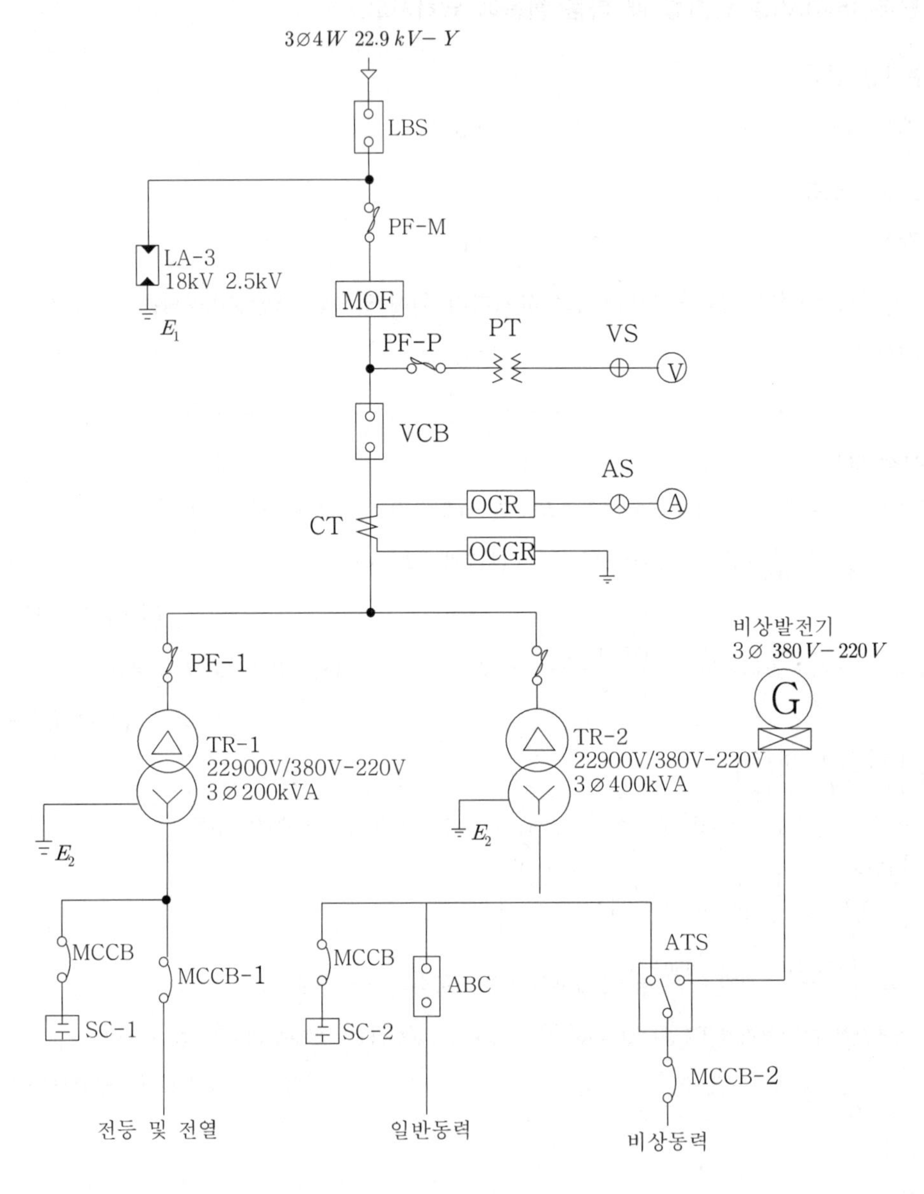

(1) 수전설비 단선 결선도에서 LA에 대하여 다음 물음에 답하시오.

① LA의 우리말 명칭을 쓰시오.

② LA의 기능과 역할에 대해 간단히 설명하시오.

③ 요구되는 성능 조건 4가지만 쓰시오.

(2) 다음은 위의 수전설비 단선결선도의 부하집계 및 입력환산표를 다음에 완성하시오. (단, 입력환산[kVA]은 계산값의 소수 둘째자리 이하는 버린다.)

【부하집계 및 입력 환산표】

구 분	전등 및 전열	일반동력	비상동력
설비용량 및 효율	합계 350[kW] 100[%]	합계 635[kW] 85[%]	유도전동기1 7.5[kW] 2대 85[%] 유도전동기2 11[kW] 1대 85[%] 유도전동기3 15[kW] 1대 85[%] 비상조명 8000[W] 100[%]
평균(종합)역률	80[%]	90[%]	90[%]
수용률	45[%]	45[%]	100[%]

구 분		설비용량[kW]	효율[%]	역률[%]	입력환산[kVA]
전등 및 전열		350			
일반동력		635			
비상동력	유도전동기1	7.5×2			
	유도전동기2	11			
	유도전동기3	15			
	비상조명	8			
	소계	–	–	–	

(3) 단선 결선도와 (2)항의 부하집계표에 의한 TR-2의 적정용량은 몇 [kVA]인지 구하시오.

·계산 : ·답 :

〈참고사항〉

·일반 동력군과 비상 동력군 간의 부동률은 1.3로 본다.
·변압기 용량은 15[%] 정도의 여유를 갖게 한다.
·변압기의 표준규격[kVA]은 200, 300, 400, 500, 600으로 한다.

(4) 단선결선도에서 TR-2의 2차측 중성점 접지공사의 접지선 굵기[mm^2]를 구하시오.

〈참고사항〉

·접지선은 GV전선을 사용하고 표준 굵기[mm^2]는 6, 10, 16, 25, 35, 50, 70으로 한다.
·GV전선의 허용최고온도는 150[℃]이고 고장전류가 흐르기 전의 접지선의 온도는 30[℃]로 한다.
·고장전류는 정격전류의 20배로 본다.
·변압기 2차로의 과전류 보호 차단기는 고장전류에서 0.1초 이내에 차단되는 것이다.
·변압기 2차로의 과전류 차단기의 정격전류는 변압기 정격전류의 1.5배로 한다.

|계|산|및|정|답|

(1) ① 피뢰기

② ·이상 전압 내습 시 대지로 방전하고 그 속류를 차단한다.

·이상 전압이 없어져서 단자 전압이 일정 값 이하가 되면 방전을 정지, 원래의 송전 상태로 되돌아가게 한다.

③ ·상용 주파 방전 개시 전압이 높을 것

·충격 방전 개시 전압이 낮을 것

·방전내량이 크면서 제한 전압이 낮을 것

·속류 차단 능력이 클 것

(2) 부하집계 및 입력 환산표

구 분		설비용량[kW]	효율[%]	역률[%]	입력환산[kVA]
전등 및 전열		350	100	80	437.5
일반동력		635	85	90	830.1
비상동력	유도전동기1	7.5×2	85	90	19.6
	유도전동기2	11	85	90	14.4
	유도전동기3	15	85	90	19.6
	비상조명	8	100	90	8.9
	소 계	–	–	–	62.5

(3) 【계산】 변압기용량(TR-2)$=\dfrac{(830.1\times 0.45)+62.5\times 1}{1.3}\times 1.15=385.73[\text{kVA}]$ 【정답】 400[kVA]

(4) 【계산】 TR-2의 2차측 정격전류 $I_2=\dfrac{P}{\sqrt{3}\,V}=\dfrac{400\times 10^3}{\sqrt{3}\times 380}=607.74[A]$

접지선의 온도 상승식 $\theta=0.008\left(\dfrac{I}{A}\right)^2\cdot t[℃]$

여기서, θ : 동선의 온도 상승[℃], I : 전류[A], A : 동선이 단면적[mm^2], t : 통전시간[sec]

온도상승 $\theta=150-30=120[℃]$, 고장 전류 $I=20I_n$[A], 통전 시간 $t=0.1$[sec]

$$120=0.008\times\left(\frac{20I_n}{A}\right)^2\times 0.1$$

$\therefore\ A=0.0516I_n=0.0516\times 607.74\times 1.5=47.04[\text{mm}^2]$

【정답】 50[mm^2]

|추|가|해|설|

[변압기 용량 계산]

① 변압기 용량 ≥ 합성 최대 수용 전력[kW] $=\dfrac{\text{최대수용전력}}{\text{부등률}}=\dfrac{\text{설비용량}\times\text{수용률}}{\text{부등률}}$[kW]

② 합성최대수용전력[kW]을 역률($\cos\theta$)로 나눈다. 만약, 효율이 주어지면 효율로 나눈다.

11

출제 : 15, 18, 19년 • 배점 : 8점

지중선을 가공선과 비교하여 이에 대한 장점과 단점을 각각 4가지씩 쓰시오.

(1) 지중선의 장점

(2) 지중선의 단점

|계|산|및|정|답|

(1) 지중선의 장점
① 보안상 유리하다.
② 안전성 확보가 용이하다.
③ 풍수해, 뇌해 등 기상 조건에 영향이 적다.
④ 유도장해 경감

(2) 지중선의 단점
① 유지보수가 어렵다.
② 건설비용이 고가이다.
③ 고장점 탐색과 복구가 어렵다.
④ 설비 구성상 신규수용에 대한 탄력성 결여

|추|가|해|설|

지중선로는 가공선로에 비해 도시의 미관을 해치지 않고 교통상의 지장이 없을뿐더러 자연재해나 지락사고 등의 발생 염려가 적어 공급신로도가 우수하나 건설비가 고가이며 고장점을 찾기 어렵다는 문제도 있다.

[가공선과 지중선의 비교]

구분	지중 전선로	가공 전선로
계통 구성	·환상(loop, open loop)방식 ·망상(network)방식 ·예비선 절체 방식	·수지상 방식 ·연계(tie-line)방식 ·예비선 절체방식
공급 능력	동일 루트에 다회선이 가능하여 도심지역에 적합	동일 루트에 4회선 이상 곤란하여 전력 공급에 한계
건설비	건설비용 고가	지중 설비에 비해 저렴
건설 기간	장기간 소요	단기간 소요
외부 영향	외부기상 여건 등의 영향이 거의 없음	전력선 접촉이나 기상 조건에 따라 정전 빈도가 높음
고장 형태	외상 사고, 접속 개소 시공 불량에 의한 영구 사고 발생	수목 접촉 등 순간 및 영구 사고 발생
고장 복구	고장점 발견이 어렵고 복구가 어렵다.	고장점 발견과 복구가 용이
유지 보수	설비의 단순 고도화로 보수 업무가 비교적 적음	설비의 지상 노출로 보수 업무가 많은 편임
유도 장해	차폐 케이블 사용으로 유도 장해 경감	유도 장해 발생
송전 용량	발생열의 구조적 냉각 장해로 가공전선에 비해 낮음	발생열의 냉각이 수월해 송전 용량이 높은 편임
안전도	충전부의 절연으로 안전성 확보	충전부의 노출로 적정 이격 거리 확보 필요
설비 보안	지하 시설로 설비 보안 유지 용 이	지상 노출로 설비 보안 유지 곤란
환경미화	쾌적한 도심 환경 조성	도심 환경 저해 요인
신규 수용	설비 구성상 신규 수용에 대한 탄력성 결여	신규 수요에 신속 대처 가능
이미지	·전력 설비의 현대화 ·설비 안전성 이미지 제고	·전통적 전력 설비 ·위험 설비

12

출제 : 18년 • 배점 : 6점

중성선, 분기회로, 등전위본딩에 대해서 설명하시오.

|계|산|및|정|답|

① 중성선 : 다상 교류의 전원 중성점에서 인출한 전선
② 분기회로 : 수용가의 전부하를 그 사용 목적에 따라 안전하게 분전반에서 분할한 배선
③ 등전위본딩 : 등전위성을 얻기 위해 도체간을 전기적으로 접속하는 조치

13

출제 : 18년 • 배점 : 6점

1000[kVA], 22.9[kV]인 변전실이 있다. 이 변전실의 높이 및 면적을 구하시오.
(단, 추정계수는 1.4)

(1) 변전실의 높이

(2) 변전실의 면적

•계산 : •답 :

|계|산|및|정|답|

(1) 변전실의 높이 : 4,500[mm] 이상, 고압의 경우 3,000[mm] 이상의 유효 높이를 확보한다.
(2) 【계산】 변전실의 면적 $A = k \cdot (\text{변압기용량[kVA]})^{0.7}$

여기서, A : 변전실 추정 면적[m^2]
k : 추정 계수 (일반적으로 특고압에서 고압으로 변전하는 경우 1.7
특고압에서 저압으로 변전하는 경우 1.4
고압에서 저압으로 변전하는 경우 0.98을 기준)

$A = 1.4 \times 1000^{0.7} = 176.249[m^2]$ 【정답】 176.25[m^2]

|추|가|해|설|

[변전실]
① **변전실 면적 : 변전실 면적은 동일용량이라도 변전실 형식 및 기기 시방에 따라 큰 차이(일반적으로 30~40%)가 생기므로 주의한다.**
② 변전실 면적에 영향을 주는 요소
·수전전압 및 수전 방식
·변전설비 강압 방식, 변압기용량, 수량 및 형식
·설치 기기와 큐비클 및 시방
·기기의 배치 방법 및 유지보수에 필요한 면적
·건축물의 구조적 여건

③ 변전실의 높이
·변전실의 높이는 기기의 최고 높이, 바닥 트렌치 및 무근 콘크리트 설치여부, 천장 배선방법 및 여유율을 고려한 유효 높이가 되어야 한다.
·큐비클식 수변전설비가 설치된 변전실인 경우 특별 고압수전 또는 변전 기기가 설치되는 경우 4,500[mm] 이상, 고압의 경우 3,000[mm] 이상의 유효 높이를 확보한다.

14

출제 : 09, 18년 • 배점 : 6점

오실로스코프의 감쇄 probe 입력 전압의 크기를 10배의 배율로 감소시키도록 설계되어 있다. 그림에서 오실로스코프의 입력 임피던스 R_s는 1[MΩ]이고, probe의 내부 저항 R_p는 9[MΩ]이다.

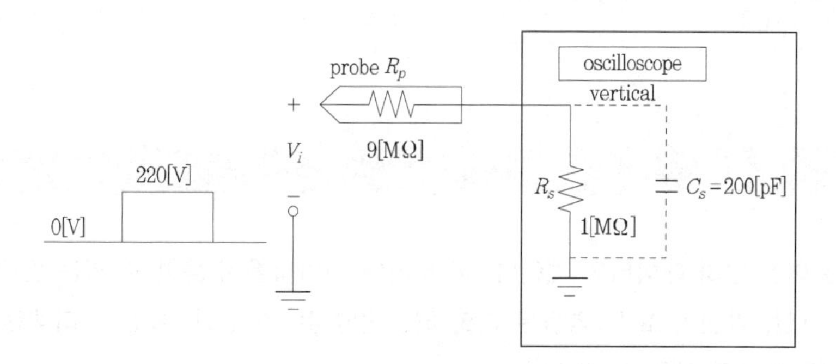

(1) 이때 Probe의 입력전압 $V_i = 220$[V]이라면 오실로스코프에 나타나는 전압은?

•계산 :　　　　　　　　　　　　　　　　•답 :

(2) 오실로스코프의 내부저항 $R_s = 1$[MΩ]과 $C_s = 200$[pF]의 콘덴서가 병렬로 연결되어 있을 때 콘덴서 C_s에 대한 테브난의 등가회로가 다음과 같다면 시정수 τ와 $v_1 = 220$일 때의 테브난의 등가전압 E_{th} 를 구하시오.

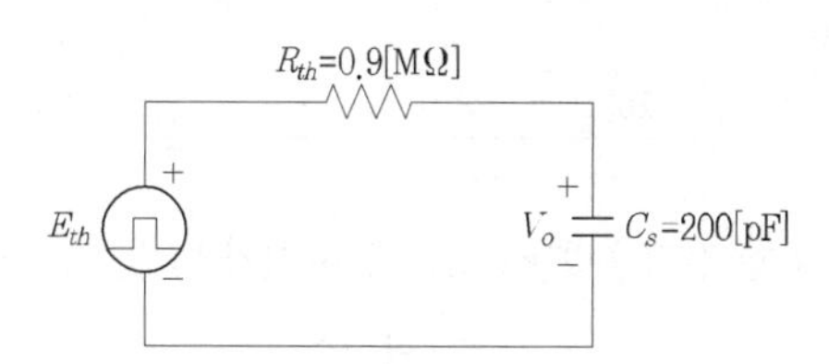

•계산 :　　　　　　　　　　　　　　　　•답 :

(3) 인가주파수가 10[kHz]일 때 주기는 몇 [ms]인가?

•계산 :　　　　　　　　　　　　　　　　•답 :

|계|산|및|정|답|

(1) 【계산】 오실로스코프의 probe 입력전압 크기를 $\frac{1}{10}$로 하므로 $V_0 = \frac{220}{10} = 22$[V]　　　【정답】 22[V]

(2) 【계산】 시정수 $\tau = R_{th} C_s = 0.9 \times 10^6 \times 200 \times 10^{-12} = 180 \times 10^{-6}$[sec] $= 180$[μsec]

테브난의 등가회로는

9[MΩ]　220[V]　1[MΩ]　200[pF]

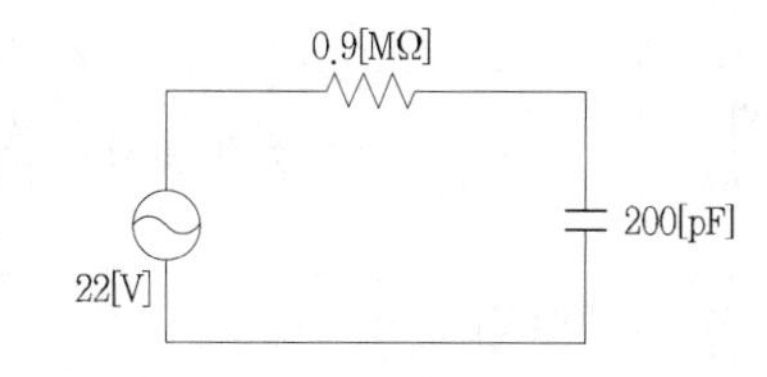

전압을 단락시키고 구하면 R_p와 R_s가 병렬이므로

등가전압 $E_{th} = \frac{R_s}{R_p + R_s} \times V_i = \frac{1}{9+1} \times 220 = 22[V]$

【정답】 22[V]

(3) 【계산】 주기는 $\frac{1}{f}$과 같으므로 $T = \frac{1}{f} = \frac{1}{10 \times 10^3} = 0.0001[sec] \rightarrow 0.1[ms]$

【정답】 0.1[msec]

15

출제 : 18년 • 배점 : 6점

주어진 표는 어떤 부하 데이터의 예이다. 이 부하에 데이터를 수용할 수 있는 발전기 용량을 산정하시오. (단, 발전기 표준 역률은 0.8, 허용전압강하 25[%], 발전기 리액턴스 20[%], 원동기 기관 과부하 내량 1.2이다.)

【부하표】

	부하의 종류	출력 [kW]	전부하 특성			
			역률 [%]	효율 [%]	입력 [kVA]	입력 [kW]
NO.1	유도전동기	6대×37	87.0	80.5	6대×53	6대×46
NO.2	유도전동기	1대×11	84.0	77.0	17	14.3
NO.3	전등·기타	30	100	-	30	30
	합계	263	88.0	-	365	320.3

(1) 전부하로 운전하는데 필요한 정격용량[kVA]은 얼마인가? (단, 부하의 종합역률은 88[%]이다.)

•계산 : •답 :

(2) 전부하로 운전하는데 필요한 엔진출력은 몇 [PS]인가? (단, 발전기 효율은 92[%]이다.)

•계산 : •답 :

|계|산|및|정|답|

(1) 【계산】 $P_{G1} \geq \frac{320.3}{0.88} = 363.98[kVA]$ 【정답】 363.98[kVA]

(2) 【계산】 $P_{15} \geq \frac{320.3}{0.92} \times 1.36 = 473.49[PS] \rightarrow (1[kW] = 1.36[PS])$ 【정답】 473.49[PS]

|추|가|해|설|

•기관출력 = $\frac{\text{발전기 출력}}{\text{발전기 효율}}$ •발전기 출력 = $\frac{\text{전동기 출력}}{\text{전동기 효율}}$

•1[PS]=735.5[W], 1[kW]=1.36[PS]

01 2017년 전기기사 실기

01

출제 : 17년 • 배점 : 4점

조명의 전등효율(Lamp Efficiency)과 발광효율(Luminous Efficiency) 에 대해 설명하시오.

(1) 전등효율

(2) 발광효율

|계|산|및|정|답|

(1) 전등효율(η) : 전력소비(P)에 대한 전체 발산광속(F)의 비율, $\eta = \frac{F}{P}$[lm/W]

(2) 발광효율(ϵ) : 방사속(ϕ)에 대한 광속(F)의 비율, $\epsilon = \frac{F}{\phi}$[lm/W]

02

출제 : 17년 • 배점 : 4점

그림과 같은 무접점 논리회로를 유접점 시퀀스회로로 변환하여 나타내시오.

[무접점 논리회로]

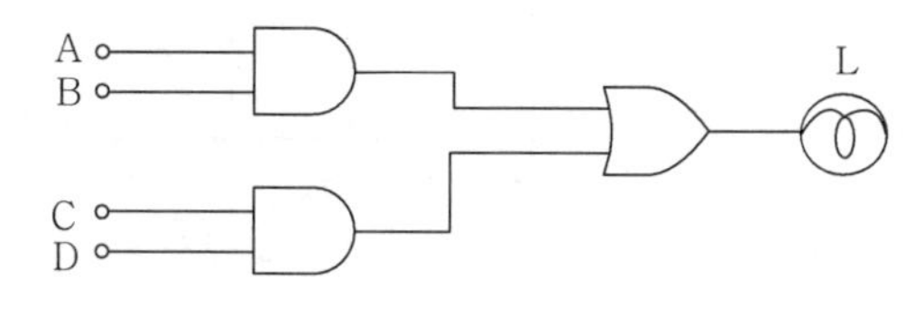

|계|산|및|정|답|

[유접점 시퀀스 회로]

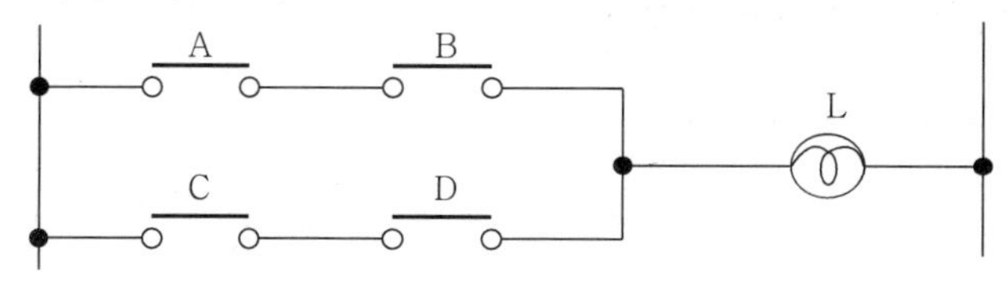

|추|가|해|설|

·AND : 직렬접속 ·OR : 병렬접속

03

출제 : 17년 • 배점 : 6점

그림과 같은 방전특성을 갖는 부하에 필요한 축전지 용량은 몇 [Ah]인지 구하시오.

단, 방전전류 : $I_1 = 500$[A], $I_2 = 300$[A]

$I_3 = 100$[A], $I_4 = 200$[A]

방전시간 : $T_1 = 120$[분], $T_2 = 119.9$[분]

$T_3 = 60$[분], $T_4 = 1$[분]

용량환산시간 : $K_1 = 2.49$, $K_2 = 2.49$

$K_3 = 1.46$, $K_4 = 0.57$

보수율은 0.8로 적용한다.

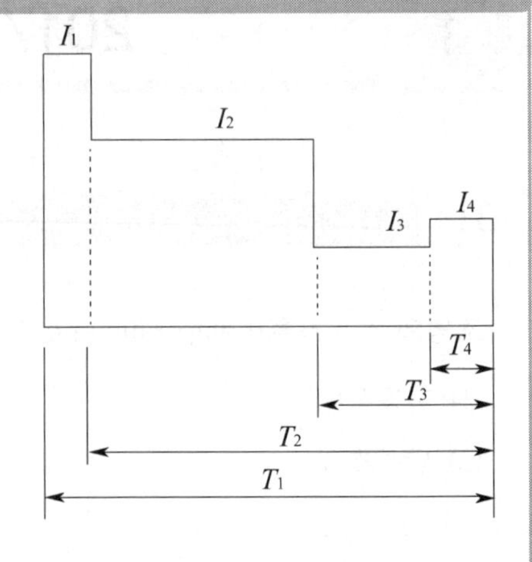

·계산 : ·답 :

|계|산|및|정|답|

【계산】 축전지 용량 $C = \frac{1}{L}KI[Ah] = \frac{1}{L}[K_1I_1 + K_2(I_2 - I_1) + K_3(I_3 - I_2) + K_4(I_4 - I_3)]$

$= \frac{1}{0.8}[2.49 \times 500 + 2.49 \times (300 - 500) + 1.46 \times (100 - 300) + 0.57 \times (200 - 100)] = 640\text{Ah}]$

【정답】 640[Ah]

|추|가|해|설|

[축전지용량] $C = \frac{1}{L}[K_1I_1 + K_2(I_2 - I_1) + K_3(I_3 - I_2)][\text{Ah}]$

여기서, C : 축전지 용량[Ah]

L : 보수율(축전지 용량 변화에 대한 보정값)

K : 용량 환산 시간, I : 방전 전류[A]

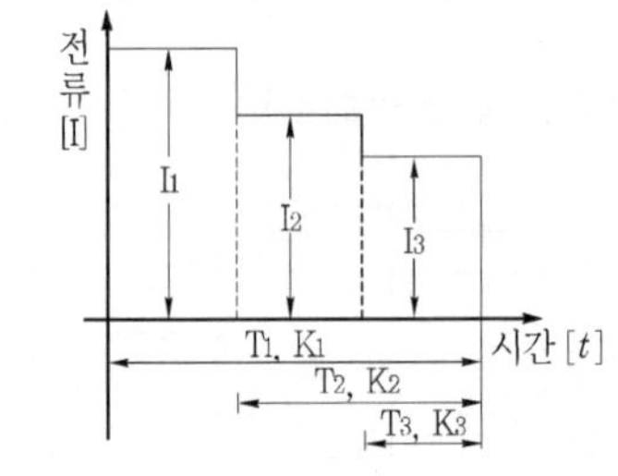

04

출제 : 11, 17년 • 배점 : 5점

에너지 절약을 위한 동력설비의 대응방안을 5가지만 쓰시오.

|계|산|및|정|답|

① 고효율 절전형 전동기 사용
② 가변전압 가변주파수(VVVF시스템) 기동 전동기 사용
③ 모선에 전력용 콘덴서 설치 사용
④ 간선배선 굵기 증가
⑤ 경부하 운전 배제

05

출제 : 17년 • 배점 : 6점

입력 설비용량 20[kW] 2대, 30[kW] 2대의 3상 380[V] 유도전동기 군이 있다. 그 부하곡선이 그림과 같을 경우 최대수용전력[kW], 수용률[%], 일부하율[%]을 각각 구하시오.

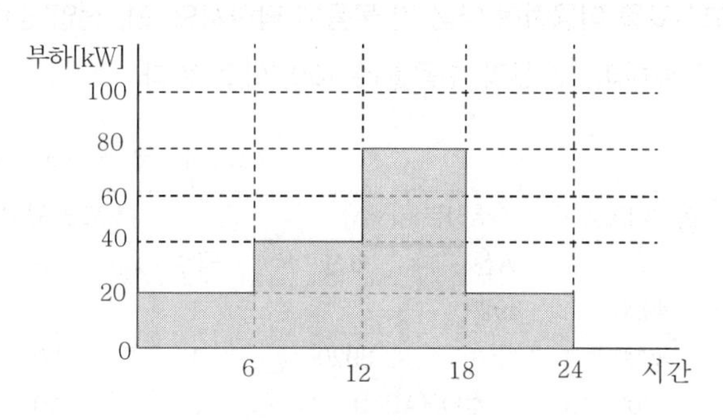

(1) 최대수용전력

(2) 수용률

·계산 : ·답 :

(3) 일부하율

·계산 : ·답 :

|추|가|해|설|

(1) 【정답】 최대 수용전력 80[kW]

(2) 【계산】 수용률$=\frac{\text{최대전력}}{\text{설비용량}}\times 100=\frac{80}{20\times 2+30\times 2}\times 100=80[\%]$ 【정답】 80[%]

(3) 【계산】 일부하율$=\frac{\text{평균전력}}{\text{최대전력}}\times 100=\frac{\text{사용전력량/시간}}{\text{최대전력}}\times 100=\frac{(20\times 6+40\times 6+80\times 6+20\times 6)/24}{80}=50[\%]$

【정답】 50[%]

|추|가|해|설|

·평균전력 $=\frac{\text{전력사용량}}{\text{사용시간}}[\text{kW}]$

06

출제 : 17년 • 배점 : 10점

어느 공장 구내 건물에 220/440[V] 단상 3선식을 채용하고, 공장 구내 변압기가 설치된 변전실에서 60[m] 되는 곳의 부하를 "부하 집계표"와 같이 배분하는 분전반을 사용하고자 한다. 이 건물의 전기 설비에 대하여 참고자료를 이용하여 다음 각 물음에 답하시오. 단, 전압 강하는 2[%]로 하여야 하고 후강 전선관으로 시설하며, 간선의 수용률은 100[%]로 한다.

【표1】 부하집계표

※전선의 굵기 중 상과 중성선(N)의 굵기는 같게 한다.

회로번호	부하명칭	총부하[VA]	부하분담[VA]		MCCB 규격			비고
			A선	B선	극수	AF	AT	
1	전등1	4920	4920		1	30	20	
2	전등2	3920		3920	1	30	20	
3	전열기1	4000	4000(AB간)		2	50	20	
4	전열기2	2000	2000(AB간)		2	50	15	
합계		14840						

【표2】 후강전선관 굵기의 선정

도체 단면적 [mm²]	전선 본수									
	1	2	3	4	5	6	7	8	9	10
	전선관의 최소 굵기[mm]									
2.5	16	16	16	16	22	22	22	28	28	28
4	16	16	16	22	22	22	28	28	28	28
6	16	16	22	22	22	28	28	28	36	36
10	16	22	22	28	28	36	36	36	36	36
16	16	22	28	28	36	36	36	42	42	54
25	22	28	28	36	36	42	54	54	54	54
35	22	28	36	42	54	54	54	70	70	70
50	22	36	54	54	70	70	70	82	82	82
70	28	42	54	54	70	70	70	82	82	82
95	28	54	54	70	70	82	82	92	92	104
120	36	54	54	70	70	82	82	92		
150	36	70	70	82	92	92	104	104		
185	36	70	70	82	92	104				
240	42	82	82	92	104					

【비고】 1. 전선의 1본수는 접지선 및 직류회로의 전선에도 적용한다.
2. 이 표는 실험결과와 경험을 기초로 하여 결정한 것이다.
3. 이 표는 KS C IEC 60227-3의 450/750[V] 일반용 단심 비닐절연전선을 기준한 것이다.

(1) 간선의 굵기를 선정하시오.

•계산 : •답 :

(2) 간선 설비에 필요한 후강 전선관의 굵기를 선정하시오.

•선정과정 : •답 :

(3) 분전반의 복선 결선도를 작성하시오.

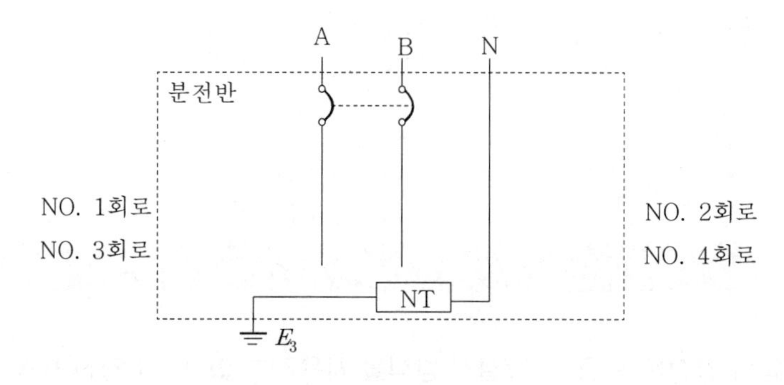

(4) 부하 집계표에 의한 설비불평형률을 구하시오.

•계산 : •답 :

|계|산|및|정|답|

(1) 【계산】 부하가 많은 쪽(A선)을 기준으로 하여 전류를 구하면

전류 $I=\frac{4920}{220}+\frac{4000+2000}{440}=36[\text{A}]$, 전압강하 $e'=220\times0.02=4.4[V]$

전선의 단면적 $A=\frac{17.8LI}{1000e'}=\frac{17.8\times60\times36}{1000\times4.4}=8.74[mm^2]$ 【정답】 표준규격 $10[mm^2]$ 선정

(2) [표2]에 의하여 $10[mm^2]$ 3본인 경우 22[mm] 후강 전선관 선정 【정답】 22[mm]

(3)

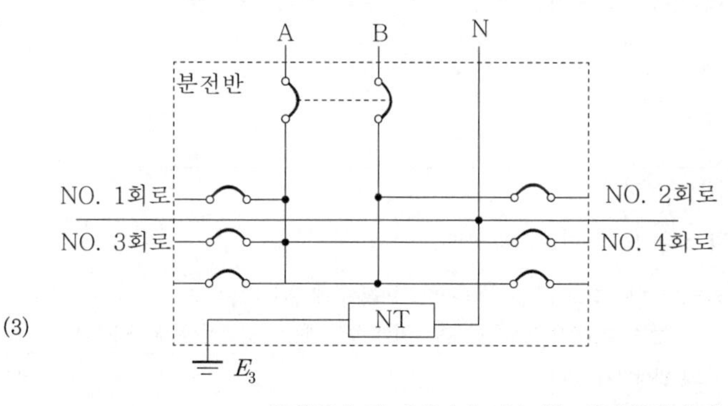

(4) 【계산】 설비불평형률$=\frac{\text{중선선과 각 전선간에 접속되는 부하설비 용량의 차}}{\text{총 부하설비 용량의 1/2}}\times100[\%]$

$$=\frac{4920-3920}{(4920+3920+4000+2000)\times\frac{1}{2}}\times100=13.48[\%]$$

【정답】 13.48[%]

|추|가|해|설|

[KSC IEC 전선규격]

전선의 공칭 단면적 $[mm^2]$		
1.5	2.5	4
6	10	16
25	35	50
70	95	120
150	185	240
300	400	500
630		

07

출제 : 16년 • 배점 : 5점

22.9[kV]/380-220[V] 변압기 결선은 보통 △-Y결선 방식을 사용하고 있다. 이 결선 방식에 대한 장점과 단점을 각각 2가지씩 쓰시오.

(1) 장점 (2가지)

(2) 단점 (2가지)

|계|산|및|정|답|

(1) 장점

① 한쪽 Y결선의 중성점을 접지 할 수 있다. ② Y결선의 상전압은 선간 전압의 $\frac{1}{\sqrt{3}}$ 이므로 절연이 용이하다.

(2) 단점

① 1상에 고장이 생기면 전원 공급이 불가능해 진다. ② 중성점 접지로 인한 유도 장해를 초래한다.

|추|가|해|설|

[Y-△, △-Y 결선의 장·단점]

장점	·한 쪽 Y결선의 중성점을 접지할 수 있다. ·Y결선의 상전압은 선간 전압의 $\frac{1}{\sqrt{3}}$ 이므로 절연이 용이하다. ·1, 2차 중에 △ 결선이 있어 제3고조파의 장해가 적고, 기전력의 파형이 왜곡되지 않는다. ·Y-△ 결선은 강압용으로, △-Y 결선은 승압용으로 사용할 수 있어서 송전 계통에 융통성 있게 사용된다.
단점	·1, 2차 선간전압 사이에 30° 의 위상차가 있다. ·1상에 고장이 생기면 전원 공급이 불가능 ·중성점 접지로 인한 유도장해를 초래한다.

08

출제 : 17년 • 배점 : 5점

다음과 같은 단상 2선식 회로에서 공급점 A의 전압이 220[V], A-B 사이의 1선 마다의 저항이 0.02[Ω], B-C 사이의 1선마다의 저항이 0.04[Ω]이라 하면 40[A]를 소비하는 B점의 전압 V_B와 20[A]를 소비하는 C점의 전압 V_C를 구하시오.
단, 부하의 역률은 1이다.

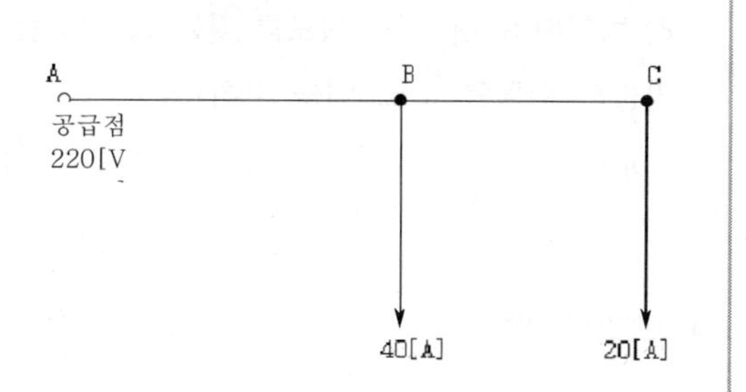

(1) B점의 전압(V_B)을 구하시오.

•계산 : •답 :

(2) C점의 전압(V_C)을 구하시오.

•계산 : •답 :

|계|산|및|정|답|

(1) 【계산】 $V_B = V_A - 2(I_1 + I_2) \times R_{ab} = 220 - 2 \times 60 \times 0.02 = 217.6[V]$ 【정답】 217.6[V]

(2) 【계산】 $V_C = V_B - 2R_{bc} \times I_2 = 217.6 - 2 \times 0.04 \times 20 = 216[V]$ 【정답】 216[V]

|추|가|해|설|

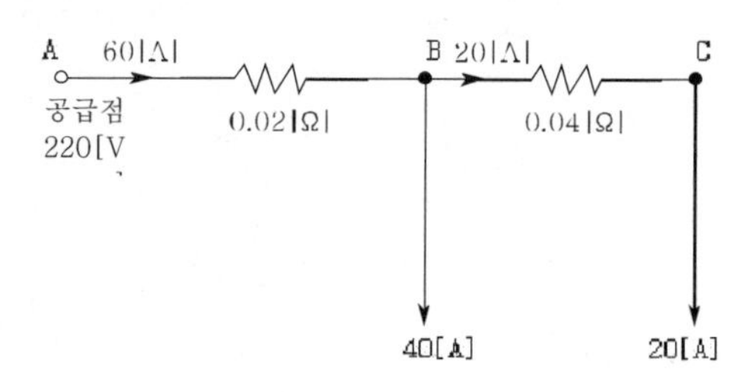

09

출제 : 11, 17년 • 배점 : 5점

각 방향에 900[cd]의 광도를 갖는 광원을 높이 3[m]에 취부한 경우 직하거리로부터 30[°] 방향의 수평면 조도[lx]를 구하시오.

·계산 : ·답 :

|계|산|및|정|답|

【계산】 수평면 조도 $E_h = \frac{I}{h^2}\cos\theta^3$ 에서

$= \frac{900}{3^2}\cos^3 30° = 64.95$[lx]

【정답】 64.95[lx]

|추|가|해|설|

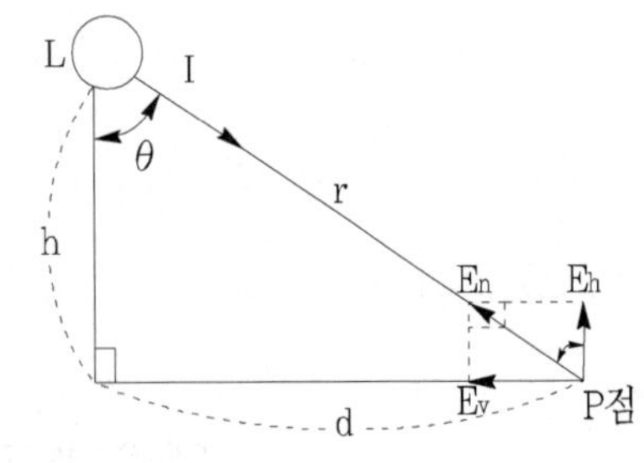

① 법선조도 $E_n = \frac{I}{r^2}$ [lx]

② 수평면조도 $E_h = E_n\cos\theta = \frac{I}{r^2}\cos\theta = \frac{I}{h^2}\cos\theta^3$ [lx]

③ 수직면조도 $E_v = E_n\sin\theta = \frac{I}{r^2}\sin\theta = \frac{I}{d^2}\sin\theta^3 = \frac{I}{h^2}\cos^2\theta\sin\theta$ [lx]

10

출제 : 17년 • 배점 : 8점

교류 동기 발전기에 대한 다음 각 물음에 답하시오.

(1) 정격 전압 6000[V], 정격출력 5000[kVA]인 3상 교류 동기 발전기에서 여자전류가 300[A], 무부하 단자 전압이 6000[V]이고, 단락전류는 700[A]라고 한다. 이 발전기의 단락비를 구하시오.

·계산 : ·답 :

(2) 다음 ( )안의 알맞은 내용을 쓰시오.

> 단락비가 큰 교류 발전기는 일반적으로 기계의 치수가 (①), 가격이 (②), 풍손, 마찰손, 철손이 (③), 효율은 (④), 전압 변동률은 (⑤), 안정도는 (⑥).

(3) 비상용 동기 발전기의 병렬운전 4가지를 쓰시오.

|계|산|및|정|답|

(1) 【계산】 정격전류 $I_n = \frac{P_n}{\sqrt{3}\,V_n} = \frac{5000 \times 10^3}{\sqrt{3} \times 6000} = 481.13[A]$

$\therefore$ 단락비$(K_s) = \frac{I_s}{I_n} = \frac{700}{481.13} = 1.45$ 【정답】 1.45

(2) ① 크고 ② 높고 ③ 크고 ④ 낮고 ⑤ 적고 ⑥ 높다

(3) ① 기전력의 크기가 같을 것
② 기전력의 위상이 같을 것
③ 기전력의 수파수가 같을 것
④ 기전력의 파형이 같을 것

|추|가|해|설|

(1) % 동기 임피던스[PU] : $Z_s'[PU] = \frac{1}{K_s} = \frac{P_n Z_s}{V^2} = \frac{I_n}{I_s}[PU]$ $\rightarrow (K_s$: 단락비$)$

(2) 단락비 (K_s)

① 단락비란 : 동기발전기에 있어서 정격속도에서 무부하 정격전압을 발생시키는 여자전류와 단락 시에 정격전류를 흘려 얻는 여자전류와의 비

② $K_s = \frac{I_{f1}}{I_{f2}} = \frac{I_s}{I_n} = \frac{1}{\%Z_s} \times 100$

여기서, I_{f1} : 무부하시 정격전압을 유지하는데 필요한 여자전류

I_{f2} : 3상단락시 정격전류와 같은 단락전류를 흐르게 하는데 필요한 여자전류

I_n : 한 상의 정격전류 I_s : 단락 전류

③ 단락비가 큰 기계(철기계)의 장·단점

장점	단점
·단락비가 크다. ·동기임피던스가 작다. ·반작용 리액턴스가 적다. ·전압 변동이 작다(안정도가 높다). ·공극이 크다. ·전기자 반작용이 작다. ·계자의 기자력이 크다. ·전기자 기자력은 작다. ·출력이 향상 ·자기여자를 방지 할 수 있다.	·철손이 크다. ·효율이 나쁘다. ·설비비가 고가이다. ·단락전류가 커진다.

11

출제 : 17년 • 배점 : 5점

3상 농형 유도전동기의 기동방식 중 리액터 기동방식에 대하여 설명하시오.

|계|산|및|정|답|

기동시 유도전동기에 직렬로 리액터를 설치하여 전동기에 인가되는 전압을 감압시켜 기동하는 방법

|추|가|해|설|

[농형 유도전동기 기동방식별 특성]

① 전 전압 직입기동 : 전 전압 직입기동은 전동기 회로에 전 전압을 직접 인가하여 전동기를 구동하는 가장 간단한 방법이다. 용량이 작은 경우에 할 수 있다.

② 스타델타(Y－△) 기동 : 일반적으로 저압 전동기는 5.5~15[kW]이면 Y－△ 기동으로 할 수 있다. Y－△ 기동은 기동시에는 Y(스타) 결선으로 하여 인가전압을 등가적으로 $\frac{1}{\sqrt{3}}$ 로 하며, 기동전류 및 기동토크를 $\frac{1}{3}$ 로 되게 한다.

③ 기동보상기에 의한 기동 : 15[kW] 이상의 농형 유도 전동기에서는 단권 변압기를 사용하여 공급 전압을 낮추어 기동 전류를 정격 전류의 100~150[%] 정도로 제한한다.

④ 리액터 기동 : 리액터 기동은 전동기와 직렬로 리액터를 연결하여 리액터에 의한 전압강하를 발생시킨 다음 유도전동기에 단자전압을 감압시켜 작은 시동토크로 기동할 수 있는 방법을 말한다.

12

출제 : 17년 • 배점 : 5점

다음은 전력시설물 공시감리업무 수행지침과 관련된 사항이다. ( ) 안에 알맞은 내용을 답란에 쓰시오.

감리원은 설계도서 등에 대하여 공사계약문서 상호 간의 모순되는 사항, 현장 실정과의 부합여부 등 현장 시공을 주안으로 하여 해당 공사 시작 전에 검토하여야 하며 검토내용에는 다음 각 호의 사항 등이 포함되어야 한다.

1. 현장조건에 부합 여부
2. 시공의 (①) 여부
3. 다른 사업 또는 다른 공정과의 상호부합 여부
4. (②), 설계설명서, 기술계산서, (③) 등의 내용에 대한 상호일치 여부
5. (④), 오류 등 불명확한 부분의 존재여부
6. 발주자가 제공한 (⑤)와 공사업자가 제출한 산출내역서의 수량일치 여부
7. 시공 상의 예상 문제점 및 대책 등

|계|산|및|정|답|

① 실제가능, ② 설계도면, ③ 산출내역서, ④ 설계도서의 누락, ⑤ 물량 내역서

|추|가|해|설|

[설계도서 등의 검토]

① 감리원은 설계도면, 설계설명서, 공사비 산출내역서, 기술계산서, 공사계약서의 계약내용과 해당 공사의 조사 설계보고서 등의 내용을 완전히 숙지하여 새로운 방향의 공법개선 및 예산절감을 도모하도록 노력하여야 한다.

② 감리원은 설계도서 등에 대하여 공사계약문서 상호 간의 모순되는 사항, 현장 실정과의 부합여부 등 현장 시공을 주안으로 하여 해당 공사 시작 전에 검토하여야 하며 검토내용에는 다음 각 호의 사항 등이 포함되어야 한다.

1. 현장조건에 부합 여부
2. 시공의 실제가능 여부
3. 다른 사업 또는 다른 공정과의 상호부합 여부
4. 설계도면, 설계설명서, 기술계산서, 산출내역서 등의 내용에 대한 상호일치 여부
5. 설계도서의 누락, 오류 등 불명확한 부분의 존재여부
6. 발주자가 제공한 물량 내역서와 공사업자가 제출한 산출내역서의 수량일치 여부
7. 시공 상의 예상 문제점 및 대책 등

13

출제 : 17년 • 배점 : 5점

그림과 같이 접속된 3상 3선식 고압 수전설비의 변류기 2차 전류가 언제나 4.2[A]이었다. 이때 수전전력[kW]을 구하시오.
단, 수전전압은 6600[V], 변류비는 50/5[A], 역률은 100[%]이다.

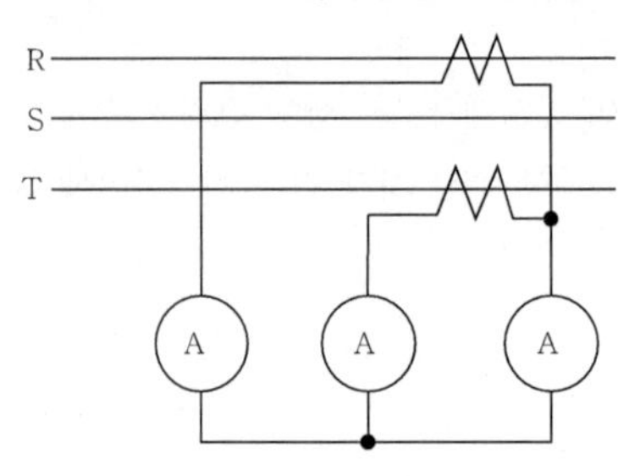

·계산 :   ·답 :

|계|산|및|정|답|

【계산】 수전전력 $P=\sqrt{3}\,V_1 I_1 \cos\theta \times 10^{-3}[\text{kW}]=\sqrt{3}\times 6600\times\left(4.2\times\frac{50}{5}\right)\times 1\times 10^{-3}=480.12[\text{kW}]$

【정답】 480.12[kW]

|추|가|해|설|

CT의 결선이 가동 접속이므로 CT 2차측 전류는 $I_R=I_S=I_T=I_2$가 된다.

즉, 1차측 선로에 흐르는 전류 $I_1=4.2\times\frac{50}{5}=42[A]$가 된다.

14

출제 : 17년 • 배점 : 5점

공급점에서 30[m]의 지점에 80[A], 45[m]의 지점에 50[A], 60[m]의 지점에 30[A]의 부하가 걸려 있을 때, 부하 중심까지의 거리를 구하시오.

·계산 :   ·답 :

|계|산|및|정|답|

【계산】 직선 부하에서의 부하 중심점의 거리 L

$$L=\frac{\sum l\times i}{\sum i}=\frac{I_1 l_1+I_2 l_2+I_3 l_3}{I_1+I_2+I_3}=\frac{30\times 80+45\times 50+60\times 30}{80+50+30}=40.31[m]$$

【정답】 40.31[m]

15

출제 : 17년 • 배점 : 5점

그림과 같이 Y결선된 평형 부하에 전압을 측정할 때 전압계의 지시값이 $V_p = 150[V]$, $V_l = 220[V]$로 나타났다. 다음 각 물음에 답사시오. (단, 부하측에 인가된 전압은 각상 평형 전압이고 기본파와 제3고조파분 전압만이 포함되어 있다.)

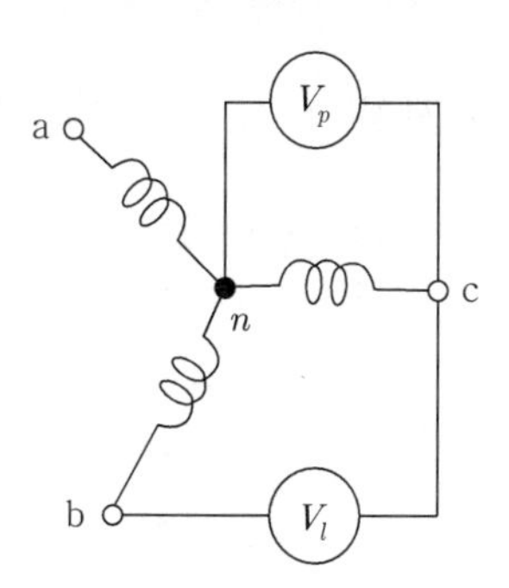

(1) 제3고조파 전압[V]을 구하시오.

•계산 : •답 :

(2) 전압의 왜형률[%]을 구하시오.

•계산 : •답 :

|계|산|및|정|답|

(1) 【계산】 상전압 V_p는 기본파와 제3고조파 전압만이 존재

$V_p = \sqrt{V_1^2 + V_3^2} \rightarrow 150 = \sqrt{V_1^2 + V_3^2}$ .... ①

선간 전압 V_l에는 제3고조파 분이 존재하지 않음

$V_l = \sqrt{3}\,V_1 \rightarrow 220 = \sqrt{3}\,V_1$ .... ②

위의 두 식에 의해 $V_1 = \dfrac{220}{\sqrt{3}} = 127.02[V]$

그러므로 $V_3 = \sqrt{V_p^2 - V_1^2} = \sqrt{150^2 - 127.02^2} = 79.79[V]$ 【정답】 79.79[V]

(2) 【계산】 왜형률$= \dfrac{\text{전 고조파의 실효값}}{\text{기본파의 실효값}} \times 100 = \dfrac{V_3}{V_1} \times 100 = \dfrac{79.79}{127.02} \times 100 = 0.6282 = 62.82[\%]$ 【정답】 62.82[%]

|추|가|해|설|

(1) 상전압 V_p에는 기본파와 제3고조파의 전압만 존재하므로 상전압 $V_p = \sqrt{V_1^2 + V_3^2} \rightarrow 150 = \sqrt{V_1^2 + V_3^2}$

선간전압 V_l에는 제3고조파분이 존재하지 않으므로 $V_l = \sqrt{3}\,V_1 \rightarrow 220 = \sqrt{3}\,V_1 \quad \therefore V_1 = 127.02[V]$

$V_3 = \sqrt{150^2 - V_1^2} = \sqrt{150^2 - 127.02^2} = 79.79[V]$

(2) 왜형률$= \dfrac{\text{전 고조파의 실효값}}{\text{기본파의 실효값}}$

16

출제 : 17년 • 배점 : 5점

접지설비에서 보호선에 대한 다음 각 물음에 답하시오.

(1) 보호선이란 안전을 목적(가령 감전보호)으로 설치된 전선으로 다음 표의 단면적 이상으로 선정하여야 한다. ①~③에 알맞은 보호선 최소 단면적의 기준을 각각 쓰시오.

상전선 S의 단면적[mm^2]	보호선의 최소 단면적[mm^2] (보호선의 재질이 상전선과 같은 경우)
$S \le 16$	①
$16 < S \le 35$	②
$S > 35$	③

(2) 보호선의 종류 2가지를 쓰시오.

|계|산|및|정|답|

(1) ① S ② 16 ③ $\frac{S}{2}$

(2) ① 다심케이블의 전선

② 충전전선과 공통 외함에 시설하는 나전선 또는 절연전선

|추|가|해|설|

(1) 보호선의 종류

① 다심케이블의 전선

② 충전 전선과 공통 외함에 시설하는 절연전선 또는 나전선

③ 고정배선의 나전선 또는 절연전선

④ 금속케이블외장, 케이블차폐, 케이블외장

⑤ 금속관, 전선묶음, 동심 전선

(2) 보호선의 단면적

상전선 S의 단면적[mm^2]	보호선의 최소 단면적[mm^2]	
	보호선의 재질이 상전선과 같은 경우	보호선의 재질이 상전선과 다른 경우
$S \le 16$	S	$\frac{k_1}{k_2} \times S$
$16 < S \le 35$	16^a	$\frac{k_1}{k_2} \times 16$
$S > 35$	$\frac{S^a}{2}$	$\frac{k_1}{k_2} \times \frac{S}{2}$

여기서, k_1 : 표에서 선택된 상전선에 대한 k의 값

k_2 : 표에서 선정된 보호선에 대한 k의 값

a : PEN선의 경우에 단면적의 축소는 중성선의 크기 결정에 허용된다.

17 출제 : 05, 17년 • 배점 : 6점

특고압 수전설비에 대한 다음 각 물음에 답하시오.

(1) 동력용 변압기에 연결된 동력부하 설비용량이 350[kW], 부하역률은 85[%], 효율 85[%], 수용률은 60[%]라고 할 때 동력용 3상 변압기의 용량은 몇 [kVA]인지를 산정하시오. 단, 변압기의 표준정격은 다음 표에서 사정한다.

【동력용 변압기의 표준 용량[kVA]】

200	250	300	400	500	600

•계산 : •답 :

(2) 3상 농형 유도전동기에 전용 차단기를 설치할 때 전용 차단기의 정격전류[A]를 구하시오. 단, 전동기는 160[kW]이고, 정격전압은 3300[V], 역률은 85[%], 효율은 85[%]이며, 차단기의 정격전류는 전동기 정격전류의 3배로 계산한다.

•계산 : •답 :

|계|산|및|정|답|

(1) 【계산】 변압기 용량 $T_r = \frac{\text{설비용량} \times \text{수용률}}{\text{역률} \times \text{효율}} = \frac{350 \times 0.6}{0.85 \times 0.85} = 290.66[\text{kVA}]$

따라서 표준 용량표에 의해 300[kVA]를 선정한다. 【정답】 300[kVA]

(2) 【계산】 유도전동기의 전류 $I = \frac{P}{\sqrt{3}\, V\cos\theta \cdot \eta} = \frac{160 \times 10^3}{\sqrt{3} \times 3300 \times 0.85 \times 0.85} = 38.74[A]$

차단기 정격전류는 전동기 정격전류의 3배를 적용하므로

$I_n = 38.74 \times 3 = 116.22[A]$ 【정답】 116.22[A]

|추|가|해|설|

(1) 변압기 용량[kVA]= $\frac{\sum(\text{설비용량} \times \text{수용률})}{\text{부등률} \times \text{효율} \times (\text{역률})} \times \text{여유율}$

(2) 유도전동기의 전류 $I = \frac{\text{전동기출력}[kW] \times 10^3}{\sqrt{3} \times \text{전압}[V] \times \text{역률} \times \text{효율}}[A]$

18

출제 : 17년 • 배점 : 8점

전동기의 진동과 소음이 발생되는 원인에 대하여 다음 각 물음에 답하시오.

(1) 진동이 발행하는 원인을 5가지만 쓰시오.

(2) 전동기 소음을 크게 3가지로 분류하고 각각에 대하여 설명하시오.

|계|산|및|정|답|

(1) ① 회전자의 정적·동적 불평형
 ② 베어링의 불량
 ③ 상대 기기와의 연결불량 및 설치불량
 ④ 회전자의 편심
 ⑤ 에어갭(air gap)의 회전 시 변동

(2) ① 기계적 소음 : 진동, 브러시의 습동, 롤러베어링 등을 원인으로 하는 소음
 ② 전자적 소음 : 철심의 여러 부분이 주기적인 자력, 전자력에 의해 진동하여 소음 발생
 ③ 통풍 소음 : 팬, 회전자의 에어덕트 등 팬 작용으로 일어나는 소음

|추|가|해|설|

[전동기의 진동]

(1) 기계적 원인
 ① 기계적 언밸런스(회전자의 정적, 동적 불균형)
 ② 베어링의 불량
 ③ 전동기의 설치불량
 ④ 부하기계와의 직결불량
 ⑤ 부하기계로부터 오는 영향

(2) 전자적 원인
 ① 회전자의 편심
 ② 회전자 철심의 자기적 불균형
 ③ 고조파 자계에 의한 자기력의 불평형

02 2017년 전기기사 실기

01

출제 : 04, 06, 15, 17년 • 배점 : 6점

Y-△기동방식에 대한 다음 각 물음에 답하시오. 단, 전자접촉기 MC1은 Y용, MC2는 △용이다.

(1) 그림과 같은 주회로 부분에 대한 미완성 부분의 결선도를 완성하시오.

(2) Y-△ 기동시와 전전압 기동시의 기동전류를 수치를 제시하면서 비교 설명하시오.

(3) 전동기를 운전할 때 실제로 Y-△ 기동·운전한다고 생각하면서 기동순서를 상세하게 설명하시오. 단, 동시투입 여부를 포함하여 설명하시오.

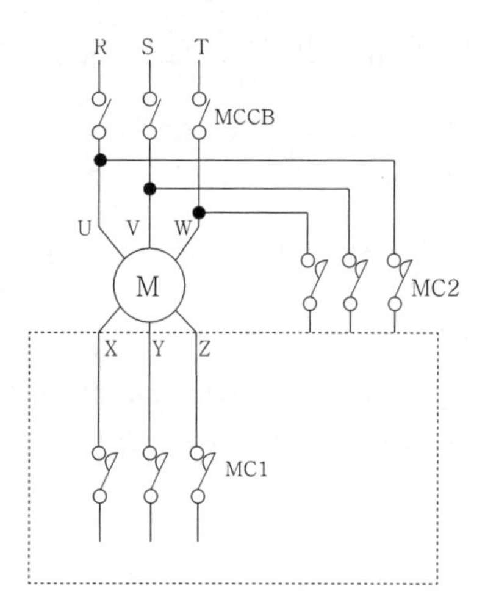

|계|산|및|정|답|

(1)

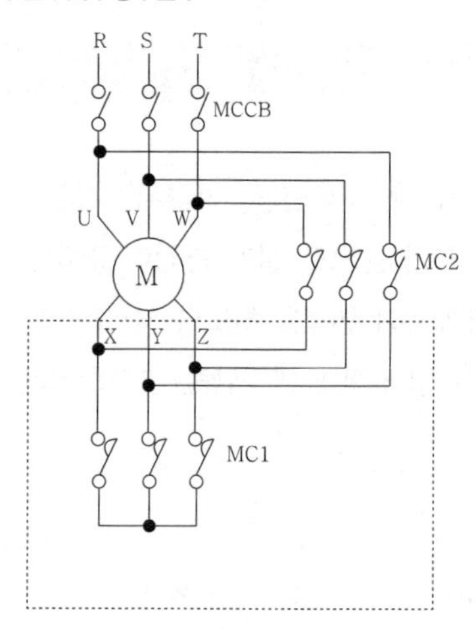

(2) Y-△ 기동 시의 기동전류는 전전압 기동 전류의 1/3배이다.

(3) 전원 투입 후 Y결선(MC1)으로 기동한 후 타이머의 설정 시간이 되면 △결선(MC2)으로 운전한다. 이때 MC1(Y결선)과 MC2(△결선)은 동시 투입되어서는 안 된다.

02

출제 : 11, 14, 17년 • 배점 : 3점

양수량 15[m^3/min], 양정 20[m]의 양수 펌프용 전동기의 소요전력[kW]를 구하시오. 단, K=1.1, 펌프 효율은 80[%]로 한다.

・계산 : ・답 :

|계|산|및|정|답|

【계산_1】 전동기 출력 $P=\frac{KQH}{6.12\eta}=\frac{1.1\times15\times20}{6.12\times0.8}=67.4[\text{kW}]$ 【정답】 67.4[kW]

【계산_2】 전동기 출력 $P=\frac{9.8KQH}{\eta}=\frac{9.8\times\frac{15}{60}\times20\times1.1}{0.8}=67.36[\text{kW}]$ 【정답】 67.36[kW]

※ 두 개의 풀이와 답안이 무두 인정됨

|추|가|해|설|

① 펌프용 전동기의 용량 $P=\frac{9.8Q'[m^3/\text{sec}]HK}{\eta}[kW]=\frac{9.8Q[m^3/\text{min}]HK}{60\times\eta}[kW]=\frac{Q[m^3/\text{min}]HK}{6.12\eta}[\text{kW}]$

여기서, P : 전동기의 용량[kW], Q' : 양수량[m^3/sec], Q : 양수량[m^3/min]

H : 양정(낙차)[m], η : 펌프효율, K : 여유계수(1.1~1.2 정도)

② 권상용 전동기의 용량 $P=\frac{K\cdot W\cdot V}{6.12\eta}[KW]$ →(K : 여유계수, W : 권상 중량 [ton], V : 권상 속도[m/min], η : 효율)

③ 엘리베이터용 전동기의 용량 $P=\frac{KVW}{6120\eta}[kW]$

여기서, P : 전동기 용량[kW], η : 엘리베이터 효율, V : 승강속도[m/min]

W : 적재하중[kg](기계의 무게는 포함하지 않는다.), K : 계수(평형률)

03

출제 : 17년 • 배점 : 5점

전력시설물 공사감리업무 수행지침에서 정하는 발주자는 외부적 사업 환경의 변동, 사업추진 기본계획의 조정, 민원에 따른 노선 변경, 공법 변경, 그 밖의 시설물 추가 등으로 설계 변경이 필요한 경우에는 다음의 서류를 첨부하여 반드시 서면으로 책임 감리원에게 설계 변경을 하도록 지시하여야 한다. 이 경우 첨부하여야 하는 서류 5가지를 적으시오. 단, 그 밖에 필요한 서류는 제외한다.

|계|산|및|정|답|

① 설계변경 개요서 ② 설계변경 도면 ③ 설계설명서 ④ 계산서 ⑤ 수량산출 조서

04

출제 : 09, 17년 • 배점 : 5점

154[kV] 중성점 직접접지계통에서 접지계수가 0.75이고, 여유도가 1.1인 경우 전력용 피뢰기의 정격전압을 주어진 표에서 선정하시오.

【피뢰기의 정격전압(표준값 [kV]】

126	144	154	168	182	196

•계산 : •답 :

|계|산|및|정|답|

【계산】 $V_n = \alpha \cdot \beta \cdot V_m = 0.75 \times 1.1 \times 170 = 140.25[\text{kV}]$

피뢰기의 정격전압 표에서 144[kV] 선정 【정답】 144[kV]

|추|가|해|설|

피뢰기의 정격전압 $V_n = \alpha \cdot \beta \cdot V_m [V][\text{kV}]$

여기서, V_n : 피뢰기 정격전압[kV], α : 접지계수, β : 여유도, V_m : 계통의 최대전압[kV])

05

출제 : 산업 13, 기사 05, 17년 • 배점 : 4점

3상 4선식 22.9[kV] 수전설비의 부하전류가 30[A]이다. 60/5[A]의 변류기를 통하여 과전류 계전기를 시설하였다. 120[%]의 과부하에서 차단기를 동작시키려면 과부하 트립 전류값은 몇 [A]로 설정해야 하는가?

•계산 : •답 :

|계|산|및|정|답|

【계산】 과전류 계전기의 전류 탭(I_t)=부하전류$(I) \times \frac{1}{\text{변류비}} \times$설정값

$\therefore I_t = 30 \times \frac{5}{60} \times 1.2 = 3[A]$ 【정답】 3[A] 설정

|추|가|해|설|

OCR(과전류계전기)의 탭 전류 : 2[A], 3[A], 4[A], 5[A], 6[A], 7[A], 8[A], 10[A], 12[A]

06

출제 : 07, 09, 17년 • 배점 : 10점

그림의 단선결선도를 보고 ①~⑤에 들어갈 기기에 대하여 표준심벌을 사용하여 그리고 약호, 명칭, 용도 또는 역할에 대하여 간단히 설명하시오.

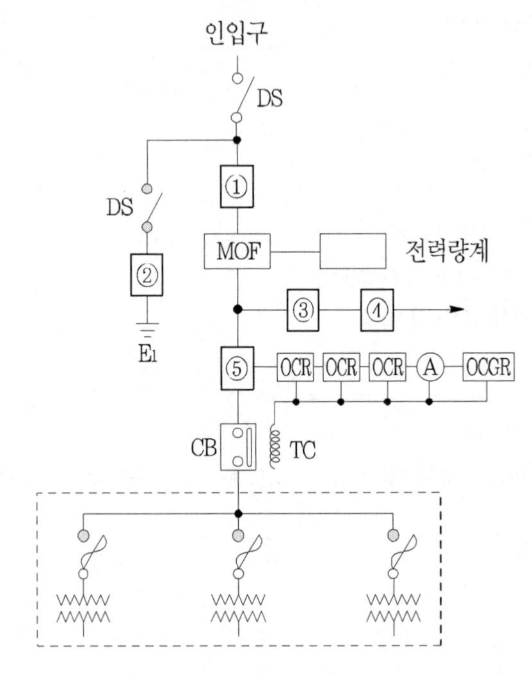

번호	심벌	약호	명칭	용도 및 역할
①				
②				
③				
④				
⑤				

|계|산|및|정|답|

번호	심벌	약호	명칭	용도 및 역할
①		PF	전력 퓨즈	단락 전류 및 고장 전류 차단
②	LA	LA	피뢰기	이상 전압 침입 시 이를 대지로 방전시키며 속류를 차단한다.
③		COS	컷아웃 스위치	계기용 변압기 및 부하측에 고장 발생 시 이를 고압회로로부터 분리하여 사고의 확대를 방지한다.
④		PT	계기용 변압기	고전압을 저전압(정격 110[V])으로 변성한다.
⑤	CT CT	CT	계기용 변류기	대전류를 소전류(정격 5[A])로 변성한다.

|추|가|해|설|

[수 · 변전 설비의 구성 기기]

명칭	약호	심벌(단선도)	용도(역할)
케이블 헤드	CH		가공전선과 케이블 종단접속
피뢰기	LA	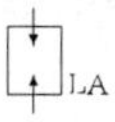 LA	이상전압 내습시 대지로 방전하고 속류는 차단
단로기	DS		무부하시 선로 개폐, 회로의 접속 변경
전력퓨즈	PF		부하 전류 통전 및 과전류, 단락 전류 차단
계기용 변압 변류기	MOF	MOF	·전력량을 적산하기 위하여 고전압과 대전류를 저전압, 소전류로 변성 ·PT, CT를 한 탱크 속에 넣은 것(계기 정밀도 0.5급)
전류계용 전환 개폐기	AS		1대의 전류계로 3상 전류를 측정하기 위하여 사용하는 전환 개폐기
전압계용 전환 개폐기	VS		1대의 전압계로 3상 전압을 측정하기 위하여 사용하는 전환 개폐기
전류계	A	A	전류 측정 계기
전압계	V	 V	전압 측정 계기
계기용 변압기	PT		고전압을 저전압(110[V])으로 변성 계기나 계전기에 전압원 공급
계기용 변류기	CT	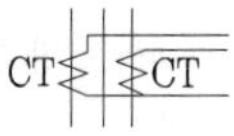 CT CT	대전류를 소전류(5[A])로 변성 계기나 계전기에 전류원공급
영상변류기	ZCT	 ZCT	지락전류(영상전류)의 검출 1차 정격 200[mA] 2차 정격 1.5[mA]
교류차단기	CB	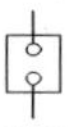	부하전류 및 단락전류의 개폐
접지계전기	GR	G R	영상전류에 의해 동작하며, 차단기 트립 코일 여자
과전류계전기	OCR	OCR	·정정치 이상의 전류에 의해 동작 ·차단기 트립 코일 여자
트립 코일	TC		보호계전기 신호에 의해 차단기 개로
전력용 콘덴서	SC	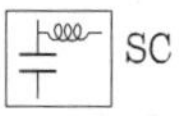 SC	진상 무효 전력을 공급하여 역률 개선
직렬 리액터	SR		제5고조파 제거 파형개선 콘덴서 용량의 6[%] 정도 보상
방전 코일	DC	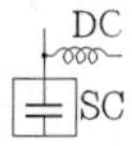 DC SC	콘덴서 개방시 잔류 전하 방전 및 콘덴서 투입시 과전압 방지. 5초 이내에 50[V] 이하로 방전. 저압은 3분 이내 75[V] 이하로 방전
컷아웃 스위치	COS		기계 기구(변압기)를 과전류로부터 보호 ※ PF(전력퓨즈)와 심벌 동일 ·300[kVA] 이상 : PF ·300[kVA] 이하 : COS으로 표기

07

출제 : 10, 15, 16, 17년 • 배점 : 5점

가로의 길이가 10[m], 세로의 길이가 30[m], 높이 3.85[m]인 사무실에 40[W] 형광등 1개의 광속이 2500[lm]인 2등용 형광등 기구를 설치하여 400[lx]의 평균 조도를 얻고자 할 때 다음 요구사항을 구하시오. 단, 조명률 60[%], 감광보상률은 1.3, 책상면에서 천정까지의 높이 3[m]이다.

(1) 실지수

·계산 : ·답 :

(2) 형광등 기구수

·계산 : ·답 :

|계|산|및|정|답|

(1) 【계산】 실지수$(RI) = \dfrac{XY}{H(X+Y)} = \dfrac{10\times30}{3\times(10+30)} = 2.5$ 【정답】 2.5

(2) 【계산】 등수 $N = \dfrac{DES}{FU} = \dfrac{1.3\times400\times10\times30}{2500\times2\times0.6} = 52$[등] 【정답】 52[등]

|추|가|해|설|

① 실지수 $K = \dfrac{X\cdot Y}{H(X+Y)}$

여기서, K : 실지수, X : 방의 폭[m], Y : 방의 길이[m], H : 작업면에서 조명기구 중심까지 높이[m]

② $EAD = FNUM$

여기서, E : 평균 조도[lx], F : 램프 1개당 광속[lm], N : 램프 수량[개], U : 조명률, D : 감광보상률$(=\dfrac{1}{M})$, M : 보수율

A : 방의 면적[m^2](방의 폭×길이)

08

출제 : 05, 17년 • 배점 : 3점

배전 선로의 전압조정기를 3가지만 쓰시오.

|계|산|및|정|답|

① 유도 전압 조정기 ② 승압기 ③ 주상 변압기 탭 조정

|추|가|해|설|

[배전 선로에서 사용하는 전압조정기]

① 자동전압조정기 : SVR, IR의 두 종류가 있으나 현재는 SVR만 사용한다.

② 고정승압기 : 일반적으로 사용하지 않는다.

③ 병렬콘덴서 : 선로의 무효전력을 흡수해서 전압강하 방지에 기여하고 있다.

09 출제 : 17년 • 배점 : 5점

콘덴서 회로에서 고조파를 감소시키기 위한 직렬리액터 회로에 대한 다음 각 질문에 답하시오.

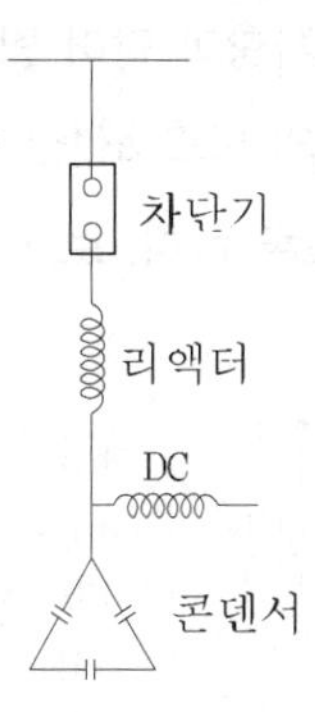

(1) 제5고조파를 감소시키기 위한 리액터의 용량은 콘덴서의 몇 [%] 이상이어야 하는지 쓰시오.

(2) 설계 시 주파수 변동이나 경제성을 고려하여 리액터의 용량은 콘덴서의 몇 [%] 정도를 표준으로 하고 있는지 쓰시오.

(3) 제3고조파를 감소시키기 위한 리액터의 용량은 콘덴서의 몇 [%] 이상이어야 하는지 쓰시오.

| 계 | 산 | 및 | 정 | 답 |

(1) 4[%] (2) 6[%] (3) 11[%]

| 추 | 가 | 해 | 설 |

[직렬리액터 용량 산출방법]

제5고조파에 대해 유도성으로 하기 위해서는 직렬 리액터의 인덕턴스를 L, 콘덴서의 커패시턴스를 C라고 하면

· $5wL = \frac{1}{5wC} \rightarrow wL = \frac{1}{5^2 wC} = 0.04\frac{1}{wC}$

· $3wL = \frac{1}{3wC} \rightarrow wL = \frac{1}{3^2 wC} = 0.11\frac{1}{wC}$

즉, 콘덴서 리액턴스의 4[%] 이상 되는 직렬리액턴스의 리액턴스가 필요하게 된다. 실제로는 주파수의 변동이나 경제적인 면에서의 6[%]를 표준으로 하고 있다. 단, 제3고조파가 존재할 때는 11[%] 가량의 직렬리액턴스를 넣을 수도 있다.

10

출제 : 02, 12, 17년 • 배점 : 6점

그림은 누름버튼스위치 PB_1, PB_2, PB_3를 ON 조작하여 기계 A, B, C를 운전하는 시퀀스회로도이다. 이 회로를 타임차트 1~3의 요구사항과 같이 병렬 우선 순위회로로 고쳐서 그리시오. (단, R_1, R_2, R_3는 계전기이며 이 계전기의 보조 a접점 또는 보조 b접점을 추가 또는 삭제하여 작성하되 불필요한 접점을 사용하지 않도록 하며, 보조 접점에는 접점명을 기입하도록 한다.)

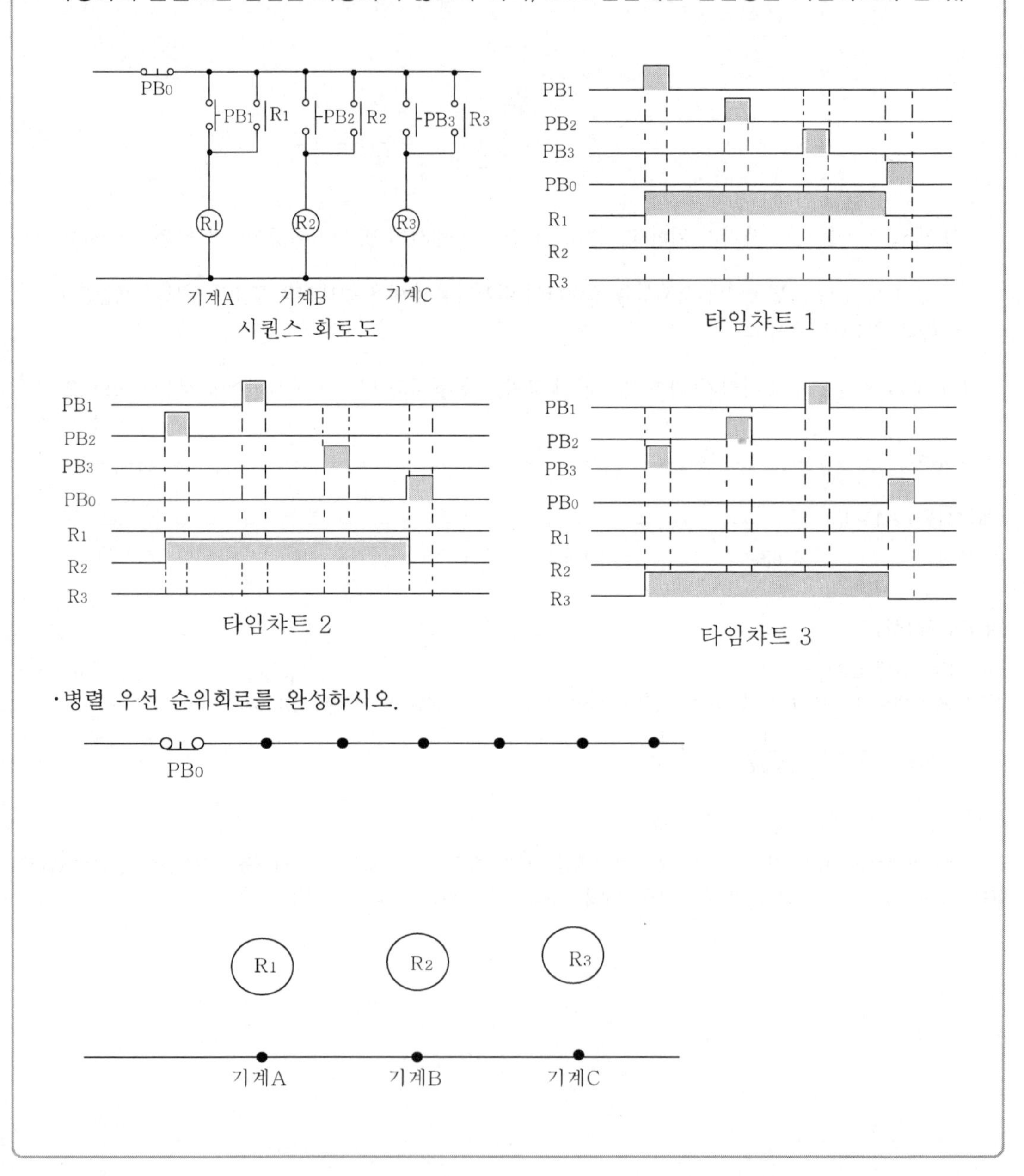

|계|산|및|정|답|

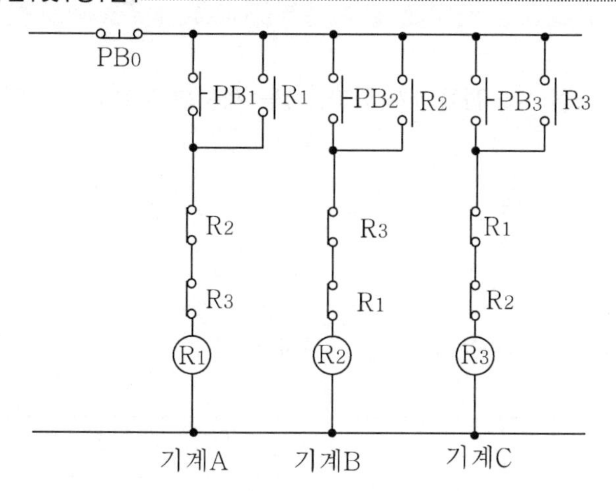

11 출제 : 17년 • 배점 : 3점

전력설비 점검 시 보호계전 계통의 오동작 원인 3가지만 쓰시오.

|계|산|및|정|답|

① 여자돌입전류 ② 변류기의 포화 ③ 취부위치에서 예상 가능한 충격, 경사, 진동

|추|가|해|설|

[보호계전계통의 계전기 오동작 원인]

① 여자돌입전류

② 고조파

③ 계전기 감도 저하

④ 계전기 불량

⑤ 변류기의 포화

⑥ 취부위치에서 예상 가능한 충격, 경사, 진동

⑦ 허용 범위를 초과한 온도 및 습도

⑧ 유해 가스에 의한 금속 부위 부식

12

출제 : 17년 • 배점 : 4점

정격전류가 320[A]이고, 역률 0.85인 3상 유도전동기가 있다. 다음 제시한 자료에 의하여 전압강하를 구하시오.

·계산 :　　　　　　　　　　　　·답 :

【참고자료】

·전선편도 길이 : 150[m]

·사용전선의 특징 : $R = 0.18[\Omega/km]$, $\omega L = 0.102[\Omega/km]$, ωC는 무시한다.

|계|산|및|정|답|

【계산】 1선당 저항 $R = \frac{0.18}{1000} \times 150 = 0.027[\Omega]$

1선당 리액턴스 $X = \frac{0.102}{1000} \times 150 = 0.0153[\Omega]$

3상에서의 전압강하 $e = \sqrt{3}\,I(R\cos\theta + X\sin\theta)$ $\rightarrow (\sin = \sqrt{1-\cos^2})$

$= \sqrt{3} \times 320(0.027 \times 0.85 + 0.0153 \times \sqrt{1-0.85^2}) = 17.19[V]$

【정답】 17.19[V]

|추|가|해|설|

① 전압강하 $e_1 = IR$

② 단상2선식의 경우 : 단상 2선식의 경우 전압강하는 전선 2가닥에서 발생하므로 전선 1가닥에서의 전압 강하 e_1의 2배가 된다.

전압강하 $e_2 = 2I(R\cos\theta + X\sin\theta)[V]$

③ 3상3선식의 경우 전압강하 $e_3 = \sqrt{3}\,I(R\cos\theta + X\sin\theta)[V]$

13

출제 : 14, 17년 • 배점 : 5점

그림은 전위 강하법에 의한 접지저항 측정 방법이다. E, P, C가 일직선상에 있을 때, 다음 물음에 답하시오. 단, E는 반지름 r인 반구모양 전극(측정대상 전극)이다.

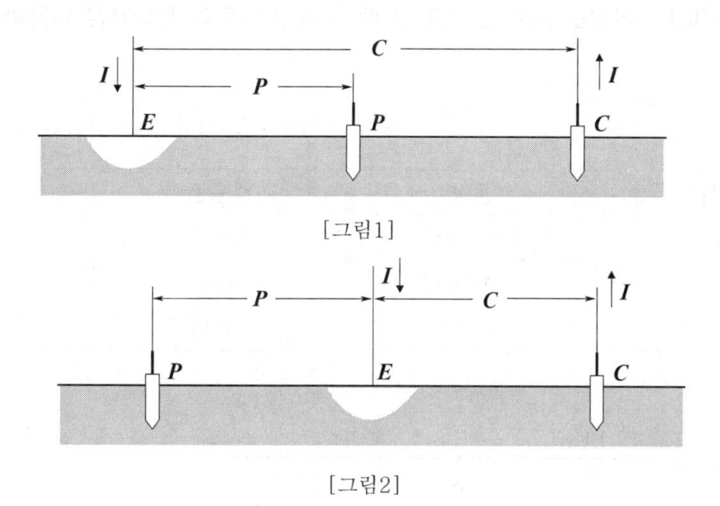

[그림1]

[그림2]

(1) [그림1]과 [그림2]의 측정방법 중 접지저항 값이 참값에 가까운 측정방법을 고르시오.

(2) 반구모양 접지 전극의 접지저항을 측정할 때 $E-C$간 거리의 몇 [%]인 곳에 전위 전극을 설치하면 정확한 접지저항 값을 얻을 수 있는지 설명하시오.

|계|산|및|정|답|

(1) [그림 1]

(2) 비율 $EP = EC \times 0.618 \quad \therefore \frac{EP}{EC} \times 100 = 61.8[\%]$

【정답】 61.8[%]

|추|가|해|설|

(1) [그림2]와 같은 전극배치에서는 참값을 구할 수 있는 P전극의 위치는 존재하지 않으므로 [그림1]과 같은 전극 배치를 하여야 한다.

(2) 61.8[%] : 61.8[%]법은 전위 강하법을 이용하여 접지저항을 측정할 때, 전류보조극의 거리를 접지체로부터 C로 하고 전압보조극의 거리를 C의 61.8[%]로 하여 측정된 접지 저항값을 측정값으로 결정한다. 이 원리에 의해 측정되는 접지 저항값은 C의 거리에 무관하다. 만일, 대지비 저항이 균일하지 않다면 측정치에 많은 오차가 발생될 수도 있지만 한 번의 측정으로 정확한 접지저항값을 얻을 수 있는 장점이 있다.

14

출제 : 03, 17년 • 배점 : 12점

그림은 어떤 변전소의 도면이다. 변압기 상호 부등률이 1.3이고, 부하의 역률 90[%]이다. STr의 %임피던스가 4.5[%], $\mathrm{Tr_1}, \mathrm{Tr_2}, \mathrm{Tr_3}$의 %임피던스가 각각 10[%], 154[kV] BUS의 %임피던스가 0.4[%]이다. 부하는 표와 같다고 할 때 주어진 도면과 참고표를 이용하여 각 물음에 답하시오.

【부하표】

부하	용량	수용률	부등률
A	5000[kW]	80[%]	1.2
B	3000[kW]	84[%]	1.2
C	7000[kW]	92[%]	1.2

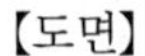

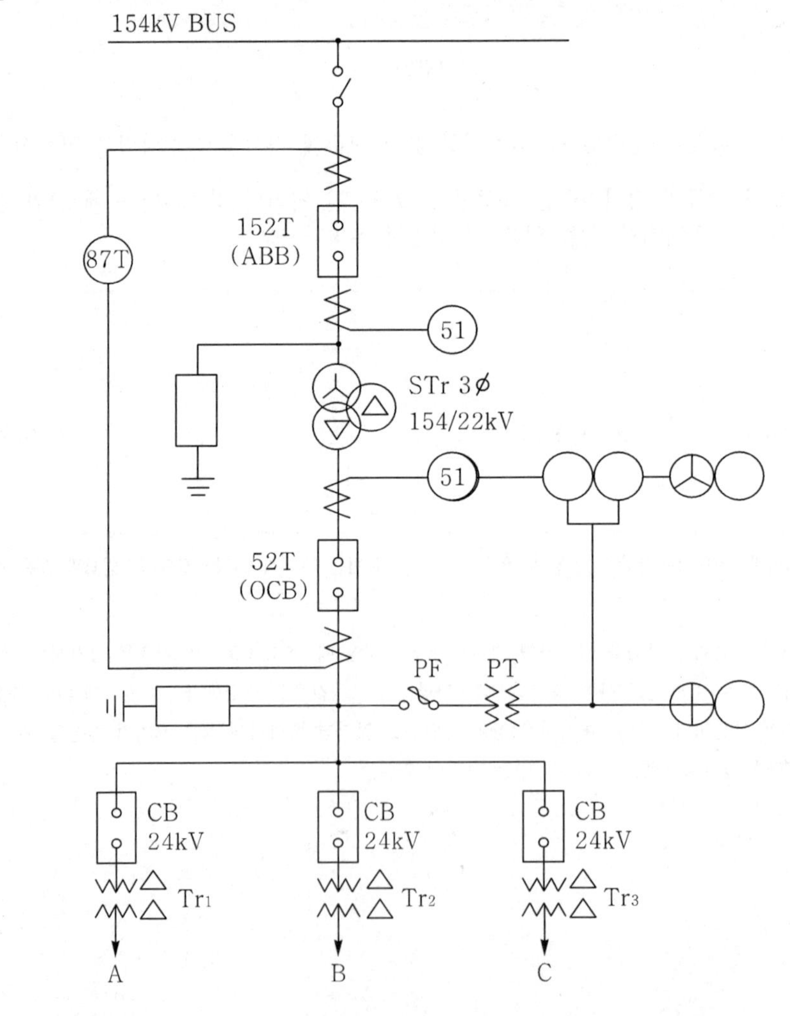

【152T ABB 용량표[MVA]】

100	200	300	500	750	1000	2000	3000	4000	5000	6000	7000

【52T OCB 용량표[MVA]】

100	200	300	500	750	1000	2000	3000	4000	5000	6000	7000

【154[kV] 변압기 용량표[kVA]】

5000	6000	7000	8000	10000	15000	20000	30000	40000	50000

【22[kV] 변압기 용량표[kVA]】

200	230	500	750	1000	1500	2000	3000	4000	5000	6000	7000	8000	9000	10000

(1) 변압기 Tr_1, Tr_2, Tr_3의 용량[kVA]을 산정하시오.

•계산 : •답 :

(2) 변압기 STr의 용량[kVA]을 산정하시오.

•계산 : •답 :

(3) 차단기 152T의 용량[MVA]을 산정하시오.

•계산 : •답 :

(4) 차단기 52T의 용량[MVA]을 산정하시오.

•계산 : •답 :

(5) 약호 87T의 우리말 명칭을 쓰고 그 역할에 대하여 쓰시오.

•명칭 : •역할 :

(6) 51의 우리말 명칭을 쓰고 그 역할에 대하여 쓰시오.

•명칭 : •역할 :

|계|산|및|정|답|

(1) 【계산】 $Tr_1 = \frac{\text{설비용량} \times \text{수용률}}{\text{부등률} \times \text{역률}} = \frac{5000 \times 0.8}{1.2 \times 0.9} = 3703[kVA]$, 표에서 4000[kVA] 선정 【정답】 4000[kVA]

$Tr_2 = \frac{3000 \times 0.84}{1.2 \times 0.9} = 2333.33[kVA]$, 표에서 3000[kVA] 선정 【정답】 3000[kVA]

$Tr_3 = \frac{7000 \times 0.92}{1.2 \times 0.9} = 5962.96[kVA]$, 표에서 6000[kVA] 선정 【정답】 6000[kVA]

(2) 【계산】 $STr = \frac{3703.7 + 2333.33 + 5962.96}{1.3} = 9230.76[kVA]$, 표에서 10000[kVA] 선정 【정답】 10000[kVA]

(3) 【계산】 $P_s = \frac{100}{\%Z} \cdot P_n = \frac{100}{0.4} \times 10 = 2500[MVA]$, 표에서 3000[MVA] 선정 【정답】 3000[MVA]

(4) 【계산】 $P_s = \frac{100}{\%Z} \cdot P_n = \frac{100}{0.4 + 4.5} \times 10 = 204.08[MVA]$, 표에서 300[MVA] 선정 【정답】 300[MVA]

(5) 【명칭】 주변압기 차동 계전기　　　　　【용도】 발전기나 변압기의 내부 고장 시 보호

(6) 【명칭】 과전류 계전기　　　　　　　　【용도】 설정값 이상의 전류가 흐르면 동작하여 차단기 트립코일 여자

|추|가|해|설|

(1) 변압기 용량[kVA] $\geq$ 합성최대수용전력 $= \dfrac{\text{설비용량[kVA]} \times \text{수용률}}{\text{부등률}} = \dfrac{\text{설비용량[kVA]} \times \text{수용률}}{\text{부등률} \times \text{역률}}$ [kVA]

(2) 차단기 152T 차단용량을 선정 할 때는 최악의 조건인 차단기 152T 2차측 단자에서 3상 단락이 발생한 경우로 가정한다. 따라서 차단기 152T 전단까지의 %Z만 고려하면 되므로 154[kV] BUS까지의 %Z만 고려하면 된다.

(5) 계전기 고유 번호

① 87 : 전류 차동 계전기(비율차동계전기)

② 87B : 모선보호 차동계전기

③ 87G : 발전기용 차동계전기

④ 87T : 주변압기 차동 계전기

15

출제 : 05, 14, 17년 • 배점 : 3점

다음 표의 수용가(A, B, C) 사이의 부등률 1.1로 한다면 합성 최대전력은 몇 [kW]인가?

수용가	설비용량[kW]	수용률[%]
A	300	80
B	200	60
C	100	80

·계산 :　　　　　　　　　　·답 :

|계|산|및|정|답|

【계산】 합성최대전력 $= \dfrac{\text{개별 최대 수용 전력의 합}}{\text{부등률}} = \dfrac{\text{설비 용량} \times \text{수용률}}{\text{부등률}}$

$= \dfrac{300 \times 0.8 + 200 \times 0.6 + 100 \times 0.8}{1.1} = 400\text{[kW]}$

【정답】 400[kW]

16

출제 : 17년 • 배점 : 4점

1선 지락 고장시 접지계통별 고장전류의 경로를 답란에 적으시오.

단일 접지계통	①
중성점 접지계통	②
다중 접지계통	③

|계|산|및|정|답|

단일 접지계통	① 지락 사고시 선로에서 대지로 지락전류가 흐르며 접지점을 통해 선로로 흐른다.
중성점 접지계통	② 지락 사고시 선로에서 대지로 지락전류가 흐르며 중성점 접지의 접지저항을 통해 선로로 흐른다.
다중 접지계통	③ 지락 사고시 선로에서 대지로 지락전류가 흐르며 다중접지의 접지점을 통해 선로로 흐른다.

17

출제 : 01, 02, 07, 14, 17년 • 배점 : 5점

고조파 전류는 각종 선로나 간선에 에너지 절약 기기나 무정전전원장치 등이 증가되면서 선로에 발생하여 전원의 질을 떨어뜨리고 과열 및 이상 상태를 발생시키는 원인이 되고 있다. 고조파 전류를 방지하기 위한 대책을 3가지만 쓰시오.

|계|산|및|정|답|

① 전력변환장치의 Pulse 수를 크게 한다.
② 고조파필터를 사용하여 제거한다.
③ 변압기 결선에서 △결선을 채용하여 고조파 순환회로를 구성하여 외부에 고조파가 나타나지 않도록 한다.

|추|가|해|설|

[고조파의 저감 대책]
- 전력변환 장치의 Pulse수를 크게 한다.
- 고조파 필터를 사용하여 제거한다.
- 고조파를 발생하는 기기들을 따로 모아 결선해서 별도의 상위 전원으로부터 전력을 공급하고 여타 기기들로부터 분리시킨다.
- 전력용 콘덴서에는 직렬 리액터를 설치한다.
- 선로의 코로나 방지를 위하여 복도체, 다도체를 사용한다.
- 변압기 결선에서 △ 결선을 채용하여 고조파 순환회로를 구성하여 외부에 고조파가 나타나지 않도록 한다.

18

출제 : 00, 04, 17년 • 배점 : 5점

알칼리 축전지의 정격용량은 100[Ah], 상시부하 5[kW], 표준전압 100[V]인 부동충전 방식이 있다. 이 부동충전방식에서 다음 각 질문에 답하시오.

(1) 부동충전방식의 충전기 2차 전류는 몇 [A]인지 계산하시오.

•계산 : •답 :

(2) 부동충전방식의 회로도를 전원, 축전지, 부하, 충전기(정류기) 등을 이용하여 간단하게 그리시오. 단, 심벌은 일반적인 심벌로 표현하되 심벌 부근에 그에 따른 명칭을 적도록 하시오.

|계|산|및|정|답|

(1) 【계산】 충전기 2차 전류 $I_2 = \dfrac{\text{축전지용량}[Ah]}{\text{정격 방전율}[h]} + \dfrac{\text{상시부하용량}(P)}{\text{표준전압}(V)}$

$$= \frac{100}{5} + \frac{5 \times 10^3}{100} = 70[A]$$

【정답】 70[A]

(2)

A.C
충전기
V 부동충전전압
부동충전전류 I
축전지
부하

|추|가|해|설|

[부동충전 방식]

부동충전방식은 정류기가 축전지의 충전에만 사용하는 것이 아니라 평상시에는 다른 직류부하의 전원으로도 사용되는 충전방식이다. 이방식의 특징은 다음과 같다.

① 축전지는 완전 충전 상태에 있다.

② 정류기의 용량이 작아도 된다.

③ 축전지의 수명에 좋은 영향을 준다.

④ 충전기 2차 충전전류[A] $= \dfrac{\text{축전지 용량[Ah]}}{\text{정격 방전율[h]}} + \dfrac{\text{상시부하 용량}}{\text{표준 전압[V]}}$

⑤ 부동 충전 전압

•CS형(클래드식, 완방전형) : 2.15[V/cell]

•HS형(페이스트식, 급방전형) : 2.18[V/cell]

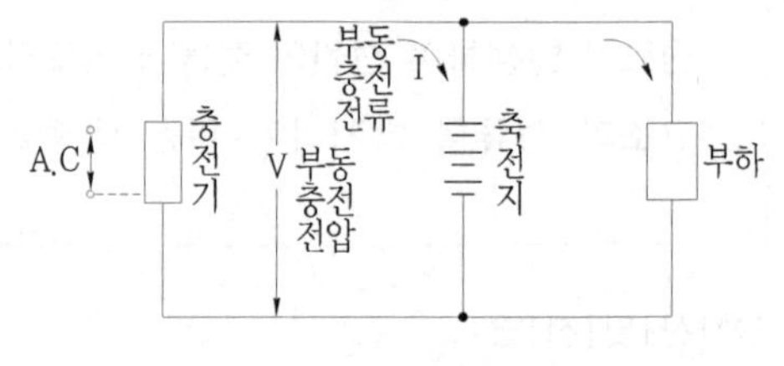

19

출제 : 17년 • 배점 : 6점

그림과 같은 논리회로를 이용하여 다음 각 물음에 답하시오.

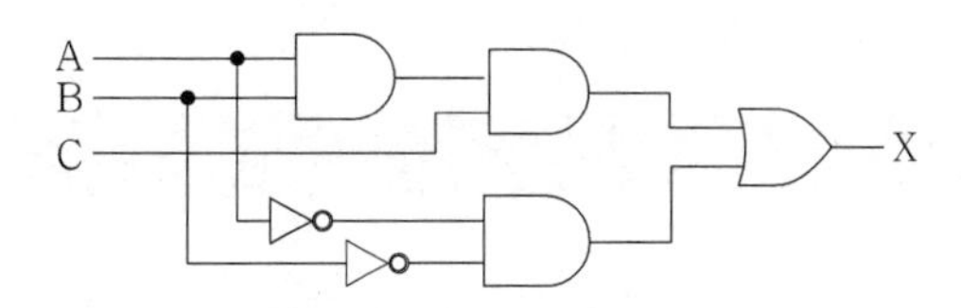

(1) 주어진 논리회로를 논리식으로 표현하시오.

(2) 논리회로의 동작상태에 대한 타임차트를 완성하시오.

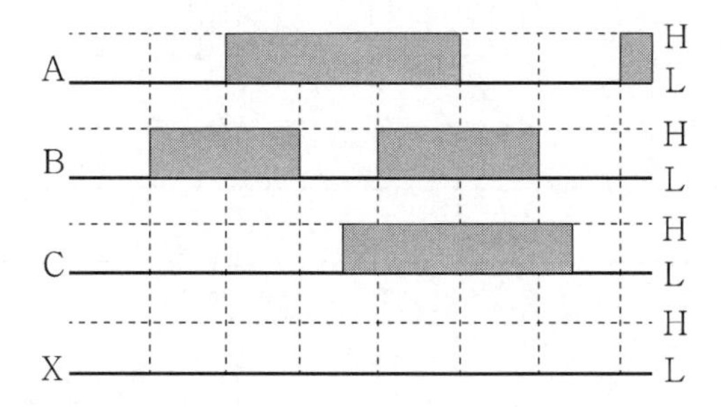

(3) 다음의 진리표 빈 칸을 채워 완성하시오. 단, L은 Low이고, H는 High이다.

A	L	L	L	L	H	H	H	H
B	L	L	H	H	L	L	H	H
C	L	H	L	H	L	H	L	H
X								

|계|산|및|정|답|

(1) $X = A \cdot B \cdot C + \overline{A} \cdot \overline{B}$

(2)

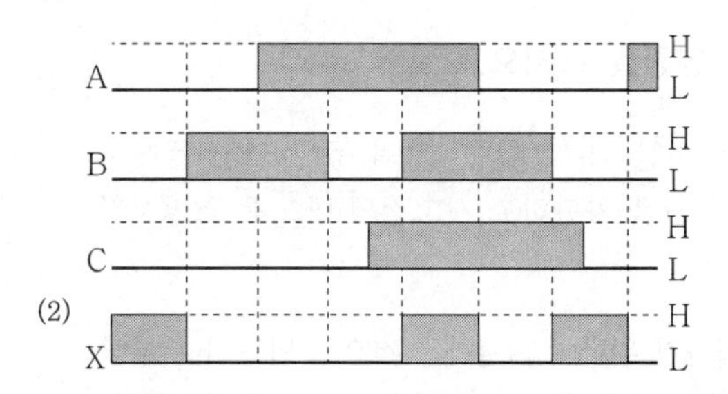

(3)

A	L	L	L	L	H	H	H	H
B	L	L	H	H	L	L	H	H
C	L	H	L	H	L	H	L	H
X	H	H	L	L	L	L	L	H

03 2017년 전기기사 실기

01

출제 : 07, 17년 • 배점 : 5점

평형 3상 회로에 변류비 100/5인 변류기 2개를 그림과 같이 접속하였을 때 전류계에 4[A]의 전류가 흘렀다. 1차 전류의 크기는 몇 [A]인가?

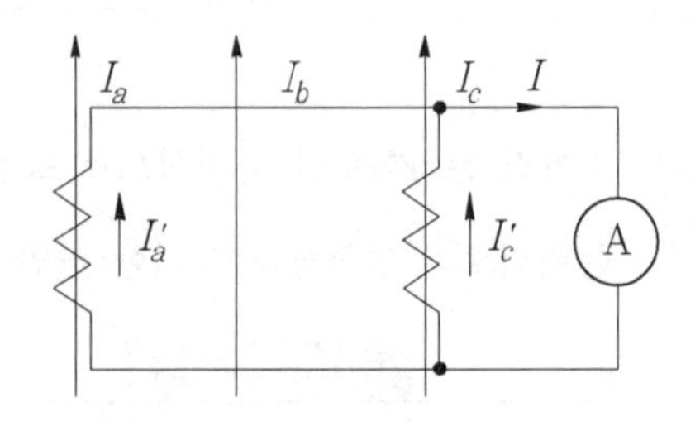

·계산 :

·답 :

|계|산|및|정|답|

【계산】 가동결선이므로 $I_a{}' = I_c{}' = I = 4[\text{A}]$ 이므로

1차측 전류 $I_a = aI_a{}' = \dfrac{100}{5} \times 4 = 80[A]$ 【정답】 80[A]

|추|가|해|설|

① 가동결합 시의 1차 전류=2차전류×변류비$[A]$

② 차동결합 시의 1차 전류=2차전류×변류비×$\dfrac{1}{\sqrt{3}}[A]$

02

출제 : 17년 • 배점 : 4점

다음에 설명된 것은 어떤 장치나 개폐기인지 그 명칭을 쓰시오.

(1) 가공 배전선로 사고의 대부분은 조류 및 수목에 의한 접촉, 강풍, 낙뢰 등에 의한 플래시 오버 사고로서 이런 사고 발생 시 신속하게 고장구간을 차단하고 사고점의 아크를 소멸시킨 후 즉시 재투입이 가능한 개폐장치이다.

(2) 보안상 책임 분계점에서 보수 점검 시 전로를 개폐하기 위하여 시설하는 것으로 반드시 무부하 상태에서 개방하여야 한다. 근래에는 ASS를 사용하며, 66[kV] 이상의 경우에는 이를 사용한다.

|계|산|및|정|답|

(1) 리클로저 (2) 선로개폐기.

03 출제 : 17년 • 배점 : 7점

그림은 3상유도전동기의 역상 제동 시퀀스회로이다. 물음에 답하시오. 단, 플러깅 릴레이 Sp는 전동기가 회전하면 접점이 닫히고, 속도가 0에 가까우면 열리도록 되어 있다.

(1) 회로에서 ①~④에 접점과 기호를 그리시오.

(2) MC_1, MC_2의 동작 과정을 간단히 설명하시오.

(3) 타이머 T와 저항 r의 용도 및 역할에 대하여 간단히 설명하시오.

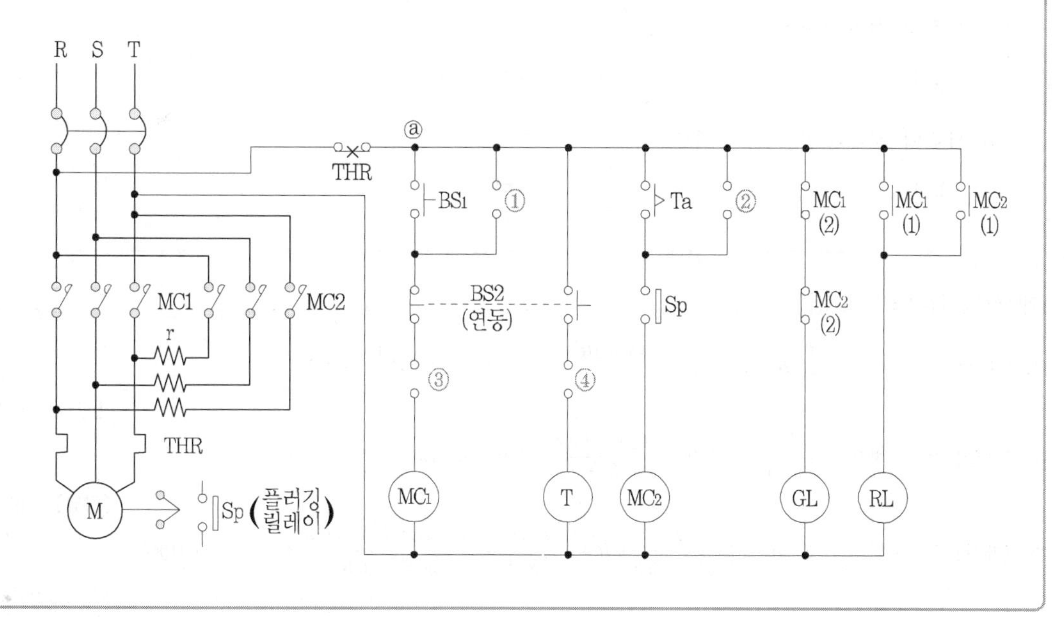

| 계 | 산 | 및 | 정 | 답 |

(1) ① MC_1 ② MC_2 ③ MC_2 ④ MC_2

(2) 【동작과정】

① BS_1으로 MC_1을 여자시켜 전동기를 직입 기동한다(자기유지).

② BS_2을 눌러 MC_1이 소자되면 전동기는 전원에서 분리되나 회전자 관성 모멘트로 인하여 회전은 계속한다.

③ 이때 BS_2의 연동접점으로 T가 MC_1 소자 즉시 여자 되며, BS_2를 누르고 있는 상태에서 설정 시간 후 MC_2가 여자되어 전동기는 역회전하려 한다(자기유지).

④ 전동기의 속도가 급격히 감소하여 0에 가까워지면 플러깅 릴레이에 의하여 전동기는 전원에서 완전히 분리되어 급정지한다.

(3) T : 시간 지연 릴레이를 사용하여 제동시 과전류를 방지하는 시간적인 여유를 주기 위함

r : 역상 제동 시 저항의 전압강하로 전압을 줄이고 제동력을 제한함

| 추 | 가 | 해 | 설 |

역상제동(플러깅) : 전기자전류의 방행을 바꾸어 역방향의 토크를 발생해 급제동시킬 때 사용

04 출제 : 17년 • 배점 : 6점

수전전압이 6000[V]인 2[km] 3상3선식 선로에 1000[kW](늦은 역률 0.8) 부하가 연결되어 있다고 한다. 다음 물음에 답하시오. 단, 1선당 저항은 0.3[Ω/km], 1선당 리액턴스 0.4[Ω/km]이다.

(1) 선로의 전압강하를 구하시오.

·계산 : ·답 :

(2) 선로의 전압강하율을 구하시오.

·계산 : ·답 :

(3) 선로의 전력손실을 구하시오.

·계산 : ·답 :

|계|산|및|정|답|

(1) 【계산】 전압강하 $e = \frac{P}{V}(R + X\tan\theta) = \frac{1000 \times 10^3}{6000} \times (0.3 \times 2 + 0.4 \times 2 \times \frac{0.6}{0.8}) = 200[V]$

【정답】 200[V]

(2) 【계산】 전압강하율 $\delta = \frac{V_s - V_r}{V_r} \times 100 = \frac{6200 - 6000}{6000} \times 100 = 3.33[\%]$

【정답】 3.33[%]

(3) 【계산】 전력손실 $P_l = 3I^2R = 3\left(\frac{P}{\sqrt{3}\,V\cos\theta}\right)^2 R = \frac{P^2R}{V^2\cos^2\theta} = \frac{(1000 \times 10^3)^2 \times 0.6}{6000^2 \times 0.8^2} \times 10^{-3} = 26.04[\text{kW}]$

【정답】 26.04[kW]

|추|가|해|설|

(1) 3상3선식의 전압강하 $e_3 = \sqrt{3}\,IR = \sqrt{3}\,e_1$

$$= \sqrt{3}\,I(R\cos\theta + X\sin\theta)[V] = \frac{\sqrt{3}\,VI}{V}(R\cos\theta + X\sin\theta)[V]$$

$$= \frac{(R \times \sqrt{3}\,VI\cos\theta + X \times \sqrt{3}\,VI\sin\theta)}{V}[V]$$

$$= \frac{RP + XQ}{V} \quad \rightarrow (\because P = \sqrt{3}\,VI\cos\theta,\ Q = \sqrt{3}\,VI\sin\theta)$$

$$= \frac{P}{V}(R + X\frac{Q}{P}) = \frac{P}{V}(R + X\tan\theta) \quad \rightarrow (\because \tan\theta = \frac{Q}{P})$$

(2) 전압강하율 $\epsilon = \frac{e}{V_r} = \frac{V_s - V_r}{V_r} \times 100[\%] = \frac{P}{V_r^2}(R + X\tan\theta) \times 100[\%]$

여기서, V_r : 수전단전압, V_s : 송전단전압

(3) 3상에서의 전체 전력손실 $P_l = 3I^2R[W] = 3\left(\frac{P}{\sqrt{3}\,V\cos\theta}\right)^2 R = \frac{P^2R}{V^2\cos^2\theta} \quad \rightarrow (I = \frac{P}{\sqrt{3}\,V\cos\theta})$

05 출제 : 17, 13, 05년 • 배점 : 4점

다음은 컴퓨터 등의 중요한 부하에 대한 무정전 전원공급을 위한 그림이다. "(가)~(마)"에 적당한 전기 시설물의 명칭을 쓰시오.

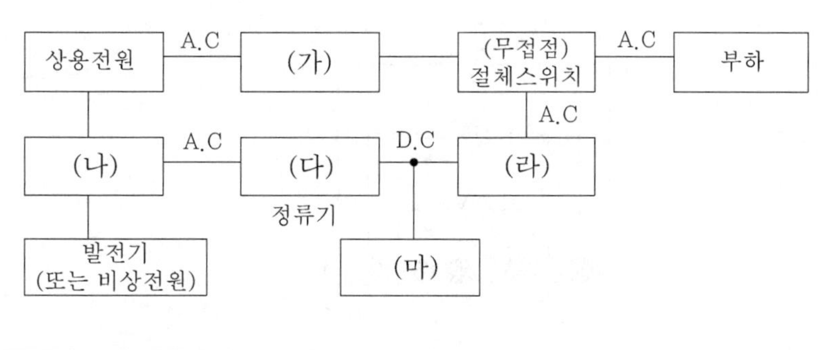

|계|산|및|정|답|

(가) 자동 전압조정기(AVR), (나) 절체용 개폐기, (다) 정류기(컨버터), (라) 인버터, (마) 축전지

|추|가|해|설|

[전원공급장치(Uninterruptibles Power Supply)]

1. 개요 : UPS는 축전지, 정류장치(Converter)와 역변환장치(Inverter)로 구성되어 있으며 선로의 정전이나 입력 전원에 이상 상태가 발생하였을 경우에도 정상적으로 전력을 부하측에 공급하는 설비를 UPS라 한다.

2. UPS 구성도

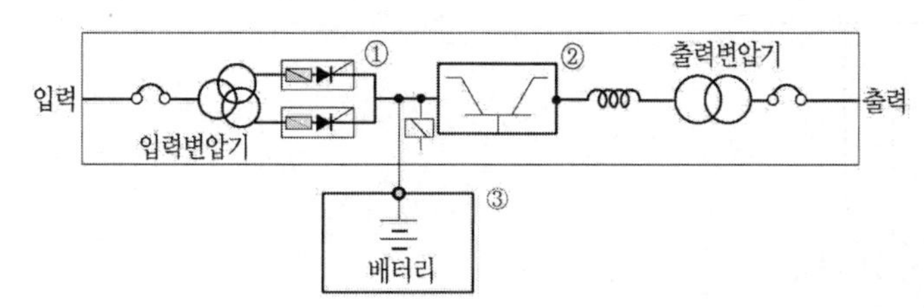

① 컨버터(정류장치) : 교류를 직류로 변환
② 인버터(인버터장치) : 직류를 사용 주파수의 교류 전압으로 변환
③ 축전지 : 정류장치에 의해 변환된 직류 전력을 저장

3. 비상전원으로 사용되는 UPS의 블록 다이어그램

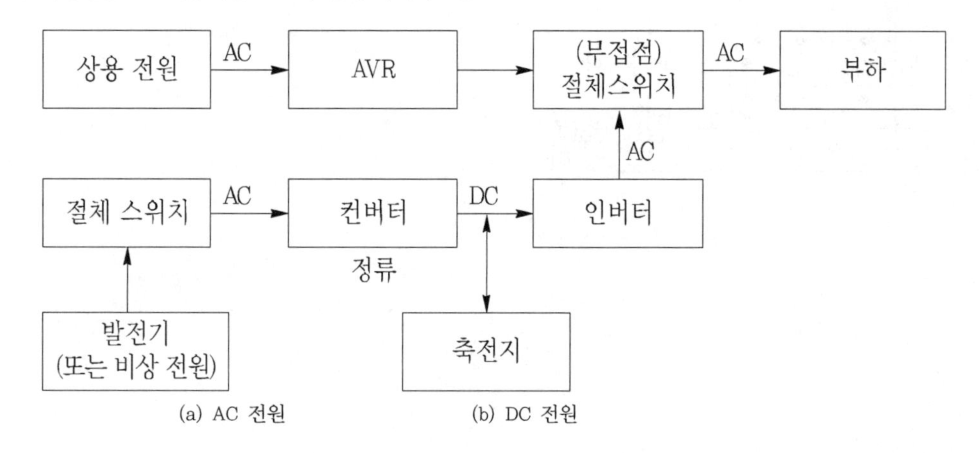

(a) AC 전원 (b) DC 전원

06

출제 : 00, 06, 17년 • 배점 : 4점

답안지의 그림은 3상4선식 전력량계의 결선도를 나타낸 것이다.

PT와 CT를 사용하여 미완성 부분의 결선도를 완성하시오.

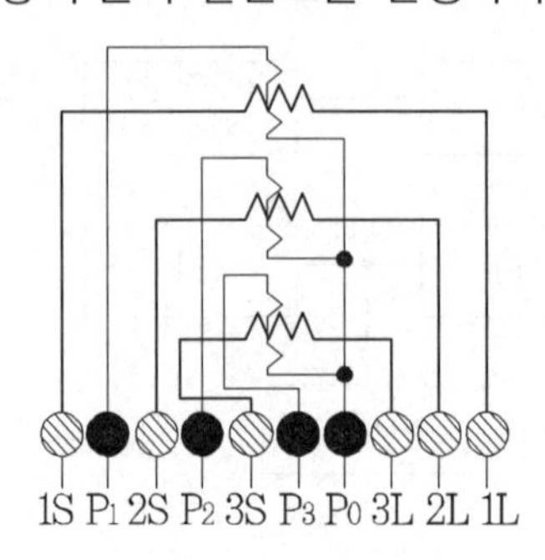

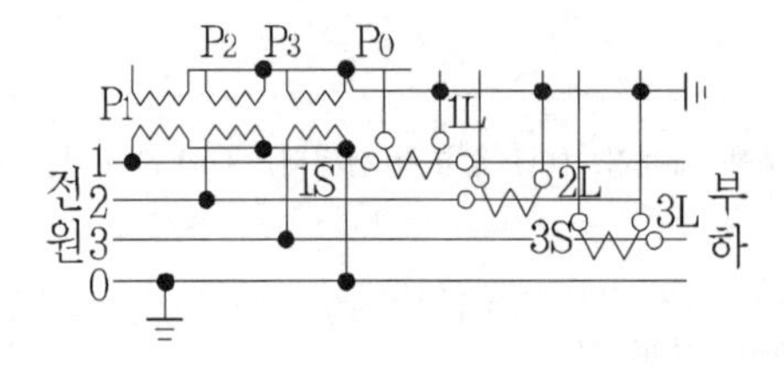

|계|산|및|정|답|

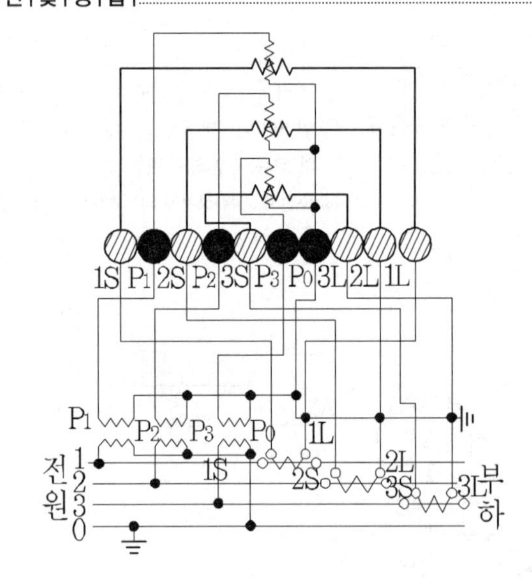

|추|가|해|설|

[적산전력계 결선]

상선	변류기 부속	계기용 변압기 및 변류기 부속
단상2선식	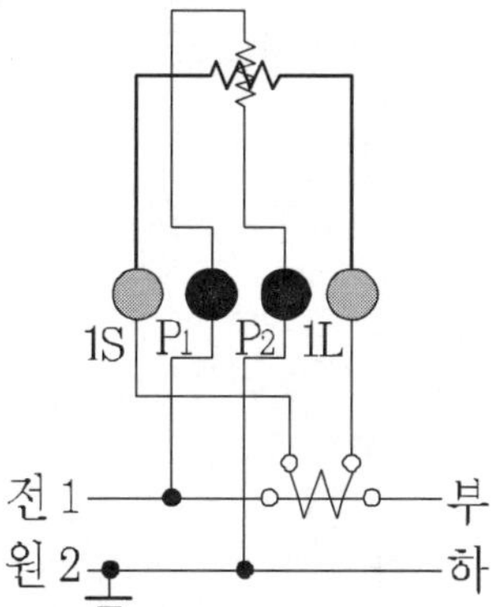	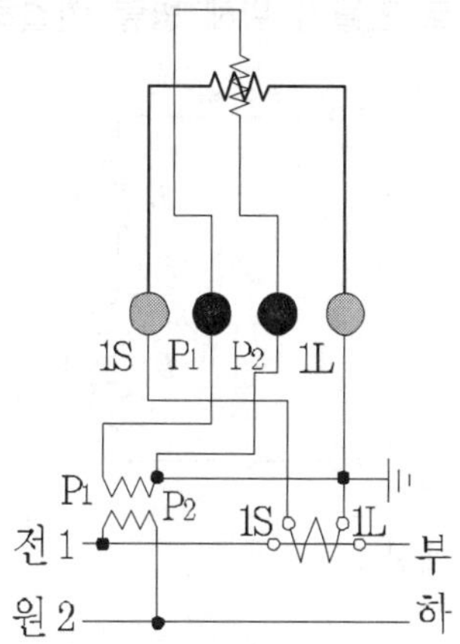
3상3선식 단상3선식	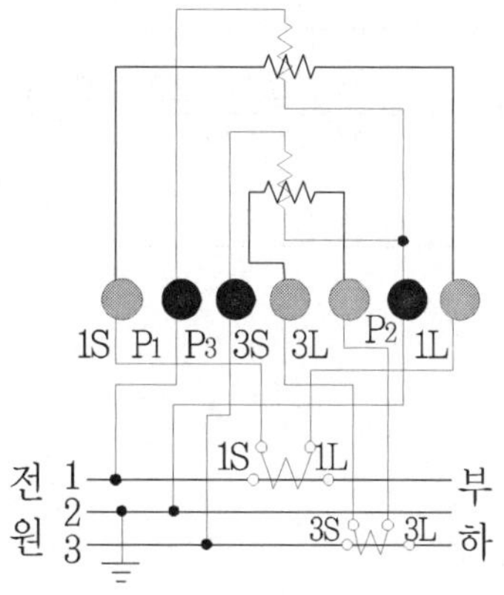	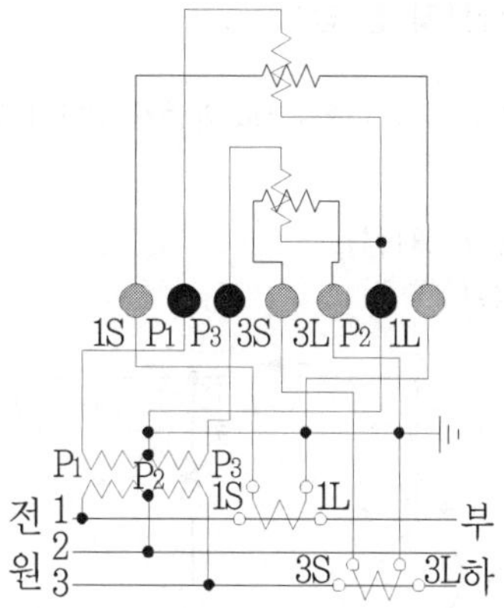
3상4선식	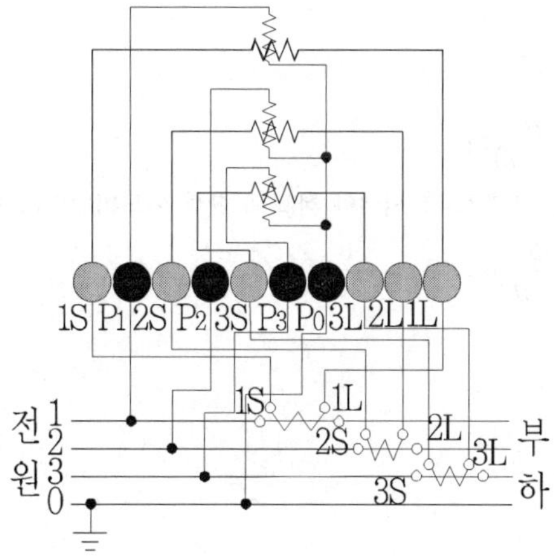	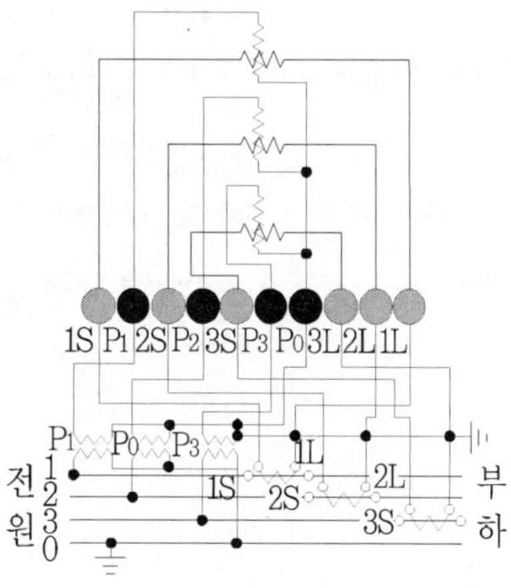

07 출제 : 17년 • 배점 : 5점

전압 30[V], 저항 4[Ω], 유도 리액턴스 3[Ω] 일 때 콘덴서를 병렬로 연결하여 종합역률 1로 만들기 위해 병렬 연결하는 용량성 리액턴스는 몇 [Ω]인가?

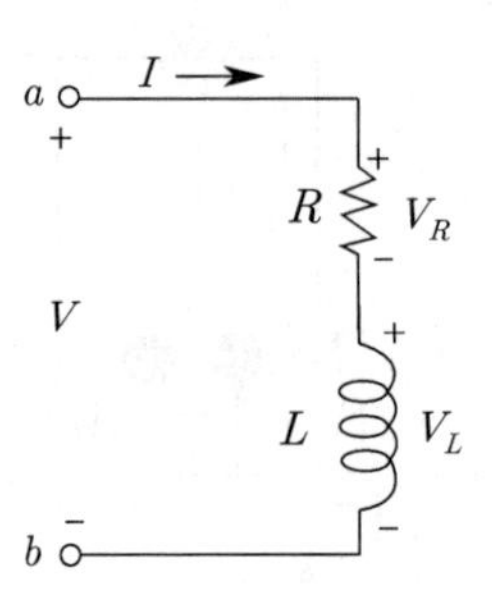

·계산 : ·답 :

|계|산|및|정|답|

【계산】 종합역률을 1로 만들기 위한 용량성 리액턴스 $X_C = \frac{1}{\omega C} = \frac{R^2 + (\omega L)^2}{\omega L} = \frac{4^2 + 3^2}{3} = 8.33[\Omega]$

【정답】 8.33[Ω]

|추|가|해|설|

[병렬공진회로]

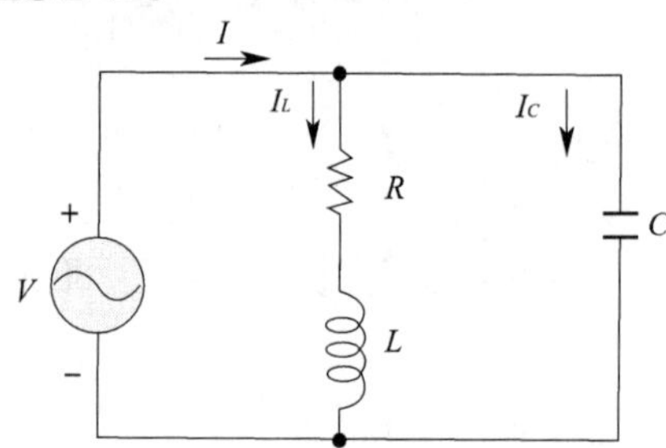

합성 어드미턴스 $Y = Y_1 + Y_2 = \frac{1}{R + j\omega L} + j\omega C$

$$= \frac{R}{R^2 + (\omega L)^2} + j\left(\omega C - \frac{\omega L}{R^2 + (\omega L)^2}\right)$$

종합역률이 1이 도기 위해서는 저항만의 회로(공진회로)가 되어야 하므로 합성 어드미턴스의 허수부는 0이다.

허수부 $\omega C - \frac{\omega L}{R^2 + (\omega L)^2} = 0$이므로 $\omega C = \frac{\omega L}{R^2 + (\omega L)^2}$ $\therefore X_C = \frac{1}{\omega C} = \frac{R^2 + (\omega L)^2}{\omega L}$

08

출제 : 14, 17년 • 배점 : 6점

기자재가 그림과 같이 주어졌다.

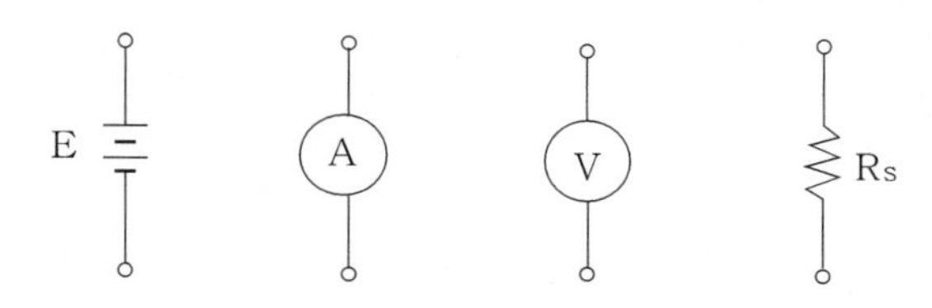

(1) 전압 전류계법으로 저항값을 측정하기 위한 회로를 완성하시오.

(2) 저항 R_s에 대한 식을 쓰시오.

|계|산|및|정|답|

(1)

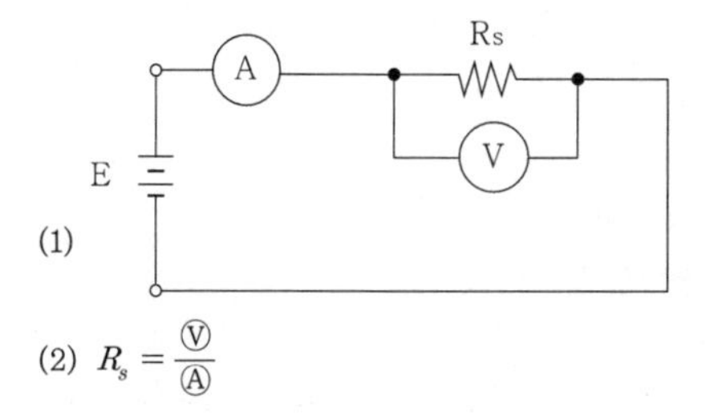

(2) $R_s = \frac{Ⓥ}{Ⓐ}$

|추|가|해|설|

[전압전류계법]

· 저항에 전류를 흘리면 전압 강하가 생기는 것을 이용하여 저항값을 측정하는 방법. 전압계와 전류계의 접속 방법에 따라서 그림과 같이 두 가지 방법이 있다.

· (a)의 경우는 피측정 저항이 전압계의 내부 저항에 비해 작으면 작을수록 오차는 작아진다.

· (b)의 경우는 피측정 저항이 전류계의 내부 저항에 비해 크면 클수록 오차는 작아진다.

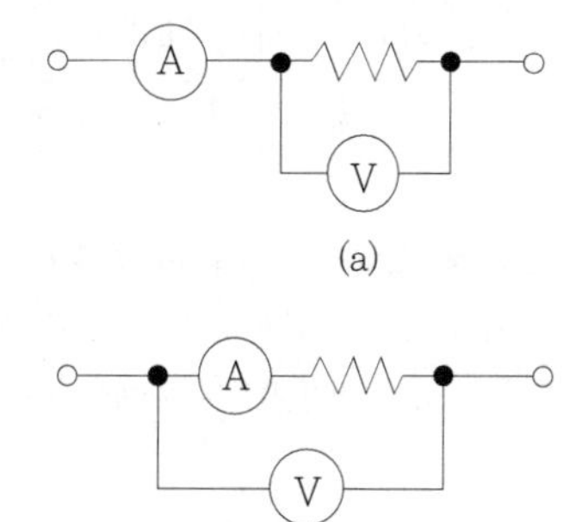

(a)

(b)

09

출제 : 12, 17년 • 배점 : 6점

중성점 직접 접지 계통에 인접한 통신선의 전자 유도 장해 경감에 관한 대책을 경제성이 높은 것부터 설명하시오.

(1) 근본 대책

(2) 전력선측 대책 (3가지)

(3) 통신선측 대책 (3가지)

|계|산|및|정|답|

(1) 근본 대책 : 선로의 병행 길이 감소, 전자 유도 전압의 억제

(2) 전력선측 대책(5가지)

① 송전선로를 가능한 한 통신선로로부터 멀리 떨어져 건설한다.

② 중성점을 접지할 경우 저항값을 가능한 큰 값으로 한다.

③ 고속도 지락 보호 계전 방식을 채용한다.

④ 차폐선을 설치한다.

⑤ 지중전선로 방식을 채용한다.

(3) 통신선측 대책(5가지)

① 절연 변압기를 설치하여 구간을 분리한다.

② 연피케이블을 시설한다.

③ 통신선에 우수한 피뢰기를 사용한다.

④ 배류 코일을 설치한다.

⑤ 전력선과 교차시 수직교차한다.

|추|가|해|설|

[전자유도]

• 전자유도는 상호 인덕턴스(M)에 의해 발생하며 지락사고 시 영상전류에 의해 발생한다.

• 선로와 통신선의 병행 길이에 비례한다.

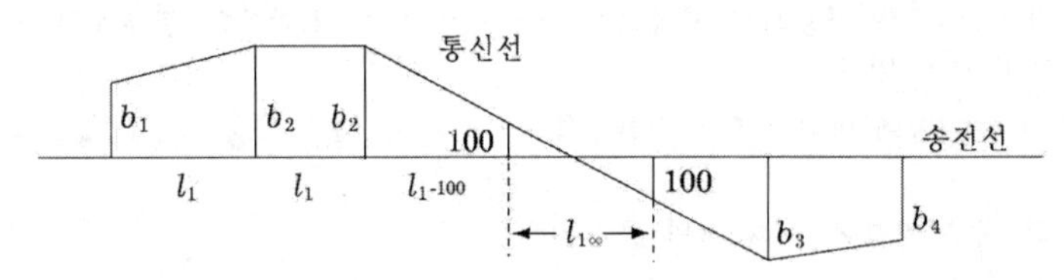

• 전자유도전압 $E_m = -jwMl(I_a + I_b + I_c) = -jwMl \times 3I_0$ [V]

여기서, l : 전력선과 통신선의 병행 길이[km]

M : 전력선과 통신선과의 상호 인덕턴스

$3I_0$: 3×영상전류(=기유도전류=지락전류)

I_a, I_b, I_c : 각 상의 불평형 전류

10

출제 : 17년 • 배점 : 5점

그림과 같은 점광원으로부터 원뿔 밑면까지의 거리가 4[m]이고, 밑면의 반지름이 3[m]인 원형면의 평균조도가 100[lx]라면 이 점광원의 평균광도[cd]는?

·계산 :

·답 :

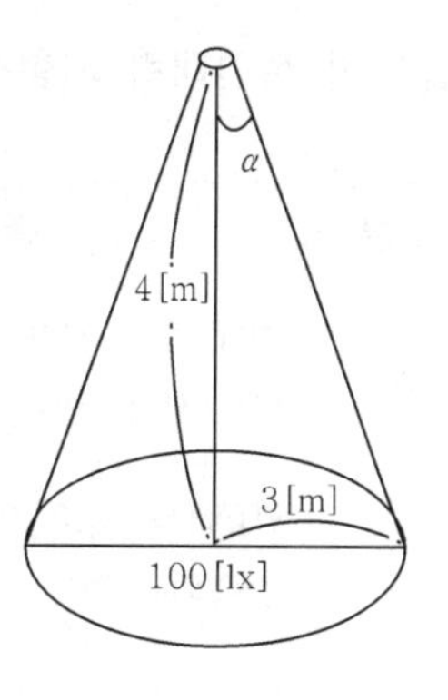

|계|산|및|정|답|

【계산】 $\cos\alpha = \dfrac{4}{\sqrt{4^2+3^2}} = 0.8$

조도 $E = \dfrac{2(1-\cos\alpha)I}{r^2} \rightarrow \therefore I = \dfrac{E \cdot r^2}{2(1-\cos\alpha)} = \dfrac{100 \times 10^3}{2 \times (1-0.8)} = 2250[\text{cd}]$

【정답】 2250[cd]

|추|가|해|설|

(1) 입체각 $\omega = 2\pi(1-\cos\theta)$

(2) 광도 $I = \dfrac{F}{\omega} = \dfrac{F}{2\pi(1-\cos\theta)} \quad \rightarrow (F : \text{광속})$

(3) 조도 $E = \dfrac{F}{S} = \dfrac{2\pi(1-\cos\theta)I}{\pi r^2} = \dfrac{2(1-\cos\theta)I}{r^2}$

$\left(\cos\alpha = \dfrac{h}{\sqrt{r^2+h^2}}, \text{ 면적 } S = \pi r^2\right)$

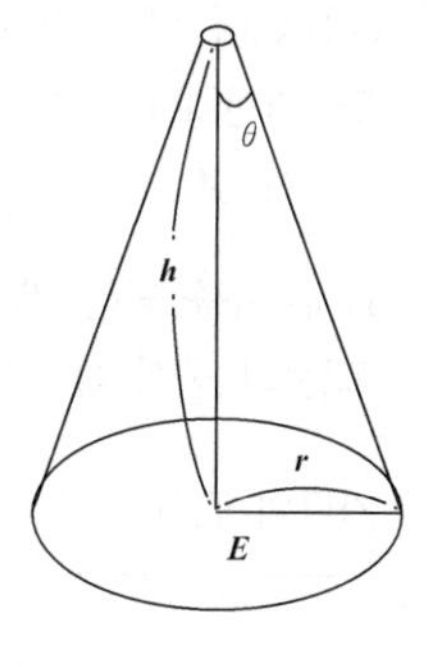

11

출제 : 15, 17년 • 배점 : 7점

변압기의 절연내력 시험전압에 대한 ①~⑦의 알맞은 내용을 빈칸에 쓰시오.

구분	종류(최대 사용 전압을 기준으로)	시험 전압
①	최대 사용 전압 7[kV] 이하인 권선 (단, 시험전압이 500[V] 미만으로 되는 경우에는 500[V])	최대사용전압×( )배
②	7[kV]를 넘고 25[kV] 이하의 권선으로서 중성선 다중접지식에 접속되는 것	최대사용전압×( )배
③	7[kV]를 넘고 60[kV] 이하의 권선(중성선 다중접지 제외) (단, 시험전압이 10,500[V] 미만으로 되는 경우에는 10,500[V])	최대사용전압×( )배
④	60[kV]를 넘는 권선으로서 중성점 비접지식 전로에 접속되는 것	최대사용전압×( )배
⑤	60[kV]를 넘는 권선으로서 중성점 접지식 전로에 접속하고 또한 성형결선의 권선의 경우에는 그 중성점에 T좌 권선과 주좌 권선의 접속점에 피뢰기를 시설하는 것 (단, 시험전압이 75[kV] 미만으로 되는 경우에는 75[kV])	최대사용전압×( )배
⑥	60[kV]를 넘는 권선으로서 중성점 직접 접지식 전로에 접속하는 것, 다만 170[kV]를 초과하는 권선에는 그 중성점에 피뢰기를 시설하는 것	최대사용전압×( )배
⑦	170[kV]를 넘는 권선으로서 중성점 직접접지식 전로에 접속하고 또는 그 중성점을 직접 접지하는 것	최대사용전압×( )배
(예시)	기타의 권선	최대사용전압×( )배

|계|산|및|정|답|

구분	종류(최대 사용 전압을 기준으로)	시험 전압
①	최대 사용 전압 7[kV] 이하인 권선 (단, 시험전압이 500[V] 미만으로 되는 경우에는 500[V])	최대사용전압×(1.5)배
②	7[kV]를 넘고 25[kV] 이하의 권선으로서 중성선 다중접지식에 접속되는 것	최대사용전압×(0.92)배
③	7[kV]를 넘고 60[kV] 이하의 권선(중성선 다중접지 제외) (단, 시험전압이 10,500[V] 미만으로 되는 경우에는 10,500[V])	최대사용전압×(1.25)배
④	60[kV]를 넘는 권선으로서 중성점 비접지식 전로에 접속되는 것	최대사용전압×(1.25)배

구분	종류(최대 사용 전압을 기준으로)	시험 전압
⑤	60[kV]를 넘는 권선으로서 중성점 접지식 전로에 접속하고 또한 성형결선의 권선의 경우에는 그 중성점에 T좌 권선과 주좌 권선의 접속점에 피뢰기를 시설하는 것 (단, 시험전압이 75[kV] 미만으로 되는 경우에는 75[kV])	최대사용전압×(1.1)배
⑥	60[kV]를 넘는 권선으로서 중성점 직접 접지식 전로에 접속하는 것, 다만 170[kV]를 초과하는 권선에는 그 중성점에 피뢰기를 시설하는 것	최대사용전압×(0.72)배
⑦	170[kV]를 넘는 권선으로서 중성점 직접접지식 전로에 접속하고 또는 그 중성점을 직접 접지하는 것	최대사용전압×(0.64)배
(예시)	기타의 권선	최대사용전압×(1.1)배

|추|가|해|설|

[전로의 절연저항 및 절연내력]

고압 및 특고압의 전로는 시험전압을 전로와 대지 사이에 연속하여 10분간 가하여 절연내력을 시험하였을 때에 이에 견디어야 한다. 전선에 케이블을 사용하는 교류전로에는 교류 시험전압의 2배의 직류전압을 전로와 대지 사이에 연속하여 10분간 가하여 절연내력을 시험하였을 때에 이에 견디는 것으로 할 수 있다.

12

출제 : 17년 • 배점 : 5점

전압과 역률이 일정할 때 전력손실이 2배가 되려면 전력은 몇 [%] 증가해야 하는가?

·계산 :　　　　·답 :

|계|산|및|정|답|

【계산】 전력손실 $P_l = 3I^2R = 3\left(\frac{P_r}{\sqrt{3}\,V\cos\theta}\right)^2 \cdot R = \frac{P^2R}{V^2\cos^2\theta}$ 에서

전력손실 $P_l \propto P^2$이므로 전력 손실을 2배 한 후의 전력 $P' = \sqrt{2}P$

전력 증가율$= \frac{P'-P}{P} \times 100 = \frac{\sqrt{2}P-P}{P} \times 100 = \frac{(\sqrt{2}-1)}{1} \times 100 = 41.42[\%]$

【정답】 41.42[%]

|추|가|해|설|

1. 전력손실 $P_l = 3I^2R = 3\left(\frac{P_r}{\sqrt{3}\,V\cos\theta}\right)^2 \cdot R = \frac{P^2R}{V^2\cos^2\theta}$ → 그러므로 $P_l \propto P^2 \propto \frac{1}{V^2} \propto \frac{1}{\cos^2\theta}$ 이다.
2. 전압과 전선의 단면적과의 관계

   전력손실 $P_l = \frac{P^2R}{V^2\cos^2\theta}$ 에서 저항 $R = \rho\frac{l}{A}$ 이므로 $P_l = \frac{P^2R}{V^2\cos^2\theta} = \frac{P^2\rho l}{V^2\cos^2\theta A}$ → 단면적 $A \propto \frac{1}{V^2}$

13

출제 : 00, 16, 17년 • 배점 : 4점

사용전압 380[V]인 3상 직입기동전동기 1.5[kW] 1대, 3.7[kW] 2대와 3상 15[kW] 기동기 사용 전동기 1대 및 3상 전열기 3[kW]를 간선에 연결하였다. 이때의 간선의 굵기, 간선의 과전류차단기 용량을 주어진 표를 이용하여 구하시오. (단, 공사방법은 A1, PVC 절연전선을 사용하였다.)

(1) 전선의 굵기

•계산 : •답 :

(2) 차단기 용량

•계산 : •답 :

【표1】 3상 농형 유도 전동기의 규약 전류값

정격출력[kW]	규약전류[A]	
	200[V]용	380[V]용
0.2	1.8	0.95
0.4	3.2	1.68
0.75	4.8	2.53
1.5	8	4.21
2.2	11.1	5.84
3.7	17.4	9.16
5.5	26	13.68
7.5	34	17.89
11	48	25.26
15	65	34.21
18.5	79	41.58
22	93	48.95
30	124	65.26
37	152	80
45	190	100
55	230	121
75	310	163
90	360	189.5
110	440	231.6
132	500	263

【비고 1】 사용하는 회로의 표준전압이 220[V]인 경우 220[V]인 것의 0.9배로 한다.

【비고 2】 고효율 전동기는 제작자에 따라 차이가 있으므로 제작자의 기술 자료를 참조할 것

【표2】 380[V] 3상 농형 유도 전동기의 간선 및 기구의 용량

전동기 [kW] 수의 총계 [kW]이하	최대 사용 전류 [A] 이하	배선종류에 의한 간선의 최소 굵기[mm^2]					
		공사방법 A1		공사방법 B1		공사방법 C	
		PVC	XLPE, EPR	PVC	XLPE, EPR	PVC	XLPE, EPR
3	7.9	2.5	2.5	2.5	2.5	2.5	2.5
4.5	10.5	2.5	2.5	2.5	2.5	2.5	2.5
6.3	15.8	2.5	2.5	2.5	2.5	2.5	2.5
8.2	21	4	2.5	2.5	2.5	2.5	2.5
12	26.3	6	4	4	2.5	4	2.5
15.7	39.5	10	6	10	6	6	4
19.5	47.4	16	10	10	6	10	6
23.2	52.6	16	10	16	10	10	10
30	65.8	**25**	16	16	10	16	10
37.5	78.9	35	25	25	16	25	16
45	92.1	50	25	25	25	25	16
52.5	105.313	50	35	35	25	35	25
63.7	1.6	70	50	50	35	50	35
75	157.9	95	70	70	50	70	50
86.2	184.2	120	95	95	7	95	70

전동기 [kW] 수의 총계 [kW] 이하	직입기동 전동기 중 최대용량의 것											
	0.75 이하	1.5	2.2	3.7	5.5	7.5	11	15	18.5	22	30	37–55
	기동시 사용 전동기 중 최대 용량의 것											
	–	–	–	5.5	7.5	11 15	18.5 22	–	30 37	–	45	55
	과전류 차단기[A] 직입기동 : 칸 위 숫자, $Y-\triangle$기동 : 칸 아래 숫자											
3	15 –	15 –	15 –	–	–	–	–	–	–	–	–	–
4.5	15 –	15 –	20 –	30 –	–	–	–	–	–	–	–	–
6.3	20 –	20 –	30 –	30 –	40 –	–	–	–	–	–	–	–
8.2	30 –	30 –	30 –	30 –	40 30	50 30	–	–	–	–	–	–
12	40 –	40 –	40 –	40 –	40 40	50 40	75 40	–	–	–	–	–
15.7	50 –	50 –	50 –	50 –	50 50	60 50	75 50	100 60	–	–	–	–
19.5	60 –	60 –	60 –	60 –	60 60	75 60	75 60	100 60	125 75	–	–	–
23.2	75 –	75 –	75 –	75 –	75 75	75 75	100 75	100 75	125 75	125 100	–	–
30	100 –	100 –	100 –	100 –	100 100	100 100	100 100	125 **100**	125 100	125 100	–	–
37.5	100 –	100 –	100 –	100 –	100 100	100 100	100 100	125 100	125 100	125 100	125 125	–
45	125 –	125 –	125 –	125 –	100 100	125 125	125 125	125 125	125 125	125 125	125 125	125 125
52.5	125 –	125 –	125 –	125 –	125 125	125 125	125 125	125 125	125 125	125 125	125 125	150 150
63.7	175 –	175 –	175 –	175 –	175 175	175 175	175 175	175 175	175 175	175 175	175 175	175 175
75	200 –	200 –	200 –	200 –	200 200	200 200	200 200	200 200	200 200	200 200	200 200	200 200
86.2	225 –	225 –	225 –	225 –	225 225	225 225	225 225	225 225	225 225	225 225	225 225	225 225

【비고 1】 최소 전선의 굵기는 1회선에 대한 것이며, 2회선 이상일 경우는 부록 500-2의 복수회로 보정계수를 적용하여야 한다.

【비고 2】 공사방법 A1은 벽 내의 전선관에 공사한 절연전선 또는 단심케이블, B1은 벽면의 전선관에 공사한 절연전선 또는 단심케이블, 공사방법 C는 벽면에 공사한 단심 또는 다심케이블을 시설하는 경우의 전선 굵기를 표시하였다.

【비고 3】 '전동기중 최대의 것'에는 동시 기동하는 경우를 포함한다.

【비고 4】 과전류차단기의 용량은 해당조항에 규정되어 있는 범위에서 실용상 거의 최대값을 표시함.

【비고 5】 과전류차단기의 선정은 최대용량의 정격전류의 합계를 가산한 값 이하를 표시함.

【비고 6】 배선용차단기를 배·분전반, 제어반 등의 내부에 시설하는 경우는 그 반 내의 온도 상승에 주의할 것

|계|산|및|정|답|

(1) 【계산】 전동기 용량의의 총화 : $1.5+3.7\times2+15=23.9$[kW]

[표1]에서 전동기 전류 $I_M=4.21+9.16\times2+34.21=56.74[A]$

전열기 전류 $I_H=\dfrac{P}{\sqrt{3}\,V}=\dfrac{3000}{\sqrt{3}\times380}=4.56[A]$

전동기 부하전류와 전열기 부하전류의 합 : $I=I_M+I_H=56.74+4.56=61.3$[A]

[표2]의 (전동기 수의 총계 30[kW]) 최대사용 전류 65.8[A] 이하란과 공사방법 A1, PVC 절연전선 란이 교차되는 곳의 전선의 굵기 25[mm^2]를 선정 【정답】 25[mm^2]

(2) 표2의 전동기[kW]수의 총계 30[kW] 이하 란과 $Y-\Delta$ 기동기 사용 15[kW] 란이 교차되는 곳의 과전류 차단기 100[A] 선정 【정답】 100[A]

14

출제 : 00, 02, 17년 • 배점 : 5점

변압기의 1일 부하곡선이 그림과 같은 분포일 때 다음 물음에 답하시오. 단, 변압기의 전부하 동손은 130[W], 철손은 100[W]이다.

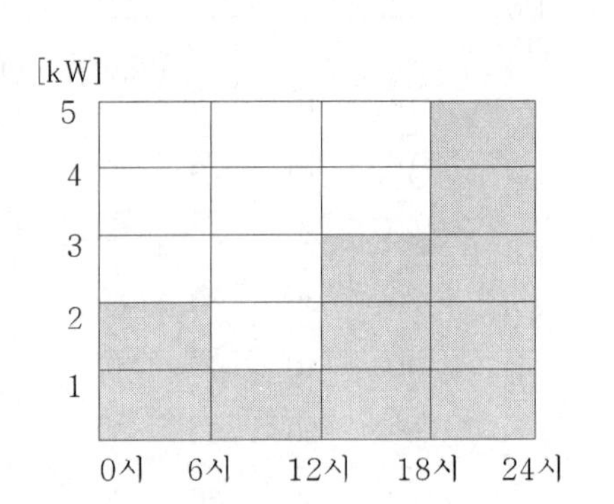

(1) 1일 중의 사용 전력량은 몇 [kWh]인가?

·계산 : ·답 :

(2) 1일 중의 전 손실 전력량은 몇 [kWh]인가?

·계산 : ·답 :

(3) 1일 중의 전일효율은 몇 [%]인가?

·계산 : ·답 :

|계|산|및|정|답|

(1) 【계산】 1일 사용 전력량 $W=2\times6+1\times6+3\times6+5\times6=66$[kWh] 【정답】 66[kWh]

(2) 【계산】 1일 전손실

동손 : $P_c=\left[\left(\dfrac{2}{5}\right)^2\times0.13+\left(\dfrac{1}{5}\right)^2\times0.13+\left(\dfrac{3}{5}\right)^2\times0.13+\left(\dfrac{5}{5}\right)^2\times0.13\right]\times6=1.22$[kWh]

철손 : $P_i=0.1\times24=2.4$[kWh] $\therefore P_l=P_i+P_c=2.4+1.22=3.62$[kWh] 【정답】 3.62[kWh]

(3) 【계산】 효율 : $\eta=\dfrac{\text{출력}}{\text{출력}+\text{손실}}\times100[\%]=\dfrac{66}{66+3.62}\times100=94.8[\%]$ 【정답】 94.8[%]

15

출제 : 00, 03, 10, 12, 17년 • 배점 : 5점

비접지 선로의 접지전압을 검출하기 위하여 그림과 같은 (Y-Y-개방 △) 결선을 한 GPT가 있다.

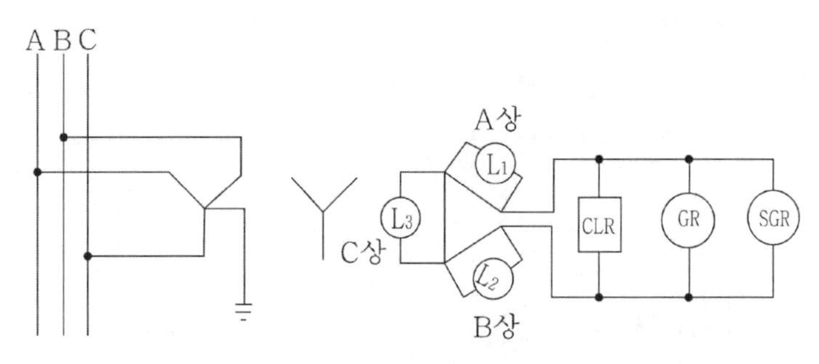

L1~L3 : 접지 표시등

[GPT 결선]

(1) A상 고장시(완전 지락시), 2차 접지표시등 L_1, L_2, L_3 의 점멸과 밝기를 비교하시오.

(2) 1선 지락사고시 건전상(사고가 안 난 상)의 대지 전위의 변화를 간단히 설명하시오.

(3) CLR, SGR의 정확한 명칭을 우리말로 쓰시오.

|계|산|및|정|답|

(1) L_1 : 소등(어둡다) L_2, L_3 : 점등(더욱 밝아진다)

(2) 평상시의 건전상의 대지 전위는 $110/\sqrt{3}$[V]이나 1선 지락 사고시에는 전위가 $\sqrt{3}$배로 증가하여 110[V]가 된다.

(3) CLR : 한류 저항기, SGR : 지락 선택 계전기

|추|가|해|설|

[접지형 계기용 변압기]

① 목적 : 비접지 계통에서 지락사고시의 영상 전압 검출하여 지락 계전기(OVGR)를 동작시키기 위해 설치

② 회로 :

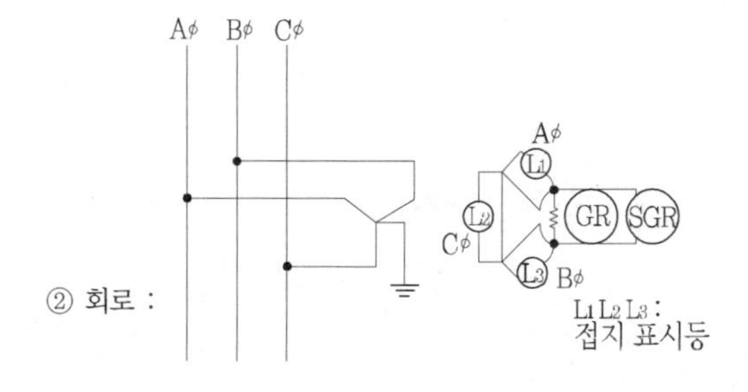

③ 접지형 계기용 변압기의 특징 : 정상 상태에서는 GPT 2차측 각상의 전압은 $\frac{110}{\sqrt{3}}$[V]이며, L_1, L_2, L_3는 $\frac{110}{\sqrt{3}}$[V]로 점등되어 있다. A상이 완전 지락시에는 L_1 소등하고 B상과 C상의 전압이 110[V]로 상승 더욱 밝아짐으로써 지락선 상을 알 수 있다.

16

출제 : 17년 • 배점 : 10점

그림은 고압 전동기 100[HP] 미만을 사용하는 고압 수전 설비 결선도이다. 이 그림을 보고 다음 각 물음에 답하시오.

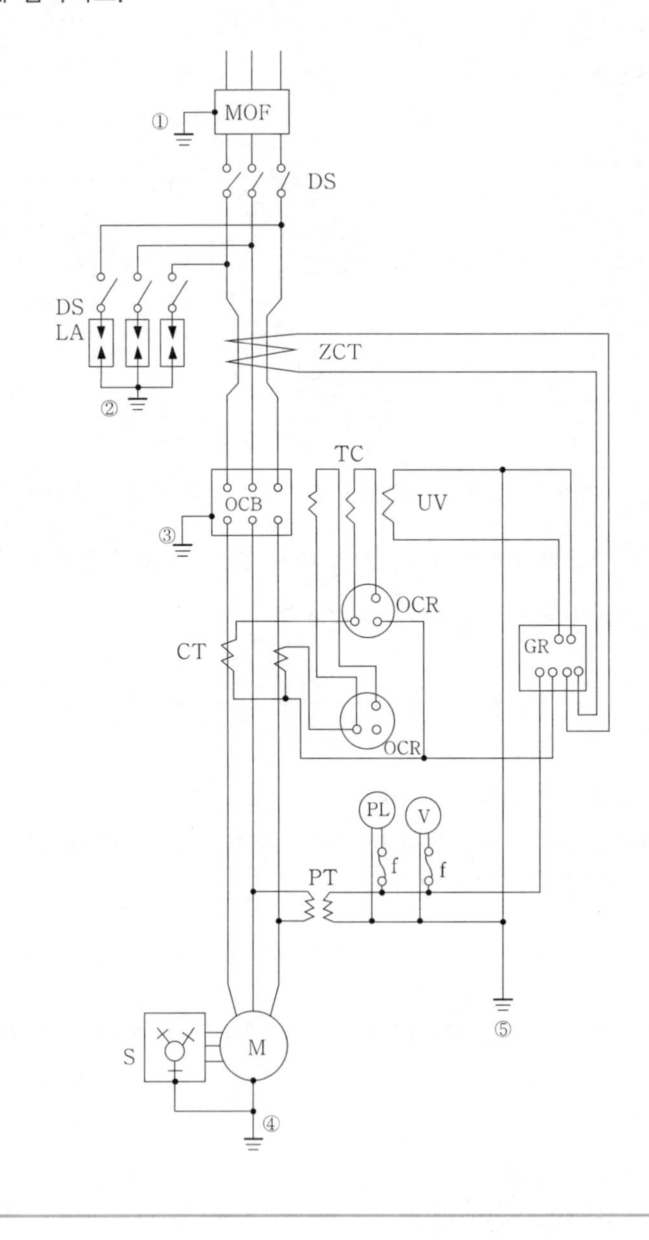

(1) 다음 명칭과 용도 또는 역할을 쓰시오.

번호	약호	명칭	역할
①	MOF		
②	LA		
③	ZCT		
④	OCB		
⑤	OC		
⑥	G		

(2) 본 도면에서 생략할 수 있는 부분은?

(3) 전력용 콘덴서에 고조파 전류가 흐를 때 사용하는 기기는 무엇인가?

|계|산|및|정|답|

(1)

번호	약호	명칭	역할
①	MOF	전력 수급용 계기용 변성기	고전압, 대전전류를 변압, 변류하여 전력량계에 공급한다.
②	LA	피뢰기	이상 전압이 내습하면 이를 대지로 방전하고, 속류를 차단한다.
③	ZCT	영상 변류기	지락 사고시 영상 전류를 검출한다.
④	OCB	유입 차단기	단락 및 과부하, 지락 사고 등 사고 전류 차단 및 부하 전류를 개폐하기 위한 장치
⑤	OC	과전류 계전기	정정값 이상의 전류가 흐르면 동작되는 계전기
⑥	G	지락 계전기	지락 사고 발생시 동작하는 계전기

(2) LA용 DS

(3) 직렬 리액터

|추|가|해|설|

[수·변전 설비의 구성 기기]

명칭	약호	심벌(단선도)	용도(역할)
케이블 헤드	CH		가공전선과 케이블 종단접속
피뢰기	LA	LA	이상전압 내습시 대지로 방전하고 속류는 차단

명칭	약호	심벌(단선도)	용도(역할)
단로기	DS		무부하시 선로 개폐, 회로의 접속 변경
전력퓨즈	PF		부하 전류 통전 및 과전류, 단락 전류 차단
계기용 변압 변류기	MOF	MOF	·전력량을 적산하기 위하여 고전압과 대전류를 저전압, 소전류로 변성 ·PT, CT를 한 탱크 속에 넣은 것(계기 정밀도 0.5급)
전류계용 전환 개폐기	AS		1대의 전류계로 3상 전류를 측정하기 위하여 사용하는 전환 개폐기
전압계용 전환 개폐기	VS		1대의 전압계로 3상 전압을 측정하기 위하여 사용하는 전환 개폐기
전류계	A	A	전류 측정 계기
전압계	V	V	전압 측정 계기
계기용 변압기	PT		고전압을 저전압(110[V])으로 변성 계기나 계전기에 전압원 공급
계기용 변류기	CT	CT CT	대전류를 소전류(5[A])로 변성 계기나 계전기에 전류원공급
영상변류기	ZCT	ZCT	지락전류(영상전류)의 검출 1차 정격 200[mA] 2차 정격 1.5[mA]
교류차단기	CB		부하전류 및 단락전류의 개폐
접지계전기	GR	G R	영상전류에 의해 동작하며, 차단기 트립 코일 여자
과전류계전기	OCR	OCR	·정정치 이상의 전류에 의해 동작 ·차단기 트립 코일 여자
트립 코일	TC		보호계전기 신호에 의해 차단기 개로
전력용 콘덴서	SC	SC	진상 무효 전력을 공급하여 역률 개선
직렬 리액터	SR		제5고조파 제거 파형개선 콘덴서 용량의 6[%] 정도 보상
방전 코일	DC	DC SC	콘덴서 개방시 잔류 전하 방전 및 콘덴서 투입시 과전압 방지. 5초 이내에 50[V] 이하로 방전. 저압은 3분 이내 75[V] 이하로 방전
컷아웃 스위치	COS		기계 기구(변압기)를 과전류로부터 보호 ※ PF(전력퓨즈)와 심벌 동일 ① 300[kVA] 이상 : PF ② 300[kVA] 이하 : COS으로 표기

17

출제 : 17년 • 배점 : 6점

다음 그림은 릴레이 인터록 회로이다. 그림을 보고 다음 각 물음에 답하시오.

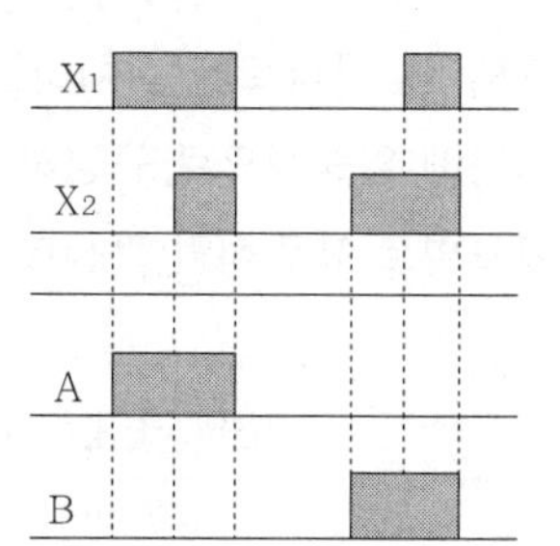

(1) 이 회로를 논리회로로 고쳐 완성하시오.

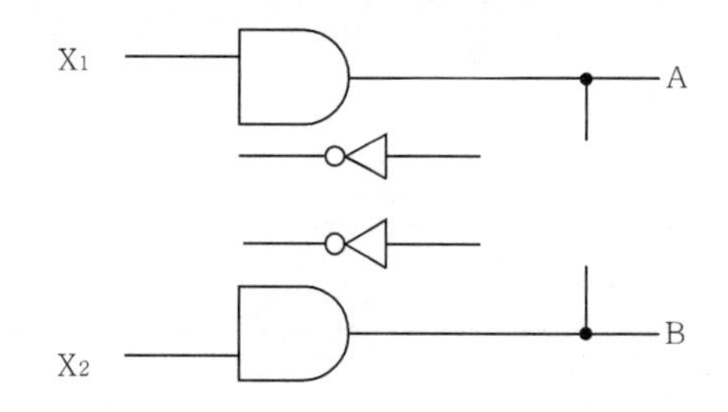

(2) 논리식을 쓰고 진리표를 완성하시오.

・논리식 :

・진리표 :

X_1	X_2	A	B
0	0		
0	1		
1	0		

|계|산|및|정|답|

(1)

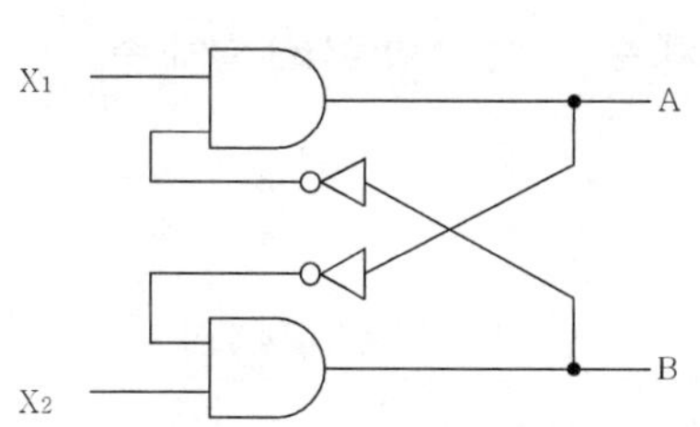

(2) ・논리식 : $A=X_1 \cdot \overline{B}$, $B=X_2 \cdot \overline{A}$

・진리표 :

X_1	X_2	A	B
0	0	0	0
0	1	0	1
1	0	1	0

18

출제 : 17년 • 배점 : 5점

주택 및 아파트에 설치하는 콘센트의 수는 주택의 크기, 생활수준, 생활방식 등이 다르기 때문에 일률적으로 규정하기는 곤란하다. 내선규정에서는 이 점에 대하여 아래의 표와 같이 규모별로 표준적인 콘센트수와 바람직한 콘센트수를 규정하고 있다. 아래 표를 완성하시오.

방의 크기[m^2]	표준적인 설치 수
5 미만	
5~10 미만	
10~15 미만	
15~20 미만	
부엌	

【비고 1】 콘센트 구수에 관계없이 1개로 본다.
【비고 2】 콘센트 2구 이상 콘센트를 설치하는 것이 바람직하다.
【비고 3】 대형전기기계기구의 전용 콘센트 및 환풍기, 전기시계 등을 벽에 붙이는 전용 콘센트는 위 표에 포함되어 있지 않다.
【비고 4】 다용도실이나 세면장에는 방수형 콘센트를 시설하는 것이 바람직하다.

|계|산|및|정|답|

방의 크기[m^2]	표준적인 설치 수
5 미만	1
5~10 미만	2
10~15 미만	3
15~20 미만	3
부엌	2

|추|가|해|설|

[(내선규정 3315-6) 주택의 콘센트 수]

방의 크기[m^2]	표준적인 설치 수	바람직한 설치 수
5 미만	1	2
5~10 미만	2	3
10~15 미만	3	4
15~20 미만	3	5
부엌	2	4

【비고 1】 콘센트 구수에 관계없이 1개로 본다.
【비고 2】 콘센트 2구 이상 콘센트를 설치하는 것이 바람직하다.
【비고 3】 대형전기기계기구의 전용 콘센트 및 환풍기, 전기시계 등을 벽에 붙이는 전용 콘센트는 위 표에 포함되어 있지 않다.
【비고 4】 다용도실이나 세면장에는 방수형 콘센트를 시설하는 것이 바람직하다.

01 2016년 전기기사 실기

01

출제 : 16년 • 배점 : 5점

우리나라 초고압 송전전압은 345[kV]이다. 송전거리가 200[km]인 경우 1회선당 가능한 송전전력은 몇 [kW]인지 still식을 이용하여 구하시오.

·계산 : ·답 :

|계|산|및|정|답|

【계산】 $V_s = 5.5\sqrt{0.6l + \frac{P}{100}}$ [KV]에서

송전전력 $P = \left[\left(\frac{V_s}{5.5}\right)^2 - 0.6l\right] \times 100 = \left[\left(\frac{345}{5.5}\right)^2 - 0.6 \times 200\right] \times 100 = 381471.07[kW]$

【정답】 381471.07[kW]

|추|가|해|설|

[Still식(경제적인 송전전압의 결정)]

$V_s = 5.5\sqrt{0.6l + \frac{P}{100}}$ [KV] → (l : 송전거리[km], P : 송전용량[kW])

02

출제 : 16년 • 배점 : 5점

비상용 조명부하의 사용전압이 110[V] 이고, 60[W]용 55등, 100[W]용 77등이 있다. 방전시간 30분 축전지 CS형 54[cell], 허용 최저전압 100[V], 최저 축전지 온도 10[℃]일 때 축전지 용량은 몇 [Ah]인지 계산하시오. (단, 경년용량 저하율 0.8, 용량 환산시간 k=1.2이다.)

·계산 : ·답 :

|계|산|및|정|답|

【계산】 조명부하전류 $I = \frac{P}{V} = \frac{60 \times 55 + 100 \times 77}{110} = 100[A]$

축전지 용량 $C = \frac{1}{L}KI = \frac{1}{0.8} \times 1.2 \times 100 = 150[Ah]$

【정답】 150[Ah]

|추|가|해|설|

축전지 용량 $C = \frac{1}{L}KI[Ah]$

여기서, C : 축전지 용량[Ah], L : 보수율(경년용량 저하율), K : 용량환산시간 계수, I : 방전전류[A])

03

출제 : 04, 16년 • 배점 : 8점

가로 12[m], 세로 18[m], 천장높이 3[m], 작업면 높이 0.8[m]인 사무실이 있다. 여기에 천장직부 형광등 기구(22[W]×2등용)를 설치하고자 할 때 다음 물음에 답하시오.

〈조건〉

① 작업면 요구 조도 500[lx], 천장반사율 50[%], 벽면반사율 50[%], 바닥면 반사율 10[%]이고 보수율 70[%], 22[W] 1개 광속은 2,500[lm]으로 본다.
② 조명률 표 기준
③ 3상 200[V] 0.75[kW]-직입 기동
④ 3상 200[V] 3.7[kW]-직입 기동

[참고자료]

【확산형 기구(2등용) FA 42006】

반사율 천장	80[%]				70[%]				50[%]				30[%]				0[%]
반사율 벽	70	50	30	10	70	50	30	10	70	50	30	10	70	50	30	10	0[%]
반사율 바닥	10[%]				10[%]				10[%]				10[%]				0[%]
실지수	조명률[%]																
0.6	44	33	26	21	42	32	25	20	30	29	23	19	34	27	21	18	14
0.8	52	41	34	28	50	40	33	27	45	36	30	26	40	33	28	24	20
1.0	58	47	40	34	55	45	38	33	50	42	36	31	45	38	33	29	25
1.25	63	53	46	40	60	51	44	39	54	47	41	36	49	43	38	34	29
1.5	67	58	50	45	64	55	49	43	58	51	45	41	52	46	42	38	33
2.0	72	64	57	52	69	61	55	50	62	56	51	47	57	52	48	44	38
2.5	75	68	62	57	72	66	60	55	65	60	56	52	60	55	52	48	42
3.0	78	71	66	61	74	69	64	59	68	63	59	55	62	58	55	52	45
4.0	81	76	71	67	77	73	69	65	71	67	64	61	65	62	59	56	50
5.0	83	78	75	71	79	75	72	69	73	70	67	64	67	64	62	60	52
7.0	85	82	79	76	82	79	76	73	75	73	71	68	79	67	65	64	56
10.0	87	85	82	80	84	82	79	77	78	76	75	72	71	70	68	67	59

(1) 실지수를 구하시오.

•계산 : •답 :

(2) 조명률을 구하시오.

(3) 설치등기구 수량은 몇 개인가?

·계산 :　　　　　　　　　　　　　　　　·답 :

(4) 22[W]×2등용 형광등을 1일 10시간 연속 점등할 경우 30일간의 동작 시 최소 소비전력량을 구하시오.

·계산 :　　　　　　　　　　　　　　　　·답 :

|계|산|및|정|답|

(1) 【계산】 실지수 $(RI) = \dfrac{X \times Y}{H(X+Y)} = \dfrac{12 \times 18}{(3-0.8) \times (12+18)} = 3.272$ → (실지수 3.0 선정)　【정답】 3.0

(2) 실지수의 표준값은 3.0, 주어진 조건을 이용하여 조명률을 구하면 63[%]　【정답】 63[%]

(3) 【계산】 등기구수 $N = \dfrac{EAD}{FU} = \dfrac{EA}{FUM} = \dfrac{500 \times (12 \times 18)}{2500 \times 2 \times 0.63 \times 0.7} = 48.979$　【정답】 49[등]

(4) 【계산】 최소 소비전력량

$$W = 소비전력(P) \times 등수 \times 시간(t) = (22 \times 2 \times 49) \times 10 \times 30 \times 10^{-3} = 646.8[kWh]$$

【정답】 646.8[kWh]

|추|가|해|설|

(1) 실지수= $\dfrac{XY}{H(X+Y)}$

여기서, H : 등의 높이-작업면의 높이[m], X : 방의 가로[m], Y : 방의 세로[m]

[실지수 분류 기호표]

범위	4.5 이상	4.5~3.5	3.5~2.75	2.75~2.25	2.25~1.75
실지수	5.0	4.0	3.0	2.5	2.0
기호	A	B	C	D	E
범위	1.75~1.38	1.38~1.12	1.12~0.9	0.9~0.7	0.7 이하
실지수	1.5	1.25	1.0	0.8	0.6
기호	F	G	H	I	J

(2) 조명계산

$FUN = EAD \rightarrow N = \dfrac{EAD}{FU} = \dfrac{EA}{FUM}$

여기서, F : 광속[lm], U : 조명률[%], N : 등수[등], E : 조도[lX], A : 면적[m^2], $D = \dfrac{1}{M}$ → 감광보상률= $\dfrac{1}{보수율(유지율)}$

04

출제 : 16년 • 배점 : 5점

변압기 특성과 관련된 다음 각 물음에 답하시오.

(1) 변압기의 호흡작용이란 무엇인지 쓰시오.

(2) 호흡작용으로 인하여 발생되는 영향 및 방지대책에 대하여 쓰시오.

·영향 :

·방지대책 :

|계|산|및|정|답|

(1) 변압기 외부 온도와 내부에서 발생하는 열에 의해 변압기 내부에 있는 절연유의 부피가 수축, 팽창하게 되고 이로 인하여 외부의 공기가 변압기 내부로 출입하게 되는 현상

(2) 【영향】 절연유의 절연내력을 저하, 냉각효과 감소, 침식작용 등을 발생시킬 수 있다.
【방지대책】 콘서베이터 설치(브리더, 흡습제 사용)

05

출제 : 16년 • 배점 : 5점

감리원은 해당공사 완료 후 준공검사 전에 공사업자로부터 시운전 절차를 준비토록 하여 시운전에 입회할 수 있다. 이에 따른 시운전 완료 후에 각 성과품을 공사업자로부터 제출받아 검토한 후 발주자에게 인계하여야 한다. 이때 인계하여야 할 사항 5가지를 쓰시오.

|계|산|및|정|답|

① 운전개시, 가동절차 및 방법
② 점검항목 점검표
③ 운전지침
④ 기기류 단독 시운전 방법 검토 및 계획서
⑤ 실가동 다이어그램(Diagram)

|추|가|해|설|

감리원은 시운전 완료 후에 다음 각 호의 성과품을 공사업자로부터 제출받아 검토 후 발주자에게 인계하여야 한다.

① 운전개시, 가동절차 및 방법
② 점검항목 점검표
③ 운전지침
④ 기기류 단독 시운전 방법 검토 및 계획서
⑤ 실가동 다이어그램(Diagram)
⑥ 시험구분, 방법, 사용매체 검토 및 계획서
⑦ 시험성적서
⑧ 성능시험 성적서(성능시험 보고서)

06
출제 : 04, 15, 16년 • 배점 : 3점

피뢰기에 대한 다음 각 물음에 답하시오.

(1) 피뢰기의 제한전압에 대해서 쓰시오.

(2) 피뢰기의 정격전압은 어떤 전압인지 설명하시오.

(3) 피뢰기의 구성요소에 대해서 쓰시오.

|계|산|및|정|답|

(1) 피뢰기 동작중의 양단 단자전압의 파고치
(2) 속류를 차단할 수 있는 상용주파 교류 최고 전압의 실효값
(3) 직렬갭, 특성요소

|추|가|해|설|

[피뢰기의 구성 요소]

① 직렬갭(주갭)

직렬갭은 정상 전압에서는 방전을 하지 않고 절연상태를 유지하지만 이상 과전압 발생시에는 신속히 이상전압을 대지로 방전해서 이상과전압을 흡수함과 동시에 계속해서 흐르는 속류를 빠른 시간 내 차단하는 특성을 가지고 있다.

② 특성요소

특성요소는 탄화규소입자를 각종 결합체와 혼합하여 모양을 만든 후 고온도의 노 속에서 구워낸 것으로 비저항 특성을 가지고 있어 밸브 저항체라고도 한다.

뇌서지 등에 의한 큰 방전전류에 대해서는 저항값이 작아져서 제한전압을 낮게 억제함과 동시에 비교적 낮은 계통 전압에서는 높은 저항값으로 속류 등을 차단하여 직렬갭에 의한 차단을 용이하게 도와주는 작용을 한다.

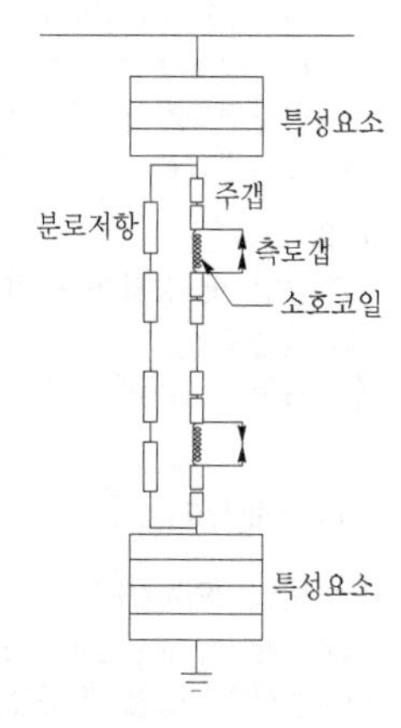

[피뢰기의 구성 요소]

07

출제 : 16년 • 배점 : 7점

단권변압기는 1차, 2차 양 회로에 공통된 권선부분을 가진 변압기로, 보통의 변압기와 비교하면 장점도 있고, 단점도 있다. 이 단권변압기의 장점 및 단점 3가지와 사용용도 2가지를 쓰시오.

(1) 장점(3가지)

(2) 단점(3가지)

(3) 사용용도(2가지)

|계|산|및|정|답|

(1) 장점
① 1권선 변압기 이므로 동량(권선량)을 줄 일 수 있어 크기 감소 및 경제적이다.
② 동손의 감소로 인한 효율이 좋아진다.
③ 누설자속 감소로 인한 전압 변동률이 감소한다.
④ 부하 용량이 등가용량에 비해 커져 경제적이다.

(2) 단점
① 1차, 2차 회로의 완벽한 전기적 절연이 곤란하다.
② 1차, 2차가 직접접지계통이어야 한다.
③ 단락전류가 크게 되므로, 이에 대한 대책이 필요하며, 열적, 기계적 강도가 커야 한다.
④ 충격전압은 거의 직렬권선에 가해지게 되어, 이에 대한 적절한 절연설계가 필요하다.

(3) 용도
① 승압 및 강압용 단권변압기
② 기동보상기
③ 초고압 전력용 변압기

|추|가|해|설|

[단권 변압기의 용도]
단권 변압기는 1차, 2차 양 회로에 공통된 권선 부분을 가진 변압기로 기동보상기 계통의 연계 등에 사용된다.
- 배전 선로의 승압 및 강압용 변압기
- 초고압 전력용 변압기
- 동기 전동기와 유도전동기의 기동보상기용 변압기
- 실험실용 소용량의 슬라이닥스

[단권변압기의 장・단점]

장점	・여자전류가 적다. ・가격이 저렴하고 소형이다. (1차와 2차의 전압비가 1에 가까울수록 단권변압기를 사용하는 것이 경제적이다) ・효율이 좋다. ・전압변동률이 적다. ・$\%Z$가 10[%]일 때 극히 소형이 된다.
단점	・1차, 2차 회로가 전기적으로 완전히 절연되지 않는다. ・1차, 2차가 직접접지계통이어야 한다. ・누설리액턴스가 작아 단락전류가 크게 되므로 열적, 기계적 강도가 커야 한다. ・충격전압은 거의 직렬권선에 가해지며 이에 적절한 절연설계가 필요하다.

08

출제 : 08, 16년 • 배점 : 5점

배전용 변전소에 접지공사를 하려고 한다. 접지목적 3가지를 들고, 중요한 접지개소 4개소를 쓰시오.

(1) 접지목적 (3가지)

(2) 접지개소 (4가지)

|계|산|및|정|답|

(1) 접지목적

① 1, 2차 혼촉에 의한 저압 측 감전사고 방지

② 이상 전압 상승으로 인한 기기의 소손방지

③ 보호계전기의 확실한 동작확보

(2) 접지개소

① 변압기 2차측 임의의 한 단자 또는 중성점 접지

② 피뢰기 및 피뢰침의 접지

③ 차단기의 외함 접지

④ 변압기의 외함 접지

⑤ 계기용 변성기 등의 외함 접지

09

출제 : 13, 16년 • 배점 : 5점

그림과 같이 3상 4선식 배전선로에 역률 100[%]인 부하 $a-n$, $b-n$ $c-n$이 각 상과 중성선 간에 연결되어 있다. a, b, c상에 흐르는 전류가 110[A], 86[A], 95[A]일 때 중성선에 흐르는 전류를 계산하시오.

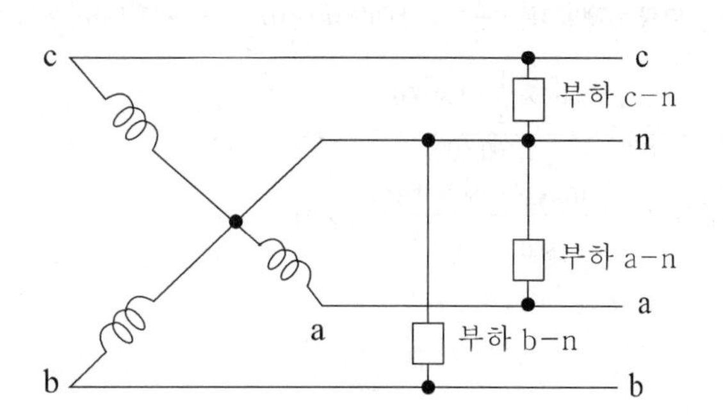

·계산 :

·답 :

|계|산|및|정|답|

【계산】 중성선에 흐르는 전류

$$I_n = I_a + I_b + I_c = 110 + 86 \times \left(-\frac{1}{2} - j\frac{\sqrt{3}}{2}\right) + 95 \times \left(-\frac{1}{2} + j\frac{\sqrt{3}}{2}\right)$$

$$= 110 - 43 - j43\sqrt{3} - 47.5 + j47.5\sqrt{3} = 19.5 + j7.79$$

$$\therefore |I_n| = \sqrt{19.5^2 + 7.79^2} = 20.998[\text{A}]$$

【정답】 21[A]

10

출제 : 16년 • 배점 : 5점

비상용 발전기가 있다. 다음 조건을 이용하여 해당 발전기의 가능한 운전시간을 구하시오.

〈조 건〉

- ·발전기의 정격출력 500[kW]
- ·연료의 소비량 250[l]
- ·전부하의 1/2 부하로 운전함
- ·발전기의 발열량 10,000[kcal/l]
- ·종합효율 34.4[%]

|계|산|및|정|답|

【계산】 정격출력[kVA] $= \frac{BH\eta}{860t}$ 에서

운전가능시간 $t = \frac{BH\eta}{860 \times \text{운전용량[kVA]}} = \frac{10,000 \times 250 \times 0.344}{860 \times 500 \times \frac{1}{2}} = 4[h]$

【정답】 4시간

|추|가|해|설|

·정격출력[kVA] $= \frac{BH\eta}{860t}$

여기서, $B[l]$: 연료소비량, H[kcal/l] : 연료의 열량, η : 종합효율, t[h] : 발전기 운전시간

·입력 열량$=250[l] \times 100000[kcal/l] = 2,500,000[kcal]$

·출력 열량$= 500[kW] \times \frac{1}{2} \times t \times 860[kcal/kWh]$ $\rightarrow (1[kWh] = 860[kcal])$

·효율$= \frac{\text{출력}}{\text{입력}} = \frac{500 \times \frac{1}{2} \times t \times 860}{2,500,000} = 0.344$

·운전시간 $t = \frac{10,000 \times 250 \times 0.344}{860 \times 500 \times \frac{1}{2}} = 4[h]$

11

출제 : 09, 16년 • 배점 : 4점

다음 그림과 같은 유접점 회로에 대한 주어진 미완성 PLC 래더다이어그램을 완성하고, 표의 빈칸 ①~⑥에 해당하는 프로그램을 완성하시오. (단, 회로 시작 LOAD, 출력 OUT, 직렬 AND, 병렬 OR, b접점 NOT, 그룹 간 묶음 AND LOAD이다.)

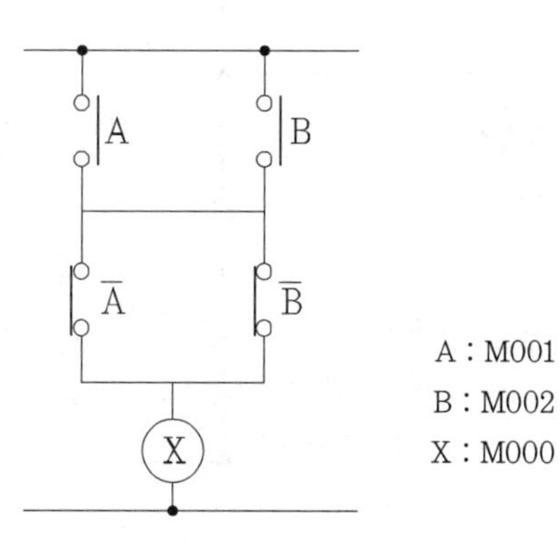

A : M001
B : M002
X : M000

·프로그램

명령	번지
LOAD	M001
(1)	M002
(2)	(3)
(4)	(5)
(6)	–
OUT	M000

·래더다이어그램

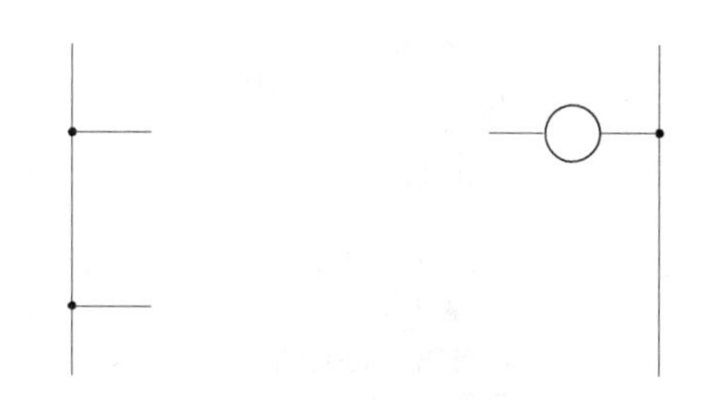

|계|산|및|정|답|

[프로그램]

명령	번지
LOAD	M001
(1) OR	M002
(2) LOAD NOT	(3) M001
(4) OR NOT	(5) M002
(6) AND LOAD	–
OUT	M000

[래더 다이어그램]

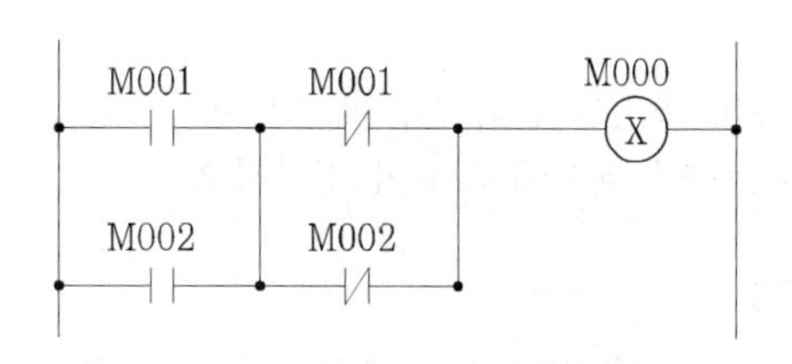

|추|가|해|설|

1. A와 B가 병렬연결 → OR
2. ① A를 부른다. b접점이므로, 즉 $\overline{A}$ → LOAD NOT (M001)
   ② b접점 $\overline{B}$와 병렬 → OR NOT (M002)
3. 1그룹과 2그룹을 직렬로 연결 → AND LOAD

12

출제 : 16년 • 배점 : 9점

그림과 같은 수전계통을 보고 다음 각 물음에 답하시오.

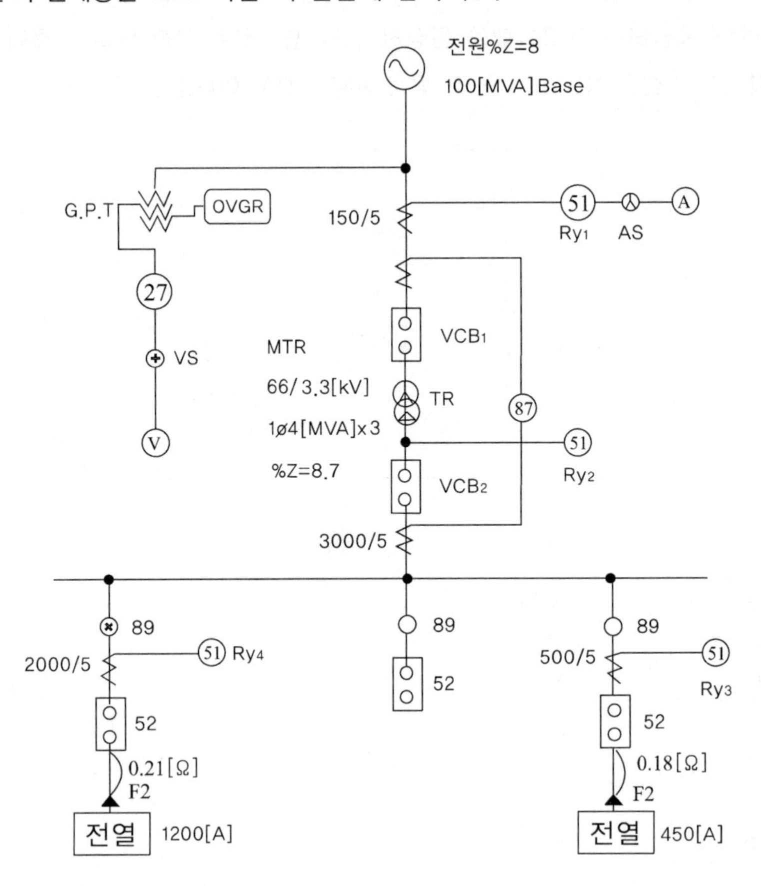

(1) "27"과 "87" 계전기의 명칭과 용도를 설명하시오.

기기	명칭	용도
27		
87		

(2) 다음의 조건에서 과전류 계전기 R_{y1}, R_{y2}, R_{y3}, R_{y4}의 탭(Tap) 설정값은 몇 [A]가 가장 적당한지를 계산에 의하여 정하시오.

〈조 건〉

- R_{y1}, R_{y2}의 탭 설정값은 부하전류 160[%]에서 설정한다.
- R_{y3}의 탭 설정값은 부하전류 150[%]에서 설정한다.
- R_{y4}는 부하가 변동 부하이므로 탭 설정값은 부하전류 200[%]에서 설정한다.
- 과전류 계전기의 전류탭은 2[A], 3[A], 4[A], 5[A], 6[A], 7[A], 8[A]가 있다.

계전기	계산과정	설정값
R_{y1}		
R_{y2}		
R_{y3}		
R_{y4}		

(3) 차단기 VCB_1의 정격전압은 몇 [KV]인가?

(4) 전원측 차단기 VCB_1의 정격용량을 계산하고, 다음의 표에서 가장 적당한 것을 선정하도록 하시오.

【차단기의 정격표준용량[MVA]】

1000	1500	2500	3500

·계산 : ·답 :

|계|산|및|정|답|

(1)

기기	명칭	용도
27	부족전압계전기	정전 시나 전압 부족 시 동작하여 경보를 발생하거나 차단기 작동
87	비율차동계전기	변압기와 발전기의 내부 고장에 대한 보호용으로 사용

(2)

계전기	계산과정	설정값
R_{y1}	$I=\frac{4\times3\times10^3}{\sqrt{3}\times66}\times\frac{5}{150}\times1.6=6[A]$	6[A]
R_{y2}	$I=\frac{4\times3\times10^3}{\sqrt{3}\times3.3}\times\frac{5}{3000}\times1.6=6[A]$	6[A]
R_{y3}	$I=450\times\frac{5}{500}\times1.5=6.75$	7[A]
R_{y4}	$I=1200\times\frac{5}{2000}\times2=6[A]$	6[A]

(3) 사용 회로 공칭전압 66[kV]의 차단기 정격전압은 72.5[kV] 【정답】 72.5[kV]

(4) 【계산】 $P_s=\frac{100}{\%Z}P_n=\frac{100}{8}\times100=1250[MVA]$ → (P_n : 기준용량[MVA], $\%Z$: 전원 측으로부터 합성임피던스)

→ 차단기의 정격표준용량 표에서 1500[MVA] 선정 【정답】 1500[MVA]

|추|가|해|설|

1. 과전류 계전기의 전류 텝 $I_T = 부하전류(I) \times \frac{1}{변류비} \times 설정값[A]$ → (3상 부하전류 $I = \frac{P}{\sqrt{3}\,V}[A]$)

$$= \frac{단상\ 4[MVA] \times 3개 \times 10^6}{\sqrt{3} \times V \times 10^3} \times \frac{1}{변류비} \times 설정값[A]$$

2. 과전류 계전기의 텝전류 : 2[A], 3[A], 4[A], 5[A], 6[A], 7[A], 8[A]

3. [단로기, 차단기의 공칭전압별 정격전압]

공칭전압	765[kV]	345[kV]	154[kV]	66[kV]	22.9[kV]	22[kV]	6.6[kV]	3.3[kV]
정격전압	800[kV]	362[kV]	170[kV]	72.5[kV]	25.8[kV]	24[kV]	7.2[kV]	3.6[kV]

13

출제 : 16년 • 배점 : 9점

그림과 같이 수용가가 각각 1대씩의 변압기를 통해서 전력을 공급받고 있다. 각 군 수용가의 주어진 조건을 참고하여 각 물음에 답하시오.

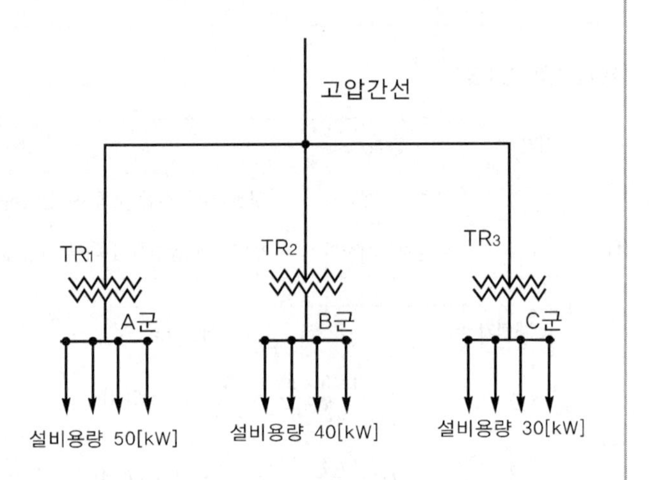

〈조 건〉

- 각 수용가의 수용률 : 0.5
  부하율 : $TR_1 = 0.6$, $TR_2 = 0.5$, $TR_3 = 0.4$
  부등률 : $TR_1 = 1.2$, $TR_2 = 1.1$, $TR_3 = 1.2$
- 각 변압기 부하 상호간의 부등률 : 1.3
- 전력손실은 무시한다.

(1) 각 군(A군, B군, C군)의 종합 최대 수용전력[kW]을 구하시오.
- 계산 : ·답 :

(2) 고압 간선에 걸리는 최대부하[kW]를 구하시오.
- 계산 : ·답 :

(3) 각 군의 평균 수용전력[kW]을 구하시오.
- 계산 : ·답 :

(4) 고압 간선의 종합 부하율[%]을 구하시오.
- 계산 : ·답 :

|계|산|및|정|답|

(1) 【계산】 A군 : $\frac{50\times0.5}{1.2}=20.83[kW]$ 【정답】 20.83[kW]

B군 : $\frac{40\times0.5}{1.1}=18.18[kW]$ 【정답】 18.18[kW]

C군 : $\frac{30\times0.5}{1.2}=12.5[kW]$ 【정답】 12.5[kW]

(2) 【계산】 최대부하= $\frac{20.83+18.18+12.5}{1.3}=39.62[kW]$ 【정답】 39.62[kW]

(3) 【계산】 A군 : $20.83\times0.6=12.5[kW]$ 【정답】 12.5[kW]

B군 : $18.18\times0.5=9.09[kW]$ 【정답】 9.09[kW]

C군 : $12.5\times0.4=5[kW]$ 【정답】 5[kW]

(4) 【계산】 부하율= $\frac{12.5+9.09+5}{39.62}\times100=67.11[\%]$ 【정답】 67.11[%]

|추|가|해|설|

(1) 합성최대수용전력= $\frac{\text{수용설비 각각의 최대 수용전력의 합}}{\text{부등률}}=\frac{\text{설비용량[kVA]}\times\text{수용률}}{\text{부등률}}$

(2) 고압 간선에 걸리는 최대부하= $\frac{\sum\text{각 변압기군의 종합 최대수용전력}}{\text{변압기 상호간의 부등률}}$

(3) 평균수용전력=합성 최대 수용 전력×부하율 $=\frac{\text{설비용량}\times\text{수용률}}{\text{부등률}}\times\text{부하율}$

380[V] 3상 유도 전동기 부하에 전력을 공급하는 저압간선의 최소 굵기를 구하고자 한다. 전동기의 종류가 다음과 같을 때 380[V] 3상 유도전동기 간선의 굵기 및 기구의 용량표를 이용하여 각 물음에 답하시오. 단, 전선은 PVC 절연전선으로서 공사방법은 B1에 준한다.

부하
- 0.75[kW]×1대 직입기동 전동기 (2.53[A])
- 1.5[kW]×1대 직입기동 전동기 (4.16[A])
- 3.7[kW]×1대 직입기동 전동기 (9.22[A])
- 7.5[kW]×1대 기동기 보상 (17.69[A])

(1) 간선배선을 금속관 배선으로 할 때 간선의 최소 굵기는 구리도체 전선 사용의 경우 얼마인가?
·계산 : ·답 :

(2) 과전류 차단기의 용량은 몇 [A]를 사용하는가?
·계산 : ·답 :

【표】 380[V] 3상 유도 전동기 간선의 굵기 및 기구의 용량

(배선용 차단기의 경우) (동선)

전동기 [kW] 수의 총계 [kW] 이하	최대 사용 전류 [A] 이하	배선종류에 의한 간선의 최소 굵기[mm^2]						직입기동 전동기 중 최대용량의 것											
		공사방법 A1		공사방법 B1		공사방법 C		0.75 이하	1.5	2.2	3.7	5.5	7.5	11	15	18.5	22	30	37
		3개선		3개선		3개선		$Y-\triangle$ 기동기 사용 전동기 중 최대 용량의 것											
								-	-	-	-	5.5	7.5	11	15	18.5	22	30	37
		PVC	XLPE, EPR	PVC	XLPE, EPR	PVC	XLPE, EPR	과전류 차단기[A] 직입기동……(칸 위 숫자), Y-△……(칸 아래 숫자)											
3	7.9	2.5	2.5	2.5	2.5	2.5	2.5	15 -	15 -	15 -	-	-	-	-	-	-	-	-	-
4.5	10.5	2.5	2.5	2.5	2.5	2.5	2.5	15 -	15 -	20 -	30 -	-	-	-	-	-	-	-	-
6.3	15.8	2.5	2.5	2.5	2.5	2.5	2.5	20 -	20 -	30 -	30 -	40 30	-	-	-	-	-	-	-
8.2	21	4	2.5	2.5	2.5	2.5	2.5	30 -	30 -	30 -	30 -	40 30	50 30	-	-	-	-	-	-
12	26.3	6	4	4	2.5	4	2.5	40 -	40 -	40 -	40 -	40 40	50 40	75 40	-	-	-	-	-
15.7	39.5	10	6	10	6	6	4	50 -	50 -	50 -	50 -	50 50	60 50	75 50	100 60	-	-	-	-

【표】 380[V] 3상 유도 전동기 간선의 굵기 및 기구의 용량

(배선용 차단기의 경우) (동선)

전동기 [kW] 수의 총계 [kW] 이하	최대 사용 전류 [A] 이하	배선종류에 의한 간선의 최소 굵기[mm^2]						직입기동 전동기 중 최대용량의 것											
		공사방법 A1		공사방법 B1		공사방법 C		0.75 이하	1.5	2.2	3.7	5.5	7.5	11	15	18.5	22	30	37
								$Y-\triangle$ 기동기 사용 전동기 중 최대 용량의 것											
		3개선		3개선		3개선		-	-	-	-	5.5	7.5	11	15	18.5	22	30	37
		PVC	XLPE, EPR	PVC	XLPE, EPR	PVC	XLPE, EPR	과전류 차단기[A] 직입기동……(칸 위 숫자), Y-△……(칸 아래 숫자)											
19.5	47.4	16	10	10	6	10	6	60 -	60 -	60 -	60 -	60 60	75 60	75 60	100 60	125 75	-	-	-
23.2	52.6	16	10	16	10	10	10	75 -	75 -	75 -	75 -	75 75	75 75	100 75	100 75	125 75	125 100	-	-
30	65.8	25	16	16	10	16	10	100 -	100 -	100 -	100 -	100 100	100 100	100 100	125 100	125 100	125 100	-	-
37.5	78.9	35	25	25	16	25	16	100 -	100 -	100 -	100 -	100 100	100 100	100 100	125 100	125 100	125 100	125 125	-
45	92.1	50	25	35	25	25	16	125 -	125 -	125 -	125 -	125 125	125 125	125 125	125 125	125 125	125 125	125 125	125 125
52.5	105.3	50	35	35	25	35	25	125 -	125 -	125 -	125 -	125 125	125 125	125 125	125 125	125 125	125 125	125 125	150 150

【비고 1】 최소 전선의 굵기는 1회선에 대한 것이며, 2회선 이상일 경우는 부록 500-2의 복수회로 보정계수를 적용하여야 한다.

【비고 2】 공사방법 A1은 벽 내의 전선관에 공사한 절연전선 또는 단심케이블, B1은 벽면의 전선관에 공사한 절연전선 또는 단심케이블, 공사방법 C는 벽면에 공사한 단심 또는 다심케이블을 시설하는 경우의 전선 굵기를 표시하였다.

【비고 3】 전동기중 최대의 것'에는 동시 기동하는 경우를 포함한다.

【비고 4】 과전류차단기의 용량은 해당조항에 규정되어 있는 범위에서 실용상 거의 최대값을 표시함.

【비고 5】 과전류차단기의 선정은 최대용량의 정격전류의 합계를 가산한 값 이하를 표시함.

【비고 6】 배선용차단기를 배·분전반, 제어반 등의 내부에 시설하는 경우는 그 반 내의 온도 상승에 주의할 것

|계|산|및|정|답|

(1) 【계산】 전동기수의 총화=$0.75+1.5+3.7+3.7+7.5=17.15[kW]$이므로

표에서 전동기수의 총화 19.5[kW]난에서 전선 10[mm^2] 선정 【정답】 10[mm^2]

(2) 【계산】 사용 전류의 총화=$2.53+4.16+9.22+9.22+17.69=42.82[A]$이므로

표에서 최대사용전류 47.4[A]난과 기동기 사용 7.5[kW] 난에서 과전류차단기 60[A] 선장 【정답】 60[A]

|추|가|해|설|

(1) 전선의 최소 굵기는 총용량(0.75+1.5+3.7+3.7+7.5=17.15 $\leq$ 19.5[kW])과

총 전류(2.53+4.16+9.22+9.22+17.69=42.82 $\leq$ 47.4[A])를 좌측 열에서 선정하고, 동일 행에서 상단의 공사방법 B1에 PVC와 만나는 10[mm^2]을 선정한다.

(2) 과전류 차단기 용량은 위의 (1)에서 선정한 좌측 열과 상단의 전동기 중 최대용량 기동기 사용 7.5[kW]와 만나는 칸에서 아래에 있는 60[A]를 선정한다.

15

출제 : 16년 • 배점 : 5점

3상3선식 3000[V], 200[kVA]의 배전선로의 전압을 3100[V]로 승압하기 위해서 단상 변압기 3대를 그림과 같이 접속하였다. 이 변압기의 1, 2차 전압 및 용량을 구하시오. (단, 변압기의 손실은 무시하는 것으로 한다.)

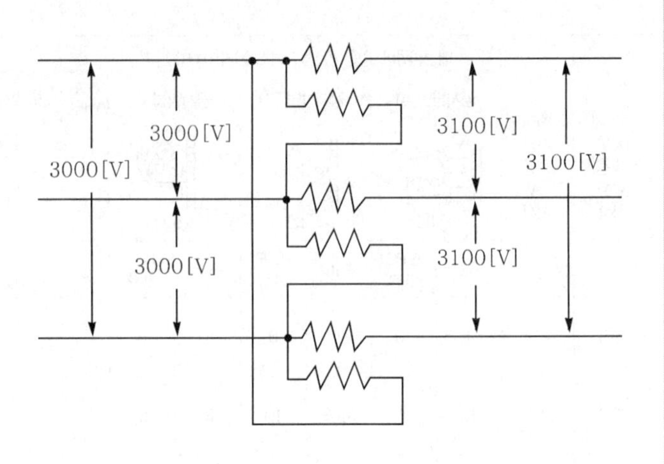

(1) 변압기 1, 2차 전압[V]

·계산 : ·답 :

(2) 변압기 용량[kVA]

·계산 : ·답 :

|계|산|및|정|답|

(1) 【계산】 변압기 2차전압 $V_e = -\frac{V_1}{2} + \sqrt{\frac{V_2^2}{3}} - \sqrt{\frac{V_1^2}{12}} = -\frac{3000}{2} + \sqrt{\frac{3100^2}{3} - \frac{3100^2}{12}} = 66.31[V]$

【정답】 변압기 1차 전압 : 3000[V], 변압기 2차 전압 66.31[V]

(2) 【계산】 $\frac{\text{자기용량}}{\text{부하용량}} = \frac{3V_e}{\sqrt{3}V_2}$ 에서

$\text{자기용량} = \frac{3V_e}{\sqrt{3}V_2} \times \text{부하용량} = \frac{3 \times 66.31}{\sqrt{3} \times 3,100} \times 200 = 7.41[VA]$

【정답】 7.41[VA]

|추|가|해|설|

·변연장 △결선 : 3대의 단권변압기를 이용한 것으로 고·저압의 공통된 부분이 3각형이 되도록 결선한 것

·변압기 2차전압 $V_e = \frac{V_1}{2} + \sqrt{\frac{V_2^2}{3} - \frac{V_1^2}{12}}$

·$\frac{\text{자기용량}}{\text{부하용량}} = \frac{3V_e}{\sqrt{3}V_2}$

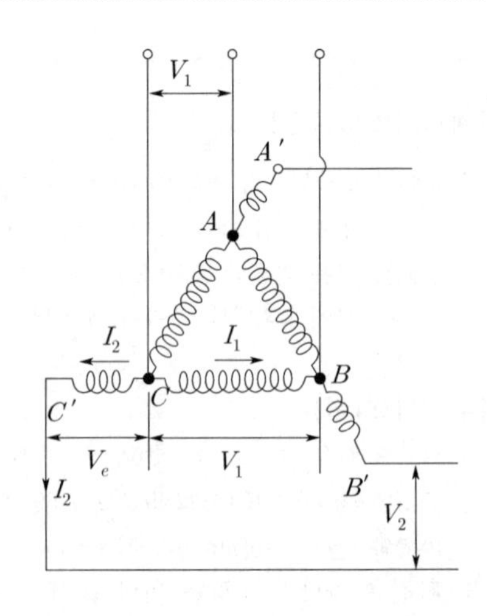

16

출제 : 16년 • 배점 : 5점

그림과 같은 교류 3상3선식 전로에 연결된 3상 평형 부하가 있다. 이때 T상의 P점이 단선된 경우, 이 부하의 소비전력은 단선 전 소비전력에 비하여 어떻게 되는지 계산식을 이용하여 설명하시오. (단, 선간전압은 E[V]이며, 부하의 저항은 R[Ω]이다.)

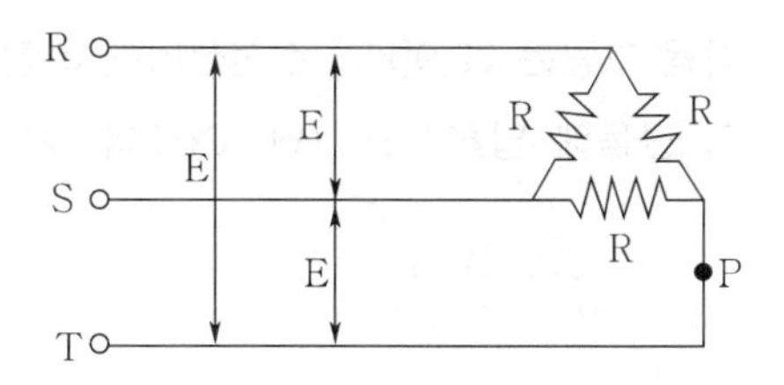

|계|산|및|정|답|

【계산】 ① 단선 전 부하의 소비전력 $P = 3 \times \frac{E^2}{R}$

② P점 단선 후 부하의 소비전력 P_l

P점 단선시 합성저항은 $R_0 = \frac{2R \times R}{2R + R} = \frac{2}{3} \times R$이므로

소비전력은 $P_l = \frac{E^2}{R_0} = \frac{E^2}{\frac{2}{3} \times R} = 1.5 \times \frac{E^2}{R}$

③ 단선후 부하의 소비전력과 단선전 소비전력의 비 $\frac{P_l}{P} = \frac{1.5 \times \frac{E^2}{R}}{3 \times \frac{E^2}{R}} = \frac{1}{2}$에서

$P_l = \frac{1}{2}P$이므로 단선 후 소비전력은 단선 전 소비전력의 $\frac{1}{2}$이 된다.

【정답】 단선 전 소비전력의 $\frac{1}{2}$로 감소한다.

|추|가|해|설|

P점에서 단선이 되면 3상부하가 단상부하로 되므로 결선도는 다음과 같다.

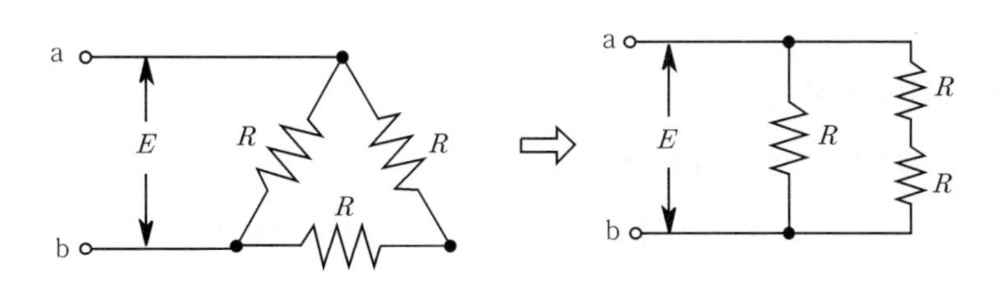

17

출제 : 16년 • 배점 : 5점

다음 그림은 22.9[kV] 수전설비에서 접지형 계기용변압기(GPT)의 미완성 결선도이다. 다음 각 물음에 답하시오. (단, GPT의 1차 및 2차 보호 퓨즈는 생략한다.)

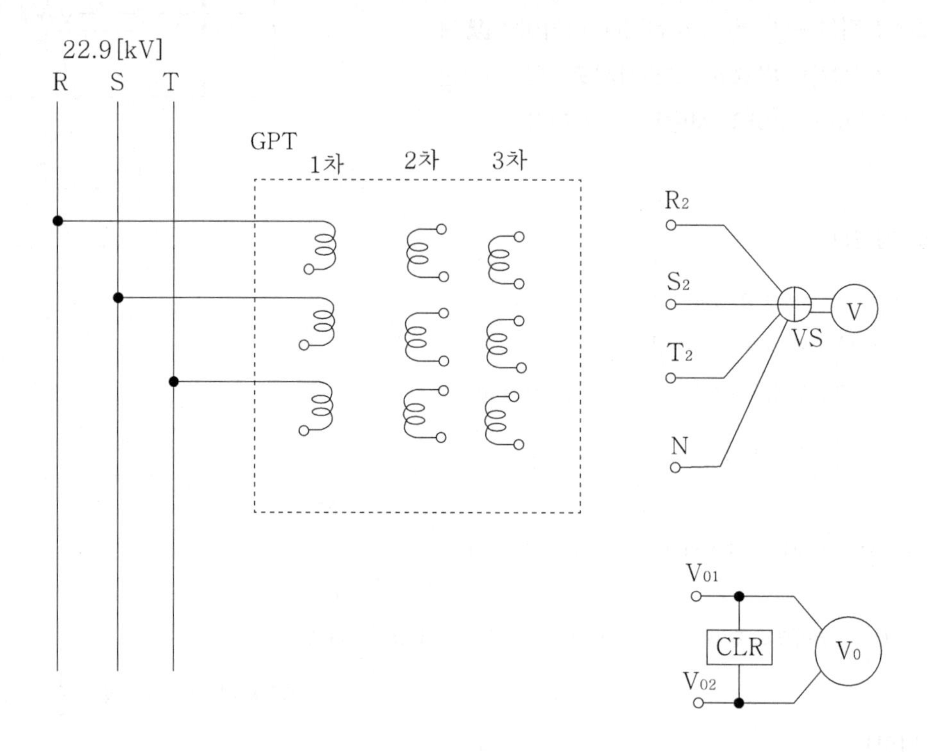

(1) 회로도에서 활용 목적에 알맞도록 미완성 부분을 직접 그리시오. (필요한 곳에 접지표시를 하시오.)

(2) GPT 사용목적에 대하여 쓰시오.

(3) GPT 정격 1차, 2차, 3차의 전압을 각각 쓰시오.

•1차 전압 : •2차 전압 : •3차 전압 :

(4) GPT의 3차측 각 상에 전압 110[V] 램프를 달았을 경우, 임의의 한 상에 지락사고 발생 시 램프의 점·소등관계 및 밝기의 변화에 대해 쓰시오.

|계|산|및|정|답|

(1)

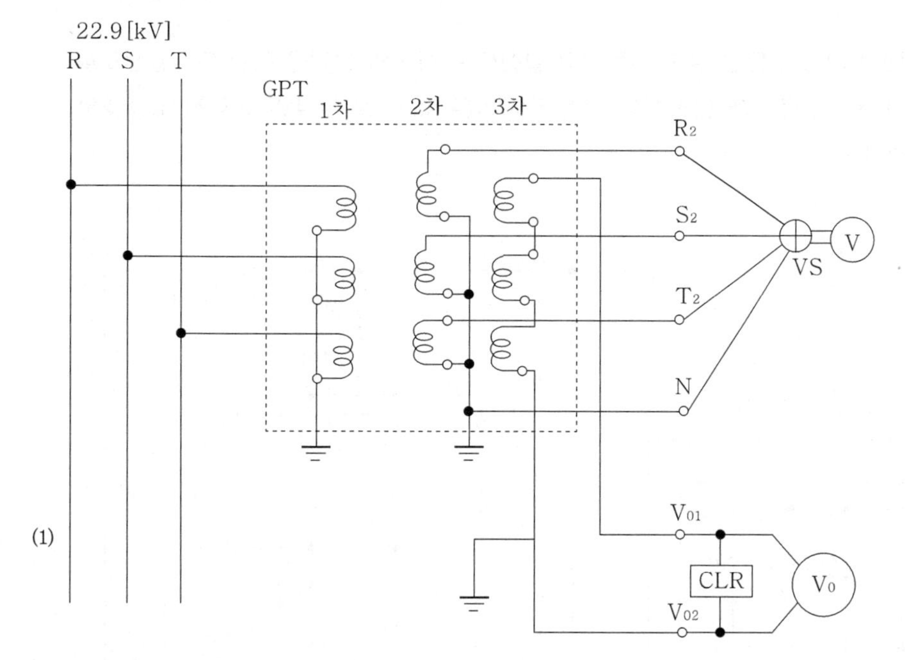

(2) 비접지 선로의 접지 전압을 검출

(3) ·1차 전압 : $\frac{22900}{\sqrt{3}}$[V]

·2차 전압 : $\frac{110}{\sqrt{3}}$[V]

·3차 전압 : $\frac{190}{\sqrt{3}}$[V]

(4) 정상 시에는 모든 상의 램프가 모두 같은 밝기로 점등되고, 지락사고 발생 시 지락이 발생한 상의 전구는 소등이 되며 지락 되지 않은 다른 두 건전상의 램프는 더욱 밝아진다.

다음 도면은 콘덴서 기동형 단상 유도 전동기의 결선도로 정 • 역 운전을 위한 단선결선도를 나타낸 것이다. 다음 각 물음에 답하시오. (단, 푸시버튼 start1을 누르면 정회전, start2를 누르면 역회전한다.)

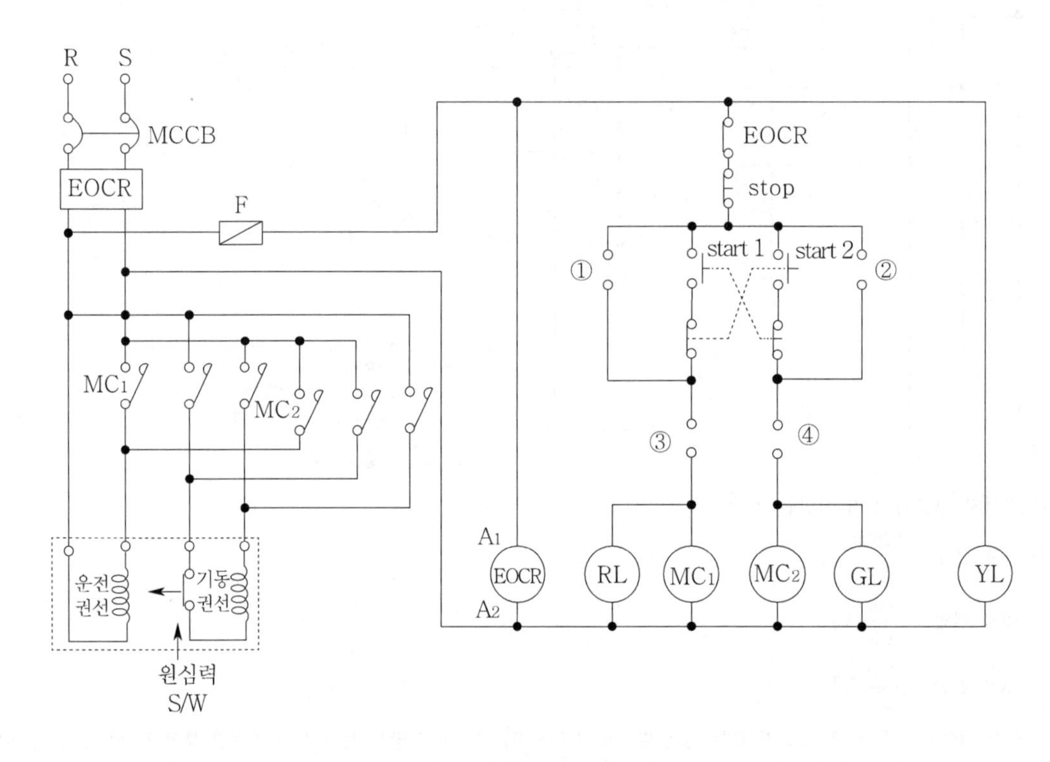

(1) 도면의 미완성 부분을 완성하시오. (단, 접점기호와 명칭을 기입하여야 한다.)

(2) 단상 유도전동기중 콘덴서 기동형 전동기의 기동방법에 대하여 설명하시오.

(3) RL, GL, YL은 어떤 표시등인지 쓰시오.

|계|산|및|정|답|

(1) ① MC_1 ② MC_2 ③ MC_2 ④ MC_1

(2) 기동권선측에 콘덴서를 삽입, 연결하여 주권선과 위상차를 발생, 분상시켜 기동하는 방식의 단상 유도 전동기로 분상기동형보다 큰 토오크를 발생시킬 수 있으며, 역률이 우수하다.

(3) ·RL : 정회전 운전 표시등 ·GL : 역회전 운전 표시등 ·YL : 전원표시등

02 2016년 전기기사 실기

01

출제 : 16년 • 배점 : 5점

어떤 건축물의 변전설비가 수전전압 22.9[kV-Y], 변압기 용량 500[kVA]이며, 변압기 2차측 모선에 연결되어 있는 배선용차단기(MCCB)에 대해 다음 각 물음에 답하시오. (단, 변압기의 %Z=5[%], 2차전압은 380[V], 선로의 임피던스는 무시한다.)

(1) 변압기 2차 측 정격전류[A]를 구하시오.
·계산 : ·답 :

(2) 변압기 2차 측 단락전류[A] 및 배선용차단기의 최소 차단전류[kA]를 구하시오.
·계산 : ·답 :

(3) 차단기 용량[MVA]을 구하시오.
·계산 : ·답 :

|계|산|및|정|답|

(1) 【계산】 변압기 2차 정격전류 $I_{2n} = \frac{P}{\sqrt{3} \times V} = \frac{500 \times 10^3}{\sqrt{3} \times 380} = 759.67[A]$ 【정답】 759.67[A]

(2) 【계산】 ① 2차측 단락 전류 $I_{2s} = \frac{100}{\%Z} \times I_{2n} = \frac{100}{5} \times 759.67 = 15193.4[A]$ 【정답】 15193.4[A]

② 최소차단전류 : 최소정격차단전류는 단락전류보다 높은 [kA] 선정이므로 16[kA] 【정답】 16[kV]

(3) 【계산】 차단기용량 $P_s = \frac{100}{\%Z} P_n = \frac{100}{5} \times 500 = 10000[kVA] = 10[MVA]$ 【정답】 10[MVA]

02

출제 : 16년 • 배점 : 5점

변압기, 모선 또는 이를 지지하는 애자는 어느 전류에 의하여 생기는 기계적 충격에 견디는 강도를 가져야 하는가?

|계|산|및|정|답|

단락전류

|추|가|해|설|

기술기준 제23조 (발전기 등의 기계적 강도)

① 발전기, 변압기, 조상기, 모선 또는 이를 지지하는 애자는 단락 전류에 의하여 생기는 기계적 충격에 견디어야 한다.

② 수차 또는 풍차 발전기의 회전 부분은 무구속 속도에 대하여 증기 터빈, 가스 터빈, 내연 기관은 비상 속도에 견디어야 한다.

03

출제 : 16년 • 배점 : 5점

부하가 유도 전동기이고, 기동용량 500[kVA], 기동 시 전압강하는 20[%], 발전기의 과도리액턴스 25[%]일 때, 이 전동기를 운전할 수 있는 자가발전기의 최소 용량[kVA]을 구하여라.

•계산 : •답 :

|계|산|및|정|답|

【계산】 발전기 정격 용량[kVA] $\geq \left(\frac{1}{\text{허용전압강하}}-1\right)\times$기동용량[kVA]$\times$과도리액턴스[kVA]

$$P=\left(\frac{1}{0.2}-1\right)\times 0.25\times 500=500[\text{kVA}]$$

【정답】 500[kVA]

04

출제 : 16년 • 배점 : 5점

지표면 상 15[m] 높이의 수조에 매초 $0.2[\text{m}^3]$의 물을 양수하려고 한다. 여기에 사용되는 펌프용 전동기에 3상 전력을 공급하기 위해 단상 변압기 2대를 사용하였다. 다음 물음에 답하시오. (단, 여유계수 1.1, 펌프의 효율 55%, 역률은 90%)

(1) 변압기 1대의 용량은 몇[kVA]인가?

•계산 : •답 :

(2) 이때 변압기 결선방식은 무엇인가?

|계|산|및|정|답|

(1) 【계산】 ① 펌프용 전동기의 용량 $P=\frac{9.8qHK}{\eta \cdot \cos\theta}[\text{kVA}]$, $P=\frac{9.8\times 0.2\times 15}{0.55\times 0.9}\times 1.1=65.33[\text{kVA}]$

② 단상 변압기 2대를 V결선 시의 출력 $P_V=\sqrt{3}\times P_1[\text{kVA}]$

$\therefore P_1=\frac{65.33}{\sqrt{3}}=37.72[\text{kVA}]$

【정답】 37.72[kVA]

(2) 【정답】 V결선 또는 V-V결선

|추|가|해|설|

① 펌프용 전동기의 용량 $P=\frac{9.8Q'[m^3/\text{sec}]HK}{\eta}[kW]=\frac{9.8Q[m^3/\text{min}]HK}{60\times\eta}[kW]=\frac{Q[m^3/\text{min}]HK}{6.12\eta}[\text{kW}]$

여기서, P : 전동기의 용량[kW], Q' : 양수량[m^3/sec], Q : 양수량[m^3/min]

H : 양정(낙차)[m], η : 펌프효율, K : 여유계수(1.1~1.2 정도)

② 권상용 전동기의 용량 $P=\frac{K\cdot W\cdot V}{6.12\eta}[KW]$ →(K : 여유계수, W : 권상 중량 [ton], V : 권상 속도[m/min], η : 효율)

05

출제 : 16년 • 배점 : 5점

감리원은 매 분기마다 공사업자로부터 안전관리 결과보고서를 제출받아 이를 검토하고 미비한 사항이 있을 때에 시정조치 해야 한다. 안전관리 결과보고서에 포함되어야 하는 서류 5가지는?

|계|산|및|정|답|

① 안전관리 조직표 ② 안전보건 관리체제 ③ 재해발생 현황 ④ 산재요양신청서 사본 ⑤ 안전교육 실적표

06

출제 : 16년 • 배점 : 5점

다음과 같은 그림에서 3상의 각 $Z = 24 - j32[\Omega]$일 때 소비전력을 구하시오.

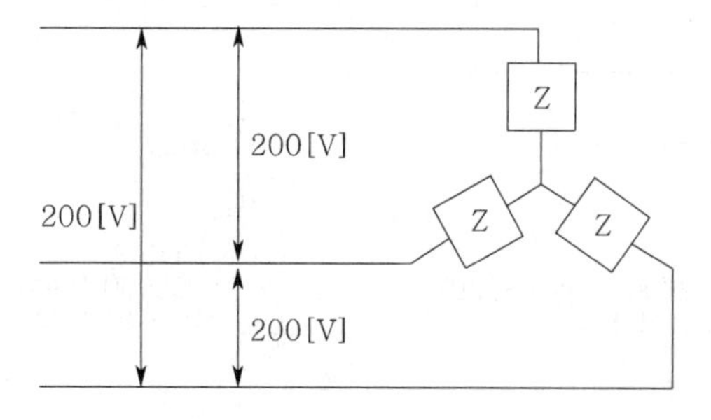

·계산 : ·답 :

|계|산|및|정|답|

(1) 【계산】 $Z_p = 24 - j32 = \sqrt{24^2 + 32^2} = 40[\Omega]$

임피던스 Z에 흐르는 전류 $I_p = \dfrac{V_p}{Z_p} = \dfrac{\dfrac{V_l}{\sqrt{3}}}{Z_p} = \dfrac{V_l}{\sqrt{3}\,Z} = \dfrac{200}{\sqrt{3} \times 40} = 2.89[\text{A}]$

$\therefore$ 소비전력 $P = 3I_p^2 R = 3 \times 2.89^2 \times 24 = 601.35$

【정답】 601.35[W] 또는 소비전력 공식을 이용하여 계산시 600[W]

|추|가|해|설|

·Y결선에서 1상에 흐르는 상전류 $I_p = \dfrac{V_p}{Z}$

·전력소비는 저항 R에서만 발생하므로 3상 소비전력 $P = 3I_p^2 R$

07 출제 : 15, 16년 • 배점 : 8점

다음은 $3\phi 4W$ 22.9[kV] 수전설비 단선결선도이다. 도면의 내용을 보고 다음 각 물음에 답하시오.

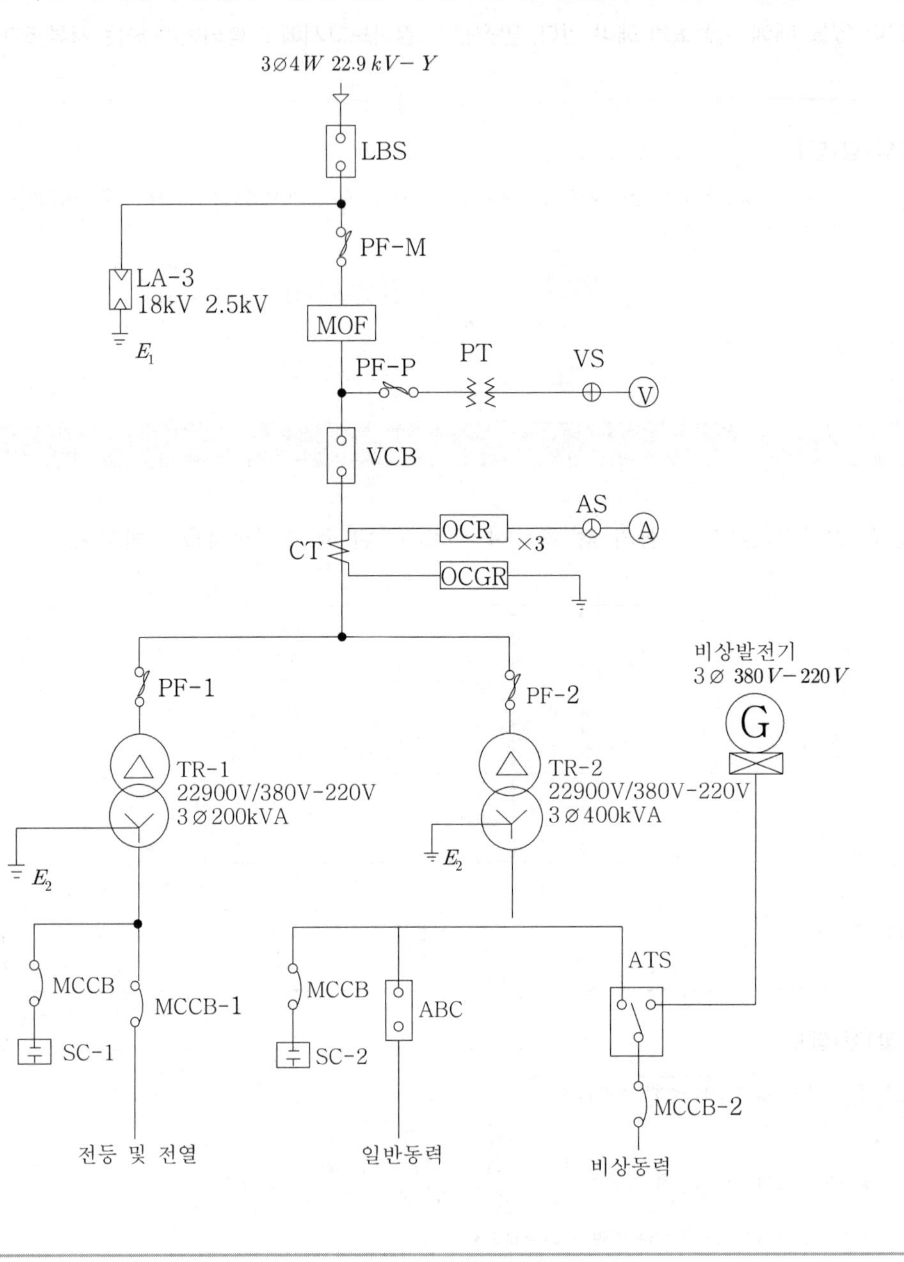

【부하집계】

구 분	전등 및 전열	일반동력	비상동력
설비용량 및 효율	합계 350[kW] 100[%]	합계 635[kW] 85[%]	유도전동기1 7.5[kW] 2대 85[%] 유도전동기2 11[kW] 1대 85[%] 유도전동기3 15[kW] 1대 85[%] 비상조명 8000[W] 100[%]
평균(종합)역률	80[%]	90[%]	90[%]
수용률	45[%]	45[%]	100[%]

(1) 수전설비 단선 결선도에서 LBS에 대하여 다음 물음에 답하시오.

① LBS의 우리말 명칭을 쓰시오.

② LBS의 기능과 역할에 대해 간단히 설명하시오.

③ LBS와 같은 기능을 하는 유사한 기기 2가지를 쓰시오.

(2) 다음은 위의 수전설비 단선결선도의 부하집계 및 입력환산표를 다음에 완성하시오. (단, 입력환산[kVA]은 계산값의 소수 둘째자리 이하는 버린다.)

구 분		설비용량[kW]	효율[%]	역률[%]	입력환산[kVA]
전등 및 전열		350			
일반동력		635			
비상동력	유도전동기1	7.5×2			
	유도전동기2	11			
	유도전동기3	15			
	비상조명	8			
	소계	–	–	–	

(3) 위 수전설비 단선결선도에서 VCB 개폐시 발생하는 이상 전압으로부터 TR1, TR2를 보호하기 위한 보호기기와 접지종별을 도면에 그리시오.

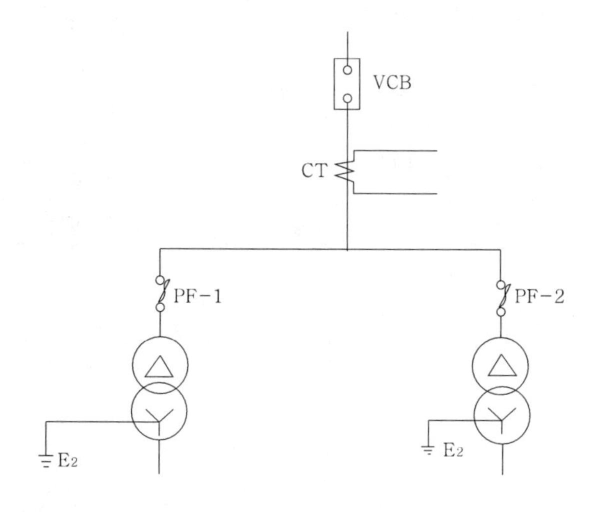

(4) 위의 수전설비 단선결선도에서 비상동력부하 중 "기동[kW]-입력[kW]"의 값이 최대로 되는 전동기를 최후에 기동하는 데 필요한 발전기 용량[kVA]을 구하시오.

・계산 : ・답 :

〈조 건〉

- 유도전동기의 출력 1[kW] 당 기동 [kVA]는 7.2로 한다.
- 유도전동기의 기동방식은 모두 직입 기동방식이다. 기동방식에 따른 계수는 1로 한다.
- 부하의 종합효율은 0.85를 적용한다.
- 발전기의 역률은 0.9로 한다.
- 전동기의 기동 시 역률은 0.4로 한다.

|계|산|및|정|답|

(1) ① 【LBS의 명칭】 부하개폐기(고압부하개폐기)

② 【기능】 무부하 및 부하전류가 흐르고 있는 회로의 개폐

【역할】 개폐 빈도가 낮은 송배전선 및 수변전 설비의 인입구 개폐

③ 선로개폐기(LS), 자동고장구분개폐기(ASS)

(2) 입력환산[kVA]$=\dfrac{\text{설비용량}[kW]}{\text{효율}\times\text{역률}}$

구 분		설비용량[kW]	효율[%]	역률[%]	입력환산[kVA]
전등 및 전열		350	100	80	$\dfrac{350}{1\times0.8}=437.5$
일반동력		635	85	90	$\dfrac{635}{0.85\times0.9}=830$
비상동력	유도전동기1	7.5×2	85	90	$\dfrac{7.5\times2}{0.85\times0.9}=19.6$
	유도전동기2	11	85	90	$\dfrac{11}{0.85\times0.9}=14.3$
	유도전동기3	15	85	90	$\dfrac{15}{0.85\times0.9}=19.6$
	비상조명	8	100	90	$\dfrac{8}{1\times0.9}=8.8$
	소 계	-	-	-	62.3

(3)

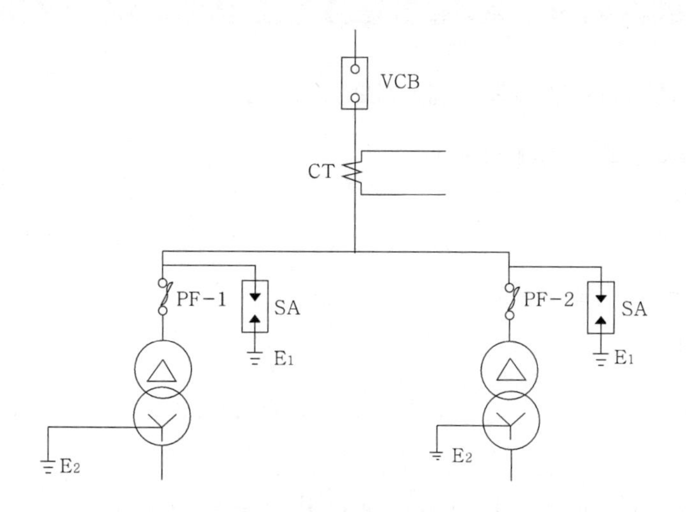

(4) 【계산】 $PG_3 = \left(\frac{49-15}{0.85} + 15 \times 7.2 \times 1 \times 0.4\right) \times \frac{1}{0.9} = 92.44[kVA]$

【정답】 92.44[kVA]

|추|가|해|설|

	기기명칭	정격전압[kVA]	정격전류[A]	개요 및 특성	설치 장소	비고
(1)	부하개폐기 (L.B.S) (Load Break Switch)	25.8	630[A]	·부하전류는 개폐할 수 있으나 고장전류는 차단할 수 없음 ·LBS(PF부)는 단로기 기능과 차단기로서의 PF 성능을 만족시키는 국가 공인기관의 시험성적이 있는 경우에 한하여 사용가능	수전실 구내 인입구	기능은 기중부하 개폐기와 동일함

(3) 서지흡수기(SA)

① 역할 : 개폐서지 등의 내부 이상 전압으로부터 변압기 등의 전력기기를 보호

② 설치위치 : 진공차단기(VCB) 2차 측과 몰드형 변압기 1차 측 사이에 시설한다.

(4) 발전기를 기동하여 부하에 사용 중 최대 가동전류를 갖는 전동기를 마지막으로 기동할 때 필요한 용량[kVA]

$$PG_3 = \left[\frac{\sum P_L - P_m}{\eta_L} + (P_m \cdot \beta \cdot C \cdot Pf_M)\right] \times \frac{1}{\cos\theta_L}[\text{kVA}]$$

여기서, $\sum P_L$: 부하의 출력 합계[kW]

P_m : 최대 기동전류를 갖는 전동기 또는 전동기 군의 출력[kW]

η_L : 부하의 종합효율(불분명시 0.85 적용)

β : 전동기 기동계수

C : 전동기 방식에 따른 계수

Pf_M : 최대 기동전류를 갖는 전동기 기동시 역률(불분명시 0.4 적용)

$\cos\theta_L$: 부하의 종합역률(불분명시 0.8 적용)

· $\sum P_L = 7.5 \times 2 + 11 + 15 + 8 = 49[\text{kW}]$

· $P_m = 15[\text{kW}]$

· $\beta = 7.2$

08

출제 : 16년 • 배점 : 6점

변압기 손실과 효율에 대한 다음 각 물음에 답하시오.

(1) 변압기의 손실에 대하여 다음 물음에 답하시오.
  ① 무부하손에 대해 쓰시오.
  ② 부하손에 대해 쓰시오.

(2) 변압기의 효율을 구하는 공식을 쓰시오.

(3) 최대효율 조건을 쓰시오.

|계|산|및|정|답|

(1) ① 무부하손 : 부하의 유무에 관계없이 발생하는 손실로 히스테리시스손과 와류손 등이 있다.
  ② 부하손 : 부하 전류에 의한 저항손을 말하며, 동손과 표유부하손 등으로 구분한다.

(2) 변압기 효율 $\eta = \frac{\text{출력}}{\text{출력} + \text{손실}} \times 100[\%]$

(3) 변압기의 철손과 동손이 같을 때 효율이 최대가 된다.

09

출제 : 16년 • 배점 : 6점

가로 20[m], 세로 50[m]인 사무실에 $2 \times 40[\text{W}]$용 형광등 기구를 설치하려고 한다. 이 형광등 기구의 전광속이 4600[lm], 전류가 0.87[A]라고 할 때, 이 형광등 기구들을 설치하여 평균조도를 300[lx]얻고자 한다면, 이 사무실의 형광등 기구의 수는 몇 개가 필요하며, 최소 분기회로 수는 몇 분기회로로 하여야 하는가? 단, 조명률 50[%], 감광보상률은 1.3이며 전기방식은 단상 2선식 200[V]로 15[A] 분기회로로 한다.

(1) 형광등 기구 수를 구하시오.
  •계산 : •답 :

(2) 최소분기회로 수를 구하시오.
  •계산 : •답 :

|계|산|및|정|답|

(1) 【계산】 소요 등기구수 $N = \frac{DES}{FU} = \frac{1.3 \times 300 \times 20 \times 50}{4600 \times 0.5} = 170[\text{등}]$ 【정답】 170[등]

(2) 【계산】 분기회로 수 $n = \frac{\text{형광등의 총 입력전류}}{\text{1회로의 전류}} = \frac{170 \times 0.87}{15} = 9.86$ 【정답】 15[A] 분기 10회로

10

출제 : 07, 16년 • 배점 : 4점

3상3선식 배전선로의 각 선간의 전압강하의 근사값을 구하고자 하는 경우에 이용할 수 있는 약산식을 다음의 조건을 이용하여 구하시오.

〈조 건〉

- 배선선로의 길이 : L[m], 배전선의 굵기 : A[mm^2], 배전선의 전류 : I[A]
- 표준연동선의 고유저항률(20[℃]) : $\frac{1}{58}$[Ω • mm^2/m], 동선의 도전율 : 97[%]
- 선로의 리액턴스를 무시하고 역률은 1로 한다.

- 계산 :
- 답 :

|계|산|및|정|답|

【계산】 ① 3상에서 전압강하 $e=\sqrt{3}I(R\cos\theta+X\sin\theta)=\sqrt{3}IR$ $(\because \cos\theta=1,\ X=무시)$

② $R(전선의\ 저항)=\frac{1}{58}\times\frac{100}{C}\times\frac{L}{A}=\frac{1}{58}\times\frac{100}{97}\times\frac{L}{A}=\frac{1}{56.26}\times\frac{L}{A}$

→ (고유저항 $\rho=\frac{1}{58}\times\frac{100}{C}$ → (C: 동선의 도전율))

③ 전압강하 $e=\sqrt{3}I\times\frac{1}{56.26}\times\frac{L}{A}=\frac{1}{32.48}\times\frac{IL}{A}$

【정답】 전압강하 $e=\frac{1}{32.48}\times\frac{IL}{A}$ 또는 $e=\frac{30.8}{1000}\times\frac{I\times L}{A}$

|추|가|해|설|

1. 고유저항 $\rho=\frac{1}{58}\times\frac{100}{C}$ → (C: 동선의 도전율)
2. 전선의 단면적 및 전압 강하

전기 방식	전선의 단면적	전압 강하
단상 2선식	$A=\frac{35.6LI}{1000 \cdot e}$	$e=\frac{35.6LI}{1000 \cdot A}$
3상 3선식	$A=\frac{30.8LI}{1000 \cdot e}$	$e=\frac{30.8LI}{1000 \cdot A}$
단상 3선식 3상 4선식	$A=\frac{17.8LI}{1000 \cdot e_1}$	$e_1=\frac{17.8LI}{1000 \cdot A}$

여기서, e : 전압 강하[V], e_1 : 외측선 또는 각 상의 1선과 중성선 사이의 전압 강하[V]
A : 전선의 단면적[mm^2], L : 전선의 1본의 길이[m], I : 전류[A]

11

출제 : 16년 • 배점 : 4점

부하의 특성에 기인하는 전압의 동요에 의하여 조명등이 깜빡거리거나 텔레비전 영상이 일그러지는 현상을 플리커 현상이라 하는데 배전계통에서 플리커 발생 부하가 증설될 경우 미리 예측하고 경감을 위하여 수용가 측에서 행하는 방법 중 전원계통에 리액터 분을 보상하는 방법 2가지를 쓰시오.

|계|산|및|정|답|

① 직렬콘덴서 방식
② 3권선 보상 변압기 방식

|추|가|해|설|

플리커란 전압 변동이 빈번하게 반복되어서 사람 눈에 깜박거림을 느끼는 현상으로 다음과 같은 대책이 있다.

[전력 공급측에서 실시 하는 플리커 경감 대책]

① 단락 용량이 큰 계통에서 공급한다.
② 공급 전압을 높인다.
③ 전용 변압기로 공급한다.
④ 단독 공급 계통을 구성한다.

[수용가 측에서 실시하는 플리커 경감 대책]

① 전용 계통에 리액터 분을 보상
② 전압 강하를 보상
③ 부하의 무효 전력 변동분을 흡수
④ 플리커 부하전류의 변동분을 억제

12

출제 : 16년 • 배점 : 9점

3상 380[V] 전동기 부하가 분전반으로부터 300[m]되는 지점(전선 한 가닥의 길이)에 설치 되어있다. 전동기는 1대로 입력이 78.98[kVA]라고 하며, 전압강하를 6[V]로 하여 분기회로의 전선을 정하고자 한다. 전선의 최소규격과 전선관의 규격을 구하시오. (단, 전선은 450/750[V]일반용 단심 비닐절연전선으로 하고, 전선관은 후강전선관으로 하며, 부하는 평형상태이다.)

(1) 전선의 최소규격을 선정하시오.

•계산 : •답 :

(2) 전선관의 규격을 선정하시오.

•계산 : •답 :

[표1] 3상 3선식(전압강하 2[V], (동선))

전류 [A]	전선의 굵기[mm^2]												
	2.5	4	6	10	16	25	35	50	95	150	185	240	300
	전선 최대 길이[m]												
1	534	854	1281	2135	3416	5337	7472	10674	20281	32022	39494	51236	64045
2	267	427	640	1067	1708	2669	3736	5337	10140	16011	19747	25618	32022
3	178	285	427	712	1139	1779	2491	3558	6760	10674	13165	17079	21348
4	133	213	320	534	854	1334	1868	2669	5070	8006	9874	12809	16011
5	107	171	256	427	683	1067	1494	2135	4056	6404	7899	10247	12809
6	89	142	213	356	569	890	1245	1779	3380	5337	6582	8539	10674
7	76	122	183	305	488	762	1067	1525	2897	4575	5642	7319	9149
8	67	107	160	267	427	667	934	1334	2535	4003	4937	6404	8006
9	59	95	142	237	380	593	830	1186	2253	3558	4388	5693	7116
12	44	71	107	178	285	445	623	890	1690	2669	3291	4270	5337
14	38	61	63	152	244	381	534	762	1449	2287	2821	3660	4575
15	36	57	59	142	228	356	496	712	1352	2135	2633	3416	4270
16	33	53	55	133	213	334	467	667	1268	2001	2468	3202	4003
18	30	47	49	119	190	297	415	593	1127	1779	2194	2846	3558
25	21	34	36	85	137	213	299	427	811	1281	1580	2049	2562
35	15	24	25	61	98	152	213	305	579	915	1126	1464	1830
45	12	19	20	47	76	119	166	237	451	712	878	1139	1423

【비고 1】 전압강하가 2[%] 또는 3[%]의 경우, 전선 길이는 각각 이 표의 2배 또는 3배가 된다. 다른 경우에도 이 예에 따른다.
【비고 2】 전류 20[A] 또는 200[A] 경우의 전선 길이는 각각 이 표 전류 2[A] 경우의 1/10 또는 1/100이 된다.
【비고 3】 이 표는 평형부하의 경우에 대한 것이다.
【비고 4】 이 표는 역률 1로 하여 계산한 것이다.

[표2] 후강전선관 굵기의 선정

도체 단면적 [mm^2]	전선 본수									
	1	2	3	4	5	6	7	8	9	10
	전선관의 최소 굵기[mm]									
2.5	16	16	16	16	22	22	22	28	28	28
4	16	16	16	22	22	22	28	28	28	28
6	16	16	22	22	22	28	28	28	36	36
10	16	22	22	28	28	36	36	36	36	36
16	16	22	28	28	36	36	36	42	42	54
25	22	28	28	36	36	42	54	54	54	54
35	22	28	36	42	54	54	54	70	70	70
50	22	36	54	54	70	70	70	82	82	82
70	28	42	54	54	70	70	70	82	82	82
95	28	54	54	70	70	82	82	92	92	104
120	36	54	54	70	70	82	82	92		
150	36	70	70	82	92	92	104	104		
185	36	70	70	82	92	104				
240	42	82	82	92	104					

【비고 1】 전선의 1본수는 접지선 및 직류회로의 전선에도 적용한다.
【비고 2】 이 표는 실험결과와 경험을 기초로 하여 결정한 것이다.
【비고 3】 이 표는 KS C IEC 60227-3의 450/750[V] 일반용 단심 비닐절연전선을 기준한 것이다.

|계|산|및|정|답|

(1) 【계산】 부하전류 $I = \dfrac{P}{\sqrt{3}\,V} = \dfrac{79.98 \times 10^3}{\sqrt{3} \times 380} = 119.997 ≒ 120[\text{A}]$

$$\text{전선의 최대 길이 } L = \dfrac{\text{배전설계 길이} \times \dfrac{\text{배전설계 전류}}{\text{표의 전류}}}{\dfrac{\text{배전설계의 전압강하}}{\text{표의 전압강하}}}[\text{m}] = \dfrac{300 \times \dfrac{120}{12}}{\dfrac{6}{3.8}} = \dfrac{120 \times 3.8}{12 \times 6} \times 300 = 1900[\text{m}]$$

[표1]에서 12[A] 난에서 기준 전신 최대 길이 1900[m]보다 높은 2669[m]에 해당하는 전선 규격 150[mm^2] 선정

【정답】 150[mm^2]

(2) 전선관규격

[표2] 후강전선관 굵기 선정표에서 도체 단면적 150[mm^2]와 전선 본수 3본과 만나는 70[mm] 선정

【정답】 70[mm]

|추|가|해|설|

$$\cdot \text{전선 최대 길이} = \dfrac{\text{배선 설계의 길이} \times \dfrac{\text{부하의 최대 사용 전류[A]}}{\text{표의 전류[A]}}}{\dfrac{\text{배선 설계의 전압강하[V]}}{\text{표의 전압강하[V}}}[\text{m}]$$

·표의 전류는 [표1]의 전류값 중에서 임으로 선정하여 계산할 수 있다. 다만 계산을 간단하게 하기 위해여 부하의 최대사용전류를 고려하여 선정한다.

13 출제 : 02, 03, 06, 16년 • 배점 : 9점

전력용 퓨즈에서 퓨즈에 대한 그 역할과 기능에 대해서 다음 각 물음에 답하시오.

(1) 퓨즈의 역할을 크게 2가지로 대별하여 간단하게 설명하시오.

(2) 답안지 표와 같은 각종 개폐기와의 기능 비교표의 관계(동작)되는 해당란에 ○표로 표시하시오.

능력 / 기능	회로분리		사고차단	
	무부하시	부하시	과부하시	단락시
퓨즈				
차단기				
개폐기				
단로기				
전자접촉기				

(3) 퓨즈의 성능(특성) 3가지를 쓰시오.

|계|산|및|정|답|

(1) ① 부하 전류를 안전하게 통전시킨다, ② 일정값 이상의 과전류를 차단하여 선로 및 기기를 보호한다.

(2)

능력 / 기능	회로분리		사고차단	
	무부하	부하	과부하	단락
퓨즈	O			O
차단기	O	O	O	O
개폐기	O	O	O	
단로기	O			
전자접촉기	O	O	O	

(3) ① 용단 특성 ② 단시간 허용 특성 ③ 전 차단 특성

14

출제 : 05, 07, 16년 • 배점 : 4점

콘덴서의 회로에 3고조파의 유입으로 인한 사고를 방지하기 위하여 콘덴서 용량의 13[%]인 직렬 리액터를 설치하고자 한다. 이 경우 투입 시의 전류는 콘덴서의 정격전류(정상시 전류)의 몇 배의 전류가 흐르게 되는가?

|계|산|및|정|답|

【계산】 콘덴서 투입 시 돌입전류 $I=I_n\left(1+\sqrt{\frac{X_C}{X_L}}\right)=I_n\left(1+\sqrt{\frac{X_C}{0.13X_C}}\right)=I_n\left(1+\sqrt{\frac{1}{0.13}}\right)=3.77I_n$ 【정답】 3.77배

|추|가|해|설|

돌입전류 $I=I_n\left(1+\sqrt{\frac{X_C}{X_L}}\right)[A]$

여기서, X_C : 콘덴서의 리액턴스, X_L : 직렬 리액터의 리액턴스, I_n : 콘덴서의 정격전류

15

출제 : 16년 • 배점 : 10점

어느 변전소에서 그림과 같은 일부하 곡선을 가진 3개의 부하가 있다. 이때 다음 물음에 답하시오. (단, 부하 A, B, C의 평균 전력은 각각 4500[kW], 2400[kW], 900[kW]라 하고 역률은 각각 100[%], 80[%], 60[%]라 한다.)

[참고자료]

부하	평균부하[kW]	역률[%]
A	4500	100
B	2400	80
C	900	60

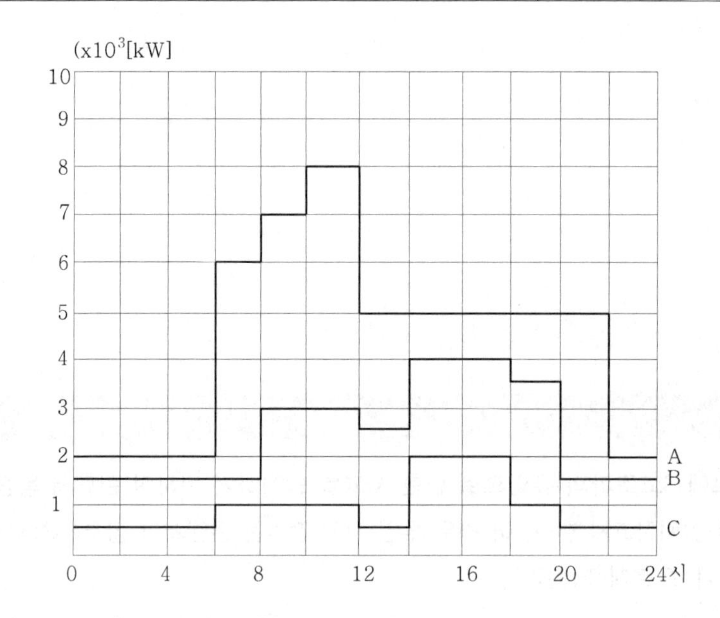

(1) 합성최대전력[kW]을 구하시오.

• 계산 : • 답 :

(2) 종합 부하율[%]을 구하시오

• 계산 : • 답 :

(3) 부등률을 구하시오.

•계산 : •답 :

(4) 최대 부하시의 종합 역률(%)을 구하시오.

•계산 : •답 :

(5) A수용가에 관한 다음 물음에 답사시오.

① 첨두부하는 몇 [kW]인가?

② 첨두부하가 지속하는 시간은 몇 시부터 몇 시까지인가?

③ 하루 공급된 전력량은 몇 [MWh]인가?

|계|산|및|정|답|

(1) 【계산】 합성최대전력 $P=(8+3+1)\times10^3=12000[kW]$ (도면에서 10~12시에 나타냄) 【정답】 12000[kW]

(2) 【계산】 종합부하율= $\dfrac{\text{평균전력}}{\text{합성최대전력}}\times100=\dfrac{4500+2400+900}{12000}\times100=65[\%]$ 【정답】 65[%]

(3) 【계산】 부등률= $\dfrac{A,\ B,\ C\text{최대전력의 합계}}{\text{합성최대전력}}=\dfrac{8000+4000+2000}{12000}=1.166$ 【정답】 1.17

(4) 【계산】 A수용가 유효전력=8000[kW], 무효전력=0

B수용가 유효전력=3000[kW], 무효전력= $3000\times\dfrac{0.6}{0.8}=2250[kVar]$

C수용가 유효전력=1000[kW], 무효전력= $1000\times\dfrac{0.8}{0.6}=1333.33[kVar]$

종합유효전력=8000+3000+1000=12000[kW]

종합무효전력=0+2250+1333.33=3583.33[kVar]

$\therefore$ 종합역률 $\cos\theta=\dfrac{12000}{\sqrt{12000^2+3583.33^2}}\times100=95.82[\%]$ 【정답】 95.82[%]

(5) ① 첨두부하=8000[kW]

② 첨두부하가 지속되는 시간 : 10시~12시

③ 하루 공급된 전력량= $(2\times6)+(6\times2)+(7\times2)+(8\times2)+(5\times10)+(2\times2)=108$ 【정답】 108[MWh]

16

출제 : 12, 16년 • 배점 : 3점

전력용 진상콘덴서의 정기점검 중 육안검사 항목 3가지를 쓰시오.

|계|산|및|정|답|

① 단자의 이완 및 과열유무 점검

② 용기의 발청 유무점검

③ 절연유 누설 유무 점검

④ 용기의 이상 변형 유무

⑤ 붓싱의 카바 파손 유무

17

출제 : 16년 • 배점 : 5점

다음은 수중 PUMP로 자동제어 운전하는 회로도이다. 조건을 보고 각 물음에 답하시오.

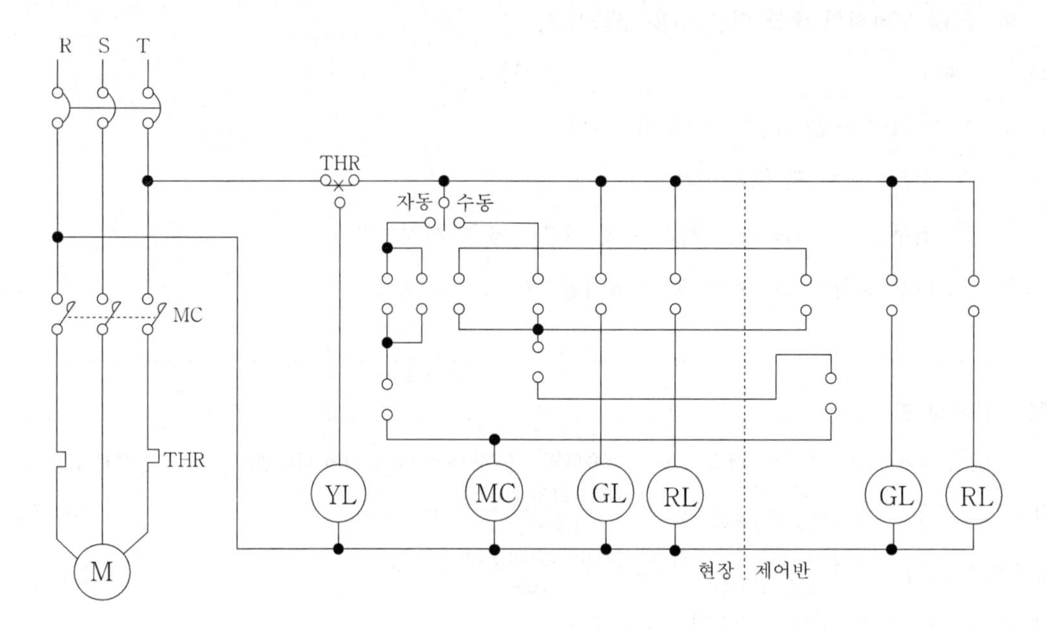

〈조 건〉

- 배전환개폐기 사용
- 리밋 S/W나 플로트 스위치 사용
- MOTOR 정지 시 G램프
- MOTOR 운전 시 R램프
- 과부하 트립 시 Y램프
- 제어반과 현장에서 모두 제어 가능

(1) 수동, 자동으로 제어가 가능한 시퀀스 회로를 작성하시오.

(2) 현장 조작용 스위치에 사용되는 케이블은 어떤 종류인지 쓰시오.

(3) 위의 회로에서 사용할 수 있는 차단기 중 가장 적당한 차단기의 명칭을 쓰시오.

|계|산|및|정|답|

(1)

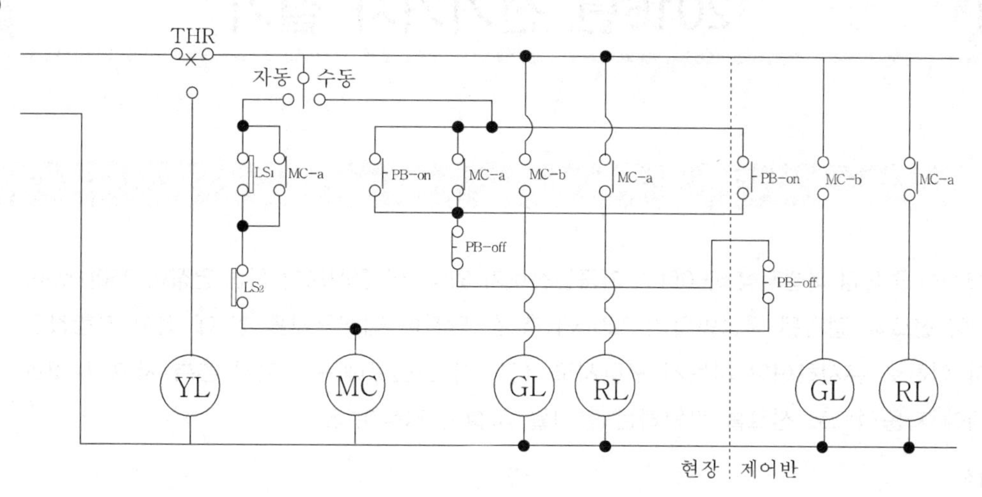

(2) CCV(제어용 비닐절연 비닐외장 케이블)

(3) MCCB(배선용 차단기)

18

출제 : 10, 16년 • 배점 : 5점

전구를 수요자가 부담하는 종량 수용가에서 A, B 어느 전구를 사용하는 편이 유리한가를 다음 표를 이용하여 산정하시오. (단, 1시간 당 점등 비용으로 산정 할 것)

전구의 종류	전구의 수명	1[cd]당 소비전력[W]	평균 구면광도[cd]	1[kWh]당 전력요금[원]	전구의 값 [원]
A	1500시간	1.0	38	70	1900
B	1800시간	1.1	40	70	2000

|계|산|및|정|답|

【계산】 ① A전구 사용시(1시간기준)

- 전기요금 : $1 \times 38 \times 10^{-3} \times 70 = 2.66$[원]
- 전구비용 : $\frac{1900}{1500} = 1.27$[원]
- 2.66+1.27=3.93[원]

② B전구 사용시(1시간 기준)

- 전기요금 : $1.1 \times 40 \times 10^{-3} \times 70 = 3.08$[원]
- 전구비용 $\frac{2000}{1800} = 1.11$[원]
- 3.08+1.11=4.19[원]

$\therefore 4.319 - 3.93 = 0.26$[원]

【정답】 A전구 사용 시 1시간당 0.26원이 절약되므로 A전구사용이 유리하다.

03 2016년 전기기사 실기

01 출제 : 16년 • 배점 : 5점

3상3선식 중성점 비접지식 6,600[V] 가공전선로가 있다. 이 전선로의 전선 연장이 350[km]이다. 이 전로에 접속된 주상변압기 220[V] 측 한 단자에 접지공사를 할 때 접지 저항값은 얼마 이하로 유지하여야 하는지 구하시오. (단, 이 전선로에는 고저압 혼촉 사고 시 2초 이내에 자동적으로 전로를 차단하는 장치를 시설한 경우이다.)

·계산 : ·답 :

|계|산|및|정|답|

【계산】 1선지락전류 $I_g = 1 + \dfrac{\dfrac{V}{3}L - 100}{150} = 1 + \dfrac{\dfrac{6.6/1.1}{3} \times 350 - 100}{150} = 5[\mathrm{A}]$

2초 이내에 동작하는 자동차단장치가 있는 경우이므로 접지저항값

$R_2 = \dfrac{300}{1\text{선지락전류}} = \dfrac{300}{5} = 60\,[\Omega]$

【정답】 60[Ω]

|추|가|해|설|

[중성점 접지공사의 접지저항]

① 자동차단장치가 없는 경우 $R_2 = \dfrac{150}{1\text{선지락전류}}[\Omega]$

② 2초 이내에 동작하는 자동차단장치가 있는 경우 $R_2 = \dfrac{300}{1\text{선지락전류}}[\Omega]$

③ 1초 이내에 동작하는 자동차단장치가 있는 경우 $R_2 = \dfrac{600}{1\text{선지락전류}}[\Omega]$

02

출제 : 16년 • 배점 : 5점

전기설비기술기준에 따라 사용전압이 154[kV]인 중성점 직접 접지식 전로의 절연내력시험을 하고자 한다. 시험전압[V]과 시험방법에 대하여 다음 각 물음에 답하시오.

(1) 절연내력 시험전압

•계산 : •답 :

(2) 절연내력 시험방법

|계|산|및|정|답|

(1) 【계산】 절연내력시험전압 $V = 154,000 \times 0.72 = 110,880[V]$ 【정답】 110880[V]

(2) 【시험방법】 권선과 대지 간에 절연내력 시험전압을 연속하여 10분간 가할 때 견디어야 한다.

|추|가|해|설|

[전로의 절연저항 및 절연내력]

1. 절연저항 측정이 곤란한 경우에는 누설전류를 1 [mA] 이하로 유지하여야 한다.
2. 고압 및 특고압의 전로에 연속하여 10분간 가하여 절연내력을 시험하였을 때에 이에 견디어야 한다.

[절연내력 시험전압] (최대 사용전압의 배수)

전로의 종류	시험전압
7[kV] 이하	1.5배
7[kV] 초과 25[kV] 이하 (중성점 접지식)	0.92배
7[kV] 초과 60[kV] 이하	1.25배 (10,500 V 미만으로 되는 경우는 10,500 V)
60[kV] 초과 (중성점 비접지식)	1.25배
60[kV] 초과 (중성점 접지식)	1.1배 (75[kV] 미만으로 되는 경우에는 75[kV])
60[kV] 초과 (중성점 직접 접지식)	0.72배
170[kV] 초과 (중성점 직접 접지식)	0.64배
60[kV] 초과하는 정류기에 접속되고 있는 전로	교류측의 최대사용전압의 1.1배의 직류전압

03

출제 : 00, 02, 06, 16년 • 배점 : 5점

비상용 자가발전기를 구입하고자 한다. 부하는 단일부하로서 유도전동기이며, 기동용량이 1,800[kVA]이고, 기동시의 전압강하는 20[%]까지 허용하며, 발전기의 과도리액턴스는 26[%]로 본다면 자가발전기의 용량은 이론(계산)상 몇 [kVA] 이상의 것을 선정하여야 하는지 구하시오.

·계산 : ·답 :

|계|산|및|정|답|

【계산】 발전기용량 $P=\left(\frac{1}{e}-1\right)\times X_d\times$기동용량$=\left(\frac{1}{0.2}-1\right)\times 0.26\times 1,800=1872[\text{kVA}]$

여기서, e : 허용 전압 강하, X_d : 발전기의 과도 리액턴스

【정답】 1872[kVA]

|추|가|해|설|

[기동용량이 큰 부하가 있을 경우(전동기 시동용량에 의한 용량)]

설비에서 전동기를 기동할 때에는 큰 부하가 발전기에 갑자기 걸리게 되므로 발전기의 단자 전압이 순간적으로 저하하여 개폐기의 개방 또는 엔진의 정지 등이 야기되는 수가 있다. 이런 경우를 대비한 발전기의 정격 출력[kVA]은

$$P>\left(\frac{1}{\text{허용전압강하}}-1\right)\times X_d\times \text{기동}[\text{kVA}]$$

X_d : 발전기의 과도 리액턴스(보통 25~30[%]), 허용전압강하 : 20~30[%]

04

출제 : 16년 • 배점 : 6점

15[℃]의 물 4[ℓ]를 용기에 넣고, 1[kW]의 전열기로 90[℃]로 가열하는데 30[분]이 소요되었다. 이 장치의 효율[%]은 얼마인가? (단, 증발이 없는 경우 q=0이다.)

·계산 : ·답 :

|계|산|및|정|답|

【계산】 $cm(T_2-T_1)=860Pt\,\eta$에서

효율 $\eta=\frac{cm(T_2-T_1)}{860Pt}\times 100=\frac{1\times 4\times(90-15)}{860\times 1\times\frac{30}{60}}\times 100=69.767[\%]$

【정답】 69.77[%]

|추|가|해|설|

[전열기의 효율] $\eta=\frac{cm(T_2-T_1)}{860Pt}\times 100[\%]$

여기서, c : 비열[kcal/kg], m : 질량[kg], T_1 : 초기 온도[℃], T_2 : 나중 온도[℃]

P : 소비전력[kW], t : 시간[h]

05

출제 : 16년 • 배점 : 5점

다음은 전력시설물 공사감리업무 수행지침 중 감리원의 공사 중지 명령과 관련된 사항이다. ①~⑤의 알맞은 내용을 답란에 쓰시오.

감리원은 시공된 공사가 품질확보 미흡 또는 중대한 위해를 발생시킬 우려가 있다고 판단되거나, 안전상 중대한 위험이 발견된 경우에는 공사 중지를 지시할 수 있으며 공사 중지는 부분 중지와 전면 중지로 구분한다. 부분 중지의 경우는 다음 각 호와 같다.

- (①)이(가) 이행되지 않는 상태에서는 다음 단계의 공정이 진행됨으로써 (②)이(가) 될 수 있다고 판단될 때
- 안전시공상 (③)이(가) 예상되어 물적, 인적 중대한 피해가 예견될 때
- 동일 공정에 있어 (④)이(가) 이행되지 않을 때
- 동일 공정에 있어 (⑤)이(가) 있었음에도 이행되지 않을 때

|계|산|및|정|답|

① 재시공 지시 ② 하자발생 ③ 중대한 위험
④ 3회 이상 시정지시 ⑤ 2회 이상 경고

|추|가|해|설|

[감리원의 공사 중지 명령]
시공된 공사가 품질확보 미흡 또는 중대한 위해를 발생시킬 우려가 있다고 판단되거나, 안전상 중대한 위험이 발견된 경우에는 공사중지를 지시할 수 있으며 공사중지는 부분중지와 전면중지로 구분한다.

(1) 부분중지
① 재시공 지시가 이행되지 않는 상태에서는 다음 단계의 공정이 진행됨으로써 하자발생이 될 수 있다고 판단될 때
② 안전시공상 중대한 위험이 예상되어 물적, 인적 중대한 피해가 예견될 때
③ 동일 공정에 있어 3회 이상 시정지시가 이행되지 않을 때
④ 동일 공정에 있어 2회 이상 경고가 있었음에도 이행되지 않을 때

(2) 전면중지
① 공사업자가 고의로 공사의 추진을 지연시키거나, 공사의 부실 발생우려가 짙은 상황에서 적절한 조치를 취하지 않은 채 공사를 계속 진행하는 경우
② 부분중지가 이행되지 않음으로써 전체공정에 영향을 끼칠 것으로 판단될 때
③ 지진·해일·폭풍 등 불가항력적인 사태가 발생하여 시공을 계속할 수 없다고 판단될 때
④ 천재지변 등으로 발주자의 지시가 있을 때

06 출제 : 16년 • 배점 : 6점

그림과 같이 전류계 3대를 가지고 부하 전력 및 역률을 측정하려고 한다. 각 전류계의 눈금이 $A_3 = 10[A]$, $A_2 = 4[A]$, $A_1 = 7[A]$일 때 부하 전력 및 역률은 얼마인가? (단, 저항 R은 $25[\Omega]$임)

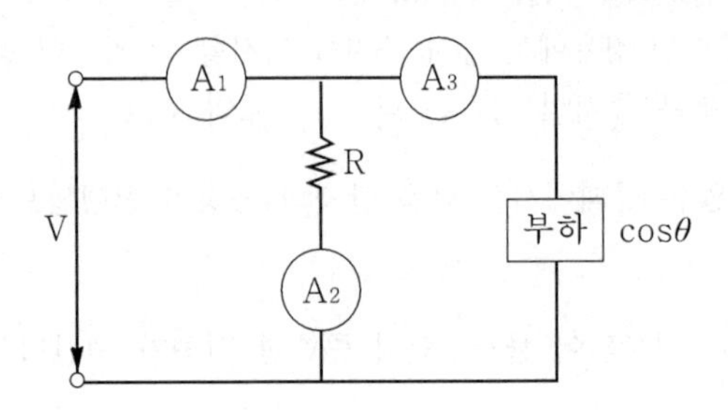

(1) 부하전력[W]
·계산 : ·답 :

(2) 부하역률
·계산 : ·답 :

|계|산|및|정|답|

(1) 【계산】 부하전력 $P = \frac{R}{2}(A_3^2 - A_2^2 - A_1^2) = \frac{25}{2} \times (10^2 - 4^2 - 7^2) = 437.5[W]$ 【정답】 437.5[W]

(2) 【계산】 역률 $\cos\theta = \frac{(A_3^2 - A_2^2 - A_1^2)}{(2A_2A_1)} = \frac{10^2 - 4^2 - 7^2}{2 \times 4 \times 7} \times 100 = 62.5[\%]$ 【정답】 62.5[%]

|추|가|해|설|

(1) 3전압계법 : $P = \frac{1}{2R}(V_3^2 - V_2^2 - V_1^2)[W]$

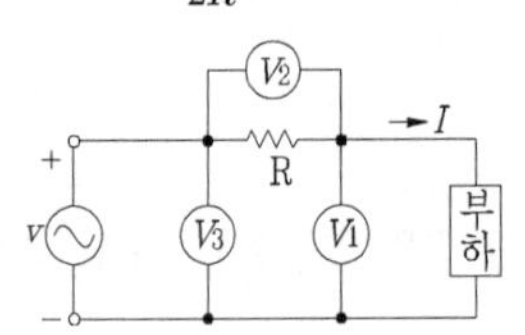

(2) 3전류계법 : $P = \frac{R}{2}(A_3^2 - A_2^2 - A_1^2)[W]$

07

출제 : 16년 • 배점 : 5점

다음은 가공송전계통도이다. 다음 각 물음에 답하시오. (단, 전기설지기술기준 및 판단기준에 의한다.)

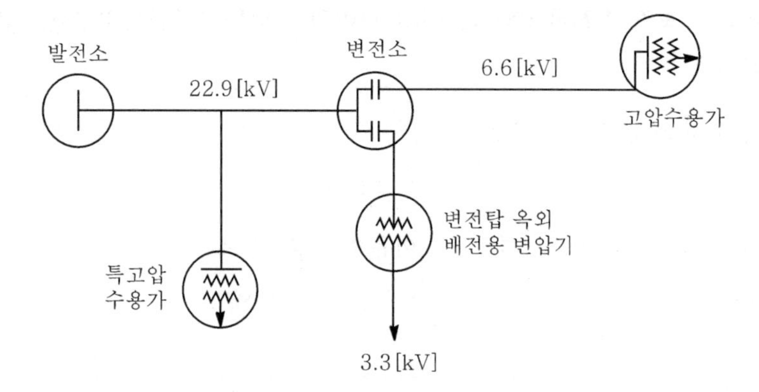

(1) 피뢰기 시설이 의무화되어 있는 장소에 ○로 표시하시오.

(2) 전기설비기술기준에 의한 피뢰기를 설치하여야 하는 장소에 대한 기준 4가지를 쓰시오.

|계|산|및|정|답|

(1)

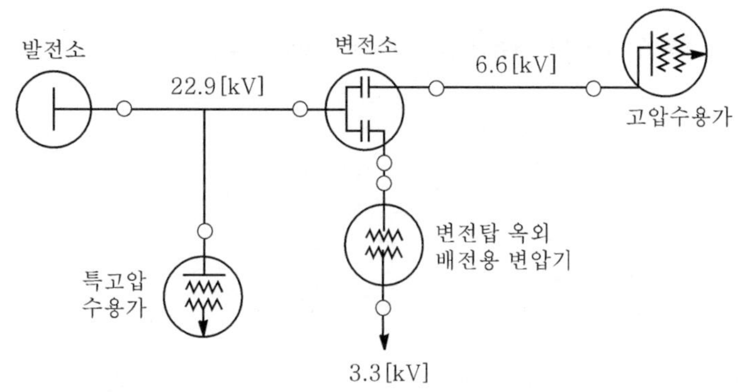

(2) 【설치장소】 ① 발전소, 변전소 또는 이에 준하는 장소의 가공전선 인입구 및 인출구
② 가공 전선로에 접속되는 특별고압 옥외 배전용 변압기의 고압 및 특별 고압측
③ 고압 및 특별고압 가공 전선로로부터 공급받는 수용장소의 인입구
④ 가공 전선로와 지중전선로가 접속되는 곳

08 출제 : 16년 • 배점 : 7점

피뢰기 접지공사를 실시한 후, 접지저항을 보조 접지극 2개(A와 B)를 시설하여 측정하였더니 본 접지와 보조 접지극 A 사이의 저항은 110[Ω], 보조 접지극 A와 보조 접지극 B 사이의 저항은 220[Ω], 보조 접지극 B와 본 접지 사이의 저항은 120[Ω]이었다. 이때 다음 각 물음에 답하시오.

(1) 피뢰기의 접지저항값을 구하시오.

- 계산 :
- 답 :

(2) 접지공사의 적합 여부를 판단하고, 그 이유를 설명하시오.

- 적합 여부 :
- 이유 :

|계|산|및|정|답|

(1) 【계산】 접지 저항값 : $R_o = \frac{1}{2}(R_{AB} + R_{AC} - R_{BC}) = \frac{1}{2}(110 + 120 - 220) = 5[\Omega]$ 【정답】 5[Ω]

(2) 【적합 여부】 적합하다.

【이유】 고압 및 특고압의 전로에 시설하는 피뢰기 접지저항 값은 10[Ω] 이하이므로 적합하다.

|추|가|해|설|

[피뢰기의 접지 (KEC 341.14)]

고압 및 특고압의 전로에 시설하는 피뢰기 접지저항 값은 10[Ω] 이하로 하여야 한다.

09

출제 : 16년 • 배점 : 4점

전기설비기술기준에 의하여 욕실 등 인체가 물에 젖어 있는 상태에서 물을 사용하는 장소에 콘센트를 시설하는 경우에 설치해야 하는 저압 차단기의 정확한 명칭을 쓰시오.

|계|산|및|정|답|

전류 동작형 인체감전보호용 누전차단기

|추|가|해|설|

[콘센트의 시설(KEC 234.5)]

욕조나 샤워시설이 있는 욕실 또는 화장실 등 인체가 물에 젖어있는 상태에서 전기를 사용하는 장소에 콘센트를 시설하는 경우에는 다음에 따라 시설하여야한다.

(1) 「전기용품 및 생활용품 안전관리법」의 적용을 받는 인체감전보호용 누전차단기(정격감도전류 15[mA] 이하, 동작시간 0.03초 이하의 전류동작형의 것에 한한다) 또는 절연변압기(정격용량 3[kVA] 이하인 것에 한한다)로 보호된 전로에 접속하거나, 인체감전보호용 누전차단기가 부착된 콘센트를 시설하여야 한다.

(2) 콘센트는 접지극이 있는 방적형 콘센트를 사용하여 KEEC 211과 140의 규정에 준하여 접지하여야 한다.

10

출제 : 16년 • 배점 : 4점

부하설비가 100[kW]이며, 뒤진 역률이 80[%]인 부하를 100[%]로 개선하기 위한 전력용 콘덴서의 용량은 몇 [kVar]가 필요한지 구하시오.

·계산 : ·답 :

|계|산|및|정|답|

【계산】 역률 개선용 콘덴서의 용량 $Q=P(\tan\theta_1-\tan\theta_2)=100\left(\frac{0.6}{0.8}-\frac{0}{1}\right)=75$ 【정답】 75[kVar]

|추|가|해|설|

역률 개선용 콘덴서 용량 $Q_c=Q_1-Q_2=P\tan\theta_1-P\tan\theta_2=P(\tan\theta_1-\tan\theta_2)$

$$=P\left(\frac{\sin\theta_1}{\cos\theta_1}-\frac{\sin\theta_2}{\cos\theta_2}\right)=P\left(\sqrt{\frac{1}{\cos^2\theta_1}-1}\sqrt{\frac{1}{\cos^2\theta_2}-1}\right)$$

여기서, Q_c : 부하 P[kW]의 역률을 $\cos\theta_1$에서 $\cos\theta_2$로 개선하고자 할 때 콘덴서 용량[kVA]

P : 대상 부하용량[kW], $\cos\theta_1$: 개선 전 역률, $\cos\theta_2$: 개선 후 역률

11

출제 : 16년 • 배점 : 4점

정격전압 380[V]인 3상 직입기동전동기 1.5[kW] 1대, 3.7[kW] 2대와 3상 15[kW] 기동기 사용 전동기 1대 및 3상 전열기 3[kW]를 간선에 연결하였다. 이때의 간선의 굵기, 간선의 과전류차단기 용량을 주어진 표를 이용하여 구하시오. (단, 공사방법은 B1, PVC 절연전선을 사용하였다.)

【표1】 3상 농형 유도 전동기의 규약 전류값

정격출력[kW]	규약전류[A]	
	200[V]용	380[V]용
0.2	1.8	0.95
0.4	3.2	1.68
0.75	4.8	2.53
1.5	8	4.21
2.2	11.1	5.84
3.7	17.4	9.16
5.5	26	13.68
7.5	34	17.89
11	48	25.26
15	65	34.21
18.5	79	41.58
22	93	48.95
30	124	65.26
37	152	`80

【비고 1】 사용하는 회로의 표준전압이 220[V]인 경우 220[V]인 것의 0.9배로 한다.
【비고 2】 고효율 전동기는 제작자에 따라 차이가 있으므로 제작자의 기술 자료를 참조할 것

【표2】 380[V] 3상 유도 전동기 간선의 굵기 및 기구의 용량

(배선용 차단기의 경우) (동선)

전동기 [kW] 수의 총계 [kW] 이하	최대 사용 전류 [A] 이하	배선종류에 의한 간선의 최소 굵기[mm^2]						직입기동 전동기 중 최대용량의 것											
		공사방법 A1		공사방법 B1		공사방법 C		0.75 이하	1.5	2.2	3.7	5.5	7.5	11	15	18.5	22	30	37
		3개선		3개선		3개선		$Y-\Delta$ 기동기 사용 전동기 중 최대 용량의 것											
								-	-	-	-	5.5	7.5	11	15	18.5	22	30	37
		PVC	XLPE, EPR	PVC	XLPE, EPR	PVC	XLPE, EPR	과전류 차단기[A] 직입기동 ······ (칸 위 숫자), Y-△ ······ (칸 아래 숫자)											
3	7.9	2.5	2.5	2.5	2.5	2.5	2.5	15 -	15 -	15 -	-	-	-	-	-	-	-	-	-
4.5	10.5	2.5	2.5	2.5	2.5	2.5	2.5	15 -	15 -	20 -	30 -	-	-	-	-	-	-	-	-
6.3	15.8	2.5	2.5	2.5	2.5	2.5	2.5	20 -	20 -	30 -	30 -	40 30	-	-	-	-	-	-	-
8.2	21	4	2.5	2.5	2.5	2.5	2.5	30 -	30 -	30 -	30 -	40 30	50 30	-	-	-	-	-	-
12	26.3	6	4	4	2.5	4	2.5	40 -	40 -	40 -	40 -	40 40	50 40	75 40	-	-	-	-	-
15.7	39.5	10	6	10	6	6	4	50 -	50 -	50 -	50 -	50 50	60 50	75 50	100 60	-	-	-	-
19.5	47.4	16	10	10	6	10	6	60 -	60 -	60 -	60 -	60 60	75 60	75 60	100 60	125 75	-	-	-
23.2	52.6	16	10	16	10	10	10	75 -	75 -	75 -	75 -	75 75	75 75	100 75	100 75	125 75	125 100	-	-
30	65.8	25	16	16	10	16	10	100 -	100 -	100 -	100 -	100 100	100 100	100 100	125 100	125 100	125 100	-	-
37.5	78.9	35	25	25	16	25	16	100 -	100 -	100 -	100 -	100 100	100 100	100 100	125 100	125 100	125 100	125 125	-
45	92.1	50	25	35	25	25	16	125 -	125 -	125 -	125 -	125 125	125 125	125 125	125 125	125 125	125 125	125 125	125 125
52.5	105.3	50	35	35	25	35	25	125 -	125 -	125 -	125 -	125 125	125 125	125 125	125 125	125 125	125 125	125 125	150 150

【비고 1】 최소 전선의 굵기는 1회선에 대한 것이며, 2회선 이상일 경우는 부록 500-2의 복수회로 보정계수를 적용하여야 한다.

【비고 2】 공사방법 A1은 벽 내의 전선관에 공사한 절연전선 또는 단심케이블, B1은 벽면의 전선관에 공사한 절연전선 또는 단심케이블, 공사방법 C는 벽면에 공사한 단심 또는 다심케이블을 시설하는 경우의 전선 굵기를 표시하였다.

【비고 3】 전동기중 최대의 것'에는 동시 기동하는 경우를 포함한다.

【비고 4】 과전류차단기의 용량은 해당조항에 규정되어 있는 범위에서 실용상 거의 최대값을 표시함.

【비고 5】 과전류차단기의 선정은 최대용량의 정격전류의 합계를 가산한 값 이하를 표시함.

【비고 6】 배선용차단기를 배·분전반, 제어반 등의 내부에 시설하는 경우는 그 반 내의 온도 상승에 주의할 것

|계|산|및|정|답|

전동기의 총 합 : $1.5+3.7+3.7+15+3=23.9$[kW]

전열기의 총 합 : 3[kW]

총 부하설비용량 : 26.9[kW]이므로 [표1]에서 30[kW]란을 적용한다.

전동기 부하전류와 전열기 부하전류의 합 : $(4.21+9.16\times2+34.21)+\dfrac{3,000}{\sqrt{3}\times380}=61.298$[A]

[표1]에 의한 전류 : 65.3[A]이므로, 표의 값이 더 크다. 따라서 [표2]의 30[kW]란을 적용하면 16[mm^2], 100[A]

【정답】 간선의 굵기 : 16[mm^2], 과전류차단기 용량 : 100[A]

12

출제 : 16년 • 배점 : 5점

정격전류 15[A]인 전동기 두 대, 정격전류 10[A]인 전동기 한 대에 공급하는 간선이 있다. 옥내 간선을 보호하는 과전류 차단기의 정격전류 최대값은 몇 [A]인지 계산하시오. (단, 간선의 허용전류 61[A] 이하, 간선의 수용률은 100[%]로 한다.)

· 계산과정

· 답

|계|산|및|정|답|

【계산】 ① 회로의 설계전류 $I_B=(15\times2)+10=49[A]$

② 간선의 허용전류 $I_Z=61[A]$ 이하

③ 과전류 차단기의 정격전류 $I_B\le I_n\le I_Z$에서 $40\le I_n\le 61$을 만족해야 한다.

∴과전류 차단기의 정격전압의 최대값은 61[A]이다.

【정답】 61[A]

|추|가|해|설|

[도체와 과부하 보호장치 사이의 협조 (KEC212.4.1)]

과부하에 대해 케이블(전선)을 보호하는 장치의 동작특성은 다음의 조건을 충족해야 한다.

① $I_B\le I_n\le I_Z$

② $I_2\le1.45\times I_Z$

여기서, I_B : 회로의 설계전류

I_Z : 케이블의 허용전류

I_n : 보호장치의 정격전류

I_2: 보호장치가 규약시간 이내에 유효하게 동작하는 것을 보장하는 전류

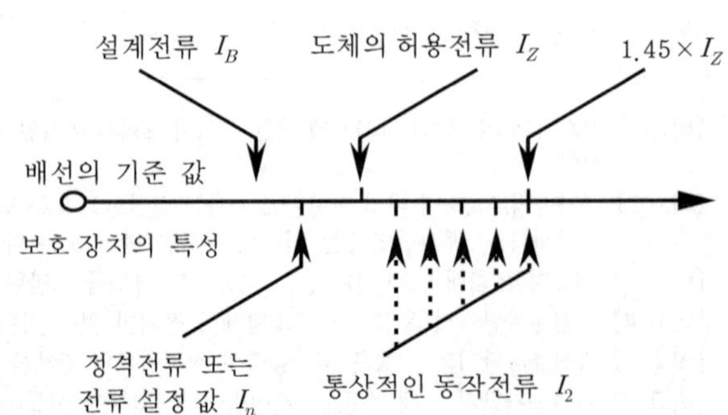

13

출제 : 16년 • 배점 : 3점

다음 그림은 어느 수용가의 수전설비 계통도이다. 다음 각 물음에 답하시오.

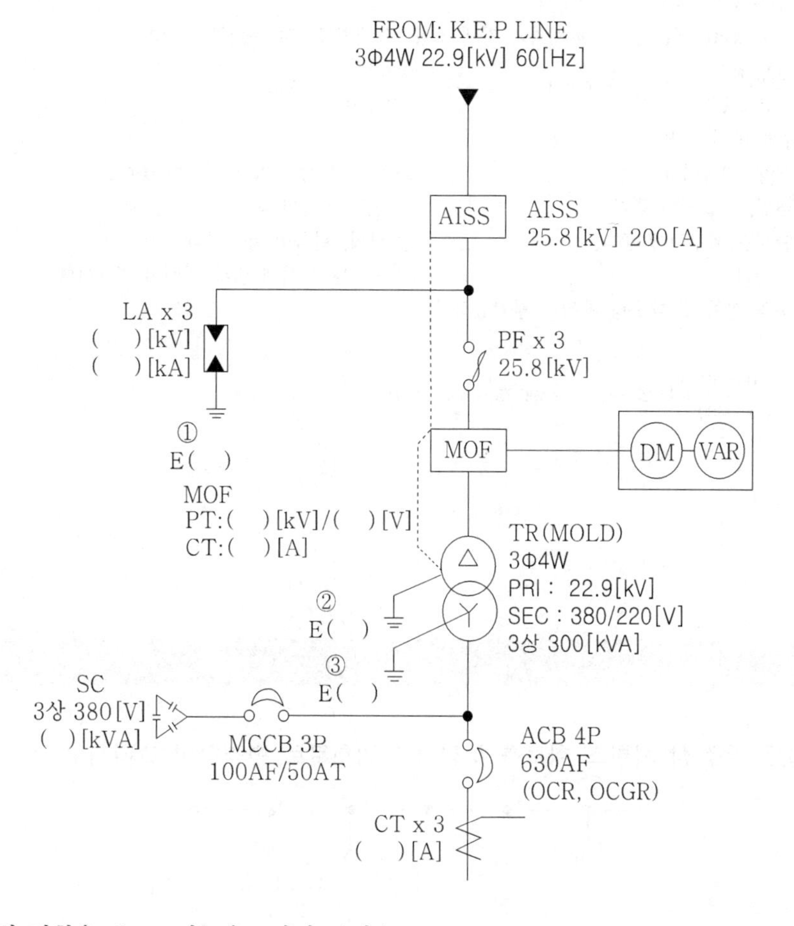

(1) AISS의 명칭을 쓰고, 기능을 2가지 쓰시오.

(2) 피뢰기의 정격전압 및 공칭방전 전류를 쓰고, Disconnector의 기능을 간단히 설명하시오.

(3) MOF의 정격을 구하시오.

•계산 : •답 :

(4) MOLD TR의 장점 및 단점을 각각 2가지만 쓰시오.

(5) ACB의 명칭을 쓰시오.

(6) CT의 정격(변류비)을 구하시오.

•계산 : •답 :

|계|산|및|정|답|

(1) ① 【명칭】 AISS(Air Insulated Auto Switch) : 기중형 자동고장구분개폐기
② 【기능】 ·과부하 보호기능 ·사고 확대 방지 ·부하전류 차단

(2) ① 피뢰기의 정격전압 : 18[kV]
② 공칭방전전류 : 2.5[kA]
③ DISC(Disconnector)의 기능 : 피뢰기의 자체 고장 시 대지로부터 분리하는 장치

(3) ① PT비 : $\dfrac{22{,}900/\sqrt{3}}{190/\sqrt{3}}$ ② CT비 : $I_1 = \dfrac{300\times10^3}{\sqrt{3}\times22.9\times10^3} = 7.56[A]$

따라서, 변류비 10/5 선정

(4) 【장점】 ① 소형, 경량이다. ② 난연성, 절연의 신뢰성이 좋다.
③ 내진, 내습성이 좋다. ④ 전력 손실이 적다.
⑤ 단시간 과부하에 좋다. ⑥ 반입, 반출이 용이하다.
【단점】 ① 비싸다. ② 소음방지 시에 별도 대책이 필요하다.
③ 옥외 설치 및 대용량 제작이 불가능하다.

(5) 기중차단기

(6) 【계산】 $I_1 = \dfrac{300\times10^3}{\sqrt{3}\times380}\times(1.25\sim1.5) = 596.75\sim683.70[A]$ 【정답】 600/5

14

출제 : 16년 • 배점 : 4점

그림과 같은 유접점 시퀀스 회로를 무접점 논리회로로 변경하여 그리시오.

|계|산|및|정|답|

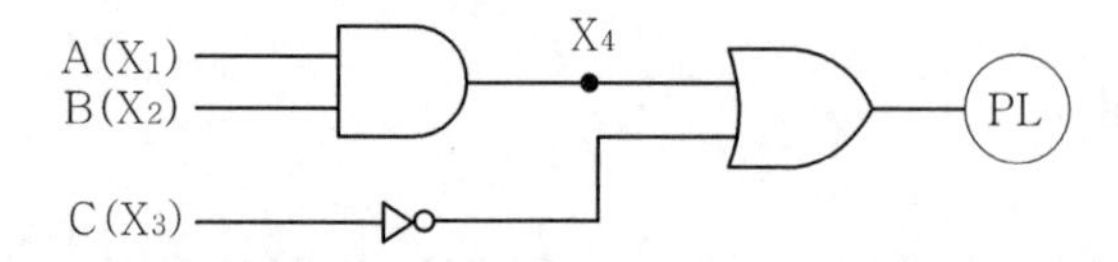

15 출제 : 16년 • 배점 : 5점

다음 요구사항을 만족하는 주회로 및 제어회로의 미완성 결선도를 직접 그려 완성하시오. (단, 접점기호와 명칭 등을 정확히 나타내시오.)

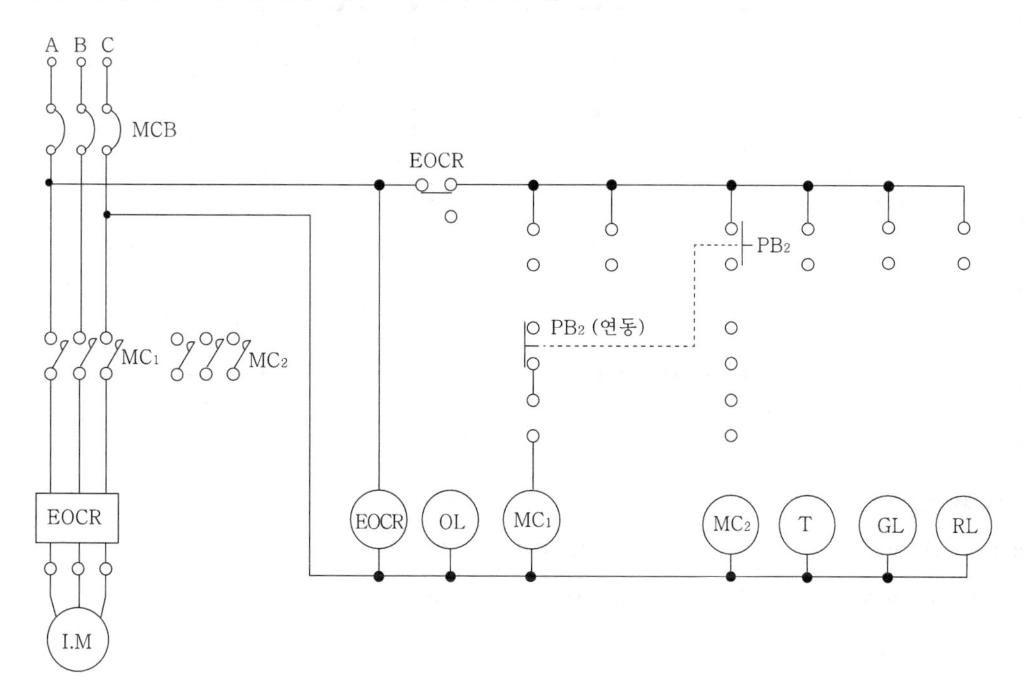

〈요구사항〉

- 전원스위치 MCCB를 투입하면 주회로 및 제어회로에 전원이 공급된다.
- 누름버튼스위치(PB1)를 누르면 MC1이 여자되고 MC1의 보조접점에 의하여 RL이 점등되며, 전동기는 정회전한다.
- 누름버튼스위치(PB1)를 누른 후 손을 떼어도 MC1은 자기유지 되어 전동기는 계속 정회전한다.
- 전동기 운전 중 누름버튼 스위치(PB2)를 누르면 연동에 의하여 MC1이 소자되어 전동기가 정지되고, RL은 소등된다. 이때 MC2는 자기유지 되어 전동기는 역회전(역상제동을 함)하고, 타이머가 여자되며, GL이 점등된다.
- 타이머 설정시간 후 역회전중인 전동기는 정지하고, GL도 소등된다. 또한, MC1과 MC2의 보조접점에 의하여 상호 인터록이 되어 동시에 동작하지 않는다.
- 전동기 운전 중 과전류가 감지되어 EOCR이 동작되면, 모든 제어회로의 전원은 차단하고 OL만 점등된다.
- EOCR을 리셋(Reset)하면 초기상태로 복귀된다.

|계|산|및|정|답|

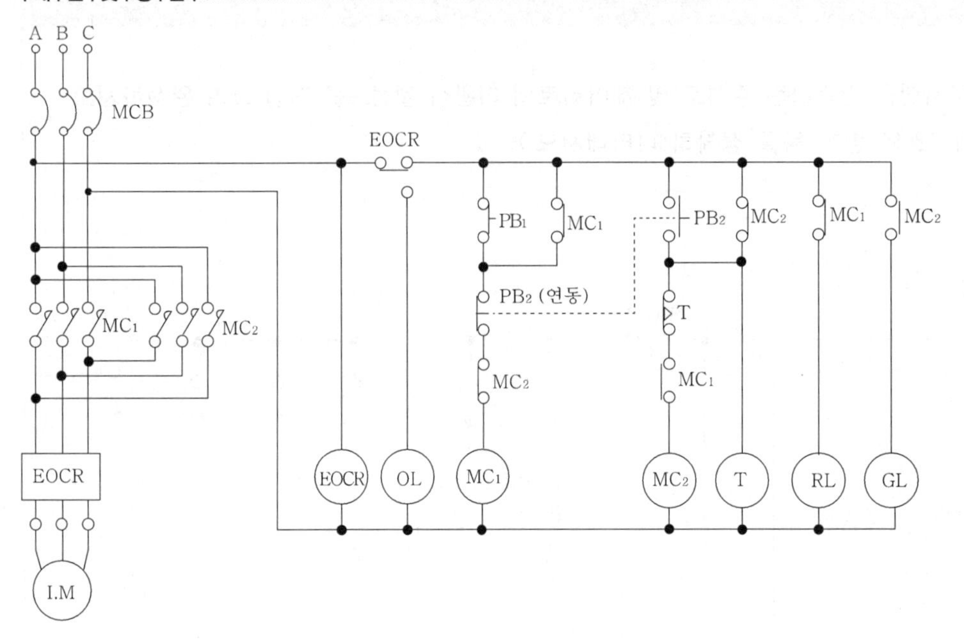

|추|가|해|설|

① 정역 운전회로의 주회로 : 전원의 3상 중 2선의 접속을 바꾸어 결선한다.

② 정역 운전회로의 보조회로 : 자기유지 회로 및 인터록 회로로 구성한다.

16

출제 : 16년 • 배점 : 10점

일반 수용가의 개별 최대 전력이 각각 200[W], 300[W], 800[W], 1200[W], 2500[W]이고, 각 부하간의 부등률이 1.14, 종합 부하 역률은 90[%]일 경우의 변압기 용량을 결정하시오.

단상 변압기의 표준 용량[kVA]												
1,	2,	3,	5,	7.5,	10,	15,	20,	30,	50,	100,	150,	200

|계|산|및|정|답|

【계산】 변압기 용량 $Tr = \frac{200+300+800+1,200+2,500}{1.14 \times 0.9} \times 10^{-3} = 4.873$

$\therefore$ 표에서 5[kVA]

【정답】 5[kVA]

|추|가|해|설|

변압기 용량$= \frac{\text{개별 최대 전력의 합}}{\text{부등률} \times \cos\theta} \times 10^{-3}$[kVA] → (개별 최대 전력=설비용량×수용률)

17

출제 : 16년 • 배점 : 7점

다음 그림과 같은 발전소에서 각 차단기의 차단용량을 구하시오.

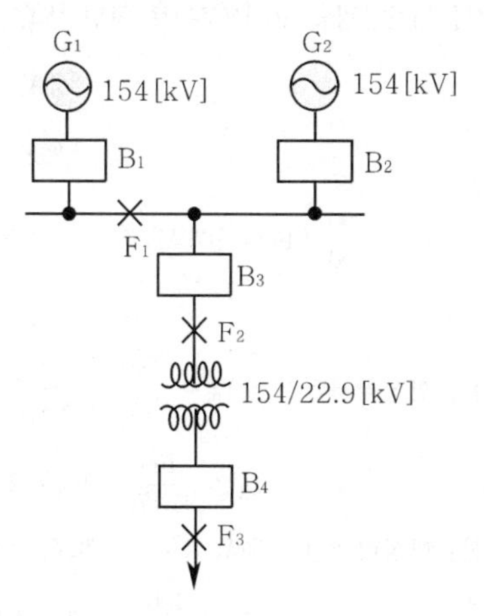

〈조 건〉

- 발전기 G_1 : 용량10[MVA], $X_{G1} = 10[\%]$
- 발전기 G_2 : 용량20[MVA], $X_{G2} = 14[\%]$
- 변압기 T: 용량30[MVA], $X_T = 12[\%]$,
- F_1, F_2, F_3는 단락사고 발생지점이며, 선로측으로부터의 단락전류를 고려하지 않는다.

(1) F_1지점에서 단락사고가 발생하였을 때 B_1, B_2 차단기의 차단용량[MVA]을 계산하시오.

• 계산 : • 답 :

(2) F_2지점에서 단락사고가 발생하였을 때 B_3 차단기의 차단용량[MVA]을 계산하시오.

• 계산 : • 답 :

(3) F_3지점에서 단락사고가 발생하였을 때 B_4 차단기의 차단용량[MVA]을 계산하시오.

• 계산 : • 답 :

|계|산|및|정|답|

(1) 【계산】 기준용량을 100[MVA]로 하면 $\%X_{G1} = \frac{100}{10} \times 10 = 100[\%]$

$$\%X_{G2} = \frac{100}{20} \times 14 = 70[\%]$$

$$\%X_T = \frac{100}{30} \times 12 = 40[\%]$$

$$B_1 = \frac{100}{100} \times 100 = 100[\text{MVA}] \qquad B_2 = \frac{100}{70} \times 100 = 142.857[MVA]$$

【정답】 B_1 : 100[MVA], B_2 : 142.857[MVA]

(2) 【계산】 합성리액턴스 $\%X_0 = \frac{\%X_{G_1} \times \%X_{G_2}}{\%X_{G_1} + \%X_{G_2}} = \frac{100 \times 70}{100 + 70} = 41.176[\%]$ 이므로

$$B_3 = \frac{100}{41.176} \times 100 = 242.86[MVA]$$

【정답】 B_3 : 242.86[MVA]

(3) 【계산】 합성리액턴스 $\%X_1 = \%X_0 + \%X_T = 41.18 + 40 = 81.18[\%]$ 이므로

$$B_4 = \frac{100}{81.76} \times 100 = 123.18[\text{MVA}]$$

【정답】 B_4 : 123.18[MVA]

|추|가|해|설|

$\%Z(\text{기준용량}) = \frac{\text{기준용량}}{\text{자기용량}} \times \%Z(\text{자기용량})$

차단용량 $P_s = \frac{100}{\%Z} P_n$

18 출제 : 16년 • 배점 : 5점

단상 유도전동기는 기동장치가 반드시 필요하다. 기동장치가 필요한 이유와 기동방식에 따라 분류할 때 그 종류 4가지를 쓰시오.

|계|산|및|정|답|

① 【기동기 사용 이유】 단상에서는 회전자계를 얻을 수 없으므로, 기동장치를 이용하여 기동토크를 얻기 위함이다.

② 【종류】 반발기동형, 콘덴서기동형, 분상기동형, 세이딩코일형

01 2015년 전기기사 실기

01

출제 : 15년 • 배점 : 5점

3상 농형 유도전동기의 제동방법인 역상제동에 대하여 설명하시오.

|계|산|및|정|답|

역상 제동은 급제동시 사용하는 방법으로 역전제동이라 한다. 즉, 제동 시 전동기를 역회전시켜 속도를 급감시킨 다음 속도가 0에 가까워지면 전동기를 전원에서 분리하는 제동법이다.

|추|가|해|설|

[유도 전동기의 제동]

① 전기적 제동

㉮ 회생 제동 : 운전 중인 전동기를 전원에서 분리하면 발전기로 동작한다. 이때 발생된 전력을 제동용 전원으로 사용하면 회상제동이라 한다.

㉯ 발전 제동 : 운전 중인 전동기를 전원에서 분리하면 발전기로 동작한다. 이때 발생된 전력을 열로 소비하는 제동법

㉰ 역상제동(플러깅) : 역상 제동은 급제동시 사용하는 방법으로 역전제동이라 한다. 즉, 제동 시 전동기를 역회전(3상중 2상의 결선을 바꿈)시켜 속도를 급감시킨 다음 속도가 0에 가까워지면 전동기를 전원에서 분리하는 제동법

㉱ 단상 제동 : 권선형 유도전동기의 1차 측을 단상교류로 여자하고 2차측에 적당한 크기의 저항을 넣으면 전동기의 회전과는 역방향의 토크가 발생되므로 제동된다.

② 기계적 제동 : 회전 부분과 정지 부분 사이의 마찰을 이용하여 제동하는 방법

02 출제 : 15년 • 배점 : 4점

교류 발전기에 대한 다음 각 물음에 답하시오.

(1) 정격 전압 6000[V], 정격출력 5000[kVA]인 3상 교류발전기에서 계자전류가 300[A], 무부하 단자 전압이 6000[V]이고, 이 계자전류에 있어서의 3상 단락전류가 700[A]라고 한다. 이 발전기의 단락비를 구하시오.

·계산 : ·답 :

(2) 다음 ①~⑥에 알맞은 ( )안의 내용을 크다(고), 적다(고), 높다(고) 등으로 답란에 쓰시오.
단락비가 큰 교류 발전기는 일반적으로 기계의 치수가 (①), 가격이 (②), 풍손, 마찰손, 철손이 (③), 효율은 (④), 전압 변동률은 (⑤), 안정도는 (⑥).

①	②	③	④	⑤	⑥

|계|산|및|정|답|

(1) 【계산】 정격전류 $I_n = \frac{P_n}{\sqrt{3}\,V_n} = \frac{5000\times 10^3}{\sqrt{3}\times 6000} = 481.13[A]$ ∴ 단락비$(K_s) = \frac{I_s}{I_n} = \frac{700}{481.13} = 1.45$

【정답】 1.45

(2) 【정답】 ① 크고 ② 높고 ③ 크고 ④ 낮고 ⑤ 적고 ⑥ 높다

|추|가|해|설|

(1) %동기임피던스[PU] : $Z_s'[PU] = \frac{1}{K_s} = \frac{P_n Z_s}{V^2} = \frac{I_n}{I_s}[PU]$ → (K_s : 단락비)

(2) 단락비(K_s) : $K_s = \frac{\text{무부하에서 정격전압을 유기하는데 필요한 계자전류}}{\text{정격전류와 같은 3상단락전류를 흘리는데 필요한 계자전류}} = \frac{I_s}{I_n} = \frac{i_1}{i_2}$

(3) 단락비가 큰 기계(철기계)

- ·동기임피던스가 적다 ($K_s \propto \frac{1}{Z_s}$)
- ·전압변동률이 적고 안정도 우수하다.
- ·전기자 반작용이 적다.
- ·출력이 크다.
- ·과부하 내량이 크다.
- ·철손 및 기계손이 크다.
- ·자기 여자 현상이 작다.
- ·수차형, 저속기가 된다.

03

출제 : 15, 18, 19년 • 배점 : 8점

지중선을 가공선과 비교하여 이에 대한 장점과 단점을 각각 4가지씩 쓰시오.

(1) 지중선의 장점

(2) 지중선의 단점

|계|산|및|정|답|

(1) 지중선의 장점
① 보안상 유리하다.
② 안전성 확보가 용이하다.
③ 풍수해, 뇌해 등 기상 조건에 영향이 적다.
④ 유도장해 경감

(2) 지중선의 단점
① 유지보수가 어렵다.
② 건설비용이 고가이다.
③ 고장점 탐색과 복구가 어렵다.
④ 설비 구성상 신규수용에 대한 탄력성 결여

|추|가|해|설|

지중선로는 가공선로에 비해 도시의 미관을 해치지 않고 교통상의 지장이 없을뿐더러 자연재해나 지락사고 등의 발생 염려가 적어 공급신뢰도가 우수하나 건설비가 고가이며 고장점을 찾기 어렵다는 문제도 있다.

[가공선과 지중선의 비교]

구분	지중 전선로	가공 전선로
계통 구성	·환상(loop, open loop)방식 ·망상(network)방식 ·예비선 절체 방식	• 수지상 방식 • 연계(tie-line)방식 • 예비선 절체방식
공급 능력	동일 루트에 다회선이 가능하여 도심지역에 적합	동일 루트에 4회선 이상 곤란하여 전력 공급에 한계
건설비	건설비용 고가	지중 설비에 비해 저렴
건설 기간	장기간 소요	단기간 소요
외부 영향	외부기상 여건 등의 영향이 거의 없음	전력선 접촉이나 기상 조건에 따라 정전 빈도가 높음
고장 형태	외상 사고, 접속 개소 시공 불량에 의한 영구사고 발생	수목 접촉 등 순간 및 영구 사고 발생
고장 복구	고장점 발견이 어렵고 복구가 어렵다.	고장점 발견과 복구가 용이
유지 보수	설비의 단순 고도화로 보수 업무가 비교적 적음	설비의 지상 노출로 보수 업무가 많은 편임
유도 장해	차폐 케이블 사용으로 유도 장해 경감	유도 장해 발생
송전 용량	발생열의 구조적 냉각 장해로 가공전선에 비해 낮음	발생열의 냉각이 수월해 송전 용량이 높은 편임
안전도	충전부의 절연으로 안전성 확보	충전부의 노출로 적정 이격 거리 확보 필요
설비 보안	지하 시설로 설비 보안 유지 용 이	지상 노출로 설비 보안 유지 곤란
환경미화	쾌적한 도심 환경 조성	도심 환경 저해 요인
신규 수용	설비 구성상 신규 수용에 대한 탄력성 결여	신규 수요에 신속 대처 가능
이미지	·전력 설비의 현대화 ·설비 안전성 이미지 제고	·전통적 전력 설비 ·위험 설비

04

출제 : 15년 • 배점 : 8점

스포트 네트워크(Spot Network) 수전방식에 대하여 서술하고 특징을 4가지만 쓰시오.

(1) Spot Network 방식 이란?

(2) 특징

|계|산|및|정|답|

(1) Spot Network 방식

이 방식은 전력회사 변전소에서 하나의 전기사용 장소에 대하여 3회선 이상의 22.9[kV-y] 배전선로로 공급하고, 각각의 배전선로로 시설된 수전용 네트워크 변압기의 2차측을 상시 병렬 운전하는 배전 방식이며 'SNW'배전이라 한다.

(2) 특징

① 전압 강하 및 전력 손실이 경감된다.
② 무정전전력 공급이 가능하다.
③ 공급 신뢰도가 가장 좋다.
④ 부하 증설이 용이하다.

|추|가|해|설|

[수전방식의 비교]

명칭		장점	단점
1회선 수전 방식		① 간단하며 경제적이다. ② 공사가 용이하다. ③ 저압방식에 많이 적용하고 있다. ④ 특고압에서도 소용량에 적당하다.	① 주로 소규모 용량에 많이 쓰인다. ② 선로 및 수전용 차단기 사고에 대비책이 없으며 신뢰도가 낮다.
2회선 수전 방식	Loop 수전 방식	① 임의의 배전선 또는 타 건물사고에 의하여 Loop가 개로될 뿐이며 정전은 되지 않는다. ② 전압 변동률이 적다.	① Loop회로에 걸리는 용량은 전부하(타건물 포함)를 고려하여야 한다. ② 수전방식이 다소 복잡하다. ③ 회로상의 사고 복귀에 시간이 걸린다.
	평행 2회선 수전 방식	① 어느 한쪽의 수전사고에 대해서도 무정전 수전이 가능하다. ② 단독 수전이 가능하다. ③ 2회선 중 경제적이며, 국내에서 가장 많이 적용하고 있다.	① 수전선 보호장치와 2회선 평행수전 장치가 필요하다. ② 1회선 수전방식에 비해 시설비가 많이 든다.
	본선, 예비선수전 방식	① 선로 사고에 대비할 수 있다. ② 단독 수전이 가능하다.	① 실질적으로 1회선 수전이라 할 수 있으며 무정전절체가 필요한 경우 절체용 차단기가 필요하다. ② 1회선분에 대한 시설비가 더 증가한다.
스폿네트워크 수전방식		① 무정전 공급이 가능하다. ② 효율적인 운전이 가능하다. ③ 전압 변동률이 적다. ④ 전력 손실을 감소할 수 있다. ⑤ 부하 증가에 대한 적응성이 크다. ⑥ 기기의 이용률이 향상된다. ⑦ 2차 변전소를 감소시킬 수 있다. ⑧ 전등 전력의 일원화가 가능하다.	① 시설 투자비가 많이 든다. ② 아직까지는 보호장치를 전량 수입해야 한다.

05

출제 : 10, 15년 • 배점 : 5점

어떤 변전소로부터 3상3선식 비접지식 배전선이 8회선 나와 있다. 이 배전선에 접속된 주상 변압기의 접지 저항의 허용값[Ω]을 구하시오. (단, 전선로의 공칭 전압은 3.3[kV], 배전선의 긍장은 모두 20[km/회선]인 가공선이며, 접지점의 수는 1로 한다.)

•계산 : •답 :

|계|산|및|정|답|

【계산】 지락전류 $I_g = 1 + \dfrac{\dfrac{V}{3} \times L - 100}{150} = 1 + \dfrac{\dfrac{3.3/1.1}{3} \times (20 \times 8 \times 3) - 100}{150} = 3.53[A] \rightarrow 4[A]$

$\therefore$ 접지저항 $R_2 = \dfrac{150}{I_g} = \dfrac{150}{4} = 37.5[\Omega]$ 이하

【정답】 37.5[Ω] 이하

|추|가|해|설|

[중성점 비접지식 고압 전로의 지락 전류 계산]

(1) 전선에 케이블 이외의 것을 사용하는 전로에서의 1선 지락 전류 I_g

•$I_g = 1 + \dfrac{\dfrac{V}{3} \times L - 100}{150}$ [A]

여기서, I_g : 1선 지락전류[A], $V = \dfrac{\text{공칭전압}}{1.1}[kV]$, L : 선로연장[km]

•우변 2항의 값 $\left[\dfrac{\dfrac{V}{3} L - 100}{150} \right]$은 소수점 이하는 절상한다.

•I_g가 2 미만이 되는 경우 2로 한다.

(2) 접지공사의 접지저항 R_2

•자동차단장치가 없는 경우 $R_2 = \dfrac{300}{\text{1선지락전류}}[\Omega]$

•2초 이내에 동작하는 자동차단장치가 있는 경우 $R_2 = \dfrac{300}{\text{1선지락전류}}[\Omega]$

•1초 이내에 동작하는 자동차단장치가 있는 경우 $R_2 = \dfrac{600}{\text{1선지락전류}}[\Omega]$

06 출제 : 15년 • 배점 : 8점

다음은 3ϕ4W 22.9[kV] 수전설비 단선결선도이다. 다음 각 물음에 답하시오.

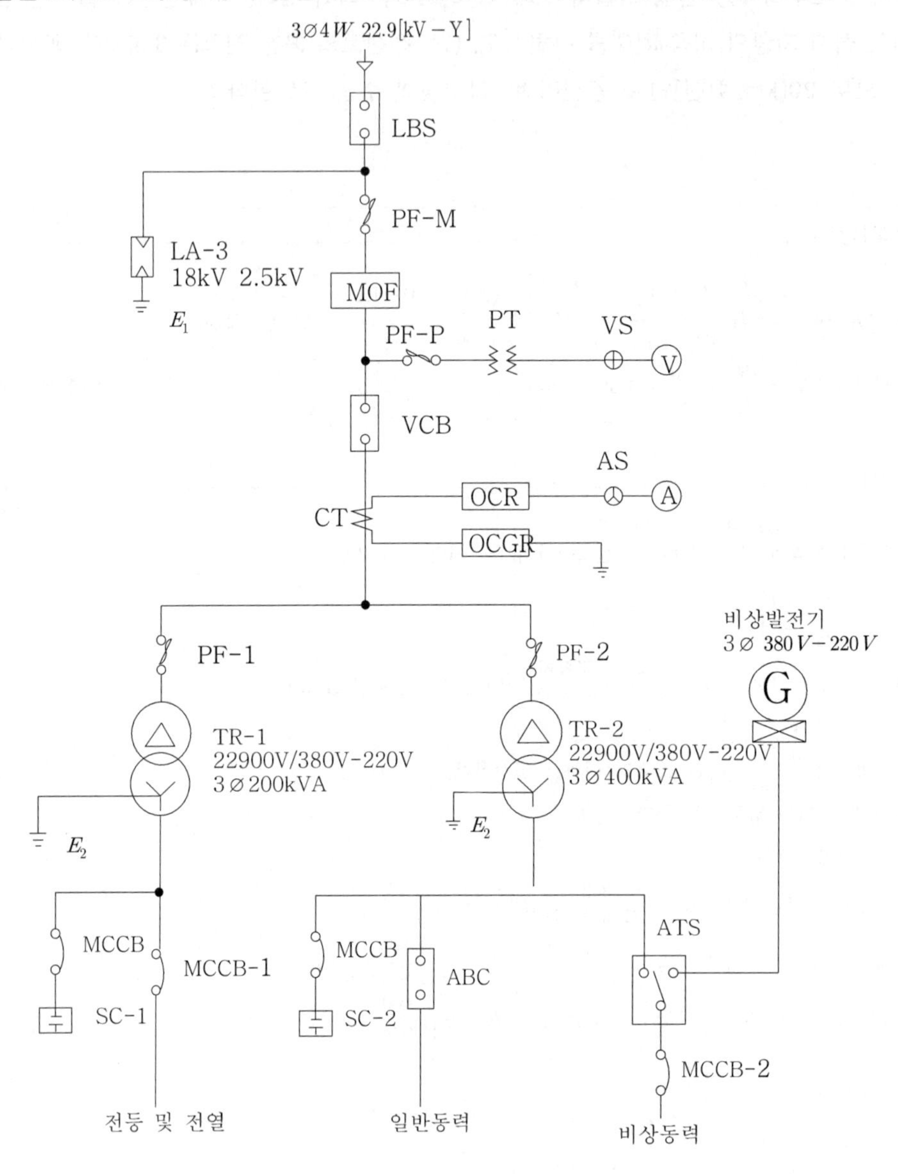

(1) 단선결선도에서 LA에 대한 다음 물음에 답하시오.

① 우리말 명칭을 쓰시오.

② 기능과 역할에 대해 설명하시오.

③ 요구되는 성능조건 4가지만 쓰시오.

(2) 위의 수전설비 단선결선도의 부하집계 및 입력환산표를 완성하시오.
(단, 입력환산[kVA]은 계산값의 소수 둘째 자리에서 반올림한다.)

구 분	전등 및 전열	일반동력	비상동력
설비용량 및 효율	합계 350[kW] 100[%]	합계 635[kW] 85[%]	유도전동기1 7.5[kW] 2대 85[%] 유도전동기2 11[kW] 1대 85[%] 유도전동기3 15[kW] 1대 85[%] 비상조명 8000[W] 100[%]
평균(종합)역률	80[%]	90[%]	90[%]
수용률	60[%]	45[%]	100[%]

[부하집계 및 입력환산표]

구 분		설비용량[kW]	효율[%]	역률[%]	입력환산[kVA]
전등 및 전열		350			
일반동력		635			
비상동력	유도전동기1	7.5×2			
	유도전동기2				
	유도전동기3	15			
	비상조명				
	소계	–	–	–	

(3) TR-2의 적정용량은 몇 [kVA]인지 단선결선도와 (2)항의 부하 집계표를 참고하여 구하시오.

[참고사항]

- 일반 동력군과 비상동력군 간의 부등률은 1.3으로 본다.
- 변압기 용량은 15[%] 정도의 여유를 갖게 한다.
- 변압기의 표준규격[kVA]은 200, 300, 400, 500, 600으로 한다.

•계산 : •답 :

(4) 단선결선도에서 TR-2의 2차측 중성점 접지공사의 접지선 굵기[mm^2]를 구하시오.

•계산 : •답 :

[참고사항]

- 접지선은 GV전선을 사용하고 표준 굵기[mm^2]는 6, 10, 16, 25, 35, 50, 70으로 한다.
- GV전선의 허용 최고온도는 150[℃]이고 고장전류가 흐르기 전의 접지선의 온도는 30[℃]로 한다.
- 고장전류는 정격전류의 20배로 본다.
- 변압기 2차의 과전류 보호차단기는 고장전류에서 0.1초 이내에 차단되는 것이다.
- 변압기 2차의 과전류 차단기의 정격전류는 변압기 정격전류의 1.5배로 한다.

|계|산|및|정|답|

(1) ① 피뢰기

② ·이상 전압 내습 시 대지로 방전하고 그 속류를 차단한다.

·이상 전압이 없어져서 단자 전압이 일정 값 이하가 되면 방전을 정지, 원래의 송전 상태로 되돌아가게 한다.

③ ·상용 주파 방전 개시 전압이 높을 것

·충격 방전 개시 전압이 낮을 것

·방전내량이 크면서 제한 전압이 낮을 것

·속류 차단 능력이 클 것

(2)

구 분		설비용량[kW]	효율[%]	역률[%]	입력환산[kVA]
전등 및 전열		350	100	80	437.5
일반동력		635	85	90	830.1
비상동력	유도전동기1	7.5×2	85	90	19.6
	유도전동기2	11	85	90	14.4
	유도전동기3	15	85	90	19.6
	비상조명	8	100	90	8.9
	소 계	-	-	-	1330.1

(3) 【계산】 변압기용량 TR-2$=\dfrac{(830.1\times0.45)+([19.6+14.4+19.6+8.9]\times1)}{1.3}\times1.15=385.73$[kVA]

【정답】 400[kVA]

(4) 【계산】 온도 상승식 $\theta=0.008\left(\dfrac{I}{A}\right)^2\cdot t$

온도상승 $\theta=150-30=120$[℃], 고장 전류 $I=20I_n$[A], 통전 시간 $t=0.1$[sec]

$120=0.008\times\left(\dfrac{20I_n}{A}\right)^2\times0.1 \quad \therefore\ A=0.0516I_n=0.0516\times\dfrac{400\times10^3}{\sqrt{3}\times380}\times1.5=47.04[mm^2]$

【정답】 $50[mm^2]$

|추|가|해|설|

(1) 피뢰기 : 피뢰기는 전력설비의 기기를 이상전압(낙뢰 또는 개폐시 발생하는 전압)으로부터 보호하는 장치이다.

(2) 효율 $\eta=\dfrac{출력}{입력}$이므로 입력$=\dfrac{출력}{\eta}=\dfrac{출력}{\eta\times역률(\cos\theta)}$[kVA]

구 분		설비용량[kW]	효율[%]	역률[%]	입력환산[kVA]
전등 및 전열		350	100	80	$\dfrac{350}{1\times0.8}=437.5$
일반동력		635	85	90	$\dfrac{635}{0.85\times0.9}=830.1$
비상동력	유도전동기1	7.5×2	85	90	$\dfrac{7.5\times2}{0.85\times0.9}=19.6$
	유도전동기2	11	85	90	$\dfrac{11}{0.85\times0.9}=14.4$
	유도전동기3	15	85	90	$\dfrac{15}{0.85\times0.9}=19.6$
	비상조명	8	100	90	$\dfrac{8}{1\times0.9}=8.9$
	소 계	-	-	-	1330.1

(3) 변압기 용량 ≥ 합성 최대 전력 $=\dfrac{설비\ 용량\times수용률}{부등률\times역률}\times여유분$

(4) 접지선의 온도 상승 $\theta = 0.008\left(\frac{I}{A}\right)^2 \cdot t$[℃]

여기서, θ : 동선의 온도 상승[℃], I : 전류[A], A : 동선의 단면적[mm^2], t : 통전 시간[sec]
I_n : 과전류 차단기의 정격 전류

07

출제 : 15년 • 배점 : 4점

다음 조명에 대한 각 물음에 답하시오.

(1) 어느 광원의 광색이 어느 온도의 흑체의 광색과 같을 때 그 흑체의 온도를 무엇이라 하는지 쓰시오.

(2) 빛의 분광 특성이 색의 보임에 미치는 효과를 말하며, 동일한 색을 가진 것이라도 조명하는 빛에 따라 다르게 보이는 특성을 무엇이라 하는지 쓰시오.

|계|산|및|정|답|

(1) 색온도 (2) 연색성

|추|가|해|설|

(1) 온도의 종류
① 색온도 : 일반 광원이 흑체의 어느 온도일 때의 색과 동일한 경우, 그 흑체의 온도
② 휘도 온도 : 휘도가 같을 때의 흑체의 온도
③ 진온도 : 온도 복사체의 실제 온도
④ 복사 온도 : 전체 복사속이 같을 때의 흑체의 온도
온도가 높은 순으로 배열하면 다음과 같다.
색온도 〉 진온도 〉 휘도온도 〉 복사온도

(2) 연색성이란 조명에 의한 물체의 색깔을 결정하는 광원의 성질을 말한다.
연색성이 우수한 순으로 배열하면 다음과 같다.
크세논등 〉 백색 형광등 〉 형광 수은등 〉 나트륨등

08

출제 : 06, 10, 15년 • 배점 : 4점

머레이 루프(Murray loop)법으로 선로의 고장지점을 찾고자 한다. 길이가 4[km](0.2[Ω]/km])인 선로가 그림과 같이 접지고장이 생겼을 때 고장점까지의 거리 X는 몇 [km]인지 구하시오. (단, G는 검류계이고, $P=170[\Omega]$, $Q=90[\Omega]$에서 브리지가 평형 되었다고 한다.)

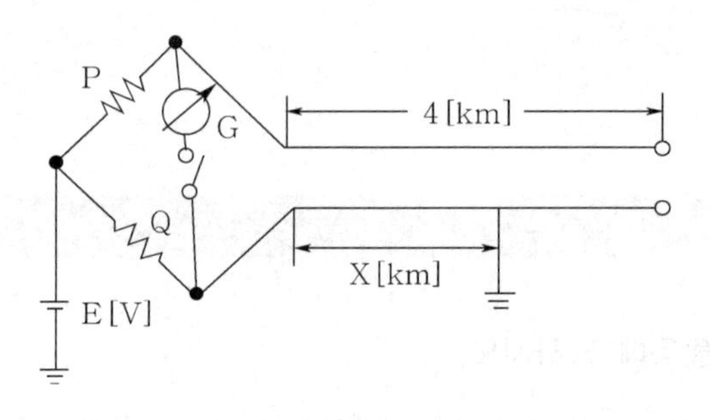

·계산 : ·답 :

|계|산|및|정|답|

【계산】 $PX=Q(8-X)$이므로

$$PX=8Q-XQ \rightarrow X=\frac{Q}{P+Q}\times 8=\frac{90}{170+90}\times 8=2.77[\text{km}]$$

【정답】 2.77[km]

|추|가|해|설|

·휘이스톤 브리지의 원리를 적용하면 왕복선의 길이가 8[km], 평형 조건을 적용하면 $PX=Q(8-X)$가 된다.

·저항 $R=\rho\frac{l}{A}$에서 $R\propto l$이므로 선로의 길이는 저항값으로 가정하여 계산하여도 무방하다.

09

출제 : 03, 15년 • 배점 : 6점

그림과 같은 방전특성을 갖는 부하에 필요한 축전지 용량은 몇 [Ah]인지 구하시오.

단, 방전전류 : $I_1 = 200$[A], $I_2 = 300$[A], $I_3 = 150$[A], $I_4 = 100$[A]

방전시간 : $T_1 = 130$[분], $T_2 = 120$[분], $T_3 = 40$[분], $T_4 = 5$[분]

용량환산시간 : $K_1 = 2.45$, $K_2 = 2.45$, $K_3 = 1.46$, $K_4 = 0.45$

보수율은 0.7로 적용한다.

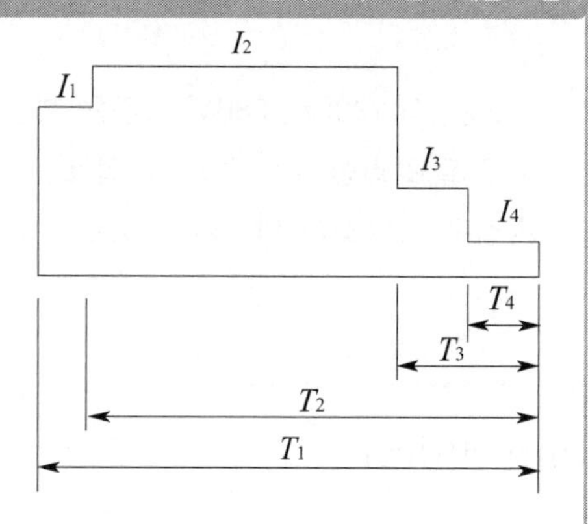

•계산 : •답 :

|계|산|및|정|답|

【계산】 축전지 용량 계산 $C = \frac{1}{L}KI[Ah] = \frac{1}{L}[K_1I_1 + K_2(I_2 - I_1) + K_3(I_3 - I_2) + K_4(I_4 - I_3)]$

$$= \frac{1}{0.7}[2.45 \times 200 + 2.45 \times (300 - 200) + 1.46 \times (150 - 300) + 0.45 \times (100 - 150)] = 705\,\text{Ah}]$$

【정답】 705[Ah]

|추|가|해|설|

1. 축전지 용량 계산 $C = \frac{1}{L}KI[\text{Ah}]$

여기서, L : 보수율, K : 용량 환산 시간, I : 방전전류[A]

2. 축전지 용량은 방전특성 곡선의 면적을 구하는 것과 같다.

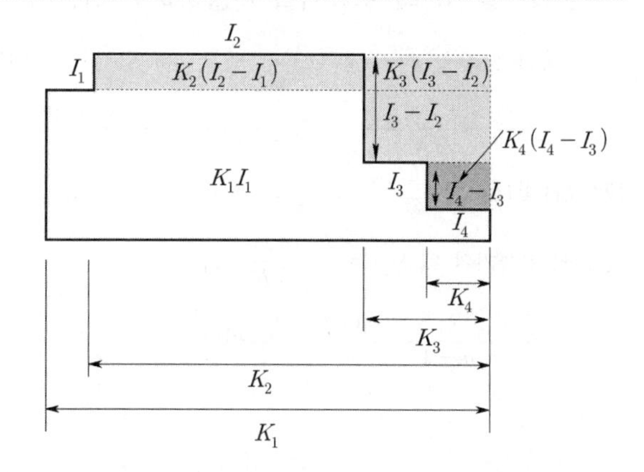

10

출제 : 06, 15년 • 배점 : 5점

단상2선식 220[V], 28[W]×2등용 형광등 기구 100대를 15[A]의 분기회로로 설치하려고 하는 경우 필요 회선 수는 최소 몇 회로인지 구하시오. (단, 형광등의 역률은 80[%]이고, 안정기의 손실은 고려하지 않으며, 1회로의 부하전류는 분기회로 용량의 80[%]이다.

·계산 : ·답 :

|계|산|및|정|답|

【계산】 분기회로 수$=\dfrac{\text{상정부하설비의합}[VA]}{\text{전압}\times\text{분기회로전류}}=\dfrac{\dfrac{28\times2}{0.8}\times100}{220\times15\times0.8}=2.65[\text{회로}]$

→ (※분기회로 계산 시 소수가 발생하면 무조건 절상하여 산출한다.)

【정답】 15[A] 분기 3 회로

11

출제 : 15년 • 배점 : 4점

측정범위 1[mA], 내부저항 20[kΩ]의 전류계에 분류기를 붙여서 5[mA]까지 측정하고자 한다. 몇 [Ω]의 분류기를 사용하여야 하는가?

·계산 : ·답 :

|계|산|및|정|답|

【계산】 분류기의 배율 $m=\dfrac{I_0}{I}=\left(\dfrac{r_a}{R_s}+1\right)$

$$R_s=\frac{r_a}{(m-1)}=\frac{20\times10^3}{\left(\frac{5}{1}-1\right)}=5000[\Omega]$$

【정답】 5000[Ω]

|추|가|해|설|

1. $I\cdot r=(I_0-I)\cdot R_s$에서 $I\dfrac{r_a}{R_s}+I=I_0 \quad \therefore I_0=I\left(\dfrac{r}{R_s}+1\right)[A]$

2. 분류기의 배율 $m=\dfrac{I_0}{I}=\left(\dfrac{r}{R_s}+1\right)$

여기서, I_0 : 측정할 전류값[A], I : 전류계의 눈금[A]

R_s : 분류기의 저항[Ω], r_a : 전류계의 내부저항[Ω]

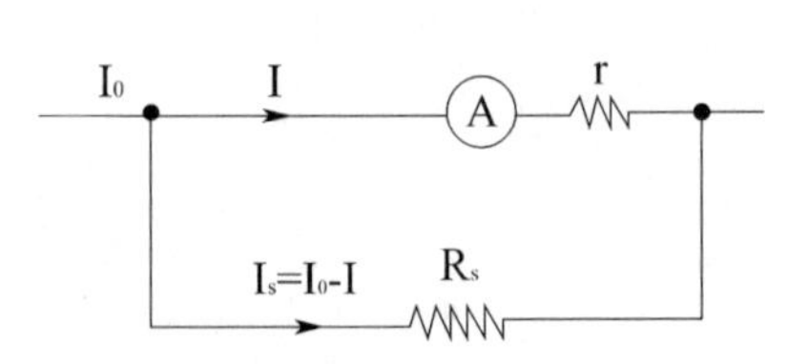

12

출제 : 15년 • 배점 : 5점

가로가 20[m], 세로가 30[m], 천장 높이가 4.85[m] 인 사무실이 있다. 평균 조도를 300[lx]로 하려고 할 때 다음 각 물음에 답하시오.

[조건]

·사용되는 형광등 30[W] 1개의 광속은 2890[lm]이며, 조명률은 50[%], 보수율은 70[%]라고 한다.

·바닥에서 작업 면까지의 높이는 0.85[m] 이다.

(1) 실지수는 얼마인가?

·계산 : ·답 :

(2) 형광등 기구(30[W] 2등용)의 수를 계산하시오.

·계산 : ·답 :

|계|산|및|정|답|

(1) 【계산】 실지수$(RI) = \dfrac{XY}{H(X+Y)} = \dfrac{30 \times 20}{(4.85-0.85)\times(30+20)} = 3$ 【정답】 3

(2) 【계산】 $FUN = EAD$에서

$$N = \frac{EAD}{FU} = \frac{300 \times 30 \times 20 \times \frac{1}{0.7}}{2890 \times 2 \times 0.5} = 88.98[\text{등}]$$ 【정답】 89등

|추|가|해|설|

·실지수$= \dfrac{XY}{H(X+Y)}$ → (H : 등의 높이-작업면의 높이[m], X : 방의 가로[m], Y : 방의 세로[m]

·조명계산 $FUN = EAD$ → (F : 광속[lm], U : 조명률[%], N : 등수[등], E : 조도[lX], A : 면적[m^2]

$D = \dfrac{1}{M}$ → (감광보상률$= \dfrac{1}{\text{보수율(유지율)}}$)

13

출제 : 00, 02, 15년 • 배점 : 5점

철손이 1.2[kW], 전부하 시의 동손이 2.4[kW]인 변압기가 하루 중 7시간 무부하 운전, 11시간 1/2 운전, 그리고 나머지 전부하 운전할 때 하루의 총 손실은 얼마인가?

·계산 : ·답 :

|계|산|및|정|답|

【계산】 ·철손량$= P_i \times t = 1.2 \times 24 = 28.8$[kWh]

·동손량$= m^2 P_c \times t = \left(\frac{1}{2}\right)^2 \times 2.4 \times 11 + 2.4 \times 6 = 21$[kWh]

∴ 총 손실=철손+동손=28.8+21=49.8[kWh]

【정답】 49.8[kW]

|추|가|해|설|

·동손 손실량$= m^2 P_c \times t$[kWh]

·철손 손실량$= P_i \times t$[kWh]

14

출제 : 00, 15년 • 배점 : 6점

어느 빌딩의 수용가가 자가용 디젤 발전기 설비를 계획하고 있다. 발전기 용량 산출에 필요한 부하의 종류 및 특성이 다음과 같을 때 주어진 조건과 참고자료를 이용하여 전부하를 운전하는데 필요한 발전기 용량은 몇[kVA] 인지 표의 빈칸을 채우면서 선정하시오.

부하의 종류	출력[kW]	극수(극)	대수(대)	적용 부하	기동 방법
전동기	37	6	1	소화전 펌프	리액터 기동
	22	6	2	급수 펌프	리액터 기동
	11	6	2	배풍기	Y-△ 기동
	5.5	4	1	배수 펌프	직입 기동
전등, 기타	50	-	-	비상 조명	-

[조건]

① 참고자료의 수치는 최소치를 적용한다.

② 전동기 기동 시에 필요한 용량은 무시한다.

③ 수용률 적용

-동력 : 적용 부하에 대한 전동기의 대수가 1대인 경우에는 100[%]
2대인 경우에는 80[%]를 적용한다.

-전등, 기타 : 100[%]를 적용한다.

④ 부하의 종류가 전등, 기타인 경우의 역률은 100[%]를 적용한다.

⑤ 자가용 디젤 발전기 용량은 50, 100, 150, 200, 300, 400, 500에서 선정한다.
(단위 : kVA)

[발전기 용량 선정]

부하의 종류	출력 [kW]	극수	전부하 특성			수용률[%]	수용률을 적용한 [kVA] 용량
			역률 [%]	효율 [%]	입력 [kVA]		
전동기	37×1	6					
	22×2	6					
	11×2	6					
	5.5×1	4					
전등, 기타	50	–	100	–			
합 계	158.5	–	–	–		–	

발전기 용량 : [kVA]

[전동기 전부하 특성표]

정격 출력 [kW]	극수	동기 속도 [rpm]	전부하 특성		무부하 I_0 각 상의 평균값[A]	비고	
			효율η[%]	역률pf[%]		무부하 전류I각상의 전평균치 [A]	전부하 슬립S[%]
0.75	2	3600	70.0 이상	77.0 이상	1.9	3.5	7.5
1.5			76.5 이상	80.5 이상	3.1	6.3	7.5
2.2			79.5 이상	81.5 이상	4.2	8.7	6.5
3.7			82.5 이상	82.5 이상	6.3	14.0	6.0
5.5			84.5 이상	79.5 이상	10.0	20.9	6.0
7.5			85.5 이상	80.5 이상	12.7	28.2	6.0
11			86.5 이상	82.0 이상	16.4	40.0	5.5
15			88.0 이상	82.5 이상	21.8	53.6	5.5
18.5			88.0 이상	83.0 이상	26.4	65.5	5.5
22			89.0 이상	83.5 이상	30.9	76.4	5.5
30			89.0 이상	84.0 이상	40.9	102.7	5.0
37			90.0 이상	84.5 이상	50.0	125.5	5.0
0.75	4	1800	71.5 이상	70.0 이상	2.5	3.8	8.0
1.5			78.0 이상	75.0 이상	3.9	6.6	7.5
2.2			81.0 이상	77.0 이상	5.0	9.1	7.0
3.7			83.0 이상	78.0 이상	8.2	14.6	6.5
5.5			85.0 이상	77.0 이상	11.8	21.8	6.0
7.5			86.0 이상	78.0 이상	14.5	29.1	6.0
11			87.0 이상	79.0 이상	20.9	40.9	6.0
15			88.0 이상	79.5 이상	26.4	55.5	5.5
18.5			88.5 이상	80.0 이상	31.8	67.3	5.5
22			89.0 이상	80.5 이상	36.4	78.2	5.5
30			89.5 이상	81.5 이상	47.3	105.5	5.5
37			90.0 이상	81.5 이상	56.4	129.1	5.5

[전동기 전부하 특성표]

정격 출력 [kW]	극수	동기 속도 [rpm]	전부하 특성		무부하 I_0 각 상의 평균값[A]	비고	
			효율η[%]	역률pf[%]		무부하 전류I각상의 전평균치 [A]	전부하 슬립S[%]
0.75	6	1200	70.0 이상	63.0 이상	3.1	4.4	8.5
1.5			76.0 이상	69.0 이상	4.7	7.3	8.0
2.2			79.5 이상	71.0 이상	6.2	10.1	7.0
3.7			82.5 이상	73.0 이상	9.1	15.8	6.5
5.5			84.5 이상	72.0 이상	13.6	23.6	6.0
7.5			85.5 이상	73.0 이상	17.3	30.9	6.0
11			86.5 이상	74.5 이상	23.6	43.6	6.0
15			87.5 이상	75.5 이상	30.0	58.2	6.0
18.5			88.0 이상	76.0 이상	37.3	71.8	5.5
22			89.5 이상	77.0 이상	40.0	82.7	5.5
30			89.0 이상	78.0 이상	50.9	111.8	5.5
37			90.0 이상	78.5 이상	60.0	136.4	5.5

|계|산|및|정|답|

부하의 종류	출력 [kW]	극수	전부하 특성			수용률[%]	수용률을 적용한 [kVA] 용량
			역률[%]	효율[%]	입력[kVA]		
전동기	37×1	6	78.5	90.0	$\frac{37}{0.785\times0.9}=52.37$	100	52.37
	22×2	6	77.0	88.5	$\frac{22\times2}{0.77\times0.885}=64.57$	80	51.66
	11×2	6	74.5	86.5	$\frac{11\times2}{0.745\times0.865}=34.14$	80	27.31
	5.5×1	4	77.0	85.0	$\frac{5.5}{0.77\times0.85}=8.40$	100	8.40
전등 기타	50	–	100	–	50	100	50
합 계	158.5	–	–	–	209.48	–	189.74

발전기 용량 : 200[kVA]

|추|가|해|설|

발전기 효율 $\eta=\frac{출력}{입력}\times100[\%]$ → (입력$=\frac{출력}{\eta}$[kW], 입력$=\frac{출력}{\eta\times\cos\theta}$[kW] 이므로)

15

출제 : 14, 15년 • 배점 : 4점

3상3선식 배전선로의 1선당 저항이 7.78[Ω], 리액턴스가 11.63[Ω]이고 수전단 전압이 60[kV], 부하전류가 200[A], 역률 0.8(지상)의 3상 평형 부하가 접속되어 있을 경우에

(1) 송전단 전압을 구하시오.

•계산 : •답 :

(2) 전압 강하율을 구하시오.

•계산 : •답 :

|계|산|및|정|답|

(1) 【계산】 송전단 전압 $V_s = V_r + e = V_r + \sqrt{3}I(R\cos\theta + X\sin\theta)$

$= 60000 + \sqrt{3} \times 200 \times (7.78 \times 0.8 + 11.63 \times 0.6) = 64573.31$[V]

【정답】 64573.31[V]

(2) 【계산】 전압강하율 $\delta = \dfrac{V_s - V_r}{V_r} \times 100 = \dfrac{64573.31 - 60000}{60000} \times 100 = 7.62$[%]

【정답】 7.62[%]

|추|가|해|설|

•3상 전압강하 $e = V_s - V_r = \sqrt{3}I(R\cos\theta + X\sin\theta)[V]$

•전압강하율 $\delta = \dfrac{\text{송전단전압}(V_s) - \text{수전단전압}(V_r)}{\text{수전단전압}(V_r)} \times 100$[%]

16

출제 : 15년 • 배점 : 5점

ACB가 설치되어있는 배전반 전면에 전압계, 전류계, 전력계, CTT, PTT가 설치되어 있다. 수변전단선도가 없어 CT비를 알 수 없는 상태에서 전류계의 지시는 R, S, T상 모두 240[A]이고, CTT측 단자의 전류를 측정한 결과 2[A]였을 때 CT비(I_1/I_2)를 계산하시오. (단, CT 2차측 전류는 5[A]로 정한다.)

•계산 : •답 :

|계|산|및|정|답|

【계산】 변류비 $a = \dfrac{I_2}{I_1} = \dfrac{2}{240} = \dfrac{1}{120}$

CT의 2차측은 5[A] 이므로, CT비$= \dfrac{I_1}{I_2} = \dfrac{120}{1} = \dfrac{600}{5}$

【정답】 600/5

17

출제 : 15년 • 배점 : 5점

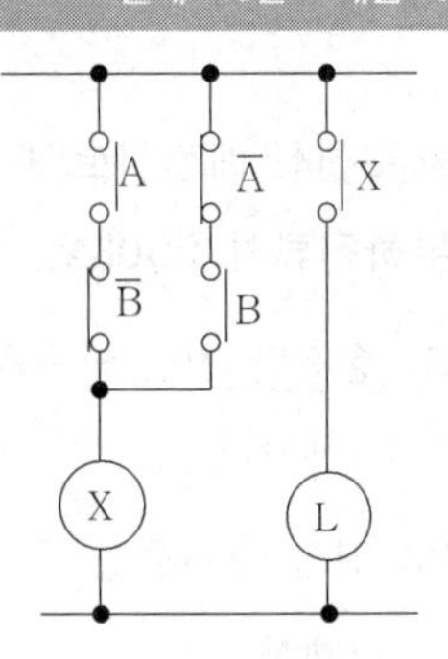

다음 회로를 이용하여 각 질문에 답하시오.

(1) 그림과 같은 회로의 명칭을 쓰시오.

(2) 논리식을 쓰시오.

(3) 무접점 논리회로를 그리시오.

|계|산|및|정|답|

(1) 배타적 논리합 회로(Exclusive OR)

(2) X$=A\overline{B}+\overline{A}B=A\oplus B$, L=X

(3)

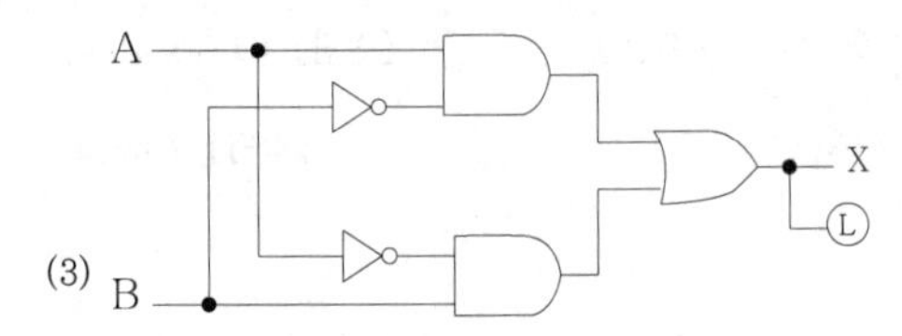

|추|가|해|설|

·XOR(Exclusive OR) 회로 : A B X

·논리식 : $X=A\overline{B}+\overline{A}B$

18

출제 : 15년 • 배점 : 5점

다음은 PLC 래더 다이어그램에 의한 프로그램이다. 아래의 명령어를 활용하여 각 스텝에 알맞은 내용으로 프로그램 하시오.

[명령어]

입력 a접점 : LD　　　입력 b접점 : LDI

직렬 a접점 : AND　　　직렬 b접점 : ANI

병렬 a접점 : OR　　　병렬 b접점 : ORI

블로 간 병렬접속 : OB　　　블로 간 직렬접속 : ANB

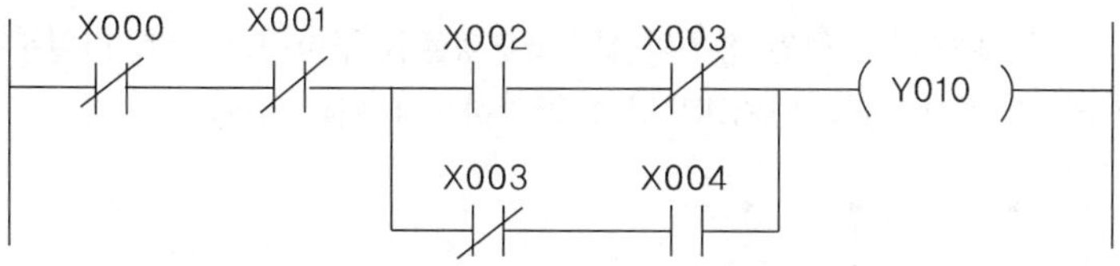

STEP	명령어	번지
1	LDI	X000
2		
3		
4		
5		
6		
7		
8		
9	OUT	Y010

|계|산|및|정|답|

STEP	명령어	번지
1	LDI	X000
2	ANI	X001
3	LD	X002
4	ANI	X003
5	LDI	X003
6	AND	X004
7	OB	–
8	ANB	–
9	OUT	Y010

02 2015년 전기기사 실기

01

출제 : 03, 05, 15년 • 배점 : 5점

설비불평형률에 대한 다음 각 물음에 답하시오.

(1) 저압, 고압 및 특별 고압 수전의 3상 3선식 또는 3상 4선식에서 불평형 부하의 한도는 단상 접속부하로 계산하여 설비불평형률을 몇 [%] 이하로 하는 것을 원칙으로 하는가?

(2) 아래 그림과 같은 3상 4선식 380[V] 수전인 경우의 설비불평형률을 구하시오. (단, 전열부하의 역률은 1이며, 전동기의 출력 [kW]를 입력[kVA]로 환산하면 5.2[kVA]이다.)

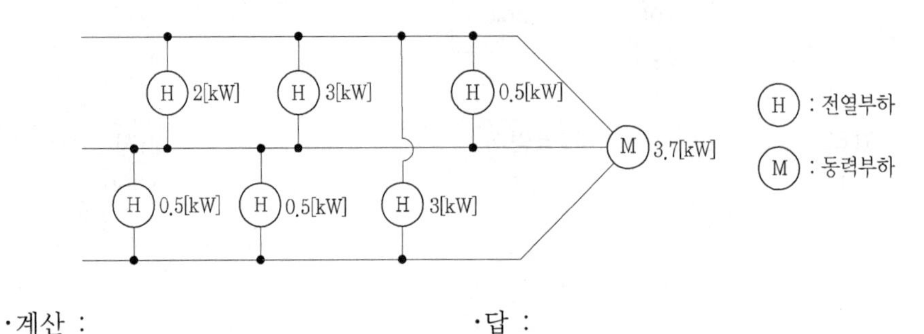

·계산 : ·답 :

|계|산|및|정|답|

(1) 30[%]

(2) 【계산】 $\text{설비불평형률} = \dfrac{\text{각 선간에 접속되는 단상 부하설비용량[kVA]의 최대와 최소의 차}}{\text{총 부하 설비 용량[kVA]의 }1/3} \times 100[\%]$

$$= \frac{(2+3+0.5)-(0.5+0.5)}{(2+3+0.5+5.2+3+0.5+0.5)\times\frac{1}{3}} \times 100 = 91.84[\%]$$

【정답】 91.84[%]

|추|가|해|설|

[3상3선식 또는 3상4선식의 경우]

$\text{설비불평형률} = \dfrac{\text{각 선간에 접속되는 단상부하의 최대와 최소의 차}}{\text{총 부하설비용량의 }1/3} \times 100[\%]$

·a상과 b상 사이의 부하 $= 2+3+0.5 = 5.5$[kW]

·b상과 c상 사이의 부하 $= 0.5+0.5 = 1$[kW]

·c상과 a상 사이의 부하 $= 3$[kW]

02 출제 : 15년 • 배점 : 5점

변압기의 절연내력 시험전압에 대한 ①~⑦의 알맞은 내용을 빈칸에 쓰시오.

구분	종류(최대 사용 전압을 기준으로)	시험 전압
①	최대 사용 전압 7[kV] 이하인 권선 (단, 시험전압이 500[V] 미만으로 되는 경우에는 500[V])	최대사용전압×( )배
②	7[kV]를 넘고 25[kV] 이하의 권선으로서 중성선 다중접지식에 접속되는 것	최대사용전압×( )배
③	7[kV]를 넘고 60[kV] 이하의 권선(중성선 다중접지 제외) (단, 시험전압이 10,500[V] 미만으로 되는 경우에는 10,500[V])	최대사용전압×( )배
④	60[kV]를 넘는 권선으로서 중성점 비접지식 전로에 접속되는 것	최대사용전압×( )배
⑤	60[kV]를 넘는 권선으로서 중성점 접지식 전로에 접속하고 또한 성형결선의 권선의 경우에는 그 중성점에 T좌 권선과 주좌 권선의 접속점에 피뢰기를 시설하는 것 (단, 시험전압이 75[kV] 미만으로 되는 경우에는 75[kV])	최대사용전압×( )배
⑥	60[kV]를 넘는 권선으로서 중성점 직접 접지식 전로에 접속하는 것, 다만 170[kV]를 초과하는 권선에는 그 중성점에 피뢰기를 시설하는 것	최대사용전압×( )배
⑦	170[kV]를 넘는 권선으로서 중성점 직접접지식 전로에 접속하고 또는 그 중성점을 직접 접지하는 것	최대사용전압×( )배
(예시)	기타의 권선	최대사용전압×( )배

|계|산|및|정|답|

구분	종류(최대 사용 전압을 기준으로)	시험 전압
①	최대 사용 전압 7[kV] 이하인 권선 (단, 시험전압이 500[V] 미만으로 되는 경우에는 500[V])	최대사용전압×(1.5)배
②	7[kV]를 넘고 25[kV] 이하의 권선으로서 중성선 다중접지식에 접속되는 것	최대사용전압×(0.92)배
③	7[kV]를 넘고 60[kV] 이하의 권선(중성선 다중접지 제외) (단, 시험전압이 10,500[V] 미만으로 되는 경우에는 10,500[V])	최대사용전압×(1.25)배
④	60[kV]를 넘는 권선으로서 중성점 비접지식 전로에 접속되는 것	최대사용전압×(1.25)배
⑤	60[kV]를 넘는 권선으로서 중성점 접지식 전로에 접속하고 또한 성형결선의 권선의 경우에는 그 중성점에 T좌 권선과 주좌 권선의 접속점에 피뢰기를 시설하는 것 (단, 시험전압이 75[kV] 미만으로 되는 경우에는 75[kV])	최대사용전압×(1.1)배
⑥	60[kV]를 넘는 권선으로서 중성점 직접 접지식 전로에 접속하는 것, 다만 170[kV]를 초과하는 권선에는 그 중성점에 피뢰기를 시설하는 것	최대사용전압×(0.72)배
⑦	170[kV]를 넘는 권선으로서 중성점 직접접지식 전로에 접속하고 또는 그 중성점을 직접 접지하는 것	최대사용전압×(0.64)배
(예시)	기타의 권선	최대사용전압×(1.1)배

|추|가|해|설|

[전로의 절연저항 및 절연내력]

고압 및 특고압의 전로는 시험전압을 전로와 대지 사이에 연속하여 10분간 가하여 절연내력을 시험하였을 때에 이에 견디어야 한다. 전선에 케이블을 사용하는 교류전로에는 교류 시험전압의 2배의 직류전압을 전로와 대지 사이에 연속하여 10분간 가하여 절연내력을 시험하였을 때에 이에 견디는 것으로 할 수 있다.

03

출제 : 15년 • 배점 : 4점

정삼각형 배열의 3상 가공선로에서 전선의 굵기, 선간거리, 표고, 기온에 의한 코로나 파괴 임계전압이 받는 영향을 쓰시오.

구 분	임계전압이 받는 영향
전선의 굵기	
선간거리	
표고[m]	
기온[℃]	

|계|산|및|정|답|

구 분	임계전압이 받는 영향
전선의 굵기	전선이 굵을수록 임계전압이 상승한다. (비례)
선간거리	선간거리가 클수록 임계전압이 상승한다. (비례)
표고[m]	표고가 높으면 기압이 낮아져, 임계전압은 낮아진다. (반비례)
기온[℃]	기온이 올라 갈수록 임계전압이 낮아진다. (반비례)

|추|가|해|설|

[코로나 임계전압]

$$E_0 = 24.3 m_0 m_1 \delta d \log_{10}\frac{D}{r}\,[\text{kV}],\ \ \delta = \frac{0.386b}{273+t}$$

여기서, m_0 : 전선 표면의 상태계수 (매끈한 단선일 때 1이고, 표면이 거친 단선, 연선 등의 순으로 1보다 작아진다.)

m_1 : 날씨에 관계하는 계수(맑은 날 1.0, 우천 시 0.8)

δ : 상대 공기 밀도, d : 전선의 지름[cm], r : 전선의 반지름[cm]

D : 전선의 등가 선간거리[cm], b : 기압(표준기압 $b=760$[mmHg]), t : 기온[℃]

04

출제 : 15년 • 배점 : 4점

THD(Total harmonice distortion)의 정의와 계산식을 쓰시오. (단, 배전선의 기본파 전압 실효값은 V_1[V], 고조파 전압의 실효값은 V_3[V], V_5[V], V_n[V]이다.)

|계|산|및|정|답|

【정의】 기본파의 실효치에 대해서 이 외의 전 고조파의 실효치의 비율

【계산식】 $V_{THD} = \frac{\sqrt{V_3^2 + V_5^2 + V_n^2}}{V_1} \times 100[\%]$

|추|가|해|설|

· 왜형률$(\epsilon) = \frac{\text{전고조파의 실효값의 합}}{\text{기본파의 실효값}} = \frac{\sqrt{{V_2}^2 + {V_3}^2 + ... + V_n^2}}{V_1}$

05

출제 : 15년 • 배점 : 5점

6[kW], 200[V], 역률 0.6(늦음)의 부하에 전력을 공급하고 있는 단상 2선식의 배전선이 있다. 전선 1가닥의 저항이 0.15[Ω], 리액턴스가 0.1[Ω] 이라고 할 때, 자금 부하의 역률을 1로 개선한다고 하면 역률 개선 전후의 전력 손실 차이는 몇 [W]인지 계산하시오.

·계산 : ·답 :

|계|산|및|정|답|

【계산】 ① 역률 개선 전 부하전류 $I_1 = \frac{P}{V\cos\theta_1} = \frac{6000}{200 \times 0.6} = 50[A]$

개선 전 전력 손실 $P_{l1} = 2I_1^2R = 2 \times 50^2 \times 0.15 = 750[W]$

② 역률 개선 후 부하전류 $I_2 = \frac{P}{V\cos\theta_2} = \frac{6000}{200 \times 1} = 30[A]$

개선 후 전력 손실 $P_{l2} = 2I_2^2R = 2 \times 30^2 \times 0.15 = 270[W]$

③ 역률 개선 전후의 전력 손실 차 $P_l = P_{l1} - P_{l2} = 750 - 270 = 480[W]$

【정답】 480[W]

06

출제 : 15년 • 배점 : 6점

그림과 같은 직류 분권전동기가 있다. 정격전압 440[V], 정격 전기자전류 540[A], 정격회전속도 900[rpm] 이고, 브러시 접촉저항을 포함한 전기자 회로의 저항은 0.041[Ω], 자속은 항시 일정할 때, 다음 각 물음에 답하시오.

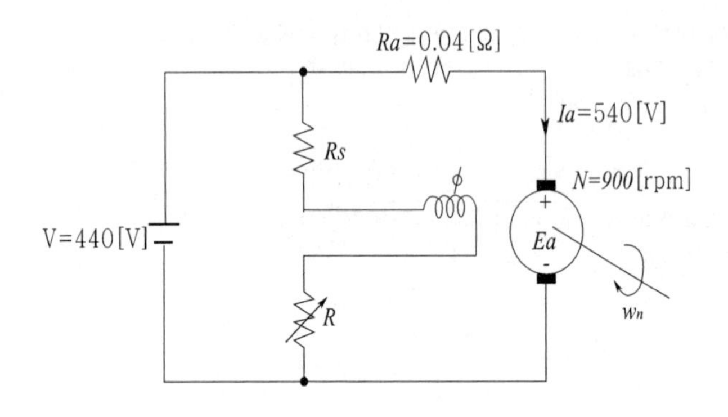

(1) 전기자 유기전압 E_a는 몇 [V] 인지 구하시오.

•계산 : •답 :

(2) 이 전동기의 정격부하 시 회전자에서 발생하는 토크 τ[N • m]을 구하시오.

•계산 : •답 :

(3) 이 전동기는 75[%] 부하일 때 효율은 최대이다. 이때 고정손(철손+기계손)을 계산하시오.

•계산 : •답 :

|계|산|및|정|답|

(1) 【계산】 $E_a = V - I_a R_a = 440 - 540 \times 0.041 = 417.86[V]$ 【정답】 417.86[V]

(2) 【계산】 $\tau = \dfrac{P}{2\pi n} = \dfrac{E_a I_a}{2\pi \times \dfrac{N}{60}} = \dfrac{417.86 \times 540}{2\pi \times \dfrac{900}{60}} = 2394.16[N \cdot m]$ 【정답】 2394.16[[$N \cdot m$]

(3) 【계산】 고정손 $P_i = m^2 \times P_c = m^2 \times I_a^2 R_a = 0.75^2 \times 540^2 \times 0.041 = 6725.03[W]$ 【정답】 6725.03[W]

|추|가|해|설|

(2) 출력 $P = E_a I_a = 2\pi n \tau[W]$

여기서, n : 회전수[rps], τ : 토크[N • m])

(3) 부하손 $P_c = I_a^2 R_a[W]$

직류기의 최대 효율 조건은 고정손(무부하손)과 부하손(가변손)이 같을 때 발생

$P_i = m^2 P_c = m^2 I_a^2 R_a$ (여기서, m : 부하율)

07

출제 : 15년 • 배점 : 6점

3상 유도전동기 Y－△기동방식의 주회로 그림을 보고, 다음 각 물음에 답하시오.

(1) 주회로 부분의 미완성 회로에 대한 결선을 완성하시오.

(2) Y－△ 기동과 전전압 기동에 대하여 기동전류 비를 제시하면서 비교 설명하시오.

(3) 3상 유도전동기를 Y－△로 기동하여 운전하기 위한 제어회로의 동작사항을 설명하시오.

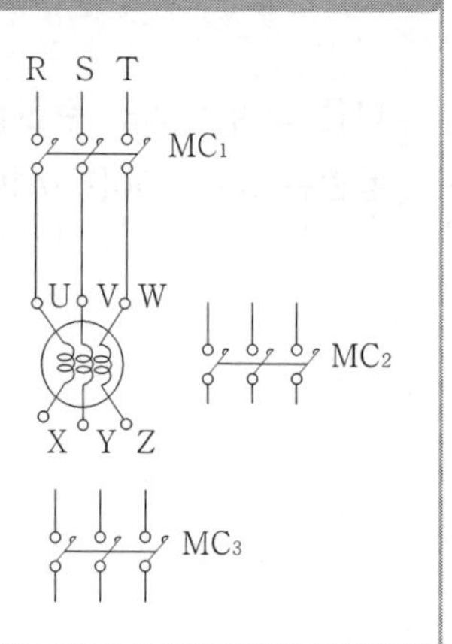

|계|산|및|정|답|

(1)

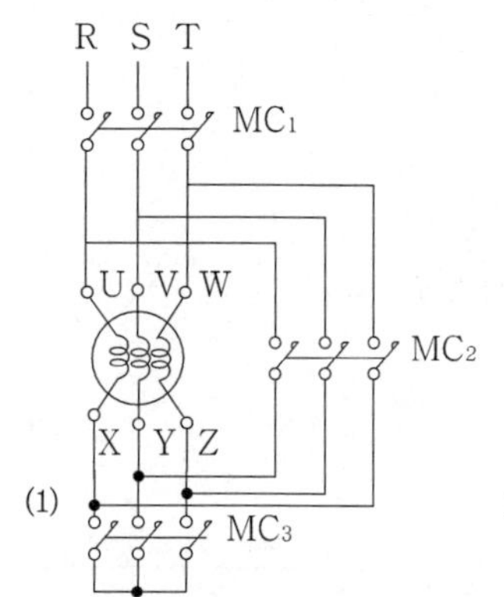

(2) Y－△ 기동시 기동전류는 전전압 기동 시의 $\frac{1}{3}$배

(3) 기동시 고정자권선을 Y로 접속하여 기동함으로써 기동전류를 감소시키고 운전속도에 가까워지면 권선을 △로 변경하여 운전하는 방식

08

출제 : 01, 15년 • 배점 : 6점

다음 그림은 어느 수전설비의 단선계통도이다. 각 물음에 답하시오. (단, KEPCO측의 전원 용량은 500,000[kVA]이고, 선로 손실 등 제시되지 않은 조건은 무시하기로 한다.)

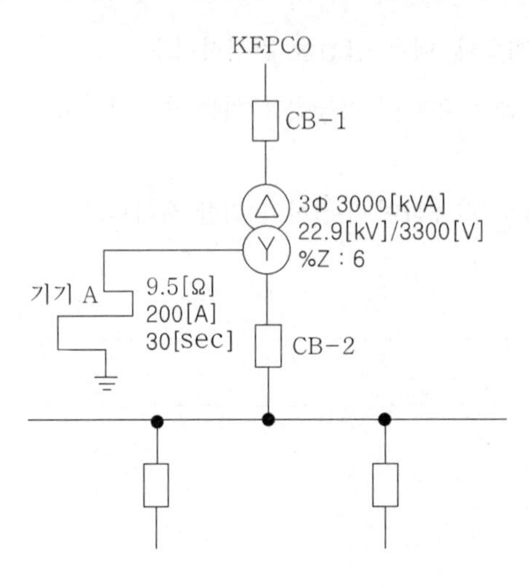

(1) CB-2의 정격을 계산하시오. (단, 차단 용량은 [MVA]로 표기하시오.)

•계산 : 　　　　　　　　　　　　　　•답 :

(2) 기기 A의 명칭과 기능을 쓰시오.

|계|산|및|정|답|

(1) 【계산】 기준 용량 P_n을 3000[kVA]로 하면

① 전원측 %임피던스 $\%Z_s = \frac{P_n}{P_s} \times 100 = \frac{3000}{500000} \times 100 = 0.6[\%]$

② CB-2 2차측까지의 합성 임피던스 $\%Z = \%Z_s + \%Z_t = 0.6 + 6 = 6.6[\%]$

③ 차단 용량 $P_s = \frac{100}{\%Z} \times P_n = \frac{100}{6.6} \times 3000 \times 10^{-3} = 45.45[\text{MVA}]$ 　　【정답】 45.45[MVA]

(2) 【명칭】 중성점 접지저항기

【기능】 지락사고 시 지락 전류 억제 및 건전상 전위 상승 억제

09

출제 : 15년 • 배점 : 5점

다음 그림의 A점에서 고장이 발생하였을 경우 이 지점에서의 3상 단락전류를 옴법에 의하여 구하시오. (단, 발전기 G_1, G_2 및 변압기의 %리액턴스는 자기용량 기준으로 각각 30[%], 30[%] 및 8[%]이며, 선로의 저항은 0.5[Ω/km]이다.)

·계산 :　　　　　　　　　　　　　　　·답 :

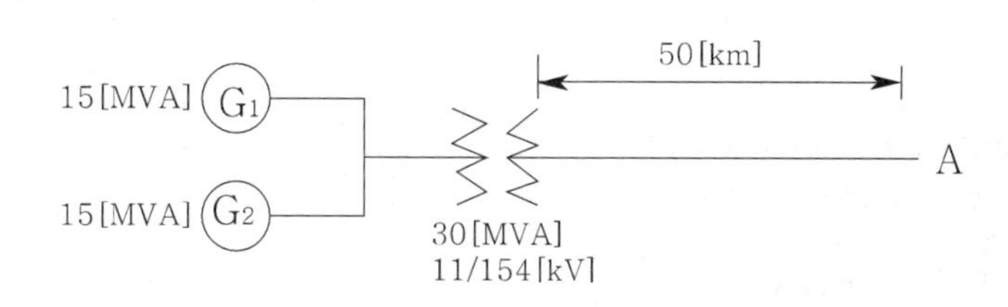

|계|산|및|정|답|

【계산】 ① 임피던스 환산

·154[kV] 계통 발전기 리액턴스 $X_{g1}=X_{g2}=\dfrac{10\,V^2\times\%X_g}{P}=\dfrac{10\times154^2\times30}{15000}=474.32[\Omega]$

·154[kV] 계통에서의 변압기 리액턴스 $X_t=\dfrac{10\,V^2\times\%X_t}{P}=\dfrac{10\times154^2\times8}{30000}=63.24[\Omega]$

·154[kV] 계통에서의 선로의 저항 $R=0.5\times50=25[\Omega]$

·고장점까지의 전체 임피던스 $Z=R+j\left(X_t+\dfrac{X_{g1}\times X_{g2}}{X_{g1}+X_{g2}}\right)=25+j\left(63.24+\dfrac{474.32}{2}\right)=25+j3000.4[\Omega]$

$$=\sqrt{25^2+300.4^2}=301.44[\Omega]$$

② 3상 단락전류 $I_s=\dfrac{E}{Z}=\dfrac{\frac{154000}{\sqrt{3}}}{301.44}=294.96[A]$　　　【정답】 294.96[A]

|추|가|해|설|

① $\%Z=\dfrac{ZP}{10\,V^2}$ 에서 $Z=\dfrac{10\,V^2\times\%Z}{P}[\Omega]$　→ (V : 선간전압[kV], P : 3상 용량[kVA])

② 단락전류 $I_s=\dfrac{E}{Z}[A]$　→ (E : 상전압[V], Z : 고장점 까지의 합성임피던스[Ω])

10

출제 : 15년 • 배점 : 5점

출력 100[kW]의 디젤 발전기를 8시간 운전하여 발열량 10000[kcal/kg]의 연료 215[kg] 소비할 때 발전기의 종합 효율은 몇 [%]인가?

·계산 : ·답 :

|계|산|및|정|답|

【계산】 ·입력[kcal]=1000×215=2150000[kcal]

·출력[kcal]=100×8×860=688000[kcal]

·효율 $\eta=\frac{\text{출력}}{\text{입력}}\times100=\frac{688000}{2150000}\times100=32[\%]$

【정답】 32[%]

11

출제 : 15년 • 배점 : 5점

어느 공장에서 기중기의 권상하중 50[t], 12[m] 높이를 4분에 권상하려고 한다. 이것에 필요한 권상 전동기의 출력을 계산하여 구하시오. (단, 권상기구의 효율은 75[%]이다.)

·계산 : ·답 :

|계|산|및|정|답|

【계산】 $P=\frac{K\cdot W\cdot V}{6.12\eta}=\frac{1\times50\times\left(\frac{12}{4}\right)}{6.12\times0.75}=32.68[\text{kW}]$

【정답】 32.68[kW]

|추|가|해|설|

① 권상용 전동기의 용량 $P=\frac{K\cdot W\cdot V}{6.12\eta}[KW]$

여기서, K : 여유계수, W : 권상 중량 [ton], V : 권상 속도[m/min], η : 효율

② 펌프용 전동기의 용량 $P=\frac{9.8Q'[m^3/\text{sec}]HK}{\eta}[kW]=\frac{9.8Q[m^3/\text{min}]HK}{60\times\eta}[kW]=\frac{Q[m^3/\text{min}]HK}{6.12\eta}[\text{kW}]$

여기서, P : 전동기의 용량[kW], Q' : 양수량[m^3/sec], Q : 양수량[m^3/min]

H : 양정(낙차)[m], η : 펌프효율, K : 여유계수(1.1~1.2 정도)

③ 엘리베이터용 전동기의 용량 $P=\frac{KVW}{6120\eta}[kW]$

여기서, P : 전동기 용량[kW], η : 엘리베이터 효율, V : 승강속도[m/min]

W : 적재하중[kg](기계의 무게는 포함하지 않는다.), K : 계수(평형률)

12

출제 : 15년 • 배점 : 5점

변류기(CT)에 관한 다음 각 물음에 답하시오.

(1) Y-△로 결선한 주변압기의 보호로 비율차동계전기를 사용한다면 CT의 결선은 어떻게 하여야 하는지를 설명하시오.

(2) 통전 중에 있는 변류기 2차측에 접속된 기기를 교체하고자 할 때 가장 먼저 취하여야 할 사항을 설명하시오.

(3) 수전전압이 22.9[kV], 수전 설비의 부하 전류가 65[A]이다. 100/5[A]의 변류기를 통하여 과부하 계전기를 시설하였다. 120[%]의 과부하에서 차단기를 차단시킨다면 과부하 계전기의 전류값은 몇 [A]로 설정해야 하는지 계산하여 구하시오.

・계산 :　　　　　　　　　　　　・답 :

|계|산|및|정|답|

(1) △-Y결선

(2) 2차측을 단락시킨다. (2차측 절연보호)

(3) 【계산】 과전류 계전기의 전류 탭(I_t)=부하 전류$(I) \times \frac{1}{변류비} \times$설정값$= 65 \times \frac{5}{100} \times 1.2 = 3.9$[A]

【정답】 4[A] 설정

|추|가|해|설|

(1) 계기용 변성기 점검 시
  ① PT : 2차 측 개방 (2차 측 과전류 보호)
  ② CT : 2차 측 단락 (2차 측 과전압 보호, 2차 측 절연보호)

(2) 과전류 계전기의 전류 탭 : 과전류 계전기의 전류탭(I_{Tap})= 부하전류$(I) \times \frac{1}{변류비} \times$설정값

(3) OCR(과전류 계전기)의 탭 전류 : 2[A], 3[A], 4[A], 5[A], 6[A], 7[A], 8[A], 10[A], 12[A]

13 출제 : 15년 • 배점 : 5점

3상 농형 유도 전동기 부하가 다음 표와 같을 때 간선의 굵기를 구하려고 한다. 주어진 참고표의 해당 부분을 적용시켜 간선의 최소 전선 굵기를 계산하여 구하시오. (단, 전선은 PVC 절연전선을 사용하며, 공사방법은 B1에 의하여 시공한다.)

[부하내역]

상 수	전 압	용 량	대 수	기동방법
3상	200[V]	22[kW]	1대	기동기 사용
		7.5[kW]	1대	직입 기동
		5.5[kW]	1대	직입 기동
		1.5[kW]	1대	직입 기동
		0.75[kW]	1대	직입 기동

[표1] 200[V] 3상유도전동기의 간선의 굵기 및 기구의 용량

전동기[kW] 수의 총계 ① (kW) 이하	최대 사용 전류 ① (A) 이하	배선종류에 의한 간선의 최소 굵기(mm^2) ②					
		공사방법 A1		공사방법 B1		공사방법 C	
		3개선		3개선		3개선	
		PVC	XLPE, EPR	PVC	XLPE, EPR	PVC	XLPE, EPR
3	15	2.5	2.5	2.5	2.5	2.5	2.5
4.5	20	4	2.5	2.5	2.5	2.5	2.5
6.3	30	6	4	6	4	4	2.5
8.2	40	10	6	10	6	6	4
12	50	16	10	10	10	10	6
15.7	75	35	25	25	16	16	16
19.5	90	50	25	35	25	25	16
23.2	100	50	35	35	25	35	25
30	125	70	50	50	35	50	35
37.5	150	95	70	70	50	70	50
45	175	120	70	95	50	70	50
52.5	200	150	95	95	70	95	70
63.7	250	240	150	–	95	120	95
75	300	300	185	–	120	185	120
86.2	350	–	240	–	–	240	150

【비고 1】 최소 전선 굵기는 1회선에 대한 것이며, 2회선 이상일 경우는 복수회로 보정계수를 적용하여야 한다.
【비고 2】 공사방법 A1은 벽 내의 전선관에 공사한 절연전선 또는 단심케이블, B1은 벽면의 전선관에 공사한 절연전선 또는 단심케이블, 공사방법 C는 벽면에 공사한 단심 또는 다심케이블을 시설하는 경우의 전선 굵기를 표시하였다.
【비고 3】 '전동기중 최대의 것'에는 동시 기동하는 경우를 포함한다.
【비고 4】 배선용차단기의 용량은 해당조항에 규정되어 있는 범위에서 실용상 거의 최대값을 표시함

[표2] (B종 퓨즈의 경우) (동선)

직입기동 전동기 중 최대용량의 것											
0.75이하	1.5	2.2	3.7	5.5	7.5	11	15	18.5	22	30	37– 55
기동기사용 전동기 중 최대용량의 것											
–	–	–	5.5	7.5	11 15	18.5 22	–	30 37	–	45	55
과전류차단기 [A] .... (칸 위 숫자) ③ 개폐기사용량 [A] ....(칸 아래 숫자) ④											
15 30	20 30	30 30	–	–	–	–	–	–	–	–	–
20 30	20 30	30 30	50 60	–	–	–	–	–	–	–	–
30 30	30 30	50 60	50 60	75 100	–	–	–	–	–	–	–
50 60	50 60	50 60	75 100	75 100	100 100	–	–	–	–	–	–
50 60	50 60	50 60	75 100	75 100	100 100	150 200	–	–	–	–	–
75 100	75 100	75 100	75 100	100 100	100 100	150 200	150 200	–	–	–	–
100 100	100 100	100 100	100 100	100 100	150 200	150 200	200 200	200 200	–	–	–
100 100	100 100	100 100	100 100	100 100	150 200	150 200	200 200	200 200	200 200	–	–
150 200	150 200	150 200	150 200	150 200	150 200	150 200	200 200	200 200	200 200	–	–
150 200	150 200	150 200	150 200	150 200	150 200	150 200	200 200	300 300	300 300	300 300	–
200 200	200 200	200 200	200 200	200 200	200 200	200 200	200 200	300 300	300 300	300 300	300 300
200 200	200 200	200 200	200 200	200 200	200 200	200 200	200 200	300 300	300 300	400 400	400 400
300 300	300 300	300 300	300 300	300 300	300 300	300 300	300 300	300 300	400 400	400 400	500 600
300 300	300 300	300 300	300 300	300 300	300 300	300 300	300 300	300 300	400 400	400 400	500 600
400 400	400 400	400 400	400 400	400 400	400 400	400 400	400 400	400 400	400 400	400 400	600 600

【비고 5】 과전류차단기의 선정은 최대용량의 정격전류의 3배에 다른 전동기의 정격전류의 합계를 계산한 값 이하를 표시함
【비고 6】 고리퓨즈는 300[A] 이하에서 사용하여야 한다.

|계|산|및|정|답|

【계산】 전동기 [kW]수의 총화=22+7.5+5.5+1.5+0.75=37.25[kW]

[표1]의 37.5[kW]와 공사방법 B1의 PVC난이 교차되는 70[mm^2]를 선정 【정답】 70[mm^2]

14

출제 : 15년 • 배점 : 4점

다음 물음에 답하시오.

(1) 정류기가 축전지의 충전에만 사용되지 않고 평상시 다른 직류부하의 전원으로 병행하여 사용되는 충전방식의 명칭을 쓰시오.

(2) 축전지의 각 전해조에 일어나는 전위차를 보정하기 위해 1~3개월마다 1회 정전압으로 10~12시간 충전하는 충전방식의 명칭을 쓰시오.

|계|산|및|정|답|

(1) 부동충정방식

(2) 균등충전방식

|추|가|해|설|

(1) 초기 충전 : 축전지에 전해액을 넣지 아니한 미충전 상태의 전지의 전해액을 주입하여 처음으로 행하는 충전이다.

(2) 급속 충전 : 비교적 단시간에 보통 전류의 2~3배의 전류로 충전하는 방식이다.

(3) 보통 충전 : 필요할 때마다 표준 시간율로 소정의 충전을 하는 방식이다.

(4) 부동충전 : 축전지의 자기 방전을 보충함과 동시에 상용 부하에 대한 전력 공급은 충전기가 부담하도록 하되 충전기가 부담하기 어려운 일시적인 대전류 부하는 축전지로 하여금 부담하게 하는 방식이다.

(5) 균등충전 : 부동 충전 방식에 의하여 사용할 때 각 전해조에서 일어나는 전위차를 보정하기 위하여 1~3개월 마다 1회씩 정격전압으로 10~12시간 충전하여 각 전해조의 용량을 균일화하기 위한 방식이다.

(6) 세류충전 : 자기 방전량만을 항시 충전하는 부동 충전 방식의 일종이다.

15 출제 : 15년 • 배점 : 4점

전압 22900[V], 주파수 60[Hz], 1회선의 3상 지중 송전선로의 3상 무부하 충전전류 및 충전용량을 구하시오. (단, 송전선의 선로길이는 7[km], 케이블 1선당 작용 정전용량은 0.4[μF/km]라고 한다.)

(1) 충전전류

・계산 : ・답 :

(2) 충전용량

・계산 : ・답 :

|계|산|및|정|답|

(1) 【계산】 충전전류 $I_c = \frac{E}{X_c} = \frac{E}{\frac{1}{\omega C}} = \omega CE = 2\pi f C \times \frac{V}{\sqrt{3}} = 2\pi \times 60 \times 0.4 \times 10^{-6} \times 7 \times \frac{22900}{\sqrt{3}} = 13.96[A]$

【정답】 13.96[A]

(2) 【계산】 충전용량 $Q_c = 2\pi f C V^2 \times 10^{-3} = 2\pi \times 60 \times 0.4 \times 10^{-6} \times 7 \times 22900^2 \times 10^{-3} = 553.55[\text{kVA}]$

【정답】 553.55[kVA]

추|가|해|설|

1. 충전전류 $I_c = \frac{E}{X_c} = \frac{E}{\frac{1}{\omega C}} = \omega CE = 2\pi f C \times \frac{V}{\sqrt{3}}[A]$

   여기서, E : 대지전압(상전압), V : 선간전압($V = \sqrt{3}E \rightarrow E = \frac{V}{\sqrt{3}}$), C : 정전용량, $\omega(=2\pi f)$

2. 충전용량 $Q_c = \sqrt{3}VI_c = \sqrt{3}V \times 2\pi f C \times \frac{V}{\sqrt{3}} \times 10^{-3} = 2\pi f C V^2 \times 10^{-3}[\text{kVA}]$

16

출제 : 15년 • 배점 : 6점

지중 케이블의 고장점 탐지법 3가지와 각각의 사용 용도를 쓰시오.

고장점 탐지법	사용 용도
머레이 루프법	
펄스레이더법	
정전 용량법	

|계|산|및|정|답|

고장점 탐지법	사용 용도
머레이 루프법	1선 지락 사고 및 선간 단락 사고 시 고장점 측정
펄스레이더법	지락, 3선 단락 및 단선사고 시 고장점 측정
정전 용량법	단선사고 시 고장점 측정

17

출제 : 15년 • 배점 : 6점

발전소 및 변전소에 사용되는 다음 각 모선보호방식에 대하여 설명하시오.

(1) 전류 차동 계전 방식 :

(2) 전압 차동 계전 방식 :

(3) 위상 비교 계전 방식 :

(4) 방향 비교 계전 방식 :

|계|산|및|정|답|

(1) 전류 차동 계전 방식 : 외부 사고 시 변류기의 오차에 의한 차동 회로 전류를 오동작하지 않도록 하기 위해 회선·전류(통과전류)로 억제하는 방식

(2) 전압 차동 계전 방식 : 전압계전기를 사용한 전류차동방식의 일종으로 차동회로에 전류계전기 대신 임피던스가 높은 전압계전기를 접속하는 방식으로 차동회로저항 또는 임피던스를 크게 할수록 CT 오차전류에 의한 계전기의 오동작을 줄일 수 있다

(3) 위상 비교 계전 방식 : 모선 각 회선 전류의 위상을 비교하여 내·외부 사고를 판정하는 방식으로 전류의 크기와는 무관하며 또한 CT 포화의 영향을 받지 않는다.

(4) 방향 비교 계전 방식 : 각 회선에 전력 방향 계전기를 설치하여 그의 접점을 조합하여 사고를 검출하는 방식으로 고저항 접지계에 주로 사용된다.

18

출제 : 15년 • 배점 : 6점

다음의 유접점 회로를 무접점 회로로 바꾸고, NAND만의 회로로 변환하시오.

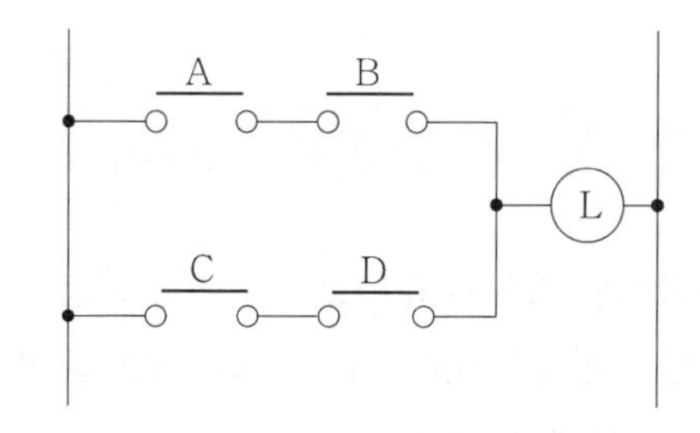

|계|산|및|정|답|

구 분	무접점 논리회로	NAND만의 논리회로
논리식	L=A·B+C·D	$L=\overline{\overline{AB}\cdot\overline{CD}}$
회로도		

|추|가|해|설|

· 무접점 논리회로 : $L=A\cdot B+C\cdot D$

· 드모르간(De Morgan)의 정리의 정리

· $\overline{A+B}=\overline{A}\,\overline{B}$　　· $A+B=\overline{\overline{A}\,\overline{B}}$　　· $\overline{AB}=\overline{A}+\overline{B}$　　· $AB=\overline{\overline{A}+\overline{B}}$

19

출제 : 15년 • 배점 : 5점

조명 용어 중 감광보상율이란 무엇을 의미하는가?

|계|산|및|정|답|

【감광보상률】 조명설계를 할 때 점등 중에 광속의 감소를 미리 예상하여 소요 광속의 여유를 두는 정도를 말하며 항상 1보다 큰 값이다. 그리고 감광보상률의 역수를 유지율 혹은 보수율이라고 한다.

|추|가|해|설|

감광보상률 $D=\frac{1}{M}$ (M : 유지율(보수율), D : 감광보상률(D 〉 1)

03 2015년 전기기사 실기

01

출제 : 15년 • 배점 : 7점

다음 미완성 시퀀스도는 누름버튼 스위치 하나로 전동기를 기동, 정지를 제어하는 회로이다. 동작사항과 회로를 보고 각 물음에 답하시오. (단, X_1, X_2 : 8핀 릴레이, MC : 5a 2b 전자접촉기, PB : 누름버튼 스위치, RL : 적색램프이다.)

[동작 사항]

① 누름버튼 스위치(PB)를 한 번 누르면 X_1에 의하여 MC 동작(전동기 운전), RL램프 점등

② 누름버튼 스위치(PB)를 한 번 더 누르면 X_2에 의하여 MC 소자(전동기 정지), RL램프 소등

③ 누름버튼 스위치(PB)를 반복하여 누르면 전동기가 기동과 정지를 반복하여 동작

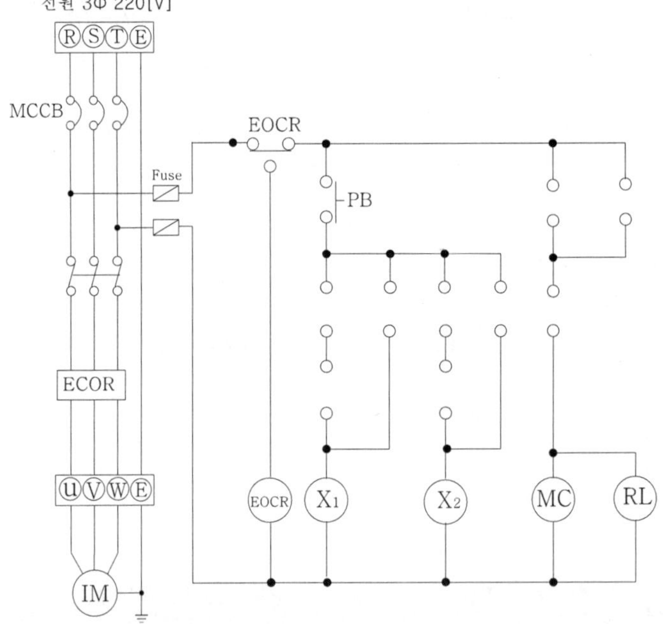

(1) 동작사항에 알맞도록 미완성 시퀀스도를 완성하시오. (단, 회로도에 접점의 그림기호를 직접 그리고, 접점의 명칭을 정확히 표시하시오.)

예) X_1 릴레이 a접점인 경우 : X1

(2) MCCB의 명칭을 쓰시오.

(3) EOCR의 명칭과 사용목적에 대하여 쓰시오.

·명칭 ·사용 목적

| 계 | 산 | 및 | 정 | 답 |

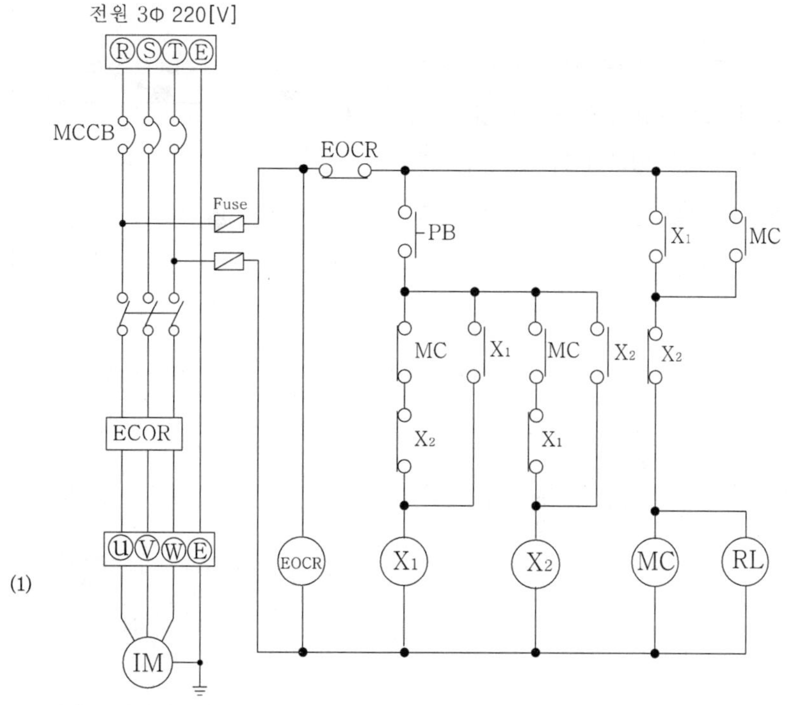

(1)

(2) 배선용 차단기

(3) 【명칭】 전자식 과부하 릴레이

【사용목적】 전동기에 과전류가 흐르면 동작하여 MC를 트립시켜 전동기를 보호한다.

| 추 | 가 | 해 | 설 |

- MCCB(Molded Case Circuit Breaker) : 배선용 차단기
- EOCR(Electronic Overload Relays) : 전자식 과부하 계전기
- EOCR(Electronic Overcurrent Relays) : 전자식 과전류 계전기

02

출제 : 15년 • 배점 : 5점

배전용 변압기의 고압측(1차측)에 여러 개의 탭을 설치하는 이유는 무엇인가?

| 계 | 산 | 및 | 정 | 답 |

배전선로의 전압을 조정하기 위하여

| 추 | 가 | 해 | 설 |

[탭전환에 의한 전압조정]

① 2차 전압을 낮추고 싶은 경우 : 1차 권선을 증가시켜 권선비를 크게 하여야 하는 것이므로 탭을 올린다. 예를 들면, 탭 설정이 6300[V]에서 사용되고 있는 변압기로서 2차 전압이 220[V]인 경우, 정격전압인 210[V]로 하려면, 탭전압을 6300[V]에서 6600[V]로 한다(탭전압 $=(220/210)\times 6300=6600$[V]).

② 2차 전압을 올리고 싶은 경우 : 탭을 내린다. 그러나 원칙으로서 2차 정격전압보다 5[%] 이상 올릴 수 없다.

03

출제 : 15년 • 배점 : 5점

그림과 같이 폭 30[m]인 도로의 양쪽에 지그재그식으로 300[W]의 고압수은등을 배치하여 도로의 평균 조도를 5[lx]로 하려고 한다. 각 등의 간격 S[m]은 얼마가 되어야 하는가? (단, 조명률은 0.32, 감광보상률은 1.3, 수은등의 광속은 5500[lm]이다.)

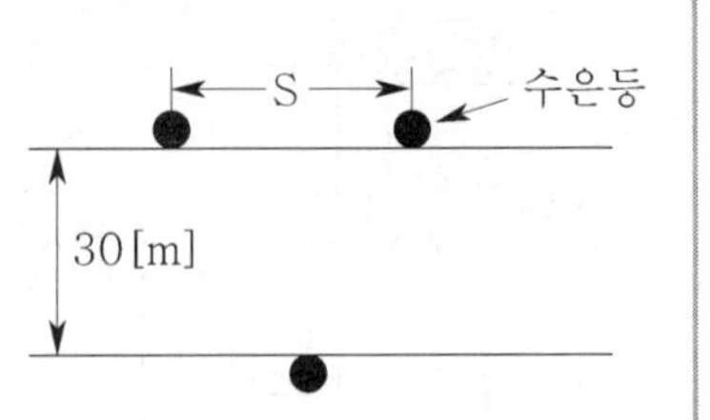

·계산 : ·답 :

|계|산|및|정|답|

【계산】 $FUN = AED = \left(\frac{1}{2}BS\right)ED \rightarrow S = \frac{FUN}{\frac{1}{2}BED} = \frac{5500 \times 0.32 \times 1}{\frac{30}{2} \times 5 \times 1.3} = 18.05[\text{m}]$

→ (지그재그 조명 : $A = \frac{S \cdot B}{2}[m^2]$)

【정답】 18.05[m]

|추|가|해|설|

[조도 및 소요등수 계산]

$FUN = DEA = BSED$

여기서, F : 등주 1개당의 광속[lm], B : 도로 폭[m], S : 등주 간격[m], N : 등주의 나열수[개], E : 도로면 위의 평균 조도[lx]

[도로 조명 배치 방법]

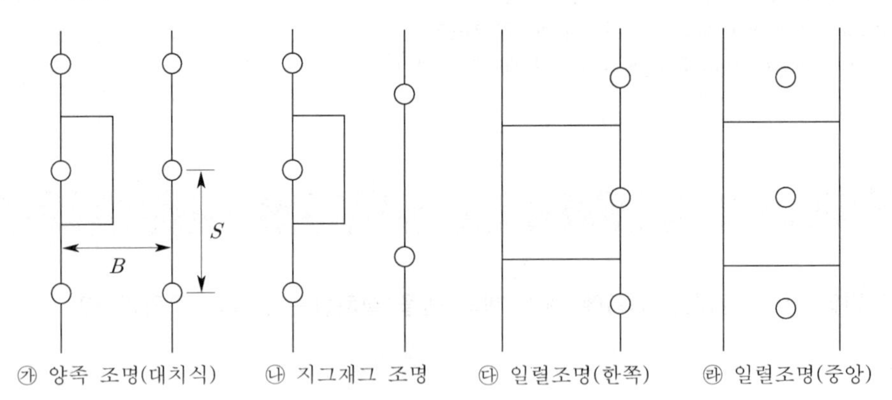

㉮ 양족 조명(대치식) ㉯ 지그재그 조명 ㉰ 일렬조명(한쪽) ㉱ 일렬조명(중앙)

㉮ 양쪽 조명(대치식) : 1일 배치의 피조 면적 $A = \frac{S \cdot B}{2}[m^2]$

㉯ 지그재그 조명 : $A = \frac{S \cdot B}{2}[m^2]$

㉰ 일렬조명(한쪽) : $A = S \cdot B[m^2]$

㉱ 일렬조명(중앙) : $A = S \cdot B[m^2]$

04

출제 : 15년 • 배점 : 5점

접지공사의 목적을 3가지만 쓰시오.

|계|산|및|정|답|

① 감전 방지

② 전로의 대지전압의 저하

③ 보호 계전기의 동작 확보

|추|가|해|설|

[접지의 목적]

감전방지, 전로의 대지전압의 저하, 보호계전기의 동작확보, 이상전압의 억제

① 감전 방지 : 기기의 절연 열화나 손상 등으로 누전이 발생하면 전류가 접지선으로 흘러 기기의 대지 전위 상승이 억제되고 인체의 감전 위험이 줄어들게 된다.

② 전로의 대지전압의 저하 : 3상 4선식 전로의 중성점을 접지하면 각 선의 대지전압은 선간전압의 $\frac{1}{\sqrt{3}}$ 배로 낮아진다.

③ 보호 계전기의 동작 확보 : 지락 사고 시에 일정 크기 이상의 지락 전류가 흐르기 때문에 지락 계전기 등의 동작을 확실하게 할 수 있다.

④ 기기의 손상 방지 : 뇌전류 또는 고·저압 혼촉 등에 의하여 침입하는 고전압을 접지선을 흘려보내 기기의 손상을 방지할 수 있다.

05

출제 : 15년 • 배점 : 5점

사용 중인 UPS의 2차 측에 단락사고 등이 발생 했을 경우 UPS와 고장 회로를 분리하는 방식 3가지를 쓰시오.

|계|산|및|정|답|

① 배선용 차단기에 의한 방식

② 속단 퓨즈에 의한 방식

③ 반도체 차단기에 의한 방식

06

출제 : 15, 19년 • 배점 : 13점

도면과 같은 345[kV] 변전소의 단선도와 변전소에 사용되는 주요 제원을 이용하여 다음 각 물음에 답하시오.

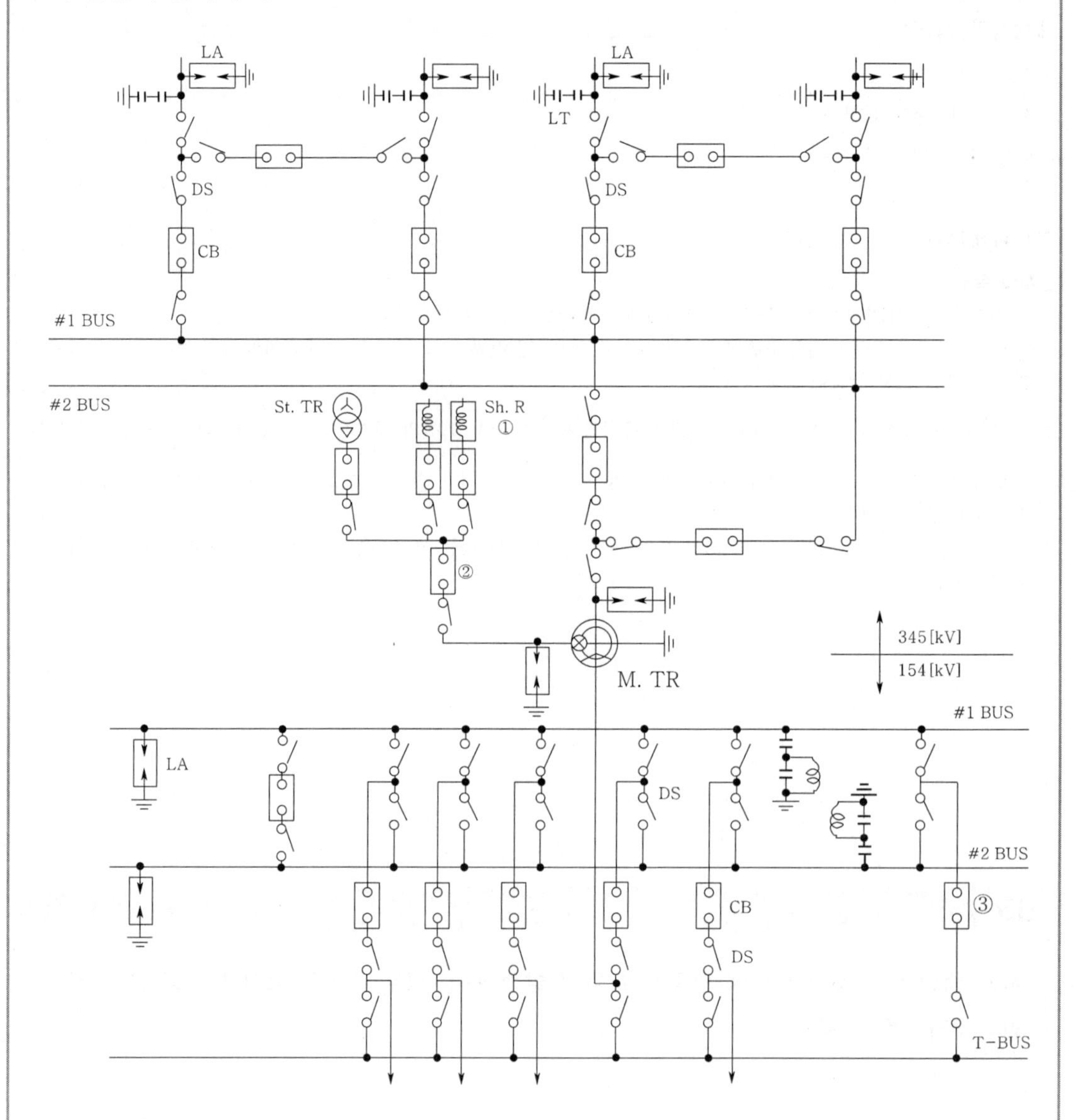

[주변압기]

단권변압기 345[kV]/154[kV]/23[kV](Y-Y-△)

166.7[MVA]×3대≒500[MVA],

OLTC부 %임피던스(500[MVA] 기준) : 1차~2차 : 10[%]

1차~3차 : 78[%]

2차~3차 : 67[%]

[차단기]

362[kV] GCB 25[GVA] 4000[A]~2000[A]

170[kV] GCB 15[GVA] 4000[A]~2000[A]

25.8[kV] VCB (　　)[MVA] 2500[A]~1200[A]

[단로기]

362[kV] DS 4000[A]~2000[A]

170[kV] DS 4000[A]~2000[A]

25.8[kV] DS 2500[A]~1200[A]

[피뢰기]

288[kV] LA 10[kA]

144[kV] LA 10[kA]

21[kV] LA 10[kA]

[분로 리액터]

23[kV] Sh.R 30[MVAR]

[주모선]

Al-Tube 200ϕ

(1) 도면의 345[kV]측 모선 방식은 어떤 모선 방식인가?

(2) 도면에서 ①번 기기의 설치 목적은 무엇인가?

(3) 도면에 주어진 제원을 참조하여 주변압기에 대한 등가 %임피던스(Z_H, Z_M, Z_L)를 구하고, ②번 23[kV] VCB의 차단용량을 계산하시오. (단, 그림과 같은 임피던스 회로는 100[MVA] 기준이다.)

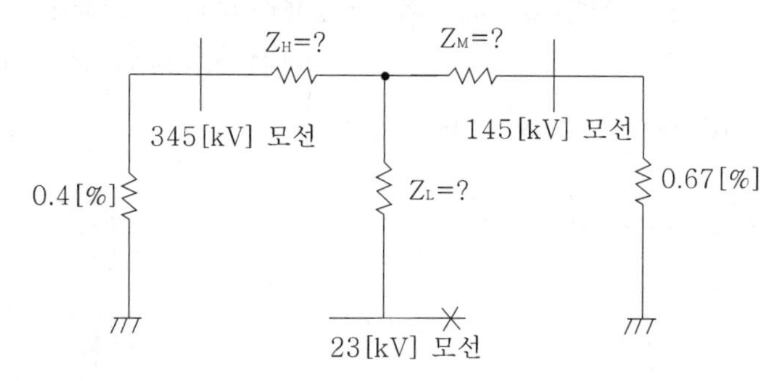

① 등가 %임피던스(Z_H, Z_M, Z_L)

・계산 :　　　　　　　　　　　　・답 :

② 23[kV] VCB 차단용량

・계산 :　　　　　　　　　　　　・답 :

(4) 도면의 345[kV] GCB에 내장된 계전기용 BCT의 오차계급은 C800이다. 부담은 몇 [VA]인가?

·계산 : ·답 :

(5) 도면의 ③번 차단기의 설치 목적을 설명하시오.

(6) 도면의 주변압기 1Bank(1단×3대)을 증설하여 병렬 운전시키고자 한다. 이때 병렬운전 할 수 있는 조건 4가지를 쓰시오.

|계|산|및|정|답|

(1) 2중 모선방식

(2) 페란티 현상 방지

(3) ① 【계산】 등가 %임피던스

500[MVA] 기준 %Z는 1차~2차 $Z_{HM}=10[\%]$

2차~3차 $Z_{ML}=67[\%]$

1차~3차 $Z_{HL}=78[\%]$이므로

100[MVA] 기준으로 환산하면

$$Z_{HM}=\frac{\text{기준용량}}{\text{자기용량}}\times \text{환산할 }\%Z=10\times\frac{100}{500}=2[\%]$$

$$Z_{ML}=67\times\frac{100}{500}=13.4[\%]$$

$$Z_{HL}=78\times\frac{100}{500}=15.6[\%]$$

등가%임피던스로 임피던스 값을 계산

$$Z_H=\frac{1}{2}(Z_{HM}+Z_{HL}-Z_{ML})=\frac{1}{2}(2+15.6-13.4)=2.1[\%]$$

$$Z_M=\frac{1}{2}(Z_{HM}+Z_{ML}-Z_{HL})=\frac{1}{2}(2+13.4-15.6)=-0.1[\%]$$

$$Z_L=\frac{1}{2}(Z_{HL}+Z_{ML}-Z_{HM})=\frac{1}{2}(15.6+13.4-2)=13.5[\%]$$

【정답】 $Z_H=2.1[\%]$, $Z_M=-0.1[\%]$, $Z_L=13.5[\%]$

② 【계산】 23[kV] VCB 차단용량 등가 회로로 그리면

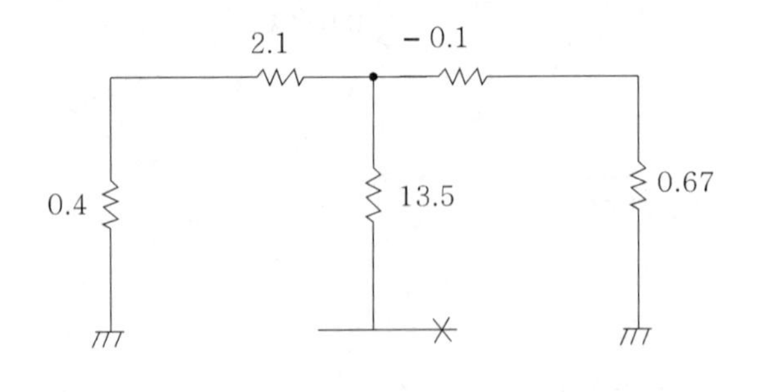

[23[kV] VCB 차단용량 등가 회로]

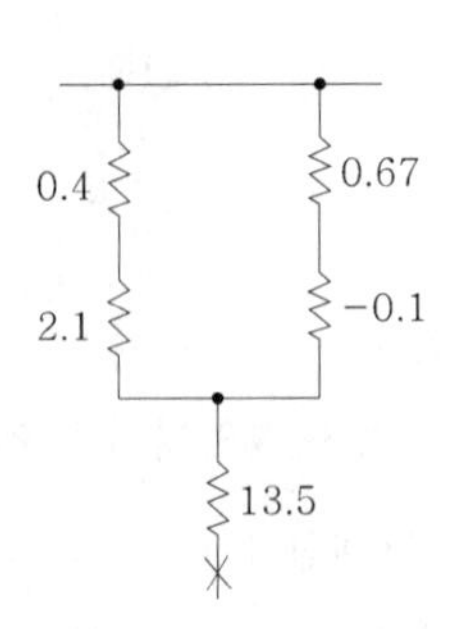

[좀 더 알기 쉽게 그림 등가회로]

23[kV] VCB 설치 점까지 전체 %임피던스 %Z를 구하면

$$\%Z = 13.5 + \frac{(2.1+0.4)(-0.1+0.67)}{(2.1+0.4)+(-0.1+0.67)} = 13.96[\%]$$

$\therefore$ 23[kV] VCB 단락 용량 $P_S = \frac{100}{\%Z}P_n = \frac{100}{13.96} \times 100 = 716.33[\text{MVA}]$ →(P_n : 기분용량(100[MVA])

【정답】 716.33[MVA]

(4) 【계산】 오차계급 C800에서 임피던스 8[Ω]이므로

부담 $VA = I^2 Z = 5^2 \times 8 = 200[\text{VA}]$ → (전류는 5[A])

【정답】 200[VA]

(5) 모선절체용 차단기로 선로 점검 시 무정전으로 점검하기 위해 사용

(6) ① 1, 2차 정격전압(전압비)이 같을 것
② 극성 및 권수비가 같을 것
③ %임피던스가 같을 것
④ 내부저항과 누설리액턴스 비가 같을 것

|추|가|해|설|

(1) Sh. R : 분로리액터를 의미한다.
(2) #1BUS, #2BUS, 그리고 T-BUS(Transfer BUS) 있는 경우로서 평상시 주모선으로 운전하며 회선 또는 차단기의 점검시 T-BUS(절환모선) CB(③번 차단기)를 사용한다.
(3) 3권선 변압기의 %임피던스 계산
- 1~2차간의 합성 %임피던스 $\%Z_{12} = \%Z_1 + \%Z_2$
- 2~3차간의 합성 %임피던스 $\%Z_{23} = \%Z_2 + \%Z_3$
- 3~1차간의 합성 %임피던스 $\%Z_{31} = \%Z_1 + \%Z_3$

07

출제 : 15년 • 배점 : 5점

3상 교류 전동기는 고장이 발생하면 여러 문제가 발생하므로, 전동기를 보호하기 위해 과부하 보호 이외에 여러 가지 보호장치를 하여야 한다. 3상 교류 전동기 보호를 위한 종류를 5가지만 쓰시오. (단, 과부하 보호는 제외한다.)

|계|산|및|정|답|

① 단락보호 ② 지락보호 ③ 회전자 구속 보호
④ 불평형 보호 ⑤ 저전압 보호

|추|가|해|설|

보호항목	적용 계전기
단락보호	순시부 과전류 계전기
지락보호	반한시성 과전류 계전기, 방향성 지락 계전기
회전자 구속보호	damper winding 열동계전기, 순시부 과전류 계전기
불평형 보호	상전류 평형 계전기, 역상 전압 계전기
저전압 보호	순시 저전압 계전기, 시지연 저전압 계전기
과부하 보호	열동 과부하 계전기, 반한시성 과전류 계전기, 온도 계전기(권선용)

08

출제 : 15년 • 배점 : 5점

6000[V], 3상 전기설비에 변압비 30인 계기용 변압기(PT)를 그림과 같이 잘못 접속하였다. 각 전압계 V_1, V_2, V_3에 나타나는 단자 전압은 몇 [V]인가?

·계산 : ·답 :

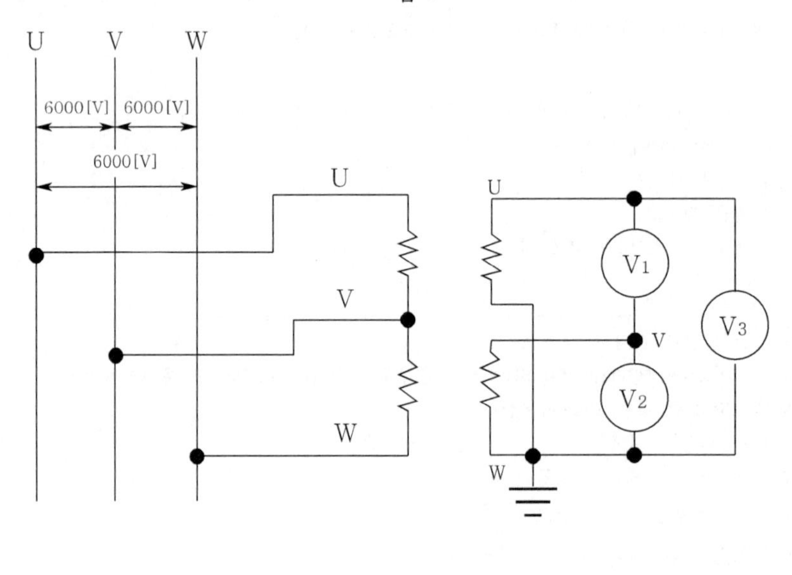

|계|산|및|정|답|

① 【계산】 V_1의 지시값 $V_1 = \sqrt{3} \times \frac{6000}{30} = 346.41$[V] 【정답】 346.41[V]

② 【계산】 V_2의 지시값 $V_2 = \frac{6000}{30} = 200$[V] 【정답】 200[V]

③ 【계산】 V_3의 지시값 $V_3 = \frac{6000}{30} = 200$[V] 【정답】 200[V]

|추|가|해|설|

그림에서 V_1은 V_2와 V_3의 벡터 차전압을 지시, 그러므로 $V_1 = \sqrt{3}\,V_2 = \sqrt{3}\,V_3$가 된다.

09

출제 : 15년 • 배점 : 6점

동기발전기를 병렬로 접속하여 운전할 때 발생하는 횡류의 종류 3가지를 쓰고, 각각의 작용에 대하여 설명하시오.

|계|산|및|정|답|

① 무효횡류 : 양 발전기의 역률을 변화시킨다.

② 유효횡류 : 양 발전기의 유효전력의 분담을 변화시킨다.

③ 고조파 무효횡류 : 전기자 권선의 저항손을 증가시킨다.

|추|가|해|설|

[동기 발전기의 병렬운전 조건 시 문제점]

① 기전력의 크기가 서로 같지 않을 때 : 무효횡류(순환전류)

② 기전력의 위상이 같지 않을 때 : 유효횡류(동기화 전류)

③ 기전력의 주파수가 같지 않을 때 : 단자 전압 변동, 권선 가열

④ 기전력의 파형이 같지 않을 때 : 고주파 무효순환전류

10

출제 : 03, 15년 • 배점 : 5점

역률 과보상 시 발생하는 현상에 대하여 3가지만 쓰시오.

|계|산|및|정|답|

① 역률의 저하 및 손실의 증가 ② 단자전압 상승 ③ 계전기의 오동작

|추|가|해|설|

1. 역률 과보상 : 역률 개선용 콘덴서의 용량은 부하의 지상 역률에 의한 무효전력보다는 크지 않아야 하는데, 콘덴서 용량이 지상 전류 무효전력을 상쇄하고도 남는 경우이다. 90도 앞선 진상 전류에 의한 모선 전압 상승 및 앞선 역률로 인한 전력 손실 증가, 고조파 왜곡 증가, 계전기 오동작 등을 유발시킬 수 있다.

2. 역률 과보상 시 발생하는 현상
   ① 계전기의 오동작
   ② 단자전압 상승
   ③ 역률 저하
   ④ 손실의 증가

11

출제 : 15년 • 배점 : 5점

분전반에서 50[m]의 거리에 380[V], 4극 3상 유도 전동기 37[kW]를 설치하였다. 전압강하를 5[V] 이하로 하기 위해서 전선의 굵기[mm^2]를 얼마로 선정하는 것이 적당한가? (단, 전압강하 계수는 1.1, 전동기의 전부하 전류는 75[A], 3상 3선식 회로임)

·계산 : ·답 :

|계|산|및|정|답|

【계산】 $A=\frac{30.8LI}{1000 \cdot e} \cdot K=\frac{30.8\times 50\times 75}{1000\times 5}\times 1.1=25.41[mm^2]$

【정답】 35[mm^2]

|추|가|해|설|

(1) KSC IEC 전선규격[mm^2]

1.5	2.5	4
6	10	16
25	35	50
70	95	120
150	185	240
300	400	500

(2) 전선의 단면적 및 전압 강하

전기 방식	전선의 단면적	전압 강하
단상 2선식	$A=\frac{35.6LI}{1000 \cdot e}$	$e=\frac{35.6LI}{1000 \cdot A}$
3상 3선식	$A=\frac{30.8LI}{1000 \cdot e}$	$e=\frac{30.8LI}{1000 \cdot A}$
단상 3선식 3상 4선식	$A=\frac{17.8LI}{1000 \cdot e_1}$	$e_1=\frac{17.8LI}{1000 \cdot A}$

여기서, e : 전압 강하[V], e_1 : 외측선 또는 각 상의 1선과 중성선 사이의 전압 강하[V]
A : 전선의 단면적[mm^2], L : 전선의 1본의 길이[m], I : 전류[A]

12
출제 : 15년 • 배점 : 5점

전기 방폭설비의 의미를 설명하시오.

|계|산|및|정|답|

위험한 가스 혹은 분진 등으로 인한 폭발이 발생할 우려가 있는 곳에 설치하는 전기설비

|추|가|해|설|

[방폭설비의 종류 및 특징]

구분	기호	주요 특징
내압 방폭구조(d)	d	전폐구조로서 용기내부에서 가스가 폭발하여도 용기가 그 압력에 견디고 또한 외부의 폭발성가스에 인화될 우려가 없는 구조를 말한다.
압력 방폭구조(p)	p	용기내부에 보호기체, 예를 들면 신선한 공기 또는 불연성가스를 압입하여 내압을 유지함으로써 폭발성가스가 침입하는 것을 방지하는 구조를 말한다.
유입방폭구조(o)	o	불꽃, 아크 또는 점화원이 될 수 있는 고온 발생의 우려가 있는 부분을 유중에 넣어 유면상에 존재하는 폭발성가스에 인화될 우려가 없도록 한 구조를 말한다.
안전증 방폭구조(e)	e	상시 운전 중에 불꽃, 아크 또는 과열이 발생되면 안 되는 부분에 이들이 발생되는 것을 방지하도록 구조상 또는 온도상승에 대하여 특히 안전도를 증가시킨 구조를 말한다.
본질안전방폭구조(i)	i	위함한 장소에서 사용되는 전기회로(전기 기기의 내부 회로 및 외부배선의 회로)에서 정상시 및 사고시에 발생하는 전기불꽃 또는 열이 폭발성가스에 점화되지 않는 것이 점화시험 등에 의해 확인된 구조의 것을 말한다.
분진방폭방진구조(s)	s	분진위험장소에서 사용에 적합하도록 특별히 고려한 방진구조로서 외부의 분진에 점화되지 않도록 한 것을 말한다.

13
출제 : 15년 • 배점 : 5점

과전류계전기와 수전용 차단기 연동시험 시 시험전류를 가하기 전에 준비하여야 하는 사항 3가지를 쓰시오.

|계|산|및|정|답|

① 수저항기　　② 전류계　　③ 사이클카운터(계전기 시험장치)

14

출제 : 01, 15년 • 배점 : 4점

역률 80[%], 10000[kVA]의 부하를 가진 변전소에 2000[kVA]의 콘덴서를 설치하여 역률을 개선하면 변압기에 걸리는 부하는 몇 [kVA]인가?

·계산 :　　　　　　　　　　　　　　　·답 :

|계|산|및|정|답|

【계산】 역률 개선 전의 유효 전력 $P = 10000 \times 0.8 = 8000$[kW]

역률 개선 전의 무효 전력 $Q_1 = 10000 \times \sqrt{1-0.8^2} = 6000$[kVar]

따라서, 역률 개선 후의 무효 전력 $Q_2 = 6000 - 2000 = 4000$[kVar]

$\therefore W = \sqrt{P^2 + Q^2} = \sqrt{8000^2 + 4000^2} = 8944.27$[kVA]

【정답】 8944.27[kVA]

15

출제 : 15년 • 배점 : 5점

유효낙차 100[m], 최대 사용 수량 10[m^3/sec]의 수력발전소에 발전기 1대를 설치하려고 한다. 적당한 발전기의 용량[kVA]은 얼마인지 계산하시오. (단, 수차와 발전기의 종합효율 및 부하역률은 각각 85[%]로 한다.)

·계산 :　　　　　　　　　　　　　　　·답 :

|계|산|및|정|답|

【계산】 $P_9 = \dfrac{9.8QH\eta_t\eta_g}{\cos\theta} = \dfrac{9.8 \times 10 \times 100 \times 0.85}{0.85} = 9800$[kVA]

【정답】 9800[kVA]

|추|가|해|설|

① 수차 출력 : $P_t = 9.8QH\eta_t$[kW]

② 수력 발전 출력 : $P_g = 9.8QH\eta_t\eta_g$[kW]

③ 발전기 용량[kVA]$= \dfrac{9.8QH\eta}{\cos\theta}$

④ 발생 전력량 : $W = P_g \times t = 9.8QH\eta_t\eta_g t$[kWh]

여기서, Q : 사용 수량[m^3/s], H : 유효 낙차[m], η_t : 수차 효율, η_g : 발전기 효율, $\eta = \eta_t\eta_g$: 종합 효율, t : 시간[h]

16

출제 : 15년 • 배점 : 5점

20개의 가로등이 500[m] 거리에 균등하게 배치되어 있다. 한 등의 소요 전류 4[A], 전선(동선)의 단면적 35[mm^2], 도전율 97[%]라면 한쪽 끝에서 단상 220[V]로 급전할 때 최종 전등에 가해지는 전압[V]은 얼마인지 계산하시오. (단, 표준연동의 고유저항은 1/58[Ω/m-mm^2]이다.)

・계산 : ・답 :

|계|산|및|정|답|

【계산】 전기저항 $R=\rho\frac{l}{A}=\frac{1}{58}\times\frac{100}{C}\times\frac{l}{A}=\frac{1}{58}\times\frac{100}{97}\times\frac{500}{35}$ →(전선의 고유저항 $\rho=\frac{1}{58}\times\frac{100}{\text{도전율}(C)}$)

전압강하 $e=2IR=2\times20\times4\times\frac{1}{58}\times\frac{100}{97}\times\frac{500}{35}=40.63[V]$

최종 전등에 가해지는 전압$=220-\frac{40.63}{2}=199.69[V]$

→ (분포 부하의 전압강하는 말단 집중 부하 전압강하의 1/2이므로)

【정답】 199.69[V]

|추|가|해|설|

① 말단에 집중 부하 : ・전압 강하 : IR ・전력 손실 : I^2R

② 분산 부포 부하 : ・전압 강하 : $\frac{1}{2}IR$ ・전력 손실 : $\frac{1}{3}I^2R$

17

출제 : 15년 • 배점 : 5점

변압기 용량이 500[kVA], 1 뱅크인 200세대 아파트가 있다. 전등, 전열설비 부하가 600[kW], 동력설비 부하가 350[kW] 이라면 전부하에 대한 수용률은 얼마인가? (단, 전등, 전열설비 부하의 역률은 1.0, 동력설비 부하의 역률은 0.7 이고, 효율은 무시한다.)

・계산 : ・답 :

|계|산|및|정|답|

【계산】 ① 부하 설비용량$=\sqrt{(600+350)^2+\left(\frac{350}{0.7}\times\sqrt{1-0.7^2}\right)^2}=1014.89[\text{kVA}]$

② 최대 수용전력$=500[\text{kVA}]$

③ 수용률$=\frac{500}{1014.89}\times100=49.27[\%]$

【정답】 49.27[%]

|추|가|해|설|

・수용률 $=\frac{\text{최대수용전력}}{\text{부하설비용량}}\times100[\%]$ ・최대 수용전력=설비 용량×수용률

→ (최대 수용전력은 변압기 용량을 초과할 수 없으므로 변압기 용량을 수용전력으로 본다.)

18 출제 : 15년 • 배점 : 6점

그림과 같이 차동계전기에 의하여 보호되고 있는 3상 $\triangle - Y$결선 30[MVA], 33/11[kV] 변압기가 있다. 고장전류가 정격전류의 200[%] 이상에서 동작하는 계전기의 전류(i_r) 값은 얼마인지 구하시오. (단, 변압기 1차측 및 2차측 CT의 변류비는 각각 500/5[A], 2000/5[A]이다.)

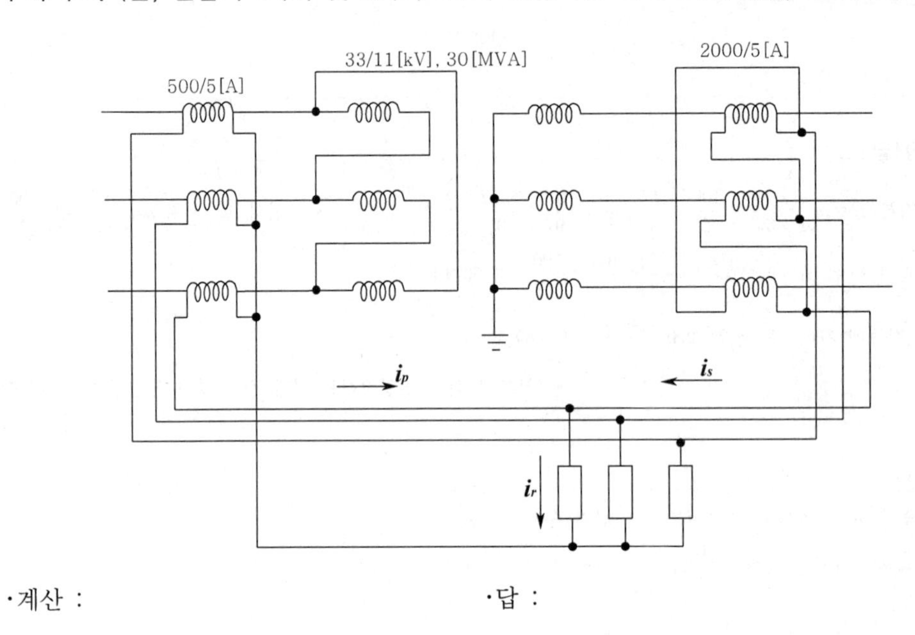

· 계산 : · 답 :

|계|산|및|정|답|

【계산】 1. $i_p = \frac{\text{변압기용량}}{\sqrt{3} \times 33} \times \frac{1}{\text{변류비}} = \frac{30000}{\sqrt{3} \times 33} \times \frac{5}{500} = 5.248[A]$

2. $i_s = \frac{\text{변압기용량}}{\sqrt{3} \times 11} \times \frac{1}{\text{변류비}} \times \sqrt{3} = \frac{30000}{\sqrt{3} \times 11} \times \frac{5}{2000} \times \sqrt{3} = 6.818[A]$

→ (변류기 상에 흐르는 전류가 선으로 연결되어 있으므로 $\sqrt{3}$ 을 곱해야 한다.

∴ 비율차동계전기에 흐르는 전류 $i_r = (i_s - i_p) \times 2 = (6.82 - 5.25) \times 2 = 3.14[A]$

→ (차동계전기에 흐르는 전류는 1차와 2차의 차(−)를 구한다.)

→ (차동계전기의 동작이 정격전류의 2배에서 되므로 2를 곱한다.)

【정답】 3.14[A]

01 2014년 전기기사 실기

01

출제 : 14년 • 배점 : 8점

예비전원 설비로 사용되는 축전지에 대한 다음 각 물음에 답하시오.

(1) 연축전지 설비의 초기 고장으로 단전지 전압의 비중저하 및 전압계의 역전현상이 발생되었다. 어떤 원인의 고장으로 추정되는가?

(2) 축전지의 고장 및 추정원인으로 충전장치의 고장이나 과충전, 액면 저하로 인한 극판의 노출, 교류분 전류의 유입과다로 인한 고장현상은 무엇인가?

(3) 축전지와 부하를 충전기에 병렬로 접속하여 사용하는 충전방식을 무엇이라 하는가?

(4) 축전지 용량을 구하는 식 $C=\frac{1}{L}KI$에서 L, K, I는 무엇을 의미하는지 설명하시오.

|계|산|및|정|답|

(1) 축전지의 역접속

(2) 축전지의 현저한 온도 상승 및 소손

(3) 부동충전방식(축전기의 부하를 충전기에 병렬로 접속하여 사용하는 충전방식)

(4) L : 유지율 또는 보수율, K : 용량환산 시간계수, I : 방전전류

|추|가|해|설|

L : 보수율은 사용시간 경과에 따른 축전지 용량 변화를 고려한 보정값이다.

[부동충전방식]

부동충전방식은 정류기가 축전지의 충전에만 사용하는 것이 아니라 평상시에는 다른 직류부하의 전원으로도 사용되는 충전방식이다. 이방식의 특징은

① 축전지는 완전 충전 상태에 있다.

② 정류기의 용량이 작아도 된다.

③ 축전지의 수명에 좋은 영향을 준다.

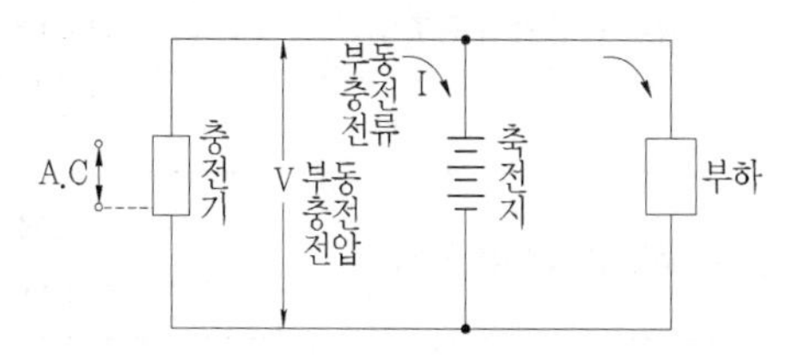

02

출제 : 22, 20, 14년 • 배점 : 5점

전기설비의 방폭대책에 따른 방폭구조의 종류 4가지를 쓰시오.

|계|산|및|정|답|

① 내압 방폭구조
② 압력 방폭구조
③ 유입 방폭구조
④ 안전증 방폭구조

|추|가|해|설|

[방폭설비의 종류 및 특징]

구분	기호	주요 특징
내압 방폭구조(d)	d	전폐구조로서 용기내부에서 가스가 폭발하여도 용기가 그 압력에 견디고 또한 외부의 폭발성가스에 인화될 우려가 없는 구조를 말한다.
압력 방폭구조(p)	p	용기내부에 보호기체, 예를 들면 신선한 공기 또는 불연성가스를 압입하여 내압을 유지함으로써 폭발성가스가 침입하는 것을 방지하는 구조를 말한다.
유입방폭구조(o)	o	불꽃, 아크 또는 점화원이 될 수 있는 고온 발생의 우려가 있는 부분을 유중에 넣어 유면상에 존재하는 폭발성가스에 인화될 우려가 없도록 한 구조를 말한다.
안전증 방폭구조(e)	e	상시 운전 중에 불꽃, 아크 또는 과열이 발생되면 안 되는 부분에 이들이 발생되는 것을 방지하도록 구조상 또는 온도상승에 대하여 특히 안전도를 증가시킨 구조를 말한다.
본질안전방폭구조(i)	i	위험한 장소에서 사용되는 전기회로(전기 기기의 내부 회로 및 외부배선의 회로)에서 정상시 및 사고시에 발생하는 전기불꽃 또는 열이 폭발성가스에 점화되지 않는 것이 점화시험 등에 의해 확인된 구조의 것을 말한다.
분진방폭방진구조(s)	s	분진위험장소에서 사용에 적합하도록 특별히 고려한 방진구조로서 외부의 분진에 점화되지 않도록 한 것을 말한다.

03

출제 : 14, 17년 • 배점 : 5점

그림은 전위 강하법에 의한 접지저항 측정 방법이다. E, P, C가 일직선상에 있을 때, 다음 물음에 답하시오. 단, E는 반지름 r인 반구모양 전극(측정대상 전극)이다.

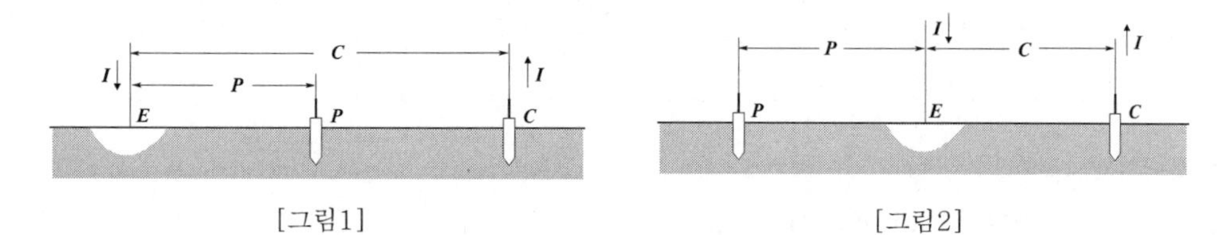

[그림1] [그림2]

(1) [그림1]과 [그림2]의 측정방법 중 접지저항 값이 참값에 가까운 측정방법을 고르시오.

(2) 반구모양 접지 전극의 접지저항을 측정할 때 $E-C$간 거리의 몇 [%]인 곳에 전위 전극을 설치하면 정확한 접지저항 값을 얻을 수 있는지 설명하시오.

|계|산|및|정|답|

(1) 【정답】 [그림 1]

(2) 【계산 】 비율 $EP = EC \times 0.618$ $\quad \therefore \dfrac{EP}{EC} \times 100 = 61.8[\%]$ 【정답】 61.8[%]

|추|가|해|설|

(1) [그림2]와 같은 전극배치에서는 참값을 구할 수 있는 P전극의 위치는 존재하지 않으므로 [그림1]과 같은 전극 배치를 하여야 한다.

(2) 61.8[%] : 61.8[%]법은 전위 강하법을 이용하여 접지저항을 측정할 때, 전류보조극의 거리를 접지체로부터 C로 하고 전압보조극의 거리를 C의 61.8[%]로 하여 측정된 접지 저항값을 측정값으로 결정한다. 이 원리에 의해 측정되는 접지저항값은 C의 거리에 무관하다. 만일, 대지비 저항이 균일하지 않다면 측정치에 많은 오차가 발생될 수도 있지만 한 번의 측정으로 정확한 접지저항값을 얻을 수 있는 장점이 있다.

(3) 전위(압) 강하법

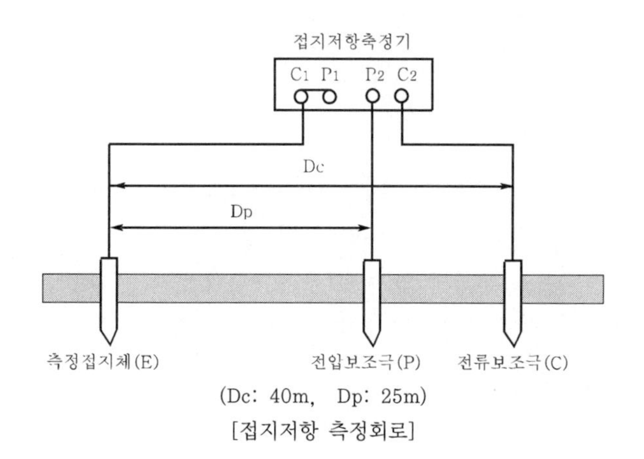

(Dc: 40m, Dp: 25m)

[접지저항 측정회로]

04

출제 : 14년 • 배점 : 5점

폭 15[m] 도로의 양쪽에 20[m] 간격으로 가로등이 양쪽에 대칭 배치되어 있다고 한다. 1등당 전광속은 3500[lm]이고, 조명률은 45[%]일 때, 도로의 평균조도[lx]는 얼마인가?

•계산 :　　　　　　　　　　　　　•답 :

|계|산|및|정|답|

【계산】 평균조도 $E = \frac{NFU}{AD} = \frac{3500 \times 0.45 \times 1}{\frac{1}{2} \times 15 \times 20} = 10.5[\text{lx}]$　　→ (대칭 배치이므로 $A = \frac{1}{2}BS = \frac{1}{2} \times 15 \times 20$)

여기서, N : 등수, F : 등당광속, U : 조명률, A : 면적, D : 감광보상률

【정답】 10.5[lx]

|추|가|해|설|

[도로 조명 배치 방법]

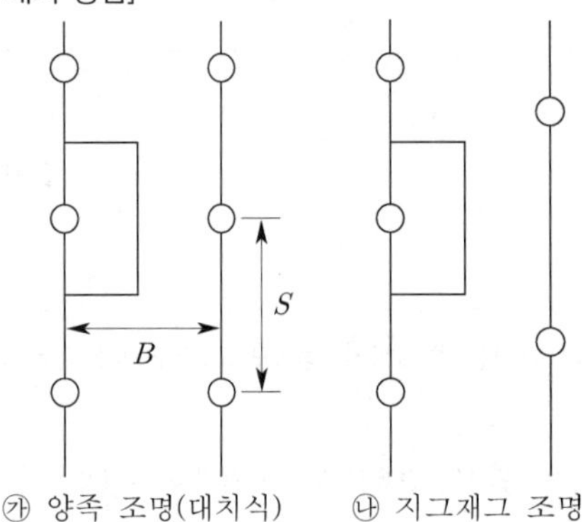

㉮ 양족 조명(대치식)　㉯ 지그재그 조명　㉰ 일렬조명(한쪽)　㉱ 일렬조명(중앙)

㉮ 양쪽 조명(대치식) : 1일 배치의 피조 면적 $A = \frac{S \cdot B}{2}[m^2]$　　㉯ 지그재그 조명 : $A = \frac{S \cdot B}{2}[m^2]$

㉰ 일렬조명(한쪽) : $A = S \cdot B[m^2]$　　㉱ 일렬조명(중앙) : $A = S \cdot B[m^2]$

05

출제 : 14년 • 배점 : 5점

수전전압 6600[V], 가공 전선로의 %임피던스가 60.5[%]일 때, 수전점의 3상 단락 전류가 7000[A]인 경우 기준용과 수전용 차단기의 차단용량은 얼마인가?

【차단기의 정격용량[MVA]】

10	20	30	50	75	100	150	250	300	400	500

(1) 기준용량

- 계산 :
- 답 :

(2) 차단용량

- 계산 :
- 답 :

|계|산|및|정|답|

(1) 【계산】 ① 기준용량 $P_n = \sqrt{3}\,VI_n[MVA]$ → (I_n : 정격전류, V : 공칭전압)

② 단락전류 $I_s = \dfrac{100}{\%Z}I_n$에서, 단락전류 $I_s = 7000[A]$, $\%Z = 58.5[\%]$

③ 정격전류 $I_n = \dfrac{\%Z}{100}I_s = \dfrac{60.5}{100} \times 7000 = 4235[A]$

∴기준용량 : $P_n = \sqrt{3}\,VI_n = \sqrt{3} \times 6600 \times 4235 \times 10^{-6} = 48.41[MVA]$ 【정답】 48.41[MVA]

(2) 【계산】 차단용량 $P_s = \dfrac{100}{\%Z}P_n = \dfrac{100}{60.5} \times 48.41 = 80.02[MVA]$ → (차단기의 정격용량 표에서 100[MVA] 선정)

【정답】 100[MVA]

|추|가|해|설|

- 정격차단용량[MVA]= $\sqrt{3}$×공칭전압[kV]×단락전류[kA]
  = $\sqrt{3}$×정격전압[kV]×정격차단전류[kA]

(차단기의 정격 차단전류는 단락전류보다 커야 한다.)

06

출제 : 14년 • 배점 : 8점

다음 도면과 같은 시퀀스도는 기동 보상기에 의한 전동기의 기동제어 회로의 미완성 도면이다. 도면을 보고 다음 물음에 답하시오.

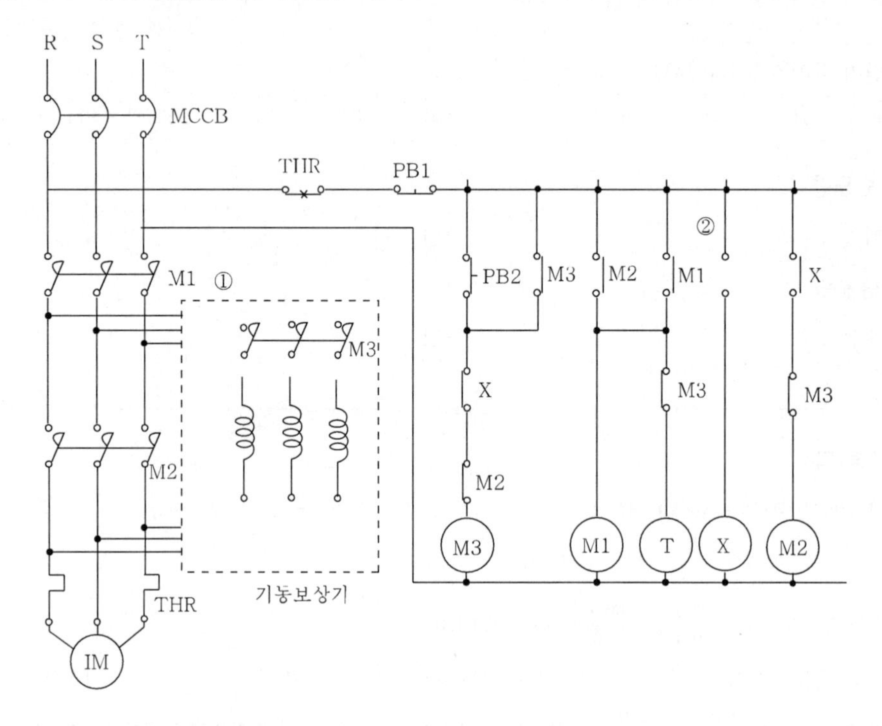

(1) 미완성 도면을 완성하시오.

(2) 빈 칸에 적당한 접점은 무엇인가?

(3) 잘못된 곳을 옳게 바꿔 그리시오.

(4) 기동보상기법을 간단히 설명하시오.

|계|산|및|정|답|

(1) (2) (3)

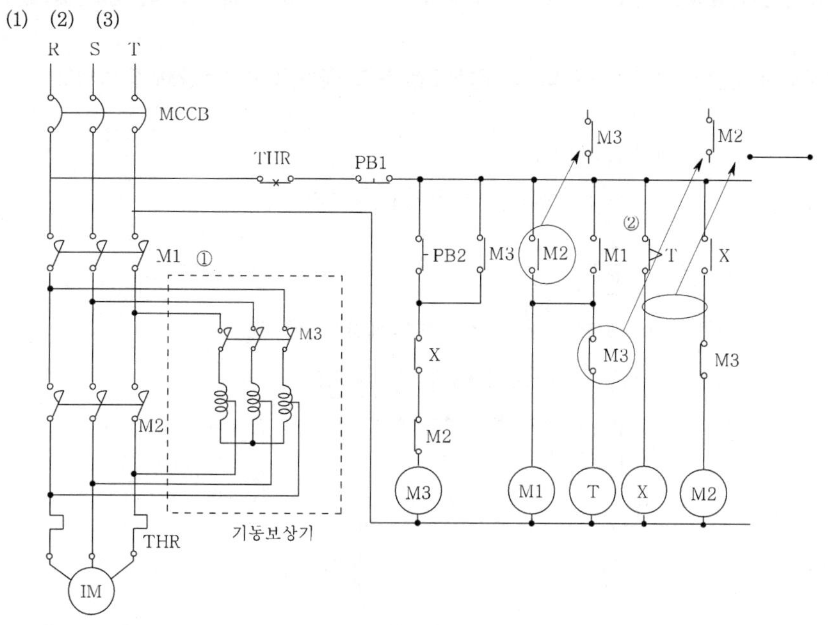

(4) 기동보상기법 : 전동기 기동시 기동 전류를 감소시키기 위하여 기동 시에 기동보상기를 사용하여 감전압(0.52~0.82)시켜 기동 후 일정시간 뒤에는 전전압으로 운전하는 방법이다.

|추|가|해|설|

[기동보상기에 의한 시동]

전원측에 3상 단권변압기로 정격전압의 50~80%의 전압에서 기동하고, 정상운전 속도에 도달하면 3상 단권변압기를 떼어내고 정격전압을 인가하여 주는 방식이다 이 방법은 기동전류를 0.52~0.82로 저감시킬 수가 있으며 중용량 이상의 전동기에 사용되어 기동시의 손실이 적고 전압을 감압할 수가 있다.

07

출제 : 06, 14년 • 배점 : 6점

그림은 특별 고압수전설비에 대한 단선 결선도이다. 이 결선도를 보고 다음 물음 (1)~(2)에 답하시오.

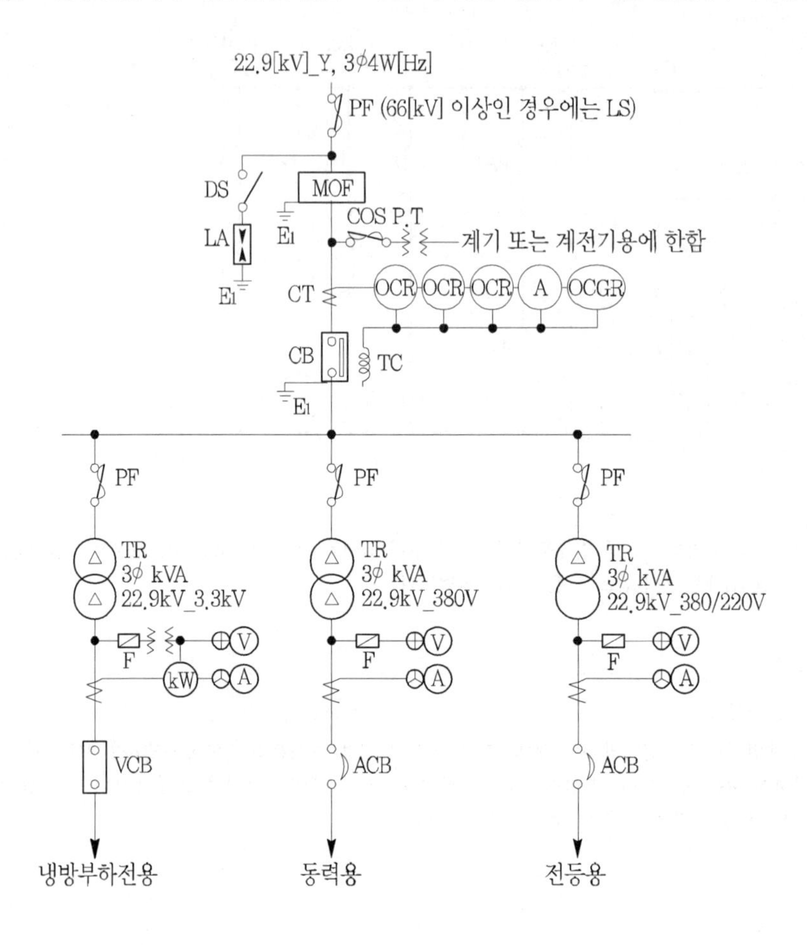

[표] 전력용 3상 변압기 표준 용량[kVA]

100	150	200	250	300	400	500

(1) 동력용 변압기의 연결된 동력용 부하설비의 용량이 300[kW], 역률은 80[%], 효율은 85[%], 수용률은 50[%]라고, 동력용 3상 변압기의 용량[kVA]을 계산하고, 용량을 표에서 선정하시오.

• 계산 : 　　　　　　　　　　• 답 :

(2) 냉방부하용 냉동기 1대를 설치하고자 한다. 냉방부하 전용 차단기로 VCB를 설치한다면, VCB에 흐르는 전류는 얼마인지 계산하시오. (단, 전동기는 150[kW], 정격전압 3300[V], 3상 농형유도전동기로 역률은 80[%], 효율은 85[%]이다.)

• 계산 : 　　　　　　　　　　• 답 :

|계|산|및|정|답|

(1) 【계산】 변압기 용량 $T_r = \dfrac{\text{개별최대수용전력의 합}}{\text{부등률}\times\text{역률}\times\text{효율}} = \dfrac{\text{설비용량}\times\text{수용률}}{\text{부등률}\times\text{역률}\times\text{효율}}$

$$= \frac{P\times F_{de}}{\eta\times\cos\theta} = \frac{300\times0.5}{0.8\times0.85} = 220.588 \fallingdotseq 220.59[\text{kVA}]$$

【정답】 변압기 표준 정격 용량표에서 250[kVA] 선정

(2) 【계산】 전류 $I = \dfrac{150\times10^3}{\sqrt{3}\times3300\times0.8\times0.85} = 38.6[\text{A}] \Rightarrow (P=\sqrt{3}\,VI\cos\theta\text{에서 } I=\dfrac{P}{\sqrt{3}\,V\cos\theta})$

【정답】 38.6[A]

|추|가|해|설|

(1) 변압기 용량(T_r) = $\dfrac{\text{개별최대수용전력의 합}}{\text{부등률}\times\text{역률}\times\text{효율}} = \dfrac{\text{설비용량}\times\text{수용률}}{\text{부등률}\times\text{역률}\times\text{효율}}$

(2) 전류[A] = $\dfrac{\text{전동기 출력}[kW]\times1000}{\sqrt{3}\times\text{전압}[V]\times\text{역률}\times\text{효율}}$

08

출제 : 14년 • 배점 : 5점

전압 220[V], 1시간의 사용 전력량 40[kWh], 역률 80[%]인 3상 부하가 있다. 이 부하의 역률을 개선하기 위하여 용량 30[kVA]인 진상 콘덴서를 설치할 경우, 개선 후의 무효전력은 몇 [kVar]이며, 전류는 몇 [A]나 감소하게 되겠는가?

(1) 개선 후의 무효전력

•계산 : •답 :

(2) 감소된 전류

|계|산|및|정|답|

(1) 【계산】 콘덴서 설치 후의 역률 $\cos\theta_2$

$Q=P(\tan\theta_1-\tan\theta_2)$ 에서 $30=40\left(\dfrac{0.6}{0.8}-\tan\theta_2\right)$이므로 → $(\tan\theta=\dfrac{\sin\theta}{\cos\theta},\ \sin\theta=\sqrt{1-\cos^2\theta})$

$\tan\theta_2=0,\ \cos\theta_2=1$ 이 되어 역률이 100[%]개선, 무효전력이 0[kvar]이 된다. 【정답】 0[kVar]

(2) 【계산】 ① 콘덴서 설치 전 전류 $I_1=\dfrac{40\times10^3}{\sqrt{3}\times220\times0.8}=131.21[A]$ → $(P=\sqrt{3}\,VI\cos\theta\text{에서 } I=\dfrac{P}{\sqrt{3}\,V\cos\theta})$

② 콘덴서 설치 후 전류 $I_2=\dfrac{40\times10^3}{\sqrt{3}\times220\times1}=104.97[A]$

③ 감소 전류=개선 전의 전류−개선 후의 전류=131.21−104.97=26.24[A]

【정답】 감소 전류=26.24[A]

|추|가|해|설|

•전류[A] = $\dfrac{\text{출력}[kW]\times1000}{\sqrt{3}\times\text{전압}[V]\times\text{역률}}$

09 출제 : 14년 • 배점 : 5점

양수량 50$[m^3/\mathrm{min}]$, 양정높이 15[m], 효율 70[%], 여유계수는 1.1일 때 펌프용 전동기의 출력을 구하시오.

·계산 : ·답 :

|계|산|및|정|답|

【계산】 $P = \frac{KHQ}{6.12\eta} = \frac{1.1 \times 15 \times 50}{6.12 \times 0.7} = 192.58[\mathrm{kw}]$

여기서, K : 여유계수, η : 효율, H : 양정높이, Q : 양수량

【정답】 192,58[kW]

|추|가|해|설|

① 펌프용 전동기의 용량] $P = \frac{9.8Q'[m^3/\mathrm{sec}]HK}{\eta}[kW] = \frac{9.8Q[m^3/\mathrm{min}]HK}{60 \times \eta}[kW] = \frac{Q[m^3/\mathrm{min}]HK}{6.12\eta}[\mathrm{kW}]$

여기서, P : 전동기의 용량[kW], Q' : 양수량$[m^3/\mathrm{sec}]$, Q : 양수량$[m^3/\mathrm{min}]$

H : 양정(낙차)[m], η : 펌프효율, K : 여유계수(1.1~1.2 정도)

② 권상용 전동기의 용량 $P = \frac{K \cdot W \cdot V}{6.12\eta}[KW]$ →(K : 여유계수, W : 권상 중량 [ton], V : 권상 속도[m/min], η : 효율)

③ 엘리베이터용 전동기의 용량 $P = \frac{KVW}{6120\eta}[kW]$

여기서, P : 전동기 용량[kW], η : 엘리베이터 효율, V : 승강속도[m/min]

W : 적재하중[kg](기계의 무게는 포함하지 않는다.), K : 계수(평형률)

10 출제 : 14년 • 배점 : 5점

길이 2[km]인 3상 배전선에서 전선의 저항이 0.3[Ω/km], 리액턴스 0.4[Ω/km]라 한다. 지금 송전단전압 V_s를 3450[V]로 하고 송전단에서 거리 1[km]인 점에 $I_1=100$[A], 역률 0.8(지상), 1.5[km]인 지점에 $I_2=100$[A], 역률 0.6(지상), 종단점에 $I_3=100$[A], 역률 0(진상)인 3개의 부하가 있다면 종단에서 선간전압은 몇 [V]가 되는가?

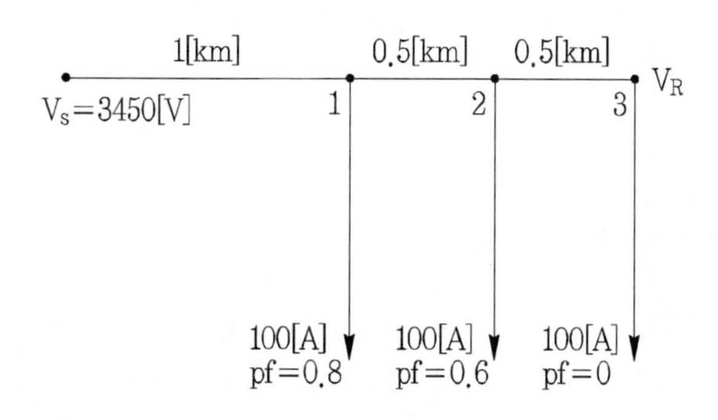

•계산 : •답 :

|계|산|및|정|답|

【계산】 ① 1번 구간에서 $R=0.3[\Omega/\text{km}]$, $X=0.4[\Omega/\text{km}]$이므로 $R=0.3[\Omega]$, $X=0.4[\Omega]$, 공급전압이 3450[V]이고 전류는 역률 0.8의 전류가 100[A], 역률 0.6의 전류가 100[A], 역률 0의 진상전류가 100[A]이므로

$$V_S - V_{RI} = \sqrt{3}I(R\cos\theta + X\sin\theta) = \sqrt{3}(I_1R\cos\theta + I_1X\sin\theta + I_2R\cos\theta + I_2X\sin\theta - I_3X)$$

$$= \sqrt{3}(100\times0.3\times0.8 + 100\times0.4\times0.6 + 100\times0.3\times0.6 + 100\times0.4\times0.8 - 100\times0.4)$$
$$= 100.46$$

역률 0, 즉 진상전류가 100[A]이므로 용량성 리액턴스로서 유도성 리액턴스에 의한 전압 강하를 감소시킨다.

따라서 1점에서의 전압은 $V_1 = 3450 - 100.46 = 3349.54$[V]

② 2번 구간에서 $V_{R1} - V_{R2} = \sqrt{3}I(R\cos\theta + X\sin\theta)$에서 $R=0.15[\Omega]$, $X=0.2[\Omega]$이므로

$$= \sqrt{3}(100\times0.15\times0.6 + 100\times0.2\times0.8 - 100\times0.2) = 8.66[\text{V}]$$

따라서 2번 점에서 전압은 $V_2 = 3349.54 - 8.66 = 3340.88$[V]

③ 3번 구간에서 $V_{R2} - V_{R3} = \sqrt{3}I(R\cos\theta - X\sin\theta)$에서 $\cos\theta = 0$이고 $\sin\theta = 1$, $X=0.2[\Omega]$이므로

$$= -\sqrt{3}\times100\times0.2 = -34.64[\text{V}]$$이므로

$V_{R3} = 3340.88 + 34.64 = 3375.52$[V]가 된다.

【정답】 3375.52[V]

11

출제 : 14년 • 배점 : 5점

3.7[kW]와 7.5[kW]의 직입기동 농형전동기 및 22[kW]의 기동기 사용권선형 전동기 등 3대를 그림과 같이 접속하였다. 이때 다음 각 물음에 답하시오. (단, 공사방법 B1으로 XLPE 절연전선을 사용하였으며, 정격전압은 200[V]이고, 간선 및 분기회로에 사용되는 전선 도체의 재질 및 종류는 같다고 한다.)

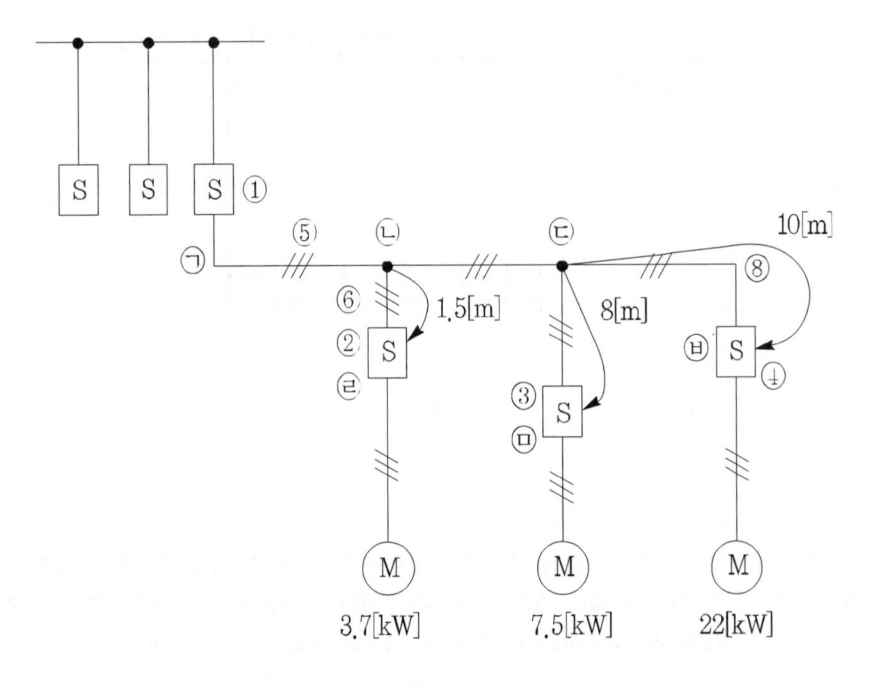

(1) 간선에 사용되는 스위치 ①의 최소 용량은 몇 [A]인가?

·계산 : ·답 :

(2) 간선의 최소 굵기는 몇 $[mm^2]$인가?

(3) ㉢~㉤ 사이의 분기회로에 사용되는 전선의 최소 굵기는 몇 $[mm^2]$인가?

·계산 : ·답 :

(4) ㉢~㉥ 사이의 분기회로에 사용되는 전선의 최소 굵기는 몇 $[mm^2]$인가?

·계산 : ·답 :

[표1] 전동기 공사에서 간선의 전선 굵기, 개폐기 용량 및 적정 퓨즈(200[V], B종 퓨즈)

전동기 [kW] 수의 총화	최대 사용 전류	전동기 종류에 의한 간선 최소 굵기[mm^2]						직접 기동 전동기 중 최대의 것[kW]											
		공사방법 A1		공사방법 B1		공사방법 C1		0.75 이하	1.5	2.2	3.7	5.5	7.5	11	15	18.5	22	30	37 ~ 50
								기동기 사용의 전동기 중 최대인 것[kW]											
											5.5	7.5	11 15	18.5	22	30	37	45	55
[kW] 이하	[A] 이하	PVC	XLPE EPR	PVC	XLPE EPR	PVC	XLPE EPR	과전류보호기 용량[A] … 윗 란의 숫자 개폐기 용량[A] … 밑 란의 숫자											
3	15	2.5	2.5	2.5	2.5	2.5	2.5	15	20	30									
								30	30	30									
4.5	20	4	2.5	2.5	2.5	2.5	2.5	20	20	30	50								
								30	30	30	60								
6.3	30	6	4	6	4	4	2.5	30	30	50	50	75							
								30	30	60	60	100							
8.2	40	10	6	10	6	6	4	50	50	50	75	75	100						
								60	60	60	100	100	100						
12	50	16	10	10	10	10	6	50	50	50	75	75	100	150					
								60	60	60	100	100	100	200					
15.7	75	35	25	25	16	16	16	75	75	75	75	100	100	150	150				
								100	100	100	100	100	100	200	200				
19.5	90	50	25	35	25	25	16	100	100	100	100	100	150	150	200	200			
								100	100	100	100	100	200	200	200	200			
23.2	100	50	35	35	25	35	25	100	100	100	100	100	150	150	200	200	200		
								100	100	100	100	100	200	200	200	200	200		
30	125	70	50	50	35	50	35	150	150	150	150	150	150	150	200	200	200		
								200	200	200	200	200	200	200	200	200	200		
37.5	150	95	70	70	50	70	50	150	150	150	150	150	150	150	200	300	300	300	
								200	200	200	200	200	200	200	200	300	300	300	
45	175	120	70	95	50	70	50	200	200	200	200	200	200	200	200	300	300	300	300
								200	200	200	200	200	200	200	200	300	300	300	300
52.5	200	150	95	95	70	95	70	200	200	200	200	200	200	200	200	300	300	400	400
								200	200	200	200	200	200	200	200	300	400	400	400
63.7	250	240	150	–	95	120	95	300	300	300	300	300	300	300	300	300	400	400	500
								300	300	300	300	300	300	300	300	300	400	400	600
75	300	300	185	–	120	185	120	300	300	300	300	300	300	300	300	300	400	400	500
								300	300	300	300	300	300	300	300	300	400	400	600
86.2	350	–	240	–	–	2405	150	400	400	400	400	400	400	400	400	400	400	400	600
								400	400	400	400	400	400	400	400	400	400	400	600

【비고 1】 최대 길이는 말단까지의 전압강하를 2[%]로 한 것임

【비고 2】 금속관(몰드) 배선 및 경질비닐관 배선에 대해서는 동일관 속에 넣는 전선수 3 이하인 경우를 표시한 것이다.

【비고 3】 전선의 굵기는 동선을 사용하는 경우이다.

[표2] 전동기 분기회로의 전선의 굵기, 개폐기 용량 및 적정 퓨즈(200[V] 3상 유도전동기 1대의 경우)

정격출력 [kW]	전부하전류 [A] 참고값 최소	배선 종류에 의한 전선의 굵기(mm^2)						이동전선을 사용할 때의 코드, 또는 캡타이어케이블의 최소 굵기	개폐기 용량[A]				과전류 보호기[A]				초과눈금전류계	접지선의 최소 굵기
		공사방법 A1		공사방법 B1		공사방법 C1			직접 기동		기동기 사용		직접 기동		기동기 사용			
		PVC	XLPE EPR	PVC	XLPE EPR	PVC	XLPE EPR		조작	분기	조작	분기	조작	분기	조작	분기		
0.2	1.8	2.5	2.5	2.5	2.5	2.5	2.5	0.75	15	15	–	–	15	15	–	–	5	2.5
0.4	3.2	2.5	2.5	2.5	2.5	2.5	2.5	0.75	15	15	–	–	15	15	–	–	5	2.5
0.75	4.8	2.5	2.5	2.5	2.5	2.5	2.5	0.75	15	15	–	–	15	15	–	–	5	2.5
1.5	8	2.5	2.5	2.5	2.5	2.5	2.5	1.25	15	30	–	–	15	20	–	–	10	4
2.2	11.1	2.5	2.5	2.5	2.5	2.5	2.5	2	30	30	–	–	20	30	–	–	15	4
3.7	17.4	2.5	2.5	2.5	2.5	2.5	2.5	3.5	30	60	–	–	30	50	–	–	20	6
5.5	26	6	4	4	2.5	4	2.5	5.5	60	60	30	60	50	60	30	50	30	6
7.5	34	10	6	6	4	6	4	8	100	100	60	100	75	100	50	75	30	10
11	48	16	10	10	6	10	6	22	100	200	100	100	100	150	75	100	60	16
15	65	25	16	16	10	16	10	22	100	200	100	100	100	150	100	100	60	16
18.5	79	35	25	25	16	25	16	30	200	200	100	200	150	200	100	150	100	16
22	93	50	25	35	25	25	16	38	200	200	100	200	150	200	100	150	100	16
30	124	70	50	50	35	50	35	60	200	400	200	200	200	300	150	200	150	25
37	152	95	70	70	50	70	50	80	200	400	200	200	200	300	150	200	200	25

【비고 1】 최대 길이는 말단까지의 전압강하를 2[%]로 한 것이다.
【비고 2】 전동기 2대 이상을 동일 회로로 하는 경우에는 간선에 관한 표를 참조하여라.
【비고 3】 전선 굵기는 동선 사용의 경우에 대해서 표시한 것이다.

|계|산|및|정|답|

(1) 【계산】 전동기수의 총화 $=3.7+7.5+22=33.2$[kW]이므로 [표1]에서 전동기수의 총화 37.5[kW] 난과 기동기 사용 22[kW] 난에서 차단기 150[A]와 개폐기 200[A] 선정 【정답】 200[A]

(2) 전동기수의 총화 $=3.7+7.5+22=33.2$[kW]이므로 [표1]에서 전동기수의 총화 37.5[kW] 난에서 전선 50[mm^2] 선정 【정답】 50[mm^2]

(3) 【계산】 8[m] 이내 이므로 $50\times\frac{1}{5}=10[mm^2]$ 【정답】 전선의 굵기 10[mm^2] 선정

(4) 【계산】 8[m]를 초과하였으므로 $50\times\frac{1}{2}=25[mm^2]$ 【정답】 전선의 굵기 25[mm^2] 선정

|추|가|해|설|

(2) ·공사방법 A1 : PVC(염화비닐)의 경우 95[mm^2], XLPE EPR의 경우 70[mm^2]
·공사방법 B1 : PVC(염화비닐)의 경우 70[mm^2]

(4) ·공사방법 A1은 벽면의 전선관에 공사관 절연전선 또는 단심 케이블
·공사방법 B1은 벽면의 전선관에 공사관 절연전선 또는 단심 케이블
·공사방법 C1은 벽면의 전선관에 공사관 단심 또는 다심 케이블을 시설하는 경우
(절연물의 종류 : PVC : 염화비닐, XLPE : 가교 폴리에틸렌, (EPR) : 에틸렌 플로필렌 고무 혼합물)

12

출제 : 14년 • 배점 : 5점

154[kW]의 송전선이 그림과 같이 연가 되어 있다. 전선 1[km]당의 대지정전용량은 위 선 0.004$[\mu F/km]$, 가운데 선 $0.0045[\mu F/km]$, 아래 선 0.005$[\mu F/km]$라 하고, 다른 선로정수는 무시하는 경우, 중성점 잔류 전압 E_n을 계산하시오.

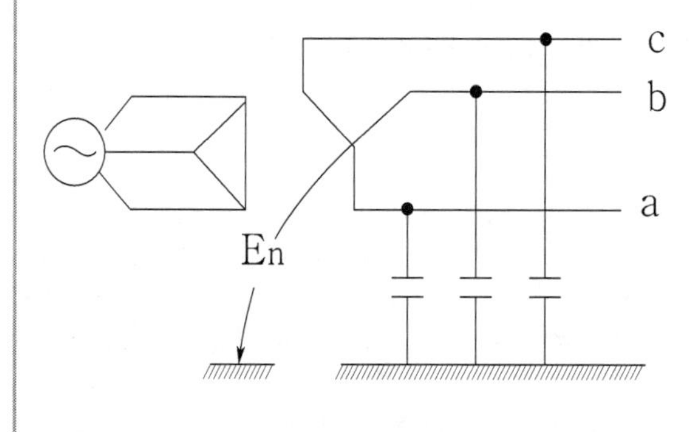

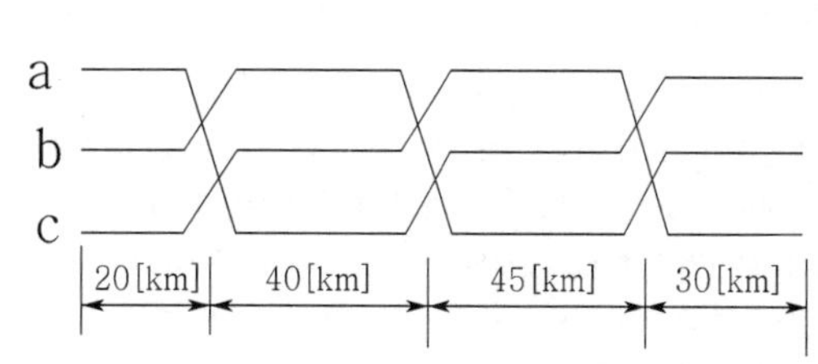

·계산 :

·답 :

|계|산|및|정|답|

【계산】 ① a선의 정전용량 $C_a = 0.005 \times 20 + 0.004 \times 40 + 0.0045 \times 45 + 0.005 \times 30 = 0.6125[\mu F]$

② b선의 정전용량 $C_b = 0.0045 \times 20 + 0.005 \times 40 + 0.004 \times 45 + 0.0045 \times 30 = 0.605[\mu F]$

③ c선의 정전용량 $C_c = 0.004 \times 20 + 0.0045 \times 40 + 0.005 \times 45 + 0.004 \times 30 = 0.605[\mu F]$

그러므로 중성점 잔류 전압 E_n

$$E_n = \frac{\sqrt{C_a(C_a - C_b) + C_b(C_b - C_c) + C_c(C_c - C_a)}}{(C_a + C_b + C_c)} \times \frac{V}{\sqrt{3}}$$

$$= \frac{\sqrt{0.605(0.605 - 0.605) + 0.605(0.605 - 0.6125) + 0.6125(0.6125 - 0.605)}}{(0.605 + 0.605 + 0.6125)} \times \frac{154000}{\sqrt{3}} = 365.892$$

【정답】 365.89[V]

13

출제 : 14년 • 배점 : 5점

정지형 무효전력 보호장치(Static Var Conpensator : SVC)란 무엇인가 간단하게 쓰시오.

|계|산|및|정|답|

GTO, SCR 등의 사이리스터를 사용, 진상 또는 지상 무효전력을 연속적으로 공급하여 전압을 일정하게 유지하는 장치이다.

|추|가|해|설|

[정지형 무효전력 보상장치 (Static Var Compensator)]

무효전력을 조정하여 전압 불안정을 해소하기 위한 장치. 전력계통에서의 전압은 무효전력의 과부족에 따라 변화되는데 무효전력의 소비는 주로 소비자와 송전계통에서 이루어지고, 생산은 발전기와 송전계통에서 이루어진다. 계통전압을 유지하기 위해 발전기와 여러 형태의 송전설비가 이용되는데 무효전력을 계통에 공급하면 전압은 상승하고 반대로 이를 흡수하면 전압이 낮아지게 된다. 이중 리액터는 전압이 높을 경우 무효전력을 흡수하며, 커패시터는 전압이 낮을 경우 무효전력을 공급함으로써 전압을 상승시키는 역할을 한다.

분로리액터 (Shunt Reactor)와 커패시터(Capacitor)의 스위칭은 전압과 전류의 과도현상과 함께 갑작스러운 전압변동을 유발하는 단점이 있다. 이에 반해 SVC는 종래의 커패시터 및 리액터를 고속스위칭 소자(Thyristor)와 결합한 것이며 지상, 진상 무효전력의 연속적인 조정이 가능하며 전압변동에 대해 매우 빠른 반응을 보이기 때문에 전압 불안정을 완화시키기 위해 적용된다. 송전계통에서 전압안정도, 과도안정도, 제동문제는 전압동요에 의해 일어나므로 전압이 변동되는 지점에 SVC를 설치하면 불안정이 감소된다.

14

출제 : 14년 • 배점 : 5점

다음 논리식을 간단히 하시오.

(1) $Z = A(A+B+C)$

(2) $Z = \overline{A}C + BC + AB + \overline{B}C$

|계|산|및|정|답|

(1) $Z = A(A+B+C) = AA + AB + AC = A + AB + AC = A(1+B+C) = A$

(2) $Z = \overline{A}C + BC + AB + \overline{B}C = AB + C(\overline{A} + B + \overline{B}) = AB + C$

15

출제 : 14년 • 배점 : 5점

단상 2선식 220[V], 형광등 100[VA]×50[등], 백열등 60[W]×50[등]을 설치하는 경우 15[A]의 분기회로는 몇 회로인가? (단, 형광등의 역률은 80[%]이고, 전등부하의 수용률은 80[%]이다.)

·계산 : ·답 :

|계|산|및|정|답|

【계산】 ① 100[VA] 형광등

유효전력 $P_1 = 100 \times 50 \times 0.8 = 4000[W]$ 무효전력 $Q_1 = 100 \times 50 \times 0.5 = 3000[Var]$

② 100[W] 백열등

유효전력 $P_2 = 60 \times 50 = 3000[W]$ 무효전력 $Q_2 = 0[Var]$

③ 피상전력 $P_a = \sqrt{(P_1 + P_2)^2 + Q_1^2} = \sqrt{(4000+3000)^2 + 3000^2} = 7615.77[W]$

④ 분기회로 $= \dfrac{7615.77 \times 0.8}{220 \times 15} = 1.85$

【정답】 15[A] 분기 2회로

|추|가|해|설|

$$분기회로수 = \frac{상정부하설비의합[VA]}{전압 \times 분기회로\ 전류}$$ → (계산결과에 소수가 발생하면 절상한다.)

16

출제 : 03, 14년 • 배점 : 6점

송전선로에서 사용되는 도체방식에서, 복도체(다도체) 방식을 단도체 방식과 비교하였을 경우 장점 4가지와 단점 2가지를 쓰시오.

|계|산|및|정|답|

【장점】 ① 임계전압 상승으로 인한 코로나 발생 억제

② 유도성 리액턴스 감소로 인한 송전용량의 증가

③ 유도성 리액턴스 감소로 인한 안정도 증가

④ 유도성 리액턴스 감소로 인한 특성 임피던스 감소

【단점】 ① 풍압하중, 빙설하중 등의 증가로 전선의 진동현상 증가

② 소도체 간의 정전 흡인력 증가로 인한 간격 감소 또는 소도체간 단락현상 발생

③ 소도체간 꼬임 및 충돌 발생

④ 건설비 증가

|추|가|해|설|

[복도체]

송전선에서 1상(相)당의 도체수를 2~4개 정도로 하고, 적당한 간격으로 배치하여 조합한 것

17

출제 : 14년 • 배점 : 5점

변압기 1대의 용량이 10[kVA], 철손 120[W], 동손 200[W]일 때 변압기 2대를 이용한 V결선한 경우 전부하시 효율은 얼마인가? (단, 부하의 역률은 $\cos\theta = \frac{\sqrt{3}}{2}$이라 한다.)

・계산 : 　　　　　　　　　　　　　・답 :

|계|산|및|정|답|

【계산】 전부하시 효율 $\eta = \frac{\sqrt{3}\, V_2\, I_2 \cos\theta_2}{\sqrt{3}\, V_2 I_2 \cos\theta_2 + 2(P_i + P_c)} \times 100$ →(단상 변압기가 2대 이므로 철손, 동손 모두 2배가 된다.)

$$= \frac{\sqrt{3} \times 10 \times \frac{\sqrt{3}}{2}}{(\sqrt{3} \times 10 \times \frac{\sqrt{3}}{2}) + (2 \times 0.12 + 2 \times 0.2)} \times 100 = 95.907$$

【정답】 95.91[%]

18

출제 : 14년 • 배점 : 5점

정격전압 1차 6600[V], 2차 210[V], 10[kVA]의 단상 변압기 두 대를 승압기로 V결선하여 6300[V]의 3상 전원에 접속하였다. 다음 물음에 답하시오.

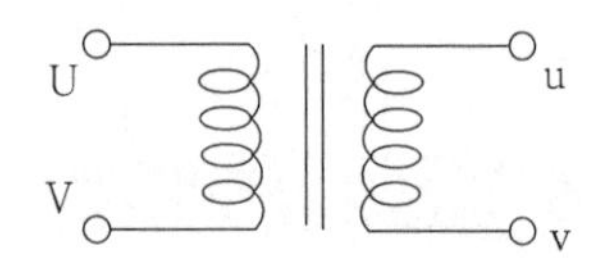

(1) 승압된 전압은 몇 [V]인지 계산하시오.

・계산 : 　　　　　　　　　　　　　・답 :

(2) 3상 V결선 승압기의 결선도를 완성하시오.

|계|산|및|정|답|

(1) 【계산】 2차전압 $E_2 = \left(1 + \frac{1}{a}\right) \times E_1 = \left(1 + \frac{210}{6600}\right) \times 6300 = 6500.45[V]$

【정답】 6500.45[V]

(2)

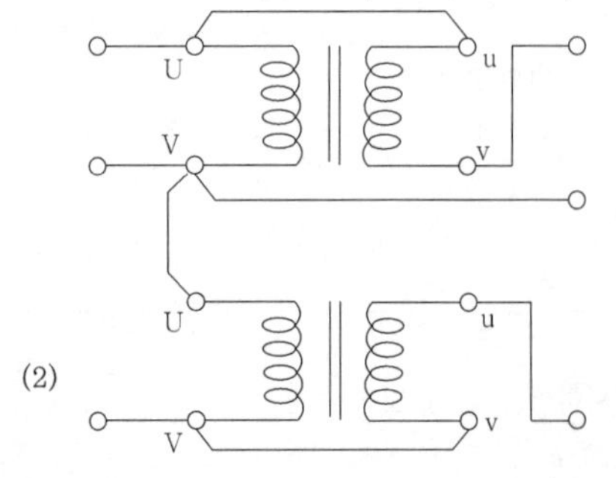

02 2014년 전기기사 실기

01

출제 : 02, 14년 • 배점 : 5점

선로나 간선에 고조파 전류를 발생시키는 발생기기가 있을 경우 그 대책을 적절히 세워야 한다. 이 고조파 억제 대책을 5가지만 쓰시오.

|계|산|및|정|답|

① 전력변환 장치의 펄스(Pulse) 수를 크게 한다.
② 고조파 필터를 사용하여 제거한다.
③ 전력용 콘덴서에는 직렬 리액터를 설치한다.
④ 고조파를 발생하는 기기들은 따로 모아 결선해서 별도의 상위 전원으로부터 전력을 공급하고 여타 기기들로부터 분리시킨다.
⑤ 변압기 결선에서 Δ 결선을 채용, 고조파 순환회로를 구성하여 외부에 고조파가 나타나지 않도록 한다.

02

출제 : 04, 14년 • 배점 : 6점

TV나 형광등과 같은 전기 제품에서의 깜빡거림 현상을 플리커 현상이라 하는데 이 플리커 현상을 경감시키기 위한 전원측과 수용가측에서의 대책을 각각 3가지씩 쓰시오.

|계|산|및|정|답|

(1) 전원 측
① 전용계통으로 공급한다.
② 공급 전압을 승압한다.
③ 단락 용량이 큰 계통에서 공급한다.
④ 전용 변압기로 공급한다.

(2) 수용가 측
① 직렬 콘덴서 설치
② 부스터 설치
③ 직렬 리액터 설치

|추|가|해|설|

[플리커 방지 대책]

플리커란 TV나 형광등과 같은 전기 제품에서의 깜빡거림 현상을 플리커 현상이라고 한다.

① 전원측에서의 경감 대책

- ·전용 계통으로 공급한다.
- ·단락용량이 큰 계통에서 공급한다.
- ·전용 변압기로 공급한다.
- ·공급 전압을 승압한다.

② 수용가측에서의 경감 대책

㉮ 전원 계통에 리액터분을 보상하는 방법 : 직렬 콘덴서 방식, 3권선 보상 변압기 방식

㉯ 전압 강하를 보상하는 방법 : 부스터 방식, 상호 보상 리액터 방식

㉰ 부하의 무효 전력 변동분을 흡수하는 방법 : 동기 조상기와 리액터 방식, 사이리스터 이용 콘덴서 개폐방식, 사이리스터용 리액터

㉱ 플리커 부하 전류의 변동분을 억제하는 방법 : 직렬 리액터, 직렬 리액터 가포화 방식 등이 있다.

03

출제 : 14년 • 배점 : 5점

4극 10[HP], 200[V], 60[Hz]의 3상 유도 전동기가 35[kg • m]의 부하를 걸고 슬립 3[%]로 회전하고 있다. 여기에 같은 부하 토크로 1.2[Ω]의 저항 3개를 Y결선으로 하여 2차에 삽입하니 1530[rpm]로 되었다. 2차 권선의 저항[Ω]은 얼마인가?

·계산 : ·답 :

|계|산|및|정|답|

【계산】 ① 동기속도 $N_s = \frac{120f}{P} = \frac{120 \times 60}{4} = 1800[\text{rpm}]$

② 원하는 속도에서의 슬립 $s' = \frac{1800-1530}{1800} = 0.15$ → ($s = \frac{N_s - N}{N_s}$, s의 범위는 $0 \leq s \leq 1$ 이다.)

③ 동일 토크 조건 $\frac{r_2}{s} = \frac{r_2 + R}{s'}$에서 $\frac{r_2}{0.03} = \frac{r_2 + 1.2}{0.15}$

∴2차 권선의 저항 $r_2 = \frac{s}{s'-s}R = \frac{0.03}{0.15-0.03} \times 1.2 = 0.3[\Omega]$

【정답】 0.3[Ω]

04

출제 : 14년 • 배점 : 5점

두 대의 변압기를 병렬 운전하고 있다. 다른 정격은 모두 같고 1차 환산 누설임피던스만이 $2+j3[\Omega]$과 $3+j2[\Omega]$이다. 이 경우 변압기에 흐르는 부하 전류가 50[A]라 하면, 순환 전류[A]는 얼마인가 계산하시오.

·계산 : ·답 :

|계|산|및|정|답|

【계산】 두 변압기의 임피던스 크기는 같으므로

① $V_{ab}=V_a-V_b=25(2+j3)-(3+j2)=25(-1+j)$

② $Z_{ab}=Z_a+Z_b=5+j5=5(1+j)$

③ $I=\dfrac{V_{ab}}{Z_{ab}}=\dfrac{25(-1+j)}{5(1+j)}=5j=5[A]$

【정답】 5[A]

05

출제 : 14년 • 배점 : 5점

다음과 같이 어느 수용가 A, B, C에 공급하는 경우 부등률이 1.1일 때 합성최대전력[kW]은 얼마인가?

수용가	설비용량[kW]	수용률[%]
A	100	85
B	200	75
C	300	65

·계산 : ·답 :

|계|산|및|정|답|

【계산】 합성최대전력 $P_m=\dfrac{\text{개별 최대 수용 전력의 합}}{\text{부등률}}=\dfrac{\text{설비용량}\times\text{수용률}}{\text{부등률}}$

$$=\frac{100\times0.85+200\times0.75+300\times0.65}{1.1}=390.91$$

【정답】 390.91[kW]

06

출제 : 14년 • 배점 : 8점

다음은 농형 유도 전동기를 공사방법 B1, XLPE 절연전선을 사용하여 시설한 것을 설명한 것이다. 내용을 충분히 이해한 다음 주어진 참고자료를 이용하여 다음 각 물음에 답하시오. (단, 전동기 4대의 용량은 다음과 같다.)

〈조 건〉

[전동기 4대의 용량]

① 3상 200[V] 7.5[kW]-직입 기동

② 3상 200[V] 15[kW]-기동기 사용

③ 3상 200[V] 0.75[kW]-직입 기동

④ 3상 200[V] 3.7[kW]-직입 기동

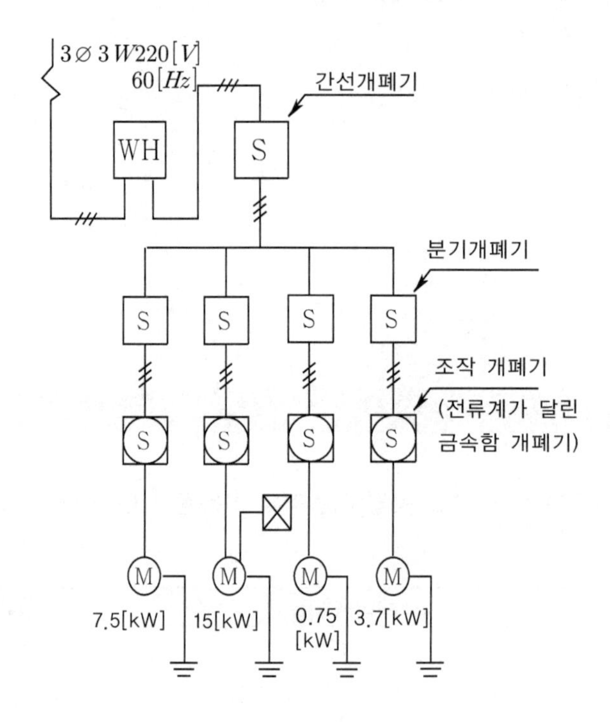

(1) 간선의 최소 굵기는 몇 [mm^2]인가?

(2) 간선 금속관의 최소 굵기는?

(3) 간선의 과전류 차단기 용량[A] 및 간선의 개폐기 용량[A]은?

(4) 7.5[kW] 전동기의 분기 회로에 대한 ①~⑤을 구하시오

구분	분기[A]	현장조작[A]
개폐기 용량	①	②
과전류 보호기 용량	③	④
접지선의 굵기	⑤	

[표1] 전동기 분기회로의 전선의 굵기, 개폐기 용량 및 적정 퓨즈(200[V] 3상 유도전동기 1대의 경우)

정격출력 [kW]	전부하 전류 [A] 참고값 최소	배선 종류에 의한 전선의 굵기(mm^2)						이동 전선을 사용할 때의 코드, 또는 캡타이어케이블의 최소 굵기	개폐기 용량[A]				과전류 보호기[A]				초과눈금 전류계의 정격 전류 [A]	접지선의 최소 굵기 mm^2
		공사방법 A1		공사방법 B1		공사방법 C1			직접 기동		기동기 사용		직접 기동		기동기 사용			
		PVC	XLPE EPR	PVC	XLPE EPR	PVC	XLPE EPR		조작	분기	조작	분기	조작	분기	조작	분기		
0.2	1.8	2.5	2.5	2.5	2.5	2.5	2.5	0.75	15	15	–	–	15	15	–	–	3	2.5
0.4	3.2	2.5	2.5	2.5	2.5	2.5	2.5	0.75	15	15	–	–	15	15	–	–	5	2.5
0.75	4.8	2.5	2.5	2.5	2.5	2.5	2.5	0.75	15	15	–	–	15	15	–	–	5	2.5
1.5	8	2.5	2.5	2.5	2.5	2.5	2.5	1.25	15	30	–	–	15	20	–	–	10	4
2.2	11.1	2.5	2.5	2.5	2.5	2.5	2.5	2	30	30	–	–	20	30	–	–	15	4
3.7	17.4	2.5	2.5	2.5	2.5	2.5	2.5	3.5	30	60	–	–	30	50	–	–	20	6
5.5	26	6	4	4	2.5	4	2.5	5.5	60	60	30	60	50	60	30	50	30	6
7.5	34	10	6	6	4	6	4	8	100	100	60	100	75	100	50	75	30	10
11	48	16	10	10	6	10	6	22	100	200	100	100	100	150	75	100	60	16
15	65	25	16	16	10	16	10	22	100	200	100	100	100	150	100	100	60	16
18.5	79	35	25	25	16	25	16	30	200	200	100	200	150	200	100	150	100	16
22	93	50	25	35	25	25	16	38	200	200	100	200	150	200	100	150	100	16
30	124	70	50	50	35	50	35	60	200	400	200	200	200	300	150	200	150	25
37	152	95	70	70	50	70	50	80	200	400	200	200	200	300	150	200	200	25

【비고 1】 최대 길이는 말단까지의 전압강하를 2[%]로 한 것이다.

【비고 2】 전동기 2대 이상을 동일 회로로 하는 경우에는 간선에 관한 표를 참조하여라.

【비고 3】 전선 굵기는 동선 사용의 경우에 대해서 표시한 것이다.

[표2] 전동기 공사에서 간선의 전선 굵기, 개폐기 용량 및 적정 퓨즈(200[V], B종 퓨즈)

전동기 [kW] 수의 총화	최대 사용 전류	전동기 종류에 의한 간선 최소 굵기[mm^2]						직접 기동 전동기 중 최대의 것[kW]											
		공사방법 A1		공사방법 B1		공사방법 C1		0.75 이하	1.5	2.2	3.7	5.5	7.5	11	15	18.5	22	30	37 ~ 50
								기동기 사용의 전동기 중 최대인 것[kW]											
											5.5	7.5	11 15	18.5 22		30 37		45	55
[kW] 이하	[A] 이하	PVC	XLPE EPR	PVC	XLPE EPR	PVC	XLPE EPR	과전류보호기 용량[A] … 윗 란의 숫자 개폐기 용량[A] … 밑 란의 숫자											
3	15	2.5	2.5	2.5	2.5	2.5	2.5	15	20	30									
								30	30	30									
4.5	20	4	2.5	2.5	2.5	2.50	2.5	20	20	30	50								
								30	30	30	60								
6.3	30	6	4	6	4	4	2.5	30	30	50	50	75							
								30	30	60	60	100							
8.2	40	10	6	10	6	6	4	50	50	50	75	75	100						
								60	60	60	100	100	100						
12	50	16	10	10	10	10	6	50	50	50	75	75	100	150					
								60	60	60	100	100	100	200					
15.7	75	35	25	25	16	16	16	75	75	75	75	100	100	150	150				
								100	100	100	100	100	100	200	200				
19.5	90	50	25	35	25	25	16	100	100	100	100	100	150	150	200	200			
								100	100	100	100	100	200	200	200	200			
23.2	100	50	35	35	25	35	25	100	100	100	100	100	150	150	200	200	200		
								100	100	100	100	100	200	200	200	200	200		
30	125	70	50	50	35	50	35	150	150	150	150	150	150	150	200	200	200		
								200	200	200	200	200	200	200	200	200	200		
37.5	150	95	70	70	50	70	50	150	150	150	150	150	150	150	200	300	300	300	
								200	200	200	200	200	200	200	200	300	300	300	
45	175	120	70	95	50	70	50	200	200	200	200	200	200	200	200	300	300	300	300
								200	200	200	200	200	200	200	200	300	300	300	300
52.5	200	150	95	95	70	95	70	200	200	200	200	200	200	200	200	300	300	400	400
								200	200	200	200	200	200	200	200	300	400	400	400
63.7	250	240	150	–	95	120	95	300	300	300	300	300	300	300	300	300	400	400	500
								300	300	300	300	300	300	300	300	300	400	400	600
75	300	300	185	–	120	185	120	300	300	300	300	300	300	300	300	300	400	400	500
								300	300	300	300	300	300	300	300	300	400	400	600
86.2	350	–	240	–	–	2405	150	400	400	400	400	400	400	400	400	400	400	400	600
								400	400	400	400	400	400	400	400	400	400	400	600

【비고 1】 최대 길이는 말단까지의 전압강하를 2[%]로 한 것임

【비고 2】 금속관(몰드) 배선 및 경질비닐관 배선에 대해서는 동일관 속에 넣는 전선수 3 이하인 경우를 표시한 것이다.

【비고 3】 전선의 굵기는 동선을 사용하는 경우이다.

[표3] 후강전선관 굵기의 선정

도체 단면적 $[mm^2]$	전선 본수									
	1	2	3	4	5	6	7	8	9	10
	전선관의 최소 굵기[mm]									
2.5	16	16	16	16	22	22	22	28	28	28
4	16	16	16	22	22	22	28	28	28	28
6	16	16	22	22	22	28	28	28	36	36
10	16	22	22	28	28	36	36	36	36	36
16	16	22	28	28	36	36	36	42	42	54
25	22	28	28	36	36	42	54	54	54	54
35	22	28	36	42	54	54	54	70	70	70
50	22	36	54	54	70	70	70	82	82	82
70	28	42	54	54	70	70	70	82	82	82
95	28	54	54	70	70	82	82	92	92	104
120	36	54	54	70	70	82	82	92		
150	36	70	70	82	92	92	104	104		
185	36	70	70	82	92	104				
240	42	82	82	92	104					

【비고 1】 전선의 1본수는 접지선 및 직류회로의 전선에도 적용한다.

【비고 2】 이 표는 실험결과와 경험을 기초로 하여 결정한 것이다.

【비고 3】 이 표는 KS C IEC 60227-3의 450/750 V 일반용 단심 비닐절연전선을 기준한 것이다.

|계|산|및|정|답|

(1) 전동기의 합은 7.5+15+0.75+3.7=26.95[kW]이므로, 전동기 수의 [표2] 총화 30[kW]란에서

공사방법 B1의 경우 PVC 사용 50$[mm^2]$, XLPE EPR 사용 35$[mm^2]$

(2) 35$[mm^2]$ 세 가닥의 경우이므로 [표3]에서 36[mm]

(3) [표2]에서 과전류차단기 용량 : 150[A], 개폐기 용량 : 200[A]

(4) [표1]에서 7.5[kW] 전동기 적용

구분	분기[A]	현장조작[A]
개폐기 용량	100	100
과전류 보호기 용량	100	75
접지선의 굵기	$10[mm^2]$	

07

출제 : 00, 14년 • 배점 : 11점

도면을 보고 다음 각 물음에 답하시오.

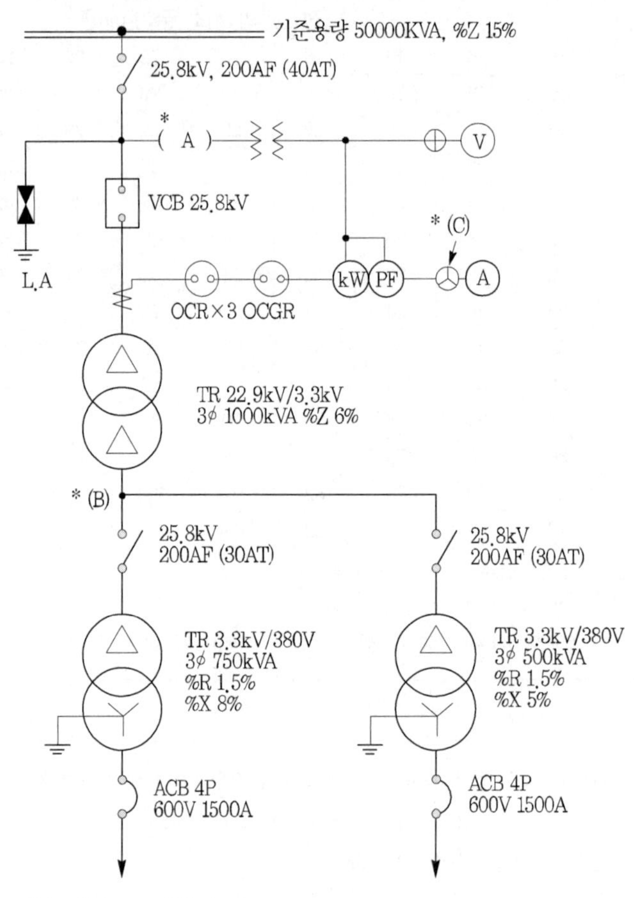

(1) (A)에 사용될 기기를 약호로 답하시오.

(2) (C)의 명칭을 약호로 답하시오.

(3) B점에서 단락되었을 경우 단락 전류는 몇 [A]인가? (단, 선로 임피던스는 무시한다.)

•계산 : •답 :

(4) VCB의 최소 차단 용량은 몇 [MVA]인가?

•계산 : •답 :

(5) ACB의 우리말 명칭은 무엇인가?

(6) 단상 변압기 3대를 이용한 △－△ 및 △－Y 결선도를 그리시오.

•22.9[kV]의 기기 정격전압은 25.8[kV]
•3상 4선식이므로 OCR×3＋OCGR
•AF는 프레임정격전류 ACB는 기중차단기(저압에서 사용) 4P는 4극용

|계|산|및|정|답|

(1) PF 또는 COS

(2) AS

(3) 【계산】 변압기 용량이 1000[kVA]이므로 1000[kVA]를 기준용량으로 하면

① 전원측 $\%Z_s = \dfrac{1000}{50000} \times 15 = 0.3[\%]$

② B지점까지의 합성 임피던스 $\%Z = 0.3 + 6 = 6.3[\%]$

$I_s = \dfrac{100}{\%Z} I_n = \dfrac{100}{6.3} \cdot \dfrac{1000 \times 10^3}{\sqrt{3} \times 3300} = 2777.06[A]$ 【정답】 2777.06[A]

(4) 【계산】 $P_s = \dfrac{100}{\%Z} P_n = \dfrac{100}{15} \times 50000 \times 10^{-3} = 333.33[MVA]$ 【정답】 333.33[MVA

(5) 기중차단기

(6) ① △−△ ② △−Y

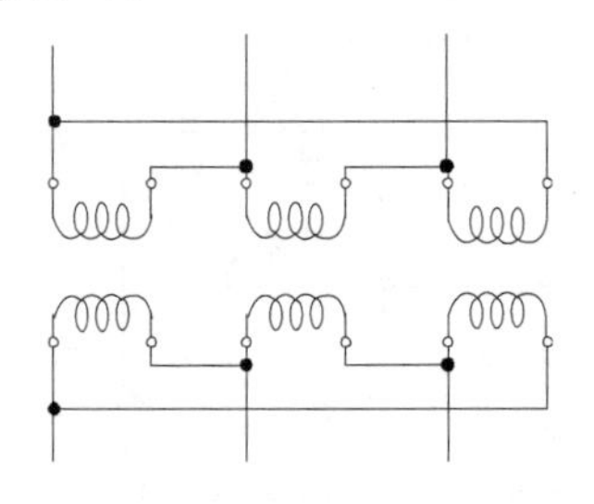

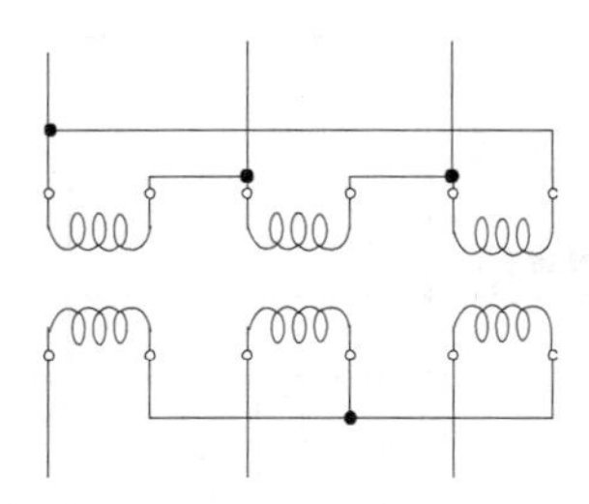

08

출제 : 14년 • 배점 : 5점

단상 전원 인입선의 길이 20[m], 5[A]의 단상부하가 있다. 전압강하를 0.5[V] 이하로 유지하려고 한다. 이때 필요한 전선의 최소 굵기를 선정하시오. (단, 전선의 공칭단면적은 8, 14, 22, 38, 60[mm^2], 지름은 2.0, 2.6, 3.2[mm]이다.)

•계산 : •답 :

|계|산|및|정|답|

【계산】 전선의 굵기 $A = \dfrac{35.6LI}{1000e} = \dfrac{35.6 \times 20 \times 5}{1000 \times 0.5} = 7.12$

여기서, L : 인입선의 길이, e : 전압강하 【정답】 8[mm^2]

09 출제 : 14년 • 배점 : 6점

22.9[kV-Y] 중성선 다중 접지 전선로에 정격 전압 13.2[kV], 정격 용량 250[kVA]의 단상 변압기 3대를 이용하여 아래 그림과 같이 Y-△ 결선하고자 한다. 다음 물음에 답하시오.

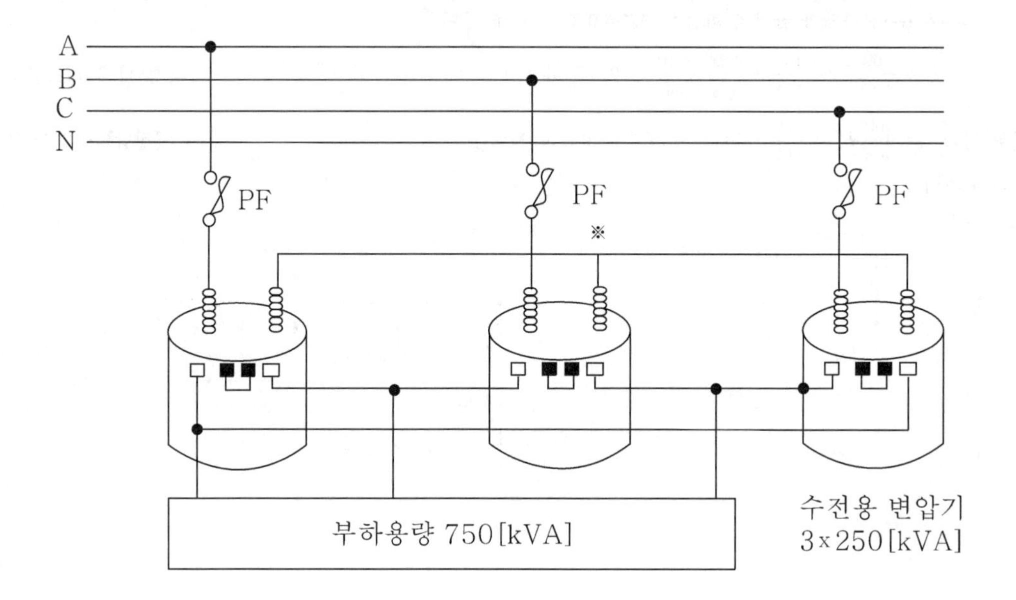

(1) 변압기 1차측 Y 결선의 중성점(※표 부분)을 전선로 N선에 연결하여야 하는가? 연결하여서는 안되는가?

(2) 연결해야 하면 연결해야 하는 이유, 연결하여서는 안되면 안되는 이유를 설명하시오.

(3) 전력 퓨즈의 용량은 몇 [A]인지 선정하시오.

•계산 : •답 :

[퓨즈의 정격 용량]

1[A], 3[A], 5[A], 10[A], 15[A], 20[A], 30[A], 40[A], 50[A], 60[A], 75[A], 100[A], 125[A], 150[A], 200[A], 250[A], 300[A], 400[A]

|계|산|및|정|답|

(1) 연결하여서는 안 된다.

(2) 연결하여 운전 중 임의의 한 상이 결상되면 나머지 2대의 변압기는 역V결선이 되어 과부하로 소손될 수 있기 때문이다.

(3) 【계산】 전부하 전류 $I_f = \dfrac{P}{\sqrt{3}\,V\cos\theta} = \dfrac{250 \times 3}{\sqrt{3} \times 22.9} = 18.91[A]$

퓨즈는 전부하 전류의 1.5배를 고려하여야 하므로 퓨즈용량=18.91×1.5=28.37[A]

【정답】 30[A]

10

출제 : 14년 • 배점 : 3점

다음 주어진 논리회로의 논리식을 쓰고 유접점 시퀀스를 그리시오.

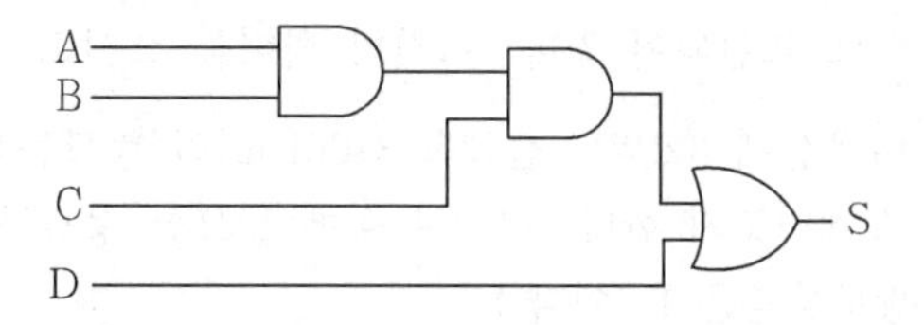

|계|산|및|정|답|

(1) 유접점 회로 :

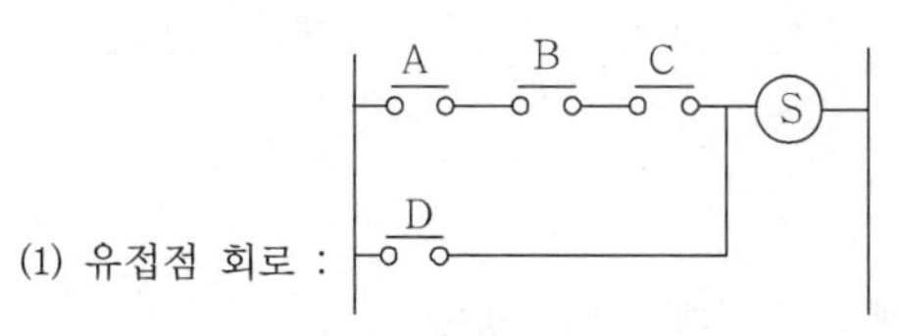

(2) 논리식 : S=ABC+D

11

출제 : 14년 • 배점 : 4점

전력용 콘덴서(진상용 콘덴서)의 설치 목적 4가지를 쓰시오.

|계|산|및|정|답|

① 전력손실 감소
② 전압강하(율) 감소
③ 수용가의 전기요금 감소
④ 변압기설비 여유율 증가
⑤ 부하의 역률 개선
⑥ 공급설비의 여유 증가, 안정도 증진

12

출제 : 10, 14년 • 배점 : 4점

조명 설비에 대한 다음 각 물음에 답하시오.

(1) 배선 도면에 ○N400으로 표현되어 있다. 이것의 의미를 쓰시오.

(2) 평면이 15×10[m]인 사무실에 32[W], 전광속 3100[lm]인 형광등을 사용하여 평균조도를 300[xl]로 유지하도록 설계하고자 한다. 이 사무실에 필요한 형광등 수를 산정하시오. (단, 조명률은 0.6이고, 감광보상률은 1.3이다.)

·계산 : ·답 :

|계|산|및|정|답|

(1) 나트륨등 400[W]

(2) 【계산】 $N=\frac{EAD}{FU}=\frac{300\times(15\times10)\times1.3}{3100\times0.6}=31.451$

여기서, E : 평균 조도[lx], F : 램프 1개당 광속[lm], N : 램프 수량[개], U : 조명률

A : 방의 면적[m^2](방의 폭×길이))

【정답】 32[등]

|추|가|해|설|

$EAD=FNUM$

여기서, E : 평균 조도[lx], F : 램프 1개당 광속[lm], N : 램프 수량[개], U : 조명률, A : 방의 면적[m^2](방의 폭×길이))

13

출제 : 14년 • 배점 : 4점

절연저항 측정 및 절연내력 시험에 대한 다음 물음에 답하시오.

(1) 최대 사용 전압이 3.3[kV]인 중성점 비접지식 전로의 절연내력 시험전압은 얼마인가?

•계산 : •답 :

(2) 전로의 사용전압이 350[V] 이상 400[V] 미만인 경우 절연 저항값은 최소 몇[MΩ] 이상인가?

(3) 최대 사용 전압 380[V]인 전동기의 절연내력 시험전압[V]은?

•계산 : •답 :

(4) 고압 및 특별고압 전로의 절연 내력 시험 방법에 대하여 설명하시오.

|계|산|및|정|답|

(1) 【계산】 절연내력 시험전압=3300×1.5 = 4950[V] → (7000[V] 이하 - 최대사용전압 × 1.5) 【정답】 4950[V]

(2) 0.3[MΩ]

(3) 【계산】 시험전압=380×1.5=570[V] 【정답】 570[V]

(4) 【시험방법】 고압 및 특고압의 전로는 정한 시험전압을 전로와 대지 사이에 연속하여 10분간 가하여 절연내력 시험하였을 때에 이에 견디어야 한다.

|추|가|해|설|

(1) [고압 및 특별고압 전로의 절연내력 시험전압]

전로의 종류	시험전압	최저전압
1. 170[kV]넘는 중성점 직접접지 전로로서 중성점이 접지 되어있는 발·변전소 또는 이에 준하는 시설	최대사용전압×0.64	
2. 60,000[V] 넘는 중성점 직접접지(1란 제외)	최대사용전압×0.72	
3. 60,000[V] 넘는 중성점 접지식(직접접지 제외)	최대사용전압×1.1	75,000[V]
4. 60,000[V] 넘는 비접지(전위변성기 사용 포함)	최대사용전압×1.25	
5. 7,000[V] 넘고 60,000[V] 이하(6란 제외)	최대사용전압 × 1.25	10,500[V]
6. 7,000[V] 넘고 25,000[V] 이하 중성점 접지(다중접지에 한한다.)	최대사용전압×0.92	
7. 7,000[V] 이하	최대사용전압×1.5	500[V]

(2) ① 대지전압 150[V] 이하 : 0.1[MΩ]
② 대지전압 300[V] 이하 : 0.2[MΩ]
③ 사용전압 400[V] 미만 : 0.3[MΩ]
④ 사용전압 400[V] 이상 : 0.4[MΩ]

14

출제 : 14년 • 배점 : 5점

500[KVA]의 변압기에 역률 80[%]인 부하 500[kVA]가 접속되어 있다. 이 변압기에 150[KVA] 전력용 콘덴서를 설치하여 변압기의 전용량까지 사용하고자 할 경우 증가시킬 수 있는 유효전력은 몇 [kW]인가?

·계산 : ·답 :

|계|산|및|정|답|

【계산】 역률 $Q = P(\tan\theta_1 - \tan\theta_2) \rightarrow 150 = 500 \times 0.8\left(\frac{0.6}{0.8} - \tan\theta_2\right)$

$\tan\theta_2 = 0.375,\ \cos\theta_2 = 0.94$

따라서, $500 \times 0.94 - 500 \times 0.8 = 70$[kW]를 증가시킬 수 있다. 【정답】 70[kW]

15

출제 : 14년 • 배점 : 5점

기존 형광램프는 관형이 32[mm], 28[mm], 25.5[mm]가 있는데 T-5램프는 15.5[mm]로 작아진 최신형 세관형 램프이다. T-5 램프의 특징 5가지를 쓰시오.

|계|산|및|정|답|

① 기존 T-10과 T-8에 비해 각각 50[%], 35[%] 이상 에너지 절약이 가능하다.
② 연색성이 우수, 광속 유지율(92[%]) 우수하다.
③ 전자식 안정기의 낮은 전력소모로 에너지 절약이 가능하다.
④ 긴 수명(16,000~20,000시간)을 갖는다.
⑤ 열 발생이 적고, 104[lm/W]으로 효율이 좋다.
⑥ 16[mm] 관경으로 인한 소형화 및 Slim화.
⑦ 극소량의 수은만을 봉입함으로써 환경오염을 줄여 환경 친화적이다.
⑧ 형광램프와 안정기의 완벽한 호환성 등이 우수하다.

16

출제 : 22, 20, 14년 • 배점 : 5점

방폭형 전동기에 대하여 설명하고 방폭구조 종류 3가지만 쓰시오.

|계|산|및|정|답|

(1) 설명 : 가스 또는 분진폭발위험장소에서 전동기를 사용하는 경우에는 그 증기, 가스 또는 분진이 폭발할 수 있는 환경에 대하여 견딜 수 있게 설계된 전동기

(2) 종류 ① 내압 방폭구조
② 압력 방폭구조
③ 유입 방폭구조

|추|가|해|설|

[방폭 설비]

위험한 가스, 분진 등으로 인한 폭발이 발생할 수 있는 위험 장소에서 사용에 적합하도록 특별히 고려한 구조를 말하며, 내압 방폭구조, 압력 방폭구조, 유입 방폭구조, 안전증 방폭구조, 본질안전방폭구조 및 특수방폭구조와 분진위험방소에서 사용에 적합하도록 고려한 분직방폭방진구조로 구별한다.

구분	기호	주요 특징
내압 방폭구조	d	전폐구조로서 용기내부에서 가스가 폭발하여도 용기가 그 압력에 견디고 또한 외부의 폭발성가스에 인화될 우려가 없는 구조를 말한다.
압력 방폭구조	p	용기내부에 보호기체, 예를 들면 신선한 공기 또는 불연성가스를 압입하여 내압을 유지함으로써 폭발성가스가 침입하는 것을 방지하는 구조를 말한다.
유입방폭구조	o	불꽃, 아크 또는 점화원이 될 수 있는 고온 발생의 우려가 있는 부분을 유중에 넣어 유면상에 존재하는 폭발성가스에 인화될 우려가 없도록 한 구조를 말한다.
안전증 방폭구조	e	상시 운전 중에 불꽃, 아크 또는 과열이 발생되면 안 되는 부분에 이들이 발생되는 것을 방지하도록 구조상 또는 온도상승에 대하여 특히 안전도를 증가시킨 구조를 말한다.
본질안전방폭구조	ia ib	위함한 장소에서 사용되는 전기회로(전기 기기의 내부 회로 및 외부배선의 회로)에서 정상시 및 사고시에 발생하는 전기불꽃 또는 열이 폭발성가스에 점화되지 않는 것이 점화시험 등에 의해 확인된 구조의 것을 말한다.
분진방폭방진구조	s	분진위험장소에서 사용에 적합하도록 특별히 고려한 방진구조로서 외부의 분진에 점화되지 않도록 한 것을 말한다.

17

출제 : 14년 • 배점 : 4점

ZCT(영상변류기)에서 다음과 같은 상태일 경우를 설명하시오.

(1) 정상상태

(2) 지락상태

|계|산|및|정|답|

(1) 정상상태 : 정상 상태의 각 상 전류의 합을 지시하므로, $I_0 = \frac{1}{3}(\dot{I}_a + \dot{I}_b + \dot{I}_c) = 0$, 즉 지락전류가 없으므로 검출되는 영상전류는 없다.

(2) 지락 발생시 : 지락 또는 불평형 상태의 각 상전류의 합, 즉 영상전류가 검출되어 지락 계전기를 작동시킨다.

|추|가|해|설|

[영상변류기]

① 지락사고시 지락전류(영상전류)를 검출

② ZCT를 전원측에 설치시 전원측 케이블 차폐의 접지는 ZCT를 관통시켜 접지한다.
접지선을 ZCT 내로 관통시켜야만 ZCT는 지락전류 I_g를 검출할 수 있다.

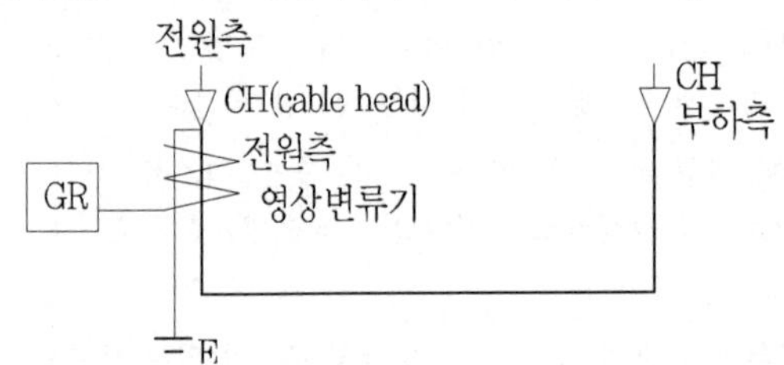

③ ZCT를 부하측에 설치시 케이블 차폐의 접지는 ZCT를 관통시키지 않고 접지한다.
접지선을 ZCT 내로 관통시키지 않아야 지락전류 I_g를 검출할 수 있다.

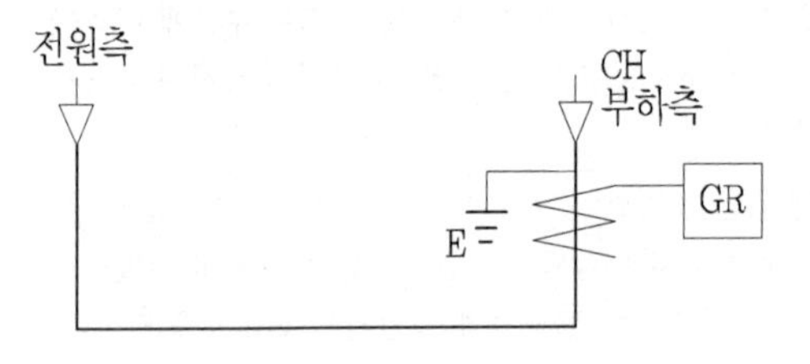

18

출제 : 14년 • 배점 : 10점

비상용 발전기에 대한 물음에 답하시오.

(1) 단순 부하 입력이 600[kW], 역률 80[%], 종합 효율 85[%]의 일반적인 부하에 공급하는 비상용 발전기의 출력[kVA]을 구하시오.

•계산 : •답 :

(2) 발전기실 위치 선정 시 반드시 고려해야 할 사항 3가지만 쓰시오.

(3) 2대 이상의 교류발전기 병렬운전 조건 4가지만 쓰시오.

|계|산|및|정|답|

(1) 【계산】 발전기의 출력 $P = \dfrac{\sum W_L \times L}{\text{역률}(\cos\theta) \times \text{효율}} [kVA] = \dfrac{600}{0.8 \times 0.85} = 882.352$

여기서, ΣW_L : 부하 입력 총계, L : 부하 수용률(비상용일 경우 1.0), $\cos\theta$: 발전기의 역률(통상 0.8)

【정답】 882.35[kVA]

(2) •부하의 중심이 되며 전기실에 가까울 것
•온도가 고온이 되어서는 안 되며 습도가 많으면 안 된다.
•기기의 반입 및 반출 운전보수가 편리할 것

(3) ① 기전력의 주파수가 같을 것
② 기전력의 위상이 같을 것
③ 기전력의 파형의 같을 것
④ 기전력의 크기가 같을 것

03 2014년 전기기사 실기

01

출제 : 14년 • 배점 : 5점

66[kV], 500[MVA], %임피던스 30[%], 발전기에 용량 600[MVA], % 임피던스 20[%]인 변압기가 접속되어 있다. 변압기 2차측 345[kV] 지점에 단락이 일어났을 때 단락전류는 몇 [A]인가?

·계산 : ·답 :

|계|산|및|정|답|

【계산】 기준용량을 600[MVA]로 하면, 발전기의 %Z= $\frac{600}{500}\times 30 = 36[\%]$

2차 정격 전류 $I_{2n} = \frac{P_n}{\sqrt{3}\cdot V_{2n}} = \frac{600\times 10^3}{\sqrt{3}\times 345} = 1004.09[A]$

단락전류 $I_s = \frac{100}{\%Z}\times I_n = \frac{100}{36+20}\times 1004.09 = 1793.02$

【정답】 1793.02[A]

02

출제 : 04, 12, 14년 • 배점 : 4점

역률을 너무 과보상하면 역효과가 나타난다. 즉, 경부하시에 콘덴서가 과대 삽입되는 경우의 결점을 2가지 쓰시오.

|계|산|및|정|답|

① 모선 전압의 과대상승
② 계전기의 오동작 우려
③ 고조파에 의한 왜곡현상 증가
④ 앞선 역률로 전력손실 증가
⑤ 변압기의 여유율 감소

03

출제 : 14년 • 배점 : 6점

피뢰기는 계통에 설치된 기기 및 선로를 보호하기 위하여 설치하는데, 이러한 피뢰기의 구비조건 3가지와 설치개소 4개소를 쓰시오.

|계|산|및|정|답|

(1) 피뢰기의 기능상 필요한 구비조건
① 속류(기류)차단 능력이 있을 것
② 제한 전압이 낮을 것
③ 충격 방전개시전압이 낮을 것
④ 방전 내량이 클 것
⑤ 상용주파 방전개시전압이 높을 것
⑥ 내구성, 경제성이 있을 것

(2) 피뢰기의 설치개소
① 발전소, 변전소 또는 이에 준하는 장소의 가공전선 인입구 및 인출구
② 가공전선로에 접속되는 배전용 변압기의 고압 및 특별고압측
③ 고압 및 특별고압 가공전선로로부터 공급받는 수용장소의 인입구
④ 가공전선로와 지중전선로가 접속되는 곳

04

출제 : 14년 • 배점 : 5점

직류 타여자 발전기가 있다. 무부하 단자전압은 55[V]이고, 5[kW]의 부하를 걸면 단자전압은 50[V]로 된다. 전기자 회로의 등가저항[Ω]을 구하시오.

·계산 : ·답 :

|계|산|및|정|답|

【계산】 $E = V + I_a \cdot r_a$[V]에서 무부하전압은 기전력과 같은 값이고, 전기자전류와 부하전류는 같은 값이므로

$I_a = I = \frac{P}{V} = \frac{5000}{50} = 100[A]$이 된다.

$\therefore r_a = \frac{E - V}{I_a} = \frac{55 - 50}{100} = 0.05[\Omega]$

【정답】 0.05[Ω]

05 출제 : 09, 14년 • 배점 : 5점

도로의 조명설계에 관한 다음 물음에 답하시오.

(1) 도로 조명설계에 있어서 성능상 고려하여야 할 중요 사항 5가지만 쓰시오,

(2) 도로폭 24[m] 도로 양쪽에 20[m] 간격으로 지그재그 배치한 경우, 노면의 평균조도 5[lx]로 하는 경우, 등주 한등당의 광속은 얼마나 되는지 계산하시오. (단, 노면의 광속 이용률은 25[%]로 하고, 감광보상률은 1로 한다.)

•계산 : •답 :

|계|산|및|정|답|

(1) ① 노면 전체에 최대한 높은 평균 휘도로 조명할 것

② 조명의 눈부심이 적을 것, 불쾌감을 주지 않을 것

③ 조명의 광색, 연색성이 적절할 것

④ 보행자 및 운전자의 시야가 확보될 것

⑤ 도로 양측의 보도, 건축물을 고려해 등을 충분히 높고 밝은 조도로 조명할 것

(2) 【계산】 $F=\frac{EAD}{UN}=\frac{5\times20\times24\times\frac{1}{2}\times1}{0.25\times1}=4800$ → (지그재그 조명 : $A=\frac{\text{등주간격}(S)\cdot\text{도로폭}(B)}{2}[m^2]$)

【정답】 4800[lm]

|추|가|해|설|

1. 광속 $F=\frac{EAD}{UN}$

여기서, F : 램프 1개당 광속[lm], E : 평균 조도[lx], N : 램프 수량[개], U : 조명률

A : 방의 면적[m2](방의 폭×길이), D : 감광보상률

2. 도로 조명 배치 방법

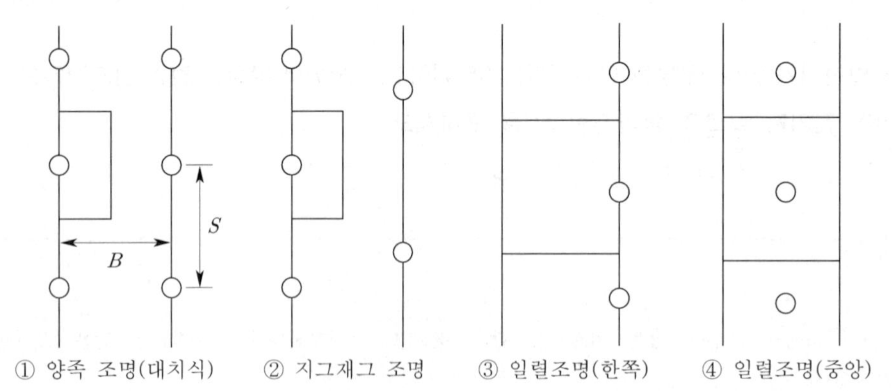

① 양쪽 조명(대치식) ② 지그재그 조명 ③ 일렬조명(한쪽) ④ 일렬조명(중앙)

① 양쪽 조명(대치식) (1일 배치의 피조 면적) : $A=\frac{S\cdot B}{2}[m^2]$

② 지그재그 조명 : $A=\frac{S\cdot B}{2}[m^2]$

③ 일렬조명(한쪽) : $A=S\cdot B[m^2]$

④ 일렬조명(중앙) : $A=S\cdot B[m^2]$

06 출제 : 07, 14년 • 배점 : 5점

다음과 같은 경우, 등가선간거리를 구하시오.

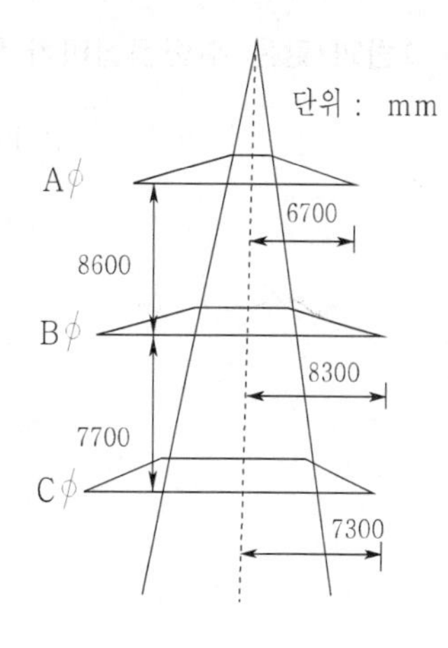

(1) 한 회선당 각 도체의 거리가 주어진 철탑에서 등가선간거리를 구하시오.

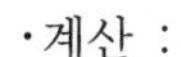
·계산 : ·답 :

(2) 4개의 소도체로 구성되고, 각 도체간 거리가 700[mm]인 다도체의 등가선간거리[m]를 구하시오.

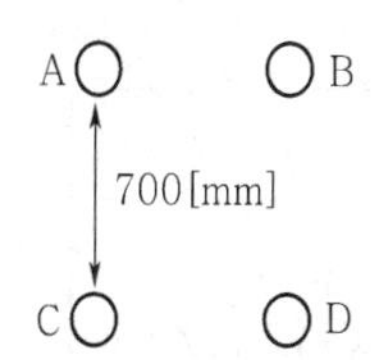

·계산 : ·답 :

|계|산|및|정|답|

(1) 【계산】 $D_{AB}=\sqrt{860^2+(830-670)^2}=875[cm]$

$D_{BC}=\sqrt{770^2+(830-730)^2}=776[cm]$

$D_{CA}=\sqrt{(860+770)^2+(730-670)^2}=1631[cm]$

등가선간거리 $D_e=\sqrt[3]{D_{AB}\cdot D_{BC}\cdot D_{CA}}=\sqrt[3]{875\times776\times1631}=1035[cm]$ 【정답】 1035[cm]

(2) 【계산】

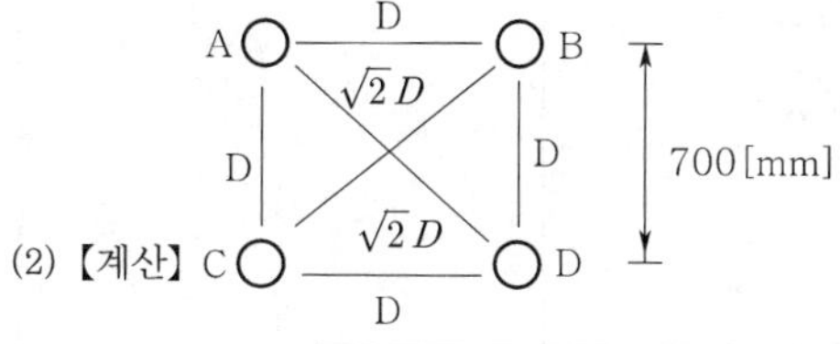

$D=\sqrt[6]{DDDD\sqrt{2}D\sqrt{2}D}=\sqrt[6]{2D^6}=D\sqrt[6]{2}=700\times\sqrt[6]{2}=785.72[mm]$ 【정답】 0.79[m]

|추|가|해|설|

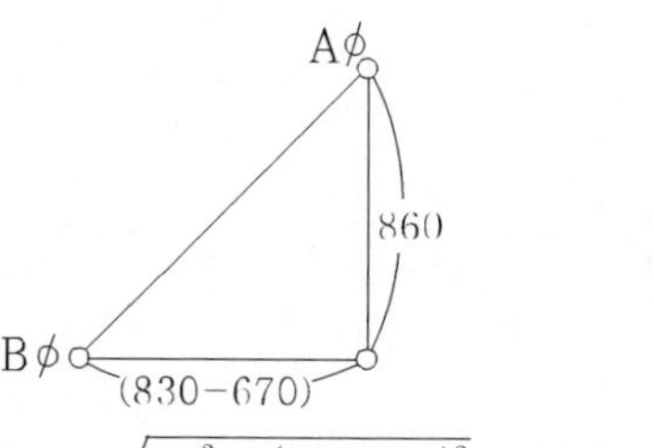

$D_{AB}=\sqrt{860^2+(830-670)^2}=875[cm]$

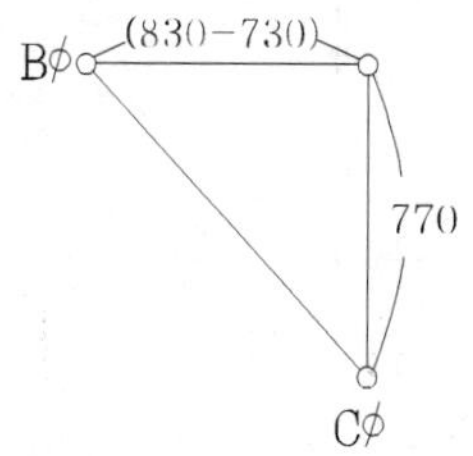

$D_{BC}=\sqrt{770^2+(830-730)^2}=776[cm]$

07

출제 : 00, 05, 14년 • 배점 : 10점

그림과 같은 수변전설비가 있다. 물음에 답하시오.

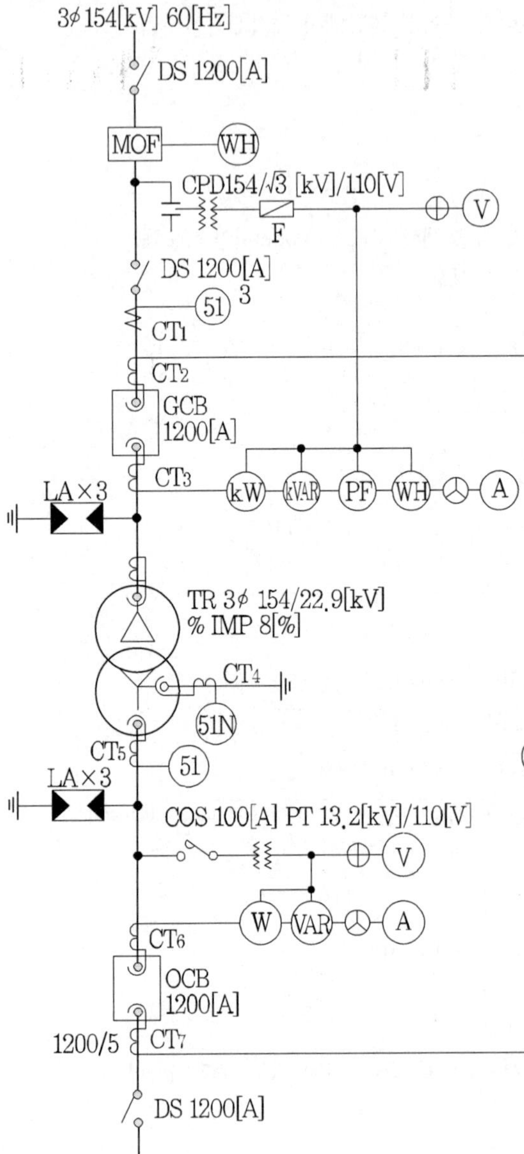

[표] CT의 정격

1차 정격전류[A]	200	400	600	800	1200
2차 정격전류[A]	5				

(1) 변압기 2차 부하설비 용량이 51[MW], 수용률이 70[%], 부하역률이 90[%]일 때 도면의 변압기 용량은 몇 [MVA]가 되는가?

·계산 : ·답 :

(2) 변압기 1차측 DS의 정격전압은 몇 [kV]인가?

(3) CT_1의 비는 얼마인지를 계산하고 표에서 선정하시오.

·계산 : ·답 :

(4) GCB의 정격전압은 몇 [kV]인가?

(5) 변압기 명판에 표시되어 있는 OA/FA의 뜻을 설명하시오.

·OA : ·FA :

(6) GCB 내에 사용되는 가스는 주로 어떤 가스가 사용되는지 그 가스의 명칭을 쓰시오.

(7) 154[kV]측 LA의 정격전압은 몇 [kV]인가?

(8) ULTC의 구조상의 종류 2가지를 쓰시오.

(9) CT_5의 비는 얼마인지를 계산하고 표에서 선정하시오.

·계산 : ·답 :

(10) OCB의 정격차단전류가 23[kA]일 때, 이 차단기의 차단용량은 몇 [MVA]인가?

·계산 : ·답 :

(11) 변압기 2차측 DS의 정격전압은 몇 [kV]인가?

(12) 과전류계전기의 정격부담이 9[VA]일 때, 이 계전기의 임피던스는 몇 [Ω]인가?

·계산 : ·답 :

(13) CT_7 1차 전류가 600[A]일 때 CT_7의 2차에서 비율차동계전기의 단자에 흐르는 전류는 몇 [A]인가?

·계산 : ·답 :

|계|산|및|정|답|

(1) 【계산】 변압기 용량 $= \frac{설비용량 \times 수용률}{역률} = \frac{51 \times 0.7}{0.9} = 39.67[MVA]$ 【정답】 39.67[MVA]

(2) 170[kV]

(3) 【계산】 CT의 1차 전류 $= \frac{39.67 \times 10^6}{\sqrt{3} \times 154 \times 10^3} = 148.72[A]$

148.72 × (1.25~1.5) = 185.9 ~ 223.08[A] ∴ 표에서 200/5 선정 【정답】 200/5

(4) 170[kV]

(5) ·OA : 유입자냉식 ·FA : 유입풍냉식

(6) SF_6

(7) 144[kV]

(8) ① 병렬 구분식 ② 단일 회로식

(9) 【계산】 CT의 1차 전류 $= \frac{39.67 \times 10^6}{\sqrt{3} \times 22.9 \times 10^3} = 1000.15$

1000.15 × (1.25 ~ 1.5) = 1205.19 ~ 1500.23

도면에서 선로 정격전류를 1200[A]로 했으므로 1200/5를 선정 【정답】 1200/5

(10) 【계산】 $Ps = \sqrt{3}\, V_n I_s = \sqrt{3} \times 25.8 \times 23 = 1027.8[MVA]$ 【정답】 1027.8[MVA]

(11) 25.8[kV]

(12) 【계산】 $P = I^2 Z$에서 $I = 5[A]$이므로 $\therefore Z = \frac{P}{I^2} = \frac{9}{5^2} = 0.36[\Omega]$ 【정답】 0.36[Ω]

(13) 【계산】 △결선이므로 $I_l = \sqrt{3} I_P$, $I_2 = \sqrt{3} \times 600 \times \frac{5}{1200} = 4.33[A]$ 【정답】 4.33[A]

08 출제 : 14년 • 배점 : 5점

3상 3선식 배전 선로에 역률 0.8, 출력 180[kW]인 3상 평형 유도 부하가 접속되어 있다. 부하단의 수전 전압이 6000[V]이고, 배전선 1조의 저항이 8[Ω], 리액턴스가 4[Ω]인 경우 송전단 전압을 구하시오.

·계산 : ·답 :

|계|산|및|정|답|

【계산】 $P = \sqrt{3}\, VI\cos\theta$에서 $I = \frac{P}{\sqrt{3}\, V\cos\theta} = \frac{P}{\sqrt{3} \times 6000 \times 0.8} = \frac{180 \times 10^3}{\sqrt{3} \times 6000 \times 0.8} = 21.65[A]$

송전단 전압 $V_s = V_r + \sqrt{3} I(R\cos\theta + X\sin\theta) = 6000 + \sqrt{3} \times 21.65 \times (8 \times 0.8 + 4 \times 0.6) = 6269.99[V]$

【정답】 6269.99[V]

09

출제 : 14년 • 배점 : 10점

주어진 표는 어떤 부하 데이터의 표이다. 이 부하 데이터를 수용할 수 있는 발전기 용량을 산정하시오. (단, 발전기 표준 역률은 0.8, 허용 전압 강하 25[%], 발전기 리액턴스 20[%], 원동기 과부하 내량은 1.2이다.)

[표]

예	부하의 종류	출력 [kW]	전부하 특성				기동 특성		기동 순서	비고
			역률[%]	효율[%]	입력 [kVA]	입력 [kW]	역률[%]	입력 [kVA]		
200[V] 60[Hz]	조명	10	100	–	10	10	–	–	1	
	스프링쿨러	55	86	90	71.1	61.1	40	142.2	2	Y–△ 기동
	소화전 펌프	15	83	87	21.0	17.2	40	42	3	Y–△ 기동
	양수펌프	7.5	83	86	10.5	8.7	40	63	3	직입 기동

(1) 전부하 정상 운전시의 입력에 의한 것을 구하시오.

•계산 : •답 :

(2) 전동기 기동에 필요한 용량을 구하시오.

•계산 : •답 :

(3) 순시 최대 부하에 의한 용량을 구하시오.

•계산 : •답 :

(4) '1~3' 항목 중 발전기 용량 산정에 필요한 항목을 선택하고, 정격 용량을 적은 이유를 설명하시오.

|계|산|및|정|답|

(1) 【계산】 $P=\dfrac{(10+61.1+17.2+8.7)}{0.8}=121.25$ 【정답】 121.25[kVA]

(2) 【계산】 $P=\dfrac{(1-\Delta E)}{\Delta E}\cdot X_d\cdot Q_L[kVA]=\dfrac{(1-0.25)}{0.25}\times0.2\times142.2=85.32$ 【정답】 85.32[kVA]

(3) 【계산】 $P=\dfrac{\sum W_0[kW]+\{Q_{Lmax}[kVA]\times\cos\theta_{Q_L}\}}{K\times\cos\theta_G}=\dfrac{(10+61.1)+(42+63)\times0.4}{(1.2\times0.8)}=117.81$ 【정답】 117.8[kVA]

(4) ① (1)의 용량을 기준 한다.

② 【이유】 정격용량은 150[kVA]를 선정한다. 발전기는 부하설비에 전력을 공급할 수 있는 충분한 용량을 갖추어야 하므로

10

출제 : 14년 • 배점 : 5점

다음의 PLC 프로그램을 보고 레더 다이어그램을 완성하시오.

STEP	명령	번지
0	LOAD	P000
1	OR	P001
2	LOAD	P002
3	OR	P003
4	AND LOAD	–
5	LOAD	P004
6	OR	P005
7	AND LOAD	–
8	OUT	P010

|계|산|및|정|답|

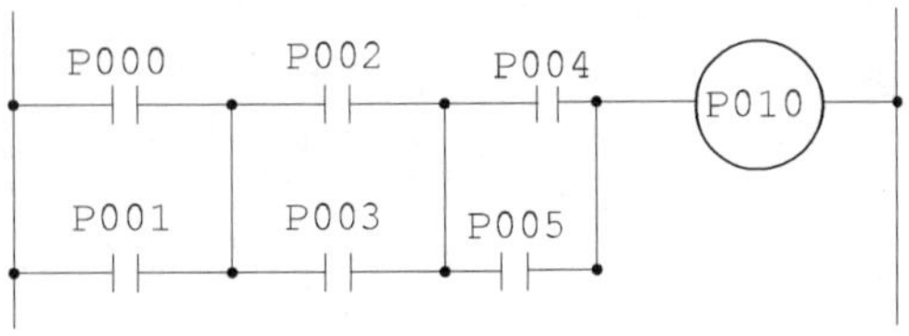

P000 P002 P004 P010

P001 P003 P005

11

출제 : 14년 • 배점 : 6점

접지봉의 직경 19[mm], 길이 2400[mm]이고, 대지의 고유저항이 400[Ω • m]일 때 접지저항(대지저항)은 얼마인가?

·계산 : ·답 :

|계|산|및|정|답|

【계산】 $R=\dfrac{\rho}{2\pi l}\left(\ln\dfrac{2l}{a}\right)[\Omega]$ 에서, $R=\dfrac{400}{2\pi\times 2.4}\left(\ln\dfrac{2\times 2.4}{0.019/2}\right)=165.13$

여기서, ρ : 대지의 고유저항, l : 접지봉 매입길이, a : 접지봉 반지름) 【정답】 165.13[Ω]

12

출제 : 14년 • 배점 : 5점

다음 결선도와 같이 부하가 연결되어 있을 때 설비불평형률을 구하고, 적합성 여부를 판정하시오.

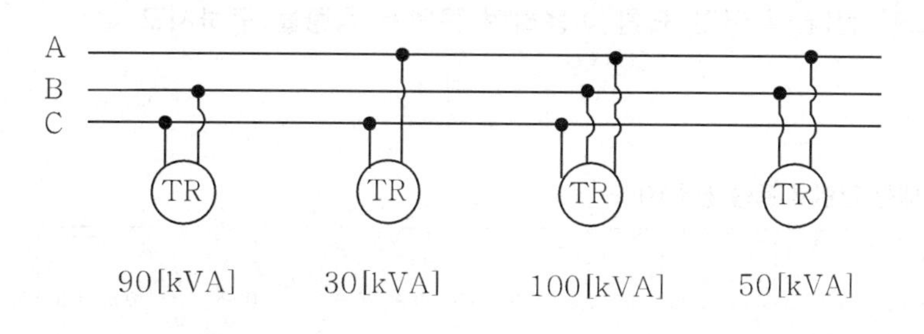

·계산 : ·답 :

|계|산|및|정|답|

【계산】 설비불평형률(%U) $= \dfrac{\text{각 선간에 접속되는 단상 부하설비용량[kVA]의 최대와 최소의 차}}{\text{총 부하 설비 용량[kVA]의 1/3}} \times 100[\%]$

$= \dfrac{(90-30)}{(90+30+100+50)\times 1/3} \times 100 = 66.666$

【정답】 66.67[%], 불평형률은 30[%] 이하여야 한다. 따라서 부적합하다.

|추|가|해|설|

① 저압 수전의 단상3선식

설비불평형률 $= \dfrac{\text{중성선과 각 전압측 전선간에 접속되는 부하설비용량[kVA]의 차}}{\text{총 부하 설비 용량[kVA]의1/2}} \times 100[\%]$

여기서, 불평형률은 40[%] 이하이어야 한다.

② 저압, 고압 및 특별고압 수전의 3상3선식 또는 3상4선식

설비불평형률 $= \dfrac{\text{각 선간에 접속되는 단상 부하설비용량[kVA]의 최대와 최소의 차}}{\text{총 부하 설비 용량[kVA]의 1/3}} \times 100[\%]$

여기서, 불평형률은 30[%] 이하여야 한다.

13

출제 : 14년 • 배점 : 5점

부하설비의 용량이 1500[kVA]인 부하가 있다. 이 부하의 역률이 현재 65[%]인데, 이를 96[%]로 개선하고자 한다. 주어진 표를 이용하여 콘덴서 용량을 구하시오.

·계산 : ·답 :

[표1] 부하에 대한 콘덴서 용량 산출표[%]

개선 전 역률 \ 개선 후 역률	1.0	0.99	0.98	0.97	0.96	0.95	0.94	0.93	0.92	0.91	0.9	0.875	0.85	0.825	0.8	0.775	0.75	0.725	0.7
0.4	230	216	210	205	201	197	194	190	187	184	182	175	168	161	155	149	142	136	128
0.425	213	198	192	188	184	180	176	173	170	167	164	157	151	144	138	131	124	118	111
0.45	198	183	177	173	168	165	161	158	155	152	149	142	136	129	123	116	110	103	96
0.475	185	171	165	161	156	153	149	146	143	140	137	130	123	116	110	104	98	91	84
0.5	173	159	153	148	144	140	137	134	130	128	125	118	111	104	93	92	85	78	71
0.525	162	148	142	137	133	129	126	122	119	117	114	107	100	93	87	81	74	67	60
0.55	152	138	132	127	123	119	116	112	109	106	104	97	90	87	77	71	64	57	50
0.575	142	128	122	117	114	110	106	103	99	96	94	87	80	74	67	60	54	47	40
0.6	133	119	113	108	104	101	97	94	91	88	85	78	71	65	58	52	46	39	32
0.625	125	111	105	100	96	92	89	85	82	79	77	70	63	56	50	44	37	30	23
0.65	117	103	97	92	88	84	81	77	74	71	69	62	55	48	42	36	29	22	15
0.675	109	95	89	84	80	76	73	70	66	64	61	54	47	40	34	28	21	14	7
0.7	102	88	81	77	73	69	66	62	59	56	54	46	40	33	27	20	14	7	
0.725	95	81	75	70	66	62	59	55	52	49	46	39	33	26	20	13	7		
0.75	88	74	67	63	58	55	52	40	45	43	40	33	26	29	13	6.5			
0.775	81	67	61	57	52	49	45	42	39	36	33	26	19	12	6.5				
0.8	75	61	54	50	46	42	39	35	32	29	26	19	13	6					
0.825	69	54	48	44	40	36	33	29	26	23	19	14	7						
0.85	62	48	42	37	33	29	26	22	19	16	14	7							
0.875	55	41	36	30	26	23	19	16	13	10	7								
0.9	48	34	28	23	19	16	12	9	6	2.8									
0.91	45	31	25	21	26	13	9	6	2.8										
0.92	43	28	22	18	13	10	6	3.1											
0.93	40	25	19	15	10	7	3.3												
0.94	36	22	16	11	7	3.6													
0.95	33	18	12	8	3.5														
0.96	29	15	9	4															
0.97	25	11	5																
0.98	20	6																	
0.99	14																		

| 계 | 산 | 및 | 정 | 답 |

【계산】 개선 전 역률 0.65과 개선 후 역률 0.96가 만나는 곳의 K 값은 표에서 $K=0.88$

따라서, 필요한 콘덴서 용량 $Q_c = \text{KP}\cos\theta = 1500 \times 0.65 \times 0.88 = 858$[kVA]

【정답】 858[kVA]

14

출제 : 14년 • 배점 : 6점

어떤 공장의 1일 사용전력이 192[kWh], 최대부하가 12[kW]이고, 이때의 전류가 34[A]이다. 부하는 220[V], 11[kW] 3상 유도전동기를 사용한다. 다음 물음에 답하시오.

(1) 일 부하율을 구하시오

•계산 : •답 :

(2) 최대부하 사용 시의 역률을 구하시오.

•계산 : •답 :

|계|산|및|정|답|

(1) 【계산】 부하율 $F_{LO} = \dfrac{1일의\ 평균전력}{1일의\ 최대전력} \times 100 = \dfrac{1일\ 사용전력량/24}{1일의\ 최대전력} \times 100 = \dfrac{192/24}{12} \times 100 = 66.666$ 【정답】 66.67[%]

(2) 【계산】 역률 $\cos\theta = \dfrac{P}{\sqrt{3}\,VI} \times 100 = \dfrac{12,000}{\sqrt{3} \times 220 \times 34} \times 100 = 92.623$ 【정답】 92.62[%]

15

출제 : 14년 • 배점 : 5점

3150/210[V]인 변압기의 용량이 각각 250[kVA], 200[kVA]이고, %임피던스 강하가 각각 2.5[%]와 3[%] 일 때 그 병렬 합성 용량[kVA]은?

•계산 : •답 :

|계|산|및|정|답|

【계산】 부하분담은 용량에 비례하고, 임피던스에 반비례한다.

이를 식으로 표현하면 $\dfrac{I_A}{I_B} = \dfrac{[kVA]_A}{[kVA]_B} \times \dfrac{\%Z_B}{\%Z_A}$ 가 된다.

따라서 $\dfrac{I_A}{I_B} = \dfrac{[kVA]_A}{[kVA]_B} \times \dfrac{\%Z_B}{\%Z_A} = \dfrac{250}{200} \times \dfrac{3}{2.5} = \dfrac{3}{2}$

A기의 부하분담은 $I_A = \dfrac{3}{2} \times I_B = \dfrac{3}{2} \times 200 = 300$[kVA]이지만, 과부하로 운전될 수 없으므로 최대용량은 자기용량까지인 250[kVA]만 가능하다.

B기의 부하분담은 $I_B = \dfrac{2}{3} \times I_A = \dfrac{2}{3} \times 250 \fallingdotseq 166.666$ $\therefore$ 166.67[kVA]가 된다.

따라서 합성 용량은 $250 + 166.67 = 416.67$[kVA] 【정답】 416.67[kVA]

16

출제 : 14, 19년 • 배점 : 5점

그림과 같은 3상3선식 배전선로가 있다. 다음 각 물음에 답하시오. (단, 전선 1가닥당의 저항은 0.5[Ω/km]라고 한다.)

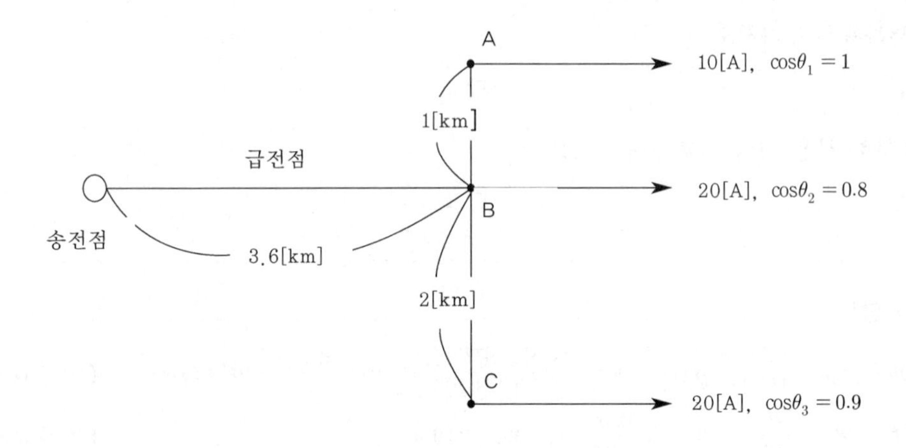

(1) 급전선에 흐르는 전류는 몇 [A]인가?

·계산 : ·답 :

(2) 전체 선로 손실[kW]을 구하시오.

·계산 : ·답 :

|계|산|및|정|답|

(1) 【계산】 각 부하의 역률이 주어졌으므로

$I = 10 + 20(0.8 - j0.6) + 20(0.9 - j\sqrt{1-0.9^2}) = 44 - j20.72 = 48.63[A]$

【정답】 48.63[A]

(2) 【계산】 손실 전력량 : $P_L = 3I^2R$(급전선손실)$+3I^2R_A$(A점 손실)$+3I^2R_C$(C점 손실)

$= 3\times48.63^2\times(0.5\times3.6) + 3\times10^2\times(0.5\times1) + 3\times20^2\times(0.5\times2) = 14120.34[W]$

【정답】 14120.34[W]

17

출제 : 14, 17년 • 배점 : 6점

기자재가 그림과 같이 주어졌다.

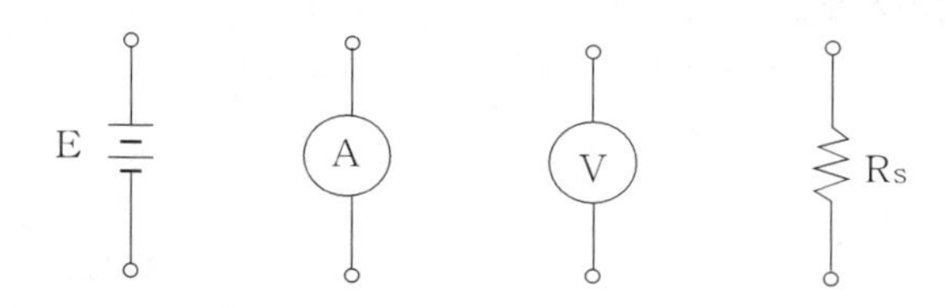

(1) 전압 전류계법으로 저항값을 측정하기 위한 회로를 완성하시오.

(2) 저항 R_s에 대한 식을 쓰시오.

|계|산|및|정|답|

(1)

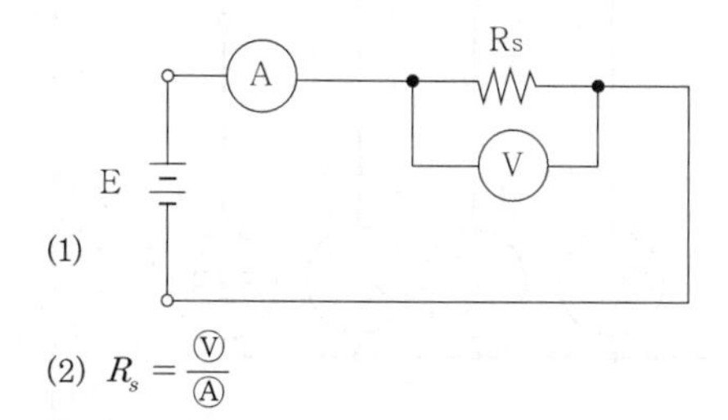

(2) $R_s = \frac{Ⓥ}{Ⓐ}$

|추|가|해|설|

[전압전류계법]

저항에 전류를 흘리면 전압 강하가 생기는 것을 이용하여 저항값을 측정하는 방법. 전압계와 전류계의 접속 방법에 따라서 그림과 같이 두 가지 방법이 있다.

(a)의 경우는 피측정 저항이 전압계의 내부 저항에 비해 작으면 작을수록 오차는 작아진다.

(b)의 경우는 피측정 저항이 전류계의 내부 저항에 비해 크면 클수록 오차는 작아진다.

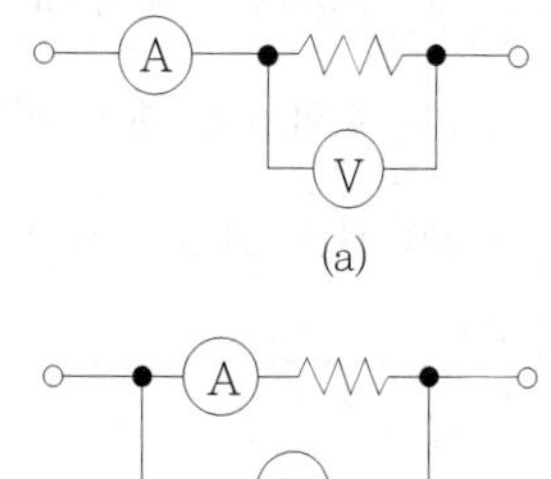

(a)

(b)

18

출제 : 03, 14년 • 배점 : 7점

도면과 같은 시퀀스도는 기동 보상기에 의한 전동기의 기동제어 회로의 미완성 도면이다. 이 도면을 보고 다음 각 물음에 답하시오.

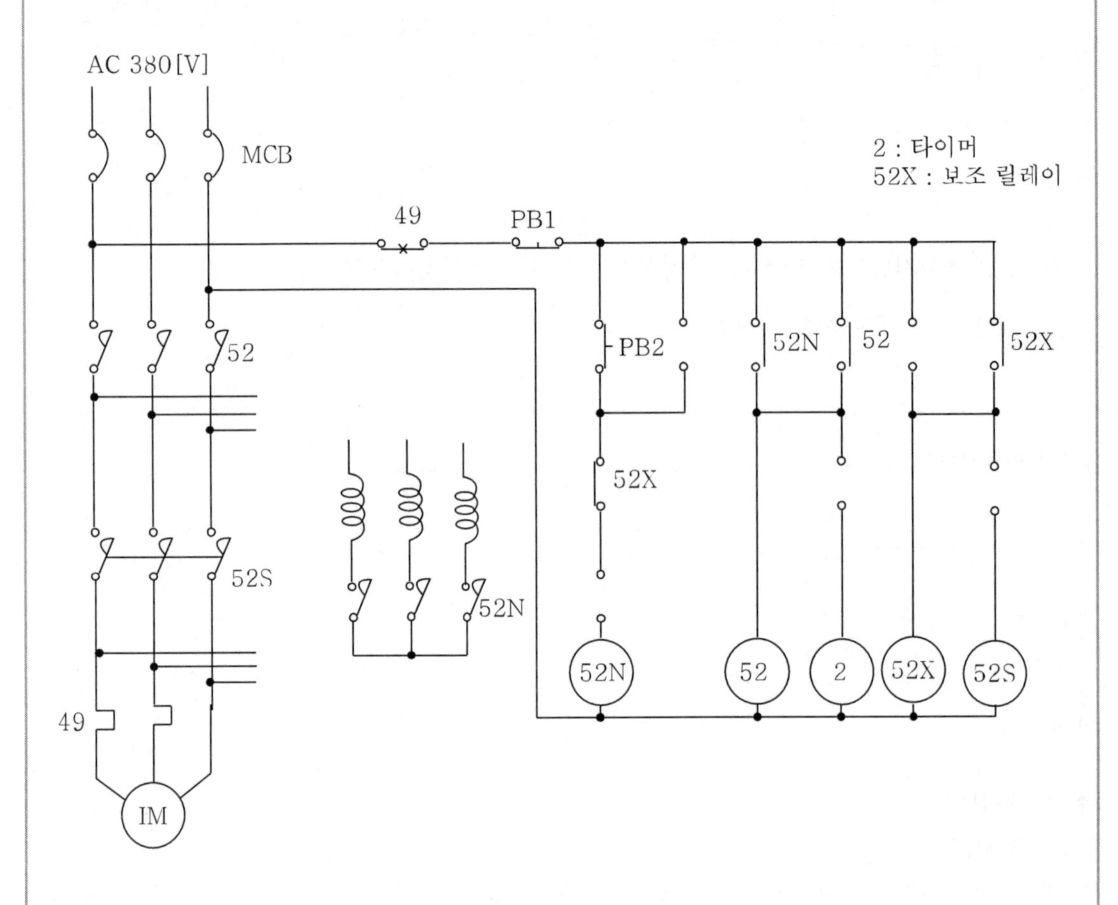

(1) 전동기의 기동 보상기 기동제어는 어떤 기동 방법인지 그 방법을 상세히 설명하시오.

(2) 주회로에 대한 미완성 부분을 완성하시오.

(3) 보조 회로의 미완성 접점을 그리고 그 접점 명칭을 표기하시오.

|계|산|및|정|답|

(1) 기동 시 전동기에 대한 인가 전압을 단권 변압기로 감압하여 공급함으로써 기동전류를 억제하고 기동완료 후 전전압을 가하는 방식이다.

(2) (3)

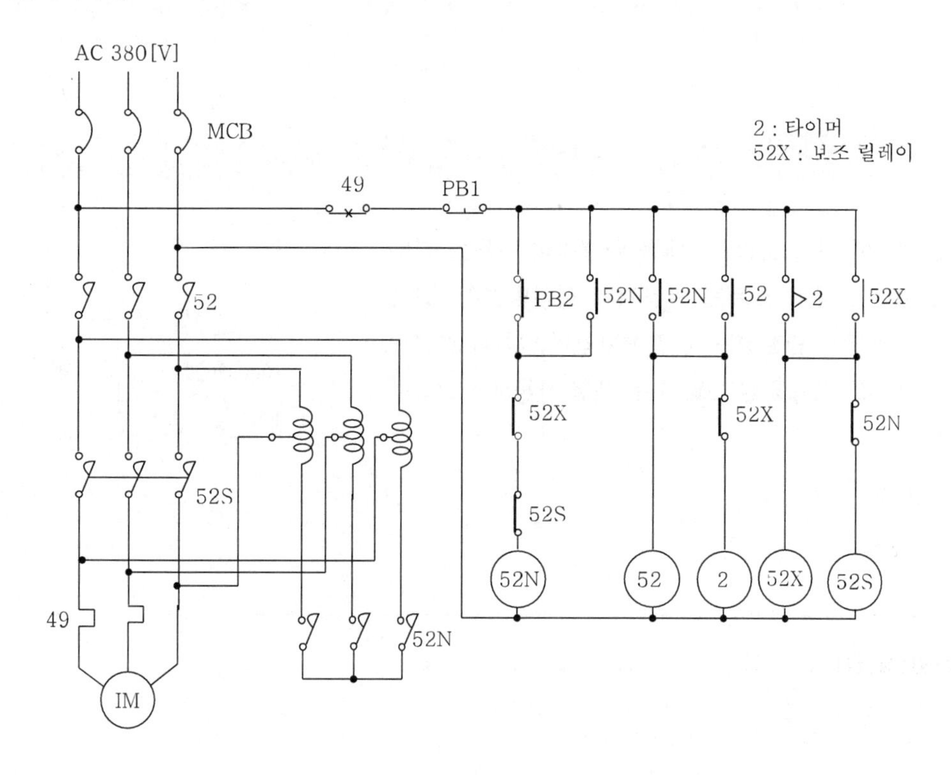

01 2013년 전기기사 실기

01

출제 : 13년 • 배점 : 5점

3상 전원에 단상 전열기 2대를 연결하여 사용할 경우 3상 평형 전류가 흐르는 변압기의 결선방법이 있다. 3상을 2상으로 변환하는 이 결선방법의 명칭과 결선도를 그리시오. (단, 단상 변압기 두 대를 사용하는 것으로 한다.)

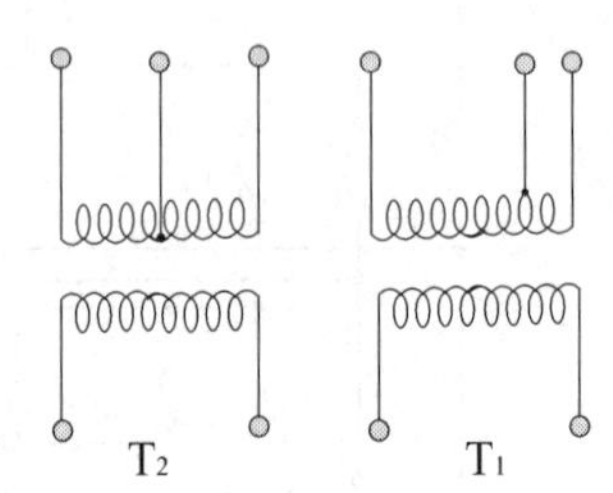

- 명 칭
- 결선도

|계|산|및|정|답|

【명칭】 스코트(scott) 결선

【결선도】

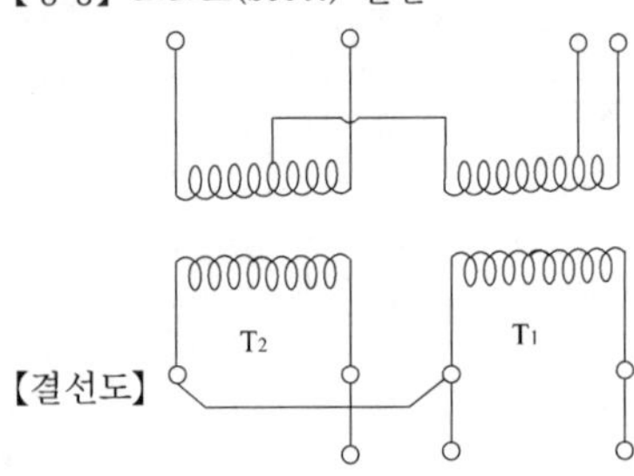

|추|가|해|설|

[스코트 결선(T결선)] 3상을 2상으로 변환하는 결선법

주좌변압기 T_2의 1차 권선의 $\frac{1}{2}$ 되는 점, 즉 $\frac{1}{2}n_1$ 에서 탭을 인출하여

T좌 변압기 T_1 의 한 단자에 접속하고 T좌 변압기의 $\frac{\sqrt{3}}{2}$ 되는 점,

즉 $\frac{\sqrt{3}}{2}n_1$ 에서 탭을 인출하여 전원 전압을 공급

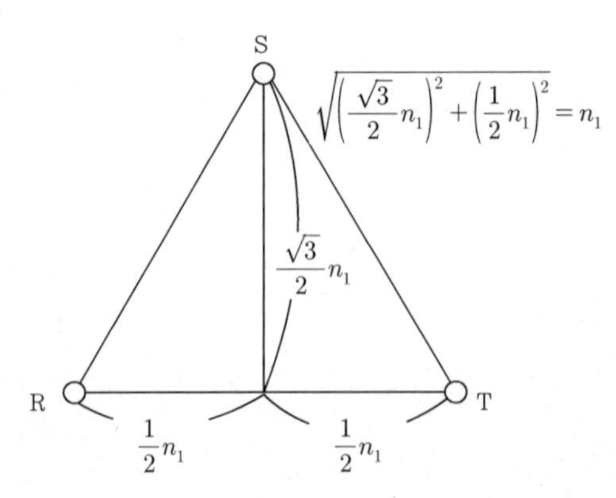

02

출제 : 13년 • 배점 : 5점

옥외 변전소내의 변압기 사고라고 할 수 있는 사고의 종류 5가지만 쓰시오.

|계|산|및|정|답|

① 고압측 권선과 저압측 권선간의 혼촉
② 변압기의 권선과 철심간의 절연파괴에 의한 지락
③ 변압기 권선의 단락
④ 변압기 권선의 단선과 층간단락
⑤ 부싱선(Bushing Lead)의 파손 및 염해에 의한 지락

03

출제 : 13년 • 배점 : 5점

전동기에 개별로 콘덴서를 설치할 경우 발생할 수 있는 자기여자현상의 발생 이유와 현상을 설명하시오.

·이 유

·현 상

|계|산|및|정|답|

【발생 이유】 콘덴서 전류가 전동기의 무부하 전류보다 큰 경우에 발생
【현상】 전동기 단자전압이 일시적으로 과상승하는 현상이다.

|추|가|해|설|

[자기여자 방지법]
·발전기 2대 또는 3대를 병렬로 모선에 접속한다.
·수전단에 동기 조상기를 접속하고 이것을 부족 여자로 하여 송전선에서 지상전류를 취하게 하면 충전전류를 그 만큼 감소시키는 것이 된다.
·송전선로의 수전단에 변압기를 접속한다.
·수전단에 리액턴스를 병렬로 접속한다.
·발전기의 단락비를 크게 한다.

04

출제 : 13년 • 배점 : 5점

그림은 축전지 충전회로이다. 다음 물음에 답하시오.

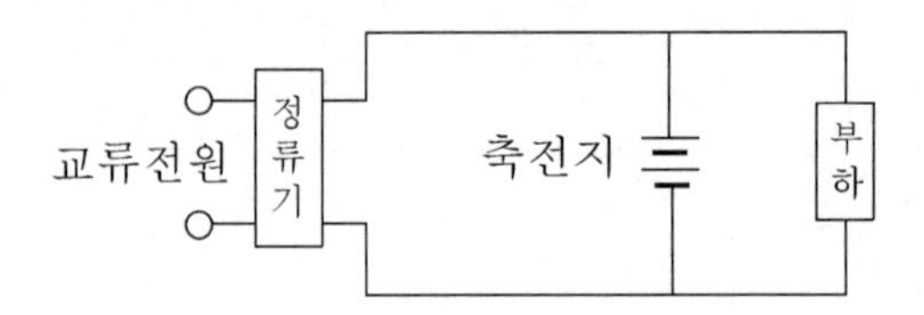

(1) 충전방식은?

(2) 이 방식의 역할(특징)을 쓰시오.

|계|산|및|정|답|

(1) 부동충전방식

(2) 축전지의 자기방전을 보충함과 동시에 사용부하에 대한 전력 공급은 충전기가 부담하도록 하고 충전기가 부담하기 어려운 일시적인 대전류 부하는 축전지로 하여금 부담하게 하는 방식이다.

|추|가|해|설|

[충전 방식]

급속 충전	비교적 단시간에 보통 전류의 2~3배의 전류로 충전하는 방식이다.
보통 충전	필요 할 때마다 표준 시간율로 소정의 충전을 하는 방식이다.
부동충전	축전지의 자기 방전을 보충함과 동시에 상용 부하에 대한 전력 공급은 충전기가 부담하도록 하되 충전기가 부담하기 어려운 일시적인 대전류 부하는 축전지로 하여금 부담하게 하는 방식이다.
균등충전	부동 충전 방식에 의하여 사용할 때 각 전해조에서 일어나는 전위차를 보정하기 위하여 1~3개월 마다 1회씩 정격전압으로 10~12시간 충전하여 각 전해조의 용량을 균일화하기 위한 방식이다.
세류충전	자기 방전량만을 항시 충전하는 부동 충전 방식의 일종이다.
회복 충전	정전류 충전법에 의하여 약한 전류로 40~50시간 충전시킨 후 방전시키고, 다시 충전시킨 후 방전시킨다. 이와 같은 동작을 여러 번 반복하게 되면 본래의 출력 용량을 회복하게 되는데 이러한 충전 방법을 회복충전이라 한다.

05

출제 : 13년 • 배점 : 5점

길이 30[m], 폭 50[m]인 방에 평균조도 200[lx]를 얻기 위해 전광속 2500[lm]의 40[W] 형광등을 사용했을 때 필요한 등수를 계산하시오. (단, 조명률 0.6, 감광보상률 1.2이고, 기타 요인은 무시한다.)

·계산 :　　　　　　　　　　　　　　·답 :

|계|산|및|정|답|

【계산】 $N=\dfrac{EAD}{FU}=\dfrac{200\times30\times50\times1.2}{2500\times0.6}=240$[등]　　　　【정답】 240[등]

|추|가|해|설|

$EAD=FNUM$

여기서, E : 평균 조도[lx], F : 램프 1개당 광속[lm], N : 램프 수량[개], U : 조명률

A : 방의 면적[m^2](방의 폭×길이), D : 감광보상률($D=\dfrac{1}{M}$), M : 보수율

06

출제 : 13년 • 배점 : 5점

수변전 설비에서 에너지 절약을 위한 대응방안 5가지를 쓰시오.

|계|산|및|정|답|

① 변압기의 종류 및 용도의 적정한 선정
② 고효율 변압기의 채택
③ 역률을 90[%] 이상으로 유지
④ 변압기의 운전방식의 결정
⑤ 전압 강압방식의 결정(직강압방식, 2단강압방식)

07

출제 : 13년 • 배점 : 9점

그림과 같은 수전계통을 보고 다음 각 물음에 답하시오.

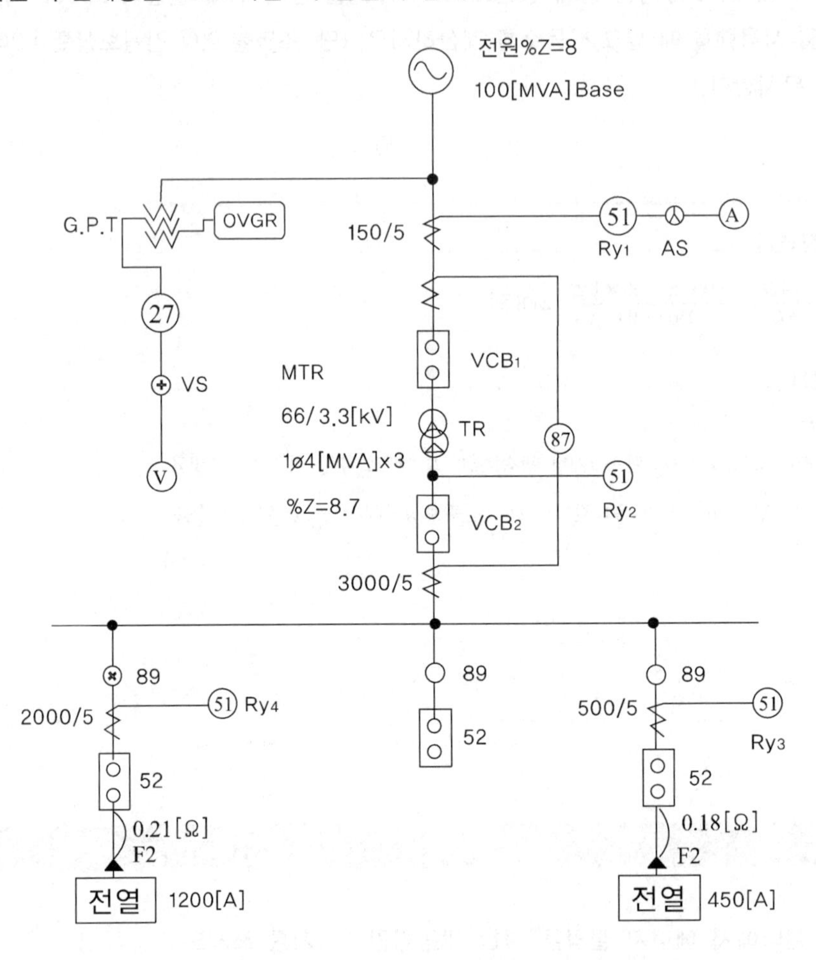

(1) "27"과 "87" 계전기의 명칭과 용도를 설명하시오.

기기	명칭	용도
27		
87		

(2) 다음의 조건에서 과전류 계전기 R_{y1}, R_{y2}, R_{y3}, R_{y4}의 탭(Tap) 설정값은 몇 [A]가 가장 적당한지를 계산에 의하여 정하시오.

〈조 건〉

- R_{y1}, R_{y2}의 탭 설정값은 부하전류 160[%]에서 설정한다.
- R_{y3}의 탭 설정값은 부하전류 150[%]에서 설정한다.
- R_{y4}는 부하가 변동 부하이므로 탭 설정값은 부하전류 200[%]에서 설정한다.
- 과전류 계전기의 전류탭은 2[A], 3[A], 4[A], 5[A], 6[A], 7[A], 8[A]가 있다.

계전기	계산과정	설정값
R_{y1}		
R_{y2}		
R_{y3}		
R_{y4}		

(3) 차단기 VCB_1의 정격전압은 몇 [KV]인가?

(4) 전원측 차단기 VCB_1의 정격용량을 계산하고, 다음의 표에서 가장 적당한 것을 선정하도록 하시오.

[표] 차단기의 정격표준용량[MVA]

1000	1500	2500	3500

- 계산 :
- 답 :

|계|산|및|정|답|

(1)

기기	명칭	용도
27	부족전압계전기	정전시나 전압 부족시 동작하여 경보를 발생하거나 차단기 작동
87	전류차동계전기	변압기와 발전기의 내부 고장에 대한 보호용으로 사용

(2)

계전기	계산과정	설정값
R_{y1}	$I=\frac{4\times3\times10^3}{\sqrt{3}\times66}\times\frac{5}{150}\times1.6=6[A]$	6[A]
R_{y2}	$I=\frac{4\times3\times10^3}{\sqrt{3}\times3.3}\times\frac{5}{3000}\times1.6=6[A]$	6[A]
R_{y3}	$I=450\times\frac{5}{500}\times1.5=6.75$	7[A]
R_{y4}	$I=1200\times\frac{5}{2000}\times2=6[A]$	6[A]

(3) 72.5[kV]

(4) 【계산】 $P_s=\frac{100}{\%Z}P_n=\frac{100}{8}\times100=1250[MVA]$, 표에서 1500[MVA] 선정 【정답】 1500[MVA]

08

출제 : 13년 • 배점 : 5점

그림과 같이 부하를 운전 중인 상태에서 변류기의 2차측의 전류계를 교체할 때에는 어떠한 순서로 작업을 하여야 하는지 쓰시오. (단, K와 L은 변류기 1차 단자, k와 l은 변류기의 2차 단자 a, b는 전류계 단자이다.)

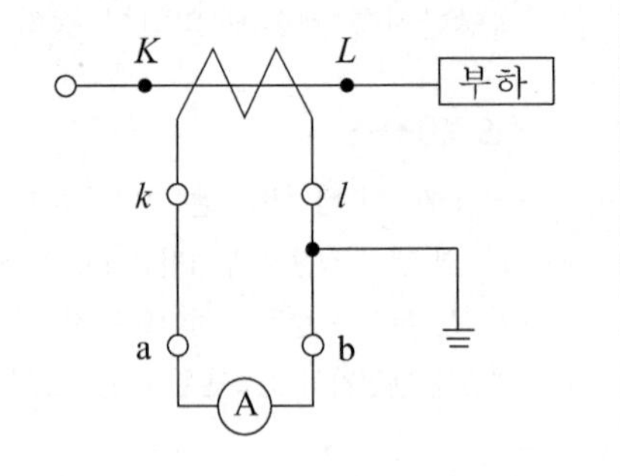

|계|산|및|정|답|

① 변류기 2차측 $k-l$단자를 단락한다.

② 전류계 Ⓐ를 교체시킨다.

③ a와 b의 단자를 확실히 연결한 후 변류기 2차측 $k-l$단자를 개방한다.

09

출제 : 13년 • 배점 : 5점

그림과 같은 배전 선로가 있다. 이 선로의 전력손실은 몇 [KW]인지 계산하시오.

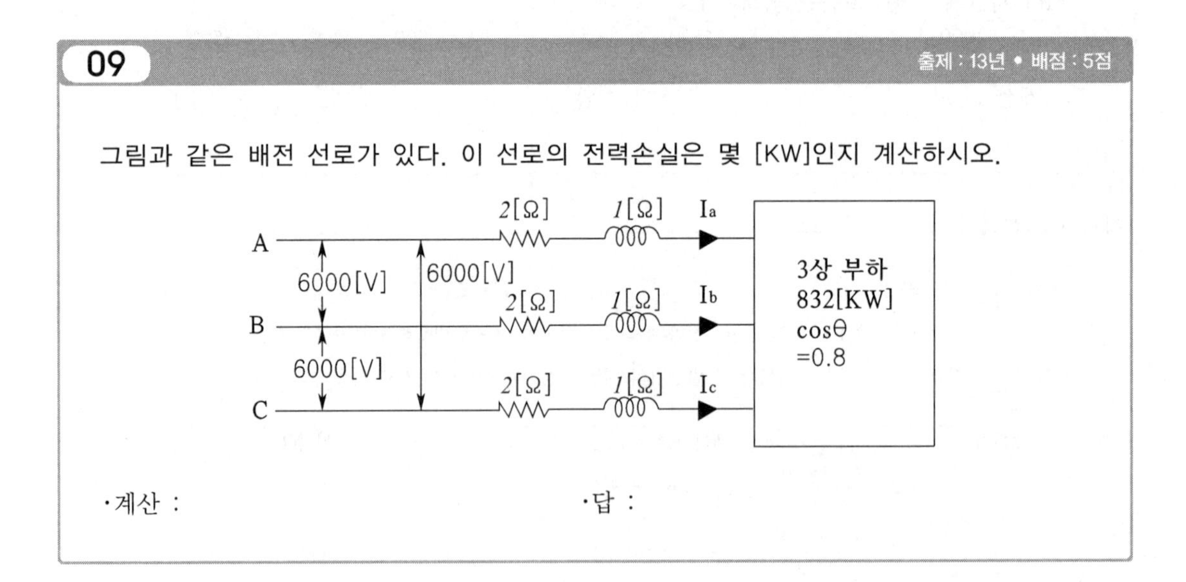

·계산 :　　　　　　　　　　·답 :

|계|산|및|정|답|

【계산】 부하전류 $I=\dfrac{P}{\sqrt{3}\,V\cos\theta}$

전력손실 $P_l=3I^2R=3\left(\dfrac{P}{\sqrt{3}\,V\cos\theta}\right)^2\times R=3\times\left(\dfrac{832\times10^3}{\sqrt{3}\times6000\times0.8}\right)^2\times2\times10^{-3}=60.09[kW]$

【정답】 60.09[kW]

10

출제 : 13년 • 배점 : 5점

그림과 같은 부하를 갖는 변압기의 최대수용전력은 몇 [KVA]인지 계산하시오. (단, ① 부하간 부등률은 1.2 이다. ② 부하의 역률은 모두 85[%] 이다. ③ 부하에 대한 수용률은 다음 표와 같다.)

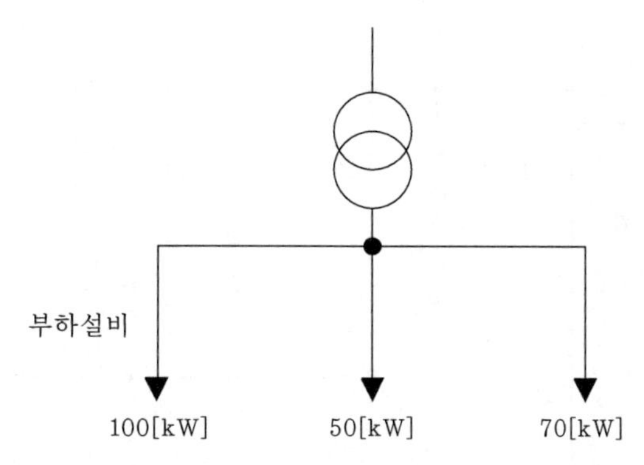

부하	수용률
10[kW] 이상 ~ 50[kW] 미만	70[%]
50[kW] 이상 ~ 100[kW] 미만	60[%]
100[kW] 이상 ~ 150[kW] 미만	50[%]
150[kW] 이상	45[%]

·계산 : ·답 :

|계|산|및|정|답|

【계산】 변압기 최대 수용전력$(T_r)=\dfrac{\text{설비용량}\times\text{수용률}}{\text{부등률}\times\text{역률}}$

$$=\frac{100\times0.5+50\times0.6+70\times0.6}{1.2\times0.85}=119.61[\text{kVA}]$$

【정답】 119.61[kVA]

11

출제 : 13년 • 배점 : 12점

다음 그림은 리액터 기동 정지 조작회로의 미완성 도면이다. 이 도면에 대하여 다음 물음에 답하시오.

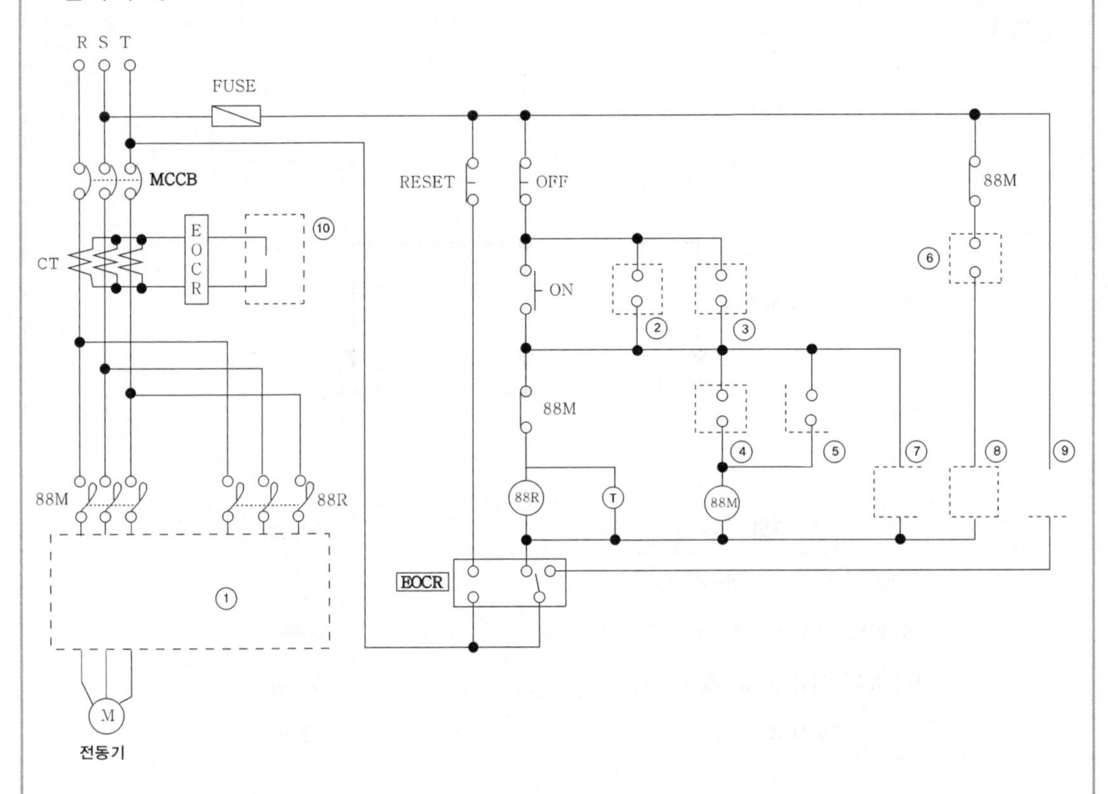

(1) ① 부분의 미완성 주회로를 회로도에 직접 그리시오.

(2) 제어회로에서 ②, ③, ④, ⑤, ⑥ 부분의 접점을 완성하고 그 기호를 쓰시오.

(3) ⑦, ⑧, ⑨, ⑩ 부분에 들어갈 LAMP와 계기의 그림기호를 그리시오.

(예 : Ⓖ : 정지, Ⓡ : 기동 및 운전, Ⓨ : 과부하로 인한 정지)

(4) 직입기동시 시동전류가 정격전류의 6배가 되는 전동기를 65[%] 탭에서 리액터 시동한 경우 시동전류는 약 몇 배 정도가 되는지 계산하시오.

·계산 :

·답 :

(5) 직입 기동시 시동 토크가 정격토크의 6배였다고 하면 65[%] 탭에서 리액터 시동한 경우 시동토크는 어떻게 되는지 설명하시오.

|계|산|및|정|답|

(1)

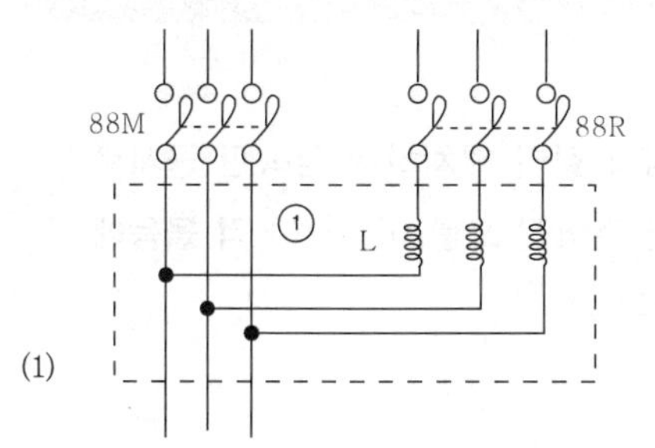

(2)

구분	②	③	④	⑤	⑥
접점 및 기호	88R	88M	T-a	88M	88R

(3)

구분	⑦	⑧	⑨	⑩
그림 기호	R	G	Y	A

(4) 【계산】 기동전류 $I_s \propto V$이고, 시동전류는 정격전류의 6배이다. 즉, $I_s \propto V = 6I \times 0.65 = 3.9I$

【정답】 3.9[배]

(5) 【계산】 시동전류 $T_s \propto V_1^2$이고, 시동토크는 정격토크의 2배이다. 즉, $T_s = V^2 \Rightarrow 2T \times 0.65^2 = 0.845T$

【정답】 0.85[배]

|추|가|해|설|

[리액터 기동]

- 리액터 기동은 전동기와 직렬로 리액터를 연결하여 리액터에 의한 전압강하를 발생시킨 다음 유도전동기에 단자전압을 감압시켜 작은 시동토크로 기동할 수 있는 방법을 말한다. 기동이 완료되면 그림의 88M을 여자시켜 리액터를 제거하여 운전한다.
- 리액터 탭은 50－60－70－80－90[%]이며 기동토크는 25－36－49－64－81[%]이다.
- 기동전류는 전압강하 비율로 감소하여 토크는 전압강하 제곱비율로 감소하므로 토크 부족에 의한 기동불능에 주의한다.

12

출제 : 13년 • 배점 : 5점

부하가 유도전동기이며, 기동용량이 1000[KVA]이고, 기동시 전압강하는 20[%]이며, 발전기의 과도 리액턴스가 25[%]이다. 이 전동기를 운전할 수 있는 자가발전기의 최소용량의 몇 [KVA]인지 계산하시오.

|계|산|및|정|답|

【계산】 발전기 정격용량$=\left(\dfrac{1}{\text{허용전압강하}}-1\right)\times$기동용량$\times$과도리액턴스[kVA]

$=\left(\dfrac{1}{e}-1\right)\times x_d \times$ 기동용량 $=\left(\dfrac{1}{0.2}-1\right)\times 0.25 \times 1000 = 1000[\text{kVA}]$

【정답】 1000[kVA]

13

출제 : 13년 • 배점 : 5점

전동기 M1~M5의 사양이 주어진 조건과 같고 이것을 그림과 같이 배치하여 금속관 공사로 시설하고자 한다. 간선 및 분기회로의 설계에 필요한 자료를 주어진 표를 이용하여 각 물음에 답하시오. (단, 공사방법은 B1, XLPE 절연전선을 사용한다.)

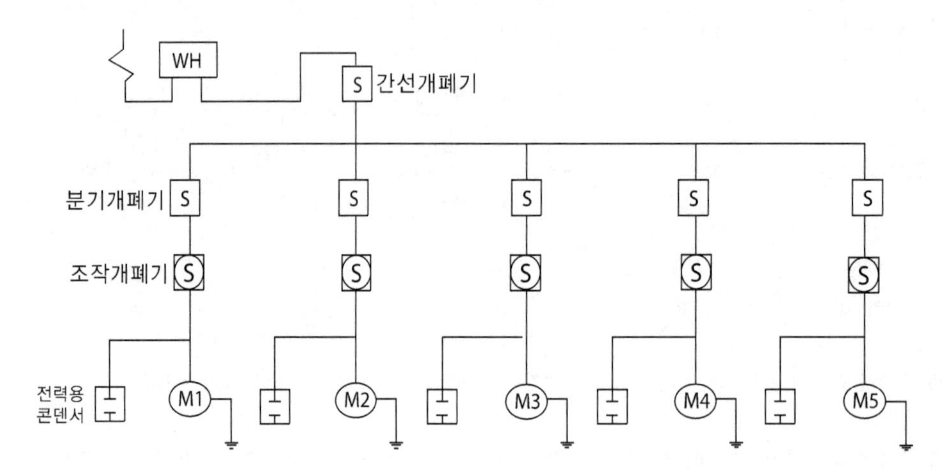

〈조 건〉

- M1 : 3상 200[V] 0.75[KW] 농형 유도전동기 (직입 기동)
- M2 : 3상 200[V] 3.7[KW] 농형 유도전동기 (직입 기동)
- M3 : 3상 200[V] 5.5[KW] 농형 유도전동기 (직입 기동)
- M4 : 3상 200[V] 15[KW] 농형 유도전동기 (Y−Δ 기동)
- M5 : 3상 200[V] 30[KW] 농형 유도전동기 (기동보상기 기동)

(1) 각 전동기 분기회로의 설계에 필요한 자료를 답란에 기입하시오.

구분		M1	M2	M3	M4	M5
규약전류[A]						
전선	최소 굵기[mm^2]					
개폐기 용량[A]	분기					
	현상 조작					
과전류 보호기[A]	분기					
	현장 조작					
초과눈금 전류계[A]						
접지선의 굵기[mm^2]						
금속관의 굵기[mm]						
콘덴서 용량[μF]						

(2) 간선의 설계에 필요한 자료를 답란에 기입하시오.

전선의 최소 굵기[mm^2]	개폐기 용량 [A]	과전류보호기용량[A]	금속관의 굵기[mm]

[표1] 후강전선관 굵기의 선정

전선의 굵기	전선본수									
도체 단면적[mm²]	1	2	3	4	5	6	7	8	9	10
	전선관의 최소 굵기[mm]									
2.5	16	16	16	16	22	22	22	28	28	28
4	16	16	16	22	22	22	28	28	28	28
6	16	16	22	22	22	28	28	28	36	36
10	16	22	22	28	28	36	36	36	36	36
16	16	22	28	28	36	36	36	42	42	42
25	22	28	28	36	36	42	54	54	54	54
35	22	28	36	42	54	54	54	70	70	70
50	22	36	54	54	70	70	70	82	82	82
70	28	42	54	54	70	70	70	82	82	92
95	28	54	54	70	70	82	82	92	92	104
120	36	54	54	70	70	82	82	92		
150	36	70	70	82	92	92	104	104		
185	36	70	70	82	92	104				
240	42	82	82	92	104					

【비고 1】 전선 1본에 대한 숫자는 접지선 및 직류 회로의 전선에 적용한다.
【비고 2】 이 표는 실험 결과와 경험을 토대로 하여 결정한 것임.
【비고 3】 이 표는 KS C IEC 60227-3의 450/750[V] 일반용 단심 비닐절연전선을 기준한 것이다.

[표2] 200[V], 3상 유도전동기의 콘덴서 설치 용량 기준

정격출력[kW]	설치하는 콘덴서 용량(90[%]까지)					
	220[V]		330[V]		440[V]	
	[μF]	[kVA]	[μF]	[kVA]	[μF]	[kVA]
0.2	15	0.2262				
0.4	20	0.3016				
0.75	30	0.4524				
1.5	50	0.754	10	0.544	10	0.729
2.2	75	1.131	15	0.816	15	1.095
3.7	100	1.508	20	1.088	20	1.459
5.5	150	2.639	50	2.720	40	2.919
7.5	175	3.016	75	4.080	40	2.919
11	250	4.524	100	5.441	75	5.474
15	300	6.032	100	5.441	75	5.474
22	500	7.54	150	8.161	100	7.299
30	600	12.064	200	10.882	175	12.744
37	900	13.572	250	13.602	200	14.592

【비고 1】 200[V]용과 380[V]용은 전기공급약관 시행세칙에 의함.

【비고 2】 440[V]용은 계산하여 제시한 값으로 참고용임.

【비고 3】 콘덴서가 일부 설치되어 있는 경우는 무효전력[kVar] 또는 용량(kVA 또는 μF) 합계에서 설계되어 있는 콘덴서의 용량(kVA 또는 μF)의 합계를 뺀 값을 설치하면 된다.

[표3] 200[V] 3상유도전동기의 간선의 굵기 및 기구의 용량 (B종 퓨즈의 경우)

전동기 [kW] 수의 총계 (kW) 이하	최대 사용 전류 (A) 이하	배선종류에 의한 간선의 최소 굵기(mm^2)						직입기동 전동기 중 최대용량의 것									
		공사방법 A1		공사방법 B1		공사방법 C		0.75 이하	1.5	2.2	3.7	5.5	7.5	11	15	18.5	22
		3개선		3개선		3개선		기동기사용 전동기 중 최대용량의 것									
		PVC	XLPE, EPR	PVC	XLPE, EPR	PVC	XLPE, EPR	–	–	–	5.5	7.5	11 15	18.5 22	–	30 37	–
								과전류차단기 (A) – (칸 위 숫자) 개폐기용량(A) – (칸 아래 숫자)									
3	15	2.5	2.5	2.5	2.5	2.5	2.5	15 30	20 30	30 30							
4.5	20	4	2.5	2.5	2.5	2.5	2.5	20 30	20 30	30 30	50 60						
6.3	30	6	4	6	4	4	2.5	30 30	30 30	50 60	50 60	75 100					
8.2	40	10	6	10	6	6	4	50 60	50 60	50 60	75 100	75 100	100 100				
12	50	16	10	10	10	10	6	50 60	50 60	50 60	75 100	75 100	100 100	150 200			
15.7	75	35	25	25	16	16	16	75 100	75 100	75 100	75 100	100 100	100 100	150 200	150 200		
19.5	90	50	25	35	25	25	16	100 100	100 100	100 100	100 100	100 100	150 200	150 200	200 200	200 200	–
23.2	100	50	35	35	25	35	25	100 100	100 100	100 100	100 100	100 100	150 200	150 200	200 200	200 200	200 200
30	125	70	50	50	35	50	35	150 200	150 200	150 200	150 200	150 200	150 200	150 200	200 200	200 200	200 200
37.5	150	95	70	70	50	70	50	150 200	150 200	150 200	150 200	150 200	150 200	150 200	200 200	200 200	200 200
45	175	120	70	95	50	70	50	200 200	200 200	200 200	200 200	200 200	200 200	200 200	200 200	200 200	200 200
52.5	200	150	95	95	70	95	70	200 200	200 200	200 200	200 200	200 200	200 200	200 200	200 200	200 200	200 200
63.7	250	240	150	–	95	120	95	300 300	300 300	300 300	300 300	300 300	300 300	300 300	300 300	300 300	400 400
75	300	300	185	–	120	185	120	300 300	300 300	300 300	300 300	300 300	300 300	300 300	300 300	300 300	400 400
86.2	350	–	240	–	–	240	150	400 400	400 400	400 400	400 400	400 400	400 400	400 400	400 400	400 400	400 400

[표4] 200[V] 3상 유도전동기 1대의 경우의 분기회로

정격출력[kW]	전부하전류[A]	배선종류에 의한 간선의 굵기				이동 전선을 사용할 때의 코드 또는 캡타이어 케이블의 최소 굵기	개폐기 용량[A]				과전류보호기[A]				전동기용 초과 눈금 전류계의 정격 전류	접지선의 최소 굵기
		애자 사용 배선		전선관, 몰드에 3본 이상의 전선을 넣을 경우 및 VV 케이블 전선 등			직입 기동		기동기 사용		직입 기동		기동기 사용			
		최소 전선	최대 길이	최소 전선	최대 길이		현장 조작	분기	현장 조작	분기	현장 조작	분기	현장 조작	분기		
0.2	1.8	1.6	225	1.6	225	0.75	15	15			15	15			3	2.5
0.4	3.2	1.6	81	1.6	81	0.75	15	15			15	15			5	2.5
0.75	4.8	1.6	54	1.6	54	0.75	15	15			15	15			5	2.5
1.5	8.0	1.6	32	1.6	32	1.25	15	30			15	20			10	4
2.2	11.1	1.6	23	1.6	23	2	30	30			20	30			15	4
3.7	17.4	1.6	15	2.0	23	3.5	30	60			30	50			20	6
5.5	26	2.0	16	5.5	27	3.5	60	60	30	60	50	60	30	50	30	6
7.5	34	5.5	20	8	31	8	100	100	60	100	75	100	50	75	30	10
11	48	8	22	14	37	14	100	200	100	100	100	150	75	100	60	16
`15	65	25	16	16	10	16	10	100	200	100	100				60	16
18.5	79	35	25												100	16
22	93	50	25												100	16
30	124	70	50												150	25
37	152	95	70												200	25

【비고 1】 최소 전선의 굵기는 1회선에 대한 것이며, 2회선 이상일 경우는 복수회로 보정계수를 적용하여야 한다.

【비고 1】 공사방법A1은 벽 내의 전선관에 공사한 절연전선 또는 단심케이블, B1은 벽면의 전선관에 공사한 절연전선 또는 단심케이블, C는 벽면에 공사한 단심 또는 다심케이블을 시설하는 경우의 전선의 굵기를 표시하였다.

【비고 3】 전동기 2대 이상을 동일 회로로 할 경우는 간선의 표를 적용할 것.

【비고 4】 전동기용 퓨즈 또는 모터브레이커를 사용하는 경우는 전동기의 정격출력에 적합한 것을 사용할 것.

| 계 | 산 | 및 | 정 | 답 |

(1)

구분		M1	M2	M3	M4	M5
규약전류[A]		4.8	17.4	26	65	124
전선	최소 굵기[mm^2]	2.5	2.5	2.5	10	35
개폐기용량[A]	분기	15	60	60	100	200
	현상 조작	15	30	60	100	200
과전류보호기[A]	분기	15	50	60	100	200
	현장 조작	15	30	50	100	150
초과눈금 전류계[A]		5	20	30	60	150
접지선의 굵기[mm^2]		2.5	6	6	16	25
금속관의 굵기[mm]		16	16	16	36	36
콘덴서 용량[μF]		30	100	175	400	800

(2) 전동기수의 총화=$0.75+3.7+5.5+15+30=54.94$[kW]

전류 총화=$4.8+17.4+26+65+124=237.2[A]$

[표1], [표3]에서 전동기수의 총화 63.7[kW], 250[A]난에서 선정

전선의 최소 굵기[mm^2]	개폐기 용량 [A]	과전류보호기용량[A]	금속관의 굵기[mm]
95	300	300	54

14

출제 : 05, 13년 • 배점 : 5점

전력계통의 발전기, 변압기 등의 증설이나 송전선의 신・증설로 인하여 단락・지락전류가 증가하여 송변전 기기에의 손상이 증대되고, 부근에 있는 통신선의 유도장해가 증가하는 등의 문제점이 예상되므로 단락용량의 경감대책을 세워야 한다. 이 대책을 3가지만 쓰시오.

| 계 | 산 | 및 | 정 | 답 |

① 현재 채용하고 있는 것보다 한 단계 더 높은 상위 전압의 계통을 구성한다,
② 발전기와 변압기의 임피던스를 크게 한다.
③ 계통을 분할하거나 송전선 또는 모선 간에 한류 리액터를 삽입한다.
④ 계통 간을 직류 설비하든지 특수한 연계 장치로 연계한다.
⑤ 사고시 모선 분리 방식을 채용한다.

15

출제 : 13년 • 배점 : 5점

정격용량 100[kVA]인 변압기에서 지상 역률 60[%]인 부하에 100[kVA]를 공급하고 있다. 역률을 90[%]로 개선하여 변압기의 전용량까지 부하에 공급하고자 한다. 다음 각 물음에 답하시오.

(1) 소요되는 전력용 콘덴서의 용량은 몇 [kVA]인가?

•계산 : •답 :

(2) 역률 개선에 따른 유효전력의 증가분은 몇 [kW]인가?

•계산 : •답 :

|계|산|및|정|답|

(1) 【계산】 콘데서 요량 $Q=P(\tan\theta_1-\tan\theta_2)=P\left(\frac{\sin\theta_1}{\cos\theta_1}-\frac{\sin\theta_2}{\cos\theta_2}\right)=100\times0.6\left(\frac{0.8}{0.6}-\frac{\sqrt{1-0.9^2}}{0.9}\right)=50.94$[kVar]

【정답】 50.94[kVA]

(2) 【계산】 유효전력 증가분 $\Delta P=P_2-P_1$

$P_1=100\times0.6=60$[kW], $P_2=100\times0.9=90$[kW]이므로 $\Delta P=90-60=30$, 30[kW]가 증가 되었다.

【정답】 30[kW]

16

출제 : 13년 • 배점 : 5점

그림과 같이 3상 4선식 배전선로에 역률 100[%]인 부하 a-n, b-n, c-n이 각 상과 중성선간에 연결되어 있다. a, b, c 상에 흐르는 전류가 220[A], 172[A], 190[A] 일 때 중성선에 흐르는 전류를 계산하시오.

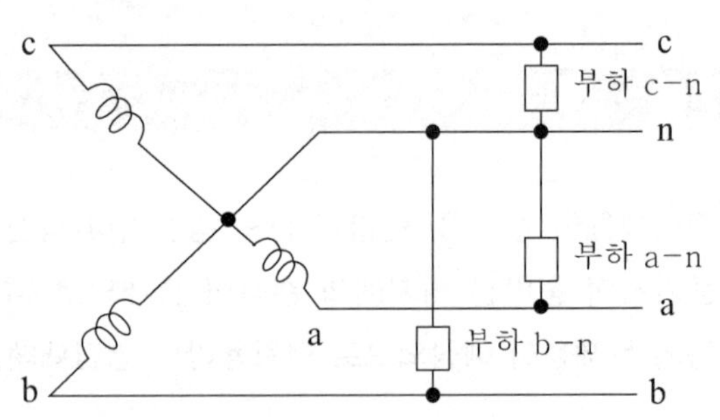

•계산 :

•답 :

|계|산|및|정|답|

【계산】 $I_n=I_a+I_b+I_c=220+172\left(-\frac{1}{2}-j\frac{\sqrt{3}}{2}\right)+190\left(-\frac{1}{2}-j\frac{\sqrt{3}}{2}\right)$

$=220-86-j148.96-95+j164.54=39+j15.58=\sqrt{39^2+15.58^2}=41.99$

【정답】 42[A]

17

출제 : 02, 13년 • 배점 : 6점

다음 수용가들의 일부하곡선을 보고 물음에 답하시오. (단, 실선은 A 수용가, 파선은 B 수용가이다.)

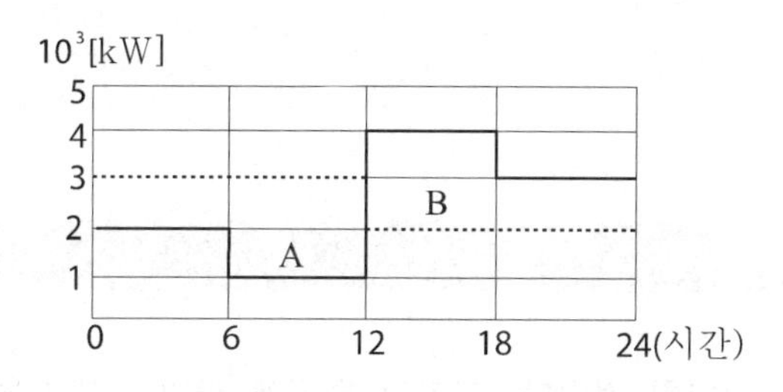

(1) A, B 각 수용가의 수용률을 계산하시오. (단, 설비용량은 수용가 모두 $10 \times 10^3[kW]$이다.)

수용가	계산식	수용률[%]
A		
B		

(2) A, B 각 수용가의 부하율을 계산하시오.

수용가	계산식	부하율[%]
A		
B		

• 계산 : • 답 :

(3) A, B 각 수용가 상호간의 부등률을 계산하고 부등률의 정의를 간단히 쓰시오.

① 부등률 계산

• 계산 : • 답 :

② 부등률 정의

| 계 | 산 | 및 | 정 | 답 |

(1)

수용가	계산식	수용률[%]
A	$\frac{4 \times 10^3}{10 \times 10^3} \times 100$	40[%]
B	$\frac{3 \times 10^3}{10 \times 10^3} \times 100$	30[%]

(2)

수용가	계산식	부하율[%]
A	$\frac{(2000+1000+4000+3000) \times 6}{4000 \times 24} \times 100$	62.5[%]
B	$\frac{(3000+2000) \times 12}{3000 \times 24} \times 100$	83.33[%]

(3) 【계산】 ① 부등률 $= \dfrac{\text{개별부하의 최대수요전력의 합}}{\text{합성최대전력}} = \dfrac{4000+3000}{4000+2000} = 1.17$ 【정답】 1.17

② 부등률의 정의 : 전력 소비 기기를 동시에 사용하는 정도

18

출제 : 13년 • 배점 : 5점

다음 개폐기의 종류를 나열한 것이다. 기기의 특징에 알맞은 명칭을 빈칸에 쓰시오.

구분	명칭	특징
①		- 전로의 접속을 바꾸거나 끊는 목적으로 사용 - 전류의 차단 능력은 없음 - 무전류 상태에서 전로 개폐 - 변압기, 차단기 등의 보수 점검을 위한 회로 분리용 및 전력계통 변환을 위한 회로 분리용으로 사용
②		- 평상시 부하 전류의 개폐는 가능하나 이상시 (과부하, 단락) 보호기능은 없음. - 개폐 빈도가 적은 부하의 개폐용 스위치로 사용 - 전력 Fuse와 사용시 결상 방지 목적으로 사용
③		- 평상시 부하전류 혹은 과부하 전류까지 안전하게 개폐 - 부하의 개폐·제어가 주 목적이고, 개폐 빈도가 많음 - 부하의 조작, 제어용 스위치로 이용 - 전력 Fuse와의 조합에 의해 Combination Switch로 널리 사용
④		- 평상시 전류 및 사고 시 대 전류를 지장없이 개폐 - 회로보호가 주목적이며 기구, 제어회로가 Tripping 우선으로 되어 있음 - 주회로 보호용 사용
⑤		- 일정치 이상의 과부하 전류에서 단락전류까지 대전류 차단 - 전로의 개폐능력은 없다. - 고압 개폐기와 조합하여 사용

|계|산|및|정|답|

①	단로기
②	부하개폐기
③	전자접촉기
④	차단기
⑤	전력 퓨즈

02 2013년 전기기사 실기

01

출제 : 13년 • 배점 : 5점

다음은 컴퓨터 등의 중요한 부하에 대한 무정전 전원공급을 위한 그림이다. "(가)~(바)" 에 적당한 전기 시설물의 명칭을 쓰시오.

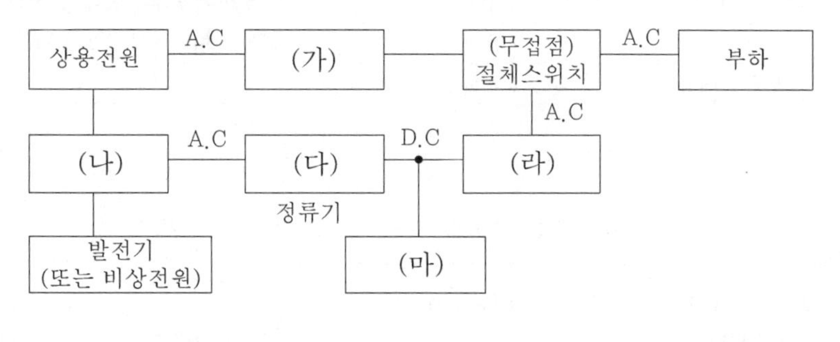

|계|산|및|정|답|

(가) 자동 전압조정기(AVR), (나) 절체용 개폐기, (다) 정류기(컨버터), (라) 인버터, (마) 축전지

|추|가|해|설|

[전원공급장치(Uninterruptibles Power Supply)]

1. 개요 : UPS는 축전지, 정류장치(Converter)와 역변환장치(Inverter)로 구성되어 있으며 선로의 정전이나 입력 전원에 이상 상태가 발생하였을 경우에도 정상적으로 전력을 부하측에 공급하는 설비를 UPS라 한다.

2. UPS 구성도

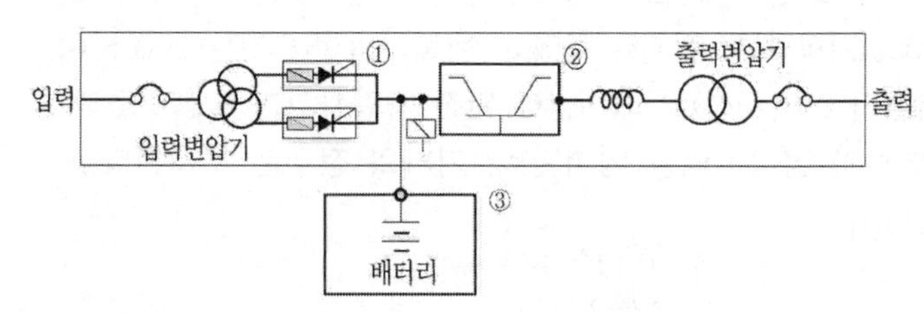

① 컨버터(정류장치) : 교류를 직류로 변환
② 인버터(인버터장치) : 직류를 사용 주파수의 교류 전압으로 변환
③ 축전지 : 정류장치에 의해 변환된 직류 전력을 저장

3. 비상전원으로 사용되는 UPS의 블록 다이어그램

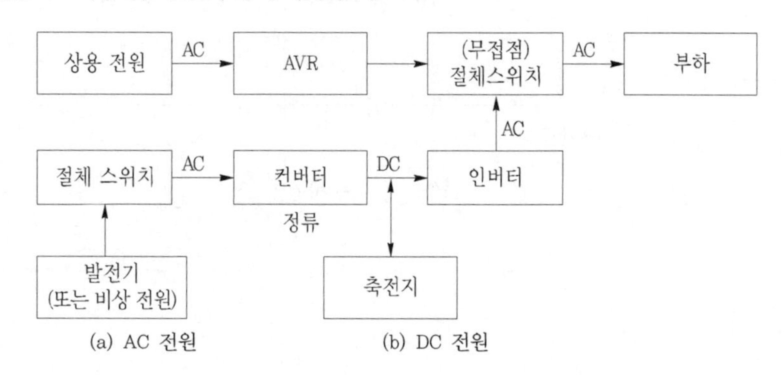

(a) AC 전원 (b) DC 전원

02
출제 : 13년 • 배점 : 5점

계약부하 설비에 의한 계약최대 전력을 정하는 경우에 부하설비 용량이 900[kW]인 경우 전력회사와의 계약 최대전력은 몇 [kW]인가? (단, 계약최대전력 환산표는 다음과 같다.)

구 분	계약전력 환산율	비고
처음 75[kW]에 대하여	100[%]	계산의 합계치 단수가 1[kW] 미만일 경우에는 소수점 이하 첫째 자리에 4사 5입 합니다.
다음 75[kW]에 대하여	85[%]	
다음 75[kW]에 대하여	75[%]	
다음 75[kW]에 대하여	65[%]	
300[kW] 초과분에 대하여	60[%]	

· 계산 : · 답 :

|계|산|및|정|답|

【계산】 계약전력 $= 75+75\times0.85+75\times0.75+75\times0.65+600\times0.6$
$= 603.75$[kW] → (소수점 이하 첫 번째 자리에서 반올림한다.)

【정답】 604[kW]

03
출제 : 04, 05, 13년 • 배점 : 8점

다음 그림은 변류기를 영상 접속시켜 그 잔류 회로에 지락계전기 DG를 삽입시킨 것이다. 선로의 전압은 66[㎸], 중성점에 300[Ω]의 저항 접지로 하였고, 변류기의 변류비는 300/5[A]이다. 송전전력이 20,000[㎾], 역률이 0.8(지상)일 때 a상에 완전 지락사고가 발생하였다. 다음 각 물음에 답하시오. (단, 부하의 정상 · 역상 임피던스, 기타의 정수는 무시한다.)

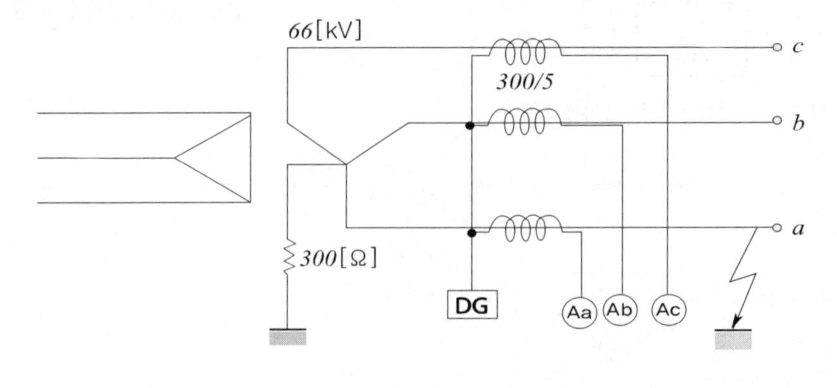

(1) 지락계전기 DG에 흐르는 전류는 몇 [A]인가?

·계산 : ·답 :

(2) a상 전류계 Aa에 흐르는 전류는 몇 [A]인가?

·계산 : ·답 :

(3) b상 전류계 Ab에 흐르는 전류는 몇 [A]인가?

·계산 : ·답 :

(4) c상 전류계 Ac에 흐르는 전류는 몇 [A]인가?

·계산 : ·답 :

|계|산|및|정|답|

(1) 【계산】 a상 지락전류 $I_g = \frac{E}{R} = \frac{V}{\sqrt{3}R} = \frac{66\times 10^3}{\sqrt{3}\times 300} = 127.02[A]$ → (대지전압= $\frac{66\times 10^3}{\sqrt{3}}$)

따라서, 지락계전기 DG에 흐르는 전류 $I_{DG} = I_g \times \frac{1}{\text{변류비}} = 127.02\times\frac{5}{300} = 2.117[A]$ 【정답】 2.12[A]

(2) 【계산】 3상 부하전류 $I_L = \frac{P}{\sqrt{3}\,V\cos\theta} = \frac{20000}{\sqrt{3}\times 66\times 0.8}(0.8-j0.6)[A]$ → (전류는 지상일 때 (-)가 붙는다.)

a상 전류계에 흐르는 전류는 부하전류와 지락전류가 병렬접속이며, 부하전류에는 역률이 있으므로 유효분과 무효분의 구분된다.

따라서 지락전류 $I_a = I_g + I_L = 127.02 + 218.70(0.8-j0.6) = 301.97 - j131.22$

크기는 $|I_a| = \sqrt{301.97^2 + 131.22^2} = 329.3[A]$

$\therefore I_{Aa} = I_a \times \frac{5}{300} = 329.25\times\frac{5}{300} = 5.487[A]$ 【정답】 5.49[A]

(3) 【계산】 b상에 흐르는 전류는 3상평형 부하전류이므로 → (건전상이므로 지락전류가 흐르지 않는다)

부하전류 $I_L = 218.70$

$\therefore I_{Ab} = I_L \times \frac{5}{300} = 218.70\times\frac{5}{300} = 3.645[A]$ 【정답】 3.65[A]

(4) 【계산】 c상에 흐르는 전류는 3상평형 부하전류이므로 → (건전상이므로 지락전류가 흐르지 않는다)

부하전류 $I_L = 218.70$

$\therefore I_{Ac} = I_L \times \frac{5}{300} = 218.70\times\frac{5}{300} = 3.645[A]$ 【정답】 3.65[A]

|추|가|해|설|

(2) ·a상 지락사고 건전상 b, c에는 부하전류만 흐르고 고장상 a에는 I_a와 I_g가 중첩해서 흐른다.

즉, $\acute{I} = \acute{I_a} + \acute{I_g}$가 된다.

·중성점 저항 접지방식이므로 지락전류는 유효분 전류가 된다.

· $\frac{20000}{\sqrt{3}\times 66\times 0.8}(0.8-j0.6) + \frac{66\times 10^3}{\sqrt{3}\times 300}$

04

출제 : 13년 • 배점 : 5점

연축전지의 정격용량 100[Ah], 상시부하 5[kW], 표준전압 100[V]인 부동충전방식이 있다. 이 부동충전방식의 충전기 2차 전류는 몇 [A]인가. (단, 연축전지의 공칭방전율은 10시간으로 한다.)

·계산 : ·답 :

|계|산|및|정|답|

【계산】 부동충전방식에서의 2차전류 $I = \frac{\text{축전지의 정격용량}[Ah]}{\text{축전지의 공칭방전율}[h]} + \frac{\text{상시부하용량}[W]}{\text{표준전압}[V]}$

$= \frac{100}{10} + \frac{5000}{100} = 60[A]$

【정답】 60[A]

|추|가|해|설|

[정격방전율]

·연축전지 : 10[h]

·알칼리축전지 : 5[h]

05

출제 : 13년 • 배점 : 5점

권상하중이 2000[kg], 권상속도가 매분당 40[m/min]인 권상기용 전동기 용량 [kW]을 구하시오. (단, 효율은 80[%]이고 여유율은 30[%]이다.)

·계산 : ·답 :

|계|산|및|정|답|

【계산】 권상기용 전동기 출력 $P = C\frac{MV}{6.12\eta} = \frac{1.3 \times 2 \times 40}{6.12 \times 0.8} = 21.24[kW]$

【정답】 21.24[kW]

|추|가|해|설|

권상기용 전동기 출력 $P = C\frac{MV}{6.12\eta}[kW]$

여기서, P : 전동기 출력[kW], M : 권상기 중량[kgf], η : 효율, V : 권상기 속도[m/min], C : 여유율

06 출제 : 13년 • 배점 : 4점

그림과 같이 변압기 2대를 사용하여 정전용량 1[μF]인 케이블의 절연내력시험을 행하였다. 60[Hz]인 시험전압으로 5000[V]를 가했을 때 전압계 Ⓥ, 전류계 Ⓐ의 지시값은? (단, 여기서 변압기 탭 전압은 저압측 105[V], 고압측 3300[V]로 하고 내부 임피던스 및 여자전류는 무시한다.)

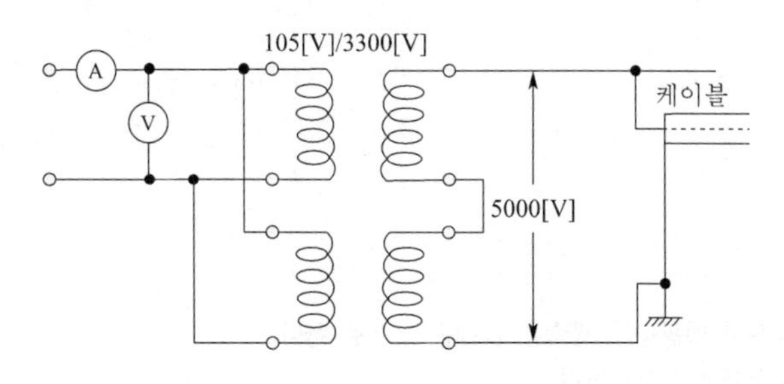

(1) 전압계 Ⓥ의 지시값

•계산 : •답 :

(2) 전류계 Ⓐ의 지시값

•계산 : •답 :

|계|산|및|정|답|

(1) 【계산】 전압계 Ⓥ $=5000\times\frac{105}{3300}\times\frac{1}{2}=79.55[V]$

【정답】 79.55[V]

(2) 【계산】 케이블에 흐르는 충전 전류 $I_c=2\pi fCE=2\pi\times60\times1\times10^{-6}\times5000=1.88[A]$

전류계에 흐르는 전류 Ⓐ $=1.88\times\frac{3000}{105}\times2=118.17[A]$

【정답】 118.17[A]

07

출제 : 22, 13년 • 배점 : 12점

다음 그림과 같은 사무실이 있다. 이 사무실의 평균조도를 200[lx]로 하고자 할 때 다음 각 물음에 답하시오.

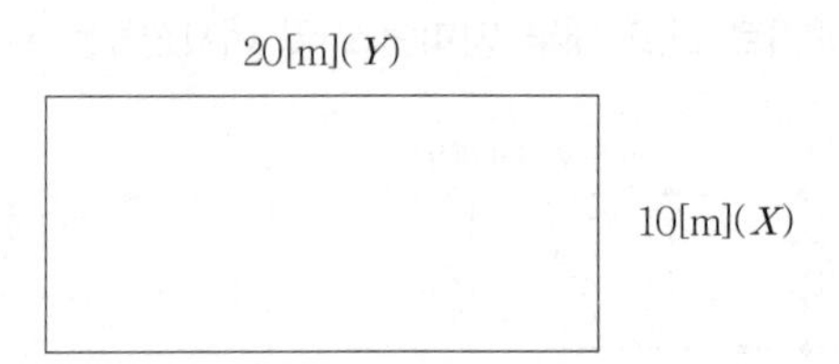

〈조 건〉

- 형광등은 40[W]를 사용이 형광등의 광속은 2500[lm]으로 한다.
- 조명률은 0.6, 감광보상률은 1.2로 한다.
- 사무실 내부에 기둥은 없는 것으로 한다.
- 간격은 등기구 센터를 기준으로 한다.
- 등기구는 ○으로 표현하도록 한다.

(1) 이 사무실에 필요한 형광등의 수를 구하시오.

•계산 : •답 :

(2) 등기구를 답안지에 배치하시오.

(3) 등간의 간격과 최외각에 설치된 등기구와 건물 벽간의 간격(A, B, C, D)은 각각 몇 [m]인가?

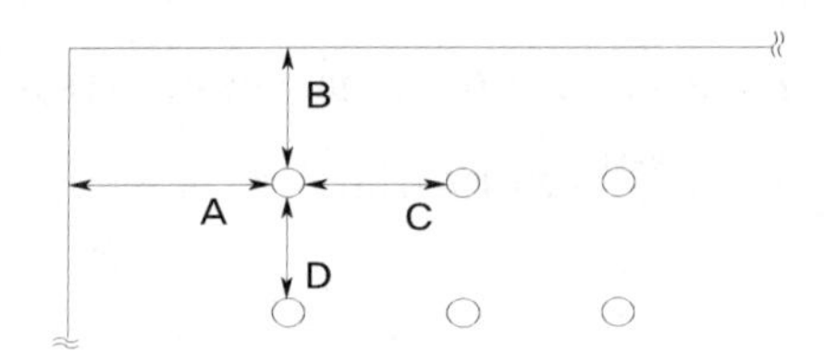

(4) 만일 주파수 60[Hz]에 사용하는 형광방전등을 50[Hz]에서 사용한다면 광속과 점등 시간은 어떻게 변화되는지를 설명하시오.

(5) 양호한 전반 조명이라면 등간격은 등높이의 몇 배 이하로 해야 하는가?

|계|산|및|정|답|

(1) 【계산】 $N=\dfrac{EAD}{FU}=\dfrac{200\times(20\times10)\times1.2}{2500\times0.6}=32$ 【정답】 32[등]

(2) 4×8 배열을 한다.

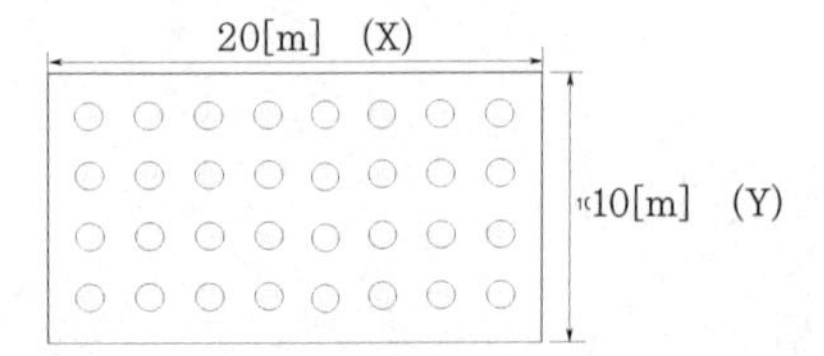

(3) A : 1.25[m] B : 1.25[m] C : 2.5[m] D : 2.5[m]
(4) · 광속 : 증가 · 점등시간 : 늦음
(5) 1.5배

|추|가|해|설|

1. $F=\dfrac{DEA}{UN}=\dfrac{EA}{UNM}$

여기서, F : 램프 1개당 광속[lm], E : 평균 조도[lx], N : 램프 수량[개], U : 조명률, D : 감광보상률$(=\dfrac{1}{M})$

M : 보수율, A : 방의 면적$[m^2]$(방의 폭×길이)

2. ① 등기구~등기구 : $S \leqq 1.5H$(직접, 전반조명의 경우)

② 등기구~벽면 : $S_o \leqq \dfrac{1}{2}H$(벽면을 사용하지 않을 경우)

08

출제 : 13년 • 배점 : 5점

다음 논리식을 유접점회로와 무접점회로로 나타내시오.

논리식 : $X=A \cdot \overline{B}+(\overline{A}+B) \cdot \overline{C}$

(1) 논리식을 유접점 시퀀스 회로로 그리시오.

(2) 논리식을 무접점 논리 회로로 그리시오.

|계|산|및|정|답|

(1) 유접점 회로

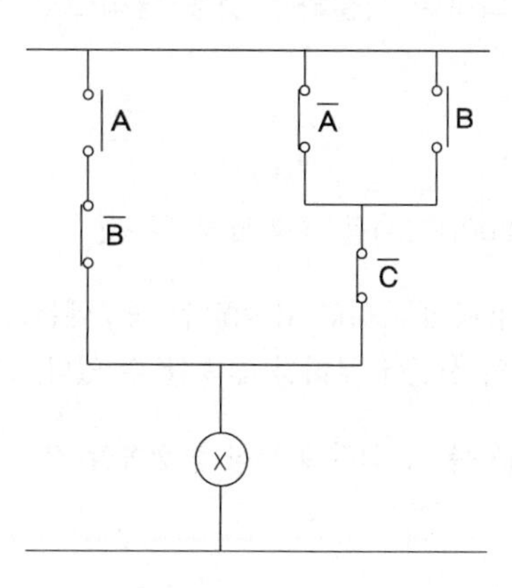

(2) 무접점 회로

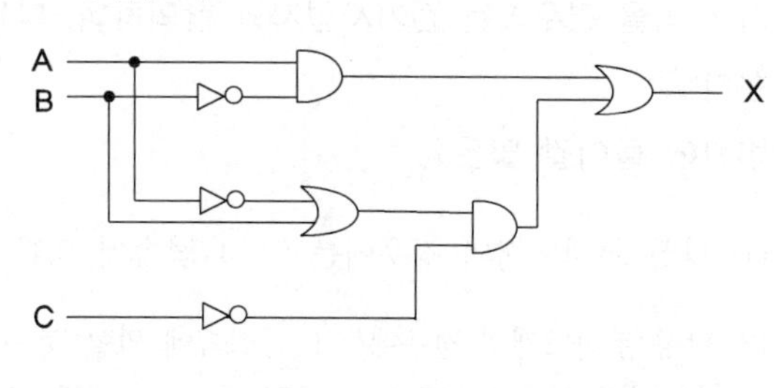

09

출제 : 13년 • 배점 : 5점

아래 재료를 가지고 동작설명대로 동작할 수 있는 시퀀스 회로를 만드시오.

〈동작설명〉

① 누름 버튼 스위치 PB에 의해서 벨 B와 전등 R_3가 동시에 동작하도록 한다.

② S_{3-1}, S_{3-2}(3로 스위치)를 조합하여 R_1, R_2를 아래와 같이 작업하시오.

- S_{3-1}, S_{3-2} 둘다 ON일 경우 R_1, R_2가 직렬로 점등한다.
- S_{3-1}, S_{3-2} 둘다 OFF일 경우 R_1, R_2가 병렬로 점등한다.
- S_{3-1} OFF이고 S_{3-2} ON일 경우 R_1가 점등한다.
- S_{3-2} OFF이고 S_{3-1} ON일 경우 R_2가 점등한다.

|계|산|및|정|답|

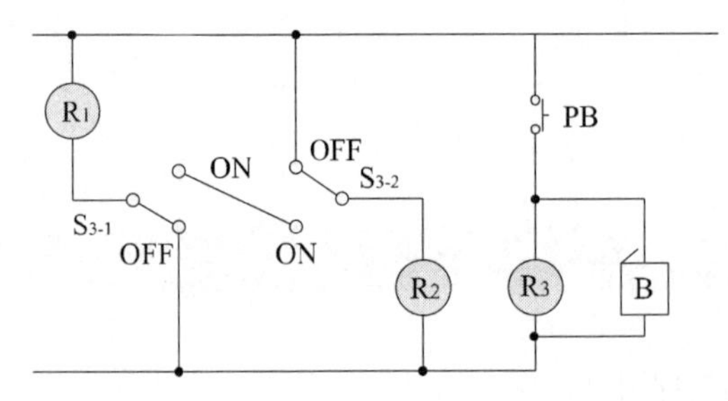

10

출제 : 13년 • 배점 : 5점

특별고압 및 고압수전에서 대용량의 단상전기로 등의 사용으로 설비 부하평형의 제한에 따르기가 어려울 경우에는 전기사업자와 협의하여, 다음 각 호에 의하여 시설하는 것을 원칙으로 한다.

빈칸에 들어갈 말은?

(1) 단상 부하 1개의 경우에는 ( ) 접속에 의할 것. 다만, 300[kVA]를 초과하지 말 것.

(2) 단상 부하 2개의 경우에는 ( )접속에 의할 것. 다만, 1개의 용량이 200[kVA] 이하인 경우에는 부득이한 경우에 한하여 보통의 변압기 2대를 사용하여 별개의 선간에 부하를 접속할 수 있다.

(3) 단상부하 3개 이상인 경우에는 가급적 선로전류가 ( )이 되도록 각 선간에 부하를 접속할 것.

|계|산|및|정|답|

(1) 2차 역V　(2) 스코트　(3) 평형

|추|가|해|설|

[저압 수전의 단상3선식]

$$\text{설비불평형률} = \frac{\text{중성선과 각 전압측 전선간에 접속되는 부하설비용량[kVA]의 차}}{\text{총 부하설비용량[kVA]의 1/2}} \times 100[\%]$$

여기서, 불평형률은 40[%] 이하이어야 한다.

특고압 및 고압 수전에서 대용량의 단상전기로 등의 사용으로 40[%] 제한에 따르기가 어려울 경우는 전기사업자와 협의하여 다음 각 호에 의하여 시설하는 것을 원칙으로 한다.

① 단상부하 1개의 경우는 2차 역V 접속에 의할 것. 다만, 300[kVA]를 초과하지 말 것

② 단상부하 2개의 경우는 스코트 접속에 의할 것. 다만, 1개의 용량이 200[kVA] 이하인 경우는 부득이한 경우에 한하여 보통의 변압기 2대를 사용하여 별개의 선간에 부하를 접속할 수 있다.

③ 단상부하 3개 이상인 경우는 가급적 선로전류가 평형이 되도록 각 선간에 부하를 접속할 것

11

출제 : 13년 • 배점 : 5점

다음 심벌의 명칭을 쓰시오.

(1) MD

(2) LD

(3) (F7)

|계|산|및|정|답|

(1) 금속 덕트　(2) 라이팅 덕트　(3) 플로어 덕트

12

출제 : 00, 04, 13년 • 배점 : 5점

도면은 어느 건물의 구내 간선 계통도이다. 주어진 조건과 참고자료를 이용하여 다음 각 물음에 답하시오.

(1) P_1의 전부하시 전류를 구하고, 여기에 사용될 배선용 차단기(MCCB)의 규격을 선정하시오.

·계산 : ·답 :

(2) P_1에 사용될 케이블의 굵기는 몇 $[mm^2]$인가?

·계산 : ·답 :

(3) 배전반에 설치된 ACB의 최소 규격을 산정하시오.

·계산 : ·답 :

(4) 가교 폴리에틸렌 절연 비닐 시스 케이블의 영문 약호는?

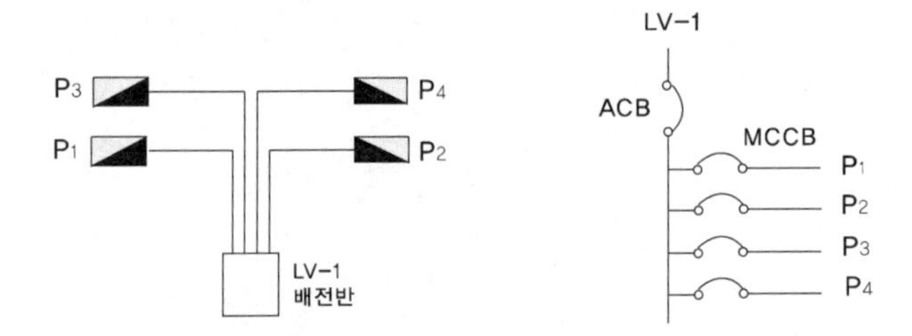

〈조 건〉

·전압은 380[V]/220[V]이며, 3∅ 4W이다.
·CABLE은 TRAY 배선으로 한다.(공중, 암거 포설)
·전선은 가교 폴리에틸렌 절연 비닐 외장 케이블이다.
·허용 전압강하는 2[%]이다.
·분전반간 부등률은 1.1이다.
·주어진 조건이나 참고자료의 범위 내에서 가장 적절한 부분을 적용시키도록 한다.
·CABLE 배선 거리 및 부하 용량은 표와 같다.

분전반	거리[m]	연결부하[kVA]	수용률[%]
P_1	50	240	65
P_2	80	320	65
P_3	210	180	70
P_4	150	60	70

[표1] 배선용 차단기(MCCB)

Frame	100			225			400		
기본형식	A11	A12	A13	A21	A22	A23	A31	A32	A33
극수	2	3	4	2	3	4	2	3	4
정격전류[A]	60, 75, 100			125, 150, 175, 200, 225			250, 300, 350, 400		

[표2] 기중차단기(ACB)

TYPE	G_1	G_2	G_3	G_4
정격전류[A]	600	800	1000	1250
정격절연전압[V]	1000	1000	1000	1000
정격사용전압[V]	660	660	660	660
극수	3, 4	3, 4	3, 4	3, 4
과전류 Trip 장치의 정격전류	200, 400, 630	400, 630, 800	630, 800, 1000	800, 1000, 1250

[표3] 3상 3선식(전압강하 2[V], (동선))

전류[A]	전선의 굵기[mm^2]												
	2.5	4	6	10	16	25	35	50	95	150	185	240	300
	전선 최대 길이[m]												
1	534	854	1281	2135	3416	5337	7472	10674	20281	32022	39494	51236	64045
2	267	427	640	1067	1708	2669	3736	5337	10140	16011	19747	25618	32022
3	178	285	427	712	1139	1779	2491	3558	6760	10674	13165	17079	21348
4	133	213	320	534	854	1334	1868	2669	5070	8006	9874	12809	16011
5	107	171	256	427	683	1067	1494	2135	4056	6404	7899	10247	12809
6	89	142	213	356	569	890	1245	1779	3380	5337	6582	8539	10674
7	76	122	183	305	488	762	1067	1525	2897	4575	5642	7319	9149
8	67	107	160	267	427	667	934	1334	2535	4003	4937	6404	8006
9	59	95	142	237	380	593	830	1186	2253	3558	4388	5693	7116
12	44	71	107	178	285	445	623	890	1690	2669	3291	4270	5337
14	38	61	63	152	244	381	534	762	1449	2287	2821	3660	4575
15	36	57	59	142	228	356	496	712	1352	2135	2633	3416	4270
16	33	53	55	133	213	334	467	667	1268	2001	2468	3202	4003
18	30	47	49	119	190	297	415	593	1127	1779	2194	2846	3558
25	21	34	36	85	137	213	299	427	811	1281	1580	2049	2562
35	15	24	25	61	98	152	213	305	579	915	1126	1464	1830
45	12	19	20	47	76	119	166	237	451	712	878	1139	1423

【비고 1】 전압강하가 4[V] 또는 6[V]의 경우, 전선의 길이는 각각 이 표의 2배 또는 3배가 된다. 다른 경우에도 이 예에 따른다.
【비고 2】 전류 20[A] 또는 200[A] 경우의 전선 길이는 각각 이 [표3] [A] 경우의 1/10 또는 1/100이 된다. 다른 경우에도 이 예에 따른다.
【비고 3】 연선 5.5[mm^2] 및 8[mm^2]의 경우에는 각각 단선 2.6[mm] 및 3.2[mm]에 대한 전선 최대 길이의 숫자를 대한 것이다.
【비고 4】 이 표는 역률 1로 하여 계산한 것이다.
【비고 5】 이 표는 평형부하의 경우에 대한 것이다.

|계|산|및|정|답|

(1) 【계산】 $\text{전부하전력} = \dfrac{\text{설비용량} \times \text{수용률}}{\sqrt{3} \times \text{전압}} = \dfrac{(240 \times 10^3) \times 0.65}{\sqrt{3} \times 380} = 237.02[A]$

따라서, MCCB 규격은 [표1]에 의해서 표준 용량을 선정하면 400[AF]의 정격전류 250[A] MCCB를 선정한다.

【정답】 전부하 전력 237.02[A], 배선용 차단기 400[AF]/250[AT]

(2) 【계산】 배전선의 긍장 $L=\dfrac{\text{배선설계의긍장}\times\dfrac{\text{부하의 최대 사용전류}}{\text{표의 전류}}}{\dfrac{\text{배선 설계의 전압강하}}{\text{표의 전압강하}}}=\dfrac{50\times\dfrac{237.02}{25}}{\dfrac{380\times0.02}{2}}=124.75[m]$

케이블의 굵기는 [표3]의 25[A]난과 124.75[m]를 초과하는 137[m]난에 해당하는 16[mm^2] 선정한다.

【정답】 16[mm^2]

(3) 【계산】 $I=\dfrac{(240\times0.65+320\times0.65+180\times0.7+60\times0.70)}{\sqrt{3}\times180\times1.1}\times10^3=734.81[A]$

[표2]의 G_2 Type의 정격전류 800[A]를 선정한다. 【정답】 G_2 Type 800[A]

(4) CV

|추|가|해|설|

(3) ABC 전류 $I=\dfrac{P_1\text{부하}\times P_1\text{수용률}+P_2\text{부하}\times P_2\text{수용률}+P_3\text{부하}\times P_3\text{수용률}+P_4\text{부하}\times P_4\text{수용률}}{\sqrt{3}\,V\times\text{분전반간 부등률}}$

13

출제 : 13년 • 배점 : 4점

다음 물음에 답하시오.

(1) 역률을 개선하기 위한 전력용 콘덴서 용량은 최대 무슨 전력 이하로 설정하여야 하는지 쓰시오.

(2) 같은 전력을 수송할 때 다른 조건은 그대로 두고 역률만 개선하면 기대되는 효과 3가지를 쓰시오.

(3) 고조파를 제거하기 위해 콘덴서에 무엇을 설치해야 하는가?

|계|산|및|정|답|

(1) 부하의 지상 무효전력

(2) ·변압기, 배전선 손실절감 ·설비용량 여유증가 ·전압강하 경감

(3) 직렬리액턴스

|추|가|해|설|

[직렬리액턴스를 시설해야 할 경우]

① 고조파 발생 부하가 있는 경우 : 콘덴서가 접속되는 모선에 인버터와 같은 고조파 발생 부하가 있는 경우는 콘덴서 접속으로서 고조파 전류의 이상 확대가 일어나지 않도록 직렬리액터를 사용해야 한다.

② 병렬콘덴서가 뱅크에 있는 경우 : 병렬콘덴서를 개폐할 경우는 콘덴서 투입시의 과대한 돌입 전류를 억제하기 위해 직렬리액터를 사용해야 한다.

진상 콘덴서를 여러 군으로 나눠 자동 제어하려고 하는 경우는 각 군에 직렬리액터를 삽입해야 한다.

14

출제 : 13년 • 배점 : 4점

아래의 그림에 계통접지와 기기접지의 접지선을 연결하고 그 기능을 설명하시오. (접지극과 연결될 부위를 선으로 연결하시오.)

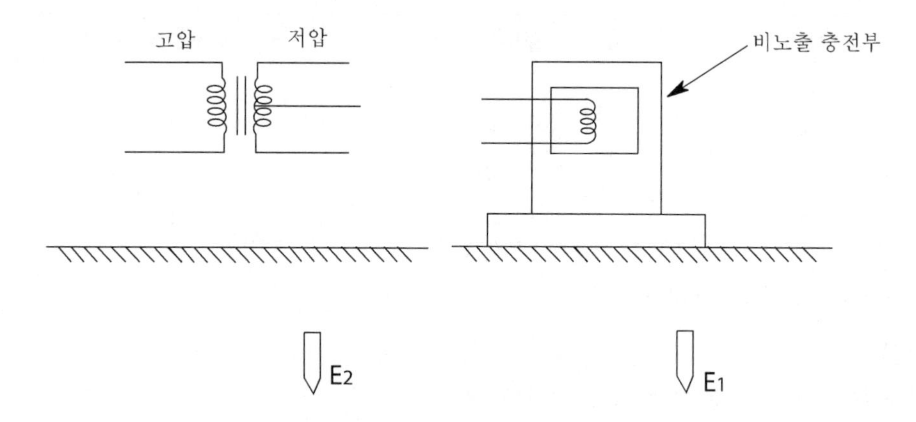

(1) 다음 그림을 보고 접지선을 연결하시오.

(2) 계통접지와 기기접지의 기능을 설명하시오.

|계|산|및|정|답|

(1) 완성도

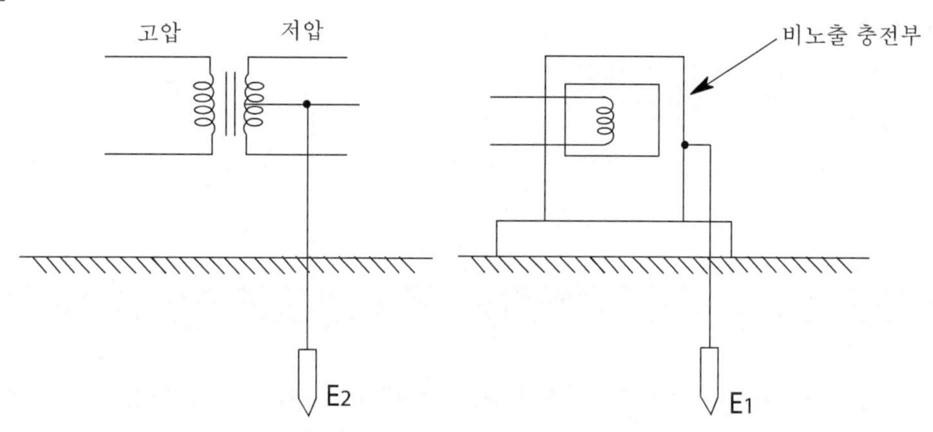

(2) ·계통접지 – 고저압 혼촉 등에 의한 계통의 이상전압 상승 억제 및 전기기기 손상에 의한 재해방지

·기기접지 – 감전예방 및 화재예방

15

출제 : 13년 • 배점 : 4점

다음 표의 수용가 A, B, C, D에 공급하는 배전선로의 합성최대전력이 800[kW]이다. 다음 물음에 답하시오.

수용가	설비용량[kW]	수용률[%]
A	250	60
B	300	70
C	350	80
D	400	80

(1) 수용가의 부등률을 구하시오.

•계산 : •답 :

(2) 부등률이 크다는 것은 어떤 것을 의미하는가?

|계|산|및|정|답|

(1) 【계산】 부등률 $= \dfrac{250\times0.6+300\times0.7+350\times0.8+400\times0.8}{800} = 1.2$ 【정답】 1.2

(2) 최대 전력을 소비하는 기기의 시간대가 서로 다르다.

|추|가|해|설|

$$\text{부등률} = \frac{\text{수용설비 각각의 최대 수용전력의 합[kW]}}{\text{합성최대수용 전력[kW]}}$$

16

출제 : 03, 05, 07, 13년 • 배점 : 14점

그림과 같은 송전계통 S점에서 3상 단락사고가 발생하였다. 주어진 도면과 조건을 참고하여 다음 각 물음에 답하시오.

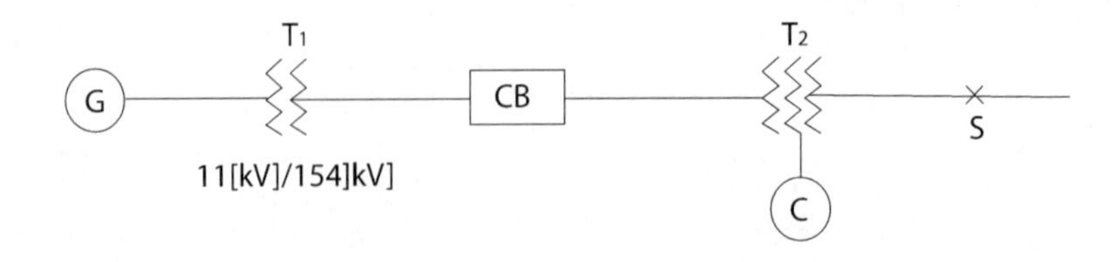

〈조 건〉

번호	기기명	용량	전압	%X
1	발전기(G)	50[MVA]	11[kV]	30
2	변압기(T)	50,000[kVA]	11/154[kV]	12
3	송전선		154[kV]	10(10,000[kVA])
4	변압기(T)	1차 25,000[kVA]	154[kV]	12(25,000[kVA], (1차~2차))
		2차 30,000[kVA]	77[kV]	15(25,000[[kVA], (2차~3차))
		3차 10,000[kVA]	11[kV]	10.8(10,000[kVA], (3차~1차))
5	조상기(C)	10,000[kVA]	11[kV]	20

(1) 발전기, 변압기(T_1), 송전선 및 조상기의 %리액턴스를 기준출력 100[MVA]로 환산하시오.

① 발전기

·계산 : ·답 :

② 변압기(T_1)

·계산 : ·답 :

③ 송전선

·계산 : ·답 :

④ 조상기

·계산 : ·답 :

(2) 변압기(T_2)의 각각의 %리액턴스를 100[MVA] 출력으로 환산하고, 1차(P), 2차(T), 3차(S)의 %리액턴스를 구하시오.

·계산 : ·답 :

(3) 고장점과 차단기를 통과하는 각각의 단락전류를 구하시오.

① 고장점의 단락전류

·계산 : ·답 :

② 차단기의 단락전류

·계산 : ·답 :

(4) 차단기의 차단용량은 몇 [MVA]인가?

·계산 : ·답 :

|계|산|및|정|답|

(1) 【계산】 $\%X = \frac{\text{기준용량}[MVA]}{\text{자기용량}[MVA]} \times \text{자기용량기준}$

① 발전기 $\%X_G = \frac{100}{50} \times 30 = 60[\%]$ 【정답】 60[%]

② 변압기(T_1) $\%X_T = \frac{100}{50} \times 12 = 24[\%]$ 【정답】 24[%]

③ 송전기 $\%X_l = \frac{100}{10} \times 10 = 100[\%]$ 【정답】 100[%]

④ 조상기 $\%X_C = \frac{100}{10} \times 20 = 200[\%]$ 【정답】 200[%]

(2) 【계산】 $\%X = \frac{\text{기준용량}[MVA]}{\text{자기용량}[MVA]} \times \text{자기용량기준}$

- 1차~2차간 : $X_{P-T} = \frac{100}{25} \times 12 = 48[\%]$
- 2차~3차간 : $X_{T-S} = \frac{100}{25} \times 15 = 60[\%]$
- 3차~1차간 : $X_{S-P} = \frac{100}{10} \times 10.8 = 108[\%]$
- 1차 : $X_P = \frac{48 + 108 - 60}{2} = 48[\%]$
- 2차 : $X_T = \frac{48 + 60 - 108}{2} = 0[\%]$
- 3차 : $X_S = \frac{60 + 108 - 48}{2} = 60[\%]$

【정답】 1차 $X_P = 48[\%]$, 2차 $X_T = 0[\%]$, 3차 $X_S = 60[\%]$

(3) 【계산】 발전기에서 T_2 변압기 1차까지 $\%X_1 = 60 + 24 + 100 + 48 = 232[\%]$

조상기에서 T_2 변압기 3차까지 $\%X_2 = 200 + 60 = 260[\%]$

합성 $\%X = \frac{\%Z_1 \times \%Z_2}{\%Z_1 + \%Z_2} + X_T = \frac{232 \times 260}{232 + 260} + 0 = 122.6[\%]$

① 고장점의 단락전류 $I_S = \frac{100}{\%Z} \times I_N = \frac{100}{122.6} \times \frac{100 \times 10^6}{\sqrt{3} \times 77 \times 10^3} = 611.59[A]$ 【정답】 611.59[A]

② 차단기의 단락전류 : $I_{S1} = \frac{100}{232} \times \frac{100 \times 10^3}{\sqrt{3} \times 154} = 161.6[A]$

이를 154[kV]로 환산, $I_{S10} = 323.2 \times \frac{77}{154} = 161.6[A]$ 【정답】 161.6[A]

(4) 【계산】 차단기 차단용량 $P_s = \sqrt{3}\, VI_{s10} = \sqrt{3} \times 154 \times 161.6 \times 10^{-3} = 43.1$ 【정답】 43.1[MVA]

17

출제 : 13년 • 배점 : 4점

아몰퍼스 변압기의 장점 3가지와 단점 2가지를 쓰시오.

|계|산|및|정|답|

(1) 아몰퍼스 변압기의 장점

① 무부하손이 적어 저손실이므로 고효율이다.
② 에너지손실이 감소된다.
③ 운전보수비 절감 및 수명연장
④ 판 두께가 매우 얇다.
⑤ 자벽 이동을 방지하는 구조상의 결함이 없다.

(2) 아몰퍼스 변압기의 단점

① 낮은 자속밀도 및 점적률이 나쁘다.
② 아몰퍼스 소재의 높은 경도 및 나쁜 취성으로 제작이 어렵다.
③ 자장 풀림이 필요하다.

18

출제 : 13년 • 배점 : 7점

CT와 AS와 전류계 결선 및 PT와 VS와 전압계 결선도를 완성하고 필요한 곳에 접지를 하시오.

(1) CT와 AS와 전류계 결선도

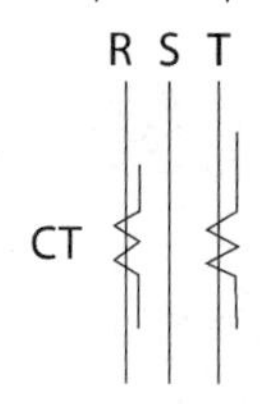

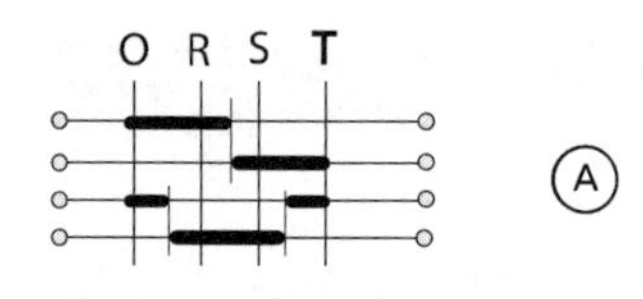

(2) PT와 VS와 전압계 결선도

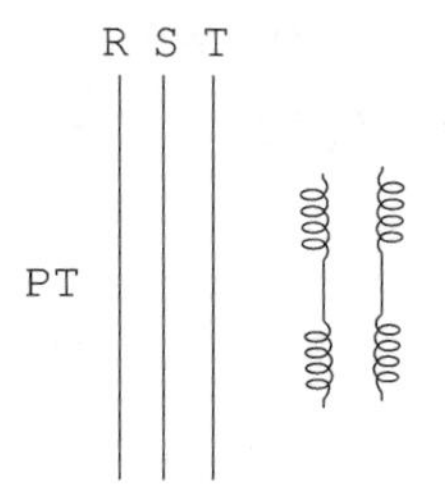

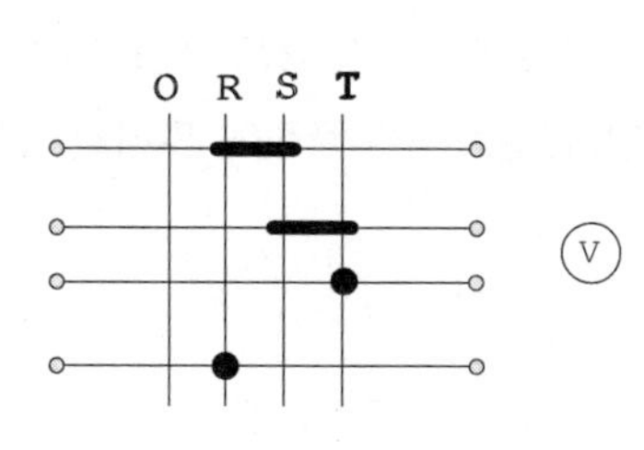

|계|산|및|정|답|

(1) $3\varnothing 3W2CT$

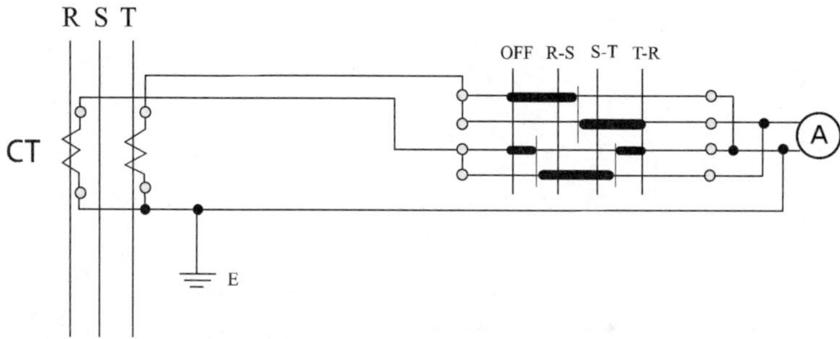

(2) $3\varnothing 3W2PT$

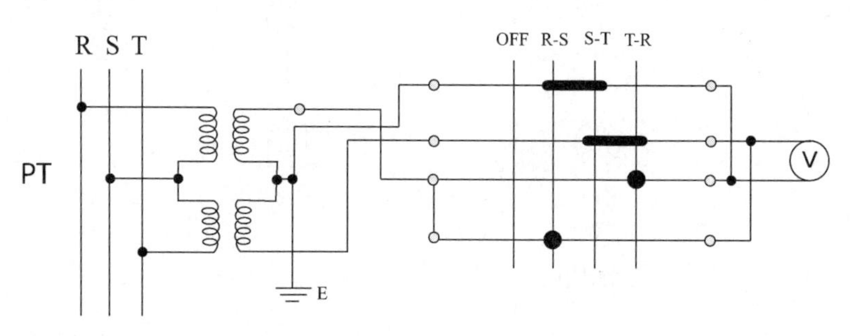

|추|가|해|설|

- ● : 폐로위치를 나타낸다(ON)
- + : 개로위치를 나타낸다(OFF).
- ▬ : 폐로위치의 구간을 나타낸다.

03 2013년 전기기사 실기

01 출제 : 13년 • 배점 : 5점

미완성 단선도의 [ ] 안에 유입 차단기, 피뢰기, 전압계, 전류계, 지락보호계전기, 과전류 보호 계전기, 계기용 변압기, 계기용 변류기, 영상 변류기, 전압계용 전환 개폐기, 전류계용 전환 개폐기 등을 사용하여 3∅3W식 6600[V]로 수전하는 고압 표준수전설비의 계통도를 그리시오. (단, 단로기, 컷아웃 스위치, 퓨즈 등도 필요 개소가 있으면 도면의 알맞은 개소에 삽입하여 그리도록 하며, 또한 심벌은 KS 규정에 의하고 심벌 옆에는 약호를 쓰도록 한다.)

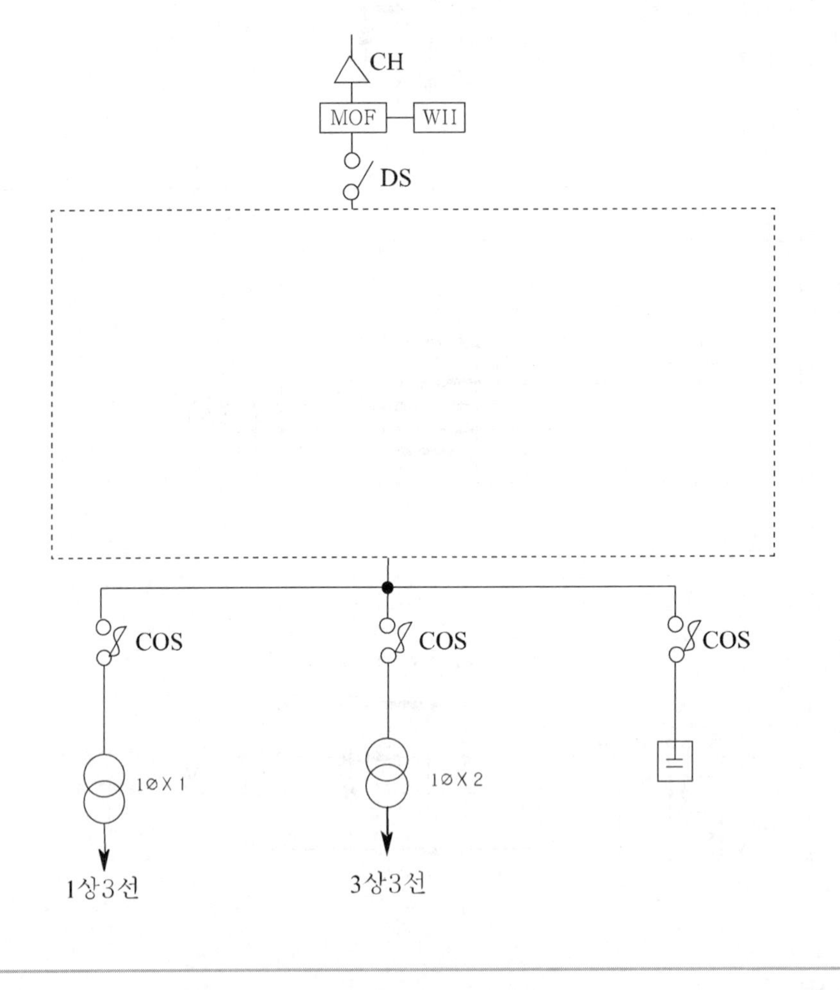

| 계 | 산 | 및 | 정 | 답 |

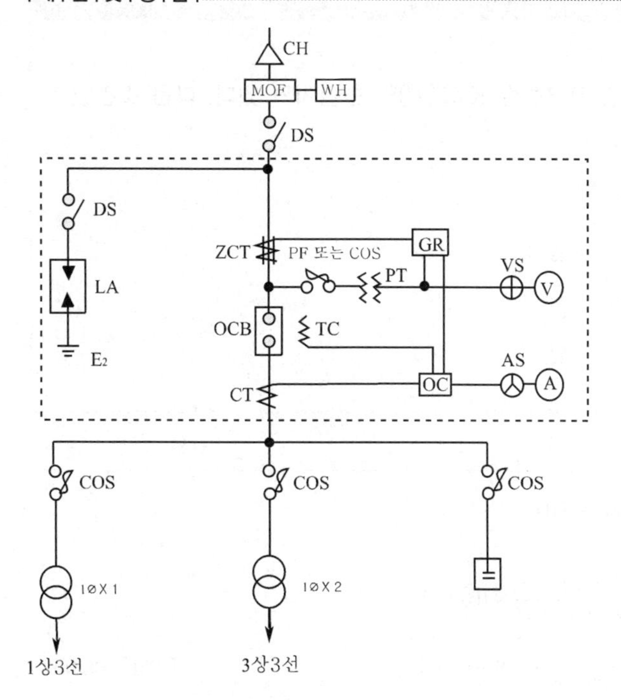

CH
MOF
WH
DS
DS
ZCT
PF 또는 COS
GR
VS
PT
V
LA
OCB
TC
E2
AS
CT
OC
A
COS
COS
COS
1∅X1
1∅X2
1상3선
3상3선

02 출제 : 13년 • 배점 : 6점

전압 3300[V], 전류 43.5[A], 저항 0.66[Ω], 무부하손 1000[W]인 변압기가 있다. 다음 조건일 때의 효율을 구하시오.

(1) 전부하시 역률 100[%]와 80[%]인 경우

•계산 : •답 :

(2) 반부하시 역률 100[%]와 80[%]인 경우

•계산 : •답 :

|계|산|및|정|답|

(1) 【계산】 전부하시 동손 $P_C = I^2 R = 43.5^2 \times 0.66 = 1248.89[W]$

① 전부하 역률 100[%]일 때

효율 $\eta = \dfrac{P\cos\theta}{P\cos\theta + P_i + P_c} \times 100 = \dfrac{VI\cos\theta}{VI\cos\theta + P_i + P_c} \times 100$ 에서

효율 $\eta = \dfrac{1 \times 3300 \times 43.5 \times 1}{1 \times 3300 \times 43.5 \times 1 + 1000 + 1^2 \times 1248.89} \times 100 = 98.46[\%]$ 【정답】 98.46[%]

② 전부하 역률 80[%] 역률일 때

효율 $\eta = \dfrac{3300 \times 43.5 \times 0.8}{3300 \times 43.5 \times 0.8 + 1000 + 1248.89} \times 100 = 98.08[\%]$ 【정답】 98.08[%]

(2) 【계산】 반부하시(부하율 $m = \dfrac{1}{2} = 0.5$)

반부하시 동손 $P_C = m^2 I^2 R = 0.5^2 \times 43.5^2 \times 0.66 = 312.22[W]$

① 100[%] 역률일 때 효율 $\eta = \dfrac{0.5 \times 3300 \times 43.5 \times 1}{0.5 \times 3300 \times 43.5 \times 1 + 1000 + 312.22} \times 100 = 98.2[\%]$ 【정답】 98.2[%]

② 80[%] 역률일 때 효율 $\eta = \dfrac{0.5 \times 3300 \times 43.5 \times 0.8}{0.5 \times 3300 \times 43.5 \times 0.8 + 1000 + 312.22} \times 100 = 97.77[\%]$

【정답】 97.77[%]

|추|가|해|설|

(1) 정격부하 시 변압기 효율 $\eta = \dfrac{VI\cos\theta}{VI\cos\theta + P_i + P_c} \times 100[\%]$

여기서, P_i : 무부하손(철손), P_c : 동손, V : 정격전압, I : 정격전류)

(2) 정격부하 시 m 부하로 운전 시 변압기 효율 $\eta = \dfrac{mVI\cos\theta}{mVI\cos\theta + P_i + m^2 P_c} \times 100[\%]$

03

출제 : 13년 • 배점 : 7점

그림과 같은 PLC 프로그램 작성시 주의사항에서 래더도에서 상 · 하 사이에는 접점이 그려질 수 없다. 문제의 도면을 바르게 작성하고, 미완성 프로그램을 완성하시오.

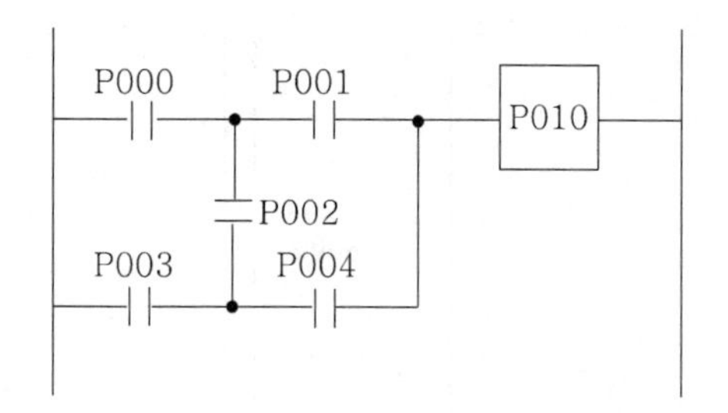

(1) PLC 프로그램에서의 신호 흐름은 단방향이므로 시퀀스를 수정해야 한다. 문제의 도면을 바르게 작성하시오.

(2) PLC 프로그램을 표의 ①~⑧에 완성하시오, (단, 명령어는 LOAD, AND, OR, NOT, OUT를 사용한다.)

Step	명령어	번지	Step	명령어	번지
0	LOAD	P000	7	AND	P002
1	AND	P001	8	⑤	⑥
2	①	②	9	OR LOAD	
3	AND	P002	10	⑦	⑧
4	AND	P004	11	AND	P004
5	OR LOAD		12	OR LOAD	
6	③	④	13	OUT	P010

|계|산|및|정|답|

(1)

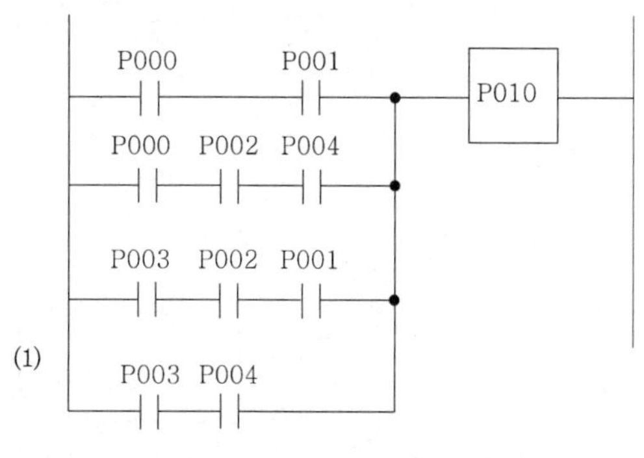

(2) ① LOAD ② P000 ③ LOAD ④ P003
⑤ AND ⑥ P001 ⑦ LOAD ⑧ P003

04

출제 : 13년 • 배점 : 6점

그림과 같은 평면도의 2층 건물에 대한 배선설계를 하려고 한다. 다음 주어진 조건을 이용하여 1층 및 2층을 분리하여 분기회로수를 결정하시오.

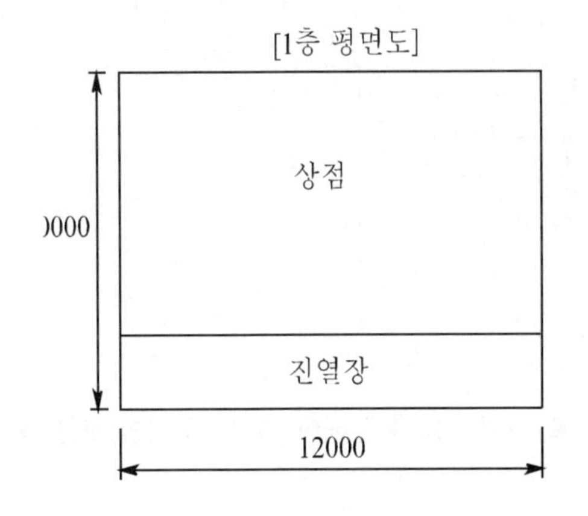

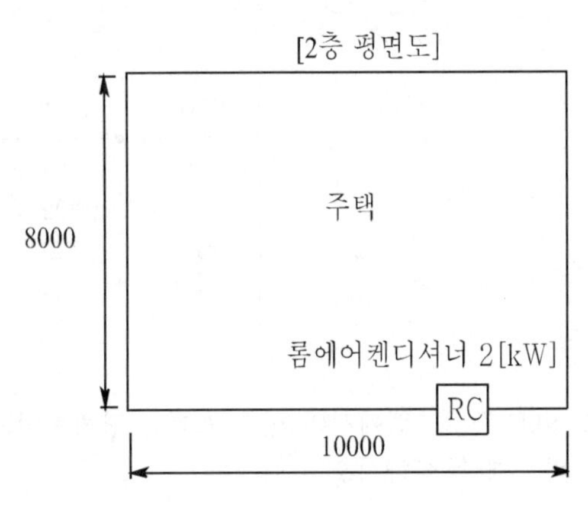

- 분기회로는 15[A] 분기회로로 하고 80[%]의 정격이 되도록 한다.
- 배전전압은 220[V]를 기준으로 하여 적용 가능한 최대 부하를 상정한다.
- 주택 및 상점의 표준 부하는 30[VA/m^2]로 하되 1층, 2층 분리하여 분기회로수를 결정하고 상점과 주거용에 각각 1000[VA]를 가산하여 적용한다.
- 상점의 진열장에 대해서는 길이 1[m]당 300[VA]를 적용한다.
- 옥외 광고등 500[VA]짜리 2등이 1층 상점에 있고 단독 분기회로로 한다.
- 에어컨디셔너는 단독분기회로로 한다.

(1) 1층(상점)의 최대 부하용량은?

- 계산 : 　　　　　　　　　• 답 :

(2) 1층(상점)의 분기회로수는?

- 계산 : 　　　　　　　　　• 답 :

(3) 2층(주택)의 상정부하용량은?

- 계산 : 　　　　　　　　　• 답 :

(4) 2층(주택)의 분기회로수는?

- 계산 : 　　　　　　　　　• 답 :

|계|산|및|정|답|

(1) 【계산】 1층의 부하용량(옥외등 제외)

1층 부하용량 = 바닥면적 × 표준부하 + 진열장 + 가산부하 = $(12 \times 10 \times 30) + (12 \times 300) + 1000 = 8200[VA]$

【정답】 8200[VA]

(2) 【계산】 분기회로수 $n = \frac{\text{상정부하설비의 합}[VA]}{\text{전압} \times \text{분기회로 전류}} = \frac{8200}{220 \times 15 \times 0.8} = 3.11$에서 옥외용 광고등 전용 분기를 가하여

【정답】 15[A]분기 5회로

(3) 【계산】 2층의 부하용량(에어컨 제외)

2층 부하용량 = 바닥면적 × 표준부하 + 가산부하 = $10 \times 8 \times 30 + 1000 = 3400[VA]$ 【정답】 3400[VA]

(4) 【계산】 분기회로수 $n = \frac{3400}{220 \times 15 \times 0.8} = 1.29$에서 에어컨디셔너 전용분기를 가하여 【정답】 15[A]분기 3회로

05

출제 : 13년 • 배점 : 5점

다음은 전압등급 3[kV]인 SA의 시설 적용을 나타낸 표이다. 아래 기기 중 설치해야할 곳에는 "적용(○)"이라고 쓰고 설치하지 않아도 되는 곳에는 "불필요(×)"를 구분하여 쓰시오.

2차보호기기 / 차단기 종류	전동기	변압기			콘덴서
		유입식	몰드식	건 식	
VCB	①	②	③	④	⑤

|계|산|및|정|답|

① 적용 ② 불필요 ③ 적용 ④ 적용 ⑤ 불필요

|추|가|해|설|

[내선규정 3260-3 적용 범위

차단기 종류		VCB				
전압등급 / 2차 보호기기		3[kV]	6[kV]	10[kV]	20[kV]	30[kV]
전동기		적용	적용	적용	–	–
변압기	유입식	불필요	불필요	불필요	불필요	불필요
	몰드식	적용	적용	적용	적용	적용
	건식	적용	적용	적용	적용	적용
콘덴서		불필요	불필요	불필요	불필요	불필요
변압기와 유도기기와의 혼용 사용시		적용	적용	–	–	–

【주】 표에서와 같이 VCB를 사용시 반드시 서지흡수기를 설치하여야 하나 VCB와 유입변압기를 사용시는 설치하지 않아도 된다.

06 출제 : 13년 • 배점 : 4점

전력 콘덴서의 부속 설비인 방전코일과 직렬리액터의 사용 목적이 무엇인지 간단히 설명하시오.

|계|산|및|정|답|

(1) 방전코일(DC : Discharging Coil) : 잔류 전하를 방전시켜 인체의 감전 사고를 방지하며 이상전압을 방지하여 콘덴서회로를 보호한다.

(2) 직렬리액터(SR : Series Reactor) : 제5고조파 전류를 억제하여, 파형이 일그러지는 것을 방지하며 콘덴서를 재투입시 돌입전류를 억제할 수 있다.

07 출제 : 13년 • 배점 : 5점

위너(Wiener)의 4전극법에 대해 설명하고 그림을 그리시오.

|계|산|및|정|답|

[위너(Wenner)의 4전극법]

그림과 같이 4개의 전극 (C_1, P_1, P_2, C_2)을 일직선 등간격으로 설치하고 C_1, C_2를 통하여 저주파 전류를 흘려 보낸 후 P_1, P_2 사이의 전압을 측정하여 대지 저항(R)을 구하는 방법

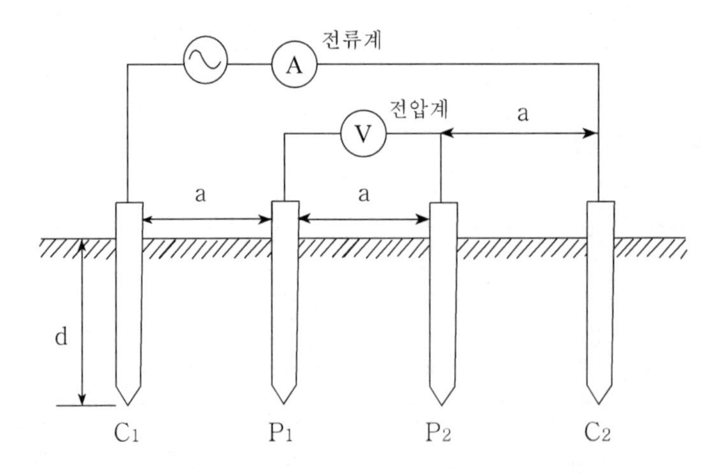

|추|가|해|설|

저항 $R=\frac{\rho}{2\pi a}$에서 $\rho=2\pi aR[\Omega \cdot m]$을 알 수 있다.

여기서, ρ : 흙의 저항률, a : 전극간의 거리, R : 저항값

08

출제 : 13년 • 배점 : 5점

어느 수용가의 부하설비용량이 950[kW], 수용률 65[%], 역률 76[%]인 경우, 변압기 용량은 몇 [kVA]인가?

·계산 :　　　　　　　　　　　　　　·답 :

|계|산|및|정|답|

【계산】 변압기 용량 $T_r = \frac{\text{설비용량} \times \text{수용률}}{\text{부등률} \times \text{역률}} = \frac{950 \times 0.65}{0.76} = 812.5[\text{kVA}]$

【정답】 812.5[kVA] (변압기 용량을 선정하라고 하였다면 답은 표준용량인 1000[kVA])

09

출제 : 13년 • 배점 : 4점

3상4선식에서 역률 100[%]의 부하가 각 상과 중성선간에 연결되어 있다. a상, b상, c상에 흐르는 전류가 각각 220[A], B상 : 180[A], C상 : 180[A]이다. 중성선에 흐르는 전류의 크기의 절대값은 몇 [A]인가?

·계산 :　　　　　　　　　　　　　　·답 :

|계|산|및|정|답|

【계산】 중성선 전류

중성선에 흐르는 전류는 벡터의 합이다.

$$I_N = |I_A + I_B + I_C|[A] = |220\angle 0° + 180\angle 240° + 180\angle 120°|$$

$$= |220\angle 0° + 180\angle -120° + 180\angle 120°| = |220\angle 0° + 180\angle -120° + 180\angle -240°|$$

$$= \left|220 + 180\left(-\frac{1}{2} - j\frac{\sqrt{3}}{2}\right) + 180\left(-\frac{1}{2} + j\frac{\sqrt{3}}{2}\right)\right| = 220 - 90 - 90 = 40[A]$$

【정답】 40[A]

10

출제 : 13년 • 배점 : 5점

다음 도면은 유도전동기의 정전, 역전용 운전회로이다. 정 · 역회전을 할 수 있도록 조작회로를 그리시오. (단, 인입 전원은 위상(phase) 전원을 사용하고 OFF 버튼 3개, ON 버튼 2개 및 정 · 역회전시 표시 Lamp가 나타나도록 하시오.

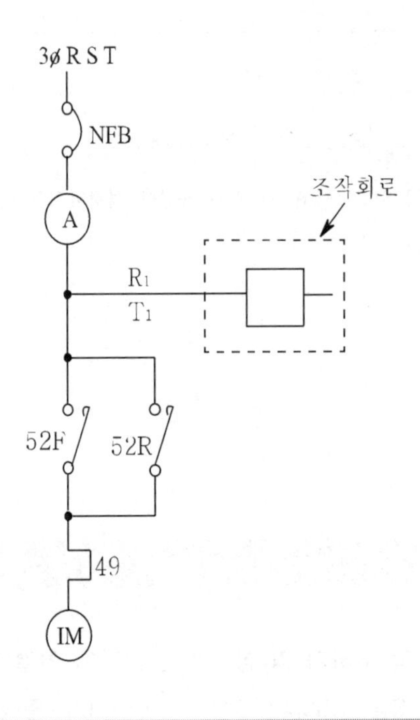

|계|산|및|정|답|

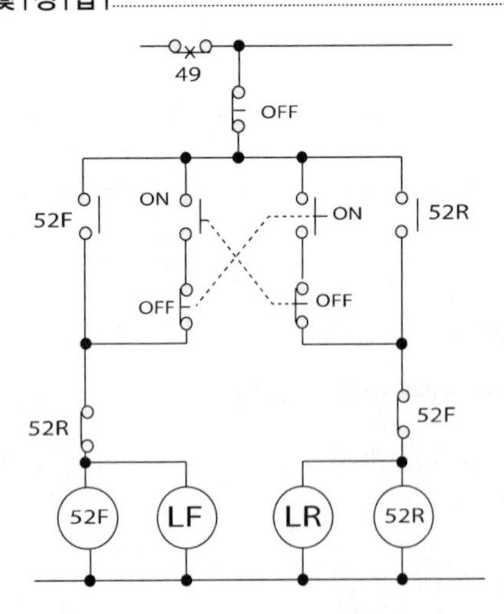

|추|가|해|설|

정·역 운전의 주회로는 52R로 R선과 T선의 접속을 바꾼다. 제어 회로는 유지회로, 인터록회로가 있으면 된다. 버튼 스위치 OFF는 비상 정지용으로 사용한다.

11

출제 : 00, 03, 04, 05, 13년 • 배점 : 7점

다음 물음에 답하시오.

(1) 지중전선로는 어떤 방식에 의하여 시설하여야 하는지 공사방법 3가지를 쓰시오.

(2) 관, 암거 기타 지중전선의 피복에 사용하는 금속제부분에는 몇 종 접지공사를 시행하여야 하는가?

(3) 특별고압용 지중전선에 사용하는 케이블의 종류를 2가지만 쓰시오.

|계|산|및|정|답|

(1) 직접매설식, 관로식, 암거식

(2) kec-140의 규정에 준하여 접지공사

(3) 알루미늄피케이블, 가교 폴리에틸렌 절연비닐시스케이블(CV)

|추|가|해|설|

[내선규정 2150-3 지중전선의 종류]

전압의 종류	케이블의 종류	
저압	1. 알루미늄피케이블	2. 클로로프렌 외장케이블
	3. 비닐외장케이블	4. 폴리에틸렌 외장케이블
	5. 미네랄 인슈레이션케이블	6. 상기 케이블에 보호피복을 한 케이블
고압	1. 알루미늄피케이블	2. 클로로프렌 외장케이블
	3. 비닐외장케이블	4. 폴리에틸렌 외장케이블
	5. 콤바인덕트(CD)케이블	6. 상기 케이블에 보호피복을 한 케이블
특고압	1. 알루미늄피케이블	2. 에틸렌 프로필렌고무 혼합물 케이블
	3. 폴리에틸렌 혼합물 케이블	4. 가교 폴리에틸렌 절연비닐시스케이블(CV)
	5. 파이프형 압력 케이블	6. 상기 케이블에 보호피복을 한 케이블

[지중전선의 피복금속체의 접지 (kec 334.4)]

관·암거 기타 지중전선을 넣은 방호장치의 금속제부분(케이블을 지지하는 금구류는 제외한다)·금속제의 전선 접속함 및 지중전선의 피복으로 사용하는 금속체에는 kec-140의 규정에 준하여 접지공사를 하여야 한다.

12

출제 : 00, 13년 • 배점 : 7점

어느 빌딩의 수용가가 자가용 디젤 발전기 설비를 계획하고 있다. 발전기의 용량 산출에 필요한 부하의 종류 및 특성이 다음과 같을 때 주어진 조건과 참고 자표를 이용하여 전부하를 운전하는데 필요한 발전기 용량 [kVA]을 답안지의 빈칸을 채우면서 선정하시오.

〈조 건〉

① 전동기 기동시에 필요한 용량은 무시한다.

② 수용률 적용(동력) : 최대 입력 전동기 1대에 대하여 100[%], 2대는 80[%], 전등, 기타는 100[%]를 적용한다.

③ 전등, 기타의 역률은 100[%]를 적용한다.

부하의 종류	출력[kW]	극수[극]	대수[대]	적용 부하	기동 방법
전동기	37	8	1	소화전 펌프	리액터 기동
	22	6	2	급수 펌프	〃
	11	6	2	배풍기	Y-△ 기동
	5.5	4	1	배수 펌프	직입기동
전등, 기타	50	-	-	비상 조명	-

[표1] 저압 권선형 전동기(개방형 · 반밀폐형 · 밀폐외 선형)

정격 출력 [kW]	극수	동기 속도 [rpm]	전부하 특성		기동전류 I_{st} (각상의 평균치) [A]	비고		
			효율 η [%]	역률 pf [%]		무부하 전류 I_0 (각상의 평균치) [A]	전부하전류 I (각상의 평균치) [A]	전부하 슬립 S [%]
5.5	4	1800	83.5 이상	79.0 이상	42	12	23	5.5
7.5			84.5 이상	80.0 이상	56	14	31	5.5
11			85.5 이상	81.5 이상	79	19	43	5.5
15			89.5 이상	82.5 이상	105	25	58	5.0
(19)			97.0 이상	83.0 이상	125	30	72	5.0
22			87.5 이상	83.5 이상	155	35	83	5.0
30			88.0 이상	84.5 이상	200	44	111	5.0
37			88.0 이상	84.5 이상	210	53	137	5.0

[표1] 저압 권선형 전동기(개방형 · 반밀폐형 · 밀폐외 선형)

정격 출력 [kW]	극수	동기 속도 [rpm]	전부하 특성 효율 η [%]	전부하 특성 역률 pf [%]	기동전류 I_{st} (각상의 평균치) [A]	비고 무부하 전류 I_0 (각상의 평균치) [A]	비고 전부하전류 I (각상의 평균치) [A]	비고 전부하 슬립 S [%]
5.5	8	900	82.0 이상	73.0 이상	49	14	25	6.0
7.5			83.0 이상	75.0 이상	56	17	33	5.5
11			84.5 이상	77.5 이상	84	23	46	5.5
15			85.0 이상	78.5 이상	110	30	62	5.5
(19)			85.5 이상	79.5 이상	140	35	77	5.5
22			86.0 이상	80.0 이상	160	38	88	5.0
30			87.0 이상	81.0 이상	210	50	117	5.0
37			87.0 이상	81.5 이상	220	59	143	5.0

[표 2] 자가용 디젤 표준 출력[kVA]

50	100	150	200	300	400

	효율[%]	역률[%]	입력[kVA]	수용률[%]	수용률 적용값[kVA]
37×1					
22×2					
11×2					
5.5×1					
50					
계					

| 계 | 산 | 및 | 정 | 답 |

	효율[%]	역률[%]	입력[kVA]	수용률[%]	수용률 적용값[kVA]
37×1	87	81.5	$\frac{37}{0.87\times0.815}=52.18$	100	52.18
22×2	86	82	$\frac{22\times2}{0.86\times0.82}=62.39$	80	49.91
11×2	85	80	$\frac{11\times2}{0.85\times0.8}=32.35$	80	25.88
5.5×1	83	79	$\frac{5.5}{0.82\times0.79}=8.39$	100	8.39
50	100	100	50	100	50
계	–	–	205.31	–	186.36[kVA]

| 추 | 가 | 해 | 설 |

· 입력[kVA]= $\frac{\text{정격전류}[kW]}{\text{효율}\times\text{역률}}$

13 출제 : 13년 • 배점 : 4점

UPS 장치 시스템의 중심부분을 구성하는 CVCF의 기본 회로를 보고 다음 각 물음에 답하시오.

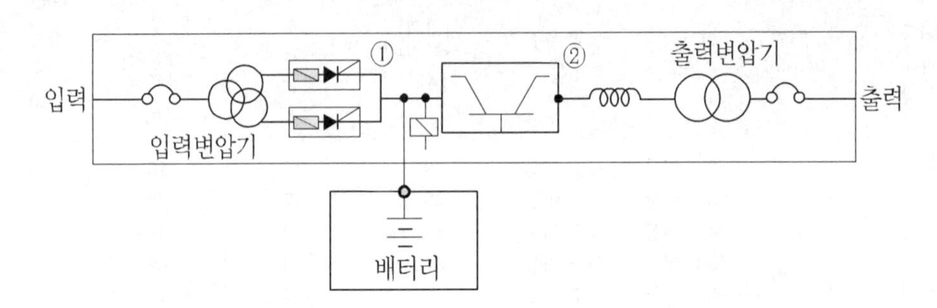

(1) UPS 장치는 어떤 장치인가?

(2) 도면의 ①, ②에 해당되는 것은 무엇인가?

(3) CVCF는 무엇을 뜻하는가?

|계|산|및|정|답|

(1) 무정전 전원 공급장치
(UPS : 상시 부하에 정전압 정주파수를 공급하며, 정전시는 부하에 무정전 전원을 공급한다.)

(2) ① 정류기(컨버터) ② 인버터

(3) 정전압 정주파수 장치

|추|가|해|설|

[전원공급장치(Uninterruptibles Power Supply)]

1. 개요 : UPS는 축전지, 정류장치(Converter)와 역변환장치(Inverter)로 구성되어 있으며 선로의 정전이나 입력 전원에 이상 상태가 발생하였을 경우에도 정상적으로 전력을 부하측에 공급하는 설비를 UPS라 한다.

2. UPS 구성도

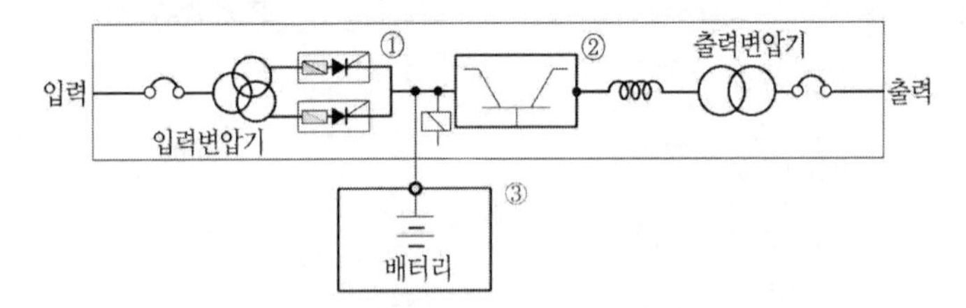

① 컨버터(정류장치) : 교류를 직류로 변환
② 인버터(인버터장치) : 직류를 사용 주파수의 교류 전압으로 변환
③ 축전지 : 정류장치에 의해 변환된 직류 전력을 저장

14

출제 : 13년 • 배점 : 5점

3상3선식 비접지계통 6600[V]의 4개 피더(Feeder)로 다음과 같이 부하에 전력을 공급하는 선로의 경우 1선 지락전류를 구하시오.

Feeder \ 종류	케이블 이외의 것	케이블
A	긍장 20[km]	연장 1.5[km]
B	–	연장 3.0[km]
C	긍장 15[km]	–
D	긍장 10[km]	연장 2.5[km]

·계산 :　　　　　　　　　　　·답 :

|계|산|및|정|답|

【계산】 1선 지락전류 $I_g = 1 + \dfrac{\dfrac{V}{3} \times L - 100}{150} + \dfrac{\dfrac{V}{3} \times L' - 1}{2}$

$$I_{g1} = 1 + \frac{\dfrac{\frac{6.6}{1.1}}{3} \times (20 \times 3 + 15 \times 3 + 10 \times 3) - 100}{150} + \frac{\dfrac{\frac{6.6}{1.1}}{3} \times (1.5 + 3.0 + 2.5) - 1}{2} = 8.63[A]$$

【정답】 9[A]

15

출제 : 13년 • 배점 : 6점

접지저항 저감방법 중 물리적 방법 4가지와 대지 저항률을 낮추기 위한 저감재의 구비조건 4가지를 쓰시오.

|계|산|및|정|답|

(1) 물리적인 방법

① 접지극의 길이를 길게 한다.

② 접지봉의 매설 깊이를 깊게 한다.

③ 접지극을 2개 이상을 추가, 병렬 접속한다.

④ 접지극과 대지와의 접촉저항을 향상시키기 위하여 심타공법으로 시공한다.

(2) 저감재의 구비조건

① 접지저항 저감효과가 크고, 영구적일 것

② 전기적으로 양도체이고, 전극을 부식시키지 않을 것

③ 경제적이며, 시공이 용이할 것

④ 환경에 무해하며, 안전성이 높을 것

16

출제 : 13년 • 배점 : 4점

그림과 같은 배광 곡선을 갖는 반사갓형 수은등 400[W](22000[lm])을 사용할 경우 기구 직하 7[m] 점으로부터 수평으로 5[m] 떨어진 점의 수평면 조도를 구하시오.

단, $\cos^{-1}0.814 = 35.5°$

$\cos^{-1}0.707 = 45°$

$\cos^{-1}0.583 = 54.3°$

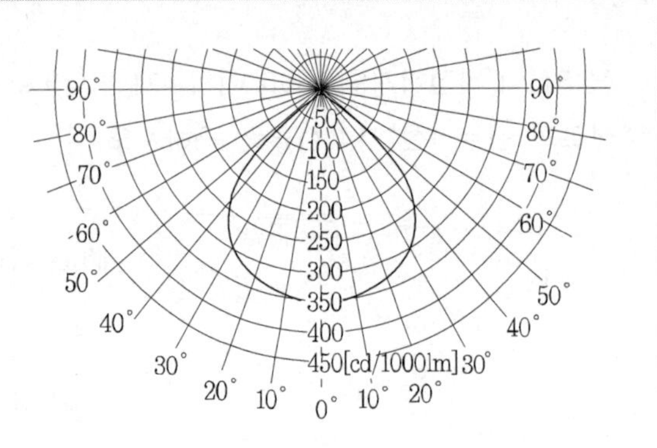

·계산 : ·답 :

|계|산|및|정|답|

【계산】 $\cos\theta = \frac{h}{\sqrt{h^2+a^2}} = \frac{7}{\sqrt{7^2+5^2}} = 0.814 \quad \therefore\ \theta = \cos^{-1}0.814 = 35.5°$

표에서 각도 35.5° 에서의 광도값은 약 280[cd/1000 lm]이므로

수은등의 광도 $I = \frac{280}{1000} \times 22000 = 6160[\text{cd}]$

$\therefore$ 수평면 조도 $E_h = \frac{I}{r^2}\cos\theta = \frac{6160}{7^2+5^2} \times 0.814 = 67.76[\text{lx}]$

【정답】 67.76[lx]

17

출제 : 13년 • 배점 : 8점

부하설비가 각각 A: 10[kW], B: 20[kW], C: 20[kW], D: 30[kW]인 수용가에서 이 수용가의 수용률이 A와 B는 80[%], C와 D는 60[%]이고, 이 수용장소의 부등률이 1.3인 경우의 이 수용장소의 합성 최대전력[kW]을 구하시오.

·계산 : ·답 :

|계|산|및|정|답|

【계산】 합성 최대전력$= \frac{\text{설비용량} \times \text{수용률}}{\text{부등률}} = \frac{(10+20)\times 0.8 + (20+30)\times 0.6}{1.3} = 41.54[\text{kW}]$

【정답】 41.54[kW]

18

출제 : 13년 • 배점 : 8점

단상 변압기의 병렬 운전 조건 4가지를 쓰고, 이들 각각에 대하여 조건이 맞지 않을 경우에 어떤 현상이 나타나는지 쓰시오.

(1) •조건 : •현상 :

(2) •조건 : •현상 :

(3) •조건 : •현상 :

(4) •조건 : •현상 :

|계|산|및|정|답|

(1) 【조건】 극성이 일치할 것
【현상】 큰 순환 전류가 흘러 권선이 소손

(2) 【조건】 정격전압(권수비)이 같을 것
【현상】 순환전류가 흘러 권선이 가열

(3) 【조건】 %임피던스 강하가 같을 것
【현상】 부하의 분담이 용량의 비가 되지 않아 부하의 분담이 균형을 이룰 수 없다.

(4) 【조건】 내부 저항과 누설 리액턴스의 비가 같을 것
【현상】 각 변압기의 전류간에 위상차가 생겨 동손이 증가

|추|가|해|설|

① 단상 변압기일 때는 극성이, 3상 변압기일 때는 각 변위와 상회전 방향이 같을 것. 변압기의 극성을 반대로 접속하면 변압기를 등가적으로 단락시키게 되며, 각 변위가 다르면 변압기의 순환전류가 흘러 권선 온도의 상승을 가져오고 결국은 고장의 원인이 된다.

② 1차, 2차 전압이 같아야 한다.
병렬운전을 할 변압기는 1차 전압과 2차 전압이 각각 같아야 한다. 만약 전압이 같지 않으면 변압기 간의 순환전류가 흘러 출력이 줄고 변압기가 소손될 수 있다.

③ 임피던스 전압이 같고 저항과 리액턴스비가 같아야 한다.
임피던스 전압이 서로 다르면 변압기의 용량에 비례한 부하 분담을 하지 않고, 임피던스 전압이 작은 쪽이 과부하가 되어 변압기가 소손된다. 즉, 저항과 리액턴스의 비율이 같지 않을 경우 부하의 역률에 따라서는 변압기의 부하분담이 변화하여 소손될 염려가 있다.

01 2012년 전기기사 실기

01

출제 : 12년 • 배점 : 4점

그림은 PB-ON 스위치를 ON한 후 일정 시간이 지난 다음에 MC가 동작하여 전동기 M이 운전되는 회로이다. 여기에 사용한 타이머 Ⓣ는 입력 신호를 소멸했을 때 열려서 이탈되는 형식인데 전동기가 회전하면 릴레이 Ⓧ가 복구되어 타이머에 입력 신호가 소멸되고 전동기는 계속 회전할 수 있도록 할 때 이 회로는 어떻게 고쳐야 하는가? (단, MC의 a접점과 b접점을 1개씩 사용하시오.)

R S T
MCB
OL
PB OFF
PB ON
X
T
MC
OL
M
X
T
MC

|계|산|및|정|답|

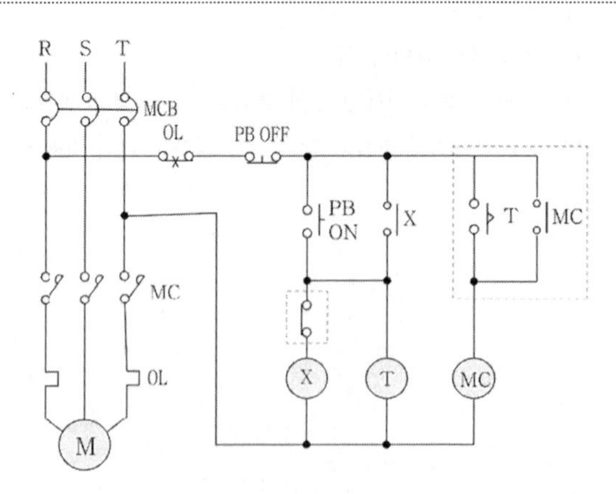

|추|가|해|설|

타이머를 운전 중에 복구시키면 MC에 유지 접점을 두고, 타이머는 MC-b 접점으로 끊으면 된다. 여기서는 유지 회로(X)를 T 대신 끊었다.

02

출제 : 12년 • 배점 : 6점

그림과 같은 시퀀스 제어 회로를 AND, OR, NOT의 기본 논리 회로를(Logic symbol) 이용하여 무접점 회로를 나타내시오.

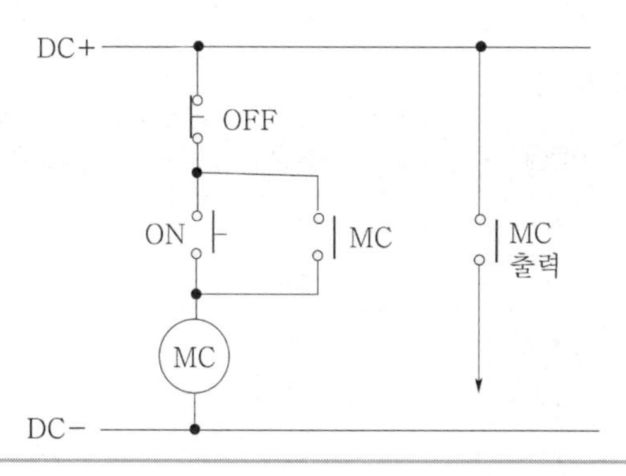

|계|산|및|정|답|

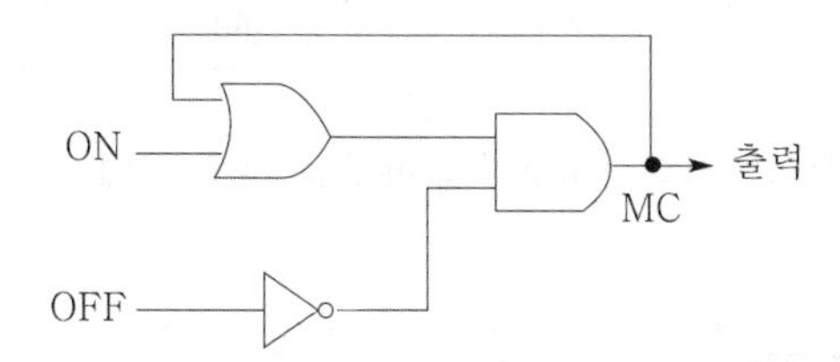

03

출제 : 12년 • 배점 : 6점

표의 빈칸 ㉮~㉵에 알맞은 내용을 써서 그림 PLC 시퀀스의 프로그램을 완성하시오. (단, 사용 명령어는 회로시작(R), 출력(W), AND(A), OR(O), NOT(N), 시간지연(DS)이고, 0.1초 단위이다.)

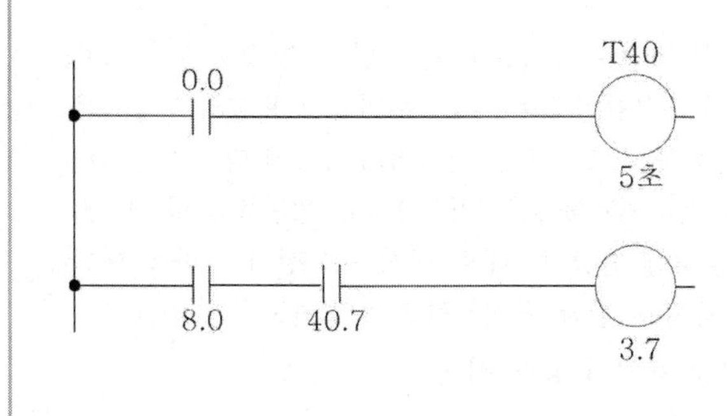

STEP	OP	ADD
0	R	①
1	DS	②
2	W	③
3	④	8.0
4	⑤	⑥
5	⑦	⑧

|계|산|및|정|답|

① 0.0 ② 50 ③ T40 ④ R ⑤ A ⑥ 40.7 ⑦ W ⑧ 3.7

04

출제 : 02, 07, 12년 • 배점 : 9점

어떤 인텔리전트 빌딩에 대한 등급별 추정 전원 용량에 대한 다음 표를 이용하여 각 물음에 답하시오.

등급별 추정 전원 용량[VA/m^2]

내용 \ 등급별	0등급	1등급	2등급	3등급
조　　명	32	32	22	29
콘　센　트	–	13	5	5
사무자동화(OA)기기	–	–	34	36
일 반 동 력	38	45	45	45
냉 방 동 력	40	43	43	43
사무자동화(OA)동력	–	2	8	8
합　　계	110	125	157	166

(1) 연면적 10000[m^2]인 인텔리젼트 2등급인 사무실 빌딩의 전력설비부하의 용량을 다음 표에 의하여 구하도록 하시오.

부하 내용	면적을 적용한 부하용량 [KVA]
조　　명	
콘　센　트	
OA　　기기	
일 반 동 력	
냉 방 동 력	
OA　　동력	
합　　계	

(2) 물음 (1)에서 조명, 콘센트, 사무자동화기기의 적정 수용률은 0.7, 일반 동력 및 사무 자동화 동력의 적정 수용률은 0.5, 냉방동력의 적정 수용률은 0.8 이고, 주변압기 용량의 부등률은 1.2로 적용한다. 이때 전압방식을 2단 강압방식을 채택할 경우 변압기의 용량에 따른 변전설비 용량을 산출하시오. (단, 조명, 콘센트, 사무자동화기기를 3상변압기 1대로, 일반동력 및 사무자동화 동력을 3상 변압기 1대로, 냉방동력을 3상 변압기 1대로 구성하고 상기 부하에 대한 주변압기 1대를 사용하도록 하며, 변압기 용량은 일반 규격용량으로 정하도록 한다.)

① 조명, 콘센트, 사무자동화 기기에 필요한 변압기 용량 산정

•계산 :　　　　　　　　　　•답 :

② 일반동력, 사무자동화동력에 필요한 변압기 산정

•계산 :　　　　　　　　　　•답 :

③ 냉방동력에 필요한 변압기 용량 산정

·계산 : ·답 :

④ 주변압기 용량 산정

·계산 : ·답 :

(3) 주 변압기에서부터 각 부하에 이르는 변전설비의 단선 계통도를 간단하게 그리시오.

|계|산|및|정|답|

(1)

부하 내용	면적을 적용한 부하용량 [kVA]
조 명	$22 \times 10000 \times 10^{-3} = 220[kVA]$
콘 센 트	$5 \times 10000 \times 10^{-3} = 50[kVA]$
OA 기기	$34 \times 10000 \times 10^{-3} = 340[kVA]$
일 반 동 력	$45 \times 10000 \times 10^{-3} = 450[kVA]$
냉 방 동 력	$43 \times 10000 \times 10^{-3} = 430[kVA]$
OA 동력	$8 \times 10000 \times 10^{-3} = 80[kVA]$
합 계	$157 \times 10000 \times 10^{-3}$=1570[kVA]

(2) 【계산】 ① 조명, 콘센트, 사무자동화기기에 필요한 변압기 용량 산정

$Tr_1 = (220+50+340) \times 0.7 = 427[kVA]$, 일반규정용량 500[kVA] 【정답】 500[kVA]

② 일반동력, 사무자동화동력에 필요한 변압기 용량 산정

$TR_2 = (450+80) \times 0.5 = 265[kVA]$, 일반규정용량 300[kVA] 【정답】 300[kVA]

③ 냉방동력에 필요한 변압기 용량 산정

$Tr_3 = 430 \times 0.8 = 344[kVA]$, 일반규정용량 500[kVA] 【정답】 500[KVA]

④ 주변압기 용량 산정

$STr = \dfrac{(427+265+344)}{1.2} = 863.33[kVA]$, 일반규정용량 500[kVA] 【정답】 1000[kVA]

(3)

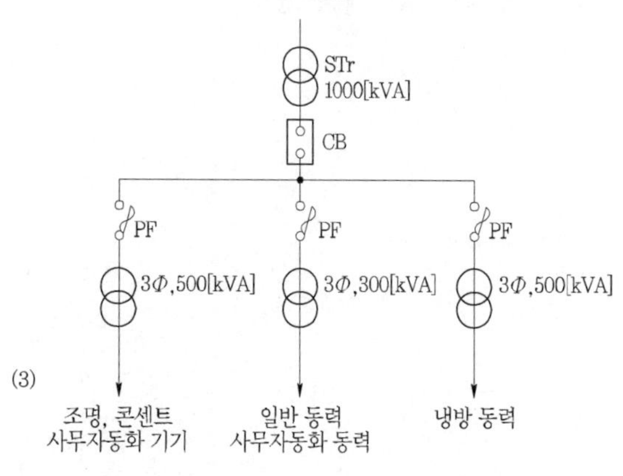

|추|가|해|설|

·주변압기 용량 $\geq \dfrac{\sum(\text{부하 설비용량} \times \text{수용률})}{\text{부등률}}$

05 출제 : 12년 • 배점 : 5점

매분 12[m^3]의 물을 높이 15[m]인 탱크에 양수하는데 필요한 전력을 V결선한 변압기로 공급한다면, 여기에 필요한 단상변압기 1대의 용량은 몇 [kVA]인가? (단, 펌프와 전동기의 합성 효율은 65[%]이고, 전동기의 전부하 역률은 80[%]이며, 펌프의 축동력을 15[%]의 여유를 둔다.)

•계산 : •답 :

|계|산|및|정|답|

【계산】 부하의 3상용량은 $P=\frac{9.8HQK}{\eta}=\frac{KQH}{6.12\eta}$ → (유량 $Q: m^3/sec$)

$P=\frac{KQH}{6.12\eta}=1.15\times\frac{15\times 12}{6.12\times 0.65}=52.03[kW]$

[kVA]로 바꾸면 $P_a=\frac{P}{\cos\theta}=\frac{52.014}{0.8}=65.04[kVA]$

V결선시 용량 $P_V=\sqrt{3}P_1$에서

단상변압기 1대의 용량 $P_1=\frac{P_V}{\sqrt{3}}=\frac{65.04}{\sqrt{3}}=37.55[kVA]$

【정답】 37.55[kVA]

|추|가|해|설|

① 펌프용 전동기의 용량 $P=\frac{9.8Q'[m^3/sec]HK}{\eta}[kW]=\frac{9.8Q[m^3/min]HK}{60\times\eta}[kW]=\frac{Q[m^3/min]HK}{6.12\eta}[kW]$

여기서, P : 전동기의 용량[kW], Q' : 양수량[m^3/sec], Q : 양수량[m^3/min]

H : 양정(낙차)[m], η : 펌프효율, K : 여유계수(1.1~1.2 정도)

② 권상용 전동기의 용량 $P=\frac{K\cdot W\cdot V}{6.12\eta}[KW]$ →(K : 여유계수, W : 권상 중량 [ton], V : 권상 속도[m/min], η : 효율)

③ 엘리베이터용 전동기의 용량 $P=\frac{KVW}{6120\eta}[kW]$

여기서, P : 전동기 용량[kW], η : 엘리베이터 효율, V : 승강속도[m/min]

W : 적재하중[kg](기계의 무게는 포함하지 않는다.), K : 계수(평형률)

06

출제 : 12년 • 배점 : 5점

평균조도 600[lx] 전반 조명을 시설한 50[m^2]의 방이 있다. 이 방에 사용된 조명기구는 1대구당 광속 6000[lm], 조명률 80[%], 유지율 62.5[%]인 등기구를 설치하려고 한다. 이때 조명기구 1대의 소비전력을 80[W]라면 이 방에서 24시간 연속 점등한 경우 하루의 소비전력량은 몇 [kWh]인가?

•계산 : •답 :

|계|산|및|정|답|

【계산】 $FUN = EAD$ 에서

전등수 $N = \dfrac{EAD}{FU} = \dfrac{EA}{FUM}$ → $\left(D = \dfrac{1}{M},\ \ D: \text{감광보상률},\ M: \text{유지율}\right)$

$= \dfrac{600 \times 50 \times \dfrac{1}{0.625}}{6000 \times 0.8} = 10[\text{등}]$

소비전력량 $W = P \cdot t = 80 \times 10 \times 24 \times 10^{-3} = 19.2[\text{kWh}]$

【정답】 19.2[kWh]

07

출제 : 08, 12년 • 배점 : 5점

저항 4[Ω]와 정전용량 C[F]인 직렬회로에 주파수 60[Hz]의 전압을 인가한 경우 역률이 0.8이었다. 이 회로에 30[Hz], 220[V]의 교류전압을 인가하면 소비전력은 몇 [W]가 되는가?

•계산 : •답 :

|계|산|및|정|답|

【계산】 주파수가 60[Hz]인 경우

역률 $\cos\theta = \dfrac{R}{\sqrt{R^2 + X_c^2}} = \dfrac{4}{\sqrt{4^2 + X_c^2}} = 0.8$ 이므로 $X_c = \sqrt{\left(\dfrac{4}{0.8}\right)^2 - 4^2} = 3[\Omega]$

$X_c = \dfrac{1}{2\pi f C}$에서 용량성 리액턴스는 주파수에 반비례하므로 주파수가 30[Hz]인 경우 $X_c' = 6[\Omega]$

∴ 소비 전력 $P = I^2 R = \left(\dfrac{V}{Z}\right)^2 R = \left(\dfrac{V}{\sqrt{R^2 + X^2}}\right)^2 R = \dfrac{V^2 R}{R^2 + X_c'^2} = \dfrac{220^2 \times 4}{4^2 + 6^2} = 3723.08[\text{W}]$

【정답】 3723.08[W]

08

출제 : 12년 • 배점 : 5점

다음 그림은 콘덴서 설비의 단선도이다. 주어진 그림의 ①, ②번과 기기의 우리말 이름을 쓰고, 그 역할을 쓰시오.

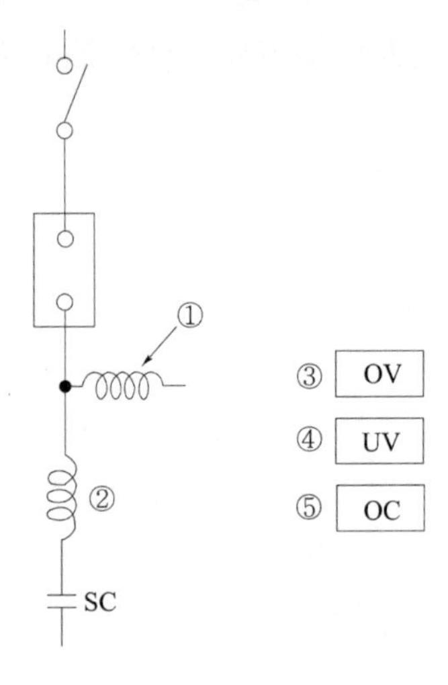

|계|산|및|정|답|

① 방전코일 : 잔류전하를 방전하여 인체의 감전사고를 방지한다.
② 직렬 리액터 : 제5고조차를 제거한다.
③ 과전압 계전기 : 입력전압이 설정값보다 크게 되었을 때 동작하는 계전기
④ 부족전압 계전기 : 인가된 전압이 설정값 이하로 저하되었을 때 작동하는 계전기
⑤ 과전류 계전기 : 전류가 설정값 이상일 때 동작하는 계전기

09

출제 : 08, 12, 19년 • 배점 : 5점

단자전압 3000[V]인 선로에 전압비가 3300/220[V]인 승압기를 접속하여 60[kW], 역률 0.85의 부하에 공급할 때 몇 [kVA]의 승압기를 설치해야 하는가?

•계산 : •답 :

|계|산|및|정|답|

【계산】 승압된 전압 $E_2 = E_1\left(1+\frac{1}{a}\right) = 3000(1+\frac{220}{3300}) = 3200[\text{V}]$

부하전류 $I_2 = \frac{P}{V_2 \cos\theta} = \frac{60000}{3200 \times 0.85} = 22.06[\text{V}]$

승압기 용량 $W = e \times I_2 = 220 \times 22.06 \times 10^{-3} = 4.85[\text{kVA}]$

【정답】 5[kVA] 승압기 선정

10

출제 : 12년 • 배점 : 6점

역률을 높게 유지하여 개개의 부하에 고압 및 특고압 진상콘덴서를 설치하는 경우에는 현장 조작 개폐기보다는 부하측에 접속하여야 한다. 콘덴서의 용량, 접속방법 등은 어떻게 시설하는 것으로 하는지와 고조파전류의 증대 등에 대한 다음 각 물음에 답하시오.

(1) 콘덴서의 용량은 부하의 (　)보다 작을 것

(2) 콘덴서는 본선에 직접 접속하고 특히 전용의 (　), (　), (　) 등을 설치해서는 안된다.

(3) 고압 및 특고압 진상용 콘덴서의 설치로 공급회로의 고조파전류가 현저하게 증대할 경우는 콘덴서회로에 유효한 (　)를 설치하여야 한다.

(4) 가연성 유를 봉입한 고압진상용 콘덴서를 설치하는 경우는 가연성의 벽, 천정과의 이격거리는 (　)[m] 이상 이다.

|계|산|및|정|답|

(1) 지상무효전력

(2) 개폐기, 퓨즈, 유입차단기

(3) 직렬 리액터

(4) 1[m]

|추|가|해|설|

(1), (2) 내선규정 3240-4 개개의 부하에 고압 및 특별고압 진상용 콘덴서를 시설하는 경우

① 콘덴서의 용량은 부하의 무효분 보다 크게 하지 말 것

② 콘덴서는 본선에 직접 접속하고 특히 전용의 개폐기, 퓨즈, 유입차단기 등을 설치하지 말 것

이 경우 콘덴서에 이르는 분기선은 본선의 최소 굵기보다는 적게 하지 말 것. 다만, 방전장치가 있는 콘덴서에는 개폐기(차단기 포함)를 설치할 수 있으나 평상시 개폐는 하지 않음을 원칙으로 하며 COS를 설치 할 경우는 다음에 의하여야 한다.

· 고압 : COS에 퓨즈를 삽입하지 않고 단면적 6[mm^2] 이상의 나동선으로 직결한다.

· 특별고압 : COS에는 퓨즈를 삽입하며, 콘덴서 용량별 퓨즈정격은 정격전류의 200[%] 이내의 것을 사용한다.

(3) 내선규정 3240-8 직렬리액터

고압 및 특별고압 진상용 콘덴서의 설치로 공급회로의 고조파전류가 현저하게 증대할 경우는 콘덴서 회로에 유효한 직렬리액터를 설치하여야 한다.

(3) 내선규정 3240-6 고압진상용 콘덴서 설치장소

가연성유봉입의 고압진상용 콘덴서를 설치하는 경우는 가연성의 벽, 천장 등과 1[m] 이상 이격하는 것이 바람직하다. 다만, 내화성 물질로 콘덴서와 조영재 사이를 격리할 경우는 예외이다.

11 출제 : 04, 12년 • 배점 : 3점

역률을 개선하면 전기요금이 저감과 배전선의 손실경감, 전압강하 감소, 설비이용률의 증가를 꾀할 수 있으나 너무 과보상하면 역효과가 나타난다. 즉, 경부하 시에 콘덴서가 과대 삽입되는 경우의 결점 3가지만 쓰시오.

|계|산|및|정|답|

① 역률저하에 의한 손실증가 ② 단자전압 상승 ③ 계전기의 오동작 ④ 고조파 왜곡의 증대

12 출제 : 10, 12년 • 배점 : 5점

3상3선, 380[V] 회로에 그림과 같이 부하가 연결되어 있다. 간선의 허용전류 [A]를 구하시오. (단, 전동기의 평균 역률은 80[%]이다.)

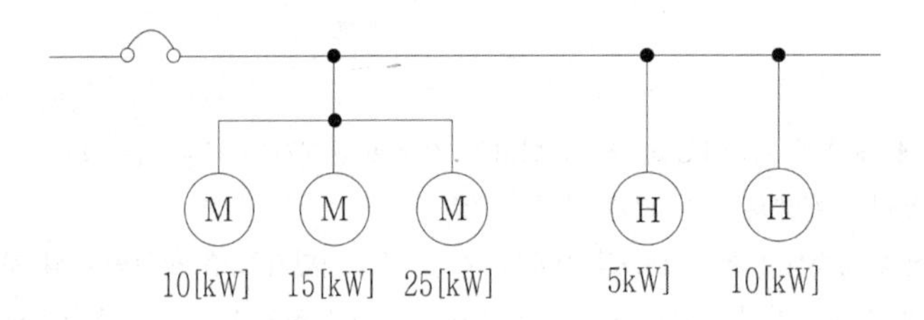

·계산 : ·답 :

|계|산|및|정|답|

【계산】 전동기의 정격 전류의 합 $\sum I_M = \frac{(10+15+25)\times 10^3}{\sqrt{3}\times 380\times 0.8} = 94.96[A]$

전동기의 유효 전류 $I_r = 94.96\times 1.1\times 0.8 = 83.56[A]$

전동기의 무효 전류 $I_q = 94.95\times 1.1\times \sqrt{1-0.8^2} = 62.67[A]$

전열기의 정격 전류의 합 $\sum I_H = \frac{(5+10)\times 10^3}{\sqrt{3}\times 380\times 1.0} = 22.79[A]$

간선의 허용전류 $I_a = \sqrt{(83.55+22.79)^2 + 62.67^2} = 123.44[A]$ 【정답】 123.44[A]

|추|가|해|설|

[간선의 허용전류 I_a]

① $\Sigma I_M > \Sigma I_H$이고 $\Sigma I_M \leq 50$[A]일 때 간선의 허용전류 $I_a = 1.25\times \Sigma I_M + \Sigma I_H$

$\Sigma I_M > 50$[A]일 때 간선의 허용전류 $I_a = 1.1\times \Sigma I_M + \Sigma I_H$

② $\Sigma I_M < \Sigma I_H$이면 $I_a = \Sigma I_M + \Sigma I_H$

13

출제 : 12년 • 배점 : 5점

답안지의 그림은 3상4선식 배전선로에 단상변압기 2대가 있는 미완성 회로이다. 이것을 역V결선하여 2차에 3상 전원방식으로 결선하시오.

|계|산|및|정|답|

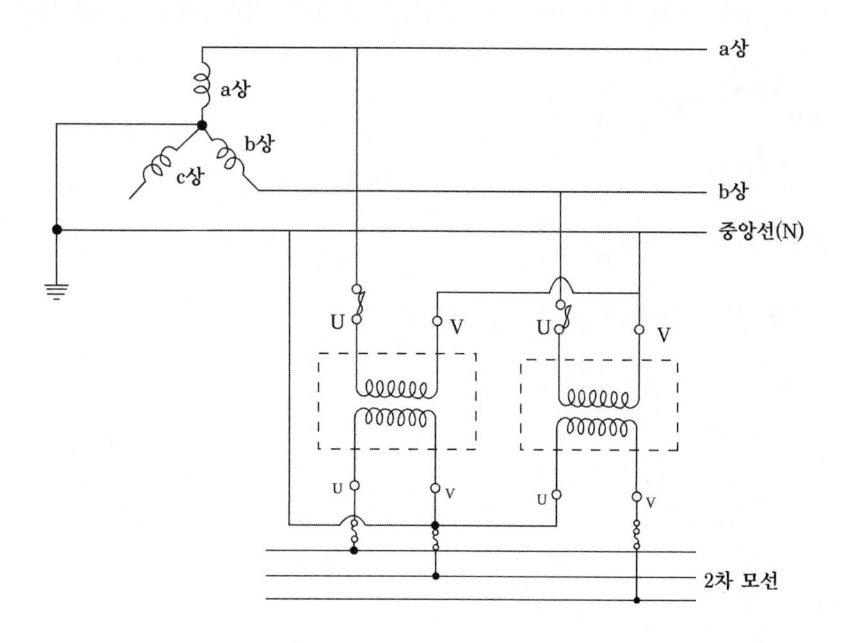

14

출제 : 03, 12년 • 배점 : 6점

그림은 구내에 설치할 3300[V]/220[V], 10[kVA]인 주상 변압기의 무부하 시험방법이다. 이 도면을 보고 다음 각 물음에 답하시오.

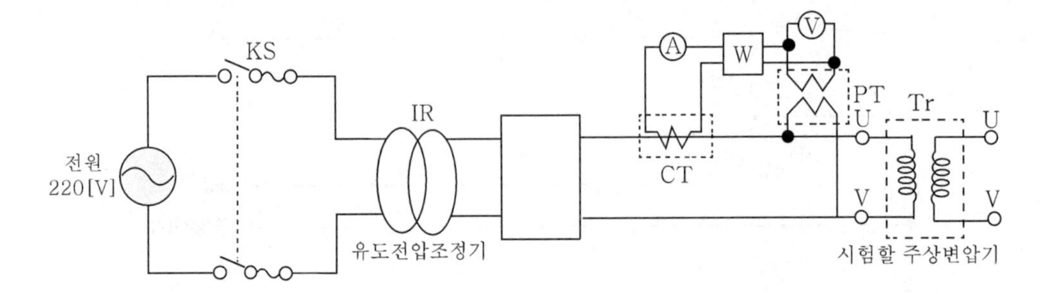

(1) 유도전압조정기의 오른쪽 네모 속에는 무엇이 설치되어야 하는가?

(2) 시험할 주상변압기의 2차측은 어떤 상태에서 시험을 하여야 하는가?

(3) 시험할 변압기를 사용할 수 있는 상태로 두고 유도전압조정기의 핸들을 서서히 돌려 전압계의 지시값이 1차 정격전압이 되었을 때, 전력계가 지시하는 값은 어떤 값을 지시하는가?

|계|산|및|정|답|

(1) 주파수계　　(2) 개방　　(3) 철손

|추|가|해|설|

[개방시험(무부하시험)의 측정 항목]

① 철손 : 전압조정기를 조정하여 시험용 변압기 1차측(저압측) 전압이 정격전압과 동일하게 될 때의 교류 전력계 지시값을 W[W]로 표시

② 효율 $\eta = \dfrac{VI\cos\theta}{VI\cos\theta + \text{동손} + \text{철손}}$

③ 손실 $P_l = P_i + \left(\dfrac{1}{m}\right)^2 P_c$

④ 최대 효율 조건 $P_i = \left(\dfrac{1}{m}\right)^2 P_c \quad \rightarrow (\dfrac{1}{m} = \sqrt{\dfrac{P_i}{P_c}})$

여기서, P_l : 전손실, P_i : 철손[W], P_c : 동손, $\dfrac{1}{m}$: 부하율

15

출제 : 12년 • 배점 : 4점

전동기, 가열장치 또는 전력장치의 배선에는 이것에 공급하는 부하회로의 배선에 기계 기구 또는 장치를 분리할 수 있도록 단로용 기구로 각개에 개폐기 또는 콘센트를 시설하여야 한다. 그렇지 않아도 되는 경우 2가지를 쓰시오.

|계|산|및|정|답|

① 배선 중에 시설하는 현장조작개폐기가 전로의 각 극을 개폐할 수 있을 경우
② 전용분기회로에서 공급될 경우

16

출제 : 12년 • 배점 : 6점

금속관 공사시 사용되는 정크션 박스(Joint Box)와 풀 박스(Pull Box)의 용도에 대하여 설명하시오.

(1) 정크션 박스(Joint Box)

(2) 풀 박스(Pull Box)

|계|산|및|정|답|

(1) 정크션 박스(Joint Box) : 전선 상호간의 접속을 위해 접속점에 사용된다.
(2) 풀 박스(Pull Box) : 관의 굴곡개소가 많은 경우 또는 관의 길이가 30[m] 초과하는 장소에 전선을 배관내에 용이하게 넣기 위해 사용한다.

17

출제 : 12년 • 배점 : 5점

최대 수요전력이 7,000[kW], 부하역률 92[%]인, 네트워크(network) 수전 회선수 3회선이다. 네트워크 변압기의 피부하율 130[%] 일 때 네트워크 변압기의 용량은 몇 [kVA] 이상 이어야 하는가?

•계산 : •답 :

|계|산|및|정|답|

【계산】 네트워크 변압기의 용량= $\dfrac{\text{최대수요전력}[kVA]}{\text{회선수}-1} \times \dfrac{100}{\text{과부하율}[\%]}$ 이므로

$$= \frac{7000/0.92}{3-1} \times \frac{100}{130} = 2926.42[\text{kVA}]$$

【정답】 변압기 용량 3000[kVA]

18 출제 : 12년 • 배점 : 10점

다음 그림은 저압전로에 있어서의 지락고장을 표시한 그림이다. 그림의 전동기 M1 (단상 110[V])의 내부와 외함간에 누전으로 지락사고를 일으킨 경우 변압기 저압측 전로의 1선은 전기설비기술 기준령에 의하여 고·저압 혼촉시의 대지전위 상승을 억제하기 위한 접지공사를 하도록 규정하고 있다. 다음 물음에 답하시오.

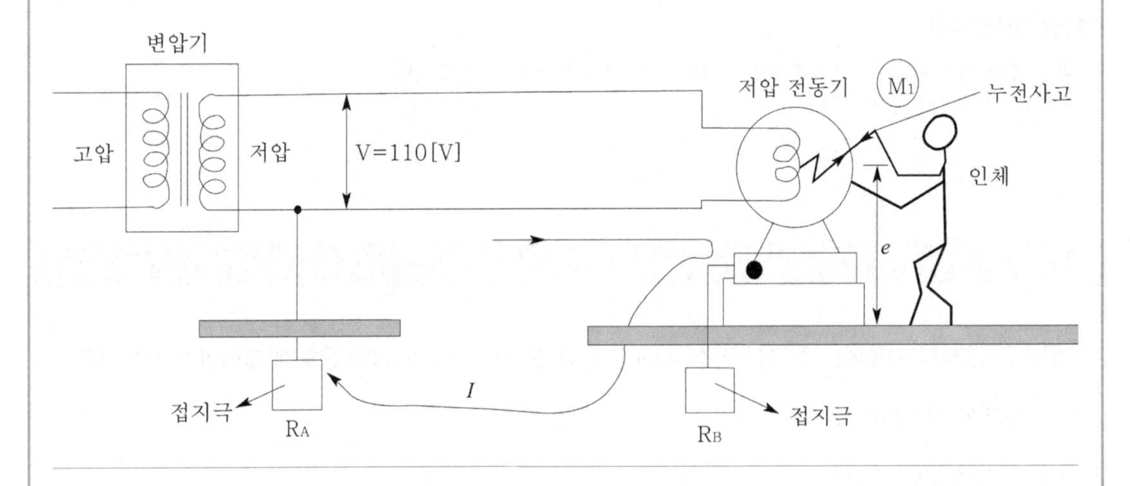

(1) 앞의 그림에 대한 동가회로를 그리면 아래와 같다. 물음에 답하시오.

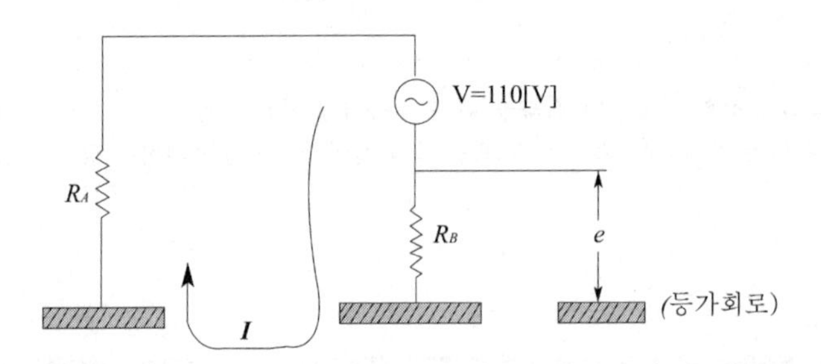

① 등가회로상의 e는 무엇을 의미하는가?

② 등기회로상의 e의 값을 표시하는 수식을 표시하시오.

③ 저압회로의 지락전류 $I=\dfrac{V}{R_A+R_B}$[A]로 표시할 수 있다. 고압측 전로의 중성점이 비접지식인 경우에 고압측 전로의 1선 지락전류가 4[A]라고 하면 변압기의 2차측(저압측)에 대한 접지 저항값은 얼마인가? 또, 위에서 구한 접지 저항값(R_A)을 기준으로 하였을 때의 R_B의 값을 구하고 위 등가회로상의 I, 즉 저압측 전로의 1선 지락 전류를 구하시오. 단, e의 값은 25[V]로 제한하도록 한다.

·계산 : ·답 :

(2) 접지극의 매설 깊이는 얼마 이하로 하는가?

(3) 변압기 2차측 접지선은 단면적 몇 $[mm^2]$ 이상의 연동선이나 이와 동등 이상의 세기 및 굵기의 것을 사용하는가?

|계|산|및|정|답|

(1) ① 접촉전압

② $e = \dfrac{R_B}{R_A + R_B} \times V$

③ 【계산】 $R_A = \dfrac{150}{I} = \dfrac{150}{4} = 37.5[\Omega] \rightarrow 25 = \dfrac{R_B}{37.5 + R_B} \times 110 \rightarrow R_B = 11.03[\Omega]$

$I = \dfrac{V}{R_A + R_B} = \dfrac{110}{37.5 + 11.03} = 2.27[A]$ 【정답】 $R_B = 11.03[\Omega]$, $I = 2.27[A]$

(2) 75[cm]

(3) $6[mm^2]$

02 2012년 전기기사 실기

01 출제 : 12년 • 배점 : 5점

그림과 같은 100/200[V] 단상 3선식 회로를 보고 다음 물음에 답하시오.

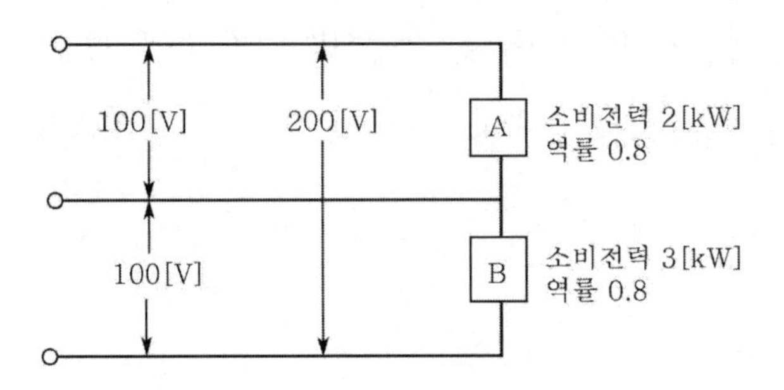

(1) 중성선 N에 흐르는 전류는 몇 [A]인가?

•계산 : •답 :

(2) 중성선의 굵기를 결정하는 전류는 몇 [A]인가?

|계|산|및|정|답|

(1) 【계산】 $I_A = \dfrac{P_A}{V_A \times \cos\theta_A} = \dfrac{2 \times 10^3}{100 \times 0.8} = 25[A]$

$I_B = \dfrac{P_B}{V_B \cos\theta_B} = \dfrac{3 \times 10^3}{100 \times 0.8} = 37.5[A]$

중성선에 흐르는 전류 : $I_N = |I_A - I_B| = 37.5 - 25 = 12.5[A]$ 【정답】 12.5[A]

(2) 중성선의 굵기를 결정하는 전류 : 37.5[A]

|추|가|해|설|

(1) A, B 부하의 역률이 모두 0.8로 동일하므로 중성선에 흐르는 전류는 대수적으로 계산할 수 있다. 그러나 A, B의 역률이 다른 경우 중성선에 흐르는 전류는 벡터 계산해야 한다.

(2) 중성선의 굵기를 결정하는 전류는 I_A와 I_B중 큰 전류를 허용 할 수 있는 굵기로 선정한다. 즉, 용량이 적은 부하가 정지한 경우에는 용량이 큰 부하의 전체 전류가 중성선에 흐르기 때문이다.

02 출제 : 00, 01, 06, 12년 • 배점 : 5점

가로 10[m], 세로 16[m], 천정높이 3.85[m], 작업면 높이 0.85[m]인 사무실에 천장 직부 형광등 F40×2를 설치하려고 한다.

(1) F40×2의 심벌을 그리시오.

(2) 이 사무실의 실지수는 얼마인가?

•계산 : •답 :

(3) 이 사무실의 작업면 조도를 300[lx], 천장 반사율 70[%], 벽 반사율 50[%], 바닥 반사율 10[%], 40[W] 형광등 1등의 광속 3150[lm], 보수율 70[%], 조명률 61[%]로 한다면 이 사무실에 필요한 소요되는 등기구 수는 몇 등인가?

•계산 : •답 :

|계|산|및|정|답|

(1) 
F40×2

(2) 【계산】 실지수(R, I) $= \frac{XY}{H(X+Y)}$ → $H = 3.85 - 0.85 = 3$ (H: 작업면상에서 광원까지의 높이)

$$= \frac{10 \times 16}{3 \times (10+16)} = 2.05$$

【정답】 2.05

(3) 【계산】 $FUN = EAD$ 에서 $N = \frac{EAD}{FU} = \frac{EAD}{FU} = \frac{EA}{FUM}$ → $(D = \frac{1}{M})$

$$N = \frac{EA}{FUM} = \frac{300 \times (10 \times 16)}{(3150 \times 2) \times 0.61 \times 0.7} = 17.84$$

【정답】 18[등]

|추|가|해|설|

[감광보상률]

조명설계를 할 때 점등 중에 광속의 감소를 미리 예상하여 소요 광속의 여유를 두는 정도를 말하며 항상 1보다 큰 값이다. 그리고 감광보상률의 역수를 유지율 혹은 보수율이라고 한다.

$$D = \frac{1}{M}$$

여기서, M : 유지율(보수율), D : 감광보상률($D > 1$)

03

출제 : 12년 • 배점 : 6점

송전단 전압 66[kV], 수전단 전압 61[kV]인 송전선로에서 수전단의 부하를 끊은 경우의 수전단 전압이 63[kV]라 할 때 다음 각 물음에 답하시오.

(1) 전압강하율은 몇 [%]인가?

•계산 : •답 :

(2) 전압변동률은 몇 [%]인가?

•계산 : •답 :

|계|산|및|정|답|

(1) 【계산】 전압강하율 $\epsilon = \frac{송전단(V_s) - 수전단(V_r)}{수전단(V_r)} \times 100[\%] = \frac{66-61}{61} \times 100 = 8.2[\%]$ 【정답】 8.2[%]

(2) 【계산】 전압변동률 $\delta = \frac{무부하수전단(V_{rs}) - 수전단(V_r)}{수전단(V_r)} \times 100[\%] = \frac{63-61}{61} \times 100 = 3.28[\%]$ 【정답】 3.28[%]

04

출제 : 12년 • 배점 : 4점

그림은 교류 차단기에 장치하는 경우에 표시하는 전기용 기호의 단선도용 심벌이다. 이 심벌의 정확한 명칭은?

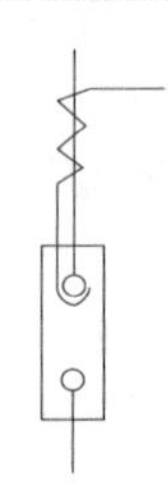

|계|산|및|정|답|

부싱형 변류기

|추|가|해|설|

[부싱형 변류기]

부싱을 1차 권선으로 사용하는 형태의 변류기. 1차 도체를 변류기의 1차 권선으로 사용하며 1차 권수가 1인 것은 관통형 변류기와 동일하나 2차 권선이 감겨진 환상 철심이 변압기 또는 차단기 등 전력 기기의 도체를 절연한 부싱에 설치된다.

05

출제 : 12년 • 배점 : 6점

고압 진상용 콘덴서의 내부고장 보호방식으로 NCS 방식과 NVS 방식이 있다. 다음 각 물음에 답하시오.

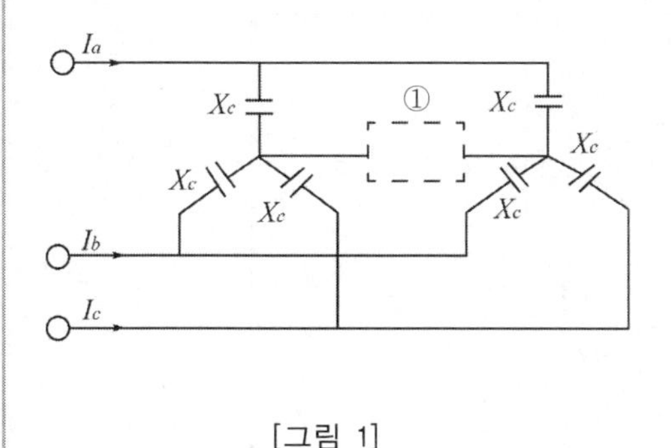

[그림 1]

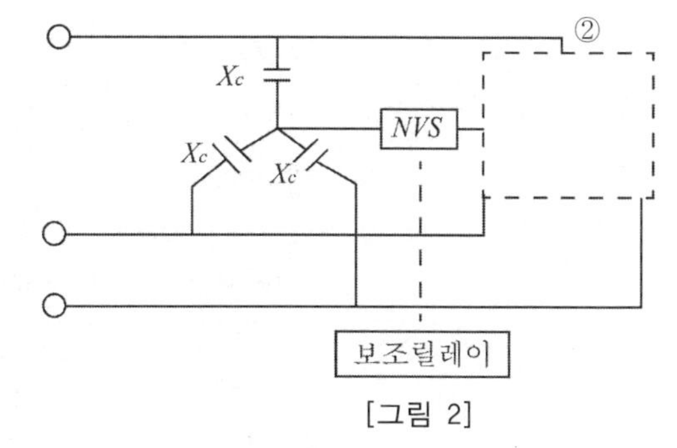

[그림 2]

(1) NCS와 NVS의 기능을 설명하시오.

(2) [그림1] ①, [그림2] ②에 누락된 부분을 완성하시오.

|계|산|및|정|답|

(1) ① NCS : 중성점 전류 검출 방식

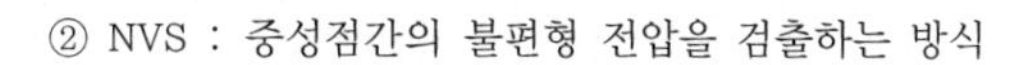

② NVS : 중성점간의 불편형 전압을 검출하는 방식

(2)

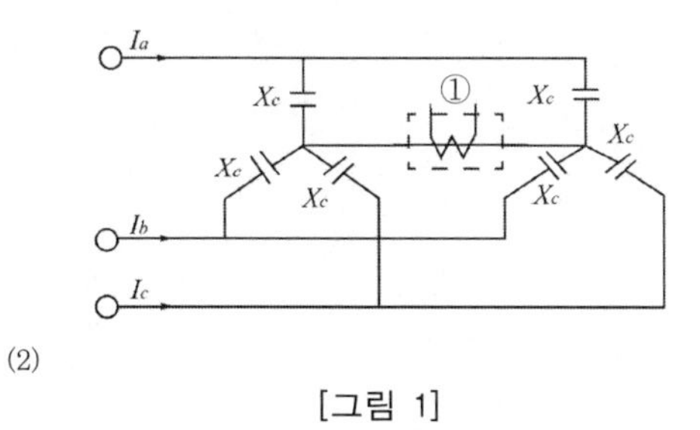

[그림 1]

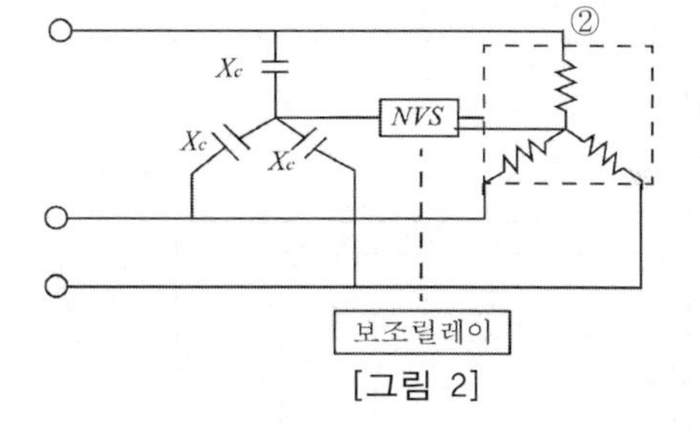

[그림 2]

|추|가|해|설|

① NCS(Neutral Current Sensor) : NCS 원리는 그림과 같이 콘덴서 내부소자를 Y-Y 결선하여 이 중성점 간에 전류 검출 코일을 삽입시키고 콘덴서 내부 고장시 이 코일이 여자됨으로써 동작되는 접점이 내장되어 있다.
이 접점은 콘덴서 내부소자의 파괴에 따라 신속, 정확하게 동작되며 이것을 이용하여 부하 전원을 차단하거나 개폐기를 개방시켜 주도록 되어 있다.

② NVS(Neutral Voltage Sensor) : 콘덴서 소자 파괴시 중성점간의 불평형 전압을 검출하는 방식이다. 따라서, NCS 방식은 반드시 이중 스타 결선이어야 하나 NVS는 단일 스타 결선에서도 보조 저항을 단자간에 설치하여 보조 중성점을 만들어 중성점의 불편형 전압을 검출할 수 있는 이점이 있다.

06

출제 : 12년 • 배점 : 5점

$\triangle - Y$ 결선방식의 주변압기 보호에 사용되는 비율차동계전기의 간략화한 회로도이다. 주변압기 1차 및 2차측 변류기(CT)의 미결선된 2차 회로를 완성하시오.

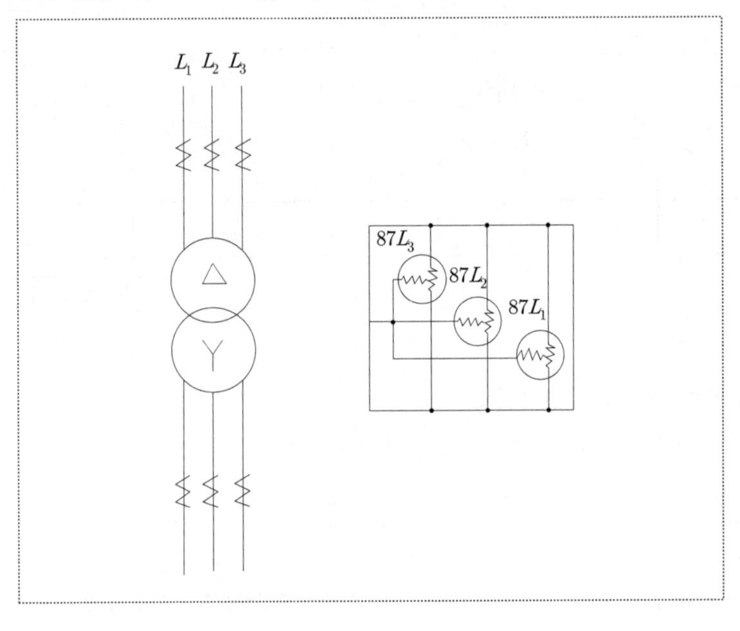

|계|산|및|정|답|

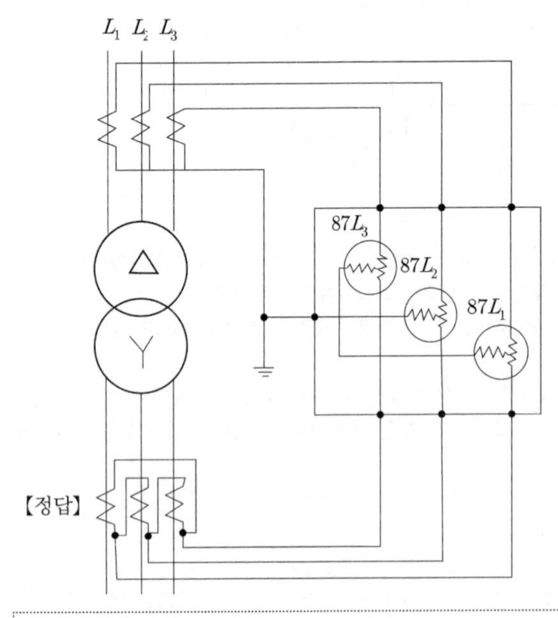

※[KEC 적용] 2021년 적용되는 KEC에 의하여 전선의 표시가 다음과 같이 바뀌어 출제됩니다.

$A,\ B,\ C(a,\ b,\ c)$ 또는 $R,\ S,\ T\ \rightarrow\ L_1,\ L_2,\ L_3$

|추|가|해|설|

[비율자동계전기 결선]

그림과 같이 변압기를 U, V, W의 상순으로 사용할 때는 △ 측의 전류가 Y측에 비해 30° 앞선 상태이다(U, V, W는 30° 뒤짐). 이 위상차는 계전기의 오동작, 고조파 발생 등의 문제점이 있어 Y는 △로, △는 Y로 하여 위상각을 맞추어 준다.
그림과 같이 변압기를 U, V, W의 상순으로 사용할 때는 △ 측의 전류가 Y측에 비해 30° 앞선 상태이다(U, V, W는 30° 뒤짐).

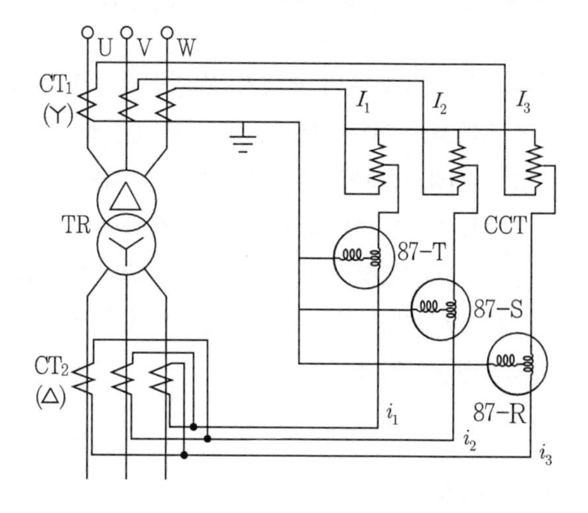

07

출제 : 12년 • 배점 : 8점

중성점 직접 접지 계통에 인접한 통신선의 전자 유도 장해 경감에 관한 대책을 경제성이 높은 것부터 설명하시오.

(1) 근본 대책

(2) 전력선측 대책(5가지)

(3) 통신선측 대책(5가지)

|계|산|및|정|답|

(1) 근본 대책 : 선로의 병행 길이 감소, 전자 유도 전압의 억제

(2) 전력선측 대책(5가지)

① 송전선로를 가능한 한 통신선로로부터 멀리 떨어져 건설한다.
② 중성점을 접지할 경우 저항값을 가능한 큰 값으로 한다.
③ 고속도 지락 보호 계전 방식을 채용한다.
④ 차폐선을 설치한다.
⑤ 지중전선로 방식을 채용한다.

(3) 통신선측 대책(5가지)

① 절연 변압기를 설치하여 구간을 분리한다.
② 연피케이블을 시설한다.
③ 통신선에 우수한 피뢰기를 사용한다.
④ 배류 코일을 설치한다.
⑤ 전력선과 교차시 수직교차한다.

08 출제 : 12년 • 배점 : 6점

다음은 분기회로의 개폐기 및 과전류 차단디의 시설 경우이다. ①~⑤까지 답하시오, 분기회로에서는 저압옥내간선과의 분기점에서 전선의 길이가 (㉮)[m] 이하의 장소에 개폐기 및 과전류차단기를 시설하여야 한다. 다만, 간선과의 분기점에서 개폐기 및 과전류차단기까지의 전선에 그 전원측 저압옥내간선을 보호하는 과전류차단기 정격전류의 (㉯)[%] 이상(단, 간선과의 분기점에서 개폐기 및 과전류차단기까지의 전선의 길이가 (㉰)[m] 이하일 경우에는 (㉱)[%] 이상)의 허용 전류를 가지는 것을 사용할 경우에는 (㉲)[m]를 초과하는 장소에 시설할 수 있다.

|계|산|및|정|답|

㉮ 3[m] ㉯ 55[%] ㉰ 8[m] ㉱ 35[%] ㉲ 3[m]

|추|가|해|설|

내선규정 3315-4(분기회로의 개폐기 및 과전류차단기의 시설)

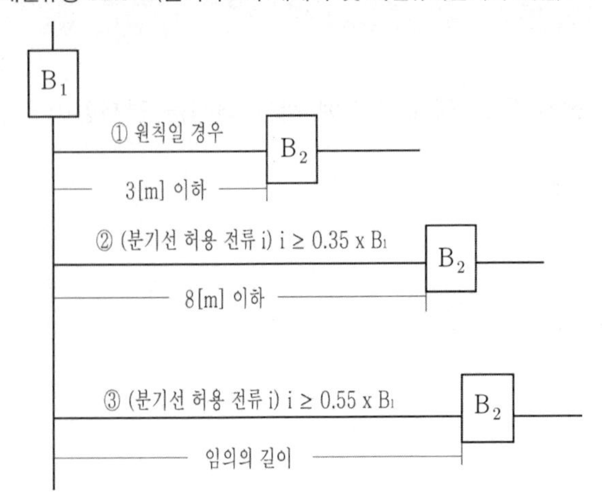

09

출제 : 12년 • 배점 : 5점

부하가 유도 전동기이며 기동용량이 1826[kVA]이고, 기동시 전압강하는 21[%]까지 허용하며, 발전기의 과도리액턴스는 26[%]로 본다면 자가 발전기의 정격용량은 이론상 몇 [kVA] 이상의 것을 선정하여야 하는가?

·계산 : ·답 :

|계|산|및|정|답|

【계산】 발전기 용량[kVA] $> \left(\frac{1}{\text{투입시의허용전압강하}(e)} - 1\right) \times x_d' \times \text{기동용량}[kVA]$ $\rightarrow (X_d' = \text{과도리액턴스}(25 \sim 30[\%]))$

발전기 용량[kVA]$\left(\frac{1}{0.21} - 1\right) \times 0.26 \times 1826 = 1786[kVA]$

【정답】 1786[kVA]

|추|가|해|설|

·$\text{발전기 정격용량}[kVA] = \left(\frac{1}{\text{허용 전압강하}} - 1\right) \times \text{과도리액턴스} \times \text{기동용량}[kVA]$

·기동시 허용 전압강하가 크면 발전기 용량은 적어진다. 그러나 발전기 용량은 부하용량(기동 용량이 아님) 보다는 커야한다.

10

출제 : 00, 04, 12년 • 배점 : 4점

알칼리 축전지의 정격용량은 100[Ah], 상시부하 6[kW], 표준전압 100[V]인 부동충전 방식의 충전기 2차 충전 전류값은 얼마인지 계산하시오.(단, 알칼리 축전지의 방전율은 5시간율로 한다.)

·계산 : ·답 :

|계|산|및|정|답|

【계산】 2차 전류 $I_2 = \frac{\text{축전지용량}[Ah]}{\text{방전율}[h]} + \frac{\text{상시부하용량}(P)}{\text{표준전압}(V)} = \frac{100}{5} + \frac{6000}{100} = 80[A]$

【정답】 80[A]

|추|가|해|설|

·$\text{충전기2차충전 전류}[A] = \frac{\text{축전지 용량}[Ah]}{\text{정격 방전율}[h]} + \frac{\text{상시 부하 용량}[VA]}{\text{표준 전압}[V]}$

11

출제 : 12년 • 배점 : 4점

회전날개(로터)의 지름이 31[m]인 프로펠러형 수차의 풍속이 16.5[m/s]일 때 풍력 발전기의 출력은 몇 [kW]인가? (단, 공기의 밀도는 1.225 [kg/m^3]이다.)

•계산 : •답 :

|계|산|및|정|답|

【계산】 풍력발전량 $P=\frac{1}{2}\rho\times A\times V^3$ → (V : 평균풍속[m/s], ρ : 공기의 밀도(1.225[kg/m^3]), A : 날개의 단면적[m^2])

$$=\frac{1}{2}\times 1.225\times\pi\times(\frac{31}{2})^2\times 16.5^3\times 10^{-3}=2076.69[kW]$$

【정답】 2076.69[kW]

12

출제 : 12년 • 배점 : 점

지중전선에 화재가 발생한 경우 화재의 확대방지를 위하여 케이블이 밀집 시설되는 개소의 케이블은 난연성케이블을 사용하여 시설하는 것이 원칙이다. 부득이 전력구에 일반케이블로 시설하고자 할 경우, 케이블에 방지대책을 하여야하는데 케이블과 접속재에 사용하는 방재용 자재 2가지를 쓰시오.

|계|산|및|정|답|

난연테이프 및 난연도료

|추|가|해|설|

내선규정 2150-12 (케이블 방재)

적용대상 및 방재용 자재

① 케이블 및 접속재 : 난연테이프 및 난연도료

② 바닥, 벽, 천장 등의 케이블 관통부 : 난연실(퍼티), 난연보드, 난연레진, 모래 등

13

출제 : 12년 • 배점 : 4점

다음 상용전원과 예비전원 운전 시 유의하여야 할 사항이다. ( )안에 알맞은 내용을 쓰시오.

> 상시 전원과 예비전원사이에는 병렬운전을 하지 않는 것이 원칙이므로 수전용 차단기와 발전용 차단기 사이에는 전기적 또는 기계적 (①)을 시설하고 (②)를 사용해야 한다.

|계|산|및|정|답|

① 인터록장치　　② 전환개폐기

|추|가|해|설|

내선규정 4168-7 (전환개폐기의 설치)
상시 전원의 정전 시에 상시 전원에서 예비 전원으로 전환하는 경우에 그 접속하는 부하 및 배선이 동일한 경우는 양전원의 접속점에 전환개폐기를 사용하여야 한다.

14

출제 : 12년 • 배점 : 5점

공급전압을 6600[V]로 수전하고자 한다. 수전점에서 계산한 3상 단락용량은 70[MVA]이다. 이 수용 장소에 시설하는 수전용 차단기의 정격차단전류 I_s [kA]를 계산하시오.

•계산 :　　•답 :

|계|산|및|정|답|

【계산】 단락 용량 = $\sqrt{3}$ ×정격 전압×정격차단전류

$$\text{정격차단전류 } I_s = \frac{\text{단락용량}}{\sqrt{3}\times\text{정격전압}} = \frac{70\times10^6}{\sqrt{3}\times6600}\times10^{-3} = 6.13[\text{kA}]$$

【정답】 6.13[kA]

|추|가|해|설|

•단락 용량 = $\sqrt{3}$ ×정격 전압×정격차단전류　→ (정격전압=공칭전압×$\frac{1.2}{1.1}$)

•정격차단전류 $I_s = \frac{\text{단락용량}}{\sqrt{3}\times\text{정격전압}}$

•차단기의 차단전류는 계통의 단락전류보다 커야 한다.

15

출제 : 04, 05, 12년 • 배점 : 8점

다음과 같은 규모의 아파트 단지를 계획하고 있다. 주어진 조건을 이용하여 다음 각 물음에 답하시오.

〈규모〉

·아파트 동수 및 세대수 : 2동, 300세대

·세대 당 면적과 세대수

동	세대당 면적[m^2]	세대수
1동	50	30
	70	40
	90	50
	110	30
2동	50	50
	70	30
	90	40
	110	30

·계단, 복도, 지하실 등의 공용면적 1동 : 1700[m^2], 2동 : 1700[m^2]

〈조 건〉

·면적의 [m^2]당 상정 부하는 다음과 같다.

– 아파트 : 30[VA/m^2], 공용 부분 : 7[VA/m^2]

·세대 당 추가로 가산하여야 할 상정 부하는 다음과 같다.

– 80[m^2] 이하인 경우 : 750[VA]
– 150[m^2] 이하의 세대 : 1000[VA]

·아파트 동별 수용률은 다음과 같다.

– 70세대 이하 : 65[%]
– 100세대 이하 : 60[%]
– 150세대 이하 : 55[%]
– 200세대 이하 : 50[%]

·모든 계산은 피상전력을 기준으로 한다.

·역률은 100[%]로 보고 계산한다.

·주 변전실로부터 1동까지는 150[m]이며 동 내부의 전압 강하는 무시한다.

·각 세대의 공급 방식은 110/220[V]의 단상 3선식으로 한다.

·변전실의 변압기는 단상 변압기 3대로 구성한다.

·동간 부등률은 1.4로 본다.

·공용 부분의 수용률은 100[%]로 한다.

·주 변전실에서 각 동까지의 전압 강하는 3[%]로 한다.

·간선의 후강 전선관 배선으로는 IV 전선을 사용하며, 간선의 굵기는 325[mm^2] 이하로 사용하여야 한다.

·이 아파트 단지의 수전은 13200/22900[V]의 Y 3상 4선식의 계통에서 수전한다.

·사용 설비에 의의 계약전력은 사용 설비의 개별 입력의 합계에 대하여 다음 표의 계약전력 환산율을 곱한 것으로 한다.

구분	계약전력 환산율	비고
처음 75[kW]에 대하여	100[%]	계산의 합계치 단수가 1[kW] 미만일 경우 소수점 이하 첫째 자리에서 반올림 한다.
다음 75[kW]에 대하여	86[%]	
다음 75[kW]에 대하여	76[%]	
다음 75[kW]에 대하여	66[%]	
300[kW] 초과분에 대하여	60[%]	

(1) 1동의 상정 부하는 몇 [VA]인가?

• 계산 : • 답 :

(2) 2동의 수용 부하는 몇 [VA]인가?

• 계산 : • 답 :

(3) 이 단지의 변압기는 단상 몇 [kVA]짜리 3대를 설치하여야 하는가? 단, 변압기의 용량은 10[%]의 여유율을 보며 단상 변압기의 표준 용량은 75, 100, 150, 200, 300[kVA] 등이다.

• 계산 : • 답 :

| 계 | 산 | 및 | 정 | 답 |

(1) 【계산】 상정 부하 = (바닥 면적 × [m^2] 당 상정 부하) + 가산 부하에서

세대 당 면적 [m^2]	상정 부하 [VA/m^2]	가산 부하 [VA]	세대 수	상정 부하
50	30	750	30	[(50×30)+750]×30 = 67500
70	30	760	40	[(70×30)+750]×40 = 114000
90	30	1000	50	[(90×30)+1000]×50 = 185000
110	30	1000	30	[(110×30)+1000]×30 = 129000
합계	495500[VA]			

∴ 공용 면적까지 고려한 상정 부하 = 495500+(1700×7)=507400[VA] 【정답】 507400[VA]

(2) 【계산】

세대 당 면적 [m^2]	상정 부하 [VA/m^2]	가산 부하 [VA]	세대 수	상정 부하
50	30	750	50	[(50×30)+750]×50 = 112500
70	30	760	30	[(70×30)+750]×30 = 85500
90	30	1000	40	[(90×30)+1000]×40 = 148000
110	30	1000	30	[(110×30)+1000]×30 = 129000
합계	475000[VA]			

∴ 공용 면적까지 고려한 수용 부하 =(475000×0.55)+(1700×7)=273150[VA] 【정답】 273150[VA]

(3) 【계산】 변압기 용량 ≥합성 최대 전력 = $\frac{\text{최대 수용 전력}}{\text{부등률}} = \frac{\text{설비 용량} \times \text{수용률}}{\text{부등률}}$

$$= \frac{495500 \times 0.55 + 1700 \times 7 + 273150}{1.4} \times 10^{-3} = 398.27[\text{kVA}]$$

변압기 용량 $= \frac{398.27}{3} \times 1.1 = 146.03[kVA]$

따라서 표준 용량 , 150[kVA]를 선정한다. 【정답】 150[kVA]

16

출제 : 01, 02, 12년 • 배점 : 9점

그림과 같은 Impedance map과 조건을 보고 다음 각 물음에 답하시오.

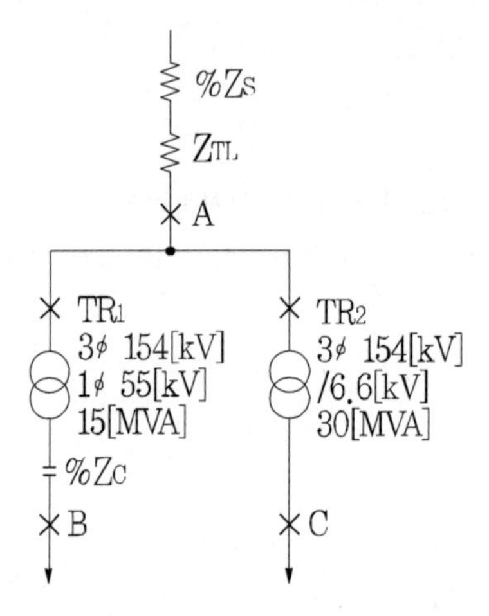

〈조 건〉

$\%Z_S$: 한전 S/S의 154[kV] 인출측의 전원측 정상 임피던스 1.2[%](100[MVA] 기준)

Z_{TL} : 154[kV] 송전 선로의 임피던스 1.83[Ω]

$\%Z_{TR1} = 10$[%](15[MVA] 기준) $\%Z_{TR2} = 10$[%](30[MVA] 기준)

$\%Z_C = 50$[%](100MVA] 기준)

(1) $\%Z_{TL}$, $\%Z_{TR1}$, $\%Z_{TR2}$에 대하여 100[MVA] 기준 %임피던스를 구하시오.

① $\%Z_{TL}$ ② $\%Z_{TR1}$ ③ $\%Z_{TR2}$

•계산 : •답 :

(2) A, B, C 각 점에서의 합성 %임피던스인 $\%Z_A$, $\%Z_B$, $\%Z_C$를 구하시오.

① $\%Z_A$ ② $\%Z_B$ ③ $\%Z_C$

•계산 : •답 :

(3) A, B, C 각 점에서의 차단기의 소요차단전류 I_A, I_B, I_C는 몇 [kA]가 되겠는가? (단, 비대칭분을 고려한 상승계수는 1.6으로 한다.)

① I_A ② I_B ③ I_C

•계산 : •답 :

|계|산|및|정|답|

(1) 【계산】 ① $\%Z_{TL} = \dfrac{Z \cdot P}{10V^2} = \dfrac{1.83 \times 100 \times 10^3}{10 \times 154^2} = 0.77[\%]$ 【정답】 0.77[%]

② $\%Z_{TR1} = 10 \times \dfrac{100}{15} = 66.67[\%]$ 【정답】 66.67[%]

③ $\%Z_{TR2} = 10 \times \dfrac{100}{30} = 33.33[\%]$ 【정답】 33.33[%]

(2) 【계산】 ① $\%Z_A = \%Z_S + \%Z_{TL} = 1.2 + 0.77 = 1.97[\%]$ 【정답】 1.97[%]

② $\%Z_B = \%Z_S + \%Z_{TL} + \%Z_{TR1} - \%Z_C = 1.2 + 0.77 + 66.67 - 50 = 18.64[\%]$ 【정답】 18.64[%]

③ $\%Z_C = \%Z_S + \%Z_{TL} + \%Z_{TR2} = 1.2 + 0.77 + 33.33 = 35.3[\%]$ 【정답】 35.3[%]

(3) 【계산】 ① $I_A = \dfrac{100}{\%Z_A} I_n = \dfrac{100}{1.97} \times \dfrac{100 \times 10^3}{\sqrt{3} \times 154} \times 1.6 \times 10^{-3} = 30.45[\text{kA}]$ 【정답】 30.45[kA]

② $I_B = \dfrac{100}{\%Z_B} I_n = \dfrac{100}{18.64} \times \dfrac{100 \times 10^3}{55} \times 1.6 \times 10^{-3} = 15.61[\text{kA}]$ 【정답】 15.61[kA]

③ $I_C = \dfrac{100}{\%Z_C} I_n = \dfrac{100}{35.3} \times \dfrac{100 \times 10^3}{\sqrt{3} \times 6.6} \times 1.6 \times 10^{-3} = 39.65[\text{kA}]$ 【정답】 39.65[kA]

|추|가|해|설|

(2) ② $\%Z_B = \%Z_S + \%Z_{TL} + \%Z_{TR1} - \%Z_C$에서 $\%Z_C$는 콘덴서로서 진상분이므로 빼주어야 한다.

17

출제 : 02, 12년 • 배점 : 6점

그림은 회로는 누름버튼스위치 PB_1, PB_2, PB_3를 ON조작하여 기계 A, B, C를 운전하는 시퀀스회로도이다. 이 회로를 타임차트 1-3의 요구사항과 같이 병렬 우선 순위회로로 고쳐서 그리시오. (단, R_1, R_2, R_3는 계전기이며 이 계전기의 보조 a접점 또는 보조 b접점을 추가 또는 삭제하여 작성하되 불필요한 접점을 사용하지 않도록 하며, 보조 접점에는 접점명을 기입하도록 한다.)

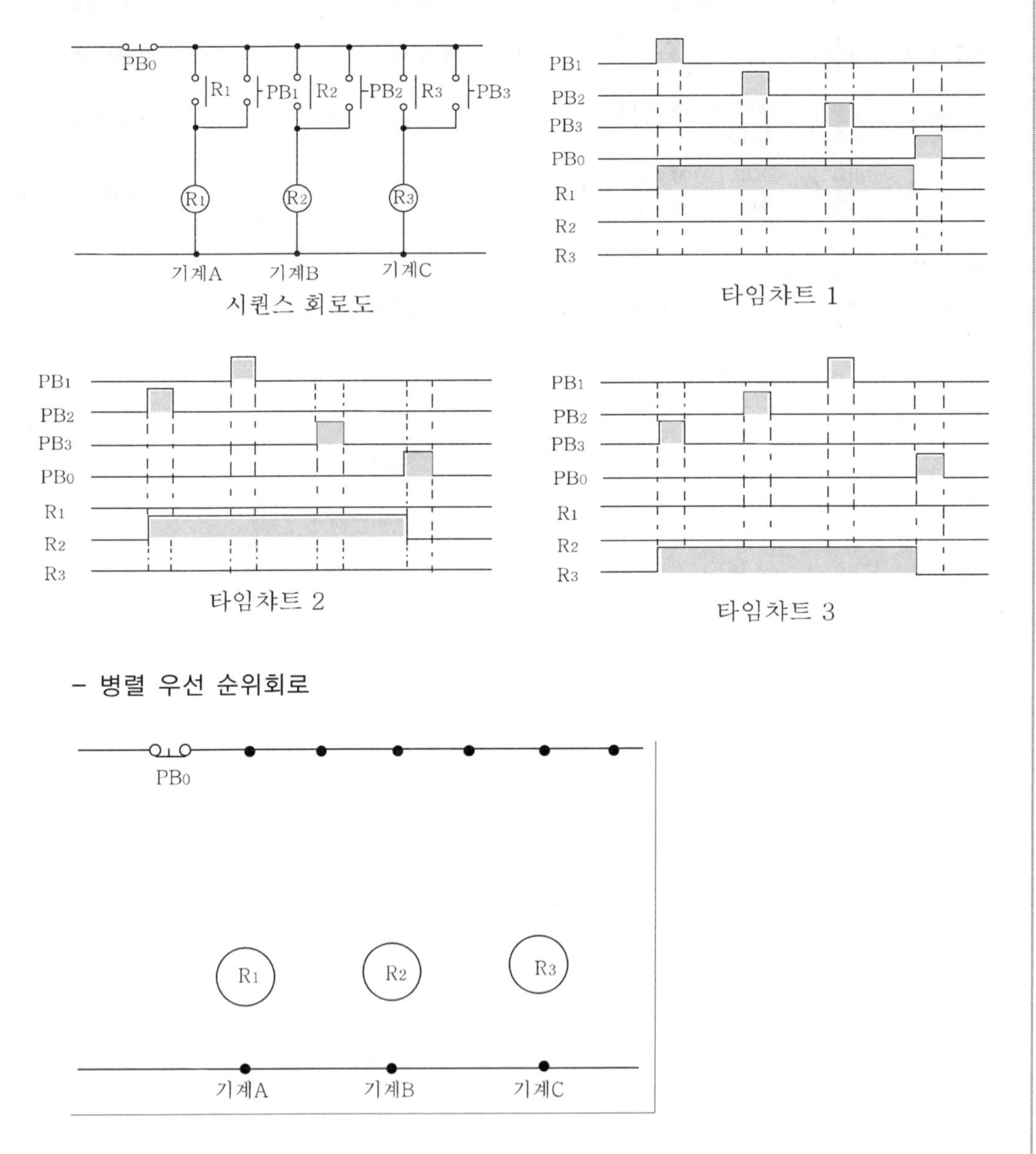

| 계 | 산 | 및 | 정 | 답 |

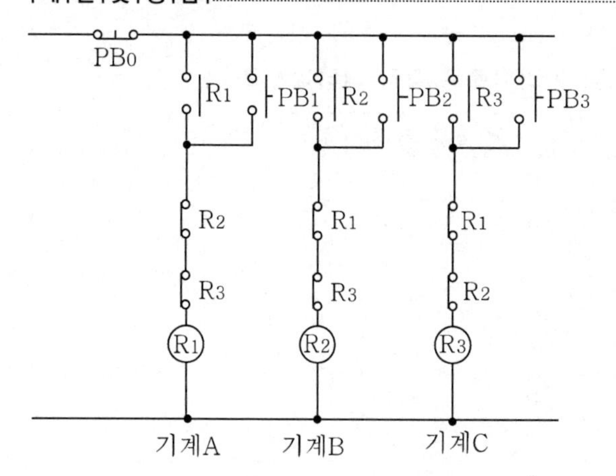

18

출제 : 12년 • 배점 : 5점

다음의 진리표를 보고 무접점 회로와 유접점 논리회로로 각각 나타내시오.

입 력			출 력
A	B	C	X
0	0	0	0
0	0	1	0
0	1	0	0
0	1	1	0
1	0	0	1
1	0	1	0
1	1	0	0
1	1	1	1

(1) 논리식을 간략화하여 나타내시오.

(2) 무접점 회로

(3) 유접점 회로

|계|산|및|정|답|

(1) $X = A\overline{B}\,\overline{C} + ABC = A(\overline{B}\,\overline{C} + BC)$

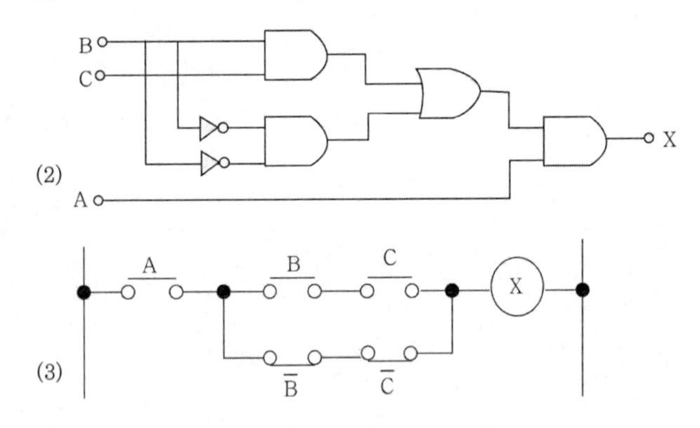

03 2012년 전기기사 실기

01

출제 : 12년 • 배점 : 5점

그림과 같이 150[A] 3상 전류가 평형인 경우 200/5의 변류기를 결선하였을 때 A_3 전류계에 흐르는 전류는 몇 [A]인가?

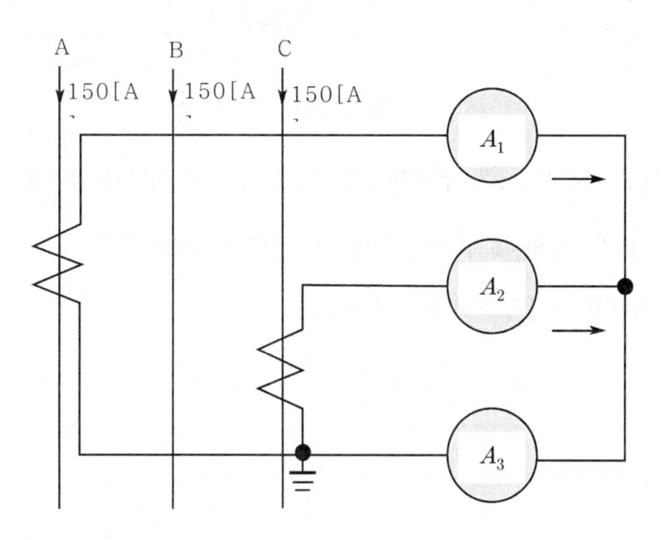

·계산 : ·답 :

|계|산|및|정|답|

【계산】 CT비 $= \frac{200}{5} = 40$ 이므로 1차측에 150[A]가 흐르면 2차측에는 $\frac{150}{40} = 3.75$[A]가 흐른다.

$$A_3 = |A_1 + A_2| = \sqrt{A_1^2 + A_2^2 + 2A_1A_2\cos\theta} = \sqrt{3.75^2 + 3.75^2 + 2\times 3.75^2 \cos 120} = 3.75[A]$$

【정답】 3.75[A]

02

출제 : 00, 03, 12년 • 배점 : 6점

비접지 선로의 접지전압을 검출하기 위하여 그림과 같은 Y-개방 △결선을 한 GPT가 있다.

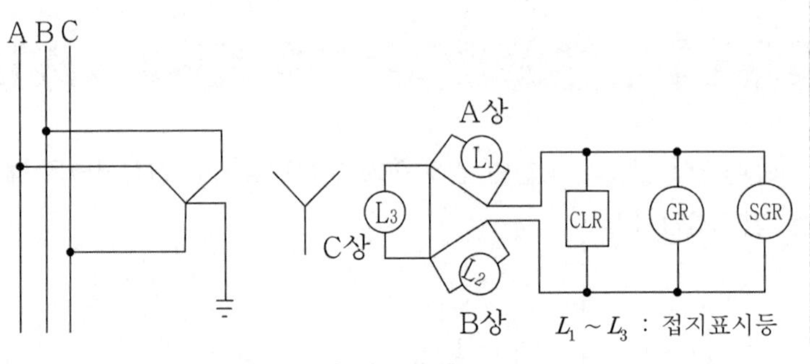

[GPT 결선]

(1) A상 고장시(완전 지락시), 2차 접지표시등 L_1, L_2, L_3 의 점멸과 밝기를 비교하시오.

(2) 1선 지락사고시 건전상의 대지 전위의 변화를 간단히 설명하시오.

(3) GR, SGR의 정확한 명칭을 우리말로 쓰시오.

- GR :
- SGR :

|계|산|및|정|답|

(1) · L_1 : 소등, 어둡다.

· L_2, L_3 : 점등(더욱 밝아진다)

(2) 평상시의 건전상의 대지 전위는 $110/\sqrt{3}$ [V]이나 1선 지락 사고시에는 전위가 $\sqrt{3}$ 배로 증가하여 110[V]가 된다.

(3) GR : 지락(접지) 계전기, SGR : 선택지락(접지) 계전기

|추|가|해|설|

(3) GR : Ground Relay, SGR : Selective Ground Relay

03

출제 : 12년 • 배점 : 5점

디젤발전기를 5시간 전부하로 운전할 때 연료 소비량이 287[kg]이었다. 이 발전기의 정격출력은 몇 [kVA]인가? (단, 중유의 열량 : 10^4[kcal/kg], 기관효율 : 35.3[%], 발전기 효율 : 85.7[%], 전부하시 발전기 역률 : 80[%]이다.)

•계산 : •답 :

|계|산|및|정|답|

【계산】 $P=\dfrac{BH\eta_t\eta_g}{860\,T\cos\theta}=\dfrac{287\times10^4\times0.353\times0.857}{860\times5\times0.8}=252.39[\text{kVA}]$ 【정답】 252.4[kVA]

|추|가|해|설|

• 1시간당 연료소비량 $=\dfrac{287}{5}=57.5[\text{kg}]$

• 발생열량 $=57.4[\text{kg}]\times10000[\text{kcal/kg}]=574000[\text{kcal}]$

• 효율 감안한 출력 $P=\dfrac{574000\times0.353\times0.857}{860}=201.92[\text{kW}]\rightarrow(1[\text{kwh}]=860[\text{kcal}])$

• 출력$[\text{kVA}]=\dfrac{\text{P}[\text{kW}]}{\cos\theta}=\dfrac{201.92}{0.8}=252.4[\text{kVA}]$

04

출제 : 12년 • 배점 : 6점

간이 수변전설비에서는 1차측 개폐기로 ASS(Auto Section switch)나 인터럽터 스위치를 사용하고 있다. 양 스위치를 비교 설명하시오.

(1) ASS(Automatic Section Switch) :

(2) 인터럽터 스위치(Interrupter Switch) :

|계|산|및|정|답|

(1) ASS(Auto Section switch : 자동고장구간개폐기) : 과부하 또는 고장전류 발생시 선로를 자동으로 고장구간을 신속히 분리하고 돌입전류로 인한 빈번한 오동작 방지를 위한 동작억제 기능이 있다.

(2) 인터럽터 스위치(Interrupter switch) : 과부하, 고장전류 차단을 할 수 없고 수리점검시 수동 조작만 가능하다. 돌입전류로 인한 동작억제 기능도 없으며, 용량 300[kVA] 이하에서 ASS 대신에 주로 사용하고 있다.

05

출제 : 12년 • 배점 : 12점

3층 사무실용 건물에 3상 3선식의 6000[V]를 200[V]로 강압하여 수전하는 설비이다. 각종 부하 설비가 표와 같을 때 참고자료를 이용하여 다음 물음에 답하시오.

[표 1]

동력 부하 설비					
사용목적	용량[kW]	대수	상용동력[kW]	하계 동력[kW]	동계 동력[kW]
난방 관계					
・보일러 펌프	6.0	1			6.7
・오일 기어 펌프	0.4	1			0.4
・온수 순환 펌프	3.0	1			3.0
공기 조화 관계					
・1, 2, 3층 패키지 콤프레셔	7.5	6		45.0	
・콤프레셔 팬	5.5	3	16.5		
・냉각수 펌프	5.5	1		5.5	
・쿨링 타워	1.5	1		1.5	
급수배수 관계					
・양수 펌프	3.0	1	3.0		
기타					
・소화 펌프	5.5	1	5.5		
・셔터	0.4	2	0.8		
합 계			25.8	52.0	9.4

[표 2] 조명 및 콘센트 부하설비

사용목적	와트수[W]	설치수량	환산 용량[VA]	총용량[VA]	비 고
전등관계					
・수은등 A	200	4	260	1040	200[V] 고역률
・수은등 B	100	8	140	1120	100[V] 고역률
・형광등	40	820	55	45100	200[V] 고역률
・백열 전등	60	10	60	600	
콘센트 관계					
・일반 콘센트		80	150	12000	2P 15[A]
・환기팬용 콘센트		8	55	440	
・히터용 콘센트	1500	2		3000	
・복사기용 콘센트		4		3600	
・텔레타이프용 콘센트		6		2400	
・룸 쿨러용 콘센트		2		7200	
기타					
전화교환용 정류기		1		800	
합 계				77300	

[참고자료 1] 변압기 보호용 전력퓨즈의 정격 전류

상수	단 상				3 상			
공칭전압	3.3[kV]		6.6[kV]		3.3[kV]		6.6[kV]	
변압기 용량 [kVA]	변압기 정격전류[A]	정격전류[A]	변압기 정격전류[A]	정격전류[A]	변압기 정격전류[A]	정격전류[A]	변압기 정격전류[A]	정격전류[A]
5	1.52	3	0.76	1.5	0.88	1.5	–	–
10	3.03	7.5	1.52	3	1.75	3	0.88	1.5
15	4.55	7.5	2.28	3	2.63	3	1.3	1.5
20	6.06	7.5	3.03	7.5	–	–	–	–
30	9.10	15	4.56	7.5	5.26	7.5	2.63	3
50	15.2	20	7.60	15	8.45	15	4.38	7.5
75	22.7	30	11.4	15	13.1	15	6.55	7.5
100	30.3	50	15.2	20	17.5	20	8.75	15
150	45.5	50	22.7	30	26.3	30	13.1	15
200	60.7	75	30.3	50	35.0	50	17.5	20
300	91.0	100	45.5	50	52.0	75	26.3	30
400	121.4	150	60.7	75	70.0	75	35.0	50
500	152.0	200	75.8	100	87.5	100	43.8	50

[참고자료 2] 배전용 변압기의 정격

항 목			소형6[kV] 유입 변압기								중형6[kV] 유입 변압기					
정격용량[kVA]			3	5	7.5	10	15	20	30	50	75	100	150	200	300	500
정격 2차 전류[A]	단상	105[V]	28.6	47.6	71.4	95.2	143	190	286	476	714	852	1430	1904	2857	4762
		210[V]	14.3	23.8	35.7	47.6	71.4	95.2	143	238	357	476	1430	1904	1429	2381
	3상	210[V]	8	13.7	20.6	27.5	41.2	55	82.5	137	206	275	412	550	825	1376
정격전압	정격2차 전압		6300[V] 6/3[kV] 공용 : 6300[V]/3150[V]								6300[V] 6/3[kV] 공용 : 6300[V]/3150[V]					
	정격 2차 전압	단상	210[V] 및 105[V]								200[kVA] 이하의 것 : 210[V] 및 105[V] 200[kVA] 이하의 것 : 210[V]					
		3상	210[V]								210[V]					
탭전압	전 용량 탭 전압	단상	6900[V], 6600[V] 6/3[kV] 공용 : 6300[V] /3150[V] 6600[V]/3300[V]								6900[V], 6600[V]					
		3상	6600[V] 6/3[kV] 공용 : 6600[V] /3300[V]								6/3[kV] 공용 : 6300[V]/3150[V] 6600[V]/3300[V]					
	저 감 용량 탭 전압	단상	6000[V], 5700[V] 6/3[kV] 공용 : 6000[V] /3000[V] 5700[V]/2850[V]								600[V], 5700[V]					
		3상	6000[V] 6/3[kV] 공용 : 6000[V] /3300[V]								6/3[kV] 공용 : 6000[V]/3000[V] 5700[V]/2850[V]					
변압기의 결선	단상		2차 권선 : 분할 결선								3상	1차 권선 : 성형 권선				
	3상		1차 권선 : 성형 권선, 2차 권선 : 성형 권선									2차 권선 : 삼각 권선				

[참고자료 3] 역률개선용 콘덴서의 용량 계산표[%]

개선 전 역률 \ 개선 후 역률	1.00	0.99	0.98	0.97	0.96	0.95	0.94	0.93	0.92	0.91	0.9	0.89	0.88	0.87	0.86	0.85	0.83	0.80
0.50	173	159	153	148	144	140	137	134	131	128	125	122	119	117	114	111	106	98
0.55	152	138	132	127	123	119	116	112	108	106	103	101	98	95	96	90	85	77
0.60	133	119	113	108	104	100	97	94	91	88	85	82	79	77	74	71	66	58
0.62	127	112	106	102	97	94	90	87	84	81	78	75	73	70	67	65	59	52
6.64	120	106	100	95	91	87	84	81	78	75	72	69	66	63	61	58	53	45
0.66	114	100	94	89	85	81	78	74	71	68	65	63	60	57	55	52	47	39
0.68	108	94	88	83	79	75	72	68	65	62	59	57	54	51	49	46	41	33
0.70	102	88	82	77	73	69	66	63	59	56	54	51	48	45	43	40	35	27
0.72	96	82	76	71	67	64	60	57	54	51	48	45	42	40	37	34	29	21
0.74	91	77	71	68	62	58	55	51	48	45	43	40	37	34	32	29	24	16
0.76	86	71	65	60	58	53	49	46	43	40	37	34	32	29	26	24	18	11
0.78	80	66	60	55	51	47	44	41	38	35	32	29	26	24	21	18	13	5
0.79	78	63	57	53	48	45	41	38	35	32	29	26	24	21	18	16	10	2.6
0.80	75	61	55	50	46	42	39	36	32	29	27	24	21	18	16	13	8	
0.81	72	58	52	47	43	40	36	33	30	27	24	21	18	16	13	10	5	
0.82	70	56	50	45	41	37	34	30	27	24	21	18	16	13	10	8	2.6	
0.83	67	53	47	42	38	34	31	28	25	22	19	16	13	11	8	5		
0.84	65	50	44	40	35	32	28	25	22	19	16	13	11	8	5	2.6		
0.85	62	48	42	37	33	29	25	23	19	16	14	11	8	5	2.7			
0.86	59	45	39	34	30	28	23	20	17	14	11	8	5	2.6				
0.87	57	42	36	32	28	24	20	17	14	11	8	6	2.7					
0.88	54	40	34	29	25	21	18	15	11	8	6	2.8						
0.89	51	37	31	26	22	18	15	12	9	6	2.8							
0.90	48	34	28	23	19	16	12	9	6	2.8								
0.91	46	31	25	21	16	13	9	8	3									
0.92	43	28	22	18	13	10	8	3.1										
0.93	40	25	19	14	10	7	3.2											
0.94	36	22	16	11	7	3.4												
0.95	33	19	13	8	3.7													
0.96	29	15	9	4.1														
0.97	25	11	4.8															
0.98	20	8																
0.99	14																	

(1) 동계 난방 때 온수 순환 펌프는 상시 운전하고, 보일러용과 오일 기어 펌프의 수용률이 60[%]일 때 난방 동력 수용부하는 몇 [kW]인가?

·계산 : ·답 :

(2) 동력부하의 역률이 전부 80[%]라고 한다면 피상전력은 각각 몇 [kVA] 인가? (단, 상용 동력, 하계 동력, 동계 동력별로 각각 계산하시오.)

구 분	계산과정	답
상용 동력		
하계 동력		
동계 동력		

(3) 총 전기 설비 용량은 몇 [kVA]를 기준으로 하여야 하는가?

·계산 : ·답 :

(4) 전등의 수용률은 70[%], 콘센트 설비의 수용률은 50[%]라고 한다면 몇 [kVA]의 단상 변압기에 연결하여야 하는가?(단, 전화 교환용 정류기는 100[%] 수용률로서 계산 한 결과에 포함시키며 변압기 예비율은 무시한다.)

·계산 : ·답 :

(5) 동력 설비 부하의 수용률이 모두 60[%]라면 동력 부하용 3상 변압기의 용량은 몇 [kVA]인가?(단, 동력 부하의 역률은 80[%]로 하며 변압기의 예비율은 무시한다.)

·계산 : ·답 :

(6) 상기 건물에 시설에 변압기 총 용량은 몇 [kVA]인가?

·계산 : ·답 :

(7) 단상 변압기와 3상 변압기의 1차측의 전력 퓨즈의 정격 전류는 각각 몇 [A]의 것을 선택하여야 하는가?

·단상 변압기 : ·3상 변압기 :

(8) 선정된 동력용 변압기 용량에서 역률을 95[%]로 개선하려면 콘덴서 용량은 몇 [kVA] 인가?

|계|산|및|정|답|

(1) 【계산】 수용부하 $= 3.0 + (6.0 + 0.4) \times 0.6 = 6.84$[kW] 【정답】 6.84

(2) 【정답】

구 분	계산과정	정답
상용 동력	$\frac{25.8}{0.8} = 32.25$	32.25[kVA]
하계 동력	$\frac{52.0}{0.8} = 65$	65[kVA]
동계 동력	$\frac{4.4}{0.8} = 11.75$	11.75[kVA]

(3) 【계산】 수용부하=상용부하+하계동력(큰 값)+조명콘센트 합계$=32.25 + 65 + 77.3 = 174.55$[kVA]

【정답】 174.55[kVA]

→ (동계동력을 제외한 이유는 교대설비이므로 하계동력을 사용하는 동안 동계동력은 사용하지 않으므로)

(4) 【계산】 1. 전등 관계(4가지) : $(1040 + 1120 + 45100 + 600) \times 0.7 \times 10^{-3} = 33.5$[kVA]

2. 콘센트 관계 : $(12000 + 440 + 3000 + 3600 + 2400 + 7200) \times 0.5 \times 10^{-3} = 14.32$[kVA]

3. 기타 : $800 \times 1 \times 10^{-3} = 0.8$[kVA]

$\therefore 33.5 + 14.32 + 0.8 = 48.62$[kVA] 이므로 단상 변압기 용량은 50[kVA]가 된다. 【정답】 50[kVA]

(5) 【계산】 동계동력과 하계동력 중 큰 부하를 기준하고 상용동력과 합산하여 계산하면

$\frac{(25.8 + 52.0)}{0.8} \times 0.6 = 58.35$[kVA] 이므로 3상 변압기 용량은 75[kVA] 【정답】 75[kVA]

(6) 【계산】 단상변압기용량 + 3상변압기용량 = 50 + 75 = 125[kVA] 【정답】 125[kVA]

(7) 【정답】 ① 단상 변압기 : 15[A] → ([참고자료1]에서 변압기 용량 50[kVA]와 전력퓨즈(PF)의 정격전류)

② 3상 변압기 : 7.5[A] → ([참고자료1]에서 변압기 용량 75[kVA]와 전력퓨즈(PF)의 정격전류)

(8) 【계산】 콘덴서용량 $Q_c = P(\tan\theta_1 - \tan\theta_2)$

참고자료3에서 역률 80[%]를 95[%]로 개선하기 위한 콘덴서 용량 $k_\theta = 0.42$ → $(\tan\theta_1 - \tan\theta_2 = 0.42)$

∴콘덴서소요용량 $Q_c = [kW]$부하$\times k_\theta = 75 \times 0.8 \times 0.42 = 25.2[kVA]$ → $([kW] = [kVA] \times \cos\theta)$

【정답】 25.2[kVA]

|추|가|해|설|

[표1] 해설

1. 상용동력 : 1년 365일 사용하는 부하
2. 하계동력 : 여름철에만 사용하는 부하
3. 동계동력 : 겨울철에만 사용하는 부하

그러므로 수용부하는 여름에는 상용부하+하계동력, 겨울에는 상용부하+동계동력으로 부하를 구분한다.

[참고자료1] PF, COS 정격전류

[참고자료3] $Q_c = P(\tan\theta_1 - \tan\theta_2)$에서 $(\tan\theta_1 - \tan\theta_2)$를 계산 없이 직접 구할 수 있는 표로

보통의 경우 [kW] → [kVA]와 [kVA] → [kVA]가 있다.

주의사항 : 1. [kW]에서 [kVA]로 환산할 경우 → [kVA]× $\cos\theta$

2. [kVA]에서 [kVA]로 환산할 경우 → [kVA]

3. 따라서 [비고]란을 잘 살필 것

06

출제 : 12년 • 배점 : 3점

전력용 진상콘덴서의 정기점검(육안검사) 시 확인해야 할 사항 4가지를 쓰시오.

|계|산|및|정|답|

① 기름 누설 유무 점검
② 단자의 이완 및 과열유무 점검
③ 용기 등의 녹발생 여부
④ 애자 부분 손상 여부
⑤ 부싱의 카바 파손 유무

07 출제 : 00, 05, 12년 • 배점 : 10점

그림은 누전 차단기를 적용하는 것으로 CVCF 출력단의 접지용 콘덴서 $C_0=6[\mu\text{F}]$이고, 부하측 라인필터의 대지 정전 용량 $C_1=C_2=0.1[\mu F]$, 누전 차단기 ELB_1에서 지락점까지의 케이블 대지 정전 용량 $C_{L1}=0[\mu F]$(ELB_1의 출력단에 지락 발생 예상), ELB_2에서 부하 2까지의 케이블 대지 정전 용량 $C_{L2}=0.2[\mu F]$이다. 지락 저항은 무시하며, 사용 전압은 200[V], 주파수가 60[Hz]인 경우 다음 각 물음에 답하시오.

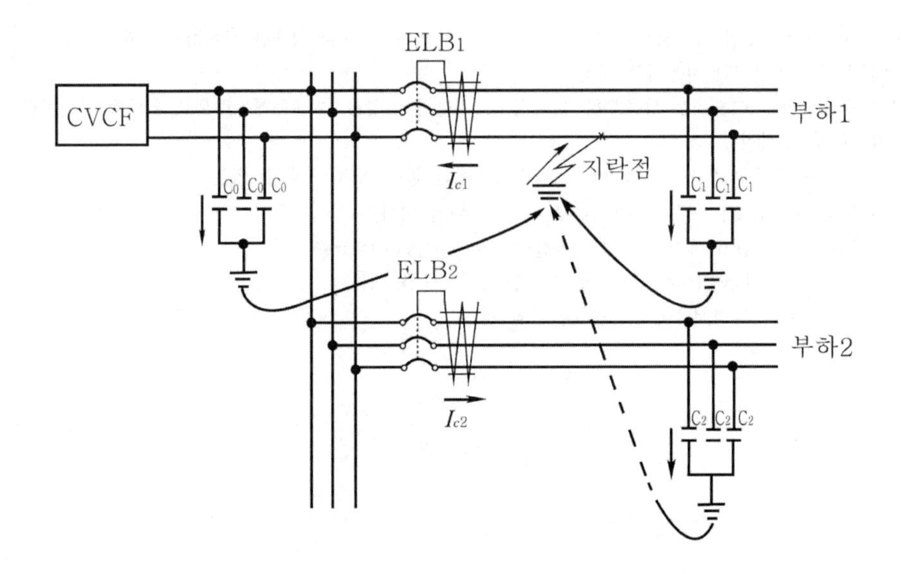

① ELB_1에 흐르는 지락 전류 I_{g1}은 약 796[mA]($I_{g1}=3\times 2\pi fCE$에 의하여 계산)이다.

② 누전 차단기는 지락 시의 지락 전류의 $\frac{1}{3}$에 동작 가능하여야 하며, 부동작 전류는 건전 피더에 흐르는 지락 전류의2배 이상의 것으로 한다.

③ 누전 차단기의 시설 구분에 대한 표시 기호는 다음과 같다.

○ : 누전 차단기를 시설할 것

△ : 주택에 기계 기구를 시설하는 경우에는 누전 차단기를 시설할 것

□ : 주택구내 또는 도로에 접한 면에 룸 에어컨디셔너, 아이스박스, 진열장, 자동판매기 등 전동기를 부품으로 한 기계 기구를 시설하는 경우에는 누전 차단기를 시설하는 것이 바람직하다.

※ 사람이 조작하고자 하는 기계 기구를 시설한 장소보다 전기적인 조건이 나쁜 장소에서 접촉할 우려가 있는 경우에는 전기적 조건이 나쁜 장소에 시설된 것으로 취급한다.

(1) 도면에서 CVCF는 무엇인지 우리말로 그 명칭을 쓰시오.

(2) 건전피더 ELB_2에 흐르는 지락 전류 I_{g2}는 몇 [mA]인가?

·계산 : ·답 :

(3) 누전 차단기 ELB_1, ELB_2가 불필요한 동작을 하지 않기 위해서는 정격 감도 전류 몇 [mA] 범위의 것을 선정하여야 하는가?

·계산 : ·답 :

(4) 누전 차단기의 시설 예에 대한 표의 빈 칸에 ○, △, □를 표현하시오.

기계 기구 시설 장소 / 전로의 대지 전압	옥내		옥측		옥외	물기가 있는 장소
	건조한 장소	습기가 많은 장소	우선내	우선외		
150[V] 이하						
150[V] 초과 300[V] 이하						

| 계 | 산 | 및 | 정 | 답 |

(1) 정전압 정주파수 공급 장치

(2) 【계산】 건전피더 ELB_2에 흐르는 지락 전류

$$I_{g2}=3\times 2\pi f(C_2+C_{L2})\times\frac{V}{\sqrt{3}}= 3\times 2\pi\times 60\times(0.1+0.2)\times 10^{-6}\times\frac{200}{\sqrt{3}}=0.03918[A]=39.18[mA]$$

【정답】 39.18[mA]

(3) 【계산】 정격 감도 전류의 범위

① 동작 전류(지락 전류 $\times\frac{1}{3}$)

$$I_{g1}=796[mA]\ \rightarrow\ ELB_1=796\times\frac{1}{3}=265.33[mA]$$

$$I_{g2}=3\times 2\pi f(C_0+C_1+C_2+C_{L2})\times\frac{V}{\sqrt{3}}$$

$$=3\times 2\pi\times 60\times(6+0.1+0.1+0.2)\times 10^{-6}\times\frac{200}{\sqrt{3}}=0.8358=835.8[mA]$$

$$\therefore ELB_2=835\times\frac{1}{3}=278.6[mA]$$

② 부동작 전류(건전피더 지락전류×2)

·Cable ①에 지락 시 Cable ②에 흐르는 지락 전류

$$I_{g2}=3\times 2\pi f(C_2+C_{L2})\times\frac{V}{\sqrt{3}}=3\times 2\pi\times 60\times(0.1+0.2)\times 10^{-6}\times\frac{200}{\sqrt{3}}=0.039178=39.18[mA]$$

$$ELB_2=39.18\times 2=78.36[mA]$$

·Cable ②에 지락 시 Cable ①에 흐르는 지락 전류

$$I_{g2}=3\times 2\pi f(C_2+C_{L1})\times\frac{V}{\sqrt{3}}=3\times 2\pi\times 60\times(0.1+0)\times 10^{-6}\times\frac{200}{\sqrt{3}}=0.01306=13.06[mA]$$

$ELB_1=13.06\times 2=26.12[mA]$ → (ELB_1 : 26.12~265.33[mA], ELB_2 : 78.36~278.6[mA])

【정답】 278.6[mA] 누전차단기 정격감도전류

(4)

전로의 대지 전압 \ 기계 기구 시설 장소	옥내		옥측		옥외	물기가 있는 장소
	건조한 장소	습기가 많은 장소	우선내	우선외		
150[V] 이하	–	–	–	□	□	○
150[V] 초과 300[V] 이하	△	○	–	○	○	○

08

출제 : 12년 • 배점 : 5점

전력용 콘덴서에 직렬 리액터를 사용하는 이유와 직렬 리액터 용량을 산정하는 기준 등에 관하여 설명하시오.

|계|산|및|정|답|

직렬리액터 (Series Reactor : SR)는 제5고조파를 제거하기 위한 것으로서

$nwL = \dfrac{1}{nwC}$ 이므로 $\quad 5\times 2\pi fL = \dfrac{1}{5\times 2\pi fC}$ 에서 $X_L = 0.04X_c$ 이다.

따라서, 직렬 리액터의 용량은 콘덴서 용량의 4[%]이고 실제 설치시는 약 5~6[%]인 것이 사용된다.

09

출제 : 12년 • 배점 : 5점

단권 변압기 3대를 사용한 3상 △결선 승압기에 의해 45[kVA]인 3상 평형 부하의 전압을 3000[V]에서 3300[V]로 승압하는데 필요한 변압기의 총용량은 얼마인지 계산하시오.

·계산 : ·답 :

|계|산|및|정|답|

【계산】 $\dfrac{\text{자기용량}}{\text{부하용량}} = \dfrac{V_h^2 - V_l^2}{\sqrt{3}\,V_h V_l}$ 에서 $\quad$ 자기용량(변압기용량) $= \dfrac{V_h^2 - V_l^2}{\sqrt{3}\,V_h V_l} \times$ 부하용량

변압기용량 $= \dfrac{3300^2 - 3000^2}{\sqrt{3}\times 3300\times 3000} \times 45 = 4.96[\text{kVA}]$

【정답】 5[kVA]

10

출제 : 12년 • 배점 : 8점

아래의 표에서 금속관 부품의 특징에 해당하는 부품명을 쓰시오.

부품명	특 징
①	관과 박스를 접속할 경우 파이프 나사를 죄어 고정시키는데 사용되며 6각형과 기어형이 있다.
②	전선 관단에 끼우고 전선을 넣거나 빼는 데 있어서 전선의 피복을 보호하여 전선이 손상되지 않게 하는 것으로 금속제와 합성수지제의 2종류가 있다.
③	금속관 상호 접속 또는 관과 노멀 밴드와의 접속에 사용되며 내면에 나사가 나있으며 관의 양측을 돌리어 사용할 수 없는 경우 유니온 커플링을 사용한다.
④	노출 배관에서 금속관을 조영재에 고정시키는데 사용되며 합성수지 전선관, 가용 전선관, 케이블 공사에도 사용된다.
⑤	배관의 직각 굴곡에 사용하며 양단에 나사가 나있어 관과의 접속에는 커플링을 사용한다.
⑥	금속관을 아웃렛 박스의 노크아웃에 취부할 때 노크아웃의 구멍이 관의 구멍보다 클 때 사용된다.
⑦	매입형의 스위치나 콘센트를 고정하는데 사용되며 1개용, 2개용, 3개용 등이 있다.
⑧	전선관 공사에 있어 전들 기구나 점멸기 또는 콘센트의 고정, 접속함으로 사용되며 4각 및 8각이 있다.

|계|산|및|정|답|

① 로크너트(lock nut)
② 부싱(bushing)
③ 커플링(coupling)
④ 새들(saddle)
⑤ 노멀밴드(normal band)
⑥ 링리듀우서(ring reducer)
⑦ 스위치 박스(switch box)
⑧ 아웃렛 박스(outlet box)

11

출제 : 12년 • 배점 : 8점

그림과 주어진 조건 및 참고표를 이용하여 3상 단락용량, 3상 단락전류, 차단기의 차단용량 등을 계산하시오.

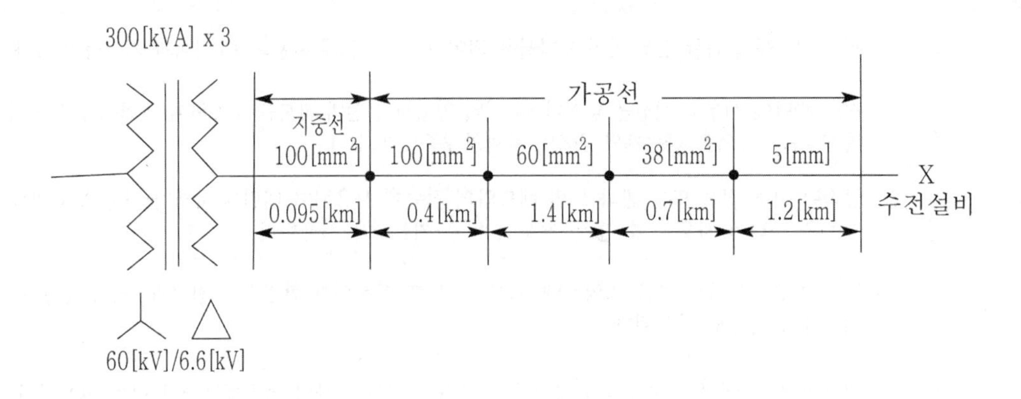

〈조 건〉

수전설비 1차측에서 본 1상당의 합성임피던스 $\%X_g = 1.5[\%]$ 이고, 변압기 명판에는 7.4[%]/3000[kVA](기준용량은 10000[kVA])이다.

[표1] 유입차단기 전력퓨즈의 정격차단용량

정격전압[V]	정격 차단용량 표준치(3상[MVA])						
3,600	10	25	50	(75)	100	150	250
7,200	25	50	(75)	100	150	(200)	250

[표2] 가공전선로(경동선) %임피던스

배선 방식	선의 굵기 / %r,x	%r, %x의 값은 [%/km]									
		100	80	60	50	38	30	22	14	5 [mm]	4 [mm]
3상3선 3[kV]	%r	16.5	21.1	27.9	34.8	44.8	57.2	75.7	119.15	83.1	127.8
	%x	29.3	30.6	31.4	32.0	32.9	33.6	34.4	35.7	35.1	36.4
3상3선 6[kV]	%r	4.1	5.3	7.0	8.7	11.2	18.9	29.9	29.9	20.8	32.5
	%x	7.5	7.7	7.9	8.0	8.2	8.4	8.6	8.7	8.8	9.1
3상4선 5.2[kV]	%r	5.5	7.0	9.3	11.6	14.9	19.1	25.2	39.8	27.7	43.3
	%x	10.2	10.5	10.7	10.9	11.2	11.5	11.8	12.2	12.0	12.4

【주】 3상 4선식, 5.2[kV] 선로에서 전압선 2선, 중앙선 1선인 경우 단락용량의 계획은 3상3선식 3[kV]시에 따른다.

[표3] 지중케이블 전로의 %임피던스

배선 방식	선의 굵기 %r,x	%r, %x의 값은 [%/km]											
		250	200	150	125	100	80	60	50	38	30	22	14
3상3선3[kV]	%r	6.6	8.2	13.7	13.4	16.8	20.9	27.6	32.7	43.4	55.9	118.5	
	%x	5.5	5.6	5.8	5.9	6.0	6.2	6.5	6.6	6.8	7.1	8.3	
3상3선 6[kV]	%r	1.6	2.0	2.7	3.4	4.2	5.2	6.9	8.2	8.6	14.6	29.6	
	%x	1.5	1.5	1.6	1.6	1.7	1.8	1.9	1.9	1.9	2.0	-	
3상4선 5.2[kV]	%r	2.2	2.7	3.6	4.5	5.6	7.0	9.2	14.5	14.5	18.6	-	
	%x	2.0	2.0	2.1	2.2	2.3	2.3	2.4	2.6	2.6	2.7	-	

【주】 1. 3상 4선식, 5.2[kV]전로의 %r, %x의 값은 6[kV] 케이블을 사용한 것으로서 계산한 것이다.
2. 3상 3선식 5.2[kV]에서 전압선 2선, 중앙선 1선의 경우 단락용량의 계산은 3상 3선식 3[kV] 전로에 따른다.

(1) 수전설비에서의 합성 %임피던스를 계산하시오.

・계산 : ・답 :

(2) 수전설비에서의 3상 단락용량을 계산하시오.

・계산 : ・답 :

(3) 수전설비에서의 3상 단락전류를 계산하시오.

・계산 : ・답 :

(4) 수전설비에서의 정격차단용량을 계산하고, 표에서 적당한 용량을 찾아 선정하시오.

・계산 : ・답 :

|계|산|및|정|답|

(1) 【계산】 ① 변압기 기준용량 10000[kVA]으로 환산하면

$$\%X_t = \frac{10000}{3000} \times 7.4 = 24.67[\%]$$

② 지중선 : [표3]에 의해

$$\%Z_l = \%r + j\%x = (0.095 \times 4.2) + j(0.095 \times 1.7) = 0.399 + j0.1615$$

③ 가공선 : [표2]에 의해

		%r	%x
가공선	100[mm^2]	$0.4 \times 4.1 = 1.64$	$0.4 \times 7.5 = 3$
	60[mm^2]	$1.4 \times 7 = 9.8$	$0.4 \times 7.9 = 11.06$
	38[mm^2]	$0.7 \times 11.2 = 7.84$	$0.7 \times 8.2 = 5.74$
	5[mm^2]	$1.2 \times 20.8 = 24.96$	$1.2 \times 8.8 = 10.56$
계		44.24	30.36

④ 합성 %임피던스 $\%Z = \%Z_g + \%Z_t + \%Z_l$

$= j1.5 + j24.67 + 0.399 + j0.1615 + 44.24 + j30.36$

$= 44.639 + j56.6915 = 72.16[\%]$ 【정답】 72.16[%]

(2) 【계산】 단락용량 $P_s = \frac{100}{\%Z}P_n = \frac{100}{72.16} \times 10000 = 13858.09[kVA]$ 【정답】 13858.09[kVA]

(3) 【계산】 단락전류 $I_s = \frac{100}{\%Z}I_n = \frac{100}{72.16} \times \frac{10000}{\sqrt{3} \times 6.6} = 1212.27[A]$ 【정답】 1212.27[A]

(4) 【계산】 차단용량 $= \sqrt{3} \times$ 정격전압 $\times$ 정격차단전류

$= \sqrt{3} \times 7200 \times 1212.27 \times 10^{-6} = 15.12[MVA]$ 【정답】 25[MVA] 선정

12

출제 : 12년 • 배점 : 3점

특고압 대용량 유입변압기의 내부고장이 생겼을 경우 보호하는 장치를 설치하여야 한다. 특고압 유입변압기의 기계적인 보호장치 4가지를 쓰시오.

|계|산|및|정|답|

·충격압력계전기 ·부후홀쯔 계전기 ·방출안전장치 ·가스검출 계전기

13

출제 : 12년 • 배점 : 4점

지름 30[cm]인 완전 확산성 반구형 전구를 사용하여 평균 휘도가 0.3[cd/cm^2]인 천장등을 가설하려고 한다. 기구효율 0.75일 때 이 전구의 광속을 구하시오.
(단, 광속발산도는 0.95[lm/cm^2]라 한다.)

·계산 : ·답 :

|계|산|및|정|답|

【계산】 광속 $F = R \cdot S = R \times \frac{\pi D^2}{2} = 0.95 \times \frac{\pi \times 30^2}{2} = 1343.03[lm]$

기구 효율을 적용하면 $\therefore F_0 = \frac{F}{\eta} = \frac{1343.03}{0.75} = 1790.71[lm]$ 【정답】 1790.71[lm]

14 출제 : 01, 04, 12년 • 배점 : 5점

조명 설비에 대한 다음 각 물음에 답하시오.

(1) 배선 도면에 $\bigcirc_{H250}$으로 표현되어 있다. 이것의 의미를 쓰시오.

그림기호	그림기호의 의미
$\bigcirc_{H250}$	

(2) 평면이 $30 \times 15[m]$인 사무실에 32[W], 전광속 3000[lm]인 형광등을 사용하여 평균조도를 140[lx]로 유지하도록 설계하고자 한다. 이 사무실에 필요한 형광등 수를 산정하시오.(단, 조명률은 0.6이고, 감광보상률은 1.3이다.)

•계산 : •답 :

|계|산|및|정|답|

(1) 250[W] 수은등

(2) 【계산】 $N = \frac{EAD}{FU} = \frac{140 \times 30 \times 15 \times 1.3}{3000 \times 0.6} = 46$[등] 【정답】 46[등]

|추|가|해|설|

(1) H250 수은등 250[W], M250 메탈 헬라이드등 250[W], N250 나트륨등 250[W]

(2) $EAD = FNUM$

여기서, E : 평균 조도[lx], F : 램프 1개당 광속[lm], N : 램프 수량[개], U : 조명률, D : 감광보상률(=$\frac{1}{M}$)

M : 보수율, A : 방의 면적[m^2](방의 폭×길이)

15 출제 : 12년 • 배점 : 4점

다음 카르노도표에 나타낸 것과 같이 논리식과 무접점 논리회로를 나타내시오. (단, '0' : L(Low Level), '1' : H(High Level)이며, 입력은 A B C, 출력은 X이다.)

A \ BC	0 0	0 1	1 1	1 0
0		1		1
1		1		1

(1) 논리식으로 나타낸 후 간략화 하시오.

· $X=$

(2) 무접점 논리회로

|계|산|및|정|답|

(1) $X=\overline{A}\,\overline{B}\,C+\overline{A}\,B\,\overline{C}+A\,\overline{B}\,C+A\,B\,\overline{C}$

$=\overline{B}\,C(\overline{A}+A)+B\,\overline{C}(\overline{A}+A)$

$=\overline{B}C+B\,\overline{C}$

(2)

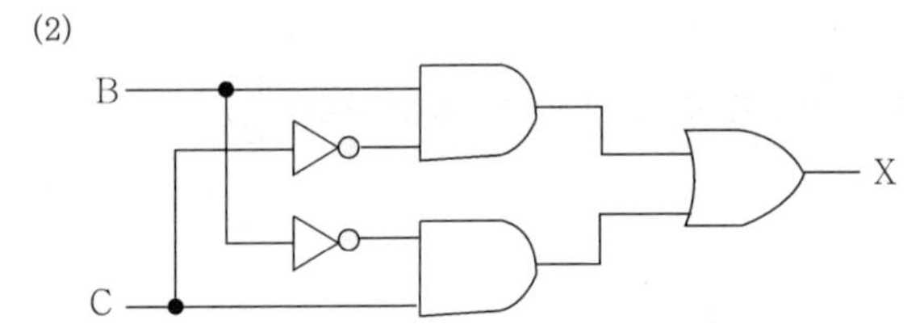

16

출제 : 12년 • 배점 : 5점

3상4선식 교류 380[V], 50[kVA] 부하가 변전실 배전반에서 270[m] 떨어져 설치되어 있다. 허용전압강하는 얼마이며 이 경우 배전용 케이블의 최소 굵기는 얼마로 하여야 하는지 계산하시오.(단, 전기사용장소 내 시설한 변압기이며, 케이블은 IEC 규격에 의한다.)

(1) 허용 전압강하를 계산하시오.

•계산 : •답 :

(2) 케이블의 굵기를 선정하시오.

•계산 : •답 :

|계|산|및|정|답|

(1) 【계산】 전선의 길이가 200[m] 초과시는 허용전압강하는 7[%]이다.

따라서, $e = 380 \times 0.07 = 26.6[V]$ 【정답】 26.6[V]

(2) 【계산】 부하전류 $I = \dfrac{50 \times 10^3}{\sqrt{3} \times 380} = 75.97[A]$

전선의 굵기 $A = \dfrac{17.8LI}{1000e} = \dfrac{17.8 \times 270 \times 75.97}{1000 \times 220 \times 0.07} = 23.71[mm^2]$ 【정답】 25[mm²]

|추|가|해|설|

(1) 전선길이 60[m]를 초과하는 경우의 전압강하

공급변압기의 2차측 단자 또는 인입선 접속점에서 최원단의 부하에 이르는 사이의 전선길이[m]	전압강하[%]	
	사용장소 안에 시설하는 전용 변압기에서 공급하는 경우	전기사업자로부터 저압으로 전기를 공급받는 경우
120 이하	5 이하	4 이하
200 이하	6 이하	5 이하
200 초과	7 이하	6 이하

(2) KSC IEC 전선규격[mm²]

1.5	2.5	4
6	10	16
25	35	50
70	95	120
150	185	240
300	400	500

[착안점] 전선의 단면적

단상 2선식	$A = \dfrac{35.6LI}{1000 \cdot e}$
3상 3선식	$A = \dfrac{30.8LI}{1000 \cdot e}$
단상 3선식 3상 4선식	$A = \dfrac{17.8LI}{1000 \cdot e_1}$

【주의】 단상 3선식 및 3상 4선식의 전선의 굵기 계산식에서 e_1은 전압선과 중성선 사이의 전압 즉, 상전압을 의미함.

17

출제 : 00, 02, 12, 19년 • 배점 : 7점

일반적으로 보호계전 시스템은 사고시의 오작동이나 부작동에 따른 손해를 줄이기 위해 다음과 같이 주보호와 후비보호로 구성된다. 사고점이 F1, F2, F3, F4라고 할 때 주보호와 후비보호에 대한 다음 표의 ( )안을 채우시오.

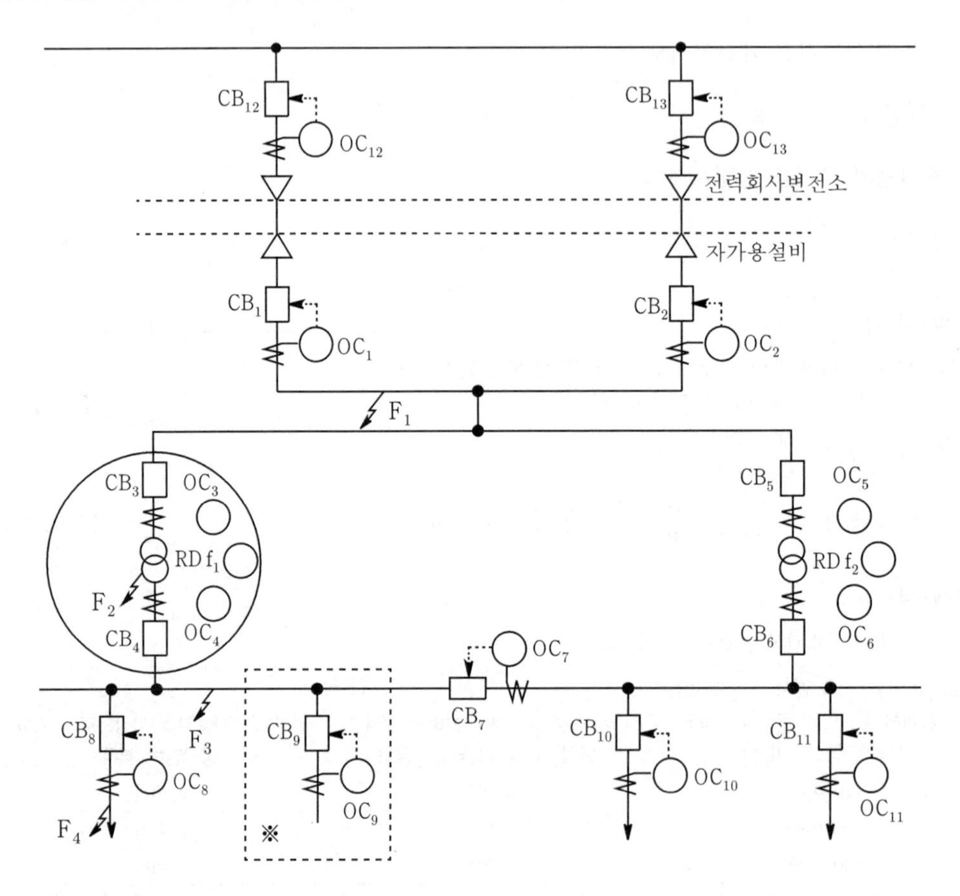

사고점	주보호	후비보호
F_1	$OC_1 + CB_1$ And $OC_2 + CB_2$	①
F_2	②	③
F_3	④	⑤
F_4	⑥	⑦

|계|산|및|정|답|

① $OC_{12} + CB_{12}$, $OC_{13} + CB_{13}$

② $RDf_1 + OC_4 + CB_4$, $OC_3 + CB_3$

③ $OC_1 + CB_1$, $OC_2 + CB_2$

④ $OC_4 + CB_4$, $OC_7 + CB_7$

⑤ $OC_3 + CB_3$, $OC_6 + CB_6$

⑥ $OC_8 + CB_8$

⑦ $OC_4 + CB_4$, $OC_7 + CB_7$

01 2011년 전기기사 실기

01

출제 : 11년 • 배점 : 6점

지표면상 10[m]높이에 수조가 있다. 이 수조에 초당 1[m^3]의 물을 양수하는데 펌프용 전동기에 3상 전력을 공급하기 위해서 단상 변압기 2대를 V결선 하였다. 펌프 효율이 70[%]이고, 펌프축 동력에 20[%]의 여유를 두는 경우 다음 각 물음에 답하시오 (단, 펌프용 3상 농형 유도전동기의 역률을 100[%]로 가정한다.)

(1) 펌프용 전동기의 소요 동력은 몇 [kW]인가?

·계산 : ·답 :

(2) 변압기 1대의 용량은 몇 [kVA]인가?

·계산 : ·답 :

|계|산|및|정|답|

(1) 【계산】 펌프용 전동기의 소요 동력 $P=\dfrac{9.8KHq}{\eta}=\dfrac{9.8\times10\times1\times1.2}{0.7}=168[\text{kW}]$ 【정답】 168[kW]

(2) 【계산】 변압기 1대의 용량 $P_1=\dfrac{P_V}{\sqrt{3}}=\dfrac{168}{\sqrt{3}}=96.99[\text{kVA}]$ 【정답】 96.99[kVA]

|추|가|해|설|

① 펌프용 전동기의 용량 $P=\dfrac{9.8Q'[m^3/\text{sec}]HK}{\eta}[kW]=\dfrac{9.8Q[m^3/\text{min}]HK}{60\times\eta}[kW]=\dfrac{Q[m^3/\text{min}]HK}{6.12\eta}[\text{kW}]$

여기서, P : 전동기의 용량[kW], Q' : 양수량[m^3/sec], Q : 양수량[m^3/min]

H : 양정(낙차)[m], η : 펌프효율, K : 여유계수(1.1~1.2 정도)

② 권상용 전동기의 용량 $P=\dfrac{K\cdot W\cdot V}{6.12\eta}[KW]$ →(K : 여유계수, W : 권상 중량 [ton], V : 권상 속도[m/min], η : 효율)

③ 엘리베이터용 전동기의 용량 $P=\dfrac{KVW}{6120\eta}[kW]$

여기서, P : 전동기 용량[kW], η : 엘리베이터 효율, V : 승강속도[m/min]

W : 적재하중[kg](기계의 무게는 포함하지 않는다.), K : 계수(평형률)

④ 변압기 출력(단상 변압기 2대를 V결선 했을 때의 출력) $P_V=\sqrt{3}P_1$ → (변압기 1대의 용량 $P_1=\dfrac{P_V}{\sqrt{3}}[kVA]$)

02

출제 : 07, 11년 • 배점 : 9점

그림은 고압 진상용 콘덴서 설치도이다. 다음 물음에 답하시오.

(1) ①, ②, ③의 명칭을 우리말로 쓰시오.

(2) ①, ②, ③의 설치 이유를 쓰시오.

(3) ①, ②, ③의 회로를 완성하시오.

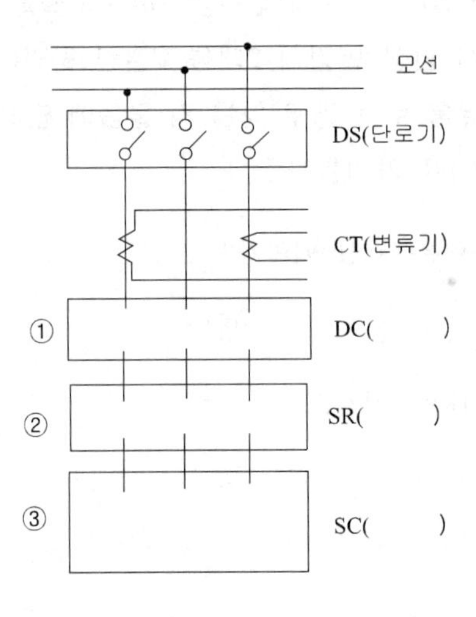

|계|산|및|정|답|

(1) ① 방전코일　　② 직렬 리액터　　③ 전력용(진상)콘덴서

(2) ① 잔류전하 방전　　② 5고조파 제거　　③ 부하의 역률 개선

(3) ①

②

③

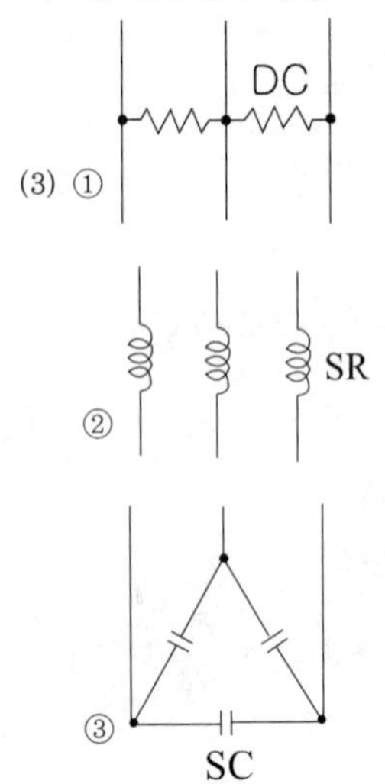

03

출제 : 00, 11년 • 배점 : 5점

그림과 같은 회로에서 단상 전압 105[V] 전동기의 전압측 리드선과 전동기 외함 사이가 완전히 지락되었다. 변압기의 저압측은 접지 저항 R_2이 20[Ω], 전동기의 저항은 R_3 저항이 30[Ω]이라 하고 변압기 및 선로의 임피던스를 무시한 경우에 접촉한 사람에게 위험을 줄 대지 전압은 몇 [V]인가?

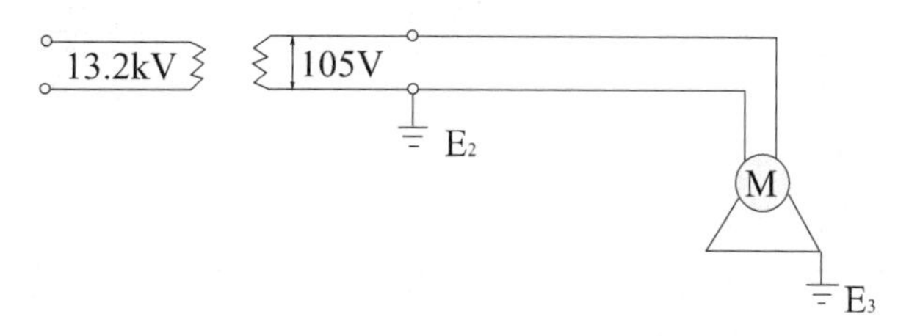

|계|산|및|정|답|

【계산】 $V' = \dfrac{R_3}{R_2 + R_3} V = 105 \times \dfrac{30}{20+30} = 63[V]$ 【정답】 63[V]

|추|가|해|설|

$I_g = \dfrac{V}{R_2 + R_3}$

$e = I_g \cdot R_3 = \dfrac{V}{R_2 + R_3} \times R_3$

04

출제 : 03, 11년 • 배점 : 5점

부하율(Load Factor)에 대하여 다음 물음에 답하시오.

(1) 부하율이란?

(2) 부하율이 작다는 의미 2가지를 쓰시오.

|계|산|및|정|답|

(1) 어느 일정 기간 중의 부하의 변동의 정도를 나타내는 것으로 평균전력과 최대수용전력과의 비를 백분율로 나타낸 것이다.

즉, $\text{부하율} = \dfrac{\text{평균전력}}{\text{최대전력}} \times 100[\%]$

(2) ① 공급설비의 이용률이 낮아진다.
② 첨두(Peak) 시간에는 많이 쓰고, 이 외의 시간에는 적게 쓰는 등 부하 사용의 변동이 크다.

05

출제 : 11년 • 배점 : 6점

3개의 접지판 상호간의 저항을 측정한 값이 그림과 같이 G_1과 G_2 사이는 30[Ω], G_2와 G_3 사이는 50[Ω], G_1과 G_3 사이는 40[Ω] 이었다면 G_3의 접지 저항값은 몇 [Ω]이 되겠는가?

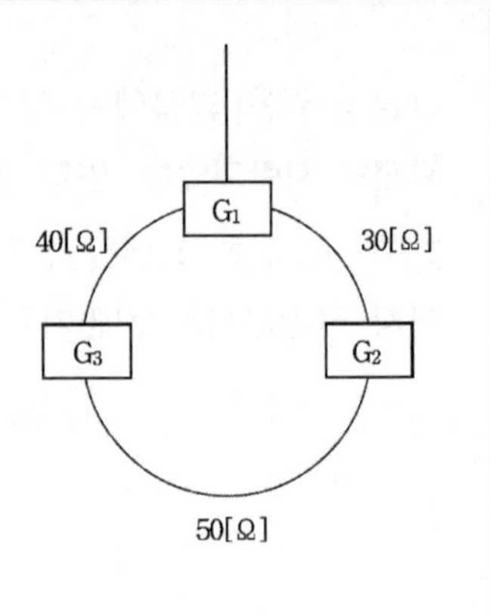

·계산 : ·답 :

|계|산|및|정|답|

【계산】 접지저항 $R_{G3} = \frac{1}{2}(50+40-30) = 30[\Omega]$ 【정답】 30[Ω]

|추|가|해|설|

· $R_{G1} + R_{G2} = R_{G12}$ ....①

· $R_{G2} + R_{G3} = R_{G23}$ ....②

· $R_{G3} + R_{G1} = R_{G31}$ ....③

(①+②+③)×$\frac{1}{2}$로 계산하면, $R_{G1} + R_{G2} + R_{G3} = \frac{1}{2}(R_{G12} + R_{G23} + R_{G31})$..........④

④－①하면, $R_{G3} = \frac{1}{2}(R_{G23} + R_{G31} - R_{G12})$

06

출제 : 02, 05, 07, 08, 11년 • 배점 : 9점

그림과 같은 3상 배전선이 있다. 변전소(A점)의 전압은 3300[V], 중간(B점) 지점의 부하는 50[A], 역률 0.8(지상), 말단(C점)의 부하는 50[A], 역률 0.8이다. AB사이의 길이는 2[km], BC 사이의 길이는 4[km]이고, 선로의 km당 임피던스는 저항 0.9[Ω], 리액턴스 0.4[Ω]이다.

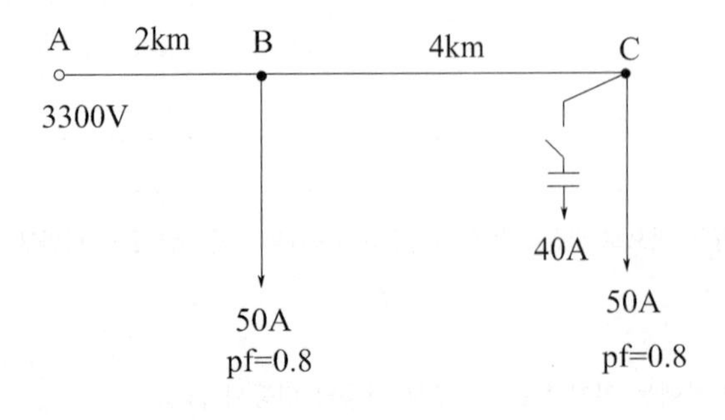

(1) 이 경우의 B점, C점의 전압은?

·계산 : ·답 :

(2) C점에 전력용 콘덴서를 설치하여 진상 전류 40[A]를 흘릴 때 B점, C점의 전압은?

·계산 : ·답 :

(3) 전력용 콘덴서를 설치하기 전과 후의 선로의 전력 손실을 구하시오.

·계산 : ·답 :

|계|산|및|정|답|

(1) 【계산】 ① B점의 전압 $V_B = V_A - \sqrt{3}\,I_1\,(R_1\cos\theta + X_1\sin\theta)$이므로

$V_B = 3300 - \sqrt{3} \times 100(1.8\times0.8 + 0.8\times0.6) = 2967.45[V]$

② C점의 전압 $V_C = V_B - \sqrt{3}\,I_2\,(R_2\cos\theta + X_2\sin\theta)$이므로

$V_C = 2967.45 - \sqrt{3} \times 50(3.6\times0.8 + 1.6\times0.6) = 2634.9[V]$

【정답】 $V_B = 2967.45[V]$, $V_C = 2634.9[V]$

(2) 【계산】 ① $V_B = V_A - \sqrt{3} \times [I_1\cos\theta\cdot R_1 + (I_1\sin\theta - I_c)\cdot X_1]$

$V_B = 3300 - \sqrt{3} \times [100\times0.8\times1.8 + (100\times0.6 - 40)\times0.8] = 3022.87[V]$

② $V_C = V_B - \sqrt{3} \times [I_2\cos\theta\cdot R_2 + (I_2\sin\theta - I_c)\cdot X_2]$

$V_C = 3022.87 - \sqrt{3} \times [50\times0.8\times3.6 + (50\times0.6 - 40)\times1.6] = 2801.17[V]$

【정답】 $V_B = 3022.87[V]$, $V_C = 2801.17[V]$

(3) 【계산】 ① 설치 전 $P_{L1} = 3I_1^2R_1 + 3I_2^2R_2 = (3\times100^2\times1.8 + 3\times50^2\times3.6)\times10^{-3} = 81[kW]$

② 설치 후 $I_1 = \sqrt{(100\times0.8)^2 + (100\times0.6-40)^2} = 82.46[A]$

$I_2 = \sqrt{(50\times0.8)^2 + (50\times0.6-40)^2} = 41.23[A]$

$\therefore P_{L2} = (3\times82.46^2\times1.8 + 3\times41.23^2\times3.6)\times10^{-3} = 55.08[kW]$

【정답】 $P_{L2} = 55.08[kW]$

|추|가|해|설|

(1) $R_1 = 0.9\times2 = 1.8[\Omega]$ $R_2 = 0.9\times4 = 3.6[\Omega]$

$X_1 = 0.4\times2 = 0.8[\Omega]$ $X_2 = 0.4\times4 = 1.6[\Omega]$

(2) 전력용 콘덴서를 설치하여 진상 전류(I_C)를 흘려주면 무효 전류가 감소한다.

(3) 3상 배선 선로의 전력 손실 : $P_L = 3I^2R[W]$

07

출제 : 11년 • 배점 : 5점

3상 유도전동기는 농형과 권선형으로 구분되는데 각 형식별 기동법을 아래 빈칸에 쓰시오.

유도전동기 형식	기동방식	기동법 특징
농형	①	전동기에 직접 전원을 접속하여 기동하는 방식으로 5[kW] 이하의 소용량에 사용한다.
	②	1차 권선을 Y접속으로 하여 전동기를 기동시 상전압을 감압하여 기동하고 속도가 상승되어 운전속도에 가깝게 도달하였을 때 △접속으로 바꿔 큰 기동전류를 흘리지 않고 기동하는 방식으로 보통 5.5 ~ 37[kW] 정도의 용량에 사용한다.
	③	기동전압을 떨어뜨려서 기동전류를 제한하는 기동방식으로 고전압 농형 유도 전동기를 기동할 때 사용한다.
권선형	④	유도전동기의 비례추이 특성을 이용하여 기동하는 방법으로 회전자 회로에 슬립링을 통하여 가변저항을 접속하고 그의 저항을 속도의 상승과 더불어 순차적으로 바꾸어서 적게 하면서 기동하는 방법이다.
	⑤	회전자 회로에 고정저항과 리액터를 병렬 접속한 것을 삽입하여 기동하는 방법이다.

|계|산|및|정|답|

① 전전압(직입)기동

② Y-△ 기동

③ 기동보상기기동

④ 2차저항기동

⑤ 2차 임피던스기동

08

출제 : 06, 11년 • 배점 : 8점

예비 전원으로 이용되는 축전지에 대한 다음 각 물음에 답하시오.

(1) 그림과 같은 부하 특성을 갖는 축전지를 사용할 때 보수율이 0.8, 최저 축전지 온도 5[°C], 허용 최저 전압 90[V]일 때 몇 [Ah] 이상인 축전지를 선정하여야 하는가?
(단, $I_1 = 50[A]$, $I_2 = 40[A]$, $K_1 = 1.15$, $K_2 = 0.91$, 셀(cell)당 전압은 1.06[V/cell]이다.)

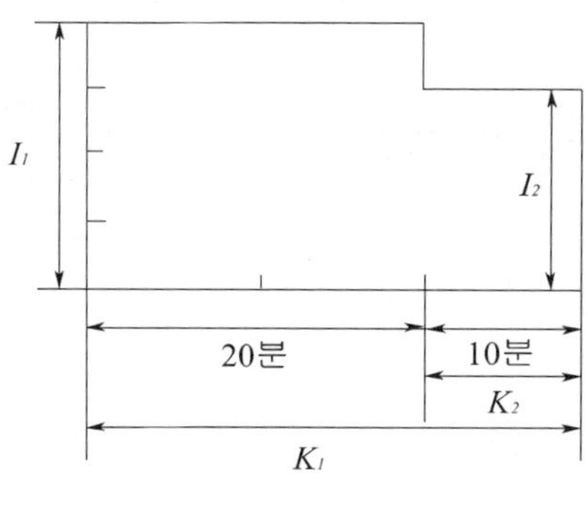

•계산 : •답 :

(2) 축전지의 과방전 및 방치 상태, 가벼운 설페이션(Sulfation)현상 등이 생겼을 때 기능 회복을 위하여 실시하는 충전방식은 무엇인가?

(3) 연축전지와 알칼리축전지의 공칭 전압은 각각 몇 [V] 인가?

(4) 축전지 설비를 하려고 한다. 그 구성 요소를 크게 4가지로 구분하시오.

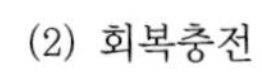

|계|산|및|정|답|

(1) 【계산】 방전 특성 곡선의 면적은 전체 면적 K_1I_1에서 $K_2(I_1-I_2)$ 면적을 빼면 되므로

$K_1I_1 - k_2(I_1-I_2) = K_1I_1 + K_2(I_2-I_1)$이 된다. 즉, 축전지 용량

$C = \frac{1}{L}[K_1I_1 + K_2(I_2-I_1)]$이 된다.

$C = \frac{1}{0.8}[1.15 \times 50 + 0.91(40-50) = 60.5[Ah]$

【정답】 60.5[Ah]

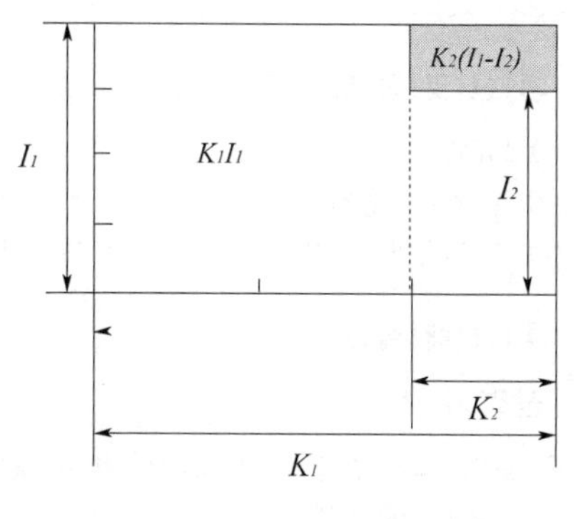

(2) 회복충전

(3) 연축전지 : 2[V], 알카리축전지 : 1.2[V]

(4) 축전지, 충전장치, 제어장치, 보안장치

|추|가|해|설|

[회복충전이란]

정전류 충전법에 의하여 약한 전류로 40~50시간 충전시킨 후 방전시키고, 다시 충전시킨 후 방전시킨다. 이와 같은 동작을 여러 번 반복하게 되면 본래의 출력 용량을 회복하게 되는데 이러한 충전 방법을 회복충전이라 한다.

09

출제 : 11년 • 배점 : 5점

각 방향에 900(cd)의 광도를 갖는 광원을 높이 3[m]에 취부한 경우 직하거리로부터 30[°] 방향의 수평면 조도[lx]를 구하시오.

|계|산|및|정|답|

【계산】 수평면 조도 $E=\frac{I}{r^2}\cos\theta$ [lx]에서

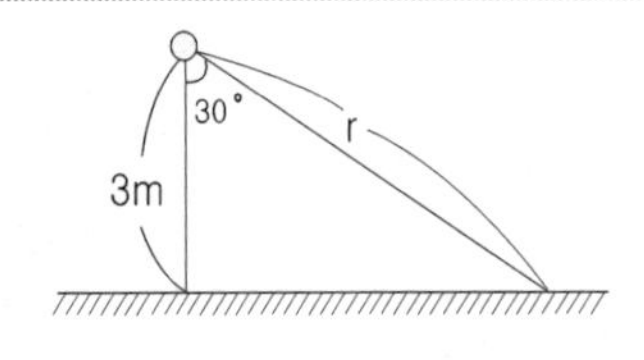

$\cos 30° = \frac{3}{r}$ $\quad \therefore r = \frac{3}{\cos 30°} = \frac{3}{\frac{\sqrt{3}}{2}} = 2\sqrt{3}\,[m]$

수평면조도 $E = \frac{900}{(2\sqrt{3})^2} \times \frac{3}{2\sqrt{3}} = 64.95$

【정답】 64.95[lx]

10

출제 : 03, 11년 • 배점 : 6점

점멸기의 그림 기호에 대한 다음 각 물음에 답하시오.

[참고] 점멸기의 그림기호 : ●

(1) 용량 몇 [A]이상은 전류치를 방기하는가?

(2) ① ●$_{2P}$과 ② ●$_{4}$은 어떻게 구분되는지 설명하시오.

(3) ① 방수형과 ② 방폭형은 어떤 문자를 방기하는가?

|계|산|및|정|답|

(1) 15(A)

(2) ① 2극 스위치 ② 4로 스위치

(3) ① 방수형 : WP ② 방폭형 : EX

|추|가|해|설|

[점멸기 기호]

① 용량의 표시 방법 : ·10[A]는 방기하지 않는다. ·15[A] 이상은 전류값을 방기한다. 보기 

② 극수의 표시 방법 :

·단극은 방기하지 않는다.

·2극 또는 3로, 4로는 각각 2P 또는 3, 4의 숫자를 방기한다. 보기 ●$_{2P}$ 

③ 방수형 WP 방기 ●$_{WP}$ ④ 방폭형 EX 방기 ●$_{EX}$ ⑤ 플라스틱은 P를 방기 ●$_{P}$

⑥ 타이머 붙이는 T를 방기 ●$_{T}$

11

출제 : 11년 • 배점 : 3점

저압간선에서 다른 저압간선을 분기하는 경우 그 접속개소에 과전류차단기를 시설하여야 하는데 분기선의 길이가 8[m] 이하인 경우 과전류 차단기를 생략하려면 분기선의 허용전류는 간선 과전류차단기 정격전류의 몇 [%] 이상인지 쓰시오.

|계|산|및|정|답|

【정답】 35[%]

|추|가|해|설|

분기선을 보호하는 개폐기 및 과전류차단기 생략할 수 있는 경우(내선규정 1470-10)

① 분기선의 길이가 3[m] 이하일 때

② 분기선의 길이가 8[m] 이하이고, 분기선의 허용전류가 간선보호용 과전류차단기 정격전류에 35[%] 이상일 때

③ 분기선의 허용전류가 간선보호용 과전류차단기 정격전류의 55[%] 이상일 때

12

출제 : 11년 • 배점 : 3점

통전중인 변류기 2차측을 개로하면 변류기에는 어떤 현상이 발생하는지 원인과 결과를 간단하게 쓰시오.

·원인 :

·결과 :

|계|산|및|정|답|

【원인】 변류기 1차측 부하 전류가 모두 여자 전류가 되어 변류기 2차측에 고전압이 발생됨

【결과】 변류기의 절연이 파괴된다.

|추|가|해|설|

[계기용 변류기(CT)]

① 목적 : 회로의 대전류를 소전류(5[A])로 변성하여 계기나 계전기에 전류원 공급 (회로에 직렬로 접속하여 사용)

② 용도 : 배전반의 전류계, 전력계, 역률계 등 각종 계기 및 차단기 트립 코일의 전원으로 사용

③ 정격부담 : 변류기 2차측 단자간에 접속되는 부하의 한도를 말하며 [VA]로 표시

④ 2차측 개방 불가 : 변류기 2차측을 개방하면 1차 전류가 모두 여자전류가 되어 2차측에 과전압을 유기하여 절연이 파괴되어 소손될 우려가 있으므로 CT 2차측 기기를 교체하고자 하는 경우는 반드시 CT 2차측을 단락시켜야 한다.

13

출제 : 11년 • 배점 : 4점

그림에서 제시된 건물의 표준 부하도를 보고 건물 단면도의 분기회로수를 계산하시오.
(단, 1. 사용전압은 220[V]로 하고 룸에어콘(RC)은 별도 회로로 한다.
2. 가산해야 할 [VA]수는 표에 제시된 값 범위에서 큰 값을 적용한다.
3. 부하 상정은 표준 부하법에 의해 설비 부하용량을 산출한다.)

[표] 건물의 표준 부하표

	건물의 종류	표준부하[VA/m^2]
P	공장, 공회당, 사원, 교회, 극장, 연회장 등	10
	기숙사, 여관, 호텔, 병원, 학교, 음식점, 다방, 대중목욕탕 등	20
	주택, 아파트, 사무실, 은행, 상점, 이용소, 미장원	30
Q	복도, 계단, 세면장, 창고, 다락	5
	강당, 관람석	10
C	주택, 아파트(1세대마다)에 대하여	500~1000[VA]
	상점의 진열장은 폭 1[m]에 대하여	300[VA]
	옥외의 광고등, 광전사인, 네온사인 등	실[VA]수
	극장, 댄스홀 등의 무대조명, 영화관의 특수 전등부하	실[VA]수

(단, P : 주 건축물의 바닥면적[m^2], Q : 건축물의 부분의 바닥면적[m^2], C : 가산해야할 [VA] 수 임)

[건물 단면도]

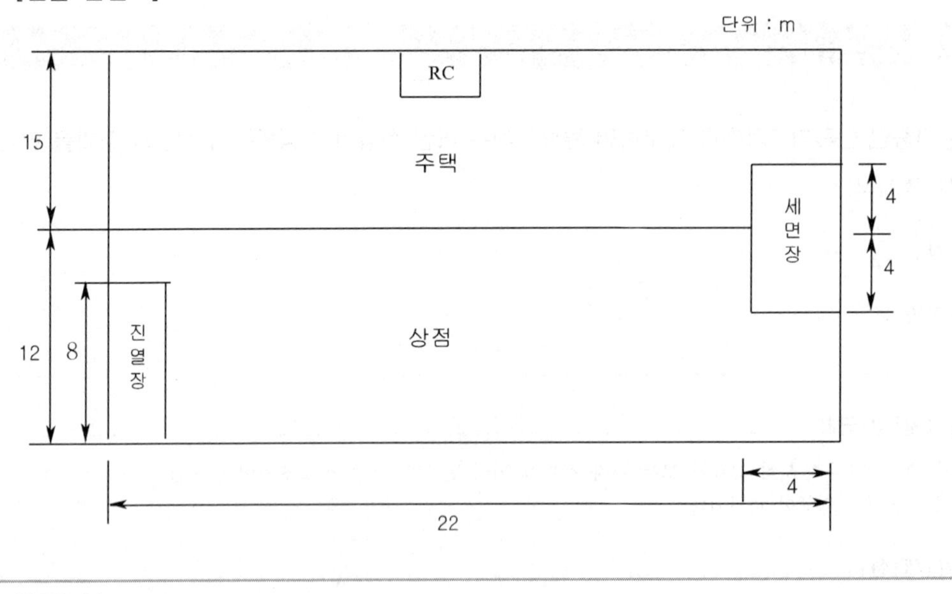

|계|산|및|정|답|

【계산】 ·주택부분 부하상정 = $30\times[(15\times22)-(4\times4)]+5\times4+1000=10500[VA]$

·상점부분 부하상정 = $30\times[(15\times22)-(4\times4)]+5\times4+300\times8=9260[VA]$

·주택 및 상점부분 15[A] 분기회로수 = $\dfrac{10500+9260}{220\times15}=5.99$[회로] → 6회로

·총 분기회로수 = 주택, 상점부분 분기회로수+룸에어컨 = 6+1=7[회로]

【정답】 15[A] 분기 7회로

14

출제 : 01, 11년 • 배점 : 5점

역률 80[%], 500[kVA]의 부하를 가지는 변압설비에 150[kVA]의 콘덴서를 설치해서 역률을 개선하는 경우 변압기에 걸리는 부하는 몇 [kVA]인가?

·계산 : ·답 :

|계|산|및|정|답|

【계산】 역률개선의 유효전력 : $P = 500 \times 0.8 = 400[\text{kW}]$

무효율 $\sin\theta = \sqrt{1-\cos^2\theta} = \sqrt{1-0.8^2} = 0.6$

무효전력 $Q_L = 500 \times 0.6 = 300[\text{kVar}]$

따라서 $Q = Q_L - Q_C = 300 - 150 = 150[\text{kVar}]$

∴ 변압기에 걸리는 부하 $W = \sqrt{400^2 + 150^2} = 427.2[\text{kVA}]$

【정답】 427.2[kVA]

15

출제 : 04, 11년 • 배점 : 4점

어느 수용가의 부하설비가 그림과 같을 때 여기에 전력을 공급할 변압기 용량을 계산하시오(단, 부등률은 1.1이고 종합부하의 역율은 80(%) 이다.)

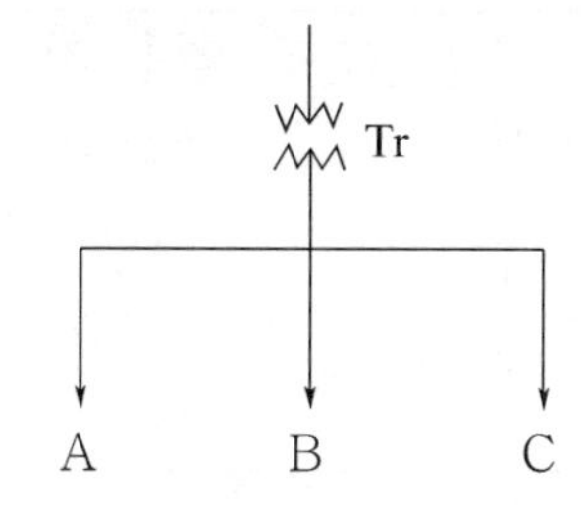

	A	B	C
부하설비	500[KW]	75[KW]	65[KW]
수용률	80(%)	85(%)	75(%)

3상변압기 용량표[kVA]

50	100	150	200	300	500

|계|산|및|정|답|

【계산】 $\text{변압기 용량}[kVA] = \dfrac{\text{설비용량} \times \text{수용률}}{\text{부동률} \times \text{역률}} = \dfrac{500 \times 0.8 + 75 \times 0.85 + 65 \times 0.75}{1.1 \times 0.8} = 173.3$

【정답】 표준용량 200[kVA] 선정

16

출제 : 11년 • 배점 : 5점

다음 아래 그림에서 3개의 접점 A, B, C에서 두 개 이상이 ON 되었을 때 RL이 점등되는 회로이다. 다음 물음에 답하시오.

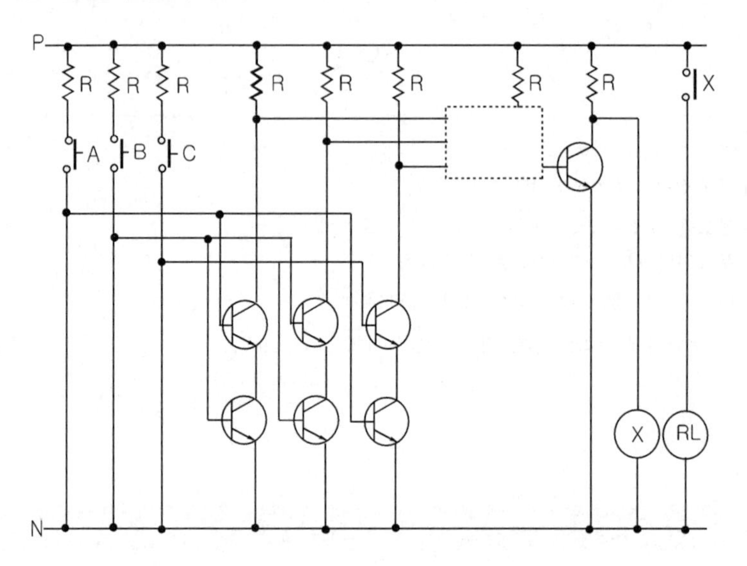

(1) 점선안에 내부회로를 다이오드 소자를 이용하여 올바르게 연결하시오.

(2) 진리표를 완성하시오.

입 력			출력
A	B	C	X
0	0	0	
0	0	1	
0	1	0	
0	1	1	
1	0	0	
1	0	1	
1	1	0	
1	1	1	

(3) X의 논리식을 간단화 하시오.

·논리식:

|계|산|및|정|답|

(1) 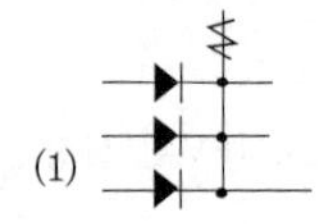

(2)

입 력			출력
A	B	C	X
0	0	0	0
0	0	1	0
0	1	0	0
0	1	1	1
1	0	0	0
1	0	1	1
1	1	0	1
1	1	1	1

(3) $X = \overline{A}BC + A\overline{B}C + AB\overline{C} + ABC = AB + BC + AC$

17

출제 : 11년 • 배점 : 4점

수전전압 22.9[kV-Y]에 진공차단기와 몰드변압기를 사용하는 경우 개폐 시 이상전압으로부터 변압기 등 기기보호 목적으로 사용되는 것으로 LA와 같은 구조와 특성을 가진 것을 쓰시오.

|계|산|및|정|답|

서지흡수기(SA)

|추|가|해|설|

[서지흡수기]

① 피뢰기와 같은 구조로 되어 있으나 적용 전압 범위만을 조정하여 적용시키는 일종의 옥내 피뢰기로서 선로에서 발생할 수 있는 개폐기 서지, 순간 과도전압 등의 이상전압이 2차 기기에 악영향을 주는 것을 막기 위해 설치한다.

② 서지흡수기는 그림과 같이 보호하고자 하는 기기(발전기, 전동기, 콘덴서, 반도체 장비 계통) 전단에 설치하여 대부분의 개폐서지를 발생하는 차단기 후단에 설치, 운용한다.

③ Surge Absorbor는 그림과 같이 부하기기 운전용의 VCB와 피보호 기기와의 사이에 각 상의전로-대지간에 설치한다.

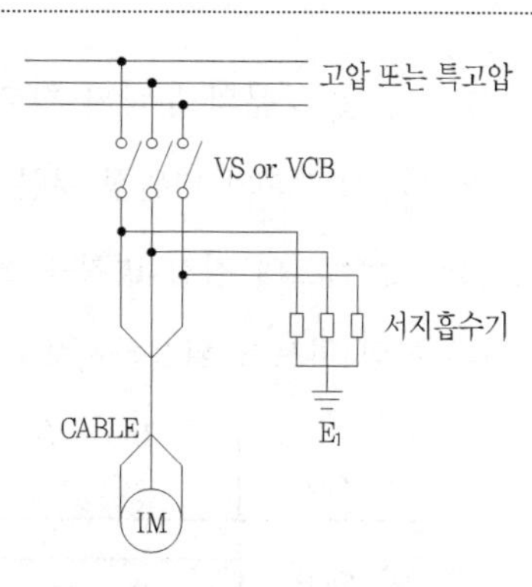

[서지흡수기의 설치 위치도]

18

출제 : 11년 • 배점 : 8점

어떤 인텔리전트 빌딩에 대한 등급별 추정 전원 용량에 대한 다음 표를 이용하여 각 물음에 답하시오.
다음 결선도는 수동 및 자동 Y-△ 배기팬 모터 결선도 및 조작회로이다. 물음에 답하시오.

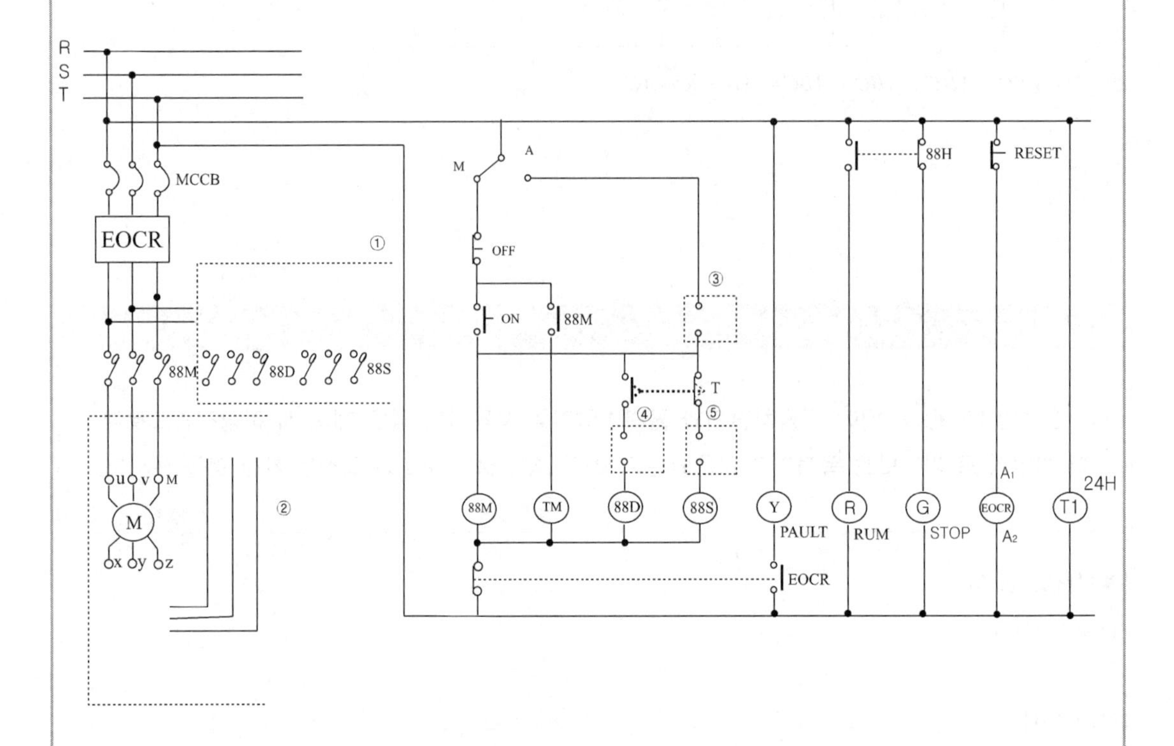

(1) ①, ② 부분의 누락된 회로를 완성하시오.

(2) ③, ④, ⑤의 미완성 부분의 접점을 그리고 그 접점기호를 표시하시오.

(3) ─o△o─ 의 접점 명칭을 쓰시오.

(4) 타임 챠트를 완성하시오.

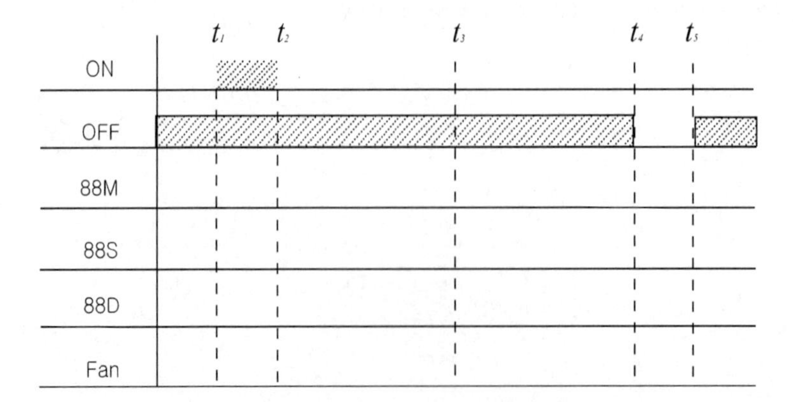

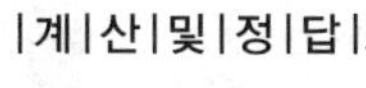

(1)

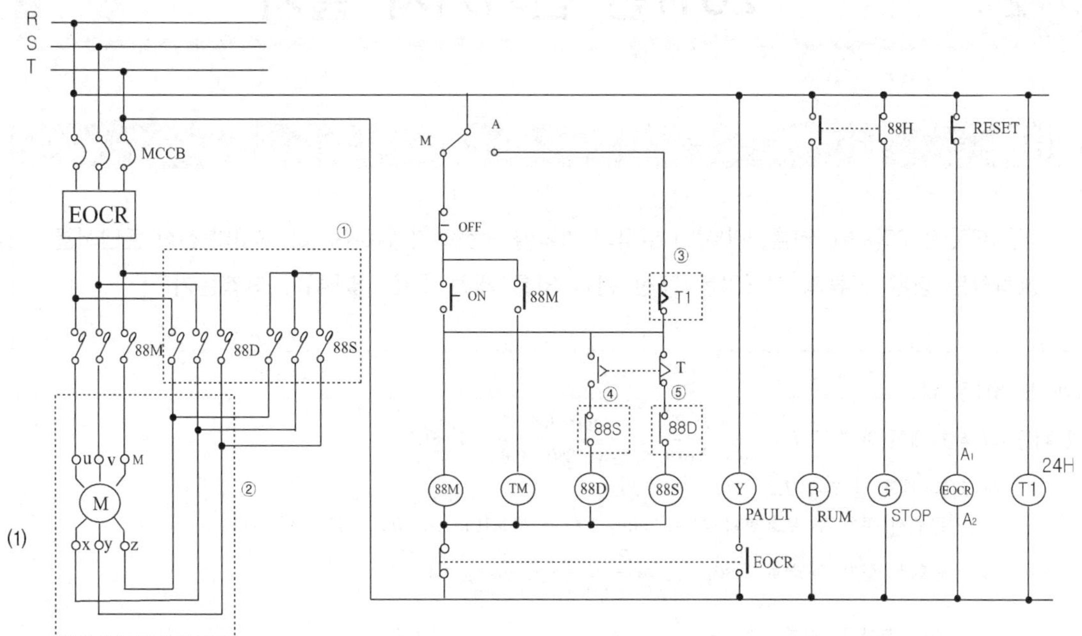

(2) ③ , ④ , ⑤

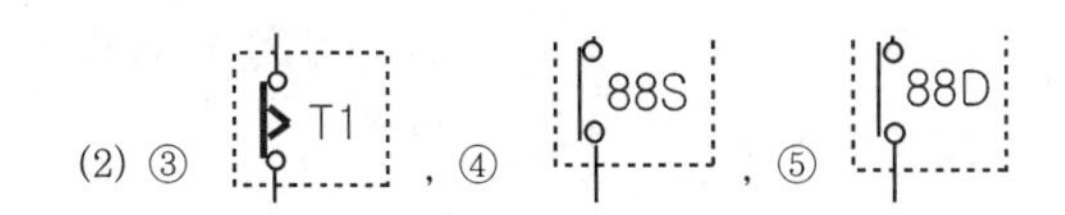

(3) 한시동작순시복귀 a접점

(4)

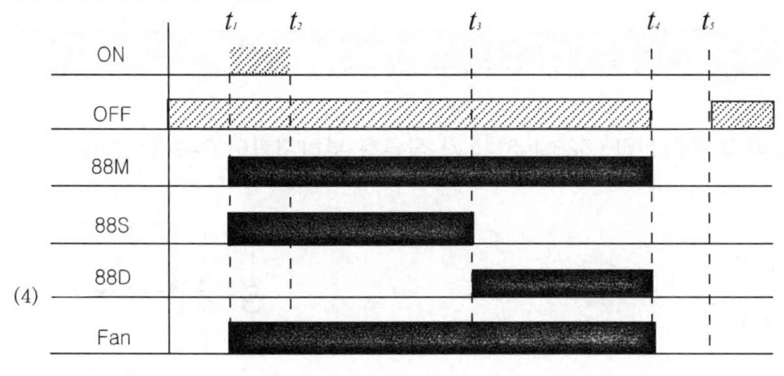

02 2011년 전기기사 실기

01 출제 : 07, 11년 • 배점 : 5점

3상 380[V], 20[kW], 역률 80[%]인 부하의 역률을 개선하기 위하여 15[kVA]의 진상 콘덴서를 설치하는 경우 전류의 차 (역률 개선 전과 역률 개선 후)는 몇[A]가 되겠는가?

|계|산|및|정|답|

【계산】 ① 역률 개선 전 전류 $I_1 = \dfrac{P}{\sqrt{3}\, V\cos\theta_1} = \dfrac{20\times10^3}{\sqrt{3}\times380\times0.8} = 37.98[A]$

② 역률 개선 전 전류 I_2

· 콘덴서 설치 후 무효전력 $Q = P\tan\theta_1 - Q_c = 20\times(\tan\cos^{-1}0.8) - 15 = 0[\mathrm{kVar}]$

· 콘덴서 설치 후 역률 $\cos\theta_2 = \dfrac{P}{\sqrt{P^2+Q^2}} = \dfrac{20}{\sqrt{20^2+0^2}} = 1$

· 역률 개선 후 전류 $I_2 = \dfrac{P}{\sqrt{3}\, V\cos\theta_2} = \dfrac{P}{\sqrt{3}\times380\times1} = 30.39[A]$

③ 전류의 차 $I = I_1 - I_2 = 37.98 - 30.39 = 7.59[A]$

【정답】 7.59[A]

02 출제 : 11년 • 배점 : 6점

단상 전파 정류 회로에서 교류측 공급전압 628sin314t[V] 직류측 부하저항이 R=20[Ω]이다. 물음에 답하시오.

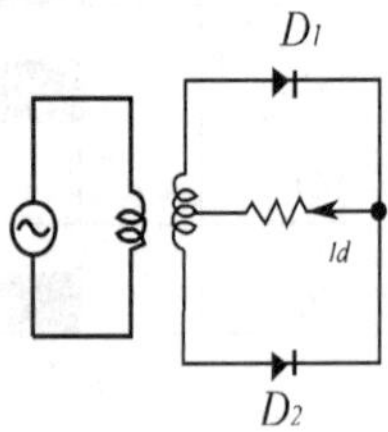

(1) 직류측 부하전압의 평균값은?

(2) 직류 부하전류의 평균값은?

(3) 교류 전류의 실효값은?

|계|산|및|정|답|

(1) 【계산】 교류 전압의 실효값 $E = \dfrac{E_m}{\sqrt{2}} = \dfrac{628}{\sqrt{2}} = 444.06[V]$

직류 부하전압의 평균값 $V_d = \dfrac{2\sqrt{2}}{\pi}E = \dfrac{2\sqrt{2}}{\pi}\times444.06 = 399.797[V]$

【정답】 399.797[V]

(2) 【계산】 $I_d = \dfrac{V_d}{R} = \dfrac{399.8}{20} = 19.99[A]$

【정답】 19.99[A]

(3) 【계산】 $I = \dfrac{E}{R} = \dfrac{\frac{628}{\sqrt{2}}}{20} = 22.2[A]$

【정답】 22.2[A]

03

출제 : 11년 • 배점 : 5점

수전전압 6600[V], 가공 전선로의 %임피던스가 58.5[%]일 때, 수전점의 3상 단락 전류가 7000[A]인 경우 기준용과 수전용 차단기의 차단용량은 얼마인가?

차단기의 정격용량[MVA]

10	20	30	50	75	100	150	250	300	400	500

(1) 기준용량

•계산 : •답 :

(2) 차단용량

•계산 : •답 :

|계|산|및|정|답|

(1) 【계산】 ① 기준용량 $P_n = \sqrt{3}\,VI_n[MVA]$ → (I_n : 정격전류, V : 공칭전압)

② 단락전류 $I_s = \frac{100}{\%Z}I_n$에서, 단락전류 $I_s = 7000[A]$, $\%Z = 58.5[\%]$

③ 정격전류 $I_n = \frac{\%Z}{100}I_s = \frac{58.5}{100} \times 7000 = 4095[A]$

∴기준용량 : $P_n = \sqrt{3}\,VI_n = \sqrt{3} \times 6600 \times 4095 \times 10^{-6} = 46.812[MVA]$ 【정답】 46.81[MVA]

(2) 【계산】 차단용량 $P_s = \frac{100}{\%Z}P_n = \frac{100}{58.5} \times 46.81 = 80.02[MVA]$ → (차단기의 정격용량 표에서 100[MVA] 선정)

【정답】 100[MVA]

|추|가|해|설|

•정격차단용량[MVA]= $\sqrt{3}$ ×공칭전압[kV]×단락전류[kA]

= $\sqrt{3}$ ×정격전압[kV]×정격차단전류[kA]

(차단기의 정격 차단전류는 단락전류보다 커야 한다.)

04

출제 : 11년 • 배점 : 5점

평균조도 500[lx] 전반 조명을 시설한 40[m^2]의 방이 있다. 이 방에 조명기구 1대당 광속 500[lm], 조명률 50[%], 유지율 80[%]인 등기구를 설치하려고 한다. 이때 조명기구 1대의 소비 전력을 70[W]라면 이방에서 24시간 연속 점등한 경우 하루의 전력량은 몇 [kWh]인가?

|계|산|및|정|답|

【계산】 전등수 $N = \frac{AED}{FU} = \frac{AE\frac{1}{M}}{FU} = \frac{500 \times 40 \times \frac{1}{0.8}}{500 \times 0.5} = 100[\text{등}] \rightarrow (D = \frac{1}{M})$

소비전력량 $W = Pt = 70 \times 100 \times 24 \times 10^{-3} = 168[\text{kWh}]$

【정답】 168[kWh]

05

출제 : 07, 11년 • 배점 : 5점

다음과 같이 전열기 Ⓗ와 전동기 Ⓜ간선에 접속되어 있을 때 간선 허용전류의 최소값과 과전류 차단기의 정격전류 최대값은 몇 [A]인가?(단, 수용률은 100[%]이며, 전동기의 기동계급은 표시가 없다고 본다.)

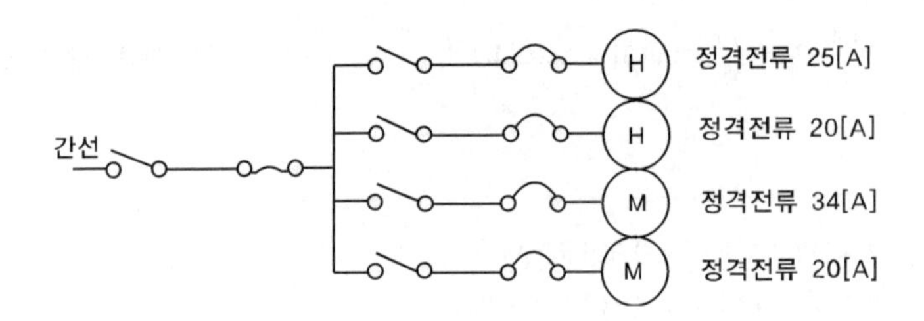

(1) 간선의 허용전류의 최소값 I_l

・계산 : ・답 :

(2) 과전류 차단기의 정격전류 I_n

・계산 : ・답 :

|계|산|및|정|답|

(1) 【계산】 전열기 전류의 합 $I_H = 25 + 20 = 45[A]$, 전동기 전류의 합 $I_M = 34 + 20 = 54[A]$

간선의 허용전류 $I_l = 1.1 \times \sum I_M + \sum I_H = 1.1 \times 54 + 45 = 104.4[A]$

【정답】 104.4[A]

(2) 【계산】 과전류차단기정격 $I_n = 3I_M + I_H = 3 \times 54 + 45 = 207[A]$

【정답】 207[A]

06

출제 : 11년 • 배점 : 5점

일반용 전기설비 및 자가용 전기설비에 있어서의 과전류 종류 2가지와 각각에 대한 용어의 정의를 쓰시오.

|계|산|및|정|답|

(1) 과부하 전류 : 기기에 대하여는 그 정격전류, 전선에 대하여는 그 허용전류를 어느 정도 초과하여 그 계속되는 시간을 합하여 생각하였을 때, 기기 또는 전선의 손상 방지상 자동차단을 필요로 하는 전류를 말한다.

(2) 단락 전류 : 전로의 선간이 임피던스가 적은 상태로 접촉되었을 경우에 그 부분을 통하여 흐르는 큰 전류를 말한다.

07

출제 : 11년 • 배점 : 5점

최대 사용 전압 360[kV]의 가공전선이 최대 사용 전압 161[kV] 가공 전선과 교차하여 시설되는 경우 양자간의 최소 이격거리는 몇 [m]인가?

|계|산|및|정|답|

【계산】 단수= $\frac{360-60}{10}=30$

따라서, 이격거리= $2+30\times0.12=5.6[m]$

【정답】 5.6[m]

|추|가|해|설|

[특고압 가공전선과 상호간 접근 또는 교차]

사용전압의 구분	이격거리
60[kV] 이하	2[m]
60[kV] 초과	· 이격거리 : 2+단수× 0.12[m] · 단수= $\frac{(전압[kV]-60)}{10}$ (단수 계산 시 소수점 이하는 절상)

08

출제 : 11년 • 배점 : 10점

다음 그림은 변전 설비의 단선 결선도이다. 물음에 답하시오.

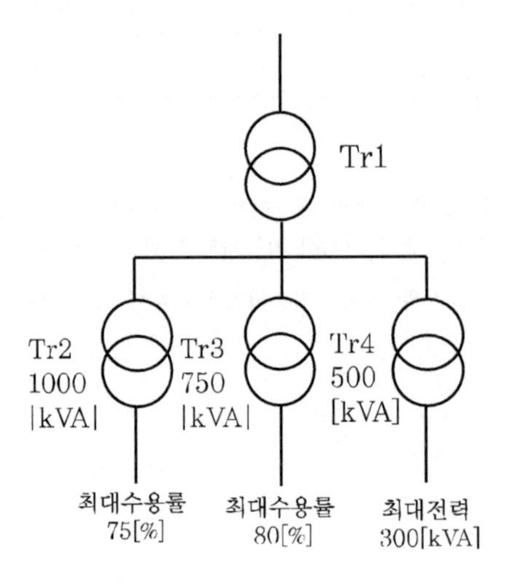

(1) 부등률 적용 변압기는?

(2) (1)항의 변압기에 부등률을 적용하는 이유를 변압기를 이용하여 설명하시오.

(3) 부등률 T_{r1}은 얼마인가? (최대 합성전력은 1375[kVA])

•계산 : •답 :

(4) 수용률의 의미는?

(5) 변압기 1차측에 설치할 수 있는 차단기 3가지를 쓰시오.

|계|산|및|정|답|

(1) T_{r1}

(2) 각변압기 간의 전력을 소비하는 시간이 달라 주 변압기의 합성 최대 수용전력이 각 변압기의 최대 수용전력의 합보다 작기 때문에 부등률을 적용한다.

(3) 【계산】 부동률 $= \dfrac{\text{각 개 최대수용전력의 합}}{\text{합성 최대수용전력}} = \dfrac{\text{설비용량} \times \text{수용률}}{\text{합성 최대수용전력}}$

$$\text{부동률} = \frac{1000 \times 0.75 + 750 \times 0.8 + 300}{1375} = 1.2$$

【정답】 1.2

(4) 설비용량에 대한 최대 수용전력의 비를 백분율로 나타낸 것을 말한다.

$$\text{수용률} = \frac{\text{최대수용전력}}{\text{설비용량}} \times 100[\%]$$

(5) 진공차단기, 공기차단기, 자기차단기, 가스차단기, 유입차단기 중 3가지

09

출제 : 11년 • 배점 : 5점

다음 논리 회로에 대한 물음에 답하시오.

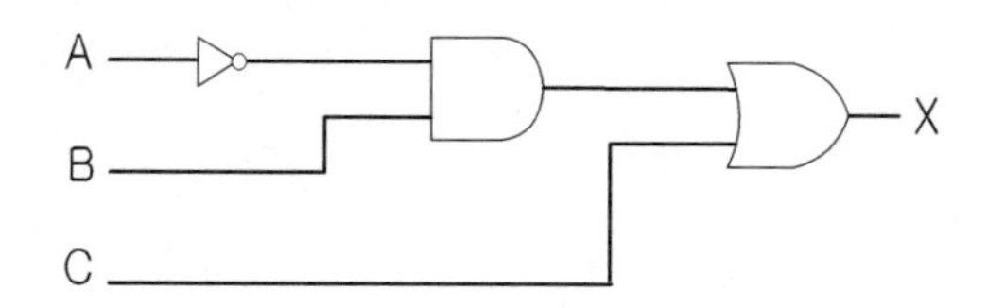

(1) NOR만의 회로를 그리시오.

(2) NAND만의 회로를 그리시오.

|계|산|및|정|답|

(1)

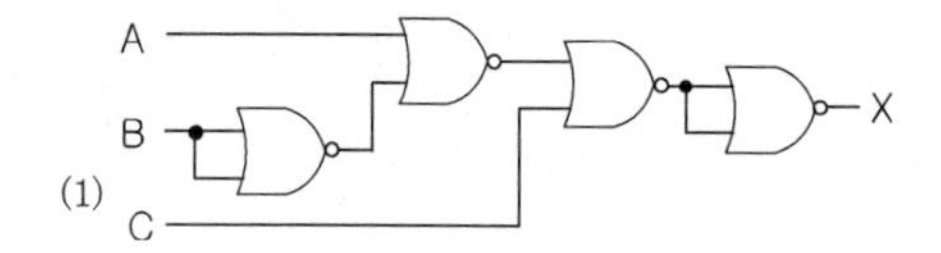

(2)

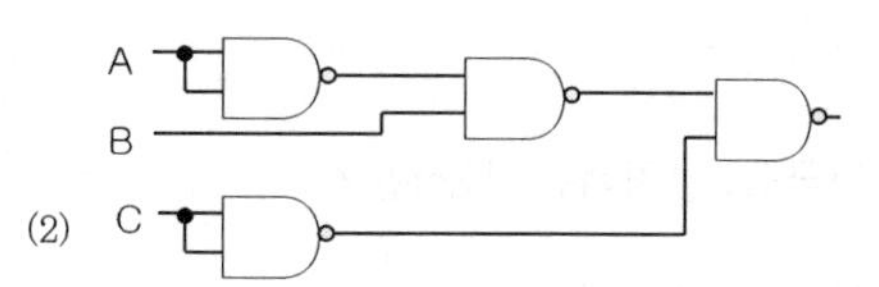

10

출제 : 11년 • 배점 : 5점

주상변압기의 고압측의 사용탭이 6600[V]일 때에 저압측의 전압이 97[V]였다. 저압측의 전압을 약 100[V]로 유지하기 위해서는 고압측의 사용탭은 얼마로 하여야 하는가? 단, 변압기의 정격 전압은 6600/105[V]이다.

·계산 : ·답 :

|계|산|및|정|답|

【계산】 고압측의 탭전압 $E_1 = \frac{V_1}{V_2} \times E_2 = \frac{6600}{100} \times 97 = 6402[V]$

∴ 탭전압의 표준값인 6300[V] 탭으로 선정한다. 【정답】 6300[V]

11

출제 : 11년 • 배점 : 8점

다음 그림은 전자식 접지 저항계를 사용하여 접지극의 접지저항을 측정하기 위한 배치도이다. 물음에 답하시오.

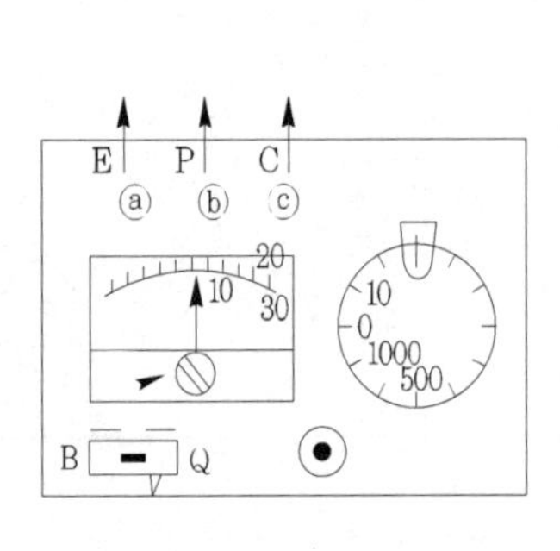

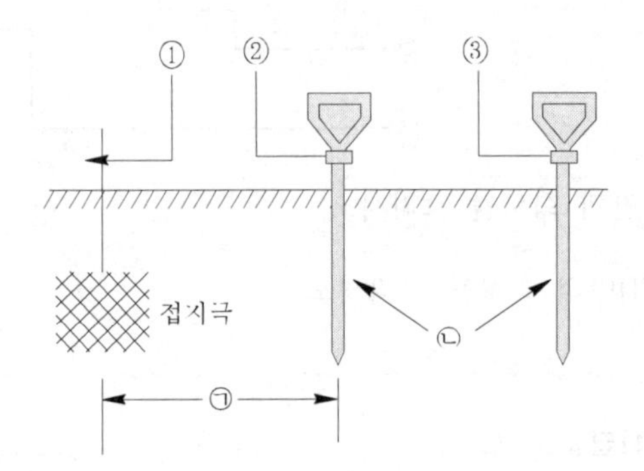

(1) 제2보조 접지극을 설치하는 목적은?

(2) ㉠과 ㉡의 설치 간격은 얼마인가?

(3) 그림에서 측정단자 접속은 어떻게 하는지 접속단자 명칭으로 답하시오.

(4) 접지극의 매설깊이는?

|계|산|및|정|답|

(1) 제2보조 접지전극은 전류를 공급하기 위하여 설치한다.

(2) ㉠ : 10[m]　　　㉡ : 10[m]

(3) ①⟹E(접지단자), ②⟹P(전압단자), ③⟹C(전류단자)

(4) 0.75[m] 이상

12 출제 : 11년 • 배점 : 5점

TV나 형광등과 같은 전기제품에서의 깜빡거림 현상을 플리커 현상이라 하는데 이 플리커 현상을 경감시키기 위한 전원측과 수용가측에서의 대책을 3가지씩 쓰시오.

(1) 전원측

(2) 수용가측

|계|산|및|정|답|

(1) 전원측

① 전용계통으로 공급한다. ② 공급 전압을 승압한다. ③ 단락 용량이 큰 계통에서 공급한다.

(2) 수용가측

① 직렬 콘덴서 설치 ② 부스터 설치 ③ 직렬 리액터 설치

|추|가|해|설|

[플리커 현상을 경감시키기 위한 전원측과 수용가측에서의 대책]

(1) 전원측에서의 대책

① 전용 계통으로 공급한다.

② 단락용량이 큰 계통에서 공급한다.

③ 전용 변압기로 공급한다.

④ 공급 전압을 승압한다.

(2) 수용가측에서의 대책

① 전원 계통에 리액터분을 보상하는 방법

- 직렬 콘덴서 방식
- 3권선 보상 변압기 방식

② 전압 강하를 보상하는 방법

- 부스터 방식
- 상호 보상 리액터 방식

③ 부하의 무효 전력 변동분을 흡수하는 방법

- 동기 조상기와 리액터 방식
- 사이리스터 이용 콘덴서 개폐방식
- 사이리스터용 리액터

④ 플리커 부하 전류의 변동분을 억제하는 방법

- 직렬 리액터 방식
- 직렬 리액터 가포화 방식 등이 있다.

13

출제 : 11년 • 배점 : 5점

지표면상 18[m] 높이의 수조가 있다. 이 수조의 25[m^3/min] 물을 양수하는데 필요한 펌프용 전동기의 소요 동력은 몇 [kW]인가? (펌프효율은 82[%]이고 여유계수는 1.1)

・계산 : ・답 :

|계|산|및|정|답|

【계산】 펌프용 전동기의 소요동력 $P=\frac{KHQ}{6.12\eta}=\frac{1.1\times 25\times 18}{6.12\times 0.82}=98.64[kW]$ 【정답】 98.64[kW]

|추|가|해|설|

① 펌프용 전동기의 용량 $P=\frac{9.8Q'[m^3/\text{sec}]HK}{\eta}[kW]=\frac{9.8Q[m^3/\text{min}]HK}{60\times\eta}[kW]=\frac{Q[m^3/\text{min}]HK}{6.12\eta}[\text{kW}]$

여기서, P : 전동기의 용량[kW], Q' : 양수량[m^3/sec], Q : 양수량[m^3/min]
H : 양정(낙차)[m], η : 펌프효율, K : 여유계수(1.1~1.2 정도)

② 권상용 전동기의 용량 $P=\frac{K\cdot W\cdot V}{6.12\eta}[KW]$ →(K : 여유계수, W : 권상 중량 [ton], V : 권상 속도[m/min], η : 효율)

③ 엘리베이터용 전동기의 용량 $P=\frac{KVW}{6120\eta}[kW]$

여기서, P : 전동기 용량[kW], η : 엘리베이터 효율, V : 승강속도[m/min]
W : 적재하중[kg](기계의 무게는 포함하지 않는다.), K : 계수(평형률)

14

출제 : 04, 11년 • 배점 : 5점

단상 유도 전동기에 대한 각 물음에 답하시오.

(1) 분상 기동형 단상 유도 전동기의 회전 방향을 바꾸려면 어떻게 하면 되는가?

(2) 기동방식에 따른 단상 유도전동기의 종류를 분상 기동형을 제외하고 3가지만 쓰시오.

(3) 단상 유도 전동기의 절연은 E종 절연물로 하였을 경우 허용 최고 온도는 몇 [$°C$]인가?

|계|산|및|정|답|

(1) 기동권선의 접속방향을 반대로 바꾸어 준다.
(2) 반발기동형, 콘덴서기동형, 세이딩코일형
(3) 120[$°C$]

|추|가|해|설|

(3) 절연의 종류

종류	Y종	A종	E종	B종	F종	H종	C종
최고사용온도(℃)	90	105	120	130	155	180	180 이상

15

출제 : 11년 • 배점 : 5점

불평형 부하의 제한에 관련된 다음 물음에 답하시오.

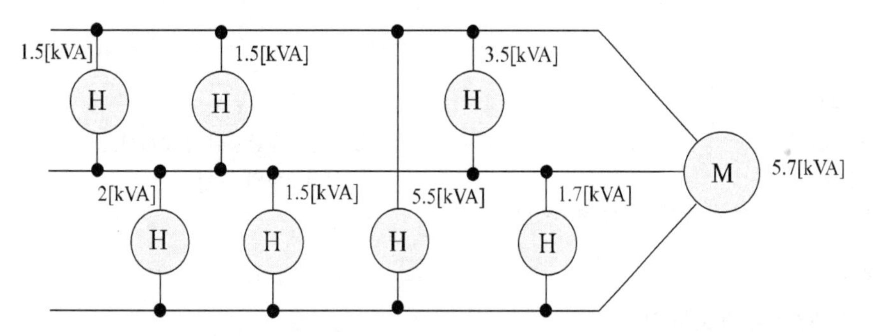

(1) 저압, 고압 및 특고압 수전의 3상 3선식 또는 3상4선식에서 불평형 부하의 한도는 단상 접속 부하로 계산하여 설비 불평형률을 몇 [%] 이하로 하는 것을 원칙으로 하는가?

(2) (1)항 문제의 제한 원칙에 따르지 않아도 되는 경우를 4가지 쓰시오.

(3) 부하 설비가 그림과 같을 때 설비 불평형률은 몇 [%]인가?

·계산 : ·답 :

|계|산|및|정|답|

(1) 30[%]

(2) ① 저압 수전에서 전용 변압기 등으로 수전하는 경우

② 고압 및 특별 고압 수전에서 100[kVA] 이하의 부하인 경우

③ 특별고압 및 고압 수전에서는 단상 부하 용량의 최대와 최소의 차가 100[kVA](KW) 이하인 경우

④ 특별고압 수전에서는 100[kVA](KW) 이하의 단상 변압기 2대로 역V결선하는 경우

(3) 【계산】 설비 불평형률 $= \dfrac{\text{각 선간에 접속되는 단상 부하설비용량}[kVA]\text{의 최대와 최소의 차}}{\text{총 부하설비용량}[kVA] \times \dfrac{1}{3}}$

$$= \frac{(3.2+1.5+1.5)-(2+1.5+1.7)}{(1.5+1.5+3.5+5.7+2+1.5+5.5+1.7)\times\dfrac{1}{3}} \times 100 = 17.03[\%]$$

【정답】 17.03[%]

|추|가|해|설|

① 저압 수전의 단상3선식

$$\text{설비불평형률} = \frac{\text{중성선과 각 전압측 전선간에 접속되는 부하설비용량}[kVA]\text{의 차}}{\text{총 부하 설비 용량}[kVA]\text{의}1/2} \times 100[\%]$$

여기서, 불평형률은 40[%] 이하이어야 한다.

② 저압, 고압 및 특별고압 수전의 3상3선식 또는 3상4선식

$$\text{설비불평형률} = \frac{\text{각 선간에 접속되는 단상 부하설비용량}[kVA]\text{의 최대와 최소의 차}}{\text{총 부하 설비 용량}[kVA]\text{의 } 1/3} \times 100[\%]$$

여기서, 불평형률은 30[%] 이하여야 한다.

16 출제 : 11년 • 배점 : 5점

유입 변압기와 비교한 몰드 변압기의 장점 5가지를 쓰시오.

|계|산|및|정|답|

① 난연성이 우수하다.
② 내습, 내진성이 양호하다.
③ 소형, 경량화 할 수 있다.
④ 전력손실이 적다.
⑤ 절연유를 사용하지 않으므로 유지보수가 용이하다.

|추|가|해|설|

[유입, 건식, 몰드 변압기의 특성 비교]

구분	몰드	건식	유입
기본 절연	고체	기체	액체
절연 구성	에폭수지+무기물충전제	공기, MICA	크레프크지 광유물
내열 계급	B종 : 120[℃] F종 : 150[℃]	H종 : 180[℃]	A종 : 105[℃]
권선 허용온도 상승 한도	금형방식 : 75[℃] 무금형방식 : 150[℃]	120[℃]	절연유 : 55[℃] 권선 : 50[℃]
단시간 과부하 내량	200[%] 15분	150[%] 15분	
전력 손실	작다	작다	크다
소음	중	대	소
연소성	난연성	난연성	가연성
방재 안정성	매우 강함	강함	개방형-흡습가능
내습 내진성	흡습 가능	흡습 가능	강함
단락 강도	강함	강함	매우 강함
외형 치수	소	대	대
중량	소	중	대
충격파 내 전압 (22[kV]의 경우)	95[kV]	95[kV]	150[kV]
초기 설치비	×	×	○
운전 경비	○	○	×

17

출제 : 07, 11, 19년 • 배점 : 5점

피뢰기에 흐르는 정격방전전류는 변전소의 차폐유무와 그 지방 연간 뇌우 발생 일수와 관계되나 모든 요소를 고려한 경우 일반적인 시설장소별 적용할 피뢰기의 공칭 방전전류를 쓰시오.

공칭방전전류	설치장소	적 용 조 건
①	변전소	·154[kV] 이상인 계통 ·66[kV] 및 그 이하의 계통에서 뱅크용량이 3000[kVA] 초과하거나 특히 중요한 곳 ·장거리 송전케이블(배전선로 인출용 단거리 케이블은 제외) 및 정전축 전기 뱅크를 개폐하는 곳 ·배선전로를 인출측(배전 간선 인출용 장거리 케이블은 제외)
②	변전소	·66[kV] 및 그이하의 계통에서 뱅크용량이 3000[kVA] 이하인 곳
③	선로	·배전선로

|계|산|및|정|답|

공칭방전전류	설치장소	적 용 조 건
① 10,000[A]	변전소	·154[kV] 이상인 계통 ·66[kV] 및 그 이하의 계통에서 뱅크용량이 3000[kVA] 초과하거나 특히 중요한 곳 ·장거리 송전케이블(배전선로 인출용 단거리 케이블은 제외) 및 정전축 전기 뱅크를 개폐하는 곳 ·배선전로를 인출측(배전 간선 인출용 장거리 케이블은 제외)
② 5,000[A]	변전소	·66[kV] 및 그이하의 계통에서 뱅크용량이 3000[kVA] 이하인 곳
③ 2,500[A]	선로	·배전선로

|추|가|해|설|

[설치장소별 피뢰기 공칭 방전전류]

공칭방전전류	설치장소	적 용 조 건
10,000[A]	변전소	·154[kV] 이상인 계통 ·66[kV] 및 그 이하의 계통에서 뱅크용량이 3000[kVA] 초과하거나 특히 중요한 곳 ·장거리 송전케이블(배전선로 인출용 단거리 케이블은 제외) 및 정전축 전기 뱅크를 개폐하는 곳 ·배선전로를 인출측(배전 간선 인출용 장거리 케이블은 제외)
5,000[A]	변전소	·66[kV] 및 그이하의 계통에서 뱅크용량이 3000[kVA] 이하인 곳
2,500[A]	선로	·배전선로

【주】 전압 22.9[kV-Y] 이하(22[kV] 비접지 제외)의 배전선로에 수정하는 설비의 피뢰기 공칭방전전류는 일반적으로 2,500[A]의 것을 적용한다.

18

출제 : 11년 • 배점 : 7점

태양광 발전의 장점 5가지와 단점 2가지를 쓰시오.

|계|산|및|정|답|

[장점]

- 에너지원이 청정하고 무제한이다.
- 필요한 장소에서 필요한 양만 발전이 가능하다.
- 유지 보수가 용이하고 무인화가 가능하다.
- 수명이 길다.
- 건설기간이 짧아 수요 증가에 신속한 대응이 가능하다.

[단점]

- 전력생산이 지역별 일사량에 의존된다.
- 에너지 밀도가 낮아 큰 설치면적이 필요하다.
- 설치장소가 한정적이고 시스템 비용이 고가이다.
- 일사량 변동에 따른 출력이 불안정하다.
- 초기 투자비와 발전단가가 높다.

03 2011년 전기기사 실기

01

출제 : 11년 • 배점 : 5점

눈부심이 있는 경우 작업능률의 저하, 재해 발생, 시력의 감퇴 등이 발생하므로 조명설계의 경우 이 눈부심을 적극 피할 수 있도록 고려하여야 한다. 눈부심을 일으키는 원인 5가지만 쓰시오.

|계|산|및|정|답|

① 고휘도의 광원
② 반사 및 투과면
③ 순응의 결핍
④ 눈에 입사하는 광속의 과다
⑤ 시선 부근에 노출된 광원
⑥ 물체와 그 주위 사이의 고휘도 대비
⑦ 눈부심을 주는 광원을 오래 주시할 경우

|추|가|해|설|

[눈부심(글레어)]
시야 안에 고휘도 광원이나 강한 휘도대비가 있으면 글레어를 만든다. 이 눈부심을 원인으로 보면 배경이 어둡고, 광원의 휘도가 클수록, 광원이 시선에 가까울수록, 광원의 크기가 클수록 눈부심이 강하다. 눈부심의 원인으로 인하여 생기는 것으로는 시선근처 고휘도 광원에 의한 눈부심으로 대상물이 보이지 않게 되는 감능글레어와 글레어에 의해 심리적으로 영향을 주거나 피로감이 커지게 되는 불쾌글레어를 갖지 않도록 해야 한다.

02

출제 : 11년 • 배점 : 4점

가공선로의 이도(Dip)가 너무 크거나 너무 작을 경우 전선로에 미치는 영향을 4가지만 쓰시오.

|계|산|및|정|답|

① 이도의 대소는 지지물의 높이(크기)를 좌우한다.
② 이도가 너무 작으면 전선의 장력이 증가하여 전선의 단선의 우려가 있다.
③ 이도가 너무 크면 사용전선의 길이가 증가하여 전선비용이 증가한다.
④ 이도가 너무 크면 전선의 진동이 증가하여 다른 상전선이 접촉하거나 수목에 접촉, 지락고장의 발생위험이 있다.

03

출제 : 11년 • 배점 : 5점

대용량 변압기의 이상이나 고장 등을 확인 또는 감시할 수 있는 변압기 보호 장치를 5가지 쓰시오.

|계|산|및|정|답|

① 비율차동계전기
② 부흐홀쯔계전기
③ 충격압력 계전기
④ 가스검출 계전기
⑤ OLTC보호 계전기

04

출제 : 11년 • 배점 : 3점

옥내에 시설하는 전체 조명용 전등은 부분조명이 가능하도록 등기구수 몇 개 이내의 전등군으로 구분하여 전등군마다 점멸이 가능하도록 하여야 하는가?

|계|산|및|정|답|

【정답】 6등

|추|가|해|설|

[점멸장치와 타임스위치 등의 시설]
공장, 사무실, 학교, 병원, 상점 기타 많은 사람이 함께 사용하는 장소에 시설하는 전체 조명용 전등은 부분 조명이 가능하도록 등기구 6개 이내의 전등군마다 점등이 가능하도록 해야 한다.

05

출제 : 11년 • 배점 : 5점

1000[lm]을 복사하는 전등 10개를 100[m^2]의 사무실에 설치하였다. 조명률을 0.5, 감광 보상률을 1.5라고 하면 평균 조도는 몇 [lx] 인가?

|계|산|및|정|답|

【계산】 평균조도 $E=\frac{NFU}{AD}=\frac{10\times1000\times0.5}{100\times1.5}=33.333$

여기서, D : 감광보상률, M : 유지율(보수율) → $(D=\frac{1}{M})$

【정답】 33.33[lx]

06

출제 : 11년 • 배점 : 5점

그림과 같은 변전소의 2중모선으로 공급하는 설비에서 평상시에 No1 T/L은 A모선에서, No2 T/L은 B모선에서 공급하고, 모선연락용 CB는 개방되어 있다.

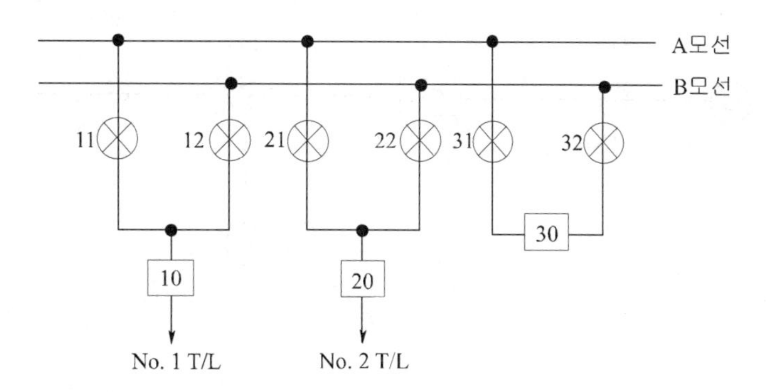

(1) B모선을 점검하기 위하여 절체하는 순서는? (단, 10-OFF, 20-ON 등으로 표시)

(2) B모선을 점검 후 원상복귀하는 조작순서는? (단, 10-OFF, 20-ON 등으로 표시)

(3) 10, 20, 30에 대한 기기의 명칭은?

(4) 11, 12에 대한 기기의 명칭은?

(5) 2중 모선의 장점은?

|계|산|및|정|답|

(1) 32-ON, 31-ON, 30-ON, 21-ON, 22-OFF, 30-OFF, 32-OFF, 31-OFF
(2) 31-ON, 32-ON, 30-ON, 22-ON, 21-OFF, 30-OFF, 31-OFF, 32-OFF
(3) 차단기
(4) 단로기
(5) 모선 점검 또는 고장 시 부하에 무정전으로 전원을 공급할 수 있도록 공급 신뢰도가 향상된다.

|추|가|해|설|

단로기는 부하전류의 개폐가 곤란하다. 따라서, A, B 모선을 병렬로 접속하면 A, B 모선의 전압이 동일하게 되어 단로기 11, 12, 21, 22 개폐 시에도 단로기는 전류가 흐르지 않는다.

07

출제 : 11년 • 배점 : 8점

그림과 같은 송전계통이 있다. S점에서 3상 단락사고가 발생하였을 경우 주어진 도면과 조건을 참조하여 발전기, 변압기(T_1), 송전선 및 조상기의 %리액턴스를 기준용량 100[MVA]로 환산하시오.

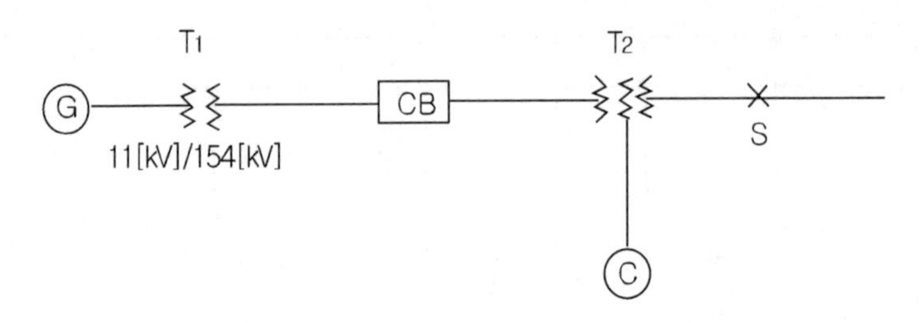

·계산 : ·답 :

〈조건〉

번호	기기명	용량	전압	%X
1	발전기(G)	50,000[kVA]	11[kV]	30
2	변압기(T_1)	50,000[kVA]	11/54[kV]	12
3	송전선		154[kV]	10(10,000[kVA])
4	변압기(T_2)	1차 25,000[kVA]	154[kV]	12(25,000[kVA], 1차~2차)
		2차 30,000[kVA]	77[kV]	15(25,000[kVA], (2차~3차))
		3차 10,000[kVA]	11[kV]	10.8(10,000[kVA], (3차~1차))
5	조상기(C)	10,000[kVA]	11[kV]	20(10,000[kVA])

|계|산|및|정|답|

【계산】 $\%X = \dfrac{\text{기준용량}[kVA]}{\text{자기용량}[kVA]} \times \text{자기용량 기준}\%X$

발전기 $\%X_G = \dfrac{100}{50} \times 30 = 60[\%]$ 【정답】 60[%]

T1변압기 $\%X_T = \dfrac{100}{50} \times 12 = 24[\%]$ 【정답】 24[%]

송전선 $\%X_l = \dfrac{100}{10} \times 10 = 100[\%]$ 【정답】 10[%]

조상기 $\%Z_C = \dfrac{100}{10} \times 20 = 200[\%]$ 【정답】 200[%]

08

출제 : 11년 • 배점 : 5점

배전선로 사고 종류에 따라 보호장치 및 보호조치를 다음 표의 ①~②까지 답하시오. (단, ①, ②는 보호장치임)

	사고 종류	보호장치 및 보호조치
고압 배전선	접지사고	①
	과부하, 단락사고	②
	뇌해사고	피뢰기, 가공지선
주상 변압기	과부하, 단락사고	고압 퓨즈
저압 배전선	고저압 혼촉	접지공사
	과부하, 단락사고	저압퓨즈

|계|산|및|정|답|

① 접지(지락) 계전기　　② 과전류 계전기

09

출제 : 11년 • 배점 : 8점

부하전력이 4,000[kW], 역률 80[%]인 부하에 전력용 콘덴서 1,800[kVA]를 설치하였다. 이때 다음 각 물음에 답하시오.

(1) 역률은 몇 [%]로 개선되었는가?

(2) 부하설비 역률이 90[%] 이하일 경우 (즉, 낮을 경우) 수용가 측면에서 어떤 손해가 있는지 3가지만 쓰시오.

(3) 전력용 콘덴서와 함께 설치되는 방전 코일과 직렬 리액터의 용도를 간단히 설명하시오.

|계|산|및|정|답|

(1) 【계산】 역률 $= \dfrac{\text{유효전력}}{\sqrt{\text{유효전력}^2 + (\text{무효전력} - \text{콘덴서 용량})^2}}$

무효전력 $Q = \dfrac{4000}{0.8} \times 0.6 = 3000[\text{kVar}]$

역률 $\cos\varnothing = \dfrac{4000}{\sqrt{4000^2 + (3000-1800)^2}} \times 100 = 95.78[\%]$

【정답】 95.78[%]

(2) ① 전력손실 증가　② 전압강하(율) 증가　③ 전기요금 증가

(3) ① 방전코일 : 개로 후 콘덴서의 잔류 전하를 방전시켜 인체의 감전사고를 방지. 이상전압을 억제하여 전력용 콘덴서를 보호.

② 직렬리액터 : 제5고조파를 억제하여 파형이 일그러지는 것을 방지. 재투입시의 돌입전류를 억제하여 전력용 콘덴서를 보호

10 출제 : 11년 • 배점 : 12점

아래 도면은 어느 수전설비의 단선결선도이다. 도면을 보고 다음의 물음에 답하시오

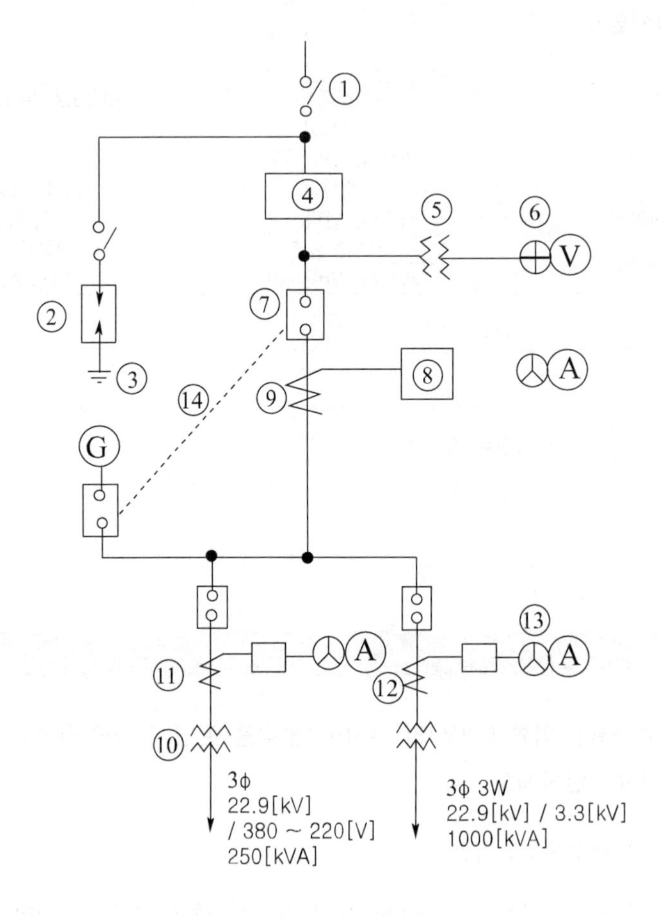

(1) ①, ②, ④, ⑤, ⑥, ⑦, ⑧, ⑨, ⑬의 명칭을 쓰시오.

(2) ⑭번 부분의 점선 역할은 어떠한 관계인가, 간단히 설명하시오.

(3) ②, ⑤, ⑧의 역할을 쓰시오.

(4) ⑪, ⑫의 1차, 2차 전류는? (단, CT 정격 전류는 부하 정격 전류의 1.5배로 한다.)

•계산 : •답 :

(5) ⑪번 비(Ratio)를 선정하는 방법과 정격값을 선정하시오.

(6) ⑩번 변압기의 2차측 결선방식은 무슨 결선인가?

|계|산|및|정|답|

(1) ① 전력퓨즈　② 피뢰기　④ 전력수급용 계기용 변성기
⑤ 계기용 변압기　⑥ 전압계용 절환개폐기　⑦ 교류차단기
⑧ 과전류 계전기　⑨ 변류기　⑬ 전류계용 절환개폐기,

(2) 인터록(Interlock) : 상용 전원과 예비 전원의 동시 투입을 방지한다.

(3) ② : 뇌전류를 대지에 방전　⑤ : 1차 고전압을 2차 정격전압 110[V]로 변성
⑧ : 과전류를 검출하여 차단기를 트립

(4) 【계산】 $I = \frac{P}{\sqrt{3} \times V_n} = \frac{250}{\sqrt{3} \times 22.9} = 6.30296 \quad \therefore 6.3[A]$

$6.3 \times 1.5 = 9.45[A]$이므로 변류비 10/5 선정, $\therefore I_2 = \frac{250}{\sqrt{3} \times 22.9} \times \frac{5}{10} = 3.15[A]$,

【정답】 1차 전류 6.3[A], 2차 전류 3.15[A]

(5) 6.3[A]에 1.25 ~ 1.5배 정도의 여유를 준 다음, 정격값을 선정한다.

(6) Y결선

11

출제 : 11년 • 배점 : 5점

3상3선식 송전선로가 있다. 수전단 전압이 60[kV], 역률 80[%], 전력손실률이 10[%]이고, 저항은 0.3[Ω/km], 리액턴스는 0.4[Ω/km], 선로의 길이는 20[km]일 때, 송전단 전압은 몇 [V]인가?

|계|산|및|정|답|

【계산】 전력손실률 $\eta = \frac{P_l}{P} \times 100 = \frac{3I^2 R}{\sqrt{3}\, VI\cos\theta} \times 100 = \frac{\sqrt{3}\, IR}{V\cos\theta} \times 100$에서

$I = \frac{\eta \times V\cos\theta}{\sqrt{3}\, R \times 100} = \frac{10 \times 60,000 \times 0.8}{\sqrt{3} \times 0.3 \times 20 \times 100} = 461.8802[A]$

3상3선식 전압강하 $e = \sqrt{3}\, I(r\cos\theta + x\sin\theta)$

$= \sqrt{3} \times 461.88 \times (0.3 \times 20 \times 0.8 + 0.4 \times 20 \times 0.6) = 7679.996 \fallingdotseq 7680[V]$

송전단전압 $V_s = V_r + e = 60,000 + 7,680 = 67,680[V]$

【정답】 67.68[kV]

12
출제 : 11년 • 배점 : 8점

최대 사용전압이 154,000[V]인 중성정 직접 접지식 전로의 절연내력 시험전압은 몇 [V]인가?

|계|산|및|정|답|

【계산】 절연내력시험전압 = 최대사용전압×0.72 = 154,000×0.72=110,880[V] 【정답】 110,880[V]

|추|가|해|설|

[전로의 절연저항 및 절연내력]

전로의 종류	접지방식	시험 전압 (최대 사용전압 배수)	최저 시험 전압
7[kV] 이하		1.5배	
7[kV] 초과 25[kV] 이하	다중접지	0.92배	
7[kV] 초과 60[kV] 이하	다중접지 이외	1.25배	10,500[V]
60[kV] 초과	비접지	1.25배	
	접지식	1.1배	75[kV]
	직접접지	0.72배	
170[kV] 초과	직접접지	0.64배	

13
출제 : 11년 • 배점 : 5점

어떤 변전소의 공급구역내에 있는 수용가의 총설비부하용량은 전등 600 [kW], 동력 1000[kW]라고 한다. 각 수용가의 수용률은 50[%]이고, 각 수용가 간의 부등률은 전등 1.2, 동력 1.5이며 전등과 동력 상호간의 부등률은 1.4이라고 하면 여기에 공급되는 변전시설용량은 몇 [kVA]인가? (단, 부하 전력손실은 5[%]로 하며, 역률은 1로 계산한다.)

·계산 : ·답 :

|계|산|및|정|답|

【계산】 $T_r = \frac{\text{설비용량} \times \text{수용률}}{\text{부등률} \times \text{역률}} = \frac{\frac{600 \times 0.5}{1.2} + \frac{1,000 \times 0.5}{1.5}}{1.4} \times (1+0.05) = 437.5[\text{kVA}]$ 【정답】 437.5[kVA]

14

출제 : 11년 • 배점 : 5점

축전지 설비의 부하전류-방전시간 특성곡선이 그림과 같을 때, 주어진 조건을 이용해 필요한 축전지의 용량을 구하시오 (단, $K_1 = 1.45$, $K_2 = 0.69$, $K_3 = 0.25$이고 보수율은 0.8이다)

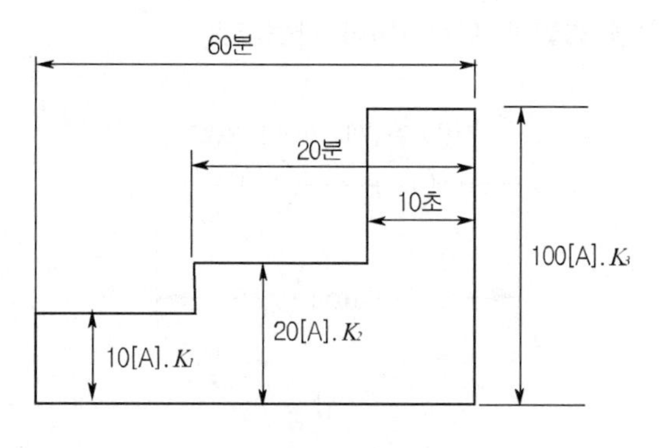

|계|산|및|정|답|

【계산】 축전지의 용량은 방전특성곡선의 면적을 구하면 된다.

$$C = \frac{1}{L}(K_1 I_1 + K_2(I_2 - I_1) + K_3(I_3 - I_2))$$

$$= \frac{1}{0.8}[(1.45 \times 10 + 0.69 \times (20-10) + 0.25 \times (100-20)] = 51.75[\text{Ah}]$$

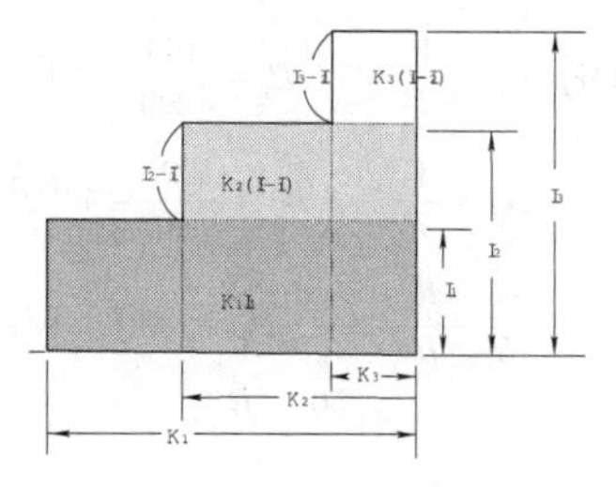

【정답】 51.75[Ah]

|추|가|해|설|

축전지용량 $C = \frac{1}{L}[K_1 I_1 + K_2(I_2 - I_1) + K_3(I_3 - I_2)]$[Ah]

여기서, C : 축전지 용량[Ah], L : 보수율(축전지 용량 변화에 대한 보정값), K : 용량 환산 시간, I : 방전 전류[A]

15

출제 : 11년 • 배점 : 5점

다음 그림과 같이 L_1 전등은 100[V] 200[W], L_2전등은 100[V] 250[W]이며, 직렬접속하고 200[V]를 인가하였을 때, L_1, L_2 전등에 걸리는 전압을 동일하게 유지하기 위하여 어느 전등에 몇 [Ω]의 저항을 병렬로 설치하여야 하는가?

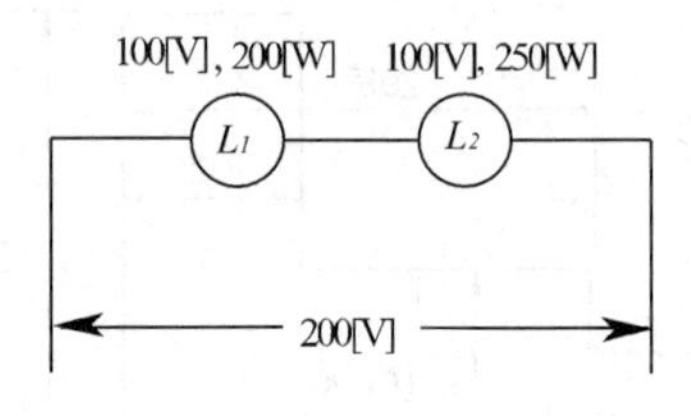

·계산 : ·답 :

|계|산|및|정|답|

【계산】 $R_1 = \dfrac{V^2}{P_1} \rightarrow R_1 = \dfrac{100^2}{200} = 50[\Omega]$]

$R_2 = \dfrac{V^2}{P_2} \rightarrow R_2 = \dfrac{100^2}{250} = 40[\Omega]$에서 R_1의 값을 $40[\Omega]$으로 낮추어야 하므로

$\dfrac{R_1 \times R}{R_1 + R} = \dfrac{1}{\dfrac{1}{50} + \dfrac{1}{R}} = 40[\Omega]$에서 $R = 200[\Omega]$이 된다.

【정답】 L_1 전등에 $200[\Omega]$의 저항을 병렬로 설치한다.

|추|가|해|설|

·저항의 직렬접속 : 합성저항값은 증가
·저항의 병렬접속 : 합성저항값은 감소

16

출제 : 11년 • 배점 : 4점

다음의 논리회로를 AND, OR, NOT 만의 소자로 등가회로를 그리고, 논리식을 쓰시오.

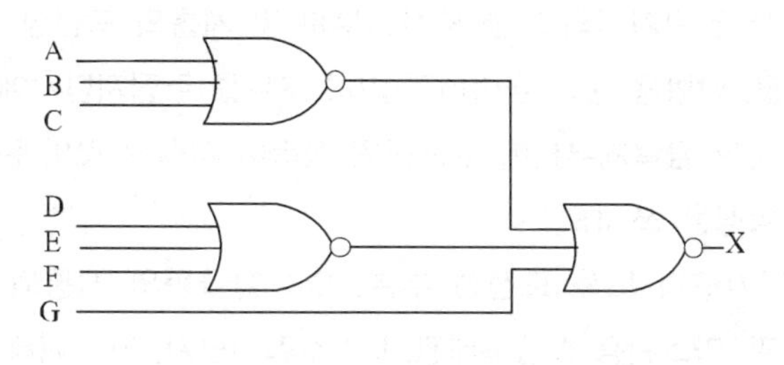

|계|산|및|정|답|

논리식 : $X=\overline{\overline{(A+B+C)}+\overline{(D+E+F)}+G}=(A+B+C)\cdot(D+E+F)\cdot\overline{G}$

등가회로 :

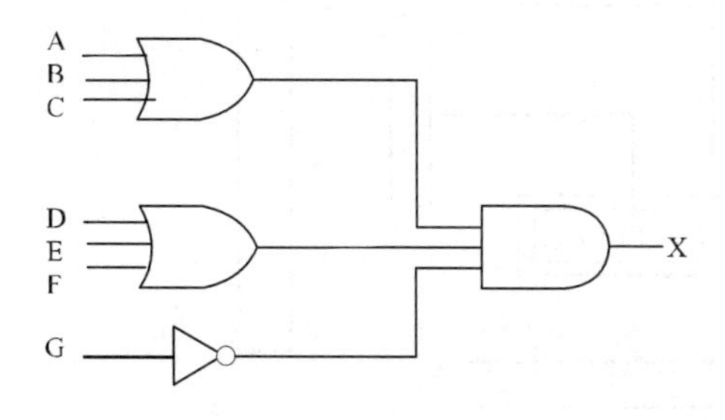

17

출제 : 11년 • 배점 : 5점

1개의 건축물에는 그 건축물 대지전위의 기준이 되는 접지극, 접지선 및 주접지단자를 그림과 같이 구성한다. 건축물내 전기기기의 노출 도전성부분 및 계통외 도전성 부분(건축구조물의 금속제 부분 및 가스, 물, 난방용 등의 금속배관설비) 모두를 주접지단자에 접속한다. 이것에 의해 하나의 건축물내 모든 금속제부분에 주등전위 접속이 시설된 것이 된다. 다음 그림에서 ①, ②, ③, ④, ⑤의 명칭을 쓰시오.

단, 그림에서 M : 전기기구의 노출 도전성 부분, C : 철골등의 계통외 도전성 부분

P : 수도관, 가스관등의 금속배관, B : 주접지단자, ⑩ : 기타기기(예, 통신설비)

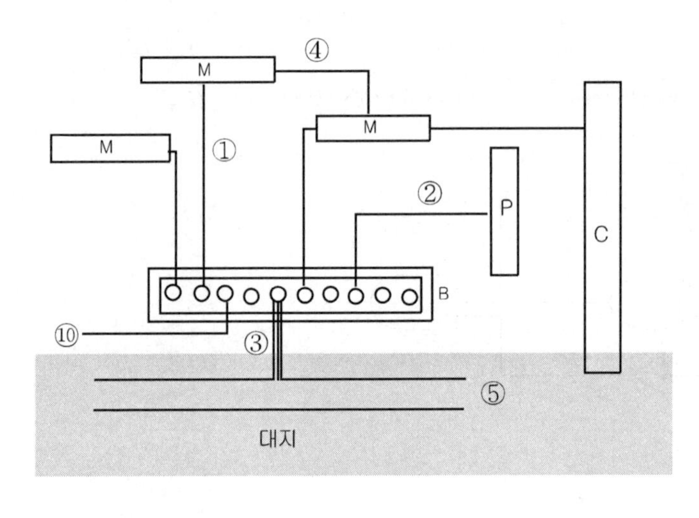

|계|산|및|정|답|

① : 보호선(PE) ② : 주등전위 접속용 선 ③ : 접지선

④ : 보조등전위 접속용 선 ⑤ : 접지극

1 : 보호선(PE)
2 : 주등전위 접속용선
3 : 접지선
4 : 보조 등전위 접속용선
10 : 기타 기기(예:통신설비)
B : 주 접지단자
M : 전기기구의 노출 도전성 부분
C : 철골등의 계통외 도전성 부분
P : 수도관, 가스관등의 금속배관
T : 접지극

18

출제 : 11년 • 배점 : 5점

다음 그림과 같이 외등 3개를 거실, 현관, 대문의 3장소에서 각각 점멸할 수 있도록 한다. 아래 번호의 전선가닥수를 쓰고 각 점멸기의 기호를 그리시오.

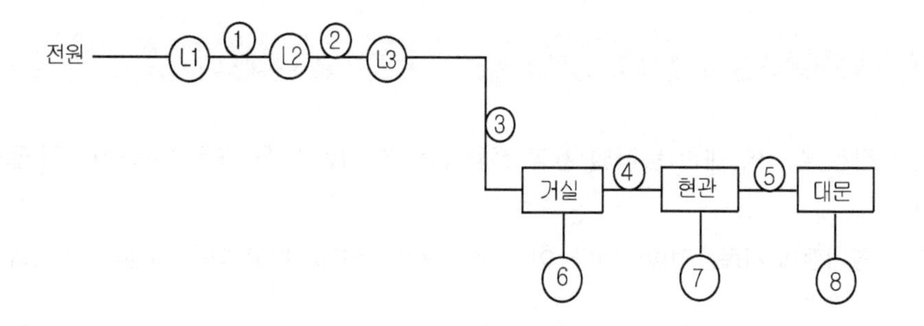

(1) ①~⑤까지 전선가닥수를 쓰시오.

(2) ⑥~⑧까지 점멸기의 전기기호를 그리시오.

|계|산|및|정|답|

(1) ① 3가닥　② 3가닥　③ 2가닥　④ 3가닥　⑤ 3가닥

(2) ⑥ ●$_{3}$　⑦ ●$_{4}$　⑧ ●$_{3}$

|추|가|해|설|

[점멸기 기호]

① 용량의 표시 방법
- 10[A]는 방기하지 않는다.
- 15[A] 이상은 전류값을 방기한다. 보기 ●$_{15A}$

② 극수의 표시 방법 :
- 단극은 방기하지 않는다.
- 2극 또는 3로, 4로는 각각 2P 또는 3, 4의 숫자를 방기한다. 보기 ●$_{2P}$　●$_{3}$

③ 방수형 WP 방기 ●$_{WP}$

④ 방폭형 EX 방기 ●$_{EX}$

⑤ 플라스틱은 P를 방기 ●$_{P}$

⑥ 타이머 붙이는 T를 방기 ●$_{T}$

01 2010년 전기기사 실기

01 출제 : 10년 • 배점 : 7점

어떤 인텔리전트 빌딩에 대한 등급별 추정 전원 용량에 대한 다음 표를 이용하여 각 물음에 답하시오.

다음 회로는 환기팬의 자동운전회로이다. 이 회로와 동작 개요를 보고 다음 각 물음에 답하시오.

〈동작설명〉

① 연속 운전을 할 필요가 없는 환기용 팬 등의 운전회로에서 기동버튼에 의하여 운전을 개시하면 그 다음에는 자동적으로 운전 정지를 반복하는 회로이다.

② 누름 버튼 PB_1를 'ON' 조작하면 타이머 T_1의 설정 시간만 환기팬이 운전하고 자동적으로 정지한다. 그리고 타임머 T_2의 설정 시간에만 정지하고 재차 자동적으로 운전을 개시한다.

③ 운전 도중에 환기팬을 정지시키려고 할 경우에는 버튼스위치 PB_2를 'ON' 조작하여 행한다.

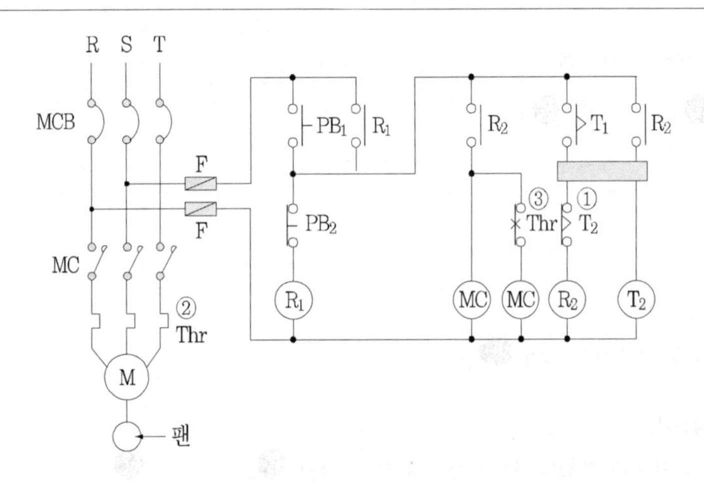

(1) 제시한 동작설명에 맞게 미완성 회로의 □ 부분을 도면에 완성하시오.

(2) ①로 표시된 접점기호 (T_2)의 명칭과 동작을 설명하시오.

(3) THR과 Thr로 표시된 ②와 ③의 명칭과 동작원리를 설명하시오.

|계|산|및|정|답|

(1)

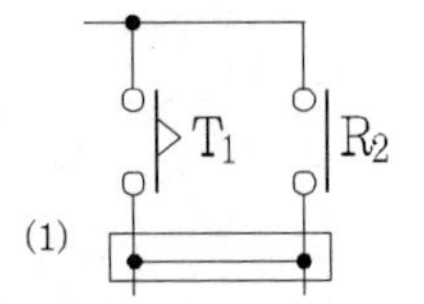

(2) 【명칭】 한시 동작 순시 복귀 b접점

【동작】 : 입력신호로 여자되면 일정시간 후에 개로되고, 입력신호가 소자되면 즉시 폐로된다.

(3) ② 【명칭】 열동계전기

【동작원리】 일정 전류 이상의 전류가 흐르는 경우 바이메탈이 활곡하여 동작한다.

③ 【명칭】 순시동작 수동복귀 b접점

【동작원리】 열동계전기에 의하여 동작한다.

02

출제 : 22, 10년 • 배점 : 6점

그림과 같이 높이 5[m]의 점에 있는 백열전등에서 광도 12500[cd]]의 빛이 수평 거리 7.5[m]의 점 P에 주어지고 있다. [표1] [표2]를 이용하여 다음 각 물음에 답하시오.

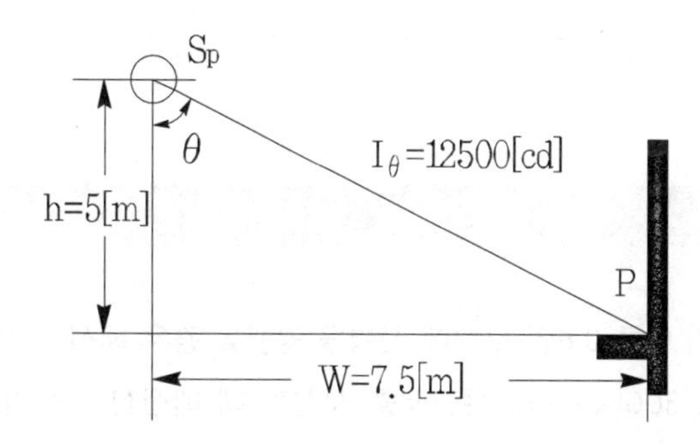

[표1] W/h에서 구한 $\cos^2\theta\sin\theta$의 값

W	0.1h	0.2h	0.3h	0.4h	0.5h	0.6h	0.7h	0.8h	0.9h	1.0h	1.5h	2.0h	3.0h	4.0h	5.0h
$\cos^2\theta\sin\theta$	.099	.189	.264	.320	.358	.378	.385	.381	.370	.354	.256	.179	.095	.057	.038

[표2] W/h에서 구한 $\cos^3\theta$의 값

W	0.1h	0.2h	0.3h	0.4h	0.5h	0.6h	0.7h	0.8h	0.9h	1.0h	1.5h	2.0h	3.0h	4.0h	5.0h
$\cos^3\theta$	.985	.943	.879	.800	.716	.631	.550	.476	.411	.354	.171	.089	.032	.014	.008

(1) P점의 수평면 조도를 구하시오.

(2) P점의 수직면 조도를 구하시오.

|계|산|및|정|답|

(1) 【계산】 수평면 조도

그림에서 $\dfrac{W}{h} = \dfrac{7.5}{5} = 1.5$이므로 $W = 1.5h$이다.

[표2]에서 $1.5h$는 0.71이므로, $E_h = \dfrac{I}{r^2}\cos\theta = \dfrac{I}{h^2}\cos^3\theta = \dfrac{12,500}{5^2} \times 0.171 = 85.5$[lx]

【정답】 85.5[lx]

(2) 【계산】 수직면 조도

그림에서 $\frac{W}{h} = \frac{7.5}{5} = 1.5$이므로 $W = 1.5h$이다.

[표1]에서 $1.5h$는 0.256이므로, $E_v = \frac{I}{r^2}\sin\theta = \frac{I}{h^2}\cos^2\theta \cdot \sin\theta = \frac{12500}{5^2} \times 0.256 = 128[\text{lx}]$ 【정답】 128[lx]

|추|가|해|설|

[조도의 구분]

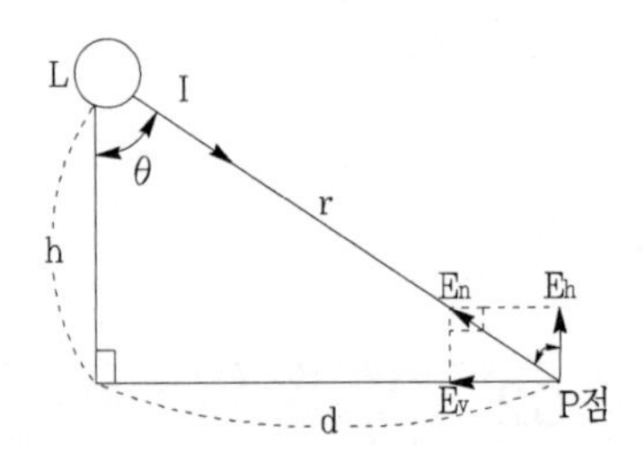

·법선 조도 $E_n = \frac{I}{r^2}[\text{lx}]$

·수평면 조도 $E_h = E_n\cos\theta = \frac{I}{r^2}\cos\theta = \frac{I}{h^2}\cos\theta^3[\text{lx}]$

·수직면 조도 $E_v = E_n\sin\theta = \frac{I}{r^2}\sin\theta = \frac{I}{d^2}\sin\theta^3 = \frac{I}{h^2}cos^2\theta\sin\theta[\text{lx}]$

03

출제 : 10년 • 배점 : 5점

전용 배선에서 800[kW] 역률 0.8인 부하에 전력을 공급할 경우 배전선 전력손실은 90[kW]이다. 지금 이 부하와 병렬로 300[kVA]의 콘덴서를 시설할 때 배전선의 전력손실[kW]을 구하시오.

·계산 : ·답 :

|계|산|및|정|답|

【계산】 ① 콘덴서 설치 후의 역률 : $\cos\theta_2 = \frac{P}{P_a} \times 100 = \frac{800}{\sqrt{800^2 + 300^2}} \times 100 = 93.6329[\%]$ ∴ 93.63[%]

② 콘덴서 설치 전의 전력손실 : $P_{l1} = 3I^2R = 3 \times \left(\frac{800}{\sqrt{3} \times V \times 0.8}\right) \times R$

③ 콘덴서 설치 후의 전력손실 : $P_{l2} = 3I^2R = 3 \times \left(\frac{800}{\sqrt{3} \times V \times 0.94}\right) \times R$

$$\frac{P_{l1}}{P_{l2}} = \frac{\left(\frac{1}{0.8}\right)^2}{\left(\frac{1}{0.94}\right)^2} = \left(\frac{0.94}{0.8}\right)^2$$

$$\therefore P_{l2} = \left(\frac{0.8}{0.94}\right)^2 \times P_{l1} = \left(\frac{0.8}{0.94}\right)^2 \times 90 = 65.19[kW]$$

【정답】 65.19[kW]

04

출제 : 10년 • 배점 : 5점

다음 명령어를 참고하여 미완성 PLC 래더다이어그램을 완성하시오.

P000 P010

STEP	명령어	번지
0	LOAD	P000
1	LOAD	P001
2	OR	P010
3	AND LOAD	–
4	AND NOT	P003
5	OUT	P010

|계|산|및|정|답|

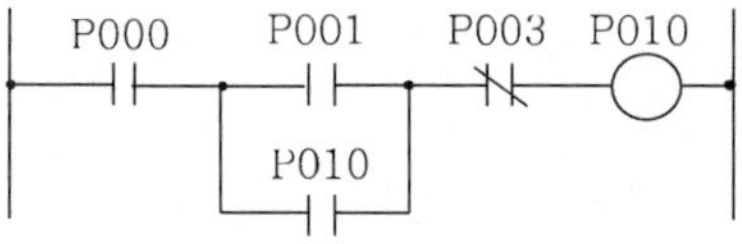

P000 P001 P003 P010

P010

05

출제 : 10년 • 배점 : 5점

어떤 변전소로부터 3상3선식 비접지식 배선이 8회선 나와 있다. 이 배전선에 접속된 주상변압기의 접지저항의 허용값[Ω]을 구하시오. (단, 전선로의 공칭전압은 3.3[kV] 배전선의 긍장은 모두 20[km/회선]인 가공선이며, 접지점의 수는 1로 한다.)

·계산 : ·답 :

|계|산|및|정|답|

【계산】 $1선지락전류 = 1 + \frac{\frac{V}{3}L - 100}{150} = 1 + \frac{\frac{3.3/1.1}{3} \times (20 \times 3 \times 8) - 100}{150} = 3.53[A] \quad \therefore\ 4[A]$

$접지저항값 = \frac{150}{1선지락전류} = \frac{150}{4} = 37.5[\Omega]$

【정답】 37.5[Ω] 이하

06

출제 : 10년 • 배점 : 7점

다음과 같이 전류가 A1, A2, A3 저항 R=25[Ω]을 접속하였더니 전류계의 지시는 A1=10[A], A2=4[A], A3=7[A]이다.

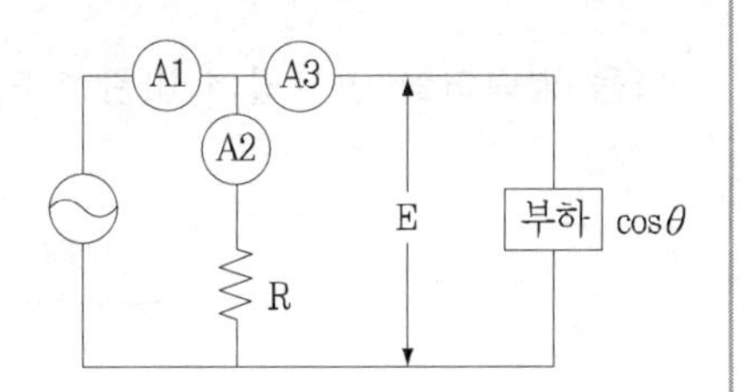

(1) 부하전력[W]를 구하시오.

·계산 : ·답 :

(2) 부하역률을 구하시오.

·계산 : ·답 :

|계|산|및|정|답|

(1) 【계산】 부하전력 $P=\frac{R}{2}(A_1^2-A_2^2-A_3^2)=\frac{25}{2}(10^2-4^2-7^2)=437.5[W]$ 【정답】 437.5[W]

(2) 【계산】 $\cos\theta=\frac{(A_1^2-A_2^2-A_3^2)}{2A_2A_3}=\frac{(10^2-4^2-7^2)}{2\times(4\times7)}=\frac{35}{56}=0.625$ 【정답】 62.5[%]

07

출제 : 10년 • 배점 : 7점

다음의 A, B 전구 중 어느 것을 사용하는 편이 유리한가를 다음 표를 이용하여 산정하시오. (단, 1시간당 점등 비용으로 산정할 것)

전등의 종류	전등의 수명	1[cd]당 소비전력[W] (수명 중의 평균)	평균 구면광도(cd)	1[kWh]당 전기요금(원)	전구의 값(원)
A	1500시간	1.0	38	70	1900
B	1800시간	1.1	40	70	2000

·계산 : ·답 :

|계|산|및|정|답|

【계산】 A전등의 경우 : $\frac{(38\times1.0\times1500)\times10^{-3}}{70}+\frac{1900}{1500}=1500.8142857$

B전등의 경우 : $\frac{(40\times1.1\times1800)\times10^{-3}}{70}+\frac{2000}{1800}=1801.1314285$ 【정답】 A전등을 사용하는 경우가 유리하다.

08

출제 : 10년 • 배점 : 7점

시퀀스도를 그리는데 약속된 기호를 사용하며 가급적 간략하게 그려야 하고 회로의 기능을 쉽게 판단할 수 있도록 상호간에 연동하여 동작하는 기호는 연결선이나 문자기호 등을 첨가해야 한다.

전자력 동작접점(릴레이 접점)에 관한 다음 각 물음에 답하시오.

(1) 한시동작 순시복귀 접점기호를 완성하시오.

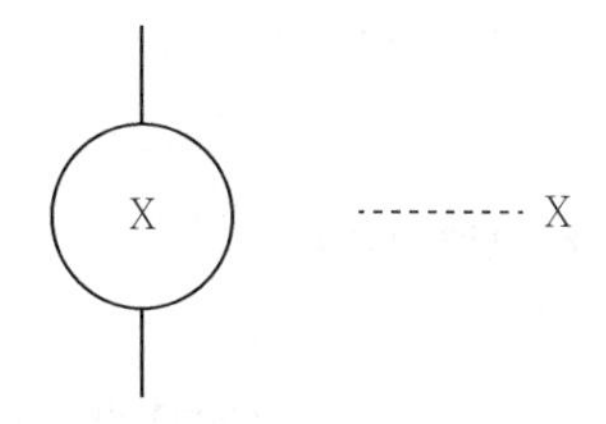

(2) 한시동작 순시복귀 접점의 타임차트를 완성하시오.

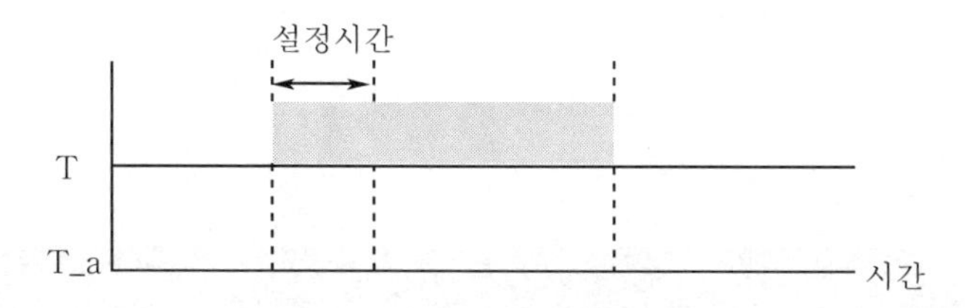

(3) 한시동작 순시복귀 접점의 작동 상황을 설명하시오.

|계|산|및|정|답|

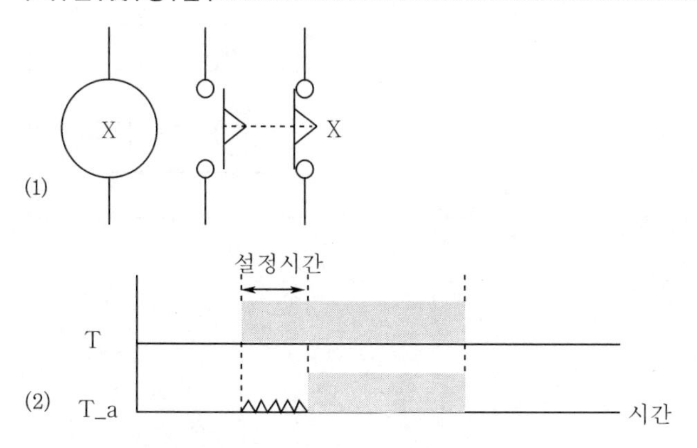

(3) 타이머 여자 시 t초 후 접점 동작소자 바로 복귀

09

출제 : 10년 • 배점 : 점

디젤발전기를 5시간 전부하로 운전할 때 중유의 소비량이 287[kg]이었다. 이 발전기의 정격출력[kVA]을 구하시오. (단, 중유의 열량 : 10^4[kcal/kg], 기관효율 : 36.3[%], 발전기 효율 : 82.7[%], 전부하 시 발전기 역률 : 80[%]이다.)

·계산 : ·답 :

|계|산|및|정|답|

【계산】 정격출력 $P = \dfrac{BH\eta_t \eta_g}{860t\cos\theta}$ [kVA]

여기서, B[kg] : 연료소비량, H[kcal/kg] : 연료의 열량, η_t : 기관효율, η_g : 발전기효율

t[h] : 발전기 운전시간, $\cos\theta$: 부하역률

정격출력 $= \dfrac{287 \times 10,000 \times 0.363 \times 0.827}{860 \times 5 \times 0.8} = 250.4584$[kVA]

【정답】 250.46[kVA]

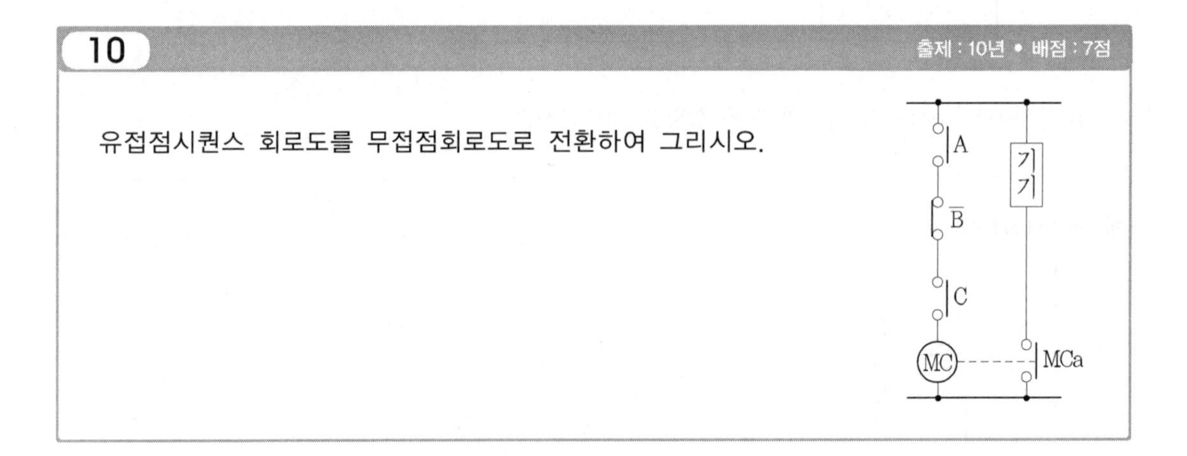

10

출제 : 10년 • 배점 : 7점

유접점시퀀스 회로도를 무접점회로도로 전환하여 그리시오.

|계|산|및|정|답|

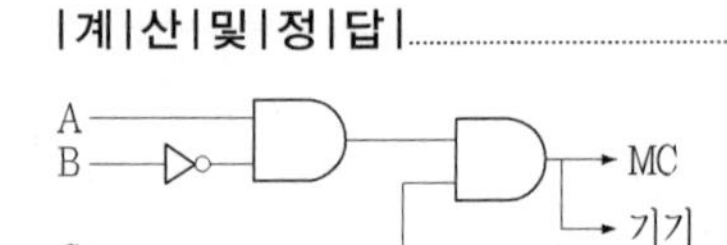

11

출제 : 10년 • 배점 : 6점

가스절연 개폐설비(GIS)에 대해 다음 물음에 답하시오.

(1) 이 가스절연개폐기를 채용하였을 때 장점을 3가지 쓰시오.

(2) 이 설비에 사용되는 가스는 주로 어떤 가스를 사용하며, 이 가스를 공기와 비교할 때 몇 배 정도의 절연내력이 있는지 쓰시오.

(3) 이 설비의 이상 여부를 진단하는 주요 방법을 3 가지만 쓰시오.

|계|산|및|정|답|

(1) ① 무색, 무독성, 불활성 난연성 가스이다.
② 소호 능력은 공기의 약 100배 정도, 절연 능력은 공기의 약 2~3배 정도이다.
③ 절연 성능과 안전성이 뛰어난 불연성 가스이다.

(2) SF_6(육불화황) 가스, 2~3배 정도

(3) ① 누설전류 측정 : 직류전압을 인가하는 1분 후와 10분 후의 전류값의 비를 측정
② 절연저항 측정 : 메가 또는 직류전압을 인가하여 저항값을 측정
③ 개폐동작특성 시험 : 시간측정기 또는 오실로그래프에 의해 투입/개극시간을 측정

|추|가|해|설|

[가스절연 개폐설비(GIS)]

1. 개요 : GIS는 차단기, 단로기, 접지 개폐기와 같은 기기 뿐만 아니라 모선, 변성기, 피뢰기 등을 절연 성능이 우수한 SF6가스로 절연된 금속체 외함 내에 장치한 것이다.
2. 진단 방법
① 누설전류 측정 : 직류전압을 인가하는 1분 후와 10분 후의 전류값의 비를 측정
② 절연저항 측정 : 메가 또는 직류전압을 인가하여 저항값을 측정
③ 개폐동작특성 시험 : 시간측정기 또는 오실로그래프에 의해 투입/개극시간을 측정
④ 접촉저항 측정 : 주 회로에 통전하여 단자부의 전압 강하를 측정
⑤ 접촉부의 온도 감시 : Thermo-Tape, 적외선 온도계 등에 의해 통전부의 온도를 측정
⑥ 절연, 소호 매체의 특성조사 :
 · SF_6 가스 내의 수분 함유량을 수분계로 측정
 · SF_6 가스 내 분해 가스의 유무를 가스 검지관으로 체크
 · 절연유의 파괴전압 측정
 · 내전압 시험에 의한 진공밸브의 진공도 체크, 절연 및 차단 성능의 열화
⑦ 제어회로 시험 : 제어회로를 살려 ON/OFF 조작하여 각 구 동작의 확인

12 출제 : 10년 • 배점 : 7점

DS 및 CB로 된 선로와 접지용구에 대한 그림을 보고 각 물음에 답하시오.

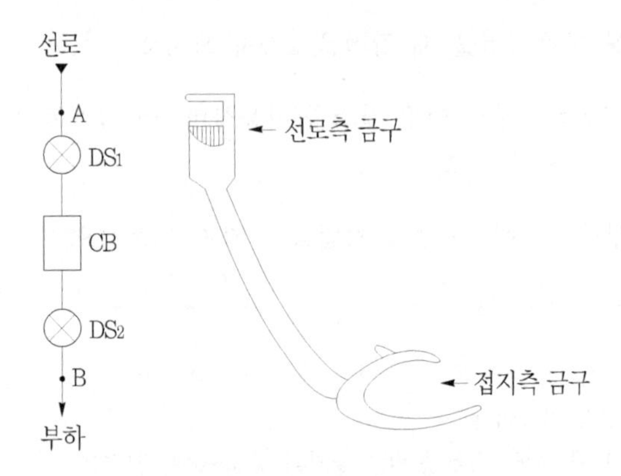

(1) 접지용구를 사용하여 접지를 하고자 할 때 접지소개에 대하여 쓰시오.

(2) 부하측에서 휴전작업을 할 때의 조작 순서에 대하여 쓰시오.

(3) 휴전작업이 끝난 후 부하측에 전력을 공급하는 조작순서에 대하여 쓰시오. (단, 접지되지 않은 상태에서 작업한다고 가정한다.)

(4) 긴급할 때 DS로 개폐가 가능한 전류의 종류를 2가지만 쓰시오.

|계|산|및|정|답|

(1) ① 접지순서 : 대지에 연결하고 후에 선로에 연결
② 접지개소 : 선로 측 A와 부하 측 B 양측에 접지한다.

(2) CB(off) → DS_2(off) → DS_1(off)

(3) DS_2(on) → DS_1(on) → CB(on)

(4) ① 무부하충전전류
② 변압기여자전류

13

출제 : 10년 • 배점 : 점

그림은 1, 2차 전압이 $\frac{66}{22}$[kV]이고, Y-△로 결선된 전력용 변압기로서 1, 2차에 CT를 이용하여 변압기의 차동계전기를 동작시키려고 한다. 주어진 도면을 이용하여 다음 각 물음에 답하시오.

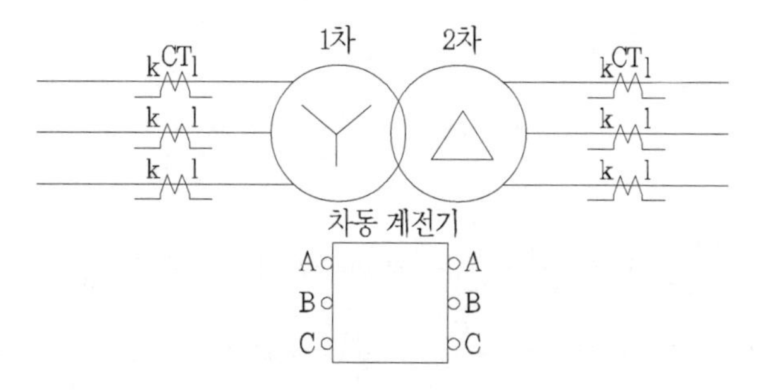

(1) CT와 차동계전기의 결선을 주어진 도면에 완성하시오.

(2) 1차측 CT의 권수비를 $\frac{200}{5}$로 했을 때 2차측 CT의 권수비는 얼마가 좋은지를 쓰고, 그 이유를 설명하시오.

(3) 변압기를 전력 계통에 투입할 때 여자돌입전류에 의한 차동계전기의 오동작을 방지하기 위하여 이용되는 차동계전기의 종류(또는 방식)를 한 가지만 쓰시오.

(4) 우리나라에서 사용되는 CT의 극성은 일반적으로 어떤 극성의 것을 사용하는가?

|계|산|및|정|답|

(1)

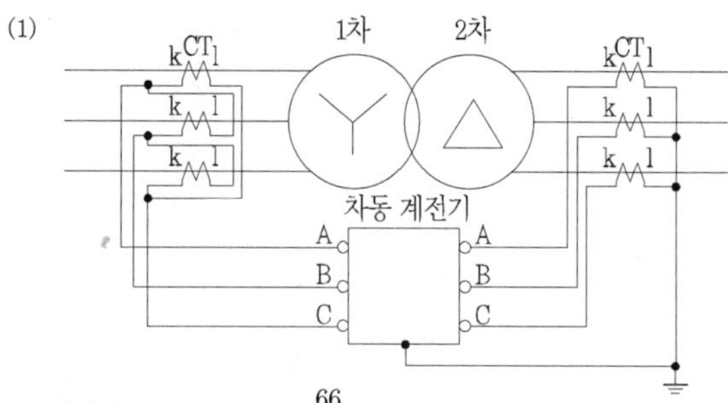

(2) 변압기의 권수비 $a = \frac{66}{22} = 3$

따라서, 2차측 CT의 권수비는 1차측 CT의 권수비의 3배이어야 한다.

2차측 CT의 권수비 = $\frac{200}{5} \times 3 = \frac{600}{5}$ $\quad \therefore \frac{600}{5}$ 선정

(3) 감도저하방식

(4) 감극성

14 출제 : 10년 • 배점 : 5점

매분 12[m^2]의 물을 15[m]인 탱크에 양수하는데 필요한 전력을 V결선한 변압기로 공급하는 경우 여기에 필요한 단상변압기 1대의 용량[kVA]을 구하시오. (단, 펌프와 전동기의 합성효율은 65[%]이고, 전동기의 전부하역률은 80[%]이며, 펌프의 축동력을 15[%]의 여유를 둔다.)

·계산 : ·답 :

|계|산|및|정|답|

【계산】 부하의 3상용량 $P=\frac{HQK}{6.12\eta}=1.15\times\frac{15\times12}{6.12\times0.65}=52.036\,[\text{kW}]$이므로 용량$=\frac{52.04}{0.8}=65.05\,[\text{kVA}]$

V결선 시 출력 $P_V=\sqrt{3}P_1$이므로 $P_1=\frac{P_V}{\sqrt{3}}=\frac{65.05}{\sqrt{3}}=37.56[\text{kVA}]$ 【정답】 37.56[kVA]

|추|가|해|설|

① 펌프용 전동기의 용량 $P=\frac{9.8Q'[m^3/\text{sec}]HK}{\eta}[kW]=\frac{9.8Q[m^3/\text{min}]HK}{60\times\eta}[kW]=\frac{Q[m^3/\text{min}]HK}{6.12\eta}[\text{kW}]$

여기서, P : 전동기의 용량[kW], Q' : 양수량[m^3/sec], Q : 양수량[m^3/min]

H : 양정(낙차)[m], η : 펌프효율, K : 여유계수(1.1~1.2 정도)

② 권상용 전동기의 용량 $P=\frac{K\cdot W\cdot V}{6.12\eta}[KW]$ →(K : 여유계수, W : 권상 중량 [ton], V : 권상 속도[m/min], η : 효율)

③ 엘리베이터용 전동기의 용량 $P=\frac{KVW}{6120\eta}[kW]$

여기서, P : 전동기 용량[kW], η : 엘리베이터 효율, V : 승강속도[m/min]

W : 적재하중[kg](기계의 무게는 포함하지 않는다.), K : 계수(평형률)

15

출제 : 10년 • 배점 : 7점

전동기의 진동과 소음이 발생하는 원인에 대하여 다음에 답하시오.

(1) 진동이 발생하는 원인 5가지

(2) 전동기 소음을 크게 3가지로 분류하고 설명하시오.

|계|산|및|정|답|

(1) ① 회전부분의 편심
② 축이음의 중심 불균일
③ 베어링 불량
④ 회전자와 고정자의 갭(공극)의 불균일
⑤ 고조파 등에 의한 회전자계의 불균등

(2) ① 전자기적 소음 : 고정자, 회전자에 작용하는 주기적인 전자기적 가전력에 의한 철심의 진동에 기인하여 생기는 소음으로, 기본파 자속에 의한 진동음이나 공극부의 고주파 지속에 의한 진동음 등이 있다.
② 기계적 소음 : 베어링의 회전음, 회전자의 불균형, 브러시의 섭동음, 전동기의 설치불량 등 기계적인 상태불량에 기인하여 발생하는 소음이다.
③ 통풍소음 : 냉각팬이나 회전자 덕트 등의 통풍상의 소음으로 회전에 따르는 공기의 압축, 팽창에 의한 진동음이다.

16

출제 : 10년 • 배점 : 7점

변압기 특성 관련 다음 각 물음에 답하시오.

(1) 변압기 호흡작용이란 무엇인지 쓰시오.

(2) 호흡작용으로 인하여 발생되는 현상과 방지대책을 쓰시오.

|계|산|및|정|답|

(1) 변압기 손실에 의한 발열 및 대기의 온도 상승으로 변압기 내의 공기 및 기름이 팽창하고 야간에 손실의 감소 및 기온의 저하로 수축되어 공기가 외부로 유출 및 유입되는 현상

(2) 【문제점】 결연내력 감소, 점도가 증가하여 냉각효과 감소

【방지대책】 콘서베이터, 브리더 등을 설치

17

출제 : 10년 • 배점 : 7점

그림은 갭형 피뢰기와 갭레스형 피뢰기의 구조를 나타낸 것이다. 화살표로 표시된 각 부분의 명칭을 쓰시오.

· 갭형 피뢰기

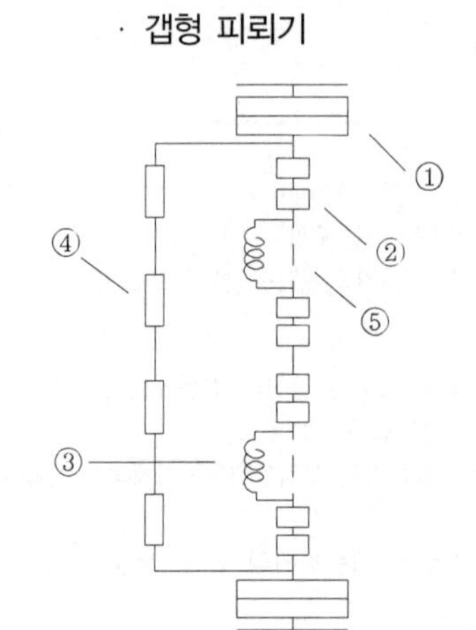

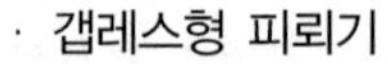

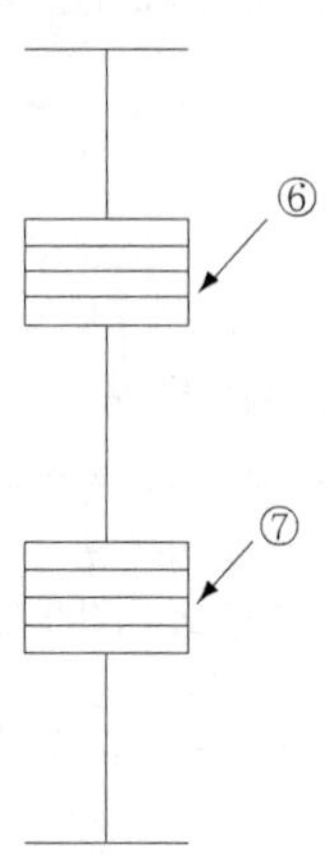

| 계 | 산 | 및 | 정 | 답 |

①	②	③	④	⑤	⑥	⑦
특성요소	주갭	소호코일	분로저항	측로갭	특성요소	특성요소

18

출제 : 10년 • 배점 : 7점

수변전설비에서 에너지 절약을 위한 대응방안 5가지를 쓰시오.

| 계 | 산 | 및 | 정 | 답 |

① 변압기의 종류 및 용도의 적정한 선정
② 고효율 변압기의 채택
③ 역률을 90[%] 이상으로 유지
④ 변압기 운전 방식의 결정
⑤ 전압 강압방식의 결정(직강압 방식, 2단강압 방식)

02 2010년 전기기사 실기

01

출제 : 10년 • 배점 : 7점

전력용 콘덴서를 모선에 설치하는 경우 콘덴서 설비의 주요 사고 원인 3가지만 쓰시오.

|계|산|및|정|답|

① 콘덴서의 과부하
② 단위 콘덴서 소자 파괴
③ 콘덴서 설비의 모선의 단락 및 지락
④ 직렬리액터, 방전코일의 단락 및 지락

02

출제 : 10년 • 배점 : 7점

변압기에 대한 다음 각 물음에 답하시오.

(1) 유입풍냉식이란?

(2) 무부하 탭절환 방식이란?

(3) 차동계전기란?

(4) 무부하손이란?

|계|산|및|정|답|

(1) 유입자냉식의 방열기에 송풍기로 바람을 보내어 방열 효과를 증가 시키는 방식
(2) NLTC 방식으로 무전압상태에서 탭을 바꿔 전압을 조정하는 방식
(3) 양쪽 전류의 차이에 의해서 동작하는 계전기
(4) 변압기 2차측 개방시 전력계 지시값으로서 철손을 말한다.

|추|가|해|설|

[변압기 냉각방식]

(1) IEC 규격에 따른 냉각 방식의 표기법

① 첫 번째 글자 (내부 냉각 매체)

㉮ A : 공기(Air)

㉯ O : 광유, 절연유로 인화점 300[℃] 이하 (Oil)

㉰ K : 난연성 절연유로 인화점 300[℃] 초과

㉱ G : Gas (SF6)

② 두 번째 글자 (내부 냉각 매체 순환 방식)

㉮ N : 자연 순환 (Natural)

㉯ F : 강제 순환 (Forecd)

㉰ D : 직접 강제 순환 (Direct Forecd)

㉱ G : Gas (SF6)

③ 세 번째 글자 (외부 냉각 매체)

㉮ A : 공기

㉯ W : 물(Water)

④ 네 번째 글자 (외부 냉각 매체 순환 방식)

㉮ N : 자연

㉯ F : 강제 순환

(2) 변압기 냉각방식의 종류

변압기는 권선 및 철심을 직접 냉각하는 매체와 냉각매체(공기 또는 물)의 종류와 순환방식에 따라 다음과 같이 분류하고 있다.

① 건식

건식 자냉식 (AN)	·공기의 대류 작용에 의해 냉각되도록 한 것 ·소용량의 변압기에 한해서 쓰인다.
건식 풍냉식 (AF)	·송풍기를 통한 강제통풍을 이용한 냉각 방식 ·공랭식에 비해 냉각 효과가 좋다. ·변압기류를 사용하지 않으므로 22[kV] 이하의 변압기에만 적용

② 유입식(ON)

유입 자냉식 (ONAN)	·변압기의 본체를 절연유로 채워진 외함 내에 넣어 대류 작용에 의해 발생된 열을 외기중으로 방산시키는 방식 ·보수가 간단하여 가장 널리 쓰인다. ·30~60[MVA] 이상의 대용량기에서는 소요방열계수가 많아지므로 자냉식보다는 강제 냉각방식이 일반적으로 유리하다.
유입 수냉식 (ONWF)	외함 내에 상부 기름 중에 냉각관을 두어 이것에 냉각수를 순환시켜 냉각하는 방식
유입 송유식 (ONOF)	외함 내에 있는 가열된 기름을 순환 펌프에 의해 외부의 수냉식 냉각기 및 풍냉식 냉각기에 의해 냉각시켜 다시 외함 내에 유입시키는 방식 ① FOA : 풍냉식 냉각기에 의해 냉각 시키는 방식 ② FOW : 수냉식 냉각기에 의해 냉각 시키는 방식
유입 풍냉식 (ONAF)	유입 변압기에 방열기를 부착시키고 송풍기에 의해 강제 통풍시켜 냉각 효과를 증대시킨 방식

③ 송유식(OF)

송유 자냉식 (OFAN)	·송유 펌프로 기름을 강제로 순환시키는 방식 ·소음, 오손 방지를 위하여 변압기 본체를 옥내에, 방열기 탱크를 옥외에 설치
송유 수냉식 (OFWF)	· 송유 자냉식의 방열기 탱크에 수냉식 유닛 쿨러 설치 · 소음이 적어 도시 및 그 주변 지역에 설치하기에 적합
송유 풍냉식 (OFAF)	· 변압기 외함 내에 들어 있는 기름을 이용하여 외부에 있는 냉가장치로 보내서 냉각시킨 후 냉각된 기름을 다시 외함 내부로 공급하는 방식 · 냉각 효과가 크기 때문에 30000[kVA] 이상의 대용량 변압기에 채용

여기서, A : Air, F : Forced, N : Natural, O : Oil

※ON: 유입, OF: 송유, AN: 자냉식, AF: 풍냉식, WF: 수냉식

03

출제 : 10년 • 배점 : 7점

수 · 변전 설비 결선도를 보고 다음 물음에 답하시오.

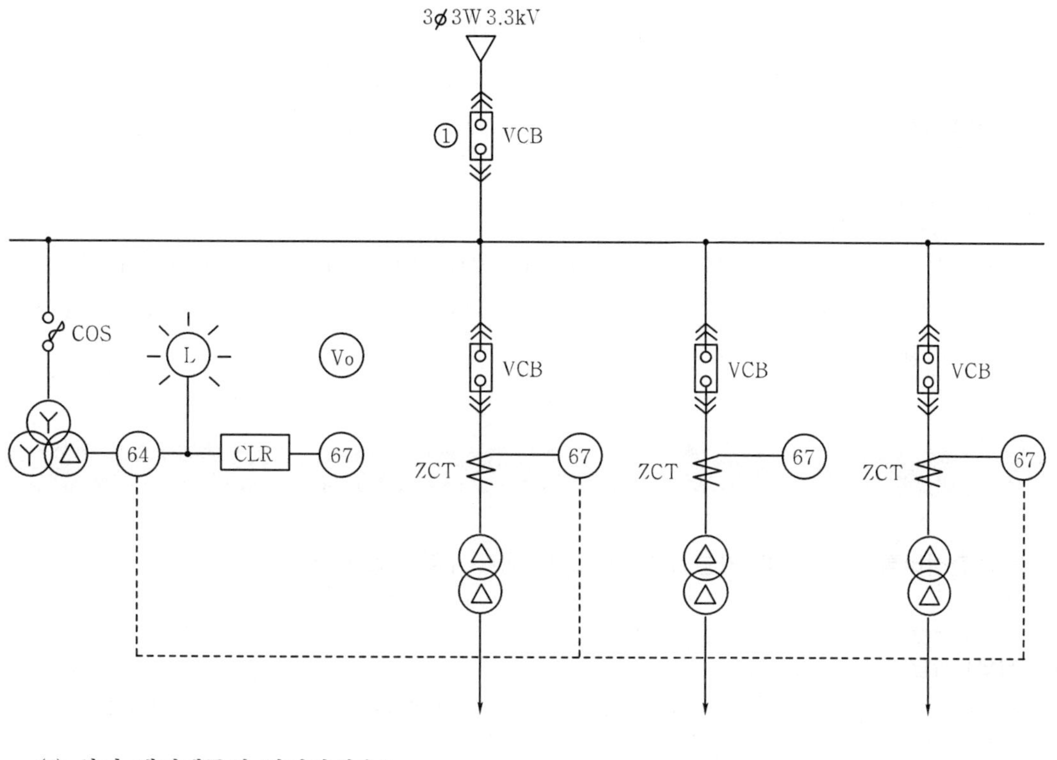

(1) 상기 배전계통의 접지방식은?

(2) (67) 의 명칭은?

(3) (Y Y △) 의 명칭은?

(4) CLR 이란?

|계|산|및|정|답|

(1) 비접지 방식
(2) 방향지락계전기
(3) 영상접지형 변압기 또는 접지형 계기용 변압기
(4) 한류저항기로써 영상전류(영상전압)의 크기를 조절한다.

04

출제 : 10년 • 배점 : 7점

1시간에 18[m^3]의 지하수를 5[m] 배수하고자 한다. 이때 5[kW] 전동기를 사용하면 시간당 몇 분씩 운전하면 되는가? (단, 효율은 75[%]이고 손실계수는 1.1이다.)

·계산 : ·답 :

|계|산|및|정|답|

【계산】 $P = \dfrac{KQH}{6.12\eta} = \dfrac{1.1 \times \dfrac{18}{60} \times 5}{6.12 \times 0.75} = 0.36[kW]$

여기서, P : 전동기의 용량[kW], Q : 양수량[m^3/min], H : 양정(낙차), η : 펌프의 효율, K : 여유계수

$\therefore t = \dfrac{0.36}{\dfrac{5}{60}} = 4.32$[분]

【정답】 4.32[분]

05

출제 : 10년 • 배점 : 7점

수·변전설비를 설계할 때 기본설계 시 고려사항 5가지를 쓰시오.

|계|산|및|정|답|

① 안전대책 ② 환경대책 ③ 신뢰도 ④ 경제성 ⑤ 조작 및 취급

06

출제 : 10년 • 배점 : 7점

가로 20[m], 세로 30[m]인 사무실에 평균조도 600[lx]를 얻고자 형광등 40[W] 2등용 사용하고 있다. 다음 각 물음에 답하시오. (단, 40[W] 2등용 형광등 기구의 전체 광속은 4600[lm], 조명률 0.5, 감광보상률 1.3, 전기방식은 단상 2선식 200[V]이며, 40[W] 2등용 형광등의 전체 입력전류는 0.87[A]이고, 1회로의 최대 전류는 15[A]로 한다.)

(1) 형광등 기구 수를 구하시오.

·계산 : ·답 :

(2) 최소 분기회로 수를 구하시오.

·계산 : ·답 :

|계|산|및|정|답|

(1) 【계산】 등수 $N=\dfrac{EAD}{FU}=\dfrac{20\times30\times600\times1.3}{4600\times0.5}=203.48$ 【정답】 204[등]

(2) 【계산】 분기회로수 $=\dfrac{\text{상정부하설비의 합[VA]}}{\text{사용전압[V]}\times\text{분기회로 전류[A]}}$

$=\dfrac{200\times0.87\times204}{200\times15}=\dfrac{204\times0.87}{15}=11.83$ 【정답】 15[A] 분기회로 12회로

|추|가|해|설|

$EA=FNUM$

여기서, E : 평균 조도[lx], F : 램프 1개당 광속[lm], N : 램프 수량[개], U : 조명률 , D : 감광보상률(=$\dfrac{1}{M}$)

M : 보수율, A : 방의 면적[m^2](방의 폭×길이)

07

출제 : 10년 • 배점 : 7점

어느 건물의 부하는 하루에 240[kW]로 5시간, 100[kW]로 8시간, 75[kW]로 나머지 시간을 사용한다. 이의 수전설비를 450[kVA]로 하였을 때에 부하의 평균 역률이 0.8이라면 이 건물의 수용률과 일부하율은 얼마인가?

(1) 이 건물의 수용률을 구하시오.

계산 : •답 :

(2) 이 건물의 일부하율을 구하시오.

계산 : •답 :

|계|산|및|정|답|

(1) 【계산】 수용률 $=\dfrac{\text{최대수용전력}}{\text{설비용량}}\times100=\dfrac{240}{450\times0.8}\times100=66.67[\%]$ 【정답】 66.67[%]

(2) 【계산】 부하율 $=\dfrac{\text{평균전력}}{\text{최대수용전력}}\times100=\dfrac{240\times5+100\times8+75\times11}{240\times24}\times100=49.05[\%]$ 【정답】 49.05[%]

08

출제 : 10년 • 배점 : 7점

어떤 전기설비에서 3300[V]의 고압 3상 회로에 변압비 33의 계기용 변압기 2대를 그림과 같이 설치하였다. 전압계 V_1, V_2, V_3의 지시값을 각각 구하여라.

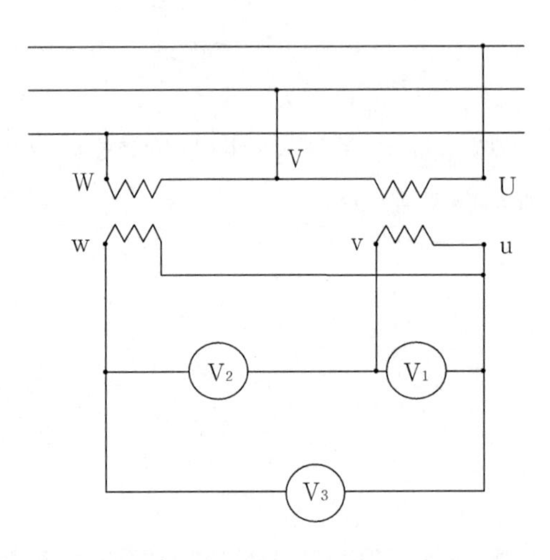

(1) V_1 :

•계산 : •답 :

(2) V_2 :

•계산 : •답 :

(3) V_3 :

•계산 : •답 :

|계|산|및|정|답|

(1) 【계산】 V_1에는 $v-u$의 전압이므로, $a=\frac{V_1}{V_2}=33$ $\therefore V_2 = 100[V], V_1 = \frac{3300}{33}=100[V]$ 【정답】 100[V]

(2) 【계산】 V_2에는 상간 전압이므로 $\sqrt{3}$ 배의 전압이 나타난다.

$V_2 = \frac{3300}{33}\times\sqrt{3}=173.2[V]$ 【정답】 173.2[V]

(3) 【계산】 V_3에는 w−u상의 전압이므로 a=33에서 $V_3 = \frac{3300}{33}=100[V]$ 【정답】 100[V]

09

출제 : 10년 • 배점 : 7점

용량이 1000[kVA]인 발전기를 역률 0.8로 운전할 때의 연료 소비량[l/h]을 구하여라.
(단, 발전기 효율은 0.93, 연료 소비율은 190[g/ps · h]이고 비중은 0.92이다.)

|계|산|및|정|답|

【계산】 발전기 용량 $= \frac{1000 \times 0.8}{0.93} = 860.22$

$190[\text{g/ps}\cdot\text{h}] \times \frac{860.22 \times 10^3}{735.5}[\text{ps}] = 222.22[\text{kg/h}]$ → $(1[\text{ps}] = 735.5[\text{W}])$

$222.22[kg/h] \times \frac{1}{0.92}[l/kg] = 241.54[l/h]$

【정답】 241.54[[l/h]

10

출제 : 10년 • 배점 : 7점

단상 2선식 220[V] 옥내배선에서 금속관의 임의의 개소에서 절연이 파괴되어 도체가 직접 금속관 내면에 접촉되었을 때 외함의 대지전압을 25[V]이하로 억제하기 위한 외함의 저항값을 구하시오. (단, 변압기 저압측 1단자는 접지공사가 되어 있고 그 접지저항 값은 10[Ω]이다.)

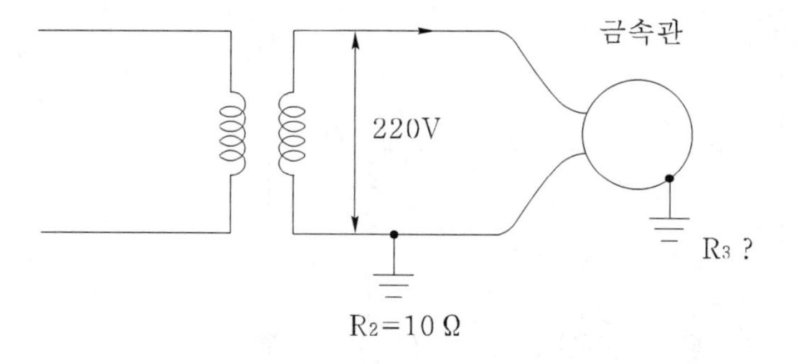

|계|산|및|정|답|

【계산】 $V_3 = \frac{R_3}{R_2 + R_3} V = 220 \times \frac{R_3}{10 + R_3} = 25[V]$

$\therefore R_3 = 1.28[\Omega]$

여기서, V_3 : 위험 전압, R_2, R_3 : 접지 저항값

【정답】 1.28[Ω]

11

출제 : 10년 • 배점 : 7점

그림에서 고장표시 접점 F가 닫혀 있을 때는 부저 BZ가 울리나 표시등 L은 켜지지 않으며 스위치 24에 의하여 벨이 멈추는 동시에 표시등 L이 켜지도록 SCR의 게이트와 스위치 등을 접속하여 회로를 완성하시오. 또한 회로 작성에 필요한 저항이 있으면 그것도 삽입하여 도면을 완성하도록 하시오. (단, 트랜지스터는 NPN 트랜지스터이며, SCR은 P게이트형임)

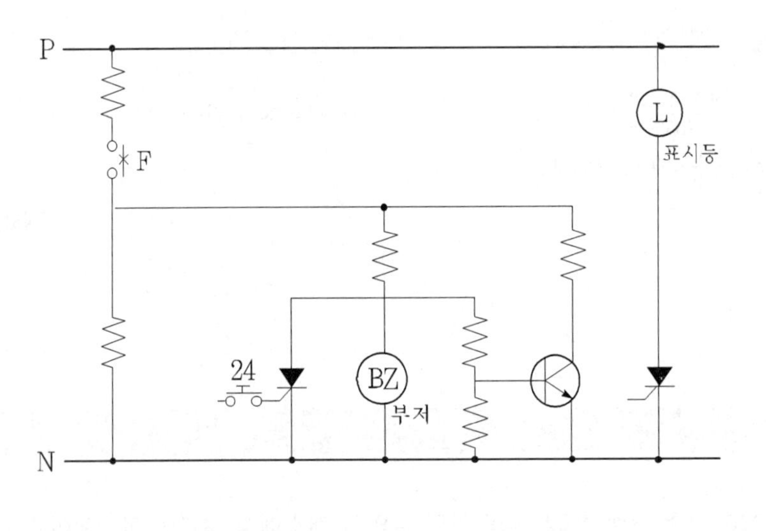

|계|산|및|정|답|

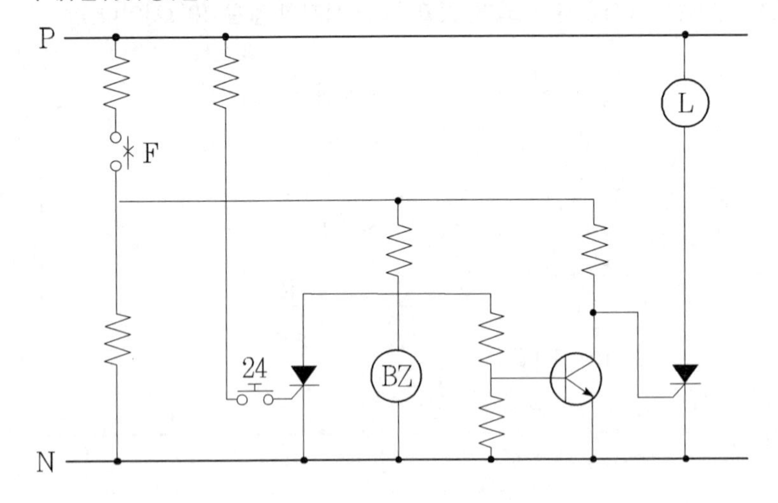

12

출제 : 10년 • 배점 : 7점

대형 사무실 건물에서 동력 설비에 관한 에너지절약 방안에 대하여 5가지를 쓰시오.

|계|산|및|정|답|

① 고효율 절전형 전동기 사용
② 가변전압 가변주파수(VVVF시스템) 기동 전동기 사용
③ 모선에 전력용 콘덴서 설치 사용
④ 간선배선 굵기 증가
⑤ 경부하 운전 배제

13

출제 : 10년 • 배점 : 7점

옥내에 시설하는 전동기에는 전동기가 소손될 우려가 있는 경우 과부하 보호 장치를 시설해야 하나 과부하 보호 장치를 시설하지 않아도 되는 경우 5가지를 쓰시오.

|계|산|및|정|답|

① 전동기를 운전 중 상시 취급자가 감시할 수 있는 위치에 시설하는 경우
② 전동기의 구조나 부하의 성질을 보아 전동기가 소손될 수 있는 과전류가 생길 우려가 없는 경우
③ 단상전동기로써 그 전원측 전로에 시설하는 과전류차단기 정격전류가 15[A] 이하인 경우
④ 전동기에 과전류가 흐를 우려가 없는 배선으로 도중에 분기회로 및 콘센트가 없는 경우
⑤ 전동기 회로에 과부하 위험을 야기하지 않는 경우

14 출제 : 10년 • 배점 : 6점

전동기 부하를 사용하는 곳의 역률 개선을 위하여 회로에 병렬로 역률 개선용 저압 콘덴서를 설치하여 전동기의 역률을 개선하여 90[%] 이상으로 유지하려고 한다. 주어진 표를 이용하여 다음 물음에 답하시오.

(1) 정격전압 200[V], 정격출력 7.5[kW], 역률 80[%]인 전동기의 역률 90[%]로 개선하고자 하는 경우 필요한 3상 콘덴서의 용량[kVA]을 구하시오.

•계산 : •답 :

(2) 물음 '(1)'에서 구한 3상 콘덴서의 용량[kVA]을 [μF]로 환산한 용량으로 구하고, '표2, 저압(200[V]용) 콘덴서 규격표'를 이용하여 적합한 콘덴서를 선정하시오. (단, 정격주파수는 60[Hz]로 계산하며, 용량은 최소치를 구하도록 한다.)

•계산 : •답 :

[표1] kW 부하에 대한 콘덴서 용량 산술표

		개선 후의 역률																
		1.0	0.99	0.98	0.97	0.96	0.95	0.94	0.93	0.92	0.91	0.9	0.875	0.85	0.825	0.8	0.775	0.75
개선전의 역률	0.4	230	216	210	205	201	197	194	190	187	184	182	175	168	161	155	149	142
	0.425	213	198	192	188	184	180	176	173	170	167	164	157	151	144	138	131	124
	0.45	198	183	177	173	168	165	161	158	155	152	149	142	136	129	123	116	110
	0.475	185	171	165	161	156	153	149	146	143	140	137	130	123	116	110	104	98
	0.5	173	159	153	148	144	140	137	134	130	128	125	118	111	104	93	92	85
	0.525	162	148	142	137	133	129	126	122	119	117	114	107	100	93	87	81	74
	0.55	152	138	132	127	123	119	116	112	109	106	104	97	90	87	77	71	64
	0.575	142	128	122	117	114	110	106	103	99	96	94	87	80	74	67	60	54
	0.6	133	119	113	108	104	101	97	94	91	88	85	78	71	65	58	52	46
	0.625	125	111	105	100	96	92	89	85	82	79	77	70	63	56	50	44	37
	0.65	117	103	97	92	88	84	81	77	74	71	69	62	55	48	42	36	29
	0.675	109	95	89	84	80	76	73	70	66	64	61	54	47	40	34	28	21
	0.7	102	88	81	77	73	69	66	62	59	56	54	46	40	33	27	20	14
	0.725	95	81	75	70	66	62	59	55	52	49	46	39	33	26	20	13	7
	0.75	88	74	67	63	58	55	52	40	45	43	40	33	26	29	13	6.5	
	0.775	81	67	61	57	52	49	45	42	39	36	33	26	19	12	6.5		
	0.8	75	61	54	50	46	42	39	35	32	29	26	19	13	6			
	0.825	69	54	48	44	40	36	33	29	26	23	19	14	7				
	0.85	62	48	42	37	33	29	26	22	19	16	14	7					
	0.875	55	41	36	30	26	23	19	16	13	10	7						
	0.9	48	34	28	23	19	16	12	9	6	2.8							

[표2] 저압 200[V]용 콘덴서 규격표, 정격 주파수 : 60[Hz]

상수	단상 및 3상								
정격용량[μF]	10	15	20	30	40	50	75	100	150

|계|산|및|정|답|

(1) 【계산】 [표1]에서 계수 K=27[%]이므로 7.5×0.27 = 2.03[kVA] 【정답】 2.03[kVA]

(2) 【계산】 $P=\omega CV^2 \rightarrow C=\frac{P}{\omega V^2}=\frac{P}{2\pi f V^2}=\frac{2.03}{2\times 3.14\times 60\times 200^2}=134.62[\mu F]$

∴ [표2]에서 150[μF] 【정답】 150[μF]

15

출제 : 10년 • 배점 : 7점

논리식 $Y=A+B\cdot\overline{C}$ 에 대해 물음에 답하시오.

(1) 로직시퀀스 회로를 그리시오.

(2) NAND만 사용하여 로직 시퀀스 회로를 바꾸어 그리시오.

(3) NOR만 사용하여 로직 시퀀스 회로를 바꾸어 그리시오.

|계|산|및|정|답|

(1)

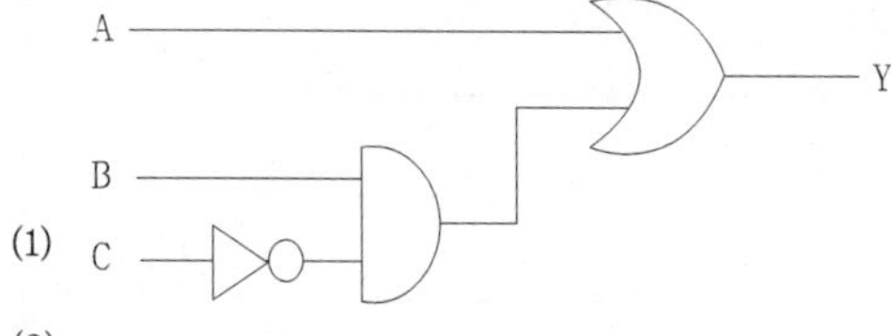

(2)

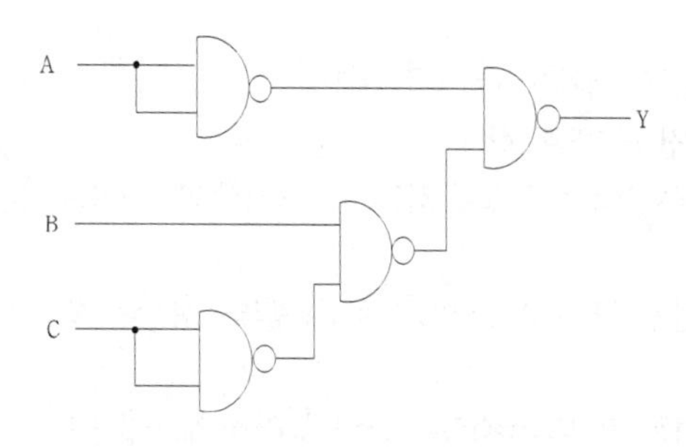

(3)

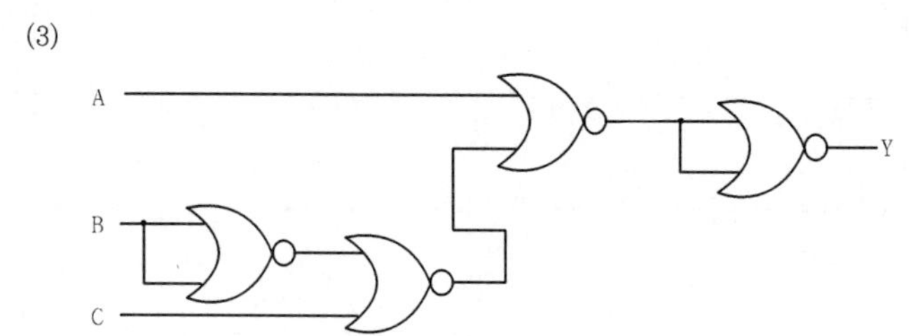

16

출제 : 10년 • 배점 : 7점

그림은 유도전동기의 정·역 운전의 미완성 회로도이다. 주어진 조건을 이용하여 주회로 및 보조회로의 미완성 부분을 환성 완성하시오. (단, 전자 접축기의 보조 a, b접점에는 전자접촉기의 기호도 함께 표시하도록 한다.)

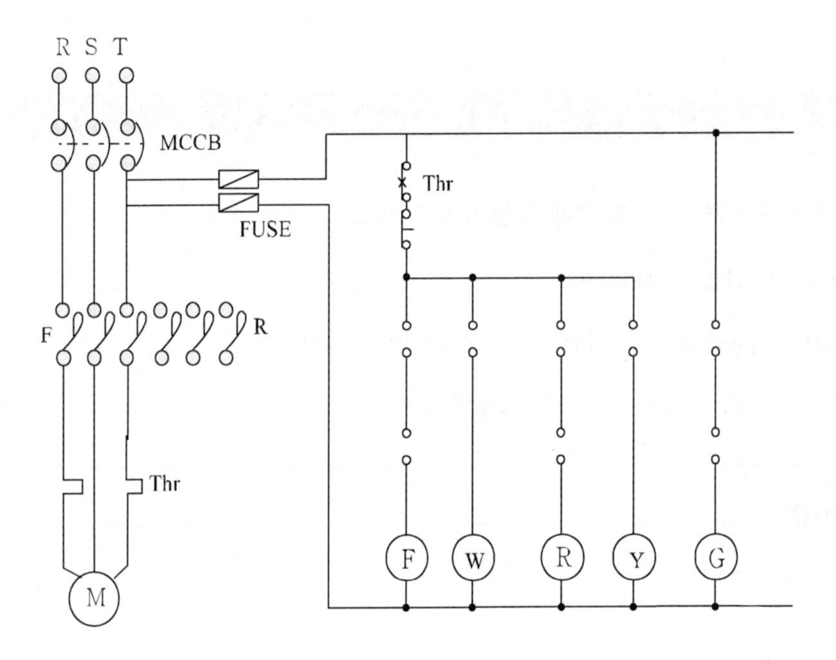

〈조 건〉

① Ⓕ는 정회전용, Ⓡ은 역호전용 전자접촉기이다.

② 정회전을 하다가 역회전을 하려면 전동기를 정지시킨 후, 역회전 시키도록 한다.

③ 역회전을 하다가 정회전을 하려면 정지시킨 후, 정회전 시키도록 한다.

④ 정회전시와 정회전용 램프 Ⓦ가 점등되고, 역회전시 역회전용 램프 Ⓨ가 점등되며, 정지시에는 정지용 램프 Ⓖ가 점등되도록 한다.

⑤ 과부하시에는 전동기가 정지되고 정회전용 램프와 역회전용 램프는 소등되며, 정지시의 램프만 점등되도록 한다.

⑥ 스위치는 누름버튼 스위치 ON용 2개를 사용하고, 전자접촉기의 보조 a접점은 F-a 1개, R-a 1개, b접점은 F-b 2개, R-b 2개를 사용하도록 한다.

|계|산|및|정|답|

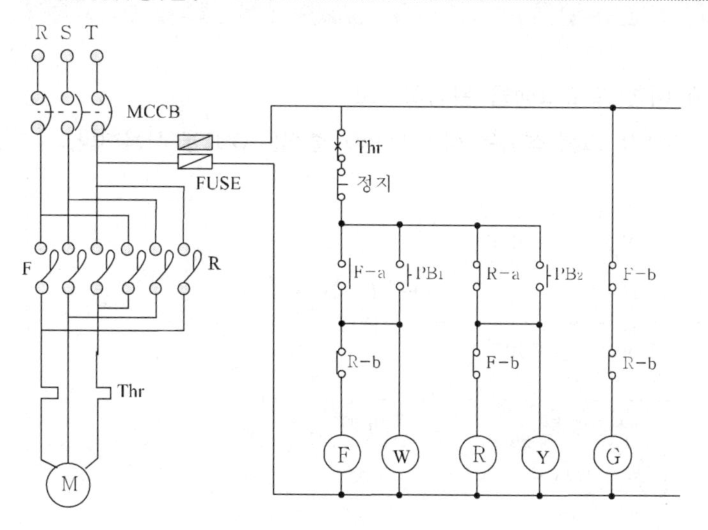

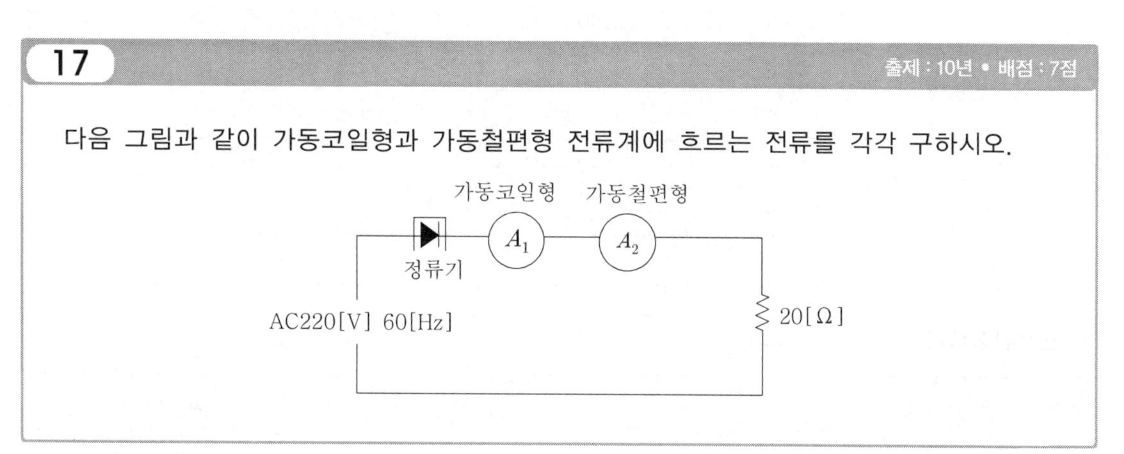

17 출제 : 10년 • 배점 : 7점

다음 그림과 같이 가동코일형과 가동철편형 전류계에 흐르는 전류를 각각 구하시오.

|계|산|및|정|답|

(1) 【계산】 전류값 $= A_1 = I_{av} = \dfrac{V_{av}}{R} = \dfrac{\frac{V_m}{\pi}}{R} = \dfrac{\frac{220\sqrt{2}}{\pi}}{20} = \dfrac{11\sqrt{2}}{\pi}[A]$ 　　【정답】 $\dfrac{11\sqrt{2}}{\pi}[A]$

(2) 【계산】 전류값 $= A_2 = I = \dfrac{V}{R} = \dfrac{\frac{V_m}{2}}{R} = \dfrac{\frac{220\sqrt{2}}{2}}{20} = 5.5\sqrt{2}[A]$ 　　【정답】 $5.5\sqrt{2}[A]$

|추|가|해|설|

가동코일형 계기는 평균값을 가동 철판형 계기는 실효값을 지시한다.

	실효값(V)	평균값(V_{av})
전파정류(정현파)	$\dfrac{V_m}{\sqrt{2}}$	$\dfrac{2V_m}{\pi}$
반파정류	$\dfrac{V_m}{2}$	$\dfrac{V_m}{\pi}$

18

출제 : 10년 • 배점 : 7점

다음 아래 PLC 래더다이어그램에 대한 프로그램을 완성하시오.

사용 명령어는 시작은 LOAD, OR, AND 및 그룹 접속은 AND LOAD, 출력은 OUT을 사용한다.

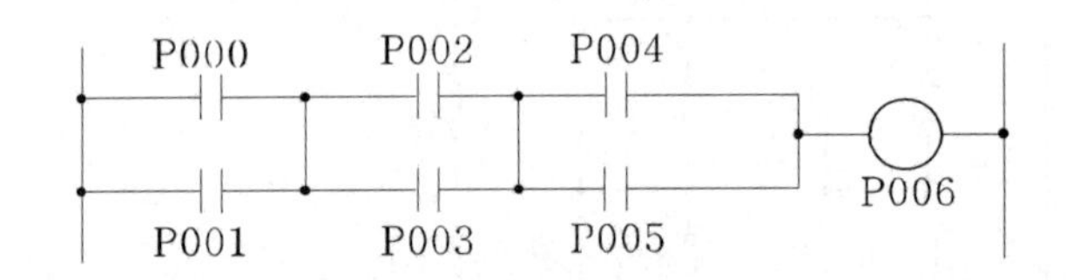

스 텝	명 령	번 지
1	LOAD	P000
2	①	②
3	③	④
4	⑤	⑥
5	AND LOAD	−
6	⑦	⑧
7	⑨	⑩
8	AND LOAD	−
9	OUT	P006

|계|산|및|정|답|

스 텝	명 령	번 지
1	LOAD	P000
2	① OR	② P001
3	③ LOAD	④ P002
4	⑤ OR	⑥ P003
5	AND LOAD	−
6	⑦ LOAD	⑧ P004
7	⑨ OR	⑩ P005
8	AND LOAD	−
9	OUT	P006

03 2010년 전기기사 실기

01

출제 : 05, 10년 • 배점 : 6점

어떤 공장에 예비 전원 설비로 발전기를 설계하고자 한다. 이 공장의 조건을 이용하여 다음 각 물음에 답하시오.

〈부하〉
- 부하는 전동기 부하 150[kW] 2대, 100[kW] 3대, 50[kW] 2대이며, 전등부하는 40[kW]이다.
- 전동기 부하의 역률은 모두 0.9이고 전등 부하의 역률은 1이다.
- 동력부하의 수용률은 용량이 최대인 전동기 1대는 100[%], 나머지 전동기는 그 용량의 합계를 80[%]로 계산하며, 전등 부하는 100[%]로 계산한다.
- 발전기 용량의 여유율은 10[%]를 주도록 한다.
- 발전기 과도 리액턴스는 25[%]적용한다.
- 허용전압 강하는 20[%]를 적용한다.
- 시동 용량은 750[kVA]를 적용한다.
- 기타 주어지지 않은 조건은 무시하고 계산하도록 한다.

(1) 발전기에 걸리는 부하의 합계로부터 발전기 용량을 구하시오.

- 계산 : 　　　　　　　　　　　　• 답 :

(2) 부하 중 가장 큰 전동기 시동시의 용량으로부터 발전기의 용량을 구하시오.

- 계산 : 　　　　　　　　　　　　• 답 :

(3) 다음 (1)과 (2)에서 계산된 값 중 어느 쪽 값을 기준하여 발전기 용량을 정하는지 그 값을 쓰고 실제 필요한 발전기 용량을 정하시오.

|계|산|및|정|답|

(1) 【계산】 발전기의 출력 $P = \dfrac{\sum W_L \times L}{\cos\theta}[kVA]$

$$= \left[\frac{150\times1+(150+100\times3+50\times2)\times0.8}{0.9}+\frac{40}{1}\right]\times1.1 = 765.11$$

【정답】 765.11[kVA]

(2) 【계산】 발전기 용량[kVA]$\geq \left(\dfrac{1}{\text{허용전압강하}}-1\right)\times$기동용량[kVA]×과도 리액턴스

발전기 용량 P$\geq \left(\dfrac{1}{0.2}-1\right)\times0.25\times750\times1.1 = 825$

【정답】 825[kVA]

(3) ① 기준발전기용량 : 825[kVA]　　② 실제 필요한 발전기용량 : 1000[kVA]

02

출제 : 04, 10년 • 배점 : 4점

머레이 루프법(Murray loop)으로 선로의 고장 지점을 찾고자 한다. 선로의 길이가 4[km](0.2[Ω/km])인 선로에 그림과 같이 접지 고장이 생겼을 때 고장점까지의 거리 X는 몇 [km]인가? (단, P= 270[Ω], Q= 90[Ω]에서 브리지가 평형되었다고 한다.)

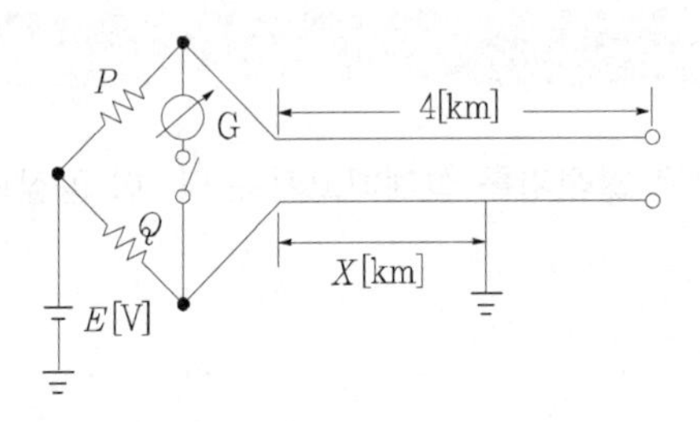

·계산 : ·답 :

|계|산|및|정|답|

【계산】 $PX = Q(S-X)$이므로 $PX = 8Q - XQ$

$$X = \frac{Q}{P+Q} \times 8 = \frac{90}{270+90} \times 8 = 2[\text{km}]$$

【정답】 2[km]

|추|가|해|설|

[Murray loop법]

전기적 사고점 탐지법의 하나로서 휘이스톤 브리지의 원리를 이용하여 선로상의 고장점(1선 지락 사고)을 검출하는 방법으로 이 방법은 보조 귀선 1선이 필요하다.

03

출제 : 08, 10년 • 배점 : 5점

어느 수용가가 당초 역률 80[%]로 150[kW]의 부하를 사용하고 있었는데, 새로 역률 60[%]로 100[kW]의 부하를 증가하여 사용하게 되었다. 이것을 전력용 콘덴서를 이용하여 합성역률을 90[%]로 개선하려고 한다면 필요한 전력용 콘덴서의 용량은 몇 [kVA]가 되겠는가?

·계산 : ·답 :

|계|산|및|정|답|

【계산】 무효전력 P, 유효전력 Q

$$\text{합성역률 } \cos\theta = \frac{P}{\sqrt{P^2+Q^2}} = \frac{150+100}{\sqrt{(150+100)^2 + \left(150 \times \frac{0.6}{0.8} + 100 \times \frac{0.8}{0.6}\right)^2}} = 0.71$$

$$\therefore \text{콘덴서 용량 } Q_C = P(\tan\theta_1 - \tan\theta_2) = P\left(\frac{\sin\theta_1}{\cos\theta_1} - \frac{\sin\theta_2}{\cos\theta_2}\right) = 250 \times \left(\frac{\sqrt{1-0.71^2}}{0.71} - \frac{\sqrt{1-0.9^2}}{0.9}\right) = 124.77$$

【정답】 124.77[kVA]

04

출제 : 10년 • 배점 : 5점

그림과 같이 6300/210[V]인 단상 변압기 3대를 △-△결선하여 수전단 전압이 6000[V]인 배전 선로에 접속하였다. 이 중 2대의 변압기는 감극성이고 CA 상에 연결된 변압기 1대가 가극성이었다고 한다. 이때 아래 그림과 같이 접속된 전압계에는 몇 [V]의 전압이 유기 되는가?

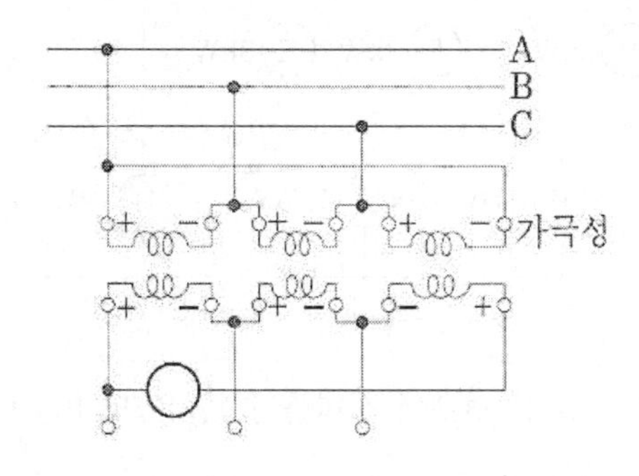

|계|산|및|정|답|

2차측이 OPEN델타결선이므로 정상 결선 시는 전압계지시가 0[V]이다.
그러나 1상이 가극성이므로 전압계에 전압이 지시된다.

【계산】 $V_2 = \frac{1}{a} V_1 = \frac{210}{6300} \times 6000 = 200[V]$

$V = V_{AB} + V_{BC} + V_{CA} = 200\angle 0 + 200\angle -120 - 200\angle -240$

$= 200 + 200\left(-\frac{1}{2} + j\frac{\sqrt{3}}{2}\right) - 200\left(-\frac{1}{2} + j\frac{\sqrt{3}}{2}\right) = 200 - j200\sqrt{3}[V]$

$\therefore |V| = \sqrt{200^2 + (200\sqrt{3})^2} = 400[V]$

【정답】 400[V]

05

출제 : 10년 • 배점 : 4점

건물 내에 조명설비에서 전력을 절약하는 효율적인 방법에 대하여 8가지만 쓰시오.

|계|산|및|정|답|

① 고조도 반사갓 채용
② 고효율 등기구 채용
③ 고역률 등기구 채용
④ 등기구의 격등제어 회로 구성
⑤ 등기구의 보수 및 유지 관리
⑥ 슬림라인 형광등 및 전구식 형광등 채용
⑦ 적절한 조광 제어 실시
⑧ 재실 감지기 및 카드키 채용

06 출제 : 04, 10년 • 배점 : 6점

그림과 같은 3상 3선식 220[V]의 수전회로가 있다. Ⓗ는 전열부하이고, Ⓜ은 역률 0.8의 전동기이다. 이 그림을 보고 다음 각 물음에 답하시오.

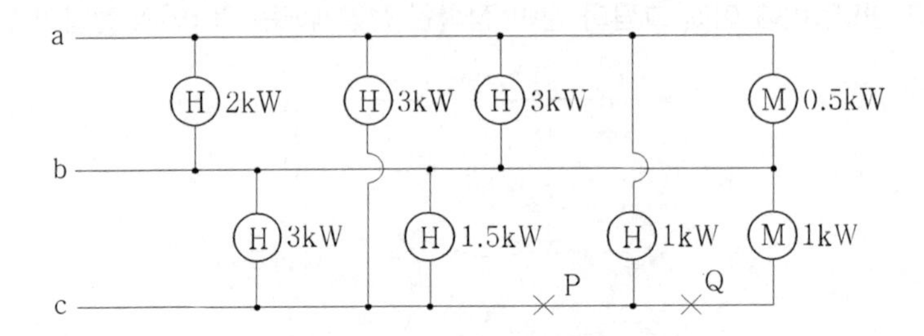

(1) 저압 수전의 3상 3선식 선로인 경우에 설비불평형률은 몇 [%] 이하로 하여야 하는가?

(2) 그림의 설비불평형률은 몇 [%]인가? (단, P, Q점은 단선이 아닌 것으로 계산한다)

•계산 : •답 :

(3) P, Q점에서 단선이 되었다면 설비불평형률은 몇 [%]가 되겠는가?

•계산 : •답 :

|계|산|및|정|답|

(1) 30[%]

(2) 【계산】 •a와 b사이에 걸리는 부하의 합 $P_{ab}=2+3+\frac{0.5}{0.8}=5.625$[kVA]

•b와 c사이에 걸리는 부하의 합 $P_{bc}=3+1.5+\frac{1}{0.8}=5.75$[kVA]

•a와 c사이에 걸리는 부하의 합 $P_{ac}=3+1=4$[kVA]

→ (전동기(M)에 역률이 주어졌으므로 반드시 역률로 나누어 주어야 한다.)

$$3상3선식\ 설비불평형률 = \frac{각\ 선간에\ 접속되는\ 단상\ 부하설비용량[kVA]의\ 최대와\ 최소의\ 차}{총\ 부하\ 설비\ 용량[kVA]의\ 1/3}\times 100[\%]$$

$$=\frac{(5.75-4)}{(5625+5.75+4)\times\frac{1}{3}}\times 100=34.15[\%]$$

【정답】 34.15[%]

(3) 【계산】 •a와 b사이에 걸리는 부하의 합 $P_{ab}=2+3+\frac{0.5}{0.8}=5.625$[kVA]

•b와 c사이에 걸리는 부하의 합 $P_{bc}=3+1.5=4.5$[kVA]

•a와 c사이에 걸리는 부하의 합 $P_{ac}=3=3$[kVA]

→ (P, Q점이 단선 後, P_{ac} 전열기 1[kW], P_{bc} 전동기 1[kW] 사용할 수 없다.)

$$설비불평형률=\frac{(5.625-3)}{(5.625+4.5+3)\times\frac{1}{3}}\times 100=60[\%]$$

【정답】 60[%]

|추|가|해|설|

[설비불평형률]

(1) 단상3선식 설비불평형률 $= \dfrac{\text{중성선과 각 전압측 전선간에 접속되는 부하설비용량[kVA]의 차}}{\text{총 부하 설비 용량[kVA]의 1/2}} \times 100[\%]$

불평형률은 40[%] 이하이어야 한다.

(2) 3상3선식 또는 3상4선식 설비불평형률 $= \dfrac{\text{각 선간에 접속되는 단상 부하설비용량[kVA]의 최대와 최소의 차}}{\text{총 부하 설비 용량[kVA]의 1/3}} \times 100[\%]$

불평형률은 30[%] 이하여야 한다.

07

출제 : 08, 10년 • 배점 : 5점

지표면상 10[m] 높이의 수조가 있다. 이 수조에 시간당 3600[m^3]의 물을 양수하는데 펌프용 전동기의 소동력은 몇 [kW]인가? (단, 펌프효율은 80[%]이고 펌프 축 동력에 20[%] 여유를 준다.)

|계|산|및|정|답|

【계산】 $P = K\dfrac{9.8HQ}{\eta}[kW] = \dfrac{9.8 \times 3600 \times 10 \times 1.2}{3600 \times 0.8} = 147$

【정답】 147[kW]

|추|가|해|설|

① 펌프용 전동기의 용량 $P = \dfrac{9.8Q'[m^3/sec]HK}{\eta}[kW] = \dfrac{9.8Q[m^3/min]HK}{60 \times \eta}[kW] = \dfrac{Q[m^3/min]HK}{6.12\eta}[kW]$

여기서, P : 전동기의 용량[kW], Q' : 양수량[m^3/sec], Q : 양수량[m^3/min]

H : 양정(낙차)[m], η : 펌프효율, K : 여유계수(1.1~1.2 정도)

② 권상용 전동기의 용량 $P = \dfrac{K \cdot W \cdot V}{6.12\eta}[KW]$ →(K : 여유계수, W : 권상 중량 [ton], V : 권상 속도[m/min], η : 효율)

③ 엘리베이터용 전동기의 용량 $P = \dfrac{KVW}{6120\eta}[kW]$

여기서, P : 전동기 용량[kW], η : 엘리베이터 효율, V : 승강속도[m/min]

W : 적재하중[kg](기계의 무게는 포함하지 않는다.), K : 계수(평형률)

08 출제 : 03, 10년 • 배점 : 6점

비접지 선로의 접지 전압을 검출하기 위하여 그림과 같은 Y-개방 결선을 한 GPT가 있다. A상이 완전지락사고 시 다음 물음에 답하시오.

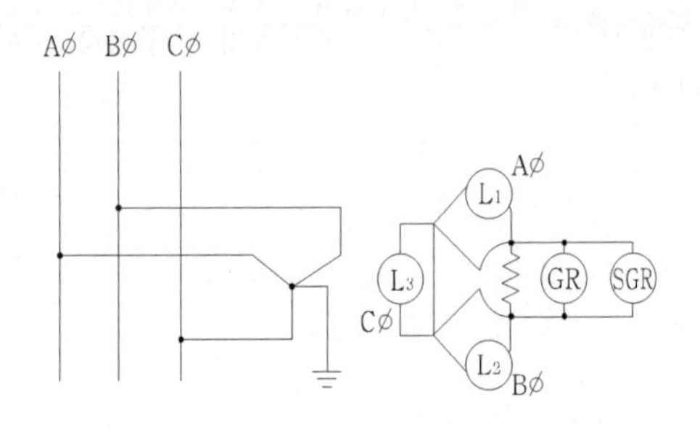

(1) 사고가 일어나지 않았을 때 램프 밝기 및 전압을 구하시오.

(2) 사고가 일어났을 때 램프 밝기 및 전압을 구하시오.

(3) GR, SGR의 명칭을 쓰시오.

|계|산|및|정|답|

(1)

램프	램프 밝기	전압[V]
L_1	밝다	$\frac{110}{\sqrt{3}}$
L_2	밝다	$\frac{110}{\sqrt{3}}$
L_3	밝다	$\frac{110}{\sqrt{3}}$

(2)

램프	램프 밝기	전압[V]
L_1	어둡다	0[V]
L_2	더욱 밝아진다.	$\frac{110}{\sqrt{3}} \times \sqrt{3} = 110$[V]
L_3	더욱 밝아진다.	$\frac{110}{\sqrt{3}} \times \sqrt{3} = 110$[V]

(3) GR : 접지(지락)계전기, SGR : 선택 접지(지락)계전기

|추|가|해|설|

[접지형 계기용 변압기]

① 목적 : 비접지 계통에서 지락사고시의 영상 전압 검출하여 지락 계전기(OVGR)를 동작시키기 위해 설치

② 접지형 계기용 변압기의 특징 : 정상 상태에서는 GPT 2차측 각상의 전압은 $\frac{110}{\sqrt{3}}$[V]이며, L_1, L_2, L_3는 $\frac{110}{\sqrt{3}}$[V]로 점등되어 있다. A상이 완전 지락시에는 L_1 소등하고 B상과 C상의 전압이 110[V]로 상승 더욱 밝아짐으로써 지락선 상을 알 수 있다.

③ 회로 :

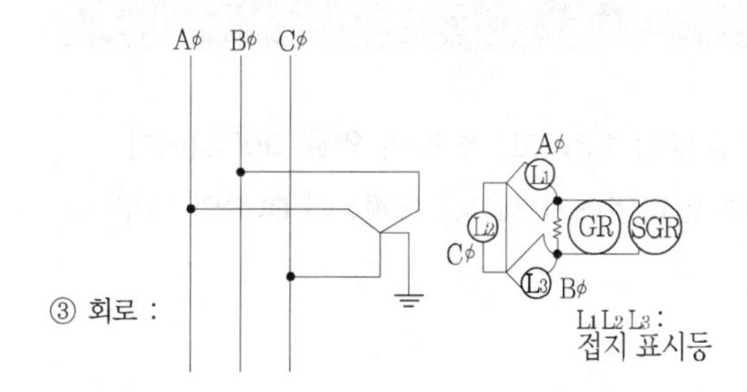

09 출제 : 10년 • 배점 : 5점

전압 100[V], 전류 20[A]용 단상 적산 전력계에 어느 부하를 가할 때 원판의 회전수 20회에 대하여 40.3[초] 걸렸다. 만일 이 계기의 20[A]에 있어서 오차가 +2[%]라 하면 부하 전력은 몇 [kW]인가? (단, 이 계기의 계기 정수는 1000[Rev/kWh]이다.)

·계산 : ·답 :

|계|산|및|정|답|

【계산】 측정값 $P_M = \dfrac{3600 \cdot n}{t \cdot k} = \dfrac{3600 \times 20}{40.3 \times 1000} = 1.79[\text{kW}]$

여기서, n : 회전수[회], t : 시간[sec], k : 계기정수[rev/kWh]

오차율 $\epsilon = \dfrac{M-T}{T} \times 100 \rightarrow 2 = \dfrac{1.79-T}{T} \times 100 \quad \therefore T = \dfrac{1.79}{1.02} = 1.75[\text{kW}]$

여기서, M : 측정값, T : 참값

【정답】 1.75[kW]

|추|가|해|설|

·적산전력계의 측정값 $P_M = \dfrac{3600 \cdot n}{t \cdot k} \times CT\text{비} \times PT\text{비}[\text{kW}]$

여기서, n : 회전수[회], t : 시간[sec], k : 계기정수[rev/kWh]

·오차율 $\epsilon = \dfrac{P_M - T}{T} \times 100[\%]$

여기서, P_M : 측정값, T : 참값

10

출제 : 00, 10년 • 배점 : 17점

그림은 어떤 변전소의 도면이다. 변압기 상호 부등률이 1.3이고, 부하의 역률 90[%]이다. STr의 내부 임피던스 4.5[%], $\mathrm{Tr}_1, \mathrm{Tr}_2, \mathrm{Tr}_3$의 내부 임피던스가 10[%] 154[kV] BUS의 내부 임피던스가 0.5[%]이다. 다음 물음에 답하시오.

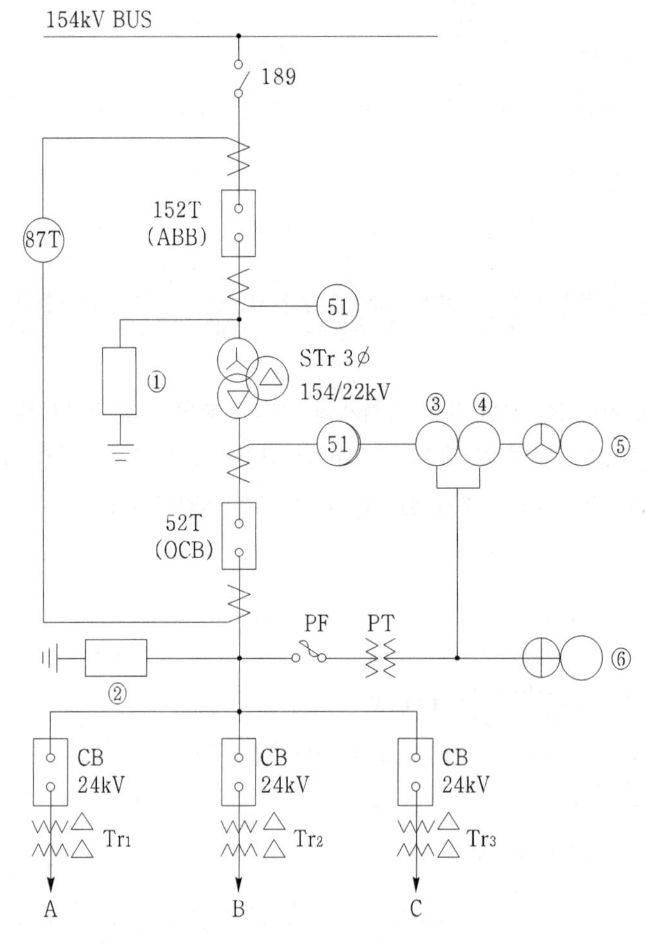

부하	용량	수용률	부동률
A	4000[kW]	80[%]	1.2
B	3000[kW]	84[%]	1.2
C	6000[kW]	92[%]	1.2

154[kV] ABB 용량표[MVA]

2000	3000	4000	5000	6000	7000

22[kV] OCB 용량표[MVA]

200	300	400	500	600	700

154[kV] 변압기 용량표[MVA]

10000	15000	20000	30000	40000	50000

22[kV] 변압기 용량표[MVA]

2000	3000	4000	5000	6000	7000

(1) Tr_1, Tr_2, Tr_3 변압기 용량[kVA]은?
·계산 : ·답 :

(2) STr의 변압기 용량[kVA]은?

(3) 차단기 152T의 용량[MVA]은?

(4) 차단기 52T의 용량[MVA]은?

(5) 87T의 명칭과 용도는?

(6) 51의 명칭과 용도는?

(7) ①~⑥에 알맞은 심벌을 기입하시오

|계|산|및|정|답|

(1) 【계산】 $Tr_1 = \frac{설비용량 \times 수용률}{부등률 \times 역률}$

$= \frac{4000 \times 0.8}{1.2 \times 0.9} = 2962.96[kVA]$, 표에서 3000[kVA] 선정 【정답】 3000[kVA]

$Tr_2 = \frac{3000 \times 0.84}{1.2 \times 0.9} = 2333.33[kVA]$, 표에서 3000[kVA] 선정 【정답】 3000[kVA]

$Tr_3 = \frac{6000 \times 0.92}{1.2 \times 0.9} = 5111.11[kVA]$, 표에서 6000[kVA] 선정 【정답】 6000[kVA]

(2) 【계산】 $STr = \frac{2962.96 + 2333.33 + 5111.11}{1.3} = 8005.69[kVA]$, 표에서 10000[kVA] 선정 【정답】 10000[kVA]

(3) 【계산】 $P_s = \frac{100}{\%Z} \cdot P_n = \frac{100}{0.4} \times 10000 \times 10^{-3} = 2500[MVA]$, 표에서 3000[MVA] 선정 【정답】 3000[kVA]

(4) 【계산】 $P_s = \frac{100}{\%Z} \cdot P_n = \frac{100}{0.4 + 4.6} \times 10000 \times 10^{-3} = 200[MVA]$, 표에서 200[MVA] 선정 【정답】 200[kVA]

(5) 【명칭】 주변압기 차동 계전기 【용도】 내부고장 시 변압기보호

(6) 【명칭】 과전류 계전기 【용도】 과전류 시 차단기 개로

(7) ① LA ② LA ③ KW ④ PF ⑤ A ⑥ V

11

출제 : 10년 • 배점 : 5점

케이블의 트리현상이란 무엇인가 쓰고 종류 3가지를 쓰시오.

|계|산|및|정|답|

(1) 【트리현상】 케이블의 절연체 내부 또는 반도전층과의 경계면에 있어서 국부적으로 고전계가 파괴를 일으켜 이것이 나무모양으로 전개되는 현상.

(2) 종류 3가지 : ① 내부 트리 ② 외부 트리 ③ 보우타이 트리

12

출제 : 10년 • 배점 : 5점

전기화재 발생원인 5가지를 쓰고 설명하시오.

|계|산|및|정|답|

발생원인	설 명
① 합선(단락)	단락하는 순간 폭음과 함께 스파크로 인하여 화재 발생
② 과전류	과부하 또는 전기회로 일부에 전기적인 사고가 발생하여 발열로 화재 발생
③ 누전 또는 지락	유출 전류로 인하여 화재 발생
④ 절연 열화	절연물이 장시간 경과되면 절연저항 저하되어 누설전류로 절연물이 화재발생
⑤ 접속부 과열	전선과 전선, 전선과 단자의 접속이 불완전한 상태에서 전류가 흘러 접촉저항에 의하여 발열로 화재 발생

13

출제 : 10년 • 배점 : 5점

시방서를 작성하고자 한다. 기재 사항 5가지를 쓰시오.

|계|산|및|정|답|

- 시설자 및 설계사무소
- 공사 명칭 및 공사 목적, 준공일
- 시공범위 및 시공방법
- 납품장소 및 공사장소
- 기기, 재료의 지정
- 대금지불 방법

|추|가|해|설|

[시방서]
공사의 내용을 표시하는 방법이며 표준 시방서와 특기 시방서가 있다.

14

출제 : 10년 • 배점 : 4점

예상이 곤란한 전등 수구 및 콘센트 등이 있을 경우에는 예상부하를 적용하여 부하산정을 한다. 표준부하 [VA/개수]를 적으시오.

|계|산|및|정|답|

수구종류	VA/개수
콘센트	150
소형수구	150
대형수구	300

15

출제 : 10년 • 배점 : 5점

그림과 같이 전등 2개를 3로 스위치 2개를 이용하여 2개소 점멸하기 위한 배선도이다. 전선의 접속도를 그리시오.

|계|산|및|정|답|

① 부분이 4가닥일때 정답

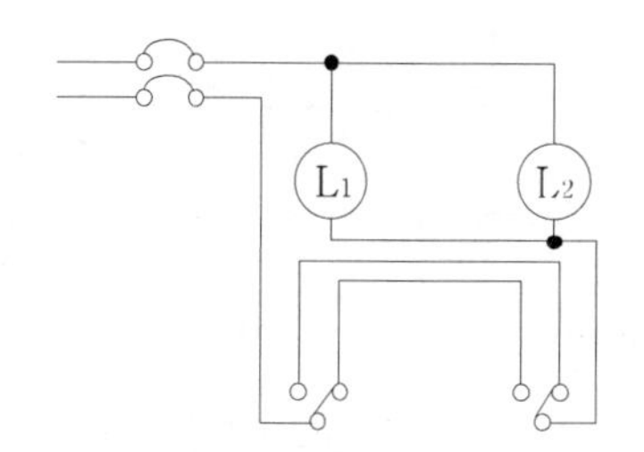

② 부분이 5가닥일때 정답

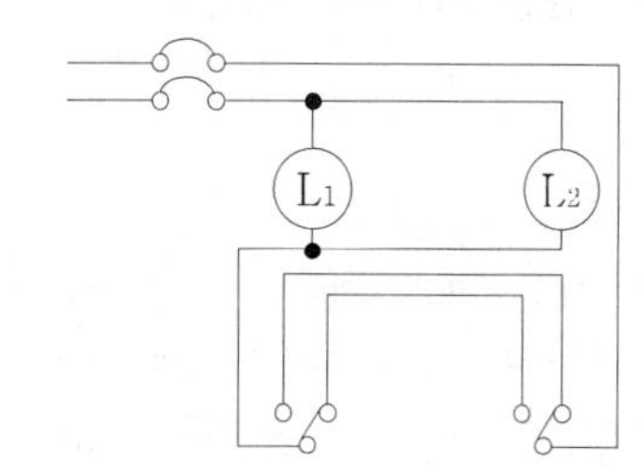

16

출제 : 10년 • 배점 : 4점

점포가 붙어 있는 주택이 그림과 같을 때 주어진 참고 자료를 이용하여 예상되는 설비부하용량을 상정하고, 분기회로수는 원칙적으로 몇 회로로 하여야 하는지를 산정하시오. (단, 사용 전압은 220[V]라고 한다.)

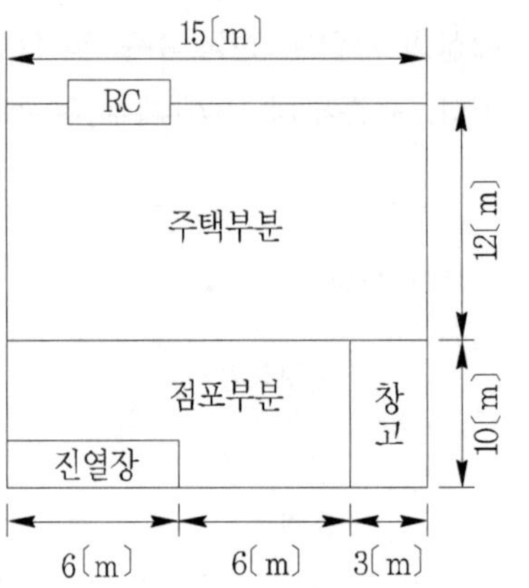

※ RC는 룸에어컨디셔너 1.1[kW]

※ 주어진 참고자료의 수치 적용은 최대값을 적용하도록 한다.

[참고사항]

가. 설비부하 용량은 다만 '가'와 '나'에 표시하는 종류 및 그 부분에 해당하는 표준 부하에 바닥면적을 곱한 값을 '다' 에 표시하는 건물 등에 대응하는 표준부하 [VA]를 가한 값으로 할 것

[표] 표준부하

건축물의 종류	표준부하[VA/m^2]
공장, 공회당, 사원, 교회, 극장, 영화관, 연회장 등	10
기숙사, 여관, 호텔, 병원, 학교, 음식점, 다방, 대중목욕탕	20
주택, 아파트, 사무실, 은행, 상점, 이발소, 미장원	30

【주】 건물이 음식점과 주택 부분의 2종류로 될 때에는 각각 그에 따른 표준부하를 사용할 것

나. 건물(주택, 아파트 제외) 중 별도 계산할 부분의 표준부하

[표] 부분적인 표준부하

건축물의 부분	표준부하[VA/m^2]
복도, 계단, 세면장, 창고, 다락	5
강당, 관람석	10

다. 표준부하에 따라 산출한 수치에 가산하여야 할 [VA]수

① 주택, 아파트(1세대마다)에 대하여는 1,000~500[VA]

② 상점의 진열장에 대해서는 진열장 폭 1[m]에 대하여 300[VA]

③ 옥외의 광고등, 전광사인등의 [VA]수

|계|산|및|정|답|

【계산】 부하설비용량 =바닥``면적×표준부하+룸에어컨디셔너+가산부하

$P = 12\times15\times30 + 12\times10\times30 + 3\times10\times5 + 6\times300 + 1,100 + 1,000 = 13,050[VA]$

분기회로수$= \dfrac{\text{부하용량[VA]}}{\text{사용 전압[V]}\times\text{전류[A]}} = \dfrac{13,050}{220\times15} = 3.95$

【정답】 15[A] 분기 4회로

|추|가|해|설|

• 에어컨이 2[kW] 이상이면 별도 전용회로 분기해야 한다.

17

출제 : 10년 • 배점 : 5점

다음 아래 PLC 프로그램에 대하여 PLC 래더다이어그램, 논리회로 및 논리식을 작성하시오.

스텝	명령어	번지
1	STR NOT	170
2	AND	171
3	OR	170
4	OUT	172

(1) 논리식 : 172 =

(2) 논리회로

(3) PLC 래더다이어그램

|계|산|및|정|답|

(1) $172 = \overline{170} \cdot 171 + 170$

(2)

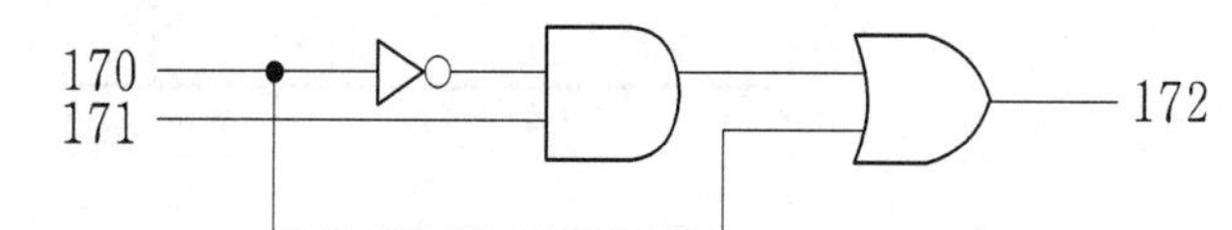

(3)

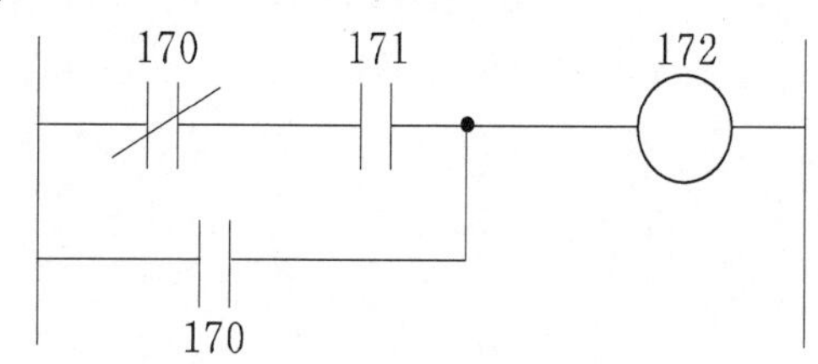

18

출제 : 06, 10년 • 배점 : 5점

어떤 인텔리전트 빌딩에 대한 등급별 추정 전원 용량에 대한 다음 표를 이용하여 각 물음에 답하시오.
그림은 전자개폐기 MC에 의한 시퀀스 회로를 개략적으로 그린 것이다.
이 그림을 보고 다음 각 물음에 답하시오.

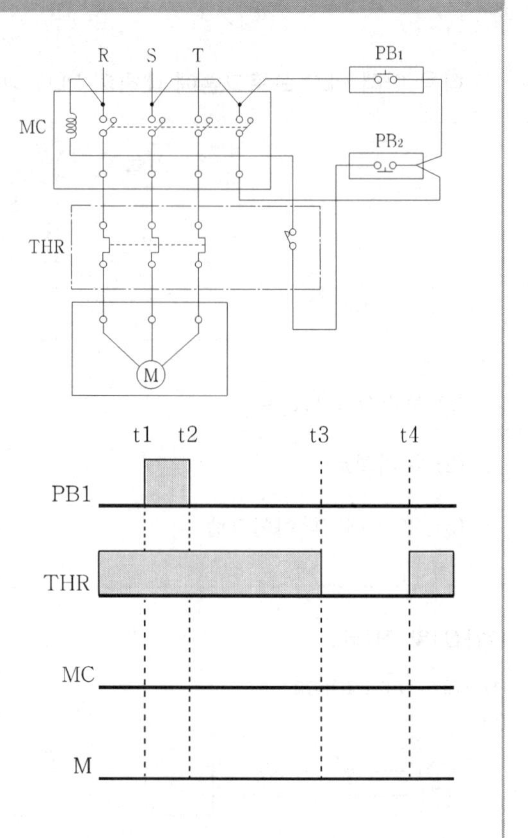

(1) 그림과 같이 회로를 전자개폐기 MC의 보조접점을 사용하여 자기유지가 될 수 있는 일반적인 시퀀스 회로로 다시 작성하여 그리시오.

(2) 시간 t3에 열동계전기가 작동하고, 시간 t4에 수동으로 복귀하였다. 이때 동작을 타임차트로 표시하시오.

|계|산|및|정|답|

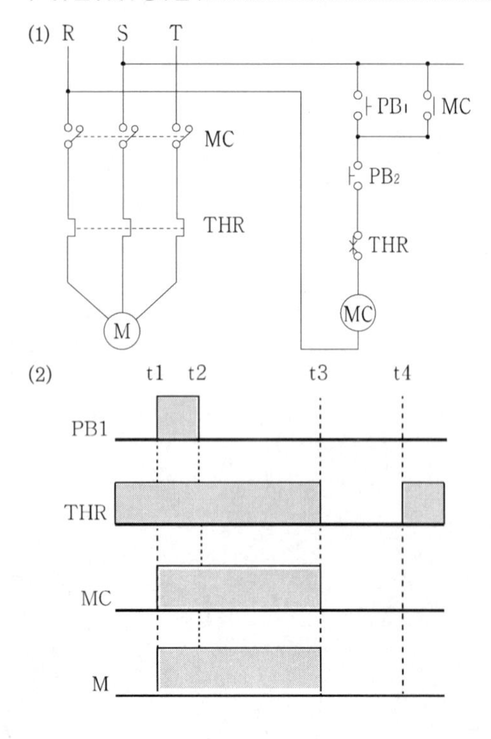

Memo

Memo